개정판

새 출제 기준에 의한

과년도 전자기능사
요점 정리

김응묵 편

1 전기·전자 공학
2 전자계산기 일반
3 전자 측정
4 전자기기 및 음향영상기기

머리말

　오늘날 첨단기술 분야의 초석을 이루고 있는 전자 기술은 그동안 놀랄 만한 성장과 발전을 거듭하여 왔으며, 이에 따르는 관련 전자계열 기능사의 검정 출제 경향도 기술 수준의 발전과 함께 새로와져 가고 있다.
　국가기술자격법에 의한 기능사 자격검정은, 수많은 관계 기능인의 양성 배출은 물론 이들의 지위 향상과 기술 능력의 계발 등으로 우리의 산업 기술 발전에 기여한 바 크다고 본다.
　전자 계열의 기능사 자격시험 준비 서적은 지금까지 수많은 종류가 나와 응시자들의 좋은 반려가 되고 있으나, 시종 변화가 없는 관련 문제의 단순한 나열에 지나지 않아 자격 시험에 임하는 수험생들이 기능사로서의 요구되는 기술 기능의 수준이나 실제의 출제 경향 등을 파악하기가 어려웠다고 생각된다.
　더욱이 1992년부터 새로이 시행되는 출제 경향에 맞추어 변경된 시험 과목과 출제 기준에 의하여, 내용이 충실하면서도 시험 문제에 요령있게 대비하게끔 정리된 본서는 최단시일에 수험 준비를 정리할 수 있도록 '81년부터 '93년까지의 출제된 모든 문제들과 내용으로 편집 구성하였다.
　본서의 특징으로는

1. 각 과목별로 요점 정리를 수록하여 기본 사항을 정리할 수 있게 하고,
2. 실제의 출제 문제를 각 과목별 출제 문항수에 맞도록 배열하였으며,
3. 중복해서 출제되었던 문제를 종전에는 해설란에 명시하였으나 모두 삭제하고, 쉽게 이해할 수 있도록 새로운 내용을 첨가하였다.

　끝으로 본서를 적극 활용하여 수험생 제위의 실력 향상과 합격의 영광을 누리기를 진심으로 기원하며, 편집을 위하여 자료 제공과 답안 작성에 참여하여 주셨던 일선 선생님들과, 어려운 여건 속에서도 편집·제작에 심혈을 기울여 주신 도서출판 기문사의 사장님, 그리고 편집부 직원들에게 다시 한번 감사한 마음을 드린다.

저자 씀

차 례

제 1 편 전기·전자 공학

1. 직류 회로 …………………………………………………… 1-3
2. 전류와 자기 ………………………………………………… 1-7
3. 정전기와 콘덴서 …………………………………………… 1-10
4. 교류 회로 …………………………………………………… 1-13
5. 반도체 ………………………………………………………… 1-20
6. 전원 회로 …………………………………………………… 1-25
7. 증폭 회로 …………………………………………………… 1-31
8. 발진 및 변·복조 회로 ……………………………………… 1-34
9. 펄스 회로 …………………………………………………… 1-40
10. 논리 회로 …………………………………………………… 1-44
♠ 과년도 출제문제 …………………………………………… 1-51

제 2 편 전자계산기 일반

1. 전자계산기 구조 일반 ……………………………………… 2-3
2. 전자계산기의 구조 …………………………………………… 2-5
3. 자료의 표현과 연산 ………………………………………… 2-10
4. BASIC언어 …………………………………………………… 2-15
5. 마이크로프로세서 …………………………………………… 2-20
6. 마이크로컴퓨터 ……………………………………………… 2-23
♠ 과년도 출제문제 …………………………………………… 2-24

제3편 전자 측정

1. 측정 일반 ·· 3-3
2. 짓 계기 ·· 3-4
3. 전압, 전류 및 전력의 측정 ······························ 3-10
4. 저항, 인덕턴스, 정전용량의 측정 ······················ 3-14
5. 주파수 및 파형 측정 ······································ 3-17
6. 자기의 측정 ·· 3-20
7. 측정용 발진기 ··· 3-20
8. 통신측정 ·· 3-22
9. 전자 회로의 특성 측정 ··································· 3-25
♠ 과년도 출제문제 ··· 3-30

제4편 전자기기 및 음향영상기기

1. 응용 기기 ··· 4-3
2. 자동제어기기 ··· 4-6
3. 전파 응용기기 ··· 4-13
4. 반도체 응용 ·· 4-16
5. 수신기 ··· 4-18
6. 텔레비전 ·· 4-22
7. VTR ··· 4-34
8. Taperecoder ··· 4-38
9. Audio System ··· 4-42
♠ 과년도 출제문제 ··· 4-47

전자기능사 시험과목 및 출제기준

시험과목	문제수	출제기준	
		주요 항목(출제수준)	세부 항목(출제 범위)
전기·전자 공학	18	1. 직류 회로	1. 직·병렬 회로
			2. 회로망 해석의 정리
		2. 전류와 자기	1. 자기의 성질과 전류에 의한 자장
			2. 전자력과 전자 유도 현상
		3. 정전기와 콘덴서	1. 정전 현상
			2. 전위
			3. 전장
			4. 정전 용량
		4. 교류 회로	1. 교류 회로의 해석, 표시법, 계산의 기초
		5. 반도체	1. 전자 현상
			2. 반도체의 성질과 종류 및 특성
		6. 전원 회로	1. 정류 회로
			2. 평활 회로
			3. 정전압 전원 회로
		7. 증폭 회로	1. 증폭 회로의 기초
			2. 연산 증폭기의 기초
		8. 발신 및 변·복조 회로	1. 발진 회로의 기초
			2. 변조 회로의 기초
			3. 복조 회로의 기초
		9. 펄스 회로	1. 펄스 발생 회로의 기초
		10. 논리 회로	1. 순서 논리 회로
			2. 조합 논리 회로
			3. 계수 회로
전자계산기 일반	12	1. 전자계산기 구조 일반	1. 계산기의 기본적 내부 구조
			2. 중앙 처리 장치의 구성
			3. 기억 장치
			4. 입·출력 장치
		2. 자료의 표현과 연산	1. 자료의 구조
			2. 자료의 표현 방식
			3. 수학적 연산
			4. 논리적 연산

			3. BASIC 언어	1. 프로그램의 구조, 요소, 입·출력
				2. 기본 명령어의 용도
				3. 흐름도 작성법
			4. 마이크로 프로세서	1. 구조와 특징
				2. 명령 형식
				3. DATA 형식
				4. 주소 지정 방식
				5. 서브루틴과 스택
			5. 마이크로 컴퓨터	1. 구성과 원리
				2. 메모리와 입·출력 장치 구성
전자측정		12	1. 측정 오차	1. 측정 오차
			2. 전자계측기기	1. 기록계기
				2. 오실로스코우프
				3. 반도체소자 시험기
				4. 구형파 및 펄스 발생기
				5. 패턴 발생기
			3. 직·교류측정	1. 직·교류측정의 기본 원리 및 방법
			4. 고주파, 펄스측정, 잡음측정	1. 고주파 측정의 기본 원리 및 방법
				2. 펄스 측정의 기본 원리 및 방법
			5. 전력계, 적산전력계	1. 전력계 및 적산전력계의 기본 원리 및 측정법
			6. 발진기	1. 발진기의 기본 원리 및 사용법
			7. 브리지 회로	1. 각종 브리지의 기본 원리 및 사용법
			8. 디지털 계기	1. 디지털 계측 및 응용 계측
전자기기 및 음향영상 기기		18	1. 응용기기	1. 고주파 가열기의 종류, 기본적 원리
				2. 초음파 응용기기의 종류, 기본적 원리
				3. 응용 전자기기의 종류, 기본적 원리
			2. 자동제어기	1. 자동제어의 개념 및 제어계의 구성
				2. 신호 변환 및 검출 방법
				3. 서어보 기구의 기본적 원리
				4. 자동 조정 기구의 종류 및 기본적 원리
			3. 전파응용기기	1. 전파항법 응용기기의 원리 및 특성
			4. 전자현미경	1. 전자현미경의 원리
			5. 반도체응용	1. 전자 냉동
				2. 태양 전지
				3. 전장 발광
			6. R/TV	1. AM/FM 수신기의 원리, 동작 및 특성

			2. 흑백, 컬러 TV 수상기의 동작 원리 및 특성
			3. R/TV용 급전선 및 공중선의 종류와 특성
		7. VIR	1. VHS 방식의 기본 원리
			2. g-MAX 방식의 원리
		8. Taperecoder	1. 녹음기의 원리 및 회로, 부품의 동작 원리 및 특성
		9. Audio system	1. Amp의 기본 원리(Main, Tone, EQ)
			2. 스피커 Network의 기본 원리
			3. Compact disk driver의 기본 원리
			4. Player의 기본 원리
			5. Cartridge의 기본 원리
			6. Graphic EQ의 기본 원리
			7. System의 기본 원리

제1편
전기·전자 공학

❖ 요점 정리 ❖

1. 직류 회로

【1】 전압, 전류

① 모든 물질은 분자 또는 원자의 집합으로 되어 있으며, 원자는 양전기를 가진 원자핵과 주위를 돌고 있는 음전기를 가진 몇 개의 전자로 구성된다.

② 전자의 질량은 9.10955×10^{-31}[kg], 양자는 1.67261×10^{-27}[kg]으로 전자의 약 1.840배가 된다.

③ 1개의 전자는 1.60219×10^{-19}[C]의 전기량을 가지므로, 1[C]는 $\dfrac{1}{1.60219 \times 10^{-19}} \fallingdotseq 0.624 \times 10^{19}$개의 전자의 과부족으로 생기는 전하의 전기량이다.

④ 전류(electric current) : 1[sec] 동안에 도체의 단면을 이동하는 전하(전기량)

$$I = \frac{Q}{t} \text{ [A]} \quad Q : 전기량[C], \ t : 시간[sec], \ I : 전류[A]$$

⑤ 전압(voltage) : 1[C]의 전기량이 이동할 때의 일에 따라 정해진다.

$$V = \frac{W}{Q} \text{ [V]} \quad W : 일[J], \ V : 전압(전위차)[V]$$

⑥ 저항(resistance) : 전류의 흐름을 방해하는 전기적 양으로서, 전압과 전류의 비로 나타낸다.

$$R = \frac{V}{I} \text{ [}\Omega\text{]}$$

【2】 옴의 법칙

① 도체에 흐르는 전류 I는 전압 V에 비례하고 저항 R에 반비례한다.

$$I = \frac{V}{R} \text{ [A]}$$

② 컨덕턴스(conductance) : 저항의 역수로서 전류의 흐르기 쉬운 정도를 나타낸다.

$$G = \frac{1}{R} \ [\mho] \quad I = GV \ \text{또는} \ \frac{I}{V} = G$$

※ 단위로는 지멘스(siemens, [S]) 또는 모[mho, [℧] 또는 [Ω⁻¹])를 쓴다.

【3】 저항의 직·병렬 접속

(1) 직렬 연결

① 합성 저항
$$R_S = R_1 + R_2 + R_3 \cdots \cdots R_n \ [\Omega]$$

② 각 저항의 전압 강하
$$V_1 = \frac{R_1}{R_S} V, \quad V_2 = \frac{R_2}{R_S} V, \quad V_3 = \frac{R_3}{R_S} V$$

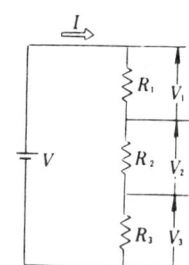

(2) 병렬 접속

① 합성 저항
$$R_P = \frac{1}{\dfrac{1}{R_1} + \dfrac{1}{R_2} + \dfrac{1}{R_3}} \ [\Omega]$$

② 각 저항에 흐르는 전류
$$I_1 = \frac{R_P}{R_1} I, \quad I_2 = \frac{R_P}{R_2} I, \quad I_3 = \frac{R_P}{R_3} I$$

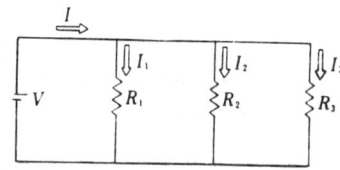

전체의 전류 I는 각 전류의 합과 같고, 각 전류의 분배는 저항에 반비례한다.

(3) 직·병렬 접속

합성 저항
$$R_r = R_1 + \frac{1}{\dfrac{R_P}{R_1} + \dfrac{1}{R_3}} = R_1 + \frac{R_2 R_3}{R_2 + R_3} \ [\Omega]$$

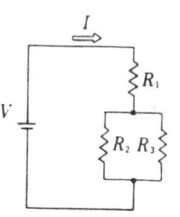

【4】 키르히호프의 법칙(Kirchhoff's law)

① 제1법칙(전류 평형) : 회로망 중의 접속점에 흘러 들어가고 나가는 전류의 대수합은 0이다.

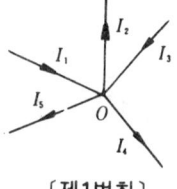

〔제1법칙〕

$I_1 - I_2 + I_3 - I_4 - I_5 = 0$

$\sum I = 0$

② 제 2 법칙(전압 평형) : 회로망의 임의의 한 폐회로에서 기전력의 대수합은 그 회로의 전압 강하의 대수합과 같다.

$V_1 + V_2 + V_3 + \cdots + V_n = R_1 I + R_2 I + \cdots + R_n I$

$\sum V = \sum RI$

[제2법칙]

【5】 전기 저항

(1) 고유 저항

① 도체의 저항 : 물체의 고유 저항과 도체의 길이에 비례하고 단면적에 반비례한다.

$R = \rho \dfrac{l}{A}$ 〔Ω〕 ρ : 고유 저항〔Ω·m〕, l : 길이〔m〕, A : 단면적〔m²〕

② 고유 저항 : 1〔m〕×1〔m²〕인 정육면체의 저항을〔Ω·m〕의 단위로 나타낸다.

※ 국제 표준 연동의 고유 저항 $\rho = \dfrac{1}{58} \times 10^{-6}$〔Ω·m〕$= 1.7241 \times 10^{-8}$〔Ω·m〕

③ 도전율 : 고유 저항의 역수로서 전류의 흐르기 쉬운 정도를 나타낸다.

※ 단위로는 〔℧/m〕=〔Ω⁻¹/m〕=〔S/m〕을 쓴다.

$\sigma = \dfrac{1}{\rho} = \dfrac{1}{\dfrac{RA}{l}} = \dfrac{l}{RA}$ 〔℧/m〕

(2) 저항의 온도 계수

$R_{T2}\{1 + \alpha_{T1}(t_2 - t_1)\}$

$\therefore \alpha_{T1} = \dfrac{R_{T2} - R_{T1}}{(t_2 - t_1) R t_1} = \dfrac{R_{T2} - R_{T1}}{t R t_{T1}}$

※ 0℃때 구리의 온도 계수는 $\alpha_0 = \dfrac{1}{234.5}$

R_{T1} : t_1〔℃〕에서의 저항〔Ω〕

R_{T2} : t_2〔℃〕에서의 저항〔Ω〕

α_{T1} : t_1〔℃〕에서의 온도 계수〔1/℃〕

t_2-t_1 : 온도 변화

【6】 전력과 전력량
(1) 줄의 법칙

$$H = I^2Rt \text{[J]}$$

$$1\text{[J]} = \frac{1}{4.18605} \fallingdotseq 0.24\text{[cal]}$$

$$\therefore H = 0.24I^2Rt\text{[cal]}$$

(2) 전력과 전력량

① 전력 : $P = \dfrac{VQ}{t}$ $VI = I^2R = \dfrac{V^2}{R}$ 〔W〕

마력 1〔HP〕= 746〔W〕 $\fallingdotseq \dfrac{3}{4}$ 〔kW〕

② 전력량 : $W = I^2Rt = VIt = Pt$〔J〕

〔J〕=〔V·A·sec〕=〔W·sec〕

1〔kWh〕= 10^3〔Wh〕= 3.6×10^6〔J〕

(3) 열전기 현상

① 제베크 효과(Seebeck effect) : 서로 다른 두 종류의 금속을 환상으로 접속하고, 두 접점을 각각 다른 온도로 유지하면 회로에 열기전력이 발생하는 현상

② 펠티에 효과(Peltier effect) : 두 종류의 금속을 접속하여 전류를 흘리면 접합부에서 열의 발생 또는 흡수가 일어나는 현상으로 제베크 효과의 역현상

【7】 전류의 화학 작용
(1) 패러데이의 법칙(Faraday's law)

① 전기 분해에 의해서 전극에 석출되는 물질의 양은 전해액 속을 통과한 총 전기량에 비례한다.

$$W = KQ = KIt\text{[g]} \quad W : \text{석출량[g]}, \quad K : \text{전기 화학 당량}$$

② 총 전기량이 같으면 물질의 석출량은 그 물질의 화학 당량에 비례한다.

(2) 전지(battery)

① 건전지(dry cell) : 르클랑세 전지를 휴대와 사용에 편리하도록 한 것으로 기전력은 1.5〔V〕이다.

② 납축전지 : 납, 이산화납을 묽은 황산에 넣은 것으로 기전력은 약 2 [V]이고, 충전하여 재사용할 수 있으므로 2차 전지라 한다.
③ 납축전지의 가역 변화

$$\underset{\text{양극}}{PbO_2} + \underset{\text{전해질}}{2H_2SO_4} + \underset{\text{음극}}{Pb} \underset{\text{(충전)}}{\overset{\text{(방전)}}{\rightleftarrows}} \underset{\text{양극}}{PbSO_4} + \underset{\text{전해액}}{2H_2O} + \underset{\text{음극}}{PbSO_4}$$

※ 용량은 방전 종지 전압으로 되기까지 전지로부터 얻어낼 수 있는 전기량(방전 전류×방전 시간)으로 나타내며 [Ah]의 단위를 쓴다.

2. 전류와 자기

【1】 자기 회로

(1) **쿨롱의 법칙**

두 자극 사이에 작용하는 힘은 자극의 세기의 곱에 비례하고 거리의 제곱에 반비례한다.

$$f = 6.33 \times 10^4 \times \frac{m_1 m_2}{r^2} \ [N]$$

m_1, m_2 : 자극의 세기[Wb], r : 거리[m]

(2) **자력선의 성질**
① 자력선은 N극에서 나와 S극으로 들어간다.
② 자력선은 그 자신은 수축하려고 하며, 같은 방향의 자력선들 사이에는 서로 반발하려고 한다.

(3) **자속의 성질**
① N, S의 자극이 있는 경우 그에 의해서 자속이 생긴다.
② 자속이 나오는 부분은 N극이고 들어가는 부분은 S극이다.
③ 철심이 있으면 자속이 생기기 쉽다.

(4) **기자력과 자기 저항**
① 기자력 : $F = NI$[AT] N : 권수[회], I : 전류[A]
② 자기 저항 : 기자력과 자속의 비

$$R\ \frac{NI}{\varPhi}\ [AT/Wb] \quad [AT/Wb] = [H^{-1}]$$

※ 자기 저항 R는 자기 회로의 길이에 비례하고 단면적에 반비례한다.

$$R = \frac{l}{\mu A} \text{ [AT/Wb]}$$

③ 투자율 : $\mu = \mu_0 \mu_S$ [H/m]

μ_0 : 진공 중의 투자율($\mu_0 = 4\pi \times 10^{-7}$ [H/m]), μ_S : 비투자율

※ 자기 회로의 투자율 μ는 전기 회로의 도전율에 상당하고, $\frac{1}{\mu}$ 은 고유 저항에 상당한다.

(5) 자속 밀도와 자장의 세기

① 자속 밀도 : 철심의 단위 넓이 1[m²]에 생기는 자속의 양으로 나타낸다.

$$B = \frac{\Phi}{A} = \frac{\mu NI}{l} \text{ [Wb/m}^2\text{]}$$

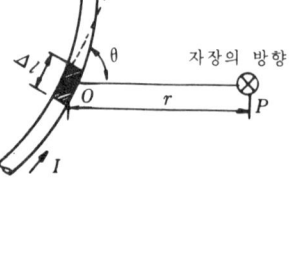

② 비오-사바르의 법칙(Biot Savart's law)

$$\Delta H = \frac{I \cdot \Delta l}{4\pi r^2} \cdot \sin\theta \text{ [AT/m]}$$

③ 원형 코일 중심의 자장

$$H = \frac{NI}{2r} \text{ [AT/m]} \quad r : \text{원형 코일의 반지름[m]}$$

④ 무한장 직선 전류에 의한 자장

$$H = \frac{I}{2\pi r} \text{ [AT/m]} \quad r : \text{자장을 구하는 곳까지의 거리[m]}$$

⑤ 환상 솔레노이드에 의한 자장

$$H = \frac{NI}{2\pi r} \text{ [AT/m]} \quad r : \text{환상 솔레노이드의 평균 반지름[m]}$$

【2】 전자력과 전자 유도

(1) 전자력

① 플레밍의 왼손법칙 : 자장 안에 놓인 도선에 전류가 흐를 때 도선이 받는 힘의 방향, 즉 전자력의 방향을 알 수 있는 법칙

② 두 전류간에 작용하는 힘 : 두 전류의 방향이 같으면 흡인력, 방향이 다르면 반발력이 작용한다.

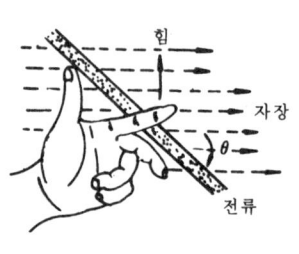

※ 도선 1[m]마다의 힘 $f = \frac{2I_1 I_2}{r} \times 10^{-7}$ [N/m]

(2) 전자 유도
① 플레밍의 오른손법칙 : 도체가 운동하여 자속을 끊었을 때 기전력의 방향을 알 수 있는 법칙
② 패러데이의 전자 유도 : 전자 유도에 의하여 생기는 전압의 크기는 코일을 쇄교하는 자속의 변화율과 코일의 권수의 곱에 비례한다.
$$(v'의\ 크기) = N\frac{\varDelta\varPhi}{\varDelta t}\ [V]$$
③ 렌츠의 법칙(Lenz's law) : 전자 유도에 의하여 생긴 기전력의 방향은 그 유도 전류가 만들 자속이 원래 자속의 증가 또는 감소를 방해하는 방향이다.
$$유도\ 기전력\ v' = L\frac{\varDelta I}{\varDelta t}\ [V]$$
④ 운동하는 도체에 발생하는 전압
$$(v'의\ 크기) = Blu\sin\theta\ [V]$$
B : 자속 밀도[Wb/m²], l : 도체의 유효 길이[m],
u : 운동 속도[m/sec], θ : 각도

(3) 인덕턴스
① 자체 인덕턴스
$$L = \frac{N\varPhi}{I}\ [H]$$
② 환상 코일의 자체 인덕턴스
$$L = \frac{\mu A N^2}{l}\ [H]\quad l : 자기\ 회로의\ 길이[m]$$
③ 유한장 코일의 자체 인덕턴스
$$L = k\frac{\mu\pi r^2}{l}N^2[H]\quad k : 비례\ 상수로\ 코일의\ 지름과\ 길이의\ 비\ \frac{2r}{l}$$
④ 결합 계수
$$k = \frac{M}{\sqrt{L_1 L_2}}\quad M : 상호\ 인덕턴스[H],\ L_1,\ L_2 : 1, 2차의\ 코일의\ 인덕턴스[H]$$
⑤ 인덕턴스의 합성
$$L = L_1 + L_2 \pm 2M[H]\quad (가동\ 접속은 +,\ 차동\ 접속은 -로\ 계산한다.)$$

(4) 변압기의 원리
그림과 같이 두 코일 P, S를 감고, P코일에 교번

전압을 가하면 철심안의 자속 ϕ_m은 변화하여 기전력이 유도된다.

$$E_A = -N_1 \frac{\Delta \Phi_m}{\Delta t}, \quad E_2 = -N_2 \frac{\Delta \Phi_m}{\Delta t}$$ 에서

$$\therefore \frac{E_1}{E_2} = \frac{N_1}{N_2} = a \to \text{권선비}$$

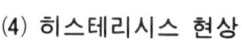

【3】 전자 에너지

(1) 코일에 축적되는 에너지

$$W = \frac{1}{2} LI^2 \, [\text{J}]$$

(2) 단위 부피에 축적되는 에너지

$$W = \frac{1}{2} \mu H^2 = \frac{1}{2} BH = \frac{1}{2} \cdot \frac{B^2}{\mu} \, [\text{J/m}^3]$$

(3) 자기 흡인력

단위 높이 1[m²]마다의 흡인력

$$f = \frac{1}{2} \cdot \frac{B^2}{\mu_0} \, [\text{N/m}^2]$$

(4) 히스테리시스 현상

① 히스테리시스손 $P_h = \eta f B_m^{1.6} \, [\text{W/m}^2]$

② 맴돌이 전류손 $P_e \propto f^2 B_m^2$

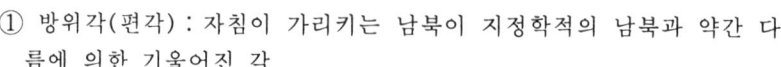

R_r : 잔류 자기
H_c : 보자력

※ 지자기의 3요소

① 방위각(편각) : 자침이 가리키는 남북이 지정학적의 남북과 약간 다름에 의한 기울어진 각

② 복각 : 자침의 자축과 지구의 수평면 사이에 이루는 각

③ 수평 분력 : 복각이 있으므로 지구 자장의 수평 분력은 $h = H \cos \theta$

3. 정전기와 콘덴서

【1】 정전 현상

① 쿨롱의 법칙(Coulomb's law) : 두 점전하 사이에 작용하는 정전력의 크기는 두 전하(전기량)의 곱에 비례하고, 전하 사이의 거리의 제곱에 반비례한다.

3. 정전기와 콘덴서

$$F = \frac{1}{4\pi\varepsilon_0} \frac{Q_1 Q_2}{\varepsilon_s r^2} = 9 \times 10^9 \frac{Q_1 Q_2}{\varepsilon_s r^2} [N]$$

ε_0 : 진공의 유전율($= 8.855 \times 10^{-12} [F/m]$)

ε_s : 비유전율(진공 중에서 1, 공기 중에서 약 1)

$\varepsilon = \varepsilon_0 \varepsilon_s [F/m]$

$\varepsilon_0 \mu_0 = \dfrac{1}{C^2}$

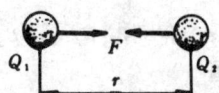

μ_0 : 진공의 투자율 $[H/m]$

C : 빛의 속도 $\fallingdotseq 3 \times 10^8 [m/sec]$

② 정전 유도 : 대전하지 않은 물체에 대전체를 가까이 하면 대전체의 가까운 끝에 대전체와는 다른 종류의 전하가 모이고, 먼 끝에는 같은 종류의 전하가 나타난다.

【2】 콘덴서

① 콘덴서의 축적되는 전하 $Q[C]$은 가하는 전압 $V[V]$에 비례한다.

$Q = CV[C]$

② 정전용량 : $1[V]$의 전압으로 몇 $[C]$의 전하를 축적할 수 있는 능력을 나타내는 양으로 정한다.

$C = \dfrac{Q}{V} [F]$

③ 정전 에너지 : 전압이 가해지고 전하가 축적되어 있을 때의 축적 에너지

$$W = \frac{1}{2} QV = \frac{1}{2} CV^2 [J]$$

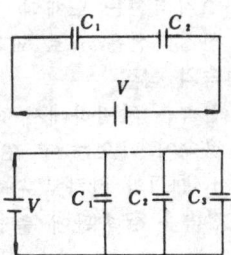

④ 콘덴서의 접속

직렬 접속의 합성 정전 용량

$$C_S = \frac{1}{\dfrac{1}{C_1} + \dfrac{1}{C_2}} = \frac{C_1 C_2}{C_1 + C_2} [F]$$

병렬 접속의 합성 정전 용량

$C_P = C_1 + C_2 + C_3$

$\cdots\cdots C_n [F]$

【3】 콘덴서의 정전 용량과 비유전율

(1) 평행판 콘덴서의 정전 용량

두 전극판의 면적에 비례하고 그 간격에 반비례한다.

$$C = \varepsilon \frac{A}{l} \; [F]$$

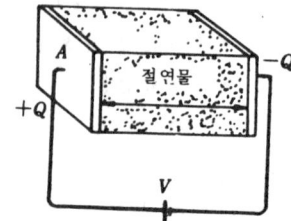

ε : 유전율[F/m], l : 극판 간격[m]

(2) 유전율

① 어느 정도의 전장의 세기일 때 어느 정도의 전속이 생기는가의 비율

$$\varepsilon = \frac{l}{A} C \left[\frac{m}{m^2} F \right] = \frac{l}{A} C [F/m]$$

② 진공의 유전율 : $\varepsilon_0 = 8.854 \times 10^{-12}$[F/m], $\varepsilon = \varepsilon_0 \varepsilon_S$[F/m]

③ 비유전율 : 유전율과 진공의 유전율과의 비 $\varepsilon_S = \dfrac{\varepsilon}{\varepsilon_0}$

【4】 전장(electric field)

(1) 전장의 세기 : 전하에 작용하는 힘

$$E = \frac{1}{4\pi\varepsilon_0} \times \frac{Q}{\varepsilon_S r^2} = 9 \times 10^9 \times \frac{Q}{\varepsilon_S r^2} \; [V/m] \; [N/C] = [V/m]$$

(2) 전기력선의 성질

① 전기력선은 양전하의 표면에서 나와서 음전하의 표면에서 끝난다.
② 전기력선은 언제나 수축하려고 하며, 같은 전기력선은 반발한다.
③ 전기력선의 접선 방향은 그 접점에서의 전장의 방향을 가리킨다.
④ 전기력선의 밀도는 전장의 세기를 나타낸다.
⑤ 전기력선은 도체의 표면에 수직으로 출입한다.
⑥ 전기력선은 서로 교차하지 않는다.

(3) 전속의 성질

① 전속은 양전하에서 나와서 음전하에서 끝난다.
② 전속이 나오는 곳 또는 끝나는 곳에는 전속과 같은 전하가 있다.
③ $+Q$[C]의 전하로부터는 Q개의 전속이 나온다.
④ 전속은 금속판에 출입하는 경우 그 표면에 수직이 된다.

【5】 유전체 내의 에너지와 정전 흡인력

(1) 유전체 내의 에너지

$$W = \frac{1}{2} QV = \frac{1}{2} CV^2 [J]$$

(2) **정전 흡인력** : 전압의 제곱에 비례하는 힘으로 정전 전압계나 집진 장치 등에 이용된다.

$$F = \frac{ED}{2} A [N]$$

$$f = \frac{\varepsilon}{2l^2} V^2 [N/m^2] \quad f : 단위 넓이마다의 힘 [N/m^2]$$

4. 교류 회로

【1】 사인파 교류 회로

(1) 교류의 표시

① 순시값 : $v = V_m \sin \omega t [V]$

② 최대값, 평균값, 실효값의 관계

평균값 = 최대값 $\times \dfrac{2}{\pi}$

$$V_a = \frac{2}{\pi} V_m \fallingdotseq 0.637 V_m [V]$$

실효값 = 최대값 $\times \dfrac{1}{\sqrt{2}}$, $V = \dfrac{1}{\sqrt{2}} V_m \fallingdotseq 0.070 V_m [V]$

③ 주기와 주파수와의 관계

$$f = \frac{1}{T} [Hz] \quad T = \frac{1}{f} [sec]$$

④ 각속도 $\omega = 2\pi f [rad/sec]$

(2) 교류에 대한 **R, L, C**의 작용

① $v = \sqrt{2} V \sin \omega t [V]$의 전압을 가할 때의 특성

회 로	저항 또는 리액턴스 [Ω]	전 류		전압과 전류의 벡터 그림 (전압 기준)
		순시값의 값	실 효 값	
R만의 회로	R	$i = \sqrt{2} \dfrac{V}{R} \sin \omega t$	$I = \dfrac{V}{R} [A]$	V와 I는 동상

회로		식		벡터도
L만의 회로	$X_L = \omega L$	$i = \sqrt{2} \dfrac{V}{\omega L} \sin\left(\omega t - \dfrac{\pi}{2}\right)$ [A]	$I = \dfrac{V}{\omega L}$ [A]	I가 $\dfrac{\pi}{2}$ [rad] 만큼 뒤진다.
C만의 회로	$X_C = \dfrac{1}{\omega C}$	$i = \sqrt{2} \dfrac{V}{\frac{1}{\omega C}} \sin\left(\omega t + \dfrac{\pi}{2}\right)$ [A]	$I = \dfrac{V}{\frac{1}{\omega C}}$	I가 $\dfrac{\pi}{2}$ [rad] 만큼 앞선다.

② 리액턴스(reactance)

유도성 리액턴스 $X_L = \omega L = 2\pi f L$ [Ω]

용량성 리액턴스 $X_C = \dfrac{1}{\omega C} = \dfrac{1}{2\pi f C}$ [Ω]

【2】 RLC의 직렬 회로
(1) RLC직렬 회로의 임피던스와 위상 관계

회 로	임피던스 [Ω]	위 상 차 [rad]
RL 직렬 회로	$Z = \sqrt{R^2 + (\omega L)^2}$	$\varphi = \tan^{-1} \dfrac{\omega L}{R}$ 뒤진 전류
RC 직렬 회로	$Z = \sqrt{R^2 + \left(\dfrac{1}{\omega C}\right)^2}$	$\varphi = \tan^{-1} \dfrac{1}{\omega CR}$ 앞선 전류(진상)
RLC 직렬 회로 (유도성의 회로)	$Z = \sqrt{R^2 + \left(\omega L - \dfrac{1}{\omega C}\right)^2}$	$\varphi = \tan^{-1} \dfrac{\omega L - \dfrac{1}{\omega C}}{R}$ 뒤진 전류(지상)
RLC 직렬 회로 (용량성의 회로)	$Z = \sqrt{R^2 + \left(\dfrac{1}{\omega C} - \omega L\right)^2}$	$\varphi = \tan^{-1} \dfrac{\dfrac{1}{\omega C} - \omega L}{R}$ 앞선 전류(진상)
RLC 직렬 회로 (무유도 회로)	$\omega L = \dfrac{1}{\omega C}$ $Z = \sqrt{\left(R^2 + \omega L - \dfrac{1}{\omega C}\right)^2} = R$	$\varphi = \tan^{-1} \dfrac{\omega L - \dfrac{1}{\omega C}}{R}$ 동 상

4. 교류 회로

(2) 공진 주파수와 공진 회로의 Q

① 공진 조건 $\omega L = \dfrac{1}{\omega C}$

② 공진 주파수 $f_0 = \dfrac{1}{2\pi\sqrt{LC}}$ [Hz]

③ Q(선택도) $Q = \dfrac{\omega L}{R} = \dfrac{1}{\omega CR}$, $Q = \sqrt{\dfrac{L}{C}}$

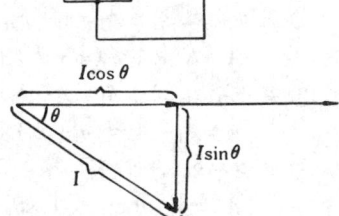

【3】 교류 전류

(1) 유효 전류와 무효 전류

유효 전류 $I_e = I\cos\theta$ [A]

무효 전류 $I_r = I\sin\theta$ [A]

(2) 전력의 표시

피상 전력 $P_a = VI$ [VA]

유효 전력 $P = VI\cos\theta$ [W]

무효 전력 $P_r = VI\sin\theta$ [Var]

$VI = \sqrt{(VI\cos\theta)^2 + (VI\sin\theta)^2}$

∴ $P_a = \sqrt{P^2 + P_r^2}$

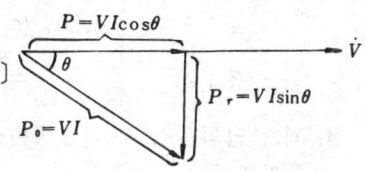

(3) 역률

$pf = \dfrac{\text{유효 전력}}{\text{피상 전력}} = \dfrac{P}{VI} \times 100$ [%]

또는 $\cos\theta = \dfrac{R}{Z}$

【4】 벡터 기호법에 의한 교류 회로의 계산

(1) 복소수(complex number) $A = a + jb$의 식에서

① a는 실수부, b는 허수부, 절대값은 $A = \sqrt{a^2 + b^2}$이다.

② 허수 단위 j는 90° 위상 회전을 의미한다.

$j = j \times 1 = \sqrt{-1}$, $j^2 = j \times j = -1$, $j^3 = j^2 \times j = -j$,

$j^4 = j^2 \times j^2 = 1$

(2) 벡터의 복소수 표시

① 직각 좌표 표시

$A = a + jb$

절대값 $A = \sqrt{a^2 + b^2}$

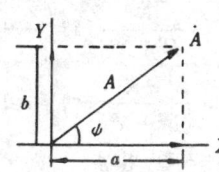

편각 $\varphi = \tan^{-1}\dfrac{b}{a}$

② 극좌표 표시

$a = A\cos\varphi$, $b = A\sin\varphi$ 이므로

$A = \cos\varphi + j\,A\sin\varphi$
$= A(\cos\varphi + j\,\sin\varphi) = A\underline{/\varphi}$

③ 지수 함수 표시

$\varepsilon^{j\varphi} = \cos\varphi + j\,\sin\varphi$

$A = A\varepsilon^{j\varphi}$

$\varepsilon = 2.71828$ (ε : 자연 대수의 밑)

(3) 복소수의 계산

① 복소수의 합 : $\dot{A}_1 = a_1 + jb_1$, $\dot{A}_2 = a_2 + jb_2$ 의 합은

$\dot{A} = \dot{A}_1 + \dot{A}_2 = (a_1 + jb_1) + (a_2 + jb_2) = (a_1 + a_2) + j(b_1 + b_2)$

② 복소수의 차 : $\dot{A}_1 = a_1 + jb_1$, $\dot{A}_2 = a_2 + jb_2$ 의 차는

$\dot{A} = \dot{A}_1 - \dot{A}_2 = (a_1 + jb_1) - (a_2 + jb_2) = (a_1 - a_2) + j(b_1 - b_2)$

③ 복소수의 곱과 몫

$\dot{A}_1 = A_1\underline{/\theta_1} = A_1(\cos\theta_1 + j\,\sin\theta_1) = a_1 + jb_1$
$\dot{A}_2 = A_2\underline{/\theta_2} = A_2(\cos\theta_2 + j\,\sin\theta_2) = a_2 + jb_2$ 의 곱과 몫은

곱 : $\dot{A} = \dot{A}_1 \cdot \dot{A}_2 (A_1\underline{/\theta_1}) \cdot (A_2\underline{/\theta_2}) = A_1 A_2 \underline{/\theta_1 + \theta_2}$

몫 : $\dot{A} = \dfrac{\dot{A}_1}{\dot{A}_2} = \dfrac{A_1\underline{/\theta_1}}{A_2\underline{/\theta_2}} = \dfrac{A_1}{A_2}\underline{/\theta_1 - \theta_2}$

(4) 벡터 임피던스 및 어드미턴스

① 임피던스

$\dot{Z} = R + jX_L - jX_C = R + j\omega L - j\dfrac{1}{\omega C} R + j(X_L - X_C) = R + jX[\Omega]$

② 어드미턴스 : 임피던스의 역수로 [℧] 또는 [S]의 단위를 사용한다.
$Z = R + jX[\Omega]$ 이면, 어드미턴스 Y는

$Y = \dfrac{1}{\dot{Z}} = \dfrac{1}{R + jX} = \dfrac{R}{R^2 + X^2} + j\dfrac{-X}{R^2 + X^2} = G + jB[℧]$

③ 컨덕턴스 : $G = \dfrac{R}{R^2 + X^2}$ [℧] → 저항의 역수

④ 서셉턴스 : $B = \dfrac{-X}{R^2 + X^2}$ [℧] → 리액턴스의 역수

⑤ 어드미턴스의 직렬 합성

4. 교류 회로 *1-17*

$$\frac{1}{\dot{Y}} = \frac{1}{\dot{Y}_1} + \frac{1}{\dot{Y}_2}$$

$$\dot{Y} = \frac{\dot{Y}_1 \dot{Y}_2}{\dot{Y}_1 + \dot{Y}_2} \;[\mho]$$

⑥ 어드미턴스의 병렬 합성

$$\dot{Y} = \dot{Y}_1 + \dot{Y}_2 \;[\mho]$$

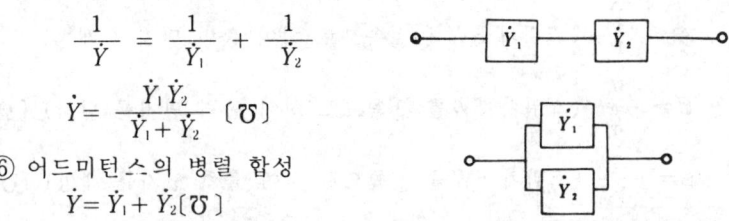

【5】 회로망의 정리
(1) 중첩의 정리
2개 이상의 기전력을 포함한 회로망 중의 어떤 점의 전위 또는 전류는 각 기전력이 각각 단독으로 존재한다고 생각했을 경우 그 점의 전위 또는 전류의 합과 같다.

(2) 테브낭의 정리
그림에서 단자 1, 2간의 개방 전압을 V_0, 단자 1, 2에서 회로망을 본 개방단 임피던스를 Z_0라 할 때, 단자 1, 2에 부하 임피던스 Z를 연결한 경우의 전류 I는 다음과 같다.

$$I = \frac{V_0}{Z_0 + Z} \;[A]$$

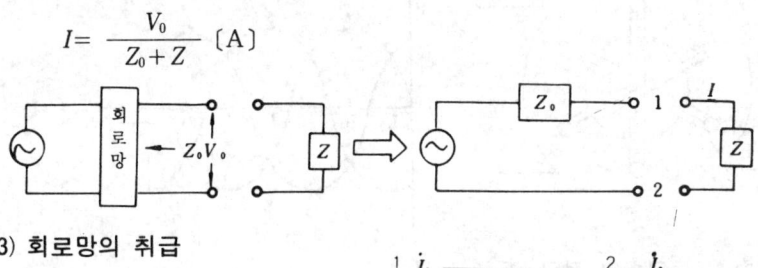

(3) 회로망의 취급
① 4단자망의 기본식

$$V_1 = AV_2 + BI_2$$
$$I_1 = CV_2 + DI_2$$
$$AD - BC = 1$$

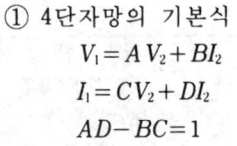
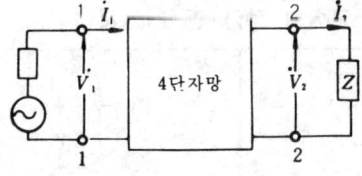

② 2단자 상수

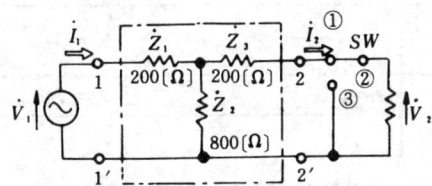

$\dot{A} = \dfrac{\dot{V_1}}{\dot{V_2}}$ (스위치 SW를 ①쪽으로 하여 출력 단자를 개방)

$\dot{B} = \dfrac{\dot{V_1}}{\dot{I_2}}$ (스위치 SW를 ③쪽으로 하여 출력 단자를 단락) 〔Ω〕

$\dot{C} = \dfrac{\dot{I_1}}{\dot{V_2}}$ (스위치 SW를 ①쪽으로 하여 출력 단자를 개방) 〔℧〕

$\dot{D} = \dfrac{\dot{I_1}}{\dot{I_2}}$ (스위치 SW를 ③쪽으로 하여 출력 단자를 단락)

【6】 3상 교류 회로
(1) 3상 교류

각 기전력의 크기가 같고 서로 $\dfrac{2}{3}\pi$〔rad〕 (120°)만큼씩 위상차가 있는 것을 대칭 3상 교류라 한다.

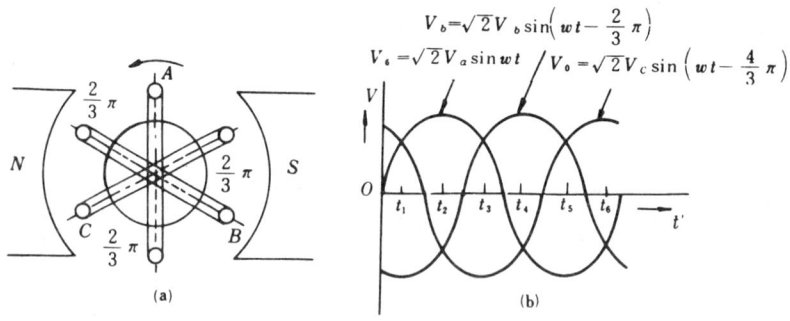

(a) (b)

(2) 대칭 3상 교류의 전압, 전류 관계

결 선 도	성 형 결 선	△ 결 선
상전압 V_P	$V_P = \dfrac{V_l}{\sqrt{3}}$	$V_P = V_l$
선간 전압 V_l	$V_l = \sqrt{3}\, V_P$	$V_l = V_P$
상전류 I_P	$I_P = I_l$	$I_P = \dfrac{I_l}{\sqrt{3}}$
선전류 I_l	$I_l = I_P$	$I_l = \sqrt{3}\, I_P$

(3) 부하의 $Y \rightleftarrows \Delta$ 변환

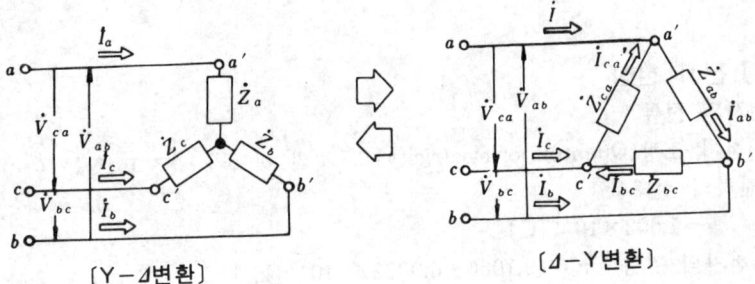

[Y-Δ변환]   [Δ-Y변환]

$$\dot{Z}_{ac} = \frac{\dot{Z}_a\dot{Z}_b + \dot{Z}_b\dot{Z}_c + \dot{Z}_c\dot{Z}_a}{\dot{Z}_c} \ [\Omega] \quad \dot{Z}_a = \frac{\dot{Z}_{ab}\dot{Z}_{ca}}{\dot{Z}_{ab}+\dot{Z}_{bc}+\dot{Z}_{ca}} \ [\Omega]$$

$$\dot{Z}_{bc} = \frac{\dot{Z}_a\dot{Z}_b + \dot{Z}_b\dot{Z}_c + \dot{Z}_c\dot{Z}_a}{\dot{Z}_a} \ [\Omega] \quad \dot{Z}_b = \frac{\dot{Z}_{bc}\dot{Z}_{ab}}{\dot{Z}_{ab}+\dot{Z}_{bc}+\dot{Z}_{ca}} \ [\Omega]$$

$$\dot{Z}_{ca} = \frac{\dot{Z}_a\dot{Z}_b + \dot{Z}_b\dot{Z}_c + \dot{Z}_c\dot{Z}_a}{\dot{Z}_b} \ [\Omega] \quad \dot{Z}_c = \frac{\dot{Z}_{ca}\dot{Z}_{bc}}{\dot{Z}_{ab}+\dot{Z}_{bc}+\dot{Z}_{ca}} \ [\Omega]$$

$\dot{Z}_a = \dot{Z}_b = \dot{Z}_c + \dot{Z}_Y$ 이면 $\dot{Z}_\Delta = 3\dot{Z}_Y [\Omega]$ $\dot{Z}_{ba} = \dot{Z}_{bc} = \dot{Z}_{ca} = \dot{Z}_\Delta$ 이면

$$\dot{Z}_Y = \frac{\dot{Z}_\Delta}{3} \ [\Omega]$$

(4) 3상 전력
① 소비 전력 $P = 3V_pI_p\cos\theta = \sqrt{3}\ V_lI_l\cos\theta [W]$
② 피상 전력 $S = 3V_pI_p = \sqrt{3}\ V_lI_l [VA]$
③ 무효 전력 $Q = \sqrt{3}\ V_lI_l\sin\theta [var]$

(5) 비사인파 교류

(비사인파) = (직류분) + (기본파) + (고조파)

① 비사인파 교류의 실효값
$$V = \sqrt{V_1^2 + V_2^2 + V_3^2 \cdots}$$

② 일그러짐률: 고조파만의 실효값 V_k와 기본파 V_1의 비
$$k = \frac{V_k}{V_1} \times 100 = \frac{\sqrt{V_2^2 + V_3^2 + \cdots}}{V_1} \times 100 [\%]$$

(6) 파형률과 파고율

$$파형률 = \frac{실효값}{평균값}, \quad 파고율 = \frac{최대값}{실효값}$$

5. 반도체

【1】 전자 현상
(1) 전자와 전류
① 전기 소량(Quantum of electricity) : 1개의 전자가 가지고 있는 (−) 전하의 절대값
$$e = 1.602 \times 10^{-19} [C]$$
② 전자의 질량 : $m_0 = (9.1066 \pm 0.0032) \times 10^{-31} [kg]$
③ 도체의 단면을 통과하는 전자의 갯수 N과 흐르는 전류 $I[A]$의 관계
$$N = nvS [개/sec]$$
$$I = eN = 1.602 \times ^{-19} nvS [A]$$
단, S : 도체의 단면적 $[m^2]$, n : 전하의 밀도 $[개/m^3]$,
v : 전자의 평균 이동 속도 $[m/sec]$

(2) 전장 중의 전자 운동
① 전장 속의 정지된 전자 : 쿨롱의 법칙(Coulomb's law)에 의해 전장의 방향과는 반대 방향으로 힘을 받아 가속되어 운동 에너지를 가진다.
② 전자의 속도
$$\frac{1}{2} mv^2 = eV$$
$$\therefore v = \sqrt{\frac{2eV}{m}} \ [m/sec]$$
※ 전자의 전하량과 질량을 대입하면
$e ≒ 5.93 \sqrt{V} \times 10^5 [m/sec]$

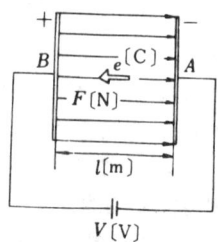

③ 전자의 운동 시간
$$l = \frac{1}{2} at^2 = \frac{1}{2} \cdot \frac{eE}{m} t^2$$
$$\therefore t = \sqrt{\frac{2ml}{eE}} \ [sec]$$
※ 전자의 가속도
$F = eE = ma$
$$\therefore a = \frac{eE}{m} \ [m/sec^2]$$

④ 전자 볼트(electron volt) : 전자가 가지는 에너지의 크기로 단위는
  [eV]
    $1[eV] = 1.602 \times 1^{-19}[J]$
(3) 자장 중의 전자 운동
  ① 자장의 방향과 수직(직각)이면 : 회전
    운동 자장의 방향과 수직이 아니면 : 나
    사선 운동 지장의 방향과 같으면 : 자장
    의 영향을 받지 않는다.
  ② 회전 운동 : 플레밍의 왼손 법칙에 따른다.
  ③ 나사선 운동 : 자장의 방향과 θ의 각도를 이룰 때

【2】 반도체의 성질
(1) 저항률에 의한 물질의 구분
  ① 도체(Conductor) : $10^{-4}[\Omega m]$ 이하의 물질(은, 구리 등)
  ② 절연체(Insulator) : 10^{-7} 이상의 물질(베이클라이트, 고무 등)
  ③ 반도체(Semiconductor) : $10^{8} \sim 10^{-5}[\Omega m]$ 사이의 물질(Ge, Si 등)
(2) 불순물 반도체(Extrinsic Semiconductor)
  ① N형 반도체 : 과잉 전자(excess electron)에 의해서 전기 전도가 이
    루어지는 불순물 반도체
  ※ 도너(donor) : N형 반도체를 만들기 위한 불순물 원소(Sb, As, P, Pb)
  ② P형 반도체 : 정공에 의해서 전기 전도가 이루어지는 불순물 반도체
  ※ 억셉터(accepter) : P형 반도체를 만들기 위한 불순물 원소(Ga, In,
    B, Al)

【3】 다이오드
(1) PN접합 다이오드(PN junction diode)
  ① P형 반도체와 N형 반도체를 접합시켜 만든다.
  ② 다이오드의 종류 { 점 접촉형
                    접합형   { 합금 접합형
                              확산 접합형

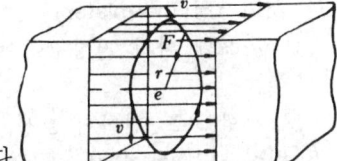
A : anode
K : cathode

(2) 제너 다이오드(Zener diode)
  ① 전압을 일정하게 유지하기 위한 전압 제어 소자(정전압 회로)로 사
    용한다.
  ② 재료의 배합에 따라 1[V]에서 1000[V] 정도까지의 제너 전압(V_E)
    이 결정된다.

(3) 터널 다이오드(tunnel diode)
① 불순물 농도를 매우 크게 만든 것으로 부성 저항 특성을 가진다.
② 마이크로파대의 발진이나 전자 계산기의 고속 스위칭 소자로 사용된다.

(4) 서미스터(thermister)
① 온도에 따라 저항값이 변하는 소자로서 음(-)의 온도 계수를 가진다.
② 저항 온도 변화의 보상, 전력계, 자동제어, 온도계 등에 사용된다.

(5) 바리스터(varistor)
① 전압에 의해 저항이 크게 변하는 소자이다.
② 고압 송전 피뢰기, 전화기와 통신기기의 불꽃 잡음의 흡수 등에 사용된다.

(6) 가변 용량 다이오드(varactor diode)
① 역방향 전압의 변화로 다이오드 양단의 공간 전하 용량이 가변되는 특성을 이용한 것
② 수신기의 동조 회로, 주파수 변조 회로 등의 용량 변화 소자로 사용된다.

【4】 트랜지스터

(1) 트랜지스터의 구조
① 이미터(emitter, E) : 전류의 반송자를 주입하는 전극
② 베이스(dase, B) : 주입된 반송자를 제어하는 전류 공급
③ 컬렉터(collector, C) : 전류의 반송자를 모으는 부분의 전극

(2) 트랜지스터의 동작(NPN형)
① E와 B사이의 순방향 전압 V_{BE}에 의해 E전자가 B로 이동한다.
② C와 B사이의 역방향 전압 V_{CB}에 의해 E에서 B쪽으로 가던 전자의 대부분이 C쪽의 높은 전압에 끌려서 큰 전류가 흐르게 된다.
③ PNP형과는 전지 연결이 반대 극성이다.

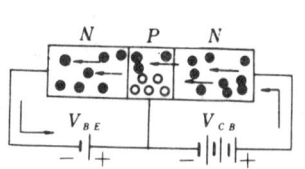 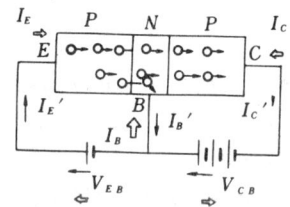

NPN 트랜지스터의 동작

(3) 전류 증폭률
① 이미터와 컬렉터 사이의 전류 증폭률
   (베이스 접지 전류 증폭류)

$$\alpha = \left| \frac{\Delta I_C}{\Delta I_E} \right| \quad (V_{CB} \text{ 일정})$$

② 베이스와 컬렉터 사이의 전류 증폭률(이미터 접지 전류 증폭률)

$$\beta = \left| \frac{\Delta I_C}{\Delta I_B} \right| \quad (V_{CE} \text{ 일정})$$

③ α와 β 사이의 관계

$$\beta = \frac{\alpha}{1-\alpha} \quad \alpha = \frac{\beta}{1+\beta}$$

【5】 전장 효과 트랜지스터

전장 효과 트랜지스터(FET, Field Effect Transistor)는 다수 반송자에 의해 전류가 흐르고 5극 진공관과 비슷한 특성을 가지며, 입력 임피던스가 매우 높은 특징이 있다.

(1) 접합형 FET
① 게이트와 소스 사이에 역 바이어스를 걸고 드레인에 (+)전압을 걸어 사용한다.
② 전달 컨덕턴스 : 드레인 전류의 변화분에 대한 게이트 전압의 변화분의 비

$$g_m = \frac{\Delta I_D (\text{드레인 전류의 변화분})}{\Delta I_G (\text{게이트 전압의 변화분})} \; [\mho]$$

(2) MOS형 FET
P형 실리콘 n^+층을 만든 후 표면 산화시킨 다음 알루미늄 전극을 붙여 만든다.

【6】 반도체 스위칭 소자

(1) 실리콘 제어 정류 소자(SCR, Silicon Controlled Rectifier)
① PNPN 소자의 P_2에 게이트 단자를 달아 P_2, N_2 사이에 전류를 흘릴 수 있게 만든 단방향성 소자이다.
② 애노드(A)가 캐소드(K)에 대해 (+)인 경우에만 도통 상태로 되며, 일단 도통 상태가 되면 게이트는 제어 능력을 상실하여 애노드 전압을 0 또는 (−)로 해야만 차단 상태로 된다.

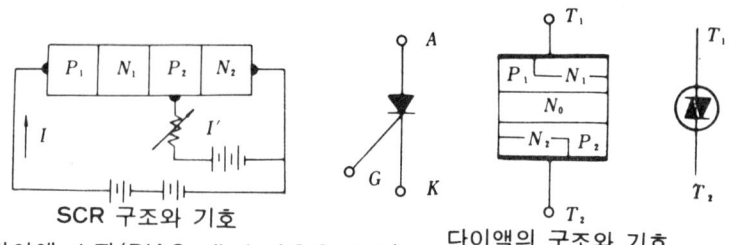

SCR 구조와 기호   다이액의 구조와 기호

(2) 다이액 소자(DIAC, diode AC Switch)
① 역방향이라도 통전 상태와 차단 상태가 있는 쌍방향성 2단자 스위칭 소자로서, 실리콘 대칭형 스위치(Silicon Symmetrical Switch, SSS)라고도 한다.
② 교류 회로의 전류 제어 회로, 조명 조정 장치, 온도 조정 장치 등에 쓰인다.

(3) 트라이액(triac)소자
① 쌍방향성 소자로서 T_1, T_2 사이에 순방향 또는 역방향 어느 한쪽 방향으로 전압을 가해 줄 때 게이트에 어느 값 이상의 전류가 흘러 들어가거나 나가면 T_1, T_2 사이는 단락(도통)된다.
② 게이트에 (+) 또는 (-)의 어느 값 이상의 전류를 흘리면 트리거(trigger) 시킬 수 있고 비교적 약한 전력으로 동작시킬 수 있다.

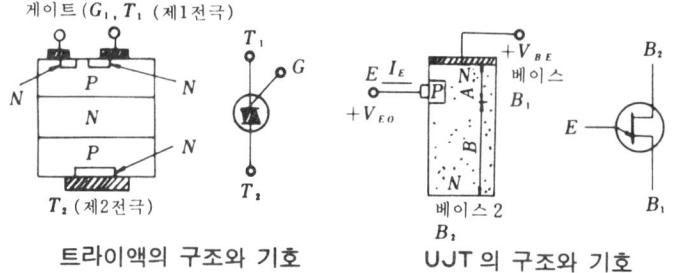

트라이액의 구조와 기호   UJT 의 구조와 기호

(4) 단일 접합 트랜지스터(Uni-junction transistor, UJT)
① N형의 실리콘 막대 양단에 단자 B_1, B_2를 만들고 중간 부분에 P층을 형성하여 이 부분을 (이미터)로 하고 B_1, B_2를 베이스로 한 것으로 더블 베이스 다이오드라고도 한다.
② 부성 저항 특성에 의한 발진 작용으로 사이리스터의 트리거 펄스 발생 회로 등에 사용된다.

6. 전원 회로

【1】 정류 회로
(1) 정류 소자의 특성
  ① 전압 변동률 : 부하 전류의 변동에 따른 직류 출력 전압의 변화 정도

  $$\varepsilon = \frac{V - V_0}{V_0} \times 100 [\%]$$

  V : 무부하시 직류 전압
  V_0 : 전부하시 직류 전압

  ② 맥동률 : 정류된 직류 전류(전압) 속에 포함되는 교류 성분의 정도

  $$r = \frac{\text{출력 파형에 포함된 교류분의 실효값}}{\text{출력 파형의 평균값(직류 성분)}} \quad \therefore r = \frac{\Delta V}{V_d} \times 100 [\%]$$

  ③ 정류 효율 : 직류 출력 전력에 대한 교류 입력 전력의 비

  $$\eta = \frac{\text{부하에 전달되는 직류 출력 전력}}{\text{교류 입력 전력}} \times 100 [\%]$$

(2) 반파 정류 회로

  ① 전류 파형의 직류 성분 또는 평균값 $I_{dc} = \dfrac{I_m}{\pi}$

  ② 전류 파형의 실효값 I_{rms}(실효값) $= \dfrac{I_m}{2}$

  ③ 맥동률 $r = \sqrt{F^2 - 1} = 1.21$

  ④ 효율 $\eta = \dfrac{P_{DC}}{P_1} = \dfrac{4}{\pi^2 \left(1 + \dfrac{r_P}{R_L}\right)} = \dfrac{0.406}{\left(1 + \dfrac{r_P}{R_L}\right)}$

  ※ 최대 효율은 40.6[%]

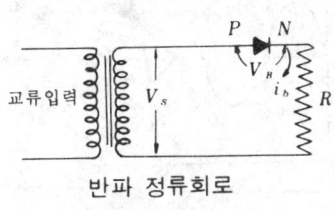
반파 정류회로

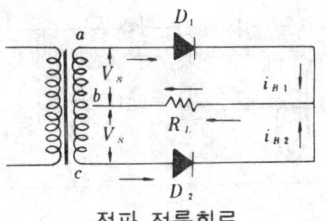
전파 정류회로

(3) 전파 정류 회로

  ① 전파 정류의 평균값 또는 직류값 $I_{dc} = \dfrac{2I_m}{\pi}$

② 전류 파형의 실효값

$$I_{rms} = \frac{I_m}{\sqrt{2}}$$

③ 맥동률 $\gamma = \sqrt{F^2 - 1} = 0.482$

④ 효율 $\eta = \dfrac{\left(\dfrac{2I_m}{\pi}\right)^2 R_L}{\left(\dfrac{I_m^2}{2}\right)(r_P + R_L)} \times 100$

$= \dfrac{81.2}{1 + \left(\dfrac{r_P}{R_L}\right)}$ [%]

※ 반파 정류 회로의 2배이며 이론적으로 최대 81.2[%]

(4) 브리지 정류 회로

① 처음 반주기 동안에는 다이오드 D_1을 통하여 전류가 흐르며, 부하를 통하여 다시 D_4를 통해 전류가 흐르고, 나머지 반주기의 입력 신호는 D_2를 통하여 전류가 흐르게 되며, 부호를 통하여 D_3으로 전류가 흐른다.

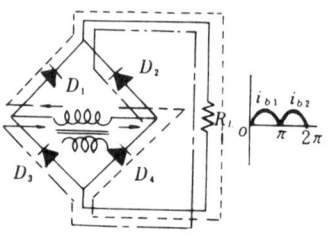

② 중간 탭을 가지는 변압기를 사용하지 않으므로, 용량이 작은 변압기를 사용할 수 있다.

(5) 배전압 정류 회로

① 반파 배전압 정류 회로

② 전파 배전압 정류 회로

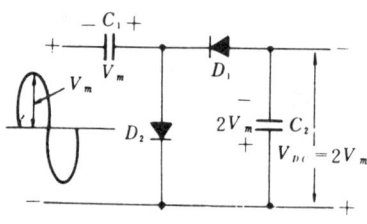
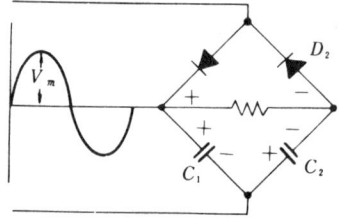

【2】평활 회로

① 초크 입력 여파기 : 초크 코일(choke coil)에 흐르는 전류가 급격히 변화할 때, 이 전류의 반대 방향으로 저지하는 힘에 의해 부하 전류

가 평탄하게 된다.
② 맥동률은 인덕턴스에 반비례하며 부하 저항 R_L이 적을수록, 즉 부하 전류가 클수록 맥동률은 작아진다.

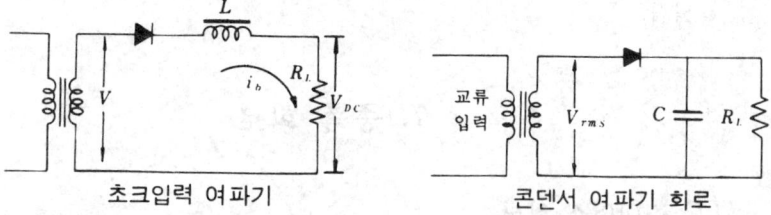

초크입력 여파기 　　　　콘덴서 여파기 회로

(2) 용량성(콘덴서) 평활 회로
① 맥동률 $r = \dfrac{T}{2\sqrt{3}\,R_L C}$
② 맥동률은 부하 저항 R_L 또는 콘덴서 C가 증가할수록 감소되므로 용량이 큰 콘덴서는 맥동률을 낮게 하는데 사용된다.

【3】 정전압 전원 회로
(1) 직류 전압 안정 회로의 기본 구성

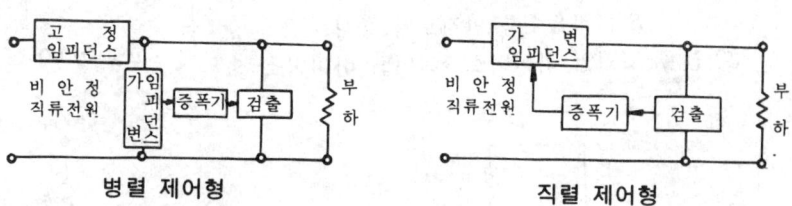

병렬 제어형 　　　　직렬 제어형

(2) 병렬 제어형 정전압 회로
① 제어용 트랜지스터(가변 임피던스)와 부하 저항 R_L이 병렬로 접속된다.
② R_1이 R_L과 직렬 접속되므로 전력 소비가 크고 효율이 나쁘다.

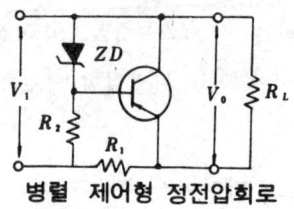 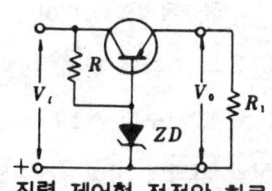

병렬 제어형 정전압회로 　　　 직렬 제어형 정전압 회로

(3) 직렬 제어형 정전압 회로
① 제어용 트랜지스터가 부하와 직렬로 접속된다.
② 경부하시 효율이 병렬 제어형보다 크고, 출력 전압의 안정 범위가 넓다.

7. 증폭 회로

【1】바이어스 회로
(1) 고정 바이어스(fixed bias)회로→베이스 전류 바이어스

① 동작점에서의 베이스 전류 $I_B = \dfrac{V_{CC} - V_{BE}}{R_B}$ [A]

V_{BE}의 크기 $\begin{cases} G_2 \ TR : 0.3[V] \ 정도 \\ Si \ TR : 0.7[V] \ 정도 \end{cases}$

② 컬렉터 전류 $I_C = \beta I_B + (1+\beta) I_{CO}$ [A]

③ 안정 계수 $S = \dfrac{\Delta I_C}{\Delta I_{CO}} = (1+\beta)$

S가 적을수록 안정도가 좋다.

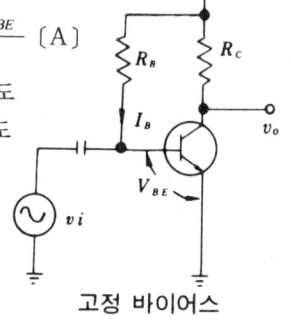

고정 바이어스

(2) 전류 되먹임 바이어스→이미터 바이어스

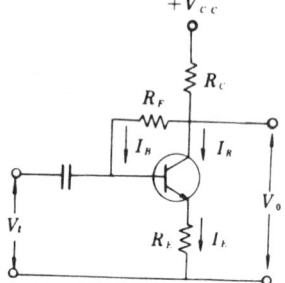

전류되먹임 바이어스   전압되먹임 바이어스

① 온도 변화에 따른 안정을 기하기 위해 전류 되먹임이 되도록 한다.

② 안정 계수 $S = (1+\beta) \dfrac{1-\alpha}{1+\beta+\alpha}$

(3) 전압 되먹임 바이어스→컬렉터-베이스 바이어스

① 온도 상승으로 인한 컬렉터의 전류 증가를 상쇄시키기 위하여 전압

되먹임이 되도록 한다.

② 안정 계수 $S = \dfrac{\Delta I_C}{\Delta I_{CO}} = \dfrac{(1+\beta)+(R_C+R_F+R_E)}{R_F+(1+\beta)R_C+(1+\beta)R_E}$

【2】증폭 회로의 특성
(1) 증폭도
① 증폭도(이득) : 출력 신호에 대한 입력 신호의 비로서 보통 [dB]로 표시된다.
$$G = 20\log_{10} A \,[\text{dB}]$$
② 다단 증폭기의 종합 이득은 각각의 이득의 합으로 표시할 수 있다.
종합 증폭도 $A = A_1 \cdot A_2 \cdot A_3 \cdots\cdots A_n$
종합 이득 $G = G_1 + G_2 + G_3 \cdots\cdots G_n$

(2) 일그러짐 특성
① 진폭 일그러짐 : 입력 전압의 과대 또는 동작점의 부적당으로 동작 범위가 특성 곡선의 비직선 부분을 포함하기 때문에 발생하는 것으로 비직선 일그러짐이라고도 한다.
$$\text{일그러짐률 } K = \frac{\sqrt{V_2^2 + V_3^2 + \cdots\cdots}}{V_1} \times 100 \,[\%]$$
V_1 : 기본파의 실효값, V_2, V_3 : 제2, 제3 고조파의 실효값
② 주파수 일그러짐 : 주파수에 따라 증폭도가 달라짐으로써 발생하는 일그러짐으로, 증폭 회로 내에 포함된 L, C소자의 리액턴스가 주파수에 따라 변하기 때문에 발생한다.
③ 위상 일그러짐 : 입력 전압에 포함된 다른 주파수 성분 사이의 위상 관계가 출력 쪽에서 다르게 나타나기 때문에 생긴다.

【3】트랜지스터의 등가 회로
(1) h-파라미터(parameter)

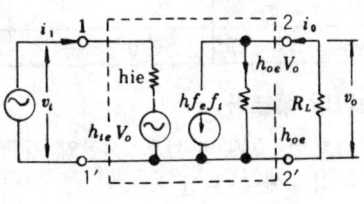

$h_i = \dfrac{v_1}{i_1} \;\;|\; (v_0=0)$ 출력 단자를 단락했을 때의 입력 임피던스

$h_r = \dfrac{v_1}{v_0} \;\;|\; (i_i=0)$ 입력 단자를 개방했을 때의 전압 되먹임률

$h_f = \dfrac{i_0}{i_1} \;\;|\; (v_0=0)$ 출력 단자를 단락했을 때의 전류 증폭률

$h_0 = \dfrac{i_0}{v_0}$ | ($i_i = 0$) 입력 단자를 개방했을 때의 출력 어드미턴스

【4】접지 방식에 따른 증폭 회로의 종류와 특징
(1) 증폭 회로의 종류와 특성

회 로	베이스 접지	이미터 접지	컬렉터 접지
정전류원 등가회로			
정전압원 등가회로 μ			
h 파라미터 등가회로			
입 력 저 항	작다(수[Ω]~수십[Ω])	중간(수백[Ω]~수십[kΩ])	크다(수십[kΩ] 이상))
출 력 저 항	크다(수십[kΩ]이상)	중간(수[kΩ]~수십[kΩ])	작다(수[Ω]~수십[Ω])
입·출력 위상	동 상	위상반전	동 상
전압증폭도	높 다	높 다	낮다(>1)
전류증폭도	≒ 1	높 다	높 다
전력증폭도	낮 다	높 다	낮 다
용 도	전압증폭용	전압증폭용	임피던스 변환용

(2) 이미터 폴로어
① 컬렉터 접지 방식으로 전압 증폭이 필요 없고 큰 전류 이득이 필요한 회로에 사용된다.
② 입력 임피던스가 매우 높고 출력 임피던스는 매우 낮으므로 저항 변환을 위한 버퍼단(buffer stage)으로 사용된다.
③ 전압 이득은 1 또는 그 이하이다.

【5】되먹임 증폭 회로

(1) 되먹임(feedback) 증폭 회로의 원리

① 되먹임 증폭도 $Af = \dfrac{V_2}{V_1} = \dfrac{A}{1-A\beta}$

　　A : 되먹임이 없을 때의 증폭도, β : 되먹임 계수

② β가 양수이면 $Af > A$이므로 양되먹임, 음수이면 $Af < A$가 되어 음되먹임이 된다.

(2) 음되먹임 증폭의 특징

① 증폭도는 감소하나 일그러짐이나 증폭 회로의 내부 잡음, 특히 출력단의 잡음이 감소된다.

② 증폭기의 주파수 특성과 안정도가 개선된다.

【6】전력 증폭 회로

(1) A급 전력 증폭 회로

① 교류 출력

$$P_{ac} = \dfrac{1}{\sqrt{2}} i_m \times \dfrac{1}{\sqrt{2}} v_m = \dfrac{1}{2} i_m v_m$$

$i_m = I_c$, $v_m ≒ V_c$로 볼 수 있으므로, $P_{ac} ≒ \dfrac{1}{2} I_c V_c$

② 직류 출력 $P_{dc} = I_c V_c$

③ 효율 $\eta = \dfrac{P_{ac}}{P_{dc}} \times 100 = 50 [\%]$

(2) 푸시풀(push-pull) 증폭 회로

① B급 증폭 회로 : 동작점을 차단점(0바이어스) 부근에 잡아 출력을 크게 할 수 있고, 효율은 78.5[%]로 높다.

② 푸시풀 증폭 회로 : 전기적 특성이 같은 트랜지스터를 서로 대칭으로 접속하여 교번 동작을 시킨 후 출력을 합하여 큰 출력을 얻게 하는 회로로서 B급이나 AB급으로 동작시킨다.

③ B급 푸시풀 증폭 회로의 특징

　㉠ B급 동작이므로 직류 바이어스 전류가 매우 작아도 된다.

　㉡ 입력이 없을 때의 컬렉터 손실이 작으며 큰 출력을 낼 수 있다.

　㉢ 짝수 고조파 성분은 서로 상쇄되어 일그러짐이 없는 출력단에 적합하다.

【7】 FET증폭 회로

(1) FET의 동작 특성

① FET의 상수(parameter)

전달 컨덕턴스 $g_m = \dfrac{\partial I_D}{\partial V_{GS}} \mid V_{DS} = $ 일정

드레인 저항 $r_d = \dfrac{\partial V_{DS}}{\partial I_D} \mid V_{GS} = $ 일정

증폭 상수 $\mu = \dfrac{\partial V_{DS}}{\partial V_{GS}} \mid I_D = $ 일정

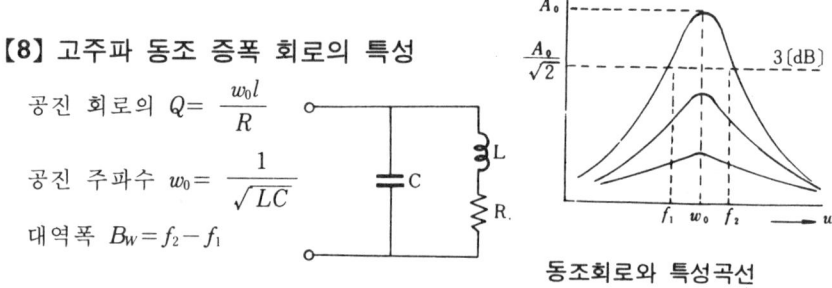

FET 의 기본 회로

② FET의 전압 증폭 상수 $\mu = g_m r_d$
③ 출력 임피던스는 r_d와 같으며, 입력 임피던스는 무한히 크게 된다.
④ 핀치 오프 전압(pinch-off voltage, V_P) : V_{GS}를 작게하여 $I_D = 0$이 되는 때의 게이트 소스간 전압

【8】 고주파 동조 증폭 회로의 특성

공진 회로의 $Q = \dfrac{w_0 l}{R}$

공진 주파수 $w_0 = \dfrac{1}{\sqrt{LC}}$

대역폭 $B_W = f_2 - f_1$

동조회로와 특성곡선

【9】 연산 증폭기

(1) 연산 증폭 회로의 특성

① 연산 증폭기는 직류로부터 특정한 주파수 범위 사이에서 되먹임 증폭기를 이용하여 일정한 연산을 할 수 있도록 한 직류 증폭기이다.
② 이상적인 연산 증폭기의 특성
　㉠ 전압 이득 A_v가 무한대이다. ($A_v = \infty$)
　㉡ 입력 저항 R_i이 무한대이다. ($R_i = \infty$)
　㉢ 출력 저항 R_0가 0이다. ($R_0 = 0$)
　㉣ 대역폭이 무한대이고($BW = \infty$) 지연 응답(response delay) = 0이다.
　㉤ 오프셋(offset)이 0이다.

ⓑ 특성의 변동, 잡음이 없다.
③ 연산 증폭기의 정확도를 높이기 위한 조건
  ㉠ 큰 증폭도와 좋은 안정도가 필요하다.
  ㉡ 많은 양의 음되먹임을 안정하게 걸 수 있어야 한다.
  ㉢ 좋은 차단 특성을 가져야 한다.
(2) 차동 증폭기(differential amplifier)
  ① 차동 증폭기 : 2개의 입력 단자에 가해진 2개의 신호차를 증폭하여 출력으로 하는 회로
  ② 동위상 신호 제거비(CMRR, Common ModeRejectionRatio)

  $$CMRR = \frac{\text{자동 이득}}{\text{동위상 이득}}$$

  동위상 신호 제거비가 클수록 우수한 차동 특성을 나타낸다.
  ③ 차동 증폭 회로의 특징
   ㉠ 직류 증폭이 가능하며 직선성이 좋다.
   ㉡ 온도에 대해서 안정하다.
   ㉢ 전원 전압의 변동에도 안정하다.

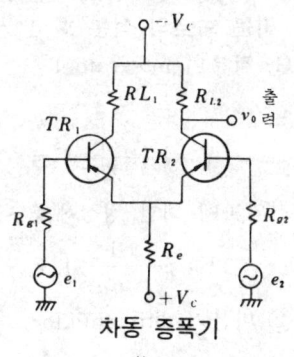

차동 증폭기

(3) 부호 변환 연산 증폭 회로
  입·출력 관계식
  $$V_0 = -KV_i$$
  K는 계수로서 외부 저항만으로 설정한다.

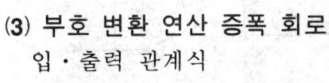

연산 증폭기

(4) 덧셈 연산 증폭 회로(가산기, adder)

$$V_0 = -\left(\frac{R_f}{R_1}V_1 + \frac{R_f}{R_2}V_2 + \cdots\cdots \frac{R_f}{R_n}V_n\right)$$

$R_1, R_2, \cdots\cdots R_n, R_f$가 모두 같으며

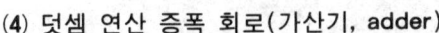
$$V_0 = -(V_1 + V_2 + \cdots\cdots + V_n)$$

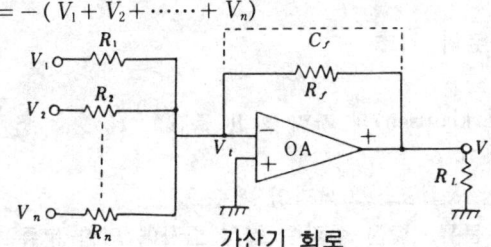

가산기 회로

(5) 고입력 저항 차동 증폭 회로

① 부호 변환 증폭기의 이득은 보통 80~160[dB]의 큰값이 되므로 V_i는 대부분 입력 저항 R_1에 걸리게 된다.

② 입력 저항은 R_1(증폭기의 입력 저항 그 자체)만으로 정해진다.

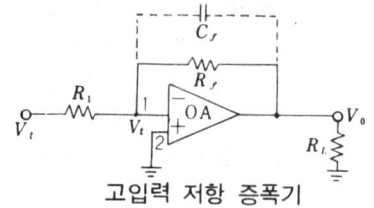

고입력 저항 증폭기

(6) 미분 회로와 적분 회로

① 적분기(integrator)

$$V_0 = -\frac{Z_f}{Z_1} V_1 = -\frac{(\frac{1}{jwc})}{R_1} V_1$$

사인파에 대한 정상해를 나타내는 리액턴스를 과도 특성으로 나타내면

$$V_0 = -\frac{1}{R_C} \int V_{idt}$$

② 미분기(differentiator)

출력 전압 $V_0 = -RC \dfrac{dv_i}{d_t}$

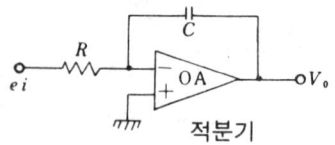
적분기

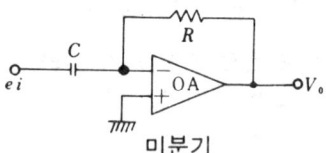
미분기

8. 발진 및 변·복조 회로

【1】발진 회로의 기초

(1) 발진 조건

바크하우젠(barkhausen)의 자려 발진 조건

$A\beta = 1$

A : 전압 증폭도, β : 되먹임 계수

(2) 발진 회로의 분류 — 발진 주파수 결정 소자에 의한 분류

① LC 발진 회로

② RC 발진 회로
③ 수정 발진 회로
(3) 하틀리 발진(Hartley oscillation)회로
① 발진 주파수
$$f_0 = \frac{1}{2\pi\sqrt{(L_1+L_2+2M)C}} \text{ [Hz]}$$
② 발진을 지속하기 위한 트랜지스터의 최소 전류 증폭률
$$hfe = \frac{1}{\omega^2(L_2+M)C} - 1$$
M : 상호 인덕턴스

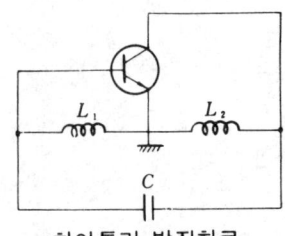

하아틀리 발진회로

(4) 콜피츠 발진(colpitts oscillation)회로
① 발진 주파수
$$f_0 = \frac{1}{2\pi\sqrt{L\left(\frac{C_1 \cdot C_2}{C_1+C_2}\right)}} \text{ [Hz]}$$
② 지속 발진을 위한 전류 증폭률 $hfe = \omega^2 LC_2$

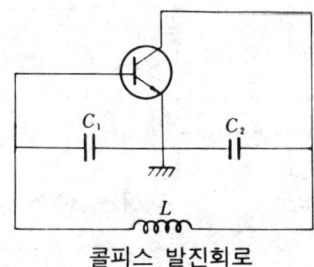

콜피스 발진회로

【2】 수정 발진 회로
(1) 수정 진동자
① 수정 진동자의 리액턴스 특성

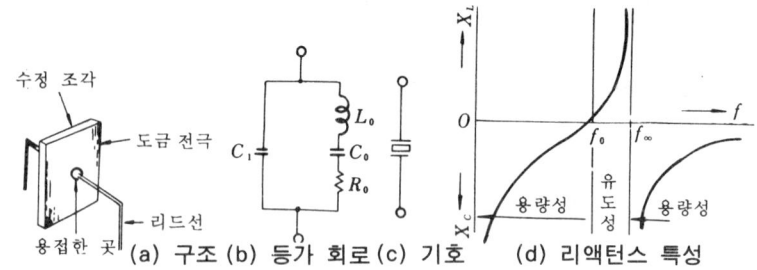

(a) 구조 (b) 등가 회로 (c) 기호　(d) 리액턴스 특성

② 진동자의 직렬 공진 주파수 f_0, 병렬 공진 주파수 f_∞

$$f_0 = \frac{1}{2\pi\sqrt{L_0 C_0}}$$

$$f_\infty = \frac{1}{2\pi\sqrt{L\left(\dfrac{C_0 C_1}{C_0 + C_1}\right)}}$$

③ 수정이 유도성을 가지는 범위

$$f_0 - f_\infty = f_0 \sqrt{\frac{C_0 + C_1}{C_0}}$$

※ f_0보다는 높게 f_∞보다는 낮게 해야 유도성이 된다.

(2) 수정 발진(crystal oscillation) 회로

① 피어스 BE형 발진 회로(pierce BE type oscillation) : 수정 진동자가 이미터와 베이스 사이에 있으며 하틀리 발진 회로와 비슷하다.

② 피어스 BC형 발진 회로 : 수정 진동자가 컬렉터와 베이스 사이에 있는 것으로 콜피츠 발진 회로와 비슷하다.

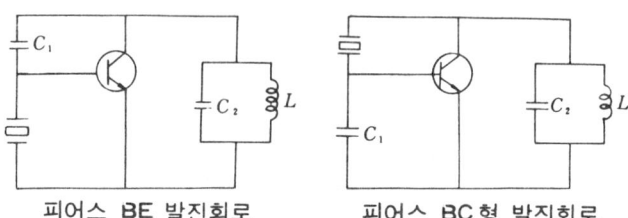

피어스 BE 발진회로　　피어스 BC형 발진회로

【3】 RC 발진 회로

(1) RC 발진기의 회로

① 이상형 발진기 : RC의 이상(phase shirter) 특성을 이용

② 빈 브리지(wien bridge) 발진기

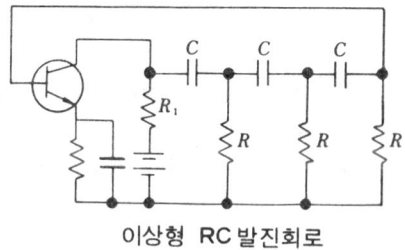

이상형 RC 발진회로

8. 발진 및 변·복조 회로

(2) 이상형 RC 발진 회로

발진 주파수

$$f_0 = \frac{1}{2\pi\sqrt{6\,R_C}}$$

(3) 브리지형 RC 발진 회로

발진 주파수

$$f_0 = \frac{1}{2\pi\sqrt{R_1 R_2 C_1 C_2}}$$

$R_1 = R_2 = R$, $C_1 = C_2 = C$ 이면

$$f_0 = \frac{1}{2\pi RC}$$

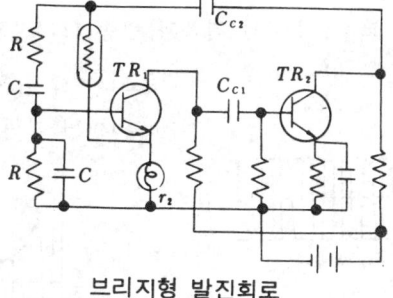

브리지형 발진회로

(4) 발진 주파수 변동의 원인과 대책
① 부하의 변화 : 완충 증폭기를 부가한다.
② 주위 온도의 변화 : 온도 계수가 낮은 부품을 사용한다.
③ 전원 전압의 변화 : 안정화 전원 회로를 사용한다.

【4】 변조 회로의 기초

(1) 변조(modulation)

송신에서 신호의 전송을 위해 고주파에 저주파 신호를 포함시키는 과정이며, 변조된 반송파(carrier wave)를 피변조파(modulated wave)라 한다.

(2) 변조 방식의 분류
① 진폭 변조(Amplitude Modulation, AM)
② 주파수 변조(Frequency Modulat on, FM) ┐
③ 위상 변조(Phase Modulation, PM)   ┘ 각 변조(angular modulation)
④ 펄스 변조
　㉠ 펄스 진폭 변조(PAM, Pulse Amplitude Modulation)

ⓛ 펄스 지속 변조(PDM, Pulse Duration Modulation)
ⓒ 펄스 위치 변조(PPM, Pulse Position Modulation)
ⓔ 펄스 주파수 변조(PFM, Pluse Frequency Modulation)
ⓜ 펄스 폭 변조(PWM, Pulse Width Modulation)
ⓗ 펄스 부호 변조(PCM, Pulse Code Modulation)

※ 복조(demodulation) : 피변조파를 수신하여 이에 포함된 신호파를 재생하여 가청할 수 있게 하는 과정으로 검파(detection)라고도 한다.

(3) 진폭 변조의 원리

① 진폭 변조 : 반송파의 진폭을 신호파의 진폭에 따라 변화하게 하는 방법

② 변조도 : 신호파의 진폭과 반송파의 진폭의 비

$$m = \frac{I_{Sm}}{I_{Cm}}$$

$m=1$인 때 $100[\%]$변조
$m>1$이면 과변조

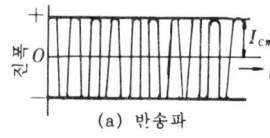
(a) 반송파

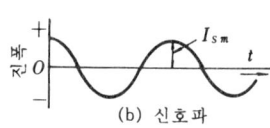
(b) 신호파

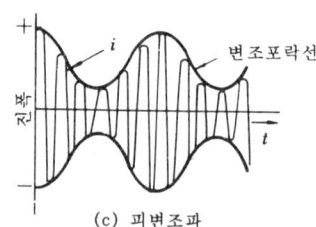
(c) 피변조파

③ 피변조파의 전력

$$P = \frac{1}{2} I_C m^2 R + \frac{1}{8} m^2 I_C m^2 R + \frac{1}{8} m^2 I_C m^2 R$$

$$= P_C + P_L + P_U + P_C \left(1 + \frac{m^2}{2}\right) [W]$$

$m=1(100[\%]$변조)일 때 반송파의 점유 전력은 전 전력의 $\frac{2}{3}$ 이며, 나머지 $\frac{1}{3}$ 의 전력이 상·하 양측파가 점유하는 전력이 된다.

④ 링(ring) 변조 회로 : 피변조파에 포함된 반송파를 제거하고 양측파 대만을 빼내는 평형 변조의 일종으로, 출력에 한쪽 측파대만을 선택하는 필터를 부착시켜 단측파대(SSB) 통신에 이용된다.

8. 발진 및 변·복조 회로 **1-39**

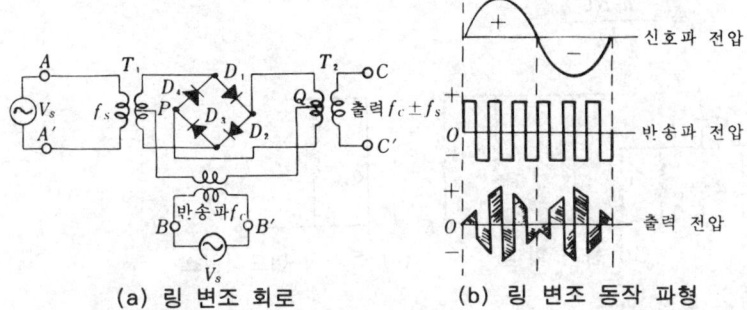

(a) 링 변조 회로   (b) 링 변조 동작 파형

(4) 진폭 복조 회로
 ① 직선 복조 회로 : 다이오드의 전압 전류 특성의 직선 부분이 이용되도록 입력 전압을 충분히 크게 하여 복조하는 방식
 ② 제곱 복조 회로 : 비직선 소자의 제곱 특성을 이용한 방식으로 진폭이 작은 진폭 변조파의 복조에 사용된다.

【5】 주파수 변조와 복조
(1) 주파수 변조의 원리
 ① 주파수 변조 : 반송파의 주파수 변화를 신호파의 진폭에 비례시키는 변조 방식
 ② 최대 주파수 편이 : 반송 주파수 f_c를 중심으로 변조에 의한 최대 주파수 변화분
  ㉠ FM방송 $\Delta f_C = \pm 75 (kHz)$
  ㉡ TV 음성 $\Delta f_C = \pm 25 (kHz)$
  ㉢ 일반 통신 $\Delta f_C = \pm 15 (kHz)$

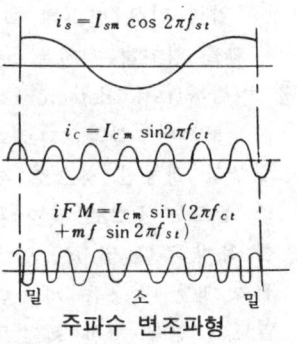

주파수 변조파형

 ③ 주파수 변조 지수 : 최대 주파수 편이 Δf_C와 신호 주파수 f_S의 비
$$m_f = \frac{\Delta f_C}{f_S}$$
 ④ 실용적 주파수 대역폭
  $B = 2f_S(m_f + 1) = 2(\Delta f_C + f_S)$
 ⑤ 리액턴스 트랜지스터 회로
  등가 인덕턴스

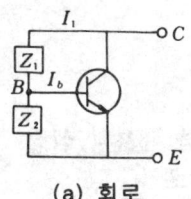

(a) 회로

$$L_{eq} = \frac{h_{ie}RC}{h_{fe}}$$

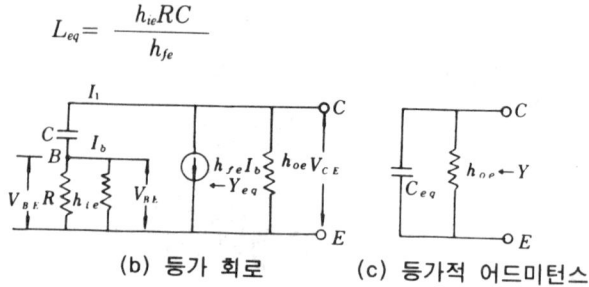

(b) 등가 회로   (c) 등가적 어드미턴스

(2) **주파수 복조 회로**

① 포스터 실리(Foster Seeley) 판별회로

㉠ 검파기 D_1, D_2에 가해지는 전압

$$\dot{V}_{ad} = \dot{V}_L + \dot{V}_{ac} = \dot{V}_L + \frac{\dot{V}_{ab}}{2}$$

$$\dot{V}_{bd} = \dot{V}_L - \dot{V}_{cb} = \dot{V}_L - \frac{\dot{V}_{ab}}{2}$$

㉡ 입력 진폭 변화에 의한 복조 감도가 변화되므로, 반드시 진폭 변화를 억제하는 진폭 제한 회로를 삽입해야 한다.

② 비검파(ratio detector) 회로 : 포스터 실리 회로의 일부를 개량한 것으로 복조 감도는 1/2로 낮으나, 큰 용량의 C_5 및 R_1, R_2가 진폭 제한 작용을 하므로 별도의 진폭 제한 회로가 필요하지 않다.

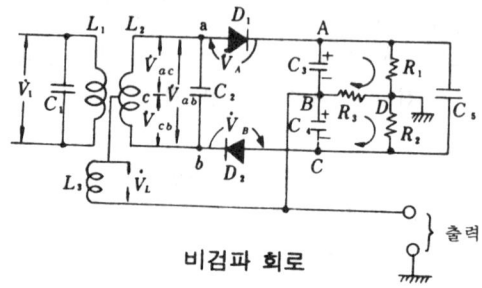

비검파 회로

9. 펄스 회로

【1】 펄스 파형의 성질

(1) **펄스 회로**

짧은 시간에 전압 또는 전류의 진폭이 사인파와는 다르게 급격히 변화

9. 펄스 회로

하는 파형을 펄스(pulse)라 한다.

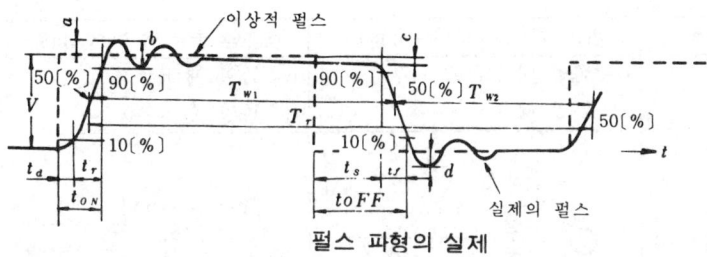

펄스 파형의 실제

① 상승 시간(t_r, rise time) : 실제의 펄스가 이상적 펄스의 진폭 V의 10[%]에서 90[%]까지 상승하는데 걸리는 시간
② 지연 시간(t_d, delay time) : 이상적 펄스의 상승 시각으로부터 진폭의 10[%]까지 이르는 실제의 펄스 시간
③ 하강 시간(t_f, fall time) : 실제의 펄스가 이상적 펄스의 진폭 V의 90[%]에서 10[%]까지 내려가는 데 걸리는 시간
④ 축적 시간(t_S, storage time) : 이상적 펄스의 하강 시각에서 실제의 펄스가 V의 90[%]가 되기까지의 시간
⑤ 펄스폭(τ_W, pulse width) : 펄스 파형이 상승 및 하강의 진폭 V의 50[%]가 되는 구간의 시간
⑥ 오버슈트(overshoot) : 상승 파형에서 이상적 펄스파의 기준 레벨보다 아랫부분의 높이 a를 말한다.
⑦ 언더슈트(undershoot) : 하강 파형에서 이상적 펄스파의 기준 레벨보다 아랫부분의 높이 d
⑧ 턴 오프 시간(t_{OFF}, turn-off time) : 이상적 펄스의 하강 시각에서 V의 10[%]까지 하강하는 시간($t_{OFF} = t_S + t_f$)
⑨ 턴 온 시간(t_{ON}, turn-on time) : 이상적 펄스의 상승 시각에서 V의 90[%]까지에 상승하는 시간($t_{ON} = t_d + t_f$)
⑩ 새그(s, sag) : 내려가는 부분의 정도를 말하며, $\left(\dfrac{c}{V}\right) \times 100[\%]$ 로 나타낸다.
⑪ 링잉(b, ringing) : 펄스의 상승 부분에서 진동의 정도를 말하며, 높은 주파수 성분에 공진하기 때문에 생긴다.

【2】 파형의 정형과 변환 회로
(1) 클리핑 회로(clipping circuit)

입출력 조건	피크 클리퍼(peak clipper) $v_i < V_B$일 때 $v_0 = v_i$ $v_i > V_B$일 때 $v_0 = V_B$	베이스 클리퍼(base clipper) $v_i < V_B$일 때 $v_0 = V_B$ $v_i > V_B$일 때 $v_0 = v_i$
병렬형 클리핑 회로		
직렬형 클리핑 회로	입력 파형의 윗부분을 잘라내는 회로	입력 파형의 아랫부분을 잘라내는 회로

(2) 클램핑 회로(clamping circuit)
입력 신호의 (+) 또는 (-)의 피크(peak)를 어느 기준 레벨로 바꾸어 고정시키는 회로로서, 직류분 재생 회로 등에 쓰인다.

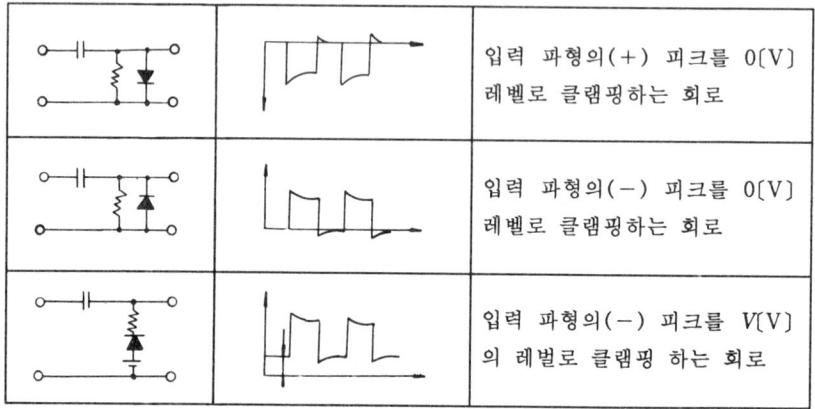

입력 파형의 (+) 피크를 0[V] 레벨로 클램핑하는 회로

입력 파형의 (-) 피크를 0[V] 레벨로 클램핑하는 회로

입력 파형의 (-) 피크를 $V[V]$ 의 레벨로 클램핑 하는 회로

【3】 펄스 발생 회로
(1) 비안정 멀티바이브레이터(astable multivibrator)
① TR_1 On, TR_2 OFF, TR_1 OFF, TR_2 ON의 2개의 준안정 상태(일시적 안정 상태)가 있어, 이것이 일정한 주기로 되풀이 된다.
② 반복 주기 $T_r ≒ 0.7(C_1R_{b2}+C_2R_{b1})$ [sec]
③ 반복 주파수 $f = \dfrac{1}{T_r} = \dfrac{1}{\tau_{W1}+\tau_{W2}} ≒ \dfrac{1}{0.7(C_1R_{b2}+C_2R_{b1})}$ [Hz]

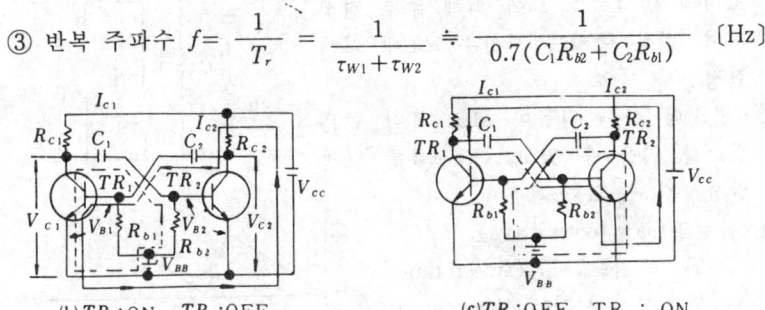

(b) TR_1 : ON, TR_2 : OFF   (c) TR_1 : OFF, TR_2 : ON

(2) 단안정 멀티바이브레이터(monostable multivibrator)

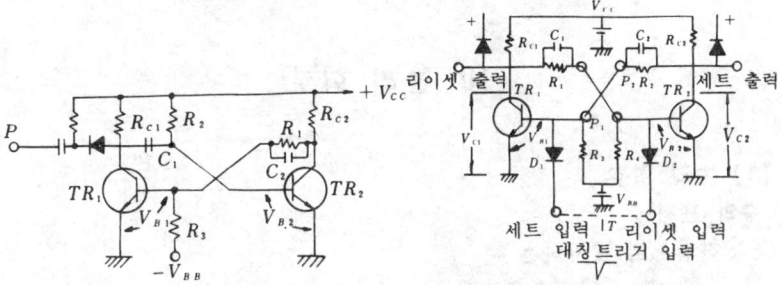

단안정 멀티바이브레이터   쌍안정 멀티바이브레이터

① 하나의 안정 상태와 하나의 준안정 상태를 가지며, 외부로부터 (−)의 트리거 펄스를 가하면 안정 상태에서 준안정 상태로 되었다가 어느 일정시간 경과 후 다시 안정 상태로 돌아오는 동작을 한다.
② 반복 주기 $T_r ≒ 0.7 R_2 C_1$ [sec]
③ C_2는 가속(speed-up) 콘덴서로서 스위칭 속도를 빠르게 하며, 동작을 정확하게 하는 동작을 한다.

(3) 쌍안정 멀티바이브레이터(bistable multivibrator)
① 처음 어느 한쪽의 트랜지스터가 ON이면 다른 쪽의 트랜지스터는 OFF의 안정 상태로 반전되는 동작을 한다.
② 입력 트리거 펄스 2개마다 1개의 출력 펄스를 얻어 낼 수 있으므로 분주기나 계산기, 계수 기억 회로, 2진 계수 회로 등에 사용된다.

(4) 블로킹(blocking) 발진 회로

① 1개의 트랜지스터와 변압기에 의하여 양되먹임 회로를 구성하여 펄스를 발생시킨다.

② 발진 회로의 펄스폭은 변압기의 1차 코일의 인덕턴스 L_1에 의해 주로 결정되며, 반복 주기는 시상수 R_bC에 의해 결정된다.

③ 펄스의 상승 비율이 크고 폭이 좁은 펄스를 얻을 수 있고, 큰 전류를 쉽게 발생시킬 수 있다.

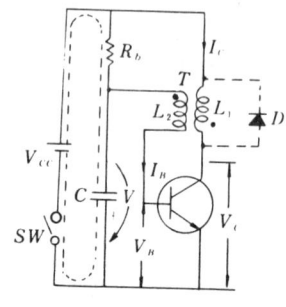

④ 톱날파(saw tooth wave)
  T_1 : 스위프 시간(sweep time)
  T_2 : 귀선 시간(flyback time)
  T_r : 반복 주기

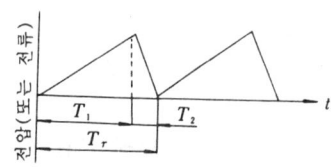

10. 논리 회로

【1】 논리 회로
(1) 수의 표시
① R진법으로 표시되는 수

$$N=\sum_{i=1}^{\infty}d_iR^{i-1}(i\geq 1)$$

여기서 $d_i<R$이며, R은 기수이다. d_i는 R진법에서 i자리의 숫자를 표시하고, i는 상수이다.

② 10진 −2진 변환

```
        2) 45
        2) 22 ……1
        2) 11 ……0
        2)  5 ……1
        2)  2 ……1
        2)  1 ……0
           0 ……1
```
∴ $(45)_{10}=(101101)_2$

(2) 2수진수의 연산
　① 덧셈의 법칙

　　　$0+0=0$
　　　$0+1=1$
　　　$1+0=1$
　　　$1+1=10$　※ 자리올림(carry)

```
    1 0 1 1
+)  1 0 1 0
    0 0 0 1
    1   1    ……자리올림
  1 0 1 0 1
```

　② 뺄셈의 법칙

　　　$0-0=0$
　　　$1-0=1$
　　　$1-1=0$
　　　$0-1=1$　※ 자리빌림(borrow)

```
    1 0 1 0
-)  0 1 0 1
    1 1 1 1
-)  1   1    ……자리빌림
    0 1 0 1
```

　③ 곱셈의 법칙

　　　$0\times0=0$
　　　$0\times1=0$
　　　$1\times0=0$
　　　$1\times1=1$

```
        1 0 1 0
×)      0 1 0 1
        1 0 1 0
      0 0 0 0
    1 0 1 0
  0 0 0 0
  0 1 1 0 0 1 0
```

　④ 나눗셈의 법칙

　　　$0\div1=0$
　　　$1\div1=1$
　　　$0\div0=$ 불능
　　　$1\div0=$ 불능

```
              1 0 1  ……몫
    1 0 1 0 1 ) 1 1 1 0 1 0 1
              1 0 1 0 1
              1 0 0 0 0 1
                1 0 1 0 1
                  1 1 0 0  ……나머지
```

(3) 보수(complement)
　① 1의 보수(one's complement) : 0을 1로, 1을 0으로 변환시킨 것
　　〔예〕 101의 보수는 010
　② 2의 보수(two's complement) : 1의 보수에 1을 더한 값
　　　2의 보수＝1의 보수＋1

(4) 수의 코드화

① 2진화 10진수(Binary Coded Decimal, BCD) : 10진수 1자리를 2진수 4자리(4bit)로 표시한 것으로 자리에 따라서 8, 4, 2, 1의 무게를 가지고 있으므로 8·4·2·1부호라고도 한다.

② 부호(정보량)의 최소 단위, 즉 1 또는 0을 비트(bit)라 하고 8비트를 바이트(byte)라 하며, 몇 개의 바이트를 어(word)로 표시한다.

③ 부호화 : 2진수와 10진수의 두 성질을 가지는 것을 부호화했을 때
  ㉠ 웨이티드 부호(weighted code) : 비트 자리에 따라 일정한 값을 가지는 것
  ㉡ 언웨이티드 부호(unweighted code) : 비트 자리에 따라 값이 다른 것

(5) 불 대수(Boolean algebra)

〔공리 1〕 교환 법칙
  $A+B=B+A$
  $A \cdot B=B \cdot A$

〔공리 2〕 결합 법칙
  $(A+B)+C=A+(B+C)$
  $(A \cdot B) \cdot C=A \cdot (B \cdot C)$

〔공리 3〕 상호 분배 법칙
  $A+(B \cdot C)=(A+B) \cdot (A+C)$
  $A \cdot (B+C)=A \cdot B+A \cdot C$

여기서, 괄호가 없는 것은 곱셈을 먼저 하고, 덧셈을 나중에 하는 법칙을 적용한다.

〔공리 4〕
  $A+0=A$
  $A \cdot 1=A$

〔공리 5〕
  $A+\overline{A}=1$
  $A+\overline{A}=0$

〔정리 1〕 0과 1로 연산하면 다음과 같이 성립한다.
  $0+0=1$ $1+0=1$
  $1 \cdot 1=1$ $0 \cdot 1=0$

〔정리 2〕
  $0=1$ $\overline{1}=0$

〔정리 3〕
 A+1=A   A・0=0
〔정리 4〕
 A+A=A   A・A=A
〔정리 5〕
 A+A・B=A
 A・(A+B)=A
〔정리 6〕
 A+$\overline{A}$・B=A+B
 A・($\overline{A}$+A・B)=AB
〔정리 7〕
 $\overline{\overline{A}}$=A
〔정리 8〕 드모르간(De Morgan)의 정리
 $\overline{A+B}=\overline{A}\cdot\overline{B}$ $\overline{A}\cdot\overline{B}=\overline{A+B}$
 $\overline{\overline{A}\cdot\overline{B}}=\overline{A}+\overline{B}$ $A+B=\overline{\overline{A}\cdot\overline{B}}$

【2】 기본 논리 회로
(1) 기본 논리 회로

기본논리회로	논리 회로	논리식	논리 동작
AND회로	A, B → Y	Y=A・B	모든 입력이 1일 때 출력이 1로 된다.
OR회로	A, B → Y	Y=A+B	입력이 아니더라도 1이면 출력이 1로 된다.
NOT회로	A → Y	Y=$\overline{A}$	입력이 1일 때 출력 0, 입력이 0일 때 출력이 1로 된다.
NAND회로	A, B → Y	Y=$\overline{A\cdot B}$	모든 입력이 1일 때 출력이 0으로 된다.
NOR회로	A, B → Y	Y=$\overline{A+B}$	입력이 하나라도 1이면 출력이 0으로 된다.
EOR회로	A, B → Y	Y=A⊕B	입력이 모두 같을 때는 논리 0이 되고 다를 때는 논리 1이 된다.

(2) 전자 논리 회로의 종류
  ① 다이오드－트랜지스터 논리(DTL, Diode-Transistor Logic) 회로
  ② 트랜지스터－트랜지스터 논리(TTL, Transistor-Transistor Logic) 회

로
③ 산화물 금속 반도체(Metal Oxide Semiconductor, MOS) 논리회로

【3】 조합 논리 회로
(1) 반 가산기(half adder)
　① 반 가산기 : 2개의 2진수 A와 B를 더한 합(sum) S와 자리올림(carry) C를 얻는 회로
　② 배타 논리합(EOR) 회로와 논리곱(AND) 회로를 써서 구성한다.

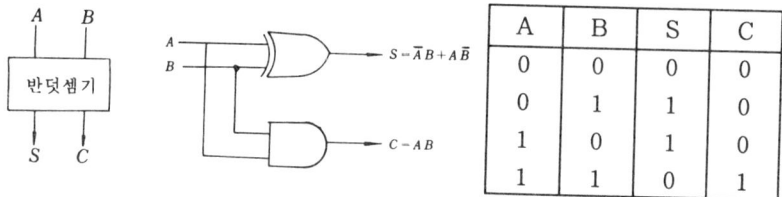

A	B	S	C
0	0	0	0
0	1	1	0
1	0	1	0
1	1	0	1

(2) 전가산기(full adder)
　① 전가산기 : 2진수 가산을 완전히 하기 위해 자리올림 입력도 함께 더 할 수 있는 기능을 갖는다.
　② 입력 중 어느 하나가 1인 경우에는 출력은 1이 되고, 모든 입력이 1일 때에도 출력은 1이 되며, 자리올림 C_n은 입력 중 2개 이상이 1인 경우에는 1이 된다.

(3) 해독기, 멀티플렉서, 부호기
　① 해독기(decoder) : 2진수로 표시된 입력조합에 따라 출력이 하나만 동작하도록 하는 회로
　② 멀티플렉서(multiplexer) : N개의 입력 데이터에서 1개의 입력씩만 선택하여 단일통로로 송신하는 것
　③ 부호기(encoder) : 여러개의 입력을 가지고 그 중 하나만이 1이므로 N비트 코드를 발생시키는 장치

【4】 기억 장치
(1) RS-FF
　① 2개의 입력 단자(R : reset, S : set)를 가지고 있어서 이들 입력의 상태에 따라서 출력이 정해진다.
　② 출력의 상태가 한번 결정되면 입력을 0으로 하여도 출력의 상태는 그대로 유지되므로 일반적으로 래치(latch) 회로라고도 한다.

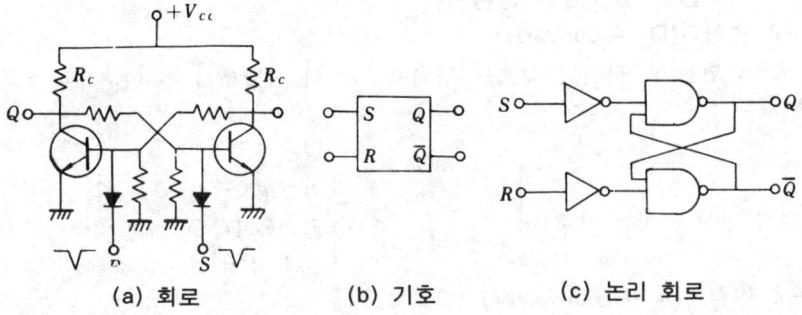

(a) 회로　　　(b) 기호　　　(c) 논리 회로

(2) D-FF

① RS-FF에서 2개의 입력 R, S가 동시에 1인 경우에도 불정확한 출력상태가 되지 않도록 하기 위하여 인버터(inverter) 하나를 입력 양단에 부가한 것이다.

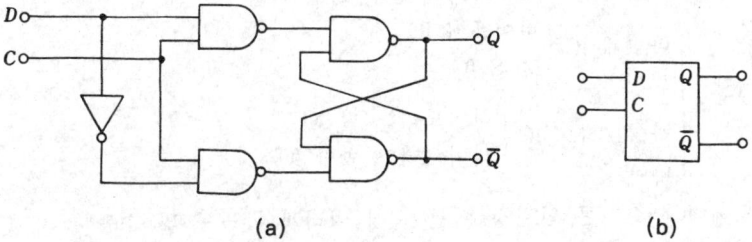

(a)　　　　　　　　　　(b)

② 정보를 일시 유지하는 래치(latch) 회로나 시프트 레지스터(shift register) 등에 쓰인다.

(3) 마스터-슬레이브 JK-FF

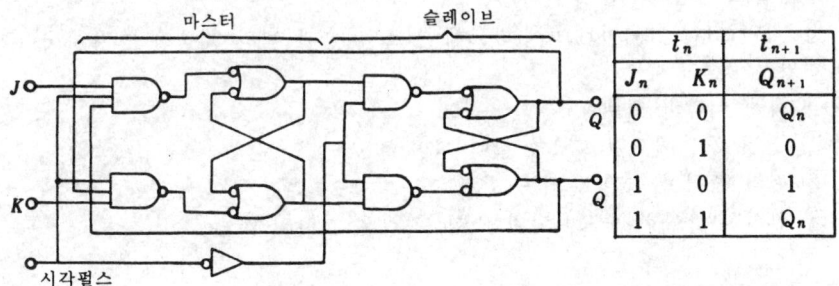

t_n		t_{n+1}
J_n	K_n	Q_{n+1}
0	0	Q_n
0	1	0
1	0	1
1	1	$\overline{Q_n}$

【5】 D-A 변환 및 A-D 변환기

(1) D-A 변환기(D-A converter)
　① D-A 변환기 : 디지털 신호를 입력으로 하여 아날로그 신호를 내는 회로
　② 변환 방법에 따른 분류
　　　┌ 직접 변환기 ┌ 병렬형
　　　│　　　　　　└ 직렬형
　　　└ 간접 변환기 ┌ 펄스폭 D-A 변환기
　　　　　　　　　　└ 반복 주기 D-A 변환기

(2) A-D 변환기(A-D converter)
　① A-D 변환기 : 아날로그 신호를 디지털 신호로 하는 회로
　② A-D 변환기에는 D-A 변환기가 들어 있다.

【6】 집적 회로

(1) 집적 회로(integrated circuit, IC)의 분류

　　　　┌ 반도체 IC ┌ 바이폴러 IC
　　　　│　　　　　└ MOS IC
　IC　　│ 하이브리드 IC ┌ 하이드리드 막 IC
　　　　│　　　　　　　 └ 하이브리드 박막 IC
　　　　└ 박막 IC

　① 반도체 IC : 실리콘 단결정 기판 속에 여러개의 능동 및 수동 소자를 만들고, 이들을 금속막으로 결선하여 구성시킨 것으로 모놀리딕(monolithic) IC라고도 한다.
　② 박막(thin-film) IC : 회로구성 소자인 능동, 수동 소자를 모두 박막 기술로 만들어 낸 것
　③ 하이브리드(hybrid) IC : 반도체 제조 기술과 박막 기술을 혼용하여 만든 것

(2) IC화에 적합한 회로
　① L 및 C가 필요없고 R의 값이 작은 회로
　② 전력 출력이 작아도 되는 회로
　③ 신뢰성이 특히 중요시되며 소형, 경량을 요하는 회로

1984년도 전기·전자공학 2급 출제문제

문제 1. 요즈음 가정용 전등선의 전압이 실효값으로 220(V)로 승압되었다. 이 교류의 최대값은 몇 (V)인가?
㉮ 155.6 ㉯ 311.1 ㉰ 381.1 ㉱ 127.1

해설 최대값 $V_m\sqrt{2} \times$ 실효값
$V_m = \sqrt{2} \times 220 ≒ 311.1 (V)$

문제 2. 그림과 같은 회로에 10(A)의 전류가 흐르게 하려면 a, b양단에 가할 전압은 몇 (V)인가? 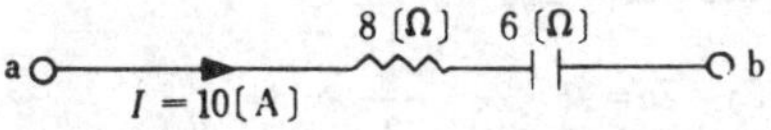
㉮ 60 ㉯ 80
㉰ 100 ㉱ 120

해설 회로의 임피던스는 $Z = \sqrt{R^2 + X_C^2} = \sqrt{8^2 + 6^2} = 10(\Omega)$
$v = i \cdot Z = 10 \times 10 = 100 (V)$

문제 3. 서로 결합된 두 개의 코일을 직렬로 연결하면 합성 인덕턴스는 20(mH)되고 한쪽 코일의 연결을 반대로 하면 합성 인덕턴스는 8(mH)가 된다. 이때 두 코일 간의 상호 인덕턴스는 몇 (mH)인가?
㉮ 3 ㉯ 5 ㉰ 6 ㉱ 7

해설 $L = L_1 + L_2 \pm 2M$ 에서
$20 = L_1 + L_2 + 2M$
$\rightarrow 8 = L_1 + L_2 - 2M$
$\overline{12 = 4M}$

문제 4. 기전력 $E(V)$, 내부 저항 $r(\Omega)$인 전지를 저항 $R(\Omega)$에 연결하면 R양단의 전압은?

㉮ $\dfrac{E \cdot R}{r}$ ㉯ $\dfrac{E^2}{r \cdot R}$ ㉰ $\dfrac{E^2}{r + R}$ ㉱ $\dfrac{E \cdot R}{r + R}$

해설 그림에서 전류 $I = \dfrac{E}{r+R}$ (A)
R양단의 전압 V는
$V = I \cdot R = \dfrac{E \cdot R}{r+R}$ (V)

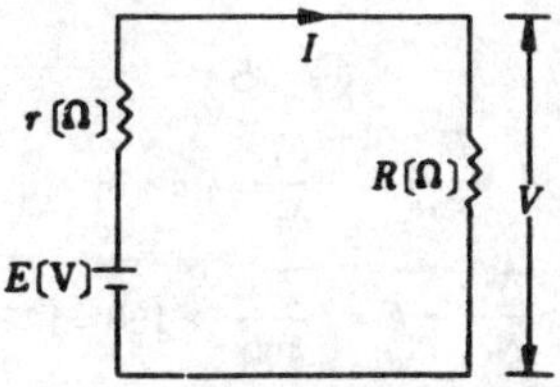

해답 1. ㉯ 2. ㉰ 3. ㉮ 4. ㉱

문제 5. 그림과 등가가 되는 것은?

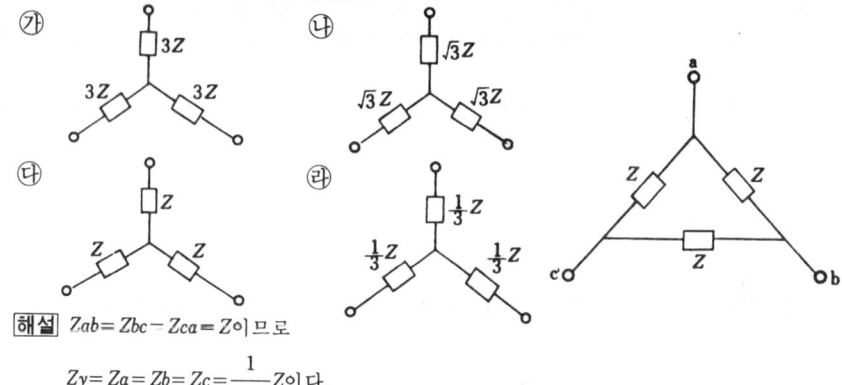

해설 $Z_{ab}=Z_{bc}=Z_{ca}=Z$ 이므로

$Z_y=Z_a=Z_b=Z_c=\dfrac{1}{3}Z$ 이다.

문제 6. 전류가 전압에 비례하는 것은 다음 중 어느 것과 관계가 있는가?
㉮ 키르히호프의 법칙   ㉯ 옴의 법칙
㉰ 줄의 법칙   ㉱ 렌츠의 법칙

해설 $I=\dfrac{V}{R}$ [A]

문제 7. 그림에서 V_{ab}가 50[V]일 때 전류 I는 몇 [A]인가?
㉮ 1.5
㉯ 2.0
㉰ 2.5
㉱ 3.0

해설 $I=\dfrac{V_{ab}}{Z_0+Z_L}=\dfrac{50}{5+15}=2.5$ [A]

문제 8. 1차 코일의 권수가 400회 2차 코일의 권수가 50회인 변압기의 1차 코일에 100[V], 60[Hz]의 전압을 가했을 때 2차 코일에 유기되는 전압은?
㉮ 12.5   ㉯ 25   ㉰ 40   ㉱ 50

해설 권수비 $\dfrac{E_1}{E_2}=\dfrac{N_1}{N_2}=a$ 에서

$E_2=\dfrac{N_2}{N_1}\cdot E_1=\dfrac{50}{400}\times 100=12.5$ [V]

해답 5. ㉱ 6. ㉯ 7. ㉰ 8. ㉮

문제 9. 단일 코일(권수 1)을 통과하는 자속의 변화가 1[Wb/sec]일 때 이 코일에 유기되는 기전력은?

㉮ 4[V]   ㉯ 0.5[V]   ㉰ 1[V]   ㉱ 2[V]

해설 $v' = N \cdot \dfrac{\Delta\phi}{\Delta t} = 1 \times \dfrac{1}{1} = 1[V]$

문제 10. 그림과 같은 회로의 등가 정전용량 C_{AB}는?

㉮ 10[μF]
㉯ 50[μF]
㉰ 30[μF]
㉱ 20[μF]

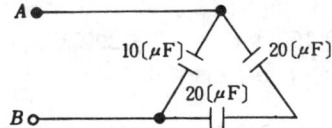

해설 회로는 20[μF] 2개의 직렬 용량이 10[μF]와 병렬 접속된 것이다.

∴ $C_{AB} = 10 + \dfrac{20 \times 20}{20 + 20}$ 20[μF]

문제 11. 저항 10[Ω]과 15[Ω]의 병렬회로에 30[V]의 전압을 가할 때 15[Ω]에 흐르는 전류 [A]는?

㉮ 1   ㉯ 2   ㉰ 3   ㉱ 4

해설 $I = \dfrac{V}{R} = \dfrac{30}{15} = 2[A]$

문제 12. 옴의 법칙에서 옳은 설명은?

㉮ 전압은 전류에 비례한다.   ㉯ 전압은 저항에 반비례한다.
㉰ 전압은 전류의 2승에 비례한다.   ㉱ 전압은 전류에 반비례한다.

해설 $V = I \cdot R[V]$

문제 13. 두 평행 도선 사이의 거리를 1/2로 하면 두 도선 사이에 작용하는 힘은 몇 배가 되는가?

㉮ 1/4배   ㉯ 1/2배   ㉰ 4배   ㉱ 2배

해설 두 평행 도선에 흐르는 전류에 의한 힘(전자력)은

$F = \dfrac{2I_1 I_2 \times 10^{-7}}{r}$ [N/m]로 거리에 반비례한다.

따라서, 거리를 $\dfrac{1}{2}$로 하면 힘 F는 2배가 된다.

해답 9. ㉰   10. ㉱   11. ㉯   12. ㉮   13. ㉱

문제 14. 직선 전류에 의한 자력선의 방향을 아는데 쓰이는 법칙은?
㉮ 플레밍의 오른손법칙 ㉯ 플레밍의 왼손법칙
㉰ 비오 사바르의 법칙 ㉱ 오른나사의 법칙

해설 직선 전류에 의한 자력선의 방향은 앙페르(Ampere)의 오른나사 법칙에 따라 나사의 회전 방향과 같다.

문제 15. 성형 결선에서 상전압이 115[V]인 대칭 3상 교류의 선간 전압은 약 얼마인가?
㉮ 115[V] ㉯ 150[V] ㉰ 200[V] ㉱ 225[V]

해설 $V_l = \sqrt{3} \cdot V_p = \sqrt{3} \times 115 \fallingdotseq 200[V]$

문제 16. 그림에서 스위치 S를 닫는 순간($t=0$) 콘덴서 C양단의 전압은?
㉮ 20[V]
㉯ 10[V]
㉰ 5[V]
㉱ 0[V]

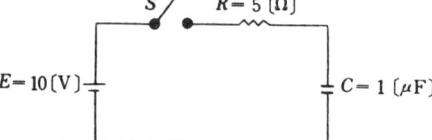

해설 C양단 전압의 초기값은 0[V]이고, 최종값은 10[V]이다.

문제 17. 0.5[℧]의 컨덕턴스를 가진 저항체에 6[A]의 전류를 흘리려면 몇 [V]의 전압을 가해야 하는가?
㉮ 3 ㉯ 30 ㉰ 12 ㉱ 15

해설 $R = \dfrac{1}{G}$ [Ω]이므로

$V = I \cdot R = I \cdot \dfrac{1}{G} = 6 \times \dfrac{1}{0.5} = 12[V]$

문제 18. 다음 중 정전 용량에 가장 적합한 식은 어느 것인가?
㉮ $Q = CV$ ㉯ $C = QV$ ㉰ $V = CQ$ ㉱ $C = \dfrac{V_2}{Q}$

해설 콘덴서에 축적되는 전하 Q[C]은 가하는 전압 V[V]에 비례한다.
$Q = CV$[C]

문제 19. 진공 중에 Q[C]의 전하가 있을 때 이 전하로부터 나오는 전기력선수는?
㉮ Q ㉯ $\dfrac{Q}{\varepsilon_0}$ ㉰ $\varepsilon_0 Q$ ㉱ $\dfrac{Q}{4\pi\varepsilon_0}$

해답 14. ㉱ 15. ㉰ 16. ㉱ 17. ㉰ 18. ㉮ 19. ㉯

해설 전기력선 수 $N=4\pi r^2 \cdot E = \dfrac{Q}{\varepsilon}$ [개]에서 진공 중이면 $\dfrac{Q}{\varepsilon_0}$ [개]이다.

문제 20. m_1, m_2의 세기를 가진 2개의 자극을 진공 중에서 r의 거리에 놓았을 때 작용하는 힘 $F \propto \dfrac{m_1 m_2}{r^2}$ 는 다음 어느 것인가?
㉮ 패러데이의 법칙   ㉯ 쿨롱의 법칙
㉰ 렌츠의 법칙   ㉱ 플레밍의 법칙

해설 쿨롱의 법칙(Coulomb's law) : 두 자극(m_1, m_2) 사이에 작용하는 힘의 크기는 두 자극 사이의 거리의 제곱에 반비례하고, 두 자극의 세기의 곱에 비례한다.

문제 21. 저항 16[Ω], 유도 리액턴스 2[Ω], 용량 리액턴스 14[Ω]인 직렬 회로의 임피던스는 몇 [Ω]인가?
㉮ 5   ㉯ 10   ㉰ 15   ㉱ 20

해설 $Z = \sqrt{R^2 + (X_C - X_L)^2} = \sqrt{16^2 + (14-2)^2} = 20$ [Ω]

문제 22. V_a를 전자 빔의 가속 전압이라고 할 때 브라운관에서의 자기 편향 감도는?
㉮ V_a에 정비례   ㉯ V_a에 반비례
㉰ $\sqrt{V_a}$에 정비례   ㉱ $\sqrt{V_a}$에 반비례

해설 자기 편향 감도 S는 $S = \dfrac{lL}{\sqrt{V_a}} \cdot \dfrac{e}{2m}$

문제 23. 확산 접합형 트랜지스터에 관한 설명으로 옳은 것은?
㉮ 베이스폭을 매우 얇게 만들 수 있다.
㉯ 높은 주파수에서는 사용할 수 없다.
㉰ 베이스 전극이 필요 없다.
㉱ 낮은 주파수에서만 사용할 수 있다.

해설 확산 접합형(diffusion junction type) 트랜지스터는 온도와 시간의 간단한 조작에 의해 베이스층을 조절할 수 있고, 저항률이 비교적 낮은 불순물을 사용함으로써 높은 주파수에서도 사용 가능한 고주파용 트랜지스터로 사용될 수 있다.

문제 24. 다음은 전장 효과 트랜지스터(FET)에 관한 설명이다. 틀린 것은?
㉮ 다수 반송자에 의해 전류가 흐른다.
㉯ 출력 특성은 5극 진공관과 비슷하며 입력 임피던스는 매우 높다.

해답 20. ㉯ 21. ㉱ 22. ㉱ 23. ㉮ 24. ㉰

㉰ 게이트와 소스 사이에 순바이어스를 걸고 드레인에 (+) 전압을 걸어 사용한다.
㉱ 접합형과 모스(MOS)형 두 가지가 있다.

[해설] FET는 게이트(gate)와 소스(source) 사이에 역방향 바이어스 V_{GS}를 가하여 드레인(drain) 전류를 제어하는 전압 제어형 트랜지스터이다.

[문제] 25. 다음 그림의 정류 회로에서 출력 전압을 나타내는 식은(단, diode의 순방향 저항은 무시한다.)?
㉮ $V_{dc} = 2v$
㉯ $V_{dc} = \sqrt{2}\, v$
㉰ $V_{dc} = 2\sqrt{2}\, v$
㉱ $V_{dc} = 3\sqrt{2}\, v$

[해설] $V_{dc} = 2\sqrt{2}\, v[V]$

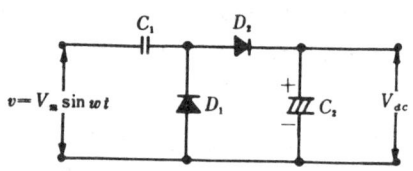

[문제] 26. 다음 회로에 구형파 입력을 가할 때 회로의 명칭을 무엇이라 하는가?
㉮ 초퍼회로
㉯ 슈미트 트리거 회로
㉰ 단안정 멀티바이브레이터 회로
㉱ 전압 분배기

[해설] 신호가 저항 회로망을 통하여 +입력 단자에 되먹임되어 있는 회로로서 정현파 입력으로 구형파 출력이 얻어지는 시미트 트리거(Schmitt trigger) 회로이다.

[문제] 27. 하틀리형 발진 회로에서 컬렉터와 이미터 사이의 리액턴스는?
㉮ 저항성   ㉯ 유도성
㉰ 용량성   ㉱ 유도성 또는 용량성

[해설] 하틀리형과 콜피츠형 발진 회로의 리액턴스 구성

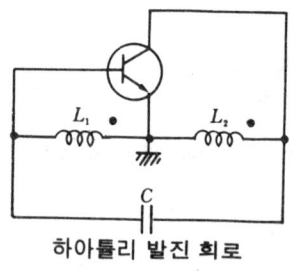

하아틀리 발진 회로

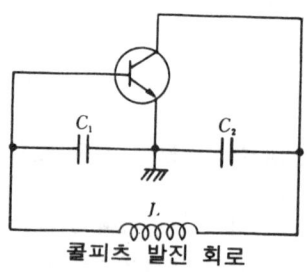

콜피츠 발진 회로

[해답] 25. ㉰   26. ㉯   27. ㉯

문제 28. 변조도 40[%]의 AM파를 자승 검파했을 때 나타나는 신호파 출력의 일그러짐율 [%]은?

㉮ 20[%]   ㉯ 4[%]   ㉰ 8[%]   ㉱ 10[%]

[해설] $K = \dfrac{m}{4} = \dfrac{40}{4} = 10 [\%]$

문제 29. 그림에서 펄스의 반복 주기는?

㉮ $0.7(C_2 R_{B1} + C_1 R_{B2})$
㉯ $0.7(C_1 R_{B1} + C_2 R_{B2})$
㉰ $C_2 R_{B1} + C_1 R_{B2}$
㉱ $C_1 R_{B1} + C_2 R_{B2}$

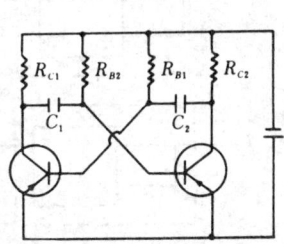

[해설] 회로는 교류 결합 2단의 비안정 멀티바이브레이터(astable multivibrator)로서, 펄스 폭 T_W 및 반복 주기 T_r는 다음 식으로 된다.
$T_W \fallingdotseq 0.7 C_2 R_{B1}$
$T_r \fallingdotseq 0.7 (C_2 R_{B1} + C_1 R_{B2})$

문제 30. 다음에서 값이 A가 되지 않는 것은?

㉮ A·A   ㉯ A+1   ㉰ A+A   ㉱ A+A·B

[해설] A+1 = 1 (흡수 법칙)

문제 31. 다음 회로는 어떤 논리 게이트의 구성인가?

㉮ 네가티브 NAND 게이트
㉯ EXCLUSIVE-OR 게이트
㉰ NOR 게이트
㉱ 네가티브 OR 게이트

[해설] 4개의 NAND 게이트만으로 구성된 EXCLUSIVE-OR(EOR) 게이트이다.
$Z = \overline{A}B + A\overline{B}$로 A, B의 입력이 서로 다를 때에만 Z=1이 출력된다.

문제 32. 반 덧셈기의 설명 중 옳게 나타낸 것은?

㉮ 배타 논리합(EOR) 회로와 논리곱(AND) 회로로 구성된다.
㉯ 합은 두수 A, B의 논리합이다.
㉰ 자리올림 C_O는 두수 A, B의 논리합이다.
㉱ 자리올림 C_O는 두수 A, B의 배타적 논리합이다.

[해답] 28. ㉱   29. ㉮   30. ㉯   31. ㉯   32. ㉮

[해설] 2개의 2진수 A와 B를 더한 합(sum) S와 자리올림(carry) C를 얻는 회로가 반 덧셈기(반 가산기, half adder)이다.

[문제] 33. 다음 그림 중에서 T플립플롭은 어느 것인가?

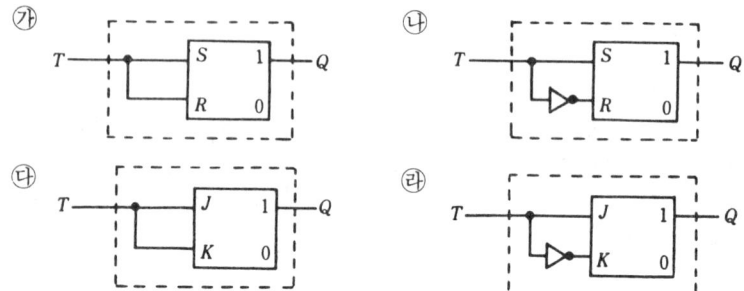

[해설] T형 플립플롭은 토글 플립플롭(toggle flip-flop)이라고도 하며, 하나의 클록 입력 단자 T와 2개의 출력 단자 Q 및 $\bar{Q}$를 가진다.

[문제] 34. 초속도가 0인 전자가 250[V]의 전위차로 가속되었을 때 전자의 속도는(단, 전자의 질량 $m = 9.1 \times 10^{-31}$[kg]이고, 전자의 전하량 $e = 1.602 \times 10^{-19}$[C]이다.)?
㉮ 약 9.37×10^5[m/s]   ㉯ 약 9.38×10^6[m/s]
㉰ 약 7.29×10^5[m/s]   ㉱ 약 7.29×10^6[m/s]

[해설] $v = \sqrt{\dfrac{2eV}{m}} = \dfrac{2 \times 1.602 \times 10^{-19} \times 250}{9.1 \times 10^{-31}} \fallingdotseq 9.38 \times 10^6$[m/s]

[문제] 35. PN 접합부에서 정공과 자유 전자가 결합하는 과정을 무엇이라 하는가?
㉮ 재결합   ㉯ 평균 수명 시간
㉰ 확산   ㉱ 열팽창

[해설] PN 접합에 순방향 바이어스를 가하면 부전하를 갖는 전자와 정전하를 갖는 정공이 결합하여 전기적으로 중성이 되는 현상을 재결합(recombination)이라 한다.

[문제] 36. 저역 통과 RC회로에서 시정수가 의미하는 것은?
㉮ 응답의 상승 속도를 표시한다.   ㉯ 응답의 위치를 결정해 준다.
㉰ 입력의 진폭 크기를 표시한다.   ㉱ 입력의 주기를 결정해 준다.

[해설] 시정수란 입력 신호가 변화했을 때 출력 신호가 정상 상태에 도달하기까지의

[해답] 33. ㉰   34. ㉯   35. ㉮   36. ㉮

과도 기간을 알기 위한 척도(최종값의 63.2[%])로서 입력 신호에 대한 응답의 상승 속도를 표시한다.

문제 37. 제어 단자에 역방향 전압을 인가하여 가변함으로써 제어 전류를 조절할 수 있는 반도체 소자는 어느 것인가?
㉮ 접합형 트랜지스터   ㉯ 접합형 FET
㉰ 확산형 트랜지스터   ㉱ P.H.T 트랜지스터

해설 FET는 제어 단자인 게이트에 역방향 전압(V_{GS})을 가하여 드레인 전류를 제어할 수 있다.

문제 38. 다음 회로에 그림과 같은 입력 파형을 인가하면 출력 파형은?
㉮ 삼각파
㉯ 정현파
㉰ 임펄스파
㉱ 구형파

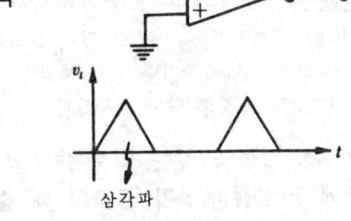

문제 39. 다음 회로의 명칭은 무엇인가?
(단, Diode는 정밀급이다.)
㉮ (+)피크 검파기
㉯ 미분기
㉰ 배압검파기
㉱ 적분기

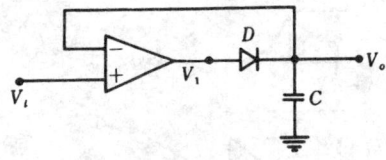

문제 40. AM 변조의 피변조파에서 상측파의 진폭과 반송파의 진폭 관계는(단, M은 변조도.)?
㉮ $\frac{M}{4}$배 ㉯ $\frac{M}{2}$배 ㉰ $\frac{M}{6}$배 ㉱ M배

해설 AM에서 피변조파는 반송파 이외에 각 주파수가 ω_C로부터 상·하로 ω_S만큼 떨어진 2개의 측파(side wave)로 구성되며, $\omega_C+\omega_S$의 성분을 상측파, $\omega_C-\omega_S$의 성분을 하측파라 하는데, 이것들의 진폭은 어느 것이나 반송파 진폭의 $\frac{M}{2}$배가 된다.

문제 41. 중간 주파수가 455[kHz]의 슈퍼헤테로다인 수신기에 있어, 21.350[kHz]의 전파를 수신했을 경우 국부 발진 주파수는 얼마인가(단,

해답 37. ㉯ 38. ㉱ 39. ㉮ 40. ㉯ 41. ㉰

한국에서 사용되는 수신기임)?
㉮ 20.440〔MHz〕 ㉯ 21.350〔MHz〕
㉰ 21.805〔MHz〕 ㉱ 22.260〔MHz〕
해설 $f_0 = f_s + IF = 21.350 + 0.455 = 21.805$〔MHz〕

문제 42. 쌍안정 MV(멀티바이브레이터)에 대한 설명인 것을 골라라.
㉮ 어떤 폭과 주기의 반복펄스 발생
㉯ 2개의 펄스가 들어올 때 1개의 펄스를 얻는다.
㉰ 입력 단자에 펄스가 걸릴 때마다 특정한 폭의 펄스를 만든다.
㉱ 입력 트리거 펄스 1개마다 1개의 출력을 얻는다.
해설 쌍안정 멀티바이브레이터(bistable multivibrator)는 일반적으로 플립플롭(flip-flop) 회로라고도 하는데, 입력 트리거 펄스 2개마다 1개의 출력 펄스를 얻어 낼 수 있으므로 분주기나 전자 계산기, 계수 기억 회로, 2진 계수 회로 등의 디지털 기기들의 소자로 많이 사용된다.

문제 43. 그림과 같은 미분 회로의 입력에 장방형파 e_i가 공급될 때 출력 e_O의 파형 모양은(단, $RC/tp \ll 1$일 경우 조건으로 한다.)?

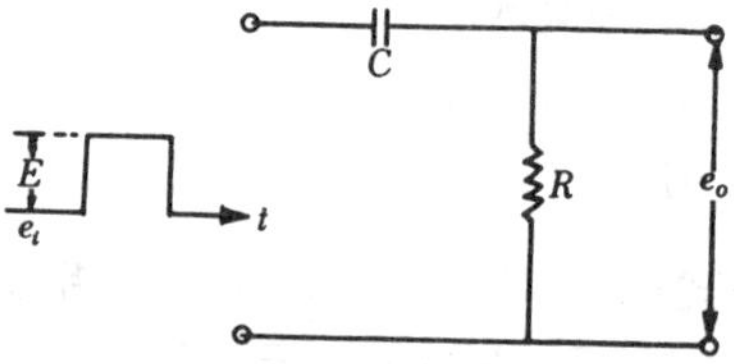

㉮ 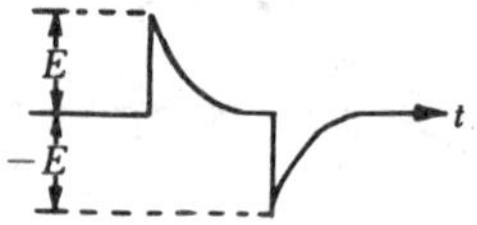
㉯ 
㉰ 
㉱

해설 $RC \ll tp$일 경우의 조건이면 시상수가 매우 작을 때이므로 출력 e_0는 ㉮모양의 미분 파형으로 된다.

문제 44. 2진수 덧셈 101과 111의 합은 2진수로 얼마인가?
㉮ 1100   ㉯ 1110   ㉰ 1101   ㉱ 1001
해설   101
      + 111
      ─────
       1100

문제 45. 다음과 같은 아래 회로는 어떠한 논리 동작을 하는가(단, 정논리로 가정한다.)?

해답 42. ㉯ 43. ㉮ 44. ㉮ 45. ㉮

㉮ AND ㉯ OR
㉰ NAND ㉱ NOR

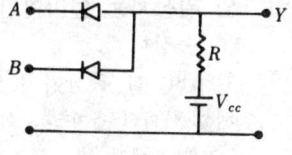

해설 A, B측의 다이오드가 모두 순방향으로 접속되어 있으므로 두 입력 중 어느 하나라도 0이면 출력 Y는 0이 되고, 두 입력 모두 1이면 Y는 1이되므로 Y=A·B의 AND 회로이다.

문제 46. 다음 중 P형 반도체를 만드는 불순물이 아닌 것은?
㉮ 인듐(In) ㉯ 갈륨(Ga) ㉰ 비소(As) ㉱ 붕소(B)

해설 P형 반도체를 만드는 불순물(억셉터, accepter)로는 In, Ga, B 등이 있으며 N형 반도체를 만드는 불순물(도너, donor)에는 안티몬(Sb), 비소(As), 인(P) 등이 있다.

문제 47. 다음의 반도체 부품에 관한 설명으로서 틀린 것은?
㉮ 서미스터는 온도가 상승하면 저항값이 감소한다.
㉯ 바리스터는 전압에 의하여 저항이 변하는 소자로 보호 회로 등에 사용한다.
㉰ 바랙터 다이오드는 역전압에 의하여 용량을 변화시키며, AFT회로 등에 사용한다.
㉱ 제너 다이오드는 양단의 전압에 관계없이 흐르는 전류는 항상 일정하며 정전압 회로 등에 쓰인다.

해설 제너 다이오드(Zenner diode)는 역방향 전압을 서서히 증가시킬 때, 항복 전압에 달하면 역방향의 전류가 급격히 증가하는 현상을 일으켜 파괴될 때까지는 전압이 일정값으로 유지되는 성질을 이용한 것이다. 정전압 회로의 기준 전압 설정을 위해 사용된다.

문제 48. 전장 효과 트랜지스터(F.E.T)의 설명으로서 잘못된 것은?
㉮ MOS형과 접합형의 두 가지가 있다.
㉯ MOS형은 고입력 저항을 갖는다.
㉰ 소수 캐리어에 의한 증폭 작용이다.
㉱ 접합형은 저주파 잡음이 매우 작다.

해설 전장 효과 트랜지스터에는 접합형과 MOS형이 있으며, 다수 반송자(carrier)에 의해 전류가 흐른다. FET의 특성은 5극 진공관과 비슷하며, 입력 임피던스가 매우 높다.

문제 49. 이미터 접지 트랜지스터 회로에서 입력 신호와 출력 신호의 전

해답 46. ㉱ 47. ㉱ 48. ㉰ 49. ㉰

압 위상차는 얼마인가?
㉮ 동상이다.   ㉯ 90°의 위상차가 있다.
㉰ 180°의 위상차가 있다.   ㉱ 270°의 위상차가 있다.

해설 이미터 접지 회로의 입·출력 신호간에는 180°의 위상차가 있으며, 베이스 접지와 컬렉터 접지 회로는 위상차가 없다.

문제 50. 피변조파 v가 다음과 같은 식으로 표시될 때 변조도 m을 구하면? $v = (25 + 20\cos 5000t)\sin 5 \times 10^6 t$

㉮ 1.25   ㉯ 0.5   ㉰ 0.8   ㉱ 0.7

해설 $m = \dfrac{\sqrt{2}\,V_S}{\sqrt{2}\,V_C} = \dfrac{20}{25} = 0.8$

문제 51. 다음 그림의 회로에서 시상수 T는 얼마인가?

㉮ 1 [sec]
㉯ 0.1 [sec]
㉰ 10 [sec]
㉱ 0.01 [sec]

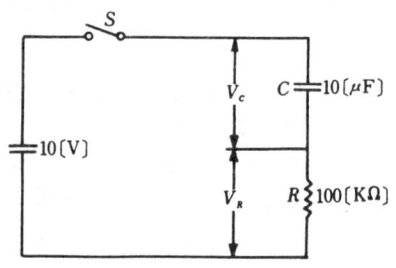

해설 $T = RC = 100 \times 10^3 \times 10 \times 10^{-6} = 1$ [sec]

문제 52. 2진수 01010의 2의 보수를 만든 것 중 옳은 것은?

㉮ 10110   ㉯ 10101   ㉰ 11110   ㉱ 10100

해설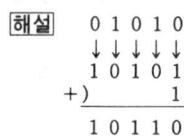

문제 53. 다음의 진리치표를 보고 논리식을 최소화하면 답은 다음 중 어느 것인가?

㉮ $F = AB + BC + AC$ ㉯ $F = A + B + C$
㉰ $F = \overline{A} \cdot B + B \cdot \overline{C} + A \cdot \overline{B}$ ㉱ $F = AB + \overline{A}BC + A\overline{B}C$

해설 $F = ABC + AB\overline{C} + \overline{A}BC + A\overline{B}C$
$= (ABC + AB\overline{C}) + (ABC + \overline{A}BC) + (ABC + A\overline{B}C)$
$= AB(C + \overline{C}) + BC(A + \overline{A}) = AC(B + \overline{B})$
$= AB + BC + AC$

입력	출력
A B C	F
0 0 0	0
0 0 1	0
0 1 0	0
0 1 1	1
1 0 0	0
1 0 1	1
1 1 0	1
1 1 1	1

해답 49. ㉰   50. ㉰   51. ㉮   52. ㉮   53. ㉮

1985년도 전기·전자공학 2급 출제문제

문제 1. 그림과 같은 저항 회로에서 3[Ω] 저항의 지로에 흐르는 전류가 2[A]이다. 단자 ab간의 전압 강하는 얼마인가?
㉮ 8[V]   ㉯ 10[V]
㉰ 12[V] ㉱ 14[V]

해설 3[Ω] 양단의 전압 강하는 2×3=6[V]이므로 6[Ω]에 흐르는 전류는 1[A]가 된다. 따라서, 2[Ω]의 저항에 흐르는 전전류는 2+1=3[A]이므로 2[Ω] 저항 양단의 전압 강하는 2×3=6[V]이고, a, b간의 전압은 두 전압 강하의 합이므로 6+6=12[V]가 된다.

문제 2. 전류계로 회로에서 전류를 측정하고자 할 때 고려하여야 할 사항 중 맞지 않는 것은?
㉮ 전류계는 반드시 회로와 직렬로 연결해야 한다.
㉯ 전류계의 내부 저항은 무시할 정도로 적어야 한다.
㉰ 전류계의 내부 저항은 전류를 못 흐르게 할 만큼 커야 한다.
㉱ 전류계에는 분배 저항이 들어있다.

해설 전류계의 내부 저항이 크면 전류계를 접속할 때 부하 전류가 변화할 염려가 있으므로, 전류계의 내부 저항은 되도록 작게 해야 하는데, 실용적으로 전류계의 내부 저항은 무시해도 된다.

문제 3. 어떤 회로소자 「D」의 전압 및 전류를 측정할 때 전압계 [V]와 전류계 [A]를 올바르게 접속한 것은?

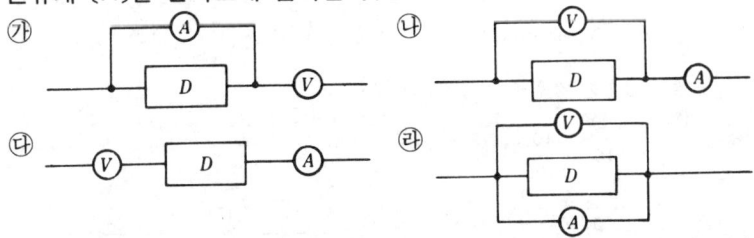

해설 전압계 [V]는 회로 소자에 병렬로, 전류계 [A]는 회로 소자에 직렬로 접속해야 한다.

문제 4. 0.2[μF]의 콘덴서에 1000[V]을 가할 때 저축되는 에너지는 얼마인가?

해답 1. ㉰ 2. ㉰ 3. ㉯ 4. ㉮

㉮ 0.1[J] ㉯ 1[J] ㉰ 10[J] ㉱ 100[J]

해설 $W = \dfrac{1}{2}CV^2 = \dfrac{1}{2} \times 0.2 \times 10^{-6} \times 1000^2 = 0.1[J]$

문제 5. 자기 인덕턴스 L_1, L_2 상호 인덕턴스 M인 두 코일을 동일 방향으로 직렬 연결한 경우 합성 자기 인덕턴스는?

㉮ $L_1 + L_2 + M$ ㉯ $L_1 + L_2 + 2M$ ㉰ $L_1 + L_2 - M$ ㉱ $L_2 + L_1 - 2M$

해설

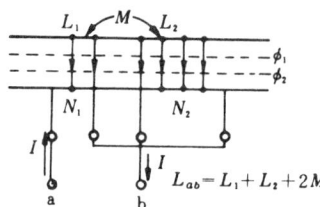

가동접속   차동접속

문제 6. 100[V], 500[W]의 전열선 2개를 같은 전압에서 직렬로 접속한 경우는 병렬로 접속한 경우의(전력은 유효 전력만 취급함) 몇 배 전력을 소비하겠는가?

㉮ 1/2배 ㉯ 1/4배 ㉰ 2배 ㉱ 4배

해설 100[V], 500[W] 전열선의 저항은 $P = \dfrac{V^2}{R}$ [W]에서

$R = \dfrac{V^2}{P_S} = \dfrac{100^2}{500} = 20[\Omega]$

2개 직렬로 접속한 경우의 소비 전력 P_1은

$P_1 = \dfrac{V^2}{R_S} = \dfrac{100^2}{40} = 250[W]$

2개 병렬로 접속한 경우의 소비 전력 P_2는

$P_2 = \dfrac{V^2}{R_P} = \dfrac{100^2}{10} = 1000[W]$

$\therefore \dfrac{P_1}{P_2} = \dfrac{250}{1000} = \dfrac{1}{4}$

문제 7. 다음과 같은 회로에 10[V]의 전압을 가할 때 15[Ω]의 저항측에 흐르는 전류는?

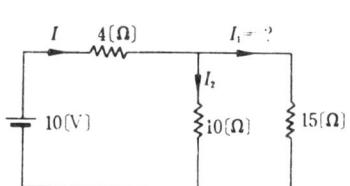

해답 5. ㉯ 6. ㉯ 7. ㉯

㉮ 0.3[A] ㉯ 0.4[A]
㉰ 0.6[A] ㉱ 0.8[A]

[해설] 회로의 합성 저항 R_T는

$$R_T = 4 + \frac{10 \times 15}{10+15} = 10[\Omega]$$

회로에 흐르는 전 전류 I는

$$I = \frac{V}{R_T} = \frac{10}{10} = 1[A]$$

15[Ω]의 저항에 흐르는 전류 I_1은

$$I_1 = \frac{10}{10+15} \times 1 = 0.4[A]$$

[문제] 8. 어떤 전압계의 측정 범위를 10배로 하자면 배율기의 저항을 전압계 내부 저항의 몇 배로 하여야 하겠는가?

㉮ 99배   ㉯ $\frac{1}{9}$배   ㉰ 9배   ㉱ 10배

[해설] $V = (1 + \frac{R_m}{r_V})V_V[V]$에서 배율 m은

$m = 1 + \frac{R_m}{r_V}$ 이므로

∴ $R_m = r_V(m-1) = r_V(10-1) = 9r_V[\Omega]$

[문제] 9. 0.2[℧]의 컨덕턴스를 가진 저항체에 4[A]의 전류를 흘리기 위해서는 몇 [V]의 전압을 가해야 하는가?

㉮ 0.8[V]   ㉯ 2[V]   ㉰ 8[V]   ㉱ 20[V]

[해설] $I = GV$ 또는 $\frac{I}{V} = G$의 식에서

$$V = \frac{I}{G} = \frac{4}{0.2} = 20[V]$$

[문제] 10. 100[V], 400[W]의 전기 다리미를 90[V]에서 사용하면 전력은 몇 [W]가 되는가?

㉮ 334   ㉯ 324   ㉰ 314   ㉱ 304

[해설] 100[V], 400[W] 전기 다리미의 저항은

$$R = \frac{V^2}{P} = \frac{100^2}{400} = 25[\Omega]$$

[해답] 8. ㉰   9. ㉱   10. ㉯

90[V]에서 사용할 때의 전력 P'는

$$P' = \frac{V^2}{R} = \frac{90^2}{25} = 324[\text{W}]$$

문제 11. 다음 콘덴서 연결 회로에서 합성 용량은 얼마인가?

㉮ 20[μF] ㉯ 5[μF]
㉰ 10[μF] ㉱ 15[μF]

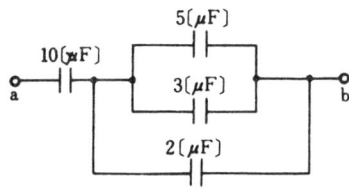

해설 $C_{ab} = \dfrac{10 \times (5+3+2)}{10+(5+3+2)} = 5[\mu\text{F}]$

문제 12. 정전 에너지(콘덴서에 축적되는 에너지)에 대한 식 중 맞지 않는 것은?
(단, 정전 에너지 : W, 전위차 : V, 정전 용량 : C, 전기량 : Q)

㉮ $W = \dfrac{1}{2}CV^2$ ㉯ $W = \dfrac{1}{2}QV$ ㉰ $W = \dfrac{1}{2}QV^2$ ㉱ $W = \dfrac{1}{2}\dfrac{Q^2}{C}$

해설 $W = \dfrac{1}{2}QV = \dfrac{1}{2}CV^2 = \dfrac{1}{2}\dfrac{Q^2}{C}$ [J]

문제 13. 공기 중에 있어서 자속 밀도 1.5[Wb/m²]의 평등 자장 내에 길이 40[cm]의 도선을 자장의 방향과 30°의 각도로 놓고 여기에 5[A]의 전류를 흐르게 하면, 도선에 작용하는 힘 F는 얼마인가?

㉮ 1.5[N] ㉯ 2[N] ㉰ 2.5[N] ㉱ 3[N]

해설 $F = BIl \sin\theta = 1.5 \times 5 \times 40 \times 10^{-2} \times \dfrac{1}{2} = 1.5[\text{N}]$

문제 14. 자기 인덕턴스 1[H]의 코일에 10[A]의 전류를 흘렸을 때 축적되는 에너지 [J]는?

㉮ 25 ㉯ 50 ㉰ 75 ㉱ 100

해설 $W = \dfrac{1}{2}LI^2 = \dfrac{1}{2} \times 1 \times 10^2 = 50[\text{J}]$

문제 15. $i = 50\sin 314t$[A]의 주기 [sec]는?

㉮ 0.2 ㉯ 0.02 ㉰ 0.4 ㉱ 0.04

해설 $\omega = 2\pi f = 314$에서 $f = \dfrac{314}{2\pi} \fallingdotseq 50[\text{Hz}]$

$\therefore T = \dfrac{1}{f} = 0.02[\text{sec}]$

해답 11. ㉯ 12. ㉰ 13. ㉮ 14. ㉯ 15. ㉯

문제 16. 100[Ω]의 저항 10개를 이용하여 가장 작은 합성 저항을 얻을 경우 저항값은 몇 [Ω]인가?
㉮ 10   ㉯ 100   ㉰ 1000   ㉱ 10000

해설 10개 모두를 병렬로 접속한다.
$$R_P = \frac{R}{n} = \frac{100}{10} = 10[\Omega]$$

문제 17. 도체에 1[A]의 전류가 5분간 흘렀다. 이 때 도체를 통과한 전기량은 몇 [C]인가?
㉮ 100   ㉯ 200   ㉰ 300   ㉱ 400

해설 $Q = It = 1 \times 5 \times 60 = 300[C]$

문제 18. 도선에 전류를 흐르게 하면 열이 발생한다. 그 열은 전류의 제곱 및 흐른 시간에 비례한다 라고 하는 법칙은?
㉮ 줄(joule)의 법칙
㉯ 옴(ohm)의 법칙
㉰ 패러데이(faraday)의 법칙
㉱ 비오-사바르(biot-savart)의 법칙

해설 줄의 법칙(Joule's law) $H = I^2Rt[J] \fallingdotseq 0.24 I^2Rt[cal]$

문제 19. 1[C]에서 나오는 전기력선 수는 몇 개인가?
㉮ $\frac{1}{\varepsilon_0}$ ㉯ 1개   ㉰ 10개   ㉱ ε_0개

해설 진공 중에서는 $\frac{1}{\varepsilon_0}$ 개, 유전체 중에서는 $\frac{1}{\varepsilon}$ 개이다.

문제 20. 저항 R_1, R_2가 병렬일 때 전전류를 I라 하면 R_2에 흐르는 전류는?

㉮ $\frac{R_1 R_2}{R_1 + R_2} I[A]$ ㉯ $\frac{R_1 R_2}{R_1 R_2} I[A]$

㉰ $\frac{R_2}{R_1 + R_2} I[A]$ ㉱ $\frac{R_1}{R_1 + R_2} I[A]$

해설 R_1에 흐르는 전류 $I_1 = \frac{R_2}{R_1 + R_2} I[A]$

R_2에 흐르는 전류 $I_2 = \frac{R_1}{R_1 + R_2} I[A]$

해답 16. ㉮   17. ㉰   18. ㉮   19. ㉮   20. ㉱

문제 21. 그림의 회로에서 R의 값을 구하면?
(단, $V=10[V]$
$E=12[V]$
$r=1[\Omega]$)

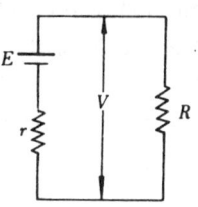

㉮ $1[\Omega]$ ㉯ $3[\Omega]$
㉰ $5[\Omega]$ ㉱ $10[\Omega]$

해설 $E=I(r+R)=\dfrac{V}{R}(r+R)=V\dfrac{r}{R}+V[V]$에서 $E-V=V\dfrac{r}{R}$

$\therefore R=\dfrac{r}{E-V}V=\dfrac{1}{12-10}\times10=5[\Omega]$

문제 22. $10[\mu F]$의 콘덴서를 $2[kV]$로 충전하면 얼마의 에너지가 저축되는가?

㉮ $40[J]$ ㉯ $30[J]$ ㉰ $20[J]$ ㉱ $10[J]$

해설 $W=\dfrac{1}{2}CV^2=\dfrac{1}{2}\times10\times10^{-6}\times2000^2=20[J]$

문제 23. 다음 중 두 자극 사이에 작용하는 힘의 크기를 잘 설명한 것은 어느 것인가?

㉮ 두 자극의 세기의 곱에 비례하고 두 자극 사이의 거리에 제곱에 반비례한다.
㉯ 두 자극의 세기의 곱에 비례하고 두 자극 사이의 거리의 제곱에 비례한다.
㉰ 두 자극의 세기의 곱에 반비례하고 두 자극 사이의 거리의 제곱에 비례한다.
㉱ 두 자극의 세기의 곱에 반비례하고 두 자극 사이의 거리의 제곱에 반비례한다.

해설 쿨롱의 법칙(Coulomb's law)에서
$F=\dfrac{1}{4\pi\mu_0}\cdot\dfrac{m_1m_2}{r^2}[N]$

문제 24. $i=20\sqrt{2}\sin\omega t$인 전류가 $\omega t=\dfrac{\pi}{4}$인 순간의 전류의 크기는 몇 $[A]$인가?

㉮ 5 ㉯ 10 ㉰ 15 ㉱ 20

해답 21. ㉰ 22. ㉰ 23. ㉮ 24. ㉱

[해설] $\omega t = \dfrac{\pi}{4} = 45° \to \dfrac{1}{\sqrt{2}}$

$\therefore i = 20\sqrt{2} \times \dfrac{1}{\sqrt{2}} = 20 [A]$

[문제] **25.** 그림과 같은 회로망에서 전류를 산출하는데 맞는 것은?

㉮ $I_1 + I_2 - I_3 - I_4 - I_5 = 0$
㉯ $I_1 - I_2 - I_3 - I_4 - I_5 = 0$
㉰ $I_1 + I_2 + I_3 + I_4 - I_5 = 0$
㉱ $I_1 - I_2 - I_3 + I_4 + I_5 = 0$

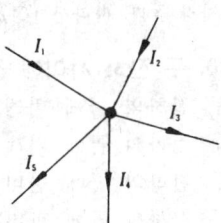

[해설] 키르히호프 제1법칙 $\sum I = 0$ 에서
$I_1 + I_2 - I_3 - I_4 - I_5 = 0$

[문제] **26.** 전류 I와 시간 t와 전기량 Q와의 관계는?

㉮ $Q = It^2$ ㉯ $Q = I/t$ ㉰ $Q = It$ ㉱ $Q = I^2 t$

[해설] $Q = It [C]$

[문제] **27.** 진공 중에 두개의 같은 점전하가 1[m] 떨어져 있을 때 작용하는 힘이 $9 \times 10^9 [N]$이면 이 점전하의 전기량은?

㉮ 1[C] ㉯ $3 \times 10^4 [C]$ ㉰ $9 \times 10^{-3}[C]$ ㉱ $9 \times 10^9 [C]$

[해설] $F = 9 \times 10^9 \times \dfrac{Q_1 Q_2}{r^2} [N]$ 에서 $Q_1 = Q_2 = Q$ 이므로

$Q^2 = \dfrac{Fr^2}{9 \times 10^9} = \dfrac{9 \times 10^9 \times 1^2}{9 \times 10^9} = 1$

$\therefore$ 전기량 $Q = 1 [C]$

[문제] **28.** 평행판 콘덴서의 면적을 $\dfrac{1}{2}$ 로 줄이고 간격을 $\dfrac{1}{2}$ 로 줄였다면 용량은 처음의 몇 배로 되는가?

㉮ 변하지 않는다.   ㉯ $\dfrac{1}{2}$ 배

㉰ 2배   ㉱ 4배

[해설] $C = \varepsilon \dfrac{A}{l} [F]$ 에서 $C' = \varepsilon \dfrac{\frac{1}{2}A}{\frac{1}{2}l} [F]$

$\therefore C = C'$ 이므로 변하지 않는다.

[해답] **25.** ㉮ **26.** ㉰ **27.** ㉮ **28.** ㉮

문제 29. 1C(μF), 2C(μF), 3C(μF)의 콘덴서를 직렬로 연결하고 양단에 가한 전압을 서서히 상승시킬 때 제일 먼저 파괴되는 콘덴서는 어느 것인가(단, 유전체의 재질 및 두께는 같다.)?
㉮ 1C   ㉯ 2C   ㉰ 3C   ㉱ 동시

해설 각 콘덴서에 분담되는 전압은 정전 용량에 반비례하므로 1C(μF) 양단의 전압이 가장 높다. 따라서 1C(μF)의 콘덴서가 먼저 파괴된다.

문제 30. 두 전하 사이에 작용하는 힘을 설명한 말 중 맞는 것은?
㉮ 두 전하의 곱에 비례하고 거리의 제곱에 반비례한다.
㉯ 두 전하의 곱에 비례하고 거리에 반비례한다.
㉰ 두 전하의 곱에 반비례하고 거리의 제곱에 비례한다.
㉱ 두 전하의 곱에 반비례하고 거리에 비례한다.

해설 $F = 9 \times 10^9 \times \dfrac{Q_1 Q_2}{r^2}$ [N]

문제 31. 그림과 같은 콘덴서의 합성 정전 용량은?
㉮ C
㉯ 2C
㉰ 3C
㉱ 4C

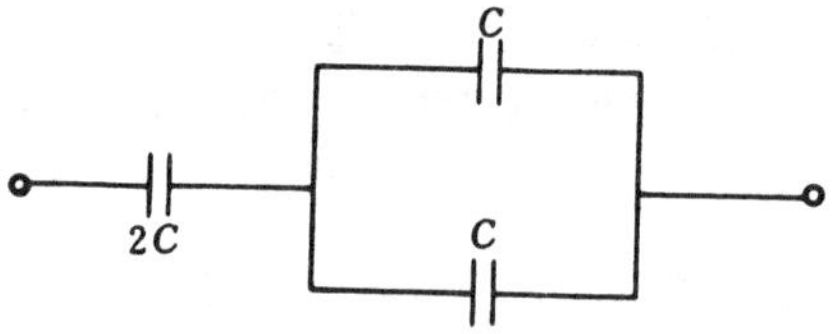

해설 합성 정전 용량 C_0는
$$C_0 = \dfrac{2C \cdot 2C}{2C + 2C} = \dfrac{4C^2}{4C} = 1C \text{[F]}$$

문제 32. R, L, C 직렬 회로의 합성 임피던스 [Ω]는?

㉮ $\sqrt{\dfrac{1}{R^2} + (\omega L - \dfrac{1}{\omega C})^2}$ ㉯ $\sqrt{R^2 + (\dfrac{1}{\omega L} - \omega C)^2}$

㉰ $\sqrt{\dfrac{1}{R^2} + (\dfrac{1}{\omega L} - \omega C)^2}$ ㉱ $\sqrt{R^2 + (\omega L - \dfrac{1}{\omega C})^2}$

해설 $Z = \sqrt{R^2 + (X_L - X_C)^2} = \sqrt{R^2 + (\omega L - \dfrac{1}{\omega C})^2}$ [Ω]

문제 33. 물질에서 공간으로 전자가 튀어 나올 수 없는 것은 전위 장벽이 있기 때문이다. 이 장벽의 정도를 나타내는 말로서 옳은 것은?
㉮ 일함수   ㉯ 일당량   ㉰ 페르미 준위   ㉱ 억셉터

해답 29. ㉮   30. ㉮   31. ㉮   32. ㉱   33. ㉮

과년도 출제문제 **1-71**

해설 1개의 전자를 금속체 내에서 공간으로 방출하는 데 필요한 에너지 $W[J]$은 전자의 전기량을 $e[C]$이라 하면 $W=e\phi$이다. 이 때, ϕ는 전자가 금속에서 방출될 때 뛰어 넘어야 하는 전위차로 생각할 수 있다. 이 때, ϕ의 단위를 $[eV]$로 표시할 때 ϕ를 물질의 일함수라 한다.

문제 34. 확산 전류는 다음 중 어떤 경우에 생기는가?
㉮ 반도체 양단에 전압이 걸려 반송자가 가속될 때
㉯ 반송자 농도의 기울기가 생길 때
㉰ 재결합할 때
㉱ 반도체가 빛을 받을 때

해설 확산 전류는 반도체 내에서 반송자가 어느쪽으로 몰려 있기 때문에 반송자의 농도에 기울기가 생겨 확산되려고 할 때의 전류이고, 드리프트(drift) 전류는 반도체 양단에 전압이 걸려 반도체 내부에 전장이 작용하고 이에 의하여 반속자가 가속을 받을 때의 전류이다.

문제 35. 바이어스가 가해지지 않은 PN 접합의 전위 장벽의 높이는 무엇에 의해서 결정되는가?
㉮ 반도체의 종류   ㉯ 불순물의 양
㉰ 반도체의 두께   ㉱ 금지대의 폭

해설 열적 평형 상태에 있는 PN 접합의 전위 장벽은 불순물 농도에 비례한다.

문제 36. α(베이스 접지 전류 증폭률)를 옳게 나타낸 식은 다음 중 어느 것인가?
㉮ $\Delta I_C/\Delta I_E (V_{CB}$ 일정$)$ ㉯ $\Delta I_E/\Delta I_C (V_{CB}$ 일정$)$
㉰ $\Delta I_C/\Delta I_B (V_{CE}$ 일정$)$ ㉱ $\Delta I_B/\Delta I_C (V_{BE}$ 일정$)$

해설 베이스 접지 전류 증폭률 : $\alpha = \left|\dfrac{\Delta I_C}{\Delta I_E}\right|$ (V_{CB} 일정)

이미터 접지 전류 증폭률 : $\beta = \left|\dfrac{\Delta I_C}{\Delta I_B}\right|$ (V_{CE} 일정)

문제 37. 정류기의 평활 회로는 다음 것 중 어느 것을 이용하고 있는가?
㉮ 고역 필터   ㉯ 저역 필터
㉰ 대역 통과 필터   ㉱ 대역 소거 필터

해설 정류기의 평활 회로는 저주파용의 초크 또는 저항과 콘덴서로 구성되어, 맥동(ripple) 성분이 출력측에 나오지 않도록 하는 일종의 저역 여파기(low pass filter)이다.

해답 34. ㉯   35. ㉯   36. ㉮   37. ㉯

문제 38. 다음은 이상적인 연산 증폭기에 관하여 서술한 것이다. 틀리는 것은?

㉮ 입력 저항은 무한대이다.　㉯ 출력 저항은 0이다.
㉰ 전압 이득은 무한대이다.　㉱ 대역폭은 일정하다.

해설 이상적인 연산 증폭기의 특성
① 전압 이득 A_v가 무한대($A_v = \infty$)이다.
② 입력 저항 R_1이 무한대($R_1 = \infty$)이다.
③ 출력 저항 R_o가 0($R_o = 0$)이다.
④ 대역폭이 무한대($BW = \infty$)이다.
⑤ 오프셋(offset)이 0이다.

문제 39. 적분기에 사용하는 콘덴서의 절연 저항이 커야 하는 이유는?

㉮ 연산이 끝나면 전하가 방전하기 때문에
㉯ 회로 동작이 복잡해지기 때문에
㉰ 단락시켜도 잔류 전압이 방전 안 되기 때문에
㉱ 연산의 정밀도가 저하하기 때문에

해설 적분기에 사용하는 콘덴서의 절연 저항이 작으면 회로에 영향을 주어 연산의 정밀도가 저하되므로, 적분기에 쓰이는 콘덴서는 절연 저항이 큰 수지(styrene) 콘덴서를 사용한다.

문제 40. 진폭 변조 송신기의 출력이 100[%] 변조시에 평균 150[W]이다. 30[%] 변조시의 출력은 몇 [W]인가?

㉮ 84.5[W]　㉯ 94.5[W]　㉰ 104.5[W]　㉱ 114.5[W]

해설 $P_m = P_C(1 + \dfrac{m^2}{2})$ [W]에서 반송파 전력 P_C는

$$P_C = \dfrac{P_m}{1 + \dfrac{m^2}{2}} = \dfrac{150}{1 + \dfrac{1}{2}} = 100 \text{[W]}$$

∴ 30[%] 변조시의 출력 P_0는

$$P_0 = P_C(1 + \dfrac{m^2}{2}) = 100 \times (1 + \dfrac{0.3^2}{2}) = 104.5 \text{[W]}$$

문제 41. 진공 내의 전자의 운동 시간 t는 어떤 식으로 나타내지는가(단, m: 전자의 질량, l: 운동 거리, eE: 전자에 작용하는 힘.)?

㉮ $t = \sqrt{eE/ml}$　　　㉯ $t = 5.93\sqrt{eE \times 10^5}$
㉰ $t\sqrt{2eE/m}$　　　　㉱ $t = \sqrt{2ml/eE}$

해답 38. ㉱　39. ㉱　40. ㉰　41. ㉱

[해설] $l = \dfrac{1}{2} at^2 = \dfrac{1}{2} \cdot \dfrac{eE}{m} t^2$ 에서

∴ $t = \sqrt{\dfrac{2ml}{eE}}$ [sec]

[문제] **42.** 트랜지스터의 베이스 접지의 전류 증폭률을 α라 하면 이미터 접지의 전류 증폭률 β는 어떻게 표시되는가?

㉮ $\beta = \dfrac{\alpha}{1-\alpha}$ ㉯ $\beta = \dfrac{\alpha}{\alpha-1}$

㉰ $\beta = \dfrac{\alpha-1}{\alpha}$ ㉱ $\beta = \dfrac{1-\alpha}{\alpha}$

[해설] 베이스 접지시 전류 증폭률 $\alpha = \dfrac{\Delta I_C}{\Delta I_E}$

이미터 접지시 전류 증폭률 $\beta = \dfrac{\Delta I_C}{\Delta I_B}$

[문제] **43.** 다음 그림은 트랜지스터 및 제너 다이오드를 사용한 직렬형 정전압 회로의 구성도이다. 빈칸에 맞는 것은 어느 것인가?

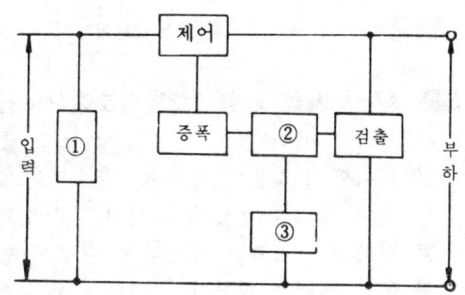

㉮ ① 증폭 ② 기준
　　③ 비교
㉯ ① 정류 ② 비교
　　③ 기준
㉰ ① 기준 ② 비교
　　③ 정류
㉱ ① 정류 ② 기준
　　③ 비교

[해설] ①에는 정류 소자(다이오드), ②에는 비교 소자(트랜지스터), ③에는 기준 전압을 얻는 기준 소자(제너 다이오드)가 접속되어야 한다.

[문제] **44.** 궤환이 없을 때의 증폭도 100의 증폭회로에 궤환율 -0.01의 부궤환을 걸었을 때 증폭도는 얼마인가?

㉮ 500　㉯ 50　㉰ 0.2　㉱ 0.02

[해설] $A_f = \dfrac{A}{1-\beta A} = \dfrac{100}{1-(-0.01 \times 100)} = 50$

[해답] 42. ㉮　43. ㉯　44. ㉯

문제 **45.** 그림의 회로는 어떠한 접속인가?
㉮ DEPP
 (double ended p-p)
㉯ SEPP
 (single ended p-p)
㉰ 달링턴 접속
㉱ 캐스코드 접속

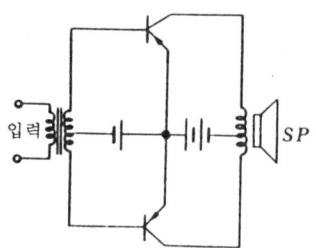

해설 회로는 2개의 트랜지스터가 부하에 대해 직렬, 전원에 대해 병렬로 접속되어 있는 DEPP회로이다.

문제 **46.** 다음의 회로는 어떤 회로인가?
㉮ 부호 변환 회로
㉯ 적분기
㉰ 미분기
㉱ 덧셈기

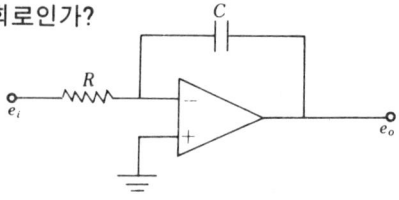

해설 $e_o = -\dfrac{1}{RC}\int e_i dt$의 적분회로이다.

문제 **47.** 푸시풀 평형 변조 회로에서 반송파가 제거되는 이유는 무엇인가?
㉮ 입력에 신호파는 동위상, 반송파는 역위상으로 가해지므로
㉯ 출력 트랜스 양단에 나타나는 신호파가 동위상이므로
㉰ 입력에 가해지는 반송파의 위상이 동위상이므로
㉱ 출력 트랜스 양단에 나타나는 반송파의 위상이 역위상이므로

해설 신호파는 역위상으로, 반송파는 동위상으로 입력이 가해지면 출력 트랜스에서 반송파는 역위상이 되어 상쇄 제거된다.

문제 **48.** 쌍안정 멀티바이브레이터 회로의 출력에 1개의 펄스를 얻을 때 입력에는 몇 개의 펄스가 필요한가?
㉮ 1개   ㉯ 2개   ㉰ 3개   ㉱ 4개

해설 쌍안정 멀티바이브레이터는 2개의 펄스가 들어올 때마다 1개의 펄스를 얻어내는 직류 결합 2단 증폭기로 구성된다.

문제 **49.** N형 반도체는 Ge나 Si에 무슨 물질을 섞는가?
㉮ 인듐(In)   ㉯ 알루미늄(Al)   ㉰ 붕소(B)   ㉱ 안티몬(Sb)

해답 45. ㉮ 46. ㉯ 47. ㉱ 48. ㉯ 49. ㉱

[해설] N형 반도체를 만드는 불순물(도너) : 안티몬(Sb), 비소(As), 인(P) 등
P형 반도체를 만드는 불순물(억셉터) : 인듐(In), 붕소(B), 갈륨(Ga) 등

[문제] 50. 다음 중 UJT(단접합 트랜지스터)에 관한 설명 중 틀린 것은?
㉮ UJT란 한쪽 반도체에 두 단자를 붙인 다이오드와 같은 구조이다.
㉯ 베이스 B_1, B_2사이에 전압을 걸면 전류가 흐른다.
㉰ 켈렉터 전극에서 출력을 꺼낸다.
㉱ 사이리스터의 트리거 소자로서 널리 사용된다.

[해설] UJT(Uni-junction Transistor)는 그림과 같이 N형의 실리콘 로드(rod) 양 단에 단자 B_1, B_2를 만들고, 중간 부분에 P층을 형성하여 이 부분을 이미터, B_1, B_2를 베이스로 한 것으로서, 사이리스터의 트리거 소자로 널리 이용된다.

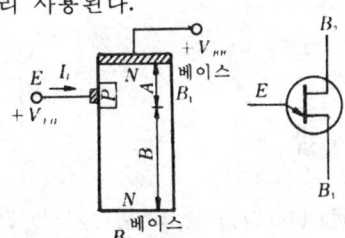

[문제] 51. 양호한 평활 회로가 있는 단상 반파 정류 회로에서 부하가 없을 때 100[V]의 직류를 얻었다. 정류관에 걸리는 역전압은 얼마인가?
㉮ 100[V]   ㉯ 141[V]   ㉰ 282[V]   ㉱ 241[V]

[해설] $PRV = 100 + \sqrt{2} \times 100 ≒ 241$[V]

[문제] 52. hfe=45, hoe=25×10⁻⁶[mho]인 트랜지스터에 20[kΩ]의 부하 저항이 연결된 증폭기의 전류 이득은 얼마인가?
㉮ 90   ㉯ 20   ㉰ 30   ㉱ 40

[해설] $A_i = \dfrac{hfe}{1 + hoeR_L} = \dfrac{45}{1 + 25 \times 10^{-6} \times 20 \times 10^3} = 30$

[문제] 53. 다음은 이미터 폴로어 증폭 회로에 대한 설명이다. 틀린 것은?
㉮ 이 회로는 부하쪽에서 본 내부 임피던스가 매우 낮다.
㉯ 동축 케이블과 같이 낮은 임피던스의 부하에 잘 정합시킬 수 있다.
㉰ 부하에 병렬로 존재하는 정전 용량의 영향이 작아 광대역에 걸쳐 주파수 특성이 좋아진다.
㉱ 이 회로는 전압 증폭도가 항상 1보다 작으므로 전력 증폭이 되지 않는다.

[해설] 이미터 폴로어(emitter follower)의 전압 증폭도는 항상 1보다 작으므로 전압은 증폭되지 않지만 전력 증폭은 된다.

[해답] 50. ㉰   51. ㉱   52. ㉰   53. ㉱

문제 54. 다음 그림은 연산 증폭기의 등가 회로이다. 여기서 A_V가 대단히 커서 $A_V = \infty$라 한다면 출력 전압 V_O는 어떻게 나타낼 수 있는가?

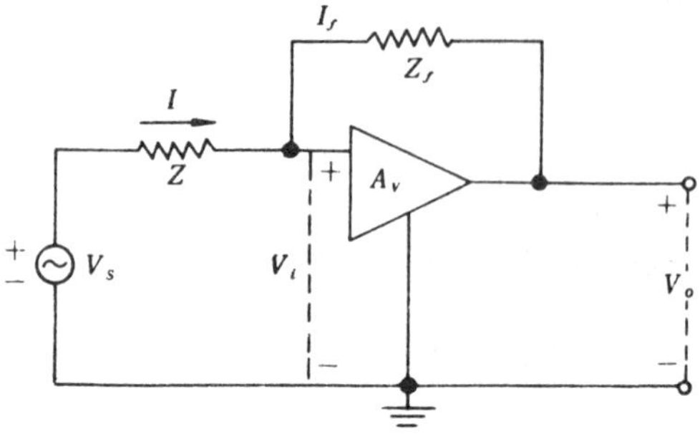

㉮ $-\dfrac{Z}{Z_f} V_S$

㉯ $\dfrac{Z}{Z_f} V_S$

㉰ $\dfrac{Z_f}{Z} V_S$

㉱ $-\dfrac{Z_f}{Z} V_S$

해설 $V_O = -\dfrac{Z_f}{Z} V_S$

문제 55. 다음 중 CR발진기의 설명으로 틀린 것은?

㉮ C와 R을 사용하여 정궤환에 의해 발진을 시킨다.
㉯ 발진 주파수는 LC동조 주파수로 결정된다.
㉰ CR발진기는 이상형과 브리지형이 있다.
㉱ 음성 주파수 이하의 주파수 발진에 많이 쓰인다.

해설 CR 발진기에는 CR의 이상(phase shifter) 특성을 이용한 이상형 발진기와 빈 브리지(wien bridge)의 성질을 이용한 빈 브리지 발진기가 있으며, 이상형 CR 발진 회로의 발진 주파수는 다음 식으로 구해진다.

$f_0 = \dfrac{1}{2\pi\sqrt{6}\,RC}$ [Hz]

문제 56. AM 변조기에서 발생하는 측파대 중 상측파대가 쓰이는 전력은?

㉮ $P = P_C$

㉯ $P = \dfrac{m^2}{2} P_C$

㉰ $P = \dfrac{m^2}{4} P_C$

㉱ $P = \dfrac{m^2}{8} P_C$

해설 반송파의 소비 전력 : $P_C = \dfrac{V_C^2}{R}$

상측파의 소비 전력 : $P_U = \left(\dfrac{m}{2} V_C\right)^2 / R = \dfrac{m^2}{4} \cdot \dfrac{V_C^2}{R} = \dfrac{m^2}{4} P_C$

해답 54. ㉱ 55. ㉯ 56. ㉰

하측파의 소비 전력 : $P_L = \left(\dfrac{m}{2} V_C\right)^2 / R = \dfrac{m^2}{4} \cdot \dfrac{V_C^2}{4} = \dfrac{m^2}{4} P_C$

피변조파의 소비 전력 : $P = P_C + P_U + P_L = \left(1 + \dfrac{m^2}{2}\right) \dfrac{V_C^2}{R} = \left(1 + \dfrac{m^2}{2}\right) P_C [W]$

문제 57. 다음 표와 같은 진리표는?
㉮ NOT 회로
㉯ AND 회로
㉰ OR 회로
㉱ NAND 회로

입력 1	입력 2	출 력
1	1	1
1	0	0
0	1	0
0	0	0

해설 $C = A \cdot B$의 AND 회로이다.

문제 58. 일반적으로 플립플롭(flip-flop) 회로라 하는 것은 어떤 회로인가?
㉮ 클리퍼
㉯ 클램프
㉰ 비안정 멀티 바이브레이터
㉱ 쌍안정 멀티 바이브레이터

해설 쌍안정 멀티바이브레이터는 입력 트리거 펄스 2개마다 1개의 출력 펄스를 얻어내는 회로로서, 일반적으로 플립플롭 회로라고 한다.

문제 59. 다음 회로의 출력을 계산한 것 중 맞는 것은?
㉮ $A + B$ ㉯ A
㉰ $\overline{AB} + AB$
㉱ $A\overline{B} + \overline{A}B$

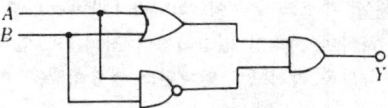

해설 $Y = (A + B) \cdot \overline{A \cdot B} = (A + B)(\overline{A} + \overline{B}) = A\overline{B} + \overline{A}B$

문제 60. 균일한 자장 속으로 전자의 운동 방향이 자장의 방향과 같으면 진입한 전자의 운동 궤적은?
㉮ 직선 운동   ㉯ 포물선 운동
㉰ 완전 원운동   ㉱ 자장에 의한 영향을 받지 않음

해설 전자의 운동 방향이 자장의 방향과 수직이면 전자는 회전 운동을 하며, 자장의 방향과 수직이 아니면 전자는 나선 운동을 하게 되고, 자장의 방향과 같으면, 자장에 의한 영향을 받지 않는다.

해답 57. ㉯   58. ㉱   59. ㉱   60. ㉱

문제 **61.** GTO(Gate Turn Off switch)의 특성으로서 옳은 것은?
㉮ 드레인에 역 방향의 전류를 흘려서 주전류를 제어한다.
㉯ 소스에 순 방향의 전류를 흘려서 주전류를 차단한다.
㉰ 게이트에 역 방향의 전류를 흘려서 주전류를 차단한다.
㉱ 드레인에 순 방향의 전류를 흘려서 주전류를 차단한다.
해설 GTO는 게이트에 흐르는 전류에 의해서 주전류를 직접 차단할 수 있는 사이리스터(thyristor) 소자이다.

문제 **62.** 아래 그림의 회로를 보고 안정 계수 S를 구하시오.(단, $R_C=5[k\Omega]$, $R_B=220[k\Omega]$, $\beta=65.66$이다.)
㉮ 약 33.6   ㉯ 약 31.8
㉰ 약 27   ㉱ 약 25.8

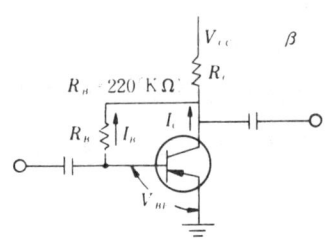

해설 $S = \dfrac{1+\beta}{1+\beta R_c/(R_b+R_c)} \fallingdotseq 27$

문제 **63.** 캐소드 폴로어 증폭기의 설명으로 옳지 않는 것은?
㉮ 부궤환 작용이 있다.
㉯ 전압 이득이 1 이하이다.
㉰ 비직선 일그러짐이 작다.
㉱ 입력 임피던스가 낮아서 케이블에 쉽게 정합한다.
해설 캐소드 폴로어(cathode follower) 증폭기는 부궤환 증폭으로 전압 이득은 1이하이며 비직선 일그러짐이 작다. 또 입력 임피던스는 높고 출력 임피던스가 낮은 특성을 가지므로 임피던스 정합의 목적으로 많이 사용된다.

문제 **64.** 다음 그림과 같은 회로는 무슨 회로인가?
㉮ 클리핑 회로
   (clipping circuit)
㉯ 클램핑 회로
   (clamping circuit)
㉰ 콘덴서 입력형 필터
   (π-section filter)
㉱ 반파 정류 회로
   (half-wave rectifier circuit)

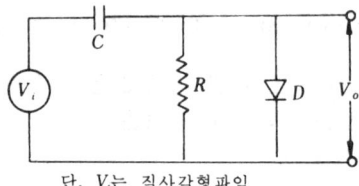
단, V_i는 직사각형파임

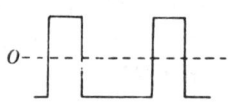

해답 **61.** ㉰ **62.** ㉰ **63.** ㉱ **64.** ㉯

해설 그림의 회로는 입력 신호의 (+) 또는 (-)의 피크(peak)를 어느 기준 레벨로 바꾸어 고정시키는 클램핑 회로(또는 클램퍼)이다.

문제 65. 초음파 발진기에 가장 많이 사용되는 발진 회로는?
㉮ 수정 발진 회로　　　　㉯ 자기 일그러짐 발진 회로
㉰ 부성 저항 발진 회로　　㉱ 음차 발진 회로
해설 자기 일그러짐 발진 회로는 강한 진동을 발생시킬 수 있으므로 초음파 발생용으로 많이 사용된다.

문제 66. 다음 진리표는 무슨 회로인가?
㉮ AND 회로
㉯ OR 회로
㉰ NOT 회로
㉱ NAND 회로

입력 1	입력 2	출 력
1	1	1
1	0	0
0	1	0
0	0	0

해설 $C = A + B$의 논리합 (OR) 회로이다.

문제 67. 다음은 마스터-슬레이브(master-salave) J-K 플립플롭의 진리표이다. ( )속에 가장 적당한 것은?
㉮ 1　　　　㉯ 0
㉰ Qn　　　 ㉱ 부정

Jn	Kn	Qn+1
0	0	Qn
1	0	1
0	1	0
1	1	( )

해설 $Jn = Kn = 1$일 때 $Qn+1$은 $\overline{Qn}$로 된다.

문제 68. 다음의 전자 운동 설명 중 틀린 것은 어느 것인가?
㉮ 전장에 의하여 전자 편향이 일어난다.
㉯ 자장에 의하여 전자 편향이 일어난다.
㉰ 전장 속의 정지된 전자는 전장의 방향과 같은 방향으로 가속된다.
㉱ 전자는 자장 속에서 전자의 운동 방향과 자장의 방향이 직각이면 원운동을 한다.
해설 전장 속에 정지된 전자가 있으면 전자는 전장의 방향과는 반대 방향으로 가속된다.

문제 69. 정전압 회로의 설명 중 잘못된 것은?
㉮ TR은 제어석으로 가변 저항기 역할을 한다.
㉯ ZD는 제너 다이오드이다.

해답 65. ㉯　66. ㉯　67. ㉰　68. ㉰　69. ㉰

㉰ 병렬형 정전압 회로이다.
㉱ 증폭단을 증가함으로써 출력 저항 및 전압 안정 계수를 적게 할 수 있다.

해설 회로는 부하와 직렬로 제어용 트랜지스터를 접속한 직렬형 정전압 회로이다.

문제 70. 고정 바이어스 회로에서 $V_{BE}=0.7[V]$, $\beta=50$, $R_C=5[k\Omega]$, $V_{CC}=+10[V]$일 때 동작점 직류 출력 전압 $V_{CO}=6[V]$로 하려면 R_B의 값은 얼마로 해야 하는가?

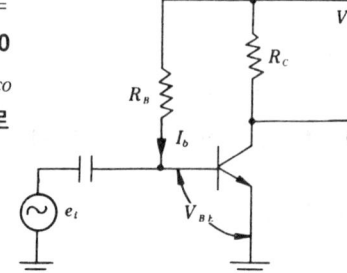

㉮ 약 523[kΩ]
㉯ 약 648[kΩ]
㉰ 약 581[kΩ]
㉱ 약 750[kΩ]

해설 컬렉터 전류 $I_C = \dfrac{V_{CC}-V_{CO}}{R_C} = \dfrac{10-6}{5000} = 8\times10^{-4}[A]$

베이스 전류 $I_b = \dfrac{I_C}{\beta} = \dfrac{8\times10^{-4}}{50} = 1.6\times10^{-5}[A]$

$\therefore R_B = \dfrac{V_{CC}-V_{BE}}{I_b} = \dfrac{10-0.7}{1.6\times10^{-5}} \fallingdotseq 581[k\Omega]$

문제 71. 푸시풀(push-pull) 증폭회로의 이점으로서 옳지 않은 것은?
㉮ 비교적 큰 출력이 얻어진다.
㉯ 출력 변압기(transformer)의 직류 여자가 상쇄된다.
㉰ 전원 전압에 함유되는 험(hum)이 상쇄된다.
㉱ 기수 고조파가 제거된다.

해설 트랜지스터를 B급으로 동작시키는 푸시풀 회로에서는 직류 바이어스 전류가 매우 작아도 되고, 입력이 없을 때의 컬렉터 손실이 작으며 큰 출력을 낼 수 있다. 따라서 우수 고조파 성분도 작아지므로 출력 증폭단에 많이 쓰인다.

문제 72. 클램핑 회로(clamping circuit)에 관한 설명으로서 잘못된 것은 다음 중 어느 것인가?
㉮ 클램핑 기준 전압은 바이어스 전압과 같다.
㉯ 부클램퍼의 출력 전압은 부(−) 방향의 펄스만 된다.
㉰ 입력신호의 진폭과 파형에 따라 클램핑 레벨이 바뀐다.

해답 70. ㉰ 71. ㉱ 72. ㉰

㉣ 정 클램퍼의 출력 전압은 클램핑 기준 전압보다 높은 부분만을 얻는다.

[해설] 입력 신호의 (+) 또는 (−)의 피크(peak)를 어느 기준 레벨로 바꾸어 고정시키는 회로를 클램핑 회로 또는 간단히 클램퍼(clamper)라 한다.

[문제] 73. 다음 중 펄스파에 가까운 파형을 얻는 발진기는?
㉮ 블로킹 발진기　　　㉯ 멀티바이브레이터 발진기
㉰ 수정 발진기　　　　㉱ 자려 발진기

[해설] 블로킹 발진기(blocking oscillator)는 발진을 어떤 기간 동안 중지 했다가 다시 동작하는 동작을 되풀이 하여 펄스파에 가까운 파형을 얻는 발진기이다.

[문제] 74. 다음 회로의 입력이 $X_1=1$, $X_2=0$일 때 출력은?

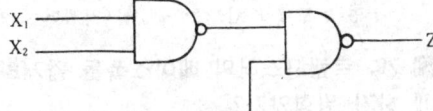

㉮ 0
㉯ 1
㉰ 0이 될수도 있고 1이 될 수도 있다.
㉱ 0과 1이 교대로 출력된다.

[해설] X_1, X_2을 출력이 1이 되므로 $Z=0$이다.

[문제] 75. 그림과 같은 회로에서 출력 C가 0이 되기 위한 조건은?

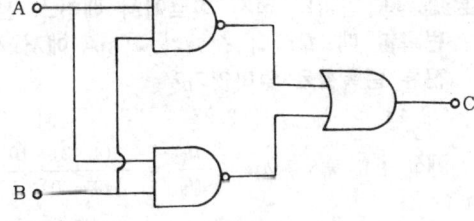

㉮ $A=1$, $B=1$
㉯ $A=1$, $B=0$
㉰ $A=0$, $B=1$
㉱ $A=0$, $B=0$

[해설] $A=1$, $B=1$일 때 출력 C는 0이 된다.

[문제] 76. 다음 그림의 회로는?

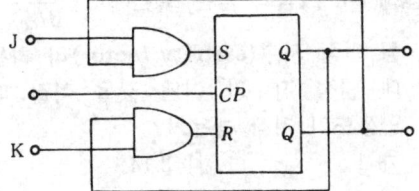

㉮ RST 플립플롭
㉯ JK 플립플롭
㉰ D 플립플롭
㉱ T 플립플롭

[해설] JK-FF는 2개의 입력이 동시에 1이 되었을 때에도 불확정한 출력 상태가 되지 않도록 한 것이다.

[해답] 73. ㉮　74. ㉮　75. ㉮　76. ㉯

문제 77. 정전압 방전관은 기체 내의 전기 전도 현상 중 어느 것을 이용한 것인가?
㉮ 타운젠트 방전 ㉯ 절연 파괴
㉰ 정상글로 방전 ㉱ 아크 방전
해설 정전압 방전관(voltage regulator tube)은 헬륨, 네온, 아르곤 등의 가스를 봉입한 것으로 정규 글로 방전 범위에서는 방전 전류가 변화하여도 방전관의 양단 전압은 거의 일정하게 되는 성질을 이용한 것이다.

문제 78. 다음 중 N형 반도체의 불순물이 아닌 것은?
㉮ 비소 ㉯ 임듐 ㉰ 안티몬 ㉱ 인
해설 N형 반도체를 만드는 불순물(도너) : 안티몬(Sb), 비소(As), 인(P) 등
P형 반도체를 만드는 불순물(억셉터) : 인듐(In), 붕소(B), 갈륨(Ga) 등

문제 79. 트랜지스터의 베이스폭을 얇게하는 이유는 다음 어느 특성을 좋게 하기 위함인가?
㉮ 온도 특성 ㉯ 주파수 특성 ㉰ 잡음 특성 ㉱ 전도 특성
해설 일반적으로, 트랜지스터에서 베이스를 전자나 정공이 통과하는 데에는 많은 시간이 걸리므로, 저주파에서 고주파로 높아질수록 주파수 특성이 나빠진다. 즉, 전류 증폭률이 점차 떨어진다. 그래서 고주파에서도 트랜지스터를 사용하려면 베이스폭을 얇게 하거나 베이스에서 전자나 정공의 통과 속도를 빠르게 해야 한다.

문제 80. 이미터 접지 회로에서 베이스 전류가 20[μA]에서 40[μA]까지 변화할 때 컬렉터 전류가 2[mA]에서 4[mA]까지 변화했다. 이 때의 전류 증폭률은 얼마인가?
㉮ 48 ㉯ 98 ㉰ 99 ㉱ 100
해설 전류 증폭률 $hfe = \dfrac{\Delta I_C}{\Delta I_B} = \dfrac{(4-2) \times 10^{-3}}{(40-20) \times 10^{-6}} = 100$

문제 81. 그림과 같은 회로에서 $\dfrac{\Delta I_C'}{\Delta I_{CO}'}$를 안정 지수(stability factor)라 하는데 안정 지수가 어떤 값을 가질 때 안정도가 가장 높은가?
㉮ 1 ㉯ 3.14
㉰ 9 ㉱ 10

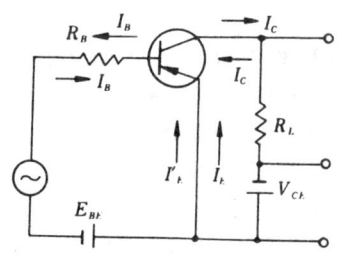

해설 안정 지수 $S = \dfrac{\Delta I_C}{\Delta I_{CO}}$ 의 값이 적을 수록 안정도가 좋다.

해답 77. ㉰ 78. ㉯ 79. ㉯ 80. ㉱ 81. ㉮

문제 82. 다음 그림과 같은 미분 연산기에서 입력에 V_i와 같은 구형파를 인가할 때 출력 파형은 어떻게 되는가?

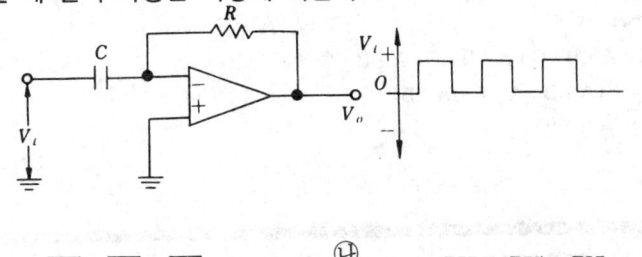

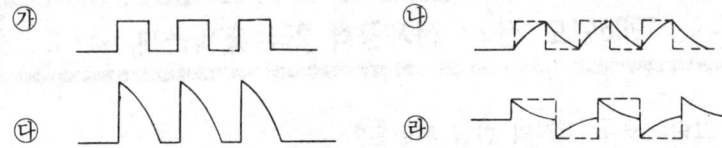

해설 미분 연산기이므로 ㉣와 같은 미분 파형이 출력된다.

문제 83. 링(ring) 변조기는 어떤 방식인가?
㉮ 주파수 변조　　　　㉯ 위상 변조
㉰ 플레이트 변조　　　㉱ 평형 변조

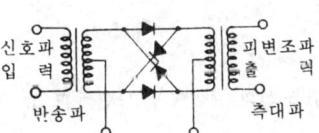

해설 링(ring) 변조는 다이오드를 환상으로 하고, 그 스위칭 작용을 이용한 그림과 같은 평형형의 변조기로서 단측파대(SSB)를 얻기 위한 변조기로 사용된다.

문제 84. 음차 발진기의 결점은?
㉮ 발진 주파수를 가변할 수 없다.
㉯ 주파수 안정도가 나쁘다.
㉰ 파형이 나쁘다.
㉱ 취급이 복잡하다.

해설 음차 발진기는 음차(tuning fork)의 기계적인 진동을 전기적인 진동으로 바꾸어, 수 100[Hz] 정도의 가청 주파수를 10^{-5} 정도의 안정도를 발진시키는 것으로 다음과 같은 특징이 있다.
　① 발진 주파수가 안정하고 출력 파형이 좋다.
　② 발진 주파수는 일정하나, 가변할 수 없다.
　③ 가청 주파수 이하의 표준 발진기로 적합하다.
　④ 제작이 쉽고, 취급이 간단하다.

해답 82. ㉱　83. ㉱　84. ㉮

[문제] 85. $X = \overline{A} \cdot B \cdot \overline{C} + A \cdot \overline{B} \cdot \overline{C} + A \cdot B \cdot \overline{C}$ 를 간략화 하면?

㉮ $\overline{C}(A+B)$ ㉯ $B + A \cdot \overline{C}$
㉰ $\overline{B} + \overline{A} \cdot C$ ㉱ $A \cdot B \cdot C$

[해설] $X = \overline{A} \cdot B \cdot \overline{C} + A \cdot \overline{B} \cdot \overline{C} + A \cdot B \cdot \overline{C}$
$= \overline{C}(\overline{A} \cdot B + A \cdot \overline{B} + A \cdot B)$
$= \overline{C}(A+B)$

1986년도 전기·전자공학 2급 출제문제

[문제] 1. 그림에서 a−b간의 합성 저항은?

㉮ R
㉯ $2R$
㉰ $3R$
㉱ $6R$

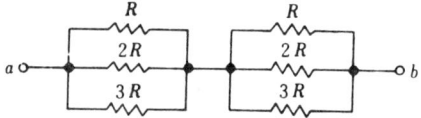

[해설] $R_{ab} = \dfrac{1}{\dfrac{1}{R} + \dfrac{1}{2R} + \dfrac{1}{3R}} + \dfrac{1}{\dfrac{1}{R} + \dfrac{1}{2R} + \dfrac{1}{3R}} = \dfrac{12R}{11} ≒ R[\Omega]$

[문제] 2. 어떤 도선의 길이를 5배, 단면적을 3배로 하면 전기 저항은 몇 배로 되는가?

㉮ 3 ㉯ 5 ㉰ $\dfrac{5}{3}$ ㉱ $\dfrac{3}{5}$

[해설] 도선의 길이를 l, 단면적을 A, 고유 저항을 ρ라 하면 전기 저항은 $R = \rho \dfrac{l}{A} [\Omega]$ 이므로

$\therefore R' = \rho \dfrac{5l}{3A} = \dfrac{5}{3} \rho \dfrac{l}{A} = \dfrac{5}{3} R$

[문제] 3. 100[Ω]의 저항에 1[A]의 전류가 1분간 흐를 때 발생하는 열량은 몇 kcal가 되나?

㉮ 6 ㉯ 4 ㉰ 2.88 ㉱ 1.44

[해설] $H = 0.24 I^2 Rt = 0.24 \times 1^2 \times 100 \times 1 \times 60 = 1440$[cal]
$\therefore 1.44$[kcal]

[해답] 85. ㉮ 1. ㉮ 2. ㉰ 3. ㉱

문제 4. 다음 그림에서 합성 정전 용량은?

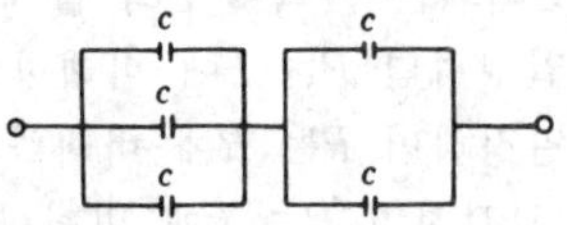

㉮ $\dfrac{3}{2}C$　　㉯ $5C$

㉰ $\dfrac{5}{6}C$　　㉱ $\dfrac{6}{5}C$

[해설] $C_O = \dfrac{3C \times 2C}{3C+2C} = \dfrac{6C^2}{5C} = \dfrac{6}{5}C[F]$

문제 5. 지름 10[cm], 감은 횟수 10[회]인 원형 코일에 10[A]의 전류가 흐를 때 이 코일 중심 자장의 세기[AT/m]는 얼마인가?

㉮ 20[AT/m]　　㉯ 1000[AT/m]

㉰ 10[AT/m]　　㉱ 500[AT/m]

[해설] $H = \dfrac{NI}{2r} = \dfrac{10 \times 10}{2 \times 5 \times 10^{-2}} = 1000[AT/m]$

문제 6. 어떤 회로에 100[V]의 전류 전압을 가하면 $I = 4 + j3$[A]의 전류가 흐른다. 이 회로의 임피던스 [Ω]는?

㉮ $4 - j3$　　㉯ $4 + j3$　　㉰ $16 - j12$　　㉱ $16 + j12$

[해설] $\dot{Z} = \dfrac{\dot{E}}{\dot{I}} = \dfrac{100}{4+j3} = \dfrac{100(4-j3)}{4+j3(4-j3)} = \dfrac{400-j300}{4^2+3^2} = 16 - j12[\Omega]$

문제 7. 피상 전력이 8000[kVA], 유효 전력이 6000[kW]일 때의 역률은?

㉮ 0.25　　㉯ 0.5　　㉰ 0.75　　㉱ 1

[해설] $\cos\theta = \dfrac{P}{VI} = \dfrac{6000}{8000} = 0.75$

문제 8. 그림의 회로에서 전류 I[A]를 구하라.

㉮ 1[A]
㉯ 2[A]
㉰ 3[A]
㉱ 4[A]

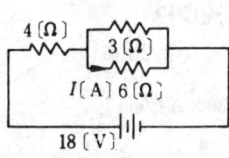

[해설] 합성 저항은 $R_O = 4 + \dfrac{3 \times 6}{3+6} = 6[\Omega]$이고, 전 전류는 $I_O = \dfrac{V}{R_T} = \dfrac{18}{6} = 3$

[A]이므로 6[Ω]의 저항에 흐르는 전류는

$I = \dfrac{3}{3+6} \times 3 = 1[A]$

[해답] 4. ㉱　5. ㉯　6. ㉰　7. ㉰　8. ㉮

문제 9. 저항 R 양단에 기전력 E를 가하고, 이 때 R을 흐르는 전류를 I, R에서 소비되는 전력을 P라 할 때 옳지 못한 것은?
㉮ I가 일정하면 P는 E에 비례한다.
㉯ I가 일정하면 P는 R에 비례한다.
㉰ R이 일정하면 P는 E에 비례한다.
㉱ R이 일정하면 P는 I^2에 비례한다.

[해설] $P = \dfrac{E^2}{R}$ [W]

문제 10. 줄의 법칙에 있어서 열량을 계산하는 식은?
㉮ $H = 0.24RI^2t$ [cal] ㉯ $H = 0.24I^2R$ [cal]
㉰ $H = \dfrac{t}{0.24I^2R}$ [cal] ㉱ $H = \dfrac{1}{0.24I^2Rt}$ [cal]

[해설] $H = 0.24RI^2t$ [cal]

문제 11. 콘덴서 C_1과 C_2의 직렬 회로에 E[V]의 전압을 가할 시 C_2에 걸리는 전압 E_2[V]의 값은?
㉮ $\dfrac{C_1 + C_2}{C_2} \times E$ ㉯ $\dfrac{C_1 + C_2}{C_1} \times E$
㉰ $\dfrac{C_1}{C_1 + C_2} \times E$ ㉱ $\dfrac{C_2}{C_1 + C_2} \times E$

[해설] 콘덴서의 양단에 가해지는 전압은 정전 용량에 반비례한다.
∴ $E_2 = \dfrac{C_1}{C_1 + C_2} E$ [V]

문제 12. 지름 25[cm] 권수 5회의 원형 코일에 10[A]의 전류를 흘릴 때 중심 자계의 세기[AT/m]는 얼마인가?
㉮ 63.7 ㉯ 400 ㉰ 200 ㉱ 31.9

[해설] $H = \dfrac{IN}{2r} = \dfrac{10 \times 5}{2 \times 12.5 \times 10^{-2}} = 200$ [AT/m]

문제 13. 평형 3상 Y결선의 상전압과 선간 전압과의 관계는 어떻게 되는가?
㉮ 서로 같다. ㉯ 선간 전압 $= \sqrt{3} \cdot$ 상전압
㉰ 선간 전압 $= 3 \cdot$ 상전압 ㉱ 상전압 $= \sqrt{3} \cdot$ 선간 전압

[해설] $V_l = \sqrt{3} \, V_P$ [V]

[해답] 9. ㉰ 10. ㉮ 11. ㉰ 12. ㉰ 13. ㉯

과년도 출제문제   1-87

문제 14. R-C 직렬 회로에서 $R=500[k\Omega]$, $C=2[\mu F]$일 때 시상 수는?
㉮ 1[sec]   ㉯ 2[sec]   ㉰ 3[sec]   ㉱ 4[sec]

해설 $T=RC=500\times10^3\times2\times10^{-6}=1[sec]$

문제 15. 도체의 저항값에 대한 설명 중 틀린 것은?
㉮ 저항값은 도체의 고유 저항에 비례한다.
㉯ 저항값은 도체의 단면적에 비례한다.
㉰ 저항값은 도체의 길이에 비례한다.
㉱ 저항값은 도체의 단면적에 반비례한다.

해설 $R=\rho\dfrac{l}{A}$ [Ω] 즉, 도체의 저항값은 고유 저항과 길이에 비례하고 그 단면적에 반비례한다.

문제 16. 10[Ω]과 15[Ω]의 저항을 병렬로 하고 50[A]의 전류를 흘렸을 때 저항 15[Ω]에 흐르는 전류는 얼마인가?
㉮ 10[A]   ㉯ 20[A]   ㉰ 30[A]   ㉱ 40[A]

해설 $I_{50}=\dfrac{10}{10+15}\times50=20[A]$

문제 17. 다음 중 진공 중의 두 점 전하(Q_1, Q_2)가 거리 r사이에서 작용하는 정전력의 크기를 올바르게 나타낸 것은?
㉮ $F=6.33\times10^4\dfrac{Q_1Q_2}{r^2}$ ㉯ $F=6.33\times10^4\dfrac{Q_1Q_2}{r}$
㉰ $F=9\times10^9\dfrac{Q_1Q_2}{r^2}$ ㉱ $F=9\times10^9\dfrac{Q_1Q_2}{r}$

해설 2개의 점전하 사이에 작용하는 정전력의 크기는 두 전하(전기량)의 곱에 비례하고, 전하 사이의 거리의 제곱에 반비례한다.
$F=9\times10^9\times\dfrac{Q_1Q_2}{r^2}$ [N]

문제 18. 자체 인덕턴스 10[mH]의 코일에 10[A]의 전류를 흘렸을 때 코일에 저축되는 에너지는 몇 [J]인가?
㉮ 0.1   ㉯ 0.5   ㉰ 10   ㉱ 50

해설 $W=\dfrac{1}{2}LI^2=\dfrac{1}{2}\times10\times10^{-3}\times10^2=0.5[J]$

해답 14. ㉮   15. ㉯   16. ㉯   17. ㉰   18. ㉯

문제 19. (a) 그림에서는 실효값을 V_e라고 하면 (b) 그림에서의 실효값은 어떻게 나타내는가?

㉮ V_m

㉯ $\dfrac{2}{\pi} V_a$

㉰ $\dfrac{1}{\sqrt{2}} V_e$

㉱ $\dfrac{\pi}{2\sqrt{2}} \fallingdotseq 1.11$

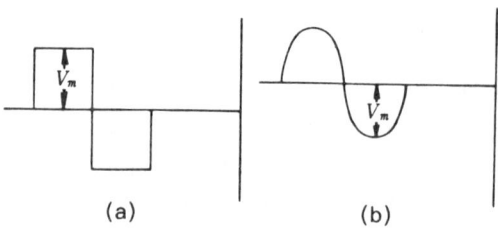
(a) (b)

해설 구형파 (그림 a)에서는 실효값이 최대값과 같다. 따라서 그림 b의 실효값은
$V_a = \dfrac{1}{\sqrt{2}} V_e$ 로 된다.

문제 20. 평형 3상 △결선의 상전류 I_p와 선전류 I_l의 관계는 다음 중 어느 것인가?

㉮ $I_l = \sqrt{3} I_p$ ㉯ $I_l = \dfrac{I_p}{\sqrt{3}}$

㉰ $I_l = 3 I_p$ ㉱ $I_l = I_p$

해설 $I_l = \sqrt{3} I_p$, $I_p = \dfrac{I_l}{\sqrt{3}}$

문제 21. 0.01[℧]의 컨덕턴스를 가진 저항에 2[A]의 전류를 흘리려면 몇 [V]의 전압을 가해야 하는가?

㉮ 50[V] ㉯ 100[V] ㉰ 200[V] ㉱ 0.02[V]

해설 $V = IR = i \dfrac{1}{G} = 2 \times \dfrac{1}{0.01} = 200$[V]

문제 22. 그림에서 전체 전류 I는 몇 [A]인가?

㉮ 1[A]
㉯ 2[A]
㉰ 3[A]
㉱ 4[A]

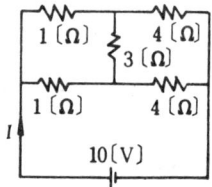

해설 저항 회로가 평형을 유지하고 있으므로 중앙의 3[Ω] 저항은 없는 것과 같다.
따라서 1[Ω]과 4[Ω]의 직렬이 2조 병렬로 된 회로이므로 합성 저항은 2.5[Ω]이다.
∴ $I = \dfrac{V}{R_T} = \dfrac{10}{2.5} = 4$[A]

해답 19. ㉰ 20. ㉮ 21. ㉰ 22. ㉱

문제 23. 두 전하 사이에 작용하는 힘은 두 전하간의?
㉮ 거리에 비례   ㉯ 거리에 반비례
㉰ 거리의 제곱에 비례   ㉱ 거리의 제곱에 반비례
해설 두 전하 사이에 작용하는 힘(정전력)은 두 전하의 곱에 비례하고, 전하 사이의 거리의 제곱에 반비례한다.

문제 24. 평행판 전극에 일정 전압을 가하면서 극판 간격을 2배로 하면 내부 전장의 세기는?
㉮ 4배   ㉯ 3배   ㉰ 2배   ㉱ $\frac{1}{2}$배
해설 $E = \frac{V}{d}$ [V/m]이므로 $\frac{1}{2}$로 된다.

문제 25. 두 콘덴서 C_1, C_2를 직렬 연결하고 그 양끝에 전압 V를 가한 경우, C_1에 분배되는 전압은?
㉮ $\frac{C_1}{C_1+C_2}V$ ㉯ $\frac{C_2}{C_1+C_2}V$ ㉰ $\frac{C_1+C_2}{C_1}V$ ㉱ $\frac{C_1+C_2}{C_2}V$
해설 두 콘덴서 C_1, C_2의 전압과 전체의 전압과의 비는 다음과 같다.
$$\frac{V_1}{V} = \frac{C_2}{C_1+C_2}, \quad \frac{V_2}{V} = \frac{C_1}{C_1+C_2}$$
따라서 C_1에 분배되는 전압 V_1은
$$V_1 = \frac{C_2}{C_1+C_2}V[V]$$

문제 26. 전류가 흐르는 두 평행 도선 간에 반발력이 작용했다면?
㉮ 두 도선의 전류 방향은 같다.
㉯ 두 도선의 전류 방향은 반대이다.
㉰ 두 도선의 전류 방향은 서로 수직이다.
㉱ 한쪽 도선만 흐른다.
해설 두 도선에 흐르는 전류의 방향이 같으면 흡인력이 작용하고, 두 전류의 방향이 서로 반대이면 반발력이 작용한다.

문제 27. 10[Ω]의 저항 4개를 접속하여 얻어지는 합성 저항 중 가장 작은 값은?
㉮ 2.5[Ω]   ㉯ 4[Ω]   ㉰ 5[Ω]   ㉱ 10[Ω]
해설 병렬 접속으로 해야 하므로

해답 23. ㉱   24. ㉱   25. ㉯   26. ㉯   27. ㉮

$$R_p = \frac{R}{n} = \frac{10}{4} = 2.5[\Omega]$$

문제 28. 200[V], 100[W] 정격인 전열기를 100[V]에 연결 사용할 때 소비 전력은?

㉮ 100[W]　㉯ 50[W]　㉰ 25[W]　㉱ 200[W]

해설 200[V], 100[W] 전열기의 저항은

$$R = \frac{V^2}{P} = \frac{200^2}{100} = 400[\Omega]$$

$$\therefore P' = \frac{V^2}{R} = \frac{100^2}{400} = 25[W]$$

문제 29. 전기력선은 전계에 가상적으로 그어진 곡선으로 전계의 방향은 그 선상의 (　)방향이다. (　) 안에 맞는 것은?

㉮ 곡선　㉯ 접선　㉰ 법선　㉱ 직선

해설 전기력선의 성질

① 양전하에서 나와 음전하에서 끝난다.
② 전기력선의 접선 방향이 전장의 방향이다.
③ 전기력선에 수직한 단면적 1[m²]당 전기력선의 수가 그곳의 전장의 세기와 같다.

문제 30. 공기 중에 12[μC]와 6[μC]의 전하를 가진 두 대전체를 4[m]의 거리에 두었을 때 두 대전체 사이의 중앙부의 전계의 세기는 얼마인가?

㉮ 9000[V/m]　㉯ 12000[V/m]　㉰ 13500[V/m]　㉱ 14500[V/m]

해설 $E_1 = 9 \times 10^9 \times \frac{Q}{r^2} = 9 \times 10^9 \times \frac{12 \times 10^{-6}}{4} = 27000[V/m]$

$E_2 = 9 \times 10^9 \times \frac{6 \times 10^{-6}}{4} = 13500[V/m]$

$\therefore E = E_1 - E_2 = 27000 - 13500 = 13500[V/m]$

문제 31. 자체 인덕턴스 L_1, L_2 상호 인덕턴스 M의 코일을 반대 방향으로 직렬 연결하면 합성 인덕턴스는?

㉮ $L_1 + L_2 + M$　㉯ $L_1 + L_2 - M$　㉰ $L_1 + L_2 + 2M$　㉱ $L_1 + L_2 - 2M$

해설 반대 방향의 접속이므로

$L_p = L_1 + L_2 - 2M$ [H]

해답 28. ㉰　29. ㉯　30. ㉰　31. ㉱

과년도 출제문제 **1-91**

문제 32. 3상 교류 전력을 나타내는 식 중 옳은 것은?
㉮ $P=\sqrt{2}\times$(선간 전압)$\times$(선전류)$\times$(역률)
㉯ $P=\sqrt{2}\times$(상전압)$\times$(상전류)$\times$(역률)
㉰ $P=\sqrt{3}\times$(상전압)$\times$(상전류)$\times$(역률)
㉱ $P=\sqrt{3}\times$(선간 전압)$\times$(선전류)$\times$(역률)

해설 3상 전력은 부하의 결선 방법에 관계 없이 다음과 같이 나타낼 수 있다.
3상 전력 $=\sqrt{3}\times$(선간 전압)$\times$(선전류)$\times$(역률)[W]

문제 33. 전기 회로의 과도 현상과 시상수와의 관계가 바른 것은?
㉮ 시상수가 클수록 과도 현상은 오래 지속된다.
㉯ 시상수가 클수록 과도 현상은 매우 느려진다.
㉰ 시상수와 과도 지속 시간은 관계가 없다.
㉱ 시상수는 전압의 크기에 비례한다.

해설 시상수 $T=CR$[sec]는, R, L, C회로에 흐르는 과도 전류의 변화 속도를 나타내는 척도가 되는 상수이다.

문제 34. 기전력 1.5[V]의 전지의 두극을 전선으로 연결하였더니 0.5[A]의 전류가 흘렀으며, 두 극의 전위차가 1[V]이었다. 이 때 전지의 내부 저항은 몇 [Ω]인가?
㉮ 0.5   ㉯ 1   ㉰ 2   ㉱ 2.5

해설 전압 강하 $V=1.5-1=0.5$[V]
$\therefore r=\dfrac{V}{I}=\dfrac{0.5}{0.5}=1$[Ω]

문제 35. 그림과 같은 직・병렬 회로에서 30[Ω] 저항을 흐르는 전류는 몇 [A]인가? 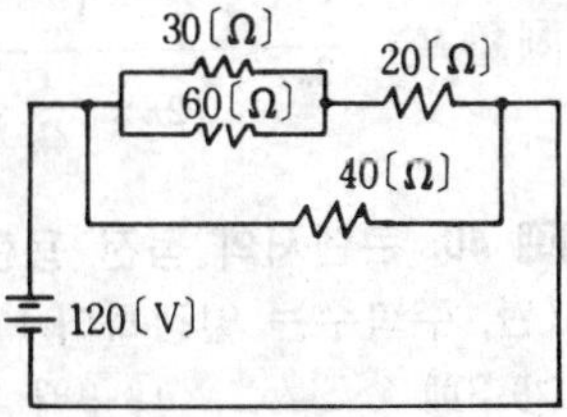
㉮ 4[A]   ㉯ 3[A]
㉰ 2[A]   ㉱ 1[A]

해설 $R=\dfrac{30\times 60}{30+60}+20=40$[Ω], $I=\dfrac{V}{R}=\dfrac{120}{40}=3$[A]
$\therefore I_{30}=\dfrac{60}{30+60}\times 3=2$[A]

문제 36. 정격 소비 전력이 50[W]인 TV를 정격상태로 하루에 3시간씩 사용할 때 한 달간(30일) 사용한 전력량은 얼마인가?

해답 32. ㉱   33. ㉮   34. ㉯   35. ㉰   36. ㉯

㉮ 4500[kWh]　㉯ 4.5[kWh]　㉰ 72[kWh]　㉱ 7.2[kWh]
해설 50×3×30=4500[Wh]=4.5[kWh]

문제 37. 평행판 도체(콘덴서)의 정전 용량에 대한 설명 중 틀린 것은?
㉮ 평행판의 간격에 비례한다.
㉯ 평행판 사이의 유전율에 비례한다.
㉰ 평행판의 면적에 비례한다.
㉱ 평행판 사이의 비유전율에 비례한다.
해설 평행판 콘덴서의 정전 용량은 판간의 유전율과 면적에 비례하고, 그 간격에 반비례한다.
$$C = \frac{\varepsilon A}{l} = \frac{\varepsilon_0 \varepsilon_s A}{l} \ [F]$$

문제 38. 비오 사바르의 법칙은 다음의 어떤 관계를 나타낸 것인가?
㉮ 전류와 자장의 세기　　㉯ 기전력과 회전력
㉰ 기전력과 지속의 변화　㉱ 전기와 전장의 세기
해설 $\Delta H = \dfrac{I \Delta l \sin\theta}{4\pi r^2}$ [AT/m]

문제 39. 무한장 직선 도체에 전류 1[A]가 흐른다. 이 도체에서 $\dfrac{1}{4\pi}$[m] 떨어진 점의 자계의 세기[AT/m]는?
㉮ 2　　㉯ 1　　㉰ 2π　　㉱ π
해설 $H = \dfrac{I}{2\pi r} = \dfrac{1}{2\pi \times \dfrac{1}{4\pi}} = 2$ [AT/m]

문제 40. 콘덴서의 정전 용량을 3배로 늘리면 용량 리액턴스 값은? (단, 주파수는 일정하다.)
㉮ 3배　　㉯ 9배　　㉰ 1/3배　　㉱ 1/9배
해설 $X_C = \dfrac{1}{2\pi f C}$ [Ω]에서
$X_C' = \dfrac{1}{2\pi f 3C} = \dfrac{1}{3} \dfrac{1}{2\pi f C}$ [Ω]

문제 41. 다음과 같은 공진 특성 곡선에서 $f_1 = 980$[kHz], $f_2 = 1020$[kHz], $fr = 1000$[kHz]일 때 Q의 값은?

해답 37. ㉮ 38. ㉮ 39. ㉮ 40. ㉰ 41. ㉮

㉮ 25   ㉯ 50
㉰ 10   ㉱ 100

[해설] $Q = \dfrac{fr}{f_2 - f_1} = \dfrac{1000}{1020 - 980} = 25$

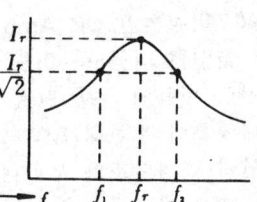

문제 42. 전자의 정지 질량 m_0는 얼마인가
㉮ 9.107×10^{-31}[kg]   ㉯ 1.602×10^{-19}[kg]
㉰ 1.759×10^{-11}[kg]   ㉱ 8.601×10^{-18}[kg]

[해설] 전자가 정지하고 있을 때의 질량
$m_0 = 9.107 \times 10^{31}$[kg]

문제 43. 그림의 브리지 정류 회로에서 (A), (B)에 들어갈 다이오드 방향은?

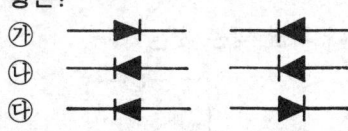
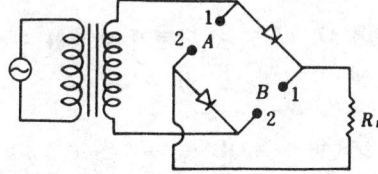

[해설] 2에서 1방향으로 전류가 흘러야 하므로 ㉱의 방향이 옳다.

문제 44. 3단 종속 전압 증폭기의 이득이 각각 20배, 50배, 100배이다. 종합 이득을 데시벨[dB]로 나타내면?
㉮ 40[dB]   ㉯ 60[dB]   ㉰ 80[dB]   ㉱ 100[dB]

[해설] 종합 증폭도 $A_V = 20 \times 50 \times 100 = 100000$배
∴ $G = 20\log_{10} 100000 = 100$[dB]

문제 45. 캐소드 폴로워의 설명으로 옳지 않은 것은?
㉮ 입력 임피던스가 낮다.
㉯ 전압 이득이 1 이하이다.
㉰ 넓은 대역에 걸쳐 주파수 특성이 양호하다.
㉱ 부궤환 증폭기이다.

[해설] 캐소드 폴로어(cathode fllower) 회로는 출력 임피던스가 대단히 낮아 부하에 병렬로 존재하는 정전 용량의 영향도 적어져서 넓은 대역에 걸쳐 주파수 특성이 좋아지는 특징이 있다. 전압 증폭도는 항상 1보다 작으므로 전압은 증폭되지 않으나 전력 증폭은 된다. 따라서 이 회로는 증폭 작용을 하기보다는 임피던스가 높은 회로와 낮은 회로 사이의 임피던스 정합에 많이 사용된다.

[해답] 42. ㉮ 43. ㉱ 44. ㉱ 45. ㉮

문제 46. 이상적인 OP Amp(연산 증폭기)가 갖추어야 할 조건 중 옳지 못한 설명은 다음 중 어느 것인가?
㉮ 전압 이득이 무한대($A_V=\infty$)이어야 한다.
㉯ 대역폭이 무한대($BW=\infty$)일 것
㉰ 입력 임피던스가 무한대일 것($R_1=\infty$)
㉱ 오프셋 전압이 1이어야 할 것

해설 이상적인 연산 증폭기의 특성
① 전압 이득 A_V가 무한대($A_V=\infty$)이다.
② 입력 저항 R_1이 무한대($R_1=\infty$)이다.
③ 출력 저항 R_o가 0($R_o=0$)이다.
④ 대역폭이 무한대($BW=\infty$)이다.
⑤ 오프셋(offset)이 0이다.

문제 47. 다음 중 적분기 회로를 구성하는데 가장 맞는 것은?
㉮ ㉠⊣⊢㉡ R ㉢ + ㉣ −
㉯ ㉠-⋎⋏-㉡⊣⊢㉢ − ㉣ +
㉰ ㉠⊣⊢㉡ R ㉢ − ㉣ +
㉱ ㉠-⋎⋏-㉡⊣⊢㉢ + ㉣ −

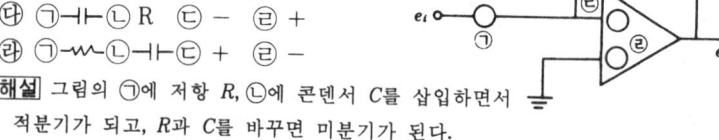

해설 그림의 ㉠에 저항 R, ㉡에 콘덴서 C를 삽입하면서 적분기가 되고, R과 C를 바꾸면 미분기가 된다.

문제 48. 다음과 같은 진리치표(truth table)가 나오는 회로는?

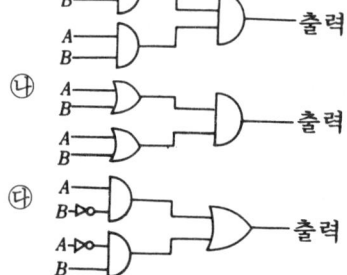

A	B	출력
0	0	0
0	1	1
1	0	1
1	1	0

해설 배타 논리합 회로(EOR gate)의 진리를 나타내므로 ㉰의 회로이다.

해답 46. ㉱ 47. ㉯ 48. ㉰

문제 **49.** 다음은 IC에 관하여 서술한 것이다. 틀리는 것은?
㉮ IC는 여러 개의 능동 소자와 수동 소자가 독특한 회로 배열로 연결된 일정 기능을 가진 회로이다.
㉯ IC내에 만들 수 있는 가장 경제적인 회로 성분은 다이오드이다.
㉰ IC의 능동 소자는 다이오드와 트랜지스터이다.
㉱ IC는 선형 소자(linear device)와 디지털 소자(digital device)로 분류할 수 있다.
해설 IC내에서의 다이오드는 트랜지스터와 동일한 공정으로 만들어서 그 컬렉터 접합이나 이미터 접합을 사용하고 있다.

문제 **50.** 직선 운동을 하는 전자가 자장 속으로 자장과 직각으로 들어오면 무슨 법칙에 따르는 방향으로 원운동을 하는가?
㉮ 플레밍(fleming)의 오른손법칙
㉯ 플레밍의 왼손법칙
㉰ 렌츠의 법칙
㉱ 비오 사바르의 법칙
해설 전자는 플레밍의 왼손법칙에 따라 원운동을 하게 된다.

문제 **51.** 도너(donor)와 억셉터(acceptor)의 설명 중 옳지 않은 것은?
㉮ 반도체 결정에서 Ge이나 Si에 넣는 5가의 불순물을 도너라고 한다.
㉯ 반도체 결정에서 Ge이나 Si에 넣는 3가의 불순물에는 In, Ga, B 등이 있다.
㉰ Ge이나 Si에 도너 혹은 억셉터의 불순물을 넣어 결정하면 과잉 전자(excess electron)가 생긴다.
㉱ N형 반도체의 불순물이 억셉터이고, P형 반도체의 불순물이 도너이다.
해설 N형 반도체를 만들기 위한 불순물을 도너라 하고, P형 반도체를 만들기 위한 불순물을 억셉터라 한다.

문제 **52.** 정류 전원 출력 단자의 직류 전압이 V_0[V], 부하만이 개방되었을 때 출력 단자가 V[V]이면 부하에 대한 전원의 전압 변동률은 어떻게 표시하는가?
㉮ $\dfrac{V-V_0}{V} \times 100$〔%〕   ㉯ $\dfrac{V-V_0}{V_0} \times 100$〔%〕

해답 **49.** ㉯ **50.** ㉯ **51.** ㉱ **52.** ㉯

㉰ $\dfrac{V}{V-V_0} \times 100 [\%]$ ㉱ $\dfrac{V_O}{V-V_O} \times 100 [\%]$

[해설] 전압 변동률 $\varepsilon = \dfrac{V-V_0}{V_0} \times 100 [\%]$

문제 53. 다음 그림의 부궤환 증폭기의 일반적인 특성이 아닌 것은?

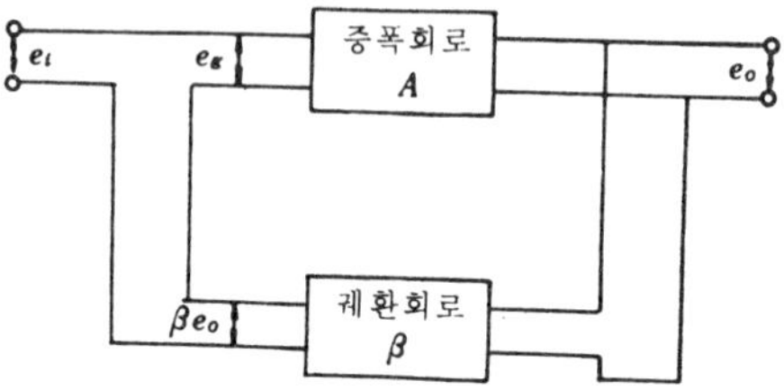

㉮ 부궤환 증폭기의 동작은 $|1-A\beta|<1$인 때를 말한다.

㉯ 부궤환을 충분히 시켰을 때 즉 $A\beta \gg 1$이면 주파수 특성이 좋아진다.

㉰ 비직선 일그러짐을 감소시킨다.

㉱ 잡음을 감소시킨다.

[해설] β가 양수($1-A\beta<1$)일 때, $A_f > A$로 정궤환(양되먹임), 음수($1-A\beta>1$) 일 때 $A_f < A$로 부궤환(음되먹임)이 된다.

문제 54. FM 증폭기에 C급 증폭 방식이 많이 쓰이는 이유는?

㉮ 주파수 특성을 좋게 하기 위하여
㉯ 고조파를 적게하기 위하여
㉰ 타방식으로는 증폭이 곤란하므로
㉱ 증폭 효율을 올리기 위하여

[해설] C급 증폭기는 효율(능률)이 좋아 FM증폭에 유리하다.

문제 55. 다음 그림은 어떤 형태의 회로인가?

㉮ 미분 회로
㉯ 톱니파 발생 회로
㉰ 사인파 발생 회로
㉱ 적분 회로

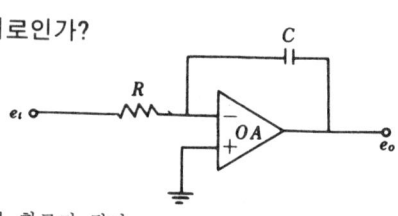

[해설] 적분 회로이며 R과 C가 바뀌면 미분 회로가 된다.

문제 56. 진폭 변조도 $m=1$일 때 반송파가 점유하는 전력은 전 전력의 얼마 정도인가?

[해답] 53. ㉮ 54. ㉱ 55. ㉱ 56. ㉰

㉮ $\dfrac{1}{3}$ ㉯ $\dfrac{1}{2}$ ㉰ $\dfrac{2}{3}$ ㉱ $\dfrac{1}{6}$

[해설] $m=1(100[\%]$변조)일 때 반송파가 점하는 전력은 전 전력의 2/3이며, 나머지 1/3의 전력이 상하 양측파가 점하는 전력이다.

[문제] 57. 다음 그림과 같은 회로의 출력에 나타나는 파형은 어느 것인가?

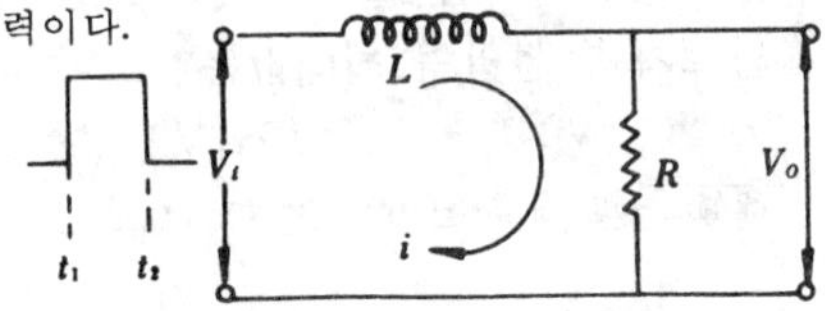

㉮ ㉯ ㉰ ㉱

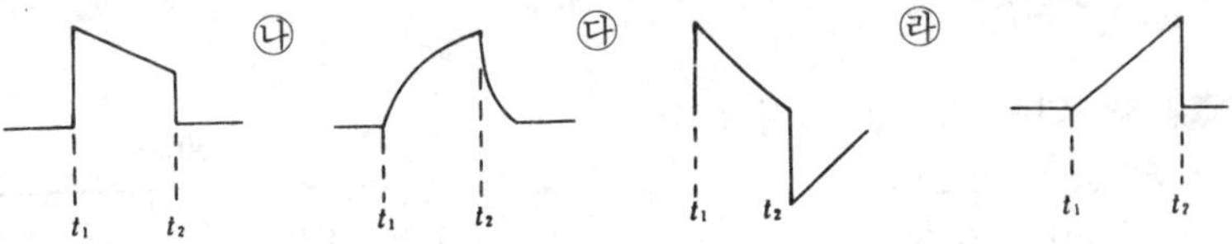

[해설] LR형의 적분 회로이므로 ㉯의 파형이 나타난다.

[문제] 58. 톱니파 발생 회로와 무관한 것은?
㉮ 멀티바이브레이터   ㉯ 블로킹 발진기
㉰ UJT발진기   ㉱ LC발진기

[해설] 톱니파의 발생에는 멀티바이브레이터나 블로킹 발진기 및 UJT 등이 사용되며, LC발진기는 주로 고주파대의 발진에 쓰인다.

[문제] 59. 그림에서 출력 C가 0이 되기 위한 조건은? 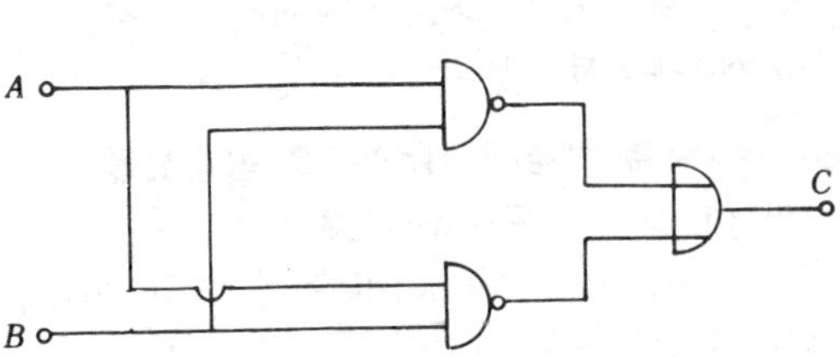
㉮ $A=1, B=1$
㉯ $A=0, B=1$
㉰ $A=1, B=0$
㉱ $A=0, B=0$

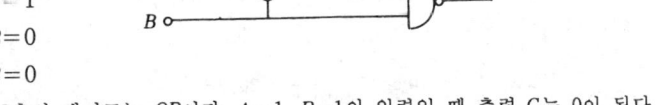

[해설] 최종단 C측의 게이트는 OR이다. $A=1, B=1$의 입력일 때 출력 C는 0이 된다.

[문제] 60. 볼츠만(Boltzman constant)의 단위로 옳은 것은?
㉮ $[J/°K]$ ㉯ $[J/S]$ ㉰ $[J/°K]$ ㉱ $[J·S]$

[해설] 볼츠만 상수 $K=1.380×10^{-23}[J/°K]$

[문제] 61. TR의 전기적 특성을 나타내는 기호 중 출력단락 전류 증폭률을 나타내는 것은 어느 것인가?
㉮ h_{fe} ㉯ h_{re} ㉰ h_{oe} ㉱ h_{ie}

[해답] 57. ㉯ 58. ㉱ 59. ㉮ 60. ㉰ 61. ㉮

[해설] h_{fe} : 전류 증폭률, h_{re} : 전압 되먹임률, h_{oe} : 출력 어드미턴스, h_{ie} : 입력 임피던스

[문제] **62.** 평활 회로가 없는 단상 브리지(bridge) 정류 회로에서 정류된 평균 직류 출력 전압이 20[V]이고 부하 저항이 5[Ω]일 때 전원 변압기의 2차측 전압의 최대값은?
㉮ 20π[V]　　㉯ 10π[V]　　㉰ 15π[V]　　㉱ 5π[V]

[해설] 전파 정류(브리지 정류)이므로
$$V_m = V_{DC} \times \frac{\pi}{2} = 20 \times \frac{\pi}{2} = 10\pi \text{[V]}$$

[문제] **63.** 다음 그림은 어떤 접지 방식의 증폭 회로인가?
㉮ Emitter 접지
㉯ Base 접지
㉰ Collector 접지
㉱ Base와 Emitter를 묶은 일점 접지 방식

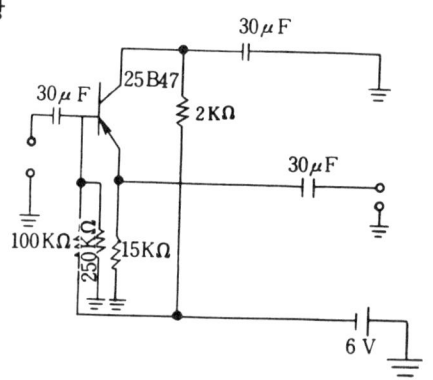

[해설] Collector를 30μF의 콘덴서로 교류적인 접지를 하고 Emitter에서 출력을 얻는 Collector 접지(Emitter follower) 회로이다.

[문제] **64.** 증폭 회로에 1[mW]를 공급했을 때 출력으로 0.1[W]가 얻어졌다면 이 때의 이득(gain)은?
㉮ 10[dB]　　㉯ 20[dB]　　㉰ 30[dB]　　㉱ 40[dB]

[해설] 전력비이므로
$$P = 10\log \frac{p_o}{p_i} = 10\log \frac{0.1}{1 \times 10^{-3}} = 20 \text{[dB]}$$

[문제] **65.** 다음 검파 방식 중 발진을 이용하지 않는 것은?
㉮ 헤테로다인 검파 회로　　㉯ 링 검파 회로
㉰ 다이오드 검파 회로　　㉱ 평형 검파 회로

[해설] 다이오드 검파 회로는 다이오드(diode)의 전압 전류 특성의 직선 부분이 이용되도록 하는 방식이다.

[문제] **66.** 다음 발진기 중 발진 주파수의 범위가 가장 넓은 것은?

[해답] **62.** ㉯　**63.** ㉰　**64.** ㉯　**65.** ㉰　**66.** ㉰

㉮ 음차 발진기　　　　　㉯ RC 발진기
㉰ LC 반결합 발진기　　㉱ 수정 발진기
해설 LC의 특성을 이용하는 LC 반결합 발진기는 발진 주파수의 가변 범위가 가장 넓다.

문제 67. 입력과 출력의 주파수비가 2 : 1인 회로는 다음 중 어느 것인가?
㉮ 위상 추이 발진기　　　㉯ 비안정 멀티바이브레이터
㉰ 단안정 멀티바이브레이터　㉱ 쌍안정 멀티바이브레이터
해설 쌍안정 멀티바이브레이터(bistable multivibrator)는 입력 트리거 펄스 2개마다 한개의 출력펄스를 얻을 수 있으므로, 전자 계산기, 계수기 등의 디지털 기기들의 소자로 이용되며, 이 회로를 플립플롭(flip-flop) 회로라고 한다.

문제 68. 펄스파는 보통 직류 성분에서 높은 주파수의 성분까지 포함하고 있으므로 이 들이 회로망을 지나면 여러 종류의 일그러짐이 발생한다. 이들 펄스파에서 발생되는 일그러짐이 아닌 것은?
㉮ 오버슈트(overshoot)　　㉯ 언더슈트(undershoot)
㉰ 새그(sag)　　　　　　㉱ 렉티플렉스(rectiplex)
해설 펄스파는 보통 직류 성분에서 높은 주파수의 성분까지를 포함하여 그림과 같은 오버슈트 및 언더슈트와 파형 변형의 새그가 발생한다.

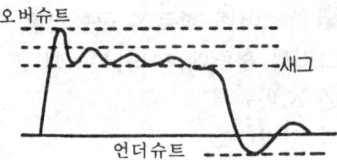

문제 69. 다음 중 2진화 10진 코드는?
㉮ BCD 코드　㉯ Exess 3코드　㉰ Gray 코드　㉱ 2-5 코드
해설 2진화 10진 코드 : Binary Coded Decimal

문제 70. PN 접합 다이오드에서 정공과 전자가 그 이상 서로 반대쪽으로 흘러나가는 것을 방해하는 역할을 하는 것은 접합부에 무엇이 있기 때문인가?
㉮ 에너지 준위　㉯ 전위 장벽　㉰ 페르미 준위　㉱ 전자궤도
해설 PN접합 다이오드의 접합부에서는 P형 영역의 정공과 N형 영역의 전자가 재결합하여 소멸하기 때문에, P형쪽에는 정공을 잃은 음이온이 남게 되고, N형쪽에는 전자를 잃은 양의 이온이 남아 P형쪽이 -, N형쪽이 +의 전하를 가진 전위의 경사면이 생긴다. 이것을 전위 장벽 또는 전기 2중층, 천이 영역이라고도 한다. 이 장벽은 정공과 전자가 그 이상 서로 반대쪽으로 흘러 나가는 것을 방해하는 역할을 한다.

해답 67. ㉱　68. ㉱　69. ㉮　70. ㉯

문제 71. 100[V]의 교류 전압을 배전압 정류하면 최대 정류 전압은 몇 [V]인가?
㉮ 100[V] ㉯ 140[V] ㉰ 200[V] ㉱ 280[V]
해설 $V_m = 2\sqrt{2}$ $V = 2\sqrt{2} \times 100 ≒ 280[V]$

문제 72. h정수에서 전류 증폭률을 나타내는 기호는?
㉮ hi ㉯ hf ㉰ ho ㉱ hr
해설 hi : 입력 임피던스,   hf : 전류 증폭률
ho : 출력 어드미턴스,   hr : 전압 되먹임률

문제 73. 트랜지스터 증폭기 회로에 부궤환을 걸었을 때의 특성이 아닌 것은?
㉮ 입력 출력 임피던스 감소 ㉯ 주파수 특성 양호
㉰ 안정도 개선 ㉱ 일그러짐과 잡음 감소
해설 증폭기에 부궤환을 걸면 주파수 특성이 개선되고, 일그러짐이 감소되며 안정도가 좋아진다.

문제 74. 어떤 회로에 구형파를 입력에 넣은 결과 그림과 같이 파형이 일그러져 출력에 나타났을 때 ① 부분을 무엇이라고 하는가?
㉮ 오버슈트
㉯ 언더슈트
㉰ 새그
㉱ 링깅

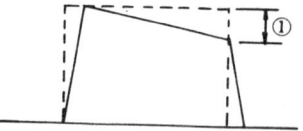

해설 펄스 진폭의 뒤가 작아진 부분을 새그(sag)라 한다.

문제 75. 다음 진리치표는 어떤 논리 동작을 나타내는가?
㉮ OR
㉯ AND
㉰ NOR
㉱ E-OR

입력		출력
A	B	Y
0	0	0
0	1	0
1	0	0
1	1	1

해설 A와 B의 입력이 모두 1일 때 출력이 1로 되는 AND 회로이다.

해답 71. ㉱ 72. ㉯ 73. ㉮ 74. ㉰ 75. ㉯

문제 76. 반도체에 관한 설명 중 옳지 않은 것은?
㉮ 상온에서 저항률이 $10^{-4} \sim 10^7 [\Omega, m]$ 정도이다.
㉯ 온도가 상승함에 따라 저항값이 감소한다.
㉰ 불순물이 섞이면 저항값이 증가한다.
㉱ 절대 온도 ($-273[℃]$)에서 절연체가 된다.
[해설] 반도체는 온도 상승에 따라 저항값이 감소하는 부($-$)의 온도 계수 특성이 있으며, 불순물을 섞을수록 도전율이 증가된다(저항값이 감소한다).

문제 77. 그림과 같이 결선된 논리 회로의 논리식은?
㉮ $X = A \cdot B + (A+B)$
㉯ $X = \overline{A \cdot B} + A \cdot B$
㉰ $X = \overline{A \cdot B}(A+B)$
㉱ $X = (\overline{A+B})A \cdot B$
[해설] $X = \overline{A \cdot B}(A+B)$

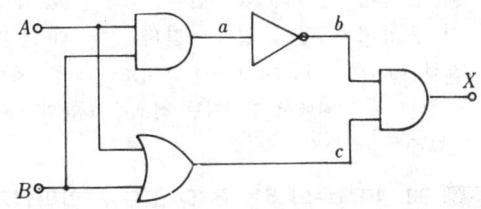

문제 78. 접합형 FET의 gm을 나타내는 식은?(단, ΔI_D : 드레인 전류의 변화분, ΔV_G : 게이트 전압의 변화분, ΔI_G : 게이트 전류의 변화분, ΔV_S : 소스 전압의 변화분)?
㉮ $\dfrac{\Delta I_D}{\Delta V_G}$ ㉯ $\dfrac{\Delta I_D}{\Delta V_S}$ ㉰ $\dfrac{\Delta I_G}{\Delta V_G}$ ㉱ $\dfrac{\Delta V_G}{\Delta I_D}$

[해설] $gm = \dfrac{\text{드레인 전류의 변화}}{\text{게이트 전압의 변화}} = \dfrac{\Delta I_D}{\Delta V_G}$

문제 79. 다음 회로에서 다이오드의 첨두 역내 전압(PRV)은?
㉮ $100[V]$ ㉯ $141.4[V]$
㉰ $200[V]$ ㉱ $282.8[V]$

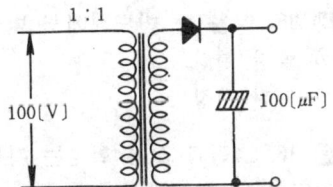

[해설] PRV는 다이오드에 의해 필터 콘덴서($100\mu F$)에 충전된 최대 전압과 입력 전압의 전위차이다.
∴ $PRV = (\sqrt{2} \times 100) \times 2 \fallingdotseq 282.8[V]$

문제 80. 전압 증폭도가 500배이면 데시벨 이득은 얼마인가?
㉮ $5[dB]$ ㉯ $500[dB]$ ㉰ $54[dB]$ ㉱ $45[dB]$
[해설] $G = 20\log_{10}500 = 20(\log_{10}10^2 + \log_{10}5) \fallingdotseq 54[dB]$

[해답] 76. ㉰   77. ㉰   78. ㉮   79. ㉱   80. ㉰

문제 81. 부궤환 증폭기의 이점으로서 옳지 못한 것은?
⑦ 주파수 특성이 개선된다.　㉯ 비직선 일그러짐이 감소한다.
㉰ 잡음이 감소한다.　㉱ 이득이 증가한다.
해설 증폭기에 부궤환을 걸면 비직선 일그러짐이 적어지고 주파수 특성이 개선되는 이점이 있으나 증폭 이득은 낮아진다.

문제 82. 과변조(over modulation)한 전파를 수신하면 어떤 현상이 생기는가?
⑦ 음성파 전력이 작아진다.　㉯ 음성파 전력이 커진다.
㉰ 음성파가 많이 일그러진다.　㉱ 검파기가 과부하 된다.
해설 100[%] 이상의 변조를 과변조라 한다. 과변조가 되면 피변조파의 일부가 결여되므로 검파에서 얻어지는 신호는 원래의 신호와는 다른 일그러짐이 많은 것이 된다.

문제 83. 10진수의 5는 BCD 코드로 얼마인가?
⑦ 0101　㉯ 1010　㉰ 1001　㉱ 0110
해설 $5_{(10)} = 0101_{(BCD)}$

문제 84. 2진법에서는 1자는 한 자리이다. 정보의 최소 단위인 이것을 무엇이라 하는가?
⑦ 진법　㉯ 비트　㉰ 명령　㉱ 데이타
해설 비트(bit)는 정보의 최소 단위로서 0과 1중 하나를 나타낸다.

문제 85. 다음 중 반도체에서 발생하는 현상이 아닌 것은?
⑦ 열전 현상　㉯ 광전 현상
㉰ 압전 현상　㉱ 자기 전기 현상(홀효과)

문제 86. 그림과 같은 회로는 다음 중 어떤 형태의 정류회로에 속하는가?
⑦ 클리핑 회로
㉯ 클램프 회로
㉰ 브리지 정류 회로
㉱ 전파 정류 회로
해설 단상 전파 정류 회로이다.

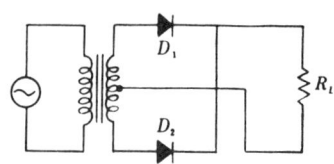

문제 87. 어떤 부궤환 증폭기에서 궤환이 없는 경우의 전압 이득을 60

해답 81. ㉱　82. ㉰　83. ⑦　84. ㉯　85. ㉰　86. ㉱　87. ㉯

[dB], 입력측에 궤환되는 궤환율이 0.009라면 이 부궤환 증폭기의 이득은 얼마인가?
㉮ 약 10배   ㉯ 약 100배   ㉰ 약 111배   ㉱ 약 125배

[해설] 전압 이득 60[dB]은 1000배 증폭도이므로

$$A_f = \frac{A}{1-A\beta} = \frac{1000}{1-(1000 \times -0.009)} = 100$$

문제 88. 그림과 같은 연산 증폭기 회로의 명칭은 무엇인가?
㉮ 부호 변환 증폭기
㉯ 덧셈기
㉰ 미분기
㉱ 적분기

[해설] 미분 회로이며 R과 C를 바꾸면 적분 회로가 된다.

문제 89. 다음 중 주파수 변조법에 해당하지 않는 것은?
㉮ 콘덴서 마이크로폰을 사용하는 방법
㉯ 가변 저항 다이오드를 사용하는 방법
㉰ 리액턴스관을 사용하는 방법
㉱ 위상 변조에 의한 간접법

[해설] 주파수 변조(FM)의 방법으로는 콘덴서 마이크로폰, 가변 용량 다이오드 리액턴스관 및 리액턴스 트랜지스터 등의 소자를 이용하는 직접 주파수 변조와, 발생시킨 반송파의 위상을 신호파의 진폭으로 변화시켜 간접적으로 주파수 변조파를 얻는(위상 변조) 간접 주파수 변조법이 있다.

문제 90. 다음 회로의 명칭은?
㉮ 피어스 C-B형 발진 회로
㉯ 피어스 B-E형 발진 회로
㉰ 하틀리이 발진 회로
㉱ 콜피츠 발진 회로

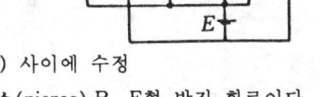

[해설] 회로는 베이스(B)와 이미터(E) 사이에 수정 진동자를 접속하고 있으므로 피어스(pierce) B-E형 발진 회로이다.

문제 91. AND(논리적) 회로의 입력으로 1과 0이 가해지면 출력은?
㉮ 0   ㉯ 1   ㉰ 10   ㉱ 101

[해설] AND는 모든 입력이 1일 때에만 출력이 1로 된다.

[해답] 88. ㉰   89. ㉯   90. ㉯   91. ㉮

문제 92. 그림과 같은 논리 회로의 출력 D에 관한 식을 옳게 간추려 쓴 것은?

㉮ $\overline{A}\ \overline{B}\ \overline{C}$
㉯ $\overline{A}\ \overline{B}\ C$
㉰ $\overline{A}\ B\ \overline{C}$
㉱ $A\ \overline{B}\ \overline{C}$

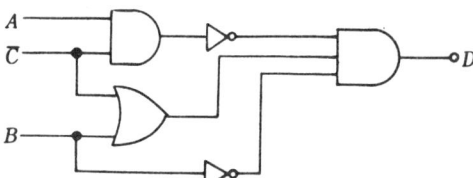

[해설] $D = \overline{AC} \cdot (B+\overline{C}) \cdot \overline{B}$
$= (\overline{A}+\overline{C}) \cdot (B\overline{B}+\overline{B}\overline{C})$
$= (\overline{A}+C) \cdot \overline{B}\overline{C}$
$= \overline{A}\ \overline{B}\ \overline{C} + C\ \overline{B}\ \overline{C}$
$= \overline{A}\ \overline{B}\ \overline{C}$

문제 93. 논리식 ABC=1이 성립할 때 A, B, C의 값은 얼마인 경우 성립하는가?

㉮ A=0, B=0, C=1
㉯ A=0, B=1, C=0
㉰ A=1, B=0, C=0
㉱ A=1, B=0, C=1

[해설] 1·1·1=1의 조건에서 $A\ \overline{B}\ \overline{C}$=1이 성립한다. 따라서 A=1, B=0, C=0의 값이어야 한다.

1987년도 전기·전자공학 2급 출제문제

문제 1. 옴의 법칙을 나타낸 식중 틀린 것은?

㉮ $E=IR$
㉯ $I=\dfrac{E}{R}$
㉰ $R=\dfrac{I}{E}$
㉱ $R=\dfrac{E}{I}$

[해설] 옴의 법칙(Ohm's law)
$I=\dfrac{E}{R}\ [A],\ R=\dfrac{E}{I}\ [\Omega],\ E=IR\ [V]$

문제 2. 용량 30[Ah]의 전지를 2[A]의 전류로 방전시키면 몇 시간 방전시킬 수 있는가?

[해답] 92. ㉮ 93. ㉰ 1. ㉰ 2. ㉯

(단, 누설은 전혀 없다고 본다)
㉮ 10   ㉯ 15   ㉰ 60   ㉱ 100

해설 $h = \dfrac{30}{2} = 15$시간

문제 3. 100[V], 450[W]의 전기밥솥을 90[V]에서 사용하면 전력은 몇 [W]가 되는가?
㉮ 364.5   ㉯ 350   ㉰ 450   ㉱ 346.5

해설 $R = \dfrac{V^2}{P} = \dfrac{100^2}{450}$ [Ω]

∴ $P = \dfrac{V^2}{R} = \dfrac{90^2}{\dfrac{100^2}{450}} = 364.5$[W]

문제 4. 어느 코일에 일정한 전자 에너지를 축적하려면 전류를 2배로 늘렸을 때 자기 인덕턴스는 몇 배로 하여야 좋은가?
㉮ $\dfrac{1}{2}$ ㉯ $\dfrac{1}{4}$ ㉰ 2   ㉱ 4

해설 $W = \dfrac{1}{2}LI^2$[J]에서 전류 I를 2배로 하면 $(2I)^2 = 4I$로 되므로 인덕턴스는 $\dfrac{1}{4}$로 줄여야 한다.

문제 5. 어떤 점전하에 의하여 생기는 전위를 처음 전위의 $\dfrac{1}{2}$이 되게 하려면 전하로부터의 거리를 처음의 몇 배로 하면 되는가?
㉮ $\dfrac{1}{\sqrt{2}}$배   ㉯ $\dfrac{1}{2}$배   ㉰ $\sqrt{2}$배   ㉱ 2배

해설 점전하에 의한 전위의 세기는 거리에 반비례하므로 2배로 하면 된다.

문제 6. 다음 자화 곡선에서 Br은 무엇을 뜻하는가?
㉮ 자계의 세기
㉯ 보자력
㉰ 투자율
㉱ 잔류 자기

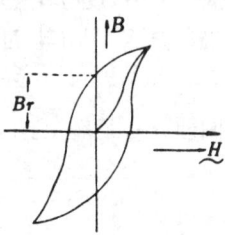

해설 Br은 잔류 자기(residual magnetism)를 나타낸다.

해답 3. ㉮ 4. ㉯ 5. ㉱ 6. ㉱

문제 7. 다음 그림과 같은 구형파의 파형률은?

㉮ $\sqrt{2}$
㉯ 1
㉰ $\dfrac{1}{2}$
㉱ $\sqrt{3}$

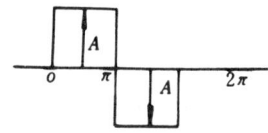

해설 구형파의 파형률 및 파고율은 모두 1이다.

문제 8. $R=10[k\Omega]$, $C=0.5[\mu F]$의 직렬 회로에 $100[V]$의 직류 전압을 인가했을 때 시상수는?
㉮ 20[sec] ㉯ 10[sec] ㉰ 50[ms] ㉱ 5[ms]
해설 $T=CR=0.5\times 10\times 10^{-6}\times 10\times 10^{3}=5[ms]$

문제 9. 7[C]의 전기량이 2점 사이를 이동하여 35[J]의 일을 하였다면 이 2점 사이의 전위차는 얼마인가?
㉮ 2[V] ㉯ 3[V] ㉰ 6[V] ㉱ 5[V]
해설 $V=\dfrac{W}{Q}=\dfrac{35}{7}=5[V]$

문제 10. 10[Ω]짜리 저항 10개를 직렬 연결했을 때의 합성 저항은 병렬 연결했을 때 합성 저항의 몇 배가 되는가?
㉮ 10 ㉯ 50 ㉰ 100 ㉱ 200
해설 직렬 합성 저항 $R_S=10R$, 병렬 합성 저항 $R_P=\dfrac{R}{10}$

$$\therefore \dfrac{R_S}{R_P}=\dfrac{10R}{\dfrac{R}{10}}=100배$$

문제 11. $0.2[℧]$의 컨덕턴스를 가진 저항체에 4[A]의 전류를 흘리기 위해서는 몇 [V]의 전압을 가해야 하는가?
㉮ 0.8[V] ㉯ 2[V] ㉰ 8[V] ㉱ 20[V]
해설 $R=\dfrac{1}{G}[\Omega]$에서

$V=IR=I\cdot\dfrac{1}{G}=4\times\dfrac{1}{0.2}=20[V]$

해답 7. ㉯ 8. ㉱ 9. ㉱ 10. ㉰ 11. ㉱

문제 12. 비스무트(Bi)와 안티몬(Sb)을 접합하여 전류를 흘리면 접촉점에서 흡열 또는 발열현상이 일어난다. 다음 중 이와 관계 있는 항목은?
㉮ 줄 효과(Joule effect)
㉯ 핀치 효과(Pinch effect)
㉰ 톰슨 효과(Thomson effect)
㉱ 펠티에 효과(Peltier effect)

해설 제베크 효과(Seebeck effect)의 역현상으로 펠티에 효과이다.

문제 13. 정전 용량이 같은 콘덴서 2개를 병렬로 연결 하였을 때의 합성 정전 용량은, 직렬로 연결하였을 때의 몇 배인가?
㉮ $\frac{1}{4}$ ㉯ $\frac{1}{2}$ ㉰ 2   ㉱ 4

해설 병렬 용량 $C_P=2C$, 직렬 용량 $C_S=\frac{C}{2}$

$$\therefore \frac{2C}{\frac{C}{2}}=4배$$

문제 14. [Ohm·sec]와 같은 단위는 다음 중 어느 것인가?
㉮ F/m   ㉯ H   ㉰ F   ㉱ H/m

해설 $L=\frac{e\Delta t}{\Delta i}=\frac{e}{i}\cdot t[\Omega\cdot\sec]=[H]$

문제 15. 저항 6[Ω], 유도 리액턴스 2[Ω], 용량 리액턴스 10[Ω]인 직렬 회로의 임피던스는 얼마인가?
㉮ 6[Ω]   ㉯ 8[Ω]   ㉰ 10[Ω]   ㉱ 12[Ω]

해설 $Z=\sqrt{R^2+(X_C-X_L)^2}=\sqrt{6^2+(10-2)^2}=10[\Omega]$

문제 16. 어떤 도선의 저항은?
㉮ 도선의 길이에 비례하고 직경에 반비례한다.
㉯ 도선의 길이에 비례하고 단면적에 반비례한다.
㉰ 도선의 직경에 비례하고 길이에 반비례한다.
㉱ 도선의 직경에 비례하고 단면적에 반비례한다.

해설 도선의 저항은 도선의 길이와 고유 저항에 비례하고, 그 단면적에 반비례한다.

문제 17. 어떤 전동기에 200[V] 전압을 가하였더니 50[W]의 전력을 소

해답 12. ㉱   13. ㉱   14. ㉯   15. ㉰   16. ㉯   17. ㉱

비했을 때, 이 전동기의 저항은?

㉮ 4[Ω]　　㉯ 10[Ω]　　㉰ 50[Ω]　　㉱ 800[Ω]

해설 $R = \dfrac{V^2}{P} = \dfrac{200^2}{50} = 800[Ω]$

문제 18. 다음 브리지 회로에서 a, b간의 합성 저항은?

㉮ 4[kΩ]
㉯ 6[kΩ]
㉰ 3.4[kΩ]
㉱ 2.4[kΩ]

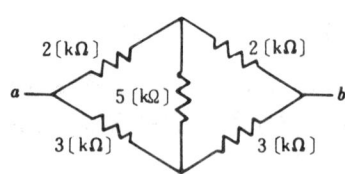

해설 평형 조건이 성립하고 있으므로

$R_{ab} = \dfrac{6 \times 4}{6 + 4} = 2.4[kΩ]$

문제 19. 정전 콘덴서의 전위차와 축적된 에너지와의 관계식을 나타내는 곡선은 다음 중 어느 것인가?

㉮ 직선　　㉯ 타원　　㉰ 쌍곡선　　㉱ 포물선

해설 정전 에너지의 식 $W = \dfrac{1}{2} CV^2[J]$은 포물선의 식이다.

문제 20. 유전율 ε의 유전체 내에 있는 전하 Q[C]에서 나오는 전기력선 수는 얼마인가?

㉮ Q　　㉯ $\dfrac{Q}{ε_0}$　　㉰ $\dfrac{Q}{ε_S}$　　㉱ $\dfrac{Q}{ε}$

해설 $E \times 4πr^2 = \dfrac{1}{4πε} \cdot \dfrac{Q}{r^2} \times 4πr^2$

$= \dfrac{Q}{4πε_0ε_Sr^2} \times 4πr^2 = \dfrac{Q}{ε_0ε_S} = \dfrac{Q}{ε}$

문제 21. 암페어의 주회 적분의 법칙 관계를 양적으로 나타낸 것은 어느 것인가?

㉮ 전류와 자계　　㉯ 잔류와 자속
㉰ 전류와 전하　　㉱ 전류와 전압

해설 암페어의 주회 적분 법칙(Ampere's circuital law)은 전류에 의한 자계를 구하는 법칙이다.

해답 18. ㉱　19. ㉱　20. ㉱　21. ㉮

문제 22. 주파수가 30[MHz]인 전파가 공중에 퍼질 때의 파장은?
(단, 전파의 속도≒3×10^8[m/sec]이다)
㉮ 100[m]   ㉯ 30[m]   ㉰ 10[m]   ㉱ 3[m]

해설 $\lambda = \dfrac{C}{f} = \dfrac{3\times10^8}{30\times10^6} = 10$[m]

문제 23. $V = 141\sin 377t$[V] 되는 사인파 전압의 실효값은?
㉮ 100[V]   ㉯ 110[V]   ㉰ 150[V]   ㉱ 180[V]

해설 최대값 V_m과 실효값 V의 관계 $V_m = \sqrt{2}\,V$에서
$$V = \dfrac{1}{\sqrt{2}}\,V_m = \dfrac{1}{\sqrt{2}} \times 141 = 100\text{[V]}$$

문제 24. $R=5$[Ω], $L=1$[H]의 직렬 회로의 시상수는 얼마인가?
㉮ 0.1[sec]   ㉯ 0.2[sec]   ㉰ 0.3[sec]   ㉱ 0.4[sec]

해설 $T = \dfrac{L}{R} = \dfrac{1}{5} = 0.2$[sec]

문제 25. 일정한 저항과 전원으로 구성된 회로망에서 저항 R[Ω]을 통과하는 전류 I[A]는 R를 제거하였을 때 a, b단자간에 나타나는 기전력을 E_0, 회로망의 전기전력을 제거단락하고 단자 a, b에서 본 회로망의 등가 저항을 R_0라 하면 $I = \dfrac{E_0}{R_0 + R}$ [A]이다. 이와같은 정리는?
㉮ 중첩의 정리   ㉯ 테브난의 정리
㉰ 노튼의 정리   ㉱ 밀만의 정리

해설 회로망의 해석을 위한 테브난의 정리(Tnevenin's theorem)이다.

문제 26. 전류의 정의를 바르게 설명한 것은?
㉮ 단위 시간에 이동한 전기량
㉯ 단위 시간에 발생한 기전력
㉰ 단위 시간에 수행한 일
㉱ 단위 기전력으로 수행한 일

해설 전류(I)의 크기는 단위 시간(t)에 이동한 전기량(Q)으로 나타낸다.
$$\therefore I = \dfrac{Q}{t}\text{[A]}$$

문제 27. 20[Ω]의 저항에 미지 저항 R_X[Ω]를 병렬로 접속하여 4[Ω]의

해답 22. ㉰   23. ㉮   24. ㉯   25. ㉯   26. ㉮   27. ㉱

합성 저항이 나왔다. R_x의 값은?
㉮ $R_x=2[\Omega]$　㉯ $R_x=3[\Omega]$　㉰ $R_x=4[\Omega]$　㉱ $R_x=5[\Omega]$

[해설] $R_P = \dfrac{R_1 R_2}{R_1+R_2}$ $[\Omega]$에서

$4 = \dfrac{20 R_2}{20+R_2}$　∴ $R_2 = 5[\Omega]$

[문제] 28. 다음 회로에서 저항 R_x에 흐르는 전류는 몇 [A]인가?

㉮ 4[A]
㉯ 3[A]
㉰ 2[A]
㉱ 1[A]

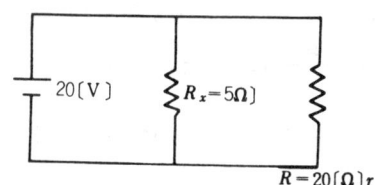

[해설] $I_{RX} = \dfrac{V}{R_x} = \dfrac{20}{5} = 4[A]$

[문제] 29. 그림에서 전지의 내부 저항 r의 값은 몇 [Ω]인가?

㉮ $r = \dfrac{V}{E-V} \cdot R$

㉯ $r = \dfrac{R}{E-V} \cdot R$

㉰ $r = \dfrac{E-V}{E} \cdot R$

㉱ $r = \dfrac{E-V}{V} \cdot R$

[해설] $E = \dfrac{V}{R}(r+R) = \dfrac{rV}{R} + V$이므로

$E - V = \dfrac{rV}{R}$

∴ $r = \dfrac{E-V}{V} \cdot R [\Omega]$

[문제] 30. 두 종류의 금속을 그림과 같이 접속하여 두 접점 P_1, P_2를 다른 온도로 유지하면 열기전력이 발생하는데 이런 현상을 무슨 효과라고 하는가?

㉮ 제베크 효과
㉯ 톰슨 효과

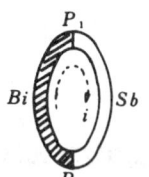

[해답] 28. ㉮　29. ㉱　30. ㉮

㉰ 펠티에 효과
㉱ 줄의 효과
[해설] 제베크 효과(Seebeck effect)에 의한 열전기 현상이다.

문제 31. 면적이 $S[m^2]$, 극판 간격이 $d[m]$, 유전율이 ε인 평행판 콘덴서에 $V[V]$, 전압을 가할시 축적되는 전하 $Q[C]$는?

㉮ $\dfrac{SV}{\varepsilon d}$　㉯ $\dfrac{\varepsilon}{d} SV$　㉰ $\dfrac{d}{\varepsilon} SV$　㉱ $\varepsilon d SV$

[해설] $V = \dfrac{Qd}{\varepsilon S}$ [V]이므로 $Q = \dfrac{\varepsilon}{d} SV[C]$

문제 32. 그림과 같은 회로에서 스위치 S를 닫을 때의 전류는?

㉮ $\dfrac{V}{R} e^{-\frac{R}{L}t}$

㉯ $\dfrac{V}{R}(1 - e^{-\frac{R}{L}t})$

㉰ $\dfrac{V}{R} e^{-\frac{L}{R}t}$

㉱ $\dfrac{V}{R}(1 - e^{-\frac{L}{R}t})$

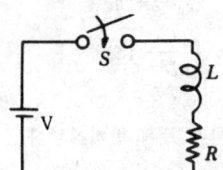

[해설] $i = \dfrac{V}{R}\left(1 - e^{-\frac{1}{T}t}\right)$ [A]와 $T = \dfrac{L}{R}$ [sec]에서

$i = \dfrac{J}{R}\left(1 - e^{-\frac{R}{L}t}\right)$

문제 33. 다음 중 자속 밀도의 단위는?

㉮ AT/m　㉯ Wb/m²　㉰ H/m　㉱ AT/m²

[해설] 자속 밀도의 단위로는 테슬라(tesla, [T]) 또는 [Wb/m²]가 사용된다.

문제 34. CR 직렬로 구성된 회로의 시상수로 옳은 것은?

㉮ $T = \dfrac{R}{C}$　㉯ $T = \dfrac{C}{R}$　㉰ $T = CR$　㉱ $T = \dfrac{1}{CR}$

[해설] $T = CR$[sec]

문제 35. 성형 결선에서 상전압이 120[V]인 대칭 3상 교류의 선간 전압은 얼마인가?

[해답] 31. ㉯　32. ㉯　33. ㉯　34. ㉰　35. ㉱

㉮ 93〔V〕　　㉯ 143〔V〕　　㉰ 173〔V〕　　㉱ 208〔V〕

해설 $V_l = \sqrt{3}\ V_P = \sqrt{3} \times 120 ≒ 208[V]$

문제 36. 그림과 같은 회로망에 있어서 전류를 산출하는데 맞는 식은?

㉮ $I_1 + I_3 + I_6 = I_2 + I_4 + I_5$
㉯ $I_2 + I_3 = I_1 + I_4 - I_5 - I_6$
㉰ $I_1 + I_2 + I_3 = I_4 + I_5 + I_6$
㉱ $I_2 + I_4 + I_6 = I_1 + I_3 + I_5$

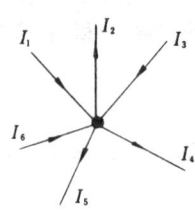

해설 키르히호프의 제1법칙($\sum I = 0$)에서
$I_1 + I_3 + I_6 - I_2 - I_4 - I_5 = 0$
∴ $I_1 + I_3 + I_6 = I_2 + I_4 + I_5$

문제 37. 같은 길이의 저항으로 지름을 2배로 하면 저항값은?

㉮ 1/2배　　㉯ 1/4배　　㉰ 2배　　㉱ 4배

해설 $R = \rho \dfrac{l}{A} = \rho \dfrac{l}{\dfrac{\pi D^2}{4}}\ [\Omega]$

∴ 저항 R은 지름 D^2에 반비례한다.

문제 38. 다음과 같은 회로에서 AB점에 흐르는 전전류는 얼마인가? 단, AB사이에 가하는 전압은 50〔V〕이다.

㉮ 10〔A〕
㉯ 20〔A〕
㉰ 25〔A〕
㉱ 30〔A〕

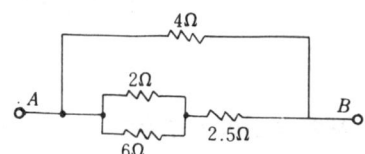

해설 회로 전체의 합성 저항은

$$R = \dfrac{\left(\dfrac{2 \times 6}{2 + 6} \times 2.5\right) \times 4}{\left(\dfrac{2 \times 6}{2 + 6} + 2.5\right) + 4} = 2[\Omega]$$

∴ $I = \dfrac{V}{R} = \dfrac{50}{2} = 25[A]$

문제 39. 쿨롱의 법칙에 대한 설명 중 맞지 않는 것은?

해답 36. ㉮　37. ㉯　38. ㉰　39. ㉱

㉮ 쿨롱의 법칙에 있어서 진공 중의 유전율은 8.855×10^{-12}[F/m]이다.

㉯ MKS 단위계에서의 $\dfrac{1}{4\pi\varepsilon_0}$ 은 9×10^9이다.

㉰ CGS단위계에서 진공 중에 $Q_1=Q_2=1$[e.s.u]의 전하를 1[cm]의 위치에 놓았을 때 작용하는 힘을 1[dyne]이라 한다.

㉱ MKS단위계에서 진공 중에 $Q_1=Q_2=1$[C]의 전하를 1[m]의 거리에 놓았을 때 작용하는 힘은 1[N]이다.

[해설] $F = 9 \times 10^9 \dfrac{Q_1 Q_2}{r^2}$ [N]에서

$Q_1 = Q_2 = 1$[C], $r = 1$[m]이면

$F = 9 \times 10^9 \times \dfrac{1 \times 1}{1} = 9 \times 10^9$[N]

문제 40. 정전 용량 1[μF]의 콘덴서 3개가 있다. 1.5[μF]의 콘덴서 대신으로 어떻게 접속하면 되겠는가?

㉮ ㉯ ㉰ ㉱

[해설] ㉱와 같이 접속한다.

$C_0 = \dfrac{1 \times 1}{1+1} + 1 = 1.5$[$\mu$F]

문제 41. 저항 10[Ω], 유도 리액턴스 10[Ω]의 직렬 회로에 교류 전압을 가했을 때 전압과 전류의 위상차는?

㉮ 15° ㉯ 30° ㉰ 45° ㉱ 60°

[해설] $\theta = \tan^{-1} \dfrac{X_L}{R} = \tan^{-1} \dfrac{10}{10} = 45°$

문제 42. M.K.S 유리 단위계에서 진공 중에 놓인 두 줄의 매우 긴 평행 도선에 흐르는 전류가 I_1[A], I_2[A]이고 선간 거리 r[m]일 때 단위 길이당 작용하는 힘은?

㉮ $\dfrac{I_1 I_2}{2r}$ [N/m]   ㉯ $\dfrac{2I_1 I_2}{r} \times 10^{-7}$[N/m]

[해답] 40. ㉱ 41. ㉰ 42. ㉯

㉰ $\dfrac{I_1 I_2}{2r^2} \times 10^{-7}$[N/m]   ㉱ $\dfrac{I_1 I_2}{r} \times 10^{-7}$[N/m]

[해설] $F = \dfrac{2I_1 I_2}{r} \times 10^{-7}$[N/m]

문제 43. 다음 회로에서 부하 R을 접속시 얻을 수 있는 최대 출력은 몇 [W]인가?

㉮ 10[W]
㉯ 12[W]
㉰ 15[W]
㉱ 17[W]

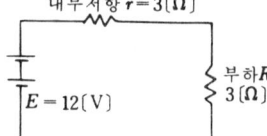

[해설] $I = \dfrac{E}{r+R} = \dfrac{12}{3+3} = 2$[A]

∴ $P = I^2 R = 2^2 \times 3 = 12$[W]

문제 44. R-L 직렬 회로에 t=0에서 V[V]의 직류 전원을 인가한 후 $\dfrac{L}{R}$[sec] 후의 전류값은?

㉮ $0.368 \dfrac{V}{R}$[A]   ㉯ $0.632 \dfrac{V}{R}$[A]

㉰ $\dfrac{V}{R} \varepsilon^{-1}$[A]   ㉱ $\dfrac{V}{2R}$[A]

[해설] $i = \dfrac{V}{R}(1 - \varepsilon^{-\frac{L}{R}T}) = 0.632 \dfrac{V}{R}$[A]

문제 45. 1[eV]는 다음 중 어느 것에 해당하는가?

㉮ 1.602×10^{19}[C]   ㉯ 1.602×10^{-19}[J]
㉰ 1.759×10^{11}[C/kg]   ㉱ 9.107×10^{-31}[kg]

[해설] [eV] = $e \times 1 = 1.602 \times 10^{-19} \times 1 = 1.602 \times 10^{-19}$[J]

문제 46. 1[J/s]와 같은 것은?

㉮ 1[W]   ㉯ 1[kcal]   ㉰ 1[kg·m]   ㉱ 860[cal]

[해설] 1[J/s]는 1[sec] 동안에 1[J]의 일을 하는 속도이다.

∴ 1[J/s] = 1[W]

[해답] 43. ㉯   44. ㉯   45. ㉯   46. ㉮

문제 47. 300[V]를 가하여 5[A]가 흐르는 직류 전동기를 3시간 동안 사용할 때 전력량은 얼마인가?
㉮ 1.5[kWh]　㉯ 4.5[kWh]　㉰ 90[kWh]　㉱ 150[kWh]
해설 $W = Pt = VIt = 300 \times 5 \times 3 = 4.5[kW]$

문제 48. 그림에서 2[Ω] 양단의 전압은 몇 [V]인가?
㉮ 2
㉯ 3
㉰ 5
㉱ 10

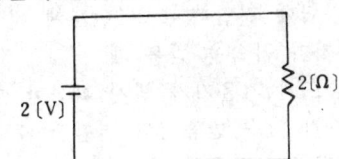

문제 49. 자극의 세기 m, 자극 사이의 거리 l일 때 자기 모먼트는?
㉮ $\dfrac{l}{m}$　㉯ $\dfrac{m}{l}$　㉰ ml　㉱ $\dfrac{m}{l^2}$
해설 자기 모먼트 $M = ml$ [Wb·m]

문제 50. 직렬 공진 회로에서 회로의 리액턴스는 공진 주파수 f_r보다 낮은 주파수에서는?
㉮ 유도성이다.　　㉯ 용량성이다.
㉰ 무유도성이다.　㉱ 저항성이다.
해설 공진 주파수보다 낮은 주파수에서는 용량성 $\left(\dfrac{1}{\omega c} > \omega L\right)$, 공진 주파수보다 높은 주파수에서는 유도성 $\left(\dfrac{1}{\omega c} < \omega L\right)$이 된다.

문제 51. 데카트론(dekatron)과 E1T를 옳게 설명한 것은?
㉮ 모두 방전을 이용한 것이다.
㉯ 모두 전자 빔을 이용한 것이다.
㉰ 데카트론은 전자 빔을 E1T는 방전을 이용한 것이다.
㉱ 데카트론은 방전을 E1T는 전자 빔을 이용한 것이다.
해설 데카트론은 글로 방전의 원리를 이용한 10진 계수 방전관이며, E1T는 전압에 의해 전자 빔의 방향을 바꾸어 수를 표시하도록 한 10진 계수 방전관이다.

문제 52. 반도체에서 다수 반송자(캐리어)를 옳게 나타낸 것은 다음 중 어느 것인가?
㉮ P형의 정공, N형의 전자

해답 47. ㉯　48. ㉮　49. ㉰　50. ㉯　51. ㉱　52. ㉮

㉯ P형의 정공, N형의 정공
㉰ P형의 전자, N형의 전자
㉱ P형의 전자, N형의 정공

[해설] P형에서는 정공(hole), N형에서는 전자가 다수 반송자이다.

[문제] 53. 드리프트 전류는 다음 중 어느 경우에 생기는가?
㉮ 반도체의 양단에 전압이 걸려 반도체 내부에 전계가 작용하고 이에 의하여 반송자가 가속을 받을 때
㉯ 반송자의 농도에 기울기가 생겨 확산할 때
㉰ 소수 반송자가 다수 반송자와 결합할 때
㉱ 빛을 받아 전자가 방출할 때

[해설] 드리프트 전류는 반도체의 양단에 전압이 걸려 반도체 내부에 전계가 작용하고 이에 의하여 반송자가 가속을 받을 때의 전류이다.

[문제] 54. 실리콘 정류기의 일반적 특징 중 옳지 않은 것은?
㉮ 정류 효율이 좋다.
㉯ 주위 온도가 높아져도 견딜 수 있다.
㉰ 과부하에 강하다.
㉱ 과전압이 걸리면(순간적으로) 파괴된다.

[문제] 55. 다음 변조 회로에서 출력측에 나타나는 주파수 성분은?
㉮ f_c와 f_c+f_s
㉯ $f_c \pm f_s$
㉰ $2f_c+f_s$
㉱ f_c+2f_c

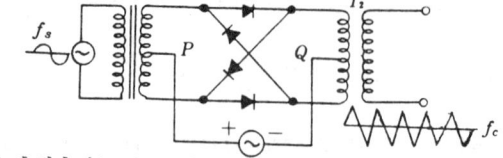

[해설] 평형 변조 회로이므로 출력측에는 $f_c \pm f_s$의 주파수 성분이 얻어진다.

[문제] 56. 마그네트론 발진기는 어느 성질을 이용한 것인가?
㉮ 1차 전자   ㉯ 2차 전자   ㉰ 전자 진동   ㉱ 전자 방사

[해설] 마그네트론(magnetron, 자전관)은 음극과 양극으로 된 일종의 2극관으로 관축 방향으로 자계를 가하여 전자 진동에 의해 마이크로파를 발진시키는 전자관이다.

[문제] 57. 논리식 A(A+B)의 값으로 옳은 것은?
㉮ 1   ㉯ A+B   ㉰ A   ㉱ A·B

[해설] A(A+B)=AA+AB=A+AB=A

[해답] 53. ㉮   54. ㉮   55. ㉯   56. ㉰   57. ㉰

문제 58. 다음은 어떤 논리 회로인가?
㉮ And 회로
㉯ OR 회로
㉰ NOR 회로
㉱ Nand 회로

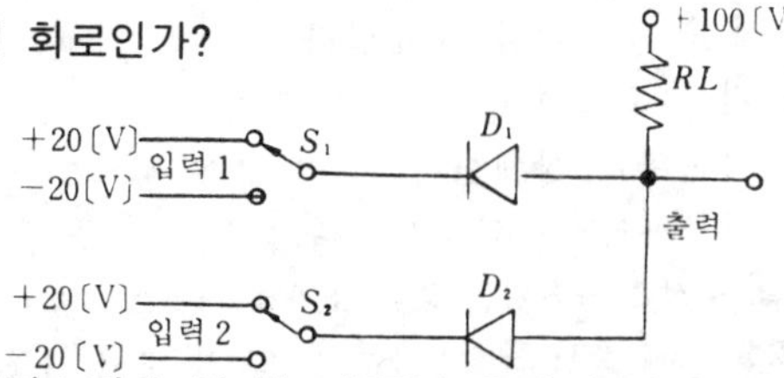

문제 59. 트랜지스터-트랜지스터 논리 회로(TTL) 특징이 아닌 것은?
㉮ 동작 속도가 빠르다.
㉯ 이미터가 많아 집적도가 높다.
㉰ 소비 전력이 작다.
㉱ 잡음 여유도가 커서 온도의 영향을 많이 받는다.
해설 TTL은 잡음 여유도가 적고, 온도에 의해 게이트의 스레시홀드(threshold) 전압이 변동하는 결점이 있다.

문제 60. 플립플롭 회로는 입력 트리거 펄스 몇 개마다 1개의 출력 펄스가 나오는가?
㉮ 1개　　㉯ 2개　　㉰ 3개　　㉱ 4개
해설 플립플롭(쌍안정 멀티바이브레이터)은 2개의 입력 펄스마다 1개의 출력 펄스를 출력하므로 계산기, 계수기 등의 디지털 기기에 많이 이용된다.

문제 61. 회로의 브리지(bridge) 정류 회로에서 잘못 결선된 다이오드 (diode)는?
㉮ D_1
㉯ D_2
㉰ D_3
㉱ D_4 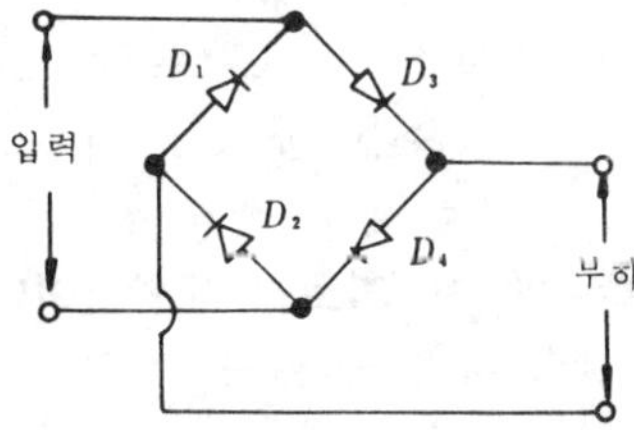
해설 다이오드 D_2의 결선이 반대로 되어 있다.

문제 62. 제너 다이오드를 사용하는 회로는?
㉮ 검파 회로　　　　㉯ 고압 정류 회로
㉰ 고주파 발진 회로　㉱ 전압 안정 회로
해설 제너 다이오드는 정전압 회로에서 기준 전압을 얻는 소자로 사용된다.

문제 63. 푸시풀(push pull) 전력 증폭기에서 일그러짐이 적은 원인이 되는 것은?

해답 58. ㉮　59. ㉱　60. ㉯　61. ㉯　62. ㉱　63. ㉮

㉮ 우수 고조파를 상쇄한다.
㉯ 기수 고조파를 상쇄한다.
㉰ 기본파를 상쇄한다.
㉱ 직류 여자에 의해서이다.

[해설] 푸시풀 증폭기는 증폭 소자를 대칭으로 접속하여 입력으로 역위상의 같은 신호를 가해 출력을 합성하는 회로로서, 출력 파형의 우수 고조파가 상쇄되므로 일그러짐이 적은 큰 출력을 얻을 수 있다.

[문제] 64. 부궤환을 이용한 것은 다음 중 어느 것인가?
㉮ AVC 회로　　　　　㉯ 클램프 회로
㉰ 변조기　　　　　　㉱ 진폭 제한기

[해설] AVC 회로는 검파 출력의 직류 성분을 필터하여 중간 증폭 회로의 바이어스에 가하여, 이득 조정을 하는 것이므로 부궤환 회로를 이용한 것이다.

[문제] 65. 콜피츠 발진 회로에서 $L=200[\mu H]$, $C_1=2200[pF]$, $C_2=220[pF]$ 일 때 발진 주파수는?
㉮ ≒600[kHz]　　　　㉯ ≒800[kHz]
㉰ ≒1000[kHz]　　　 ㉱ ≒1200[kHz]

[해설] $f_0 = \dfrac{1}{2\pi\sqrt{L\left(\dfrac{C_1 C_2}{C_1+C_2}\right)}}$

$= \dfrac{1}{2\pi\sqrt{200\times 10^{-6}\left(\dfrac{2200\times 220}{2200+220}\right)\times 10^{-12}}} ≒ 800[kHz]$

[문제] 66. 이 회로는 제한기이다. 출력 파형 중 옳은 것은?

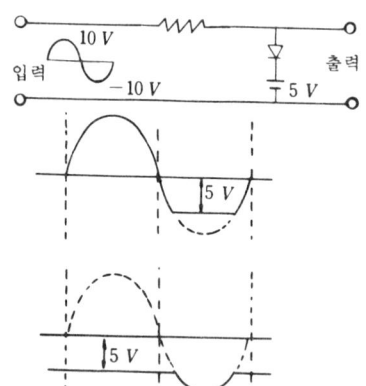

㉮ 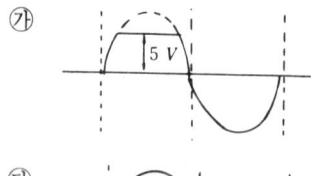　　㉯

㉰ 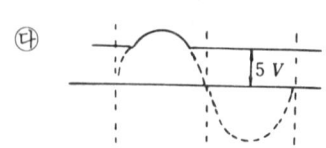　　㉱

[해답] 64. ㉮　65. ㉯　66. ㉮

[해설] 입력 전압이 다이오드의 바이어스 전압 5[V]보다 크게 들어오면 입력 파형의 상부가 잘린다.

[문제] 67. 그림에서 스위치 S를 닫는 순간(t=0) R양단의 전압은?
㉮ 0[V]
㉯ 5[V]
㉰ 10[V]
㉱ 50[V]

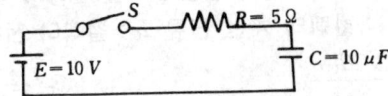

[해설] t=0이므로 $V_R=10[V]$, $V_C=0[V]$

[문제] 68. 다음 중 불(Bolle) 대수식에서 OR 회로는 어느 것인가?
(단, A, B는 입력, X는 출력이다.)
㉮ $\overline{A}=X$ ㉯ $A \cdot B = X$ ㉰ $A+B=X$ ㉱ $\overline{A \cdot B}=X$
[해설] OR 회로의 불 대수식 $X=A+B$

[문제] 69. 다음 그림에서 출력 Y는?
㉮ $\overline{A}\,B$
㉯ $A \cdot B + \overline{B}$
㉰ $\overline{A \cdot B} + B$
㉱ $\overline{A+B} \cdot B$

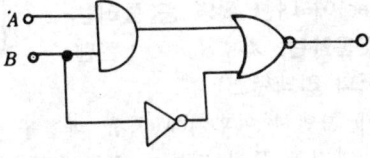

[해설] $Y=\overline{A \cdot B+\overline{B}}=\overline{A \cdot B}\,\overline{\overline{B}}=(\overline{A}+\overline{B})B=\overline{A}B+B\overline{B}=\overline{A}B$

[문제] 70. 전자의 속도를 10^7[m/s] 자속 밀도를 0.01[Wb/m²]라 하면 회전 반지름 r은 얼마인가?
(단, 전자의 전하량 $e=1.602 \times 10^{-19}$[coul], 질량 $m=9.1 \times 10^{-31}$[kg]이다.)
㉮ ≒0.01[m]   ㉯ ≒0.57×10^{-2}[m]
㉰ ≒1.759[m]   ㉱ ≒0.88[m]
[해설] $r=\dfrac{mV_t}{B_e}=\dfrac{9.1 \times 10^{-31} \times 10^7}{0.01 \times 1.602 \times 10^{-19}} ≒ 0.57 \times 10^{-2}$[m]

[문제] 71. 전위 장벽의 설명 중 맞는 것은?
㉮ PN 접합 사이의 전위차
㉯ 다이오드에 가할 수 있는 최대 전압
㉰ 다이오드에 동작시키기 위한 최소 전압
㉱ 다이오드의 도전을 방지하기 위한 최소전압

[해답] 67. ㉰ 68. ㉰ 69. ㉰ 70. ㉯ 71. ㉮

[해설] PN 접합의 접합부에서는 P형 영역의 정공과 N형 영역의 전자가 재결합하여 소멸하기 때문에 P쪽에는 정공을 잃은 음이온이 남고, N쪽에는 전자를 잃은 양이온이 남아 이들 전하에 의한 경사면이 생기는데, 이것은 전위 장벽이라 한다.

[문제] 72. 트랜지스터의 안정도 S를 옳게 나타낸 것은?
(단, I_{CO} : 컬렉터 차단 전류 I_C : 컬렉터 전류 I_S : 베이스 전류)

㉮ $s = \dfrac{\Delta I_{CO}}{\Delta I_C}$ ㉯ $s = \dfrac{\Delta I_{CO}}{\Delta IB}$

㉰ $s = \dfrac{\Delta IB}{\Delta I_{CO}}$ ㉱ $s = \dfrac{\Delta I_C}{\Delta I_{CO}}$

[해설] 안정도 s는 $S = \dfrac{\Delta I_C}{\Delta I_{CO}}$ 로 정의된다.

[문제] 73. 다음 그림과 같은 콘덴서 여파기(condenser filter)에 대한 설명 중 틀리는 것은?(단, $X_C < R_L$, X_C : 콘덴서의 리액턴스)

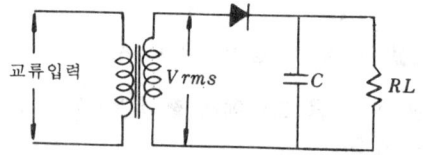

㉮ 콘덴서 여파기에 처음 파형을 인가하는 경우 R_L이 매우 크므로 여파기를 통해 전류가 흐른다.
㉯ 콘덴서 C는 입력파의 피크 투 피크값(Vp-p)까지 충전된다.
㉰ 주기가 변화할 때에도 콘덴서 C는 부하 저항 R_L을 통하여 축적된 에너지를 방전한다.
㉱ 특별 부하 전류가 있을 때는 C값은 방전 전압의 비로서 결정되며 여파기의 콘덴서는 다음 파형이 인가될 때까지 방전한다.

[해설] 콘덴서 C는 입력파의 최대값까지 충전된다.

[문제] 74. 궤환 증폭기에서 궤환을 시켰을 때의 증폭도 $\dot{A} = \dfrac{\dot{A}_o}{1 - \dot{A}_o \beta}$ 라면 이식에서 $|1 - A_o\beta| > 1$일 때 나타나는 특성 중 틀린 것은?

㉮ 주파수 특성이 양호하다.
㉯ 증폭기의 잡음이 감소된다.
㉰ 증폭도가 감소된다.
㉱ 출력 임피던스가 커진다.

[해설] $|1 - A_o\beta| > 1$의 조건은 부궤환이다.

[해답] 72. ㉱ 73. ㉯ 74. ㉱

문제 75. 그림과 같은 회로의 1차측에서 본 임피던스 Z_P를 구하는 식은?

㉮ $Z_P = nZ_S$
㉯ $Z_P = n^2 Z_S$
㉰ $Z_P = \dfrac{Z_S}{n}$
㉱ $Z_P = \dfrac{Z_S}{n^2}$

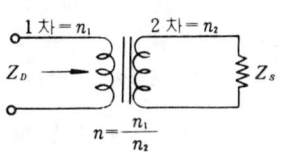

해설 권선비 $n = \dfrac{n_1}{n_2} = \sqrt{\dfrac{Z_P}{Z_S}}$ 에서
$Z_P = n^2 \cdot Z_S$

문제 76. 반결합 자려 발진기에 있어서 주파수 변동의 원인이 되지 않는 것은?
㉮ 전원 전압의 변동
㉯ 주위 온도나 습도의 변동
㉰ 부하와 발진기 사이에 완충 증폭기를 사용
㉱ 부하의 변동

해설 완충 증폭기는 부하 변동에 의한 발진 주파수의 안정을 위해 사용된다.

문제 77. 다음 그림과 같은 정논리 NAND 게이트 회로에서 출력이 '0'상태가 되기 위한 조건은?
(단, 입력의 순서는 A, B, C순임)

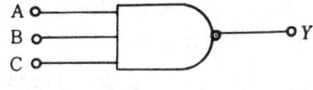

㉮ 0, 0, 0   ㉯ 1, 1, 1
㉰ 0, 1, 0   ㉱ 1, 0, 1

해설 $Y = \overline{A \cdot B \cdot C}$

문제 78. RS-FF에서 $R = 1$, $S = 1$일 때 출력은?
㉮ 리세트(Reset)   ㉯ 세트(Set)
㉰ 불확정   ㉱ Qn

해설 $R = 1$, $S = 1$의 입력에는 출력이 정해지지 않는 불확정으로 이러한 입력은 금지된다.

문제 79. 바리스터(varister)의 주된 용도는 어느 것인가?
㉮ 전압 증폭

해답 75. ㉯ 76. ㉰ 77. ㉯ 78. ㉰ 79. ㉱

㉯ 온도 보상
㉰ 출력 전류 조절
㉱ 서지(surge) 전압에 대한 회로 보호
[해설] 바리스터는 가해진 전압에 따라 저항값이 크게 변하는 반도체로서 증폭기 출력단의 온도 보상에도 쓰이는데, 주된 용도는 서지 전압에 대한 보호용이다.

[문제] 80. 트랜지스터 증폭 회로에 해당되지 않는 사항은?
㉮ 베이스 접지 회로의 입력은 이미터가 된다.
㉯ 컬렉터 접지 회로의 입력은 베이스가 된다.
㉰ 베이스 접지 회로의 입력은 컬렉터가 된다.
㉱ 이미터 접지 회로의 입력은 베이스가 된다.
[해설] 베이스 접지 회로의 입력은 이미터와 베이스(접지)가 된다.

[문제] 81. 트랜지스터의 h정수 정의에서 물리적 의의가 출력 단락시의 입력 임피던스 $[\Omega]$를 나타낸 기호는?
㉮ h_{ie}　　　㉯ h_{re}　　　㉰ h_{fe}　　　㉱ h_{oe}
[해설] h_{ie} : 입력 임피던스　　h_{re} : 전압 되먹임률
　　　h_{fe} : 전류 증폭률　　　h_{oe} : 출력 어드미턴스

[문제] 82. 다음 그림에서 $\Delta V = 500$ [mV], $V_d = 300$ [V]이다. 이 때 리플 백분률은?
(단, 값 ΔV는 출력 파형에 포함된 교류분의 실효값임)
㉮ 약 0.17 [%]　㉯ 약 0.6 [%]
㉰ 약 1.7 [%]　㉱ 약 6 [%]

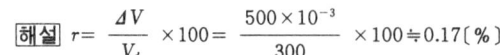

[해설] $r = \dfrac{\Delta V}{V_d} \times 100 = \dfrac{500 \times 10^{-3}}{300} \times 100 \fallingdotseq 0.17\,[\%]$

[문제] 83. TR을 사용한 B급 푸시풀 회로의 특징이 아닌 것은?
㉮ 직류 바이어스가 매우 작아도 된다.
㉯ 무신호시 컬렉터 손실이 작으며 큰 출력을 낸다.
㉰ 홀수 고조파 성분이 작아진다.
㉱ 출력 증폭단에 많이 쓰인다.
[해설] 트랜지스터를 B급으로 동작시키는 푸시풀 회로에서는 직류 바이어스 전류가

[해답] 80. ㉰　81. ㉮　82. ㉮　83. ㉰

매우 작아도 되고, 입력이 없을 때의 컬렉터 손실이 작으며 큰 출력을 낼 수 있다. 또, 짝수 고조파 성분도 작아지므로 출력 증폭단에 많이 쓰인다.

문제 84. 트랜지스터 증폭 회로에서 부궤환을 걸었을 때 일어나지 않는 현상은 다음 중 어느 것인가?
㉮ 입, 출력 임피던스가 감소한다.
㉯ 주파수 특성이 개선된다.
㉰ 일그러짐과 잡음이 감소한다.
㉱ 안정도가 개선된다.
해설 부궤환을 걸면 주파수 특성이 개선되고, 일그러짐이 감소되며 안정도가 좋아지는 장점이 있다.

문제 85. 변조도 m이 m>1일 때(과변조) 전파를 수신하면 어떤 현상이 생기는가?
㉮ 음성과 전력이 작아진다.
㉯ 음성과 전력이 커진다.
㉰ 음성파가 많이 일그러진다.
㉱ 검파기가 과부하된다.
해설 m>1의 과변조가 되면 피변조파의 일부가 결여되므로 검파에서 얻어지는 신호는 원래의 신호와는 다른 일그러짐이 많은 신호가 된다.

문제 86. 논리식 $f=A\overline{B}+\overline{A}\overline{B}+\overline{A}B$ 를 최소화 하면?
㉮ $f=\overline{A}+\overline{B}$ ㉯ $f=AB$
㉰ $f=\overline{A}B+\overline{B}A$ ㉱ $f=A+\overline{B}$
해설 $f=AB+A\overline{B}+\overline{A}\overline{B}=A(B+\overline{B})+\overline{A}\overline{B}=A+\overline{A}\overline{B}=A+\overline{B}$

문제 87. 성장 접합형 트랜지스터의 용도는?
㉮ 정류용   ㉯ 검파용
㉰ 고주파용   ㉱ 저주파 전력용
해설 성장 접합형 트랜지스터는 베이스 나비를 수[μm]의 두께로 만들 수 있어서 고주파용 트랜지스터로 사용한다.

문제 88. 각단의 LC값이 같은 것을 직렬로 n단 접속시킨 다단 LC 여파기의 맥동률 r은?
단, $\alpha = \dfrac{1}{\omega^2 LC-1}$ 이다.

해답 84. ㉮ 85. ㉰ 86. ㉱ 87. ㉰ 88. ㉱

㉮ $r = 0.482a$ ㉯ $r = \dfrac{T}{R_L C}$

㉰ $r = \dfrac{R_L}{2\sqrt{3}}$ ㉱ $r = a^n 0.482$

해설 $r = (a_1 - a_2 \cdots\cdots a_n)(0.482)$에서 모든 LC의 값이 같다면 $r = a^n(0.482)$가 된다.

문제 89. 다음 그림과 같은 정전압 회로의 동작을 옳게 설명한 것은?

㉮ V_i가 커지면 TR_1의 내부 저항이 적어진다.
㉯ V_i가 커지면 D양단의 전위차는 거의 변동 없다.
㉰ V_i가 적어지면 D양단의 전위차가 적어진다.
㉱ V_i가 적어지면 TR_2의 Base 전압은 커진다.

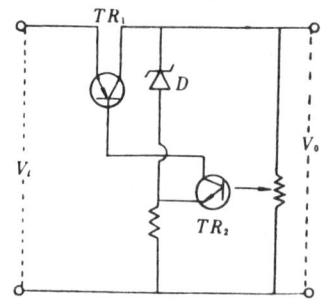

해설 D는 제너 다이오드이므로 입력 전압 V_i에 관계 없이 거의 일정하다.

문제 90. 이미터 접지용 증폭기에서 이미터 바이패스 콘덴서가 제거되면?
㉮ 발진이 일어난다. ㉯ 충실도가 감소된다.
㉰ 이득이 감소한다. ㉱ 잡음이 증가한다.

해설 이미터 안정 저항과 병렬로 접속되어 있는 바이패스(측로) 콘덴서가 제거되면 이미터 저항 양단에 나타나는 교류 신호 성분이 입력에 역위상으로 가해져서 전류 되먹임(부궤환)되므로 이득이 감소한다.

문제 91. 그림에서 V_{CC} 전압이 9[V]일 때, 컬렉터 전류의 직류분이 5[mA]이면 이미터 저항 R_e는?
(단, $I_B \ll I_C$이고 TR 순방향 전압 강하는 무시한다.)

㉮ 1.0[kΩ]
㉯ 1.2[kΩ]
㉰ 1.4[kΩ]
㉱ 2.4[kΩ]

해설 $R_C + R_e = \dfrac{V_{CC}}{I_C} = \dfrac{9}{5 \times 10^{-3}} = 1800[\Omega]$

∴ $R_e = 1800 - 400 = 1.4[k\Omega]$

해답 89. ㉯ 90. ㉰ 91. ㉰

문제 92. 다음은 전압 되먹임 회로이다. R_1이 10[k], R_2가 40[k]이고 출력전압 10[V]일 때 되먹임 전압 V_f는?
㉮ 1[V]
㉯ 2[V]
㉰ 5[V]
㉱ 10[V]

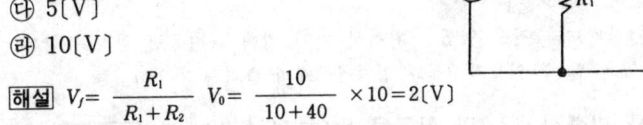

해설 $V_f = \dfrac{R_1}{R_1+R_2} V_0 = \dfrac{10}{10+40} \times 10 = 2[V]$

문제 93. 하틀리 발진 회로에 비해 콜피츠 발진 회로의 이점은?
㉮ 발진 출력이 크다.
㉯ 낮은 주파수의 발진에 적합
㉰ 발진 주파수를 간단히 변화
㉱ 높은 주파수 발진에 적합
해설 콜피츠(Colpitts) 발진 회로는 발진 주파수의 파형이 좋고, 코일의 인덕턴스를 작게 할 수 있기 때문에 높은 주파수의 발진에 유리하다.

문제 94. 다음 중 입력 신호가 0이면 출력이 1이 되고 반대로 입력이 1이면 출력이 0이 되는 회로는?
㉮ NAND 회로   ㉯ NOR 회로
㉰ AND 회로   ㉱ NOT 회로
해설 입·출력이 반전되는 NOT 게이트(inverter) 회로이다.

문제 95. 다음 중 논리식이 맞지 않는 것은?
㉮ $\overline{A+B} = \overline{A} \cdot \overline{B}$ ㉯ $\overline{A \cdot B} = \overline{A} \cdot \overline{B}$
㉰ $\overline{A+B} = \overline{A}+\overline{B}$ ㉱ $\overline{A \cdot B} = \overline{A}+\overline{B}$
해설 $\overline{A+B} = \overline{A} \cdot \overline{B}$

문제 96. 다음은 집적 회로의 특징에 관하여 서술하였다. 틀리는 것은?
㉮ 기계적 충격에 강하다.
㉯ 접속(땜질) 수가 감소한다.
㉰ 모양이 작다.
㉱ 고장일 경우 IC안의 개개의 소자만 나빠진다.
해설 집적 회로(IC)는 회로의 소형화 및 경량화와 신뢰도 향상을 위해 만들어진 것으로 세트의 대량 생산이 쉬우며 각각의 리드 접속시 접속의 수도 적어지는 등의 특징이 있다.

해답 92. ㉯ 93. ㉱ 94. ㉱ 95. ㉰ 96. ㉱

문제 97. 전 덧셈기(fuil addcr)에 대한 설명 중 옳은 것은?
㉮ 입력 2개, 출력 4개로 구성된다.
㉯ 입력 2개, 출력 3개로 구성된다.
㉰ 입력 3개, 출력 2개로 구성된다.
㉱ 입력 3개, 출력 3개로 구성된다.
해설 전 덧셈기(가산기)는 2진수 덧셈을 완전히 하기 위해 자리올림 입력도 함께 더할 수 있는 기능을 할 수 있도록 3개의 입력과 2개의 출력을 가진다.

문제 98. 2차 전자 방출비 $\delta=2$의 전극을 많이 써서 32배의 증폭률의 2차 전자 증배관을 만들려면 증폭 단수는 몇 단이 필요한가?
㉮ 3   ㉯ 4   ㉰ 5   ㉱ 6
해설 $\mu=\delta^n$에서
$32=2^n$이므로 $n=5$단

문제 99. 전자 결합으로 전자가 빠져 나간 빈자리를 무엇이라 하는가?
㉮ 정공   ㉯ 도우너   ㉰ 억셉터   ㉱ 캐리어

문제 100. 다음 그림의 여파기는? 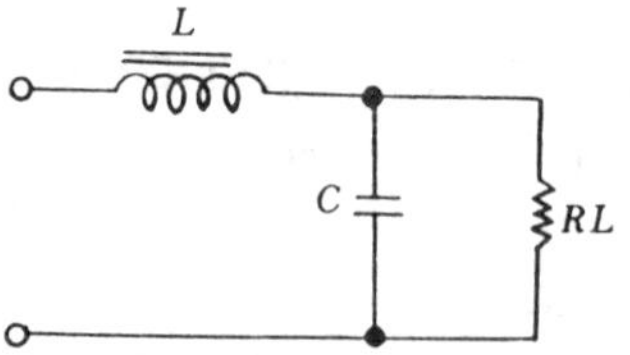
㉮ 콘덴서 여파기
㉯ π형 여파기
㉰ LC 여파기
㉱ 다단 LC 여파기
해설 초크 코일 L과 콘덴서에 의한 LC 여파기(filter) 회로이다.

문제 101. 정류 회로에서 리플 함유율을 줄이는 방법으로 가장 이상적인 것은?
㉮ 반파 정류로 하고 필터 콘덴서의 용량을 크게 한다.
㉯ 브리지 정류로 하고 필터 콘덴서의 용량을 크게 한다.
㉰ 브리지 정류로 하고 필터 콘덴서의 용량을 크게 한다.
㉱ 반파 정류로 하고 필터 초크 코일의 인덕턴스를 줄인다.
해설 브리지(bridge) 정류로 하고 필터 콘덴서의 용량을 크게 한다.

문제 102. 진폭 제한기를 필요치 않으며 FM파를 가장 일그러짐이 적게 복조하는 방식은?
㉮ 슬로프 검파   ㉯ 게이티드 빔 검파
㉰ 포스터 실리이 검파   ㉱ 비검파

해답 97. ㉰ 98. ㉰ 99. ㉮ 100. ㉰ 101. ㉯ 102. ㉱

[해설] 비검파(ratio detector)는 검파 감도가 포스터 실리이 검파 방식보다 $\frac{1}{2}$ 정도로 작으나 부하 용량 C_0에 의한 진폭 제한 작용을 겸하는 작용이 있고 주파수 특성이 좋다.

[문제] 103. 다음 연산 증폭 회로의 출력 전압 V_0를 입력 전압 V_1, V_2로 나타내면?

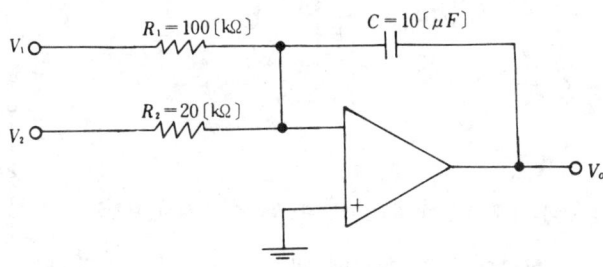

㉮ $V = \int_0^t (5V_1 + V_2)dt$

㉯ $V_0 = -\int_0^t (V_1 + 5V_2)dt$

㉰ $V_0 = -\left(\dfrac{dv_1}{dt} + 0.2\dfrac{dv_2}{dt}\right)$

㉱ $V_0 = \dfrac{dv_1}{dt} + 0.2\dfrac{dv_2}{dt}$

[해설] $V_0 = -\dfrac{1}{C_fR_1}\int x_1 dt - \dfrac{1}{C_fR_2}\int x_2 dt$

$= -\dfrac{1}{10 \times 10^{-6} \times 100 \times 10^3}\int x_1 dt - \dfrac{1}{10 \times 10^{-6} \times 20 \times 10^3}\int x_2 dt$

$= -\int (V_1 + 5V_2)dt$

[문제] 104. 불 대수(Boolean algebra) 공리에서 상호 분배 법칙은?

㉮ $A + B = B + A$

㉯ $(A \cdot B) \cdot C = A \cdot (B \cdot C)$

㉰ $A \cdot (B + C) = A \cdot B + A \cdot C$

㉱ $(A + B) + C = A + (B + C)$

[해설] $A + (B \cdot C) = (A + B) \cdot (A + C)$

$A \cdot (B + C) = A \cdot B + A \cdot C$

[해답] 103. ㉯ 104. ㉰

문제 105. 그림과 같은 회로에서 입력에 정현파를 인가했을 때 출력 파형은 어떻게 되는가?
(단, $E_1 > E$ 이다.)

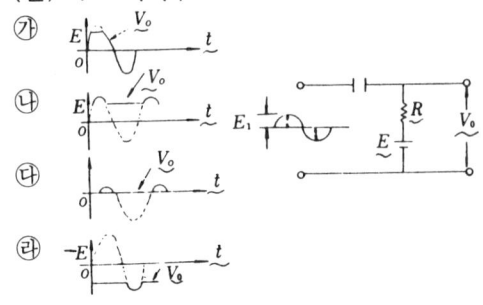

해설 입력 파형의 아래 부분이 잘려 나간다(베이스 클리퍼 회로).

문제 106. 다음 회로를 논리 회로에 이용하려고 한다. 어떤 논리 회로인가?
㉮ NAND 회로
㉯ OR 회로
㉰ NOT 회로
㉱ NOR 회로

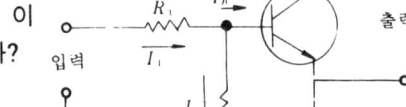

해설 입력 신호가 가해지면 트랜지스터가 동작하여 출력측의 컬렉터 단자 전압이 낮아지는 동작을 할 수 있으므로 논리 회로의 NOT 회로로 이용될 수 있다.

1988년도 전기·전자공학 2급 출제문제

문제 1. 직렬 공진 회로에서 Q로 표시한 것 중 맞는 것은?

㉮ $\dfrac{1}{R}\sqrt{\dfrac{L}{C}}$ ㉯ $\dfrac{1}{R}\sqrt{\dfrac{C}{L}}$

㉰ $\dfrac{1}{L}\sqrt{\dfrac{C}{R}}$ ㉱ $\dfrac{1}{L}\sqrt{\dfrac{R}{L}}$

해설 직렬 공진 회로의 Q

$$Q = \frac{\omega L}{R} = \frac{1}{\omega LR} = \frac{1}{R}\sqrt{\frac{L}{C}}$$

해답 105. ㉯ 106. ㉰   1. ㉮

문제 2. 이상적인 평형 Δ전원에서 다음 중 옳은 것은?
  ㉮ 선전압의 크기 > 상전압의 크기
  ㉯ 선전압의 크기 = 상전압의 크기
  ㉰ 선전압의 크기 < 상전압의 크기
  ㉱ 선전압의 크기 ≧ 상전압의 크기

  [해설] 평형 3상 Δ결선의 선전압(V_L)과 상전압(V_P)은 같다.
  $\therefore V_L = V_P$

문제 3. RL 직렬 회로에서 $L = 5 [mH]$, $R = 10 [\Omega]$일 때 이 회로의 시상수 [S]는?
  ㉮ 2×10^{-4} ㉯ 3×10^{-4} ㉰ 4×10^{-4} ㉱ 5×10^{-4}

  [해설] $T = \dfrac{L}{R} = \dfrac{5 \times 10^{-3}}{10} = 5 \times 10^{-4} [sec]$

문제 4. 100[V], 500[W] 전기 다리미 저항의 크기는?
  ㉮ 0.2[Ω] ㉯ 5[Ω] ㉰ 20[Ω] ㉱ 40[Ω]

  [해설] $P = \dfrac{V^2}{R}$ [W]에서
  $\therefore R = \dfrac{V^2}{P} = \dfrac{100^2}{500} = 20 [\Omega]$

문제 5. 그림과 같은 병렬 회로가 공진되었다면 ab간의 임피던스 Z는 몇 [Ω]일까?
  ㉮ $Z = R [\Omega]$
  ㉯ $Z = CR [\Omega]$
  ㉰ $Z = \dfrac{\omega CR}{R} [\Omega]$
  ㉱ $Z = \dfrac{L}{CR} [\Omega]$

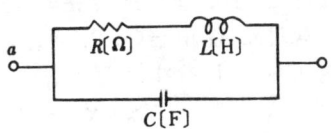

  [해설] 병렬 공진시의 임피던스 $Z = \dfrac{L}{CR} [\Omega]$

문제 6. 히스테리시스 곡선의 횡축과 종축은 각각 무엇을 나타내는가?
  ㉮ 자장의 세기, 자속 밀도
  ㉯ 자속 밀도, 투자율
  ㉰ 자화의 세기, 자장의 세기

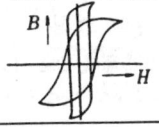

[해답] 2. ㉯ 3. ㉱ 4. ㉰ 5. ㉱ 6. ㉮

㉣ 자장의 세기, 투자율

[해설] 횡축 자장의 세기(H), 종축은 자속 밀도(B)를 나타낸다.

문제 7. $R-L-C$ 직렬 회로에서 전압 전류가 진동적으로 되는 조건 중 옳은 것은?

㉮ $R^2 = \dfrac{4L}{C}$ ㉯ $R^2 > \dfrac{CL}{4}$

㉰ $R^2 < \dfrac{4L}{C}$ ㉣ $R^2 < \dfrac{4L}{5}$

[해설] RLC 직렬 회로의 전류 변화(과도 특성)

진동 상태	$R < 2\sqrt{\dfrac{L}{C}}$ (진동적인 경우)	$R^2 < \dfrac{4L}{C}$
비진동 상태	$R > 2\sqrt{\dfrac{L}{C}}$ (비진동적인 경우)	$R^2 > \dfrac{4L}{C}$
임계 상태	$R = 2\sqrt{\dfrac{L}{C}}$ (임계적인 경우)	$R^2 = \dfrac{4L}{C}$

문제 8. 15 [kΩ]의 저항에 75 [mA]의 전류를 흘리는데 필요한 전압 [V]는 얼마인가?

㉮ 1,125 [V] ㉯ 1,215 [V] ㉰ 2,000 [V] ㉣ 2 [V]

[해설] $V = IR = 75 \times 10^{-3} \times 15 \times 10^3 = 1,125$ [V]

문제 9. 도체와 도체가 접촉된 부분의 전류가 흐르게 되면 이 부분에 전압 강하가 생기고 열이 난다. 이 부분의 저항을 무엇이라 하는가?

㉮ 절연 저항 ㉯ 접지 저항 ㉰ 접촉 저항 ㉣ 고유 저항

[해설] 도체와 도체가 접촉하고 있으면 그 접촉된 부분에 저항이 있게 된다. 접촉된 부분에 전류가 흐르게 되면, 대체로 그 부분에 전압 강하가 생기고 열이 나게 되므로, 그 부분에 저항이 있음을 알 수 있다. 이것을 접촉 저항(contact resistance)이라 하는데, 그 값은 접촉 부분의 면적, 도체의 종류, 압력, 접촉면의 녹슨 상태 등에 따라 다르다.

문제 10. 전류에 의한 자계의 방향을 결정하는 것은?

㉮ 플레밍의 오른손법칙 ㉯ 앙페르의 오른나사 법칙

㉰ 렌츠의 법칙 ㉣ 플레밍의 왼손법칙

[해설] 앙페르의 오른나사 법칙(Ampere's right-handed screw rule)은 전류에 의해 생기는 자계의 방향을 알아내는 법칙이다.

[해답] 7. ㉰ 8. ㉮ 9. ㉰ 10. ㉯

문제 11. 그림에서 a-b간의 합성 정전 용량은?
㉮ C
㉯ $2C$
㉰ $\dfrac{1}{4}C$
㉱ $4C$

해설 $C_{ab} = \dfrac{2C \times 2C}{2C + 2C} = C$

문제 12. 60[μF]와 90[μF]의 두 콘덴서를 병렬 접속한 회로에 100[V]의 전압을 가하면 콘덴서에 축적되는 전하량은 몇 [C]인가?
㉮ 1.5×10^{-3}
㉯ 15×10^{-3}
㉰ 2×10^{-3}
㉱ 2.5×10^{-3}

해설 합성 정전 용량 $C = 60 + 90 = 150[\mu F]$
∴ $Q = CV = 150 \times 10^{-6} \times 100 = 15 \times 10^{-3}[C]$

문제 13. 진공 중에 있는 반지름 10[cm]인 도체에 10^{-8}[C]의 전하를 줄 때 도체 표면상의 전장의 세기는 얼마인가?
㉮ 9×10[V/m]
㉯ 9×10^2[V/m]
㉰ 9×10^3[V/m]
㉱ 9×10^4[V/m]

해설 $E = \dfrac{Q}{4\pi\varepsilon r^2} = 9 \times 10^9 \times \dfrac{Q}{r^2} = 9 \times 10^9 \times \dfrac{10^{-8}}{(10 \times 10^{-2})^2} = 9 \times 10^3$[V/m]

문제 14. $\dot{Z} = -j10$[Ω]의 임피던스란?
㉮ 10[Ω]의 서셉턴스이다.
㉯ 10[Ω]의 용량 리액턴스이다.
㉰ 10[Ω]의 유도 리액턴스이다.
㉱ 10[Ω]의 저항이다.

해설 용량성 회로이면
$\dot{Z} = -jX_C = -j\dfrac{1}{\omega C}$ [Ω]로 표시된다.

문제 15. 공기 중에서 $+8 \times 10^{-3}$[Wb]인 자속으로부터 5[cm] 떨어진 점의 자계의 세기는 얼마인가?
㉮ 20.3×10^4[AT/m]
㉯ 20.3×10^3[AT/m]
㉰ 20.3×10^6[AT/m]
㉱ 20.3×10^7[AT/m]

해답 11. ㉮ 12. ㉯ 13. ㉰ 14. ㉯ 15. ㉮

[해설] $H = \dfrac{m}{4\pi\mu r^2} = 6.33 \times 10^4 \times \dfrac{m}{\mu s r^2} = 6.33 \times 10^4 \times \dfrac{8 \times 10^{-3}}{(5 \times 10^{-2})^2} = 20.3 \times 10^4 \text{[AT/m]}$

[문제] **16.** 다음 회로망을 테브낭의 정리를 이용하여 등가 전압원으로 고쳤을 때 V_0의 값은?

㉮ 4[V]
㉯ 5[V]
㉰ 6[V]
㉱ 8[V]

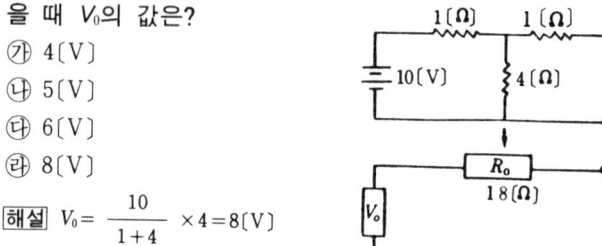

[해설] $V_0 = \dfrac{10}{1+4} \times 4 = 8 \text{[V]}$

[문제] **17.** 공기 중에서 m[Wb]의 자극으로부터 나오는 자속 수는 몇 [Wb]인가?

㉮ $\dfrac{m}{\mu}$ ㉯ $\dfrac{1}{m}$ ㉰ $\dfrac{m}{\mu Q}$ ㉱ m

[해설] 전 자속은 m[Wb]이며 방사상으로 분포한다.

[문제] **18.** 그림에서 R_2에 흐르는 전류 I_2는 몇 [A]인가? (단, 전지의 내부 저항은 무시한다.)

㉮ 0.2[A]
㉯ 0.3[A]
㉰ 0.5[A]
㉱ 1.1[A]

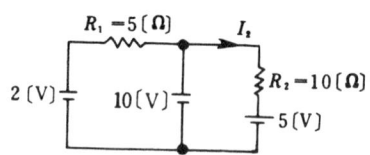

[문제] **19.** 진공 중에 5[μC]의 전하가 있을 때 이로부터 50[cm] 떨어진 점의 전위는 몇 [V]인가?

㉮ 3×10^5 ㉯ 6×10^4 ㉰ 9×10^4 ㉱ 12×10^4

[해설] $V = \dfrac{Q}{4\pi\varepsilon r} = 9 \times 10^9 \dfrac{Q}{r} = 9 \times 10^9 \times \dfrac{5 \times 10^{-6}}{50 \times 10^{-2}} = 9 \times 10^4 \text{[V]}$

[문제] **20.** 다음 중 옳지 못한 것은?

㉮ 코일은 직렬로 연결할수록 인덕턴스가 커진다.
㉯ 콘덴서는 직렬로 연결할수록 용량이 커진다.
㉰ 저항은 병렬로 연결할수록 저항이 작아진다.
㉱ 리액턴스는 주파수의 함수이다.

[해답] **16.** ㉱ **17.** ㉱ **18.** ㉱ **19.** ㉰ **20.** ㉯

[해설] 콘덴서의 직렬 합성 용량 $C_0 = \dfrac{1}{\dfrac{1}{C_1}+\dfrac{1}{C_2}}$ 이므로 콘덴서를 직렬로 연결하면 용량값이 작아진다.

[문제] 21. $\dot{V}=100\angle\dfrac{\pi}{2}$ [V]라고 하는 벡터로 표시되는 사인파 교류 전압은 다음 설명 중 어느 것인가?
   ㉮ 최대값이 100[V], 위상각이 90°이다.
   ㉯ 최대값이 100[V], 위상각이 180°이다.
   ㉰ 실효값이 100[V], 위상각이 90°이다.
   ㉱ 실효값이 100[V], 위상각이 180°이다.

[해설] 벡터의 크기는 실효값으로 나타내며 위상각은 $\dfrac{\pi}{2}$ 이므로 90°이다.

[문제] 22. $R-L$ 직렬 회로에서 $L=0.2$[H], $R=2$[Ω]일 때 이 회로의 시상수[sec]는 얼마인가?
   ㉮ 10   ㉯ 5   ㉰ 1   ㉱ 0.1

[해설] 시상수 $T=\dfrac{L}{R}$ [sec]
   $\therefore T=\dfrac{0.2}{2}=0.1$ [sec]

[문제] 23. 특성 임피던스 75[Ω]의 선로에 100[Ω]의 저항 부하를 접속하였다. 반사 계수를 구하면?
   ㉮ $\dfrac{1}{7}$ ㉯ $\dfrac{1}{8}$ ㉰ $\dfrac{1}{9}$ ㉱ $\dfrac{1}{10}$

[해설] 반사 계수 $m=\dfrac{Z_L-Z_0}{Z_L+Z_0}=\dfrac{100-75}{100+75}=\dfrac{25}{175}=\dfrac{1}{7}$

[문제] 24. R_1, R_2, R_3의 저항 3개를 직렬로 연결했을 때의 분전압을 각각 V_1, V_2, V_3라 하고 합성 저항을 R, 전전압을 V라 할 때 단자 전압 V_1의 값은?
   ㉮ $V_1=\dfrac{R_2R_3}{R}V$ ㉯ $V_1=\dfrac{R_1}{R}V$
   ㉰ $V_1=\dfrac{R}{R_2R_3}V$ ㉱ $V_1=\dfrac{R}{R_1}V$

[해답] 21. ㉰   22. ㉱   23. ㉮   24. ㉯

[해설] 직렬 합성 저항 $R=R_1+R_2+R_3[\Omega]$

전체 전류 $I=\dfrac{V}{R}[A]$

∴ R_1에 걸리는 전압 $V_1=IR_1=\dfrac{R_1}{R}V[V]$

[문제] 25. 20[A]의 전류를 흘렸을 때의 전력이 60[W]인 저항에 30[A]를 흘렸을 때의 전력은 몇 [W]인가?

㉮ 120[W]　㉯ 125[W]　㉰ 130[W]　㉱ 135[W]

[해설] $R=\dfrac{P}{I^2}=\dfrac{60}{20^2}=0.15[\Omega]$

∴ $P=I^2R=30^2\times 0.15=135[W]$

[문제] 26. 공기 중 비투자율은 대략 얼마인가?

㉮ 6.33×10^4　　㉯ 0

㉰ 1　　㉱ $4\pi\times 10^{-7}$

[해설] 비투자율은 진공 중에서 1, 공기 중에서 약 1이다.

[문제] 27. 서로 같은 전하를 가진 두 대전체를 공기 중에서 30[cm] 떨어져 놓았을 때 0.9[N]의 힘이 작용하였다. 대전체의 전하는 몇 [C]이었는가?

㉮ 9×10^{-12}　　㉯ 9×10^{-6}

㉰ 3×10^{-12}　　㉱ 3×10^{-6}

[해설] $F=9\times 10^9\dfrac{Q_1Q_2}{r^2}[N]$

∴ $Q=\sqrt{\dfrac{Fr^2}{9\times 10^9}}=\sqrt{\dfrac{0.9\times(30\times 10^{-2})^2}{9\times 10^9}}=3\times 10^{-6}[C]$

[문제] 28. 200[μF]의 정전 용량을 가진 콘덴서에 100[V], 60[Hz]의 교류 전압을 가할 때 흐르는 전류는 얼마인가?

㉮ 2.5[A]　㉯ 5[A]　㉰ 7.5[A]　㉱ 15[A]

[해설] $X_C=\dfrac{1}{2\pi fc}[\Omega]$, $V=I\times c[V]$에서

$I=\dfrac{V}{X_C}=\dfrac{V}{\dfrac{1}{2\pi fc}}=2\pi fcv=2\pi\times 60\times 200\times 10^{-6}\times 100=7.5[A]$

[해답] 25. ㉱　26. ㉮　27. ㉱　28. ㉰

문제 29. 평행 평판 콘덴서에서 전계의 크기가 1(V/m)이고 평판의 면적이 1(m²), 거리가 1(m)일 때 저축되는 에너지는 얼마인가 (단, 유전체의 유전율은 ε으로 한다.)?

㉮ $\dfrac{1}{2}\varepsilon$ (J) ㉯ $\dfrac{1}{4}\varepsilon$ (J) ㉰ $\dfrac{1}{6}\varepsilon$ (J) ㉱ $\dfrac{1}{8}\varepsilon$ (J)

해설 $W = \dfrac{1}{2}CV^2$에서 $C = \dfrac{\varepsilon A}{d}$, $E = \dfrac{V}{d}$ 이므로

$W = \dfrac{1}{2} \times \dfrac{\varepsilon A}{d} \times \sqrt{E \cdot d} = \dfrac{1}{2} \times \dfrac{\varepsilon \times 1}{1} \times \sqrt{1 \times 1} = \dfrac{1}{2}\varepsilon$ (J)

문제 30. 인덕턴스 L(H)와 저항 R(Ω)이 직렬 연결되었을 때의 시상수 (time constant) T는?

㉮ $R \cdot L$ (sec) ㉯ $\dfrac{1}{R \cdot L}$ (sec)

㉰ $\dfrac{L}{R}$ (sec) ㉱ $\dfrac{R}{L}$ (sec)

해설 $T = \dfrac{L}{R}$ (sec)

문제 31. 전자가 갖는 전하량은?

㉮ $+2 \times 10^{-19}$ (C) ㉯ -1.6×10^{-19} (C)
㉰ $+1.6 \times 10^{-21}$ (C) ㉱ -1.2×10^{-17} (C)

해설 전자의 전하량 $e = -1.602 \times 10^{-19}$ (C)

문제 32. 그림과 같은 회로에서 $a-b$간에 48(V)의 전압을 가했을 때 $c-d$간의 전위차는 몇 (V)가 되는가?

㉮ 0(V)
㉯ 4(V)
㉰ 8(V)
㉱ 12(V)

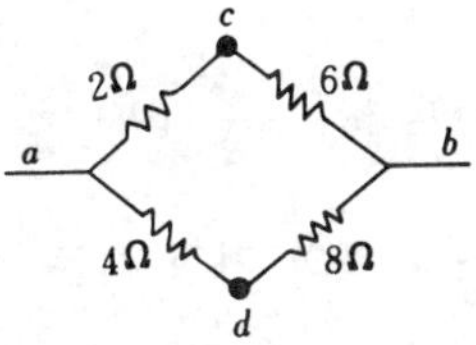

해설 $V_{cd} = V_c - V_d$ 이므로

$V_c = \dfrac{6}{2+6} \times 48 = 36$ (V)

$V_d = \dfrac{8}{4+8} \times 48 = 32$ (V) $V_{cd} = 36 - 32 = 4$ (V)

문제 33. 전기 저항의 역수의 단위는?
 ㉮ Farad   ㉯ Henry
 ㉰ Mho   ㉱ Ohm

해설 전기 저항의 역수($\frac{1}{R}$)를 컨덕턴스라 하며 단위는 [℧] (mho) 또는 [Ω^{-1}] 을 쓴다.

문제 34. 그림 (a)와 같은 회로를 그림 (b)와 같이 바꿀 때 전압 E[V]는 얼마인가?
 ㉮ 1.5[V]
 ㉯ 2[V]
 ㉰ 3[V]
 ㉱ 6[V]

해설 $E = IR = 2 \times 3 = 6$[V]이다.

문제 35. 100[V]의 전위차로 1[A]의 전류가 1분 동안 흘렀을 때 전자가 한일을 구하면?
 ㉮ 100[J]   ㉯ 600[J]
 ㉰ 1,200[J]   ㉱ 6,000[J]

해설 $I = \frac{Q}{t}$ 와 $V = \frac{W}{Q}$ 에서
 ∴ $W = VIt = 100 \times 1 \times 60 = 6000$[J]

문제 36. 전력을 나타낸 식 중 맞는 것은?
 ㉮ $P = IR$ ㉯ $P = \frac{R}{I^2}$
 ㉰ $P = I^2 \cdot R$ ㉱ $P = I \cdot R^2$

해설 전력 $P = VI = I^2R = \frac{V^2}{R}$ [W]

문제 37. 금지대의 폭이 가장 작은 것은?
 ㉮ Si ㉯ Ge
 ㉰ Se ㉱ ZnS

해설 금지대의 폭
 Si : 1.21[eV], Ge : 0.875[eV], Se : 1.65[eV]

해답 33. ㉰   34. ㉱   35. ㉱   36. ㉰   37. ㉯

문제 38. 수정 발진기의 특징 중 가장 중요한 점은?

㉮ 발진이 용이하다.
㉯ 주파수 안정도가 크다.
㉰ 발진 세력이 강하다.
㉱ 소형이며 잡음이 적다.

해설 수정 발진자 자체의 Q가 $10^4 \sim 10^6$으로 매우 높고 기계적으로도 안정하여 발진 주파수의 안정도가 좋다.

문제 39. 링(Ring) 변조 회로는 어떤 변조 방식인가?

㉮ 진폭 변조   ㉯ 주파수 변조
㉰ 위상 변조   ㉱ 펄스 변조

해설 링(ring) 변조 회로는 다이오드를 환상으로 하고, 그 스위칭 작용을 이용한 그림과 같은 평형형의 진폭 변조 회로로서 단측파대(SSB)를 얻기 위한 변조기로 사용된다.

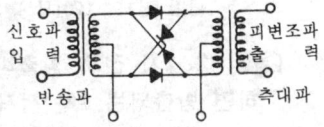

문제 40. 다음 2단 증폭 회로에서 잘못 나타낸 것은?
(단, $I \gg I'$, V_f : 되먹임 전압, V_O : 출력 전압, β : 되먹임 계수, A_f : 되먹임이 있을 때의 전압 증폭도임)

㉮ $V_f = \dfrac{R_1}{R_1 + R_2} V_O$

㉯ $V_O = \dfrac{R_1}{R_1 + R_2} V_f$

㉰ $\beta = \dfrac{R_1}{R_1 + R_2}$

㉱ $A_f = \dfrac{R_1 + R_2}{R_1}$

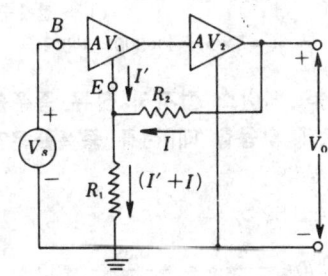

해설 그림은 전압 이득 A_{V1}과 A_{V2}를 가지는 2단 증폭기로서 전압 되먹임의 예를 나타낸 것이다.

둘째 단의 출력은 되먹임 회로 저항 R_1과 R_2를 통해 입력으로 가해진다. 즉, 출력 전압을 V_O라 할 때 되먹임 전압 V_f는

$$V_f = \dfrac{R_1}{R_1 + R_2} V_O$$

가 된다. 그러므로, 되먹임 계수 β는

$$\beta = \dfrac{V_f}{V_O} = \dfrac{R_1}{R_1 + R_2}$$

해답 38. ㉯ 39. ㉮ 40. ㉯

로 되고, 되먹임이 없을 때의 전압 증폭도 A는 $A = A_{V1} \cdot A_{V2}$이므로, 되먹임이 있을 때의 전압 증폭도 A_f는

$$A_f \fallingdotseq \frac{1}{\beta} = \frac{R_1 + R_2}{R_1}$$

로서 안정되어지며, 입력 임피던스는 높아지고 출력 임피던스는 낮아지게 된다.

문제 41. 전원 주파수를 60[Hz]로 사용하는 정류 회로에서 120[Hz]의 맥동 주파수를 나타내는 회로 방식은?

㉮ 단상 전파 회로　　　㉯ 단상 반파 회로
㉰ 3상 전파 회로　　　㉱ 3상 반파 회로

[해설] 단상 반파 : 60[Hz], 3상 반파 : 180[Hz]
단상 전파 : 120[Hz], 3상 전파 : 360[Hz]

문제 42. 2차 전자 방출비 δ가 4일 때 200개의 1차 전자가 물질에 충돌하면 방출되는 2차 전자수는?

㉮ 200　　　㉯ 400
㉰ 800　　　㉱ 3,200

[해설] 2차 전자 방출비 $\delta = \dfrac{2\text{차 전자수}(n_S)}{1\text{차 전자수}(n_P)}$

∴ $n_S = \delta \times n_P = 4 \times 200 = 800$개

문제 43. 베이스 접지시 전류 증폭률이 0.89인 트랜지스터를 이미터 접지 회로에 사용할 때 전류 증폭률은?

㉮ ≒6.9　　　㉯ ≒8.1
㉰ ≒0.89　　㉱ ≒0.69

[해설] $\beta = \dfrac{\alpha}{1-\alpha} = \dfrac{0.89}{1-0.89} \fallingdotseq 8.1$

문제 44. 그림에서 전류 증폭률 β는 얼마인가?

㉮ 100
㉯ 10
㉰ 0.01
㉱ 0.001

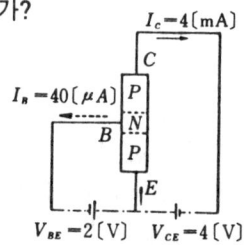

[해설] $\beta = \dfrac{I_C}{I_B} = \dfrac{4 \times 10^{-3}}{40 \times 10^{-6}} = 100$

[해답] 41. ㉮　42. ㉰　43. ㉯　44. ㉮

문제 45. 다음과 같은 회로를 무엇이라고 하는가?

㉮ 감산기
㉯ 가산기
㉰ 부호 변환기(인버터)
㉱ 가감산기

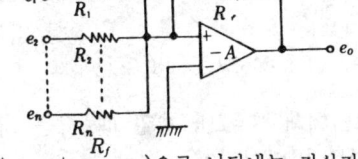

해설 출력 $e_O = -(\dfrac{R_f}{R_1}e_1 + \dfrac{R_f}{R_2}e_2 + \cdots + \dfrac{R_f}{R_m}e_m)$ 으로 나타내는 가산기(adder) 회로이다.

문제 46. 변조 파형이 다음 그림과 같을 때 변조 출력은 얼마인가(단, 반송파 출력은 10[kW]이다)?

㉮ 11[kW]
㉯ 20[kW]
㉰ 10.2[kW]
㉱ 12[kW]

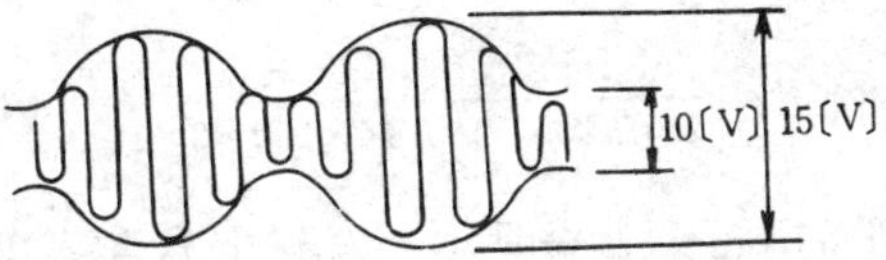

해설 $m = \dfrac{A-B}{A+B} \times 100[\%] = \dfrac{15-10}{15+10} \times 100 = 20[\%]$

$P_m = P_C(1+\dfrac{m^2}{2}) = 10 \times (1+\dfrac{0.2^2}{2}) = 10.2[kW]$

문제 47. 진폭 변조에서 100[%] 변조하였을 때 반송파와 상·하측파대의 전력비는 다음 중 어느 것인가?

㉮ 1 : 0.5 : 0.5
㉯ 1 : 0.25 : 0.25
㉰ 1 : 0.0625 : 0.0625
㉱ 1 : 0.04 : 0.04

해설 반송파 : 상측파 : 하측파의 전력비는 $1 : \dfrac{m^2}{4} : \dfrac{m^2}{4}$

∴ $1 : \dfrac{1}{4} : \dfrac{1}{4} = 1 : 0.25 : 0.25$

문제 48. 불확정 상태가 되지 않도록 반전기를 부가한 회로는?

㉮ T-FF
㉯ D-FF
㉰ JK-FF
㉱ RST

해설 D-FF는 RS-FF에서 2개의 R, S가 동시에 1인 경우에도 불확정한 출력 상태가 되지 않도록 하기 위해 인버터(inverter) 하나를 출력 양단에 부가한 것이다.

문제 49. 브리지 정류 회로에서 입력 전압이 9[V]의 정현파라면 Diode 1

해답 45. ㉯   46. ㉰   47. ㉯   48. ㉯   49. ㉰

개에 걸리는 최대 역전압 (PIV)는?
⑦ $9\sqrt{2}$ [V]   ④ 18 [V]
④ $18\sqrt{2}$ [V]   ④ 9 [V]

[해설] PIV $= 2V_m = 2 \times 9 \times \sqrt{2} = 18\sqrt{2}$ [V]

문제 **50.** 그림에서 $R=2$ [kΩ]일 때 저음 차단 주파수를 100 [Hz]라고 하면 C의 값은 얼마인가?

⑦ 0.5 [μF]
④ 0.8 [μF]
④ 50 [PF]
④ 80 [PF]

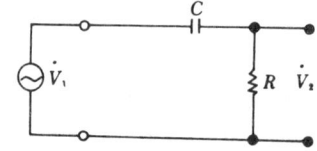

[해설] $C = \dfrac{1}{2\pi fR} = \dfrac{1}{2 \times 3.14 \times 100 \times 2 \times 10^3} \fallingdotseq 0.8 \times 10^{-6}$ [F]

문제 **51.** 반도체 속에서 반송자가 움직일 때는 다음과 같은 때이다. 해당되지 않는 것은 어느 것인가?

⑦ 반도체 내부에 전계가 작용하고, 전계에 의하여 가속되었을 때
④ 반도체 내부에 농도의 경사가 있어 확산할려고 할 때
④ 소수 반송자가 다수 반송자와 결합하여 소멸하는 재결합이 일어날 때
④ 역방향 전압이 걸려 공핍층이 생길 때

[해설] 역방향 전압시는 반도체의 전위 장벽이 높아지므로 반송자는 이동할 수 없다.

문제 **52.** 무궤환(non-feed beak)의 시의 증폭도 $A_0 = 100$인 증폭기에 궤환율 $\beta_2 - 0.005$의 부궤환을 걸면 증폭도 A는 얼마가 되는가?

⑦ 약 67   ④ 약 50   ④ 약 43   ④ 약 86

[해설] 부궤환 증폭기의 증폭도 $A_f = \dfrac{A}{1-BA}$ 에서

∴ $A_f = \dfrac{A}{1-BA} = \dfrac{100}{1-(-0.005 \times 100)} \fallingdotseq 67$

문제 **53.** 다음 중에서 발진의 원리와 발진 회로가 잘못 연결된 것은?

⑦ 수정 발진 회로 — 압전효과
④ 음차 발진 회로 — 음차의 고유 진동수
④ 자기 일그러짐 발진 회로 — 자전관을 이용
④ 트랜지트론 발진 회로 — 부성 저항 특성 이용

[해답] 50. ④   51. ④   52. ⑦   53. ④

과년도 출제문제 1-141

[해설] 자기 일그러짐 발진 회로는 자기 왜형(magnefostriction) 현상을 이용한다.

[문제] 54. 송신기에서 무변조의 출력 전압이 2배로 되면 출력 전력은 몇 배로 되는가(단, 부하 저항은 R이다.)?
㉮ 2배　　㉯ 4배　　㉰ 6배　　㉱ 8배

[문제] 55. 다이오드 트랜지스터 논리 회로(DTL)의 특징이 아닌 것은?
㉮ 잡음 여유도가 크다.
㉯ 소비 전력이 작다.
㉰ 응답 속도가 비교적 빠르다.
㉱ 저중 속도에 있어 동작이 안정

[해설] DTL의 특징은 잡음 여유도(noise immunity)가 크고, 느린 속도나 보통 속도에 있어서의 동작이 안정하다. 특히, 배선에 세밀한 주의를 요하지 않으므로 사용하기 편리한 회로이다. 또한, 회로의 구성에 있어서 회로의 수와 소비 전력이 적지만, 온도의 영향을 많이 받는다. 따라서, 응답 속도가 비교적 늦은 단점이 있다.

[문제] 56. 원자번호 32인 Ge 원자의 4번째 궤도에 들어 있는 전자의 수는 몇 개인가?
㉮ 2개　　㉯ 8개　　㉰ 18개　　㉱ 4개

[해설] 파울리의 원리에 의하여 4번째 궤도에는 나머지 4개의 전자가 존재한다.

[문제] 57. 다음은 반도체 안에서 반송자(전공, 전자)가 이동하는 경우이다. 이 중 틀리는 것은?
㉮ 반도체의 양단에 전압이 걸려 내부에 전계가 작용할 때
㉯ 반도체 중에 반송자가 어느쪽으로 몰려 있어 농도의 기울기가 생길 때
㉰ 전도대는 자유 전자가 없는 0°K인 반도체
㉱ 발생한 소수 반송자가 다수 반송자와 재결합할 때

[해설] 전도대는 충만대(가전자대)에서 에너지를 받고 올라온 일부의 자유 전자가 존재한다.

[문제] 58. 단상 전파 정류기의 DC 출력은 단상 반파 정류기 DC 출력의 몇 배인가?
㉮ 2배　　㉯ 3배　　㉰ 4배　　㉱ 5배

[해설] 전파 정류 방식의 부하에 흐르는 정류 전류는 반파 정류의 2배가 되어 정류 출력 전력이 4배로 커진다.

[해답] 54. ㉯　55. ㉰　56. ㉱　57. ㉰　58. ㉰

즉, 직류 전류 : $I_d = \dfrac{2I_m}{\pi} = \dfrac{2E_m}{\pi(r_b+R_L)}$

따라서 직류 출력 : $P_{DC} = I_d^2 R_L = \dfrac{4E_m^2 R_L}{\pi^2(r_h+R_L)^2}$

반파 정류 때 직류 출력 : $P_{DC} = I_d^2 R_L = \dfrac{E_m^2 R_L}{\pi^2(r_b+R_L)^2}$

문제 59. $hfe = 40$, $hoe = 20 \times 10^{-5}$[mho]인 트랜지스터에 20[kΩ]의 부하저항이 연결된 증폭기의 전류 이득은?

㉮ 8   ㉯ 10   ㉰ 15   ㉱ 20

[해설] 전류 이득 $A_i = \dfrac{hfe}{1+hoeRL} = \dfrac{40}{1+20+10^{-5} \times 20 \times 10^3} = 8$

문제 60. 그림과 같은 회로에서 입력 단자에 V_1과 같은 신호를 가할 때 C 양단에 나타나는 출력 파형은?

㉮ 펄스파
㉯ 톱날파
㉰ 구형파
㉱ 계단파

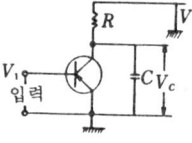

[해설] 회로는 톱날파 발생 회로로서, V_1단자에 (+) 펄스가 가해지면 TR은 OFF 상태이므로 C에는 전원전압 e가 R을 통하여 t_1의 기간 동안 충전된다. 다음 v_1의 입력 펄스가 0으로 되는 t_2의 기간에는 C에 충전되었던 전압은 TR을 ON상태로 하는 방전을 하므로 톱날파 발생한다.

문제 61. 다음 중 펄스 발생기가 아닌 것은?

㉮ 표준 신호 발진기   ㉯ 블로킹 발진기
㉰ 방전관 펄스 발생기   ㉱ 멀티바이브레이터

[해설] 표준 신호 발진기는 정현파 발진기이다.

문제 62. 이상적인 연산 증폭기를 실현시키기 위한 조건 중 틀린 것은?

㉮ 대역폭은 20[kHz]이어야 한다.
㉯ 입력 임피던스가 무한대이어야 한다.
㉰ 출력 임피던스가 0이어야 한다.
㉱ 전압 이득이 무한대이어야 한다.

[해설] 이상적인 연산 증폭기의 대역폭은 무한대이어야 한다.

[해답] 59. ㉮   60. ㉯   61. ㉮   62. ㉮

문제 63. 반도체에서 소수 반송자를 옳게 나타낸 것은 다음 중 어느 것인가?
㉮ P형의 정공, N형의 전자
㉯ P형의 정공, N형의 정공
㉰ P형의 전자, N형의 전자
㉱ P형의 전자, N형의 정공

해설 P형에서는 전자, N형에서는 정공이 소수 반송자이다.

문제 64. 부궤환 증폭기의 특징으로서 옳지 못한 것은?
㉮ 이득의 안정
㉯ 주파수 일그러짐 및 위상 일그러짐의 감소
㉰ 잡음의 감소
㉱ 입·출력 임피던스의 변화 없음

해설 부궤환 증폭기의 입력 임피던스는 $(1-BA)$배 증가되고 출력 임피던스는 $1/1-BA$로 감소한다.

문제 65. 250[eV]는 몇 주울[J]인가?
㉮ 4.005×10^{-15}[J]   ㉯ 4.005×10^{-16}[J]
㉰ 4.005×10^{-17}[J]   ㉱ 4.005×10^{-18}[J]

해설 $W = eV = 1.602 \times 10^{-19} \times 250 = 4.005 \times 10^{-17}$

문제 66. 다음은 회로에 대해서 서술한 것이다. 틀리는 것은?
㉮ 고역 통과 회로이다.
㉯ 미분 회로이다.
㉰ 입력 신호가 변하는 시간에 비해 시상수는 커야 한다.
㉱ 시상수는 RC이다.

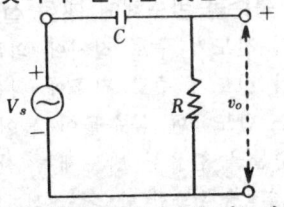

해설 미분 회로는 구형파로부터 폭이 좁은 트리거(trigger) 펄스를 얻는데 사용하므로, 입력 신호가 변화하는 시간에 비해 시상수가 작아야 한다.

문제 67. 상승 시간(rise time)은 펄스 높이가 몇 [%]까지 변화하는데 필요한 시간인가?
㉮ 0~90[%]   ㉯ 10~100[%]
㉰ 10~90[%]   ㉱ 0~10[%]

해설 이상적 펄스의 진폭 V의 10[%]에서 90[%]까지 상승하는데 걸리는 시간을 상승 시간이라 한다.

해답 63. ㉮   64. ㉱   65. ㉰   66. ㉰   67. ㉰

문제 68. 그림과 같은 슈퍼헤테로다인 수신기, 주파수 변환 회로의 단자 a의 전압으로 옳은 것은? 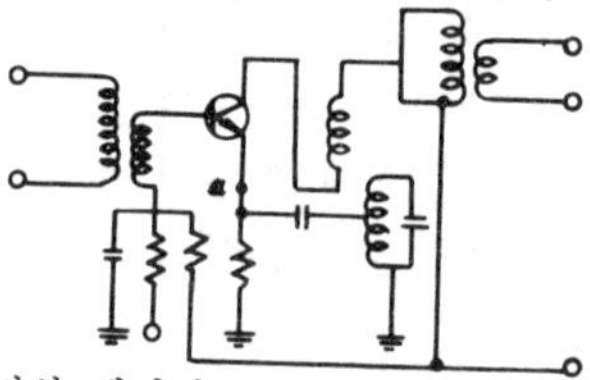
  ㉮ 중간 주파 전압
  ㉯ 수신 입력 전압
  ㉰ 국부 발진 전압
  ㉱ AGC 전압

[해설] 자려식 주파수 변환 회로로서 국부 발진 전압 세력이 콘덴서를 통하여 단자 a에 나타난다.

문제 69. 아래식을 최대로 간단히 하면?
  $XY + XYZ$
  ㉮ $XZ + Y$ ㉯ $XY + Z$ ㉰ XYZ ㉱ XY

[해설] $XY + XYZ = XY(1+Z) = XY$

문제 70. 다음은 마스터 슬레이브(master salave) J-K 플립플롭의 진리표이다. ( )속에 가장 적당한 것은?
  ㉮ 1
  ㉯ 0
  ㉰ $\overline{Qn}$
  ㉱ 부정

Jn	Kn	Qn+1
0	0	Qn
1	0	1
0	1	0
1	1	( )

문제 71. 불순물 반도체에 대한 설명 중 잘못된 것은?
  ㉮ 전기 전도가 주로 전자에 의하여 이루어지는 것은 N형 반도체
  ㉯ 전기 전도가 주로 정공에 의하여 이루어지는 것은 P형 반도체
  ㉰ 순수 반도체에 불순물이 들어가면 도전성이 증가한다.
  ㉱ 불순물을 함유한 반도체는 전자와 정공의 밀도가 같다.

[해설] 불순물을 함유한 반도체는 전자와 정공의 농도차에 의한 전류가 흐르므로 전자와 정공의 밀도가 같지 않다.

문제 72. PN 접합면의 공핍층의 설명 중 잘못된 것은?
  ㉮ +이온과 -이온이 결합한다.
  ㉯ 역바이어스 전압을 걸면 두꺼워진다.
  ㉰ 전자와 정공의 재결합으로 반송자인 전자나 정공이 존재하지 않는다.
  ㉱ 순바이어스를 걸면 얇아진다.

[해설] 공핍층은 접합 부분에서 전자와 정공의 확산에 의한 재결합으로 반송자가 존재하지 않는 부분이다.

[해답] 68. ㉰ 69. ㉱ 70. ㉰ 71. ㉱ 72. ㉮

과년도 출제문제 1-145

문제 73. 이미터 접지 트랜지스터 회로에서 컬렉터 전압이 10[V]일 때 베이스 전류를 2[mA]에서 4[mA]로 변화하고, 컬렉터 전류가 50[mA]에서 100[mA]로 변화하였다면 이때 전류 증폭률 β는?

㉮ 25　　㉯ 20　　㉰ 19　　㉱ 0.98

해설 $\beta = \dfrac{I_C}{I_B} = \dfrac{(100-50) \times 10^{-3}}{(4-2) \times 10^{-3}} = 25$

문제 74. 저주파 증폭기의 주파수 특성 곡선이 주파수가 높은 부분과 낮은 부분에서 이득이 떨어지는데 주파수가 낮은 부분에서 이득이 감소하는 이유는 무엇인가?

㉮ 결합 콘덴서의 영향
㉯ 회로의 표유 용량의 영향
㉰ 이미터-베이스간 용량의 영향
㉱ 이미터-컬렉터간 용량의 영향

해설 결합 콘덴서의 용량 리액턴스는 주파수에 반비례하므로 낮은 주파수에서의 이득이 감소한다.

문제 75. 전계 효과 트랜지스터의 상호 컨덕턴스 gm(mutual conductunce)는 어느 것인가 (단, rd : 드레인 저항, μ : 증폭 정수)?

㉮ $\dfrac{rd}{\mu}$　　㉯ $rd \cdot \mu$　　㉰ $\dfrac{\mu}{rd}$　　㉱ $\mu \cdot rd^2$

해설 $gm = \dfrac{\mu}{rd}$, $rd = \dfrac{\mu}{gm}$, $\mu = gm \cdot rd$

문제 76. 피어스 BE 수정 발진기는 컬렉터 회로의 임피던스가 어떻게 될 때 가장 안정된 발진을 계속하는가?

㉮ 유도성　　㉯ 용량성
㉰ 저항성　　㉱ 급전점에서 무한대

해설 수정 발진자는 유도성 동작이어야 하므로 컬렉터 회로도 유도성이 되어야 한다.

문제 77. 주파수 변조에 사용되는 가변 용량 다이오드의 등가 정전 용량은 인가 역전압에 대해 어떻게 되는가?

㉮ 자승에 비례한다.　　㉯ 평반근에 비례한다.
㉰ 자승에 반비례한다.　　㉱ 평방근에 반비례한다.

해설 가변 용량 다이오드의 정전 용량(실효 용량)은 공급한 역방향 전압의 제곱근

해답 73. ㉮　74. ㉮　75. ㉰　76. ㉮　77. ㉱

에 반비례한다.

즉 $C = \dfrac{K}{\sqrt{V}}$

문제 78. 2진수 1010, 101를 10진수로 변환하면?

㉮ $8\dfrac{1}{8}$ ㉯ $10\dfrac{5}{8}$ ㉰ $12\dfrac{3}{8}$ ㉱ $12\dfrac{5}{8}$

해설 $(1010 \cdot 101)_2 = 10\dfrac{5}{8}$

문제 79. $11001_2 \div 101_2$를 행하면 어떻게 되는가?

㉮ 111   ㉯ 011   ㉰ 101   ㉱ 001

해설 $(11001)_2 = 25_{10}$
 $(101)_2 = 5_{10}$
 $\therefore 25 \div 5 = 5(5)_{10} = (101)_2$

문제 80. 10진 카운터용 IC SN 7490 N에서 6일 때의 출력 A, B, C, D는 각각 얼마인가?

㉮ A=0, B=1, C=1, D=0
㉯ A=1, B=0, C=1, D=0
㉰ A=1, B=0, C=0, D=1
㉱ A=0, B=1, C=0, D=1

해설 $6_{10} = (0110)$ BCD이므로
 A=0, B=1, C=1, D=0

1989년도 전기·전자공학 2급 출제문제

문제 1. 전자의 전하량 e는 얼마인가?

㉮ 0.504×10^{-12}[C]   ㉯ 0.910×10^{-31}[C]
㉰ -1.602×10^{-19}[C]   ㉱ -1.705×10^{-19}[C]

해설 전기 소량 $e = -1.602 \times 10^{-19}$[C]

문제 2. 다음 그림에서 전류 I[A]는 얼마인가?

해답 78. ㉯   79. ㉰   80. ㉮   1. ㉰   2. ㉯

㉮ 4[A]
㉯ 2[A]
㉰ 22[A]
㉱ 44[A]

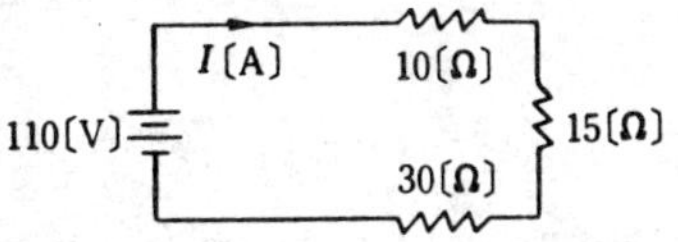

해설 $I = \dfrac{V}{R_1+R_2+R_3} = \dfrac{110}{10+15+30} = 2[A]$

문제 3. 다음 그림에서 R의 값은?

㉮ $\dfrac{E}{E-V} r$

㉯ $\dfrac{E-V}{E} r$

㉰ $\dfrac{V}{E-V} r$

㉱ $\dfrac{E-V}{V} r$

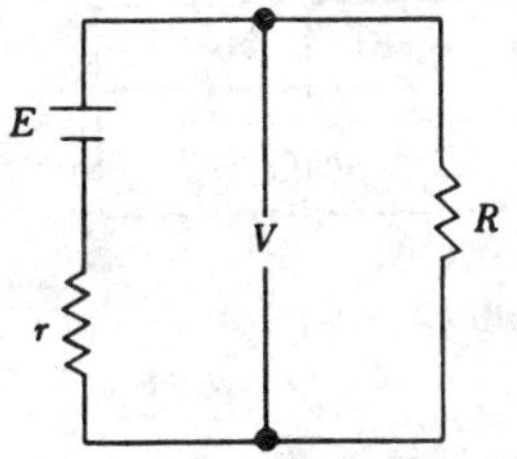

해설 $E = \dfrac{V}{R}(R+r) = V + \dfrac{rV}{R} [V]$ ∴ $R = \dfrac{V}{E-V} r[\Omega]$

문제 4. 길이 10[cm]인 도선의 저항이 10[Ω]이다. 이 도선을 20[cm]로 늘였을 때 저항값은 얼마가 되는가?

㉮ 5[Ω]   ㉯ 10[Ω]   ㉰ 20[Ω]   ㉱ 40[Ω]

해설 $R = \rho \dfrac{l}{A} [\Omega]$ 에서 길이를 2배로 하면 단면적은 $\dfrac{1}{2}$ 이 된다.

$R' = \rho \dfrac{2l}{\dfrac{A}{2}} = 4R = 4 \times 10 = 40[\Omega]$

문제 5. 100[V]에서 사용하는 50[W] 전구의 필라멘트(Filament) 저항을 구하면?

㉮ 50[Ω]   ㉯ 100[Ω]   ㉰ 200[Ω]   ㉱ 400[Ω]

해설 $R = \dfrac{V^2}{P} = \dfrac{100^2}{50} = 200[\Omega]$

문제 6. 자체 유도 기전력에 관한 패러데이 법칙과 렌츠의 법칙을 나타낼 수 있는 식은?

해답 3. ㉰ 4. ㉱ 5. ㉰ 6. ㉱

㉮ $e = N \dfrac{\Delta I}{\Delta t}$ ㉯ $e = -N \dfrac{\Delta I}{\Delta t}$

㉰ $e = N \dfrac{\Delta V}{\Delta t}$ ㉱ $e = -N \dfrac{\Delta \phi}{\Delta t}$

[해설] ϕ의 정(+)방향과 기전력의 정방향을 오른나사의 관계에 맞도록 정하면 기전력 e는 $e = -N \dfrac{\Delta \phi}{\Delta t}$ [V]로 된다.

[문제] 7. 그림에서 6[μF]의 콘덴서에 걸리는 전압은 몇 [V]인가?

㉮ 100[V]
㉯ 40[V]
㉰ 60[V]
㉱ 20[V]

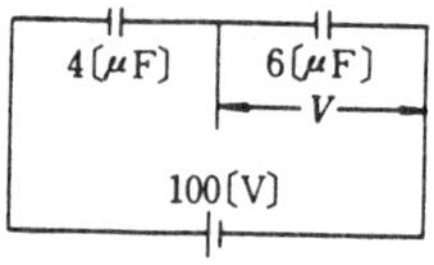

[해설] $V = \dfrac{4}{4+6} \times 100 = 40$ [V]

[문제] 8. $I_m \sin(\omega t + 30°)$인 전류와 $E_m \cos(\omega t - 30°)$인 전압 사이의 위상차는 몇 [°]인가?

㉮ 30°   ㉯ 60°   ㉰ 0°   ㉱ 90°

[해설] $E_m \cos(\omega t - 30° + 90°) = E_m \sin(\omega t + 60°)$
∴ $\phi = 30° - 60° = 30°$

[문제] 9. 다음 그림에서 c, d간의 합성 저항은 a, b간의 합성 저항의 몇 배인가?

㉮ $\dfrac{1}{2}$

㉯ $\dfrac{2}{3}$

㉰ $\dfrac{4}{3}$

㉱ $\dfrac{15}{5}$

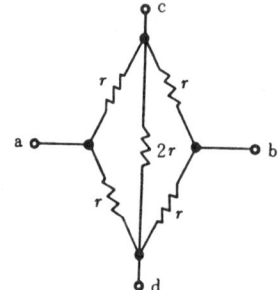

[해설] a, b간의 합성 저항은 평형 상태이므로 $R_{ab} = r$ [Ω]

c, d간의 합성 저항은 $R_{cd} = \dfrac{2r}{3}$ [Ω]

[해답] 7. ㉯   8. ㉮   9. ㉯

$$\therefore \frac{R\text{cd}}{R\text{ab}} = \frac{\frac{2r}{3}}{r} = \frac{2}{3}$$

문제 10. 어떤 도체에 10[A]의 전류가 4분간 흘렀다면 이때 도체를 통과한 전기량 [C]는 얼마인가?
㉮ 1,500   ㉯ 1,800   ㉰ 2,200   ㉱ 2,400
해설 $Q = It = 10 \times 4 \times 60 = 2,400$[C]

문제 11. 220[V], 50[W]용의 전열기의 저항값은?
㉮ 4.4[Ω]   ㉯ 11[kΩ]   ㉰ 968[Ω]   ㉱ 11.4[Ω]
해설 $R = \dfrac{V^2}{P} = \dfrac{220^2}{50} = 968$[Ω]

문제 12. 그림에서 C_1양단의 전압은?
㉮ 20[V]
㉯ 10[V]
㉰ 5[V]
㉱ 30[V]
해설 $V_{C_1} = \dfrac{C_2}{C_1 + C_2} V = \dfrac{10}{5 + 10} \times 30 = 20$[V]

문제 13. 환상 솔레노이드에서 자체 인덕턴스(self-inductance)는 다음 어느 것에 비례하는가?
㉮ 도전율   ㉯ 투자율   ㉰ 유전율   ㉱ 전류
해설 $L = \dfrac{N\phi}{I} = \dfrac{\mu A N^2}{l} = \dfrac{4\pi \mu_s A N^2}{l} \times 10^{-7}$[H]

문제 14. 벡터 $\dot{A}_1$을 $\dot{A}_2$로 나눈 벡터 $\dot{A}$를 구하여라.
$\dot{A}_1 = 6 + j8,\ \dot{A}_2 = 3 - j4$
㉮ $2 + j2$ ㉯ $18 + j32$
㉰ 18   ㉱ 2
해설 $A = \dfrac{\dot{A}_1}{\dot{A}_2} = \dfrac{6 + j8}{3 + j4} = \dfrac{(6 + j8)(3 - j4)}{(3 + j4)(3 - j4)} = \dfrac{18 + 32}{3^2 + 4^2} = 2$

문제 15. 0.01[sec] 동안에 전자가 1,000억개 이동하였을 때의 전류는 몇 [μA]인가?

해답 10. ㉱ 11. ㉰ 12. ㉮ 13. ㉯ 14. ㉱ 15. ㉮

㉮ 1.6 [μA]   ㉯ 2.6 [μA]
㉰ 3.6 [μA]   ㉱ 4.6 [μA]

[해설] 1,000억개의 전하량 Q는

$$Q = 1.602 \times 10^{-19} \times 10^{11} ≒ 1.6 \times 10^{-8} [C]$$

$$\therefore I = \frac{Q}{t} = \frac{1.6 \times 10^{-8}}{10^{-2}} = 1.6 \times 10^{-6} [A] = 1.6 [\mu A]$$

[문제] 16. 다음 회로에서 합성 저항값은 얼마인가?

㉮ 3.6 [Ω]
㉯ 5 [Ω]
㉰ $7\frac{2}{3}$ [Ω]
㉱ 10 [Ω]

[해설] $R = \frac{1 \times 2}{1 + 2} + 3 + 4 = 7\frac{2}{3}$ [Ω]

[문제] 17. 기전력 E[V], 내부 저항 r[Ω]의 같은 전지 N개를 병렬로 접속한 경우 부하 저항 R에 흐르는 전류 I[A]는?

㉮ $I = \dfrac{E}{\dfrac{N}{r} + R}$ [A]   ㉯ $I = \dfrac{E}{\dfrac{r}{R} + N}$ [A]

㉰ $I = \dfrac{E}{\dfrac{R}{N} + r}$ [A]   ㉱ $I = \dfrac{E}{\dfrac{r}{N} + R}$ [A]

[해설] $E = \dfrac{r}{N} I + RI$ [V]에서

$$I = \dfrac{E}{\dfrac{r}{N} + R} [A]$$

[문제] 18. 배율기의 저항은 무엇을 의미하는가?

㉮ 전압계의 측정 범위를 넓힐 때 사용한다.
㉯ 전류계의 측정 범위를 넓힐 때 사용한다.
㉰ 저항계의 측정 범위를 넓힐 때 사용한다.
㉱ 용량계의 측정 범위를 넓힐 때 사용한다.

[해답] 16. ㉰   17. ㉱   18. ㉮

[해설] 배율기 저항은 전압계의 측정 범위 확대에, 분류기 저항은 전류계의 측정 범위 확대에 사용한다.

[문제] 19. 자계 중의 한 점에 1[Wb]의 정자극(N극)을 놓았을 때 이에 작용하는 힘의 크기와 방향을 그 점에 대한 무엇이라고 하는가?
㉮ 자계의 세기　　　　　㉯ 자위
㉰ 자속 밀도　　　　　　㉱ 자위차

[해설] 일반적으로 자장 내에 있는 임의의 점에 +1[Wb]의 자하를 둘 때, 이 자극에 작용하는 힘을 그 점의 자계의 크기로 나타내며, 자극에 작용하는 힘의 방향을 자계의 방향으로 한다.

[문제] 20. 자로의 평균 길이가 1[m]인 환상 솔레노이드가 있다. 자장의 세기를 225[AT/m]로 하려면 몇 [AT]의 기자력이 필요한가?
㉮ 150[AT]　　　　　　㉯ 225[AT]
㉰ 272.5[AT]　　　　　㉱ 290[AT]

[해설] $H = \dfrac{NI}{2\pi r} = \dfrac{NI}{l}$ [AT/m]에서
$NI = Hl = 225 \times 1 = 225$ [AT]

[문제] 21. 그림에서 ab간의 합성 정전 용량은?
㉮ 1.6[μF]
㉯ 2.4[μF]
㉰ 3.2[μF]
㉱ 6.3[μF]

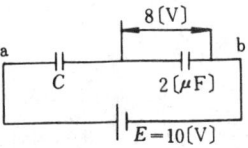

[해설] C양단의 전압은 2[V]이므로
$\dfrac{2}{C+2} \times 10 = 2$[V]의 관계에서 $C = 8$[μF]
$\therefore C_0 = \dfrac{8 \times 2}{8+2} = 1.6$[μF]

[문제] 22. 정현파 교류 $I = 3.14\sin\omega t$[A]의 평균값 [A]는?
㉮ 2　　　　　　　　　㉯ 3
㉰ 20　　　　　　　　　㉱ 30

[해설] $V_{av} = \dfrac{2}{\pi} I_m = \dfrac{2}{\pi} \times 3.14 ≒ 2$[A]

[해답] 19. ㉮　20. ㉯　21. ㉮　22. ㉮

문제 23. 5[C]의 전기량이 두 점 사이를 이동하여 100[J]의 일을 할 때 이 두 점 사이의 전위차는 몇 [V]인가?

㉮ 10　　㉯ 20　　㉰ 30　　㉱ 40

[해설] $V = \dfrac{W}{Q} = \dfrac{100}{5} = 20[V]$

문제 24. 저항 5[Ω]과 6[Ω]의 병렬 회로에 300[V]의 전압을 가할 때 5[Ω]에 흐르는 전류 [A]는?

㉮ 50　　㉯ 60　　㉰ 70　　㉱ 80

[해설] $I_5 = \dfrac{V}{R} = \dfrac{300}{5} = 60[A]$

문제 25. 기전력 2[V], 용량 10[Ah]인 축전지 6개를 직렬 접속한 것을 2조 병렬로 사용할 때 전체의 용량은 몇 [Ah]인가?

㉮ 10[Ah]　　㉯ 20[Ah]
㉰ 60[Ah]　　㉱ 120[Ah]

[해설] 기전력은 12[V], 용량은 20[Ah]로 된다.

문제 26. 기전력이 1.5[V], 내부 저항 0.01[Ω]인 전지 10개를 직렬로 연결했을 때 부하에서 최대 전력이 소비되게 하는 부하 저항은 몇 [Ω]이 되는가?

㉮ 1.5[Ω]　　㉯ 0.015[Ω]
㉰ 0.1[Ω]　　㉱ 0.01[Ω]

[해설] $I = \dfrac{nE}{nr+R}$ [A]에서 최대 전력의 조건은 $nr = R$이다.

∴ $nr = 10 \times 0.01 = 0.1[Ω]$

문제 27. "전자 유도에 의하여 생긴 기전력의 방향은 그 유도 전류가 만든 자속이 항상 원래의 자속의 증가 또는 감소를 방해하는 방향이다"라는 법칙은?

㉮ 렌츠의 법칙　　㉯ 플레밍의 왼손법칙
㉰ 플레밍의 오른손법칙　　㉱ 키르히호프의 법칙

문제 28. RC 회로의 시상수는?

㉮ RC　　㉯ $\dfrac{1}{CR}$

[해답] 23. ㉯　24. ㉯　25. ㉯　26. ㉰　27. ㉮　28. ㉮

㉰ $\dfrac{R}{C}$ ㉱ $\dfrac{C}{R}$

해설 $T=RC[\text{sec}]$

문제 29. 길이의 비가 1 : 2인 두 물체의 저항비는?(단, 기타 조건은 불변)
㉮ 1 : 1   ㉯ 1 : 2
㉰ 1 : 4   ㉱ 1 : 8

문제 30. 키르히호프의 제1법칙은?
㉮ 회로망에 유입하는 전류의 총합은 유출한 전류의 총합과 같다.
㉯ 임의의 폐회로에서 기전력의 대수의 합과 전압 강하의 대수의 합은 서로 같다.
㉰ 회로망에 들어오고 나가는 전류는 0이다.
㉱ 임의의 폐회로에서 기전력의 대수의 합은 0이다.

해설 키르히호프(Kirchhoff)의 제1법칙은 전류 평형의 법칙이라고도 한다.

문제 31. 무한히 긴 직선 도선에 31.4[A]의 전류가 흐를 때 이 도선에서 50[cm] 떨어진 점의 자장 세기를 구하면 얼마인가?
㉮ 5[AT/m]   ㉯ 10[AT/m]
㉰ 15[AT/m]   ㉱ 20[AT/m]

해설 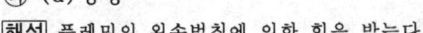 $H=\dfrac{I}{2\pi r}=\dfrac{31.4}{2\pi\times 50\times 10^{-2}}=10[\text{AT/m}]$

문제 32. 그림과 같이 자장 내에 있는 도체에 전류가 지면 밖으로 흘러나올 경우 도체가 받는 힘의 방향은?
㉮ (a)방향
㉯ (b)방향
㉰ (c)방향
㉱ (d)방향

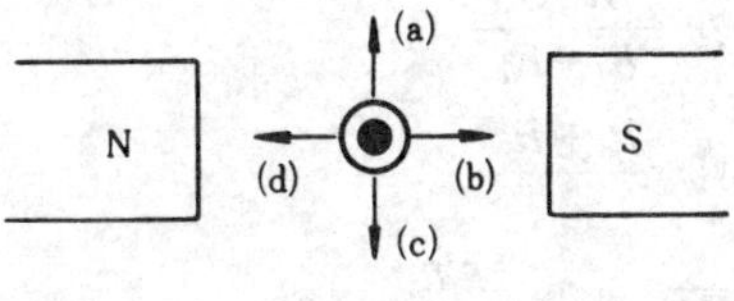

해설 플레밍의 왼손법칙에 의한 힘을 받는다.

문제 33. 50[Hz], 20[A]인 교류의 순시값을 나타내는 일반적인 식은?
㉮ $i=20\sqrt{2}\sin 100\pi t[A]$ ㉯ $i=20\sqrt{2}\sin 120\pi t[A]$
㉰ $i=20\sin 120\pi t[A]$ ㉱ $i=20\sin 100\pi t[A]$

해설 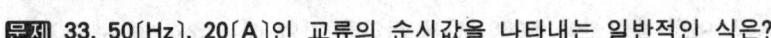 $\omega=2\pi f=2\pi\times 50=100\pi$, 순시값은 최대값으로 나타내므로 $i=20\sqrt{2}\sin 100\pi t[A]$

해답 29. ㉯ 30. ㉮ 31. ㉯ 32. ㉮ 33. ㉮

문제 34. 그림에서 a-b간의 합성 정전 용량은?

㉮ 1[μF]
㉯ 2[μF]
㉰ 3[μF]
㉱ 4[μF]

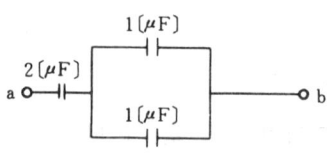

해설 $C_{ab} = \dfrac{2 \times (1+1)}{2+(1+1)} = 1[\mu F]$

문제 35. 그림 (a)의 회로를 그림 (b)와 같은 테브난(Thevenin)의 등가 회로로 고칠 때 E[V]의 값은?

㉮ 2
㉯ 3
㉰ 4
㉱ 5

해설 $V_0 = \dfrac{5}{2+3} \times 3 = 3[V]$

문제 36. 20[Ω] 저항 양단에 100[V]의 전압을 인가하면 몇 [A]의 전류가 흐르는가?

㉮ 5[A]   ㉯ 4[A]
㉰ 2.5[A]   ㉱ 0.25[A]

해설 $I = \dfrac{V}{R} = \dfrac{100}{20} = 5[A]$

문제 37. 두 개의 저항 R_1, R_2를 병렬로 접속하면 그 합성 저항은?

㉮ $\dfrac{R_1 R_2}{R_1 + R_2}$ ㉯ $\dfrac{R_1 + R_2}{R_1 R_2}$

㉰ $\dfrac{R_1 + R_2}{2}$ ㉱ $R_1 R_2$

해설 $R_P = \dfrac{R_1 R_2}{R_1 + R_2}$ [Ω]

문제 38. 어떤 배전선에 6,000[V]의 전압을 가할 때 2[mA]의 누설 전류가 흘렀다면 이 배전선의 절연 저항은 몇 [MΩ]인가?

㉮ 300[MΩ]   ㉯ 3,000,000[MΩ]
㉰ 3[MΩ]   ㉱ 3,000[MΩ]

해답 34. ㉮ 35. ㉯ 36. ㉮ 37. ㉮ 38. ㉰

[해설] $R = \dfrac{V}{I} = \dfrac{6,000}{2 \times 10^{-3}} = 3 \times 10^6 [\Omega] = 3 [M\Omega]$

[문제] **39.** 어떤 전열기로 정격 상태에서 30분 동안에 216[kcal]의 열량을 얻었다면 전열기의 용량은 얼마인가?
㉮ 500[W]   ㉯ 400[W]
㉰ 300[W]   ㉱ 200[W]

[해설] $H = 0.24Pt$ [cal]에서
$$P = \dfrac{H}{0.24t} = \dfrac{216 \times 10^3}{0.24 \times 30 \times 60} = 500[W]$$

[문제] **40.** 공기 중에서 10[cm]의 거리에 있는 두 자극의 세기가 각각 8×10^{-4}[Wb]이면 자력은 몇 [N]인가?
㉮ 9.05[N] 흡인력   ㉯ 4.05[N] 반발력
㉰ 7.05[N] 흡인력   ㉱ 0.5[N] 반발력

[해설] $f = 6.33 \times 10^4 \times \dfrac{m_1 m_2}{r^2}$
$= 6.33 \times 10^4 \times \dfrac{8 \times 10^{-4} \times 8 \times 10^{-4}}{(10 \times 10^{-2})^2}$
$\fallingdotseq 4.05[N]$

[문제] **41.** 긴 직선 도선에 i의 전류가 흐를 때, 이 도선으로부터 r만큼 떨어진 곳의 자장의 세기는?(단, 수직 거리임)
㉮ i에 반비례하고 r에 비례한다.
㉯ i에 비례하고 r에 반비례한다.
㉰ i의 제곱에 비례하고 r에 반비례한다.
㉱ i에 비례하고 r의 제곱에 반비례한다.

[해설] $H = \dfrac{I}{2\pi r}$ [AT/m]

[문제] **42.** 용량이 같은 콘덴서 2개를 직렬로 연결했을 때 합성 용량이 20 [μF]였다면 콘덴서 한 개의 정전 용량은 얼마인가?
㉮ 5[μF]   ㉯ 10[μF]
㉰ 40[μF] ㉱ 20[μF]

[해설] $C_S = \dfrac{C}{n}$ 에서 $C = nC_S = 2 \times 20 = 40[\mu F]$

[해답] 39. ㉮ 40. ㉯ 41. ㉯ 42. ㉰

문제 43. 평형 3상 부하에 대칭 3상 전압을 가할 시 흐르는 각상의 전류의 합은?

㉮ $\dot{I}_a + \dot{I}_b + \dot{I}_c = 0$
㉯ $\dot{I}_a + \dot{I}_b = \dot{I}_c$
㉰ $\dot{I}_a = \dot{I}_b + \dot{I}_c$
㉱ $\dot{I}_a - \dot{I}_b + \dot{I}_c = 0$

[해설] 평형 3상 부하에 대칭 3상 전압을 가하면 흐르는 전류도 대칭 3상 전류도 된다.
∴ $\dot{I}_a + \dot{I}_b + \dot{I}_c = 0$

문제 44. 페르미(Fermi) 준위가 온도에 관계없이 금지대의 중앙에 위치하면?

㉮ 전성 반도체이다.
㉯ N형 반도체이다.
㉰ P형 반도체이다.
㉱ 도체이다.

[해설] 진성 반도체에서는 전도대의 전자는 모두 가전자대로부터 올라온 것이므로, 전자와 정공의 수가 같아 페르미 준위는 금지대의 중앙에 있게 된다.

문제 45. 트랜지스터 전류 증폭률 α와 β의 관계는?

㉮ $\alpha = \dfrac{\beta}{1+\beta}$
㉯ $\alpha = \dfrac{\beta}{1-\beta}$
㉰ $\beta = \dfrac{1}{1+\alpha}$
㉱ $\beta = \dfrac{\alpha}{1+\alpha}$

[해설] α와 β의 관계

$$\beta = \dfrac{\Delta I_C}{\Delta I_B} = \dfrac{\Delta I_C}{\Delta I_E + \Delta I_C} = \dfrac{\dfrac{\Delta I_C}{\Delta I_E}}{1 - \dfrac{\Delta I_C}{\Delta I_E}} = \dfrac{\alpha}{1-\alpha}$$

$$\alpha = \dfrac{\Delta I_C}{\Delta I_E} = \dfrac{\Delta I_C}{\Delta I_B + \Delta I_C} = \dfrac{\dfrac{\Delta I_C}{\Delta I_B}}{\dfrac{\Delta I_B}{\Delta I_B} + \dfrac{\Delta I_C}{\Delta I_B}} = \dfrac{\beta}{1+\beta}$$

문제 46. 회로에서 입력 전압의 실효치가 E[V]일 때 C_1 양단의 전압은?

㉮ E[V]
㉯ $\dfrac{2}{\pi} E$[V]
㉰ $\sqrt{2} E$[V]
㉱ $2\sqrt{2} E$[V]

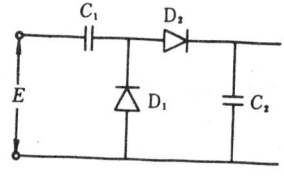

[해설] C_1 양단의 전압 $V_{C_1} = \sqrt{2} E$[V]
C_2 양단의 전압 $V_{C_2} = 2\sqrt{2} E$[V]

[해답] 43. ㉮ 44. ㉮ 45. ㉮ 46. ㉰

문제 47. 그림의 회로에 대한 설명 중 틀린 것은?

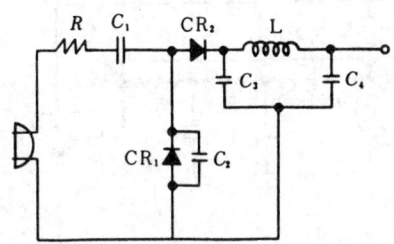

㉮ 저항 R은 전류를 제한하는 다이오드 보호용이다.
㉯ 60[Hz] 입력에 대한 리플 주파수는 60[Hz]이다.
㉰ 이 회로는 전파 배압 정류기이며, 콘덴서 C_3는 입력 전원의 2배까지 충전한다.
㉱ 콘덴서 C_2는 다이오드 CR_1 보호용 바이패스 콘덴서이다.
해설 회로는 반파 배전압 정류기이다.

문제 48. 그림과 같은 회로에서 컬렉터 전류 I_C는 얼마인가?

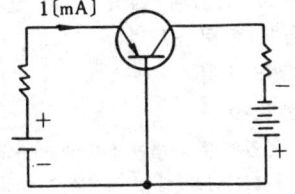

㉮ 1[mA] 이상
㉯ 10[mA] 이상
㉰ 0.1[mA]보다 작은 값
㉱ 1[mA]보다 약간 작은 값
해설 베이스 접지의 전류 증폭률 $\alpha = \dfrac{\Delta I_C}{\Delta I_E} = <1$

문제 49. 다음 중 직류 증폭기에서 필요한 보상은?
㉮ 직류 보상   ㉯ 저역 보상
㉰ 고역 보상   ㉱ 드리프트 보상
해설 직류 증폭기에서는 입력 신호의 변화가 없어도 흐르게 되는 드리프트(drift) 전류 때문에, 매우 낮은 주파수의 잡음이 발생할 수 있으므로 적절한 보상 회로가 필요하다.

문제 50. 10진수 16을 8421 BCD 코드로 변환하면?
㉮ 0001 0001   ㉯ 0101 0110
㉰ 0110 0001   ㉱ 0001 0110

해답 47. ㉰   48. ㉱   49. ㉱   50. ㉱

문제 51. 다음 회로에서 발진 주파수는 약 얼마인가?

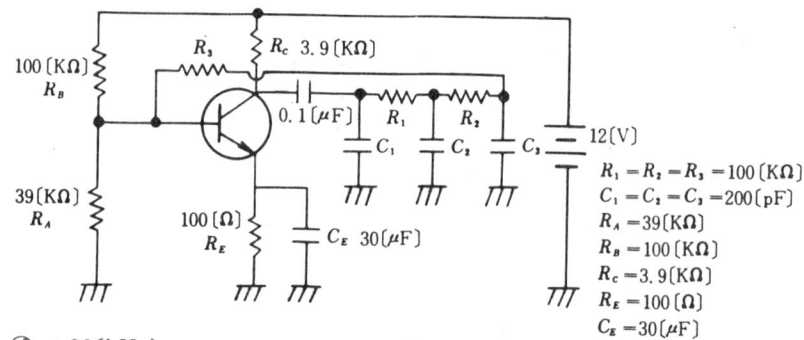

㉮ ≒32[kHz] ㉯ ≒3.2[kHz]
㉰ ≒19.5[kHz] ㉱ ≒1.9[kHz]

해설 $f = \dfrac{\sqrt{6}}{2\pi CR} = \dfrac{\sqrt{6}}{2\pi \times 200 \times 10^{-12} \times 100 \times 10^3} ≒ 19.5\,[\text{kHz}]$

문제 52. 상용 전원의 정류 방식 중 맥동 주파수가 180[Hz]가 되었다. 이때의 정류 회로는?

㉮ 3상 반파 정류기   ㉯ 3상 전파 정류기
㉰ 2배 전압 정류기   ㉱ 브리지형 정류기

해설 상용 전원의 주파수는 60[Hz]이므로 단상 전파 정류이면 120[Hz], 3상 반파 정류이면 180[Hz]의 맥동 주파수로 된다.

문제 53. 집적 회로(IC)의 장점이 아닌 것은?

㉮ 회로를 초소형으로 할 수 있다. ㉯ 신뢰성이 높다.
㉰ 큰 전력을 취급할 수 있다.   ㉱ 대량 생산할 수 있다.

해설 집적 회로(Integrated Circuit)는 일반적으로 큰 전력을 취급할 수 없다.

문제 54. 트랜지스터의 증폭기 특성을 향상시키는데 가장 도움이 되는 귀환 회로는?

㉮ 직렬 전압 귀환   ㉯ 직렬 전류 귀환
㉰ 병렬 전압 귀환   ㉱ 병렬 전류 귀환

문제 55. 다음 중 부성 저항 발진회로는?

㉮ CR 발진 회로
㉯ IC 발진 회로

해답 51. ㉰ 52. ㉮ 53. ㉰ 54. ㉮ 55. ㉱

㉰ 수정 발진 회로
㉱ 터널 다이오드(tunnel diode) 발진 회로
해설 터널 다이오드의 전압-전류 특성은 부성 저항의 성질을 나타낸다.

문제 56. FM(주파수 변조)에서 신호 주파수가 1[kHz], 최대 주파수 편이 4[kHz]일 경우 변조지수는?
㉮ 0.25　　　　　　　　㉯ 0.4
㉰ 4　　　　　　　　㉱ 10

해설 $mf = \dfrac{\Delta f}{f_s} = \dfrac{4}{1} = 4$

문제 57. 그림은 증폭기의 계단파 응답을 나타낸 것이다. 상승 시간(t_r)은 최대값의 얼마되는 곳부터 얼마되는 곳까지인가?
㉮ 10[%]~70[%]
㉯ 20[%]~90[%]
㉰ 10[%]~100[%]
㉱ 10[%]~90[%]

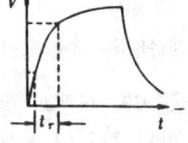

해설 전압 V가 10[%]에서 90[%]까지 커지는데 걸리는 시간을 상승 시간(rise time)이라 한다.

문제 58. 1010.011의 2진수를 10진수로 변환하면?
㉮ $(6.376)_{10}$　　　　　　㉯ $(14.254)_{10}$
㉰ $(10.375)_{10}$　　　　　　㉱ $(18.923)_{10}$

해설 $(1010.011)_2 = 1 \times 2^3 + 0 \times 2^2 + 1 \times 2^1 + 0 \times 2^0 + 0 \times 2^{-1} + 1 \times 2^{-2} + 1 \times 2^{-3} = (10.375)_{10}$

문제 59. 10진수 1/16을 2진수로 하면?
㉮ 0.1　　　　　　　　㉯ 0.01
㉰ 0.001　　　　　　　　㉱ 0.0001

문제 60. 다음 그림의 논리 기호의 식은?
㉮ $Y = \overline{A} + \overline{B}$
㉯ $Y = A + B$
㉰ $Y = \overline{A \cdot B}$
㉱ $Y = \overline{A} \cdot \overline{B}$

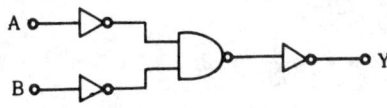

해설 $Y = \overline{\overline{A} \cdot \overline{B}} = \overline{A} \cdot \overline{B}$

해답 56. ㉰　57. ㉱　58. ㉰　59. ㉱　60. ㉱

문제 61. 순 bias 전압을 걸었을 때 PN 접합의 경우 중 틀린 것은?
㉮ 전위 장벽이 낮아진다.
㉯ 공간 전하 영역의 폭이 좁아진다.
㉰ 전장이 약해진다.
㉱ 전장이 강해진다.

해설 PN 접합에 순방향 바이어스를 가하면 다수 캐리어가 서로 다른쪽에 주입되어 전장은 약해진다.

문제 62. 전압 증폭도 25[dB]의 증폭기를 2단 증속 접속하였을 경우, 배선 등으로 인하여 10[dB]는 손실이 생겼다고 하면 종합 증폭도는 몇 [dB]인가?
㉮ 20　　　　　㉯ 30
㉰ 40　　　　　㉱ 50

해설 $G = 25 + 25 - 10 = 40$[dB]

문제 63. 저주파 증폭기의 출력측에서 기본파의 전압이 50[V], 제 2 고조파의 전압이 4[V], 제 3 고조파의 전압이 3[V]인 경우 왜율을 계산하면?
㉮ 10[%]　　　　㉯ 25[%]
㉰ 50[%]　　　　㉱ 75[%]

해설 $K = \dfrac{\sqrt{V_2^2 + V_3^2}}{V_1} \times 100 = \dfrac{\sqrt{4^2 + 3^2}}{50} \times 100 = 10$[%]

문제 64. 다음 그림은 적분기이다. 출력전압 e_0는?

㉮ $e_0 = -\dfrac{1}{RC} \int e_i dt$

㉯ $e_0 = -RC \dfrac{de_i}{dt}$

㉰ $e_0 = \dfrac{1}{RC} \int e_i dt$

㉱ $e_0 = RC \dfrac{de_i}{dt}$

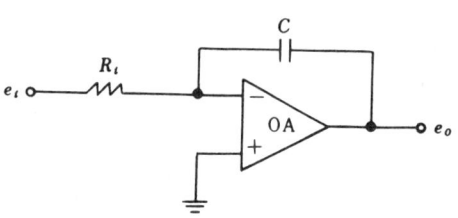

해설 적분기 $e_0 = -\dfrac{1}{RC} \int e_i dt$

미분기 $e_0 = -RC \dfrac{de_i}{dt}$

해답 61. ㉱　62. ㉰　63. ㉮　64. ㉮

[문제] **65.** 반송파 전력이 10[kW]일 때 변조도 50[%]로 변조한 피변조파의 소비 전력은?
  ㉮ 0.625
  ㉯ 10.625
  ㉰ 11.25
  ㉱ 12.5

[해설] $P_m = P_c \left(1 + \dfrac{m^2}{2}\right) = 10 \times \left(1 + \dfrac{0.5^2}{2}\right) = 11.25 [kW]$

[문제] **66.** 다음 그림은 펄스파를 확대한 것이다. a는 무엇이라 하는가?
  ㉮ 언더슈트
  ㉯ 스파이크
  ㉰ 오버슈트
  ㉱ 새그

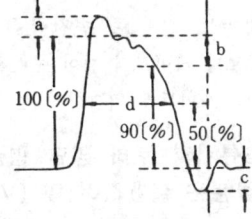

[해설] a는 오버슈트(overshoot), b는 새그(sag), c는 언더슈트(undershoot)라 한다.

[문제] **67.** 그림과 같은 A, B 입력 파형일 때 출력 C의 파형이 나타나는 gate는?
  ㉮ NOT
  ㉯ AND
  ㉰ OR
  ㉱ 배타적 OR

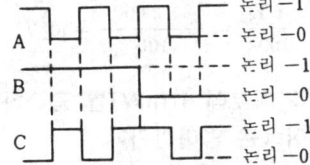

[해설] A, B의 두 입력이 같을 때만 논리 0이 되고, 서로 다를 때는 논리 1이 되는 배타적 OR(Exclusive OR) 게이트이다.

[문제] **68.** 다음 중 전자 빔의 작용과 가장 거리가 먼 것은?
  ㉮ 형광 작용
  ㉯ 방전 작용
  ㉰ X선 작용
  ㉱ 사진 작용

[해설] 다수의 전자가 같은 방향으로 고속으로 운동하는 전자의 흐름을 전자 빔(electron beam)이라 하는데, 대표적인 특성으로 형광 작용, X선 작용, 사진 작용이 있다.

[문제] **69.** 다음은 터널 다이오드에 관해 서술하였다. 틀리는 것은?
  ㉮ 불순물 농도를 크게 하면 공간 전하층의 폭은 커진다.
  ㉯ 발견한 학자의 이름이 Esaki이다.

[해답] 65. ㉰ 66. ㉰ 67. ㉱ 68. ㉯ 69. ㉮

㉢ 부저항 특성을 나타내는 부분이 있다.
㉣ 역바이어스 상태에서는 훌륭한 도체가 된다.

[해설] 터널 다이오드(tunnel diode)의 전압-전류 특성은 부저항의 성질을 나타낸다.

[문제] 70. GTO에 대한 설명 중 옳게 기술한 것은?
㉮ 역방향의 게이트 전류로 주전류를 차단
㉯ 역방향의 게이트 전류로 주전류를 통전
㉰ 순방향의 게이트 전류로 주전류를 차단
㉱ 순방향의 게이트 전류로 주전류를 통전

[해설] GTO는 SCR보다 게이트의 제어 능력을 크게 하여 턴 오프(turn off)하기 쉽도록 한 소자로서, 게이트에 역방향의 전류를 흘려서 주전류를 차단한다.

[문제] 71. 어떤 정류기의 부하 양단 평균 전압이 2,000[V]이고 맥동률이 2[%]일 때 교류분은 실효값이 몇 [V] 포함되는가?
㉮ 0.02 ㉯ 40
㉰ 20   ㉱ 0.04

[해설] $r = \dfrac{\Delta V}{V_d} \times 100[\%]$ 에서

$\Delta V = \dfrac{r \cdot V_d}{100} = \dfrac{2 \times 2,000}{100} = 40[V]$

[문제] 72. 증폭 회로에 1[mW]를 공급하였을 때 출력이 1[W]가 얻어졌다면 이 때 이득은 얼마인가?
㉮ 10[dB] ㉯ 20[dB]
㉰ 30[dB] ㉱ 40[dB]

[해설] $G = 10\log_{10} \dfrac{P_2}{P_1} = 10\log_{10} \dfrac{1}{1 \times 10^{-3}} = 30[dB]$

[문제] 73. RC 결합 증폭기에서 $R = 2[k\Omega]$일 때 처음 차단 주파수를 100[Hz]라고 하면 C의 값은?
㉮ 8[μF]   ㉯ 0.8[μF]
㉰ 0.08[μF] ㉱ 30[μF]

[해설] $f = \dfrac{1}{2\pi CR}$ [Hz]에서

$C = \dfrac{1}{2\pi fR} = \dfrac{1}{2\pi \times 100 \times 2 \times 10^3} ≒ 0.8[\mu F]$

[해답] 70. ㉮ 71. ㉯ 72. ㉰ 73. ㉯

문제 74. 증폭기 중에서 대역폭이 가장 넓은 것은 어느 것인가?
- ㉮ 쵸크 결합
- ㉯ 저항 결합
- ㉰ 재생 증폭기
- ㉱ 스태거 증폭기

해설 스태거(stagger) 증폭기는 중간 주파 변성기(IFT)의 동조 주파수를 각각 약간씩 틀리게 하여 전체적으로 넓은 대역폭을 가지는 이득 특성을 가지도록 한 다단 고주파 증폭기로서 TV나 레이더의 중간 주파 증폭에 사용된다.

문제 75. 2진수 01001의 1의 보수는?
- ㉮ 10010
- ㉯ 110010
- ㉰ 10110
- ㉱ 10000

해설 1의 보수는 0과 1을 바꾸어 놓은 것과 같다.

문제 76. 반도체의 성질이 아닌 것은?
- ㉮ 도체와 절연체 사이의 저항값을 가진다.
- ㉯ 부(-)의 온도 계수를 갖는다.
- ㉰ 밴드 구조는 전도대와 충만대가 연결되어 있다.
- ㉱ 불순물이 섞일수록 저항이 감소한다.

해설 반도체의 밴드 구조

문제 77. 전자파의 설명 중 틀린 것은?
- ㉮ 전자파는 전장과 자장이 직각을 이룬다.
- ㉯ 전자파 발생은 전자나 이온과 같은 하전 입자가 진동할 때 발생한다.
- ㉰ 전자파와 전자는 관계가 없다.
- ㉱ 전자파는 횡파이다.

해설 전자파는 전장과 자장이 직각을 이루고 진동하면서 진행하는 횡파이며, 전자나 이온과 같은 하전 입자가 진동하면 전자파가 발생되고, 또 전자파가 있는 곳에 전자가 있으면 전자는 진동하기 시작한다.

해답 74. ㉱ 75. ㉰ 76. ㉱ 77. ㉰

문제 78. 이미터 접지 회로의 전류 증폭도 h_{fe}는 다음 중 어느 것인가? (단, h_{fb}는 베이스 접지시 전류 증폭도이다.)

㉮ $\dfrac{h_{fb}}{1-h_{fb}}$ ㉯ $\dfrac{h_{fb}}{h_{fb}-1}$

㉰ $\dfrac{1-h_{fb}}{h_{fb}}$ ㉱ $\dfrac{1+h_{fb}}{h_{fb}}$

[해설] $\alpha = h_{fb},\ \beta = h_{fe}$에서
$$\beta(h_{fe}) = \dfrac{\alpha}{1-\alpha} = \dfrac{h_{fb}}{1-h_{fb}}$$

문제 79. 펄스 발생 소자로서 성능이 가장 우수한 것은?
㉮ MOS FET ㉯ Thyristor
㉰ UJT ㉱ Varactor

[해설] UJT(Uni-Junction Transistor)는 부성 저항 특성에 의한 발진 작용으로 펄스를 발생시키는 성능이 우수한 소자이다.

문제 80. 십진수로 표시된 수 24를 2진수를 표시하면?
㉮ 10100 ㉯ 1110
㉰ 11000 ㉱ 101101

문제 81. 다음 중 드모르간(De Morgan) 정리에 속하는 것은?
㉮ $\overline{A+B} = \overline{A} \cdot \overline{B}$ ㉯ $A + A \cdot B = A$
㉰ $A \cdot (\overline{A} + A \cdot B) = A \cdot B$ ㉱ $A + A = A$

[해설] 드모르간의 정리
$\overline{A+B} = \overline{A} \cdot \overline{B}$
$\overline{A \cdot B} = \overline{A} + \overline{B}$
$\overline{A \cdot B} = \overline{A} + \overline{B}$
$\overline{A+B} = \overline{A} \cdot \overline{B}$

문제 82. 전계 효과 트랜지스터의 설명 중 옳지 않은 것은?
㉮ 5극관 특성과 비슷하다.
㉯ MOS형과 접합형이 있다.
㉰ 입력 저항은 $10^{10} \sim 10^{14}[\Omega]$ 정도이다.
㉱ 고주파 증폭 또는 고속 스위치로 사용한다.

문제 83. 증폭도 A인 증폭기에 β로 양 되먹임을 걸 경우 발진이 되는 조

[해답] 78. ㉮ 79. ㉰ 80. ㉰ 81. ㉮ 82. ㉱ 83. ㉱

건은?

㉮ $A\beta<1$
㉯ $A\beta=0$
㉰ $A\beta>1$
㉱ $A\beta=1$

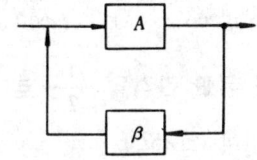

[해설] 발진기가 발진을 하기 위해서는 $A\beta=1$이어야 한다. 이 조건을 되먹임 발진기의 Barkhausen의 발진 조건이라 한다.

[문제] 84. FM파에서 반송파가 1[kW]인 전파를 40[%] 변조했을 때 피변조파 전력은?

㉮ 0.04[kW]　　　　　　　　㉯ 1.08[kW]
㉰ 1[kW]　　　　　　　　㉱ 2.16[kW]

[해설] $P_m = P_c \left(1 + \dfrac{m^2}{2}\right) = 1 \times \left(1 + \dfrac{0.4^2}{2}\right) = 1.08$[kW]

[문제] 85. 다음과 같은 진리치표의 회로는?

㉮ NAND 회로
㉯ NOR 회로
㉰ NOT 회로
㉱ exclusive OR 회로

A	B	X
0	0	0
1	0	1
0	1	1
1	1	0

1990년도 전기·전자공학 2급 출제문제

[문제] 1. 220[V]의 전원 전압에 의하여 5[A]의 전류가 흐르는 전기 회로가 있다. 이 회로의 저항은 몇 [Ω]이 되겠는가?

㉮ 15　　㉯ 22　　㉰ 44　　㉱ 57

[해설] $R = \dfrac{V}{I} = \dfrac{220}{5} = 44$[Ω]

[문제] 2. 저항 1[kΩ]의 전열기에 5[A] 전류를 2시간 동안 흘렸을 때 발생하는 열량[kcal]은 얼마인가?

㉮ 21,600[kcal]　　　　　　㉯ 43,200[kcal]

[해답] 84. ㉯　85. ㉱　1. ㉰　2. ㉯

㉰ 18,000[kcal]   ㉱ 9,000[kcal]

[해설] $H = 0.24R^2Rt = 0.24 \times 5^2 \times 1000 \times 2 \times 3600 = 43200$[kcal]

문제 3. 10[μF]인 콘덴서를 극판 간격을 $\dfrac{1}{2}$ 로 하고 극판 면적을 2배로 하면 정전 용량은 몇 [μF]인가?

㉮ 10[μF]   ㉯ 20[μF]   ㉰ 30[μF]   ㉱ 40[μF]

[해설] $C = \dfrac{\varepsilon A}{C} = \dfrac{\varepsilon 2A}{\dfrac{l}{2}} = 4C$

∴ $4 \times 10[\mu F] = 40[\mu F]$

문제 4. 1[N]은 다음 어느 값과 같은가?

㉮ 10^7[erg]   ㉯ 980[dyne]
㉰ 10^5[dyne]   ㉱ 10^4[gauss]

[해설] $1[N] = 1[kg \cdot m/sec] = 1,000 \times 100[g \cdot cm/S^2] = 10^5$[dyne]

문제 5. $e = E_m \sin\left[628t - \dfrac{\pi}{3}\right]$ 인 정현파 전압의 주파수는 몇 [Hz]인가?

㉮ 30   ㉯ 50   ㉰ 60   ㉱ 100

[해설] $\omega = 2\pi f$

$f = \dfrac{\omega}{2\pi} = \dfrac{628}{2\pi} \fallingdotseq 100$[Hz]

문제 6. 50[μF]의 콘덴서에 1[J]의 에너지가 축적되려면 몇 [V]로 충전해야 하는가?

㉮ 50   ㉯ 100   ㉰ 150   ㉱ 200

[해설] $W = = \dfrac{1}{2}CV^2$[J]에서

$V = \sqrt{\dfrac{2W}{C}} = \sqrt{\dfrac{2 \times 1}{50 \times 10^{-6}}} = 200$[V]

문제 7. 어떤 회로에 전류가 5분 동안 흘러서 12000[J]의 일을 하였다. 소비된 전력[W]은 얼마인가?

㉮ 10   ㉯ 30   ㉰ 40   ㉱ 90

[해설] $P = \dfrac{W}{t} = \dfrac{12000}{5 \times 60} = 40$[W]

[해답] 3. ㉱ 4. ㉰ 5. ㉱ 6. ㉱ 7. ㉰

문제 8. 정전 용량 10[μF], 극판 유효 면적이 100×10^{-4}[m²], 유전체의 비유전율이 10인 평행판 콘덴서에 10[V]의 전압을 가할 때 유전체 내의 전장의 세기는 얼마인가?(단, 진공의 유전율 $\varepsilon_0 = 8.855 \times 10^{-12}$[F/m])
㉮ 1.13×10^8[V/m]   ㉯ 8.85×10^7[V/m]
㉰ 2.03×10^6[V/m]   ㉱ 3.54×10^5[V/m]

해설 전장의 세기 $E = \dfrac{V}{d}$ [V/m]의 식에 평행판 콘덴서의 정전 용량

$C = \dfrac{\varepsilon A}{d}$ [F]의 식을 대입한다.

$E = \dfrac{V \cdot C}{\varepsilon_0 \cdot \varepsilon_S \cdot A} = \dfrac{10 \times 10 \times 10^{-6}}{8.855 \times 10^{-12} \times 10 \times 100 \times 10^{-4}} ≒ 1.13 \times 10^8$[V/m]

문제 9. 자극의 세기가 4[Wb], 자석의 길이 10[cm]의 막대 자석이 10^2[AT/m]의 평등 자장 안에 자장의 방향과 30°의 각도로 놓였을 때 받는 [N·m]는?
㉮ 40   ㉯ 0.4   ㉰ 20   ㉱ 0.2

해설 $T = MH \sin\theta = mlH \sin\theta = 4 \times 10^{-2} \times 10^2 \times \dfrac{1}{2} = 20$[N·m]

문제 10. 어떤 주기 전류가 저항 R에 공급하는 것과 같은 전력을 공급하는 직류 전류의 값을 무엇이라 하는가?
㉮ 순시치   ㉯ 실효치   ㉰ 평균치   ㉱ 최대치

해설 직류 전압을 가하여 발생하는 열량과 교류 전압을 가하여 발생하는 열량이 서로 같을 때를 생각하여 결정한 교류의 값을 실효치(effective value)라 한다.

문제 11. 2분 동안에 87600[J]의 일을 하였다. 그 전력은 얼마나 되겠는가?
㉮ 0.073[kW]   ㉯ 7.3[kW]
㉰ 0.73[kW]   ㉱ 73[kW]

해설 $P = \dfrac{W}{t} = \dfrac{87600}{2 \times 60} = 0.73$[kW]

문제 12. 전기력선의 성질 중 옳지 못한 것은?
㉮ 정전하에서 시작하여 부전하에서 그친다.
㉯ 그 자신 만으로 폐곡선이 될 수 있다.
㉰ 전위가 높은 점에서 낮은 점으로 향한다.

해답 8. ㉮ 9. ㉰ 10. ㉯ 11. ㉰ 12. ㉯

㉣ 전계가 0이 아닌 곳에서는 2개의 전기력선은 교차하지 않는다.

[해설] 전기력선은 양전하의 표면에서 나와서 음전하의 표면에서 끝난다. 따라서 폐곡선이 될 수 없다.

[문제] **13.** 유리 중에 2×10^{-6}[C]의 두 전하가 2[cm] 떨어져 있을 때의 정전력은 얼마인가? 단, 유리의 비유전율은 5이다.

㉮ 0.36[N]　　㉯ 1.8[N]　　㉰ 3.6[N]　　㉣ 18[N]

[해설] $F = 9 \times 10^9 \times \dfrac{\theta_1 \theta_2}{\varepsilon_s r^2} = 9 \times 10^9 \times \dfrac{(2 \times 10^{-6}) \times (2 \times 10^{-6})}{5 \times (2 \times 10^{-2})^2} = 18$[N]

[문제] **14.** C_1과 C_2의 직렬 회로에 E[V]의 전압을 가할 때 C_1에 걸리는 전압 E_1은?

㉮ $\dfrac{C_1}{C_1 + C_2} E$　　　　㉯ $\dfrac{C_1 + C_2}{C_1} E$

㉰ $\dfrac{C_2}{C_1 + C_2} E$　　　　㉣ $\dfrac{C_1 + C_2}{C_2} E$

[해설] C_1에 걸리는 전압 E_1은

$$E_1 = \dfrac{C_2}{C_1 + C_2} E[V]$$

C_2에 걸리는 전압 E_2는

$$E_2 = \dfrac{C_1}{C_1 + C_2} E[V]$$

[문제] **15.** 플레밍의 왼손법칙에서 엄지손가락의 방향은 무엇의 방향을 나타내는가?

㉮ 힘　　　　　　　　㉯ 전류
㉰ 자력선　　　　　　㉣ 전류의 반대 방향

[해설] 엄지손가락→힘(F)
　　　집게손가락→자장(B)
　　　가운데손가락→전류(I)

[문제] **16.** 전류 및 자계의 관계로 가장 먼 것은?

㉮ 플레밍의 왼손법칙　　　㉯ 비오 사바르 법칙
㉰ 가우스의 법칙　　　　　㉣ 암페어의 오른나사 법칙

[문제] **17.** 다음 중 벡터량이 아닌 것은?

[해답] 13. ㉣　14. ㉰　15. ㉮　16. ㉰　17. ㉮

㉮ 전위 　　　　　　　　　㉯ 전계의 세기
㉰ 자계의 세기 　　　　　　㉱ 힘

해설 물리적인 양(量) 중에서 크기만이 있는 것을 스칼라(scalar)량이라 하며, 크기와 방향이 함께 존재하는 것을 벡터(vector)량이라 한다.

문제 18. 도선이 고주파로 인한 표피 효과의 영향으로 저항분이 증가하는 양에 대한 설명으로 옳은 것은?

㉮ 주파수에 비례 　　　　　㉯ 주파수에 반비례
㉰ 주파수의 제곱근에 반비례 　㉱ 주파수의 제곱근에 비례

해설 표피 효과의 영향에 의한 도선의 저항은 $\sqrt{f}$ 에 비례하여 증가한다.

문제 19. $R \cdot L \cdot C$ 직렬 회로에서 발생되는 과도 현상이 진동이 되지 않기 위한 조건은 어느 것이냐?

㉮ $\left(\dfrac{R}{2L}\right)^2 - \dfrac{1}{LC} \geq 0$ 　　㉯ $\left(\dfrac{R}{2L}\right)^2 - \dfrac{1}{LC} = 0$

㉰ $\left(\dfrac{R}{2L}\right)^2 - \dfrac{1}{LC} > 0$ 　　㉱ $\left(\dfrac{R}{2L}\right)^2 - \dfrac{1}{LC} < 0$

문제 20. M·K·S 단위계로 고유 저항의 단위는?

㉮ $\Omega\ mm^2/m$ 　　　　　㉯ $\Omega - cm$
㉰ $\Omega - m$ 　　　　　　　㉱ $\Omega - A \cdot m$

해설 1입방미터의 저항을 그 도체의 고유 저항(specific resistance)이라 한다.

$$\rho = \frac{R(\Omega) \cdot A(m^2)}{l(m)} = \frac{RA}{l} \left[\frac{\Omega \cdot m^2}{m}\right] = \frac{RA}{l}\ [\Omega \cdot m]$$

문제 21. 키르히호프의 제 1 법칙은?

㉮ 전압에 관한 법칙이다. 　　㉯ 정전기에 관한 법칙이다.
㉰ 전류에 관한 법칙이다. 　　㉱ 자기에 관한 법칙이다.

해설 키르히호프의 제1법칙은 전류 평형에 관한 법칙이며, 제2법칙은 전압 평형에 관한 법칙이다.

문제 22. 10[A]의 전류에서 100[W]를 소비하는 저항에 20[A]의 전류가 흐르도록 하면 소비 전력[W]은?

㉮ 300 　　㉯ 400 　　㉰ 500 　　㉱ 600

해설 $R = \dfrac{P}{I^2} = \dfrac{100}{10^2} = 1[\Omega]$

해답 18. ㉱　19. ㉱　20. ㉰　21. ㉰　22. ㉯

$\therefore P' = I^2R = 20^2 \times 1 = 400 [\text{W}]$

문제 23. 도선에 t초 동안 $I[\text{A}]$의 전류를 흘릴 경우 발생하는 열량을 나타낸 식은?
㉮ $H = 0.24I^2Rt$ ㉯ $H = 4.18I^2Rt$
㉰ $H = 4.18I^2R/t$ ㉱ $H = 0.24I^2R/t$
[해설] 줄의 법칙 $H = 0.24I^2Rt$[cal]

문제 24. 평행한 두 도선의 간격이 20[cm]로 각 도선에 20[A]의 전류가 흐를 때 단위 길이에 작용하는 전자력은 몇 [N/m]인가?
㉮ 2×10^{-4} ㉯ 3×10^{-4}
㉰ 4×10^{-4} ㉱ 5×10^{-4}
[해설] $F = \dfrac{2I_1I_2}{r} \times 10^{-7} = \dfrac{2 \times 20 \times 20}{20 \times 10^{-2}} 10^{-7} = 4 \times 10^{-4}[\text{N/m}]$

문제 25. 전자 유도에서 회로에 발생하는 기전력 $e[\text{V}]$는 쇄교 자속 ϕ[Wb]가 시간적으로 변화하는 비율과 같다는 성질을 설명한 사람은?
㉮ 렌츠   ㉯ 옴   ㉰ 헨리   ㉱ 패러데이
[해설] 전자 유도 작용은 패러데이(Faraday)에 의해 1831년에 발견되었다.

문제 26. 상전압 100[V]의 대칭 3상 전원을 Y결선 했을 때, 선간 전압 [V]의 크기는?
㉮ 173   ㉯ 150   ㉰ 300   ㉱ 100
[해설] $V_l = \sqrt{3} \ V_P = \sqrt{3} \times 100 ≒ 173[\text{V}]$

문제 27. 저항과 커패시턴스의 직렬 회로에서 시상수는 얼마인가?
㉮ $\dfrac{1}{RC}$ ㉯ RC ㉰ R/C ㉱ C/R
[해설] $T = RC$[sec]

문제 28. 진공 중에 있는 전하의 운동 에너지는 전극 사이의 전압을 V라 하면 V의 몇 승에 비례하는가?
㉮ 1   ㉯ 2   ㉰ $\dfrac{1}{2}$ ㉱ $\dfrac{3}{2}$
[해설] $E = \dfrac{1}{2} eV^2 = eV[\text{J}]$

[해답] 23. ㉮   24. ㉰   25. ㉱   26. ㉮   27. ㉯   28. ㉮

문제 29. 12[Ω], 20[Ω], 30[Ω] 3개의 저항을 병렬로 접속했을 때의 합성 저항[Ω]은?
㉮ 5　　㉯ 6　　㉰ 7　　㉱ 8

해설 $R_P = \dfrac{R_1 R_2 R_3}{R_1 R_2 + R_2 R_3 + R_3 R_1} = \dfrac{12 \times 20 \times 30}{12 \times 20 + 20 \times 30 + 30 \times 12} = 6[\Omega]$

문제 30. 알루미늄의 저항은 단면적 1[mm²], 길이 1[m], 20[℃]일 때 약 몇 [Ω]인가?
㉮ 1/9　　㉯ 1/24　　㉰ 1/35　　㉱ 1/48

해설 알루미늄의 고유 저항은 $2.83 \times 10^{-8}[\Omega \cdot m]$이므로

$R = \rho \dfrac{l}{A} = 2.83 \times 10^{-8} \times \dfrac{1}{1 \times 10^{-6}} \fallingdotseq \dfrac{1}{35} [\Omega]$

문제 31. 그림의 회로에서 전지 기전력 E[V] 내부 저항 r[Ω] 외부 저항 R[Ω]일 때 전류값 [A]은?

㉮ $I = \dfrac{E}{3R + r}$ [A]

㉯ $I = \dfrac{E}{R + 3r}$ [A]

㉰ $I = \dfrac{3E}{3R + r}$ [A]

㉱ $I = \dfrac{E}{R + r}$ [A]

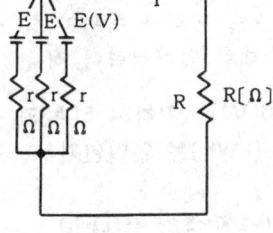

해설 $I = \dfrac{E}{R + \dfrac{r}{m}} = \dfrac{E}{R + \dfrac{r}{3}} = \dfrac{3E}{3R + r}$

문제 32. 공기 콘덴서의 극판 사이에 비유전율 7인 유전체를 넣을 경우 정전 용량 C는 몇 배로 증가하는가?
㉮ 7배　　㉯ $\dfrac{1}{7}$배　　㉰ 불변　　㉱ 14배

해설 $C = \dfrac{\varepsilon \cdot \varepsilon_s A}{d}$ 이므로 7배로 증가한다.

문제 33. 평행한 두 도체에 동일 방향의 전류를 통하였을 때 두 도체에 작용하는 힘은?

해답 29. ㉯　30. ㉰　31. ㉰　32. ㉮　33. ㉯

㉮ 반발력의 전자력이 작용한다.
㉯ 흡인력의 전자력이 작용한다.
㉰ 힘이 작용하지 않는다.
㉱ 힘의 작용 여부를 알 수 없다.
[해설] 두 전류의 방향이 같으면 흡인력, 서로 반대이면 반발력이 작용한다.

[문제] 34. 전지에 전류가 흐르면 양극에 수소 가스가 생겨 기전력이 감소하는 현상을 무엇이라고 하는가?
㉮ 분극　　㉯ 보극　　㉰ 멸극　　㉱ 충극
[해설] 전지에 전류를 흐르게 하면 +극의 표면에 수소의 기포가 붙어서 화학 반응을 방해하며, 전극 사이에 역기전력이 생겨 전지의 기전력을 감소시키는데 이 현상을 분극(또는 성극) 작용이라 한다.

[문제] 35. 저항체로서 필요한 조건으로 옳지 않은 것은?
㉮ 고유 저항이 클 것
㉯ 저항의 온도 계수가 작을 것
㉰ 화학적으로 변화가 쉬워야 할 것
㉱ 구리에 대한 열기전력이 적을 것

[문제] 36. 200[V]를 가하여 5[A]가 흐르는 직류 전동기를 5시간 사용할 때 전력량 [kWh]은 얼마인가?
㉮ 0.5　　㉯ 5　　㉰ 50　　㉱ 500
[해설] $P = VIt = 200 \times 5 \times 5 = 5$[kWh]

[문제] 37. 전류계의 범위를 10배 증가시키고자 할 때 분류기의 저항은 전류계 내부 저항의 몇 배로 하면 좋은가?
㉮ 10배　　㉯ 9배　　㉰ $\frac{1}{10}$ 배　　㉱ $\frac{1}{9}$ 배
[해설] $R_a = \dfrac{r_a}{n-1} = \dfrac{1}{9} r_a$

[문제] 38. 회로에서 ab간 정전 용량은 얼마인가?
㉮ 50[μF]
㉯ 100[μF]
㉰ 150[μF]
㉱ 200[μF]

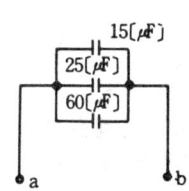

[해답] 34. ㉮　35. ㉰　36. ㉯　37. ㉱　38. ㉯

해설 $C = C_1 + C_2 + C_3 = 15 + 25 + 60 = 100 [\mu F]$

문제 **39.** 자체 인덕턴스 **20**[mH]의 코일에 **60**[Hz]의 전압을 가할 때 코일의 유도 리액턴스 [Ω]는 얼마인가?
㉮ 5.54　　㉯ 6.54　　㉰ 7.54　　㉱ 8.54

해설 $X_L = \omega L = 2\pi f L = 2\pi \times 20 \times 10^{-3} \fallingdotseq 7.54 [\Omega]$

문제 **40.** 자극의 세기가 각각 **0.05**[Wb]인 N극 두 개를 공기 중에서 **5**[cm]의 거리에 두었을 때 작용하는 반발력은?
㉮ 3.17×10^4[N]　　㉯ 6.33×10^4[N]
㉰ 3.17×10^2[N]　　㉱ 6.33×10^2[N]

해설 $F = 6.33 \times 10^4 \times \dfrac{m_1 m_2}{r^2} = 6.33 \times 10^4 \times \dfrac{0.05 \times 0.05}{(5 \times 10^{-2})^2} = 6.33 \times 10^4 [N]$

문제 **41. 0.2**[sec] 동안에 10^{10}개의 전자가 이동했을 때 전류는 몇 [A]인가?
㉮ $0.16 [\mu A]$　　㉯ $1.6 [\mu A]$
㉰ $0.08 [\mu A]$　　㉱ $0.008 [\mu A]$

해설 $I = eN \fallingdotseq 1.6 \times 10^{-19} \times 10^{10} \div 0.2 = 0.008 [\mu A]$

문제 **42.** 주파수가 **150**[MHz]인 전자파가 복사될 때 전장과 자장이 모두 **0**이 되는 최소 거리는 몇 [m]인가?
㉮ 1[m]　　㉯ 1.5[m]　　㉰ 2[m]　　㉱ 3[m]

해설 $l = \dfrac{\lambda}{2} = \dfrac{c}{2f} = \dfrac{3 \times 10^8}{2 \times 150 \times 10^6} = 1 [m]$

문제 **43.** 바리스터(Varistor)는 전압에 의해 저항이 크게 변하는 소자이다. 다음 중 바리스터의 전류(*I*)와 전압(*V*)의 관계식이 맞는 것은?(단, *K*=상수, *n*=비직선수이다.)
㉮ $I = KV$　　㉯ $I = \dfrac{K}{V}$　　㉰ $I = \dfrac{K}{V^n}$　　㉱ $I = KV^n$

해설 $I = KV^n$

문제 **44.** 다음 정류 소자 중 정류 효율이 가장 좋은 것은?
㉮ 실리콘(Si)　　㉯ 이산화동(Gu_2O)
㉰ 셀렌(Se)　　㉱ 게르마늄(Ge)

해답 **39.** ㉰　**40.** ㉯　**41.** ㉱　**42.** ㉮　**43.** ㉱　**44.** ㉱

문제 45. TV나 Radar의 중간 주파 증폭기로 주로 쓰는 증폭기는?
㉮ 완충 증폭기 ㉯ 저항 결합 증폭기
㉰ RC 결합 증폭기 ㉱ 스태거 동조 증폭기

해설 스태거(stagger) 동조 증폭기는 중간 주파 변성기의 동조 주파수를 조금씩 틀리게 하며 전체적으로 넓은 대역폭을 가지게 하는 다단 고주파 증폭기로서, TV나 레이더의 중간 주파 증폭기에 주로 사용된다.

문제 46. 그림과 같은 회로에서 스위치를 지속적으로 on, off시킬 때 저항 R에 흐르는 전류 파형은 (b)와 같다. 그림 (b)의 파형에 대한 설명이 틀린 것은?
㉮ T_w = 펄스 폭 ㉯ I = 펄스 높이
㉰ T_r = 펄스의 반복 주파수 ㉱ $\frac{1}{T_r}$ = 펄스의 반복 주파수

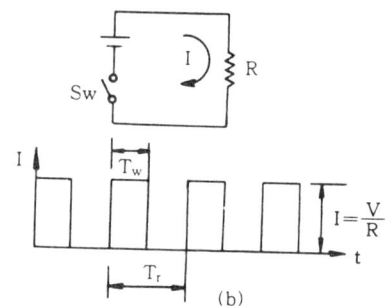

(b)

해설 그림에서 T_w를 펄스 폭(pulse width), T_r를 펄스의 반복 주기(repetition period), 또 그 역수 $\frac{1}{T_r}$을 반복 주파수(repetition frequency), I를 펄스 높이라 한다.

문제 47. 베이스 폭이 0.05[mm]이고 전자 확산 계수가 0.01[m²/s]인 트랜지스터의 차단 주파수는 얼마인가?
㉮ 약 1.28[MHz] ㉯ 약 1.27[MHz]
㉰ 약 1.26[MHz] ㉱ 약 1.25[MHz]

해설 $f_a = \frac{D}{\pi W_b^2} = \frac{0.01}{\pi \times 0.05^2} ≒ 1.27$[MHz]

문제 48. α가 0.99인 트랜지스터의 β의 값은?
㉮ 97 ㉯ 98 ㉰ 99 ㉱ 100

해답 45. ㉱ 46. ㉰ 47. ㉯ 48. ㉰

해설 $\beta = \dfrac{\alpha}{1-\alpha} = \dfrac{0.99}{1-0.99} = 99$

문제 49. 직류 출력 전압이 무부하시 250[V]이고 전부하시 출력 전압이 200[V]였다. 전압 변동률은?
㉮ 10%　　㉯ 15%　　㉰ 20%　　㉱ 25%

해설 $\eta = \dfrac{V - V_0}{V_0} = \times 100 = \dfrac{250 - 200}{200} \times 100 = 25[\%]$

문제 50. 수은 정류기에서 역호(arc back)의 원인이 아닌 것은?
㉮ 고주파가 가해졌을 때
㉯ 역전압이 규격치 이상으로 낮을 때
㉰ 흡장 가스가 방출될 때
㉱ 전극 손실이 커져서 온도 상승시

해설 역호란 정류관이 역전압에 못견디어 불꽃을 일으키는 현상으로서, 양극이 음극점을 발생하여 양극에서 음극으로 향하여 청백색의 글로가 생기는 현상이다.

문제 51. 크로스오버 일그러짐은 증폭기를 어느 급으로 사용했을 때에 생기는가?
㉮ A급　　㉯ AB급　　㉰ B급　　㉱ C급

해설 크로스오버(crossover) 일그러짐은 특성 곡선의 하부 만곡부의 합성 특성에 의한 것으로서 차단 바이어스점에 동작점(B급)을 취할 때 일어나는 현상이다.

문제 52. 2진수 10110을 10진수로 변환하면?
㉮ 16　　㉯ 20　　㉰ 22　　㉱ 26

해설 $10110 = 1 \times 2^4 + 0 \times 2^3 + 1 \times 2^2 + 1 \times 2^1 + 0 \times 2^0 = 22$

문제 53. 1[eV]는 무엇을 나타내는가?
㉮ 전자가 1[m/sec]의 속도를 얻는데 필요한 전압이다.
㉯ 전자에 1[V]의 전위차를 가하였을 때 전자에 주어진 에너지이다.
㉰ 전자가 1[J]의 에너지를 얻는데 필요한 전압이다.
㉱ 전자가 1[m]의 간격을 옮기는데 필요한 전압이다.

해설 1[eV]는 1[V]의 전위차에 의해 전자에 주어진 에너지이며, $1.602 \times 10^{-19}[J]$에 해당한다.

문제 54. 양호한 평활 회로가 있는 단상 반파 정류 회로에서 부하가 없을

해답 49. ㉱　50. ㉯　51. ㉰　52. ㉰　53. ㉯　54. ㉱

때 10[V]의 직류를 얻었다. Diode에 걸리는 역전압은?
㉮ 10.0[V] ㉯ 14.1[V]
㉰ 28.2[V] ㉱ 24.1[V]
[해설] PRV = 10 + $\sqrt{2}$ × 10 ≒ 24.1[V]

[문제] 55. 다음 그림은 어떤 바이어스 회로인가?

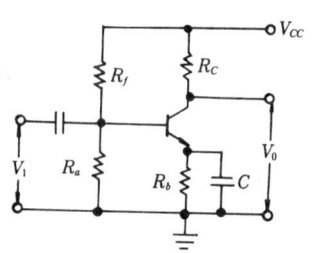

㉮ 전류 궤환 바이어스
㉯ 전압 궤환 바이어스
㉰ 고정 바이어스
㉱ 전압, 전류 궤환 바이어스

[문제] 56. 다음은 FET에 관하여 설명하였다. 틀리는 것은?
㉮ n채널 FET는 그 특성이 5극관과 비슷하다.
㉯ FET의 구조상 드레인 단자와 소스 단자는 걸어주는 전압의 극성에 따라 구별된다.
㉰ 잡음 특성이 우수하나 저주파에 대한 특성이 매우 나쁘다.
㉱ 입력 임피던스가 대단히 높고 열적으로 안정하다.
[해설] FET(전장 효과 트랜지스터)는 게이트 전압으로 드레인 전류가 제어되는 다수 반송자에 의한 3극 반도체 소자로서 입력 임피던스가 매우 높은 고이득의 증폭에 사용된다.

[문제] 57. 부궤환 증폭기의 잇점이 아닌 것은?

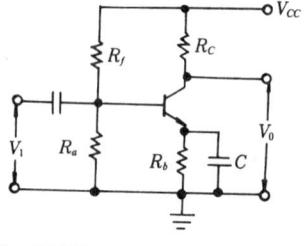

㉮ 주파수 특성이 나빠진다.
㉯ 진폭 일그러짐이 적어진다.
㉰ 잡음이 적어진다.
㉱ 안정도가 좋아진다.
[해설] 부궤환을 걸면 주파수 특성이 개선되고, 일그러짐이 감소되며 안정도가 좋아지는 장점이 있다.

[문제] 58. 수정 발진기는 다음 중 어느 현상을 이용한 것인가?
㉮ 병렬 공진   ㉯ 인입 현상
㉰ 인장 진동   ㉱ 압전기 현상

[문제] 59. 다음 중에서 배타적(exclusive) 오아 게이트(OR gate)의 불 대수식 표현 방법 중 옳지 않은 것은?

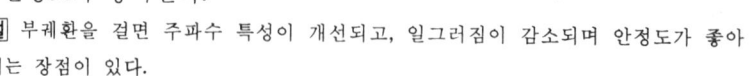

[해답] 55. ㉮ 56. ㉰ 57. ㉮ 58. ㉱ 59. ㉮

㉮ AB=$\overline{A}\,\overline{B}$ ㉯ $\overline{AB}$+A$\overline{B}$
㉰ (A+B)·($\overline{A}$+$\overline{B}$)   ㉱ (A+B)·($\overline{A \cdot B}$)

[해설] Y=(A+B)·($\overline{A}$+$\overline{B}$)=$\overline{A \cdot B}$+A·B=A·$\overline{B}$+$\overline{A}$·B

A⊕B=(A·B)·($\overline{A \cdot B}$)

문제 60. 그림과 같은 단안정 멜티바이브레이터의 트리거 입력에 (+)의 트리거 신호를 주었을 때의 설명으로 적합치 않은 것은?

㉮ 출력 펄스의 폭 $T ≒ 0.69 C_1 R_1$이다.
㉯ C_1의 충전 전하는 R_1을 통해 방전한다.
㉰ Q_2는 OFF, Q_1는 ON이 된다.
㉱ 입력 펄스가 없을 때에는 Q_2는 OFF가 된다.

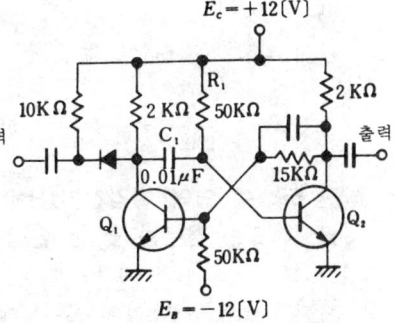

문제 61. 다음 그림은 반도체의 에너지대에 대한 설명이다. a에 맞는 말은?

㉮ 진도대
㉯ 금지대
㉰ 충만대
㉱ 자유공간

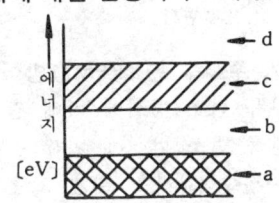

문제 62. 전파정류 회로의 맥동률은?
㉮ 1.21   ㉯ 0.482   ㉰ 1.57   ㉱ 11.1

문제 63. 펄스 변조의 종류에 해당되지 않는 것은?
㉮ PAM   ㉯ PWM   ㉰ PSM   ㉱ PPM

[해설] PAM(Pulse Amplitude Modulation) : 펄스 진폭 변조
PWM(Pulse Width Modulation) : 펄스 폭 변조
PPM(Pulse Position Modulation) : 펄스 위치 변조

문제 64. 10억[V]로 가속된 전자 에너지는(단, 전자의 전하량 e=1.602×10^{-19}[C]이다.)?

㉮ 1.6×10^{-6}[J]   ㉯ 1.6×10^{-8}[J]
㉰ 1.6×10^{-10}[J]   ㉱ 1.6×10^{-12}[J]

[해답] 60. ㉱   61. ㉰   62. ㉯   63. ㉰   64. ㉮

[해설] $W = 10 \times 10^8 \times 1.602 \times 10^{-19} ≒ 10^{-10} [J]$

[문제] 65. 다음 회로에서 리플 함유율이 2[%]이다. $V_d = 250[V]$일 때 ΔV는 얼마인가?(단, ΔV는 실효값임)

㉮ 2[V]
㉯ 5[V]
㉰ 7.5[V]
㉱ 12.5[V]

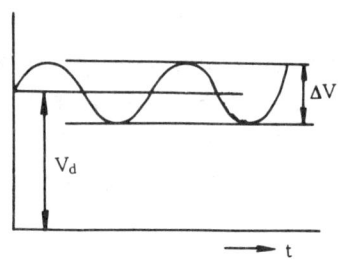

[해설] $r = \dfrac{\Delta V}{\Delta V_d} \times 100[\%]$에서

$\Delta V = \dfrac{rV_d}{100} = \dfrac{2 \times 250}{100} = 5[V]$

[문제] 66. 두 입력 반감산기(Half Subtractor)에서 차(Differcnce)가 1이 될 수 있는 경우는 몇 번 발생하는가?

㉮ 4번   ㉯ 3번   ㉰ 2번   ㉱ 1번

[해설] 두 입력 반감산기의 논리는 배타적 OR 게이트에서 실현될 수 있다. 즉, 두 입력 A와 B가 같으면 차는 0이 되고 다르면 1이 되므로 차가 1이 될 수 있는 경우는 2번 발생한다.

[문제] 67. 주파수 변조(FM) 방식의 특성으로 옳지 못한 것은?

㉮ 진폭 변조 방식에 비해 잡음을 제거하기 어렵다.
㉯ 진폭 변조 방식에 비해 음질이 좋다.
㉰ 주파수 대역을 넓게 잡을 필요가 있어서 중파나 단파에서는 별로 사용 되지 않는다.
㉱ 초단파에서 주로 많이 사용된다.

[해설] 주파수 변조 방식은 진폭 제한을 할 수 있어서 진폭 변화에 의한 잡음을 제거시킬 수 있으므로, 신호대 잡음비가 좋게 된다.

[문제] 68. 1[eV]는 다음 중 어느 것에 해당하는가?

㉮ $1.602 \times 10^{19}[C]$ ㉯ $1.602 \times 10^{-19}[J]$
㉰ $1.602 \times 10^{11}[c/kg]$ ㉱ $1.602 \times 10^{31}[kg]$

[해설] 전압 1[V]로 가속된 전자는 $1.602 \times 10^{-19}[J]$의 운동 에너지를 가진다.

[문제] 69. SCR에 대한 기술 중 옳은 것은 어느 것인가(단, SCR이 도통된 상태임)?

[해답] 65. ㉯   66. ㉰   67. ㉮   68. ㉯   69. ㉯

㉮ 게이트 신호 전류가 끊어지면 도통 상태가 차단된다.
㉯ 도통 상태에서 애노드 전압을 반대로 하면 차단된다.
㉰ 게이트 전류로 도통 전류를 제어할 수 있다.
㉱ 도통 상태에서 전원 전압(애노드-캐소드간)을 0이 되지 않는 범위로 감소하여 차단할 수 있다.
[해설] SCR은 게이트 전류가 흘러 일단 단락 상태가 되면 전원을 제거하거나 전원의 극성을 바꾸어 가하지 않는 이상 차단되지 않는다.

[문제] **70.** 전파 정류 회로의 D_1의 V_s와 D_2의 V_s를 합성한 파형은?

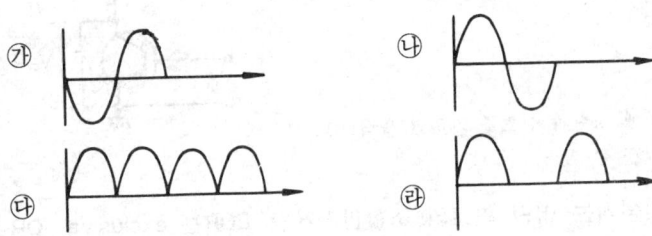

[해설] 반파 정류 회로이면 ㉰와 같은 파형, 전파 정류 회로이면 ㉱와 같은 파형으로 된다.

[문제] **71.** 그림에서 베이스 전류 I_B의 값은?
㉮ 0.07 [mA]
㉯ 0.05 [mA]
㉰ 0.04 [mA]
㉱ 0.02 [mA]

[해설] $I_B = \dfrac{V_{CC} - V_{BE}}{R_f} = \dfrac{4.5 - 0.7}{190 \times 10^3} = 0.02 \text{[mA]}$

[문제] **72.** 다음 그림과 같은 전압 증폭기의 입력에 1[μV]를 공급하면 출력 전압은 몇 [mA]인가?
㉮ 0.1
㉯ 40
㉰ 1
㉱ 100

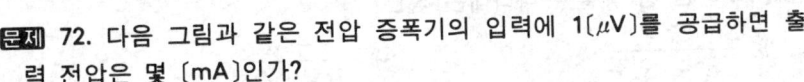

[해설] $G = 25 - 10 + 25 = 40 \text{[dB]}$

[해답] **70.** ㉱ **71.** ㉱ **72.** ㉮

40[dB]은 100배의 전압 증폭 이득이므로
$V_0 = 1[\mu V] \times 100 = 100[\mu V] = 0.1[mV]$

문제 73. 일정한 주파수의 정현파의 변조파로 반송파를 변조했을 경우 직선 검파한 출력에 포함되는 고조파분의 기본파 분에 대한 퍼센트 또는 데시벨로 표시는 것은?
㉮ 잡음　　㉯ 잡음 지수　　㉰ 충실도　　㉱ 왜율

문제 74. 다음 회로에서 v_c의 파형은?
㉮ 구형파
㉯ 정현파
㉰ 톱니파
㉱ 계단파

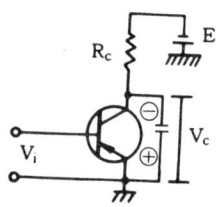

[해설] 입력(v_i)에 정현파 신호를 가하면 출력(v_c)으로 톱니파를 얻을 수 있다.

문제 75. 반덧셈기는 어떤 회로의 조합인가?(단, EOR는 exclusive-OR이다.)
㉮ AND와 OR　　　　　　㉯ AND와 NOT
㉰ EOR과 AND　　　　　㉱ EOR과 OR
[해설] 2개의 2진수 A와 B를 더한 합(sum) S와 자리올림(carry) C를 얻는 회로가 반덧셈기(half adder)이다.

1991년도 전기·전자공학 2급 출제문제

문제 1. 다음 중 효율을 나타내는 식은?
㉮ $\dfrac{출력}{출력+손실}$　　　　㉯ $\dfrac{손실}{출력+손실}$
㉰ 출력×손실　　　　　　㉱ $\dfrac{1}{출력+손실}$

[해설] 효율 $= \dfrac{출력}{입력} = \dfrac{입력-손실}{입력} = \dfrac{출력}{출력+손실}$

[해답] 73. ㉱　74. ㉰　75. ㉰　1. ㉮

과년도 출제문제 1−181

문제 2. 다음은 자력선의 성질에 대한 설명이다. 잘못 설명된 것은?
㉮ 자력선은 N극에서 S극으로 들어가는 곡선을 가정한 것이다.
㉯ 자력선은 될 수 있는 한 오므라들려고 하는 성질이 있다.
㉰ 자력선과 수평이 되는 면의 자력선 밀도가 그 점의 자장의 세기와 같다.
㉱ 자력선의 접선 방향이 그 점의 자장의 방향과 일치한다.
[해설] 자력선과 직각이 되는 면의 자력선 밀도가 그 점의 자장의 세기와 같으면, 자력선의 접선 방향이 그점의 자장의 방향과 같다.

문제 3. 철심 중의 자장의 세기가 1500[AT/m]일 때, 철심의 자속 밀도가 0.5[Wb/m²]이면 철심의 비투자율 μ_s는 얼마인가?
㉮ 220.3   ㉯ 235.8   ㉰ 265.4   ㉱ 281.5
[해설] $B = \mu_0 \mu_s H$ [Wb/m²]
$$\therefore \mu_s = \frac{B}{\mu_0 H} = \frac{0.5}{4\pi \times 10^{-7} \times 1500} \fallingdotseq 265.4$$

문제 4. 1차 코일의 인덕턴스 4[mH] 2차 코일의 인덕턴스 10[mH]를 직렬로 연결했을 때 합성 인덕턴스는 24[mH]였다. 이들 사이의 상호 인덕턴스는 얼마인가?
㉮ 2[mH]
㉯ 5[mH]
㉰ 10[mH]
㉱ 19[mH]
[해설] $L = L_1 + L_2 \pm 2M$ 에서
$24 = L_1 + L_2 + 2M$
$-) \ 4 = L_1 + L_2 - 2M$
$\overline{20 = 4M}$ $\therefore M = \dfrac{20}{4} = 5$ [mH]

문제 5. 압전기 현상을 이용한 기기가 아닌 것은?
㉮ 픽업(pick-up) ㉯ 수화기   ㉰ 마이크로폰   ㉱ 다이오드
[해설] 압전기 현상은 압력계, 픽업, 기록 전압계, 고주파 진동자, 수정 기계, 마이크로폰(microphone), 수화기(receiver) 등에 이용된다.

문제 6. 전선의 고유 저항 ρ[Ω·m], 길이 l[m], 지름 D[mm]인 전선의 저항은?

[해답] 2. ㉰ 3. ㉰ 4. ㉯ 5. ㉱ 6. ㉱

㉮ $\dfrac{l}{\rho D}t$　　㉯ $\dfrac{\rho l}{D^2}$　　㉰ $\dfrac{\rho l}{\pi D^2}$　　㉱ $\dfrac{4\rho l}{\pi D^2}$

[해설] $R=\rho\dfrac{l}{A}=\dfrac{\rho l}{\pi\left(\dfrac{D}{2}\right)^2}=\dfrac{\rho l}{\pi\times\dfrac{D^2}{4}}=\dfrac{4\rho l}{\pi D^2}$ [Ω]

[문제] 7. 정격 전압에서 500[W]의 전력을 소비하는 전열기에 정격의 90[%]의 전압을 가할 때의 전력은 얼마인가?

㉮ 405[W]　　㉯ 486[W]　　㉰ 545[W]　　㉱ 500[W]

[해설] $P=\dfrac{V^2}{R}=\dfrac{(0.9V)^2}{R}=0.9^2\times\dfrac{V^2}{R}=0.9^2\times 500=405$[W]

[문제] 8. 권수 50인 코일에 5[A]의 전류가 흘렀을 때 10^{-3}[Wb]의 자속이 코일 전체를 쇄교하였다면 이 코일의 자체 인덕턴스는 몇 [mH]인가?

㉮ 10[mH]　　㉯ 100[mH]　　㉰ 1000[mH]　　㉱ 1500[mH]

[해설] $L=\dfrac{N\phi}{I}=\dfrac{50\times 10^{-3}}{5}=10\times 10^{-3}=10$[mH]

[문제] 9. 어떤 정현파 교류 전류의 평균값이 3.8[A]이다. 실효값은 몇[A]인가?

㉮ 2.2　　㉯ 3.2　　㉰ 4.2　　㉱ 5.2

[해설] $I_m=\dfrac{\pi}{2}I_a=\dfrac{\pi}{2}\times 3.8\fallingdotseq 5.96$[A]

∴ $I=\dfrac{I_m}{\sqrt{2}}=\dfrac{5.96}{\sqrt{2}}\fallingdotseq 4.2$[A]

[문제] 10. RLC 직렬 회로의 공진 주파수 f_r은?

㉮ $f_r=2\pi\sqrt{LC}$　㉯ $f_r=\dfrac{1}{2\pi LC}$　㉰ $f_r=2\pi LC$　㉱ $f_r=\dfrac{1}{2\pi\sqrt{LC}}$

[해설] 직렬 공진 조건 $\omega L=\dfrac{1}{\omega C}$, $\omega^2=\dfrac{1}{LC}$, $(2\pi f_r)^2=\dfrac{1}{LC}$ 에서

$f_r=\dfrac{1}{2\pi\sqrt{LC}}$ [Hz]

[문제] 11. RL 직렬 회로의 설명 중 잘못된 것은?

㉮ $t=0$에서 직류 전압 E를 가했을 때 $i_{(t=0)}=0$이다.
㉯ $t=0$에서 직류 전압 E를 가했을 때 $V_{L(t=0)}=E$이다.

[해답] 7. ㉮　8. ㉮　9. ㉰　10. ㉱　11. ㉱

㉰ 정상 상태에 도달하면 $V_R=E$이다.
㉱ RL 직렬 회로의 시상수는 R/L이다.

[해설] RL 직렬 회로의 시상수는 $T=\dfrac{L}{R}$ [S]이다.

[문제] **12.** 어드미턴스 Y_1과 Y_2가 병렬로 접속된 회로의 합성 어드미턴스는 어떻게 되는가?

㉮ Y_1+Y_2 ㉯ $\dfrac{1}{Y_1}+\dfrac{1}{Y_2}$ ㉰ $\dfrac{1}{Y_1+Y_2}$ ㉱ $\dfrac{Y_1+Y_2}{Y_1-Y_2}$

[해설] 어드미턴스는 임피던스의 역수로 나타낸다.
∴ $Y=Y_1+Y_2$

[문제] **13.** 전자의 운동에 관한 설명 중 틀린 것은?
㉮ 운동하고 있는 전자에 자장을 가하면 운동 방향을 변화시킬 수 있다.
㉯ 전자의 운동 방향은 자장의 방향과 같으면 전자는 직선 운동을 한다.
㉰ 전자의 운동 방향은 자장의 방향이 수직이 아니면 전자는 나선 운동을 하게 된다.
㉱ 전자의 운동 방향은 자장의 방향과 수직이면 전자는 회전 운동을 한다.
[해설] 전자의 운동 방향이 자장의 방향과 같으면 전자는 자장에 의한 영향을 받지 않는다.

[문제] **14.** 0.1[V]의 교류 입력이 10[V]로 증폭되었을 때, 증폭도는 몇 [dB]인가?

㉮ 40[dB]   ㉯ 10[dB]   ㉰ 4[dB]   ㉱ 0.1[dB]

[해설] $G=20\log_{10}\dfrac{V_0}{V_i}=2\log_{10}\dfrac{10}{0.1}=40$[dB]

[문제] **15.** 부호 변환기에서는 연산 증폭기의 입력 저항과 되먹임 저항을 어떤 관계로 하여야 하는가? 옳은 것은?
㉮ 입력 저항을 되먹임 저항에 비해 매우 크게한다.
㉯ 입력 저항을 되먹임 저항에 비해 매우 작게한다.
㉰ 입력 저항과 되먹임 저항을 같게 한다.
㉱ 입력 저항과 되먹임 저항을 아무값이나 갖도록 한다.

[문제] **16.** 반송파의 소비 전력 100[W]를 단일주파수로 40[%]변조할 때 하측파의 소비 전력 P_L은 어느 정도인가?

[해답] 12. ㉮   13. ㉯   14. ㉮   15. ㉰   16. ㉰

㉮ 2[W]　　㉯ 8[W]　　㉰ 4[W]　　㉱ 10[W]

[해설] $P_m = P_c \left(1 + \dfrac{m^2}{2}\right) = 100 \times \left(1 + \dfrac{0.4^2}{2}\right) = 108[W]$

따라서 $P_L = 4[W]$

[문제] **17.** 다음 카르노프 그림을 간단히 하면?

㉮ $\overline{A}BD + BCD + \overline{B}AD$
㉯ $C\overline{D} + A\overline{B}D$
㉰ $BD + A\overline{C}D$
㉱ $B\overline{D} + \overline{B}D$

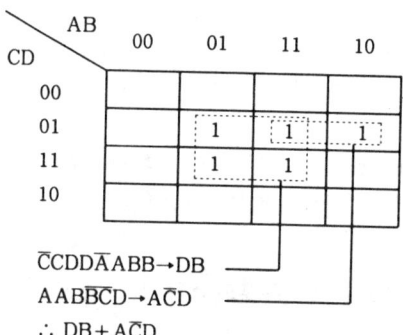

[해설]

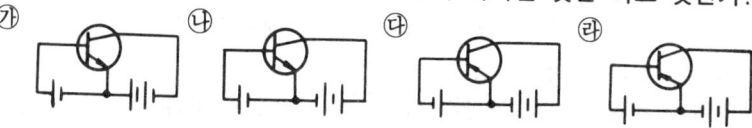

$\overline{C}CDD\overline{A}ABB \rightarrow DB$
$AAB\overline{B}\overline{C}D \rightarrow A\overline{C}D$
∴ $DB + A\overline{C}D$

[문제] **18.** 가속 전압에 대하여 전자 편향 브라운관의 편향 감도는?

㉮ 비례　　㉯ 반비례
㉰ 제곱근에 반비례　　㉱ 제곱근에 비례

[해설] 전자 편향 브라운관의 편향 감도는 가속 전압의 제곱근에 반비례한다.

[문제] **19.** 다음 회로에서 전지의 극성을 옳게 나타낸 것은 어느 것인가?

㉮　　㉯　　㉰　　㉱

[해설] 베이스와 이미터 사이는 순방향, 베이스와 컬렉터 사이는 역방향으로 바이어스되어야 한다.

[해답] **17.** ㉰　**18.** ㉰　**19.** ㉯

문제 20. 다음 회로에서 출력측에 얻어지는 파형은 어떻게 되는가?(단, CR이 대단히 크다고 한다.)

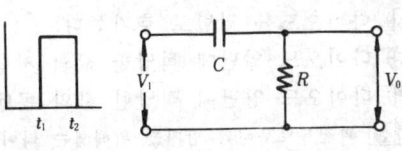

㉮    ㉯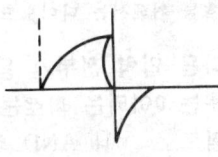

㉰ 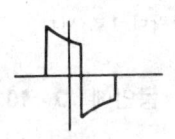   ㉱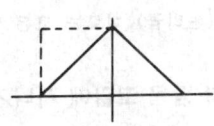

해설 ㉯와 같은 미분 파형이 출력된다.

문제 21. 5[kΩ]의 부하에 가장 적합한 전력 증폭관을 써서 8[Ω]의 스피커를 동작시키려고 한다. 정합 변압기의 권선비는?

㉮ 25   ㉯ 45   ㉰ 65   ㉱ 100

해설 $a = \dfrac{N_1}{N_2} = \sqrt{\dfrac{Z_1}{Z_2}} = \sqrt{\dfrac{5000}{8}} = 25$

문제 22. 최대 효율을 얻기 위해서 발진기는 어느 급 동작 방식을 택하는가?

㉮ A급   ㉯ AB급   ㉰ B급   ㉱ C급

해설 보통 증폭기는 A급 또는 AB급, 발진기는 C급으로 동작시키는 것이 좋다.

문제 23. 22.5[kHz] 편이된 FM파의 변조도는 다음 중 어느 것인가(단, 최대 주파수편이는 75[kHz]이다)?

㉮ 22.5[%]   ㉯ 2.25[%]   ㉰ 30[%]   ㉱ 225[%]

해설 $k_f = \dfrac{\omega d}{\Delta \omega} \times 100 = \dfrac{22.5}{75} \times 100 = 30[\%]$

문제 24. 다이오드를 사용한 전류회로에서 과대한 부하전류에 의하여 다이오드가 파손될 우려가 있을 경우 이를 방지하기 위해서는 어떻게 해야 하는가?

㉮ 다이오드를 병렬로 추가한다.

대답 20. ㉯   21. ㉮   22. ㉱   23. ㉰   24. ㉮

⑭ 다이오드를 직렬로 추가한다.
㈐ 다이오드 양단에 적당한 값의 저항을 추가한다.
㈑ 다이오드 양단에 적당한 값의 콘덴서를 추가한다.

[해설] 과전류로부터의 방지를 위해서는 다이오드를 병렬로 추가 접속하며, 과전압에 대한 보호를 위해서는 다이오드를 직렬로 추가한다.

[문제] **25.** 다음 입력 전부가 동시에 1일 경우에만 출력이 "1"이 되고 그 밖의 경우는 0이되는 회로는?
㉮ OR 회로　　㉯ AND 회로　　㉰ NAND 회로　　㉱ NOR 회로

[해설] AND(논리곱) 회로는 모든 입력이 1인 경우에만 출력이 1로 된다.

[문제] **26.** 3회 감은 코일에 지나가는 자속이 $\frac{1}{100}$ 초 동안에 3×10^{-1}[Wb]에서 5×10^{-1}[Wb]로 증가하였다. 유도되는 기전력은 몇 [V]가 되겠는가?
㉮ 2[V]　　㉯ 20[V]　　㉰ 6[V]　　㉱ 60[V]

[해설] $e = -N\frac{\Delta\phi}{\Delta t} = -3 \times \frac{5 \times 10^{-1} - 3 \times 10^{-1}}{\frac{1}{100}} = 60$[V]

[문제] **27.** $\dot{e} = \sqrt{2}\,100\sin(\omega t + \frac{\pi}{4})$를 복소수로 표시하면 다음 중 어느 것인가?
㉮ $\dot{e} = 100 - j100$
㉯ $\dot{e} = 100 + j100$
㉰ $\dot{e} = \frac{1}{\sqrt{2}}(100 - j100)$
㉱ $\dot{e} = \frac{1}{\sqrt{2}}(100 + j100)$

[해설] $\dot{e} = \sqrt{2}\,100\sin(\omega t + \frac{\pi}{4})$
$= 100(\cos\frac{\pi}{4} + j\sin\frac{\pi}{4})$
$= 100(\frac{1}{\sqrt{2}} + j\frac{1}{\sqrt{2}})$
$= \frac{1}{\sqrt{2}}(100 + j100)$

[정답] 25. ㉯　26. ㉱　27. ㉱

문제 28. 저항 10〔Ω〕, 유도 리액턴스 $10\sqrt{3}$〔Ω〕인 직렬 회로에 교류 전압을 가할 때 전압과 이 회로에 흐르는 전류와의 위상차는 몇 도인가?
㉮ 0°   ㉯ 45°   ㉰ 60°   ㉱ 75°

해설 $\phi = \tan^{-1}\dfrac{X_L}{R} = \tan^{-1}\dfrac{10\sqrt{3}}{10} = \tan^{-1}\sqrt{3} = 60°$

문제 29. 다음 그림과 같은 구형파의 파고율은?
㉮ $\sqrt{2}$
㉯ 1
㉰ $\dfrac{1}{2}$
㉱ $\sqrt{3}$

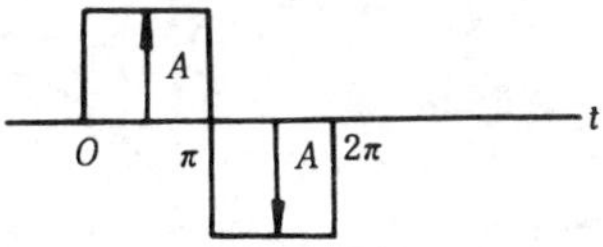

해설 구형파의 파고율과 파형률은 모두 1이다.

문제 30. 도선의 반지름을 3배로 하면 그 전기 저항은 어떻게 되는가?
㉮ 9배로 는다   ㉯ 1/9배로 준다
㉰ 3배로 는다   ㉱ 1/3배로 준다

해설 $R = \rho\dfrac{l}{\pi r^2}$ 〔Ω〕

$R' = \rho\dfrac{l}{\pi(3r)^2} = \rho\dfrac{l}{9\pi r^2} = \dfrac{1}{9}R$

문제 31. "전류계의 측정 범위를 넓히기 위해 전류계와 병렬로 접속해 주는 저항"을 무엇이라 하는가?
㉮ 배율기   ㉯ 전위차계   ㉰ 분류기   ㉱ 검류계

해설 전류계의 측정 범위 확대를 위한 병렬 저항을 분류기, 전압계의 측정 범위 확대를 위한 직렬 저항을 배율기라 한다.

문제 32. 일반적으로 교류 전압계가 표시하는 눈금값은 무엇을 나타내는가?
㉮ 실효치   ㉯ 최대치   ㉰ 평균치   ㉱ 순시치

해설 일반적인 교류 전압계의 눈금값은 실효치로 매겨진다.

문제 33. 히스테리시스 곡선의 종축과 만나는 점 B_2를 무엇이라고 하는가?
㉮ 잔류 자기

정답 28. ㉰   29. ㉯   30. ㉯   31. ㉰   32. ㉮   33. ㉮

㈏ 보자력
㈐ 포화점
㈑ 원점

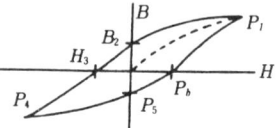

[해설] 그림에서 점 B_2를 잔류 자기, 점 H_3를 보자력이라 한다.

문제 34. $R-C$ 직렬 회로에 직류 전압 $E[V]$를 가할 때 R 단자 전압의 파형은?

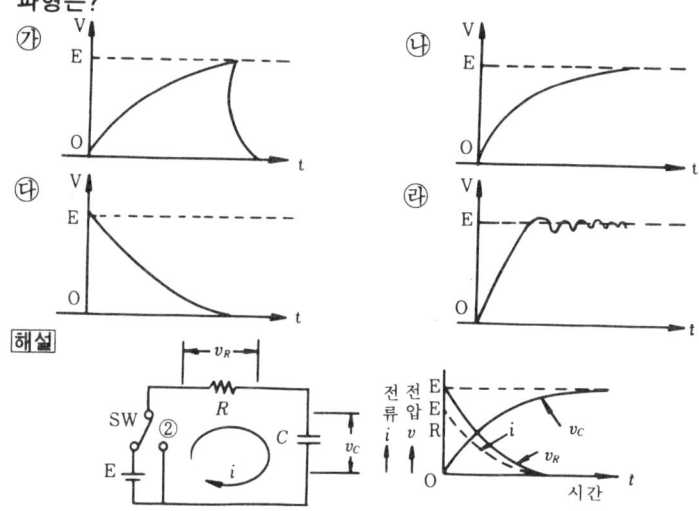

문제 35. 다음 중 저주파 발진기로서 적합한 발진기는 어느 것인가?
㈎ 하틀리 발진기　　㈏ 콜피츠 발진기
㈐ 수정 발진기　　　㈑ CR 발진기

문제 36. 다음 중 멀티바이브레이터의 특징이 되는 것은 어느 것인가?
㈎ 극초단파 발생에 적합하다.
㈏ 부성 저항을 이용한 발진기이다.
㈐ 발진 출력이 크다.
㈑ 고차의 고조파를 포함하고 있다.

[해설] 멀티바이브레이터는 트랜지스터(또는 진공관) 2단의 RC 결합 증폭기의 출력을 입력으로 정궤환시킴으로써 2개의 트랜지스터는 교대로 ON-OFF를 계속하여 두 상태를 반복 유지하는 펄스 발생 회로이다. 발진 주파수는 회로의 시상수로 결정되며 고차의 고조파가 함유된 파형을 얻는다.

34. ㈐　**35.** ㈑　**36.** ㈑

문제 37. 다음 표와 같은 진가표를 갖는 게이트(gate) 명칭은?

㉮ AND
㉯ OR
㉰ NOT
㉱ NAND

입력		출력
A	B	Y
0	0	1
0	1	1
1	0	1
1	1	0

해설 AND의 부정 연산을 나타내는 NAND 게이트이다.

문제 38. $(A+\overline{B})\,(\overline{A}+B)$ 를 간단히 한 식을 구하면?

㉮ $\overline{A}B+A\overline{B}$ ㉯ AB ㉰ $\overline{A}B$ ㉱ $\overline{A}B+A$

해설 $(A+\overline{B})\,(\overline{A}+B) = \overline{A+\overline{B}} + \overline{\overline{A}+B}$
$= \overline{A}\,\overline{\overline{B}} + \overline{\overline{A}}\,\overline{B}$
$= \overline{A}B + A\overline{B}$

문제 39. 트랜지스터를 달링턴 접속을 하였다. 이 때 종단에 흐르는 ie_2 의 전류값은?
(단, TR_1, TR_2 의 전류 증폭률은 β_1, β_2 이미터 전류는 ie_1, ie_2 베이스 전류는 ib_1, ib_2 컬렉터 전류는 ic_1, ic_2 라 한다.)

㉮ $ie_2 = \beta_2(1+\beta_1)ib$
㉯ $ie_2 = \beta_2 ie_1 + ie_1$
㉰ $ie_2 = ib_1(\beta_1+\beta_2+\beta_1\beta_2+1)$
㉱ $ie_2 = ib_1 + ic_1 + ib_1\beta_2$

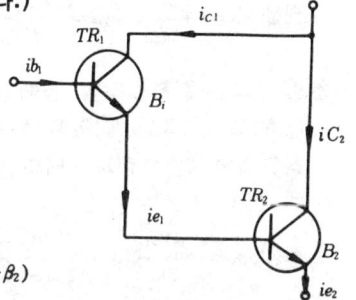

해설 $ie_1 = ib_1 + ic_1 = ib_1 + ib_1 \cdot \beta_1 = ib_1(1+\beta_1)$
$ie_2 = ie_1 + ic_2 = ie_1 + ie_1 \cdot \beta_2 = ie_1(1+\beta_2)$
∴ $ie_2 = ib_1(1+\beta_1)(1+\beta_2) = ib_1(1+\beta_1\beta_2+\beta_1+\beta_2)$

문제 40. 슈퍼헤테로다인 수신기에서 AM으로 변조된 전파를 가청 주파수로 고치는 부분은?

㉮ 제 1 검파기 ㉯ 제 2 검파기
㉰ 중간 주파 증폭기 ㉱ 주파수 변환부

해설 슈퍼헤테로다인 수신기에서의 주파수 변환을 제 1 검파, 변조된 전파를 저주파(가청 주파수)로 고치는 복조의 과정을 제 2 검파라 한다.

해답 37. ㉱ 38. ㉮ 39. ㉰ 40. ㉯

문제 41. 다음 그림에서 입력에 구형파를 가할 때 A, B 단자에 나타나는 파형은 어떤 것인가?

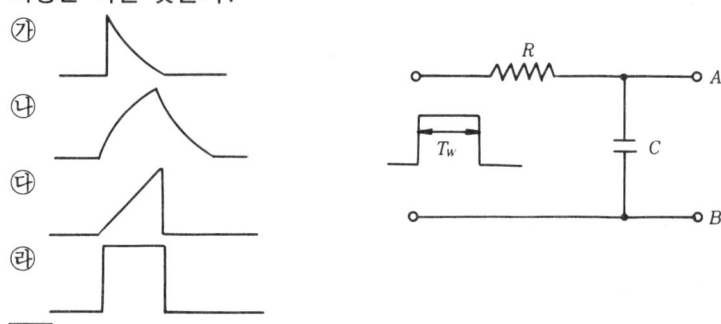

해설 적분 회로의 구성이므로 ㈏와 같은 파형이 된다.

문제 42. 접합형 FET의 전달 콘덕턴스 gm을 나타내는 식은?
(단, 핀치 오프 전압 V_P는 일정하며, 드레인의 전류의 변화분을 ΔI_D, 게이트의 전류의 변화분을 ΔI_G, 게이트 소스 간의 전압 변화분을 ΔV_{GS}, 드레인과 소스간의 전압 변화분을 ΔV_{DS}라 한다.)

㈎ $\dfrac{\Delta I_D}{\Delta G_{GS}}$ ㈏ $\dfrac{\Delta V_{DS}}{\Delta I_D}$ ㈐ $\dfrac{\Delta V_{DS}}{\Delta V_{GS}}$ ㈑ $\dfrac{\Delta I_D}{\Delta I_G}$

해설 $gm = \dfrac{\Delta I_D}{\Delta V_{GS}}$, $rd = \dfrac{\Delta V_{DS}}{\Delta I_D}$, $\mu = \dfrac{\Delta V_{DS}}{\Delta V_{GS}}$

문제 43. 트랜지스터의 정특성에서 V_{CE}가 7.5[V]도 일정할 때, I_B는 100[μA]에서 250[μA]까지 변화하니, V_{BE}는 0.1[V]에서 0.2[V]까지 변화하였다면 이 트랜지스터의 입력 임피던스 hie는 몇 [Ω]인가?

㈎ 152 ㈏ 667 ㈐ 896 ㈑ 999

해설 $hie = \dfrac{\Delta V_{BE}}{\Delta I_B} = \dfrac{(0.2-0.1)}{(250-100)\times 10^{-6}} \fallingdotseq 667[\Omega]$

문제 44. 진공 속의 백금(Pt)의 표면에서 전자 1개가 방출하는데 몇 [J]의 에너지가 필요한가?
(단, 백금의 일함수는 6.27[eV]이다.)

㈎ 6.27[J] ㈏ 8.127×10^{-18}[J]
㈐ 1.602×10^{-19}[J] ㈑ 10.04×10^{-19}[J]

해설 $W = e\phi = 1.602 \times 10^{-19} \times 6.27 \fallingdotseq 10.04 \times 10^{-19}$[J]

해답 41. ㈏ 42. ㈎ 43. ㈏ 44. ㈑

문제 45. 그림의 콘덴서 여파기 회로에서 맥동률 r는 어떻게 나타낼 수 있는가?
(단, R_L : 부하 저항, C : 콘덴서, T : 콘덴서가 충전하는 주기이다.)

㉮ $\dfrac{0.0166}{2\sqrt{3}\,R_L C}$

㉯ $\dfrac{8.3 \times 10^{-3}}{2\sqrt{3}\,R_L C}$

㉰ $\dfrac{T}{2\sqrt{3}\,R_L C}$

㉱ $\dfrac{TC}{3\sqrt{2}\,R_L}$

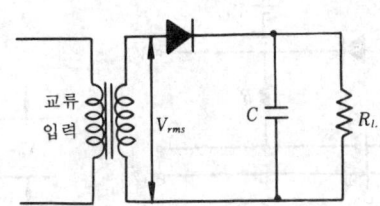

[해설] 맥동률 r는 직류 부하 전압에 대한 교류 성분의 실효값이므로

$r = \dfrac{T}{2\sqrt{3}\,R_L C}$ 로 된다.

문제 46. 그림과 같은 이상형(移相形) CR 발진기의 $R : X_C$의 비는?

㉮ $1 : \sqrt{3}$

㉯ $\sqrt{3} : 1$

㉰ $1 : 2$

㉱ $2 : 1$

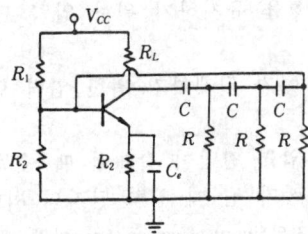

문제 47. 전자가 정지하고 있을 때의 질량은?

㉮ 9.107×10^{-31} [kg]   ㉯ 6.625×10^{-34} [kg]

㉰ 1.759×10^{11} [kg]   ㉱ 1.602×10^{-19} [kg]

[해설] $m_0 = (9.1066 \pm 0.0032) \times 10^{-31}$ [kg] $\fallingdotseq 9.107 \times 10^{-31}$ [kg]

문제 48. 다음 회로의 논리식은?

㉮ $Y = A \cdot B + (A + B)$

㉯ $Y = \overline{A} \cdot B + A \cdot \overline{B}$

㉰ $Y = (\overline{A + B})\,(A \cdot B)$

㉱ $Y = (A + B) \cdot (\overline{A + B})$

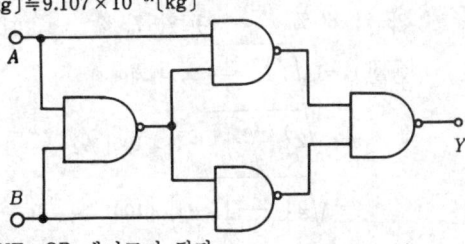

[해설] $Y = \overline{A} \cdot B + A \cdot \overline{B}$의 EXCLUSIVE-OR 게이트가 된다.

[해답] 45. ㉰   46. ㉯   47. ㉮   48. ㉯

문제 49. 정현파 V_i를 가했을 때 그림과 같이 클리퍼된 파형을 얻기 위한 회로는?

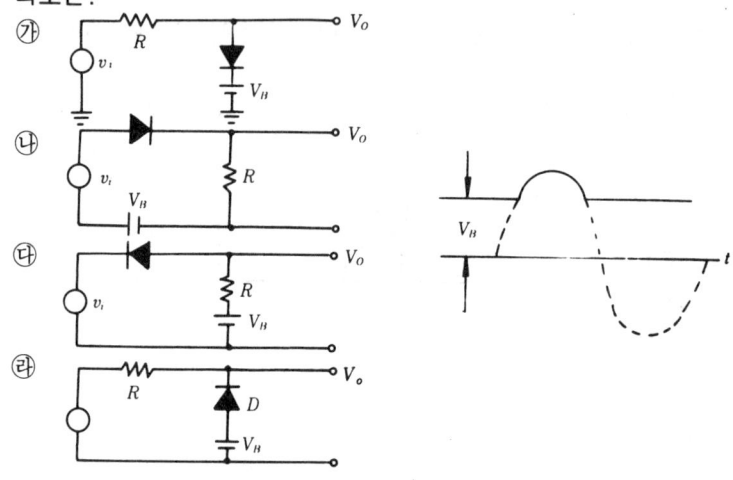

문제 50. 연산 증폭기에서 입력 오프셋 전압이란?
㉮ 증폭기의 평형을 유지하기 위한 입력 단자 사이에 공급 하여야 할 전압
㉯ 출력 전압이 ∞가 되게하기 위한 입력 단자 사이에 공급 하여야 할 전압
㉰ 출력 전압과 입력 전압이 같게될 때 증폭기의 입력 전압
㉱ 출력 전압이 ∞가 될 때 입력 단자의 최대전류

해설 입력 오프셋 전압(input offset voltage)이란 출력 전압이 0[V]가 되도록 두 입력 단자에 가해 주어야 할 직류 전압을 말한다.

문제 51. 진폭 변조된 안테나 전류를 측정한바 그 실효치가 46[A], 무변조된 실효치가 40[A]였다면 변조도는 얼마인가?
㉮ 약 80% ㉯ 약 75% ㉰ 약 45% ㉱ 약 25%

해설 $I_m = I_c \sqrt{1 + \dfrac{m^2}{2}}$ 의 관계에서

$$m = \sqrt{2\left\{\left(\dfrac{I_m}{I_c}\right)^2 - 1\right\}} \times 100 [\%]$$

$$= \sqrt{2\left\{\left(\dfrac{46}{40}\right)^2 - 1\right\}} \times 100$$

$$= \sqrt{0.645} \times 100 ≒ 80[\%]$$

해답 49. ㉱ 50. ㉮ 51. ㉮

문제 **52.** 10진 카운터용 IC SN 7490N에서 Count가 6일 때의 출력 Q_A, Q_B, Q_C, Q_D는?
- ㉮ $Q_A=0$, $Q_B=1$, $Q_C=1$, $Q_D=0$
- ㉯ $Q_A=1$, $Q_B=0$, $Q_C=1$, $Q_D=0$
- ㉰ $Q_A=1$, $Q_B=0$, $Q_C=0$, $Q_D=1$
- ㉱ $Q_A=0$, $Q_B=1$, $Q_C=0$, $Q_D=1$

해설 $6_{(10)} = 0110_{(BCD)}$ 이므로
 $Q_A=0$, $Q_B=1$, $Q_C=1$, $Q_D=0$

문제 **53.** 무부하시의 출력 전압이 300〔V〕이고 부하시의 출력 전압이 280〔V〕일 때 전압 변동률은?
- ㉮ 9.6〔%〕 ㉯ 7.1〔%〕 ㉰ 6.7〔%〕 ㉱ 4.2〔%〕

해설 $\varepsilon = \dfrac{V-V_0}{V_0} \times 100 = \dfrac{300-280}{280} \times 100 ≒ 7.1 〔\%〕$

문제 **54.** 크로스오버(crossover) 찌그러짐은 어느 증폭기에서 발생하는가?
- ㉮ A급 증폭기
- ㉯ B급 푸시풀 증폭기
- ㉰ AB급 푸시풀 증폭기
- ㉱ C급 증폭기

해설 크로스오버 일그러짐은 특성 곡선의 하부 만곡부 합성 특성에 의한 것으로 B급 푸시풀 증폭기 특유의 일그러짐이다. 이 크로스오버 일그러짐을 없애려면 AB급의 동작을 시킨다.

문제 **55.** 다음은 궤환 회로의 특징에 관한 것이다. 틀린 것은?
- ㉮ 이득의 안정
- ㉯ 주파수 일그러짐 및 위상 일그러짐의 감소
- ㉰ 주파수 대역폭의 감소
- ㉱ 비직선 일그러짐의 감소

해설 궤환 회로는 증폭기의 이득을 안정시켜서 각종 일그러짐을 줄이고 전체로서의 대역폭을 평탄하게 하기 위한 목적으로 쓰인다.

문제 **56.** 어떤 도체의 전기 저항에 대한 설명이다. 옳지 않은 것은?
- ㉮ 고유 저항 ρ가 커질수록 전기 저항은 커진다.
- ㉯ 도체의 길이 l가 길수록 전기 저항은 커진다.
- ㉰ 도체의 단면적 S가 작아질수록 전기 저항은 커진다.

해답 52. ㉮ 53. ㉯ 54. ㉯ 55. ㉰ 56. ㉱

㉣ 도체 주위의 습도가 높을수록 전기 저항은 커진다.

[해설] $R = \rho \dfrac{l}{S}$ [Ω]이므로 고유 저항과 길이에 비례하고 단면적에 반비례한다.

[문제] **57.** 주어진 구리선을 단면적이 균일하게 5배의 길이로 늘리면 저항은 몇 배가 되겠는가?

㉮ 25배   ㉯ $\dfrac{1}{5}$ 배   ㉰ $\dfrac{1}{25}$ 배   ㉣ 5배

[해설] $R' = \rho \dfrac{5l}{\frac{1}{5}S} = 25\rho \dfrac{l}{S} = 25R$

[문제] **58.** 다음 그림과 같이 R_0[Ω]의 저항을 3각형으로 연결하고 A, B간에 220[V]의 전압을 가했을 때 전전류 I는 10[A]였다. 저항 R_0의 값은?

㉮ $R_0 = 3.3$[Ω]
㉯ $R_0 = 33$[Ω]
㉰ $R_0 = 14.66$[Ω]
㉣ $R_0 = 0.33$[Ω]

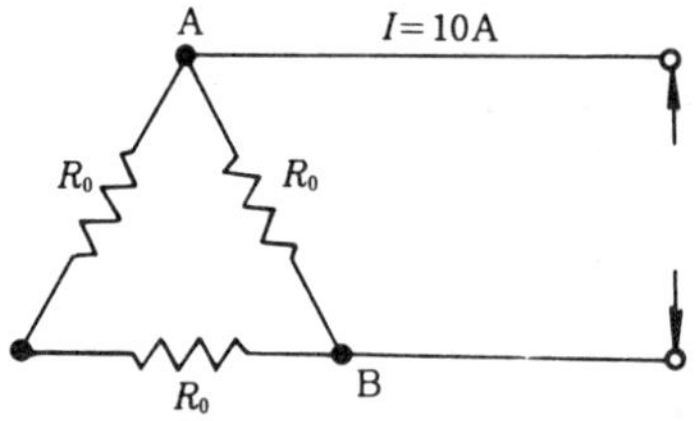

[해설] 합성 저항 $R = \dfrac{2}{3}R_0$와 $R = \dfrac{V}{I}$에서

$R_0 = \dfrac{3}{2} \cdot \dfrac{V}{I} = \dfrac{3}{2} \times \dfrac{220}{10} = 33$[Ω]

[문제] **59.** 5[HP]은 몇 [W]인가?

㉮ 7460[W]   ㉯ 5000[W]
㉰ 3730[W]   ㉣ 2500[W]

[해설] 1[HP] = 746[W]이므로
∴ 5[HP] = 746 × 5 = 3730[W]

[문제] **60.** 다음 자력선의 성질에 대한 설명 중 틀리는 것은?

㉮ 자력선은 N극에서 나와 S극으로 들어간다.
㉯ 자력선은 될 수 있는 한 퍼지려고 한다.
㉰ 같은 방향의 자력선 간에는 서로 반발력이 작용한다.
㉣ 반대 방향의 자력선은 서로 상쇄되어 합성의 자력선은 감소된다.

[해답] 57. ㉮   58. ㉯   59. ㉰   60. ㉯

과년도 출제문제 1-195

해설 자력선은 자석의 N극에서 시작하여 S극에서 끝나며, 될 수 있는 한 오므러 들려고 한다.

문제 61. 평등 자장 내에서 자기 모먼트 5[Wb·m]의 자석이 자장과 30°의 각도로 놓여 있을 때 100[N·m]의 회전력을 받았다면 이 자장의 세기는 몇 [AT/m]인가?
㉮ 10[AT/m]   ㉯ 20[AT/m]   ㉰ 30[AT/m]   ㉱ 40[AT/m]

해설 $T = MH \sin\theta$ [N·m]에서
$$H = \frac{T}{M \sin\theta} = \frac{100}{5 \times 0.5} = 40 [AT/m]$$

문제 62. 히스테리시스손은 최대 자속 밀도의 몇 승에 비례하는가?
㉮ 1   ㉯ 1.6   ㉰ 2   ㉱ 2.6

해설 $P = \eta f B_m^{1.6}$ [W/m³]

문제 63. 임피던스 Z 3개를 Δ결선한 것을 Y결선으로 바꾸면 한상의 임피던스는?
㉮ $\sqrt{3} Z$ ㉯ $3Z$ ㉰ $\dfrac{Z}{3}$ ㉱ $\dfrac{Z}{\sqrt{3}}$

해설 Δ-Y, Y-Δ의 변환 관계는 다음과 같다.

변환방법	리액턴스	임피던스	소비전력
Δ→Y	$X \to \dfrac{X}{3}$	$Z \to \dfrac{Z}{3}$	$P \to \dfrac{P}{3}$
Y→Δ	$X \to 3X$	$Z \to 3Z$	$P \to 3P$

문제 64. 감쇠량이 20[dB]인 감쇠기의 전력비 $\left(\dfrac{P_1}{P_2}\right)$는 얼마인가?
㉮ 10   ㉯ 20   ㉰ 100   ㉱ 200

해설 $G = \log_{10} \dfrac{P_1}{P_2}$ [dB]에서
$10 \log_{10} \dfrac{P_1}{P_2} = 2$
∴ $\dfrac{P_1}{P_2} = 10^2 = 100$

해답 61. ㉱ 62. ㉯ 63. ㉰ 64. ㉰

문제 65. 다음 회로에서 SW를 1에 연결해서 콘덴서 단자 전압 V_C가 6.32 [V]가 되는데 걸리는 시간은?
㉮ 0.1[sec]
㉯ 0.2[sec]
㉰ 0.3[sec]
㉱ 1[sec]

해설 $T = RC = 1 \times 10^6 \times 0.1 \times 10^{-6} = 0.1$ [sec]

문제 66. 전자의 전하량 e와 전자의 질량 m_0와의 비를 전자의 무엇이라 하는가?
㉮ 양전하   ㉯ 비전하   ㉰ 음전하   ㉱ 역전하

해설 $\dfrac{전하량}{질량} = \dfrac{e}{m} =$ 비전하

문제 67. 전자궤도 K에 들어 갈 수 있는 최대 전자수는 몇 개인가?
㉮ 2   ㉯ 8   ㉰ 18   ㉱ 32

해설 파울리의 원리(pauli's principle)에 따라 K, L, M, N각에 $2n^2$개의 전자가 들어 간다.
∴ $2n^2 = 2 \times 1^2 = 2$개

문제 68. PN 접합 다이오우드에 역전압을 가하면 P층의 충만대 전자가 N층의 전도대로 이동되어 전류가 흐르는 것은 어느 효과인가?
㉮ 항복 효과   ㉯ 파괴 효과
㉰ 전자사태 효과   ㉱ 터널 효과

해설 P층의 충만대에 있는 전자가 금지대를 지나 N층으로 가게 되어 전류가 흐르는 현상을 터널 효과(tunnel effect)라 한다.

문제 69. 단상 반파 정류 회로의 무부하시 이론상 정류 능률 η_r는 얼마인가?
㉮ 25[%]   ㉯ 40.6[%]   ㉰ 50[%]   ㉱ 81.2[%]

해설 단상 반파 정류 = 40.6[%]
     단상 전파 정류 = 81.2[%]

문제 70. 트랜지스터 증폭 회로에 해당되지 않는 사항은?

해답 65. ㉮   66. ㉯   67. ㉮   68. ㉱   69. ㉯

㉮ 베이스 접지 회로의 입력은 이미터가 된다.
㉯ 컬렉터 접지 회로의 입력은 베이스가 된다.
㉰ 베이스 접지 회로의 입력은 컬렉터가 된다.
㉱ 이미터 접지 회로의 입력은 베이스가 된다.
[해설] 베이스 접지 회로의 입력은 이미터가 된다.

[문제] **71.** $\alpha=0.95$일 때 β의 값은(단, α는 이미터와 컬렉터 사이의 전류 증폭률 β는 베이스와 컬렉터 사이의 전류 증폭률)
㉮ 18   ㉯ 19   ㉰ 20   ㉱ 21

[해설] $\beta = \dfrac{\alpha}{1-\alpha} = \dfrac{0.95}{1-0.95} = 19$

[문제] **72.** 어떤 TR의 특성이 $hie2[k\Omega]$, $hre=2\times10^{-4}$, $hfe=100$, $hoe=20$ $[\mu\Omega]$이다. 이것을 사용하여 이미터 접지 증폭기로 사용할 때 입력 임피던스$[\Omega]$는?
㉮ 2000$[\Omega]$ ㉯ 1805$[\Omega]$ ㉰ 1414$[\Omega]$ ㉱ 1000$[\Omega]$

[해설] $R_{im} = h_{ie}\left(1 - \dfrac{h_{re}h_{fe}}{h_{ie}h_{oe}}\right) = 2000 \times \left(1 - \dfrac{2\times10^{-4}\times100}{2000\times20\times10^{-6}}\right) \fallingdotseq 1414[\Omega]$

[문제] **73.** $V_{BE}(\text{sat})=0.8[V]$, $\beta=100$, $V_{CE}(\text{sat})=0.2[V]$일 때 포화 상태로 유지되는 R_L의 최소값은?
㉮ 0.466$[k\Omega]$
㉯ 4.66$[k\Omega]$
㉰ 46.6$[k\Omega]$
㉱ 466$[k\Omega]$

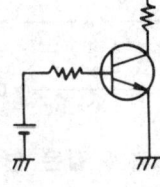

[해설] $I_B = \dfrac{V_B - V_{BE}}{R_B} = \dfrac{5-0.8}{200\times10^3} = 2.1\times10^{-5}[A]$

$I_C = I_B \cdot \beta = 2.1\times10^{-5}\times100 = 2.1\times10^{-3}[A]$

$\therefore R_L = \dfrac{V_{CC} - V_{CE}}{I_C} = \dfrac{10-0.2}{2.1\times10^{-3}} \fallingdotseq 4.6[k\Omega]$

[문제] **74.** 드레인 전압이 20$[V]$일 때 게이트 전압을 0.4$[V]$ 변화시켰더니 드레인 전류가 5$[mA]$ 변화되었다. 이 FET의 상호 컨덕턴스는?
㉮ 0.25$[\mho]$
㉯ 0.4$[\mho]$
㉰ 1.25$[\mho]$

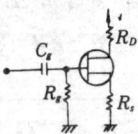

[해답] 70. ㉰   71. ㉯   72. ㉰   73. ㉯   74. ㉱

㉣ 12.5[℧]

[해설] $g_m = \dfrac{\Delta I_D}{\Delta V_G} = \dfrac{5 \times 10^{-3}}{0.4} = 12.5[℧]$

문제 75. 다음 회로에서 저역 차단 주파수 f_L은?

㉮ $\dfrac{RC}{2\pi}$ ㉯ $\dfrac{C}{2\pi R}$

㉰ $2\pi CR$ ㉣ $\dfrac{1}{2\pi CR}$

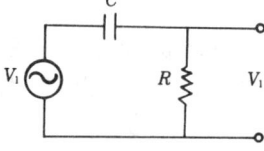

[해설] $f_L = \dfrac{1}{2\pi CR}$ [Hz]

문제 76. 증폭회로 내부에서 발생하는 잡음이 없는 경우 잡음 지수(NF)는 몇 [dB]인가?

㉮ 1   ㉯ ∞   ㉰ 100   ㉣ 0

[해설] 잡음 지수 NF는 1(=0[dB])일 때가 이상적이다.

문제 77. 그림과 같은 연산증폭기의 출력 e_0는 몇 [V]인가?

㉮ 6
㉯ 20
㉰ 10
㉣ 15

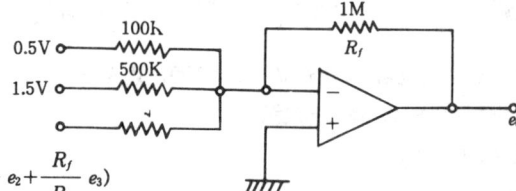

[해설] $e_0 = -\left(\dfrac{R_f}{R_1}e_1 + \dfrac{R_f}{R_2}e_2 + \dfrac{R_f}{R_3}e_3\right)$

$= -\left(\dfrac{1 \times 10^6}{100 \times 10^3} \times 0.5 + \dfrac{1 \times 10^6}{500 \times 10^3} \times 1.5 + \dfrac{1 \times 10^6}{1 \times 10^6} \times 2\right) = -10[V]$

문제 78. 그림과 같은 연산증폭기에서 이상적인 OP AMP의 특성에 해당되지 않는 것은?

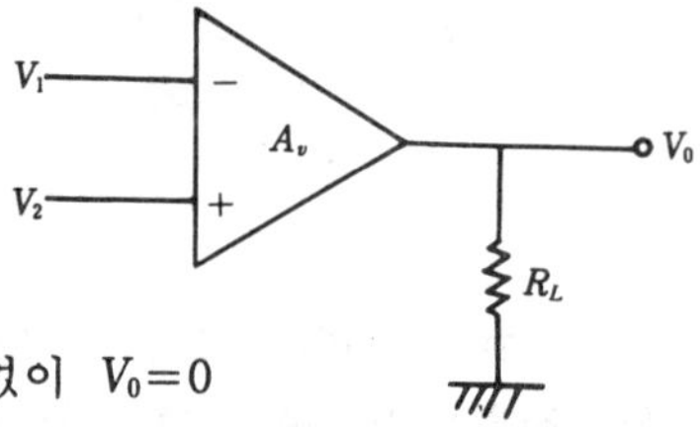

㉮ 전압 이득 $A_v = -\infty$
㉯ 대역폭 = ∞
㉰ $V_1 = V_2$일 때는 V_1의 크기에 관계없이 $V_0 = 0$
㉣ 입·출력 저항은 ∞이다.

[해설] 이상적인 연산증폭기는 입력 저항이 무한대($R_i = \infty$), 출력 저항이 0($R_0 = 0$)이다.

[해답] 75. ㉣ 76. ㉣ 77. ㉰ 78. ㉣

문제 **79.** 다음 중 펄스 발생기가 아닌 것은?
 ㉮ UJT발진기
 ㉯ 자주 멀티 바이브레이터
 ㉰ X'tal발진기＋슈미트회로
 ㉱ CR발진회로
해설 CR발진 회로는 저주파의 발진에 쓰인다.

문제 **80.** 진폭변조도 $m=1$일 때 반송파 점유 전력에서 상측파대의 점유 전력은?
 ㉮ $\dfrac{1}{3}$ ㉯ $\dfrac{1}{2}$ ㉰ $\dfrac{2}{3}$ ㉱ $\dfrac{1}{6}$

해설 $m=1(100[\%]$변조)일 때 반송파의 점유 전력은 전전력의 $\dfrac{2}{3}$ 이며, 나머지 $\dfrac{1}{3}$ 의 전력이 상·하측파대가 점유하는 전력이 된다.

문제 **81.** 주파수 변조시 반송주파수가 50[MHz], 신호주파수 5[kHz], 최대주파수 편이가 50[kHz]라면 변조지수는 얼마인가?
 ㉮ 5 ㉯ 8 ㉰ 10 ㉱ 20

해설 $mf=\dfrac{\varDelta f}{fs}=\dfrac{50}{5}=10$

문제 **82.** 가변 용량 다이오드의 양단에 4[V]의 전압을 가했을 때 정전 용량은 몇 [pF]인가?(단, 정수 K는 36×10^{-12}이라고 한다.)
 ㉮ 12 ㉯ 16 ㉰ 18 ㉱ 20

해설 $C=\dfrac{K}{\sqrt{V}}=\dfrac{36\times10^{-12}}{\sqrt{4}}=18\times10^{-12}[F]$
 ∴ 18[pF]

문제 **83.** 다음 논리식의 성질 중 틀린 것은?
 ㉮ $\overline{\overline{A}}=A$ ㉯ $A+\overline{A}=1$
 ㉰ $A+AB=A+B$ ㉱ $A\cdot\overline{A}=0$
해설 $A+AB=A$

문제 **84.** $\overline{A+B}$를 드모르간(De Morgan)으로 정리하면?

해답 79. ㉱ 80. ㉮ 81. ㉰ 82. ㉰ 83. ㉰

㉮ A·B   ㉯ $\overline{A·B}$ ㉰ A+B   ㉱ $\overline{A+B}$

해설 $\overline{\overline{A+B}}$=A+B

문제 85. 다음 논리 회로의 출력 Y에 대한 논리식으로서 옳은 것은?

㉮ (A+B) ($\overline{A·B}$)
㉯ (A+B) ($\overline{A+B}$)
㉰ (A+B) (A·B)
㉱ (A+$\overline{B}$) ($\overline{A}$·B)

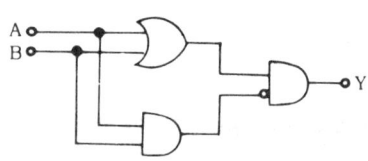

해설 Y=(A+B) ($\overline{A·B}$)

문제 86. 다음은 논리 회로 기본 등가 변환표이다. 틀린 것은?

㉮ 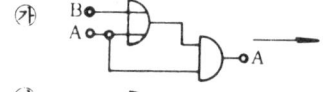   A(A+B) = A

㉯ A=A·B

㉰ A+$\overline{A}$ = 1

㉱ 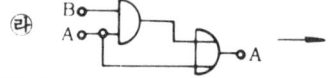   A·B+A = A

해설 논리합(OR)이므로 A=A+B

문제 87. 다음 중 MOS-I·C의 특징이 아닌 것은 어느 것인가?

㉮ 고밀도를 집적된다.   ㉯ 가격이 싸다.
㉰ 고속도 회로에 사용된다.   ㉱ 공정이 간단하다.

해설 MOS-IC는 TTL-IC에 비해 전력 소비는 적으나 동작 속도는 느리다.

1992년도 전기·전자공학 2급 출제문제

문제 1. 일정한 전압이 가해지고 있는 저항의 저항값을 3배로 하면 소비 전력은 몇 배로 되는가?

해답 85. ㉮   86. ㉯   86. ㉰   87. ㉰   1. ㉮

㉮ $\frac{1}{3}$배   ㉯ 3배   ㉰ 6배   ㉱ $\frac{1}{6}$배

해설 $P=\dfrac{V^2}{R}$ [W]에서 R을 3배로 하므로

$P'=\dfrac{V^2}{3R^2}=\dfrac{1}{3}\dfrac{V^2}{R}$ [W]

문제 2. 기전력 2[V], 내부 저항 0.2[Ω]의 전지 3개를 직렬로 접속한 것을 2개 병렬로 접속하여 0.5[Ω]의 외부 부하에 전류를 공급하면 그 전류의 크기는?

㉮ 7.5[A]   ㉯ 8.6[A]   ㉰ 10[A]   ㉱ 12[A]

해설 $I=\dfrac{nE}{\dfrac{nr}{m}+R}=\dfrac{3\times 2}{\dfrac{3\times 0.2}{2}+0.5}=7.5$ [A]

문제 3. 다음 회로에서 AB단자에 나타나는 전압은 몇 [V]인가?

㉮ 30
㉯ 60
㉰ 90
㉱ 120

해설 $R_2=R_3$이므로 전압 강하는 양분된다.

문제 4. 2개의 종류가 다른 금속 또는 합금으로 하나의 폐회로를 만들고 두 접점을 다른 온도로 유지하면 이 회로에 일정 방향의 전류가 흐른다는 현상은?

㉮ 제베크 효과   ㉯ 펠티어 효과
㉰ 스킨 효과   ㉱ 볼츠만 효과

해설 열전기 현상(열전쌍)의 제베크 효과(Seebeck effect)이다.

문제 5. 전기석과 같은 결정체를 가열하거나 또는 냉각하면 결정의 한쪽 면에 +전하가 발생하고 다른쪽 면에 -전하가 발생되는 현상을 무엇이라고 하는가?

㉮ 압전 효과   ㉯ 초전 효과   ㉰ 홀 효과   ㉱ 광전 효과

해설 전기석, 주석산 등의 결정 자발 분극에 의한 전하의 평형이 가열이나 냉각으로 일그러져서 전하가 나타나게 되는 현상을 초전 효과(pyroelectic effect)라 한다.

해답 2. ㉮   3. ㉯   4. ㉮   5. ㉯

문제 6. 자장의 세기 설명이 잘못된 것은?
㉮ 단위 길이당 기자력과 같다.
㉯ 수직 단면의 자력선 밀도와 같다.
㉰ 단위 자극에 작용하는 힘과 같다.
㉱ 자속 밀도에 투자율을 곱한 것과 같다.

해설 자장의 세기(magnetic field intensity) H는 자기 회로의 단위 길이에 대해 얼마만큼의 기자력이 주어지고 있는가를 나타내는 양으로 자속밀도 B와는 다음의 관계가 있다. $B = \mu H [\text{Wb/m}^2]$ (μ : 투자율)

문제 7. 전자 유도 현상에 의하여 생기는 유도 기전력의 크기를 정의하는 법칙은?
㉮ 렌츠의 법칙   ㉯ 패러데이의 법칙
㉰ 앙페에르의 법칙 ㉱ 맥스웰 법칙

해설 패러데이(Faraday)의 전자 유도 법칙: 전자 유도에 의해 생기는 전압의 크기는 코일을 쇄교하는 자속의 변화율과 코일 권수의 곱에 비례한다.

문제 8. 자계 속에 직각으로 놓인도체에 $I[\text{A}]$의 전류를 흘릴 때 $f[\text{N}]$의 힘이 작용하였다. 이 도체를 $v[\text{m/s}]$의 속도로 자계와 직각으로 움직였을 때 기전력은 얼마인가?

㉮ $\dfrac{Iv}{f}$ ㉯ $\dfrac{If}{v}$ ㉰ $\dfrac{fv}{I}$ ㉱ Ivf

해설 $f = BlI \sin\theta [\text{N}]$에서 $Bl = \dfrac{F}{I\sin\theta}$

∴ $e = Blv \sin\theta = \dfrac{f}{I\sin\theta} \sin\theta = \dfrac{f}{I} [\text{V}]$

문제 9. 2, 3 및 4[μF]의 콘덴서 3개를 조합하여 얻을 수 있는 최대 정전 용량[μF]은?

㉮ 9   ㉯ 8   ㉰ 7   ㉱ 5

해설 모두 병렬로 접속해야 하므로 $C_p = 2 + 3 + 4 = 9 [\mu\text{F}]$

문제 10. 두 콘덴서 $C_1[\text{F}]$ 및 $C_2[\text{F}]$에 $Q = [\text{C}]$의 전하를 주었더니 C_1의 전압은 C_2전압의 n배가 되었다면 C_2의 정전 용량은 C_1의 몇 배인가?

㉮ 1   ㉯ $\dfrac{1}{n}$ ㉰ n ㉱ n^2

해답 6. ㉱ 7. ㉯ 8. ㉰ 9. ㉮ 10. ㉰

[해설] $Q = C_1 V_1 = C_2 V_2$ 에서
$$\frac{C_2}{C_1} = \frac{V_1}{V_2} = \frac{n V_2}{V_2} = n$$

[문제] **11.** 3[F]의 용량을 갖는 콘덴서가 전압 10[V]로 충전되어 있다. 여기에 6[F]의 용량을 갖는 콘덴서를 병렬로 접속했을 때 6[F]의 용량을 갖는 콘덴서로 옮겨진 전하는 몇 [C]인가?

㉮ 10[C]　　㉯ 10/3[C]　　㉰ 20/3[C]　　㉱ 20[C]

[해설] $Q = CV = 3 \times 10 = 30[C]$

$\therefore Q_0 = C_0 V' = \dfrac{C_0}{C + C_0} Q = \dfrac{6}{3+6} \times 30 = 20[C]$

[문제] **12.** 5[μF]의 콘덴서에 1[kV]의 전압을 가할 때 축적 에너지는 몇 [J]인가?

㉮ 1　　㉯ 2.5　　㉰ 25　　㉱ 30

[해설] $W = \dfrac{1}{2} CV^2 = \dfrac{1}{2} \times 5 \times 10^{-6} \times (1 \times 10^3)^2 = 2.5[J]$

[문제] **13.** 가정용 전등선의 전압은 실효값으로 100[V]이다. 이 교류의 최대값은 얼마인가?

㉮ 70.7[V]　　㉯ 110[V]　　㉰ 120[V]　　㉱ 141[V]

[해설] $V_m = \sqrt{2}\ V = \sqrt{2} \times 100 \fallingdotseq 141[V]$

[문제] **14.** 정현파 교류의 실효값이 100[V]이고 주파수가 60[Hz]인 경우 전압의 순시값은?

㉮ $e = 141.4 \sin 377t$　　㉯ $e = 100 \sin 377t$
㉰ $e = 141.4 \sin 120t$　　㉱ $e = 100 \sin 120t$

[해설] $e = V_m \sin \omega t = \sqrt{2}\ V \sin 2\pi f t$
$= 100\sqrt{2} \sin 2\pi \times 60 t = 141.4 \sin 377t[V]$

[문제] **15.** 저항 4[Ω] 유도 리액턴스 3[Ω]을 병렬 연결한 경우 합성 임피던스를 구하면?

㉮ 2.4[Ω]　　㉯ 5[Ω]　　㉰ 7.5[Ω]　　㉱ 10[Ω]

[해설] $Z = \dfrac{RX_L}{\sqrt{R^2 + X_L^2}} = \dfrac{4 \times 3}{\sqrt{4^2 + 3^2}} = 2.4[Ω]$

[해답] 11. ㉱　12. ㉯　13. ㉱　14. ㉮　15. ㉮

문제 16. 그림의 회로에서 전전류 $|\dot{I}|$ 는 몇 [A]인가?

㉮ 4
㉯ 5
㉰ 8
㉱ 17

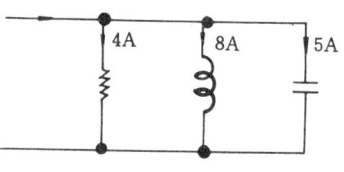

해설 $\dot{I}=\dot{I}_R+\dot{I}_L+\dot{I}_C=4-j8+j5=4-j3[A]$
∴ $I=\sqrt{4^2+3^2}=5[A]$

문제 17. 그림에서 $\dot{I}_a=3+j4[A]$, $\dot{I}_b=-3+j4[A]$, $\dot{I}_c=6+j8[A]$이면 $\dot{I}_d$는 몇 [A]인가?

㉮ -6
㉯ $-j6$
㉰ $12+j8$
㉱ $8+j12$

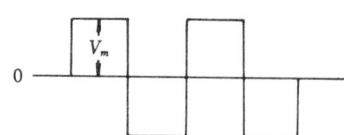

해설 키르히호프의 제1법칙 $\dot{I}_c+\dot{I}_d=\dot{I}_a+\dot{I}_b$에서
$\dot{I}_d=\dot{I}_a+\dot{I}_b-\dot{I}_c=3+j4+(-3+j4)-(6+j8)=-6[A]$

문제 18. 다음 그림과 같은 파형의 파형률은 얼마인가?

㉮ 1.11
㉯ 1.2
㉰ 1
㉱ 1.5

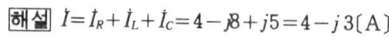

해설 직사각형파의 실효값, 최대값 및 평균값으로 모두 같다.
∴ 파형률 $= \dfrac{\text{실효값}}{\text{평균값}} = \dfrac{V_m}{V_m} = 1$

문제 19. $R=1[M\Omega]$, $C=1[\mu F]$의 직렬 회로에 $V=10[V]$를 공급할 때 1[sec] 후의 R양단 전압은 몇 [V]인가?

㉮ 0.1   ㉯ 3.68   ㉰ 6.32   ㉱ 10.6

해설 $T=RC=1\times10^6\times1\times10^{-6}=1[\text{sec}]$
$v_R=iR=V\varepsilon^{-\frac{t}{RC}}$
$=10\varepsilon^{-1}\fallingdotseq 3.68[V]$

문제 20. 평형 3상 Y결선 상전압 E_P와 선간전압 E_l과의 관계식은?

해답 16. ㉯ 17. ㉮ 18. ㉰ 19. ㉯ 20. ㉱

㉮ $E_l = \dfrac{1}{\sqrt{3}} E_p$ ㉯ $E_l = \dfrac{1}{3} E_p$

㉰ $E_l = 3 E_p$ ㉱ $E_l = \sqrt{3} E_p$

[해설] Y결선 : $E_l = \sqrt{3} E_p$, $I_l = I_p$
△결선 : $E_l = E_p$, $I_l = \sqrt{3} I_p$

[문제] **21.** 1[mA]의 전류가 흐르고 있을 때 매초 몇 개의 전자가 이동하는가?
㉮ 1.602×10^{15} [개]   ㉯ 1.602×10^{19} [개]
㉰ 6.24×10^{19} [개]   ㉱ 6.24×10^{15} [개]

[해설] 1[A]의 전류는 매초 1[C]의 전하의 이동이므로

$N = \dfrac{I}{e} = \dfrac{1 \times 10^{-3}}{1.602 \times 10^{-19}} = 6.24 \times 10^{15}$ [개]

[문제] **22.** 자장 중에서 전자의 운동 방향이 자장과 방향과 같으면 전자는?
㉮ 원운동을 한다.
㉯ 타원 운동을 한다.
㉰ 직선 운동을 한다.
㉱ 자장에 의한 영향을 받지 않는다.

[해설] 전자의 운동방향이 자장의 방향과 직각이면 전자는 원운동을 하고, 자장의 방향과 직각이 아니면 전자는 나선 운동을 하며 자장의 방향과 같으면 자장에 의한 영향을 받지 않는다.

[문제] **23.** SCR의 설명 중 바르게 나타낸 것은?
㉮ 단락 상태에서 양극 전압을 반대로 하면 도통이 차단된다.
㉯ 게이트 전류가 끊어지면 도통이 차단된다.
㉰ 게이트 전류를 흘리면 도통이 차단된다.
㉱ 게이트에 (-) 전압을 가하면 도통이 차단된다.

[해설] SCR은 게이트 전류가 흘러 일단 단락 상태가 되면 전원을 제거하거나 양극 전압을 반대로 하지 않는한 차단되지 않는다.

[문제] **24.** 다음 중 광기전력 효과를 이용한 것은?
㉮ 온도 제어   ㉯ 전자 냉동
㉰ 태양 전지   ㉱ CdS(황화카드뮴) 광전 소자

[해답] 21. ㉱ 22. ㉱ 23. ㉮ 24. ㉰

해설 태양 전지(solar cell)는 반도체의 PN접합에 빛이 입사할 때 기전력이 발생하는 광기전력 효과를 이용한 것이다.

문제 25. 다음 그림에서 직류의 최대 출력을 얻기 위한 부하(R_L) 저항은?
㉮ 2.8〔Ω〕
㉯ 20.3〔Ω〕
㉰ 10〔Ω〕
㉱ 4〔Ω〕

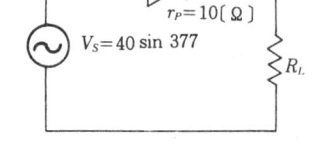

해설 최대출력을 얻기 위해서는 내부저항 r_p와 부하 저항 R_L의 값이 같아야 한다.

문제 26. 다음 그림과 같은 반파 정류 회로의 등가 회로에서 최대 출력인 조건은?
㉮ $R_L = 2rd$
㉯ $R_L = rd$
㉰ $2R_L = rd$
㉱ $R_L - rd > 0$

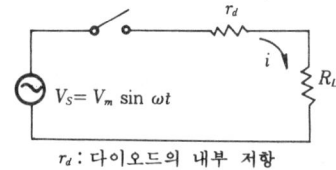

해설 최대 출력의 조건 $R_L = rd$

문제 27. 다음 중 브리지 정류 회로를 가장 알맞게 표현한 것은?
㉮ 반파 정류 회로
㉯ 전파 정류 회로
㉰ 배전압 정류 회로
㉱ 정전압 정류 회로

해설 브리지(bridge) 정류 회로는 4개의 다이오드를 환상으로 접속하는 회로로서 전파 정류회로이다.

문제 28. 다음 그림의 리플 함유율은 몇 〔%〕인가?
㉮ 1
㉯ 2
㉰ 10
㉱ 20

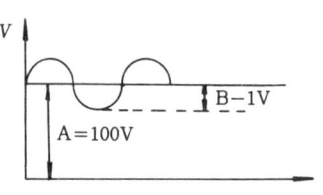

해설 $r = \dfrac{\Delta V}{V_d} = \dfrac{1}{100} \times 100 = 1〔\%〕$

문제 29. 단상 반파 정류 회로에서 정류 효율은 이론적 최대값이 얼마인가?

해답 25. ㉰ 26. ㉯ 27. ㉯ 28. ㉮ 29. ㉮

㉮ 40.6%　　㉯ 81.2%　　㉰ 50%　　㉱ 100%

해설 단상 반파 정류 회로의 정류 효율 : 40.6[%]
단상 전파 정류 회로의 정류 효율 : 81.2[%]

문제 30. 콘덴서 입력형에서 반파 정류기의 입력 전압이 100[V](실효값)일 때 정류 다이오드에 걸리는 최대 역전압은 약 얼마인가?

㉮ 100[V]　　㉯ 140[V]　　㉰ 210[V]　　㉱ 280[V]

해설 최대 역전압(PRV)$=2\sqrt{2}\ V=2\sqrt{2}\times100≒280[V]$

문제 31. 그림과 같은 회로에서 100[V]의 교류 전압을 전파 배전압 정류할 때, 최대 정류 전압은 약 얼마인가?

㉮ 280[V]
㉯ 180[V]
㉰ 160[V]
㉱ 140[V]

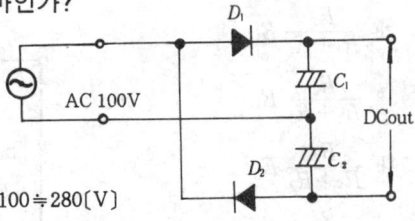

해설 DCout$=2V_m=2\sqrt{2}\ V=2\sqrt{2}\times100≒280[V]$

문제 32. 그림의 회로에서 V_{AE}는 약 몇 [V]인가?

㉮ 400
㉯ 423
㉰ 564
㉱ 1128

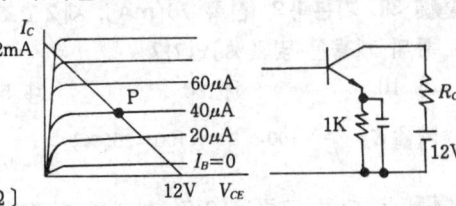

해설 코크로프트 월튼(Cockcroft-Walton)의 4배압 정류 회로이므로
$V_{AE}=4V_m=4\sqrt{2}\ V=4\sqrt{2}\times100≒564[V]$

문제 33. 다음 특성 곡선의 직류 부하선으로 부터 회로의 R_C를 구하면?

㉮ 2[kΩ]
㉯ 5[kΩ]
㉰ 6[kΩ]
㉱ 10[kΩ]

해설 $R_L=\dfrac{V_{CC}}{I_C}=\dfrac{12}{2\times10^{-3}}=6[kΩ]$

문제 34. 다음 증폭 방식 중 효율이 가장 좋은 것은?

해답 30. ㉱　31. ㉮　32. ㉰　33. ㉰　34. ㉱

㉮ A급 증폭　　㉯ B급 증폭　　㉰ AB급 증폭　　㉱ C급 증폭

[해설] C급 증폭은 78.5[%] 이상의 효율이 좋은 증폭 방식이지만 특성의 일그러짐이 크다.

문제 35. 어떤 증폭기의 입력 전압이 10[mV]이고 출력이 1[V]이다. 이 증폭기의 상대 이득은 몇 [dB]인가?

㉮ 10　　㉯ 20　　㉰ 30　　㉱ 40

[해설] $G = 20 \log_{10} \dfrac{V_2}{V_1} = 20 \log_{10} \dfrac{1}{10 \times 10^{-3}} = 20 \log_{10} 100 = 40 \text{[dB]}$

문제 36. 부궤환 증폭기의 E_F는?

㉮ $\dfrac{R_2}{R_1 + R_2} E_3$

㉯ $\dfrac{R_2}{R_1 + R_2} E_2$

㉰ $\dfrac{R_2}{R_1 + R_2} E_1$

㉱ $\dfrac{R_2}{R_1 + R_2} E_F$

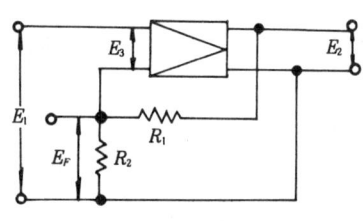

[해설] $E_F = \dfrac{R_2}{R_1 + R_2} E_2$

문제 37. 트랜지스터 증폭회로에서 병렬 부하인 경우 효율은 몇 [%]인가?

㉮ 20　　㉯ 50　　㉰ 70　　㉱ 100

[해설]

	트랜지스터	진공관
직렬 부하	25[%]	12.5[%]
병렬 부하	50[%]	25[%]

문제 38. 기본파의 진폭 20[mA], 제2고조파의 진폭 4[mA]인 고조파 전류의 왜율은 몇 [%]인가?

㉮ 10　　㉯ 20　　㉰ 50　　㉱ 80

[해설] $K = \dfrac{I_n}{I_f} \times 100 = \dfrac{4}{20} \times 100 = 20 \text{[%]}$

문제 39. 다음 그림은 어떤 형태의 회로인가?

㉮ 적분 회로

㉯ 톱니파 발생 회로

[해답] 35. ㉱　36. ㉯　37. ㉯　38. ㉯　39. ㉱

㉰ 정현파 발생 회로
㉱ 미분 회로
[해설] R와 C를 바꾸면 적분회로가 된다.

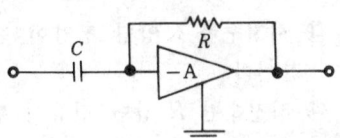

[문제] 40. 윈 브리지(Wien Bridge)형 발진 회로에서 $C_1=C_2$, $R_1=R_2$일 때 증폭도 A는 얼마 이상인가?
㉮ A>29   ㉯ A≦29   ㉰ A≧3   ㉱ A<3
[해설] $R_1=R_2=R$, $C_1=C_2=C$일 때 발진 주파수는 $f=\dfrac{1}{2\pi RC}$ [Hz]이고, 발진 조건은 A≧3인 경우이다.

[문제] 41. 진폭 변조시 발생하는 측파대는 몇 개인가?
㉮ 2개   ㉯ 3개   ㉰ 4개   ㉱ 6개
[해설] 단일 신호 주파수로 진폭 변조시 피변조파의 측파대는 f_c+f_s와 $f_c-f_s=$의 2개이다.

[문제] 42. 변조도 $m>1$일 때 일어나는 현상은?
㉮ 음성파가 일그러진다.
㉯ 검파기가 과부하되기 때문에 음성이 적어진다.
㉰ 신호파 전력이 적어진다.
㉱ 신호파 전력이 커진다.
[해설] $m>1$의 과변조가 되면 과변조파의 일부가 결여되므로 검파 후의 신호는 원래의 신호와는 다른 일그러짐이 많은 것으로 된다.

[문제] 43. 위상 변조(Phase moulation)파의 경우 변조 지수 m_p는?
㉮ 신호의 주파수에만 관련된다.
㉯ 신호의 주파수와 진폭에 관련된다.
㉰ 신호의 진폭에만 관련된다.
㉱ 신호의 주파수와 진폭 및 위사에 관련된다.
[해설] 위상 변조에서의 변조 지수는 신호파가 최대 진폭일 때의 반송파의 위상으로부터 떨어진 정도를 표시하는 최대 위상편이 $\Delta\theta$[rad]를 m_p로 하여 정의한다.

[문제] 44. R과 C의 직렬 회로에 전원을 공급했을 때 나타나는 현상의 설명으로 틀린 것은?
㉮ 시정수는 RC[초]로 된다.

[해답] 40. ㉰   41. ㉮   42. ㉮   43. ㉰   44. ㉰

㉯ 시정수란 C 양단 전압이 전원 전압의 63.2[%]까지 상승할 때의 시간이다.
㉰ 시정수란 R 양단 전압이 전원 전압의 57.7[%]까지 상승할 때의 시간이다.
㉱ 어느 경우에나 C 양단 전압과 R 양단 전압의 합은 전원 전압과 같다.
[해설] RC 직렬 회로에서 C 양단의 전압이 전원 전압의 63.2[%]까지 상승할 때의 시간 $T=RC$[sec]를 시상수(time constant)라 한다.

[문제] 45. 펄스 회로에서 펄스가 0에서 최대 크기로 상승될 때를 100[%]로 한다면 상승 시간(Rise Time)은 몇 [%]로 잡는가?
㉮ 10[%]에서 90[%]   ㉯ 1[%]에서 99[%]
㉰ 20[%]에서 90[%]   ㉱ 10[%]에서 80[%]
[해설] 실제의 펄스가 이상적 펄스의 진폭 V의 10[%]에서 90[%]까지 상승하는데 걸리는 시간을 상승시간이라 한다.

[문제] 46. 다음 회로는?
㉮ 클램프 회로이다.
㉯ 클리핑 회로이다.
㉰ 피킹 회로이다.
㉱ 트랩 회로이다.

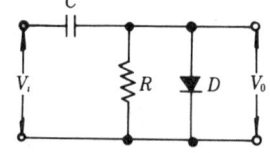

[해설] 입력 신호의 (+) 또는 (−)의 피크(peak)를 어느 기준 레벨로 바꾸어 고정시키는 클램핑 회로(clamping circuit)이다.

[문제] 47. 다음의 어느 회로를 플립플롭(flip-flop)회로라고 하는가?
㉮ 비안정 멀티바이브레이터
㉯ 단안정 멀티바이브레이터
㉰ 쌍안정 멀티바이브레이터
㉱ 블로킹 발진기
[해설] 쌍안정 멀티바이브레이터(bistable multivibrator)는 입력 트리거 펄스 2개마다 1개의 출력 펄스를 얻어 낼 수 있으므로 플립플롭 회로라고도 한다.

[문제] 48. 쌍안정 멀티바이브레이터에 대한 설명으로 잘못된 것은?
㉮ 계수기의 2진 소자로 이용된다.

[해답] 45. ㉮ 46. ㉮ 47. ㉰ 48. ㉯

㉯ 두 개의 트랜지스터가 동시에 동작한다.
㉰ 입력 펄스 2개마다 1개의 출력 펄스를 얻는 회로이다.
㉱ 플립플롭(flip-flop) 회로이다.
[해설] 쌍안정 멀티바이브레이터는 2개의 트랜지스터로 구성되며, 어느 한쪽의 트랜지스터가 ON이면 다른 쪽의 트랜지스터는 OFF로 되는 안정 상태를 갖는다.

[문제] 49. 다음 그림에 해당되는 논리 게이트는?
㉮ AND
㉯ OR
㉰ NAND
㉱ NOT

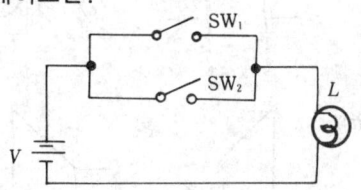

[해설] SW_1, SW_2의 어느 하나라도 ON이면 램프 L이 점등되는 동작을 하므로 OR게이트(논리합 회로)가 된다.

[문제] 50. 다음 진리표는 무슨 회로인가?
㉮ AND 회로
㉯ OR 회로
㉰ NOT 회로
㉱ NAND 회로

〈진리표〉

입력 1	입력 2	출력
1	1	1
1	0	1
0	1	1
0	0	0

[해설] 입력 1 OR 입력 2가 가해지면 출력이 나오는 OR회로이다.

[문제] 51. 불 대수식 $\overline{A+B}$ 와 같은 것은?
㉮ A ㉯ B ㉰ $\overline{A}+\overline{B}$ ㉱ $\overline{A}\cdot\overline{B}$

[해설] 드 모르간(De Morgan)의 정리
$\overline{A+B} = \overline{A}\cdot\overline{B}$
$\overline{A\cdot B} = \overline{A}+\overline{B}$

[문제] 52. 다음 논리 회로의 출력과 관계 없는 식은?
㉮ $A\cdot\overline{B}+\overline{A}\cdot B$
㉯ $\overline{\overline{A}\cdot B+A\cdot B}$
㉰ $(A+B)(\overline{A}+\overline{B})$
㉱ $\overline{\overline{A}\cdot B}+A\cdot B$

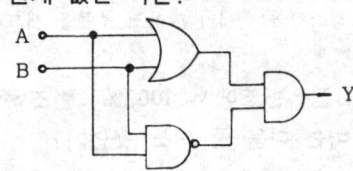

[해설] $Y=A\cdot\overline{B}+\overline{A}\cdot B=(A+B)(\overline{A}+\overline{B})=\overline{\overline{A}\cdot B+A\cdot B}$

[해답] 49. ㉯ 50. ㉯ 51. ㉱ 52. ㉱

1993년도 전기·전자공학 2급 출제문제

문제 1. 다음 그림과 같은 회로의 출력에 나타나는 파형은 어느 것인가?

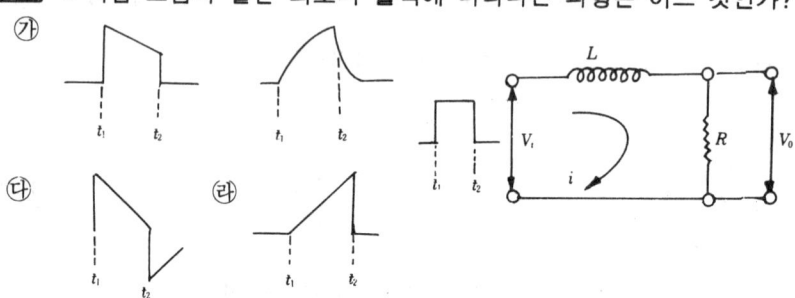

[해설] LR형의 적분회로이므로 ⑭의 파형이 출력된다.

문제 2. 다음 중 정현파 발진을 할 수 없는 것은?
㉮ 수정 발진기   ㉯ LC 반결합 발진기
㉰ CR 발진기   ㉱ 멀티바이브레이터

[해설] 멀티바이브레이터는 펄스발생회로이다.

문제 3. 어떤 회로에 구형파를 입력에 넣은 결과 그림과 같이 파형이 그려져 출력에 나타났을 때 ① 부분을 무엇이라고 하는가?
㉮ 오우버슈우트
㉯ 언더슈우트
㉰ 새그
㉱ 링깅

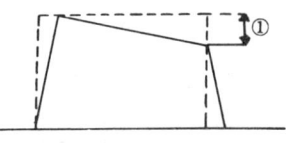

[해설] 펄스진폭의 뒤가 작아진 부분을 새그라 한다.

문제 4. 진폭변조에서 100〔%〕 변조하였을 때 반송파와 상, 하측 파대의 전력비는 다음 중 어느 것인가?
㉮ 1 : 0.5 : 0.5   ㉯ 1 : 0.25 : 0.25
㉰ 1 : 0.0625 : 0.0625 ㉱ 1 : 0.04 : 0.04

[해답] 1. ㉯ 2. ㉱ 3. ㉰ 4. ㉯

문제 5. 다음 회로에서 $V_0 = 10[V]$일 때 다이오드에 흐르는 전류는 몇 [mA]인가? (단, 다이오드는 이상적이다.)
㉮ 0[mA]
㉯ 3[mA]
㉰ 7[mA]
㉱ 10[mA]

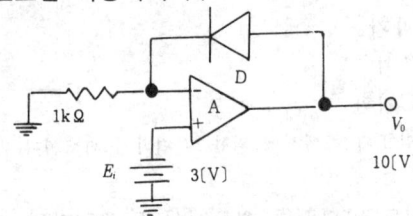

문제 6. 다음 2단 궤환 증폭회로에서 궤환 전압 VE는?
㉮ $Vf = \dfrac{R_2}{R_1 + R_2} V_0$
㉯ $Vf = \dfrac{R_1 \cdot R_2}{R_1 + R_2} V_0$
㉰ $Vf = \dfrac{R_1}{R_1 + R_2} V_0$
㉱ $Vf = \dfrac{R_1}{R_2} V_0$

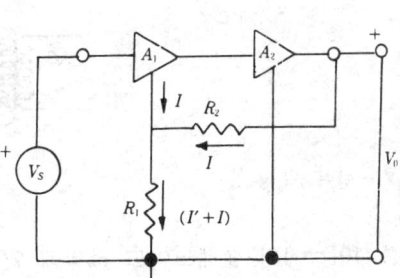

문제 7. 전류 I, 시간 t 및 전하량 Q 사이의 관계는?
㉮ $Q = I \cdot t$ ㉯ $Q = I/t$ ㉰ $Q = I^2 t$ ㉱ $Q = t/I$

문제 8. 저항 R과 리액턴스 X사이의 직렬회로에서 $X/R = 1/\sqrt{2}$ 인 때의 회로 역율은 얼마인가?
㉮ $\dfrac{\sqrt{3}}{2}$ ㉯ $\dfrac{\sqrt{2}}{\sqrt{3}}$ ㉰ $\dfrac{1}{\sqrt{3}}$ ㉱ $\dfrac{1}{2}$

문제 9. 다음 회로의 합성저항은?
㉮ 2[Ω]
㉯ 5[Ω]
㉰ 12.5[Ω]
㉱ 15.5[Ω]

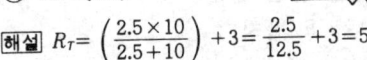

[해설] $R_T = \left(\dfrac{2.5 \times 10}{2.5 + 10}\right) + 3 = \dfrac{2.5}{12.5} + 3 = 5$

[해답] 5. ㉱ 6. ㉰ 7. ㉮ 8. ㉮ 9. ㉯

문제 10. 다음 그림의 여파기는?
㉮ 콘덴서 여파기
㉯ π형 여파기
㉰ LC 여파기
㉱ 다단 LC여파기

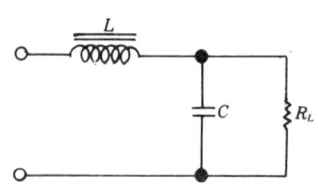

해설 초크코일 L과 콘덴서에 의한 LC여파기 회로이다.

문제 11. 그림의 반파정류 회로에서 A, B양단의 단자전압은 몇 [V]인가?
㉮ 250
㉯ $250\sqrt{2}$
㉰ $\dfrac{250}{\sqrt{2}}$
㉱ 250π

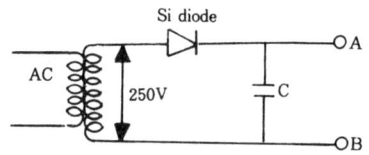

해설 출력 DC=입력 AC×$\sqrt{2}$

문제 12. 지름 10[cm]의 솔레노이드 코일에 2[A]의 전류가 흐를 때 코일내의 자계의 세기는 몇 [AT/m]인가?(단, 1[cm]당 권수는 20회이다.)
㉮ 4000   ㉯ 6000   ㉰ 8000   ㉱ 10000

문제 13. 상보 대칭식 SEPP 회로에서는 트랜지스터 특유의 크로스오우버(crossover distortion) 일그러짐이 생긴다. 이것을 없애기 위한 방법은?
㉮ A급 증폭을 지킨다.   ㉯ B급 증폭을 시킨다.
㉰ AB급 중복을 시킨다.   ㉱ C급 증폭을 지킨다.

해설 크로스오버 일그러짐을 없애기 위해 무신호시에도 약간의 전류가 흐르도록 AB급으로 동작시킨다.

문제 14. 전압이나 전류의 크기를 숫자로 고치는 장치는?
㉮ C-A 변환기   ㉯ A-C 변환기
㉰ D-A 변환기   ㉱ A-D 변환기

문제 15. 다음 중 펄스파에 가까운 파형을 얻는 발진기는?
㉮ 블로킹 발진기   ㉯ CR 발진기
㉰ 수정 발진기   ㉱ 자력 발진기

해답 10. ㉰   11. ㉯   12. ㉮   13. ㉰   14. ㉱   15. ㉮

문제 16. 5[μF]의 콘덴서에 12[V]의 전압을 가할 때 콘덴서에 축적되는 전기량은?
㉮ 0.6[μC]　　㉯ 6[μC]　　㉰ 60[μC]　　㉱ 2.4[μC]

문제 17. 다음은 마스터-슬레이브(Master-Salave) J-K 플립플롭의 진리표이다. (　)속에 가장 적당한 것은?
㉮ 1
㉯ 0
㉰ $\bar{Q}n$
㉱ 부정

Jn	Kn	Qn+1
0	0	Qn
1	0	1
0	1	0
1	1	(　)

문제 18. 물질에서 공간으로 전자가 튀어 나올 수 없는 것은 전위장벽이 있기 때문이다. 이 장벽의 정도를 나타내는 말로서 옳은 것은?
㉮ 일함수　　㉯ 일당량　　㉰ 페르미준위　　㉱ 억셉터

해설 일함수(work function)란 0°K에서 자유전자를 방출시키는데 필요한 최소의 에너지를 말한다.

문제 19. 에미터 폴로워의 바이어스 회로를 부우트 스트랩 회로로 하면?
㉮ 실효 입력 저항이 높아진다.
㉯ 실효출력 저항이 높아진다.
㉰ 전력이득이 높아진다.
㉱ 전류이득이 높아진다.

문제 20. 주파수 특성의 표현법과 관계 없는 것은?
㉮ 백터 궤적　　　　㉯ 나이퀴스트 선도
㉰ 보오데 선도　　　㉱ 스칼라 궤적

문제 21. 전 덧셈기(full adder)에 대한 설명중 옳은 것은?
㉮ 입력 2개, 출력 4개로 구성된다.
㉯ 입력 2개, 출력 3개로 구성된다.
㉰ 입력 3개, 출력 2개로 구성된다.
㉱ 입력 3개, 출력 3개로 구성된다.

해답 16. ㉰　17. ㉯　18. ㉮　19. ㉮　20. ㉱　21. ㉰

문제 22. 플립플롭 회로의 출력 Q 및 $\bar{Q}$ 는 리세트(resat) 상태에서 어떠한 논리값을 갖는가?

㉮ Q=0, $\bar{Q}$=0   ㉯ Q=1, $\bar{Q}$=1   ㉰ Q=0, $\bar{Q}$=1   ㉱ Q=1, $\bar{Q}$=0

해설 1) 세트 : Q=1 $\bar{Q}$=0
　　2) 리세트 : Q=0 $\bar{Q}$=1

문제 23. 그림과 같은 논리회로에서 출력 X에 맞는 논리식은?

㉮ $\bar{A}+\bar{B+C}$
㉯ $\bar{A} \cdot \bar{B+C}$
㉰ $\bar{A} \cdot (B+C)$
㉱ $\bar{A}+B+C$

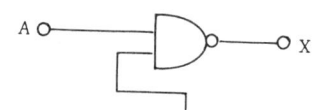

해설 X=$\overline{A \cdot (B+C)}$=$\bar{A}+\overline{(B+C)}$

문제 24. 필스폭이 0.5초, 반복주기가 1초일 때 이 펄스의 반복주파수는 얼마인가?

㉮ 2[Hz]   ㉯ 1[Hz]   ㉰ 0.67[Hz]   ㉱ 0.5[Hz]

해설 $f=\dfrac{0.5}{1}=0.5$[Hz]

문제 25. 그림과 같은 연산증폭기의 증폭도(V_0/V_S)는?

㉮ $-R/R'$
㉯ $-R'/R$
㉰ $1+\dfrac{R'}{R}$
㉱ $R(R+R')$

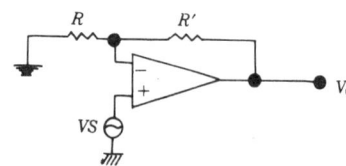

해설 $V_0=-\dfrac{R'}{R} \cdot V_S$에서 $\dfrac{V_0}{V_S}=-\dfrac{R'}{R}$

문제 26. B급 푸쉬-풀 전력 증폭기의 평균 직류콜렉터(양극) 전류는 어떻게 변화하는가?

㉮ 입력신호가 영(0)이거나, 작으면 흐르지 않는다.
㉯ 입력신호의 대소에 불구하고 일정하다.
㉰ 입력신호가 커짐에 따라서 줄어든다.

해답　22. ㉰　23. ㉮　24. ㉱　25. ㉯　26. ㉱

㉣ 증폭이 가능한 최대의 신호를 가하였을 때 콜렉터전류는 최대가 된다.
[해설] 입력신호가 클수록 평균 직류 콜렉터 전류는 증가한다.

[문제] 27. $R=1[M\Omega]$, $C=1[\mu F]$인 RC직렬회로의 양단에 10[V] 전압을 가하였을 때의 시상수 S는 몇 [sec]인가?
㉮ 1 ㉯ 3 ㉰ 5 ㉣ 10
[해설] 시상수 $t=R\cdot C=1\times 10^6 \times 1\times 10^{-6}=1[sec]$

[문제] 28. 평행판 축전기의 극판 사이에 유전체를 넣으면 이 축전기의 용량은 어떻게 변하는가?
㉮ 감소한다. ㉯ 증가한다. ㉰ 0이 된다. ㉣ 변화가 없다.

[문제] 29. 건전지의 전압-전류 특성은?

㉮ 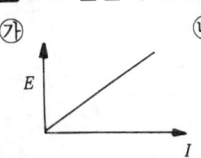 ㉯ 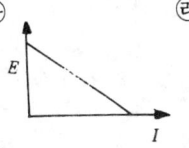 ㉰ 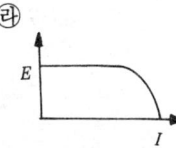 ㉣

[문제] 30. 그림에서 휘스톤 브릿지(Wheatstone Bridge)의 평형조건으로 옳지 않은 것은?
㉮ $I_1\cdot R_1=I_2\cdot R_2$
㉯ $I_1\cdot R_3=I_2\cdot R_4$
㉰ $I_3\rightleftharpoons 0$
㉣ $R_1\cdot R_4=R_2\cdot R_3$

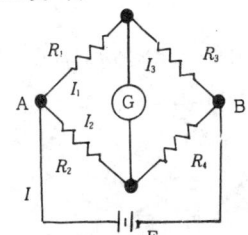

[문제] 31. 자체 인덕턴스 0.2[H]의 코일에 흐르는 전류를 0.5[sec] 동안에 10[A]의 비율로 변화시키면 코일에 몇 [V]의 기전력이 유도 되겠는가?
㉮ 15 ㉯ 20 ㉰ 4 ㉣ 10
[해설] 기전력 $V'=L\dfrac{\Delta I}{\Delta t}=0.2\times\dfrac{10}{0.5}=4[V]$

[문제] 32. 증폭도 A인 증폭기에 되먹임률 β로 양 되먹임을 건 경우 발진되는 조건은?

[해답] 27. ㉮ 28. ㉯ 29. ㉯ 30. ㉰ 31. ㉰ 32. ㉣

㉮ $A\beta<1$
㉯ $A\beta=0$
㉰ $A\beta>1$
㉱ $A\beta=1$

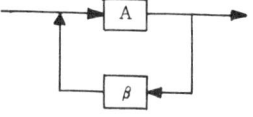

[해설] Barkhausen의 발진조건 $A\beta=1$

[문제] **33.** 진폭변조 송신기의 출력이 100[%] 변조시에 평균 150[W]이다. 30[%] 변조시의 출력은 몇 [W]인가?

㉮ 84　　㉯ 90　　㉰ 104.5　　㉱ 114.5

[해설] $P_m=P_c(1+\dfrac{m^2}{2})$[W]에서

$$P_c=\dfrac{P_m}{1+\dfrac{m^2}{2}}=\dfrac{150}{1+\dfrac{1^2}{2}}=100[W]$$

$$\therefore P_m{'}=P_c(1+\dfrac{m^2}{2})$$

$$=100(1+\dfrac{0.3^2}{2})=104.5[W]$$

[문제] **34.** 초크 입력형 평활회로의 특징은?

㉮ 평활효과가 적다.
㉯ 정류회로가 가해지는 역전압이 크다.
㉰ 부하전압의 평균값이 작다.
㉱ 부하전류 변화에 대하여 전압변동이 적다.

[해설] 초크코일은 입력 AC성분에 대하여 임피던스가 높으므로 급격한 전류의 변화를 완만히 하여 전압 변동이 적다.

[문제] **35.** L-C직렬 회로의 직렬 공진 조건은?

㉮ $\omega L=\dfrac{1}{\omega C}$　　㉯ 직류 전원을 가할 때

㉰ $\omega L=\omega C$　　㉱ $\dfrac{1}{\omega C}=\omega C+R$

[해설] 최대전류 조건은 $X_L=X_C$이므로

$$\omega L=\dfrac{1}{\omega C}$$

[해답] 33. ㉰　34. ㉱　35. ㉮

[문제] 36. 다음 중 UJT의 전극을 바르게 나타낸 것은?
㉮ 이미터 전극 2, 베이스 전극 1
㉯ 이미터 전극 1, 베이스 전극 1
㉰ 이미터 전극 1, 베이서 전극 2
㉱ 이미터 전극 2, 베이스 전극 2
[해설] UJT는 에미터와 $B_1 B_2$의 전극이 있으며 더블베이스 다이오드라고도 한다.

[문제] 37. 다음 그림과 같은 정전압 회로의 설명으로 잘못된 것은?
㉮ ZD는 기준전압을 얻기위한 제너다이오우드이다.
㉯ 부하전류가 증가하여 V_0가 저하될 때에는 TR의 BE간, 순방향 전압이 낮아진다.
㉰ 직렬 제어형 정전압 회로이다.
㉱ TR은 제어석이고, R은 ZD와 함께 제어석의 베이스에 일정한 전압을 공급하기 위한 것이다.

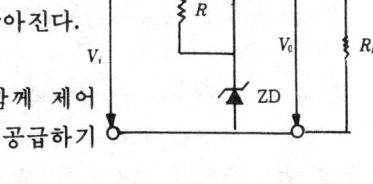

[해설] V_0가 저하되면 TR의 바이어스전압은 증가한다.

[문제] 38. 직렬 공진회로에서 Q로 표시한것 중 맞는 것은?
㉮ $\frac{1}{R}\sqrt{\frac{L}{C}}$ ㉯ $\frac{1}{R}\sqrt{\frac{C}{L}}$ ㉰ $\frac{1}{L}\sqrt{\frac{C}{R}}$ ㉱ $\frac{1}{L}\sqrt{\frac{R}{L}}$

[해설] $Q=\frac{\omega L}{R}=\frac{1}{\omega LR}=\frac{1}{R}\sqrt{\frac{R}{C}}$

[문제] 39. 푸시풀 전력 증폭기에서 출력파형의 찌그러짐이 작아지는 주요 이유는 무엇인가?
㉮ 기수차 고조파가 상쇄되기 때문
㉯ 우수차 고조파가 상쇄되기 때문
㉰ 기수차 우수차 고조파가 상쇄되기 때문
㉱ 직류성분이 없어지기 때문

[문제] 40. 스피커의 감도 측정에 있어서 표준 마이크로폰이 받는 음압이 4[μbar]이면 이 스피커의 전력 감도는 얼마인가?(단, 스피커의 입

[해답] 36. ㉯ 37. ㉯ 38. ㉮ 39. ㉯ 40. ㉯

력에는 1[W]를 가한 것으로 한다.)

㉮ 9[dB]   ㉯ 12[dB]   ㉰ 16[dB]   ㉱ 20[dB]

해설 전력감도 $S_P = 20\log_{10}\dfrac{P}{\sqrt{W}}$ [dB]

$= 20\log_{10}\dfrac{4}{\sqrt{1}} = 20\log_{10} 4 ≒ 12$[dB]

문제 **41.** 다음의 반도체 부품에 관한 설명으로서 틀린 것은?

㉮ 더어미스터는 온도가 상승하면 저항값이 감소한다.
㉯ 바리스터는 전압에 의하여 저항이 변하는 소자로 보호 회로등에 사용한다.
㉰ 바렉터 다이오우드는 역전압에 의하여 용량을 변화시키며, AFT회로 등에 사용한다.
㉱ 제너 다이오우드는 양단의 전압에 관계없이 흐르는 전류는 항상 일정하며 정전압 회로 등에 쓰인다.

해설 제너다이오드는 역방향 전압이 항복전압이상 증가하면 역방향 전류가 급격히 증가하는 현상이 있으며 정전압회로의 기준전압설정에 사용된다.

문제 **42.** 정현파 교류의 최대값이 100[V]일 때 실효값은 몇 [V]인가?

㉮ 70.7   ㉯ 141   ㉰ 63.7   ㉱ 31.8

해설 실효값 = 최대값 $\times \dfrac{1}{\sqrt{2}}$

문제 **43.** 원형 코일의 반지름이 r[m]인 코일 중심의 자계의 세기 [AT/m]는?

㉮ r에 비례   ㉯ r에 반비례   ㉰ r^2에 비례   ㉱ r^2에 반비례

해설 $H = \dfrac{NI}{2r}$

문제 **44.** 금속표면에 10^9[V/m] 정도의 강한전계를 가하면 낮은 온도에서도 전자가 방출되는 현상에 대한 설명중 틀린 것은?

㉮ 표면의 전위 장벽폭이 좁아진다.
㉯ 2차 전자 방출이라 한다.

해답   41. ㉱   42. ㉮   43. ㉯   44. ㉱

㉰ 터널 효과가 일어난다.
㉱ 전계 방출 또는 냉음극 방출이라 한다.

문제 45. 그림과 같이 접속점 0에 흘러들어가는 전류 $I[A]$는 얼마나 되겠는가?
㉮ 12
㉯ 15
㉰ 17
㉱ 20

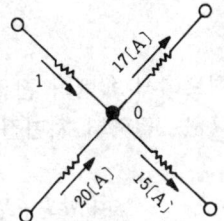

해설 $17+15=20+I$

문제 46. 동선의 0[℃]일 때의 온도계수 $\alpha_0 = \dfrac{1}{234.5}$ [1/℃]이다. 20[℃]일 때의 저항온도계수는 [1/℃]?

㉮ $\dfrac{20}{214.5}$ ㉯ $\dfrac{20}{254.5}$ ㉰ $\dfrac{1}{214.5}$ ㉱ $\dfrac{1}{254.5}$

문제 47. 정전압회로의 설명 중 잘못된 것은?
㉮ TR은 제어석으로 가변저항기 역할을 한다.
㉯ ZD는 제너다이오드이다.
㉰ 병렬형 정전압 회로이다.
㉱ 증폭단을 증가함으로써 출력 저항 및 전압 안정계수를 적게 할 수 있다.

해설 부하에 직렬로 TR이 접속된 직렬형 정전압회로이다.

문제 48. 중간 주파증폭기를 사용할 때 가장 주파수대역폭이 넓은 결합방식은?
㉮ 쵸우크 결합   ㉯ 저항 결합
㉰ 스테거동조 결합   ㉱ 저항용량 결합

해설 스테거 동조 증폭기는 중간주파 변성기의 동조 주파수를 조금씩 틀리게 하여 전체적으로 넓은 대역폭을 가지게 하는 다단 고주파 증폭기로 TV나 레이더의 중간주파 증폭기로 사용한다.

해답 45. ㉮ 46. ㉱ 47. ㉰ 48. ㉰

문제 49. 브리지 정류회로의 부하 연결 때 100[V]이고, 무부하 때 110[V]로 증가하였다면, 전압 변동률은?
㉮ 9[%] ㉯ 10[%] ㉰ 11[%] ㉱ 12[%]

해설 $\varepsilon = \dfrac{V - V_0}{V_0} \times 100 [\%]$

문제 50. 베이스 접지 증폭회로에서 컬렉터 전류 I_C는 다음 중 어느 것인가?(단, I_E는 에미터전류 I_{CO}는 컬렉터 차단전류 α는 전류 증폭률을 나타낸다.)
㉮ $I_E + \alpha I_{CO}$ ㉯ $I_E - \alpha I_{CO}$ ㉰ $\alpha I_E + I_{CO}$ ㉱ $\alpha I_E - I_{CO}$

문제 51. 다음 중 정보가 부호화 되어 있는 변조방식은?
㉮ PAM ㉯ PCM ㉰ PWM ㉱ PPM

해설 PCM : 펄스 부호 변조

문제 52. 다음 중 부성저항 발진회로는?
㉮ CR발진회로
㉯ LC발진회로
㉰ 수정발진회로
㉱ 터널 다이오우드(tunnel diode)발진회로

해설 터널다이오드의 전압, 전류특성은 부성저항의 성질이 있다.

문제 53. 슈미트 트리거회로의 입력에 정현파를 넣었을 경우 출력파형은?
㉮ 톱니파 ㉯ 방형파 ㉰ 정현파 ㉱ 삼각파

문제 54. 트랜지스터 스위치 회로의 활용영역이 아닌 것은?
㉮ 정상영역 혹은 선형영역 ㉯ 차단영역
㉰ 포화영역 ㉱ 차단 및 포화영역

해설 TR의 스위치 회로는 차단점과 포화점을 사용한다.

문제 55. 10진수 16을 8421 BCD 코드로 변환하면?
㉮ 0001 0001 ㉯ 0101 0110 ㉰ 0110 0001 ㉱ 0001 0110

해답 49. ㉯ 50. ㉰ 51. ㉯ 52. ㉱ 53. ㉯ 54. ㉮ 55. ㉱

문제 56. 일반적으로 플립플롭(Flip-Flop)회로라 하는 것은 어떤 회로인가?
㉮ 크리퍼
㉯ 클램프
㉰ 비안정 멀티 바이브레이터
㉱ 쌍안정 멀티 바이브레이터

문제 57. 플립플롭 회로의 출력 Q 및 $\bar{Q}$ 는 리셋(reset) 상태에서 어떠한 논리값을 가지는가?
㉮ Q=0, $\bar{Q}$=0   ㉯ Q=0, $\bar{Q}$=1   ㉰ Q=1, $\bar{Q}$=1   ㉱ Q=1, $\bar{Q}$=0
해설 출력 Q는 리셋 상태에서는 0이 되며 $\bar{Q}$는 1이 된다.

문제 58. 그림의 회로와 논리적 표현이 같은 것은?

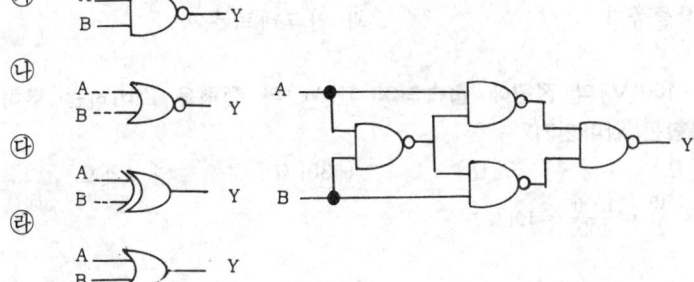

문제 59. 다음 중 반도체에서 발생하는 현상이 아닌 것은?
㉮ 열전현상   ㉯ 압전현상
㉰ 광전현상   ㉱ 자기전기현상(홀효과)

문제 60. 평등전장 40[V/m]의 전장방향으로 1[cm] 떨어진 두 점사이의 전위차는 몇 [V]인가?
㉮ 0.4   ㉯ 40   ㉰ 4000   ㉱ 40000

문제 61. 정류기의 평활회로는 다음 중 어느 것에 속하는가?
㉮ 대역여파기   ㉯ 고역여파기   ㉰ 저역여파기   ㉱ 대역소거여파기
해설 평활회로는 저주파용 초우크 코일 또는 R와 C로 구성되어 리플 성분이 출력측에 나오지 않도록 하는 저역여파기이다.

해답 56. ㉱   57. ㉯   58. ㉰   59. ㉯   60. ㉮   61. ㉰

문제 62. RC결합 증폭회로에서 $R=2[k\Omega]$일 때 저음차단 주파수를 100 [Hz]라고 하면 C의 값은?
㉮ $0.08[\mu F]$ ㉯ $0.08[F]$ ㉰ $0.8[\mu F]$ ㉱ $0.8[F]$

해설 $f = \dfrac{1}{2\pi CR}$ [Hz]에서 $C = \dfrac{1}{2\pi fR} = \dfrac{1}{2\pi \times 100 \times 2 \times 10^3}$

문제 63. 펄스폭이 $10[\mu S]$이고 주파수가 1[kHz]일 때 충격계수는?
㉮ 1 ㉯ 0.1 ㉰ 0.01 ㉱ 0.001

해설 충격계수 = $\dfrac{펄스폭}{주파수}$

문제 64. 발진기의 발진주파수를 높이기 위하여 사용되는 회로는?
㉮ 주파수 체배기 ㉯ 분주기
㉰ 영상증폭기 ㉱ 마그네트론

문제 65. 100[V]의 전원에 접속되어 1[kW]의 전력을 소비하는 부하의 부하저항은 얼마인가?
㉮ $10[\Omega]$ ㉯ $20[\Omega]$ ㉰ $30[\Omega]$ ㉱ $40[\Omega]$

해설 $R = \dfrac{V^2}{P} = \dfrac{10000}{1000} = 10[\Omega]$

문제 66. 다음 회로를 테브냉의 등가 회로로 바꾸면?

    V_X R_X
㉮ 6[V]   50[Ω]
㉯ 10[V]   50[Ω]
㉰ 6[V]   24[Ω]
㉱ 10[V]   24[Ω]

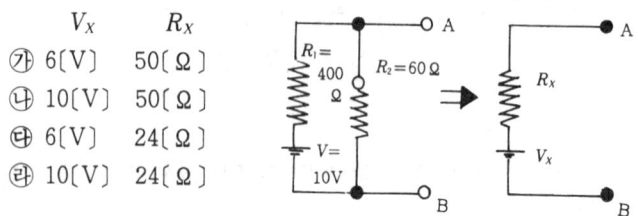

문제 67. 평활 회로에서 리플률을 줄이는 방법중 옳은 것은?
㉮ R을 크게 한다. ㉯ C를 작게 한다.
㉰ R과 C를 적게한다. ㉱ R과 C를 크게 한다.

문제 68. 그림의 비안정 멀티바이브레이터(unstable multivibrator)에서 $R_1 = R_2 = R$, $C_1 = C_2 = C$라고 하면 발진 주파수는 대략 어떻게 표시되는가?

해답 62. ㉰ 63. ㉰ 64. ㉮ 65. ㉮ 66. ㉰ 67. ㉱ 68. ㉮

㉮ $\dfrac{0.7}{RC}$

㉯ $\dfrac{0.5}{RC}$

㉰ $\dfrac{0.7}{R_C \cdot C}$

㉱ $\dfrac{0.5}{R_C \cdot C}$

[해설] $f = \dfrac{1}{0.7(C_1R_2 + C_2R_1)}$

$= \dfrac{1}{0.7(C.R + C.R)}$

$= \dfrac{0.7}{R.C}$

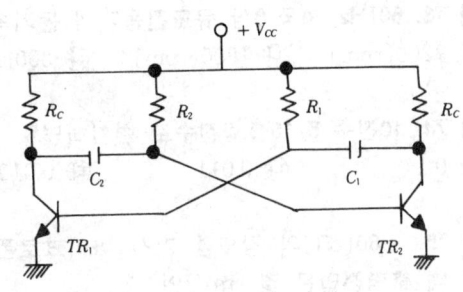

[문제] 69. A=1, B=0, $\overline{C}$=1일 때 다음의 논리함수의 값은?

(1) $\overline{A}BC$ (2) $AB+BC+CA$ (3) $A+\overline{B}(\overline{A}+C)$

	(1)	(2)	(3)		(1)	(2)	(3)		(1)	(2)	(3)		(1)	(2)	(3)
㉮	0,	0,	0	㉯	0,	0,	1	㉰	0,	1,	1	㉱	1,	1,	1

[문제] 70. 다음과 같은 그림을 무엇이라 부르는가?(단, $R_i = R_f$, 연산증폭기는 이상적인 것으로 본다.)

㉮ 상수배기
㉯ 부호변환기
㉰ 곱셈기
㉱ 전위차계

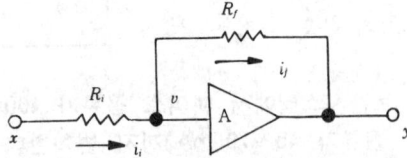

[문제] 71. 비투자율 μ_s, 자속밀도 B[Wb/m²]의 자장중에 있는 m[Wb]의 자극에 힘 f[N]이 생겼다. 여기서 자속밀도 B를 구하는 식은?

㉮ mH ㉯ fH ㉰ $\mu_s f/m$ ㉱ $\mu_0 \mu_s f/m$

[문제] 72. SEPP전력 증폭 회로에서 최대 출력 P_{0max}은 어떤 식으로 구할 수 있는가?(단 컬렉터 직류 공급전압은 V_{CC} 부하저항은 RL로 한다.)

㉮ $P_{0max} = \dfrac{V_{CC}^2}{RL}$ ㉯ $P_{0max} = \dfrac{V_{CC}^2}{2RL}$ ㉰ $P_{0max} = \dfrac{V_{CC}^2}{4RL}$ ㉱ $P_{0max} = \dfrac{V_{CC}^2}{8RL}$

[해답] 69. ㉰ 70. ㉯ 71. ㉱ 72. ㉱

문제 73. 60[Hz] 4극 3상 유도전동기의 동기속도는?
㉮ 7200[rpm]   ㉯ 1800[rpm]   ㉰ 300[rpm]   ㉱ 2400[rpm]

문제 74. 10진수 5/16를 2진수로 변환하면?
㉮ 0.1   ㉯ 0.011   ㉰ 0.0101   ㉱ 0.101

문제 75. −80[dB]의 감도를 가진 마이크로폰에 1[μbar]의 음압을 주었을 때 출력전압은 몇 [mV]인가?
㉮ 10   ㉯ 1   ㉰ 0.1   ㉱ 0.01

[해설] $S = 20 \log_{10} \dfrac{E}{P}$ [dB]에서

$\dfrac{S}{20} = \log_{10} \dfrac{E}{P}$

$\dfrac{-80}{20} = \log_{10} \dfrac{E}{1}$

$-4 = \log_{10} E$

$\therefore E = 10^{-4}$[V] $= 0.1$[mV]

문제 76. 그림은 무슨 측정 회로인가?
㉮ Diode의 순방향 특성
㉯ Diode의 역방향 특성
㉰ Diode의 전력 측정
㉱ Diode의 온도 측정

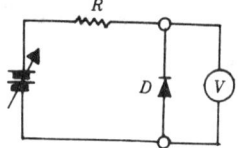

문제 77. 트랜지스터에서 베이스 전류가 400~600[μA]까지 변화시킬 때 콜렉터 전류가 45~70[mA]까지 변화한다면 이때의 TR 정수의 h_{fe}를 구하면?(단, h_{fe}은 전류 증폭률)
㉮ 250   ㉯ 25   ㉰ 125   ㉱ 12.5

[해설] $h_{fe} = \dfrac{\Delta ic}{\Delta ib} = \dfrac{(70-45) \times 10^{-3}}{(600-400) \times 10^{-6}} = 125$

문제 78. 미지 용량 C_X와 80[pF]의 콘덴서를 병렬로 연결하고 그 합성용량을 측정하였더니 150[pF]였다. 이때 C_X는 몇 [pF]인가?
㉮ 50[pF]   ㉯ 60[pF]   ㉰ 70[pF]   ㉱ 90[pF]

[해설] $150 = 80 + C_X$에서 $C_X = 70$

[해답] 73. ㉯ 74. ㉰ 75. ㉰ 76. ㉯ 77. ㉰ 78. ㉰

1994년도 전기·전자공학 2급 출제문제

문제 1. 회로망중의 어떤 접속점에 유입하고 유출하는 전류의 대수합은 0 이다. 라는 것은?
㉮ 테브난의 정리
㉯ 노오튼의 정리
㉰ 페러데이의 법칙
㉱ 키르히호프의 법칙

[해설] 어떤 접속점에 유입하고 유출하는 전류의 대수합은 0이다라는 것은 키르히 호프의 제1법칙이다.
$\Sigma I = 0$

문제 2. 10[Ω]과 15[Ω]의 저항을 병렬로 연결하고 50[A]전류를 흘렸을 때 15[Ω]에 흐르는 전류는 몇 [A]인가?
㉮ 10   ㉯ 20   ㉰ 30   ㉱ 40

[해설] $I_{15} = \dfrac{R_1}{R_2 + R_2} \cdot I$
$= \dfrac{10}{10 + 15} \times 50$
$= 20[A]$

문제 3. 다음과 같은 회로의 단자 a, b간의 합성저항과 R_1, R_2의 값은 각각 몇 [Ω]인가?(단, R_1, R_2에 흐르는 각전류비가 1:2이다.)
㉮ 2, 4, 2
㉯ 4, 6, 3
㉰ 5, 4, 3
㉱ 1, 2, 4

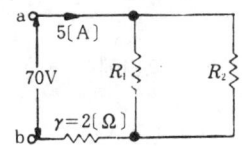

[해설] ① 합성저항 $R_T = \dfrac{V}{I} = \dfrac{20}{5} = 4[Ω]$
② R_1과 R_2의 합성저항 $R_{1,2} = 4 - 2 = 2[Ω]$

[해답] 1. ㉱   2. ㉯   3. ㉯

③ R_1과 R_2의 전류비가 1 : 2이므로

$2 = \dfrac{R_1 \cdot R_2}{R_1 + R_2} = \dfrac{6 \times 2}{6+3}$ 가 된다.

∴ $R_{1,2}$, R_1, R_2 = 4, 6, 3

문제 4. 다음 회로에서 AB단자에 나타나는 전압은 몇[V]인가?
㉮ 30
㉯ 60
㉰ 90
㉱ 120

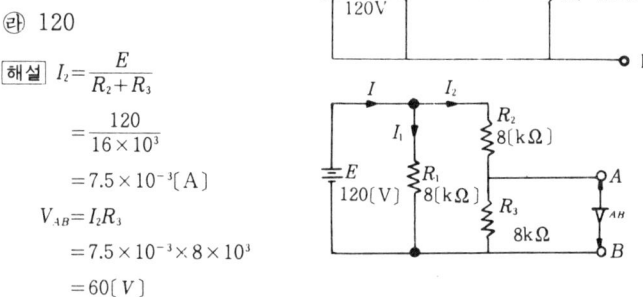

해설 $I_2 = \dfrac{E}{R_2 + R_3}$

$= \dfrac{120}{16 \times 10^3}$

$= 7.5 \times 10^{-3}$[A]

$V_{AB} = I_2 R_3$

$= 7.5 \times 10^{-3} \times 8 \times 10^3$

$= 60$[V]

문제 5. 다음과 같은 회로에 흐르는 총전류는 몇 [A]인가?
㉮ 0.12
㉯ 0.83
㉰ 1.21
㉱ 2.10

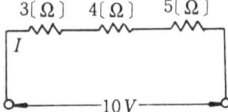

해설 $I_T = \dfrac{V}{R_T} = \dfrac{10}{3+4+5}$

$= 0.83$[A]

문제 6. 다음 그림에서 저항비가 $R_1 : R_2 = a : b$, 일 때 $I_1 : I_2$의 비(比)는?
㉮ b : a
㉯ a : b
㉰ a : 1
㉱ b : 1

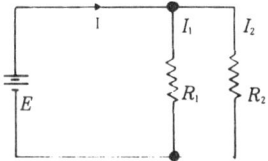

해설 $R_1 : R_2 = a : b$

해답 4. ㉯ 5. ㉯ 6. ㉮

$aR_2 = bR_1$

$\therefore I_1 : I_2 = b : a$

문제 7. 전장 중에 전하를 놓았을 때 그것에 작용하는 힘은?
㉮ 전장의 세기 ㉯ 기전력
㉰ 전위 ㉱ 전류

해설 전장중에 전하를 놓았을 때 그것에 작용하는 힘은 정전력이지만 보기항에 정전력이 없으므로 전장의 세기로 보아야 할 것이다.

문제 8. 쿨롱의 법칙을 설명한 것중 옳지 않은 것은?
㉮ 힘의 크기는 두 전하량의 곱에 비례한다.
㉯ 작용하는 힘의 방향은 두 전하를 연결하는 직선과 일치한다.
㉰ 작용하는 힘은 반발력과 흡인력이 있다.
㉱ 힘의 크기는 두 전하 사이의 거리에 반비례한다.

해설 $F = 9 \times 10^9 \dfrac{Q_1 Q_2}{\varepsilon_s \gamma^2} \text{(N)}$

문제 9. 쿨의 법칙에 맞는 식은?
㉮ $F = \dfrac{Q_1 Q_2}{4\pi\varepsilon_0 R^2}$ ㉯ $F = \dfrac{Q_1 Q_2}{2\pi\varepsilon_0 R^3}$
㉰ $F = \dfrac{Q_1 Q_2}{\varepsilon_0 R^2}$ ㉱ $F = \dfrac{Q_1 Q_2}{R^2}$

해설 $F = \dfrac{1}{4\pi\varepsilon} \cdot \dfrac{Q_1 Q_2}{R^2} = \dfrac{1}{4\pi\varepsilon_0 \varepsilon_s} \cdot \dfrac{Q_1 Q_2}{R^2}$

$= \dfrac{1}{4\pi \times 8.855 \times 10^{-12} \varepsilon_s} \times \dfrac{Q_1 Q_2}{R^2}$

$= 9 \times 10^9 \dfrac{Q_1 Q_2}{\varepsilon_s R^2} \text{(N)}$

문제 10. 평균 반지름 25[cm], 권수 10회의 원형코일에 10[A]의 전류를 흘릴때 코일 중심의 자장의 세기는 몇 [A]인가?
㉮ 200 ㉯ 400 ㉰ 600 ㉱ 800

해설 $H = \dfrac{NI}{2\gamma} = \dfrac{10 \times 10}{2 \times 25 \times 10^{-2}}$

$= 200 \text{[AT/m]}$

해답 7. ㉮ 8. ㉱ 9. ㉮ 10. ㉮

문제 11. O점의 자계의 크기는?

㉮ 20[A/m]
㉯ 200[A/m]
㉰ 2000[A/m]
㉱ 2[A/m]

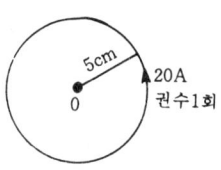

해설 $H = \dfrac{NI}{2\gamma} = \dfrac{20 \times 1}{2 \times 5 \times 10^{-2}}$
      $= 200$ [AT/m]

문제 12. 교류회로에서 인덕턴스에 저축되는 자기에너지는 얼마인가?

㉮ $W_L = LI^2$ [J]   ㉯ $W_L = \dfrac{1}{2} LI^2$ [J]
㉰ $W_L = 2LI^2$ [J]   ㉱ $W_L = 2\pi LI^2$ [J]

해설 $W_L = \dfrac{1}{2} LI^2$ [J]

문제 13. 주파수 150[MHz]인 전자파가 복사될 때 전장과 자장이 모두 0 이 되는 최소 거리는 몇 [m]인가?

㉮ 1   ㉯ 1.5   ㉰ 2   ㉱ 3

해설 $\lambda = \dfrac{c}{f} = \dfrac{3 \times 10^8}{150 \times 10^6}$
      $= 2$ [m]

문제 14. 다음 그림과 같은 회로에서의 공진시 필요 조건은?

㉮ $\omega L = -\dfrac{1}{\omega C}$
㉯ $\omega L = \dfrac{1}{\omega C}$
㉰ $\omega L = \omega C$
㉱ $\dfrac{1}{\omega L} = \omega C + R$

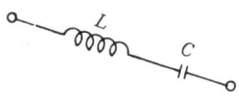

해설 $X_L = X_C$
      $\omega L = \dfrac{1}{\omega C}$

해답 11. ㉯ 12. ㉯ 13. ㉰ 14. ㉯

문제 15. $R=5[\Omega]$, $L=50[mH]$, $C=2[\mu F]$인 직렬회로의 공진 주파수는 몇 [Hz]인가?
㉮ 498   ㉯ 503
㉰ 518   ㉱ 523

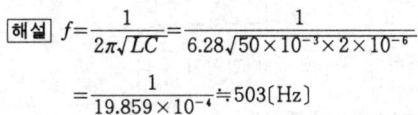

해설 $f=\dfrac{1}{2\pi\sqrt{LC}}=\dfrac{1}{6.28\sqrt{50\times10^{-3}\times2\times10^{-6}}}$

$=\dfrac{1}{19.859\times10^{-4}}\fallingdotseq 503[Hz]$

문제 16. 그림에서 10[ ]의 저항에 흐르는 전류는 몇 [A]인가?
㉮ 2
㉯ 5
㉰ 6
㉱ 6

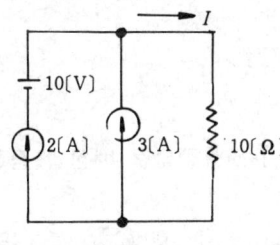

해설 $I=I_1+I_2$
$=2+3$
$=5[A]$

문제 17. 전자파의 설명중 틀린 것은?
㉮ 전자파는 전장과 자장이 직각을 이룬다.
㉯ 전자파 발생은 전자나 이온과 같은 하전입자가 진동할때 발생한다.
㉰ 전자파와 전자는 관계가 없다.
㉱ 전자파는 횡파이다.

해설 전자파는 전장과 자장이 직각을 이루고 진동하면서 진행하는 횡파이며 전자나 이온과 같은 하전입자가 진동하면 전자파가 발생되고 또 전자파가 있는 곳에 전자가 있으면 전자는 진동하기 시작한다.

문제 18. 다음중 사용범위가 가장 넓은 반도체 화합물은?
㉮ InSb   ㉯ SiC   ㉰ GaAs   ㉱ ZnS

해설 ZnS는 화합물 반도체로서 융점(1800℃)이 높아 사용범위가 넓다.

문제 19. 브리지 정류회로에서 다이오드 방향이 바르게된 것은?

해답 15. ㉯ 16. ㉯ 17. ㉰ 18. ㉱ 19. ㉮

㉮ A———▸┤—D B—▸┤———C
㉯ A———┤◂—D B—▸┤———C
㉰ A———▸┤—D B—┤◂———C
㉱ A———┤◂—D B—┤◂———C

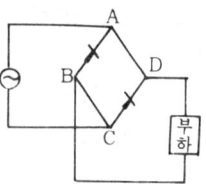

[해설] A에서 D, B에서 C로 전류가 흘러야 하므로 "㉮"방향이 옳다.

[문제] 20. 브리지 정류회로에서 입력전압이 9[V]의 정현파라면 Diode 1에 걸리는 최대 역전압(PIV)는?
㉮ $9\sqrt{2}$[V]   ㉯ 18[V]   ㉰ $18\sqrt{2}$[V]   ㉱ 9[V]
[해설] PIV = $2\sqrt{2}$ V
       = $2 \times \sqrt{2} \times 9$
       = $18\sqrt{2}$[V]

[문제] 21. 100[V] 교류전압을 배전압 정류하면 최대 정류전압은 약 몇[V] 인가.
㉮ 100   ㉯ $100\sqrt{2}$ ㉰ 200   ㉱ $200\sqrt{2}$
[해설] V = 2Vm = $2\sqrt{2}$ V
       = $2 \times \sqrt{2} \times 100$
       = $200\sqrt{2}$[V]

[문제] 22. 전원주파수가 60[Hz]일때 3상 전파정류 회로의 리플 주파수는 몇 [Hz]가 되는가?
㉮ 60   ㉯ 120   ㉰ 180   ㉱ 360
[해설] 단상반파 : 60[Hz], 단상전파 : 120[Hz], 3상반파 : 180[Hz], 3상전파 : 360[Hz]

[문제] 23. 리플 전압이란?
㉮ 정류된 직류 전압   ㉯ 무부하시 전압
㉰ 부하시 전압   ㉱ 정류된 전압의 교류분
[해설] 리플(ripple) 전압이란 직류속에 포함된 교류 맥동분을 말한다.

[문제] 24. 정류전원 출력단자의 직류전압이 V_0[V], 부하단이 개방되었을

[해답] 20. ㉮   21. ㉱   22. ㉱   23. ㉱   24. ㉯

때 출력단자 전압이 $V[V]$이면 부하에 대한 전원의 전압 변동률은 몇 [%]인가?

㉮ $\dfrac{V-V_0}{V} \times 100$ ㉯ $\dfrac{V-V_0}{V_0} \times 100$

㉰ $\dfrac{V}{V-V_0} \times 100$ ㉱ $\dfrac{V_0}{V-V_0} \times 100$

[해설] 전압 변동률

$$\varepsilon = \dfrac{V-V_0}{V_0} \times 100 [\%]$$

[문제] 25. SCR에 대한 다음 설명중 옳은 것은?(단, SCR이 도통된 상태임)
㉮ 게이트 신호 전류가 끊어지면 도통상태가 차단된다.
㉯ 도통상태에서 애노우드 전압을 반대로 하면 차단된다.
㉰ 게이트 전류로 도통전류를 제어할 수 있다.
㉱ 도통상태에서 전원 전압(애노우드-캐소드간)을 0이 되지 않은 범위로 감소하여 차단할 수 있다.
[해설] SCR은 게이트 전류가 흘러 단락상태가 되면 전원을 제거하거나 애노드 전압을 반대로 하지 않는한 차단되지 않는다.

[문제] 26. 그림과 같은 회로에서 콜렉터 전류 IC는 얼마인가?
㉮ 1[mA] 이상
㉯ 10[mA] 이상
㉰ 0.1[mA]보다 작은 값
㉱ 1[mA]보다 약간 작은 값

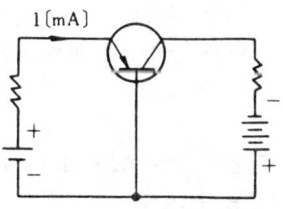

[해설] 베이스 접지 전류증폭률
$$\alpha = \dfrac{\varDelta I_C}{\varDelta I_E} = <1$$

[문제] 27. 변압기 결합 증폭회로가 주파수 특성이 좋지않은 이유로서 틀린 것은?
㉮ 변압기는 유도성이므로
㉯ 주파수 증가에 따라 임피이던스가 증가하므로
㉰ 임피이던스가 주파수에 반비례하므로

[해답] 25. ㉯ 26. ㉱ 27. ㉰

㉴ 임피던스가 주파수에 따라 변화하므로

해설 $\omega L = 2\pi f_L [\Omega]$이므로 주파수 높아짐에 따라 리액턴스값이 커져 임피던스는 비례관계가 있다.

문제 28. 다음 보기중 증폭회로의 결합방식에서 가장 큰 전력이득을 얻을 수 있는 것은?
㉮ 직결합
㉯ RC결합
㉰ 임피이던스 결합
㉱ 변압기 결합

해설 직결합 증폭기는 전력이득은 크나 전원 전압의 변동이나 온도 변화에 따라 특성변화(드리프트)가 생기기 쉽다.

문제 29. 다음 그림과 같은 전압 증폭기의 입력에 1[μV]를 공급하면 출력 전압은 몇 [mV]인가?
㉮ 0.1
㉯ 40
㉰ 1
㉱ 100

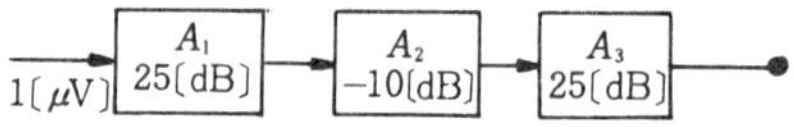

해설 $G = A_1 - A_2 + A_3 = 25 - 10 + 25 = 40$[dB]

문제 30. 부궤환을 이용한 것은?
㉮ AVC회로
㉯ 클램프 회로
㉰ 변조기
㉱ 진폭제한기

해설 AVC(자동음량제어) 회로는 검파출력의 직류성분을 필터하여 중간주파증폭회로의 바이어스 전압으로 이용 자동으로 이득조정이 이루어 지도록한 최초로 부궤환이 구성된 것이다.

문제 31. 그림과 같은 회로의 명칭은?(단, 다이오드는 정밀급이다.)
㉮ (+)피크 검파기
㉯ 배압검파기
㉰ 미분기
㉱ 적분기

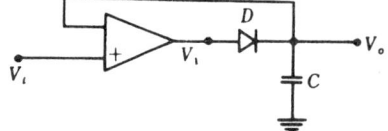

해설 출력파형의 최대값(피크값)을 정류하는 (+)피크 검파기이다.

문제 32. 다음 그림과 같은 회로의 명칭은?

해답 28. ㉮ 29. ㉮ 30. ㉮ 31. ㉮ 32. ㉯

㉮ 슈미트 트리거회로
㉯ 미분회로
㉰ 적분회로
㉱ 비교회로

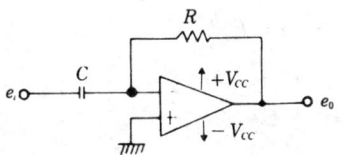

[해설] 연산증폭기를 이용한 미분회로이며 R과 C를 바꾸면 적분회로가 된다.

[문제] 33. 저역통과 RC회로에서 시정수가 의미하는 것은?
㉮ 응답의 상승속도를 표시한다.
㉯ 응답의 위치를 결정해 준다.
㉰ 입력의 진폭크기를 표시한다.
㉱ 입력의 주기를 결정해 준다.

[해설] 시정수(시상수)란 입력신호가 변화했을때 출력신호가 정상상태에 도달하기까지의 과도기간을 알기위한 척도(최종값의 63.2〔%〕)로서 입력신호에 대한 상승속도를 표시한다.

[문제] 34. 저주파 발진기로 적당한 것은?
㉮ 하아틀리 발진기   ㉯ 콜피츠 발진기
㉰ 수정 발진기   ㉱ CR발진기

[해설] 저주파 발진기는 음차 발진기나 CR발진기가 적당하다.

[문제] 35. 보통의 발진회로에 많이 사용되는 수정의 전기적 등가회로는?

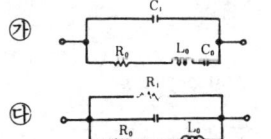
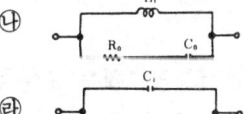
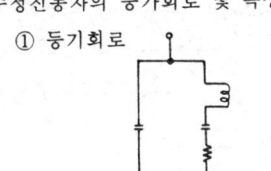
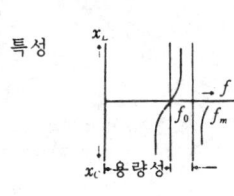

[해설] 수정진동자의 등가회로 및 특성
① 등가회로   ② 특성

[문제] 36. 그림에서 펄스의 반복주기는?

[해답] 33. ㉮ 34. ㉱ 35. ㉮ 36. ㉮

㉮ $0.7(C_2R_{B1}+C_1R_{B2})$
㉯ $0.7(C_1R_{B1}+C_2R_{B2})$
㉰ $(C_2R_{B1}+C_1R_{B2})$
㉱ $(C_1R_{B1}+C_2R_{B2})$

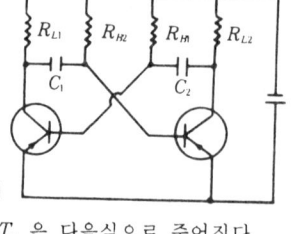

[해설] 회로는 교류결합 2단 비안정 멀티바이 브레이터로서 펄스폭 T_w 및 반복주기 T_r 은 다음식으로 주어진다.
$T_w \fallingdotseq 0.7C_2R_{B1}$ [sec]
$T_r \fallingdotseq 0.7(C_2R_{B1}+C_1R_{B2})$ [sec]

[문제] 37. 다음 그림 같은 회로의 명칭은?

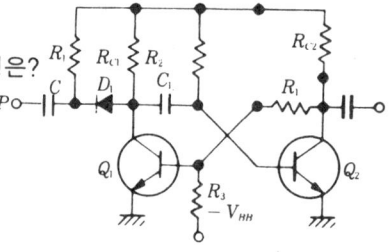

㉮ 비안정 멀티바이브레이터
㉯ 단안정 멀티바이브레이터
㉰ 쌍안정 멀티바이브레이터
㉱ 블로킹발진기

[해설] 단안정 멀티 바이브레이터로서 CP 입력단자에 (−)트리거 신호를 가하면 Q_1 이 ON Q_2는 OFF 상태로 된다.

[문제] 38. 변조도 80[%]의 진폭변조파를 자승검파했을 때 나타나는 신호파 출력의 왜율은?
㉮ 15[%]   ㉯ 20[%]   ㉰ 25[%]   ㉱ 30[%]

[해설] $K = \dfrac{m}{4} = \dfrac{80}{4} = 20$[%]

[문제] 39. 다음 변조회로에서 출력측에 나타나는 주파수성분은?

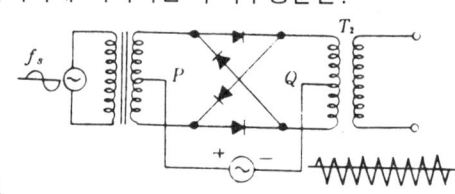

㉮ f_C와 f_C+f_s
㉯ $f_C \pm f_s$
㉰ $2f_C+f_s$
㉱ f_C+2f_s

[해설] 평형변조(링변조)회로이므로 출력측에는 $f_C \pm f_s$의 주파수 성분이 얻어진다.

[문제] 40. 기본파의 진폭 20[mA], 제2 고조파의 진폭 4[mA]인 고조파

[해답] 37. ㉯   38. ㉯   39. ㉯   40. ㉮

전류의 왜율은 몇[%]인가?
㉮ 10 ㉯ 20 ㉰ 50 ㉱ 80

해설 $K = \dfrac{\sqrt{I_2^2}}{I} \times 100$

$= \dfrac{\sqrt{4^2}}{20} \times 100 = 20[\%]$

문제 41. 다음 그림과 같이 다이오드를 신호의 전송로에 직렬로넣었을 때 출력파형으로 옳은 것은?(단, 사인파 입력 신호가 가해졌을 경우이다.)

㉮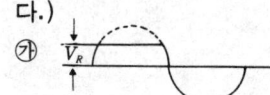

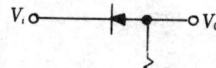

㉯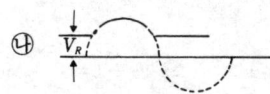

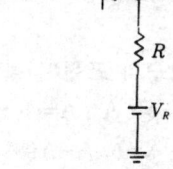

㉰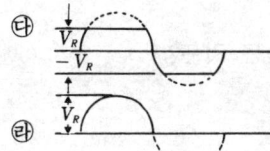

㉱

해설 입력파형의 상부를 잘라내는 피이크 클리퍼(Peak Clipper)회로이므로 "가"와 같은 파형이 된다.

문제 42. 트랜지스터로 논리회로를 구성하려고 한다. 트랜지스터는 어느 상태에서 동작되게 하여야 하는가?
㉮ 포화상태 또는 차단상태
㉯ 활성상태 또는 차단상태
㉰ 활성상태 또는 역활성상태
㉱ 포화상태 또는 활성상태

해설 트랜지스터의 포화상태는 충전상태이므로 ON(논리 1)이 되고 차단 상태는 OFF(논리0)가 된다.

해답 41. ㉮ 42. ㉮

문제 43. 그림과 같은 정논리 NAND게이트 회로에서 출력이 0상태가 되기위한 조건은?(단, 입력의 순서는 A, B, C순임)

㉮ 0, 0, 0   ㉯ 1, 1, 1
㉰ 0, 1, 0   ㉱ 1, 0, 1

해설 $y=\overline{A\cdot B\cdot C}$가 되므로 입력은 모두 "1"이다.

문제 44. 10진수 0.9375를 8진수로 변환하면?

㉮ $(0.73)_8$ ㉯ $(0.74)_8$ ㉰ $(0.76)_8$ ㉱ $(0.77)_8$

해설 $0.9375\times 8=7.5000\cdots\cdots 7$
$0.5000\times 8=4.000\cdots\cdots 4\downarrow$
∴ $0.9375_{(10)}=0.74_{(8)}$

문제 45. 다음 불대수의 표현이 올바른것은?

㉮ $A\cdot 1=1$ ㉯ $A\cdot A=1$ ㉰ $A+A=1$ ㉱ $A+1=1$

해설 $A\cdot 1=A,\ A\cdot A=A,\ A+A=A,\ A+1=1$

문제 46. 전 덧셈기(full adder)에 대한 설명중 옳은 것은?

㉮ 입력 2개, 출력 4개로 구성된다.
㉯ 입력 2개, 출력 3개로 구성된다.
㉰ 입력 3개, 출력 2개로 구성된다.
㉱ 입력 3개, 출력 3개로 구성된다.

해설 전 덧셈기(가산기)는 2진수 덧셈을 완전히 하기 위하여 자기올림입력도 함께 더할 수 있는 기능을 할 수 있도록 3개의 입력과 2개의 출력을 가진다.

해답 43. ㉯ 44. ㉯ 45. ㉱ 46. ㉰

1995년도 전기·전자공학 2급 출제문제

문제 1. 평등전계 속에서 2[C]의 전하를 전계와 반대방향으로 8[cm]만큼 이동시키는데 240[J]를 요했다. 이 두전간의 전위차는 몇 [V]인가?
㉮ 15　　㉯ 30　　㉰ 60　　㉱ 120

해설 $V = \dfrac{W}{Q} = \dfrac{240}{2} = 120[V]$

문제 2. 기전력 1.5[V] 전류용량 1[A]인 건전지 6개가 있다. 이것을 직·병렬로 연결하여 3[V], 3[A]의 출력을 얻으려면 어떻게 접속하여야 하는가?
㉮ 2개 직렬 연결한 것을 3조 병렬 연결
㉯ 3개 직렬 연결한 것을 2조 병렬 연결
㉰ 6개 모두 직렬 연결
㉱ 6개 모두 병렬 연결

해설
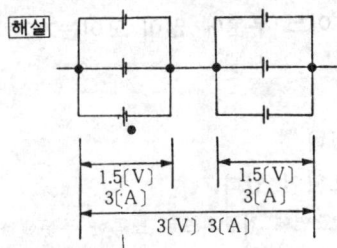

문제 3. 자기인덕턴스 L_1, L_2 상호인덕턴스 M, 결합 계수가 1일 때의 관계는 다음중 어느 것인가?
㉮ $L_1 L_2 = M$　㉯ $\sqrt{L_1 L_2} = M$　㉰ $\sqrt{L_1 L_2} > M$　㉱ $L_1 L_2 > M$

해설 $M = K\sqrt{L_1 L_2}$[H]에서
K=1이면
$M = \sqrt{L_1 L_2}$ 이다.

문제 4. 우리나라의 상용 주파수는 60[Hz]이다. 주기는 얼마인가?
㉮ 0.0083[sec]　㉯ 0.0167[sec]　㉰ 0.167[sec]　㉱ 1.167[sec]

해답 1. ㉱　2. ㉮　3. ㉯　4. ㉯

해설 $T = \dfrac{1}{f} = \dfrac{1}{60}$

$\fallingdotseq 0.0167 [\text{sec}]$

문제 5. 1초동안 전파되는 전자파의 속도 [m/s]는?
㉮ 3×10^6　　㉯ 3×10^7　　㉰ 3×10^8　　㉱ 3×10^9

해설 $C = 3 \times 10^8 [\text{m/sec}]$

문제 6. 서로 같은 저항 n개를 병렬로 연결했을 때의 합성 저항은 1개의 저항의 값과 비교했을 때의 관계는?
㉮ $\dfrac{1}{n}$　　㉯ $\dfrac{1}{n^2}$　　㉰ $\dfrac{n}{R}$　　㉱ $\dfrac{R}{n}$

해설 1개의 저항값 : $R[\Omega]$

n개의 병렬 합성저항값 : $R_P = \dfrac{R}{n} [\Omega]$

∴ $\dfrac{1}{n}$배

문제 7. 도체에 전기를 주었을 때 전하는 어느 부분에 많이 모이는가?
㉮ 도체의 중심에 모여있다.
㉯ 도체내에 균일하게 분포된다.
㉰ 도체의 표면에 균일하게 분포되어 있다.
㉱ 도체표면의 뾰족한 부분에 많이 분포되어 있다.

해설 도체내의 전류밀도는 표피효과에 의하여 표면에 집중되므로 뾰족한 부분에 많이 분포된다.

문제 8. 10[A]의 전류가 흐르고 있는 도선이 자계내류 운동사이 5[Wb]의 자속을 끊었다고 하면 이때에 전자력의 한 일은 몇 [J]인가?
㉮ 10　　㉯ 25　　㉰ 50　　㉱ 250

해설 $W = I\phi$
$= 10 \times 5$
$= 50 [J]$

문제 9. 그림의 회로에서 합성용량 C_t는 얼마인가?

해답 5. ㉰　6. ㉮　7. ㉱　8. ㉰　9. ㉮

㉮ $C_1+C_2+C_3$

㉯ $\dfrac{1}{\dfrac{1}{C_1}+\dfrac{1}{C_2}+\dfrac{1}{C_3}}$

㉰ $\dfrac{C_1+C_2+C_3}{C_1C_2C_3}$

㉱ $\dfrac{C_1C_2C_3}{C_1+C_2+C_3}$

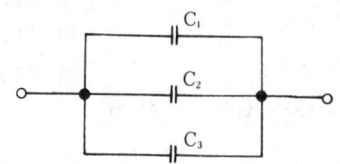

[해설] $C_t=C_1+C_2+C_3\cdots\cdots+C_n[F]$

[문제] 10. RC가 직렬로 구성된 회로의 시상수로 옳은 것은?

㉮ $T=\dfrac{R}{C}$ ㉯ $T=\dfrac{C}{R}$ ㉰ $T=RC$ ㉱ $T=\dfrac{1}{RC}$

[문제] 11. $V=\sqrt{3}+j$로 표시되는 복소수의 편각은?

㉮ 0° ㉯ 30° ㉰ 45° ㉱ 60°

[해설] $\theta=\tan^{-1}\dfrac{X}{R}=\tan^{-1}\dfrac{1}{\sqrt{3}}$
      $=30°$

[문제] 12. 100[Ω]과 400[Ω]인 저항 2개를 직렬 연결할 때의 합성저항은 몇 [Ω]인가?

㉮ 80 ㉯ 150 ㉰ 250 ㉱ 500

[해설] $R_s=R_1+R_2$
      $=100+400$
      $=500[\Omega]$

[문제] 13. 전류가 흐르는 무한장 도선으로부터 1[m]되는 점의 자계는 2[m]되는 점의 자계의 몇배가 되는가?

㉮ 1/4배 ㉯ 1/2배 ㉰ 2배 ㉱ 4배

[해설] $H=\dfrac{1}{2\pi r}$ [AT/m]에서 거리 r[m]이 2배가 되므로 자계의 세기는 $\dfrac{1}{2}$배가 된다.

[문제] 14. 면적 5[cm²]의 금속판을 평행하게, 공기 중에서 1[mm]의 간격

[해답] 10. ㉰ 11. ㉯ 12. ㉱ 13. ㉯ 14. ㉱

울 두고 있을 때 이 도체 사이의 정전용량을 구하면 어느 것인가?

㉮ 4.428×10^{-12}[F]   ㉯ 44.28×10^{-12}[F]
㉰ 2.214×10^{-12}[F]   ㉱ 22.14×10^{-12}[F]

[해설] $C = \dfrac{\varepsilon A}{d} = \dfrac{8.855 \times 10^{-12} \times (5 \times 10^{-2})^2}{45}$
$= 22.14 \times 10^{-12}$[F]

[문제] 15. 다음과 같은 회로에서 AC 10[V], 100[kHz]의 전압을 가했을 때 공진되었다. 이때의 합성 임피던스는 얼마인가?

㉮ R[Ω]
㉯ $R + 2\pi fL$[Ω]
㉰ $R + \dfrac{1}{2\pi fC}$[Ω]
㉱ $\sqrt{R^2 + (X_L - X_C)^2}$[Ω]

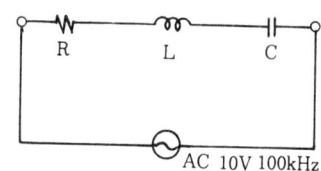

[해설] $Z = \sqrt{R^2 + (X_L - X_C)^2}$[Ω]에서 공진조건이 $X_L = X_C$이므로
$Z = \sqrt{R^2} = R$[Ω]이 성립된다.

[문제] 16. 다음은 중첩의 원리의 적용예를 들었다. 맞지 않는 것은?
㉮ 직류회로 뿐만 아니라 일반 회로에도 적용할 수 있다.
㉯ 직류와 교류의 전원이 동시에 있는 경우에도 적용할 수 있다.
㉰ 주파수가 다른 전원이 조합되어 하나의 회로에 있는 경우에도 적용할 수 있다.
㉱ 회로 소자에 가하는 전압에 의해서 R.L.C 등의 소자값이 변하는 경우에도 적용할 수 있다.

[문제] 17. 단상반파 정류회로의 무부하시 이론상 정류능률 η_t는 몇 [%]인가?
㉮ 25   ㉯ 40.6   ㉰ 50   ㉱ 81.2

[해설] $\eta = \dfrac{P_{dc}}{P_i} = \dfrac{4}{\pi^2 (1 + \dfrac{\gamma_P}{R_L})} = \dfrac{0.406}{1 + \dfrac{\gamma_P}{R_L}}$
$= 40.6$[%]

[해답] 15. ㉮   16. ㉱   17. ㉯

과년도 출제문제 **1−243**

문제 18. 다이오드를 이용한 반파 정류회로의 맥동율은 어떻게 나타낼 수 있는가?
㉮ 1.21　　㉯ 1.57　　㉰ 3.45　　㉱ 3.57
해설 $\gamma = \sqrt{F^2-1} = 1.21$

문제 19. 다음 중 바리스터(Variator)의 용도로서 적합한 것은?
㉮ 온도 변화에 대한 회로소자 보호
㉯ 자동전압 증폭장치
㉰ 입력 임피던스 정합장치
㉱ 서어지 전압에 대한 회로소자 회로
해설 바리스터는 가해진 전압에 따라 저항값이 크게 변화하는 반도체로서 증폭기 출력단에 온도보상용으로 사용되나 주된 용도는 서어지 전압에 대한 회로 보호용이다.

문제 20. 어떤 트랜지스터를 베이스접지에서 에미터 접지로 하였더니 켈렉터 차단전류가 60배 되었다. 이 트랜지스터의 α는?
㉮ 0.983　　㉯ 0.968　　㉰ 0.95　　㉱ 0.94
해설 $I_{CBO} = (1+\beta)I_{CEO}$
$(1+\beta) = 60$배
$\beta = 60 - 1$
　　$= 59$
$\alpha = \dfrac{\beta}{1+\beta} = \dfrac{59}{1+59} = 0.983$

문제 21. 크로스오버 일그러짐은 증폭기를 어느급으로 사용했을 때에 생기는가?
㉮ AB급　　㉯ A급　　㉰ B급　　㉱ C급
해설 크로스오버(crossover) 일그러짐은 특성곡선의 하부 만곡부의 합성 특성에 의한 것으로서 차단 바이어스 점에 동작점을 취하는 B급 증폭기에서는 쉽게 일어난다.

문제 22. 반송파의 소비전력 100〔W〕를 단일주파수도 40〔%〕 변조할 때 하측파의 소비전력 P_L은 몇 〔W〕 정도가 되는가?

해답 18. ㉮　19. ㉱　20. ㉮　21. ㉰　22. ㉮

㉮ 4 ㉯ 8 ㉰ 12 ㉱ 16

해설 $P_L = P_c \dfrac{m^2}{4} = 100 \times \dfrac{(0.4)^2}{4}$
$= 4 [W]$

문제 23. 주파수 변조시 반송주파수 50[MHz], 신호주파수 5[kHz], 최대 주파수 편이가 50[kHz]이면 변조지수는 얼마인가?
㉮ 5 ㉯ 8 ㉰ 10 ㉱ 20

해설 $m_f = \dfrac{\varDelta}{f_s} = \dfrac{50}{5}$
$= 10 [kHz]$

문제 24. 입력 단자에 펄스 입력이 있을 때마다 특정 폭의 펄스를 발생하는 것은?
㉮ 비안정 멀티 바이브레이버 ㉯ 단안정 멀티 바이브레이터
㉰ 쌍안정 멀티 바이브레이터 ㉱ 블로킹 발진회로

해설 단안정 멀티 바이브레이터 발진은 입력단자에 펄스가 공급되면 시상수에 의하여 일정폭의 펄스를 발생한다.

문제 25. 1010.011의 2진수를 10진수로 변환하면?
㉮ 6.376 ㉯ 10.375 ㉰ 14.254 ㉱ 18.923

해설 $(1010.011)_2 = 1 \times 2^3 + 0 \times 2^2 + 1 \times 2^1 + 0 \times 2^0 + 0 \times 2^{-1} + 1 \times 2^{-2} + 1 \times 2^{-3}$
$= (10.375)_{10}$

문제 26. 반덧셈기는 어떤 회로의 조합인가?
㉮ AND와 OR ㉯ AND와 NOT
㉰ exclusive-OR와 AND ㉱ exclusive-OR

해설 2개의 2진수 A와 B를 더한합(sum) S와 자리올림(carry) C를 얻는 회로로 E-OR와 AND의 조합이다.

문제 27. 가변용량 다이오드의 양단에 4[V]의 전압을 가했을 때 정전용량은 몇 [pF]인가?(단, 정수 K는 36×10^{-12}이라고 한다.)
㉮ 12 ㉯ 16 ㉰ 18 ㉱ 20

해답 23. ㉰ 24. ㉯ 25. ㉯ 26. ㉰ 27. ㉰

[해설] $C = \dfrac{K}{\sqrt{V}} = \dfrac{36 \times 10^{-12}}{\sqrt{4}}$
$= 18 \times 10^{-12} [F]$
$\therefore 18 [pF]$

[문제] 28. 정류회로에서 리플함유율을 줄이는 방법으로 가장 이상적인 것은?
㉮ 반파정류로 하고 필터콘덴서의 용량을 크게 한다.
㉯ 브리지 정류로 하고 필터콘덴서의 용량을 줄인다.
㉰ 브리지 정류로 하고 필터콘덴서의 용량을 크게 한다.
㉱ 반파 정류로 하고 필터 초크코일의 인덕턴스를 줄인다.
[해설] 브리지(bridge) 정류로 하고 필터 콘덴서 용량을 크게해야 한다.

[문제] 29. 전원회로에 부하를 연결했을 때 9[V]이었고, 무부하시 10[V]이었다. 전압변동률은 몇 [%]인가?
㉮ 8   ㉯ 11   ㉰ 15   ㉱ 17
[해설] 전압변동률 $= \dfrac{V - V_0}{V_0} \times 100$
$= \dfrac{10 - 9}{9}$
$\fallingdotseq 11 [\%]$

[문제] 30. 그림과 같은 정류회로의 맥동률은?
㉮ 0.387
㉯ 0.482
㉰ 0.515
㉱ 1.213

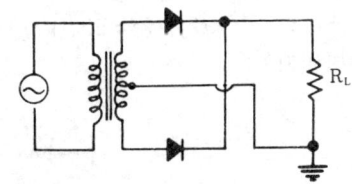

[해설] 회로 전류의 평균값에 대한 실효값의 비로서 계수 F를 정의하면 다음과 같다.
$F = \dfrac{I_{rms}}{I_{dc}} = \left(\dfrac{I_m}{\sqrt{2}}\right)\left(\dfrac{\pi}{2I_m}\right) = 1.11$
맥동률 $\gamma = \sqrt{F^2 - 1} = \sqrt{(1.11)^2 - 1}$
$= 0.482$

[해답] 28. ㉰ 29. ㉯ 30. ㉯

문제 31. 에미터접지 트랜지스터 회로에서 입력신호와 출력신호의 전압 위상차는 몇 도인가?

㉮ 0 ㉯ 90 ㉰ 180 ㉱ 270

[해설] 이미터 접지 증폭기에서 정(+)의 입력신호기간은 I_C가 증가, R_L 양단에 전압강하가 커지므로 출력은 부(-)로 나타나고 반대인 경우에는 I_C가 감소 R_L 양단에 전압강하가 적어져 출력은 정(+)로 나타난다. 따라서 입출력 신호는 역위상(180°위상차)이 된다.

문제 32. 베이스 접지때의 전류 증폭도 $\alpha=0.95$, 이미터 전류 $I_E=6[mA]$, 컬렉터 역 포화전류 $I_{CO}=10[\mu A]$일 때 이미터 접지형의 컬렉터 전류 I_C는 몇 [mA]인가?

㉮ 5.71 ㉯ 6.21 ㉰ 6.71 ㉱ 7.21

[해설] $I_C = \alpha I_E + I_{CO}$
$= (0.95 \times 6) + (10 \times 10^{-3})$
$= 5.71 [mA]$

문제 33. 회로의 어떤 부분에 있어서 신호전력과 잡음전력의 크기의 비를 무엇이라고 하는가?

㉮ 잡음지수 ㉯ SN비 ㉰ 일그러짐율 ㉱ 변조율

[해설] 회로의 어떤 부분에 있어서 신호전력과 잡음 전력의 크기에 비를 신호대 잡음비(SN비)라 한다.

문제 34. 다음 회로는 $Z=50[k\Omega]$, $Zf=500[k\Omega]$인 이상적인 연산 증폭기이다. A_{vf}는 얼마인가?

㉮ 0.1
㉯ -0.1
㉰ 10
㉱ -10

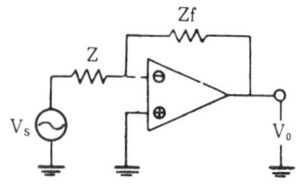

[해설] $A_{vf} = -\dfrac{Z_f}{Z}$
$= -\dfrac{500}{50}$
$= -10$

[해답] 31. ㉰ 32. ㉮ 33. ㉯ 34. ㉱

문제 35. 그림에서 입력단자에 V_1 각 같은 구형 파형을 가했을 때 출력단자(콘덴서 C)의 양단에 나타나는 V_C의 파형은?

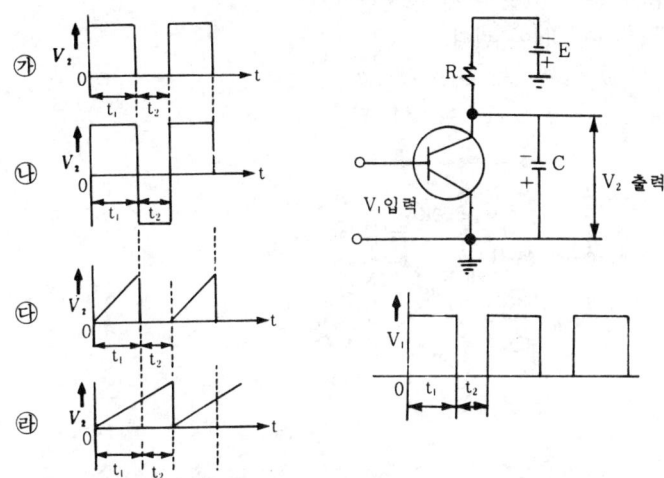

해설 V_1 입력의 t_2 기간은 TR에 역바이어스가 되어 전류가 흐르지 못하므로 E는 R과 C를 통해 서서히 충전한다.
다음 V_1의 t_1 기간은 TR에 순바이어스가 되어 전류가 흐르므로 C충전된 전압은 TR의 내부저항을 통해 급방전, 톱날파 출력이 얻어진다(TR이 NPN형인 경우이다.). 그런데 필자는 잘못된 문제로 판단한다. 그 이유는 TR이 PNP형이므로 V_1이 부의 펄스가 가해져야 하고 출력 V_C로 부의 톱날파로 되어야 하기 때문이다.

문제 36. 다음 회로의 명칭은?
㉮ 피어스 C-B형 발진회로
㉯ 피어스 B-E형 발진회로
㉰ 하아틀레이 발진회로
㉱ 콜피츠 발진회로

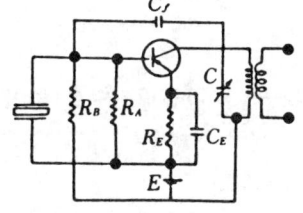

해설 회로에서 베이스와 이미터 사이에 수정진동자를 접속하고 있으므로 피어스(Pierce) B-E형 발진회로이다.

문제 37. 그림과 같은 단안정 멀티 바이브레이터의 트리거 입력에 (+)의

해답 35. ㉯ 36. ㉯ 37. ㉱

트리거 신호를 주었을 때의 설명으로 적합치 않은 것은?
㉮ 출력 펄스의 폭 $T ≒ 0.69\ C_1R_1$이다.
㉯ C_1의 충전 전하는 R_1을 통해 방전한다.
㉰ Q_2는 OFF, Q_1는 ON이 된다.
㉱ 입력펄스가 없을 때에는 Q_2는 OFF가 된다.

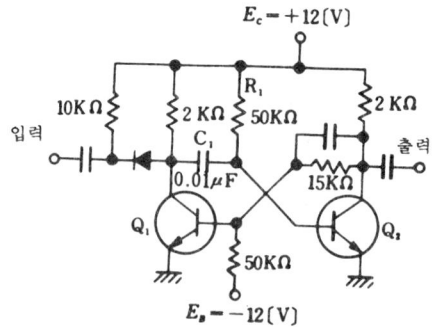

[해설] 입력에 (+) 트리거 신호가 주어지면 Q_2는 역방향이므로 OFF, Q_1은 ON이 된다. 입력에 트리거 신호가 주어지지 않으면 Q_2에 순방향이므로 ON이 되고, Q_1이 OFF가 된다.

[문제] 38. 710[kHz]의 반송파를 5[kHz]로 100[%] 진폭변조 하였다면 그 때의 점유 주파수대는?
㉮ 705-715[kHz]   ㉯ 710-715[kHz]
㉰ 705-710[kHz]   ㉱ 710-720[kHz]

[해설] 점유주파수대 = 710[kHz] ± 5[kHz]
  = 705～715[kHz]

[문제] 39. 10진수 1/16을 2진수로 하면?
㉮ 0.1   ㉯ 0.01   ㉰ 0.001   ㉱ 0.0001

[해설] $\dfrac{1}{16} = 0.0625_{(10)}$

$0.0625_{(10)} = 0.0001_{(2)}$

```
 0.0625
×     2
 0.1250 ······ 0
×     2
 0.2500 ······ 0
×     2
 0.5000 ······ 0
×     2
 1.0000 ······ 1
```

[해답] 38. ㉮   39. ㉱

문제 40. 다음 그림은 2진수의 0과 1을 입력하는 논리회로이다. 이 회로의 이름은?

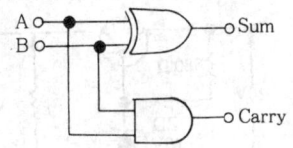

㉮ 반감산기
㉯ 반가산기
㉰ 전가산기
㉱ 플립플롭

해설 2개의 2진수 A와 B를 더한 합(sum)과 자리올림(carry)을 얻는 반가산기이다.

문제 41. RS-FF에서 R=1, S=1일때 출력은?
㉮ 리세트(Reset) ㉯ 세트(Set) ㉰ 불확정 ㉱ Q_n

해설 R=1, S=1의 입력이 가해지면 출력이 정해지지 않는 불확정 상태(금지상태)가 된다.

문제 42. 다음 터널다이오드의 특성 중 틀리는 것은?
㉮ 역바이어스 상태에서는 훌륭한 도체이다.
㉯ 적은 순바이어스 상태에서 저항은 대단히 적다.(5Ω 정도)
㉰ 피이크전류 I_P의 상태가 지나면 $\dfrac{dV}{dI}<0$을 나타낸다.
㉱ 전류가 최대이며 $\dfrac{dI}{dV}=\infty$으로 되는 동작점의 전류를 Valley 전류라 한다.

문제 43. 다음 그림과 같은 콘덴서 여과기(Condenser filer)에 대한 설명 중 틀리는 것은?(단, $I_C<R_L$, X_C : 콘덴서의 리액턴스)

㉮ 콘덴서 여과기에 처음 파형을 인가하는 경우 R_L이 매우 크므로 여과기를 통해 전류가 흐른다.
㉯ 콘덴서 C는 입력파의 피크 투 피크값(V_{P-P})까지 충전된다.
㉰ 주기가 변화할 때에도 콘덴서 C는 부하저항 R_L을 통하여 축적된 에너지를 방전한다.
㉱ 특별 부하전류가 있을 때는 C 값은 방전 전압의 비로서 결정되며 여과기의 콘덴서는 다음 파형이 인가될 때 까지 방전한다.

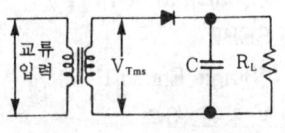

해설 회로에서 C는 필터 콘덴서로 입력파의 최대값까지 충전이 이루어진다.

해답 40. ㉯   41. ㉰   42. ㉱   43. ㉯

문제 44. 다음 회로에서 출력 전압 Vout는 몇 [V]인가?(단, TR도통시 V_{BE}는 0.7[V]이다.)

㉮ 7.3
㉯ 8.7
㉰ 9.3
㉱ 10.7

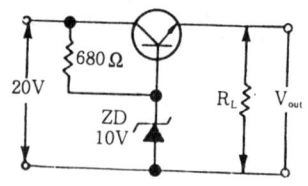

[해설] 제너전압 10[V]이고 바이어스전압이 0.7[V]이므로
출력전압 $V_o = 10 - 0.7$
$\qquad = 9.3[V]$가 된다.

문제 45. 다음 그림에서 V_{CE}가 $-4[V]$일 때 I_C는 $-4[mA]$, I_B는 $-40[\mu A]$이다. 이때, I_E는?

㉮ 2.25[mA]
㉯ 4.04[mA]
㉰ 5.32[mA]
㉱ 6.02[mA]

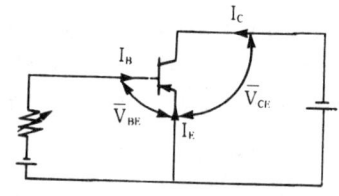

[해설] $I_E = I_C + I_B$
$\qquad = 4 + (40 \times 10^{-3})$
$\qquad = 4.04[mA]$

문제 46. 그림의 회로는 어떠한 접속인가?

㉮ DEPP
 (Double Ended P-P)
㉯ SEPP
 (Single Ended P-P)
㉰ 다링톤 접속
㉱ 캐스코우드 접속

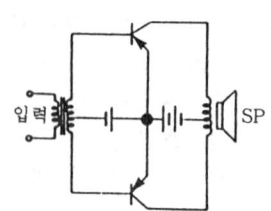

[해설] 2개의 트랜지스터를 대칭으로 접속, 부하에 대하여는 직렬, 전원에 대하여는 병렬로 동작하는 DEPP 회로이다.

문제 47. 푸시풀(push-pull) 전력 증폭기에서 출력파형이 찌그러짐이 작아지는 주요 이유는?

[해답] 44. ㉰ 45. ㉯ 46. ㉮ 47. ㉱

㉮ 두개의 트랜지스터에 인가되는 입력전압의 위상어 동상이기 때문이다.
㉯ 직류성분이 증폭되지 않기 때문이다.
㉰ 기수차 고조파가 상쇄되기 때문이다.
㉱ 우수차의 고조파가 상쇄되기 때문이다.
[해설] 푸시풀 전력증폭회로는 직류 바이어스 전류가 작아도 되고 입력이 없을 때 컬렉터 손실이 작으며 큰 출력을 낼 수 있다. 그리고 우수차 고조파가 상쇄되기 때문에 그만큼 일그러짐이 감소된다.

[문제] 48. 다음 이상적인 발진기에서 발진주파수를 결정하는 소자는 어느 것인가?
㉮ R_3, R_4, C_1, C_2
㉯ C_1, C_2, R_1, R_2
㉰ C_1, R_1, R_2, R_3
㉱ C_1, R_1

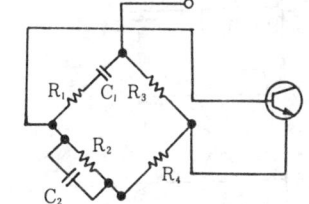

[해설] RC 빈브리지 발진기의 발진주파수

$$f = \frac{1}{2\pi\sqrt{C_1 C_2 R_1 R_2}} [Hz]$$ 로서 증폭기의 전압이득이 3이상이면 발진한다.

[문제] 49. 수정발진기의 주파수에 대한 설명 중 틀린 것은?
㉮ 주파수 안정을 위해 다음 단과의 사이에 완충증폭기를 설치한다.
㉯ 주파수 안정을 위해 다음 단과 밀결합해야 한다.
㉰ 주파수는 두께에 반비례하므로 얇을수록 높다.
㉱ 밀도의 평반근에 주파수는 반비례한다.
[해설] 수정발진자는 얇을수록 발진주파수가 높아지고 Q는 $10^4 \sim 10^6$으로 매우 안정하여 발진주파수의 안정도가 높다.

[문제] 50. CR 충방전회로에서 상승시간(rise time)이라 함은?
㉮ 출력전압이 최종값의 90[%]로부터 10[%]에 이르기 까지 소요되는 시간을 말한다.
㉯ 스위치를 넣은 후 출력전압이 최종값의 10[%]에서 90[%]까지 소요되는 시간을 말한다.
㉰ 스위치를 넣은 후 출력전압의 최종값의 10[%]에 달하는데 소요되

[해답] 48. ㉯ 49. ㉯ 50. ㉯

는 시간을 말한다.
㉤ 스위치를 넣은 후 출력전압의 최종값의 90[%]에서 100[%]에 달하는데 소요되는 시간을 말한다.

[해설] 실제의 펄스가 이상적 펄스의 진폭 V의 10[%]에서 90[%]까지 상승하는데 걸리는 시간을 상승시간이라 한다.

[문제] **51.** 다음 그림과 같이 입력측에 정현파를 인가할 경우 출력 파형은?

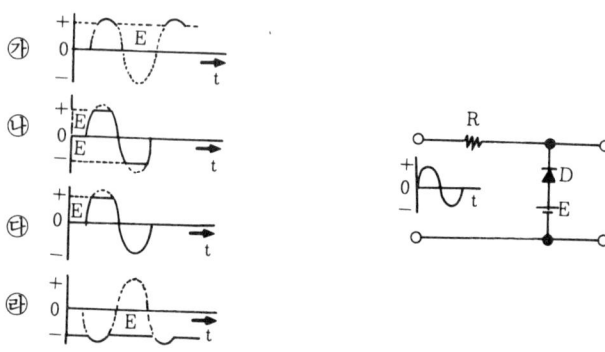

[해설] 베이스 클리퍼 회로이므로 사인파 입력이 바이어스 전압 E보다 크면 출력파형은 ㉮와 같아진다.

[문제] **52.** 다음 중 입력신호가 반전(反轉)되어 출력으 나타나는 게이트 회로는?
㉮ AND　　㉯ OR　　㉰ NOR　　㉱ NOT

[해설] 입·출력이 반전되는 회로는 인버터(inverter)인 NOT 게이트가 있다.

[문제] **53.** 다음의 기본 RS 플립플롭에서 S=1, R=0의 입력이 들어가면 출력 Q, $\overline{Q}$의 상태는?
㉮ Q=1, $\overline{Q}$=0
㉯ Q=1, $\overline{Q}$=1
㉰ Q=0, $\overline{Q}$=0
㉱ Q=0, $\overline{Q}$=1

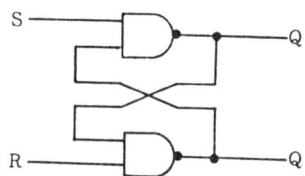

[해답] 51. ㉮　52. ㉱　53. ㉱

[해설]

입력		출력		동작상태
S	R	Q	$\overline{Q}$	
0	0	1	1	정 지
0	1	1	0	세 트
1	0	0	1	리세트
1	1	Q_n	$\overline{Q}_n$	홀 드

[문제] 54. 다음 그림중에서 T플립플롭은 어느 것인가?

㉮ 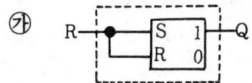 ㉯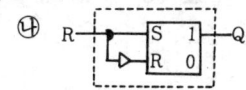

㉰ 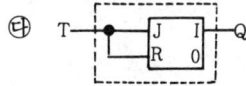 ㉱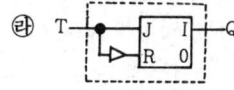

[해설] 입력단자 J와 K를 접속 T-FF를 구성한 것이다. T란 toggle이란 뜻이고 클록 입력에 의하여 Q 및 $\overline{Q}$가 "1"과 "0"을 반복한다.

[해답] 54. ㉰

1996년도 전기·전자공학 2급 출제문제

문제 1. 기전력 1.5[V], 내부저항 0.1[Ω]인 전지 3개를 직렬로 연결하고 이를 단락하였을 때 단락전류는 몇 [A]인가?
㉮ 13.5   ㉯ 15   ㉰ 12.5   ㉱ 20

해설 기전력은 nE로 4.5[V], 내부저항은 nr로 0.3[Ω]이므로
$$I_s = \frac{nE}{nr} = \frac{4.5}{0.3} = 15[A]$$

문제 2. 자장의 세기 설명이 잘못된 것은?
㉮ 단위 길이당 기자력과 같다.
㉯ 수직단면의 자력선 밀도와 같다.
㉰ 단위자극에 작용하는 힘과 같다.
㉱ 자속밀도에 투자율을 곱한 것과 같다.

해설 자장의 세기(magnetic field intensity) H는 자기회로의 단위길이에 대해 얼마만큼의 기자력이 주어지고 있는가를 나타내는 양으로 다음과 같은 관계가 있다.
$B = uH[Wb/m^2]$

문제 3. 두 콘덴서 C_1[F] 및 C_2[F]에 Q[C]의 전하를 주었더니 C_1의 전압은 C_2 전압의 n배가 되었다면 C_2의 정전용량은 C_1의 몇 배인가?
㉮ 1   ㉯ $\frac{1}{n}$ ㉰ n ㉱ n^2

해설 $Q = C_1 V_1 = C_2 V_2$에서 $\frac{C_2}{C_1} = \frac{V_1}{V_2} = \frac{nV_2}{V_2} = n$

문제 4. 정현파 교류의 실효값이 100[V]이고, 주파수가 60[Hz]인 경우 전압의 순시 값 e는?
㉮ $e = 141.4 \sin 377t$ ㉯ $e = 100 \sin 377t$
㉰ $e = 141.4 \sin 120t$ ㉱ $e = 100 \sin 120t$

해설 $e = V_m \sin\omega t = \sqrt{2}\,V \sin 2\pi ft = 100\sqrt{2}\,\sin 2\pi \times 60t = 141.4 \sin 377t[V]$

문제 5. 저항 4[Ω] 유도리액턴스 3[Ω]을 병렬 연결하면 합성임피던스는 몇 [Ω]이 되는가?

해답 1. ㉯   2. ㉱   3. ㉰   4. ㉮   5. ㉯

㉮ 2.4　　㉯ 5　　㉰ 7.5　　㉱ 10

[해설] $Z = \dfrac{R \cdot X_L}{\sqrt{R^2 + X_L^2}} = \dfrac{4 \times 3}{\sqrt{4^2 + 3^2}} = 2.4 [\Omega]$

[문제] 6. 전자가 운동하고 있을 때 전자의 정지 질량을 M_0, 전자의 속도를 v[m/sec]라 하고, 빛의 속도를 c라 하면, 전자의 질량 m은 어떻게 표시 되는가?

㉮ $m = \dfrac{M_0}{\sqrt{1-(v/c)^2}}$　　㉯ $m = \dfrac{M_0}{\sqrt{1-(c/v)^2}}$

㉰ $m = \dfrac{\sqrt{1-(v/c)^2}}{M_0}$　　㉱ $m = \dfrac{\sqrt{1-(c/v)^2}}{M_0}$

[해설] $m = \dfrac{M_0}{\sqrt{1-(\dfrac{v}{c})^2}}$ [kg]

[문제] 7. 그림과 같은 반파 정류회로의 등가회로에서 최대출력의 조건은?

㉮ $R = r$
㉯ $R = 2r$
㉰ $R = r/2$
㉱ $R = r/4$

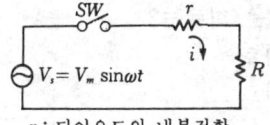

r : 다이오드의 내부저항
R : 부하저항

[해설] 최대 출력의 조건 $R_L = r_d$

[문제] 8. 단상전파(양파)정류기의 직류출력은 단상반파정류기 직류출력의 약 몇 배인가?

㉮ 1.5　　㉯ 2　　㉰ 3　　㉱ 4

[해설] 전파정류방식의 부하에 흐르는 정류전류는 반파정류의 2배가 되어 정류출력 전력이 4배로 커진다. ($P = I^2R$[W])

[문제] 9. 캐소드 플로워의 설명으로 틀린 것은?

㉮ 입력 임피이던스가 낮다.
㉯ 전압 이득이 1 이하이다.
㉰ 넓은 대역에 걸쳐 주파수 특성이 양호하다.
㉱ 부궤환 증폭기이다.

[해설] 캐소드 플로워(cathode fllower) 회로는 임피던스가 대단히 낮아 병렬로 존재하는 정전용량의 영향도 적어져서 넓은 대역에 걸쳐 주파수 특성이 좋아진다. 전압

[해답] 6. ㉮　7. ㉮　8. ㉱　9. ㉮　10. ㉮

증폭도는 항상 1보다 적으므로 전압은 증폭되지 않으나 전력 증폭은 된다. 따라서 이 회로는 증폭작용을 하기보다는 임피던스가 높은 회로와 낮은 회로 사이의 임피던스 정합에 많이 사용된다.

문제 10. 다음 차동증폭기에 대한 설명 중 틀린 것은?
㉮ 차동증폭기는 2개의 입력단자에 가해진 2개의 신호차를 증폭하여 출력으로 하는 회로이다.
㉯ 이상적인 차동증폭기는 두입력의 진폭이 같으며 위상이 서로 반대이면 출력은 두입력의 차에 비례한 성분만 나타난다.
㉰ 차동 이득이 작고 동위상 이득이 클수록 우수한 평형 특성을 가진다.
㉱ 동위상 이득에 대한 자동이득의 비가 클수록 우수한 차동특성을 나타낸다.
해설 차동증폭기는 2개의 트랜지스터 베이스에 입력을 가하고 양 TR 컬렉터에서 증폭된 차에 출력을 얻는 방식이다. 이상적인 차동 증폭기는 차동이득은 크고 동위상 이득은 적을수록 우수한 평형특성을 가진다.

문제 11. 그림과 같은 회로는?
㉮ 톱니파 발생회로
㉯ 정현파 발생회로
㉰ 적분회로
㉱ 미분회로

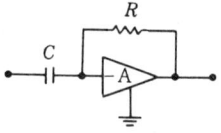

해설 R과 C를 바꾸면 적분회로가 된다.

문제 12. 발진을 이용하지 않는 검파방식은?
㉮ 헤테로다인 검파회로   ㉯ 링 검파회로
㉰ 다이오드 검파회로   ㉱ 평형 검파회로
해설 다이오드 검파회로는 변조파 또는 중간주파 신호속에서 음성신호만을 골라내는 회로이다.

문제 13. 어떤 회로에 구형파를 입력에 넣은 결과 그림과 같이 파형이 일그러져 출력에 나타났을 때
① 부분을 무엇이라고 하는가?

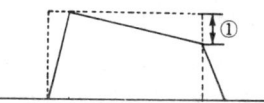

해답 10. ㉰   11. ㉱   12. ㉰   13. ㉰

㉮ 오우버슈우트
㉯ 언더슈우트
㉰ 새그
㉱ 링잉
[해설] 펄스진폭의 뒤가 작아진 부분을 새그라 한다.

[문제] 14. 0에서 9까지의 10진수를 2진수로 나타내려면 최소한 몇 bit가 필요한가?
㉮ 3   ㉯ 4   ㉰ 5   ㉱ 6
[해설] 0~9까지의 10진수 중 5를 골라 보기로 하자.
$5_{(10)} = 0101_{(BCD)}$ 즉 4개의 2진수의 집합이므로 4bit가 된다.

[문제] 15. 8진수 2374를 16진수로 변환한 값은?
㉮ $3A2)_{16}$ ㉯ $3C2)_{16}$ ㉰ $4D2)_{16}$ ㉱ $4FC)_{16}$
[해설] 8진수를 2진수로 변환한 다음 16진수로 다시 변환한다.
$(2374)_{(8)} = (010011111100)_2 = 4FC_{(16)}$

[문제] 16. 다음 중 자기보수(self-complement)의 특성을 갖고 있는 코드는?
㉮ 8421 코드   ㉯ 5421 코드   ㉰ 3초과 코드   ㉱ 그레이 코드
[해설] 자기보수 부호(3초과 코드)는 BCD 코드에 ($3_{(10)} = 0011_{(2)}$)을 더하여 얻은 것으로 BCD 부호의 단점인 산술연산문제를 보다 쉽게 한 것이다.

[문제] 17. A, B는 입력, X를 출력이라 할 때 OR 회로는?
㉮ $\overline{A} = X$ ㉯ $A \cdot B = X$ ㉰ $A + B = X$ ㉱ $\overline{A \cdot B} = X$
[해설] OR(논리합) Gate의 논리식 $X = A + B$

[문제] 18. 다음표와 같은 진리치표를 갖는 논리회로의 명칭은?
㉮ NOT gate
㉯ NAND gate
㉰ OR gate
㉱ exclusive OR
[해설] E-OR Gate의 논리식
$X = A \oplus B = A\overline{B} + \overline{A}B$

입력		출력
A	B	Y
0	0	0
0	1	1
1	0	1
1	1	0

[해답] 13. ㉰ 14. ㉯ 15. ㉱ 16. ㉰ 17. ㉰ 18. ㉱

문제 19. 전기력선의 밀도와 같은 것은?
㉮ 유전속 밀도 ㉯ 전하 밀도 ㉰ 전장의 세기 ㉱ 정전력
해설 전기력선에 수직인 단면의 단위 면적을 통과하는 전기력선의 수는 전장(전계) 크기와 같다.

문제 20. 코일에 발생하는 유기 기전력의 크기는 어느 것에 관계되는가?
㉮ 코일에 쇄교하는 자속수의 변화에 비례한다.
㉯ 시간의 변화에 비례한다.
㉰ 코일에 쇄교하는 자속수에 반비례한다.
㉱ 코일에 쇄교하는 자속수에 비례한다.
해설 유도기전력 $v = N\dfrac{d\phi}{dt}$[V] ∴ 쇄교하는 자속수의 변화에 비례한다.

문제 21. 어느 점전하에 의하여 생기는 전위를 처음의 1/4이 되게 하려면 점전하 거리를 몇배로 하여야 하는가?
㉮ 2   ㉯ 1/2   ㉰ 4   ㉱ 1/4
해설 전위 $V = 9 \times 10^9 \dfrac{Q}{r}$[V]이므로 거리 r[m]가 4배가 되면 전위 V[V]는 $\dfrac{1}{4}$이 된다.

문제 22. 어떤 부하에 100[V], 5[A]의 교류전류가 흐르고 역률이 90[%]일 때 부하의 유효전력은 얼마인가?
㉮ 20[W]   ㉯ 50[W]   ㉰ 100[W]   ㉱ 450[W]
해설 $P = EI\cos\theta$[W] $= 100 \times 5 \times 0.9 = 450$[W]

문제 23. 자장 중의 전자의 운동방향은 어느 법칙에 영향을 받아 회전하는가?
㉮ 비오-사바아르의 법칙
㉯ 오른나사의 법칙
㉰ 플레밍의 왼손법칙
㉱ 플레밍의 오른손법칙
해설 자장중의 전자는 플레밍의 왼손법칙 따라 원운동을 하게 된다.

문제 24. 순 바이어스 전압을 걸었을 때 PN 접합의 경우 중 틀린 것은?
㉮ 전위장벽이 낮아진다.

해답 19. ㉰ 20. ㉮ 21. ㉰ 22. ㉱ 23. ㉰ 24. ㉱

㉯ 공간전하 영역의 폭이 좁아진다.
㉰ 전장이 약해진다.
㉱ 전장이 강해진다.
해설 PN 접합에 순방향 바이어스를 가하면 다수캐리어가 서로 다른쪽에 주입되어 전장이 강해진다.

문제 25. 전원 주파수가 60[Hz]일 때 3상 전파 정류회로의 리플 주파수는 몇 [Hz]가 되는가?
㉮ 60   ㉯ 120   ㉰ 180   ㉱ 360
해설 단상반파 : 60[Hz], 단상전파 : 120[Hz]
3상 반파 : 180[Hz], 3상 전파 : 360[Hz]

문제 26. 제너 다이오드를 사용하는 회로는?
㉮ 검파회로   ㉯ 고압정류회로
㉰ 고주파발진회로   ㉱ 전압안정회로
해설 제너 다이오드는 정전압 회로에서 기준전압을 얻는 소자로 사용된다.

문제 27. 에미터 접지회로를 이용하여 β를 측정하였더니 49가 측정되었다. 트랜지스터의 α는?
㉮ 1   ㉯ 0.98   ㉰ 0.96   ㉱ 2
해설 전류증폭률 $\alpha = \dfrac{\beta}{1+\beta} = \dfrac{49}{1+49} = 0.98$

문제 28. V_{CE}를 일정하게 하고 에미터의 전류를 1[mA] 변화시킨 경우 콜렉터 전류의 변화는 0.95[mA] 이었다. 전류증폭정수 β는 얼마이겠는가?(단, 에미터 접지인 경우이다.)
㉮ 17   ㉯ 18   ㉰ 19   ㉱ 20
해설 $I_E = I_B + I_C$에서 $I_B = I_E - I_C = 1 - 0.95 = 0.05$[mA]
$\beta = \dfrac{\Delta I_C}{\Delta I_B} = \dfrac{0.95}{0.05} = 19$

문제 29. 그림과 같은 회로에서 베이스 전류 I_B는 몇 [μA]이겠는가?

해답 25. ㉱   26. ㉱   27. ㉯   28. ㉰   29. ㉰

㉮ 27
㉯ 36
㉰ 54
㉱ 63

[해설] 베이스 전류

$$I_B = \frac{V_{CC} - V_{BE}}{R_B} = \frac{6-0.6}{100 \times 10^3} = 54 [\mu A]$$

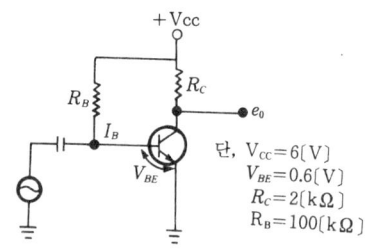

단, $V_{CC} = 6[V]$
$V_{BE} = 0.6[V]$
$R_C = 2[k\Omega]$
$R_B = 100[k\Omega]$

[문제] 30. 40[%] 변조된 진폭변조파의 출력이 500[W]일 때 반송파 성분의 전력은 약 몇 [W]인가?

㉮ 463　　㉯ 524　　㉰ 625　　㉱ 726

[해설] $P_m = P_c(1 + \frac{m^2}{2})[W]$에서

$$P_c = \frac{P_m}{1 + \frac{m^2}{2}} = \frac{500}{\frac{2}{2} + \frac{(0.4)^2}{2}} ≒ 463$$

[문제] 31. 진폭변조에서 반송파 전력 P_0, 피변조파 전력을 P_m이라면 다음 중 관계가 있는 것은?(단, 변조도는 100[%]라고 한다.)

㉮ $P_m = P_0$　　㉯ $P_m = \frac{1}{2}P_0$　　㉰ $P_m = 2P_0$　　㉱ $P_m = \frac{3}{2}P_0$

[해설] $P_m = (1 + \frac{m^2}{2})P_0[W] = (\frac{2}{2} + \frac{1}{2})P_0 = \frac{3}{2}P_0[W]$

[문제] 32. 멀티바이브레이터에 대한 설명 중 틀린 것은?

㉮ 회로의 시정수로 주기가 결정된다.
㉯ 고차의 고조파를 포함하고 있다.
㉰ 부궤환의 일종이다.
㉱ 전원전압이 변동해도 발진주파수에는 큰 변화가 없다.

[해설] 멀티바이브레이터는 트랜지스터 2단의 RC결합 증폭회로의 출력을 입력에 정궤환시켜 트랜지스터를 교대로 ON-OFF 동작하게 함으로써 두상태를 반복 유지하는 펄스 발생회로이다. 회로의 시상수로 주기가 결정되며 고차의 고조파를 포함하는 출력 펄스파를 얻는다.

[해답] 30. ㉮　31. ㉱　32. ㉰

문제 33. 그림에서 펄스의 반복주기는?

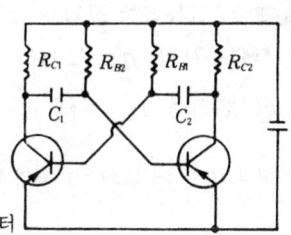

㉮ $0.7(C_2R_{B1}+C_1R_{B2})$
㉯ $0.7(C_1R_{B1}+C_2R_{B2})$
㉰ $C_2R_{B1}+C_1R_{B2}$
㉱ $C_1R_{B1}+C_2R_{B2}$

[해설] 회로는 교류결합 2단의 비안정 멀티바이브레이터 (astable multivbrator)로서 펄스폭 T_W 및 반복주기 T_2은 다음 식으로 된다.
$T_W ≒ 0.7CR ≒ 0.7(C_2R_{B1}+C_1R_{B2})$ [sec]

문제 34. 플립플롭 회로는 입력 트리거 펄스 몇개마다 1개의 출력 펄스가 나오는가?
㉮ 1   ㉯ 2   ㉰ 3   ㉱ 4

[해설] 쌍안정 멀티바이브레이터는 2개의 펄스가 들어올때마다 1개의 펄스를 얻어내는 직류, 교류 결합 2단 증폭기로 구성된다.

문제 35. 다음 회로 중 플립플롭(쌍안정 멀티바이브레터) 회로를 쓰지 않는 것은?
㉮ 2진 계수회로   ㉯ 리이터회로
㉰ 전자계산기기억회로   ㉱ 분주회로

[해설] 분주회로 및 2진 계수회로, 전자계산기 메모리 회로 등에 FF 회로가 사용된다.

문제 36. 다음 진리표의 논리식을 최소화한 것은?

㉮ $F=AB+BC+AC$
㉯ $F=A+B+C$
㉰ $F=\overline{A}\cdot B+B\cdot \overline{C}+A$
㉱ $F=AB+\overline{A}BC+A\overline{B}C$

[해설] $F=AB\overline{C}+AB\overline{C}+\overline{A}BC+ABC$
$=(AB\overline{C}+AB\overline{C})+(ABC+\overline{A}BC)+(ABC+AB\overline{C})$
$=AB(C+\overline{C})+BC(A+\overline{A})=AC(B+\overline{B})$
$=AB+BC+AC$

입		력	출력
A	B	C	F
0	0	0	0
0	0	1	0
0	1	0	0
0	1	1	1
1	0	0	0
1	0	1	1
1	1	0	1
1	1	1	1

[해답] 33. ㉮ 34. ㉯ 35. ㉯ 36. ㉮

문제 37. 굵기가 균일한 전선의 단면적이 $S[m^2]$, 길이가 $l[m]$인 도체의 저항은?(단, ρ는 도체의 고유저항)

㉮ $R=\rho\dfrac{S}{l}[\Omega]$ ㉯ $R=\rho\dfrac{l}{S}[\Omega]$ ㉰ $R=l\dfrac{S}{\rho}[\Omega]$ ㉱ $R=l\cdot S\cdot\rho[\Omega]$

해설 $R=\rho\cdot\dfrac{l}{S}[\Omega]$ S는 단면적으로 A로도 표시한다.

문제 38. 5[μF]의 콘덴서에 10[V]의 직류 전압을 가하면 축적되는 전하는?

㉮ $5\times10^{-6}[C]$ ㉯ $5\times10^{-5}[C]$ ㉰ $5\times10^{-4}[C]$ ㉱ $2.5\times10^{-5}[C]$

해설 $Q=CV=5\times10^{-6}\times10=5\times10^{-5}[C]$

문제 39. 자체 인덕턴스 20[mH]의 코일에 60[Hz]의 전압을 가할 때 코일의 유도 리액턴스 [Ω]는?

㉮ 3.68   ㉯ 4.53   ㉰ 6.75   ㉱ 7.54

해설 $X_L=\omega L=2\pi fL=2\pi\times60\times20\times10^{-3}=7.54[\Omega]$

문제 40. 다음은 FET에 관하여 설명 하였다. 틀리는 것은?

㉮ n채널 FET는 그 특성이 5극관과 비슷하다.
㉯ FET의 구조상 드레인 단자와 소오스단자는 걸어주는 전압의 극성에 따라 구별된다.
㉰ 잡음특성이 우수하나 저주파에 대한 특성이 매우 나쁘다.
㉱ 입력임피이던스가 대단히 높고 열적으로 안정하다.

해설 FET(전기장 효과 트랜지스터)는 게이트 전압으로 드레인 전류가 제어되는 다수반송자에 의한 3극 반도체 소자로서 입력임피던스가 매우높고 고이득의 전압증폭 소자이다. 따라서 n채널 FET는 그 특성이 5극관과 비슷하다.

문제 41. 직류출력 전압이 무부하시 250[V]이고 전부하시 출력 전압이 200[V]였다. 전압변동율은?

㉮ 10%   ㉯ 15%   ㉰ 20%   ㉱ 25%

해설 $\eta=\dfrac{V-V_0}{V_0}\times100=\dfrac{250-200}{200}\times100=25[\%]$

해답 37. ㉯   38. ㉯   39. ㉱   40. ㉰   41. ㉱

문제 42. 다음 그림에서 직류의 최대 출력을 얻기위한 부하(R_L) 저항은?
㉮ 2.8[Ω]
㉯ 20.3[Ω]
㉰ 10[Ω]
㉱ 4[Ω]

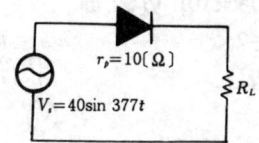

해설 최대 출력을 얻기 위해서는 내부저항 r_p와 부하저항 R_L 값이 같아야 한다.
∴ $r_p=10[Ω]$, $R_L=10[Ω]$

문제 43. 직류 안정화 전원 회로에서 기준 전압을 얻는 소자는?
㉮ 실리콘 다이오드   ㉯ 터널 다이오드
㉰ 발광 다이오드   ㉱ 제너 다이오드

해설
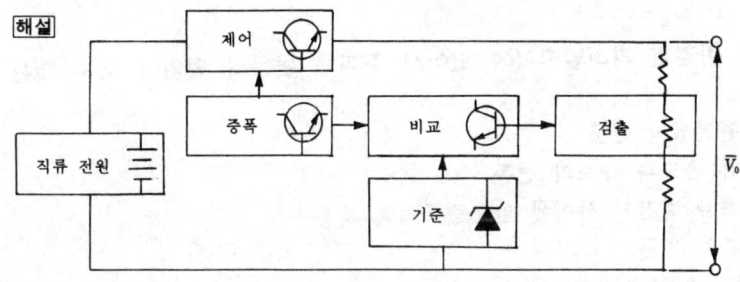

문제 44. 초크 입력형 평활회로의 특징은?
㉮ 평활효과가 적다.
㉯ 정류회로가 가해지는 역전압이 크다.
㉰ 부하전압의 평균값이 작다.
㉱ 부하전류 변화에 대하여 전압변동이 적다.
해설 초크 코일은 입력 AC 성분에 대하여 임피던스가 높으므로 급격한 전류의 변화를 완만히 하여 전압변동이 적다.

문제 45. 에미터 접지 증폭기에서 부하저항이 5[kΩ]이고 $h_{fe}=50$, $h_{ie}=2$[kΩ]일 때 대략의 전류 이득은?
㉮ 25   ㉯ 35   ㉰ 50   ㉱ 75

해설 $A_i = \dfrac{i_c}{i_b} ≒ \dfrac{\beta i_b}{i_b} = \beta$ ∴ $h_{fe}(\beta)=50$

해답 42. ㉰   43. ㉱   44. ㉱   45. ㉰

문제 46. 아래 그림과 같은 증폭회로에서 되먹임(feed back)이 있을 때의 전압증폭도 A_f는?
(단, V_f : 되먹임전압,
v_0 : 출력전압,
β : 되먹임 계수임)

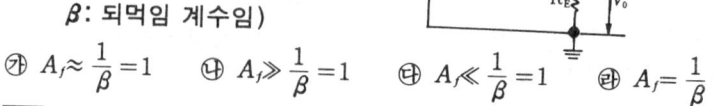

㉮ $A_f \approx \dfrac{1}{\beta} = 1$ ㉯ $A_f \gg \dfrac{1}{\beta} = 1$ ㉰ $A_f \ll \dfrac{1}{\beta} = 1$ ㉱ $A_f = \dfrac{1}{\beta} = 0$

해설 되먹임 전압은 저항 R_E에 걸리는 전압 V_f이고 출력 전압은 V_0이므로 $\beta = \dfrac{V_f}{V_0} = 1$이다. 따라서 되먹임이 있을 때의 전압 증폭도는 다음과 같다.

$A_f \approx \dfrac{1}{\beta} = 1$

문제 47. 반결합 자려발진기에 있어서 주파수 변동의 원인이 되지 않는 것은?
㉮ 전원전압의 변동
㉯ 주위 온도나 습도의 변동
㉰ 부하와 발진기 사이에 완충증폭기를 사용
㉱ 부하의 변동

해설 발진 주파수 변동의 원인과 대책
① 부하의 변화 : 완충 중폭기를 부가한다.
② 주위온도의 변화 : 온도계수가 낮은 부품을 사용하고 항온조를 한다.
③ 전원전압의 변화 : 안정화 전원회로를 사용한다.

문제 48. 수정 발진기의 발진 주파수가 안정한 이유로서 가장 옳은 것은?
㉮ LC에 비해 Q가 크기 때문
㉯ 기계적으로 단단하기 때문
㉰ 압전 효과를 이용하기 때문
㉱ 고유 공진 주파수를 가지고 있기 때문

해설 수정 발진자는 Q가 높기 때문에 주파수가 안정하다.

문제 49. 펄스 발생회로에서 스피이드 업(Speed up) 콘덴서가 쓰이는 회로 명칭은?

해답 46. ㉮ 47. ㉰ 48. ㉮ 49. ㉯

㉮ 비안정 멀티 바이브레이터   ㉯ 쌍안정 멀티 바이브레이터
㉰ 블로킹 발진회로   ㉱ 톱니파 발생회로
[해설] 쌍안정 멀티 바이브레이터 발진기의 스피이드업 콘덴서는 2개가 사용된다.

[문제] 50. 다음 그림의 회로에서 시상수 T는 얼마인가?

㉮ 1[sec]
㉯ 0.1[sec]
㉰ 10[sec]
㉱ 0.01[sec]

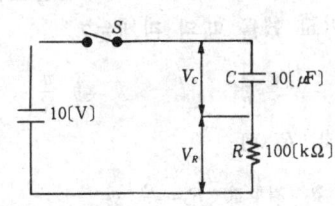

[해설] $T = RC$
$= 100 \times 10^3 \times 10 \times 10^{-6}$
$= 1[sec]$

[문제] 51. 8진수 234를 2진수로 변환한 것은?
㉮ 10011100   ㉯ 10101010   ㉰ 11011011   ㉱ 11101110
[해설] 234는 8진수이므로 $2_{(8)} = 010_{(2)}$, $3_{(8)} = 011_{(2)}$, $4_{(8)} = 100_{(2)}$가 되어 10011100이다.

[문제] 52. 아래표와 같은 진리치 표의 회로는 다음 중 어느 것인가?
㉮ NOT 회로
㉯ AND 회로
㉰ OR 회로
㉱ NOR 회로

입력 1	입력 2	출력
1	1	1
1	0	1
0	1	1
0	0	0

[해설] 두입력 중 하나가 "1"이면 출력이 "1"이 되므로 OR 회로이다.

1997년도 전기·전자공학 출제문제

문제 1. 서로 같은 저항 n개를 병렬로 연결했을 때의 합성 저항은 1개의 저항의 값과 비교 했을 때의 관계는?

㉮ $\dfrac{1}{n}$ ㉯ $\dfrac{1}{n^2}$ ㉰ $\dfrac{n}{R}$ ㉱ $\dfrac{R}{n}$

[해설] 1개의 저항값 : $R[\Omega]$

n개의 병렬 합성저항값 : $R_p = \dfrac{R}{n}[\Omega]$

∴ $\dfrac{1}{n}$ 배

문제 2. $4[\mu F]$의 콘덴서에 $10[V]$의 전압을 가할 때 콘덴서에 저장되는 에너지는 몇 [J]인가?

㉮ 2×10^{-4} ㉯ 10×10^{-4} ㉰ 4×10^{-4} ㉱ 6×10^{-4}

[해설] $W = \dfrac{1}{2}CV^2$

$= \dfrac{1}{2} \times 4 \times 10^{-6} \times 100$

$= 2 \times 10^{-4}[J]$

문제 3. 원형코일의 반지름이 $\gamma[m]$인 코일 중심에서의 자계의 세기는?

㉮ γ에 비례 ㉯ γ에 반비례 ㉰ γ^2에 비례 ㉱ γ^2에 반비례

[해설] $H = \dfrac{NI}{2\gamma}$

문제 4. 지름 $10[cm]$의 솔레노이드 코일에 $2[A]$의 전류가 흐를 때 코일 내의 자계의 세기는 몇 [AT/m]인가?(단, $1[cm]$당 권수는 20회이다.)

㉮ 4000 ㉯ 6000 ㉰ 8000 ㉱ 10000

[해답] 1. ㉮ 2. ㉮ 3. ㉯ 4. ㉮

[해설] $H = n_0 I$
    $= 2000 \times 2$
    $= 4000 [AT/m]$

[문제] 5. 전압 $E = 100\cos(\omega t - 30)[V]$보다 60° 위상이 뒤지고, 실효값이 10[A]인 교류의 순시값 표시는 몇 [A]인가?

㉮ $i = 10\sin \omega t$
㉯ $i = 10\sin(\omega t + 30)$
㉰ $i = 14.14\sin(\omega t + 120)$
㉱ $i = 14.14\sin \omega t$

[해설] $i = I_m \sin \omega t$
    $= 10\sqrt{2} \sin(\omega t - 30 + (-60) + 90)$
    $= 14.14 \sin \omega t [A]$

[문제] 6. 그림에서 스위치를 닫는 순간 전류는 몇 [A]인가?

㉮ 0
㉯ 1.2
㉰ 2
㉱ 2.5

[해설] C양단 전압의 초기값은 0[V]이고 최종값은 10[V]이다.

[문제] 7. RC가 직렬로 구성된 회로의 시상수로 옳은 것은?

㉮ $T = \dfrac{R}{C}$ ㉯ $T = \dfrac{C}{R}$ ㉰ $T = RC$ ㉱ $T = \dfrac{1}{RC}$

[해설] $T = R \cdot C [\sec]$

[문제] 8. 그림의 회로에서 시정수 τ는 몇 [msec]인가?

㉮ 24
㉯ 60
㉰ 40
㉱ 100

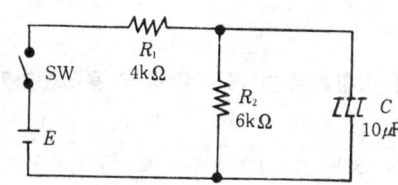

[해설] $T = R_0 C$

[해답] 5. ㉱ 6. ㉮ 7. ㉰ 8. ㉮

$$= \frac{R_1 \cdot R_2}{R_1 + R_2} \times C$$

$$= \frac{4 \times 6}{4 + 6} \times 10 \times 10^{-6}$$

$$= 24 [\text{msec}]$$

문제 9. 그림에서 10[Ω]의 저항에 흐르는 전류는 몇 [A]인가?

㉮ 2   ㉯ 5
㉰ 6   ㉱ 8

[해설]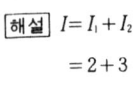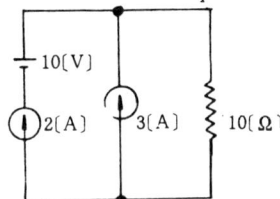
$I = I_1 + I_2$
$= 2 + 3$
$= 5 [\text{A}]$

문제 10. 실리콘(Si)의 2번째 궤도에는 최대 몇 개까지 전자가 들어갈 수 있는가?

㉮ 2개   ㉯ 3개   ㉰ 6개   ㉱ 8개

[해설] n번째의 궤도에는 $2n^2$개의 전자가 들어갈 수 있으므로
∴ $2n^2 = 2 \times 2^2 = 8$[개]

문제 11. 다음 중 UJT의 전극을 바르게 나타낸 것은?

㉮ 이미터 전극 2, 베이스 전극 1
㉯ 이미터 전극 1, 베이스 전극 1
㉰ 이미터 전극 1, 베이스 전극 2
㉱ 이미터 전극 2, 베이스 전극 2

[해설] UJT는 이미터와 베이스 1, 베이스 2의 전극이 있으며 더블베이스다이오드라고도 한다.

문제 12. 정류기의 평활회로는 어느 것을 이용하는가?

㉮ 저항 감쇄기   ㉯ 대역 여파기   ㉰ 고역 여파기   ㉱ 저역 여파기

[해설] 정류기의 평활회로는 저주파용의 초크 또는 저항과 콘덴서로 구성되어 맥동(ripple) 성분이 출력측에 나오지 않도록 하는 일종의 저역여파기(low pass filter)이다.

[해답] 9. ㉯   10. ㉱   11. ㉰   12. ㉱

문제 13. 전압 변동율을 나타내는 식은?(단, V_0 : 무부하시 정류기 출력단자전압, V_L : 부하시 정류기 출력단자전압.)

㉮ $\dfrac{V_L - V_0}{V_0} \times 100 [\%]$ ㉯ $\dfrac{V_0 - V_L}{V_L} \times 100 [\%]$

㉰ $\dfrac{V_L - V_0}{V_L} \times 100 [\%]$ ㉱ $\dfrac{V_0 - V_L}{V_0} \times 100 [\%]$

해설 $\varepsilon = \dfrac{V_0 - V_L}{V_L} \times 100 [\%]$

문제 14. 다음 회로에서 출력전압 V_{OUT}는 몇 [V]인가?(단, TR도통시 V_{BE}는 0.7[V]이다.)

㉮ 7.3
㉯ 8.7
㉰ 9.3
㉱ 10.7

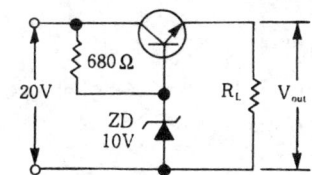

해설 제어전압=10[V]
바이어스전압=0.7[V]
∴ 출력전압 $V_0 = 10 - 0.7 = 9.3 [V]$

문제 15. 트랜지스터의 특성에 대한 설명으로 틀린 것은?
㉮ 소전압 소전력에 동작한다.
㉯ 소형이며 경량이다.
㉰ 온도변화에 잘견딘다.
㉱ 기계적으로 견고하고 수명이 길다.

문제 16. V_{CB}가 6[V]로 일정한 상태에서 $I_B = 100 \sim 200 [\mu A]$ 변화시켰더니 $I_C = 3.4 \sim 6 [mA]$까지 변화한다고 하면 전류 증폭율은?
㉮ 0.038 ㉯ 0.096 ㉰ 26 ㉱ 52

문제 17. 다음 회로에서 이미터-베이스간의 전압 V_{BE}는 얼마인가?(단, 이미터 전류는 I_E[A]이다.)

해답 13. ㉯ 14. ㉰ 15. ㉰ 16. ㉰ 17. ㉮

㉮ $R_2 V_{CC}/(R_1+R_2) - R_E I_E$
㉯ $R_2 V_{CC}(R_1+R_2) + R_E I_E$
㉰ $R_2 V_{CC}/(R_1+R_2)$
㉱ $R_E I_E$

[해설] $V_{BE} = \dfrac{R_2 \times V_{CC}}{R_1+R_2} - R_E I_E [V]$

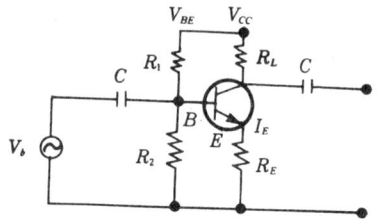

문제 18. 증폭기에서 전압 증폭도에 대한 설명으로 틀린 것은?
㉮ 입력전압과 출력전압의 비이다.
㉯ 입력전압과 출력전압은 반드시 동위상이어야 한다.
㉰ 증폭도는 벡터량이다.
㉱ 데시벨로 나타낼 수 있다.

[해설] 베이스 접지나 이미터 접지 방식은 입·출력 위상이 동위상이고 이미터 접비 방식은 역위상이다.

문제 19. 저역 차단 주파수에서 트랜지스터 증폭기의 상관비를 [dB]로 표시하면?
㉮ $-3[dB]$ ㉯ $-6[dB]$ ㉰ $8[dB]$ ㉱ $10[dB]$

[해설] 증폭기의 고역과 저역에 상관 이득이 3[dB] 저하하며 이 지점을 차단주파수 f_o라 한다.

문제 20. 회로에서 안정계수 S는 약 얼마인가?(단, $R_c=5[k\Omega]$, $R_b=220 [k\Omega]$, $\beta=65.66$이다.)
㉮ 33.6
㉯ 31.8
㉰ 27
㉱ 25.8

[해설] $S = \dfrac{1+\beta}{1+\beta R_c/(R_b+R_c)} ≒ 27$

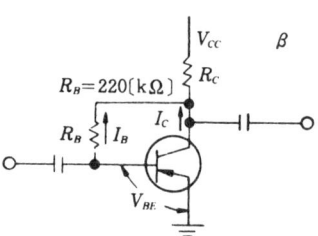

문제 21. 반결합 발진기가 발진을 계속하기 위한 입력과 출력의 위상차 조건은 몇 도인가?

[해답] 18. ㉯ 19. ㉮ 20. ㉰ 21. ㉰

㉮ 0°　　㉯ 90°　　㉰ 180°　　㉱ 270°

[해설] 발진조건은 양되먹임(정궤환)이 걸려야 하므로 입·출력간에는 동상 (0°)가 되어야 한다.

[문제] 22. 다음 발진기중 증폭작용을 하는 능동소자의 동작점을 A급으로 하여야 하는 발진회로는?
㉮ 수정 발진기　㉯ 이상 발진기　㉰ 비트 발진기　㉱ 동조형 발진기

[해설] 이상형 CR 발진은 A급으로 동작한다.
발진조건 : $A_v \geq 29$
발진주파수 : $f = \dfrac{1}{2\pi\sqrt{6}\,CR}$ [Hz]

[문제] 23. 다음 중 펄스 합성기가 아닌 것은?
㉮ UJT 발진기　　　　㉯ 저주 멀티 바이브레이터
㉰ X-Tal 발진기+슈미트회로　㉱ CR 발진회로

[해설] CR 발진회로는 사인파 발진으로 저주파 발진에 쓰인다.

[문제] 24. 다음 회로의 명칭은?
㉮ 피어스 B-C형 발진회로
㉯ 피어스 B-E형 발진회로
㉰ 하아틀래이 발진회로
㉱ 콜피츠 발진회로

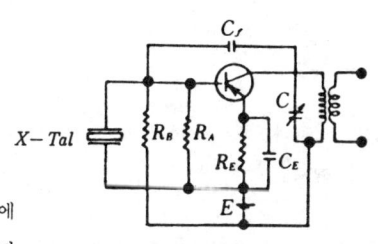

[해설] 회로에서 베이스와 이미터 사이에 수정진동자를 접속하고 있으므로 피어스(Pierce) B-E형 발진회로이다.

[문제] 25. 710[kHz]의 반송파를 5[kHz]로 100[%] 진폭 변조하였다면 그 때의 점유 주파수대는?
㉮ 705~715[kHz]　　㉯ 710~715[kHz]
㉰ 705~710[kHz]　　㉱ 710~720[kHz]

[해설] 점유주파수대=710[kHz]±5[kHz]=705~715[kHz]

[해답] 22. ㉯　23. ㉱　24. ㉯　25. ㉮

문제 26. 그림과 같은 펄스를 입력에 가했을 때 그림처럼 출력이 나타났다. 어느 시간이 상승시간인가?

㉮ t_1
㉯ t_2
㉰ t_3
㉱ t_4

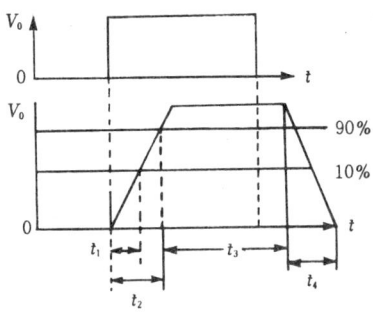

[해설] 상승시간이라 함은 10~90%까지 올라가는 기간(충전기간)을 말한다.

문제 27. 그림과 같은 회로에서 입력에 정현파를 인가했을 때 출력파형은 어떻게 되는가?(단, $E_1 > E$이다.)

㉮
㉯
㉰
㉱

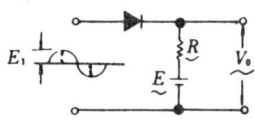

[해설] 입력파형의 아래부분이 다이오드에 역방향이 되어 잘려나간다(베이스 클리퍼 회로).

문제 28. 다음 논리식 중 틀린 것은?

㉮ $A + \overline{A} \cdot B = A$
㉯ $(A+B) \cdot (A+C) = A + B \cdot C$
㉰ $\overline{A+B} = \overline{A} \cdot \overline{B}$
㉱ $\overline{A \cdot B} = \overline{A} + \overline{B}$

[해설] 가 $= A + \overline{A} \cdot B = AB + \overline{A}B = B(A + \overline{A}) = B$
나 $= (A+B) \cdot (A+C) = AA + AC + AB + BC$
　　$= A(1+C) + AB + BC = A + AB + BC$
　　$= A(1+B) + BC + A + B \cdot C$
라 $= \overline{A+B} = \overline{A} \cdot \overline{B}, \overline{A \cdot B} = \overline{A} + \overline{B}$

[해답] 26. ㉯　27. ㉯　28. ㉮

문제 29. 55.75를 2진법으로 변환한 것은?

㉮ 110111.11   ㉯ 111110.11   ㉰ 101101.11   ㉱ 111011.01

해설   정수부   소수부
       2)55   0.75
       2)27 ……1   × 2
       2)13 ……1   1.50……1
       2) 6 ……1   × 2
       2) 3 ……0   1.02……1
           1……1

∴ $55_{(10)} = 110111_{(2)}$, $0.75_{(10)} = 11_{(2)}$

문제 30. 그림과 같은 논리기호의 논리식은?

㉮ $Y = \overline{A} + \overline{B}$
㉯ $Y = A + B$
㉰ $Y = \overline{A} \cdot B$
㉱ $Y = \overline{A} \cdot \overline{B}$

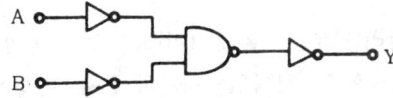

해설 $Y = \overline{\overline{A} \cdot \overline{B}} = \overline{A} \cdot \overline{B}$

문제 31. 반덧셈기는 어떤 회로의 조합인가?
㉮ AND와 OR   ㉯ AND와 NOT
㉰ exclusive-OR와 AND   ㉱ exclusive-OR

해설 2개의 2진수 A와 B를 더한합 S(sun)와 자리올림 C(carry)를 얻는 회로로 E
     -OR와 AND의 조합이다.

문제 32. 다음 그림은 2진수의 0과 1을 입력하는 논리회로이다. 이 회로의 이름은?
㉮ 반감산기
㉯ 반가산기
㉰ 전가산기
㉱ 플립플롭

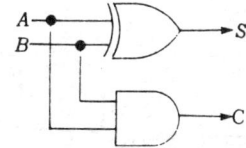

해설 2개의 2진수 A와 B를 더한 합(sun)과 자리올림(carry)을 얻는 반가산기이다.

해답   29. ㉮   30. ㉱   31. ㉰   32. ㉯

문제 33. 어떤 도체의 단면적에 60분간 3600[C]의 전기량이 통과하면 이 때 흐르는 전류는 몇 [A]인가?
㉮ 1　　　㉯ 2　　　㉰ 3　　　㉱ 4

해설 $Q = It$[C]에서

$$I = \frac{Q}{t} = \frac{3600}{60 \times 60} = 1[A]$$

문제 34. 전류가 흐르는 무한장 도선으로부터 1[m]되는 점의 자계는 2[m]되는 점의 자계에 대하여 몇 배가 되는가?
㉮ 1/4배　　㉯ 1/2배　　㉰ 2배　　㉱ 4배

해설 $H = \frac{I}{2\pi\gamma}$[AT/m]에서 거리 γ[m]이 2배가 되므로 자계의 세기는 2배가 된다.

문제 35. 2핸리[H]의 코일에 1미리초[ms] 동안에 전류가 10암페어[A]에서 9암페어[A]로 강하하였다. 이 전류 변화에 따라서 코일 양단에 유기되는 전압은 얼마인가?(단, 코일의 저항은 무시한다.)
㉮ 10,000볼트　㉯ 4,000볼트　㉰ 2,000볼트　㉱ 1,000볼트

해설 $e = L\frac{\varDelta I}{\varDelta t} = 2 \times \frac{1}{1 \times 10^{-3}}$

$\quad = 2000$볼트[V]

문제 36. 2와 3 및 4[μF]의 콘덴서 3개를 조합하여 얻을 수 있는 최대 정전용량은 몇 [μF]인가?
㉮ 5　　　㉯ 7　　　㉰ 8　　　㉱ 9

해설 정전용량이 최대가 되려면 병렬로 접속해야 한다.

$C_p = C_1 + C_2 + C_3$
$\quad = 2 + 3 + 4$
$\quad = 9[\mu F]$

문제 37. 회로에서 직렬공진 조건은?
㉮ $\omega L = \omega C$

해답 33. ㉮　34. ㉰　35. ㉰　36. ㉱　37. ㉯

㉯ $R = \omega L - \dfrac{1}{\omega C}$

㉰ $\omega L = \dfrac{1}{\omega C}$

㉱ $R = \omega L - \omega C$

[해설] 최대전류 조건은
 $X_L = X_C$ 이므로
 $\omega L = \dfrac{1}{\omega C}$

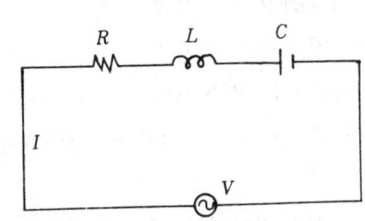

문제 38. RC 직렬회로에서 $R = 1[k\Omega]$, $C = 250[PF]$일 때의 시상수는?

㉮ $250 \times 10^6 [sec]$ ㉯ $0.25 \times 10^{-6}[sec]$

㉰ $25 \times 10^6 [\mu sec]$ ㉱ $0.25 \times 10^{-6}[\mu sec]$

[해설] $T = RC$
$= 1 \times 10^3 \times 250 \times 10^{-12}$
$= 0.25 \times 10^{-6}[sec]$

문제 39. RC 결합증폭회로에서 $R = 2[k\Omega]$일 때 저음차단 주파수를 100 [Hz]라고 하면 C의 값은 몇 $[\mu F]$인가?

㉮ 0.08   ㉯ 0.8   ㉰ 8   ㉱ 80

[해설] $f = \dfrac{1}{2\pi CR} = [Hz]$에서

$C = \dfrac{1}{2\pi fR} = \dfrac{1}{2\pi \times 100 \times 2 \times 10^3}$
$= 0.8[\mu F]$

문제 40. 정류기의 평활회로에는 어느 것을 이용하는가?

㉮ 고역필터   ㉯ 저역필터   ㉰ 대역필터   ㉱ 변조필터

[해설] 평활회로는 저주파용 초우크 코일 또는 R와 C로 구성되어 리풀성분이 출력측에 나오지 않도록 하는 저역여파기이다.

문제 41. 리풀(ripple) 전압을 바르게 설명한 것은?

㉮ 정류된 직류전압의 교류분

[해답] 38. ㉯   39. ㉯   40. ㉯   41. ㉮

㉯ 정류된 직류전압의 직류분
㉰ 무부하에 전달되는 직류전력
㉱ 부하에 전달되는 직류전압

[해설] 리플전압이란 직류속에 포함된 교류 맥동분을 말한다.

문제 42. 반도체에서 발생하는 현상이 아닌 것은?
㉮ 열전현상   ㉯ 압전현상
㉰ 광전현상   ㉱ 자기전기현상(홀효과)

문제 43. 그림에서 직류 최대출력을 얻기위한 부하저항 R_L는?
㉮ 4[Ω]
㉯ 7[Ω]
㉰ 10[Ω]
㉱ 14[Ω]

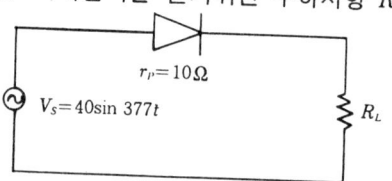

[해설] 최대 출력을 얻기 위해서는 내부저항 r_p와 부하저항 R_L값이 같아야 한다.

문제 44. 그림과 같은 단안정 멀티바이브레이터의 트리거 입력에 (+)의 트리거신호를 주었을 때의 설명으로 틀린 것은?
㉮ 출력펄스의 폭 $T ≒ 0.69C_1R_1$이다.
㉯ C의 충전전하는 R_1을 통해 방전한다.
㉰ Q_2는 OFF, Q_1=ON이 된다.
㉱ 입력펄스가 없을 때에는 Q_2가 OFF된다.

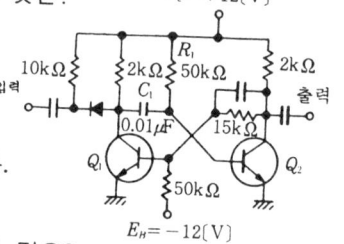

문제 45. 2진수 100100을 2의 보수로 변환한 것은?
㉮ 011100   ㉯ 011011   ㉰ 011010   ㉱ 010101

[해설] 100100
　　　011011 ……1의 보수
　　＋　　 1
　　　011100 ……2의 보수

[해답] 42. ㉯   43. ㉰   44. ㉱   45. ㉮

문제 46. 2진수 011010111을 8진수로 옳게 변환한 것은?
　㉮ (135)₈　　㉯ (225)₈　　㉰ (327)₈　　㉱ (417)₈

문제 47. 그림과 같은 회로에서 출력 C가 0이 되기 위한 조건은?
　㉮ A=1, B=1
　㉯ A=1, B=0
　㉰ A=0, B=1
　㉱ A=0, B=0

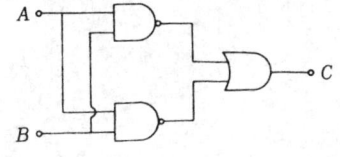

해설 A=1, B=1일 때 출력 C는 0이 된다.

문제 48. 다음 회로의 입력이 $X_1=1$, $X_2=0$일 때 출력은?

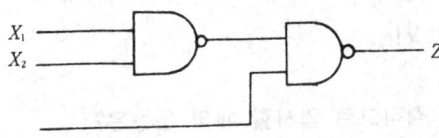

　㉮ 0
　㉯ 1
　㉰ 0이 될수도 있고, 1이 될수도 있다.
　㉱ 0과 1이 교대로 출력된다.

해설 X_1, X_2을 출력이 1이 되므로 $Z=0$이다.

해답 46. ㉰　47. ㉮　48. ㉮

1998년 3월 8일 전기·전자공학 출제문제

문제 1. 그림과 같은 회로에서 기전력은?

㉮ $E_1 - E_2$
㉯ $E_1 + E_2$
㉰ $-E_1 - E_2$
㉱ $-E_1 + E_2$

[해설] $E_1 - E_2 = IR_1 - IR_2$

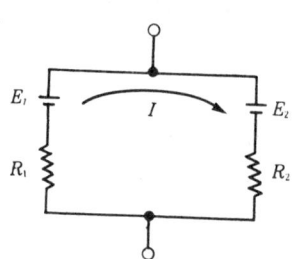

문제 2. 정전용량 10[μF]를 가진 도체에 3×10^{-3}C의 전하를 주었을 때 도체의 전위는 몇 V인가?

㉮ 0.3   ㉯ 3   ㉰ 30   ㉱ 300

[해설] $V = \dfrac{Q}{C} = \dfrac{3 \times 10^{-3}}{10 \times 10^{-6}} = 300[V]$

문제 3. 전자가 자계 중에 직각으로 입사할 때의 운동은?

㉮ 나선운동   ㉯ 타원운동   ㉰ 직선운동   ㉱ 원운동

[해설] 운동하는 전자에 자장을 가하면 운동방향을 변화시킬 수 있는데 이것을 자장에 의한 전자편향이라한다. 이때 전자의 운동방향이 자장의 방향과 직각이면 전자는 원운동을 하고 자장의 방향과 직각이 아니면 전자는 나사선 운동을 하며 자장의 방향과 같으면 영향을 받지 않게 된다.

문제 4. 가정용 전등선의 전압이 실효값으로 100[V]라고 할 때 이교류의 최대값은 몇 [V]인가?

㉮ 70.7   ㉯ 110   ㉰ 120   ㉱ 141

[해설] 최대값 $V_m = \sqrt{2} \cdot V = \sqrt{2} \times 100 ≒ 141.4[V]$

문제 5. 그림의 회로에서 시정수 τ는 몇 [msec]인가?

㉮ 24
㉯ 60
㉰ 40
㉱ 100

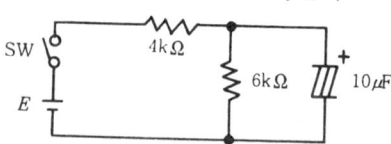

[해답] 1. ㉮   2. ㉱   3. ㉱   4. ㉱   5. ㉮

[해설] $T = \dfrac{R_1 \cdot R_2}{R_1 + R_2} C = \dfrac{4 \times 6}{4+6} \times 10^3 \times 10 \times 10^{-6} = 24 \times 10^{-3} [\text{sec}] = 24 [\text{msec}]$

[문제] 6. 광전면에서 방출된 전자의 에너지와 광자의 에너지 사이의 관계식은?(단, h_v는 광자의 에너지 $e\phi w$는 일함수이다.)

㉮ $\dfrac{1}{2} mv^2 = h_v - e\phi w$ ㉯ $\dfrac{1}{2} mv^2 = h_v + e\phi w$

㉰ $\dfrac{1}{2} mv^2 = \dfrac{h_v}{e\phi w}$ ㉱ $\dfrac{1}{2} mv^2 = \dfrac{e\phi w}{h_v}$

[해설] 물질에 $h_f[J]$의 에너지를 가지는 광양자를 쪼였을 때 그 표면에서 방출되는 광전자의 운동속도 $v[m/s]$는 다음과 같다.

$h_f - e\phi = \dfrac{1}{2} mv^2 [J]$

① $h_f - e\phi > 0$: 광전자 방출이 생긴다.
② $h_f - e\phi < 0$: 광전자 방출이 없다.

[문제] 7. 그림에서 직류 최대출력을 얻기위한 부하저항 R_L은?

㉮ $4[\Omega]$
㉯ $7[\Omega]$
㉰ $10[\Omega]$
㉱ $14[\Omega]$

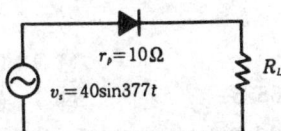

[해설] 최대출력을 얻기 위해서는 내부저항 r_p와 R_L값이 같아야 한다.
∴ $r_p = 10[\Omega]$, $R_L = 10[\Omega]$

[문제] 8. 정류기의 평활회로에는 어느 것을 이용하는가?
㉮ 저항 감쇠기 ㉯ 대역 여파기 ㉰ 고역 여파기 ㉱ 저역 여파기

[해설] 평활회로는 저주파용 초우크 코일 또는 R과 C로 구성되어 리플성분이 출력측에 나오지 않도록 하는 저역여파기이다.

[문제] 9. DC부하전류의 변화에 따라서 DC출력전압이 변화하는 정도를 무엇이라 하는가?
㉮ 전류변동률 ㉯ 전류강하율 ㉰ 전압변동률 ㉱ 전압강하율

[해설] 직류 출력전압이 변화하는 정도를 전압변동률이라 하며 다음과 같다.

$\varepsilon = \dfrac{V - V_0}{V_0} \times 100 [\%]$

[해답] 6. ㉮ 7. ㉰ 8. ㉱ 9. ㉰

문제 10. 그림에서 전류증폭률 β는 얼마인가?
㉮ 100
㉯ 10
㉰ 0.01
㉱ 0.001

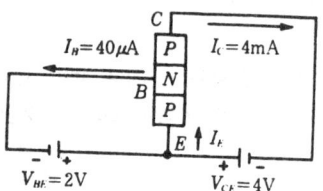

[해설] $\beta = \dfrac{I_C}{I_B} = \dfrac{4 \times 10^{-3}}{40 \times 10^{-6}} = 100$

문제 11. 윈브리지형 발진회로에서 $C_1 = C_2$, $R_1 = R_2$일 때 증폭도 A는 얼마인가?
㉮ 1   ㉯ 2   ㉰ 3   ㉱ 4

[해설] $R_1 = R_2 = R$, $C_1 = C_2 = C$일 때 발진주파수 $f = \dfrac{1}{2\pi RC}$ [Hz]이고 발진조건은 $A \geq 3$인 경우이다.

문제 12. 진폭변조에서 100[%] 변조하였을 때 반송파의 상, 하측파대의 전력비는?
㉮ 1 : 0.5 : 0.5   ㉯ 1 : 0.25 : 0.25
㉰ 1 : 0.0625 : 0.0625   ㉱ 1 : 0.04 : 0.04

[해설] 반송파와 상, 하측파대간의 전력비는 다음과 같다.
$P_C : P_H : P_L = 1 : \dfrac{m^2}{4} : \dfrac{m^2}{4} = 1 : \dfrac{1}{4} : \dfrac{1}{4} = 1 : 0.25 : 0.25$

문제 13. 다음 회로에 대한 설명으로 틀린 것은?
㉮ 고역통과회로이다.
㉯ 미분회로이다.
㉰ 입력신호가 변하는 시간에 비해서 시정수는 커야한다.
㉱ 시정수는 RC이다.

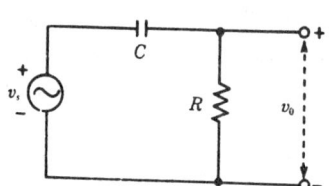

[해설] 미분회로는 구형파로부터 폭이 좁은 트리거(trigger)펄스를 얻는데 사용하므로 입력신호가 변화하는 시간에 비해 시상수가 작아야 한다.

문제 14. 플립플롭(쌍안정 멀티바이브레터)회로를 쓰지 않는 것은?

[해답] 10. ㉮ 11. ㉰ 12. ㉯ 13. ㉰ 14. ㉯

㉮ 2진 계수회로 ㉯ 리미터회로
㉰ 분주회로 ㉱ 전자계산기 기억회로

[해설] 쌍안정 멀티바이브레이터(bistable multiribrator)는 입력트리거(trigger)펄스 2개마다 1개의 출력 펄스를 얻어낼 수 있으므로 전자계산기, 계수기 등의 디지털(digital) 기기들의 소자로 이용되며, 이 회로를 플립플롭(flip-flep)회로라 한다.

[문제] 15. 10진수 −113을 2진수 1의 보수로 변환하여 8bit로 표현한 것은?
㉮ 11110001 ㉯ 01110001 ㉰ 10001110 ㉱ 10001111

[해설] $113_{(10)} = 1110001_{(2)} = 01110001_{(BCD)}$
∴ $01110001_{(BCD)}$의 1의 보수는 10001110이 된다.

[해답] 15. ㉰

1998년 6월 28일 전기·전자공학 출제문제

문제 1. 저항 5[Ω]의 도체에 3[A]의 전류가 2초동안 흘렀을 때 도체에서 발생하는 열량은 몇 [J]인가?
㉮ 10 ㉯ 16 ㉰ 30 ㉱ 90
[해설] $W = Pt = I^2Rt = (3)^2 \times 5 \times 2 = 90[J]$

문제 2. 10[Ω]과 15[Ω]의 저항을 병렬로 연결하고 50[A]의 전류를 흘렸을 때 15[Ω]에 흐르는 전류는 몇 [A]인가?
㉮ 10 ㉯ 20 ㉰ 30 ㉱ 40
[해설] $I_{15} = \dfrac{R_{10}}{R_{10}+R_{15}} \cdot I = \dfrac{10}{10+15} \times 50 = 20[A]$

문제 3. 저항값 90[kΩ]에서 소비되는 전력이 9[W] 이내가 되기 위해서는 전류는 몇 [mA] 이하로 제한하여야 하는가?
㉮ 0.01 ㉯ 0.1 ㉰ 1 ㉱ 10
[해설] $P = I^2R$ 에서
$I = \sqrt{\dfrac{P}{R}} = \sqrt{\dfrac{9}{90 \times 10^3}} = 0.01[A] = 10[mA]$

문제 4. 쿨롱의 법칙에 맞는 식은?
㉮ $F = \dfrac{Q_1Q_2}{4\pi\varepsilon_0 r^2}$ ㉯ $F = \dfrac{Q_1Q_2}{2\pi\varepsilon_0 r^2}$ ㉰ $F = \dfrac{Q_1Q_2}{\varepsilon_0 r^2}$ ㉱ $F = \dfrac{Q_1Q_2}{r^2}$
[해설] $F = \dfrac{1}{4\pi\varepsilon_0} \cdot \dfrac{Q_1Q_2}{r^2} = 9 \times 10^9 \dfrac{Q_1Q_2}{R} [N]$

문제 5. 무한히 긴 직선 도체에 5[A]의 전류가 흐를 때, 이로부터 6[cm] 떨어진 점의 자계의 세기는 약 몇 [AT/m]인가?
㉮ 10.26 ㉯ 11.26 ㉰ 13.26 ㉱ 15.26
[해설] $H = \dfrac{I}{2\pi r} = \dfrac{5}{2 \times 3.14 \times 6 \times 10^{-2}} ≒ 13.26[AT/m]$

[해답] 1. ㉱ 2. ㉯ 3. ㉱ 4. ㉮ 5. ㉰

과년도 출제문제 1-283

문제 6. 전압의 순시값 $V=100\sqrt{2}\sin(\omega t+60°)$를 직각좌표로 표시한 것은?

㉮ $50\sqrt{3}+j50$ ㉯ $50+j50\sqrt{3}$ ㉰ $50\sqrt{3}+j50\sqrt{3}$ ㉱ $50+j50$

해설 $\dot{V}=(\cos\theta+j\sin\theta)=100(\cos 60°+j\sin 60°)=100\left(\frac{1}{2}+j\frac{\sqrt{3}}{2}\right)=50+j50\sqrt{3}\,[V]$

문제 7. 단상전파 정류기의 DC출력은 단상반파 정류기 DC출력의 몇 배인가?

㉮ 2배   ㉯ 3배   ㉰ 4배   ㉱ 5배

해설 전파정류방식의 부하에 흐르는 정류전류는 반파정류의 2배가 되어 정류 출력(전력)은 4배로 커진다.

문제 8. 정류기의 그림에서 어느 점에 교류입력을 연결하는가?

㉮ A-B점
㉯ C-D점
㉰ A-C점
㉱ B-D점

해설 그림의 다이오드 접속은 반파 배전압 정류회로의 접속이므로 C-D점에 교류입력을 연결하고 A-B점에서 정류출력된다.

문제 9. 그림은 UJT에 의한 기본 발진회로이다. 발진주기 τ는?(단, η는 스탠드 오후비 이다.)

㉮ $\tau=RC$
㉯ $\tau=0.69RC$
㉰ $\tau=2.3RC\log\left(\frac{1}{1-\eta}\right)$
㉱ $\tau=RC\log\left(\frac{\eta}{1-\eta}\right)$

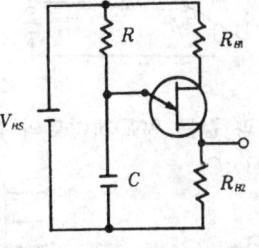

해설 $\tau=2.3RC\log\left(\frac{1}{1-\eta}\right)[sec]$ 여기에서 η는 스탠드 오후비를 의미한다.

문제 10. 주어진 회로는 제한기이다. 출력파형 중 옳은 것은?

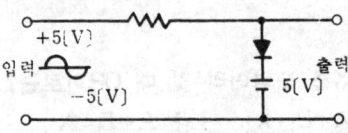

해답 6. ㉯   7. ㉰   8. ㉯   9. ㉰   10. ㉮

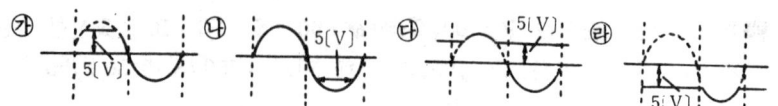

문제 11. 발진기는 부하의 변동으로 인하여 주파수가 변화되는데 이것을 방지하기 위하여 발진기와 부하 사이에 넣는 회로를 무엇이라 하는가?
㉮ 동조 증폭기   ㉯ 직류 증폭기   ㉰ 결합 증폭기   ㉱ 완충 증폭기
해설 부하의 정수변화에 따른 발진주파수의 변동을 방지하기 위하여 이미터 플로어 회로인 완충증폭기(buffer amplifier)를 넣어준다.

문제 12. 펄스회로에서 펄스가 0에서 최대 크기로 상승될 때를 100%로 한다면 상승시간(Rise Time)은 몇 %로 하는가?
㉮ 10%에서 90%   ㉯ 1%에서 99%   ㉰ 20%에서 90%   ㉱ 10%에서 80%
해설 상승시간이라 함은 스위치를 넣은후 출력전압이 최종값의 10(%)에서 90(%)까지 소요되는 시간을 말한다.

문제 13. 연산증폭기의 두 입력전압이 같을 때의 출력전압은?
㉮ 압력의 3배   ㉯ 입력의 2배   ㉰ 입력과 동등   ㉱ 0

해설
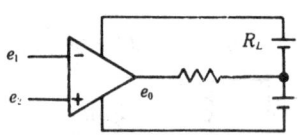

$e_1 = e_2$일 때는 $e_0 = 0(V)$이고
$e_1 > e_2$이면 $e_0 = -$ 전압,
$e_1 < e_2$이면 $e_0 = +$ 전압이 된다.

문제 14. 그림과 같은 AND게이트의 출력은?
㉮ $Y = A + B \times C$
㉯ $Y = ABC$
㉰ $Y = A + B + C$
㉱ $Y = (A + B)C$
해설 AND Gate ⇒ 논리곱(논리적)회로
$Y = A \cdot B \cdot C$

문제 15. A, B는 입력, X를 출력이라 할 때 OR회로는?
㉮ $\overline{A} = X$ ㉯ $A \cdot B = X$ ㉰ $A + B = X$ ㉱ $\overline{A \cdot B} = X$

해답 11. ㉱   12. ㉮   13. ㉱   14. ㉯   15. ㉰

문제 16. 다음 중 2진수의 덧셈규칙에서 옳지 않은 것은?
㉮ 0+0=0   ㉯ 0+1=1   ㉰ 1+0=1   ㉱ 1+1=2

문제 17. 10진수$(10.500)_{10}$을 2진수로 변환하면?
㉮ $(1001.100)_2$ ㉯ $(1010.100)_2$ ㉰ $(1010.001)_2$ ㉱ $(1001.001)_2$

해답 16. ㉱   17. ㉯

1998년 9월 28일 전기·전자공학 출제문제

문제 1. 전류 I, 시간 t 및 전하량 Q 사이의 관계는?
㉮ $Q=It$ ㉯ $Q=I/t$ ㉰ $Q=-I^2t$ ㉱ $Q=t/I$

문제 2. 그림과 같은 회로에서 $R_1=150[k\Omega]$, $R_2=20[k\Omega]$, 인가 전압 170[V]라면 R_2의 양단전압은 약 몇 [V]인가?
㉮ 1
㉯ 2
㉰ 10
㉱ 20

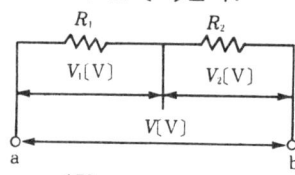

[해설] $V_2=IR_2=\dfrac{V}{R_1+R_2} \cdot R_2 = \dfrac{170}{(150+20)\times 10^3}\times 20\times 10^3 = 20[V]$

문제 3. 평균반지름이 25[cm], 권수 10회의 원형코일에 10[A]의 전류를 흘릴 때 코일 중심의 자장의 세기는 몇 [AT/m]인가?
㉮ 200   ㉯ 400   ㉰ 600   ㉱ 800

[해설] $H=\dfrac{NI}{2\gamma}=\dfrac{10\times 10}{2\times 25\times 10^{-2}}=200[AT/m]$

문제 4. 진공중의 유전율의 단위는?
㉮ H   ㉯ F   ㉰ F/m   ㉱ H/m

[해설] ㉮는 인덕턴스의 단위이고 ㉯는 콘덴서 용량의 단위, ㉰는 유전율의 단위, ㉱는 투자율의 단위로 사용된다.

문제 5. 주파수가 30[MHz]인 전파가 공중에 퍼질때의 파장은?(단, 전파의 속도 3×10^8[m/sec]이다.)
㉮ 100[m]   ㉯ 20[m]   ㉰ 10[m]   ㉱ 3[m]

[해설] $\lambda=\dfrac{c}{f}=\dfrac{3\times 10^8}{30}=10[m]$

[해답] 1. ㉮ 2. ㉱ 3. ㉮ 4. ㉰ 5. ㉰

문제 6. 전류가 전압보다 위상이 뒤진회로는?
㉮ RLC 직렬   ㉯ RL 병렬   ㉰ RC 병렬   ㉱ RLC 병렬
해설 인덕턴스에 전압과 전류가 공급되면 전류가 위상이 늦어진다.

문제 7. 정전압 전원회로의 설명으로 틀린 것은?
㉮ 정전압회로에는 기준전압이 필요하다.
㉯ 온도변화에도 출력전압의 변동을 자동적으로 방지한다.
㉰ 전원전압의 변동에도 출력전압의 변동을 자동적으로 방지한다.
㉱ 부하전류의 변화에는 출력전압의 변동을 방지하지 못한다.

문제 8. 그림은 트랜지스터 및 제너다이오드를 사용한 직렬형 정전압 회로의 구성도이다. 빈칸에 맞는 것은?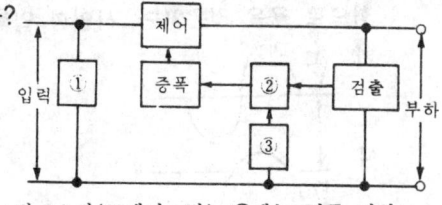
㉮ ① 증폭, ② 기준, ③ 비교
㉯ ① 정류, ② 비교, ③ 기준
㉰ ① 기준, ② 비교, ③ 정류
㉱ ① 정류, ② 기준, ③ 비교
해설 ①에는 정류소자(다이오드), ②에는 비교소자(트랜지스터), ③에는 기준 전압을 얻는 기준소자(제너다이오드)가 접속되어야 한다.

문제 9. 베이스 접지 증폭회로의 특성으로 틀린 것은?
㉮ 전류 이득이 1보다 작다.   ㉯ 전압이득이 낮다.
㉰ 입력저항이 낮다.   ㉱ 출력저항이 높다.
해설 베이스를 공통으로 하고 입력을 이미터에 출력을 컬렉터에서 얻는 방식으로 전류이득(a)은 1보다 낮지만 전압 및 전력이득은 크다.

문제 10. 특성곡선의 직류부하선으로부터 회로의 R_C를 구하면?
㉮ 2〔Ω〕
㉯ 5〔kΩ〕
㉰ 6〔kΩ〕
㉱ 10〔kΩ〕

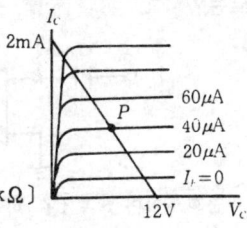 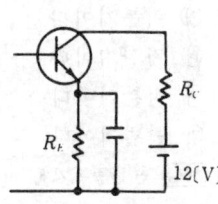

해설 $R_C = \dfrac{V_{CC}}{I_C} = \dfrac{12}{2 \times 10^{-3}} = 6〔kΩ〕$

해답 6. ㉯ 7. ㉱ 8. ㉯ 9. ㉯ 10. ㉰

문제 11. 그림에서 발진주파수는 약 몇 [Hz]인가?

㉮ 400
㉯ 600
㉰ 1000
㉱ 1400

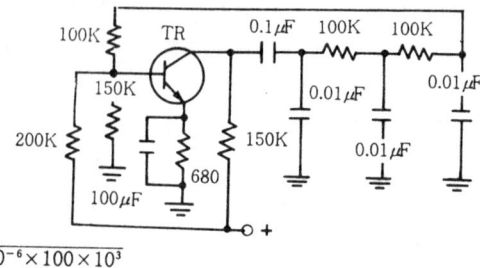

해설 $f = \dfrac{\sqrt{6}}{2\pi RC}$

$= \dfrac{\sqrt{6}}{2 \times 3.14 \times 0.01 \times 10^{-6} \times 100 \times 10^3}$

$= 400 \text{[Hz]}$

문제 12. 그림과 같이 다이오드를 신호의 전송로에 직렬로 넣었을 때 파형으로 옳은 것은?(단, 사인파 입력 신호가 가해졌을 경우이다.)

㉮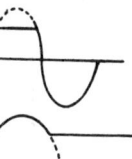

㉯

㉰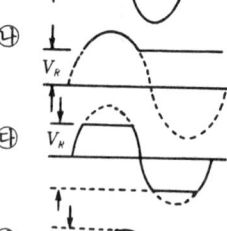

㉱

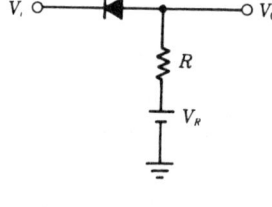

해설 입력파형의 상부를 잘라내는 피이크 클리퍼(Peak Clipper)회로이므로 "가"와 같은 파형이 된다.

문제 13. 그림과 같은 회로는?

㉮ 미분기이다.
㉯ 가산기이다.
㉰ 적분기이다.
㉱ 변별기이다.

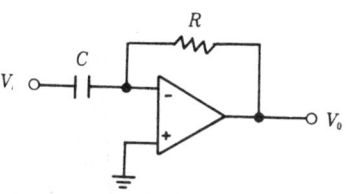

해설 연산증폭기를 이용한 미분회로이며 R과 C를 바꾸면 적분회로가 된다.

해답 11. ㉮ 12. ㉮ 13. ㉮

문제 14. 그림과 같은 회로는?

㉮ RST플립플롭
㉯ JK플립플롭
㉰ D플립플롭
㉱ T플립플롭

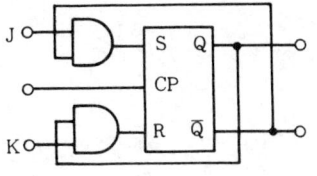

해설 JK-FF는 2개의 입력이 동시에 "1"이 되었을 때에도 불확정 상태가 되지 않도록 한 것이다.

문제 15. 그림에서 출력 C가 0이 되기 위한 조건은?

㉮ A=1, B=1
㉯ A=0, B=1
㉰ A=1, B=0
㉱ A=0, B=0

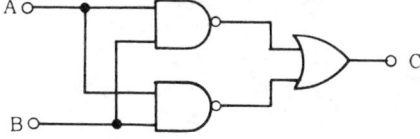

해설 A=1, B=1일 때 출력 C는 0이 된다.

문제 16. 다음 중에서 크기가 다른 것은?

㉮ $(111010)_2$ ㉯ $(76)_8$ ㉰ $3(A)_{16}$ ㉱ $(58)_{10}$

문제 17. 2진수 1101을 10진수로 변환하면?

㉮ 11 ㉯ 12 ㉰ 13 ㉱ 14

문제 18. 전압 V로 충전된 용량 C의 콘덴서에 동일 용량 C의 콘덴서를 병렬 접속한 후의 양단간의 전위차는?

㉮ V ㉯ $V/2$ ㉰ $2V$ ㉱ $V/4$

해설 콘덴서를 그림과 같이 병렬로 접속해도 양단전압은 변화가 없다.

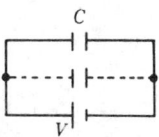

문제 19. 증폭도 A인 증폭기에 β로 양되먹임을 걸 경우 발진이 되는 조건은?

㉮ $A\beta<1$ ㉯ $A\beta=0$
㉰ $A\beta>1$ ㉱ $A\beta=1$

해설 Barkhausen의 발진 조건 = $A\beta=1$

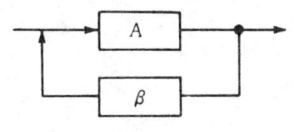

해답 14. ㉯ 15. ㉮ 16. ㉯ 17. ㉰ 18. ㉮ 19. ㉱

제2편
전자계산기 일반

❖ 요 점 정 리 ❖

1. 전자 계산기 구조 일반

【1】 전자 계산기의 개요
(1) 전자 계산기의 정의
① 전자 계산기(computer) : 자동적으로 정확하게 다양한 대량의 데이터 (data)를 필요에 따라 영구히 기억하면서 계산하고, 여러 가지 논리적인 비교나 판단 등을 신속 정확하게 처리(processing)하는 장치들로 구성된 정보 처리 시스템이다.
② 전자 계산기는 프로그램 내장 방식(stored program method)에 의해 복합적인 기능을 발휘, 다양한 업무 처리가 자동적으로 이루어져 이용자에게 원하는 결과를 제공하므로, 전자적 데이터 처리 시스템이라는 뜻에서 EDPS(Electronic Data Processing System)라고도 한다.

(2) 전자 계산기의 기능
① 입력 기능(input function) : 여러 종류의 매체에 수록한 프로그램이나 데이터를 전자 계산기 본체에 전달해 주는 기능
② 기억 기능(storage function) : 입력된 프로그램과 데이터의 처리 과정에서 얻어진 중간 결과나 최종 결과를 기억하는 기능
③ 제어 기능(control function) : 기억 장치에 기억된 프로그램을 해독하고, 그 해독된 내용에 따라 동작하도록 지시하는 기능
④ 연산 기능(arithmetic function) : 제어 장치의 통제하에 산술 연산이나 논리 연산을 수행하는 기능
⑤ 출력기능(output function) : 처리된 결과를 다양한 매체를 통해 문자, 도형, 음성 등의 형태로 사람에게 제공해 주는 기능

(3) 전자 계산기의 발전 세대별 특징

세대구분	제1세대	제2세대	제3세대	제4세대
연 대	1940년대 중반~ 1950년대 후반	1950년대 후반~ 1960년대 중반	1960년대 중반 이후	1970년대 중반 이후
연산 속도	$\frac{1}{1000}$ 초	$\frac{1}{100만}$ 초	$\frac{1}{10억}$ 초	$\frac{1}{10억}$ 초이상
회로 구성 소자	진공관 및 릴레이	트랜지스터, 다이오드	직접회로	LSI VLSI
기억 용량	적다.	보통이다.	많다.	매우많다.
기억 장치	수은 지연 회로 자기 드럼	자심, 자기 매체	자심, 자기 매체, 자기 박막, 반도체 기억 소자	반도체 기억소자 자기매체 자기박막 레이저
이용 분야	통계 집계, 일상 사무 관계 계산 등의 용도가 확대되고 통계 기계적	생산관리 원가관리 등에 적용이 확대되고 관리 기계적	예측, 의사 결정 등에 적용되고, 경영 기계적	인간의 지적인 보조자

(4) 전자 계산기의 종류

① 디지털 전자 계산기(digital computer) : 실제 숫자나 수치적으로 코드화된 문자의 표현으로 이루어진 데이터를 취급한다. 일반적으로 전자 계산기라고 하면 디지털 전자 계산기를 의미하는 경우가 많다.

② 아날로그 전자 계산기(analog computer) : 연속적인 물리량(길이, 전압, 전류, 전력)을 나타내는 자료를 처리하는 계산기로서, 미분 방정식을 기본으로 하는 연산 방식에 의해 처리하는 회로로 구성된다.

③ 하이브리드 전자 계산기(hybrid computer) : 아날로그 및 디지털 전자 계산기의 기능을 하나의 전자 계산기 시스템에 혼합시킨 형태로서, 아날로그 자료를 입력하여 디지털 처리를 행하고자 할 때에 유용하다.

【2】 전자 계산기 시스템의 구성
(1) 하드웨어 시스템

① 하드웨어(hardware) : 전자계산기를 구성하고 있는 기계 장치 그 자

체(주기억 장치의 기억 소자, 중앙처리 장치의 논리 회로, 각종 보조 기억 장치 및 입·출력 장치와 이들의 동작 원리를 포함)를 말한다.
② 하드웨어의 구성

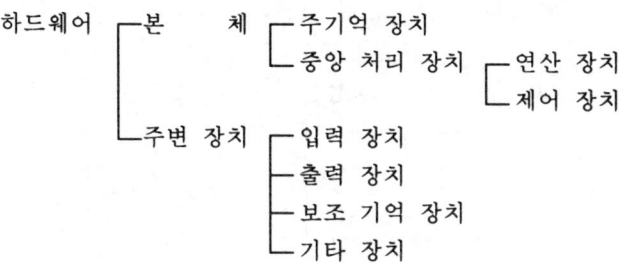

(2) 소프트웨어 시스템
① 소프트웨어(software) : 전자 계산기 이용 기술의 총칭으로서, 전자 계산기의 사용법에 관한 정보를 포함한 프로그램의 집단을 말한다.
② 소프트웨어의 구성

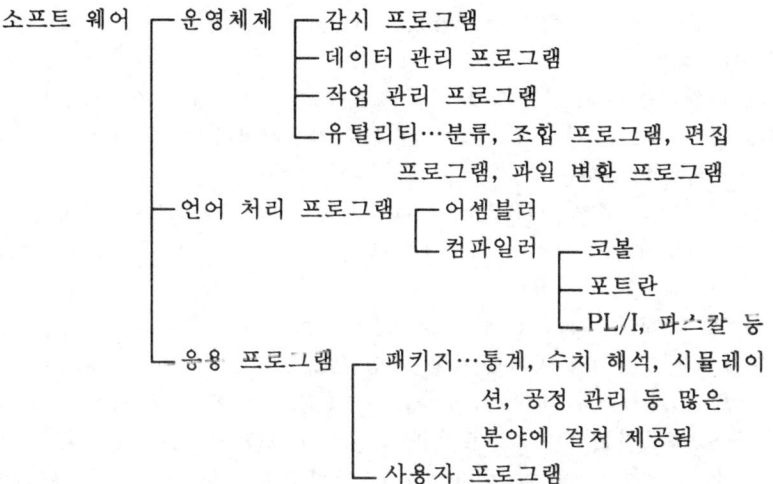

2. 전자 계산기의 구조

【1】 전자 계산기의 기본 구성

(1) 전자 계산기의 구성

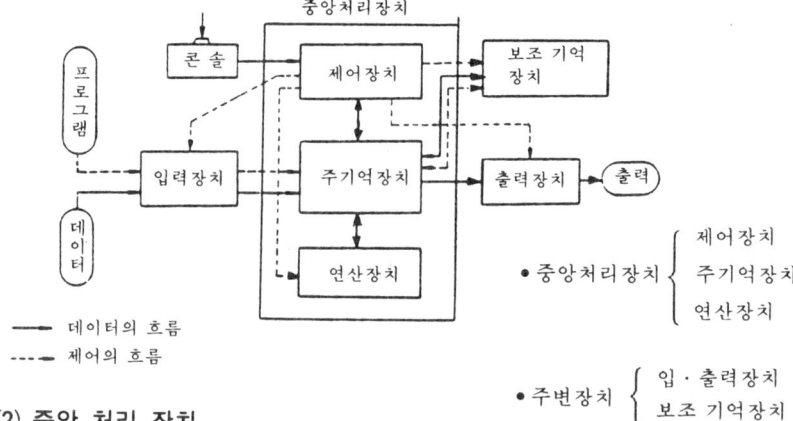

(2) 중앙 처리 장치

중앙 처리 장치(CPU, Central Processing Unit)는 전자 계산기 각 부분의 작동을 제어하고 연산을 수행하는 핵심적인 부분으로, 제어 장치(control unit)와 연산 장치(ALU, Arithmetic and Logic Unit)로 구성된다.

(3) 제어 장치

제어 장치는 주기억 장치에 기억된 프로그램 명령들을 해독하고 그 의미에 따라 필요한 장치에 신호를 보내어 작동시키며, 그 결과를 검사, 통제하는 역할을 한다.

① 어드레스 레지스터(address register) : 기억 장치 내에 있는 데이터의 어드레스나 기억된 데이터를 읽을 때, 읽고자 하는 자료의 어드레스를 임시로 기억한다.

② 기억 레지스터(storage register) : 명령 레지스터나 명령 개수기가 지정하는 주기억 장치의 내용을 임시로 보관하는 역할을 한다.

③ 명령 레지스터(instruction register) : 현재 실행 중에 있는 명령 코드를 보존하는 레지스터로서 명령부와 어드레스부로 구성된다.

④ 명령 해독기(command decoder) : 명령부에 들어 있는 코드를 해독한 다음, 그것을 연산부로 보내어 실행하도록 한다.

⑤ 명령 계수기(instruction counter) : 명령의 수행시마다 어드레스를 하나씩 증가시켜 순차적으로 수행할 명령의 어드레스를, 레지스터에 제공하는 기능을 갖는다.

⑥ 채널(channel) : 중앙 처리 장치와 입·출력 장치의 사이의 버스(bus) 시스템으로 이들 사이의 정보 전송을 담당한다.

(4) 연산 장치

연산 장치(ALU)는 프로그램상의 명령문에 대한 모든 연산을 수행하는 장치로서, 누산기, 데이터 레지스터, 가산기, 상태 레지스터 등으로 구성된다.

① 누산기(accumulator) : 연산 장치를 구성하는 중심이 되는 레지스터로서 사칙 연산, 논리 연산 등의 결과를 기억한다.

② 데이터 레지스터(data register) : 실행 대상(operand)이 2개 필요한 경우에 주기억 장치로부터 읽어들인 데이터를 임시 보관하고 있다가 필요할 때에 제공하는 역할을 한다.

③ 가산기(adder) : 누산기와 데이터 레지스터의 두 수를 가산하는 기능을 하며, 그 결과는 누산기에 저장된다.

④ 상태 레지스터(status register) : 연산의 결과가 양수나 0 또는 음수인지, 자리 올림(carry)이나 오버플로(overfolw)가 발생했는지 등의 연산에 관계되는 상태와 외부로부터의 인터럽트(interrupt) 신호의 유무를 나타낸다.

【2】기억 장치

기억 장치는 입력 장치를 거쳐 들어온 초기의 정보, 또는 정보 처리 과정에서 생긴 중간 정보, 그리고 후의 최종 정보를 기록한다.

```
기억 장치 ─┬─ 주기억 장치 ─┬─ 자심
          │              └─ 반도체 기억 소자 ─┬─ ROM
          │                                └─ RAM
          └─ 보조 기억 장치 ─┬─ 자기 드럼
                          ├─ 자기 디스크
                          └─ 자기 테이프
```

(1) 주기억 장치

① 내부 기억 장치라고도 하며 프로그램이나 데이터를 기억하고 연산, 제어 장치의 레지스터에서 직접 읽어 내거나 반대로 써 넣는 동작을 고속으로 한다.

② 자심(magnetic core)기억 장치와 반도체 기억 장치 및 자기 박막 기억 장치(magnetic thin film memory)등이 있으나, 현재는 거의 대부분 반도체 기억 소자를 사용하고 있다.

③ 반도체 기억 소자 : 전기적으로 제어되는 스위치들의 집합으로 게이트들의 연속으로써 전도 조건(conduct condition)인가 아닌가로 비트를 표시한다.
④ ROM(Read Only Memory) : 비소멸성의 기억 소자로 이미 저장되어 있는 내용을 인출할 수는 있으나, 새로운 데이터를 저장할 수 없는 반도체 기억 소자
  ㉠ 마스크 ROM(mask ROM) : 제조 과정에서 내용을 미리 기억시킨 것으로 사용자는 어떤 경우에도 그 내용을 바꿀 수 없다.
  ㉡ PROM(programmable ROM) : 제조 후 사용자가 비교적 간단한 방법으로 ROM의 내용을 써 넣을 수 있도록 고안된 것
  ㉢ EPROM(Erasable PROM) : PROM을 개량한 소자로서, 자외선이나 높은 전압으로 그 내용을 지워서 다시 사용할 수 있다.
⑤ RAM(Random Access Memory) : 저장한 번지의 내용을 인출하거나 새로운 데이터를 저장할 수 있으나, 전원이 꺼지면 내용이 소멸된다.
  ㉠ 스태틱(static)형(SRAM) : 단위 기억 소자가 플립플롭으로 구성되어, 속도가 빠르다.
  ㉡ 다이내믹(dynamic)형(DRAM) : 단위 기억 비트당 가격이 저렴하고 집적도가 높다.

(2) 보조 기억 장치
① 외부 기억 장치라고도 하며, 주기억 장치의 용량 부족을 보충하기 위해 사용한다.
② 자기 드럼 기억 장치 : 표면에 자성체(산화철의 미립자나 니켈-코발트의 합금 등)를 도금한 금속 원통을 일정한 속도로 회전시켜, 그 주변에 설치된 자기 헤드(head)에 의해 자성면에 데이터를 기록한다.
③ 자기 디스크 장치 : 알루미늄 합금 표면에 자성체를 입힌 원판(보통의 레코드판과 비슷하다)으로서, 고속으로 회전하는 원판의 표면에 자기 헤드에 의해 데이터가 기록된다.
④ 자기 테이프 기억 장치 : 전자 계산기의 중요한 입·출력 매체인 동시에 중간 처리 결과를 기록하거나, 대량의 데이터를 파일하여 반영구적으로 보존시킬 수 있다.

(3) 플로피 디스켓
① 마이크로컴퓨터(microcomputer)의 급진적인 보급에 따라 사용이 늘어난 플로피 디스켓(floppy diskette)은 얇고 유연한 플라스틱 디스크에 자기 산화물을 도포시킨 것으로 보호용 플라스틱 자켓(jacket)에

2. 전자 계산기의 구조 2-9

싸여져 있다.
② 디스크의 크기 : 보통 5.25인치와 3.5인치의 두 종류가 널리 쓰이며, 구동단의 회전수는 360±9rpm이다.
(4) 보조 기억 장치의 입·출력
① 키 투 테이프 시스템(key to tape system) : 전자 계산기의 제어 장치에 연결되어 있는 여러 대의 CRT 단말 장치(terminal)에서 데이터를 입력하면 자기 테이프에 바로 기억되는 시스템
② 키 투 디스크 시스템(key to disk system) : CRT 단말 장치로부터 직접 자기 디스크로 입력하는 시스템(각 단말 장치는 자기 디스크의 각각 정해진 영역만을 사용한다).

【3】입·출력 장치
실제의 정보를 전자 계산기가 처리할 수 있는 형태로 변환시켜 주는 장치를 입력 장치(input device)라 하며, 전자 계산기의 수행한 결과를 보관해 두고 재사용하도록 하는 장치를 출력 장치(output device)라 한다.
(1) 입·출력 장치의 분류
① 입력장치 : 카드 판독기, 테이프 판독기, 광학 판독기, 광학 문자 판독기, 자기 잉크 문자 판독기, 키보드 등
② 출력 장치 : 라인 프린터, 카드 천공기, 테이프 천공기, 디스플레이 장치, 영상 표시 장치
③ 입·출력 장치 : 콘솔, 영상 표시 장치 터미널, 입·출력 타이프라이터 등
  ㉠ 카드 천공기, 판독기 : 홀러리스(Hollerith, H.)의 펀치 카드 시스템(punch card system)이 발명된 후 가장 널리 사용되어 온 입·출력 장치로서, 눈으로 쉽게 그 내용을 알아볼 수 있고, 데이터의 배열, 삭제, 삽입, 보관등이 용이하다.
  ㉡ 광학 마크 판독기(OMR, Optical Mark Reader) : 특정의 카드나 용지에 특정의 연필이나 잉크로 표시한 데이터를 광학적으로 판독하는 장치
  ㉢ 광학 문자 판독기(OCR, Optical Character Reader) : 입력 원표에 인쇄된 OCR 문자를 광학적으로 읽고, 이것을 기계어로 변환시켜 직접 전자 계산기에 입력하는 장치
  ㉣ 자기 잉크 문자 판독기(MICR, Magnetic Ink Character Read-

er) : OCR 판독기와 유사하며, 다른 점은 입력 원표를 어느 특정한 항목에 따라 분류할 수 있다는 점이다.
　ⓜ 프린터(printer) : 전자 계산기에서 처리된 정보를 사람이 읽을 수 있는 상태로 출력하는 매체로서, 문자 프린터(character printer)와 라인 프린터(line printer) 및 페이지 프린터(page printer) 등과 최근 급격히 보급되고 있는 레이저(laser)프린터가 있다.
　ⓗ 문자 표시 장치(CRT, Cathode Ray Tube) : 화면에 정보를 표시하는 장치로서, 화면의 크기는 24×80(세로 24줄, 가로 80문자), 24×40, 16×32 등이 주로 사용된다.
(2) 콘솔
　① 오퍼레이터(operator)가 전자 계산기와 메시지(message)를 주고 받을 때에 이용하는 장치를 콘솔(console)이라 한다.
　② 콘솔 장치는 전자 계산기를 제어하기 위한 입·출력 장치로서, 키보드(key board)와 CRT로 구성되어 있으며, 작동의 개시, 정지, 작업 관리 등에 직접 관여한다.

3. 자료의 표현과 연산

【1】자료의 구조
(1) 자료의 종류
　① 자료의 정의 : 좁은 의미로는 프로그램의 수행에 필요한 데이터, 즉 처리될 작업(job)만을 의미하나 넓은 의미로서 데이터를 포함한 컴퓨터 시스템의 구성과 이용에 관련 있는 정보(information), 즉 프로그램, 컴퓨터 운영을 위한 정보, 운영 중 발생되거나 운영 상태를 표시하는 정보 등 컴퓨터가 취급하는 모든 정보를 의미한다.
　② 자료 구조의 용어
　　㉠ 비트(bit) : binary digit의 약어로 정보를 나타내는 최소 단위
　　㉡ 바이트(byte) : 8개의 비트를 연결한 단위
　　㉢ 워드(word) : 몇 개의 바이트가 모여서 구성(통상 1워드=4바이트)
　　㉣ 항목(field 또는 item) : 고유 이름을 지닌 논리적 데이터의 최소 단위

㉤ 레코드(record) : 관련된 항목들의 집단
㉥ 파일(file) : 어떤 한 직업에 관련된 레코드들의 집합
㉦ 데이터 베이스(data base) : 상호 관련된 파일들의 집합
③ 자료 구조의 구성 단계 : 비트(bit)→바이트(byte)→워드(word)→항목(item 또는 field)→레코드(record)→파일(file)→데이터 베이스(data base)
④ 자료 배열에 따른 구조
  ㉠ 선형 구조 : 스택(stack), 큐(queue), 디큐(deque)
  ㉡ 비선형 구조 - 트리(tree)

(2) 자료의 형태

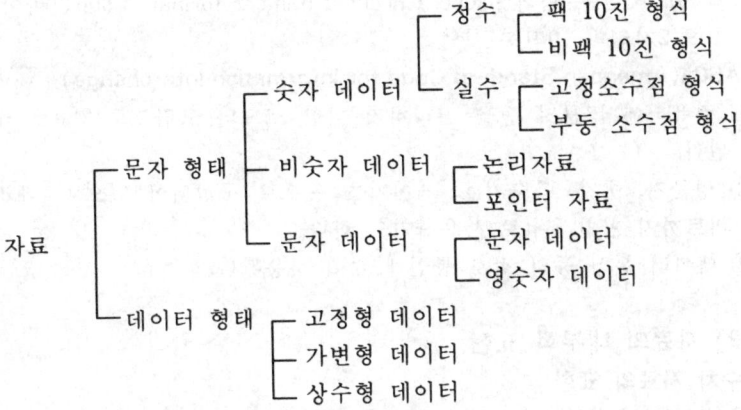

【2】 자료의 외부적 표현
(1) BCD(Binary Coded Decimal : 2진화 10진 코드)
  ① 2진수를 사용하는 가장 보편화된 코드이다.
  ② 2진수 4자리를 사용하여 그 값(자리수, weight)을 8, 4, 2, 1로 나타낸다.
(2) 표준화된 BCD 코드(Standard-BCD)
  ① BCD코드를 확장한 것(6bit)으로, 2개의 존 비트(zone bit)와 4개의 디지트(digit) 비트로 구성한다.
  ② 숫자(numeric)와 영문자(alphabet) 및 특수 문자(special character) 등을 표현한다.

③ 64(2^6) 문자 표현 가능

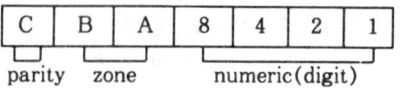

(3) **EBCDIC(Extended Binary Coded Decimal Interchange Code)**
① 확장된 BCD코드로서, 데이터 비트는 4개의 zone bit와 digit bit로 구성된다.
② 16진수로 표기 가능하여 256(2^8)가지의 표현이 가능하며, byte 단위로 기억된다.
㉠ zone 형식(zoned decimal number format) : 8bit(1바이트)에 문자(숫자)씩 기억
㉡ 팩 10진수 형식(packec) decimal number format) : 8bit(1바이트)에 2자리의 10진수 기억

(4) **ASCII(American Standard Code for Information Interchange)**
① 컴퓨터에서 문자 등을 처리하기 위한 코드의 모임으로 7bit로 구성된다.
② 영문자, 숫자, 특수기호, 제어기호 등으로 구성되어 있으며, 패리티 비트까지 합쳐 8bit로 사용하기도 한다.
③ 데이터 통신 등의 정보 통신에 많이 사용된다.

【3】 자료의 내부적 표현
(1) **수치 자료의 표현**
① 고정 소수점(fixed point number) 표현방식 : 고정 소수점 위치가 언제나 약속된 위치에 고정되는 표현방법으로 수치는 2진수 형태로 기억되며 가장 오른쪽이 비트의 바로 오른쪽이 소수점 위치이다.
② 부동 소수점(floating point number) 표현방식 : 수를 나타내는 데에 가수와 지수로 표시하는 방법으로, 숫자의 절대값이 커서 고정 소수점 형식으로 표현할 수 없는 경우에 사용한다.

(2) **문자 자료의 표현**
① 숫자형 문자열(numeric string) : 10진수를 기억 장치에서 표현하는데 쓰이며 10진형과 비팩 10진형이 있다.

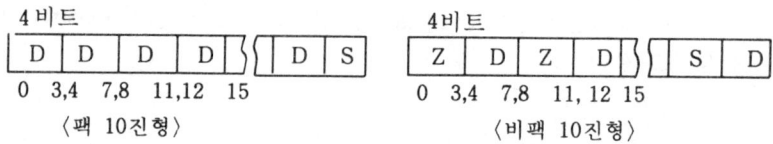

D : 2진화 10진수   S : 부호 C : +
Z : 존 비트(F로 표시)   D : −
                                 F : 무부호

② 문자형 문자열(character string) : 8비트를 1문자로 표현하며, 문자열 길이는 최소 1문자부터 최대 255문자까지 기억된다(기종에 따라 최대 65535문자까지 기억).
③ 문자열은 표시용 데이터로 사용되며, 계산할 때 사용되었던 수치도 일단 문자형으로 변환된 후 인쇄된다.

【4】 연산
(1) 수학적 연산
전자 계산기가 주어진 프로그램에 따라 동작하고 그 결과를 내보내기 위해서는 중앙 처리 장치 내부에서 연산을 수행해야 한다. 연산은 크게 산술 연산과 논리 연산으로 나누어지는 데 연산을 위한 입력 자료의 개수에 따라 다음과 같이 분류되기도 한다.
① 단항 연산(unary operation) : 하나의 입력 자료에 대한 연산 MOVE, shift, complement 등
② 2항 연산(binary operation) : 두 개의 입력 자료에 대해 연산을 행하는 것으로 AND, OR, 4칙 연산 등

(2) 산술적 시프트
특수한 곱셈과 나눗셈의 수행($\times 2$, $\div 2$)이나 연산 보조용으로 사용된다.

(3) 고정 소수점 연산
① 덧셈 : 가산기로 하는데, 자리 올림수가 발생할 수 있으므로 자리 넘침(over flow)에 주의해야 한다.
② 뺄셈 : 2진수의 뺄셈은 부호와 절대값으로 표현된 수에서만 필요하며, 1의 보수, 2의 보수에 의한 수의 뺄셈은 감수의 보수를 취하여 가산한다.
③ 곱셈 : 누계의 원리를 써서 덧셈을 여러 번 수행하게 한다.
④ 나눗셈 : 제수(divisor)를 피제수(dividend)에서 계속 빼는 뺄셈으로 연산한다.

(4) 부동 소수점 연산
① 덧셈, 뺄셈 : 먼저 연산할 두 지수 부분을 같게 만들고 이에 따라 가수 부분을 조정한 후에 연산을 한다.

② 곱셈, 나눗셈 : 가수 부분은 고정 소수점 연산 방식으로 연산하고, 지수 부분은 곱셈의 경우 덧셈을 하고 나눗셈의 경우는 뺄셈을 한다.

(5) **논리적 연산**

① Move : 하나의 입력 자료를 갖는 단일 연산으로 전자 계산기 내부에서 하나의 레지스터에 기억된 데이터를 다른 레지스터로 옮기는 데 이용된다.

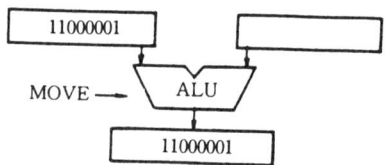

② Complement : 입력 자료에 대한 1의 보수

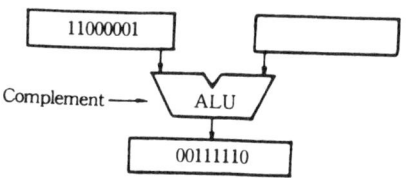

③ AND : 필요 없는 부분을 지워버리고 나머지 비트만을 가지고 처리하기 위하여 사용되는 연산자

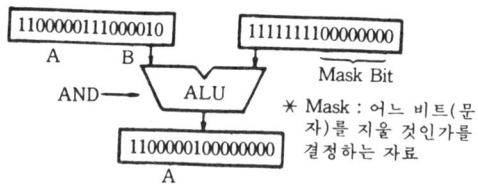

* Mask : 어느 비트(문자)를 지울 것인가를 결정하는 자료

④ OR : 문자의 삽입이 가능한 연산자

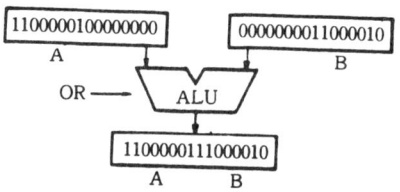

⑤ Shift(시프트) : 입력 데이터의 모든 비트를 각각 서로 이웃의 비트 자리로 옮기는 것

4. BASIC 언어

【1】 BASIC 언어의 기본
(1) 베이식의 특징
① 베이식(BASIC, Beginner's All purpose Symbolic Instruction Code)은 시분할 시스템을 개발시킨 회화용 언어로서, 쉽게 배울 수 있고 사용하기에 쉬운 언어이다.
② 베이식 언어의 특징
  ㉠ 문(statement)의 종류가 적고 문법이 간단하다.
  ㉡ 비교적 간단한 문제를 기술하기 위한 언어이다.
  ㉢ 프로그램의 수정이 간단하다.

(2) 베이식의 기본 법칙
① 베이식 프로그램은 여러 개의 문장으로 구성되는데, 각 문장은 기본적으로 문장 번호(line number), 문(statement), 오퍼랜드(operand)로 구성된다.
② 문장 번호 : 문장의 실행 순서를 지정하기 위한 것으로, 보통 5자 이내의 정수(1~99999)를 사용한다.
  ㉠ 베이식 프로그램에서는 각 행의 맨 앞에 반드시 문장 번호를 붙여야 한다.
  ㉡ 프로그램의 실행은 프로그램 가운데 가장 적은 문장 번호를 가진 문장부터 시작된다.
③ 문(statement)
  ㉠ 기본 베이식은 다음과 같은 18개의 문으로 구성된다.
    INPUT, READ, DATA, RESTORE, PRINT, REM, GO TO,
    IF-THEN, FOR, NEXT, DEF, GOSUB, RETURN, LET, MAT,
    DIM, STOP, END
  ㉡ 확장 베이식 : 기본 베이식의 문 이외에 다른 여러 가지 문을 가지고 있으나, 전자 계산기의 기종에 따라 다를 수 있다.
④ 베이식 언어에서 사용되는 명령문은 크게 실행문과 비실행문으로 구별한다.

㉠ 실행문 : 작성된 프로그램 문장 번호의 순서대로 처리되도록 동작을 지시하는 명령문으로, 입·출력문, 제어문, 연산문 등으로 나누어진다.
㉡ 비실행문 : 프로그램에 필요한 정보를 설정하는 실행 순서는 관계되지 않는다.

【2】 상수 및 변수

(1) 상수(constant)
프로그램 실행에 사용되는 실제값으로 불변이며 숫자 상수와 문자열 상수가 있다.
① 숫자 상수(numeric constant)는 숫자 0~9로 구성된 모든 수로서, +, -부호를 가질 수 있고, 소수점(.)을 가질 수 있으나, 콤마(,)는 사용할 수 없다.
② 유효 숫자가 9자리(또는 7자리) 이내로 표현된 숫자는 그대로 출력되지만, 그 이상의 숫자는 지수 형태로 출력된다.
③ 지수부는 문자 E의 뒤에 2자리 이내의 정수형으로 표현되고, 10의 거듭제곱을 의미한다.

(2) 변수(variable)
프로그램에 의해 그 값이 변화하는 데이터로서, 단순 변수와 첨자가 붙은 변수로 구분된다.
① 단순 변수 : 하나의 변수에 1개의 데이터만을 기억할 수 있는 변수
② 첨자 변수 : 하나의 변수명으로 2개 이상의 데이터를 기억할 수 있는 변수
③ 변수명을 올바르게 작성하는 규칙
  ㉠ 영문자 A~Z와 숫자 0~9로만 구성되어야 한다.
  ㉡ 영문자와 숫자는 혼합 사용할 수 있으나, 첫문자는 반드시 영문자이어야 한다.
  ㉢ 변수명의 글자 수는 2자까지 유효하고 그 이상은 무시된다.

【3】 연산식과 함수

(1) 연산식
① 산술 연산 기호(operator) : 덧셈, 뺄셈, 곱셈, 나눗셈 및 거듭제곱을

4. BASIC언어

나타내는 기호가 사용된다. +, -, *, /, ↑ (또는 **)
② 관계 연산 기호 : 비교, 판단 등에 사용되는 기호로서, 다음의 여섯 가지로 나타낸다.
　　같다(=), 보다 크다(>), 보다 작다(<), 보다 크거나 같다(>=),
　　보다 작거나 같다(<=), 같지 않다(< >) 또는 (> <)
③ 연산식에서의 연산 우선 순위
　ⓘ 괄호안의 식 : ( )
　ⓛ 거듭제곱 : (↑ 또는 **)
　ⓒ 곱셈, 나눗셈 : *, /
　ⓔ 덧셈, 뺄셈 : +, -
　ⓜ 비교, 판단 기호 · =, < >, <, >, <=, >=
　ⓗ NOT
　ⓢ AND
　ⓞ OR
　※ 같은 순위에서는 왼쪽에서 오른쪽으로 수행한다.

(2) 내장 함수(library function)
① 사용 빈도가 많은 함수를 계산하기 위한 프로그램을 전자계산기 내부에 미리기억시켜 놓아 편리하게 함수값을 구할 수 있다.
② 수학적 함수, 문자 함수 및 기타 목적을 위한 함수 등이 있다.
③ 문자 함수와 함수명

함수명	내　용
ASC(X$)	X$의 첫번째 문자의 ASCII 코드값(10진수)
CHR$(X)	X값에 해당되는 ASCII 코드 문자(0~255까지)
LEFT$(X$, J)	X$의 문자열에서 왼쪽에서 J개의 문자를 취함.
RIGHT$(X$, J)	X$의 문자열에서 오른쪽부터 J개의 문자를 취함.
MID$(X$, I, J)	X$의 문자열에서 I번째부터 J개의 문자를 취함.
LEN(X$)	X$에 포함된 문자열의 길이를 계산
VAL(X$)	X$의 문자열에 포함된 숫자를 숫자 상수값으로 변환 (단, 문자 상수 다음에 있는 숫자는 변환되지 않는다)
STR$(X)	숫자 상수 X를 문자열로 변환
SPC(X)	PRINT 명령과 함께 사용되며 X개만큼의 공간을 표시

④ 수학적 함수명

함수명	내용
SIN(X)	X의 사인(sine) 값을 구함(X는 라디안(radian) 값).
COS(X)	X의 코사인(cosine) 값을 구함(X는 라디안 값).
TAN(X)	X의 탄젠트(tangent) 값을 구함(X는 라디안 값).
ATN(X)	X의 아크탄젠트(arctangent) 값을 구함(X는 라디안 값).
EXP(X)	e^x의 지수값을 구하는 함수(e=2.718283)
LOG(X)	$\|X\|$의 자연 대수값을 구함.
RND(X)	RND(1)은 0<X<1 사이에서 임의의 난수를 발생시키고, RDN(0)은 바로 전에 발생된 난수와 같은 난수를 만듦
INT(X)	X의 값을 넘지않는 최대의 정수값을 구함.
SGN(X)	X 값의 부호를 숫자로 표현(양수→1, 0→0, 음수→ −1)

【4】 부프로그램

① 부프로그램(subprogram)은 주 프로그램(mainprogram)과 동일한 방법으로 작성되는 독립된 단위 프로그램이지만, 주프로그램에 종속되어 있으므로 반드시 주프로그램의 필요에 의해서 실행된다.
② 부프로그램 이용의 장점
  ㉠ 같은 계산을 위한 프로그램을 반복하여 작성할 필요가 없다.
  ㉡ 여러 개의 단위 프로그램을 여러 사람이 나누어 작성할 수 있다.
  ㉢ 한 번 작성한 부프로그램은 다른 프로그램에 언제라도 이용할 수 있다.
③ 부프로그램에는 라이브러리(libary) 함수, 사용자의 정의 함수문, 서브루틴(subroutine) 등이 있다.

【5】 흐름도의 작성

(1) 흐름도 작성의 기본 요령
① 위에서 아래로 내려가면서 작성한다.
② 분기점이 있는 경우 왼쪽에서 오른쪽으로 작성한다.
③ 기호와 기호 사이에는 →로 연결한다.
④ 기호 내부에는 그 내용을 표시한다.

4. BASIC언어 2-19

(2) 흐름도 작성에 사용되는 기호
① 입·출력에 사용되는 기호

기호	의미	기호	의미
(카드 모양)	카드 및 카드큼 매체로 하는 입·출력 기능을 표시(카드 판독기, 카드 천공기)	(콘솔 모양)	콘솔에 의한 입력 기능을 표시(콘솔)
(원 모양)	자기 테이프 및 이를 매체로 하는 입·출력 기능을 표시(자기테이프 장치)	(서류 모양)	서류 및 서류를 매체로 하는 출력 기능을 표시(라인 프린터)
(종이테이프 모양)	종이 테이프 및 이를 매체로 하는 입·출력 기능을 표시(종이 테이프 판독기, 종이 테이프 천공)	(디스플레이 모양)	디스플레이에 의한 입력 기능을 표시(라인프린터, 콘솔, 타이프 라이터)
(자기디스크 모양)	자기 디스크 및 이를 매체로 하는 입·출력 기능을 표시(자기 디스크 장치)	(평행사변형)	공통 입·출력 기호이지만 준비 또는 완료에 사용한다(입력/출력).

② 실행에 사용되는 기호

기호	의미	기호	의미
(직사각형)	여러 가지의 처리 기능을 표시하는데 사용하는 처리 기호(처리 기호)	(원)	순서도를 여러 장에 그릴 때 그 연결을 표시하는 기호(연결부)
(마름모)	비교, 판단 결정에 사용하는 결정 기호(분기 기호)	(타원/둥근 직사각형)	개시, 종료 등을 표시하는데 사용하는 기호
(화살표)	기호와 기호를 연결하는 흐름선을 표시한다.	(사다리꼴)	입력 또는 출력 등의 개폐에 사용하는 기호
(육각형)	진행에 앞서 필요한 조건들을 표시한다.	(직사각형, 양옆 선)	이미 작성되어 있는 프로그램을 이용할 때 사용하는 기호

5. 마이크로프로세서

【1】 구조와 특징
(1) 마이크로프로세서의 구성
마이크로프로세서는 중앙 처리 장치의 기능을 집적 회로화한 것으로서, 연산회로, 각종의 레지스터, 제어 회로 등으로 구성된다.

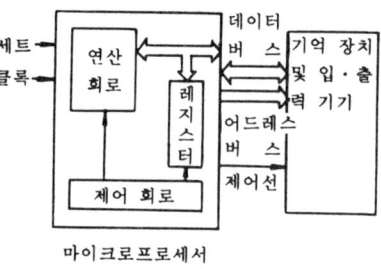

마이크로프로세서의 기본 블록도

① 연산부 : 산술적, 논리적 연산이 수행되는 피연산자들과 그 결과의 저장을 위한 특수 레지스터들, 그리고 덧셈과 뺄셈 그 밖의 원하는 연산과 자리 이동을 위한 회로들로 구성된다.

② 제어부 : 중앙 처리 장치(CPU)의 동작을 제어하는 부분으로 명령 레지스터(register command) 명령 해독기(decoder command)와 사이클 콘트롤 등으로 되어 있다.

③ 레지스터부 : 중앙 처리 내의 내부 메모리라 할 수 있는 기억 기능을 가지며 스택포인터(SP, stack point), 프로그램 카운터(PC, program counter), 범용 레지스터군으로 구성되어 있다.

(2) 마이크로프로세서의 특징
반도체 중앙 처리 장치이며 마이크로컴퓨터의 가장 중요한 구성품 중의 하나이다.

마이크로 프로세서의 부품은 한 개의 칩 속이나 단일 패키지 내에 포함되거나 혹은 여러개의 칩으로 분산되기도 한다.

【2】 명령 형식
(1) 기계어 명령
① 프로그램을 구성하는 단위는 기계어 명령이라고 하는 비트열이고, 프로그램은 이들의 조합으로 되어 있다.

② 기계어 명령은 기억 장치에 저장되기 위해 그 비트폭은 마이크로 프로세서의 처리 단위(일반적으로 프로세서, 기억 장치 사이에서 주고 받게 되는 비트폭과 일치함.)를 기준으로 하여 설정된다.
(2) 기계어 명령 형식
① 일반적으로 동작부(연산 지시부)와 오퍼랜드로 되어 있다.
㉠ 동작부 : 보통 4~8비트로 표현된 명령어 종류를 지정한다.
㉡ 오퍼랜드부 : 레지스터의 지정이나 기억 장치의 어드레스 지정, 그 밖에 각종의 모드 지정이나 연산되는 데이터 자체 등을 표현한다.
② 기계어 명령의 집합, 즉 명령 세트의 종류는 각 마이크로 프로세서의 구조와 밀접한 관련이 있고, 간단히 규정할 수는 없지만 공통적인 항목을 대별하면, 기억 장치와 누산기 또는 레지스터 사이의 전송 명령, 산술 논리 연산 명령, 스택 조작 명령, 각종의 제어 명령, 입·출력 명령 등으로 분류된다.

【3】 어드레스 지정 방식

기억 장치 내의 정보를 지정하는 방법
(1) 직접, 절대 어드레스 지정 방식(direct, absolute addressing mode)
오퍼랜드가 존재하는 기억 장치의 어드레스를 직접 명령 속에 포함시켜 지정하는 방법으로, 대부분의 컴퓨터에 준비되어 있는 단순하고 일반적인 방법이다.
(2) 이미디어트 어드레스 지정 방식(immediate addressing mode)
명령 속의 오퍼랜드 정보를 그대로 오퍼랜드로 사용한다. 이 때, 오퍼랜드로 정수를 사용하는 것이 좋다.
(3) 간접 어드레스 지정 방식(indirect addressing mode)
오퍼랜드가 존재하는 기억 장치 어드레스를 내용으로 가지고 있는 기억 장소의 어드레스를 명령 속에 포함시켜 지정하는 방법이다.
기억 장치를 두 번 읽어서 오퍼랜드를 얻는다.
(4) 레지스터 어드레스 지정 방식(register addressing mode)
기억 장치의 어드레스 대신 레지스터의 번호를 지정하고, 그 레지스터 내용을 목적으로 하는 오퍼랜드의 어드레스로 한다. 이것은 레지스터 간접 어드레스 지정 방식이라고도 한다.

(5) 상대 어드레스 지정 방식(relative addressing mode)
 명령 속의 오퍼랜드 지정 정보를 레지스터 지정부와 전개부로 나누어서 레지스터 지정부로 지정된 레지스터 내용과 전개부를 더해서 오퍼랜드의 어드레스를 구한다.
 상대 어드레스 지정 방식에서 사용하는 레지스터는 전용 레지스터인 경우도 있고, 연산 레지스터를 사용하는 경우도 있다. 연산 레지스터를 사용하는 경우는 연산과 어드레스 지정 양쪽에 모두 사용된다는 뜻에서 범용 레지스터라 한다.

(6) 페이지 어드레스 지정 방식(page addressing mode)
 기억 장치를 일정한 크기의 페이지로 나누어 명령 속에 페이지 내에서의 어드레스를 지정하는 방법이다.

【4】서브루틴과 스택

(1) 소규모의 똑같은 프로그램을 되풀이하여 사용할 필요가 있을 때, 그 프로그램을 서브루틴(subroutine)으로 따로 준비하여 주 프로그램 내에서 같은 프로그램의 반복을 피하는 것은 기본적인 프로그래밍 기법이다.
(2) 서브루틴 프로그램을 수행하는 도중에 또 다른 서브루틴을 부르는 경우를 네스트(nest)라고 하느니데, 네스트의 횟수에 따라 기억해야 할 복귀 어드레스가 여러 개가 된다.
(3) 복귀 어드레스의 저장 장소는 마이크로 프로세서와 같이 비교적 새롭게 설계된 컴퓨터에서는 스택이라는 데이터 구조를 이용하고 이를 위한 하드웨어를 준비해 두는 경우도 있다.
(4) 스택(stack) : 데이터를 순서대로 넣고 바로 그 역순서로 데이터를 꺼낼 수 있는 기억 장치로서, 그 특성대로 후입선출(LIFO, last-infirst-out) 기억 장치라고도 한다.

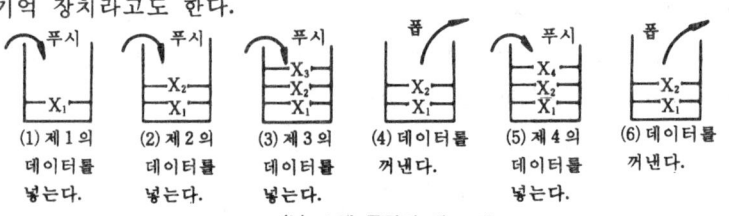

(a) 스택의 구조

(b) 스택 동작의 예 스택

6. 마이크로컴퓨터

【1】 마이크로컴퓨터의 구성

① 하드웨어 구성 : 중앙 처리 장치인 마이크로프로세서(microprocessor), 기억 장치인 ROM과 RAM, 보조 기억 장치 및 입·출력 장치 등으로 구성된다.

② ROM과 RAM : 전자 계산기로서의 기능 수행을 위한 모든 시스템 프로그램이 기억되어 있으며, 사용자가 작성한 프로그램과 데이터를 기억시키는 장치로 RAM이 추가된다.

③ 버스(bus) : 마이크로프로세서와 기억 장치 및 주변 장치 사이의 정보 전송을 위한 통로로서, 어드레스 버스와 데이터 버스 및 제어 버스가 있다.

(2) 마이크로프로세서의 종류

① 4비트형 : BCD 코드로 연산하며, ROM과 RAM이 없고 가격이 저렴하여 탁상용 계산기, 게임용, 가전 제품의 제어 장치 등에 사용된다.

② 8비트형 : ROM, RAM, 레지스터 및 다수의 입·출력 장치가 연결된다. 게임 및 제어 장치와 가전 제품, 계기, 자동차, 단말장치, 주변 장치, 퍼스널 및 마이크로컴퓨터 등에 사용된다.

③ 16비트형 : 미니 컴퓨터나 다기능 단말 장치, 복잡한 산업 정보 및 통신 처리 기기 등에 이용된다. 최근의 퍼스널 컴퓨터는 모두 이 16비트 마이크로프로세서를 사용한다.

④ 32비트형 : 정보 처리에 대량화의 고속화의 요구에 따라 최근 급속히 보급되고 있다.

1984년도 전자계산기 2급 출제문제

문제 1. 다음 중 중앙 처리 장치(central processing unit)의 기능이라고 할 수 없는 것은?
㉮ 처리 기능의 제어   ㉯ 정보의 연산
㉰ 정보의 기억   ㉱ operator와의 대화
해설 중앙처리 장치(CPU)는 기억 장치에 저장되어 있는 명령이나 데이터를 차례로 읽어 내어 해독하고, 연산 장치의 가산기나 레지스터를 그 명령에 따라 제어하며 데이터의 연산을 실행한다.

문제 2. BCD코드(Binary Coded Decimial Code)로 숫자와 문자를 표현할 때 숫자는 최대 몇 Bit가 필요하며 문자(알파벳 및 기호)는 최대 몇 Bit가 필요한가?
㉮ 숫자와 문자 모두 4Bit이다.
㉯ 숫자는 6Bit이고 문자는 4Bit이다.
㉰ 숫자는 3Bit이고 문자는 6Bit이다.
㉱ 숫자는 4Bit이고 문자는 6Bit이다.
해설 BCD 코드는 6 Bit로서 문자는 6 Bit, 숫자는 4Bit로 표시된다.

문제 3. 다음은 어떤 기능을 갖춘 회로인가?
㉮ 다수결 회로
㉯ 매트릭스 회로(Matrix)
㉰ 비교 회로
㉱ 패리티 체크 회로(Parity Check)

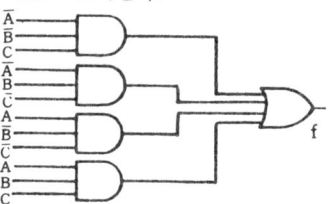

해설 2진수 중에서 1의 총수가 짝수인가 홀수인가를 판정하는 패리티 체크 회로이다.
$f = \bar{A}\bar{B}C + \bar{A}B\bar{C} + A\bar{B}C + ABC$
= (001, 010, 101, 111) → 홀수 패리티 체크

문제 4. 다음은 컴퓨터 내부에서 데이터의 이송 방법에 대한 진술이다. 이 중 틀린 것은?
㉮ CHANNEL에서 CONTROLLER 사이는 PARALLEL 이송이 된다.
㉯ CONTROLLER와 DEVICE 사이는 SERIAL 이송이 된다.

1. ㉱ **2.** ㉱ **3.** ㉱ **4.** ㉱

㉰ MEMORY와 CHANEL 사이는 PARALLEL 이송이 된다.
㉱ CHANNEL과 DEVICE 사이는 SERIAL 이송이 된다.
[해설] CONTROLLER와 DEVICE 사이는 SERIAL 전송으로 CHANNEL과 DEVICE 사이는 PARALLEL 전송으로 한다.

[문제] **5.** 중앙 처리 장치(CPU)의 구성 부분이 아닌 것은?
㉮ 주기억 장치   ㉯ 보조 기억 장치
㉰ 제어 장치   ㉱ 연산 장치
[해설] 중앙 처리 장치는 제어 장치, 주기억 장치, 연산 장치로 구성된다. 보조 기억 장치는 주변 장치에 해당한다.

[문제] **6.** 자기 DISK에 입·출력을 할 때 데이터의 흐름에 관계 없는 장치는?
㉮ DISK UNIT   ㉯ DISK CONTROLLER
㉰ CHANNEL   ㉱ CONSOLE
[해설] CONSOLE(콘솔)은 오퍼레이터(operater)가 전자 계산기와 메시지를 주고 받을 때에 이용하는 입·출력 장치이다.

[문제] **7.** 다음 논리 회로 중 Fan out수가 가장 많은 회로는?
㉮ CMOS   ㉯ TTL
㉰ RTL   ㉱ DTL
[해설] Fan-out(팬아웃)이란 한 게이트의 출력 단자에 연결하여 구동시킬 수 있는 회로의 수를 말하는 데, CMOS 회로가 가장 많다.

[문제] **8.** 기록 밀도 1600BPI인 자료 전송은 1초당 200인치라고 할 경우에 자료를 1분동안 몇 바이트나 전송할 수 있는가?
㉮ 19200KB   ㉯ 6200KB
㉰ 19300KB   ㉱ 16800KB
[해설] 1600BPI는 1인치당 1600바이트를 말한다.
∴ 1600 × 200 × 60 = 19200KB

[문제] **9.** 입·출력 장치의 동작 속도와 전자 계산기 내부의 동작 속도를 맞추는 데 사용되는 레지스터는 어느 것인가?
㉮ 어드레스 레지스터   ㉯ 시퀀스 레지스터
㉰ 버퍼 레지스터   ㉱ 시프트 레지스트
[해설] 버퍼 레지스터(buffer register)는 상이한 입·출력 속도로 데이터를 받거나 전

[해답] 5. ㉯ 6. ㉱ 7. ㉮ 8. ㉮ 9. ㉰

송하는 중앙 처리 장치나 주변 장치의 임시 저장용 레지스터이다.

문제 10. 다음 중 온라인(on-line) 처리 방식이 아닌 것은?
㉮ 리모트 배치(remote batch) ㉯ 타임 셰어링
㉰ 온라인 실시간 ㉱ 로컬 배치

해설 로컬 배치 처리(local batch process, 국지화 배치 처리)란 오프라인(off-line)에서의 배치를 말한다.

문제 11. 다음은 I/O 채널에 관한 설명인 데 잘못된 문장은?
㉮ I/O 채널은 주기억 장치와 I/O device 사이에서 데이터의 흐름을 통제한다.
㉯ I/O 채널은 하드웨어적인 데이터의 버퍼 역할을 하지 않는다.
㉰ I/O 채널은 주기억 장치와 I/O control unit 사이에서 interface 역할을 한다.
㉱ I/O 채널은 CPU와 I/O operation을 동시에 처리한다.

해설 I/O 채널은 Memory와 I/O Device 사이에서 Data의 전송을 처리해 주는 인터페이스이다.

문제 12. 자기 DISK를 입·출력할 때 I/O TIME을 이루는 요소 중 비중이 가장 큰 것은?
㉮ LATENCY TIME
㉯ DATA 이송시간
㉰ HEADER의 POSITIONING TIME
㉱ ADDRESS CHECKING TIME

해설 Disk의 Access Arm에 부착된 R/W 헤드를 이송시키는 시간이 가장 많은 비중을 차지한다.

문제 13. 0~9의 10진법의 수치는 2진법의 최저 몇 비트(Bit)로 표현되는가?
㉮ 3비트(Bit) ㉯ 4비트(Bit)
㉰ 6비트(Bit) ㉱ 8비트(Bit)

해설 $9_{(10)} = 1001_{(2)}$이므로 최저 4비트로 표현된다.

문제 14. 연산 장치의 설명 중 틀린 것은?
㉮ 뺄셈은 2진수를 보수로 변환되어 행한다.
㉯ 뺄셈은 덧셈에서 사용하는 가산기를 그대로 사용한다.

해답 10. ㉱ 11. ㉯ 12. ㉰ 13. ㉯ 14. ㉱

㉰ 가산기는 반가산기와 전가산기로 이루어져 있다.
㉱ 반가산기의 입력은 전가산기 입력의 반이다.
[해설] 반가산기(half adder)는 2개의 2진수를 더하여 합과 자리올림수를 산출하기 위한 조합 논리 회로이며, 전가산기(full adder)는 세 입력 비트들의 수치적인 합을 구하는 조합 논리 회로이다.

[문제] **15.** 연산 장치(ALU)를 크게 2부분으로 분류한다면 다음 어느 항과 같이 분류 되는가?
㉮ 연산 장치(Arithmetic unit)와 기억 장치(Memory unit)
㉯ 제어 장치와 기억 장치
㉰ 산술 연산 장치와 논리 장치
㉱ 제어 장치와 연산 장치
[해설] 연산 장치(Arithmetic and Logic Unit)는 제어 장치의 지시에 따라, 전송된 데이터를 처리하기 위한 4칙 산술 연산과 논리 연산을 수행하는 장치이다.

[문제] **16.** 다음 보기 중 가항과 나항의 내용에서 관련성이 있는 것 끼리 짝지어진 것은?

─〈보기〉─
(가항) ① OCR ② OMR ③ MICR ④ Display ⑤ Plotter
(나항) ㉠ 지도, 천기도 ㉡ 은행 수표 ㉢ 대학입시, 예비고사 채점
        ㉣ 터미널

㉮ ①→㉢, ②→㉡, ③→㉣, ④→㉠ ㉯ ②→㉢, ③→㉡, ④→㉣, ⑤→㉠
㉰ ①→㉠, ③→㉡, ④→㉢, ⑤→㉣ ㉱ ①→㉠, ②→㉢, ④→㉣, ⑤→㉡
[해설] ① OCR(Optical Character Reader) : 광학문자 판독기, ② OMR(Optical Mark Reader) : 광학 마크 판독기, ③ MICR(Magnetic Ink Character Reader) : 자기 잉크 문자 판독기, ④ Display : 출력장치, ⑤ Plotter : 도형이나 그래프를 출력하는 장치

[문제] **17.** 다음 중 Accumulator에 대하여 바르게 설명한 항목은?
㉮ 연산 명령의 순서를 기억하는 장치이다.
㉯ 연산 부호를 해독하는 장치이다.
㉰ 레지스터의 일종으로 산술 연산 또는 논리 연산의 결과를 일시적으로 기억 하는 장치이다.
㉱ 연산 명령이 주어지면 연산 준비를 하는 장소이다.
[해설] Accumlator(누산기)는 주기억 장치로부터 연산할 자료를 제공받아 연산한 결

15. ㉰ **16.** ㉯ **17.** ㉰

과를 다시 보관하는 기능을 한다.

문제 18. PROGRAM 수행 중 서브루틴(Sub-Routine)으로 돌입할 때 프로그램의 리턴번지(Return Address) 수를 LIFO(Last-In First-Out) 기술로 메모리의 일부에 저장한다. 이 메모리 부분을 무엇이라 하는가?
㉮ 주기억 장치(main memory) ㉯ 보조 기억 장치
㉰ 스택(stack) ㉱ 어셈블러(assembler)
해설 스택은 서브루틴 호출이나 인터럽트 처리시 복귀 주소를 저장하거나, 고급 언어 프로그램을 처리할 때 지역 변수와 서브루틴의 인자를 저장하는 데 쓰인다.

문제 19. 기억 장치 내의 내용을 해당되는 문자나 기호로 다시 변환시키는 회로는?
㉮ 디코더 ㉯ 인코더
㉰ 카운터 ㉱ 호퍼
해설 입력으로 가해지는 정보를 부호화하는 회로를 인코더(encoder)라 하며, 부호화된 2진 데이터를 출력으로 해독해 내는 조합 논리 회로를 디코더(decoder)라 한다.

문제 20. 다음 중 FLOW CHART를 작성하는 이유가 아닌 것은?
㉮ 논리적인 체계를 쉽게 이해할 수 있다.
㉯ 프로그램의 흐름에 대한 수정을 용이하게 한다.
㉰ 계산기 내부 조작 과정을 쉽게 파악할 수 있다.
㉱ 코딩하기가 쉬워진다.
해설 FLOW CHART를 작성하는 이유
① 논리적인 체계를 쉽게 이해할 수 있다.
② 업무의 전체적인 개요를 쉽게 파악할 수 있다.
③ 문제의 정확성 여부를 쉽게 판단할 수 있다.
④ 프로그램의 코딩이 쉬워진다.
⑤ 프로그램의 흐름에 대한 수정을 용이하게 한다.

문제 21. FLOW CHART 작성에 필요한 symbol 중에서 판단을 표시하는 기호는?

㉮ 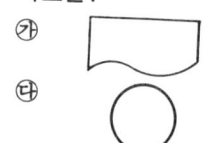   ㉯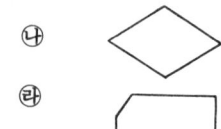
㉰ ○   ㉱

해답 18. ㉰ 19. ㉮ 20. ㉱ 21. ㉯

해설 ㉮는 서류(프린트), ㉯는 비교 및 판단, ㉰는 결합자(연결자), ㉱는 종이 카드를 각각 나타낸다.

문제 22. 다음의 BASIC 프로그램은 무엇을 계산하기 위한 것인가?
㉮ 1에서 100까지의 정수의 곱
㉯ 1에서 100까지의 정수의 합
㉰ 1에서 100까지의 정수의 제곱의 합
㉱ 1에서 100까지의 정수들의 제곱근의 합

```
10 I=0
20 N=0
30 IF I>100 THEN 80
40 I=I+1
50 N=N+I
60 PRINT I, N
70 GOTO 30
80 END
```

해설 I는 1에서부터 100까지 1씩 증가, N는 1에서부터 100까지 변하는 동안 I값을 계속 누적한다. 따라서 1~100까지 정수의 합을 나타낸다.

문제 23. 다음 BASIC문 중 READ 명령문과 관계 있는 것은?
㉮ INPUT 문   ㉯ FOR~NEXT 문
㉰ PRINT 문   ㉱ DATA 문

해설 READ 명령의 경우에는 반드시 DATA문이 있어야 하고 DATA문에는 READ 명령에 해당하는 자료들이 정의되어야 한다.

문제 24. 다음에 기술된 BASIC 명령문 중 바르게 기술된 것은?
㉮ X#=A$*2   ㉯ V-35=M
㉰ C%A%-B%   ㉱ Y>32.7=X<63.5

해설 ㉮의 경우 A$가 문자형 변수이므로 숫자 2와 연산할 수 있다. ㉯는 좌변이 수식이므로 M+V-35이어야 한다. ㉱는 논리 연산자에 의해 식이 구성되어야 한다.

문제 25. 다음은 A에 B를 더하여 C를 구하는 경우의 프로그램 단계를 설명한 것이다. 진행 순서대로 번호를 나열한 것은?

단, ① A, B를 읽어라(READ A, B).
② C를 인쇄하라(WRITE C).
③ 여러 개의 A, B값에 대한 C를 구하려면 ①번으로 가라(GO TO 1).
④ A에 B를 더하여 C를 구하라(C=A+B).

해답 22. ㉯ 23. ㉱ 24. ㉰ 25. ㉱

㉮ ①-②-④-③　　　　㉯ ①-③-②-④
㉰ ①-③-④-②　　　　㉱ ①-④-②-③

2. 1985년도 전자계산기 2급 출제문제

문제 1. 기억 장치에 기억된 명령(instruction)이 기억된 순서대로 중앙 처리 장치에서 실행될 수 있도록 그 주소를 지정해 주는 레지스터는?
㉮ 프로그램 카운터(program counter)
㉯ 어큐뮬레이터(accumulator)
㉰ 명령 레지스터(instruction register)
㉱ 스택 포인터(stack pointer)
해설 프로그램 카운터(PC)는 다음 수행할 명령의 번지를 지시, 유지하는 명령 포인터이다.

문제 2. 중앙 처리 장치의 동작 속도에 가장 큰 영향을 미치는 것은?
㉮ 중앙 처리 장치의 클록(clock) 주파수
㉯ 레지스터의 비트 길이
㉰ 명령의 구성 형식
㉱ 외부 버스의 길이
해설 클록 주파수가 높을 수록 동작 속도는 빠르게 된다.

문제 3. 다음과 같은 컴퓨터의 입·출력 방식 중에서 가장 고성능인 것은 어느 것인가?
㉮ DMA 제어기에 의한 입·출력
㉯ 채널(channel)제어기에 의한 입·출력
㉰ 중앙 처리 장치에 의한 입·출력 중 프로그램 방식
㉱ 중앙 처리 장치에 의한 입·출력 중 인터럽트 방식
해설 채널(channel) 제어기에 의한 입·출력 방식은 채널과 중앙 처리 장치의 동시 동작이 가능하며, 중앙 처리 장치가 입·출력을 위해 많은 시간을 소비하지 않아도 되므로 가장 고성능의 입·출력 방식이라고 할 수 있다.

문제 4. 다음의 주소 지정 방식 중 명령(instruction)의 비트 길이를 최소로 할 수 있는 것은?

해답 1. ㉮　2. ㉮　3. ㉰　4. ㉮

㉮ 간접 주소 지정 방식   ㉯ 직접 주소 지정 방식
㉰ 계산에 의한 주소 지정 방식   ㉱ 자료 자신

[해설] 간접 주소 방식(indirect addressing mode)은 명령어의 주소부에 있는 값으로 주기억 장치 내의 주소를 찾아 간 후, 그 주소의 내용으로 다시 한번 더 주기억 장치의 주소를 지정하는 방식이다. 이 방법은 주소를 나타내는 비트수가 줄어서 인스트럭션의 길이가 짧아지는 장점이 있다.

[문제] 5. 10진수 2364를 8421 BCD로서 옳게 나타낸 것은 어느 것인가?
㉮ 1000 1111 0101 0010   ㉯ 0101 0110 0100 0010
㉰ 0010 0011 0110 0100   ㉱ 0110 1001 0101 0111

[해설]   2   3   6   4
        ⋮   ⋮   ⋮   ⋮
       0010 0011 0110 0100(BCD)

[문제] 6. 다음 중 7Bit로 나타낼 수 있는 최대 숫자는?
㉮ $-64 \sim 63$ ㉯ $-63 \sim 63$
㉰ $-128 \sim 127$ ㉱ $-127 \sim 127$

[해설] $-2^{n-1} \sim 2^{n-1}-1 = 2^{7-1}-1 = -64 \sim 63$

[문제] 7. 다음 중 Data의 입력 속도가 가장 빠른 것은?
㉮ Disk Driver   ㉯ Keyboard
㉰ Card Reader   ㉱ 종이 Tape

[해설] Disk Driver→Card Reader→종이 Tape→Keyboard

[문제] 8. 보기와 같은 명령 형식에서 나타낼 수 있는 명령어와 Address의 수는?
㉮ OP=4, Address=128
㉯ OP=8, Address=128
㉰ OP=8, Address=256
㉱ OP=16, Address=256

0	3	11
OP	Address	

[해설] OP code(명령어)의 수 ⇒ $2^3=8$
어드레스의 수 ⇒ $2^8=256$

[문제] 9. 컴퓨터에서 자료의 외부적 표현 방식으로 흔히 사용하지 않는 코드는?
㉮ Excess−3 코드   ㉯ 6비트 BCD 코드

[해답] 5. ㉰   6. ㉮   7. ㉮   8. ㉰   9. ㉮

㉰ ASCⅡ 코드 ㉯ EBCDIC 코드

[해설] 자료의 외부적 표현 방식으로는 BCD, EBCDIC, ASCII 코드 등이 있다.

문제 10. 다음 블록도에서 ALU로 2개의 자료가 입력되었을 때 ALU에서 AND 연산이 이루어진다면 출력되는 내용은?

㉠ 01101100
㉡ 01100000
㉢ 11110000
㉣ 00001100

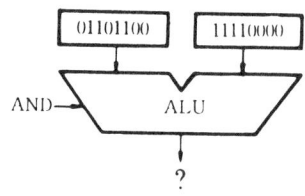

[해설]
```
     01101100
AND  11110000
     ────────
     01100000
```

문제 11. 다음 중 레코드 검색이 가장 느린 구조는?

㉠ List 구조   ㉡ Random 구조
㉢ Tree 구조   ㉣ Sequential 구조

[해설] 순차적인 구조(sequential)는 레코드의 저장 형태가 일직선의 모양을 하고 있으므로 검색에 가장 많은 시간이 소요된다.

문제 12. 다음의 설명 중 보수 감산의 동작을 옳게 나타낸 것은?

㉠ 피감수와 감수를 보수로 바꾸어 가산기만으로 뺄셈을 한다.
㉡ 피감수와 감수를 보수로 바꾸어 감산기만으로 뺄셈을 한다.
㉢ 피감수를 보수로 바꾸어 가산기만으로 뺄셈을 한다.
㉣ 감수를 보수로 바꾸어 가산기만으로 뺄셈을 한다.

[해설] 대부분의 전자 계산기는 감수를 1의 보수나 2의 보수로 취하여 피감수에다 덧셈하는 방법으로 뺄셈을 한다.

문제 13. Disk장치로 입·출력할 때 기계 내부에서 실질적으로 발생하는 입·출력 단위는 무엇인가?

㉠ Logical Record 단위   ㉡ Physical Record 단위
㉢ File 단위   ㉣ Item 단위

[해설] 물리 레코드(physical record)는 블록(block)이라고도 하며, 저장 매체에서 실질적으로 정보가 기억되는 기본 단위로서, 하나 이상의 논리 레코드(logical record)로 구성된다.

문제 14. 대규모 집적 회로로 분류되는 것은?

[해답] 10. ㉡ 11. ㉣ 12. ㉣ 13. ㉡ 14. ㉠

㉮ 마이크로프로세서
㉯ 직렬/병렬 입·출력 레지스터
㉰ 십진 계수기
㉱ 모듈로-16 2진 계수기

[해설] 레지스터(register) 및 계수기(counter) 등은 중규모 집적 회로(MSI, Medium Scale Integration)로, 마이크로프로세서(microprocessor)는 대규모 집적 회로(LSI, Large Scale Integration)로 분류된다.

[문제] 15. 마이크로컴퓨터에서 입·출력 인터페이스가 사용되지 않는 곳은?
㉮ 기억 장치　　　　　　㉯ 보조 기억 장치
㉰ 입력 장치　　　　　　㉱ 출력 장치

[해설] 보조 기억 장치나 입력 장치 및 출력 장치 등은 컴퓨터의 주변 장치이므로 입·출력 인터페이스(interface)가 필요하다.

[문제] 16. 다음은 연산기(ALU)의 구조이다. 괄호 안에 들어가는 말은?
㉮ Program Counter
㉯ ROM
㉰ Instruction Register
㉱ Accumulator

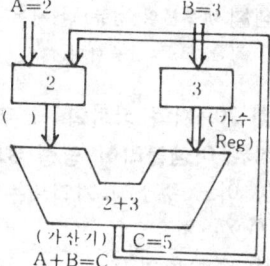

[해설] ALU에서 처리된 연산 결과를 저장하거나 처리하고자 하는 데이터를 일시적으로 저장하는 Accmulator(누산기)가 접속된다.

[문제] 17. 데이터 전송에 필요한 모뎀(modem)에 관한 설명 중 올바른 것은?
㉮ 착오 검출 기능을 가지고 있다.
㉯ 변조(modulation) 기능만을 가지고 있다.
㉰ 복조(demodulation) 기능만을 가지고 있다.
㉱ 변·복조 기능을 함께 가지고 있다.

[해설] 모뎀은 modulator/demodulator의 준말로서, 데이터 전송 장치 내의 디지털 신호를 아날로그 신호로, 또 그 반대로 바꾸어 주는 변·복조 장치이다.

[문제] 18. 프로그램 카운터(Program Counter)의 내용이 ALU 입력 중 하나로 입력되었을 때 ALU에서 MOVE 연산이 이루어져 그 결과가 MAR(Memory Address Register)에 기억된다면 그 내용은?

[해답] 15. ㉮　16. ㉱　17. ㉱　18. ㉯

㉮ PC의 내용이 그대로 MAR에 기억된다.
㉯ PC의 내용이 1만큼 증가되어 MAR에 기억된다.
㉰ PC의 내용이 1만큼 감소되어 MAR에 기억된다.
㉱ PC의 내용이 0으로 되어 MAR에 기억된다.

문제 19. 수치 자료의 표현 방법에서 고정 소수점 표현과 부동 소수점 표현에 관한 설명 중 맞지 않는 것은?
㉮ 아주 큰 수나 아주 작은 수의 표현에는 부동 소수점 표현이 유리하다.
㉯ 부동 소수점 표현은 지수를 사용한다.
㉰ 컴퓨터의 기종에 따라 대부분 위의 두 가지 표현 방법 중 1가지만을 사용한다.
㉱ 부동 소수점 표현에서 각 부분별로는 고정 소수점 표현을 사용한다.
해설 대부분의 컴퓨터에서는 각 고정 소수점 표현 및 부동 소수점 표현 방식 두 가지를 모두 사용한다.

문제 20. 기억 장치의 각 주소 내용이 다음과 같을 때 직접 주소 지정 방식의 어셈블리어 명령 STA X가 실행된다면 어큐물레이터(AC)의 내용이 어느 주소에 기억되는가?
㉮ X번지
㉯ X+1번지
㉰ Y번지
㉱ Z번지

주소	기 억 공 간
⋮	⋮
X	Y
X + 1	
⋮	⋮
Y	Z
Y + 1	
⋮	⋮
Z	
⋮	⋮

해설 STA X는 오퍼랜드 X가 지정하는 주소(즉, X번지)의 메모리 위치에 누산기(AC)의 내용을 저장하라는 명령이다.

문제 21. 다음은 패리티 비트(parity bit)에 대한 설명들이다. 옳지 않은 것은 어느 것인가?
㉮ 오드 체크(odd check)에 사용될 경우도 있다.
㉯ 정보 표현의 단위에 여유를 두기 위한 방법이다.

해답 19. ㉰ 20. ㉮ 21. ㉯

㉰ 이븐 체크(even check)에 사용될 경우도 있다.
㉱ 정보의 정오를 판별하기 위해서 사용된다.
[해설] 패리티 비트란 데이터의 전송시 발생되는 착오를 검색하기 위한 것이다. 데이터 비트 내의 1의 개수가 홀수 또는 짝수개가 되도록 패리티 비트를 하나 더 첨가하여 데이터 이동시의 정오를 판별한다.

[문제] 22. 4칙 연산 명령이 내려지는 장치는?
㉮ 입력 장치   ㉯ 기억 장치
㉰ 제어 장치   ㉱ 연산 장치
[해설] 4칙 연산을 하는 곳은 연산 장치이지만 연산 명령을 내리는 곳은 제어 장치 (control unit)이다.

[문제] 23. 전자 계산기의 두뇌 부분이 아닌 것은?
㉮ 시스템 조작 장치   ㉯ 연산 논리 기구
㉰ 주기억 장치   ㉱ 제어 기구
[해설] 중앙 처리 장치는 연산, 제어, 기억 기능을 가지고 있으므로 사람의 경우 두뇌에 해당되는 부분이라고 할 수 있다.

[문제] 24. 다음 2진수 연산의 결과를 BCD 코드로 표시하시오?
$$\begin{array}{r} 1010 \\ -101 \\ \hline \end{array}$$
㉮ 1011   ㉯ 1111
㉰ 1010   ㉱ 0101
[해설]   1010
        −101
        ─────
         101   ∴ 0101$_{(BCD)}$

[문제] 25. 10진수 16을 8421 BCD 코드로 변환하면?
㉮ 0001 0000   ㉯ 0001 0110
㉰ 0001 0006   ㉱ 0001 0016
[해설]   1   6
        ⋮   ⋮
      0001 0110$_{(BCD)}$

[문제] 26. 보조 기억 장치가 아닌 것은?
㉮ 자기 테이프 장치   ㉯ 자기 디스크 장치

[해답] 22. ㉰   23. ㉮   24. ㉱   25. ㉯   26. ㉱

㈐ 자기 드럼 장치　　　　　㈑ 자기 코어 장치
[해설] 자기 코어 장치(magnetic core device)는 주기억 장치로 사용된다.

문제 27. 레지스터의 구성 회로는 다음 중 어떠한 회로가 널리 사용되는가?
㈎ AND 회로　　　　　㈏ FLIP FLOP 회로
㈐ 자성체　　　　　㈑ OR 회로
[해설] 레지스터(register) 구성의 기본 회로는 FLIP FLOP(플립플롭)이다.

문제 28. 다음 중 입력 매체가 아닌 것은?
㈎ MCR　　　　　㈏ OMR
㈐ CRT　　　　　㈑ OCR
[해설] CRT(cathode ray tube)는 출력 장치이다.

문제 29. 보수 감산 회로의 동작을 옳게 나타낸 것은?
㈎ 감산기를 이용하지 않고 감수의 보수를 이용, 가산기만으로 뺄셈을 한다.
㈏ 감산기를 이용하여 감수의 보수를 이용하여 가산기만으로 뺄셈을 한다.
㈐ 감산기를 이용하지 않고 피감수의 보수를 이용, 가산기만으로 뺄셈을 한다.
㈑ 감산기를 이용하여 피감수의 보수를 이용하여 가산기만으로 뺄셈을 한다.
[해설] 감수를 보수로 변환시킨 다음 피감수와 더해 줌으로써 뺄셈을 한다.

문제 30. 통신로 중에서 양방향에서 전송을 행할 수 있지만 일시점(一時点)에서는 일방향(一方向)만이 되는 통신 방식을 무엇이라고 하는가?
㈎ 반 2중(半2重) 통신 방식
㈏ 전 2중(全2重) 통신 방식
㈐ 단방향 통신 방식
㈑ 폴링(polling) 통신 방식
[해설] 반 이중 통신(half duplex)은 데이터를 양방향으로 전송할 수 있지만, 동시에 양방향으로 전송할 수는 없다. 즉, 단말 장치에서 전자 계산기에 데이터를 전송하고 있는 동안에는 전자 계산기로부터 단말 장치에 데이터를 전송할 수 없는 것으로, 한 시점에는 한 방향으로 전송된다.

[해답] 27. ㈏　28. ㈐　29. ㈎　30. ㈎

문제 31. 다음 중 전자 계산기의 기본 구성 요소가 아닌 것은?
㉮ 중앙 연산 처리 장치   ㉯ 출력 장치
㉰ 신호 장치   ㉱ 입력 장치

해설
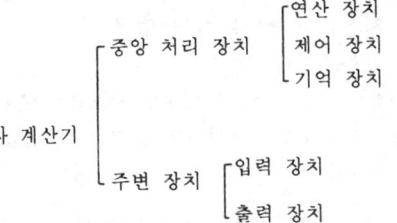

문제 32 다음 플립플롭의 명칭은?
㉮ JK 플립플롭
㉯ D 플립플롭
㉰ T 플립플롭
㉱ RST 플립플롭

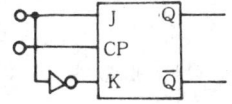

해설 J와 K 단자 사이에 인버터(inverter)를 접속하면 입력 신호가 그대로 출력 Q 에 전달되는 D형 플립플롭이 된다.

문제 33. 다음 회로의 출력 논리식을 최소화하면(단, X·Y는 입력 Z는 출력)?
㉮ X
㉯ Y
㉰ X·Y
㉱ X+Y

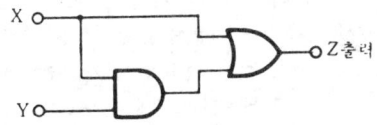

해설 $Z = X + XY = X(1+Y) = X$

문제 34. 온라인 리얼타임 시스템의 특징이 아닌 것은?
㉮ 단말 장치로부터 프로그램과 데이터를 입력한다.
㉯ 입력된 레코드나 메시지 단위로 처리한다.
㉰ 다른 처리 방식에 비하여 응답시간이 빠르다.
㉱ 고정화된 업무로 즉시 처리가 필요할 때 적합하다.

해설 온라인 리얼타임 시스템(on-line real time system)은 자료가 발생할 때마다 바로 즉시 입력하여 그 결과를 얻는 방법이다.

해답 31. ㉰ 32. ㉯ 33. ㉮ 34. ㉯

문제 35. 인터랙티브 터미널(Interactive Terminal)에서 대표적으로 운영되는 업무는?

㉮ 정기적으로 발생하는 봉급 계산, 금리 계산 같은 업무
㉯ 사무 처리를 그때그때 해야하는 은행 창구 업무
㉰ 대량 업무로 장시간 계산기를 써야 하는 업무
㉱ 우주선의 궤도 수정 업무

해설 interactive terminal(대화형 단말 장치)은 대화형 시스템에 연결되어 사용되는 단말 장치로서 여러 사용자와의 응용 프로그램, 대화식 파일, 편집, 원격 작업 입력, 작업 상태 검색 등에 이용된다.

문제 36. 4자리(2^3, 2^2, 2^1, 2^0) 수를 병렬 덧셈 연산할 때 필요한 전가산기(Full Adder)의 수는?

㉮ 1 ㉯ 2
㉰ 3 ㉱ 4

해설 4비트 병렬 가산기

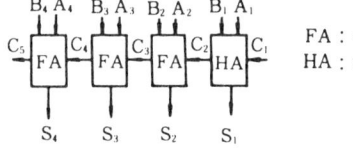

FA : 전가산기
HA : 반가산기

문제 37. 프로그램 카운터(Program Counter)의 설명 중 틀리는 것은?

㉮ 다음에 수행될 인스트럭션의 주소를 나타내는 레지스터이다.
㉯ 약간의 예외를 제외하고는 모든 컴퓨터들이 이 기법을 사용한다.
㉰ 다른 주소로 바뀔 때에는 단지 프로그램 카운터의 내용을 원하는 주소로 바꾸기만 하면 된다.
㉱ 컴퓨터가 처리 가능한 프로그램수를 말한다.

해설 프로그램 카운터는 프로그램 내장 방식에서 다음에 수행될 명령어의 번지를 기억하고 있는 레지스터로서, 매번 명령어를 주기억 장치로부터 가져올 때마다 프로그램 카운터의 내용이 변한다.

문제 38. 추기억 장치의 크기가 4K 바이트(BYTE)일 때 번지(ADDRESS)수는?

㉮ 1번지에서 4000번지까지 ㉯ 0번지에서 3999번지까지
㉰ 1번지에서 4095번지까지 ㉱ 0번지에서 4095번지까지

해설 1K byte$=2^{10}$byte

$\therefore$ 4K$=4\times2^{10}=4096$

문제 39. 다음 그림의 회로는?

㉮ 가산기 회로

정답 35. ㉯ 36. ㉰ 37. ㉱ 38. ㉱ 39. ㉱

㉯ 감산기 회로
㉰ 카운터 회로
㉱ Latch 회로

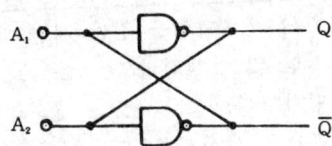

[해설] NAND 게이트로 구성된 RS 직접 결합 플립플롭 또는 RS 래치라고 한다.

[문제] 40. 원시 프로그램(SOURCE PROGRAM)이 COBOL로 작성되었다. 목적 프로그램(OBJECT PROGRAM)으로 바꾸어 주는 프로그램은 무엇인가?
㉮ 기계어(MACHINE-LANGUAGE)
㉯ 컴파일러(COMPILER)
㉰ 어셈블러(ASSEMBLER)
㉱ 시행어(EXECUTER)

[해설] 원시 프로그램을 목적 프로그램으로 바꾸어 주는 것을 번역 프로그램이라 하는데, 어셈블러 언어를 번역하는 것은 어셈블러 하고 고급언어를 번역하는 것을 컴파일러라고 한다.

[문제] 41. 도면과 같은 흐름도(FLOW CHART)는 다음 중 어느 형인가?
㉮ 직선형
㉯ 순차 직선형
㉰ 루프(Loop)형
㉱ 분기형

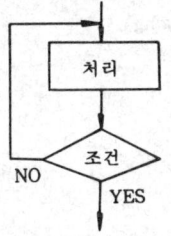

[해설] 비교 판단 결과 조건에 맞지 않을 경우 되돌아 가는 루프(loop)를 나타내고 있다.

[문제] 42. 전자 계산기를 이용하여 효율적으로 계산을 하거나 데이터 처리를 할 때는 일정한 순서에 따라 체계적인 프로그램을 작성해야 한다. 일반적인 프로그램의 진행 순서를 나열한 것은?

① 코딩(coding)을 한다.
② 순서도를 작성한다.

[해답] 40.㉯ 41.㉰ 42.㉱

③ 원시 프로그램을 전자 계산기에 입력시킨다.
④ 시험 및 실행한다.
⑤ 평가한다.
⑥ 문제를 분석한다.
⑦ 수정한다.
⑧ 실행한다.

㉮ ⑥-①-②-③-⑦-④-⑧-⑤
㉯ ⑥-①-②-③-⑦-④-⑤-⑧
㉰ ⑥-②-①-③-⑦-⑤-④-⑧
㉱ ⑥-②-①-③-⑦-④-⑤-⑧

[해설] 프로그램의 진행 순서
① 문제를 분석한다.
② 순서도를 작성한다.
③ 코딩을 한다.
④ 원시 프로그램을 전자 계산기에 입력시킨다.
⑤ 수정한다(debugging).
⑥ 시험 및 실행한다.
⑦ 평가한다.
⑧ 실행한다.

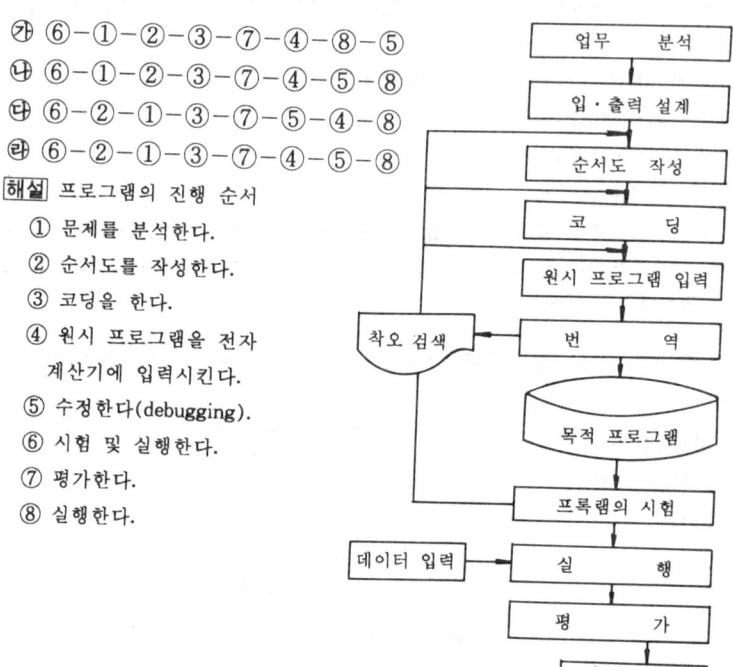

[문제] **43.** BASIC에서 A $ 를 옳게 설명한 항은?
㉮ 소수점을 포함한 수치를 기억시키기 위한 기억 장소
㉯ 정수를 기억시키기 위한 기억 장소
㉰ 복소수를 기억시키기 위한 기억 장소
㉱ 문자(string) 자료를 기억시키기 위한 기억 장소

[해설] A $: 문자 상수를 기억, A % : 정수형 상수를 기억
A ! : 단정도 실수를 기억, A # : 배정도 실수를 기억

[해답] **43.** ㉱

■ 과년도 출제문제('86년도) **2-41**

문제 **44.** "플로차트"를 작성하는 이유가 될 수 없는 것은?
㉮ 문제에 대한 전체적인 파악을 용이하게 하기 위함이다.
㉯ 프로그램 코딩을 쉽게 하기 위함이다.
㉰ 처리의 순서와 흐름을 쉽게 파악하여 착오 검색을 용이하게 한다.
㉱ 입·출력 설계를 하기에 편리하다.
해설 플로차트(flowchart, 순서도)는 문제 해결에 필요한 과정을 도식화한 것으로서, 전자 계산기가 수행해야 하는 순서, 즉 프로그래머가 원하는 것을 표현하는 가장 좋은 방법이다.

1986년도 전자계산기 2급 출제문제

문제 **1.** 10진수 13을 2진수로 고치면 어떻게 되는가?
㉮ 1110   ㉯ 1111
㉰ 1010   ㉱ 1101
해설 2)13
　　　2) 6…1
　　　2) 3…0
　　　　 1…1　∴ 13$_{(10)}$ = 1101$_{(2)}$

문제 **2.** (45.625)$_{10}$을 2진수로 변환하면?
㉮ (101111.101)$_2$ ㉯ (101101.101)$_2$
㉰ (101101.010)$_2$ ㉱ (101111.010)$_2$
해설 2)45　　　　　0.625
　　　2)22…1　　 ×　 2
　　　2)11…0　　 ①.250
　　　2) 5…1　　 ×　 2
　　　2) 2…1　　 0.500
　　　　 1…0　　 ×　 2　　∴ 101101.101
　　　　　　　　 ①.000

문제 **3.** 다음은 2진 연산이다. 괄호 속은 얼마인가?

해답 44. ㉱　1. ㉱　2. ㉯　3. ㉯

$$\begin{array}{r} 1 \\ +\,)\,(\quad) \\ \hline 10 \end{array}$$

㉮ 0   ㉯ 1
㉰ 10   ㉱ 11

[해설] $0+0=0$
　　　$0+1=1$
　　　$1+0=1$
　　　$1+1=0$　자리올림 1

[문제] **4.** 2진화 10진수의 감산을 할 때 잘못 설명한 것은?
㉮ 감수의 9의 보수를 취한다.
㉯ 병렬 가산을 한다.
㉰ BCD 부호로 변환한다.
㉱ MSD에서 자리올림 신호가 있으면 무시한다.

[문제] **5.** 그림과 같은 게이트 회로에서 A=B=C=1일 때 출력 Y는?
㉮ 3
㉯ 2
㉰ 1
㉱ 0

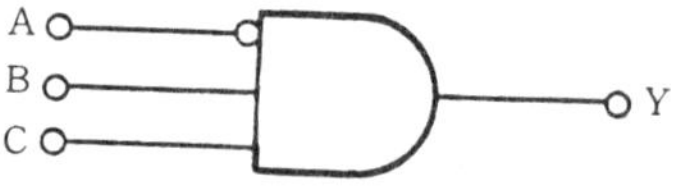

[해설] $Y=\overline{ABC}$이므로 $A=B=C=1$이면 $Y=0$이다.

[문제] **6.** 현재 사용 중인 가장 대표적인 웨이티드 코드(weighted code)는?
㉮ 존슨 코드   ㉯ 8421 코드
㉰ 링 카운트 코드   ㉱ 비퀴너리 코드

[해설] 웨이티드 코드란 각 자리를 2의 역수로서 표현할 수 있는 즉, 각 디지트마다 고유한 무게(값)을 가지고 있는 코드를 말한다.

[문제] **7.** 다음 그림에서 출력 X를 불 대수로 표시하면 어떻게 되는가?
㉮ $(\overline{A+B})B$
㉯ $(\overline{A\cdot B})+B$
㉰ AB
㉱ $\overline{AB}$

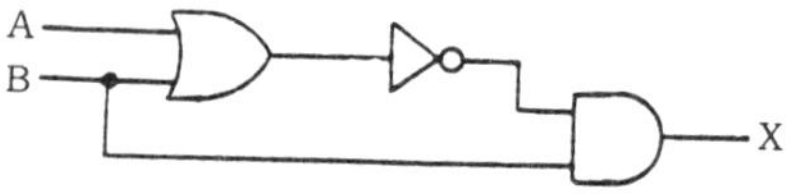

[해설] $X=B(\overline{A+B})=B(\overline{A}\cdot\overline{B})$

[해답] **4.** ㉱　**5.** ㉱　**6.** ㉯　**7.** ㉮

문제 8. 다음 논리 회로의 이름은 어느 것이 해당될까?
㉮ 비안정 멀티바이브레이터
㉯ INHIBIT 회로
㉰ FLIP-FLOP 회로
㉱ EXCLUSIVE OR 회로

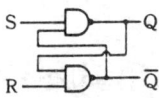

해설 RS 직접 결합 플립플롭 또는 RS 래치 회로라고도 한다.

문제 9. 다음 도면은 어떤 기능을 가진 회로인가?
㉮ 전가산기 회로
㉯ 반가산기 회로
㉰ 기억 회로
㉱ 감산기 회로

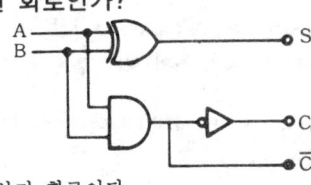

해설 $S_0 = A \oplus B$, $C_0 = \overline{AB}$, $\overline{C_0} = AB$의 반가산기 회로이다.

문제 10. ALU 내의 가산기에 대한 설명으로 옳은 것은?
㉮ 덧셈 결과를 기억할 수는 있지만 다른 연산 결과는 기억할 수 없다.
㉯ 산술 연산은 수행하지만 논리 연산은 수행하지 못한다.
㉰ 모든 연산 기능을 수행하는 데 쓰인다.
㉱ 가산하는 데만 쓰인다.

해설 ALU는 산술 및 논리 연산을 하는데 사용되며 ALU를 이루고 있는 주요 구성 회로는 가산기이다.

문제 11. M/T REEL의 길이가 2400[ft]이고, 기록 밀도가 6250[BPI]이며, IBG 길이는 0.3[inch]이고 하나의 논리 레코드가 100[byte]일 때 BLOCK화 하지 않고 기억시키면 몇 개의 레코드가 수록 가능한가(단, 1[ft]=12[inch])?
㉮ 91,139 RECORD   ㉯ 7,594 RECORD
㉰ 460 RECORD   ㉱ 626,800 RECORD

해설 레코드 수 = 테이프 길이 ÷ (IBG + $\frac{논리 레코드}{기록 밀도}$)

$= 28800 \div 0.3 + \frac{100}{6250} = 91139$

문제 12. AND 연산에서 레지스터 내의 어느 비트 또는 문자를 지울 것인지를 결정하는 데이터는?
㉮ mask bit   ㉯ parity bit

8. ㉰ 9. ㉯ 10. ㉰ 11. ㉮ 12. ㉮

㉰ sign bit   ㉱ check bit

해설 어느 비트(bit) 또는 어느 문자를 지울 것인지를 결정하는 입력 데이터를 마스크(mask)라고 한다.

문제 **13.** 다음 중 출력 장치로만 구성된 것은?
㉮ Line printer, Magnetic, disk, Paper tape
㉯ Card reader, Console, Keyboard, Line Printer
㉰ Card reader, XY plotter, OCR
㉱ Main storage, XY plotter, MICR, MOR

해설 프린터 및 보조 기억 장치 등은 출력 장치로 사용할 수 있다.

문제 **14.** 카드 리더(card reader)에서 읽기 전에 카드를 넣어 두는 곳은?
㉮ 호퍼(hopper)   ㉯ 스태커(stacker)
㉰ 롤러   ㉱ 리젝트 스태커

해설 읽어야 할 카드를 입력시키기 위하여 넣는 장소를 카드 호퍼(card hopper)라 하며 판독 명령에 의해 호퍼로 이송된 카드가 읽혀진 후에 쌓아 두는 장소를 카드 스태커(card stacker)라 한다.

문제 **15.** 전자 계산기에서 MAR(Memory Address Register)의 역할은?
㉮ 수행되어야 할 program의 번지를 가리킨.
㉯ 메모리에 보관된 내용을 Accumulator에 전달하는 역할을 한다.
㉰ High Level Language를 기계어로 변환하여 주는 역할을 한다.
㉱ 프로그램 수행시 프로그램 카운터(PC)의 번지대로 수행될 번지수를 지정하여 메모리 읽어내기를 시작하게 하는 것이다.

해설 MAR은 CPU 기억 장치를 대상으로 수행하고자 하는 작업이 원활하게 이루어질 수 있도록 PC가 지시하는 번지를 가리킨다.

문제 **16.** 데이터나 프로그램 내용을 card에 punch한 내용에 대한 error 여부를 정확하게 파악하기 위해서 다시 한번 그 내용을 punch해서 검사해 보는 방법을 무엇이라고 하는가?
㉮ Debugging   ㉯ Punch
㉰ Verify   ㉱ Checking punch method

해설 작업된 결과나 그 내용을 확인하는 과정을 Verify라고 한다.

문제 **17.** 단일 목적으로 사용하는 컴퓨터 시스템은 스타트만 시키면 응용 프로그램이 동작한다. 옳게 설명한 것은?

해답 13. ㉮ 14. ㉮ 15. ㉱ 16. ㉰ 17. ㉮

㉮ 오퍼레이팅 시스템이 자동 동작
㉯ 응용 프로그램이 자동 동작
㉰ FIRMWARE에 의한 자동 동작
㉱ 응용 프로그램이 메모리에 상주하기 때문
[해설] 오퍼레이팅 시스템(Operating system)은 컴퓨터 시스템 전체의 성능을 높이며 시스템을 사용하기 쉽게 하기 위한 것이다.

[문제] 18. 전산기 내부에서 자료 흐름의 순서로서 알맞게 표현된 것은 어느 것인가?
㉮ 입력-연산-기억-출력   ㉯ 입력-기억-제어-연산-출력
㉰ 입력-기억-연산-기억-출력   ㉱ 입력-제어-연산-기억-출력
[해설] 입력된 프로그램과 데이터는 일단 주기억 장치에 저장된 다음에 처리 된다.

[문제] 19. 다음 도면과 같이 거래 파일로 구 마스터 파일을 갱신하여 신 마스터 파일을 작성하는 과정을 적당하게 표현한 것은?
㉮ 업데이트(update)
㉯ 머지(merge)
㉰ 매치(match)
㉱ 소트(sort)

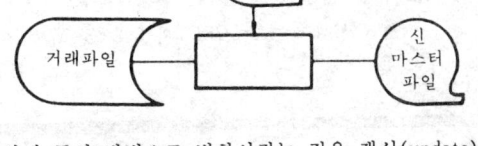

[해설] 파일의 내용을 변경, 추가, 삭제 등의 방법으로 변화시키는 것을 갱신(update)이라고 한다.

[문제] 20. 프로그램 플로차트의 기호 중 처리(PROCESS)를 나타내는 모형은?

㉮    ㉯

㉰    ㉱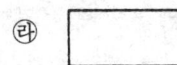

[해설] ㉮는 비교 판단, ㉯는 온라인 기억, ㉰는 연결자, ㉱는 처리를 나타낸다.

[문제] 21. 컴파일러 어(compiler language)의 출현으로 이제까지의 까다롭고 지루한 프로그램 작업에서 벗어나 우리가 일상 생활에서 보고 쓰는

[해답] 18. ㉯   19. ㉮   20. ㉱   21. ㉯

수식이나 언어로 자유로이 프로그래밍을 할 수 있게 되었다. 다음 중에서 컴파일러 어가 아닌 것은?
㉮ 베이식(BASIC) ㉯ 어셈블리(ASSEMBLY)
㉰ 포트란(FORTRAN) ㉱ 파스칼(PASCAL)
[해설] 어셈블리의 번역은 어셈블러로 한다.

[문제] 22. BASIC문 중 반복 수행(순환)을 위한 문은?
㉮ DIM 문 ㉯ FOR-NEXT 문
㉰ IF-THEN 문 ㉱ GOSUB 문
[해설] FOR-NEXT 문은 주어진 변수를 필요한 만큼 반복 실행하라는 명령문이다.

[문제] 23. 소량의 DATA를 CARD-READER나 CONSOLE을 통해 입력하고자 할 때 사용하는 명령은?
㉮ DISPLAY ㉯ ACCEPT
㉰ READ ㉱ WRITE
[해설] 파일 단위의 입·출력에는 READ와 WRITE가 사용되며 소량의 레코드를 입·출력할 때에는 ACCEPT와 DISPLAY가 쓰인다.

1987년도 전자계산기 2급 출제문제

[문제] 1. 프로그램이 기억 장치에 있을 때 프로그램의 맨 앞번지를 0번지라 하고 그곳으로부터 시작하는 번지를 무엇이라 하는가?
㉮ 상대 번지 ㉯ 자기 번지
㉰ 절대 번지 ㉱ 기호 번지
[해설] 절대 번지(absolute address)는 기억 장치 고유의 번지로서 기억 장치 속의 실제 번지 위치이다.

[문제] 2. 다음에서 자료를 기억할 수 없는 곳은?
㉮ 주기억 장치 ㉯ register
㉰ 명령어 ㉱ 제어 장치

[문제] 3. 1바이트(byte)는 몇 비트(bit)인가?

[해답] 22. ㉯ 23. ㉯ 1. ㉰ 2. ㉰ 3. ㉯

■ 과년도 출제문제('87년도) 2-47

㉮ 4(bit)　　　　　　　　㉯ 8(bit)
㉰ 16(bit)　　　　　　　㉱ 32(bit)
해설 1byte=8bit, 1word=4byte=32bit

문제 4. 보통 반덧셈기는 어떤 논리 회로를 이용하여 구성하는가?
㉮ AND+OR　　　　　　㉯ EOR+AND
㉰ EOR+OR　　　　　　㉱ NAND+NOR
해설 반덧셈기(half adder)는 배타 논리합(EOR)과 논리곱(AND)회로를 써서 구성할 수 있다.

문제 5. 하나의 명령이 해독되고 실행되는 시간은 어느 것인가?
㉮ 휴식 시간　　　　　　㉯ 명령 시간
㉰ 실행 시간　　　　　　㉱ 가동 시간
해설 한 명령이 해독되고 그 실행이 끝날 때까지의 시간을 실행 시간(execution time)이라 한다.

문제 6. 다음 기억 장치에서 가장 액세스 타임(Access time)이 빠른 것은?
㉮ 자기 드럼　　　　　　㉯ 자기 디스크
㉰ 자기 코어　　　　　　㉱ 자기 테이프
해설 각 기억 장치의 access time(단위는 μsec).
① 자기 코어 : $5 \times 10^{-3} \sim 2 \times 10^{-2}$
② 자기 드럼 : 1×10^2
③ 자기 디스크 : $2 \times 10 \sim 8 \times 10^2$
④ 자기 테이프 : $5 \sim 5 \times 10^5$

문제 7. 디지털 컴퓨터의 중앙 처리 장치를 기능적으로 크게 2부분으로 나눈다면?
㉮ 어큐뮬레이터(AC)와 연산기(ALU)
㉯ 연산부와 제어부
㉰ 내부 버스와 레지스터군(register group)
㉱ 연산기와 레지스터군
해설 중앙 처리 장치(CPU)는 기능적으로 연산부와 제어부로 구성된다.

문제 8. 다음은 OCR 기기의 중요 장치 부분 이름이다. 잘못된 항은?
㉮ paper transport　　　㉯ Scanning unit
㉰ Digital unit　　　　　㉱ Recognition unit

해답 4. ㉯ 5. ㉰ 6. ㉰ 7. ㉯ 8. ㉰

문제 9. 고속 완충 기억 장치에 의하여 고속화되는 데이터의 통로는?
㉮ 입력 장치로부터 주기억 장치
㉯ 주기억 장치로부터 중앙 연산 처리 장치
㉰ 채널로부터 주기억 장치
㉱ 주기억 장치로부터 출력 장치

해설 채널은 중앙 연산처리 장치 대신에 입·출력 조작을 수행하는 장치이므로, 중앙 연산 처리 장치는 입·출력 조작의 작업에서 벗어나 입·출력 조작 시간에 연산 처리를 동시에 할 수 있다.

문제 10. 접속 시간이 가장 짧은 보조 기억 장치는 어느 것인가?
㉮ 자기 테이프(TAPE) 기억 장치 ㉯ 자기 드럼(DRUM) 기억 장치
㉰ 자기 디스크(DISK) 기억 장치 ㉱ 별 차이가 없다.

문제 11. 배타적 논리 회로가 응용되고 있는 곳이 아닌 것은?
㉮ 비교기   ㉯ 검출기
㉰ 연산 장치   ㉱ 기억 장치

해설 배타적 논리 회로(EOR : Exclusive OR)는 전자 계산기의 연산 장치, 비교기, 정합 회로, 검출기 등에 사용될 수 있다.

문제 12. 다음 중에서 출력 장치가 아닌 것을 고르시오.
㉮ 라인 프린터(line printer)   ㉯ 테이프 천공기
㉰ 광학 문자 판독기(OCR)   ㉱ X·Y 플로터

해설 광학 문자 판독기(Optical Character Reader, OCR)는 입력 장치이다.

문제 13. SYSTEM 상호간에 ON-LINE을 이용하여 정보를 교환하기 위해서는 다음 중 어느 것을 우선 고려해야 되는가?
㉮ 프로토콜   ㉯ I/O 속도
㉰ 인터페이스   ㉱ 비동기 RS232

해설 인터페이스(interface)란 두 장치 또는 두 부분 사이에서 정보의 전달이 원활하게 이루어질 수 있도록 정보의 구성 형태, 전송 속도 등을 맞추는 것을 말한다.

문제 14. ASCII-8 코드에 관한 설명 중 맞지 않는 것은?
㉮ 패리티 비트(parity bit)를 포함하고 있다.
㉯ 영문자 소문자를 나타내는 코드를 포함하고 있다.
㉰ 8비트의 정수배 길이인 단어(word)를 가지는 컴퓨터에 사용하기 편리하다.

해답 9. ㉰ 10. ㉯ 11. ㉱ 12. ㉰ 13. ㉰ 14. ㉱

㉣ 컴퓨터의 동작 제어에 관한 코드는 포함하지 않는다.

[해설] 패리티 비트를 제외한 7비트로서 제어 부호 33자, 그래픽 기호 33자, 숫자 10자, 영문자 대·소문자 52자 등의 128자로 구성되는 데이터 통신용의 표준 코드를 ASCII코드라 한다.

[문제] **15.** 프로그래밍(programming) 언어 중 숫자만을 사용한 언어는?
㉮ 기계어(Machine Language)
㉯ 어셈블리 어(Assembly Language)
㉰ 컴파일러(Compiler Language)
㉣ PL/1(Programming Language one)

[해설] 기계어는 컴퓨터가 직접 판독할 수 있는 2진 숫자로 표기되는 언어로서, 프로그래밍 언어 중 가장 기본이 되는 언어이다.

[문제] **16.** 수치 중에서 소수점이 특정 위치로부터 얼마나 이동하고 있는지를 표시하는 수를 포함시키는 방법인데 이것을 무엇이라 하는가?
㉮ 고정 소수점 표시   ㉯ 부동 소수점 표시
㉰ 고정 워드 길이   ㉣ 가변 워드 길이 표시

[해설] 고정 소수점 방식 : 소수점의 위치가 일정하다.
　　　부동 소수점 방식 : 소수점의 위치가 일정하지 않으며 그 위치를 지수부의 값으로 결정한다.

[문제] **17.** 반송된 데이터를 일단 종이 테이프에 기록했다가 컴퓨터에서 입력시켜서 일괄 처리하는 방식은 무슨 방식인가?
㉮ 온라인 방식   ㉯ 오프라인 방식
㉰ 멀티 방식   ㉣ 리얼타임 방식

[해설] 컴퓨터 시스템의 주변 기기들이 중앙 처리 장치의 직접적인 통세를 받지 않는 상태의 동작 방식을 오프라인 방식(off-line mode)이라 한다.

[문제] **18.** 순서도(FLOW CHART)작성시 장점에 속하지 않는 것은 어느 것인가?
㉮ 분석 과정이 명료해 진다.
㉯ 논리적인 오차나 불합리한 점 쉽게 발견
㉰ 코딩하기가 쉽다.
㉣ 라인 프린터의 속도가 신속하다.

[해설] 순서도 작성의 장점
　　① 프로그램의 작성을 쉽게 해 준다.

[해답] **15.** ㉮　**16.** ㉯　**17.** ㉯　**18.** ㉣

② 착오 발생시 디버깅(debugging)을 쉽게 한다.
③ 작업 처리 과정의 이해가 쉽다.

문제 19. 현 업무를 EDPS화하여 처리하기 위해서는 여러 가지의 작업 과정이 있다. 코딩(coding)후 실행까지 작업과정을 바르게 기술한 것은?
㉮ 원시 프로그램→로더→목적→실행
㉯ 목적 프로그램→컴파일→원시 프로그램→연결→실행
㉰ 원시 프로그램→컴파일→목적 프로그램→연결→실행
㉱ 목적 프로그램→연결→원시 프로그램→컴파일→실행

해설 source program→compile→object program→loader→execute

문제 20. 다음은 플로차트 기호에 대하여 설명한 내용이다. 옳지 못한 것은?
㉮ ⌐⌐⌐ 모든 종류의 보고서를 말한다.
㉯ ⌐⌐ 직접 표시하는 기능을 나타낸다.
㉰ ⌐⌐ 통신 회선으로 정보가 전송되는 것을 말한다.
㉱ ○ 시작과 끝을 말한다.

해설 ○는 연결자(connector)을 나타낸다.

문제 21. 아래 논리 게이트 회로를 보고 그 종류가 옳은 것은?
㉮ OR 게이트
㉯ AND 게이트
㉰ NAND 게이트
㉱ NOR 게이트

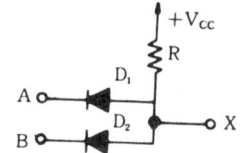

해설 A, B 모두 또는 어느 하나의 논리 입력이 0이면 출력 X도 0, A와 B모두 또는 어느 하나의 논리 입력이 1이면 출력 X가 1로 되는 AND 게이트이다.

문제 22. 10진수 0.625를 2진수로 변환하면 얼마인가?
㉮ 0.110   ㉯ 0.111
㉰ 0.011   ㉱ 0.101

해설 $0.625 \times 2 = 1.25 \cdots 1$
$0.25 \times 2 = 0.5 \cdots 0$
$0.5 \times 2 = 1.0 \cdots 1$

$\therefore 0.625_{(10)} = 0.101_{(2)}$

해답 19. ㉰   20. ㉱   21. ㉯   22. ㉱

■ 과년도 출제문제('87년도) **2-51**

문제 **23.** 기본 논리 게이트의 종류가 아닌 것은?
㉮ AND 게이트 ㉯ NAND 게이트
㉰ OR 게이트 ㉱ ORM 게이트
해설 기본 논리 게이트로는 NOT, AND, OR 및 NAND, NOR 등이 있다.

문제 **24.** BCD의 01000011과 00110110의 합을 10진수로 표시하면?
㉮ 121 ㉯ 57
㉰ 111 ㉱ 79
해설　0100　0011
　　+)0011　0110
　　　0111　1001

문제 **25.** 다음 장치 중 입력 장치가 될 수 없는 것은?
㉮ 카드 리더(card reader) ㉯ 프린터(printer)
㉰ 자기 tape ㉱ console
해설 프린터는 출력 장치로만 사용된다.

문제 **26.** 여러 개의 연산 장치를 가지고 있으며 여러 개의 program을 동시에 처리 하는 방법을 말하는 용어는?
㉮ Multi processing ㉯ Multi programming
㉰ Real-Time processing ㉱ Batch processing
해설 A, B 모두 또는 어느 하나의 논리 입력이 0이면 출력 X도 0, A와 B 모두 또는 어느 하나의 논리 입력이 1이면 출력 X가 되는 AND 게이트이다.

문제 **27.** 그림은 반가산기 회로이다. 자리올림 단자는?
㉮ A
㉯ B
㉰ C
㉱ D

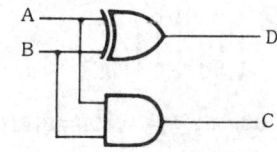

해설 2개의 2진수 A와 B를 더한 합 자리올림 C를 얻는 회로가 반가산기이다.

문제 **28.** 3K Word Memory의 실제 Word 수는?
㉮ 3072 ㉯ 3000
㉰ 4056 ㉱ 4096
해설 $1K = 2^{10}$　∴ $3K = 3 \times 2^{10} = 3072$

해답　23. ㉱　24. ㉱　25. ㉯　26. ㉮　27. ㉰　28. ㉮

문제 29. Turn-around time이 제일 빠른 시스템은?
㉮ 일괄 처리 시스템   ㉯ 시분할 체제
㉰ on-line 시스템   ㉱ real-time 시스템

해설 turnaround time(반환시간) : 하나의 업무를 처리하는 데 필요한 시간으로서, 데이터를 수집하고 그것을 계산 처리용으로 변환하여 계산을 실행한 후 그 결과를 사용자에게 알려주는데 소요되는 시간

문제 30. IC 소자에 분류할 때 그 분류에 속하지 않는 것은 다음 중 어느 것인가?
㉮ TTL   ㉯ DTL
㉰ KNL   ㉱ RTL

해설   IC 소자의 종류
① DTL(Diode Transistor Logic)
② RTL(Resistor Transistor Logic)
③ TTL(Transistor Transistor Logic)
④ ECL(Emitter Coupled Logic)

문제 31. 전자 계산기의 출력 장치와 관계가 없는 것은?
㉮ 라인 프린터   ㉯ 카드 천공 장치
㉰ 영상 표시 장치   ㉱ 증폭 장치

문제 32. 익스쿠르시브-OR 변환기를 사용하여, 다음의 그레이 코드를 2진으로 변환하면? (단, 1001011→( ))
㉮ 1110100   ㉯ 1110101
㉰ 1110010   ㉱ 1111011

해설 1001011
1110010_2

문제 33. 다음은 알파뉴머릭(alphanumeric) 코드(code)를 설명한 것인데, 틀린 것은?
㉮ 알파벳(alphabet)과 숫자(number)을 섞어서 구성하는 코드이다.
㉯ BCD 코드로만 되어 있다.
㉰ 컴퓨터에 숫자뿐 아니라 문자까지도 기억시키기 위하여 고안된 것이다.
㉱ 주로 입·출력 장치에서 사용된다.

해답 29. ㉰   30. ㉰   31. ㉱   32. ㉰   33. ㉯

[해설] alphanumeric code는 부호화한 기호로 숫자나 문자를 나타내고 있는 형태의 문자 집합으로 엄밀하게는 /, @ £, $와 같은 기호는 포함되지 않는다. 숫자, 영문자, 특수 문자 등 모든 사용 가능한 문자들로 2진수 6자리를 사용하여 코드화한다.

[문제] 34. 다음은 데이터(DATA)와 프로그램(PROGRAM)을 설명한 것이다. 잘못 설명한 것은?
㉮ 데이터는 그 자체가 실행 명령이다.
㉯ 데이터는 전자 계산기 작업에서의 소재이다.
㉰ "1과 2를 더하라"는 것은 프로그램이다.
㉱ "1과 2를 더하라"에서 1, 2는 데이터이다.
[해설] 데이터는 실행 명령이 될 수 없는 프로그램 수행을 위한 소재이다.

[문제] 35. 전자 계산기에 입력하는 데이터를 하루 또는 일주일 등과 같이 일정 기간 일정량으로 저장한 다음에 데이터 처리를 실행하는 방식은?
㉮ 배치 처리(batch process)
㉯ 온라인(on-line)
㉰ 실시간 처리(real time process)
㉱ 타임 셰어링 시스템(time sharing system)
[해설] 데이터나 정보 단위들을 일정 기간, 일정량 모아두었다가 한꺼번에 처리하는 방식을 배치 처리 또는 일괄 처리라 한다.

[문제] 36. 프로그램은 일의 처리 순서를 기술한 명령의 집합이다. 명령(instruction)은 어떻게 구성되어 있는가?
㉮ 오퍼레이션과 오퍼랜드 ㉯ 명령 코드와 실행 프로그램
㉰ 오퍼랜드와 제어 프로그램 ㉱ 오퍼랜드와 목적 프로그램
[해설] 명령의 구성

동작 부분	연산 부분
op code	operand

[문제] 37. (1AF)₁₆을 10진수로 표현하면?
㉮ 412   ㉯ 413
㉰ 421   ㉱ 431
[해설] $(1AF)_{16} = 1 \times 16^2 + 10 \times 16^1 + 15 \times 16^0 = 256 + 160 + 15 = 431$

[문제] 38. 비동기 data 전송과 관계가 없는 것은?

[해답] 34. ㉮ 35. ㉮ 36. ㉮ 37. ㉱ 38. ㉱

㉮ Strobe Control   ㉯ UART
㉰ Handshaking   ㉱ SDLC
[해설] SDLC : Synchronous Data Link Control(동기식 데이터 링크 제어)

[문제] **39.** 직렬형 2진 가산기의 모든 자리의 가산이 끝날 때 그 결과가 축적되는 레지스터를 무엇이라 하는가?
㉮ 어큐뮬레이터   ㉯ 시프트 레지스터
㉰ 2진-BCD 코드   ㉱ 메모리
[해설] 직렬 가산이 수행되는 동안은 시프트 펄스에 의하여 중간 결과가 시프트 레지스터에 저장되지만, 모든 자리의 가산이 끝나면 어큐뮬레이터(Accumulator, 누산기)에 저장된다.

[문제] **40.** 다음 중 정보 처리 시스템에 포함시킬 수 없는 것은?
㉮ TIME CONTROL SYSTEM
㉯ TIME SHARING SYSTEM
㉰ ON-LINE REAL TIME SYSTEM
㉱ BATCH SYSTEM
[해설] timing과 control(타이밍과 제어)는 CPU 내의 제어 장치에 위치하고 있다.

[문제] **41.** 현 업무를 EDPS화 하여 처리하기 위해서는 여러 가지의 작업과정이 있다. 코딩(coding) 후 실행까지 작업과정을 바르게 기술한 것은?
㉮ 원시 프로그램→로더→목적 프로그램→실행
㉯ 목적 프로그램→컴파일→원시 프로그램→연결→실행
㉰ 원시 프로그램→컴파일→목적 프로그램→연결→실행
㉱ 목적 프로그램→연결→원시 프로그램→컴파일→실행
[해설] source program→compile→object program→loader→execute

[문제] **42.** BASIC문 중 Subprogram을 부를 때 사용하는 문은?
㉮ RETURN 문   ㉯ IF 문
㉰ GOSUB 문   ㉱ GO TO 문
[해설] 주 프로그램에서 서브 프로그램으로 갈 때에는 GOSUB에 의해서 수행을 옮기고, 서브 프로그램에서 주 프로그램으로 되돌아 가려면 RETURN을 만나야만 가능하다.

[해답] 39. ㉮ 40. ㉮ 41. ㉰ 42. ㉰

과년도 출제문제('88년도) **2-55**

문제 43. 다음 플로차트는 무엇을 계산하려는 내용인가 옳은 것은?
㉮ 100개 숫자의 정수의 합
㉯ 1부터 100까지의 정숫자의 합
㉰ 1부터 101까지 정숫자의 합
㉱ 101개 숫자의 정수의 합

해설 IWK가 100보다 작거나 같으면 IWK를 ITOT에 누적시킨 다음 IWK를 1증가 시킨다. 또, IWK가 100보다 크면 ITOT(즉 1~100까지의 합)를 출력 시킨다.

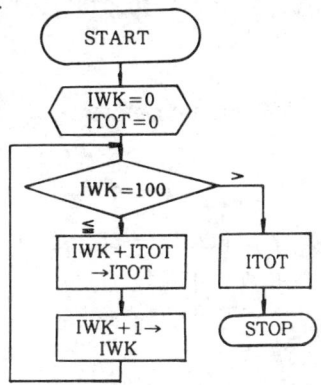

문제 44. Flow chart에 사용되는 기호는 다음과 같은 것이 있다. 기호의 내용이 잘못된 것은?

㉮ ▭ 시작과 끝을 나타낸다.

㉯ ◇ 판단 기능을 나타낸다.

㉰ ▱ 입·출력 기능을 나타낸다.

㉱ ◯ 연결 기능을 나타낸다.

해설 ▭는 처리(Process) 기능을 나타낸다.

1988년도 전자계산기 2급 출제문제

문제 1. 10진수 $(0.65625)_{10}$을 2진수로 표시하면?
㉮ $(101.010)_2$ ㉯ $(10.1010)_2$
㉰ $(1.01010)_2$ ㉱ $(0.10101)_2$

해설
$0.65625 \times 2 = 1.3125 \cdots 1$
$0.3125 \times 2 = 0.625 \cdots 0$
$0.625 \times 2 = 1.25 \cdots 1$
$0.25 \times 2 = 0.5 \cdots 0$ ∴ $(0.65625)_{10} = (0.10101)_2$
$0.5 \times 1 = 1.0 \cdots 1$

해답 43. ㉯ 44. ㉮ 1. ㉱

문제 2. (0011010001011001)$_{BCD}$를 10진수로 나타내면?
㉮ 4358 ㉯ 3459
㉰ 4359 ㉱ 3458

해설 (0011010001011001)$_{BCD}$ = (3459)$_{10}$
      ↓   ↓   ↓   ↓
      3   4   5   9

문제 3. 다음 회로의 기능상 명칭으로 적합한 것은?
㉮ 가산기
㉯ 감산기
㉰ 승산기
㉱ 제산기

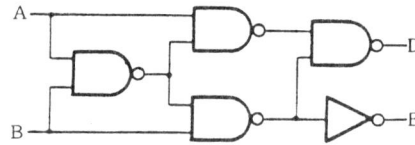

해설 $D = \overline{(A+B)}\overline{(\overline{A}+\overline{B})} = \overline{AB} + \overline{\overline{AB}}$
$B = \overline{A + \overline{B}} = \overline{A}B$

따라서 D는 두 수의 차(difference)이고 B는 자리빌림(brrow)을 나타내므로 반감산기이다.

문제 4. 다음 두 2진수를 합하면 얼마가 되는가?
         (a = 1011   b = 1101)
㉮ 11010   ㉯ 11110
㉰ 11000   ㉱ 11100

해설   1011
      +1101
      ─────
      11000

문제 5. 정보는 기억 장치와 연산 장치 사이 또는 연산 장치 안에서 여러 가지 형태로 이동한다. 이를 전송이라 하는데 일반적으로 기억 장치에서 레지스터(register)에 전송하는 것을 무엇이라 하는가?
㉮ 스토어(store)   ㉯ 피드백(feed back)
㉰ 절대 번지(absolute address) ㉱ 로드(load)

해설 데이터를 기억 장치에서 연산 장치 등의 레지스터에 옮기는 것을 로드(적재) 라 하며, 연산 장치 등에서의 내용을 기억 장치의 어드레스에 옮기는 것을 스토 어라 한다.

문제 6. 주변 기기가 On-Line 상태라는 것은 어떤 것을 의미하는가?
㉮ 동작 준비 완료 상태   ㉯ MAIN과 연결된 상태
㉰ 동작하고 있는 상태   ㉱ MAIN 정보 교환 상태

해답 2. ㉯ 3. ㉯ 4. ㉰ 5. ㉱ 6. ㉱

■ 과년도 출제문제('88년도) 2-57

문제 7. 다음은 IC(Intergrated Circuit)의 명칭들이다. 이들 중에서 집적도가 가장 큰 것은?
㉮ SSI   ㉯ MSI
㉰ SLSI ㉱ VLSI
해설 VLSI : Very Large Scale Integration(초고밀도 집적 회로)

문제 8. 서브루틴 프로그램(Subroutine Program)을 수행하기 직전에 일어나는 동작이 아닌 것은?
㉮ 서브루틴 스타팅 어드레스(Subroutine Staring Address)의 내용을 프로그램 카운터(Program Counter)에 기록한다.
㉯ 현재 사용 중인 데이터의 내용을 일시적으로 디스크(Disk)에 저장한다.
㉰ 서브루틴(Subroution)수행 후 돌아와야 할 귀환 번지를 스택(Stack)에 저장한다.
㉱ 현재 사용 중인 레지스터(Register)의 내용을 스택(Stack)에 저장한다.
해설 서브루틴으로 수행을 옮기기 직전에 이루어지는 동작은 현재 사용 중인 데이터와 레지스터의 내용 및 수행 후 되돌아와야 할 복귀 번지를 스택에 저장하여야 한다.

문제 9. 다음 중 C-MOS형 IC의 장점이 아닌 것은?
㉮ 소비 전력이 극히 적다.   ㉯ 잡음 여유도가 크다.
㉰ 전원 전압 범위가 넓다.   ㉱ P형 보다 제조 공정이 간단하다.
해설 C-MOS(Complementary-MOS)는 P-MOS와 N-MOS를 동시에 한 개의 chip 안에 구성시킨 것이다.

문제 10. 컴퓨터 주변 장치 디스크에서 사용되는 표면이 4개이고 각 표면에는 16개의 트랙과 16개의 섹터(sector)가 있는 데, 각 섹터의 주소 지정에는 몇 비트(bit)가 필요한가?
㉮ 8   ㉯ 9
㉰ 10   ㉱ 11
해설 총섹터의 수 $= 4 \times 16 \times 16 = 2^2 \times 2^4 \times 2^4 = 2^{10}$
∴ 10비트

문제 11. 다음 프로그램언어 중에서 하드웨어(HARD WARE)의 이용을 가장 효율적으로 하고 프로그램 수행 시간이 가장 짧은 언어는?

해답 7. ㉱ 8. ㉮ 9. ㉱ 10. ㉰ 11. ㉮

㉮ MACHINE 어(語)　　　　㉯ ASSEMBLY 어
㉰ FORTRAN　　　　　　㉱ PL/1

해설 기계어는 0과 1만으로 구성되므로 전자 계산기의 하드웨어에 바로 접속할 수 있는 이점이 있다.

문제 12. 중앙 처리 장치의 정보를 기억 장치에 기억시키는 것을 나타내는 연산자는?
㉮ LOAD　　　　　　　㉯ FETCH
㉰ STORE　　　　　　　㉱ WRITE

해설 STORE는 누산기의 내용을 OPD1(첫째 번 어드레스부)이 가리키는 주기억 장치의 어드레스에 저장하라는 명령이다.

문제 13. 다음은 중앙 처리 장치 내의 하드웨어 요소와 그 기능을 짝지은 것이다. 서로 맞지 않는 것은?
㉮ 레지스터 – 기억 기능　　㉯ ALU – 연산 기능
㉰ 어큐뮬레이터 – 제어 기능　㉱ 내부 버스 – 전달 기능

해설 어큐뮬레이터(accumulator)는 산술 및 논리 연산의 결과를 일시적으로 기억하는 레지스터(register)이다.

문제 14. 산술 및 논리 연산의 결과를 일시적으로 기억하는 레지스터는?
㉮ Instruction 레지스터　　㉯ Storage 레지스터
㉰ Accumulator　　　　　㉱ Address 레지스터

해설 Accumulator(누산기)는 연산 장치(ALU)에서 수행하는 산술 연산 및 논리 연산의 결과를 일시적으로 저장하여, 연산 장치를 효율적으로 작동하게 하는 레지스터이다.

문제 15. 비수치 연산에서 1개의 입력 데이터를 연산기에 넣어 그대로 출력을 내어 보내는 단일 연산은?
㉮ MOVE　　　　　　　㉯ AND
㉰ OR　　　　　　　　㉱ 컴프리먼트

해설 MOVE는 단일 연산으로 1개의 입력 데이터를 연산기에 넣어 그대로 출력을 내어 보내는 것으로, 논리적인 의미보다도 전자 계산기 내부의 하나인 레지스터에 기억된 데이터를 다른 레지스터로 옮기는 데 이용된다.

문제 16. 부동 소수점 방식의 특징 중 틀린 것은?
㉮ 고정 소수점 방식보다 큰 수 혹은 보다 작은 수를 나타낼 수 있다.

해답 12. ㉰　13. ㉰　14. ㉰　15. ㉮　16. ㉰

㉯ 고정 소수점 방식보다 정밀도를 높일 수 있으므로 과학, 기술 계산 등에 적합하다.
㉰ 부동 소수점에서는 연산할 때마다 프로그램에서 소수점의 위치를 고려하여야 한다.
㉱ 고정 소수점 방식보다 연산에 있어서 속도가 훨씬 느리다.

[해설] 고정 소수점(fixed point number)방식의 경우에는 연산할 때마다 프로그램에서 소수점의 위치를 고려해야 하지만, 부동 소수점(floating point number) 방식의 경우에는 소수점의 위치가 자동적으로 조정되므로 기술 계산 등의 용도에 적합하다.

[문제] 17. 원격 단말기 설치 중 필수적인 것이 아닌 것은?
㉮ 선로 보안기　　　　　　㉯ 모뎀
㉰ PROT　　　　　　　　㉱ Multiplexor

[문제] 18. 구조가 유리판 모양으로 전극이 있으며 유리판 사이에 유기 화합물이 있다. 전극은 표시하려는 도형이나 문자의 형태로 되어 있는 출력 장치는?
㉮ 플라스마 디스플레이　　㉯ 액정 디스플레이
㉰ CRT 디스플레이　　　　㉱ 라인 프린터

[해설] 액정 디스플레이(LCD,Liquid Crystal Display)는 두 개의 유리판으로 만들어져 있다. 이 유리판 사이에는 투명한 전극 판이 디스플레이하려는 모양대로 놓여 있어서 전압을 전극판 상하에 걸면 그 사이에 있는 액체 수정 물질의 분자 운동 방향이 달라져서 이를 통과하는 빛의 양에 변화를 주게 된다.

[문제] 19. 컴퓨터를 구성하고 있는 것을 2부분으로 분류한다면?
㉮ 중앙 처리 장치(CPU)와 입·출력 장치
㉯ 연산 장치와 제어 장치
㉰ 중앙 처리 장치와 보조 기억 장치
㉱ 주기억 장치와 보조 기억 장치

[해설]
```
                          ┌연산장치
              ┌중앙 처리 장치┤제어 장치
              │              └기억 장치
컴퓨터 시스템 ┤
              │         ┌입·출력 장치
              └주변 장치┤
                        └보조 기억 장치
```

[해답] 17. ㉮　18. ㉯　19. ㉮

문제 20. 전자 계산기에서 데이터를 일시적으로 기억시키기 위한 기억 기능 요소는?
㉮ Address   ㉯ Buffer
㉰ Channel   ㉱ Register
해설 산술적, 논리적, 전송상의 조작을 쉽게하기 위해 하나 이상의 비트나 문자를 일시적으로 기억시키는 장치를 레지스터(Register)라 한다.

문제 21. 8Bit로 부호와 절대치 표현 방법에 의하여 10과 -10을 바르게 나타낸 것은?
㉮ 00001010, -00001010   ㉯ 00001010, 10001010
㉰ 00001010, 11110101   ㉱ 00001010, 11110110
해설 +10 : 00001010⇒부호와 절대값, 1의 보수, 2의 보수 모두 같다.
  -10 : 10001010⇒부호와 절대값
  -10 : 11110101⇒1의 보수
  -10 : 11110110⇒2의 보수

문제 22. 팬 아웃(fan out)의 설명으로 가장 적합한 것은?
㉮ 한 출력 단자에 접속하여 사용할 수 있는 입력 단자의 수
㉯ 한 입력 단자에 접속하여 사용할 수 있는 출력 단자의 수
㉰ 최대 입력 전류에 대한 최대 출력 전류의 비
㉱ 최소 입력 전압 레벨과 전원 전압과의 비
해설 팬 아웃이란 한 게이트의 출력 단자에서 나오는 출력 신호가 구동시킬 수 있는 회로의 수를 말한다.

문제 23. 온라인 실시간 처리 방식이 아닌 것은?
㉮ 조회 방식   ㉯ 배치 처리 방식
㉰ 메시지 교환 방식   ㉱ 거래 데이터 처리 방식
해설 배치 처리(batch processing)는 일정량 또는 일정 기간 동안의 데이터를 모아서 처리하는 방식이다.

문제 24. 프로그램 카운터(program counter)는 실행해야 할 다음 프로그램 명령의 어떤 것을 만들어 주는가?
㉮ 번지   ㉯ 클록
㉰ 동작   ㉱ 주기
해설 프로그램 카운터는 다음에 수행할 프로그램의 명령 번지를 지시, 유지 한다.

문제 25. 레지스터에 저장된 데이터를 가지고 하나의 클록 펄스 동안에

해답 20. ㉱   21. ㉯   22. ㉮   23. ㉯   24. ㉮

■ 과년도 출제문제('88년도) 2-61

실행되는 기본적인 동작을 마이크로 동작이라고 한다. 다음 중 마이크로 동작이 아닌 것은?
㉮ 시프트(SHIFT)　　　　㉯ 카운트(COUNT)
㉰ 클리어(CLEAR)　　　　㉱ 인터럽트(INTERRUPT)

[해설] 마이크로 동작(micor operation)의 결과는 레지스터에 이미 저장되어 있는 2진 정보가 바뀌거나 다른 레지스터로 전송하는데 shift, count, clear, load 동작 등이 있다.

[문제] 26. 다음 중 오프라인 방식에 속하는 것은?
㉮ 타임셰어링　　　　㉯ 로컬 배치
㉰ 리모트 배치　　　　㉱ 온라인 실시간

[해설] 오프라인 시스템(off line system)에서의 배치 처리를 로컬 배치 처리(local batch process, 국지화 배치 처리)라 한다.

[문제] 27. 부동 소수점에 관한 설명 중 틀리는 것은?
㉮ 같은 수의 비트로 수를 표시할 경우, 부동 소수점은 고정 소수점에 의한 표현보다 더 큰 수를 나타낼 수 있다.
㉯ 같은 수의 비트로 수를 표시할 경우, 부동 소수점은 고정 소수점에 의한 표현보다 더 작은 수를 나타낼 수 있다.
㉰ 부동 소수점은 고정 소수점 표현 방식보다 수의 표현에 있어서 정밀도를 높일 수 있으므로 과학, 공학, 수학적인 응용에 주로 사용된다.
㉱ 부동 소수점 표현 방식으로 나타낸 2개의 수를 합하거나 뺄때에는 고정 소수점 표현 방식으로 나타낸 수에서의 연산 속도보다 빠르다.

[해설] 부동 소수점 수의 산술 연산은 고정 소수점 연산에 비해 복잡하고 시간이 많이 걸린다. 따라서, 하드웨어적으로도 복잡하다. 그러나 매우 큰 수와 작은 수를 표시하기가 편리하여 많은 컴퓨터와 탁상용 계산기는 부동 소수점 연산의 방법을 채택하고 있다.

[문제] 28. 주기억 장치의 연속된 부분에 기억된 자료들을 주소가 증가 또는 감소하는 순서대로 이들 자료에 대해 처리할 필요가 있을 경우, 자료의 주소를 계산에 의해 구하도록 하는 것으로 대역폭(band width)의 효율적 이용과 기억 공간의 절약을 기할 수 있는 것은 다음 항목 중 어느 것인가?
㉮ 유효 번지
㉯ 서브루틴
㉰ 자동 인덱싱
㉱ immediate 데이터 어드레싱

[대답] 25. ㉱　26. ㉯　27. ㉱　28. ㉰

문제 29. 메모리에 저장되어 있는 명령 코드의 오퍼랜드(operand) 번지 부분이 오퍼랜드의 내용이 담겨 있는 메모리 번지를 나타내는 경우를 무엇이라 하는가?
 ㉮ 즉시 오퍼랜드(IMMEDIATE OPERAND)
 ㉯ 직접 번지(DIRECT ADDRESSING)
 ㉰ 간접 번지(INDIRECT ADDRESSING)
 ㉱ 레지스터 번지(REGISTER ADDRESSING)
 [해설] 직접 주소(번지) 방법은 명령문의 일부에 데이터가 저장된 메모리의 번지를 직접 포함하고 있는 방법이다.

문제 30. 다음 중 신택틱 에러(syntactic Error)를 설명하고 있는 것은?
 ㉮ 논리적인 에러(ERROR)   ㉯ 판단이 잘못된 에러
 ㉰ 문 구성상의 잘못이 있는 에러 ㉱ 분기가 잘못된 에러
 [해설] 신택틱(구문 오류)의 구분
  ① 구성 - 기록상 오류, 문장의 특정 형식에서 벗어남
  ② 일관성 - 선언의 중복, 문장 번호의 잘못 사용 등
  ③ 완전성 - 프로그램의 불완전

문제 31. 2진수 1010을 그레이 코드(Gray code)로 변환한 것은?
 ㉮ 1000   ㉯ 1001
 ㉰ 1011   ㉱ 1111
 [해설] $1\ 0\ 1\ 0_2$
   $\downarrow\ \downarrow\ \downarrow\ \downarrow$
   $1\ 1\ 1\ 1_G$

문제 32. 디지털 IC에서 불포화형 논리 회로에 속하는 회로 방식은?
 ㉮ TTL   ㉯ ECL
 ㉰ HTL   ㉱ C-MOS
 [해설] ECL(이미터 결합 논리 회로)은 바이폴러 트랜지스터를 이용하는 논리 소자의 일종으로서 이미터가 공통 결합되어 있으며, 차동 증폭 회로를 이용하는 형태로서 불포화형이다.

문제 33. 2진수 1010의 1의 보수는?
 ㉮ 0110   ㉯ 0101
 ㉰ 0111   ㉱ 1110
 [해설] $1\ 0\ 1\ 0$
   $\downarrow\ \downarrow\ \downarrow\ \downarrow$
   $0\ 1\ 0\ 1 \rightarrow$ 1의 보수

[해답] 29. ㉯ 30. ㉰ 31. ㉱ 32. ㉯ 33. ㉯

■ 과년도 출제문제('88년도) 2-63

문제 34. 다음 중 출력 장치로만 구성된 항은?
㉮ 라인 프린터, 자기 디스크, 종이 테이프
㉯ 카드 리더, 콘솔 키보드, 라인 프린터
㉰ 카드 리더, X-Y 프로터, OCR
㉱ X-Y 플로터, OMR, MICR
풀이 자기 디스크(magnetic disk)와 종이 테이프는 출력 장치로도 사용된다.

문제 35. 광학 마크 입력 장치의 장점이 아닌 것은?
㉮ 기입 방법이 단순하여 기입하는데 특별한 기술이 필요없다.
㉯ 용도별로 비교적 알기 쉬운 양식의 용지를 사용할 수 있다.
㉰ 마크된 것이 흐리거나 더럽혀지면 잘못 읽는다.
㉱ 천공하는 수고가 없어서 입력 데이터 작성 비용이 적어진다.
풀이 광학 마크 판독기(OMR, Optical Mark Reader)는 특정 카드나 용지에 특정 연필이나 잉크로 표시한 데이터를 광학적으로 판독하는 장치이다.

문제 36. 7400IC 2입력 NAMD 게이트가 4개가 들어 있는 14핀 집적 회로이다. 다음 중 어떤 분류에 포함되겠는가?
㉮ SSI   ㉯ MSI
㉰ LSI   ㉱ VLSI
해설 7400에서부터 시작되는 74 시리즈는 대부분 MSI(중규모 집적 회로)이다.

문제 37. 통신 수단으로 자료의 외부적 표현이 아닌 것은?
㉮ 컴퓨터와 인간
㉯ 컴퓨터와 컴퓨터
㉰ 컴퓨터와 그 주변 장치
㉱ 컴퓨터의 기억 장치와 연산 장치
해설 자료의 외부적 표현이란 컴퓨터 외부로 송출되거나 외부에서 유입되는 데이터를 표현하는 방식을 말한다.

문제 38. EPROM의 단점은?
㉮ 사용자가 논리 기능을 제작할 수 없다.
㉯ 기억된 내용을 여러 번이고 지워서 다시 사용할 수 없다.
㉰ 가격이 비싸다.
㉱ 모든 ROM 대신 이것으로 대치할 수 없다.
해설 EPROM(Erasable Programmable ROM)은 자외선이나 높은 전압으로 그 내용을 지워 다시 사용할 수 있도록 한 반도체 기억 소자이다.

해답 34. ㉮ 35. ㉰ 36. ㉯ 37. ㉱ 38. ㉱

문제 39. 아래의 컴퓨터 블록도를 보고 인터페이스의 기능을 선택하면?
㉮ FIFO
㉯ LIFO
㉰ DMA
㉱ INTERRUPT

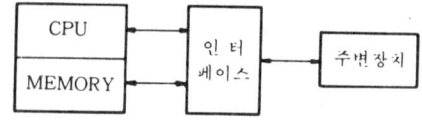

해설 DMA(Direct Memory Access)는 데이터의 입·출력 전송이 직접 기억 장치와 입·출력 장치에서 이루어지는 인터페이스를 말한다.

문제 40. 어떤 처리 해야 할 업무에 대해서 COMPUTER 내부에서 처리할 순서와 그 내용을 논리적으로 명확하게 약속된 기호로 표시한 도형을 무엇이라고 하는가?
㉮ SYSTEM ANALYSIS   ㉯ SYSTEM DESIGN
㉰ PROGRAM FLOW CHART   ㉱ GENERAL FLOW CHART

해설 PROGRAM FLOW CHART(프로그램 순서도)는 시스템 전체의 작업, 즉 시스템 순서도 중에서 컴퓨터 처리를 하는 부분을 중심으로 자료 처리에 필요한 모든 조작의 순서를 표시한 것으로 세밀한 정도에 따라 개요 순서도와 상세 순서도로 나눈다.
① 개요 순서도(general flow chart) : 프로그램 전체의 내용을 개괄적으로 설명한 것으로 시스템의 설계 단계에서 검토 작성된다.
② 상세 순서도(detail flow chart) : 개요 순서도를 좀더 세분화한 것으로 프로그램 설계 단계에서 작성된다.

문제 41. 프로그램의 실행 순서를 바꾸게 하는 명령문은?
㉮ 선언문   ㉯ FORMAT 문
㉰ 제어문   ㉱ READ 문

해설 제어문은 프로그램에 나열된 순서에 관계 없이 실행 순서를 변경시키거나 제어시킬 때 사용된다.

문제 42. 다음 그림의 뜻은?
㉮ 천공 테이프를 매체로 사용하는 입·출력 기능을 나타냄
㉯ 천공된 카드의 흐름을 나타낸다.
㉰ 천공된 카드의 입·출력 기능을 나타낸다.
㉱ 디스크를 매체로서 사용하는 입·출력 기능을 나타냄

해설 천공된 카드(card) 또는 천공된 카드에 의한 입·출력 기능을 표시하는 순서도 기호이다.

해답 39. ㉰   40. ㉰   41. ㉰   42. ㉰

과년도 출제문제('89년도) **2-65**

문제 43. DO LOOP에 관한 설명문이다. 잘못 설명된 것은?
㉮ DO LOOP 안에서는 파라미터 m_1, m_2, m_3를 수정하는 문장을 써서는 안 된다.
㉯ DO LOOP 안에서 GO TO 문, READ, WRITE 문, IF 문, 다른 DO 문을 써도 좋다.
㉰ DO LOOP의 단말문으로 GO TO 문 IF 문, 계산형 GO TO 문, RETURN 문 등을 써도 좋다.
㉱ CONTINUE 문을 단말문으로 쓰면 좋다.
해설 DO loop의 범위는 마지막 문장으로 GO TO 문, RETURN 문, CALL 문, DO 문, PAUSE 문, 비실행문 등은 사용할 수 없다.

문제 44. 코딩 용지에 참고 사항을 기입하려면 어느 칸에 하여야 하는가?
㉮ 1-6칸   ㉯ 2-12칸
㉰ 7-12칸   ㉱ 73-80칸
해설 일반적인 언어의 코딩시 73-80columm은 프로그램을 이해, 관리하는데 필요한 참고 사항을 기술한다.

1989년도 전자계산기 2급 출제문제

문제 1. 2진화 10진수로 표시된 01000101을 10진수로 나타냈을 때 옳은 값은?
㉮ 45   ㉯ 40
㉰ 35   ㉱ 25

해설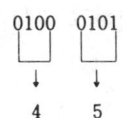

문제 2. 다음은 Micro Processor의 일반적 명령어이다. 연관이 잘못된 것은?
㉮ CMP-비교   ㉯ SUB-감산
㉰ ADD-가산   ㉱ ANA-논리합
해설 논리합-OR

해답 43. ㉰   44. ㉱   1. ㉮   2. ㉱

문제 3. 코딩한 프로그램을 전자 계산기에 입력 시킬 수 있는 매체인 카드에 천공한다. 카드로 된 프로그램의 뭉치를 무엇이라 하는가?
㉮ program deck ㉯ 호퍼
㉰ 스태커 ㉱ 순서도 작성철
해설 program deck로 되어 있는 카드들은 호퍼(hopper)에 쌓여 있다가 한장씩 읽혀진 다음 스태커(stacker)로 떨어지게 된다.

문제 4. ASCII 코드 011 0000은 수 0을 나타낸다. 그러면 수 9는 ASCII 코드로 어떻게 표현되겠는가?
㉮ 010 0000 ㉯ 011 1001
㉰ 100 0000 ㉱ 101 1001
해설 zone은 011로 고정되어 있으므로 digit만 BCD 코드로 변화시킨다.

문제 5. 다음 중 인쇄될 문자의 상을 형성하기 위해서 점의 배열을 사용하는 인쇄 장치는?
㉮ Chain printer ㉯ Bar printer
㉰ Drum printer ㉱ Matrix printer
해설 dot-matrix printer는 문자를 점(dot)으로 구성하여 출력시킨다.

문제 6. Jump 동작은 어떤 것의 내용에 영향을 주는가?
㉮ 프로그램 카운터(program counter)
㉯ 명령 레지스터(instruction register)
㉰ 스택 포인터(stack pointer)
㉱ 누산기(accumulator)
해설 jump 또는 branch 명령을 수행할 경우 현재 진행 중인 프로그램의 순서가 바뀌게 되므로 PC의 값에 영향을 미치게 된다.

문제 7. 아래의 레지스터 전송 언어는 어떤 연산을 실행하고 있는가?
㉮ 증가(INCREMENT) $T_1 : B \leftarrow \overline{B}$
㉯ 가산(ADD) $T_2 : B \leftarrow \overline{B} + 1$
㉰ 보(COMPLEMENT) $T_3 : A \leftarrow A + B$
㉱ 2의 보수
해설 $T_1 : B \leftarrow \overline{B} \Rightarrow 1$의 보수로 변환
$T_2 : B \leftarrow \overline{B} + 1 \Rightarrow 2$의 보수로 변환
$T_3 : A \leftarrow \overline{B} + 1 \Rightarrow 2$의 보수에 의한 감산

해답 3. ㉮ 4. ㉯ 5. ㉱ 6. ㉮ 7. ㉱

■ 과년도 출제문제('89년도) **2-67**

문제 8. 온라인 시스템(On Line System)의 주요 구성 요소에 속하지 않는 것은?
㉮ 단말 장치　　　　　　　　㉯ 통신 회선
㉰ 전송 제어 장치　　　　　　㉱ 증폭 장치
해설 전자 계산기와 이용자 사이에 서로 자료를 전송할 수 있는 단말 장치와 통신 회선 및 통신 제어 장치를 구비한 데이터 통신으로 자료의 수집 또는 자료의 발생과 동시에 즉시 처리하는 방식을 온라인(on-line)이라 한다.

문제 9. 광학 문자 판독 장치(OCR)로 사용되지 않는 것은?
㉮ 도큐먼트 판독기　　　　　㉯ 페이지식 판독기
㉰ 저널식 판독기　　　　　　㉱ 스캐닝 장치
해설 ① 도큐먼트 판독기(document reader) : 입력 데이터가 몇 개의 줄로 집약되는 간단한 것이며 수표, 검침표, 또는 매도표 등의 데이터를 입력하는 경우에 사용된다.
② 페이지(page)식 판독기 : 도큐먼트 판독기보다 많은 줄이 인쇄된 경우에 사용된다.
③ 저널(journal)식 판독기 : 금전 등록기, 회계기 등에서 인쇄되어 나온 가늘고 긴 저널 테이프의 내용을 읽어 전자 계산기에 입력한다.

문제 10. 카드에 펀치(Punch)해 두었던 자료가 순서가 바르게 되었는지 여부를 체크(Check)하려고 하는데 이 방법을 무엇이라고 하는가?
㉮ 시퀀스 체크(Sequence)　　㉯ 디센딩 체크(Descending)
㉰ 리레이쇼널 체크(Relational)　㉱ 사이트 체크(Sight)
해설 천공된 카드나 종이 테이프의 내용을 다시 한번 프린터로 인쇄해서 내용을 읽어 가며 점검하는 것을 사이트 체크(sight check, 목시 점검)라 한다.

문제 11. 현재 수행 중에 있는 명령의 다음 명령(next instruction)의 변화를 지시하는 것은?
㉮ data register　　　　　　㉯ program counter
㉰ memory address　　　　 ㉱ instruction register
해설 프로그램 카운터는 다음 수행할 명령의 번지를 지시, 유지하는 명령 포인터이다.

문제 12. 다음 보기 중 EBCDIC 코드에서 ZONE(존) 코드의 영역을 바르게 나타낸 것은?

해답 8. ㉱　9. ㉱　10. ㉱　11. ㉯　12. ㉮

㉮ 존영역
㉯ 존영역
㉰ 존영역
㉱ 존영역   존영역

[해설] EBCDIC는 8bit 코드로서 zone 4bit와 digit 4bit로 구성된다.

[문제] **13.** 계수를 하기도 하고, 이것의 값을 어드레스에 대하여 실제의 어드레스를 구하는 데 사용하는 레지스터는?
㉮ 인덱스 레지스터 ㉯ 베이스 레지스터
㉰ 기억 데이터 레지스터 ㉱ 기억 어드레스 레지스터

[해설] ① 인덱스 레지스터(index register) : 계수를 하기도 하고, 이것의 값을 어드레스에 대해 실제의 어드레스를 구하는 데 사용한다.
② 베이스 레지스터(base register) : 레지스터에 있는 수를 기준으로 하여 어드레스를 계산하는 데 사용한다.
③ 기억 데이터 레지스터(storge data register) : 보관할 데이터나, 읽어낸 데이터를 넣어 두는 버퍼 레지스터(buffer register)이다.
④ 기억 어드레스 레지스터(memory address register) : 데이터가 보관되어 있는 장소 또는 보관할 장소의 어드레스를 넣어 둔다.

[문제] **14.** 실리콘 산화막을 거쳐서 전압을 가하면 그 막 밑에 전하의 반전층이 생기는 것을 이용한 IC는?
㉮ Hybrid IC ㉯ Bipolar IC
㉰ 박막 혼성 IC ㉱ MOS형 IC

[해설] ① hybrid(하이브리드) IC : 세라믹 등의 수동 소재를 기판으로 하여 표면에 능동 부품 칩을 붙인 혼성 IC
② Bipolar(바이폴라) IC : 전자와 정공 두 종류의 전하를 이용하여 TR내의 전류를 흐르게 한 것으로, 반도체를 기판으로 하여 그 위에 각종 소자를 형성한 것
③ 박막 혼성 IC : hybrid IC의 일종
④ MOS형 IC : 외부에서 건 전기장에 의해 채널이라고 부르는 캐리어가 존재하는 부분의 폭을 제어하여 이것에 의해 다수 캐리어의 전도도(conductivity)를 변화시키는 구성으로 되어 있다.

[문제] **15.** 모놀리식 집적 회로에서 동작 속도는 비교적 빠르나 회로의 밀도가 낮아서 주로 소규모 집적 회로나 중규모 집적 회로에서 많이 사용되는 방식은 어느 것인가?

[해답] 13. ㉮ 14. ㉱ 15. ㉮

■ 과년도 출제문제('89년도) **2-69**

㉮ TTL   ㉯ NMOS
㉰ CMOS   ㉱ I²L
[해설] TTL(Transistor-Transistor Logic, T²L)게이트는 동작의 속도가 빠르고 멀티 이미터로 집적도가 높아 일반적인 논리 소자로 많이 사용된다.

[문제] **16.** 2개 이상의 file을 합하여 하나의 file로 만드는 작업을 무엇이라 하는가?
㉮ SORT   ㉯ MERGE
㉰ COMPILE   ㉱ UPDATING
[해설] 복수 파일(file)에 기록되어 있는 자료를 키를 기준으로 하나의 파일로 합치는 처리를 MERGE(병합)라고 한다.

[문제] **17.** 다음 플로차트에서 사용하는 기호 중에서 정보를 통신선으로 전달하는 기능을 표시하는 것은?
㉮ ⌇   ㉯ →
㉰ ○   ㉱ ⇒
[해설] ㉯는 처리의 흐름을 표시, ㉰는 연결자, ㉱는 병행처리

[문제] **18.** 일단 사용하고 남은 기억 공간을 모아서 유용하게 능률적으로 사용하도록 하는 방법은?
㉮ garbage collection   ㉯ memory collection
㉰ multiprogramming   ㉱ relocation
[해설] 더 이상 사용하지 않거나 의미 없는 기억 공간들을 다시 활용하기 위해 이들을 모으는 작업을 garbage collection(쓰레기 수집)이라 한다.

[문제] **19.** 10진수$(10.375)_{10}$를 2진수로 고치면 다음 중 어느 것이 해당될까?
㉮ $(1011.011)_2$ ㉯ $(1010.011)_2$
㉰ $(1010.111)_2$ ㉱ $(1011.111)_2$
[해설]
```
 2)10           0.375
 2) 5…0         ×   2
 2) 2…1         ⓪.750
    1…0         ×   2
                ①.500
                ×   2
                ①.000      ∴ 1010.011
```

[해답] 16. ㉯   17. ㉮   18. ㉮   19. ㉯

문제 20. 부호기(Encoder)를 구성하는 데 필요하지 않는 회로는?
㉮ NAND ㉯ Flip-Flop
㉰ NOT   ㉱ DIODE
해설 부호기는 입력 단자에 나타난 정보를 코드화하여 출력으로 내보내는 조합 논리 회로이므로 Flip-Flop은 필요하지 않다.

문제 21. 다음의 회로 명칭으로 적합한 것은?
㉮ 누산기
㉯ 레지스터
㉰ 전가산기
㉱ 전감산기

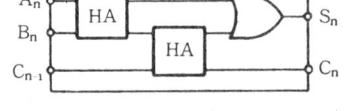

해설 A_n과 B_n 및 아래 자리로부터의 자리올림 C_{n-1}을 더해 주는 전가산기이다.

문제 22. 일반적으로 중앙 처리 장치 쪽을 제어하는 기구는?
㉮ 입·출력 채널   ㉯ 입·출력 제어 장치
㉰ 중앙 제어 장치   ㉱ 셀렉터 채널
해설 일반적으로 중앙 처리 장치 쪽을 기구를 입·출력 채널(I/O channel)이라 하고, 입·출력 장치 쪽을 제어하는 기구를 입·출력 제어 장치(I/O controller)라 한다.

문제 23. 주소의 개념이 거의 사용되지 않는 보조 기억 장치로서, 순서에 의해서만 접근하는 기억 장치(SASD)라고도 하는 것은?
㉮ Magnetic Tape   ㉯ Magnetic Disk
㉰ Random Access Memory ㉱ Magnetic Core
해설 Magnetic tape(자기 테이프), Paper tape(종이 테이프), Punch card(천공 카드)는 순차적(sequential)으로만 처리된다.

문제 24. 데이터 통신 프로세서와 단말 장치가 전화선으로 연결 통신하는 경우, 불필요한 장치는?
㉮ 데이트 세트   ㉯ 음향 결합기
㉰ 모뎀(MODEM)   ㉱ 입·출력 버스
해설 ① 데이터 세트(data set) : 컴퓨터가 사용하는 2진 자료를 통신에 적합한 다른 형태의 신호로 변환해 주고, 또 그것으로부터 원래의 자료를 복원해 내는 장비-모뎀과 같은 의미로 쓰인다.
② 음향 결합기(acoustic coupler) : 프린터나 디스플레이 단말 장치를 일반 전

해답 20. ㉯ 21. ㉰ 22. ㉮ 23. ㉮ 24. ㉱

화선과 접속 가능하게 하는 장치
③ 모뎀 : 컴퓨터로부터 디지털 신호를 받아서 전화선으로 신호를 전송할 수 있도록 아날로그 신호로 변환시키고, 전화선으로 수신된 아날로그 신호를 컴퓨터가 이해할 수 있는 디지털 신호로 변환시켜 주는 기능을 하는 데이터 통신 기기

문제 25. TTL 회로의 구성 설명 중 옳은 것은?
㉮ 트랜지스터와 변압기를 혼용한 회로이다.
㉯ DTL회로의 게이트-다이오드 대신에 몇 개의 이미터를 갖는 멀티 -이미터 트랜지스터로 구성되어 있다.
㉰ 트랜지스터와 변압기를 제거한 회로이다.
㉱ RTL과 DTL을 총칭하여 TTL이라 한다.
해설 TTL(Transistor-Transistor Logic) 회로는 DTL의 입력 다이오드가 멀티 이미터 TR로 바뀌어진 것으로 포화 상태 또는 차단 상태 사이에서 동작하며, 현재 널리 사용되고 있는 속도가 빠른 논리 게이트이다.

문제 26. 1대의 전자 계산기를 다수의 이용자가 각기 그들의 단말 장치를 통하여 필요시에 자유롭게 동시에 사용할 수 있도록 개발된 시스템은?
㉮ 온라인 시스템(on-line system)
㉯ 오프 라인 시스템(off-line system)
㉰ 리얼 타임 시스템(real time system)
㉱ 타임 셰어링 시스템(time sharing system)
해설 중앙에 대형 컴퓨터를 설치하고 그것을 다수의 이용자가 공동으로 이용하는 방식을 타임 셰어링(시분할) 시스템이라 한다. 즉 중앙의 대형 컴퓨터를 시간적으로 분할하여 여러 이용자가 각자 자기 혼자 컴퓨터를 전용하는 것처럼 이용한다.

문제 27. 16선을 가진 번지 버스는 메모리 지정을 얼마나 분리시킬 수 있겠는가?
㉮ 16K   ㉯ 64K
㉰ 254K   ㉱ 1M
해설 $2^{16} = 65536 = 64K (1K = 1024)$

문제 28. 2진수의 덧셈 1011+1010의 값은 얼마인가?
㉮ 10001   ㉯ 10101

해답 25. ㉯ 26. ㉱ 27. ㉯ 28. ㉯

㉰ 11111 ㉱ 10011

해설
```
  1011
+ 1010
─────
 10101
```
∴ 10101

문제 29. 0에서 9까지의 숫자 10개, 대소 영문자 52개, 한글 24자를 나타내려면 최소한 몇 개의 BIT가 필요한가?
㉮ 5 BIT ㉯ 6 BIT
㉰ 7 BIT ㉱ 8 BIT

해설 10+52+24=86가지의 코드가 있어야 하는데 $2^6 < 86 < 2^7$이므로 최소 7bit가 필요하다.

문제 30. 마이크로컴퓨터에서 레지스터를 설명하는 것으로 다음 중 틀린 것은?
㉮ 기억 장치로부터 이송된 정보를 일시적으로 기억시켜 두는 경우
㉯ 출력 장치의 프린터 등에 정보를 전송할 경우
㉰ 출력 장치의 인쇄 속도가 느려 출력 장치의 입력 측에 일시적으로 정보를 저장하는 경우
㉱ 기억 장치로부터 읽어낸 명령을 처리할 경우

해설 레지스터(register)는 계산기 내부에서 플립플롭 회로 등을 이용하여 데이터를 일시적으로 저장하는 것으로, 다음과 같은 경우에 사용된다.
① 기억 장치로부터 이송된 정보를 일시적으로 기억시켜 두는 경우
② 출력 장치의 프린터 등에 정보를 전송할 경우
③ 출력 장치의 인쇄 속도가 느려 출력 장치의 입력측에 일시적으로 정보를 저장하는 경우
④ 4칙 연산 장치의 입구에 레지스터를 장치하여 수치를 일시 기억시켜 두었다가 가산 회로에 전송하는 경우

문제 31. 입·출력 장치와 CPU의 실행 속도차를 줄이기 위해 사용하는 것은?
㉮ Parallel I/O Device ㉯ Channel
㉰ Cycle steal ㉱ DMA

해설 입·출력 장치는 기계적 동작을 수반하므로, 계산기의 연산 속도에 비해 입·출력 정보의 전송 속도는 매우 느리다. 이 속도의 차이를 조정하여 입·출력 장치와 계산기를 원활히 동작시키는 입·출력 제어 기구를 채널(channel)이라 한다.

해답 29. ㉰ 30. ㉱ 31. ㉯

과년도 출제문제('89년도) 2-73

문제 32.   101
       +) 111   같은 연산을 하려면 전가산기와 반가산기가 각각 몇 개씩 있어야 하는가?
㉮ 전가산기 1개, 반가산기 2개   ㉯ 전가산기 2개, 반가산기 1개
㉰ 전가산기 2개, 반가산기 2개   ㉱ 전가산기 3개, 반가산기 1개
[해설] 자리올림이 없는 첫 번째 자리는 반가산기로 처리 할 수 있고, 두 번째와 세 번째 자리는 자리올림이 있으므로 전가산기가 필요하다.

문제 33. 다음 프로그래밍 언어 중 계산기가 직접 알아 들을 수 있는 언어는 어느 것인가?
㉮ 어셈블리어(assembly language)
㉯ 기계어(machine language)
㉰ 기호식 언어(symbolic language)
㉱ 컴파일러어(compiler language)
[해설] 기계어는 전자 계산기가 직접 이해할 수 있는 유일한 언어이다.

문제 34. 명령어의 주소 부분을 연산 주소로 이용해서 큰 용량의 기억 주소를 나타내는 데 적합한 주소 지정 방식은?
㉮ 상대(relative) addressing   ㉯ 절대(absolute) addressing
㉰ 간접(indirect) addressing   ㉱ 직접(direct) addressing
[해설] 명령어의 주소부로 지정한 기억 장소의 내용을 연산 주소로 사용하는 것을 indirect addressing(간접 어드레스)이라 한다.

문제 35. 보조 기억 장치가 아닌 것은?
㉮ 자기 테이프 장치   ㉯ 자기 디스크 장치
㉰ 자기 드럼 장치   ㉱ 자기 코오 장치
[해설] 자기 코어(magnetic core)장치는 주기억 장치로 사용된다.

문제 36. 다음 중 CHARACTER CODE체계가 아닌 것은?
㉮ ASCII CODE   ㉯ BCD CODE
㉰ EBCDIC CODE   ㉱ BINARY CODE
[해설] 문자(character)데이터를 나타내는 방식에는 일반적으로 2진화 10진코드(BCD), 미국 표준 코드(ASCII), 확장 2진화 10진 코드(EBCDIC)등이 있다.

문제 37. 일괄 처리(barch processing) 방식의 특징이 아닌 것은?

[해답] 32. ㉯ 33. ㉯ 34. ㉰ 35. ㉱ 36. ㉱ 37. ㉰

㉮ 시스템을 능률적으로 처리할 수 있다.
㉯ 마스터 파일의 갱신은 주기적으로 이루어진다.
㉰ 데이터의 발생부터 결과까지의 시간이 비교적 짧다.
㉱ 시스템을 이용할 스케줄(계획)을 간단히 결정할 수 있다.
[해설] 일괄 처리 시스템은 컴퓨터에 입력시키는 데이터를 일정 기간이나 일정량의 데이터가 될 때까지 모아 두었다가 한꺼번에 처리하는 방식으로서, 이를 얻을 때까지의 시간이 비교적 길고 마스터 화일의 갱신이 주기적으로 밖에 되지 않는다는 단점이 있으나, 컴퓨터를 능률적으로 사용할 수 있고 시스템의 사용 계획을 세울 수 있다는 장점이 있다.

[문제] 38. 하드웨어 중심에서 소프트웨어로 옮겨가고 FORTRAN, COBOL, ALGOL등의 컴파일러 언어가 개발된 단계는?
㉮ 제1세대 ㉯ 제2세대
㉰ 제3세대 ㉱ 제4세대
[해설] 전자 계산기 발전의 제2세대에서는 기계 자체를 다루는 하드웨어보다 전자 계산기의 이용 기술을 다루는 소프트웨어에 중점을 두어 포트란, 코볼, 알골 등의 전자 계산기 언어를 개발하여 직접 기계어로 프로그램을 작성하는 일이 적어졌다.

[문제] 39. 기계어(machine language)란?
㉮ 전자 계산기가 직접 처리할 수 있는 언어
㉯ 사용자가 이용하기 쉬운 언어
㉰ 표현 방법이 기종에 거의 구애받지 않은 언어
㉱ 컴파일할 필요가 있는 언어
[해설] 기계어는 전자 계산기가 직접 이해할 수 있는 유일한 언어이다.

[문제] 40. 다음 플로차트 기호 중 판단을 나타내는 기호는?
㉮ ◇ ㉯ ▱
㉰ ▭ ㉱ ⌂
[해설] ㉮는 비교·판단, ㉯는 입·출력, ㉰는 처리, ㉱는 다른 페이지 연결자를 나타낸다.

[문제] 41. GO TO(40, 50, 60, 70), I에서 I의 값이 될 수 있는 것은?
㉮ 40 ㉯ 4
㉰ 50 ㉱ 5

[해답] 38. ㉯ 39. ㉮ 40. ㉮ 41. ㉯

[해설] GO TO($S_1, S_2, \cdots S_n$), I에서 I의 값($1 \leq I \leq n$)에 따라서 $S_1, S_2, \cdots S_n$으로 분기한다.

[문제] **42.** 다음 보기의 내용을 완전히 수행하였을 때 ABC의 값을 올바르게 나타낸 것은 어느 항인가?

㉮ 48
㉯ 58
㉰ 63
㉱ 68

─── <보기> ───
SET ABC TO 53.
SET DEF TO ABC.
ADD 10 TO DEF.
SET ABC DOWN BY 5.

[해설] ABC [53] → [48]
              ↓ −5
        DEF [53] → [63]
              +10

1990년도 전자계산기 2급 출제문제

[문제] **1.** (0010 0100 0101)BCD를 10진수로 나타낸 것은?

㉮ 245   ㉯ 542
㉰ 352   ㉱ 253

[해설] 0010 0100 0101
         2   4   5   ∴ $245_{(10)}$

[문제] **2.** 10진수 35를 2진화 십진 코드(BCD 코드, 8421 코드)로 표시하면?

㉮ 0100 0011   ㉯ 0101 1000
㉰ 0011 0101   ㉱ 0010 0101

[해설] 3→0011
      5→0101   ∴ $(35)_{10} = (0011\ 0101)_{BCD}$

[문제] **3.** 다음 논리 회로의 출력을 간단히 하여 논리식으로 나타내면 다음 중 어느 것과 같은가?

㉮ $X = A \cdot B + C \cdot D$
㉯ $X = \overline{A \cdot B} + \overline{C \cdot D}$

[해답] 42. ㉮ 1. ㉮ 2. ㉰ 3. ㉮

㉰ $X = \overline{A \cdot B + C \cdot D}$
㉱ $X = (A+B) \cdot (C+D)$

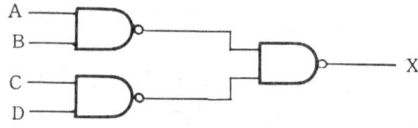

[해설] $X = \overline{\overline{A \cdot B} \cdot \overline{C \cdot D}} = \overline{\overline{A \cdot B}} + \overline{\overline{C \cdot D}} = A \cdot B + C \cdot D$

[문제] **4.** 8Bit로 나타낸 정수$(10011010)_2$를 좌측으로 1Bit 논리적 시프트 (SHIFT)하면 어떻게 되는가?
㉮ 0011 0100   ㉯ 0011 0101
㉰ 0100 1101   ㉱ 1100 1101
[해설] 논리적 시프트의 경우 시프트한 결과 밀려 나가는 비트는 데이터에서 잃어버리게 되며 새로 들어오는 비트는 0이다.

[문제] **5.** Message Protocol에서 가장 나중에 보내는 전송 문자는?
㉮ SOH(Start of Heading)   ㉯ STX(Start Of Text)
㉰ RD(Receive DATA)   ㉱ DTR(Data Terminal Ready)
[해설] STX는 메시지의 헤딩(heading)이 끝나고 메시지의 본문(text)이 시작됨을 나타내는 전송 제어 문자이다.

[문제] **6.** 4칙 연산에 관한 설명 중 틀린 것은?
㉮ 수의 감산은 빼려고 하는 수(감수)의 보수를 취하여 빼 주면 된다.
㉯ 승산이나 제산은 논리 회로가 복잡하고 많은 비용이 소모되므로 가산기에 의한 반복 가감산 방식에 의존한다.
㉰ 승산은 두 수 중에서 하나를 다른 수가 나타내는 수만큼 누계하여 행한다.
㉱ 제산은 승산 회로와 같이 제산 회로에 있어서도 나누어지는 수로부터 나누는 수의 뺄셈을 반복하면 된다.
[해설] 대부분의 전자 계산기는 감수를 1의 보수나 2의 보수를 취하여 피감수에다 덧셈하는 경우가 많다.

[문제] **7.** 프로그램의 인스트럭션 수행 순서를 결정하는 것으로 조건부 분기와 무조건 분기 등에 속하는 기능은?
㉮ 함수 연산 기능   ㉯ 입·출력 기능
㉰ 제어 기능   ㉱ 전달 기능

[해답] 4. ㉮ 5. ㉯ 6. ㉮ 7. ㉰

■ 과년도 출제문제('90년도) 2-77

문제 8. MAGNETIC TAPE에 관한 설명 중 틀리는 것은?
㉮ SAM(Sequential Access Method)방법으로 처리한다.
㉯ 7TRACK, 9TRACK의 두 종류 기록 방법이 있다.
㉰ REEL의 길이에 따라 기록 밀도가 달라진다.
㉱ M/T의 폭은 1/2"~3/4"정도가 있다.

해설 MAGNETIC TAPE(자기 테이프)의 기록 밀도는 인치당 기록할 수 있는 비트의 수에 따라 그 단위를 BPI(Bits Per Inch)로 나타내며, 속도는 초당 인치수(IPS, Inches Per Second)로 나타낸다.

문제 9. 다음의 파일 중에서 가장 오랫동안 보존하여야 하는 파일은?
㉮ 소트 파일(Sort file)
㉯ 마스터 파일(Master file)
㉰ 매일 거래 파일(Daily transaction file)
㉱ 에러 파일(Error file)

해설 마스터 파일(기본 파일)은 업무 처리에 관한 기본이 되는 데이터를 수록한 파일로서, 정기적으로 변동 파일에 의해 수정 보완해 가면서 장기간에 걸쳐 보존되는 파일이다.

문제 10. 컴퓨터가 중간 변환 과정 없이 직접 이해할 수 있는 것은?
㉮ Machine Language   ㉯ Assembly Language
㉰ ALGOL   ㉱ PL/I

해설 Machine language(기계어)는 전자 계산기가 직접 이해할 수 있는 언어로서, 2진수 0과 1의 조합으로 구성된 언어이다.

문제 11. 자료가 리스트에 첨가되는 순서대로만 처리할 수 있는 것을 FIFO 리스트라 하는데 다른 말로 표현하면?
㉮ 큐(Queue)   ㉯ 스택(Stack)
㉰ 데크(Deque)   ㉱ 리포(LIFO)

해설 큐(queue)는 리어(rear)라는 한쪽 끝에서 항목이 삽입되며, 다른 한쪽끝에서 항목들이 삭제되는 선입 선출(FIFO, Fist In First Out) 리스트이다. 한편, 스택(stack)은 톱(top)이라고 하는 한쪽 끝에서만 새로운 항목이 삽입되는 후입 선출(LIFO, Last In First Out)리스트이다.

문제 12. 다음 중 조합 논리 회로에 해당하는 것은?
㉮ 래치   ㉯ 쌍안정 멀티바이브레이터

해답 8. ㉰ 9. ㉯ 10. ㉮ 11. ㉮ 12. ㉰

㉰ 일치, 반일치 회로   ㉱ 계수 회로

[해설] 조합(combinatinal) 논리 회로는 출력 신호가 현재의 입력 신호에 의해 결정되는 회로로서, 기본 게이트 이외에 일치 회로(EOR), 반일치 회로(ENOR), 비교 회로, 다수결 회로, 패리티 체크 회로 등이 있다. 래치와 멀티바이브레이터, 계수 회로, 플립플롭 등은 순서 논리 회로이다.

[문제] **13.** 순차 논리 회로는 어떤 장치가 포함되어 있는가?
㉮ NAND   ㉯ XOR
㉰ FLIP-FLOP   ㉱ DECODER

[해설] 순차(sequential) 논리 회로는 출력 신호가 현재의 입력 신호와 과거의 입력 신호에 의해 결정되는 회로로서, 플립플롭(flip-flop)과 같은 기억 소자와 논리 게이트로 구성된다.

[문제] **14.** 한 개의 BYTE가 주기억 장치에 입력되거나 출력되는데 소요되는 시간을 무엇이라하는가?
㉮ STORAGE CYCLE   ㉯ I-CYCLE
㉰ E-CYCLE   ㉱ MACHINE-CYCLE

[문제] **15.** J-K형 플립플롭의 동작 기능이 아닌 것은?
㉮ 가산(adder)의 기능
㉯ 2입력(J와 K)의 기억 소자
㉰ 2개의 입력 단자(J와 K)가 모두 1일 때 출력을 반전시킨다.
㉱ 분주(分周)의 기능

[해설] 가산 및 감산의 기능은 조합 논리 회로로 구성한다.

[문제] **16.** 중앙 처리 장치의 내부 버스와 레지스터들 사이의 자료 전송 통로를 열고 닫고 하는 데 사용되는 소자는?
㉮ AND 게이트   ㉯ OR 게이트
㉰ EX-OR 게이트   ㉱ Tri-State 게이트

[문제] **17.** 다음에 열거한 언어 중 과학 기술용 계산 언어인 것은?
㉮ COBOL   ㉯ RPG
㉰ FORTRAN   ㉱ MACRO

[해설] FORTRAN은 과학 기술 계산용 언어로서, 복잡한 계산이나 수식 등을 처리하는 대표적인 언어이며, 일반 수식의 표현을 그대로 명령문으로 이용할 수 있고, 비교적 문법이 간단하여 프로그램을 작성하기가 쉽다.

[해답] 13. ㉰   14. ㉮   15. ㉮   16. ㉱   17. ㉰

문제 18. 전자 계산기의 처리 능력(THROUGH-PUT)이란?
㉮ 입력 장치의 성능을 측정하는 단위
㉯ 데이터 기억 능력 단위
㉰ 시스템 전체의 능력을 측정하는 단위
㉱ 출력 장치의 성능을 측정하는 단위
해설 Throughput이란 주어진 시간에서 컴퓨터 시스템이 처리할 수 있는 유용한 작업의 양을 말한다.

문제 19. 다음 중 프로그래밍 절차가 옳은 것은?
㉮ 입·출력 설계→문제 분석→코딩→천공→시행→착오 검색(Debugging)→재시행
㉯ 문제 분석→입출력 설계→코딩→시행→착오 검색→재시행→천공
㉰ 문제 분석→흐름도 작성→입·출력 설계→코딩→천공→시행→착오 검색→재시행
㉱ 문제 분석→입·출력 설계→흐름도 작성→코딩→시행→착오 검색→재시행
해설 프로그래밍의 절차

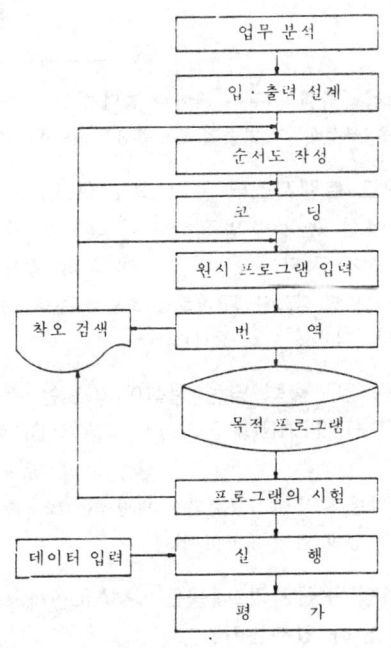

해답 18. ㉰ 19. ㉱

문제 20. 다음 중 가장 큰 수는?
 ㉮ 2진수 11101110   ㉯ 8진수 365
 ㉰ 10진수 234   ㉱ 16진수 FA
 해설 16진수 FA는 2진수로 1111 1010이므로 가장 크다.

문제 21. BCD(Binary Coded Decimal)코드에 의한 수 0100 0101 0010를 10진수로 나타내면?
 ㉮ 542   ㉯ 452
 ㉰ 442   ㉱ 552
 해설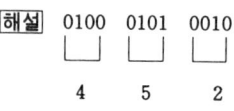

문제 22. 다음 그림은 무슨 회로인가(단, A, B, C는 입력, Y는 출력이다.)?
 ㉮ Wire-AND
 ㉯ Wire-NOR
 ㉰ NOR
 ㉱ NAND
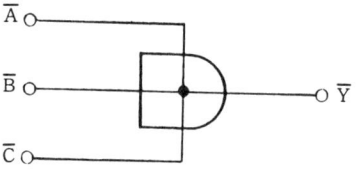
 해설 Open collector 출력의 경우 게이트 출력끼리의 직접 결선에 의해 Wired logic (배선 논리)을 구성할 수 있는데 Wired AND와 Wired OR의 방법이 있다.

문제 23. 다이오드 트랜지스터 논리 회로(DTL)의 설명 중 틀린 것은?
 ㉮ 평상 속도에서 동작이 안정하다. ㉯ 회로의 수와 소비 전력이 적다.
 ㉰ 잡음 여유도가 적다.   ㉱ 응답 속도가 적다.
 해설 DTL은 다이오드 회로와 TR회로를 조합한 형태로서 LSD(레벨 시스트 다이오드)의 채택으로 잡음에 다소 강하다.

문제 24. 다음 중 입·출력 명령 형식에 따르는 것은?
 ㉮ 인터럽트 온(INTERRUPT ON) ㉯ 분기(BRANCH)명령
 ㉰ 산술 명령   ㉱ 논리 명령
 해설 입·출력 명령 형식으로 분류되는 명령에는 입·출력 명령 이외에도 인터럽트 온·오프 명령 등의 외부 명령이 있다.

문제 25. 그림처럼 누산기의 내용은 CMA(Complement Accumulator) 동작 후 어떻게 남아 있겠는가?

해답 20. ㉱ 21. ㉯ 22. ㉮ 23. ㉰ 24. ㉮ 25. ㉰

■ 과년도 출제문제('90년도) 2-81

㉮ 11110001
㉯ 00000000
㉰ 00001110
㉱ 00001111

동작전 | 11110001 | 누산기
CMA
동작후 | ? | 누산기

[해설] 1110001의 보수(complement)는 0과 1을 서로 맞바꾸면 되므로 00001110이다.

[문제] **26.** 자료가 발생하는 시점에서 즉시 처리하여 그 결과를 출력하거나 요구에 대해 응답하는 방식은?
㉮ REAL TIME PROCESSING   ㉯ BATCH PROCESSING
㉰ RANDOM PROCESSING   ㉱ SEQUENTIAL PROCESSING

[해설] 데이터가 발생할 때마다 즉시 입력하여 그 결과를 얻는 방식으로 자료를 전송하면 즉시 결과가 반송되는 것을 실시간 처리(real time processing)라고 한다.

[문제] **27.** 중앙 처리 장치와 모든 주변 장치의 인터페이스에 공통으로 연결된 버스는?
㉮ 번지 버스   ㉯ 데이터 버스
㉰ 제어 버스   ㉱ 입·출력 버스

[해설] 중앙 처리 장치와 기억 장치, 그 외의 모든 입·출력 장치를 연결해 놓는 버스 시스템을 데이터 버스(data bus)라 한다.

[문제] **28.** 분류할 자료가 비교적 적을 때 주기억 장치 내에서 고속으로 행하는 분류는?
㉮ 외부 분류   ㉯ 오름차 분류
㉰ 내부 분류   ㉱ 내림차 분류

[해설] 내부 분류(internal sorting)는 주기억 장치 내에서 수행할 수 있을 정도로 파일의 크기가 충분히 작을 때 사용하는 방법이고, 외부 분류(external sorting)는 파일의 크기가 매우 클 때 자기 디스크와 같은 보조 기억 장치를 이용하여 분류(정렬)하는 방식이다.

[문제] **29.** 주기억 장치로 한 자리의 문자를 저장하는 단위를 무엇이라 하는가?
㉮ Byte   ㉯ Bit
㉰ Address   ㉱ Store

[해설] 기억 장치 내의 기억 장소, 즉 각 어드레스마다 저장되는 데이터의 크기는 byte단위이다.

[해답] 26. ㉮   27. ㉯   28. ㉰   29. ㉮

문제 **30.** 컴퓨터의 연산기가 수행할 수 있는 대표적인 논리 연산 명령이 아닌 것은?
㉮ MOVE
㉯ OR
㉰ ROTATE
㉱ COMPLEMENT

문제 **31.** 다음은 자기 코어(Magnetic core) 기억 소자에 "0"을 기억시킬 때 금지선에 흐르는 전류를 선택선 하나에 흐르는 전류와 비교한 설명과 일치하는 것은?
㉮ 전류의 방향과 양이 같다.
㉯ 전류량은 크고, 방향은 반대다.
㉰ 전류량은 같고, 방향은 반대다.
㉱ 전류량은 작고, 방향은 같다.

해설 자기 코어에 2진 정보를 저장시킬 때, 논리 "0" 기억시에는 가로 선택선과 세로 선택선에 각각 $-1/2Im$의 전류를 흘리며 논리 "1" 기억시에는 가로 선택선과 세로 선택선에 각각 $1/2Im$의 전류를 흘리면 된다 (Im은 자기 코어의 자기장을 포화 상태로 만들기 위한 전류의 세기).

문제 **32.** DISK PACK의 FORMATING을 옳게 설명한 것은?
㉮ DISK DRIVER의 상태 점검
㉯ DISK PACK의 상태 점검
㉰ DISK PACK의 READ/WRITE
㉱ DISK PACK의 ERROR ADDRESS 부여

해설 포매팅(formating)이란 여러 가지 형태의 자기 기억 매체가 데이터 구조를 받아 들일 수 있도록 하는 준비 과정을 말한다.

문제 **33.** 자기 코어에 삽입된 도선 중 출력선에 해당하는 것은?
㉮ X선
㉯ Y선
㉰ S선(센스 와이어)
㉱ Z선(금지 와이어)

해설 하나의 코어는 4개의 선이 통과하고 있는데, X선과 Y선은 코어의 자화에 사용한다. 검출선(sense line) S는 코어가 어느 방향으로 자화되었는지를 검출하는 기능을 가지며 금지선(inhibit line) Z는 불필요한 코어가 자화되어 있을 때 1/2의 금지 전류를 흐르게 하여 2코어의 자화를 소멸시키는 역할을 한다.

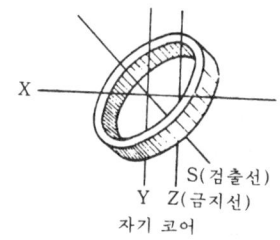

자기 코어

해답 30. ㉮ 31. ㉯ 32. ㉯ 33. ㉰

■ 과년도 출제문제('90년도) **2-83**

문제 34. 중앙 처리 장치(CPU)에 해당되지 않는 것은?
㉮ 연산 장치 ㉯ 주기억 장치
㉰ 제어 장치 ㉱ 입·출력 장치
[해설] 중앙 처리 장치는 주기억 장치, 제어 장치 및 연산 장치로 구성된다. 입·출력 장치는 주변 장치에 해당한다.

문제 35. 2진수 $(01011)_2$의 2의 보수는?
㉮ 11111 ㉯ 11010
㉰ 10101 ㉱ 10100
[해설]   0 1 0 1 1
          ↓
       1 0 1 0 0 → 1의 보수
     +   1
     ─────────
       1 0 1 0 1 → 2의 보수

문제 36. 어떤 자기 디스크 장치에 있어 양쪽 표면이 모두 사용되는 8개의 디스크가 있는데 각 표면에는 16개 트랙과 8섹터가 있다. 트랙 내의 각 섹터에 하나의 레코드가 있다면 디스크 내의 레코드에 대한 주소 지정에는 몇 비트가 필요한가?
㉮ 9 ㉯ 10
㉰ 11 ㉱ 12
[해설] 1개의 디스크 = 16×2개의 트랙 = 32×8섹터 = 2^8 레코드
       ∴ 8개의 디스크 = 2^{11} 레코드

문제 37. 다음은 목적 프로그램을 설명한 것이다. 잘못 설명한 것은?
㉮ 전자 계산기가 직접 해독할 수 있다.
㉯ 반드시 어셈블리어로 작성되어 있다.
㉰ 일반적으로 숫자만으로 이루어진다.
㉱ 컴파일러에 의해 번역된 프로그램이다.
[해설] 어셈블리어(assembly language)로 작성된 프로그램을 원시 프로그램(source program)이라 하며, 어셈블러를 거쳐서 기계어로 번역된 프로그램을 목적 프로그램(object program)이라 한다.

문제 38. 다음 중 컴파일러나 어셈블러의 힘을 빌려 기계어로 번역되는 언어로 작성된 프로그램은?

[해답] 34. ㉱ 35. ㉰ 36. ㉰ 37. ㉯ 38. ㉰

㉮ 목적 프로그램 　　　　㉯ 기계 프로그램
㉰ 원시 프로그램 　　　　㉱ 문제 중심 프로그램
[해설] 컴파일러 언어(compiler language, 또는 어셈블러 언어)로 작성된 프로그램을 원시 프로그램(soruce program)이라 한다.

문제 39. 고급 언어를 기계어로 주는 번역기를 무엇이라 하는가?
㉮ ASSEMBLER 　　　　㉯ COMPILER
㉰ MONITOR 　　　　㉱ OPERATING SYSTEM
[해설] FORTRAN, COBOL, ALGOL, PASCAL, PL/1, C 등의 고급 언어는 COMPILER(컴파일러)에 의해 기계어로 번역된다.

문제 40. 분류를 나타내는 플로차트 기호는?
㉮ ◇　　　　㉯ ▽
㉰ △　　　　㉱ ▽
[해설] ㉮는 비교·판단, ㉯는 병합, ㉰는 분류, ㉱는 오프라인 기억을 나타낸다.

문제 41. 레지스터(register)에 관한 설명 중 맞지 않는 것은?
㉮ 일반적으로 속도가 빠른 반도체 F-F로 구성되어 있다.
㉯ 자료가 임시로 머무는 기억 장소라 할 수 있다.
㉰ 레지스터간의 자료 전송은 직렬 전송이 대부분이다.
㉱ 클록 펄스에 의해 동작한다.
[해설] 레지스터는 플립플롭을 직접 연결하여 구성한 장치로서 디지털 정보를 일시 보관하는 기억 기능을 갖고 있으며 자료 전송 방식은 직렬 또는 병렬로 수행된다.

문제 42. 사용자가 프로그래밍 할 수 없는 ROM은?
㉮ ROM 　　　　㉯ PROM
㉰ EPROM 　　　　㉱ EAROM
[해설] ROM(Read Only Memory)은 보통의 기억 장치와는 달리 사용자가 임의로 기억시킬 수 없고, 원래 기억되어 있는 내용만을 읽어 낼 수 있는 기억 소자이다.

문제 43. 다음 중 에러 검출 코드가 아닌 것은?
㉮ Biquinary Code 　　　　㉯ 2 Out of 5 Code
㉰ 3 Out of 5 Code 　　　　㉱ 2.3.2.1 Code
[해설] biquinary Code는 웨이티드 코드로서 even parity를 갖고 있다. 또, 2-Out-of

[해답] 39. ㉯　40. ㉰　41. ㉰　42. ㉮　43. ㉱

-5 code와 3-out-of-5-Code는 언웨이티드 코드로서 각각 enve 및 odd parity를 갖고 있다.

문제 44. 알고리즘(Algorithm)이란 무슨 말인가?
㉮ 하드웨어
㉯ 소프트 웨어
㉰ 컴퓨터의 전자 회로
㉱ 기계를 사용하여 문제를 푸는 방법
해설 알고리즘이란 문제를 해결하기 위해 정해진 일련의 절차를 말한다.

문제 45. 자기 테이프에 대한 설명 중 틀린 것은?
㉮ 종이 테이프보다 중량이 가볍고 내구성이 크다.
㉯ 녹음 테이프처럼 자유롭게 바꿀 수 없다.
㉰ 삭제와 기억을 자유롭게 한다.
㉱ 반복 사용이 가능하다.
해설 자기 테이크(magnetic tape)는 종이 테이프와 달리 반복 사용이 가능하며 수명도 길고 대량의 정보를 저장할 수 있으나, 검색 시간이 길어지는 것이 단점이다.

문제 46. User가 어느 한 작업을 컴퓨터에 처리를 의뢰하고 나서 그 결과를 얻을 때까지의 경과 시간을 무엇이라고 하는가?
㉮ Turn-Around Time   ㉯ Access Time
㉰ Seek Time   ㉱ Time Slice
해설 하나의 업무를 처리하는데 필요한 시간으로서, 데이터를 수집하고 그것을 계산 처리용으로 변환하여 계산을 실행한 후, 그 결과를 사용자(user)에게 알려 주는 데 소요되는 시간을 Turn-around time(반환시간)이라 한다.

문제 47. 다음 설명 중 틀린 것은?
㉮ 프로그램이나 데이터를 지정하는 곳을 기억 장치라 한다.
㉯ 기억 장치를 기능상 크게 분류하면 주기억 장치와 입·출력 장치로 대별된다.
㉰ 주기억 장치란 전자 계산기의 중앙 처리 장치와 직접 연결되어 있다.
㉱ 주기억 장치의 용량이 크면 제어 장치가 복잡해 진다.
해설 기억 장치는 본체 내에 설치되는 주기억 장치와 기억 용량의 증설을 위해 본체 외부에 설치되는 보조 기억 장치로 구성된다.

해답 44. ㉱   45. ㉯   46. ㉮   47. ㉯

문제 48. Index register의 기능 설명 중 맞는 것을 고르시오.
㉮ Address부의 수식에 사용한다. ㉯ Interruption의 상태를 기록한다.
㉰ 보수를 만드는 데 사용한다. ㉱ 번지 지정에 사용한다.

해설 index register(인덱스 레지스터)는 반복 계산에서 번지의 변경 및 반복 횟수를 자동적으로 계산하는 레지스터로서, 명령어 중에서 색인 레지스터의 하나를 지정하면 그 내용이 번지부에 더하여진 다음에 명령을 수행한다.

문제 49. $(27)_{10}$을 2진화 10진수로 나타낸 것은?
㉮ $(0010\ 1000)_{BCD}$ ㉯ $(0010\ 0110)_{BCD}$
㉰ $(0010\ 0111)_{BCD}$ ㉱ $(0001\ 0011)_{BCD}$

해설 2   7
        ↓   ↓
       0010 0111

문제 50. 연산 장치는 4칙 연산 외에 무엇을 할 수 있는가?
㉮ 논리 판단   ㉯ 입출력 테스트
㉰ 입출력 체크   ㉱ 할입 제어

해설 연산 장치가 갖고 있는 기능은 산술 연산 및 논리 연산이다.

문제 51. 비수치 데이터 중에서 필요 없는 일부의 비트 또는 문자를 지워버리고 나머지 비트만을 가지고 처리하기 위하여 사용되는 알맞는 연산자는?
㉮ AND   ㉯ OR
㉰ Shift   ㉱ rotate

해설 AND 연산은 비수치적 데이터 중에서 필요 없는 부분을 지워버리고 필요한 부분만을 남겨 이 부분에 대한 처리만을 가능하게 한다.

문제 52. 원거리 데이터 통신에 사용되는 장비를 고르시오.
㉮ A/D 번역기(converter)   ㉯ 플로터(plotter)
㉰ MODEM   ㉱ 라이트 펜(light pen)

해설 MODEN(모뎀)은 컴퓨터 내부의 디지털 신호를 전송선에서 사용되는 형태로 변환하거나 그 반대의 기능을 수행하는 장치이다.

문제 53. 계산기가 계산을 하다가 인터럽트가 들어오면 다음 중에서 어느 것을 제일 먼저 하는가?

해답 48. ㉱ 49. ㉰ 50. ㉮ 51. ㉮ 52. ㉰ 53. ㉱

㉮ 인터럽트를 점프한다.
㉯ 모든 동작을 중지한다.
㉰ 계산기는 신호를 발생한다.
㉱ 현재의 명령을 끝까지 수행하고, 인터럽트 신호를 내고 현재 상태를 저장한다.

[해설] 전자 계산기 시스템이 동작 중에 인터럽트가 걸리게 되면 현재 수행중인 명령을 처리한 후 인터럽트 처리 루틴으로 수행을 옮기게 된다.

[문제] 54. 기억 장치 내의 번지수를 지정하는 방법의 (Addressing) 용어가 아닌 것은?
㉮ Relative Addressing   ㉯ Direct Addressing
㉰ Indirect Addressing   ㉱ Formal Addressing

[해설] ① relative addressing(상대 번지 지정): 포인터에서 포인터까지의 거리를 더함으로써 필요한 정보가 배치되는 기억 장치의 번지 지정 방법, 이 때 기준 번지나 포인터에 관한 위치는 알고 있어야 한다.
② indirect addressing(간접 번지 지정): 명령의 번지부가 간접 번지를 포함하는 번지를 지정하는 방법
③ direct addressing(직접 주소법): 인덱스 레지스터, 베이스 레지스터를 사용하지 않고 조작부를 지시하는 주소 지정 방법

[문제] 55. ASCII-8 코드를 잘못 설명한 것은?
㉮ ASCII 코드 자체는 7Bit이다.
㉯ 추가된 1Bit는 전송시 착오 검색용 패리티 Bit이다.
㉰ 영어의 대문자와 소문자를 구별할 수 있다.
㉱ BCD코드를 확장시켜 문자끼리 표시하게 했다.

[해설] ASCII-8코드는 7비트 ASCII 코드에 1비트를 추가하여 만든 코드이다. 추가된 비트는 패리티(Parity)비트로써 자료 전송시에 발생하는 착오 검색에 사용된다.

[문제] 56. 도형을 입력시키는 장치가 아닌 것은?
㉮ 라이트펜(LIGHT PEN)   ㉯ 태블릿(TABLET)
㉰ 디지타이저(DIGITIZER)   ㉱ 마크 판독 장치(MARK READER)

[문제] 57. 10진수 3078을 8421 BCD로 옳게 나타낸 것은?

[해답] 54. ㉱ 55. ㉱ 56. ㉱ 57. ㉯

㉮ 0011, 1000, 0111, 0000   ㉯ 0011, 0000, 0111, 1000
㉰ 0011, 0111, 0000, 1000   ㉱ 0011, 0101, 1000, 0111
[해설] 3   0   7   8
       ↓   ↓   ↓   ↓
      0011 0000 0111 1000

[문제] 58. 10진수 0.4375를 2진수로 변환하면 다음 중 어느 것인가?
㉮ 0.1110_2 ㉯ 0.1101_2
㉰ 0.1011_2 ㉱ 0.0111_2

[해설]
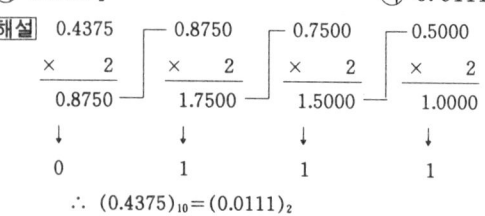

∴ $(0.4375)_{10} = (0.0111)_2$

[문제] 59. Host computer의 부하를 줄이고 TERMINAL을 연결하는 장치 중 관계가 없는 것은?
㉮ NETWORK PROCESSOR   ㉯ COMMUNICATION PROCESSOR
㉰ FRONT END PROCESSOR ㉱ MULTIPLEXER

[문제] 60. 다음 Terminal중 Program이 가능한 것은?
㉮ Intelligent Terminal   ㉯ Teletyper Writer
㉰ Local Area Terminal   ㉱ Transaction Terminal

[해설] Intelligent Terminal(지능 단말기)는 프로그램을 할 수 있는 입·출력 장치를 가지고 있으며, 데이터의 수집, 조작, 편집 등의 기능을 갖는다.

[문제] 61. 각종 정보를 온라인으로 연결된 키보드 또는 스위치 등을 통하여 수작업 입력을 뜻하는 기호는?

㉮ ○   ㉯ ▱
㉰ ▱   ㉱ ▱

[해설] ㉮는 연결자, ㉯는 입·출력, ㉰는 카드, ㉱는 수작업 입력의 기호

[문제] 62. 다음은 산술(Computed) GO TO문이다. GO TO(3, 8, 16, 9, 11,

[해답] 58. ㉱ 59. ㉱ 60. ㉮ 61. ㉱ 62. ㉰

3, 10), K 이 때 K의 값이 5였다고 하면 이 GO TO문 다음의 수행은 문 번호가 얼마인 곳으로 넘어 가야 하는가?

㉮ 10 ㉯ 16
㉰ 11 ㉱ 3

[해설] K가 5이면 (3, 8, 16, 9, 11, 3, 10)에서 5번째의 11로 수행을 분기시킨다.

[문제] 63. 다음 FLOW CHART(흐름도)에서 A에 해당되는 것은?

㉮ 컴파일(COMPILE)
㉯ 어셈블(ASSEMBLE)
㉰ 디버깅(DEBUGGING)
㉱ 파일(FILE)

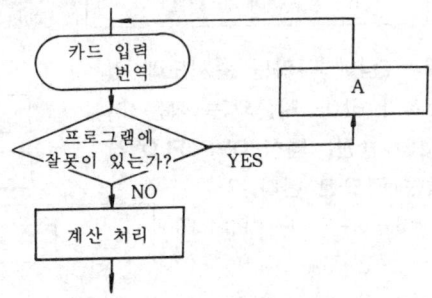

[해설] 프로그램에 잘못이 있는 경우 정정하는 작업을 디버깅이라 한다.

[문제] 64. 다음은 프로그램 작성 단계를 설명한 것이다. 알맞게 순서가 정해진 것은?

㉮ ① 시스템 설계 ② 시스템 차트 작성 ③ 플로차트 작성 ④ 코딩 ⑤ 디버깅 ⑥ 테스트 런
㉯ ① 시스템 차트 작성 ② 시스템 설계 ③ 플로차트 작성 ④ 코딩 ⑤ 디버깅 ⑥ 테스트 런
㉰ ① 시스템 설계 ② 플로차트 작성 ③ 코딩 ④ 디버깅 ⑤ 테스트 런 ⑥ 시스템 차트 작성
㉱ ① 시스템 설계 ② 시스템 차트 작성 ③ 플로차트 작성 ④ 디버깅 ⑤ 코딩 ⑥ 테스트 런

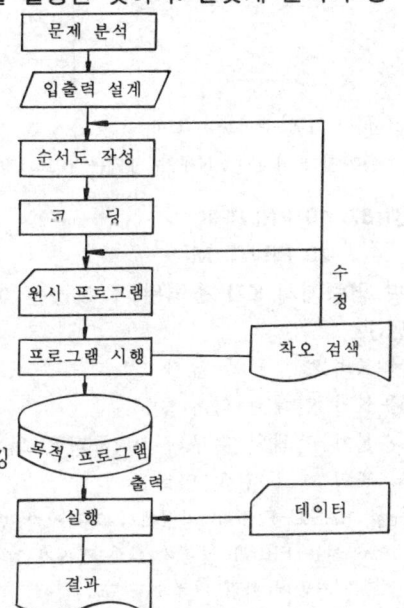

[해설] 프로그래밍의 순서

[해답] 63. ㉰ 64. ㉮

문제 65. GO TO문의 일반 형식은 GO TO n이다. 이 중 n이 가리키는 것은(단, Fortran에서 무조건 GO TO문이다.)?
㉮ 변수의 개수   ㉯ 다음 시행될 문 번호
㉰ 산술식   ㉱ 입력 장치의 고유 번호

해설 무조건 GO TO문의 일반 형식은 다음과 같다.

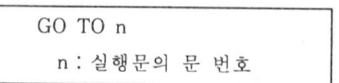
GO TO n
n : 실행문의 문 번호

문제 66. 그림에 나타난 순서도에 있어서 N의 값이 계산되는 식은 어느 것인가(단, 넘침(OVERFLOW)은 없는 것으로 한다.)?
㉮ $N = 3+5+7+\cdots+99+100$
㉯ $N = 1+3+5+\cdots+99$
㉰ $N = 3+5+7+\cdots+99$
㉱ $N = 5+10+15+\cdots+100$

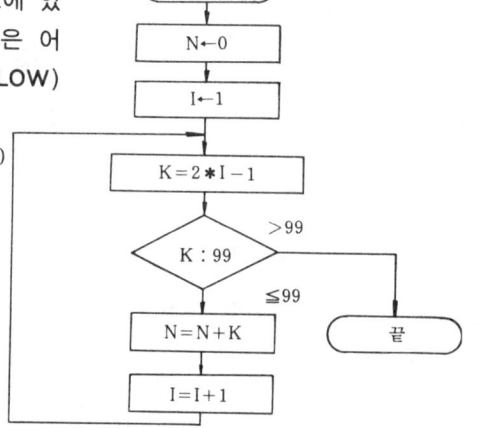

해설 I가 1씩 증가되면 K의 값은 1, 3, 5, 7…로 증가된다. K가 99보다 작거나 같을 때까지 K의 값이 N에 누적되는 프로그램이다.

문제 67. 10 PRINT K :
        20 PRINT M
위 명령에서 K가 출력된 후 M값은 어느 위치에 출력되는가(단, BASIC 임.)?
㉮ K바로 오른쪽 옆칸
㉯ K가 인쇄된 다음 줄
㉰ K가 인쇄된 곳부터 10칸 띄운 위치
㉱ K의 바로 왼쪽 옆칸

해설 BASIC PRINT 명령에서 출력시킬 변수에 세미콜론(:)을 부가하면 다음에 등장하는 PRINT 명령에 의한 결과가 같은 줄에 인쇄되는데 이 때 둘 사이의 간격은 기종에 따라 다르게 된다.

해답 65. ㉯ 66. ㉯ 67. ㉮

과년도 출제문제('91년도) 2-91

문제 68. 다음 중 배열을 선언할 수 없는 문장은?
㉮ COMMON문 ㉯ TYPE문
㉰ DIMENSION문 ㉱ EQUIVALENCE문
해설 배열 선언은 선언문 중에서 DIMENSION문, COMMON문, 형 선언문 등으로 하는데, 주로 DIMENSION문으로 배열을 선언한다.

1991년도 전자계산기 2급 출제문제

문제 1. 10진수 0.6875를 2진수로 변환한 값은?
㉮ $(0.1001)_2$ ㉯ $(0.1011)_2$
㉰ $(0.1101)_2$ ㉱ $(0.0011)_2$

해설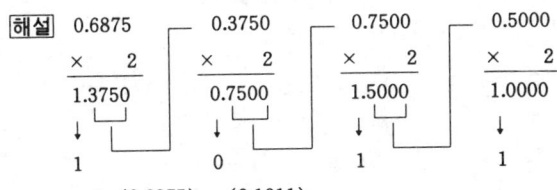

∴ $(0.6875)_{10} = (0.1011)_2$

문제 2. 2진수 1010.001을 10진수로 환산한 값은?
㉮ $(9.375)_{10}$ ㉯ $(9.625)_{10}$
㉰ $(10.375)_{10}$ ㉱ $(10.125)_{10}$

해설 $(1010.001)_2 = 1 \times 2^3 + 0 \times 2^2 + 1 \times 2^1 + 0 \times 2^0 + 0 \times 2^{-1} + 0 \times 2^{-2} + 1 \times 2^{-3}$
$= 8 + 2 + \dfrac{1}{8} = 10.125$

문제 3. 논리식 A·B의 보수를 구하면 다음 중 어느 것인가?
㉮ A+B ㉯ $\overline{A} \cdot \overline{B}$
㉰ A·B ㉱ $\overline{A} + \overline{B}$
해설 A·B의 보수 $\overline{A \cdot B} = \overline{A} + \overline{B}$

문제 4. 데이터의 전송에 있어 시간 지연을 만드는 플립플롭은?
㉮ RS ㉯ T
㉰ D ㉱ JK

해답 68. ㉯ 1. ㉯ 2. ㉱ 3. ㉱ 4. ㉰

[해설] D형 플립플롭은 디지털 신호를 한 클록 주기 또는 수 클록 주기만큼 지연시킬 필요가 있을 때에 사용한다.

[문제] **5. 오프라인에서의 배치 처리 방식은?**
㉮ 시분할 처리 방식　　　　㉯ 원거리 배치 처리 방식
㉰ 국지화 배치 처리 방식　　㉱ 백그라운드 처리 방식
[해설] 멀리 떨어진 지점에서 통신 회선을 통하여 전자 계산기를 이용하는 방법을 온라인 시스템(on-line system)이라 하고, 이것에서 배치 처리하는 것을 원거리 배치 처리(remote batch process)라 한다. 또, 온라인 시스템이 아닌 것을 오프라인 시스템(off-line system)이라 하며, 오프라인에서의 배치 처리를 국지화 배치 처리라 한다.

[문제] **6. 다음 중 출력 장치로만 사용되는 것은?**
㉮ Card Reader Unit　　　　㉯ CRT Display Unit
㉰ Paper Tape Unit　　　　　㉱ M.I.C.R. Unit
[해설] CRT(Cathode Ray Tube)는 브라운관을 말한다.

[문제] **7. 일반적으로 사용되는 착오 검색용 부호가 아닌 것은?**
㉮ BCD　　　　　　　　　　㉯ LRC
㉰ CRC　　　　　　　　　　㉱ 패리티 비트
[해설] 가장 일반적으로 사용되는 착오 검색 방법으로는 다음 3가지가 있다.
① 패리티 비트
② LRC(Longitudinal Redundancy Check)
③ CRC(Cyclic Redundancy Check)

[문제] **8. 다음 순서 논리 회로의 기본 구성은?**
㉮ 반가산 회로와 AND 게이트　　㉯ 전가산 회로와 AND 게이트
㉰ 조합 논리 회로와 논리 소자　　㉱ 조합 논리 회로와 기억 소자
[해설] 순서 논리 회로의 기본 구성

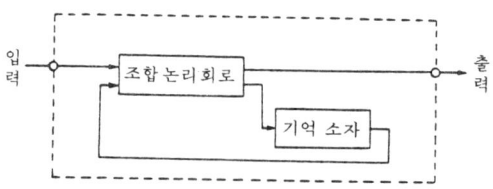

[해답] 5. ㉰　6. ㉯　7. ㉮　8. ㉱

문제 9. 조합 논리 회로를 설계하고자 한다. 설계 순서를 보기에 나열하였다. 제일 먼저 해야 할 항은?
㉮ 진리표를 만든다.
㉯ 논리도를 그린다.
㉰ 각 출력에 대해 단순화 되어진 불 함수를 얻는다.
㉱ 입·출력 변수들의 개수를 결정한다.

해설 논리 회로의 설계 순서
① 먼저, 입·출력 조건으로부터 입·출력 변수를 결정하고 진리표를 구성한다.
② 진리표를 카르노 도로 표현한다.
③ 카르노 도를 이용하여 회로의 기능을 수행하는 간소화된 논리식을 구한다.
④ 간소화된 논리식을 논리 게이트를 이용하여 논리 회로도로 표현한다.

문제 10. 플립플롭의 명칭으로서 쓸 수 없는 것은?
㉮ 쌍안정 멀티바이브레이터
㉯ 래치
㉰ 바이너리(2진수)
㉱ 단안정 멀티바이브레이터

해설 플립플롭(flip-flop)은 2개의 안정 상태를 가지고 있는 쌍안정 멀티바이브레이터를 말하는 것으로서, 트리거 신호에 의해 어떤 상태를 만들어주면 다음 트리거 신호가 들어올 때까지 계속 그 상태를 유지한다. 이 성질을 이용하여 한 자리의 2진수(binary)를 기억시키는 기억 소자(latch)로 쓰인다.

문제 11. 자주 쓰이는 프로그램이나 기본이 되는 수식(SIN, CONSINE, EXP 등)의 프로그램을 계산기 내부에 내장시켜 두고, 그 이름을 인용함으로 결과를 얻을 수 있게 한 깃을 무엇이라 하는가?
㉮ SUBROUTINE SUBPROGRAM ㉯ FUNCTION SUBPROGRAM
㉰ LIBRARY 함수   ㉱ PROCEDURE

해설 과학 기술 계산 등에 공통적으로 이용되는 절대값, 제곱근, 삼각 함수, 지수 함수, 로그 등은 빈번히 사용되므로, 이들 함수들에 대한 프로그램을 작성하여 고유의 이름으로 전자 계산기에 기억시켜 놓고 필요할 때에 호출하여 사용하는 함수를 LIBRARY(라이브러리) 함수라고 한다.

문제 12. 병렬 가산기의 장점은 어느 것인가?
㉮ 기계가 복잡하다.
㉯ 연산 처리 속도가 직렬 가산기에 비해 빠르다.
㉰ 가격이 저렴하다.

해답 9. ㉱ 10. ㉱ 11. ㉰ 12. ㉯

㉺ 가산 자리수만큼 가산 회로가 사용된다.

[해설] 병렬 가산기(Parallel adder)는 직렬 가산기(serial adder)보다 많은 전가산기가 소요되지만 연산 처리의 속도는 빨라지는 장점이 있다.

[문제] 13. 실리콘 산화막을 거쳐서 전압을 가하면 그 막 밑에 전하의 반전층이 생기는 것을 이용한 IC는?
㉮ Hybrid IC
㉯ Bipolar IC
㉰ 박막 혼성 IC
㉱ MOS형 IC

[해설] MOS형 IC는 외부에서 건전기장에 의해 채널이라고 부르는 캐리어가 존재하는 부분의 폭을 제어하여 이것에 의해 다수 캐리어의 전도도(conductivity)를 변화시키는 구성으로 되어 있다.

[문제] 14. 다음은 입력 데이터의 타당성에 관하여 체크하는 항목인데 적합하지 않는 항목은?
㉮ 오류가 발생하기 쉬운 부분을 정확히 체크가 가능한가 검토
㉯ 잘못된 데이터나 부정확한 데이터가 계속 발생하면 원인을 규명함
㉰ 오류 또는 부적당한 데이터의 정정이 잘 되고 있는가 검토
㉱ 코드는 모든 수작업으로 작성함

[문제] 15. 다음 그림과 같은 회로의 명칭은?
㉮ 가산 회로
㉯ 감산 회로
㉰ 곱셈 회로
㉱ 나눗셈 회로

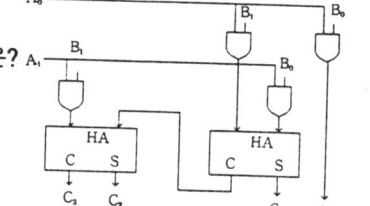

[해설] 그림과 같은 회로를 어레이 승산기(array multiplier)라고 한다. 이러한 승산기에서는 피승수가 M비트, 승수가 N비트인 경우에 MN개의 AND게이트와 (N-1)개의 병렬 가산기가 필요하다.

[문제] 16. 다음 회로는 무슨 회로인가?
㉮ 반가산기(Half Adder)
㉯ 전가산기(Full Adder)
㉰ Flip-Flop 회로
㉱ Counter 회로

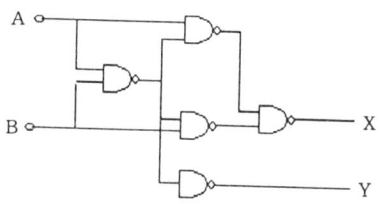

[문제] 17. 동시에 2개 이상의 프로그램을 컴퓨터에 로드(load)시켜서 처리하는 방법을 무엇이라고 하는가?

[해답] 13. ㉱ 14. ㉱ 5. ㉰ 16. ㉮ 17. ㉯

■ 과년도 출제문제('91년도) 2-95

㉮ user program processing ㉯ multi programming
㉰ multi-processing ㉱ double programming
해설 동일 컴퓨터 내에 서로 다른 독립적인 프로그램들을 서로 끼워 넣어 실행하는
방식을 multi programming(다중 프로그램)이라 하며, 몇 개의 독립적인 중앙 처
리 장치가 함께 연계되어 처리되는 방식을 multi processing(다중 처리)이라 한다.

문제 18. "MOV A, L"명령은 X 레지스터에서 Y 레지스터로 전송하라는
뜻이다. X와 Y에 해당하는 것은?
㉮ X=A, Y=L ㉯ X=L, Y=A
㉰ X=MOV, Y=A, L ㉱ X=A, L, Y=MOV
해설 L 레지스터가 가리키는 번지의 내용을 A레지스터에 전송하라는 레지스터 간
접 명령어이다.

문제 19. 어떤 전자 계산기에서 하나의 정수를 표시하는데 16bit를 사용
한다면 이로서 나타낼 수 있는 최대 정수의 크기는?
㉮ 10^{16} ㉯ 2^{16}
㉰ $2^{16}-1$ ㉱ 무한대
해설 $-2^{16-1} \sim +2^{16-1}-1$

문제 20. ALU란 무엇인가?
㉮ 연산 및 논리 장치 ㉯ 주변 기억 장치
㉰ 마이크로 제어 장치 ㉱ 중앙 처리 장치

문제 21. 다음 2진수 연산의 결과를 BCD코드로 표시하시오?
1010
−101
㉮ 1011 ㉯ 1111
㉰ 1010 ㉱ 0101
해설 1010
     − 101
     ─────
      101 ∴ 0101(BCD)

문제 22. 2진수 1001101.010111을 16진수로 전환 (CONVERSION)하면
얼마나 되는가?
㉮ 95.53 ㉯ 4D.5C

해답 18. ㉯ 19. ㉰ 20. ㉮ 21. ㉱ 22. ㉯

④ 4D.17　　　　　　　　　④ 95.17

[해설] 1001101.010111
　　　　4　D　5　C

[문제] **23.** 다음의 BCD 코드에 홀수 패리티를 가한다면 □ 속의 숫자는? (단, BCD 코드 "0101□"이다.)
㉮ 0　　　　　　　　㉯ 1
㉰ 2　　　　　　　　㉱ 3

[문제] **24.** 주기억 장치에서 가장 적은 address 단위를 무엇이라 부르는가?
㉮ BYTE　　　　　　㉯ K
㉰ FIELD　　　　　　㉱ BIT

[해설] 기억 용량의 최소 단위는 BIT이지만, 하나의 BIT로는 정보를 나타낼 수 없기 때문에 8BIT를 묶어서 BYTE 또는 16BIT를 묶어서 WORD 단위로 나타낸다.

[문제] **25.** 2진수 감산은 다음과 같은 4개의 기본 법칙에 의해서 행하여 진다. 틀린 것은?
㉮ 0-0=0　　　　　㉯ 1-0=1
㉰ 1-1=0　　　　　㉱ 10-1=1

[해설] 2진법의 뺄셈은 다음과 같은 규칙에 따른다.
0-0=0
0-1=1과 '자리빌림'
1-0=1
1-1=0

[문제] **26.** 다음 중 오퍼레이팅 시스템에서 제어 프로그램에 속하는 것은?
㉮ 데이터 관리 프로그램　　　㉯ 어셈블리
㉰ 컴파일러　　　　　　　　　㉱ 서브루틴

[해설]
오퍼레이팅 시스템 ─┬─ 제어 프로그램 ─┬─ 감독 프로그램
　　　　　　　　　　│　　　　　　　　　├─ 데이터 관리 프로그램
　　　　　　　　　　│　　　　　　　　　└─ 작업 관리 프로그램
　　　　　　　　　　└─ 처리 프로그램 ─┬─ 언어 처리 프로그램
　　　　　　　　　　　　　　　　　　　├─ 서비스 프로그램
　　　　　　　　　　　　　　　　　　　└─ 사용자 프로그램

[해답] 23. ㉯　24. ㉮　25. ㉱　26. ㉮

■ 과년도 출제문제('91년도) 2-97

문제 27. 다음 용어의 관계 중 서로 어울리지 않는 것은?
㉮ PUSH-POP
㉯ BCD-8421 코드
㉰ FIFO-스택(STACK)
㉱ 큐(QUEUE)와 스택의 복합-데큐(DEQUE)

해설 스택은 제일 나중에 들어온 원소가 제일 먼저 삭제되는 특성을 지니고 있으므로 후입선출(LIFO) 리스트라 하며, 큐는 먼저 들어온 항목이 먼저 삭제되므로 선입선출(FIFO) 리스트라 한다.

문제 28. Stack에서 POP 명령을 실행하였을 경우 TOP의 위치는 어떻게 되는가?
㉮ Bottom ← Bottom-1   ㉯ Bottom ← Bottom+1
㉰ Top ← Top-1   ㉱ Top ← Top+1

해설 PUSH 연산 : Top ← Top+1
　　　POP 연산 : Top ← Top-1

문제 29. 멀티플렉서 채널과 셀렉터 채널의 차이는?
㉮ I/O 장치의 크기
㉯ I/O 장치의 주기억 장치 연결
㉰ I/O 장치의 속도
㉱ I/O 장치 용량

해설 멀티플렉서 채널(multiplexer channel) : 입·출력 장치가 동시에 여러 개 동작하는 채널.
　　　셀렉터 채널(selector channel) : 하나의 입·출력 장치를 선택하면 전송이 종료될 때 계속 동작-디스크 등의 고속 전송이 가능한 장치가 연결된다.

문제 30. 아래의 마이크로 동작은 무슨 명령을 실행하고 있는가?
㉮ ADD(ADD TO AC)
㉯ LDA(LOAD TO AC)
㉰ STA(STORE AC)
㉱ BUN(BRACH UNCONDITIONALLY)

C_0 : MAT ← MBR(AD)
C_1 : MBR ← M, AC ← C
C_2 : AC ← AC+MBR

문제 31. 숫자는 문자 등의 키-보드(Key-board) 입력을 2진 코드로 부호화하는 데 사용될 수 있는 소자는?

해답 27. ㉯　28. ㉰　29. ㉯　30. ㉮　31. ㉯

㉮ 디코더(decoder) ㉯ 인코더(encoder)
㉰ 멀티플렉서(multipexer) ㉱ 디멀티플렉서(demultiplexer)
[해설] 입력을 계산기의 내부 코드(2진법)로 변환하는 것을 인코더(부호기)라 하고, 내부 코드를 숫자로 출력하는 것을 디코더(해독기)라 한다.

[문제] **32.** 다음 도면의 프로그램 작업 내용을 맞게 표현한 것은?

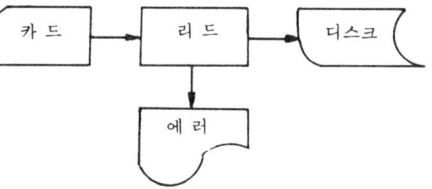

㉮ 카드를 읽어서 이상이 있으면 에러로 빼내고 나머지는 디스크 파일에 아웃풋한다.
㉯ 카드를 읽어서 디스크에 수록한 후 에러는 빼낸다.
㉰ 카드를 읽어서 에러 보고서에 모두 프린트한다.
㉱ 카드와 디스크를 읽어서 그 내용을 프린트한다.

[문제] **33.** 10진수 −34를 8비트로 부호와 절대치를 2진수로 나타낸 것은?
㉮ 10100010   ㉯ 00100010
㉰ 01011110   ㉱ 11011101
[해설] −34 = 10100010
　　　　　부호 비트

[문제] **34.** 다음의 회로에서 ②번 스위치가 ON일 때 단자 A, B, C에 나타나는 출력은?

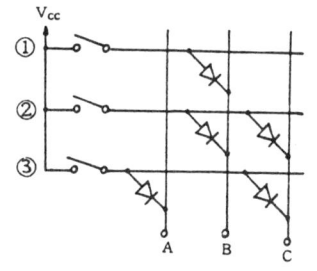

㉮ A='0', B='1', C='0'
㉯ A='1', B='0', C='1'
㉰ A='1', B='0', C='0'
㉱ A='0', B='1', C='1'
[해설] ②번 스위치가 ON이면 A는 차단, B와 C는 통전 상태로 된다.

[문제] **35.** 아래 그림의 2개 입력의 대소를 비교하는 비교 회로의 진리표이다. A<B일 경우의 논리식은?
㉮ $\overline{A} \cdot \overline{B}$
㉯ $\overline{A} \cdot B$
㉰ $A \cdot \overline{B}$
㉱ $A \cdot B$

입력		출력		
A	B	A>B	A=B	A<B
0	0	0	1	0
0	1	0	0	1
1	0	1	0	0
1	1	0	1	0

[해설] A>B일 경우 → $A\overline{B}$
A=B일 경우 → $AB+\overline{A}\overline{B}$
A<B일 경우 → $\overline{A}B$

[문제] **36.** 다음 중 메모리 참조 명령(MRI)인 것은?
㉮ AND   ㉯ CLA
㉰ INC   ㉱ HLT
[해설] 메모리 참조 명령 : AND, ADD, STO, ISZ, BSB, BUN 등

[문제] **37.** 마이크로컴퓨터에서 MPU란 무엇인가?
㉮ 마이크로프로세서 장치   ㉯ 입력 장치
㉰ 출력 장치   ㉱ 기억 장치
[해설] MPU → Microprocessor unit

[문제] **38.** 부동 소수점으로 표현된 수가 기억 장치 내에 저장되어 있을 때 비트를 필요로 하지 않는 것은?
㉮ 부호(sign)   ㉯ 지수(exponent)
㉰ 소수(mantissa)   ㉱ 소수점(decimal point)
[해설] 부동 소수점(floating point number)으로 어떤 수를 나타낼 때에는 컴퓨터가 채택하고 있는 진법의 소수점 이하 첫 번째 자리가 유효 숫자가 나오도록 소수 부분을 표현하고 그에 따라 이동된 소수점의 위치는 지수 부분에서 고려한다.

[문제] **39.** 마이크로 전자 계산기의 메모리 중 제조 과정에서 내용을 미리 기억시킨 것으로, 사용자는 어떤 경우에도 그 내용을 바꿀 수 없는 것은?
㉮ RAM   ㉯ PROM
㉰ EPROM   ㉱ MASK ROM
[해설] MASK ROM(마스크 롬)은 제조 과정에서 내용을 미리 기억시킨 것으로 사용자는 어떤 경우에도 그 내용을 바꿀 수 없다.

[문제] **40.** 다음 중 문법적 착오와 관계 있는 것은?
㉮ Linker   ㉯ Loader
㉰ Compiler   ㉱ Editor

[문제] **41.** 부호 비트를 포함한 2진수 101001을 2의 보수로 변환한 후 그 값을 10진수로 나타내면 어느 것인가?

[해답] 36. ㉮   37. ㉮   38. ㉱   39. ㉱   40. ㉰   41. ㉯

㉮ -13　　　　　　　　　㉯ -23
㉰ 13　　　　　　　　　　㉱ 23
[해설] 부호비트에는 정수부가 양수(+)이면 0으로, 음수(-)이면 1로 표시한다.

[문제] **42. 보조 기억 장치가 아닌 것은?**
㉮ 자기 테이프 장치　　　　㉯ 자기 디스트 장치
㉰ 자기 드럼 장치　　　　　㉱ 자기 코어 장치
[해설] 자기 코어 장치는 전자 계산기 발전의 제2세대에서 3세대에 걸쳐 주기억 장치로 사용되었다.

[문제] **43. 기억 장치에 출입하는 데이터를 기록하는 레지스터는 다음 중 어느 것인가?**
㉮ 시퀸스 레지스터(Sequence Resister)
㉯ 스토리지 레지스터(Storage Resister)
㉰ 어드레스 레지스터(Address Resister)
㉱ 시프트 레지스터(Shift Resister)
[해설] 어드레스 레지스터는 기억 장치에 존재하는 명령이나 데이터 등을 가리키고 있는 주소값을 보관하는 레지스터이다.

[문제] **44. 아래 도면의 DIODE(다이오드) 등가로 구성된 논리 회로의 명칭은?**
㉮ OR GATE
㉯ AND GATE
㉰ NOR GATE
㉱ NAND GATE

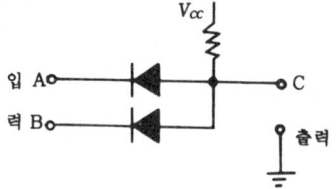

[해설] 입력 A 또는 B에 논리 0(GND 전압)이 인가되면 해당되는 다이오드가 순방향 바이어스되어 ON되므로 출력 Y는 0이다. 입력 모두 논리 1(V+전압)이 걸리면 다이오드에는 역방향 바이어스가 걸려 V=→R→Y의 순서로 논리 1이 출력된다.

[문제] **45. 컴퓨터에 의한 데이터 처리 방식에 속하지 않는 것은?**
㉮ 배치 처리　　　　　　　㉯ 온라인 처리
㉰ 리얼 타임 처리　　　　　㉱ 터미널 처리

[문제] **46. 다음은 I/O채널에 관한 설명인데 잘못 된 문장은?**
㉮ I/O채널은 주기억 장치와 I/O device 사이에서 데이터의 흐름을 통제한다.

[해답] 42. ㉱　43. ㉰　44. ㉯　45. ㉱　46. ㉯

㉯ I/O채널은 하드웨어적인 데이터의 버퍼 역할을 하지 않는다.
㉰ I/O채널은 주기억 장치와 I/O control unit 사이에서 Interface 역할을 한다.
㉱ I/O채널은 CPU와 I/O operation을 동시에 처리한다.
해설 I/O채널은 Memory와 I/O Device 사이에서 Data의 전송을 처리해 주는 Interface이다.

문제 47. 다음은 컴퓨터의 주변 기기에 관계되는 것들이다. 이들 중에서 입·출력 기능 중의 한 가지 또는 두 가지 기능과 더불어 기억 기능을 갖고 있는 것이 아닌 것은?
㉮ 키보드　　　　　　　　㉯ 종이 테이프
㉰ 자기 테이프　　　　　　㉱ 디스크
해설 키보드(keyboard)는 입력 기능만을 갖는다.

문제 48. 프로그램은 일의 처리 순서를 기술한 명령의 집합이다. 각 명령(instruction)은 어떻게 구성되어 있는가?
㉮ 오퍼레이션과 오퍼랜드　　　㉯ 명령 코드와 제어 프로그램
㉰ 오퍼랜드와 제어 프로그램　　㉱ 오퍼랜드와 목적 프로그램
해설 명령의 구성

동작 부분	연산 부분
opcode	operand

문제 49. 주기억 장치의 크기가 4K 바이트(Byte)일 때 어드레스 수는?
㉮ 0번지에서 3999번지까지　　㉯ 1번지에서 4000번지까지
㉰ 0번지에서 4095번지까지　　㉱ 1번지에서 4093번지까지
해설 1kbyte = 2^{10}byte
∴ 4K = 4×2^{10} = 4096

문제 50. EEP의 특성 중 틀린 것은?
㉮ 주 컴퓨터에는 FEP에만 접근하므로 그 접근 방식이 용이하다.
㉯ 모든 데이터 통신 제어 기능은 FEP에서 한다.
㉰ FEP는 독립적으로 작동한다.
㉱ 주 컴퓨터와의 연결은 저속 채널을 이용한다.
해설 FEP(front end processor)는 대형 컴퓨터 시스템에서 들어오는 입력을 미리 가공, 요약, 검사하여 주 컴퓨터를 보내 주는 역할을 한다.

해답 47. ㉮　48. ㉮　49. ㉰　50. ㉰

문제 51. 다음 중 입·출력 제어에 요구되는 기능에 속하지 않는 것은?
㉮ 사용하는 입·출력 장치의 결정
㉯ 동기를 잡는다.
㉰ 정보의 양식을 통일한다.
㉱ 명령을 해독하고, 입·출력 장치에 지시 신호를 보낸다.
해설 입·출력 제어 장치는 채널로부터 받은 지령을 해독하고, 기기 번호와 일치하는 입·출력 장치를 동작시킴과 동시에, 입·출력 장치의 정보 출입을 제어하고 필요에 따라 정보 전송의 요구를 채널에 전달한다.

문제 52. 마이크로 오퍼레이션에 대한 다음 정의 중 맞는 항목은 어느 것인가?
㉮ 레지스터 상호 간에 지정된 데이터의 이동에 의해 이루어지는 동작
㉯ 컴퓨터의 다른 계산 동작
㉰ 플립플롭 내에서 기억되는 동작
㉱ 2진수 계산에서 쓰이는 동작
해설 마이크로 오퍼레이션(microoperation)은 인스트럭션에 대한 처리를 세분화시킨 것으로 레지스터의 상태 변화를 말한다.

문제 53. 여러 개의 연산 장치를 가지고 있으며 여러 개의 progrom을 동시에 처리하는 방법을 말하는 용어는?
㉮ Multi processing ㉯ Multi programming
㉰ Real Time processing ㉱ Batch processing
해설 Multi processing(다중 처리)은 몇 개의 독립적인 중앙 처리 장치가 함께 연계되어 처리하는 방식이다.

문제 54. 비트(bit)에 관한 설명 중 틀린 것은?
㉮ 정보를 나타내는 최소 단위이다.
㉯ 0과 1을 함께 나타내는 정보 단위이다.
㉰ Binery Digit의 약자이다.
㉱ 2진수로 표시된 정보를 나타내기 알맞다.
해설 두 가지의 상태를 나타내는 최소의 단위를 비트라 하며, 2진법의 한 자리를 의미한다.

문제 55. 사용자(user)가 비교적 값싼 장치를 써서 자유로이 프로그램할 수 있는 raad 전용의 메모리 소자로서 일단 프로그램해 넣으면 내용을 바꿀 수 없는 기억 장치는?

해답 51. ㉰ 52. ㉮ 53. ㉮ 54. ㉯ 55. ㉮

㉮ PROM ㉯ EPROM
㉰ ROM ㉱ RAM

[해설] PROM(programmable ROM)은 사용자가 프로그램을 작성하여 영구히 사용하고자 할 때에 사용하는 기억 장치이다.

[문제] 56. 다음은 알파뉴머릭(ALPHANUMERIC) 코드(CODE)를 설명한 것인데 틀린 것은?

㉮ 알파벳(ALPHABET)과 숫자(Number)를 섞어서 구성하는 코드이다.
㉯ BCD 코드로만 되어 있다.
㉰ 컴퓨터에 숫자뿐 아니라 문자까지도 기억시키기 위하여 고안된 것이다.
㉱ 주로 입·출력 장치에서 사용된다.

[해설] 알파뉴머릭 코드는 부호화한 기호가 숫자나 문자를 나타내고 있는 형태의 문자 집합으로 엄밀하게는 /, @, £, $ 와 같은 기호는 포함되지 않는다. 숫자, 영문자, 특수 문자 등 모든 사용 가능한 문자들로 2진수 6자리를 사용하여 코드화 한다.

[문제] 57. 3K Word Memory의 실제 Word 수는?

㉮ 3072 ㉯ 3000
㉰ 4056 ㉱ 4096

[해설] $3K = 3 \times 1024 = 3072$

[문제] 58. 1바이트(byte)는 몇 비트(bit)인가?

㉮ 4[bit] ㉯ 8[bit]
㉰ 16[bit] ㉱ 32[bit]

[해설] 1byte = 8bit

[문제] 59. 다음 중 Accumulator에 대하여 바르게 설명한 항목은?

㉮ 연산 명령의 순서를 기억하는 장치이다.
㉯ 연산 부호를 해독하는 장치이다.
㉰ 레지스터의 일종으로 산술 연산 또는 논리 연산의 결과를 일시적으로 기억하는 장치이다.
㉱ 연산 명령이 주어지면 연산 준비를 하는 장치이다.

[해설] Accumulator(누산기)는 주기억 장치로부터 연산할 자료를 제공받아 연산한 결과를 다시 보관하는 기능을 한다.

[해답] 56. ㉯ 57. ㉮ 58. ㉯ 59. ㉰

문제 60. 연산 장치 중 모든 수치 연산이 직접 이루어지는 곳은?
- ㉮ 레지스터
- ㉯ 누산기
- ㉰ 가산기
- ㉱ 감산기

[해설] 수치적연산의 거의 대부분은 가산기(adder)에서 행해진다.

문제 61. 다음 프로그램에서 NA(J, K) 중 맨 마지막 기억 장소에 기억되는 값은?
- ㉮ 9
- ㉯ 10
- ㉰ 45
- ㉱ 81

```
DIMENSION NA(9, 9)
DO 10 J = 1, 9, 1
DO 10 K = 1, 9, 1
10 NA(J, K) = J * K
```

[해설] NA의 마지막 위치는 9행 9열이므로
NA(J, K) = J * K = 9 × 9 = 81

문제 62. 다음 순서도 내용을 BASIC으로 코딩한 것 중 옳은 것은?
- ㉮ 10 IF K≦5 THEN 60
  20 GO TO 50
- ㉯ 10 IF K<5 THEN 50
  20 GO TO 60
- ㉰ 10 IF K<5 THEN 60
  20 GO TO 50
- ㉱ 10 IF K<5 THEN 60
  20 GO TO 50

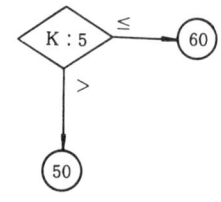

[해설] K의 값과 5를 비교하여 작거나 같으면 60번으로 분기하고, K의 값이 5보다 크면 50번으로 분기한다.

문제 63. 다음 명령에서 변수 KKK가 가질 수 있는 숫자가 아닌 것은?
- ㉮ 1
- ㉯ 10
- ㉰ 20
- ㉱ 50

```
GO TO KKK(10, 20, 30, 40, 50)
```

[해설] 정수형 변수값은 GO TO 명령문( ) 내의 문번호 중 어느 하나이다.

문제 64. 다음 표에서 정보 처리 과정을 순서대로 나열해 놓은 것 중 옳은 것은?
- ㉮ ②⑥①④⑤③

[해답] 60. ㉰ 61. ㉱ 62. ㉰ 63. ㉮ 64. ㉱

㈏ ②⑥①⑤④③
㈐ ⑥①⑤②④③
㈑ ⑥②①⑤④③

① 코딩(CODUNG)
② 순서도 작성(flow-chart)
③ 디버깅(Debugging)
④ 컴파일(Compile)
⑤ 펀칭(punching)
⑥ 문제 분석

문제 65. 컴퓨터의 모든 행위를 감시하고 통제하는 일련의 거대한 소프트웨어의 집합체를 무엇이라 하는가?
㈎ OPERATING SYSTEM ㈏ COMPILER
㈐ ASSEMBLER ㈑ MONITOR

해설 컴퓨터 시스템 내의 각 장치, 즉 중앙 처리 장치, 주기억 장치, 보조기억 장치, 입·출력 장치 등을 효율적으로, 또 편리하게 이용할 수 있도록 도와 주는 프로그램의 집단을 operating system(운영 체제)이라 한다.

1992년도 전자계산기 2급 출제문제

문제 1. 전자 계산기에서 부동 소수점을 사용하는 이유를 올바르게 설명한 것은?
㈎ 음수의 처리를 하기 위하여
㈏ 소수점 위치를 쉽게 하려고
㈐ 지수 처리를 위하여
㈑ 산술 연산을 위하여

해설 부동 소수점(floating point)에 의한 수의 표현은 수의 소수점의 위치를 움직일 수 있도록 함으로써 일정한 수의 비트로 표시할 수 있는 수의 범위를 넓힌다.

문제 2. CPU와 주변 장치의 차이점으로 잘못 표현된 것은?
㈎ 주변 장치의 데이터 전달속도는 CPU의 속도보다 매우 느리다.
㈏ 주변 장치의 데이터 형식은 CPU의 워드 형식과 다르다.
㈐ 주변 장치는 전기 기계적 장치이고 CPU는 전자 장치이므로 그 작

해답 65. ㈎ 1. 나 2. ㈑

동 방법이 다르다.
㉣ 주변 장치의 동작은 CPU의 동작과 동기되면 안 된다.

해설 주변 장치의 작동은 CPU와 메모리의 작동과 동기되어야 한다.

문제 3. 다음 중 ALU(Arithmetic and Logical Unit)의 기능은?
㉮ 데이터의 기억
㉯ 사칙 연산
㉰ 명령 내용의 해석 및 실행
㉱ 연산 결과의 기억될 주소 산출

해설 ALU(연산장치)는 프로그래밍상의 명령문에 대한 모든 연산을 수행하는 장치로서, 누산기, 데이터 레지스터, 가산기, 상태 레지스터 등으로 구성된다.

문제 4. Instruction의 구성 요소가 아닌 것은?
㉮ Op-code ㉯ Operand ㉰ Comma ㉱ Format

해설 하나의 Instruction(명령)은 operation code와 operand로 구성되며, operand의 각각은 comma(콤마)로 구분한다.

문제 5. 다음 그림의 연산 결과를 올바르게 나타낸 것은?
㉮ 1000   ㉯ 1010
㉰ 1110   ㉱ 1001

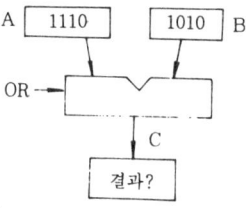

해설   1110
       OR) 1010
       ─────
          1110

문제 6. 컴퓨터의 기억 장치로부터 명령이나 데이터를 읽을 때 제일 먼저 하는 일은?
㉮ 명령 지정   ㉯ 명령 출력
㉰ 어드레스 지정   ㉱ 어드레스 인출

해설 기억 장치의 내용을 읽을 때 제일 먼저 하는 일은 어드레스(address) 지정이다.

문제 7. 기억 장치에 기억된 명령어 순서대로 중앙 처리 장치에서 실행될 수 있도록 그 주소를 지정해 주는 레지스터는?
㉮ 프로그램 카운터(PC)   ㉯ 어큐뮬레이터(AC)
㉰ 명령 레지스터(IR)   ㉱ 스택 포인터(SP)

해답 3. ㉯ 4. ㉱ 5. ㉰ 6. ㉰ 7. ㉮

해설 프로그램 카운터(program counter)는 다음에 실행될 명령어가 적재되어 있는 주소를 지정해 주는 레지스터이다.

문제 8. 다음과 같이 기억 장치 내에 값들이 기억되어 있다. 간접 주소 지정 방식으로 815를 호출하려면 몇 번지를 오퍼랜드로 해야 하는가?
㉮ 815H
㉯ 1900H
㉰ 1990H
㉱ 2010H

1900H	1990
1990H	2010
2010H	815
기억장치	

해설 간접 주소 지정은 명령어 내의 오퍼랜드(operand)가 지정한 곳에 실제 데이터 값이 기억된 장소를 지정하는 방식이다.

문제 9. I/O 장치와 주기억 장치를 연결하는 중개 역할을 담당하는 부분은?
㉮ bus   ㉯ buffer   ㉰ channel   ㉱ device

해설 데이터 처리의 고속성을 위해 주기억 장치와 I/O(입·출력) 장치사이에 설치하는 데이터 입·출력의 전용 설비를 channel(채널)이라 한다.

문제 10. 다음은 4비트 레지스터의 동작이다. 현재 상태에서 클록펄스 1개가 가해지면 어떻게 변화된 상태가 나타나는가?
㉮ 0001
㉯ 0011
㉰ 1000
㉱ 0100

Clock → | 1 | 0 | 0 | 1 |

해설 클록펄스 1개가 입력되면 각각의 플립플롭은 그 앞의 플립플롭의 내용을 전달한다.

문제 11. 마이크로컴퓨터가 특정한 기능의 제어 목적에 쓰일 경우 효율적인 S/W를 작성하여 이를 H/W와 유사한 형태로 고정시켜 PROM에 고정된 형태를 무엇이라 부르는가?
㉮ firmware   ㉯ soft-hard wareoo
㉰ bit slice   ㉱ home ware

해설 S/W(software)를 ROM 등에 기록하여 H/W(hardware)와 유사한 성질을 갖도록 했을 때 이것을 firmware(펌웨어)라 한다.

해답 8. ㉯   9. ㉰   10. ㉱   11. ㉮

문제 12. 다음 중 BASIC 프로그램의 실행과 관계 없는 것은?
㉮ READ   ㉯ DATA   ㉰ RESTORE   ㉱ INPUT
해설 DATA문은 비실행문으로 READ문과 한 조가 되어 READ문에서 요구하는 자료를 제공하는 역할을 한다.

문제 13. 다음 flowchart 기호 중 display 장치를 나타내는 것은?
㉮    ㉯ ○   ㉰ 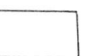   ㉱

해설 ㉮는 디스플레이, ㉯는 자기 테이프, ㉰는 카드 파일, ㉱는 종이 테이프를 나타낸다.

문제 14. 컴퓨터에서 사용하는 음수의 표현 방법이 아닌 것은?
㉮ 부호 절대값 표현   ㉯ 부호화된 1의 보수 표현
㉰ 부호화된 2의 보수 표현   ㉱ 양수 앞에 "-" 부호 표현
해설 컴퓨터에서의 음수의 표현
① 부호와 절대치 표현
② 부호화된 1의 보수 표현
③ 부호화된 2의 보수 표현

문제 15. 비수치적 연산 중에서 필요 없는 일부의 bit 혹은 문자를 지워버리고 나머지 bit나 문자들만을 가지고 처리하기 위하여 사용되는 연산자는?
㉮ OR   ㉯ EOR   ㉰ AND   ㉱ NOT
해설 AND연산은 특정한 비트 또는 문자의 삭제에, OR연산은 특정한 비트 또는 문자의 삽입에 사용된다.

문제 16. 그림의 연산 장치에서 C레지스터에 저장되는 값은?
㉮ 1010
㉯ 1110
㉰ 1101
㉱ 1001

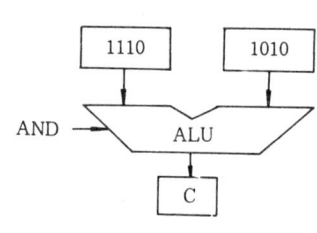

해설 　　1110
　　AND) 1010
　　　　1010

해답 12. ㉯ 13. ㉮ 14. ㉱ 15. ㉰ 16. ㉮

문제 17. ALU에 의하여 수행되는 연산에 같이 참여하는 레지스터는?
㉮ 프로그램 계수기(PC)
㉯ 메모리 주소 레지스터(MAR)
㉰ 명령 레지스터(IR)
㉱ 누산기(ACC)
해설 누산기(accumulator)는 ALU(연산장치)내에서 산술 연산 및 논리 연산 후 계산된 값을 저장하기 위해 사용되는 레지스터이다.

문제 18. 다음의 그림은 마이크로컴퓨터 구조이다. 빈칸에 해당되는 것은?
㉮ ① 연산부   ② 제어부
㉯ ① 제어부   ② 연산부
㉰ ① 산술연산 ② 논리연산
㉱ ① 누산기   ③ 연산기

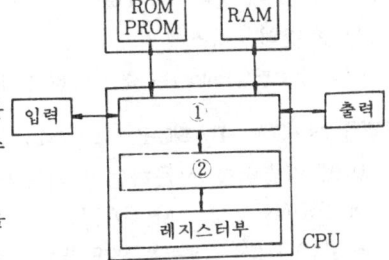

해설 연산부 : 메모리에 기억된 데이터들을 입력으로 받아 연산을 수행한다.
제어부 : 메모리로부터의 프로그램을 실행, 제어, 감독한다.

문제 19. 마이크로프로세서에서 일반 목적용 레지스터의 대표적인 용도가 아닌 것은?
㉮ 임시 저장   ㉯ 때로 인덱스 레지스터 역할
㉰ 계수기   ㉱ 스택의 다음 주소 유지
해설 일반 목적용 레지스터(범용 레지스터, general register)는 중앙 처리 장치안에 있는 주소 지정이 가능한 레지스터를 말한다. 일시적인 기억장소, 누산기, 인덱스 레지스터, 스택 포인터, 기타 여러가지 다른 기능을 위해 사용할 수 있다.

문제 20. R/W, Reset, INT와 같은 신호는 마이크로컴퓨터의 어느 부분에 있는가?
㉮ 주변 입출력 버스   ㉯ 제어 버스
㉰ 주소 버스   ㉱ 자료 버스
해설 제어 버스(control bus)는 중앙 처리 장치와의 데이터 교환을 제어하는 신호의 전송통로이다.

해답 17. ㉱ 18. ㉮ 19. ㉰ 20. ㉯

문제 21. 다음 중 스택(stack)의 under flow는 언제 일어나는가?
   ㉮ top≧0   ㉯ top=1   ㉰ top>1   ㉱ top≦0
   해설 삭제 알고리즘에서→top≦이면 under flow 발생
        삽입 알고리즘에서→top≧이면 over flow 발생

문제 22. 다음에서 후입 선출(LIFO) 동작을 하는 것은?
   ㉮ RAM   ㉯ ROM   ㉰ STACK   ㉱ QUEUE
   해설 STACK(스택)은 제일 나중에 들어온 원소가 제일 먼저 삭제되는 특성을 가지므로 후입 선출(last in first out) 리스트라 한다.

문제 23. 다음 중 파일 전송이 가능하지 않은 것은?
   ㉮ 자기 테이프-프린터   ㉯ 디스크-CRT 터미널
   ㉰ 프린터-디스크   ㉱ CRT 터미널-디스크
   해설 프린터(printer)는 출력 전용 장치이다.

문제 24. GW-BASIC을 사용하다가 MS-DOS 상태로 돌아가려고 한다. 어떤 명령어를 사용하여야 하는가?
   ㉮ PRINT   ㉯ CALL   ㉰ SYSTEM   ㉱ EXIT
   해설 SYSTEM 명령어는 DOS 상태로 제어권을 넘기는 명령이다.

문제 25. 다음 순서로 기호 중에서 각종 처리 기능을 표시하는 것은?
   ㉮ □   ㉯ ◇   ㉰ ⬡   ㉱ ▱
   해설 ㉮는 처리, ㉯는 비교·판단, ㉰는 준비, ㉱는 입·출력 표시로 사용된다.

문제 26. 전자 계산기의 CPU에 속하지 않는 장치는?
   ㉮ 주기억 장치   ㉯ 주변 장치   ㉰ 연산 장치   ㉱ 제어 장치
   해설 주기억 장치, 연산 장치, 제어 장치를 합쳐 CPU(central processing unit, 중앙 처리 장치)라고 한다.

문제 27. 컴퓨터 내부에서 연산의 중간 결과를 임시적으로 기억하거나 데이터의 내용을 이송할 목적으로 사용되는 일시 기억 장치는?
   ㉮ ROM   ㉯ I/O   ㉰ BUFFER   ㉱ REGISTER
   해설 여러개의 플립플롭(flip-flop)을 연결하여 데이터를 일시 기억시키는 장치를 REGISTER(레지스터)라 한다.

해답 21. ㉱   22. ㉰   23. ㉰   24. ㉰   25. ㉮   26. ㉯   27. ㉱

문제 28. 다음 그림과 같은 1주소 방식의 명령문에서 명령문의 종류는 몇 가지나 되겠는가?

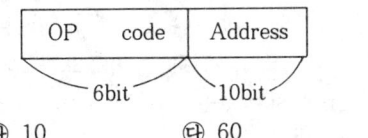

㉮ 6　　㉯ 10　　㉰ 60　　㉱ 64

해설 Op code가 n개의 bit로 구성되어 있으면 최대 2^n개의 서로다른 명령문을 가질 수 있다. → $2^6 = 64$

문제 29. 다음 중 주소 지정 방법에 있어서 속도 문제로 볼 때 가장 늦은 경우는?
㉮ indirect address　　㉯ direct address
㉰ calculated address　　㉱ immediate address

해설 주소 지정 방법의 빠른 속도 순
① immediate address
② direct address
③ indirect address
④ calculated address

문제 30. 중앙 처리 장치에서 마이크로 오퍼레이션이 순서적으로 일어나게 하려면 무엇이 필요한가?
㉮ 누산기(accumulator)　　㉯ 제어 신호(control signal)
㉰ 스위치(switch)　　㉱ 레지스터(register)

해설 마이크로 오퍼레이션(micro operation)의 수행 제어 : 마이크로 오퍼레이션 수행에 필요한 독립 제어점에 제어 신호를 가하는 것.

문제 31. 계수형 계산기의 연산 장치에 있는 중요한 레지스터로서, 4칙 연산, 논리 연산 등의 결과를 저장하는 것을 무엇이라 하는가?
㉮ 카드 리더　　㉯ 라인 프린터
㉰ 누산기　　㉱ 테이프

해설 누산기는 레지스터(register)의 일종으로 연산 결과를 일시적으로 기억하거나 기억 장치 및 입·출력 장치와의 자료교환시 필요한 자료를 일시적으로 기억하는 역할을 한다.

해답 28. ㉱　29. ㉮　30. ㉯　31. ㉰

문제 32. 4개의 플립플롭으로 구성된 시프트 레지스터에 14(10진수로 환산된 값)가 기억되어 있을 때 1비트만큼 오른쪽으로 산술자리 이동하면?
㉮ 7   ㉯ 14
㉰ 24   ㉱ 오버플로가 생긴다.
해설 오른쪽으로 산술시프트를 하면 한번 수행시마다 2로 나눈 것과 같다.

문제 33. 다음 중 출력 장치가 아닌 것은?
㉮ 영상 표시 장치   ㉯ 프린터
㉰ 디지타이저   ㉱ 플로터
해설 디지타이저(digitizer)는 그림, 차트, 도표, 설계 도면 등과 같은 아날로그 신호를 읽어 디지털화하여 컴퓨터에 입력시키는 자료 입력 기기이다.

문제 34. 데이터의 입·출력 전송이 직접 메모리 장치와 주변 장치 사이에서 이루어지는 인터페이스는?
㉮ DMA   ㉯ FIFO
㉰ 핸드셰이킹   ㉱ I/O 인터페이스
해설 DMA(direct memory access, 직접 기억 장치 접근)는 데이터의 입·출력 전송이 직접 기억 장치와 입·출력 장치 사이에서 이루어지는 인터페이스(interface)를 말한다.

문제 35. 마이크로프로세서의 구성 요소가 아닌 것은?
㉮ 연산부   ㉯ 제어부   ㉰ 레지스터부   ㉱ 입·출력부
해설 마이크로프로세서(microprocessor)는 중앙 처리 장치의 기능을 집적 회로화한 것으로서 연산 회로, 각종의 레지스터, 제어 회로 등으로 구성된다.

문제 36. 논리 비교 동작은 다음 어느 동작과 같은가?
㉮ AND   ㉯ OR   ㉰ EX-OR   ㉱ NAND
해설 EX-OR(exclusive OR) 게이트는 두 입력이 다를 경우 출력이 1로 세트되므로 논리 비교 동작에 이용될 수 있다.

문제 37. BASIC 언어에서 다음 PROGRAM을 실행시킨 결과는?

```
10  A $ = "ABCDEFG"
20  PRINT LEN(A $)
RUN
```

해답 32. ㉮   33. ㉰   34. ㉮   35. ㉱   36. ㉰   37. ㉰

㉮ ABCDEFG   ㉯ A$ ㉰ 7   ㉱ ABCDE

[해설] LEN(A$) 명령은 A$의 길이, 즉 문자열의 갯수를 구하는 명령이다.

문제 38. 다음 순서도 기호 중에서 비교, 판단 등을 나타내는 기호는?

㉮ ▭   ㉯ ◇   ㉰ ▱   ㉱ ▱

[해설] ㉮는 미리 정의된 처리, ㉯는 비교·판단, ㉰는 수작업 입력, ㉱는 입·출력을 나타내는 기호도 사용된다.

문제 39. 다음 보기에서 나열된 내용과 관계 깊은 장치는?
   [보기] 명령 레지스터, 프로그램 카운터, 해독기
㉮ 연산 장치   ㉯ 제어 장치   ㉰ 기억 장치   ㉱ 입력 장치

[해설] 제어 장치는 명령 레지스터(instruction register), 프로그램 카운터(program counter), 명령 해독기(instruction decoder), 번지 해독기(address decoder) 등으로 구성된다.

문제 40. 다음의 아스키 코드에서 짝수 짝짓기 코드를 갖춘 것은?
$$1011011_{(ASCII)} = \underline{\qquad}_{(ASCII)}$$
㉮ 1101 1011   ㉯ 0101 1011   ㉰ 1011 0111   ㉱ 1011 0110

[해설] 1011 011→1101 1011
                  ↳ 짝수 패리티 비트

문제 41. 컴퓨터의 용량 1Mbyte를 이론적으로 나타낸 것은?
㉮ 1000000byte   ㉯ 1024000byte   ㉰ 1038576byte   ㉱ 1048576byte

[해설] $1Mbyte = 2^{10}kbyte = 2^{20}byte$
     $= 1024kbyte = 1048576byte$

문제 42. 컴퓨터 명령 코드에서 AD(Address) 항에 들어갈 수 없는 것은?
㉮ OP code
㉯ Operand의 내용
㉰ Operand 내용이 있는 번지
㉱ Operand 내용이 있는 장소의 번지

[해설] OP code는 실행될 동작이므로 Address항에 들어갈 수 없다.

[해답] 38. ㉯   39. ㉯   40. ㉮   41. ㉱   42. ㉮

문제 43. 메모리 주소 레지스터(MAR)의 역할은?
  ㉮ 명령 주소의 유지   ㉯ 오퍼랜드 주소의 유지
  ㉰ 연산 코드의 유지   ㉱ 깃발(flag)의 유지
  해설 메모리 주소 레지스터(memory address register)란 기억 장치내의 정보를 호출하기 위해 그 번지를 기억하고 있는 제어용 레지스터이다.

문제 44. 다음 중 연산 명령이 아닌 것은?
  ㉮ STAX   ㉯ ADD   ㉰ SUB   ㉱ CMP
  해설 ADD→덧셈, SUB→뺄셈, CMP→비교
  STAX→누산기의 값을 레지스터로 보냄.

문제 45. 다음 명령 중 스택 조작 명령이 아닌 것은?
  ㉮ JSB   ㉯ POP   ㉰ FULL   ㉱ PUSH
  해설 스택(stack)에서 데이터를 삽입하는 동작을 push, 데이터를 제거하는 동작을 pop이라고 한다. 이들 연산과 더불어 공통적으로 두 개의 함수 FULL(stack)과 EMPTY(stack)가 스택과 연관된다. 스택 오버플로(stack overflow)와 스택 언더플로(stack underflow)라고 불리우는 이들 함수는 원소를 꺼내기 전에 스택이 빈 스택임을 확인하게 해주고, 꽉 찬 스택으로의 원소의 삽입을 금지하기 위해서 사용된다.

문제 46. 다음 입력 장치 중 주로 학력 고사 및 기능 검정 등의 답안지 채점 등에 이용되는 장치로 주로 보통의 검은 연필이 사용되는 것은?
  ㉮ OCR   ㉯ OMR
  ㉰ MICR   ㉱ 종이 카드 판독기
  해설 OMR(optical mark reader, 광학마크 판독기)은 특정 카드나 용지에 특정 연필이나 잉크로 표시한 데이터를 광학적으로 판독하는 장치이다.

문제 47. 다음 중 자료의 최소 단위를 나타낸 것은?
  ㉮ bit   ㉯ byte   ㉰ word   ㉱ page
  해설 2원적 정보를 표현할 수 있는 전자 계산기 데이터 표현의 최소 단위를 bit라고 하며, n개의 비트로는 2^n개의 데이터를 표현할 수 있다.

문제 48. 컴퓨터 회로에서 bus line을 사용하는 가장 큰 목적은?
  ㉮ 정확한 전송   ㉯ 속도 향상
  ㉰ 레지스터 수의 축소   ㉱ 결합선의 수 축소

해답 43. ㉯ 44. ㉮ 45. ㉮ 46. ㉯ 47. ㉮ 48. ㉱

[해설] bus line(버스선)은 데이터를 전송하는 공통 회선이므로 각 장치는 bus와 결선하여 내부결선을 간단히 할 수 있게 한다.

[문제] 49. BASIC에서 사용되는 변수 중 문자 변수로 알맞은 것은?
㉮ ABC%   ㉯ ABC!   ㉰ ABC#   ㉱ ABC$
[해설] 문자 변수는 문자 상수를 기억할 수 있는 변수로서, 반드시 변수 다음에 '$' 기호를 붙인다.

[문제] 50. READ문과 항상 동반되는 Statement는?
㉮ INPUT문   ㉯ GO TO문   ㉰ LET문   ㉱ DATA문
[해설] READ문은 DATA문으로 준비된 입력 데이터를 읽어들여 변수에 그 값을 기억시킬 때에 사용하는 명령문이다. 따라서 READ문과 DATA문은 반드시 함께 사용된다.

1993년도 전자계산기 2급 출제문제

[문제] 1. 다음 중 전송명령에 속하지 않는 것은?
㉮ 로우드   ㉯ 시프트   ㉰ 리턴   ㉱ 세트
[해설] ① 로드 : 메모리에서 cpu 내부 레지스터로 전송
② 시프트 : 메모리, 레지스터 내부의 bit를 직렬방향으로 이동
③ 세트 : 메모리, 레지스터에 대응한 bit를 1로 하는 것

[문제] 2. 다음 BASIC 산술연산자 중에서 의미가 다른 한 가지는?
㉮ *   ㉯ ↑   ㉰ ∧   ㉱ **
[해설] ㉮는 곱셈을 나타내며 나머지는 거듭제곱을 나타냄

[문제] 3. 주기억장치로부터 명령을 IR(Instruction Register)에 꺼내기 위해 요하는 시간을 무엇이라고 하는가?
㉮ Instruction Time   ㉯ Run Time

[해답] 49. ㉱ 50. ㉱ 1. ㉰ 2. ㉮ 3. ㉮

㈐ Cycle time ㈑ Execution Time

문제 4. 컴퓨터에서 명령문이 시행될 때 다음에 시행할 명령문의 주소는 어디에 두는가?
㈎ Cache
㈏ Program Counter
㈐ Instruction Register
㈑ MAR(Memory Address Register)
해설 프로그램카운터는 다음에 시행할 프로그램의 명령번지를 지시, 유지한다.

문제 5. 주기억장치가 m 단어(word)이고 한 단어(work)당 n비트(bit)라면 이 주기억장치는 몇 개의 저장 셀(cell)로 구성되는가?
㈎ m ㈏ n ㈐ m×n ㈑ m/n

문제 6. FLOATING POINT NUMBER가 기억장치내에 있을 때 bit를 필요로 하지 않은 정보는?
㈎ 소수 ㈏ 부호 ㈐ 소숫점 ㈑ 지수

문제 7. 컴퓨터 시스템에서 하드웨어의 구성을 크게 2가지로 구분하면?
㈎ 중앙처리장치와 연산장치 ㈏ 중앙처리장치와 주변장치
㈐ 연산장치와 제어장치 ㈑ 제어장치와 주변장치

문제 8. 다음 중 운영체계의 종류가 아닌 것은?
㈎ MS-DOS ㈏ DR-DOS ㈐ UNIX ㈑ P-CAD
해설 운영체계(OS)는 컴퓨터의 조직을 움직이는 프로그램의 집합을 말한다.

문제 9. -9를 2의 보수표현의 7bit 2진수로 나타내면?
㈎ 1001001 ㈏ 001001 ㈐ 1110110 ㈑ 1110111

문제 10. 다음 중 메모리 내용을 보존하기 위해 일정기간마다 재기입(refreshing)이 필요한 기억소자는?
㈎ 스태틱 RAM ㈏ 다이나믹 RAM
㈐ 마스크 ROM ㈑ EPROM

해답: 4. ㈏ 5. ㈐ 6. ㈐ 7. ㈏ 8. ㈑ 9. ㈑ 10. ㈏

해설 DRAM은 소비전력이 적고 속도가 빠르며 집적도가 높으나 주기적으로 재충전 (리프레쉬)시키지 않으면 내용이 소멸된다.

문제 **11.** 정보의 기본단위는 필드이다. 다음에서 필드를 구성하는 것은?
㉮ file과 record
㉯ word와 character
㉰ file과 word
㉱ record와 word

해설 필드(항목) : 어떤 정보를 전달할 수 있는 최소한의 문자집단

문제 **12.** 다음 흐름도의 실행결과로 인쇄되는 값은?
㉮ 14
㉯ 15
㉰ 16
㉱ 17

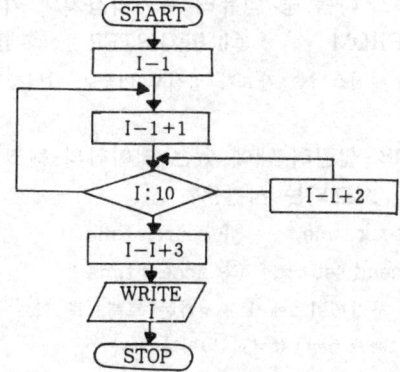

문제 **13.** 실수(-25)₁₀을 밑수 2의 부동소수점으로 표현할 때의 부호지수부, 소수부는 각각 얼마인가?
㉮ 0, 101, 11001
㉯ 0, 101, 10101
㉰ 1, 101, 11001
㉱ 1, 101, 10101

해설 부동 소수점 데이터 형식에서는 부호비트가 양수이면 0 음수이면 1로 표시하며 지수부에는 지수를 2진수로 나타내고 소수부에는 소수점 아래 10진 유효숫자를 2진수로 변환하여 표시

문제 **14.** 다음 중 빛에너지를 전기에너지로 바꾸어 주는 광학적 입력장치의 종류가 아닌 것은?
㉮ 라이트펜(light pen)
㉯ 카드판독기
㉰ 바(bar) 코드판독기
㉱ 디지타이저(digitizer)

문제 **15.** 중앙처리장치(CPU)를 크게 두 부분으로 분류하면?

해답 **11.** ㉯ **12.** ㉯ **13.** ㉰ **14.** ㉱

㉮ 연산장치와 주기억장치　　㉯ 제어장치와 연산장치
㉰ 입력장치와 주기억장치　　㉱ 제어장치와 입력장치
[해설] 중앙처리장치는 연산장치와 제어장치로 구분한다.

[문제] **16.** 전자계산기의 5대 기능중에서 신경중추계와 같이 작용하나 데이타에 실제적인 처리조작을 하지 않은 것은?
㉮ 입·출력기능　㉯ 기억기능　㉰ 제어기능　㉱ 연산기능
[해설] 제어장치는 프로그램의 명령을 꺼내어 판단하며 지시 감독하는 기능을 가진다.

[문제] **17.** 다음 중 컴퓨터 주기억장치의 기억소자가 될 수 없는 것은?
㉮ PROM　㉯ REGISTER　㉰ RAM　㉱ ROM
[해설] 레지스터는 자료가 임시로 머무는 기억장소이다.

[문제] **18.** 실린더 내에 있는 데이타의 레코드 위치까지 엑세스암이 도달하는데 소요되는 시간은?
㉮ seek time　㉯ search time
㉰ head set time　㉱ access time
[해설] 자기테이프에서 지정하는 트랙으로 헤드가 움직여 도착할 때까지 걸리는 시간을 seek time(탐색시간)이라 한다.

[문제] **19.** 후입선출(LIFO) 방식의 스택에서 스택포인터가 500번지를 가리키고 있다. 이때 5바이트의 내용을 PUSH한 후의 스택포인터가 가리키는 번지는?(단, 스택의 구조는 8bit이다.)
㉮ 495　　㉯ 496　　㉰ 497　　㉱ 498

[문제] **20.** 다음 dynamic RAM에 관한 설명 중 틀린 것은?
㉮ static RAM보다 속도가 빠르다.
㉯ static RAM보다 용량이 크다.
㉰ 주기적으로 재충전(refresh)을 해주어야 한다.
㉱ MOS RAM 동작방식에 속한다.

[문제] **21.** 다음 중 올바르게 짝지어진 것은?
㉮ 부동소수점연산의 횟수-MIPS

[해답]　15. ㉯　16. ㉰　17. ㉯　18. ㉮　19. ㉯　20. ㉮　21. ㉯

④ CPU의 속도 - 프로토콜(protocol)
④ 메모리카드 - VGA
④ 롬바이오스(BIOS) - 펌웨어(firmware)

문제 22. operating system에서 제어프로그램에 해당되지 않는 것은?
㉮ 감시프로그램(supervisor program)
㉯ 데이타관리프로그램(data management program)
㉰ job관리프로그램(job management program)
㉱ 처리프로그램
해설 제어프로그램 : 데이터 관리프로그램, 작업프로그램 슈퍼바이저(감시)프로그램.

문제 23. 다음 중 마이크로 프로세서의 기능이 아닌 것은?
㉮ 마이크로 컴퓨터의 각 요소마다 타이밍과 제어신호를 준비한다.
㉯ I/O 장치로 데이타를 보내고 받는다.
㉰ 명령에 따라 호출된 산술 및 논리연산을 수행한다.
㉱ 실행될 프로그램을 저장한다.

문제 24. 오퍼레이팅 시스템의 목적이 아닌 것은?
㉮ 신뢰성   ㉯ 사용가능도   ㉰ 보수용이도   ㉱ 복잡성
해설 오퍼레이팅 시스템의 목적 : 처리능력 응답시간, 사용가능도, 신뢰도

문제 25. 다음 중 Queue의 개념과 어울리지 않는 용어는?
㉮ Rear   ㉯ LIFO   ㉰ Front   ㉱ FIFO
해설 ① Rear : 출력 우선 순위가 제일 낮은 노드를 지적하는 포인터
② Front : 출력 우선 순위가 제일 높은 노드를 지적하는 포인터
③ FIFO : 선입선출법
④ LILO : 후입 후출법

문제 26. 마이크로 프로세서에서 일반목적용 레지스터의 대표적인 용도가 아닌 것은?
㉮ 임시 저장   ㉯ 때로 인덱스레지스터 역할
㉰ 계수기   ㉱ 스택의 다음 주소유지

해답 22. ㉱ 23. ㉱ 24. ㉱ 25. ㉯ 26. ㉰

문제 **27.** BASIC프로그램에서 주어진 조건의 성립여부에 따라 실행순서를 옮기는 제어문은?
㉮ FOR~NENT문 ㉯ ON~GOTO문
㉰ GOTO문 ㉱ IF문
해설 ON~GOTO문 : 프로그램의 실행 순서를 주어진 조건에 따라 여러개의 실행 방향 중에서 특정된 줄 번호로 실행을 옮기게 하는 명령문

문제 **28.** 현재 커서의 글자를 지우려 한다. 어느 키를 사용하여야 하는가?
㉮ TAB ㉯ DEL ㉰ INS ㉱ ALT

문제 **29.** Encoder는 어떤 회로를 여러개 사용하여 구성하는가?
㉮ OR ㉯ AND ㉰ NAND ㉱ NOT

문제 **30.** 다음 중 주기적으로 재기록하면서 기억내용을 보존해야 하는 반도체 기억장치는?
㉮ DRAM ㉯ EPROM ㉰ PROM ㉱ SRAM
해설 DRAM은 단위기억 소자를 콘덴서를 이용하므로 주기적으로 재충전시키지 않으면 내용이 소멸된다.

문제 **31.** 프로그램 계수기(PC)에서는 무엇을 유지하고 있는가?
㉮ 오퍼랜드주소 ㉯ 명령주소 ㉰ 자료주소 ㉱ 연산코드
해설 PC : 다음에 읽어 내야할 명령이 들어있는 주소를 기억하는 레지스터

문제 **32.** 기억장치에서 읽어내어지는 명령을 받아 그것을 실행하기 위하여 일시 기억해 두는 레지스터는?
㉮ MAR ㉯ MDR ㉰ PC ㉱ IR
해설 IR(instruction Register) 기억장치에서 빼내어진 명령을 임시 저장하는 장소로 명령레지스터라 한다.

문제 **33.** 다음 중 마이크로 컴퓨터를 구성하기 위한 시스템중 가장 간단한 것은?

해답 27. ㉯ 28. ㉯ 29. ㉮ 30. ㉮ 31. ㉯ 32. ㉱ 33. ㉯

㉮ CPU, ROM, PIO
㉯ CPU, ROM, 입출력을 위한 latch
㉰ CPU, RAM, 모니터 프로그램
㉱ CPU, ROM, 16진 키-보드

문제 34. 메크로(macro) 기능이란?
㉮ 어셈블리어 프로그램에 반복적으로 나타나는 코드들을 묶어 하나의 새로운 명령으로 정의할 수 있게 한다.
㉯ 어셈블리어 프로그램을 다른 컴퓨터의 기계어로 변환시킨다.
㉰ 어셈블리어 프로그램내에 고급언어를 삽입할 수 있게 한다.
㉱ 고급언어로 작성된 프로그램내에 어셈블리어 문장을 삽입한다.

문제 35. 1byte는 8개의 데이타 bit로 되어 있다. 8bit를 서로 조합하면 몇 종류의 문자를 표현할 수 있는가?
㉮ 16   ㉯ 32   ㉰ 64   ㉱ 256

문제 36. 다음의 논리연산 명령어중 어큐물레이터와 값이 변하지 않는 것은?(단, 여기서 X는 임의의 8bit data이다.)
㉮ CP X   ㉯ AND X   ㉰ OR X   ㉱ XOR X

문제 37. 다음 중에서 BASIC의 변수명으로 적합하지 않는 것은?
㉮ XY#   ㉯ B21   ㉰ P%   ㉱ 8A$
[해설] 첫글자는 반드시 영문자이어야 한다.

문제 38. 다음의 PRINT USING명령이 실행된 후 출력형태가 옳게 표시된 것은?
   200 PRINT USING "W##,###.##"; 1234.5
㉮ W 1.234.5   ㉯ W 1.234.50   ㉰ W1.234.50   ㉱ W1.234.5

문제 39. 컴퓨터와 오퍼레이터 사이에 필요한 정보를 주고 받을 수 있는 장치는?
㉮ 자기디스크   ㉯ 타인프린터   ㉰ 콘솔   ㉱ 데이터셀
[해설] 콘솔은 오퍼레이터가 컴퓨터와 메세지를 주고받을때 이용하는 장치를 말한다.

[해답] 34. ㉮   35. ㉱   36. ㉮   37. ㉱   38. ㉯   39. ㉰

[문제] **40.** 컴퓨터를 구성하고 있는 요소를 크게 두 가지로 분류한다면?
㉮ 시스템, 데이타 ㉯ 프로그램, 데이타
㉰ 기억장치, 제어장치 ㉱ 하아드웨어, 소프트웨어
[해설] 컴퓨터는 하드웨어와 소프트웨어의 결합에 의하여 효과적인 운영을 할 수 있다.

[문제] **41.** 입력되는 자료를 일정기간, 일정량을 저장한 다음 한꺼번에 처리하는 방식은?
㉮ 온라인방식 ㉯ 오프라인방식
㉰ 배치처리방식 ㉱ 실시간 처리방식
[해설] 배치처리(일괄처리)방식은 컴퓨터에 입력시키는 데이터를 일정기간이나 일정량의 데이터가 될때까지 모아두었다가 한꺼번에 처리하는 방식을 말한다.

[문제] **42.** READ문과 항상 동반되는 Statement는?
㉮ INPUT문 ㉯ GO TO문 ㉰ LET문 ㉱ DATA문
[해설] READ문은 프로그램중의 DATA문으로부터 데이터를 입력시킨다.

[문제] **43.** 기계어 명령테이블의 내용이 아닌 것은?
㉮ 기계어 코드 ㉯ 기호 코드 ㉰ 어드레스 ㉱ 명령의 길이

[문제] **44.** 다음 중 마이크로 프로세서의 내부구성 요소가 아닌 것은?
㉮ 연산장치 ㉯ ROM ㉰ 범용레지스터 ㉱ 결합버스

[문제] **45.** 자기디스크와 같이 데이터 처리의 고속성을 위해서 주기억장치와의 사이에 설치한 전용장치는?
㉮ MBR ㉯ DMA
㉰ 핸드세이킹장치 ㉱ 프로그램 입·출력장치
[해설] DMA : 데이터 전송이 메모리와 입·출력 기기 사이에서 직접 이루어지는 방식

[문제] **46.** 마이크로 프로세서의 논리기능에 주변의 다양한 회로를 부착시켜 그 처리능력을 증대시킨 시스템은?
㉮ 퍼스날 컴퓨터 ㉯ 대형 컴퓨터
㉰ 마이크로 컴퓨터 ㉱ 탁상용 계산기

[해답] 40. ㉱ 41. ㉰ 42. ㉱ 43. ㉱ 44. ㉯ 45. ㉯ 46. ㉮

1994년도 전자계산기 2급 출제문제

문제 1. 전자계산기의 발전 과정에서 IC(집접회로)를 사용하는 세대는 다음중 몇 세대인가?
㉮ 제1세대 ㉯ 제2세대 ㉰ 제3세대 ㉱ 제4세대

해설 ① 제1세대 : 진공관 및 릴레이
② 제2세대 : 다이오드 및 트랜지스터
③ 제3세대 : 집적회로
④ 제4세대 : LSI 및 VLSI

문제 2. 다음 중 자료의 최소 단위를 나타낸 것은?
㉮ bit ㉯ byte ㉰ word ㉱ dage

해설 2원적 정보를 표현할 수 있는 전자계산기 데이터 표현의 최소단위를 bit라 하며 n개의 데이터를 표현할 수 있다.

문제 3. 컴퓨터 기억용량의 1K 바이트는 몇 바이트인가?
㉮ 1000 ㉯ 1001 ㉰ 1212 ㉱ 1024

해설 $1K\ byte = 2^{10} byte$
$= 1024 byte$

문제 4. 컴퓨터의 용량 1Mbyte를 이론적으로 나타낸 것은?
㉮ 1000000byte ㉯ 1024000byte ㉰ 1038576byte ㉱ 1048576byte

해설 $1M\ byte = 2^{10}K\ byte$
$= 2^{20} byte = 1048576 byte$

문제 5. 다음중 마이크로 프로세서의 연산속도가 가장 빠른 것은?
㉮ 4비트 ㉯ 8비트 ㉰ 16비트 ㉱ 32비트

해설 연산속도는 용량이 클수록 빠르다.

해답 1. ㉰ 2. ㉮ 3. ㉱ 4. ㉱ 5. ㉱

[문제] 6. 다음에서 PCS(Punched card system)을 고안한 사람은?
㉮ C.Babbage   ㉯ G.Leibniz
㉰ Von.Neumann   ㉱ H.Hollerith

[해설] PCS(천공카드 시스템)은 1890년 미국의 홀러리스(H.Hollerith)에 의하여 종이에 정보를 담고있는 구멍을 뚫어 이를 판독하고 기록하여 분류하는 시스템으로 요즘에는 사용되지 않는다.

[문제] 7. 다음중 출력장치로 사용할 수 있는 것은?
㉮ 카드판독기   ㉯ 광학마크판독기
㉰ 자기잉크판독기   ㉱ 디스플레이장치

[해설] 컴퓨터의 출력장치로 사용되는 모니터를 디스플레이(display)장치라 한다.

[문제] 8. 개인용 컴퓨터의 보조기억장치로 주로 이용하는 것은?
㉮ 자기드럼   ㉯ 플로피 디스크
㉰ 광 디스크   ㉱ 자기테이프

[해설] 얇은 플라스틱 원판에 자성체를 코팅한 디스크 기록매체로서 플라스틱의 사각형껍질속에 들어있으며 매체가 유연하여 휘어지므로 플로피디스크(floppy disk)라 한다.

[문제] 9. 다음의 그림은 마이크로 컴퓨터 구조이다. 빈칸에 해당되는 것은?
㉮ (1) 연산부 (2) 제어부
㉯ (1) 제어부 (2) 연산부
㉰ (1) 산술연산 (2) 논리연산
㉱ (1) 누산기 (2) 연산기

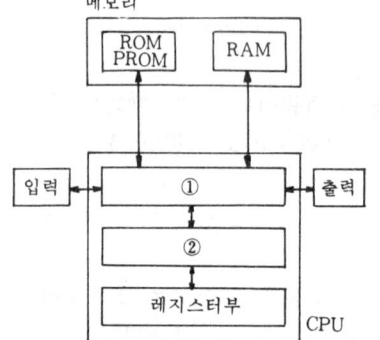

[해설] 연산부는 기억된 정보들을 입력으로 받아 연산을 행하고 제어부는 기억된 프로그램을 실행, 제어, 감독하게 된다.

[해답] 6. ㉱   7. ㉱   8. ㉯   9. ㉯

문제 10. 다음중 컴퓨터의 성능을 측정하기 위한 요소로 알맞지 않은 것은?
㉮ CPU활용도　　㉯ I/O빈도수
㉰ 대기시간　　㉱ 응답시간
해설 컴퓨터의 CPU활용도, 입·출력빈도수, 응답시간 등을 성능측정 요소라 한다.

문제 11. 컴퓨터의 실행사이클 동안에 정상적으로 사용되지 않는 것은?
㉮ MAR　　㉯ 누산기
㉰ 명령해독기　　㉱ 프로그램 계수기
해설 프로그램 계수기는 실행사이클동안에 사용되지 않는다.

문제 12. 컴퓨터가 어떤 변환을 거치지 않고 직접 이해할 수 있는 언어는?
㉮ COBOL,　　㉯ FORTRAN
㉰ Machine language　　㉱ PASCAL
해설 기계어(Machine language)는 전자계산기가 직접 이해할 수 있는 언어로서 2진수 0과 1의 조합으로 구성된 언어이다.

문제 13. BASIC에서 사용되는 변수중 문자변수로 알맞은 것은?
㉮ ABC%　　㉯ ABCI
㉰ ABC#　　㉱ ABC$
해설 문자변수는 문자상수를 기억할 수 있는 변수로서 반드시 변수 다음에 '$'기호를 붙인다.

문제 14. Hardware적 원인에 의한 인터럽트가 아닌 것은?
㉮ 외부신호 인터럽트　　㉯ 기계착오 인터럽트
㉰ 입출력 인터럽트　　㉱ SVC인터럽트
해설 SVC(Supervisor Call)인터럽트은 실행중인 프로그램 인터럽트를 발생시켜 준다.

문제 15. 다음에서 산술연산, 논리연산과 데이터 전송등의 기능을 수행하는 LSI에 해당되는 것은?

해답 10. ㉰　11. ㉱　12. ㉰　13. ㉱　14. ㉱　15. ㉱

㉮ Mini computer ㉯ Micro computer
㉰ One board computer ㉱ Micro-processor

[해설] 마이크로 프로세서(Micro-processor)는 데이터처리를 위한 산술논리연산과 제어의 능력을 갖는 IC로 대부분 VLSI칩 하나로 구성된다.

[문제] 16. 마이크로 프로세서에 의하여 입·출력장치가 마치 메모리의 위치에 있는 것같이 취급되는 방식은?
㉮ 고립식I/O ㉯ 직접메모리출입(DAM)
㉰ 메모리 형식I/O ㉱ 사용자우선I/O

[해설] 중앙처리장치의 처리를 거치지 않고 주변기억장치와 주기억 장치간에 자료를 주고 받는 방식을 직접메모리출입(Direct Memory Access ; DMA)이라한다.

[문제] 17. 마이크로 프로세서에서 일반목적용 레지스터의 대표적인 용도가 아닌 것은?
㉮ 임시저장 ㉯ 때로 인덱스레지스터 역할
㉰ 계수기 ㉱ 스택의 다음 주소유지

[해설] 일반목적용 레지스터(gemeral register ; 범용레지스터)는 중앙처리장치 안에 있는 주소지정이 가능한 레지스터를 말한다. 일시적인 기억장소, 누산기, 인덱스 레지스터, 스택포인터, 기타 여러가지 다른 기능을 위해 사용할 수 있다.

[문제] 18. 먼저 입력된 정보가 먼저 출력되는 자료 구조는?
㉮ STACK ㉯ Queue
㉰ Deque ㉱ List

[해설] 큐(Queue)를 선입선출 또는 FIFO라고도 하며 먼저들어간 원소가 먼저 꺼내지는 동작을 한다.

[문제] 19. 프로그램을 작성할 때 프로그램의 내용을 알려주는 참고사항을 작성하고 싶을 때 사용하는 명령은?
㉮ CLS ㉯ LIST
㉰ REM ㉱ NEW

[해설] REM(remark)는 컴퓨터의 처리와는 무관하며 단지 프로그램을 이해하거나 수정하고자 하는 사용자를 위하여 참고사항을 작성하고 싶을 때 덧붙이는 설명문이다.

[해답] 16. ㉯ 17. ㉱ 18. ㉯ 19. ㉰

문제 20. 컴퓨터에 의해 처리된 프로그램중 잘못된 부분을 수정하는 일을 무엇이라고 하는가?
㉮ 천공(punching) ㉯ 코딩(Coding)
㉰ 디버깅(Debugging) ㉱ 블럭킹(Blocking)
해설 디버깅(Debugging)은 오류, 수정으로 프로그램의 잘못을 찾아내고 고치는 작업을 한다.

문제 21. 다음중 스택(stack)의 under flow는 언제 일어나는가?
㉮ top≥0 ㉯ top≤1
㉰ top>1 ㉱ top≦0
해설 삭제 알고리즘에서→top≦이면 under flow발생, 삭제 알고리즘에서→top≧이면 over flow발생한다.

문제 22. 마이크로 프로세서장치(μPU) 내에서 발생한 여러가지 상태에 대한 정보를 일시 보관하는 레지스터는?
㉮ 명령 레지스터 ㉯ 범용 레지스터
㉰ 상태 또는 플래그 레지스터 ㉱ 프로그램 카운터
해설 상태 레지스터(status register)는 CPU주변장치의 제어용 IC내부의 레지스터로 연산결과나 장치의 현재 상태를 나타내는 비트들로 구성되어 있다. 플레그레지스터(plag register)는 CPU내에서 방금 행한 연산의 결과로 나타내는 캐리, 오버플로우, 음수, 영 등의 각종상태를 "O" 또는 "1"로 기억하는 레지스터이다.

문제 23. 다음중에서 두 오퍼랜드 명령은?
㉮ INCREMENT ㉯ ROTATE
㉰ SHIFT ㉱ COMPARE
해설 비교(compare)는 두양에 대해 같은지 다른지, 또는 어느쪽이 더 큰가를 판단하는 것이다.

문제 24. 다음 입력장치중 주로 학력고사 및 기능감정 등의 답안지 채점 등에 이용되는 장치로 주로 보통의 검은 연필이 사용되는 것은?
㉮ OCR ㉯ OMR
㉰ MICR ㉱ 종이카드판독기

해답 20. ㉰ 21. ㉱ 22. ㉰ 23. ㉱ 24. ㉯

[해설] OMR(optical mark reader ; 광학 마크판독기)은 특정카드나 용지에 특정연필이나 잉크를 표시한 데이터를 광학적으로 판독하는 장치이다.

[문제] 25. 다음은 4비트 레지스터의 동작이다. 현재 상태에서 클록펄스 1개가 가해지면 어떻게 변화된 상태가 나타나는가?
㉮ 0001
㉯ 0011
㉰ 1000
㉱ 0100

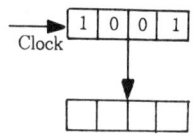

[해설] 클록펄스 1개가 입력되면 각각의 플립플롭은 그 앞의 플립플롭의 내용을 전달한다.

[문제] 26. 다음의 Z-80 어셈블리 명령어중 SP(Stack Pointer)가 변하지 않는 것은?
㉮ CALL   ㉯ JP(JUMP)
㉰ POP   ㉱ RET(RETURU)

[해설] SP는 푸시, 팝(POP), 서브루틴 호출과 복귀명령 그리고 인터럽트 호출시에 그 값이 바뀐다.(=)SP

[문제] 27. 다음과 같이 기억장치내에 값들이 기억되어 있다. 간접주소지정 방식으로 815를 호출하려면 몇 번지를 오퍼랜드로 해야하는가?
㉮ 815H
㉯ 1900H
㉰ 1990H
㉱ 2010H

1900H	1900
1990H	2010
2010H	815
기억장치	

[해설] 간접주소지정은 명령어 내의 오퍼랜드가 지정한 곳에 실제 데이터값이 기억된 장소를 지정하는 방식이다.

[문제] 28. 다음 BASIC프로그램의 출력은?
㉮ -2
㉯ -2.8

```
10  READ A, B
20  PRINT INT(A+B)
```

[해답] 25. ㉱ 26. ㉯ 27. ㉰ 28. ㉰

㉰ -3   30 DATA 2.4, -5.2
㉱ -4   40 END

|해설| A와 B를 더하라는 프로그램이다. 2.4+(-5.2)=-2.8 그러나 INT의 값이 정수의 최대값이므로 -3이 정답이다.

|문제| 29. 다음 프로그램의 수행결과, 변수 F에 저장되는 값은?
㉮ 1   10 READ A, B, C
㉯ 3   20 RESTORE
㉰ 7   30 READ E, F
㉱ 9   40 DATA 1,3 5, 7, 9

|해설| 프로그램 실행중에 RESTORE문을 만나면 첫째번 DATA문의 맨처음 데이터부터 읽기 시작하고 RESTORE문 다음에 줄번호를 지정하면 지정된 줄번호의 DATA문의 맨처음 데이터부터 읽기 시작한다. 따라서 변수 F=3이 된다.

|문제| 30. 다음과 같은 BASIC프로그램의 실행결과는?
㉮ 7   10 FOR I=1 TO 3 STEP 2
㉯ 10   20 FOR J=4 TO 1 STEP -2
㉰ 12   30 FOR K=1 TO 3
㉱ 15   40 SUM=SUM+1
                               50 NEXT K,J,I
                               60 PRINT SUM
                               70 END

|해설| 문번호 FOR 변수=초기값, TO=최종값, STEP=증가값, 문번호 NEXT변수
∴ 1+3+2+4-2+3=12

|문제| 31. 다음 BASIC프로그램에서 10번과 20번 문의 설명으로 맞는 것은?
            10 LET K=0
            20 LET K=K+5
            30 PRINT K
            40 GOTO 20
㉮ 프로그래머를 위한 참고문이다.
㉯ K값이 0에서 5까지 계속적으로 변화한다.

|해답| 29. ㉯ 30. ㉰ 31. ㉰

㉰ 문장에서 LET는 생략할 수 있다.
㉱ 오류가 발생한다.

문제 32. 다음 프로그램의 실행순서는?
```
10   A=2
20   ON A GOSUB 70,80,90
30   IF A <=1 THEN 100
40   FOR I=1 TO 1
50   A=A+1
60   NEXT I
70   END
80   PRINT "RETURN"; RETURN
90   GOTO 40
100  PRINT "END"; END
```
㉮ 10-20-30-40-50-60-70
㉯ 10-20-80-30-40-50-60-70
㉰ 10-20-80-90-100-40-50-60
㉱ 10-20-30-40-50-60-90-100

[해설] ㉮, ㉰, ㉱는 행번호가 정의되지 않았다.

문제 33. 1024×8bit의 용량을 가진 ROM에서 address bus와 data bus의 필요한 선로수는?
㉮ address bus=8선, data bus=8선
㉯ address bus=8선, data bus=10선
㉰ address bus=10선, data bus=8선
㉱ address bus=1024선, data bus=8선

문제 34. 다음의 아스키 코드에서 짝수 짝짓기 코드를 갖춘 것은?
$$1011011_{(ASCII)} = _____{(ASCII)}$$
㉮ 1101 1011   ㉯ 0101 1011
㉰ 1011 0111   ㉱ 1011 0110

[해설] 1011 011→1101 1011 - 짝수 패리트 비트

[해답] 32. ㉯ 33. ㉰ 34. ㉮

1995년도 전자계산기 2급 출제문제

문제 1. 중앙처리장치(CPU)를 크게 두 부분으로 분류하면?
㉮ 연산장치와 주기억장치   ㉯ 제어장치와 연산장치
㉰ 입력장치와 주기억장치   ㉱ 제어장치와 입력장치
해설 중앙처리 장치는 크게 나누어 제어장치와 연산장치로 구분한다.

문제 2. 컴퓨터의 연산자 기능이 아닌 것은?
㉮ 함수연산기능 ㉯ 제어기능   ㉰ 기억기능   ㉱ 전달기능
해설 메모리 기능은 FF에 의해서 이루어 진다.

문제 3. 정보를 나타내는 최소단위로 binary digit를 나타내는 것은?
㉮ byte   ㉯ word   ㉰ bit   ㉱ address
해설 바이너리 디지트(binary digit)의 약자를 비트(bit)라 하며 2진법의 한자리를 의미한다.

문제 4. 컴퓨터의 용량 1kbyte는 몇 byte인가?
㉮ 1000   ㉯ 1013   ㉰ 1023   ㉱ 1024
해설 1[kbyte]=1024[byte]

문제 5. 다음 기억장치중 보조기억장치로 사용되지 않는 것은?
㉮ 자기디스크   ㉯ 자기코어   ㉰ 자기테이프   ㉱ 자기드럼
해설 주기억장치에는 자심과 반도체 기억소자(ROM, RAM)가 사용되고 보조기억장치에는 자기드럼, 자기디스크, 자기테이프가 사용된다.

문제 6. 컴퓨터 회로에서 bus line을 사용하는 가장 큰 목적은?
㉮ 정확한 전송   ㉯ 속도 향상
㉰ 레지스터 수의 축소   ㉱ 결합선의 수 축소
해설 버스라인은 데이터를 전송하는 공통회선으로 각 장치는 bus와 결선하여 내부 결선을 간단히 할 수 있게 된다.

해답 1. ㉯ 2. ㉰ 3. ㉰ 4. ㉱ 5. ㉯ 6. ㉱

문제 7. 다음 BASIC의 시스템 명령어를 설명한 것 중 틀린 것은?
  ㉮ NEW : 새로운 프로그램을 입력시키기 전에 주기억장치내의 내용을 지운다.
  ㉯ RUN : 입력된 프로그램을 실행시킨다.
  ㉰ CLEAR : 화면을 깨끗하게 지운다.
  ㉱ SAVE : 전자계산기에 기억된 프로그램을 보조기억장치에 기억시킴.
  해설 클리어(CLEAR)는 현재 수행되는 모든 메모리 변수의 상태를 리셋(RESET) 시키며 열려있는 화일을 클로즈(CLOSE)시킨다.

문제 8. READ문과 항상 동반되는 Statement는?
  ㉮ INPUT문   ㉯ GO TO문   ㉰ LET문   ㉱ DATA문
  해설 리드(READ)문은 프로그램중의 DATA문으로부터 정보를 입력시킨다.

문제 9. 비수치적 연산중 필요없는 일부의 bit 혹은 문자를 지워버리고 나머지 bit 문자들만을 가지고 처리하기 위하여 사용되는 연산자는?
  ㉮ OR   ㉯ EOR   ㉰ AND   ㉱ NOT
  해설 AND 연산은 특정한 비트 또는 문자의 삭제에, OR 연산은 특정한 비트 또는 문자의 삽입에 사용한다.

문제 10. 카드리더(card reader)에서 출력의 회전에 의해 왼쪽으로 움직이고, 읽는 부분을 지나서 마지막에 쌓이게 되는 장소는 무엇인가?
  ㉮ 호퍼(hopper)   ㉯ 스테커(stacker)
  ㉰ 캎스탄(capstan)   ㉱ 코딩(coding)
  해설 스테커(stacker)는 천공카드나 카드판독기에서 처리가 끝난 카드들이 보이는 장소이다.

문제 11. 메크로(macro) 기능이란?
  ㉮ 어셈블리어 프로그램에 반복적으로 나타나는 코드들을 묶어 하나의 새로운 명령으로 정의할 수 있게 한다.
  ㉯ 어셈블리어 프로그램을 다른 컴퓨터의 기계어로 변환시킨다.
  ㉰ 어셈블리어 프로그램내에 고급언어를 삽입할 수 있게 한다.
  ㉱ 고급언어로 작성된 프로그램내에 어셈블리어 문장을 삽입한다.

해답   7. ㉰   8. ㉱   9. ㉰   10. ㉯   11. ㉮

[해설] 어셈블리어 프로그램에서 연속된 여러 스테이트 멘트(statement)들을 정리해서 하나로 묶어 메그로 명령으로 처리할 수 있도록 한 것이다.

[문제] 12. 다음 중에서 크기가 다른 것은?
㉮ $(111010)_7$ ㉯ $(76)_8$ ㉰ $3(A)_{16}$ ㉱ $(50)_{10}$
[해설] $(11\ 1010)_{(2)} = 58_{(10)}$
   ↓   ↓
   $3_{(10)}$ $A_{(16)}$ ∴ $3(A)_{(16)}$

[문제] 13. 주기억장치의 근본이 되는 최소단위는?
㉮ 바이트(byte)   ㉯ 비트(bit)   ㉰ 워드(word)   ㉱ 디지탈(digital)
[해설] 정보의 최소단위는 비트(bit)이고 주기억장치의 최소단위는 바이트(byte)이다.

[문제] 14. 다음 중 주기억장치로 사용되는 반도체 기억소자 중에서 읽기, 쓰기를 자유롭게 할 수 있는 것은?
㉮ RAM   ㉯ ROM   ㉰ EP-ROM   ㉱ PAL
[해설] RAM은 ROM과는 별도로 모든 정보의 읽고 쓰기를 자유롭게 재생할 수 있다.

[문제] 15. 다음과 같이 나열한 2진수를 16진수로 계산한 것은?
    $1110101100011_{(2)}$
㉮ 16543   ㉯ EB11   ㉰ 1D63   ㉱ 7523
[해설] $(1\ 1101\ 0110\ 0011)_{(2)}$
   $(1\ \ \ 3\ \ \ 6\ \ \ 3\ )_{(10)}$
   $D_{(16)}$ $63_{(10)}$ ∴ 1 D 63

[문제] 16. 논리비교동작은 다음 어느 동작과 같은가?
㉮ AND   ㉯ OR   ㉰ EX-OR   ㉱ NAND
[해설] EX-OR(exclusive OR) 게이트는 두 입력이 다른 경우 출력이 "1"로 세트되므로 논리 비교동작에 이용될 수 있다.

[문제] 17. 선형리스트(linear list)에 속하지 않는 자료구조는?
㉮ queue   ㉯ deque   ㉰ stack   ㉱ link
[해설] 포인터를 이용하여 구성된 정보들의 순서적인 집합으로 큐, 데크 스택 등이 선형리스트이다.

[해답] 12. ㉯   13. ㉮   14. ㉮   15. ㉰   16. ㉰   17. ㉱

문제 18. 명령레지스터(IR)는 무엇을 지정하는가?
    ㉮ 깃발(flag) 지정   ㉯ 명령주소의 유지
    ㉰ 특수주소지정방식   ㉱ 연산코드 저장
    해설 CPU 내에서 정보가 저장되는 레지스터를 플래그저장이라 하며 명령어 주소유지 및 해독을 한다.

문제 19. 전자계산기에서 부동소숫점을 사용하는 이유를 올바르게 설명한 것은?
    ㉮ 용수의 처리를 하기 위하여   ㉯ 소숫점 위치를 쉽게 하려고
    ㉰ 지수처리를 위하여   ㉱ 산술연산을 위하여
    해설 부동소수점(floating point)에 의한 수식표현은 수의 소수점의 위치를 움직일수 있도록 함으로써 일정한 수의 비트로 표시할 수 있는 수의 범위를 넓힌다.

문제 20. 다음의 BASIC 명령에서 비실행문이 아닌 것은?
    ㉮ DIM문   ㉯ STOP문   ㉰ REM문   ㉱ DATA문
    해설 DATA문은 비실행문으로 READ문과 한조가 되어 READ문에서 요구하는 자료를 제공하는 역할을 한다.

문제 21. BASIC 언어에서 다음 PROGRAM을 실행시킨 결과는?
    10 A$ = "ABCDEFG"
    20 PRINT LEN(A$)
    RUN
    ㉮ ABCDEFG   ㉯ A$ ㉰ 7   ㉱ ABCDE
    해설 LEN(A$) 명령은 A$의 길이, 즉 문자열의 갯수를 구하는 명령이다.

문제 22. 중앙처리장치에서 마이크로 오퍼레이션이 순서적으로 일어나게 하려면 무엇이 필요한가?
    ㉮ 누산기(accumulator)   ㉯ 제어신호(control signal)
    ㉰ 스위치(switch)   ㉱ 레지스터(register)
    해설 마이크로 오퍼레이션(micro operation)의 수행제어는 수행에 필요한 독립제어점에 제어신호를 가한다.

해답 18. ㉮   19. ㉰   20. ㉯   21. ㉰   22. ㉯

문제 23. 다음 중 ALU(Arithmetic and Logical Unit)의 기능은?
㉮ 데이터의 기억　　　　　　㉯ 사칙연산
㉰ 명령내용의 해석 및 실행　　㉱ 연산결과의 기억될 주소실행
해설 연산장치(ALU)는 프로그래밍상의 명령문에 대한 모든 연산을 수행하는 장치로서 누산기, 데이터, 레지스터, 가산기, 상태레지스터 등으로 구성된다.

문제 24. 마이크로 프로세서의 논리기능에 주변의 다양한 회로를 부착 그 처리능력을 중대시킨 시스템은?
㉮ 퍼스날 컴퓨터　　　　　　㉯ 대형 컴퓨터
㉰ 마이크로 컴퓨터　　　　　㉱ 탁상용 계산기
해설 퍼스날 컴퓨터는 주변에 다양한 주변기기를 설치 처리능력을 증대시킨 시스템이다.

문제 25. BASIC 문장의 기본요소가 아닌 것은?
㉮ 줄번호　　㉯ 명령어　　㉰ 실행대상　　㉱ 선언문

문제 26. 베어직 언어의 가장 큰 장점은?
㉮ 인터프리터 형식을 사용할 경우 실행속도가 느리다.
㉯ 대량 데이터 처리가 처리능력에 제한이 있다.
㉰ 구조화 프로그래밍(structured programing)의 체계를 갖추고 있지 않다.
㉱ 대화형 언어로서 고급언어이다.
해설 베이직 언어는 대화형 언어로 프로그램 작성 및 수정, 실행이 간단한 조작으로 이루어지는 고급언어이다.

문제 27. 다음 표는 8진수와 16진수의 수열을 지시하고 있다. 그 다음의 수는?
㉮ 377, 400
㉯ 377, 3FG
㉰ 400, 400
㉱ 400, 3FG

OCTAL	REXADECTMAL
375	3FE
376	3FF
?	?

해답　22. ㉯　23. ㉯　24. ㉮　25. ㉱　26. ㉱　27. ㉯

문제 28. SN74163형 IC는 병렬로드와 인크리멘트, 동기클리어 기능을 가진 4bit 레지스터이다. MBR(16bit)을 구성하기 위해서는 이 IC 몇 개가 필요한가?
  ㉮ 2   ㉯ 3   ㉰ 4   ㉱ 5
해설 16bit를 구성하기 위해서는 4개의 IC가 요구된다.

문제 29. 4개의 플립플롭으로 구성된 시프트 레지스버에 14(10진수로 환산된 값)가 기억되어 있을 때 1비트 만큼 오른쪽으로 산술자리 이동하면?
  ㉮ 7   ㉯ 14
  ㉰ 24   ㉱ 오버플로우가 생긴다.
해설 오른쪽으로 산술시프트를 하면 한번 수행시마다 2로 나눈것과 같다.

문제 30. 기억장치의 계층구조에서 가장 속도가 빠른 기억장치는?
  ㉮ 주기억장치(main memory)
  ㉯ 캐시기억장치(cache memory)
  ㉰ 가상기억장치(virtual memory)
  ㉱ 보조기억장치(secondary memory)
해설 캐시메모리는 CPU와 저속인 주기억장치 사이에서 자료나 정보를 저장하는 고속기억장치이다.

문제 31. 컴퓨터 명령코드에서 AD(Address)항에 들어갈 수 없는 것은?
  ㉮ OP code
  ㉯ Operand의 내용
  ㉰ Operand 내용이 있는 번지
  ㉱ Operand 내용이 있는 장소의 번지
해설 OP code는 실행될 동작이므로 어드레스(Address)항에 들어갈 수 없다.

문제 32. PLOATING POINT NUFBER가 기억장치내에 있을 때 bit를 필요로 하지 않은 정보는?
  ㉮ 소수   ㉯ 부호   ㉰ 소숫점   ㉱ 지수

해답 27. ㉯ 28. ㉱ 29. ㉮ 30. ㉯ 31. ㉮ 32. ㉰

1996년도 전자계산기 2급 출제문제

문제 1. 다음 중 중앙처리장치의 외부장치와 데이터를 교환하는 명령은?
㉮ 순서제어명령   ㉯ 분기명령   ㉰ 외부명령   ㉱ 조작명령
[해설] 외부장치와 CPU와의 데이터를 교환하는 명령은 조작명령이다.

문제 2. 다음 중 합의의 의미에서 중앙처리장치(CPU)는?
㉮ 제어장치, 연산장치   ㉯ 입력장치, 연산장치
㉰ 출력장치, 제어장치   ㉱ 연산장치, 출력장치
[해설] 중앙처리 장치는 크게 나누어 제어장치와 연산장치로 구분한다.

문제 3. 24bit의 1computer word로 정수형 상수를 나타내는 경우 표시할 수 있는 수의 한계는?
㉮ +8388607   ㉯ +8388607   ㉰ +8388607   ㉱ +8380607
  −8388608 ϕ −8388607   −8380607
[해설] n bit의 정수 = $-2^{n-1} \sim +2^{n-1}-1$
24bit이므로
$24 = -2^{24-1} \sim 2^{24-1} - 1$
$= -8388608 \sim 8388607$

문제 4. 다음 중 기억장치의 기억장소를 지정하는 신호의 전송통로는?
㉮ Control bus   ㉯ I/O port bus   ㉰ address bus   ㉱ Date bus
[해설] address bus(주소번지)는 중앙처리장치에서 기억장치로 가는 번지안에 주소를 전달한다.

문제 5. 다음의 BASIC 프로그램을 RUN하면 "COMPUTER SCIENCE"는 모두 몇 번 인쇄되는가?
㉮ 10
㉯ 12
㉰ 14
```
10 FOR I=1 TO 10 STEP 3
20 FOR J=1 TO 3
30 PRINT "COMPUTER SCIENCE"
```

[해답] 1. ㉱   2. ㉮   3. ㉮   4. ㉰   5. ㉯

㉣ 16   40 NEXT J, I
        50 END

[해설] 10 FOR I= 1   TO   10   STEP   3
       문번호   초기값   한계값   증가분
초기값 1, 최종값 10 범위내에서 3씩 증가할 때 증가분의 최종값은 9가 된다. 즉 9번 프린터하고 20 FOR J=1 TO 3에서 J를 다시 3번 프린터하므로 합은 12번이 된다.

[문제] 6. 오퍼레이팅 시스템(O.S)을 분류하면 처리프로그램과 무엇으로 분류할 수 있는가?
 ㉮ 수퍼바이저 프로그램   ㉯ 데이터관리 프로그램
 ㉰ 응용 프로그램   ㉱ 제어 프로그램
[해설] 운영 체제인 O.S는 처리 프로그램과 제어 프로그램으로 나누어 진다.

[문제] 7. DASD(Direct Access storage Device)의 대표적인 것은?
 ㉮ 자기테이프   ㉯ 자기디스크   ㉰ 종이테이프   ㉱ 라인프린터
[해설] DASD ⇒ 자기디스크

[문제] 8. 계수형 계산기의 연산장치에 중요한 레지스터로서, 4칙연산, 논리연산 등의 결과를 저장하는 것을 무엇이라 하는가?
 ㉮ 카드 리더   ㉯ 라인 프린터   ㉰ 누산기   ㉱ 테이프
[해설] 누산기는 레지스터(register)의 일종으로 연산 결과를 일시적으로 기억하거나 기억장치 및 입·출력 장치와의 자료 교환시 필요한 자료를 일시적으로 기억하는 역할을 한다.

[문제] 9. 논리레코드는 다음과 같은 3가지 레코드 형식이 있다. 이중 옳지 못한 것은?
 ㉮ Variable length record   ㉯ Direct record
 ㉰ Fixed length record   ㉱ Undefined record
[해설] ① Variable length record : 가변길이 레코드
      ② Fixed length record : 고정길이 레코드
      ③ Undefined record : 부정형식 레코드

[해답] 6. ㉱   7. ㉯   8. ㉰   9. ㉯

문제 10. 다음 중 순서도(flow chart)의 기본형이 아닌 것은?
㉮ 직선형   ㉯ 조건형   ㉰ 반복형   ㉱ 분기형
해설

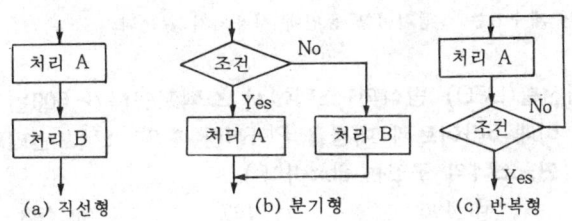

(a) 직선형   (b) 분기형   (c) 반복형

문제 11. 다음 중 화상데이터의 기본단위는?
㉮ bit   ㉯ word   ㉰ pixel   ㉱ address
해설 정보의 최소 단위는 비트(bit)이고 주기억 장치의 최소단위는 바이트(byte)이다.

문제 12. 다음 중 컴퓨터가 이해할 수 있는 기호는?
㉮ 영문자   ㉯ 한글   ㉰ 아라비아숫자   ㉱ 2진수
해설 전자계산기나 컴퓨터의 기본구성은 2진수에 의하여 이루어 진다.

문제 13. 컴퓨터 시스템에서 하드웨어의 구성을 크게 2가지로 구분하면?
㉮ 중앙처리장치와 연산장치   ㉯ 중앙처리장치와 주변장치
㉰ 연산장치와 제어장치   ㉱ 제어장치와 주변장치

문제 14. 다음 중 출력장치가 아닌 것은?
㉮ 영상표시장치   ㉯ 프린터   ㉰ 디지타이저   ㉱ 플로터
해설 디지타이저(digitizer)는 그림, 차트, 도표, 설계도면 등과 같은 아날로그 신호를 읽어 디지털화하여 컴퓨터에 입력시키는 자료입력기기이다.

문제 15. 다음 BASIC 산술연산자 중에서 의미가 다른 한 가지는?
㉮ *   ㉯ | ㉰ ^   ㉱ **
해설 ㉮는 곱셈을 나타내며 나머지는 거듭제곱을 나타낸다.

해답 10. ㉯ 11. ㉮ 12. ㉱ 13. ㉯ 14. ㉰ 15. ㉮

문제 16. 컴퓨터의 실행사이클 동안에 정상적으로 사용되지 않는 것은?
㉮ MAR   ㉯ 누산기
㉰ 명령해독기   ㉱ 프로그램 계수기
해설 프로그램 계수기는 실행사이클 동안에 사용되지 않는다.

문제 17. 후입선출(LIFO) 방식의 스텍에서 스텍포인터가 500번지를 가리키고 있다. 이때 5바이트의 내용을 PUSH한 후의 스텍포인터가 가리키는 번지는?(단, 스텍의 구조는 8bit이다.)
㉮ 495   ㉯ 496   ㉰ 497   ㉱ 498
해설 스텍포인터가 500번지, 5byte의 내용을 PUSH한 후의 번지이므로 500-5=495가 되나, 후의 번지이므로 496이 된다.

문제 18. -9를 2의 보수표현의 7bit 2진수로 나타내면?
㉮ 1001001   ㉯ 0010011   ㉰ 1110110   ㉱ 1110111
해설
```
0 0 0 1 0 0 1 ········7bit
음수     1
1 1 1 0 1 1 0 ········1의 보수
+       1
1 1 1 0 1 1 1 ········2의 보수
```

문제 19. 입력번지선이 8개, 출력데이터선이 8개인 ROM의 기억용량은 몇 byte인가?
㉮ 64   ㉯ 256   ㉰ 512   ㉱ 1024
해설 $8^2=64$

문제 20. 다음 그림과 같은 1주소방식의 명령문에서 명령문의 종류는 몇 가지나 되겠는가?

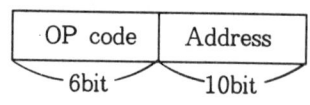

㉮ 6   ㉯ 10   ㉰ 60   ㉱ 64
해설 OP code가 n개의 bit로 구성되어 있으면 최대 2^n개의 서로다른 명령문을 가질 수 있다.
∴ $2^6=64$

해답 16. ㉱ 17. ㉯ 18. ㉱ 19. ㉮ 20. ㉱

문제 21. 다음 프로그램의 실행순서는?
   10 A=2
   20 ON A GOSUB 70, 80, 90
   30 IF A<=1 THEN 100
   40 FOR I=1 TO 1
   50 A=A+I
   60 NEXT I
   70 END
   80 PRINT "RETURN" : RETURN
   90 GOTO 40
   100 PRINT "END" : END
   ㉮ 10-20-30-40-50-60-70
   ㉯ 10-20-80-30-40-50-60-70
   ㉰ 10-20-80-90-100-40-50-60
   ㉱ 10-20-30-40-50-60-90-100
   해설 ㉮㉰㉱는 행번호가 정의되지 않았다.

문제 22. 다음 중 자료의 최소 단위를 나타낸 것은?
   ㉮ bit   ㉯ byte   ㉰ word   ㉱ page
   해설 2원적 정보를 표현할 수 있는 전자계산기 데이터 표현의 최소 단위를 bit라 하며 n개의 데이터를 표현할 수 있다.

문제 23. 컴퓨터의 용량 1Mbyte를 이론적으로 나타낸 것은?
   ㉮ 1000000byte   ㉯ 102400byte   ㉰ 1038576byte   ㉱ 1048576byte
   해설 1Mbyte=2¹⁰kbyte=2¹⁰kbyte=1048576byte

문제 24. 다음의 그림은 마이크로 컴퓨터 구조이다. 빈칸에 해당되는 것은?
   ㉮ ① 연산부   ② 제어부
   ㉯ ① 제어부   ② 연산부
   ㉰ ① 산술연산 ② 논리연산
   ㉱ ① 누산기   ② 연산기

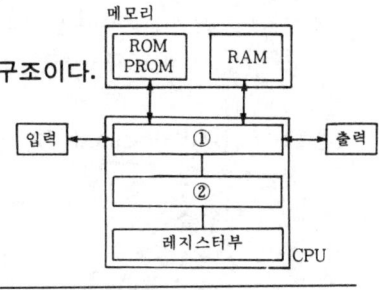

해답 21. ㉯ 22. ㉮ 23. ㉱ 24. ㉯

[해설] 연산부는 기억된 정보들을 입력으로 받아 연산을 행하고 제어부는 기억된 프로그램을 실행, 제어, 감독하게 된다.

[문제] 25. 마이크로 프로세서의 구성 요소가 아닌 것은?
㉮ 연산부　　㉯ 제어부　　㉰ 레지스터부　　㉱ 입출력부
[해설] 마이크로 프로세서(microprocessor)는 중앙처리 장치의 기능을 집적회로화 한 것으로서 연산회로, 각종의 레지스터, 제어회로 등으로 구성된다.

[문제] 26. 다음 중 컴퓨터의 성능을 측정하기 위한 요소로 알맞지 않은 것은?
㉮ CPU 활용도　㉯ I/C 빈도수　㉰ 대기시간　㉱ 응답시간
[해설] 컴퓨터의 CPU 활용도, 입·출력 빈도수, 응답시간 등을 성능측정 요소라 한다.

[문제] 27. 메모리 주소 레지스터(MAR)의 역할은?
㉮ 명령주소의 유지　　　㉯ 오퍼랜드주소의 유지
㉰ 연산코드의 유지　　　㉱ 깃발(flag)의 유지
[해설] 메모리 주소 레지스터(MAR)는 오퍼랜드 주소를 유지한다.

[문제] 28. 다음 동작 중 ALU에서 처리되지 않는 것은?
㉮ 자리이동　㉯ 가산　㉰ 증가　㉱ 점프
[해설] ALU(arithmetic bigic unit; ALU)는 CPU의 한 부분으로 덧셈, 뺄셈, 등의 산술연산과 논리연산이 이루어 진다.

[문제] 29. I/O 장치와 주기억장치를 연결하는 중계역할을 담당하는 부분은?
㉮ bus　　㉯ buffer　　㉰ channel　　㉱ device
[해설] 데이터 처리의 고속성을 위해 주기억 장치와 I/O(입/출력) 장치 사이에 설치하는 데이터 입·출력의 전용 설비를 channel(채널)이라 한다.

[문제] 30. R/W, Reset, INT와 같은 신호는 마이크로 컴퓨터의 어느 부분에 있는가?
㉮ 주변입출력버스　　　㉯ 제어버스
㉰ 주소버스　　　　　　㉱ 자료버스

[해답] 25. ㉱　26. ㉰　27. ㉯　28. ㉱　29. ㉰　30. ㉯

[해설] 제어버스(control bus)는 중앙처리 장치와의 데이터 교환을 제어하는 신호의 전송통로이다.

[문제] 31. 다음과 같이 10진수 1자리를 각각 2진수 4자리로 표시하는 자료 표현 방식은?

    10진수   4   8
      ?   0100 1000

㉮ ASCII code   ㉯ BCD code   ㉰ Gray code   ㉱ EBCDIC code

[해설] 2진화 10진수(Binary Coded Decimal; BCD) : 10진수 "1" 자리를 2진수 4자리(4bit)로 표시한 것이다.

[문제] 32. 다음 프로그램의 수행결과, 변수 F에 저장되는 값은?

㉮ 1
㉯ 3
㉰ 7
㉱ 9

    10   READ A, B, C
    20   RESTORE
    30   READ E, F
    40   DATA 1, 3, 5, 7, 9

[해설] 프로그램 실행중에 RESTORE문을 만나면 첫째번 DATA문의 맨처음 데이터부터 읽기 시작하고 RESTORE문 다음에 줄번호를 지정하면 지정된 줄번호의 DATA문 맨처음 데이터 부터 읽기 시작한다. 따라서 변수 F=3이 된다.

[문제] 33. 다음 식에서 가장 먼저 연산이 이루어지는 것은?

    $A^3/B*C+(D-E)$

㉮ A^3 ㉯ $B*C$ ㉰ $D-E$ ㉱ $3/B$

[해설] 조건의 문장에서 ( )속이 가장 먼저 이루어지므로 D-E가 된다.

[해답] 31. ㉯   32. ㉯   33. ㉰

1997년도 전자계산기 일반 출제문제

문제 1. 그림은 어떤 회로인가?

㉮ OR게이트
㉯ AND게이트
㉰ 미분회로
㉱ 적분회로

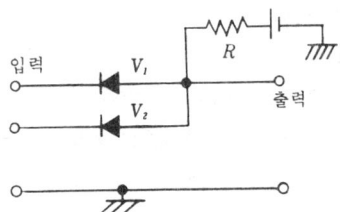

[해설] 입력 A 또는 B에 논리 0(GND전압)이 인가되면 해당되는 다이오드가 순방향이 되어 ON이 되므로 출력 Y는 0이다. 입력 모두 1(V+전압)이 걸리면 다이오드는 역방향 바이어스가 걸려 V→R→Y 순서로 논리 0이 출력된다.

문제 2. 마이크로 프로세서와 마이크로 컴퓨터의 차이점은?

㉮ 계산속도   ㉯ 기억용량   ㉰ 계산기의 부피 ㉱ CPU의 Chip수

[해설] 마이크로 프로세서(microprocessor)는 하나의 칩으로 구성된 CPU를 말하고 마이크로 컴퓨터(microcomputer)는 마이크로 프로세서를 사용하며 이것을 중심으로 주기억 장치와 입·출력 장치와의 인터페이스 등을 부가한 것으로 차이점은 기억용량이다.

문제 3. 주기억장치의 근본이 되는 최소단위는?

㉮ 바이트(byte) ㉯ 비트(bit)   ㉰ 워드(word)   ㉱ 디지털(digital)

[해설] 바이어리 디지트(binary cigit)의 약자를 비트(bit)라 하며 2진법의 한자리를 의미한다.

문제 4. 중앙처리장치(CPU)를 크게 두 부분으로 분류하면?

㉮ 연산장치와 주기억장치   ㉯ 제어장치와 연산장치
㉰ 입력장치와 주기억장치   ㉱ 제어장치와 입력장치

[해설] 중앙처리장치(CPU)는 크게 나누어 제어장치와 연산장치로 구분된다.

[해답] 1. ㉯   2. ㉯   3. ㉮   4. ㉯

문제 5. 다음 중 보조기억장치가 아닌 것은?
㉮ 자기테이프   ㉯ 하드디스크   ㉰ 집적회로   ㉱ 광자기디스크
해설 보조기억장치는 주변기기가 대부분으로서 FDD 및 자기테이프, 하드디스크, 등등이 있다.

문제 6. 컴퓨터의 기억장치로부터 명령이나 데이터를 읽을 때 제일 먼저 하는 일은?
㉮ 명령지정   ㉯ 명령출력   ㉰ 어드레스 지정   ㉱ 어드레스 출력
해설 기억장치의 내용을 읽을 때 제일 먼저하는 일은 어드레스(address) 지정이다.

문제 7. 명령레지스터(IR)는 무엇을 저장하는가?
㉮ 깃발(flag) 저장   ㉯ 명령주소의 유지
㉰ 특수주소 지장방식   ㉱ 연산코드 저장
해설 CPU 내에서 정보가 저장되는 레지스터를 플래그 저장이라 하며 명령어 주소 유지 및 해독을 한다.

문제 8. 카드 리더(Card Reader)에서 읽기전에 카드를 쌓아 놓는 곳은?
㉮ 호퍼   ㉯ 스태거   ㉰ 로울러   ㉱ 리젝트 스태거
해설 스태거(stacker)는 천공카드나 카드판독기에서 처리가 끝난 카드들이 모이는 장소이다.

문제 9. 다음 연산 기능 중 LOAD나 STORE 명령은 어디에 속하는가?
㉮ 함수연산기능   ㉯ 제어기능   ㉰ 전달기능   ㉱ 입·출력기능
해설 LOAD나 STORE 명령은 보조기억 장치에 저장된 프로그램이나 데이터를 읽어 주기억 장치에 저장하는 명령이다.

문제 10. 마이크로 컴퓨터내의 신호전송로에 해당되지 않는 것은?
㉮ 메모리 버스(Memory Bus)
㉯ 어드레스 버스(Address Bus)

해답 5. ㉰ 6. ㉰ 7. ㉯ 8. ㉮ 9. ㉱ 10. ㉮

㉰ 데이터 버스(Data Bus)
㉱ 제어 버스(Cintrol Bus)

[해설] 중앙처리 장치와 기억장치 및 입·출력 장치와의 정보를 교환하는 통로를 메모리 버스라 한다.

[문제] 11. 마이크로프로세서에서 버스 요구 사이클(bus request cycle)은 주변장치가 CPU로부터 버스 사용을 허락받아 CPU의 간섭없이 독자적으로 메모리와 데이터를 주고 받는 방식인 (　) 동작에 필요하다. (　)안에 들어갈 용어는?

㉮ request　　㉯ cycle　　㉰ DMA　　㉱ MAR

[해설] DMA(Direct Memory Access)는 중앙처리 장치를 거치지 않고 주변기억 장치와 주기억 장치간에 자료를 바로 주고 받는 방식이다.

[문제] 12. 다음 설명 중 맞는 것은?

㉮ 386sx는 286컴퓨터와 핀호환이 있다.
㉯ 디바이스 드라이버(device driverec)란 표준입출력장치, 그밖의 주변장치를 관리하기 위한 특수 프로그램을 뜻한다.
㉰ 메모리를 비유한다면 RAM은 전축 레코드판에 ROM은 녹음테이프 카세트에 해당된다고 할 수 있다.
㉱ 메모리에는 80286, 80386, 80486 칩 등이 사용된다.

[해설] 디바이스 드라이버는 입출력시스템의 한 부분으로 주변기기를 제어하는 프로그램, 주변장치마다 고유한 장치 구동기를 가지고 있다.

[문제] 13. 다음 중 stack memory의 특성은?

㉮ LIFO 기억장치　　㉯ LILO 기억장치
㉰ FIFO 기억장치　　㉱ FIFO 출력장치

[해설] 프로그램 수행 중 서부루틴으로 들어갈 때 프로그램의 리턴번지를 후입선출(LIFO) 기술로 메모리의 일부에 저장하는 것이 스택 메모리(stack memory)이다.

[해답] 11. ㉰　12. ㉯　13. ㉮

문제 14. 자료의 표현방식 중에서 소수점이 특정위치로부터 얼마나 이동하고 있는지를 표시하는 수를 포함시키는 방법인 것은?
㉮ 부동소수점 표시　　㉯ 고정소수점 표시
㉰ 부동워드길이 표시　　㉱ 고정워드길이 표시
[해설] 부동소수점 : 수치중에서 소수점이 특정 위치로부터 얼마만큼 이동하는지를 표시하는 수를 포함시키는 방법이다.

문제 15. SN74163형 IC는 병렬로드와 인크리맨트 동기클리어 기능을 가진 4bit 레지스터이다. MBR(16bit)을 구성하기 위해서는 이 IC 몇 개가 필요한가?
㉮ 2　　㉯ 3　　㉰ 4　　㉱ 8
[해설] 16bit를 구성하기 위해서는 4개의 IC가 요구된다.

문제 16. 7개의 데이터 비트를 가지고 있으며 128개의 서로다른 문자를 표시할 수 있고 통신데이터에 널리 이용되고 있는 코드는?
㉮ BCD Code　　㉯ ASCII Code　　㉰ EBCDIC Code　　㉱ GRAY Code
[해설] ASCII Code(American Standard Code for Information Interchange; 미국 표준 정보 교환코드) : 7비트로 128개의 서로 다른 문자를 표시할 수 있는 코드 체계

문제 17. 다음 중 8080A에 구성되어 있지 않는 기능 회로는?
㉮ 직렬데이타 입·출력제어
㉯ 스택포인터
㉰ 어큐뮬레이터 회로
㉱ 플래그 플립플롭
[해설] 한번에 한 비트씩 순서적으로 입·출력을 제어하는 직렬데이터는 8080A에 구성되어 있지 않다.

문제 18. 다음 프로그램의 수행결과, 변수 f에 저장되는 값은?
㉮ 1　　10 READ A, B, C
㉯ 3　　20 RESTORE

[해답] 14. ㉮　15. ㉰　16. ㉯　17. ㉮　18. ㉯

㉰ 7   30 READ E, F
㉱ 9   90 DATA 1, 3, 5, 7, 9

[해설] 프로그램 실행중에 RESTORE문을 만나면 DATA문의 맨처음 데이터부터 읽기 시작하고 RESTORE문 다음에 줄번호를 지정하면 지정된 줄번호의 DATA문의 맨처음 데이터부터 읽기 시작한다. 따라서 변수 $F=3$이 된다.

[문제] 19. 다음 중에서 FORTRAN 실행문이 아닌 것은?
㉮ DIMENSION   ㉯ DO   ㉰ GOTO   ㉱ STOP
[해설] Dimension는 배열을 구성하는 첨자의 갯수로 배열의 차원을 나타낸다.

[문제] 20. 다음 중 순서도의 기본형에 속하지 않는 것은?
㉮ 직선형   ㉯ 결합형   ㉰ 선택형   ㉱ 반복형
[해설] 순서도의 기본형

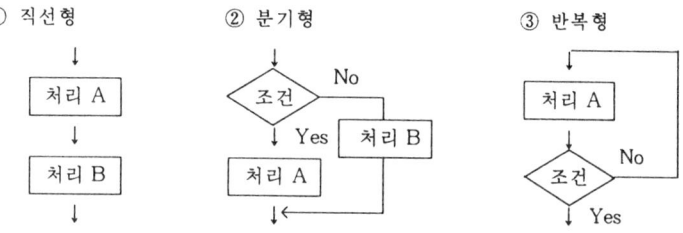

[문제] 21. 다음 순서도에 사용되는 기호와의 내용이 잘못된 것은?

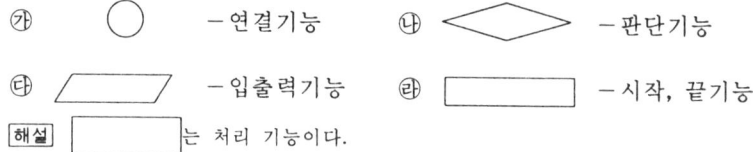

[해설] ▭는 처리 기능이다.

[문제] 22. 정보의 기본단위는 필드이다. 다음에서 필드를 구성하는 것은?
㉮ file record   ㉯ word character
㉰ file word   ㉱ record와 word
[해설] 필드(항목)는 어떤 정보를 전달할 수 있는 최소한의 문자 집단이다.

[해답] 19. ㉮ 20. ㉯ 21. ㉱ 22. ㉯

문제 23. 다음의 소프트웨어 중에서 성격이 전혀다른 것은?
㉮ MVS   ㉯ UNIX   ㉰ SPSS   ㉱ P/M

해설 ㉮는 Multiply Virtual Storag의 준말로 IBM사가 대형 기종에 많은 사용자를 받아들일 수 있도록 개발한 시스템이고 ㉯는 미니 및 마이크로 컴퓨터의 다중작업 운영체제이며 프로그램 개발, 문서처리, 전자유편 등의 기능이 뛰어나다. ㉰는 Statistical Package for Social Science Program for Micro computer의 준말로 미국 디지탈 리서치사에 의해 만들어진 운영체제이다.

문제 24. 메크로(macro) 기능이란?
㉮ 어셈블리어 프로그램에 반복적으로 나타나는 코드들을 묶어 하나의 세로운 명령으로 정의할 수 있게 한다.
㉯ 어셈블리어 프로그램을 다른 컴퓨터의 기계어로 변환시킨다.
㉰ 어셈블리어 프로그램내에 고급언어를 삽입할 수 있게 한다.
㉱ 고급언어로 작성된 프로그램내에 어셈블리어 문장을 삽입한다.

해설 어셈블리어 프로그램에서 연속된 여러스테이트(Statement)들을 정리해서 하나로 묶어 메크로 명령으로 처리할 수 있도록 한 것이다.

문제 25. 카드리더(Card reader)에서 출력의 회전에 의해 왼쪽으로 움직이고 읽는 부분을 지나서 마지막에 쌓이게 되는 장소는 무엇인가?
㉮ 호퍼(hopper)   ㉯ 스태커(stacker)
㉰ 캡스탄(capstan)   ㉱ 코딩(coding)

해설 스태커(stacker)는 천공카드나 카드판독기에서 처리가 끝난 카드들이 모이는 장소이다.

문제 26. 다음 중 마이크로 프로세서의 명령형식 중에서 스택조작에 관한 것은?
㉮ JZ   ㉯ INR   ㉰ PUSH   ㉱ STA

해설 ㉮는 Jump On Zero(어떤 분기)이고 ㉯와 ㉱는 컴퓨터 용어에 없으며 다른 스택자료 구조에 새로운 데이타를 추가하는 것이다.

해답 23. ㉮ 24. ㉮ 25. ㉯ 26. ㉰

문제 27. 컴퓨터의 기억장치에서 번지가 지정된 내용은 어느 곳을 통해서 중앙처리 장치로 가는가?
㉮ 제어버스　　　　　　　　㉯ 데이터버스
㉰ 어드레스버스　　　　　　㉱ 입·출력포트버스
해설 하나의 시스템 장치로 부터 다른 장치로 주소자료를 전송하는 어드레스 버스가 CPU로 전달하게 된다.

문제 28. 서브루틴 호출이나 인터럽트처리와 같은 동작에서 번지지정을 위한 지정된 메모리의 다음 주소를 보관하는 곳은?
㉮ 상태 레지스터　　　　　　㉯ 프로그램 계수기
㉰ 메모리 주소레지스터　　　㉱ 스택 포인터
해설 기억장치에 기억된 명령(instruction)이 기억된 순서대로 중앙처리 장치에서 실행될 수 있도록 그 주소를 지정해 주는 레지스터를 프로그램 계수기라 한다.

문제 29. 잘못된 정보를 페리티 체크에 의해 착오를 검출하고 이를 교정할 수 있는 코드는?
㉮ 아스키코드　　　　　　　㉯ 헤밍코드
㉰ 그레이코드　　　　　　　㉱ 키드코드
해설 헤밍코드(Hamming Code) : 데이타 통신이나 정보 교환에서 오류를 검출하기 위한 코드로 1바이트에 3~4개의 검사용 여분 비트를 두어 이를 이용하여 2비트의 오류를 찾아내거나 1비트의 오류를 정정할 수 있도록 한 것이다.

문제 30. BASIC 문장을 구성하는 기본요소가 아닌 것은?
㉮ Line number　　　　　　㉯ keyword
㉰ operand　　　　　　　　㉱ blank
해설 Blank(공백)는 기억장치 영역중에서 아무런 자료도 들어있지 않은 영역으로 테이프, 디스크 등의 기록 매체를 말한다.

해답　27. ㉰　28. ㉯　29. ㉯　30. ㉱

문제 31. 그림의 7-segment display(FND 507)에서 7의 숫자를 나타내기 위한 방법은?
㉮ A, B, C를 V_{cc}에 결선한다.
㉯ A, B, C를 접지시킨다.
㉰ A, B, E를 V_{cc}에 결선한다.
㉱ A, B, E를 접지시킨다.

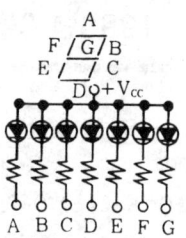

해설 FND 507은 anode common이므로 A, B, C를 +V_{cc}에 결선하면 LED 3개가 점등 7의 숫자가 된다.

문제 32. 자기디스크와 같이 데이타 처리의 고속성을 주기억장치와 사이에 설치한 전용 장치는?
㉮ MBR
㉯ DMA
㉰ 핸드세이킹 장치
㉱ 프로그램 입·출력 장치

해설 DMA는 데이타 전송의 메모리와 입·출력 기기사이에서 직접 이루어지는 방식이다.

해답 31. ㉯ 32. ㉯

1998년 3월 8일 전자계산기 일반 출제문제

문제 1. 4[KB]는 몇 [byte]인가?
㉮ 4000   ㉯ 4024   ㉰ 4048   ㉱ 4096
[해설] 1[K byte] = 2^{10}[byte] = 1024[byte]
∴ 1024 × 4 = 4096[byte]

문제 2. 컴퓨터를 구성하고 있는 요소를 크게 두 가지로 분류 한다면?
㉮ 시스템, 데이터   ㉯ 프로그램, 데이터
㉰ 기억장치, 제어장치   ㉱ 하드웨어, 소프트웨어
[해설] 컴퓨터는 하드웨어의 소프트웨어의 결합에 의하여 효과적인 운영을 할 수 있다.

문제 3. 다음 사항 중 RS-232C와 관련이 없는 것은?
㉮ ISO 2110   ㉯ EIA   ㉰ ITU-T V.24   ㉱ ISO 4903
[해설] RS-232C ⇒ 통신어댑터

문제 4. 현제 커서의 글자를 지우려 한다. 어느 키를 사용하여야 하는가?
㉮ TAB   ㉯ DEL   ㉰ INS   ㉱ ALT
[해설] DEL ⇒ Delect : 틀린문자를 지우기 위하여 사용되는 key

문제 5. 컴퓨터에서 명령문이 시행될 때 다음에 시행할 명령문의 주소는 어디에 두는가?
㉮ Cache
㉯ Program Counter
㉰ InstructionRegister
㉱ MAR(Memory Address Register)
[해설] 프로그램 카운터는 다음에 시행할 프로그램의 명령번지를 지시, 유지한다.

문제 6. 주기억장치로부터 명령을 IR(Instruction Register)에 꺼내기 위해 요하는 시간을 무엇이라고 하는가?

[해답] 1. ㉱ 2. ㉱ 3. ㉱ 4. ㉯ 5. ㉯ 6. ㉰

㉮ Instruction Time ㉯ Run Time
㉰ Cycle Time ㉱ Exetution Time
해설 Cycle Time ⇒ memery cycletime : 기억장치에 단위정보를 읽거나 쓰는데 걸리는 시간

문제 7. 매크로(macro) 기능이란?
㉮ 어셈블리어 프로그램에 반복적으로 나타나는 코드들을 묶어 하나의 새로운 명령으로 정의할 수 있게 한다.
㉯ 어셈블리어 프로그램을 다른 컴퓨터의 기계어로 변환시킨다.
㉰ 어셈블리어 프로그램내의 고급언어를 삽입할 수 있게 한다.
㉱ 고급언어로 작성된 프로그램 내에 어셈블리어 분장을 삽입한다.
해설 어셈블리어 프로그램에서 연속된 여러스테이트먼트(statement)들을 정리해서 하나로 묶어 매크로명령으로 처리할 수 있도록 한 것이다.

문제 8. 다음 중 빛 에너지를 전기에너지로 바꾸어 주는 광학적 입력장치의 종류가 아닌 것은?
㉮ 라이트 펜(light pen) ㉯ 카드판독기
㉰ 바(bar)코드판독기 ㉱ 디지타이저(digitizer)
해설 디자타이저 : 사용자가 손에 잡고 움직일 수 있는 펜 모양의 철필(stylus) 또는 버튼이 달린라인 커서 장치의 두 부분으로 구성되어 있으며 펜이나 커서를 움직여 좌표 및 정보를 밑판에 읽어 자동적으로 시스템에 입력되도록 한다.

문제 9. 다음 중 자기보수코드(self complement coce)는?
㉮ ASCII 코드 ㉯ BCD 코드 ㉰ Gray 코드 ㉱ 2421 코드

문제 10. 다음 순서도 기호 중에서 각종 처리기능을 표시하는 것은?
㉮ ㉯ ㉰ ㉱
해설 ㉮는 처리, ㉯는 비교, 판단, ㉰는 준비, ㉱는 입·출력표시로 사용한다.

문제 11. 다음 순서도 기호 중 실행에 사용되는 기호는?
㉮ ㉯ ㉰ ㉱

해답 7. ㉮ 8. ㉱ 9. ㉰ 10. ㉮ 11. ㉱

[해설] ㉮는 카드파일, ㉯는 자기테이프, ㉰는 비교판단하여 조건에 따라 흐름이 분기하는데 사용된다.

[문제] 12. 그림의 7-세그먼트 디스플레이(FND 507)에서 7의 숫자를 나타내기 위한 방법은?
㉮ A, B, C를 +V_{cc}에 결선한다.
㉯ A, B, C를 접지시킨다.
㉰ A, F, E를 +V_{cc}에 결선한다.
㉱ A, F, E를 접지시킨다.

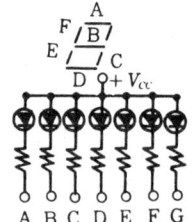

[해설] FND 507은 anode common이므로 A, B, C를 접지시키면 LED 3개가 점등7의 숫자가 표시된다.

[해답] 12. ㉯

1998년 6월 28일 전자계산기 일반 출제문제

문제 1. 오퍼레이팅 시스템의 목적이 아닌 것은?
㉮ 신뢰성　　㉯ 사용가능도　　㉰ 보수용이도　　㉱ 복잡성
[해설] 오퍼레이팅 시스템의 목적 : 처리능력증대, 응답시간 단축, 사용가능도 증대, 신뢰도 향상

문제 2. 다음 중 전송 명령에 속하지 않는 것은?
㉮ 로드　　㉯ 세트　　㉰ 시프트　　㉱ 리턴

문제 3. 주기억장치의 크기가 4K 바이트일 때 번지(address)의 내용은?
㉮ 1번지에서 4000번지까지　　㉯ 0번지에서 4000번지까지
㉰ 1번지에서 4095번지까지　　㉱ 0번지에서 4095번까지
[해설] $1[kbyte] = 2^{10}[byte]$
∴ $4[kbyte] \times 2^{10} = 4096$

문제 4. 일반적으로 디스크를 연결하는 챤넬은?
㉮ 셀렉터챤넬　　㉯ 제어챤넬
㉰ 멀티플렉서챤넬　　㉱ 서브챤넬
[해설] 셀렉터 채널(Selector Chnnel)은 하나의 입·출력 장치를 선택하면 전송이 종료될 때 계속동작-디스크 등의 고속전송이 가능한 장치가 연결된다.

문제 5. 다음 중 Von NEUMANN형 컴퓨터 연산자의 기능이 아닌 것은?
㉮ 제어기능　　㉯ 기억기능　　㉰ 전달기능　　㉱ 함수연산기능

문제 6. 다음 중 Spread sheet 전용의 응용 소프트웨어에 속하는 것은?
㉮ Clipper　　㉯ DBASEIII Plus
㉰ LOTUS 1-2-3　　㉱ Foxpio
[해설] 시프레드 시트는 컴퓨터 응용프로그램의 한가지로 숫자나 문자 데이터가 가로 세로로 펼쳐져 있는 표를 입력하고 이를 조작하고 다루어 데이터 처리를 할 수

[해답] 1. ㉱　2. ㉱　3. ㉱　4. ㉮　5. ㉯　6. ㉰

있게 된 프로그램으로 로터스 1-2-3(Lotus 1-2-3), 엑셀(Execl), 쿼트로 (Quattro) 등이 있다.

문제 7. 다음 중 스택(stack)의 under flow는 언제 일어나는가?
   ㉮ top≥0   ㉯ top=0   ㉰ top>0   ㉱ top≤0

   해설 삭제 알고리즘에서→top≤이면 under flow발생, 삭제 알고리즘에서→top≥이면 over flow가 발생한다.

문제 8. 다음 dynamic RAM에 관한 설명 중 옳지 않은 것은?
   ㉮ static RAM보다 속도가 빠르다.
   ㉯ static RAM보다 용량이 크다.
   ㉰ 주기적으로 재충전(refresh)을 해주어야 한다.
   ㉱ MOS RAM 동작방식에 속한다.

   해설 SRAM(Static RAM : 정적인 램)은 처리속도가 빠르고(20[mS]이하), DRAM (Dynamic RAM : 동적인 램)은 처리속도가 늦다(100[mS~1uS])

문제 9. 다음은 FORTRAN에서 사용하는 라이브러리(Library) 함수이다. 표시가 옳지 않은 것은?
   ㉮ SIN(X)   ㉯ SOR(X)   ㉰ EXP(X)   ㉱ COS(X)

   해설 라이브러리(Library)함수란 삼각함수나 로그함수등을 프로그램으로 만들어 저장해 놓은 것으로 SIN(X)는 사인, EXP(X)는 지수, COS(X)는 코사인을 나타낸다.
   ※ SQRT는 제곱근이다.

문제 10. 마이크로 프로세서 장지(μPU)내에서 발생한 여러 가지 상태에 대한 정보를 일시보관하는 레지스터는?
   ㉮ 명령 레지스터
   ㉯ 범용 레지스터
   ㉰ 상태 또는 플러그레지스터
   ㉱ 프로그램 카운터

   해설 상태레지스터(Status register)는 CPU주변 장치의 제어용 IC내부의 레지스터로 연산결과나 장치의 현재상태를 나타내는 비트들로 구성되어 있다. 플러그레지스터(Plag register)는 CPU내에서 방금행한 연산의 결과로 나타내는 캐리, 오버플로우, 음수, 영 등의 각종상태를 "0" 또는 "1"로 기억하는 레지스터이다.

해답 7. ㉱ 8. ㉮ 9. ㉯ 10. ㉰

1998년 9월 28일 전자계산기 일반 출제문제

문제 1. 정보를 나타내는 단위로 binary digit를 나타내는 것은?
㉮ byte   ㉯ word   ㉰ bit   ㉱ address
[해설] 바이너리 디지트(binary digit)의 약자를 비트(bit)라 하며 2진법의 한자리를 의미한다.

문제 2. 컴퓨터를 구성하고 있는 기계자체를 총칭하는 용어는?
㉮ 소프트웨어   ㉯ 하드웨어   ㉰ 펌웨어   ㉱ 운영체제

문제 3. 데이터(data) 전송 속도의 단위는?
㉮ bit   ㉯ byte   ㉰ baud   ㉱ binary
[해설] 보오(baud)는 정보통신에 초당 전송되는 신호의 수를 나타내는데 이진 신호인 경우에 신호의 수는 비트수(bit per second bps)와 같다.

문제 4. 컴퓨터의 기억용량을 의미하는 것은?
㉮ 프로그램의 크기   ㉯ 기억장치의 크기
㉰ 액세스타임   ㉱ 사이클 타임
[해설] 기억용량 ⇒ 기억장치의 크기

문제 5. 다음 보기에서 나열된 내용과 관계가 깊은 장치는?

[보기] 명령레지스터, 프로그램, 카운터, 해독기

㉮ 연산장치   ㉯ 제어장치   ㉰ 기억장치   ㉱ 입력장치
[해설] 제어장치는 CPU(중앙처리장치)내에서 주어진 명령어의 OP코드를 분석하여 레지스터, ALU, 기억장치, 버스 등에 각종 제어신호를 보내는 장치이다.

문제 6. 마이크로프로세서의 내부 구성요소가 아닌 것은?
㉮ 연산장치   ㉯ ROM   ㉰ 범용레지스터   ㉱ 결합버스
[해설] 마이크로프로세서(microprocessor)는 중앙처리장치의 기능을 집적회로화 한 것으로 각종의 레지스터, 제어회로 등으로 구성된다.

[해답] 1. ㉰   2. ㉯   3. ㉰   4. ㉯   5. ㉯   6. ㉯

문제 7. 다음의 소프트웨어 중에서 성격이 전혀 다른 것은?
㉮ MVS ㉯ UNIX ㉰ SPSS ㉱ CP/M

[해설] ㉮는 Multiply Virtual Storag의 준말로 IBM사가 대형기종에 많은 사용자를 받아들일 수 있도록 개발한 시스템이고 ㉯는 미니 및 마이크로 컴퓨터의 다중작업 운영체제이며 ㉰는 Statistical Package for Social Science Program for Micro Computer의 준말로 미국디지털 리서치사에 의해 만들어진 운영체재이다.

문제 8. 다음 나열된 장치들 중 출력장치로만 짝지원진 것은?
㉮ 마우스(MOUSE)-광학마크판독기(OMR)-프린터
㉯ 자판(Key board)-스캐너(Image Scanner)-CRT
㉰ 광학문자판독기(OCR)-광팬(Light Pen)-프린터
㉱ X-Y플로터-CRT-프린터

문제 9. 서브루틴흐름이나 인터랩트 처리와 같은 동작에서 임시저장을 위한 메모리의 다음주소를 보관하는 곳은?
㉮ 상태레지스터 ㉯ 프로그램계수기
㉰ 메모리 주소 레지스터 ㉱ 스택포인터

[해설] 기억장치에 기억된 명령(instruction)이 기억된 순서대로 중앙처리 장치에서 실행될 수 있도록 주소를 지정해 주는 레지스터를 프로그램계수기라 한다.

문제 10. 원시프로그램을 컴파일러에 의해 번역하면 목적 프로그램이 생성되는데 이 목적프로그램은 즉시 실행할 수 없는 상태의 기계어이다. 이를 실행 가능한 로드모듈로 변환하는 것은?
㉮ Linkage Editor ㉯ Interpreter
㉰ Compiler ㉱ Loader

[해설] ㉮는 연결편집기로 두 개 이상의 목적프로그램을 합쳐서 하나에 실행 가능한 프로그램으로 만드는 작업을 하는 프로그램, ㉯는 해석기(인터프리터)로 원시프로그램을 한줄씩 읽어들여 중간코드로 바꾼 다음 그를 해석하여 해당되는 작용을 서브루틴 호출로 바꾸어 실행하고 ㉰는 컴파일러의 상세한 동작을 지시하는 명령문으로 원시프로그램내에 들어간 것을 가리킨다. ㉱는 디스크나 테이프에 저장된 목적프로그램을 읽어서 주기억 장치에 올린 다음 수행시키는 프로으로 일종에 운영체제이다.

[해답] 7. ㉮ 8. ㉱ 9. ㉯ 10. ㉮

문제 11. 오디오앰프(Audio amp)에 부궤환을 걸어줄 때의 장점이 아닌 것은?
㉮ 주파수 특성이 개선된다.
㉯ 안정도가 향상된다.
㉰ 찌그러짐이 감소된다.
㉱ 증폭도가 증가한다.
해설 부궤한(negative feed back)을 걸어주면 증폭도는 낮아지지만 주파수 특성과 안정도가 향상되며 일그러짐이 감소되는 장점이 있다.

문제 12. 전축의 구동모우터에서 유도힘이 적고 기계적 진동이 없으며 회전수가 일정한 것은?
㉮ 히스테리시스 싱크로너스 모우터
㉯ 콘덴서 진상형 인덕션 모우터
㉰ 세이딩 코일형 인덕션 모우터 4극형
㉱ 세이딩 코일형 인덕션 모우터 2극형

문제 13. 수퍼헤테로다인 수신기의 특징이 아닌 것은?
㉮ 중간주파수에서 증폭하므로 증폭도가 높아 감도가 좋다.
㉯ 신호대 잡음비 개선을 위해 진폭제한기를 사용한다.
㉰ 일반적으로 선택도가 우수하다.
㉱ 중간주파수로 변환되므로 선택도가 향상된다.
해설 슈퍼헤테로다인(super-heterodyne) 수신기에서는 고주파인 도래전파의 주파수를 낮은 중간주파수로 바꾸어 증폭하므로, 증폭이 용이하여 감도를 높일 수 있으며 안정된 수신을 할 수 있는 특징이 있다. 또한 낮은 주파수를 사용하기 때문에 전파의 형식에 따라 통과 대역폭을 변화시킬 수 있어 충실도와 선택도를 좋게 할 수 있다.

문제 14. 수퍼헤테로 다인 수신기에 RF증폭단을 부가하면 발생하는 현상 중 옳지 못한 것은?
㉮ S/N이 개선된다.
㉯ 감도가 나빠진다.
㉰ 영상주파수 선택도가 좋아진다.

해답 11. ㉱ 12. ㉮ 13. ㉯ 14. ㉯

㉣ 국부발진 에너지를 안테나를 통해 외부에 방사하지 않는다.

[해설] 고주파 증폭기를 부가시키면 신호대 잡음비(SN비)가 개선되며 감도와 선택도가 좋아지고 국부발진세력의 외부방사를 적게할 수 있다.

[문제] 15. 흑백텔레비젼의 수평주사 주파수로서 옳은 것은?
㉮ 15650[Hz]   ㉯ 15700[Hz]   ㉰ 15725[Hz]   ㉱ 15750[Hz]

[해설] 우리나라의 TV주사선수는 525줄이므로
$f_H = 30 \times 525 = 15750[Hz]$

[문제] 16. 자기녹음기의 교류바이어스에 사용되는 주파수는 대략 얼마인가?
㉮ 60~100[kHz]   ㉯ 100~200[kHz]
㉰ 30~200[kHz]   ㉱ 200~2000[kHz]

[해설] 교류바이어스 법은 녹음할 음성전류에 일정한 발진주파수 30~200[kHz]의 고주파 전류를 중첩시켜 바이어스 자장을 가하는 방식이다.

[문제] 17. VTR의 영상헤드는 회전운동을 하고 있다. 어떤 결합을 통해 안전하게 영상신호를 전달하는가?
㉮ 용량결합
㉯ 빛 센서에 의한 결합
㉰ 로우타리 트랜스에 의한 결합
㉱ 순금 슬립링에 의한 결합

[해설] Rotary Transformer는 녹화신호 전류를 회전비디오 헤드에 공급하거나 비디오 헤드로부터 재생신호를 끌어내어 영상증폭회로에 공급한다.

[해답] 15. ㉱   16. ㉰   17. ㉰

제3편
전자측정

1. 측정 일반

❖ 요점 정리 ❖

1. 측정 일반

【1】전기 표준기
(1) 전기의 국제 단위
  ① 1[A] : 진공 중에 1[m]의 간격으로 놓여진 단면적이 무시할 정도로 작고, 길이가 무한히 긴 두 평행직선 도체에 같은 세기의 전류를 흘릴 경우, 도체의 길이 1[m]당 2×10^{-7}[N]의 힘이 미칠 때의 전류
  ② 1[V] : 1[A]의 전류가 통하는 도체의 두 점 사이에서 소비되는 전력이 1[W]일 때의 두 점사이의 전압
  ③ 1[Ω] : 도체에 1[V]의 전압을 가할 경우, 도체에 흐르는 전류가 1[A]일 때 그 도체의 저항

(2) 전기 표준기
  ① 표준 저항기 : 구리-망간-니켈(Cu-Mn-Ni)의 합금인 망가닌선을 사용하며, 저항값은 1[kΩ], 1[Ω], 0.1[Ω] 등의 종류가 있다.
  ② 표준 전지 : 중성 포화용 카드뮴 전지인 웨스턴 표준 전지(Weston standard cell)를 사용한다.
  ③ 웨스턴 표준 전지는 양극으로 수은, 음극으로는 카드뮴 아말감이 사용되며, 20[℃]에서의 기전력은 1.01864[V]이고, 내부 저항은 약 500[Ω]이내이다.

【2】전기 측정의 분류
  ① 절대 측정
  ② 비교 측정 ┌ 영위법 : 전위차계, 휘트스톤 브리지의 평형 등
           ┤ 편위법 : 전압계, 전류계, 저항계 등
           └ 치환법 : 기지량과 미지량을 비교하여 치환하는 방법

【3】측정 오차
(1) 오차의 종류
  ① 과오 : 측정자의 부주의로 인하여 발생하는 오차

② 계통 오차 : 일정한 원인에 의하여 발생하는 오차
③ 우연 오차 : 측정 조건의 변동이나 측정자의 주의력 동요 등에 의한 오차
(2) 오차, 오차율, 보정, 보정률
  ① 측정 오차 $\varepsilon = M - T$ M : 측정값, T : 참값
  ② 오차율 $\alpha = \dfrac{\varepsilon}{T} \times 100 [\%] = \dfrac{M-T}{T} \times 100 [\%]$ (백분율 오차)
  ③ 보정 $a = T - M = -\varepsilon$
     $T = M + a$
  ④ 보정률 $a_0 = \dfrac{T-M}{M} \times 100 [\%]$ (보정 백분율)

2. 지시 계기

【1】 지시 계기의 구성 요소

(1) 구동 장치(driving device)
  ① 구동 장치 : 가동 부분에 측정하려는 전기량에 비례하는 구동 토크를 발생시키는 장치
  ② 구동 토크를 발생시키는 방법
    ㉠ 자장과 전류와의 사이에 작용하는 힘
    ㉡ 두 전류 사이에 작용하는 힘
    ㉢ 충전된 두 물체 사이에 작용하는 힘
    ㉣ 자장 내에 있는 철판에 작용하는 힘
    ㉤ 회전 자장 및 이동 자장 내에 있는 금속 도체에 작용하는 힘
    ㉥ 줄(Joule) 열에 의한 금속선의 팽창에 의한 힘
    ㉦ 전류에 의한 전기 분해작용
(2) 제어 장치(controlling device)
  ① 제어 장치 : 가동 부분의 변위나 회전에 맞서 원래의 위치에 되돌려 보내려는 제어 토크를 발생시키려는 장치
  ② 제어 장치의 종류
    ㉠ 스프링 제어(대부분의 지시 계기에 사용)
    ㉡ 중력 제어(현재는 거의 사용하지 않음)
    ㉢ 전기적 제어(비율계에 사용)

2. 지시 계기　3-5

　　ⓔ 자기력 제어(가동 자침형 검류계에 사용)
　　ⓜ 맴돌이 전류 제어(적산 전력계에 사용)
(3) 제동 장치(damping device)
　① 제동 장치 : 가동 부분에 적당한 제동력(제동 토크)를 가하여 지침을 빨리 정지시키는 장치
　② 제동 장치의 종류
　　㉠ 공기 제동(지시 계기에 제일 많이 쓰인다.)
　　㉡ 액체 제동(기록 계기나 정전형 계기에 사용)
　　㉢ 맴돌이 전류 제동(적산 적력계나 가동 코일형 계기에 사용)
　※ 지시 계기의 3요소 ┌구동 장치
　　　　　　　　　　　　├제어 장치
　　　　　　　　　　　　└제동 장치

【2】 각종 지시 계기의 용도와 특성

종 류	약호및기호	동작원리	주용도	특 성	측정범위
가동코일형	M	자석의 자속과 전류의 상호작용	전류계 전압계 자속계 저항계	직류 균등 눈금 감도가 높고, 정밀용	전류 : $5 \times 10^{-6} \sim 10^2$[A] 전압 : $10^{-2} \sim 6 \times 10^2$[V]
전류력계형	D	전류사이의 전자 작용	전력계 전압계 전류계	교류·직류양용 상용주파수에서 사용, 실효값 지시	전류 : $10^{-2} \sim 20$[A] 전압 : $1 \sim 10^3$[V]
가동철편형	S	사장 속의 연철편이 작용하는 전자력	전류계 전압계 저항계 회전계	교류 견고하여 실용적, 상용주파수에 사용 실효값 지시	전류 : $10^{-2} \sim 3 \times 10^2$[A] 전압 : $10 \sim 10^3$[V]
유도형	I	교번 자속과 이에 의한 맴돌이 전류의 상호 작용	전력계 전압계 전류계 회전계	교류용 구동토오쿠가 큼, 사용주파수에 사용	전류 : $10^{-1} \sim 10^2$[A] 전압 : $1 \sim 10^3$[V]
정전형	E	충전한 금속판 사이의 정전 작용	전압계 저항계	교류·직류양용, 상용주파수에 사용 실효값 지시	전압 : $1 \sim 5 \times 10^5$[V]

정류형	R ●▶▮◀●	반도체의 정류 작용	전압계 전류계 저항계	교류용 고주파에 사용 평균값 지시	전류 : $5 \times 10^{-4} \sim 10^{-1}$[A] 전압 : $3 \sim 10^3$[V]
열전쌍형	(직렬형) (전연형)	열전쌍에 생기는 열기전력	전압계 전류계 전력계	교류·직류양용, 사용 고주파에 실효값 지시	전류 : $10^{-3} \sim 5$[A] 전압 : $0.5 \sim 150$[V]
진동편형	V ⊻	진동편의 공진 작용	주파수계 회전계	교류용	
가동코일형비율계형	XM	두 코일의 자기 작용의 비	저항계 역률계	직류형	
가동철편형비율계형	XS	두 코일의 자기 작용의 비	주파수계 역률계	교류용	

【3】 지시 계기의 측정 범위 확대

(1) 분류기(shunt) : 직류 전류의 측정 범위를 확대시키기 위해 전류계에 병렬로 접속하는 저항

$$I_a = \frac{R_S}{R_S + R_a} I, \quad I \frac{R_S + r_a}{R_S}$$

$$I_a = \left(1 + \frac{r_a}{R_S}\right) I_S$$

$$\therefore \frac{I}{I_a} = 1 + \frac{r_a}{R_S} = n$$

$$R_S = \frac{r_a}{n-1} [\Omega]$$

r_a : 내부 저항[Ω], R_S : 분류기 저항[Ω], n : 배율, I : 측정하고자 하는 전류[A], I_a : 전류계에 흐르는 전류[A]

(2) 배율기(multiplier) : 전압의 측정 범위를 확대하기 위해 전압계에 직렬로 접속하는 저항

$$V_V = r_V I = \frac{r_V V}{r_V + R_m} [V]$$

$$V = \frac{r_V + R_m}{r_V} V_V = \left(1 + \frac{R_m}{r_V}\right) V_V [V]$$

$$\therefore \frac{V}{V_V} = 1 + \frac{R_m}{r_V} = m$$

$R_m = r_V(m-1)[\Omega]$, r_V : 내부 저항[Ω], R_m : 배율기 저항[Ω],
m : 배율 V : 측정하는 전압[V], V_V : 전압계에 걸리는 전압[V]

(3) 분압기 : 정전 전압계의 전압 측정 범위를 확대시키기 위한 것
① 저항 분압기
$$\frac{V}{V_V} = \frac{R_1 + R_2}{R_1} = 1 + \frac{R_2}{R_1} = n$$

R_1, R_2 : 무유도성의 고저항[Ω]
② 용량 분압기 : 교류 측정에만 사용한다.
$$\frac{V}{V_V} = \frac{C_V + C}{C} = 1 + \frac{C_V}{C} = n$$

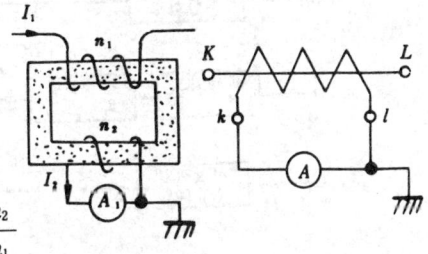

C_V = 계기의 용량[F], C : 직렬 용량[F]

(4) 계기용 변류기(CT)
교류 전류의 측정 범위 확대에 사용하는 변성기로서 2차 표준은 5[A]이다.

I_1, I_2 : 1차 및 2차 전류
n_1, n_2 : 1차 및 2차 권선수
$I_1 n_1 = I_2 n_2$
$$\therefore \frac{I_1}{I_2} = \frac{n_2}{n_1}$$

변류비 = $\frac{I_1}{I_2}$ 권선비 = $\frac{n_2}{n_1}$

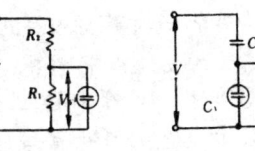

(5) 계기용 변압기(PT)
교류 전압의 측정 범위 확대를 위한 변성기로서 2차 표준은 100[V] 또는 110[V]로 권선비가 정해진다.
V_1, V_2 : 1차 및 2차의 단자 전압[V]
E_1, E_2 : 1차 및 2차의 기전력[V]

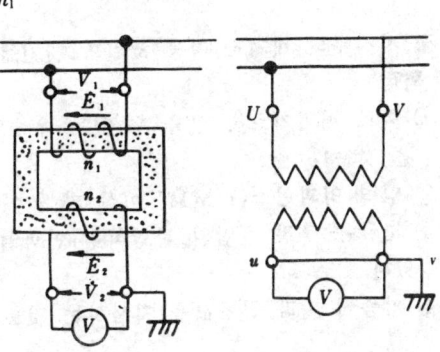

n_1, n_2 : 1차 및 2차의 권선수

$$\frac{V_1}{V_2} = \frac{E_1}{E_2} = \frac{n_1}{n_2}$$

【4】회로 시험기(multi-circit tester)
① 정격 전류가 작은(수십[μA]~1[mA]) 가동 코일형 전류계에 여러 개의 분류기와 배율기를 전환하여 측정 범위를 연속적으로 확대해 나갈 수 있게 구성한 것이다.
② 교류 전압의 측정이 되도록 정류기를 접속하고 있으며, 저항의 측정을 위해 전지를 내장하고 있다.
③ 측정 내용 : 직류 전류, 직류 전압, 교류 전압, 강하
④ 인덕턴스와 커패시턴스 및 [dB]은 지정된 교류 전원[보통 10[V], 60[Hz]]을 가하여 측정할 수 있다.

【5】전자 전압계(진공관 전압계, vacuum tube voltmeter, VTVM)
(1) 구성

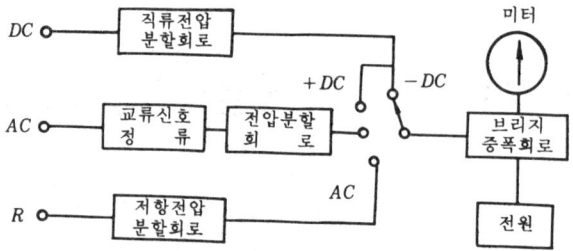

※ 지시부의 계기는 가동 코일형 계기를 사용한다.

(2) 특징
① 회로 시험기로는 얻을 수 없는 우수한 고주파 특성(10[MHz] 이상)을 갖는다.
② 입력 임피던스(1[MΩ] 이상)가 높아 측정 오차가 적다.
③ 눈금은 측정 전압의 파형이 시인파일 때의 실효값(rms)으로 매겨져 있다.
④ 기종에 따라 첨두값을 지시하는 것도 있다.

【6】 기록 계기(recording instrument)

 기록 계기는 전압, 전류 및 주파수 등이 시간적으로 변화하는 상황을 기록 용지에 자동적으로 측정, 기록하는 계기이다.

(1) 기록 계기의 종류
 ① 직동식, ② 타점식, ③ 자동 평형식, ④ X-Y기록 계기 등

(2) 자동 평형식 기록 계기의 구성

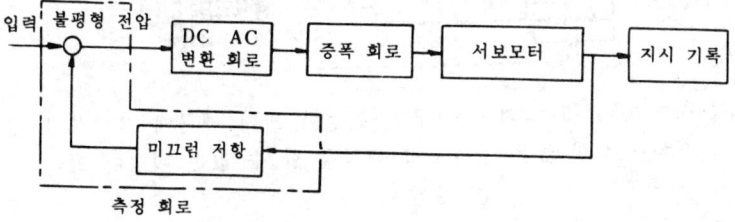

(3) 브리지형 자동 평형 계기의 원리

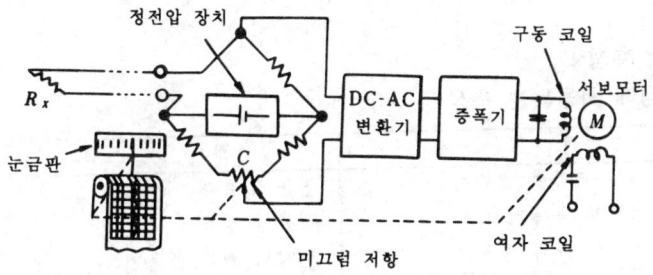

(4) X-Y기록 계기
 ① 2개의 전압 입력 X, Y 사이의 함수 관계 $Y=f(x)$의 도형을 모눈종이 위에 자동적으로 기록하는 계기이다.
 ② X-Y기록 계기의 구성

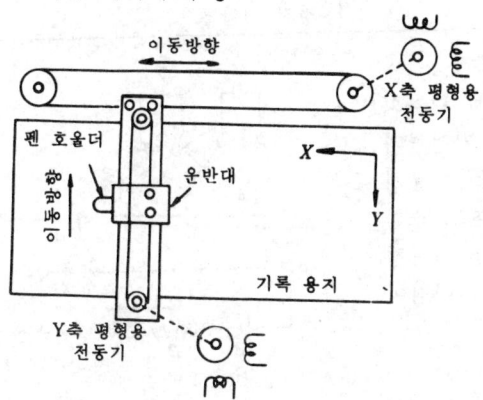

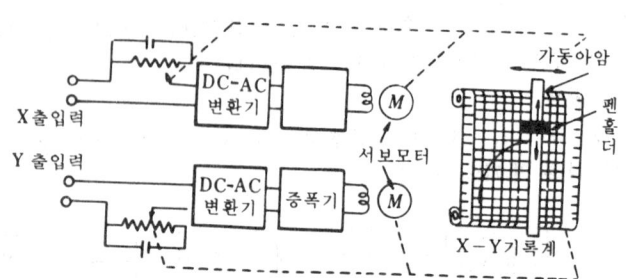

③ X-Y기록 계기는 가동 기구의 관성이 크기 때문에 응답도가 낮아서, 변화가 심한 높은 주파수의 측정을 할 수 없는 결점이 있다.

3. 전압, 전류 및 전력의 측정

【1】 전압 측정
(1) 전압 측정에 사용되는 측정기

전압 범위	직 류	교 류
미소 전압	가동 코일형 검류계 검류계 증폭기 전자식 직류 증폭기	진동 검류계 정류형 검류계 전자식 교류 증폭기
보통 전압	지시 계기(주로 가동 코일형) 직류 전위차계(정밀 측정용) 디지털 전압계	지시 계기(주로 가동 철편형) 교류 전위차계(전압 벡터 측정용) 직·교류 비교기(정밀 측정용)
고 전 압	지시 계기(분압기 사용) 정전 전압계	지시 계기(계기용 변압기 사용) 정전 전압계

(2) 전위차계에 의한 전압 측정

직류 전위차계는 측정할 미지의 직류 전압을 표준 전지의 기전력과 비교하여 측정하는 영위법을 이용하는 것으로, 측정의 확도가 높고 또한 평형 상태에서 표준 전지나 피측정 전원의 전류가 흐르지 않는 이점이 있다.

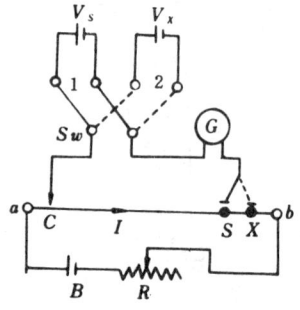

$V_S = IR_S$, $V_X = IR_X$

$$\frac{V_X}{V_S} = \frac{IR_X}{IR_S} = \frac{R_X}{R_S}$$

$$\therefore V_X = \frac{R_X}{R_S} \cdot V_S$$

V_S : 표준 전압, V_X : 미지 전압, R_S : C-S간의 저항〔Ω〕
R_X : C-X간의 저항〔Ω〕

【2】전류 측정
(1) 전류 측정에 사용하는 측정기

전압 범위	직　　　류	교　　　류
미소 전류	미소 전압 측정과 같음. 자기 증폭기	미소 전압 측정과 같음.
보통 전류	지시 계기(주로, 가동 코일형) 직류 전위차계(표준 저항기 사용)	지시 계기(주로 가동 코일형) 직·교류 비교기
대 전 류	지시 계기(분류기 사용) 직류 변류기	지시 계기(계기용 변류기 사용)

(2) 선로 전류의 측정

$$\left.\begin{array}{l}(I+i_1)R = V_1 \\ (I+i_2)R = V_2\end{array}\right], \quad \frac{I+i_1}{I+i_2}$$

$$\therefore I = \frac{i_2 V_1 - i_1 V_2}{V_2 - V_1} \text{〔A〕}$$

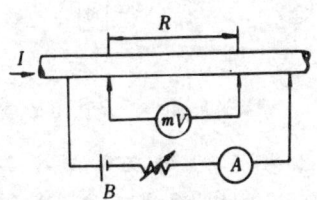

(3) 충격 전류의 측정
① 충격 전류를 측정할 때 문제가 되는 것은 파고값과 파형이므로 파형을 정확히 알려면 시정수가 작은 특수한 분류기에 충격 전류를 흘려주고, 여기에 생기는 전압 강하를 오실로스코프로 측정한다.
② 간단한 장치로 파고값만을 알고 싶을 때에는 자강편을 이용하는 방법으로 측정한다.

【3】전력 측정
(1) 직류 전력 측정

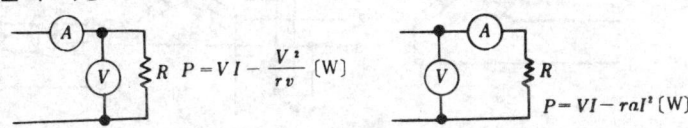

r_1 : 전압계의 내부 저항[Ω], r_a : 전류계의 내부 저항[Ω]

(2) 교류 전력 측정
① 3전압계법에 의한 단상 교류 전력의 측정

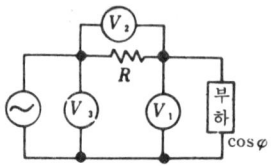
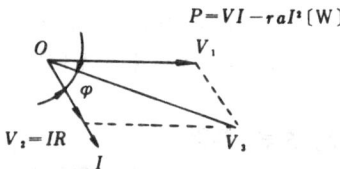

$$P = V_1 I\cos\varphi = \frac{V_1 V_2 \cos\varphi}{R} = \frac{1}{3R}(V_3^2 - V_1^2 - V_2^2)[\text{W}]$$

② 3전류계법에 의한 단상 교류 전력의 측정

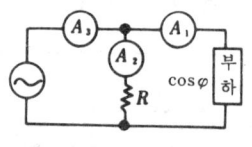
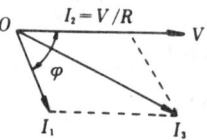

$$P = V_1 I\cos\varphi = I_2 RI, \quad \cos\varphi = \frac{R}{2}(I_3^2 - I_1^2 - I_2^2)[\text{W}]$$

③ 상용 주파수의 교류 전력 측정에는 주로 전류력계형 전력계를 사용하고, 배전반용에는 유도형 전력계도 사용된다.
④ 고주파 전력의 측정에는 열전형 전력계나 전자식 전력계가 사용된다.
⑤ 3선식의 전력 : 블론델(Blondel)의 정리에 의하여 $(n-1)$개의 전력계로 측정한다.

(3) 3상 교류 전력의 측정
① 1전력계법

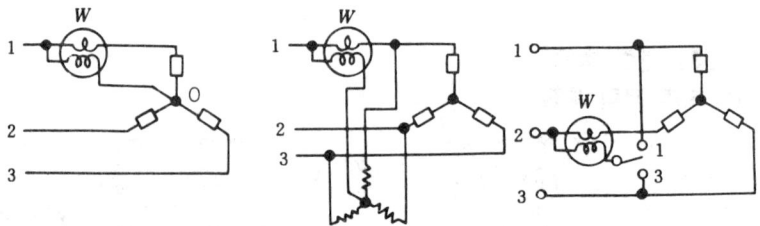

② 2전력계법

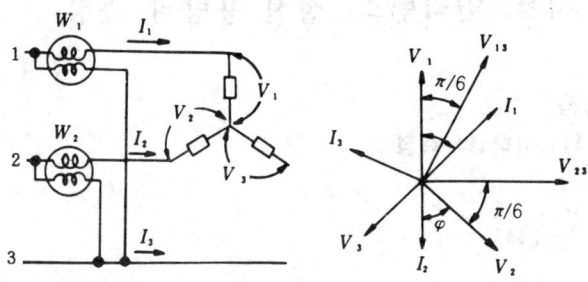

$$P = W_1 + W_2 = 3\,VI\cos\varphi\,[W]$$

③ 3전력계법

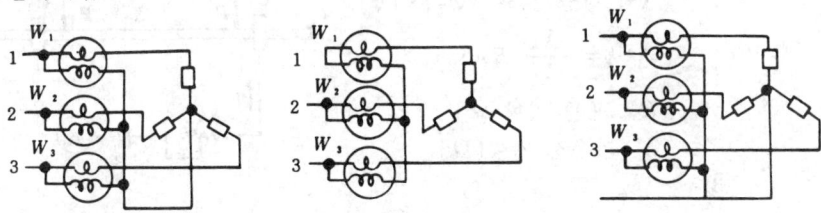

(a) $P = W_1 + W_2 + W_3$ (b) $P = W_2 + W_2 + W_3$ (c) $P = W_1 + W_2 + W_3$

(4) 적산 전력계(watt-hour meter)

① 직류용 적산 전력계 : 정류자 전동기형과 수은 전동기형이 있다.
② 교류용 적산 전력계 : 유도형의 이동 자장형이 주로 쓰인다.
③ 유도형 적산 전력계 : 이동 자장을 써서 가동부를 소비 전력에 비례한 속도로 회전시키도록 한 것으로 위상 보상 장치, 경부하 보상 장치, 중부하 보상 장치가 부가 된다.
④ 적산 전력계의 시험 : 2차 시험, 계량 장치 시험, 시동 전류 시험, 클링핑 시험, 절연 시험의 5가지 시험이 있다.
⑤ 적산 전력계가 n회전 하는데 요하는 시간

$$T = \frac{3{,}600 \times 1{,}000 \times n}{P[W] \times K}\,[\sec]$$

K : 계기 정수[rev/kWh]

4. 저항, 인덕턴스, 정전 용량의 측정

【1】 저항 측정
(1) 저저항(0.1〔Ω〕이하)의 측정

① 전압 강하법

$$X = \frac{V}{I} \ [\Omega]$$

② 전위차계법

R_S의 전압 강하 $V_S = IR_S [V]$

X의 전압 강하 $V_X = I \times [V]$

$$\therefore X = \frac{V_X}{V_S} R_R [\Omega]$$

R_S : 표준 저항〔Ω〕
X : 피측정 저항〔Ω〕

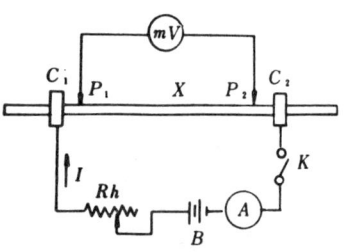

③

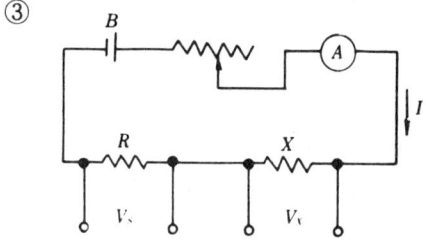
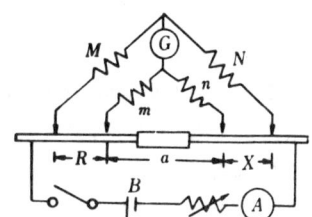

④ 켈빈 더블 브리지(kelvin double bridge)법

$$\frac{M}{N} = \frac{m}{n} = \frac{R}{X}$$

$$\therefore X = \frac{N}{M} R = \frac{n}{m} R [\Omega]$$

(2) 중 저항(0.1~10⁶〔Ω〕)의 측정

① 전압 강하법

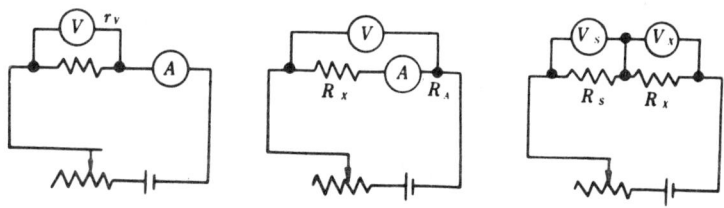

(a) $R_x = V\left(1 - \dfrac{V}{r_1}\right)$ (b) $R_x = \dfrac{V}{1} - R_4$ (c) $R_x = R_s \dfrac{V_x}{V_s}$

② 휘트스톤 브리지 법

$$X = \dfrac{Q}{P} R [\Omega]$$

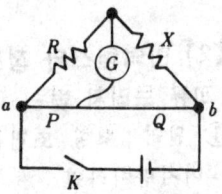

(a) 휘이트 스토운 브리지   (b) 미끄럼줄 브리지

(3) 고저항(1[MΩ] 이상)의 측정법

① 직편법 : 표준 고저항과 미지의 고저항에 같은 직류 전압을 가하고 각각 흐르는 전류의 크기를 비교하여 미지 고저항값을 측정하는 방법

② 전압계법 : 내부 저항을 알고 있던 직류 전압계를 쓰고 미지 저항과 전압계의 내부 저항을 비교하여 측정하는 방법

③ 콘덴서의 충·방전을 이용하는 방법

(4) 전지의 내부 저항 측정

① 전압계법

$$I = \dfrac{V_2}{R}\ [A],\ r = \dfrac{V_1 - V_2}{I}\ [\Omega]\text{에서}$$

$$\therefore r = \dfrac{V_1 - V_2}{V_2} R[\Omega]$$

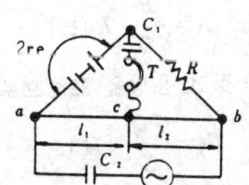

② 콜라우시 브리지(kohlrausch bridge) 법

$$r_e = \dfrac{l_1}{2l_2} R[\Omega]$$

(5) 전해액의 저항 측정

콜라우시 브리지를 사용한다.

$$R_x = \dfrac{l_1}{l_2} R[\ ]$$

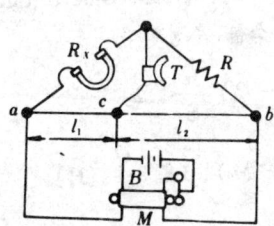

저항률 $\rho x = \dfrac{R_x}{C}$ [Ωm]

C : 측정에 사용한 U자형 용기의 상수

【2】 인덕턴스와 정전 용량의 측정
(1) 교류 브리지 법
① 원리 : 평형 조건은 $Z_1 Z_4 = Z_2 Z_3$ 이므로 Z_1, Z_2, Z_3 이 기지량이고 Z_4 가 미지량이라면

$$Z_4 = \dfrac{Z_2}{Z_1} Z_3$$

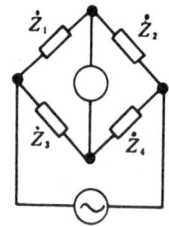

교류 브리지

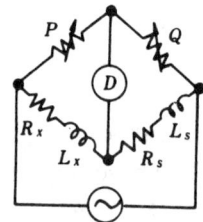

맥스웰 브리지

② 맥스웰 브리지(Maxwell bridge)
  ㉠ 표준 인덕턴스와의 비교 측정

$$\dfrac{L_X}{L_S} = \dfrac{R_X}{R_S} = \dfrac{P}{Q}$$

$$L_X = \dfrac{P}{Q} L_S [\text{H}]$$

  ㉡ 정전 용량을 표준으로 하는 측정

$$P_X = \dfrac{PQ}{S} [\Omega]$$

$$L_X = PQC [\text{H}]$$

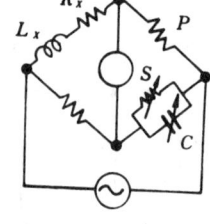

③ 헤비사이드 브리지(Heaviside bridge) : 가변 상호 유도기 M을 표준으로 인덕턴스를 측정한다.

$$R_X = (R - R_0) \dfrac{Q}{S} [\Omega]$$

$$L_X = (M - M_0)\left(1 + \dfrac{Q}{S}\right) [\text{H}]$$

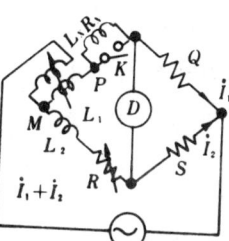

(2) 상호 인덕턴스의 측정
① 맥스웰 브리지 법
$$L_a = L_1 + L_2 + 2M$$
$$L_b = L_1 + L_2 - 2M$$
$$L_a - L_b = 4M$$
$$\therefore M = \frac{1}{4}(L_a - L_b)\,[H]$$

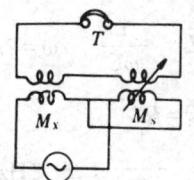

② 캠벌(Campbell)법
평형을 잡으면 $M_X = M_S$이므로 M_S의 다이얼 눈금으로 M_X를 알 수 있다.

(3) 정전 용량의 측정
셰링 브리지(schering bridge)를 주로 사용한다.
$$C_X = \frac{P}{Q} C_S$$
$$r_X = \frac{C}{C_S} Q$$

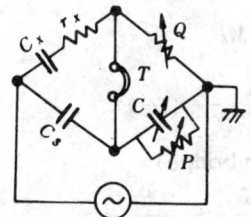

【3】 측정용 교류 전원
① 측정용 전원에는 100~1[kHz] 정도의 가청 주파수가 사용되고, 교류 전원으로는 버저, 소리굽쇠 발진기, 진공 발진기 등이 사용된다.
② 측정용 전원으로서의 구비 조건
  ㉠ 발진 주파수가 안정할 것
  ㉡ 출력 전압이 일정할 것
  ㉢ 출력 파형이 일그러지지 않을 것
  ㉣ 출력 임피던스가 가능한 한 작을 것
  ㉤ 취급이 간편할 것

5. 주파수 및 파형 측정

【1】 상용 주파수의 측정
① 진동편형 주파수계
② 지침형 주파수계 : 유도형, 가동 철편형, 전류력 계형

【2】 가청 주파수의 측정
① 주파수 브리지 : 교류 브리지의 평형 조건으로부터 주파수를 측정
② 헤테로다인 파장계 : 기지 주파수와 피측정 주파수와의 비트(beat)로 측정
③ 오실로스코프 : 리사주 도형(Lissajou's figuee)을 이용하여 측정

(1) 공진 브리지

$$\omega L = \frac{1}{\omega C}, \quad \omega = 2\pi f$$

$$PQ = RS$$

$$f = \frac{1}{2\pi\sqrt{LC}} \ [\text{Hz}]$$

에서

(2) 캠벌 브리지(campbell bridge)

$$\frac{1}{\omega C} I = \omega MI$$

$$f = \frac{1}{2\pi\sqrt{MC}} \ [\text{Hz}]$$

(3) 빈 브리지(Wien bridge)

$$\frac{C_2}{C_1} = \frac{R_3}{R_4} - \frac{R_1}{R_2}$$

$$\omega C_2 R_1 R_2 R_4 = \frac{R_4}{\omega C_1}$$

$$f = \frac{1}{2\sqrt{C_1 C_2 R_1 R_2}} \ [\text{Hz}]$$

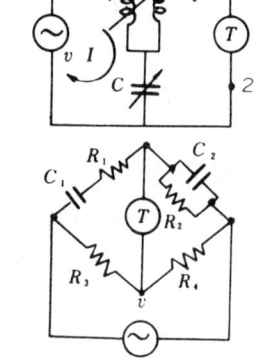

(4) 헤테로다인(heterodyne) 주파수계
 $f_x - f_i = 0$으로 될 때 수화기의 소리가 들리지 않게 되는($f_x = f_i$) 것을 이용한다.

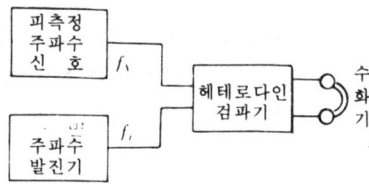

【3】 고주파수 측정
(1) 흡수형 주파수계
① 직렬 공진 회로의 주파수 특성을 이용한 것으로 R, L, C 공진 회로의 대략의 주파수 측정에 사용 된다.
② 공진 회로의 Q가 크지 않을 때에는 공진점을 찾기가 어려우므로 정밀한 측정이 어렵다.
③ 대체로 100[MHz] 이하의 고주파 측정에 사용된다.

(2) 딥미터(dip meter)
   ① 공진 회로의 공진 주파수를 측정하는데 사용되는 것으로 흡수형 주파수계와 비슷하게 동작한다.
   ② 송신기의 송신 주파수, 수신기의 중간 주파수 및 안테나의 동조 주파수를 측정하는데 사용된다.
   ③ 주파수 측정 범위는 300〔MHz〕정도까지이며, 측정 오차는 1~2〔%〕이다.
(3) **동축 주파수계** : 동축선(carxial line)의 공진 특성을 이용한 것으로, 2,500〔MHz〕정도까지의 초고주파 주파수를 측정 하는데 사용된다.
(4) **공동 주파수계** : 마이크로파의 주파수를 비교적 정확하게 측정할 수 있다.

【4】오실로스코프(oscillocope)
(1) 오실로스코프의 구성
   ① 수직축 증폭기 : 관측하고자 하는 신호 전압을 증폭하여 그 출력을 수직 편향판에 가한다.
   ② 수평축 증폭기 : 톱날파 발생기로 부터의 톱날파 전압을 증폭하여 수평 편향판에 가한다.
(2) 리사주 도형의 관측
   ① 주파수의 측정

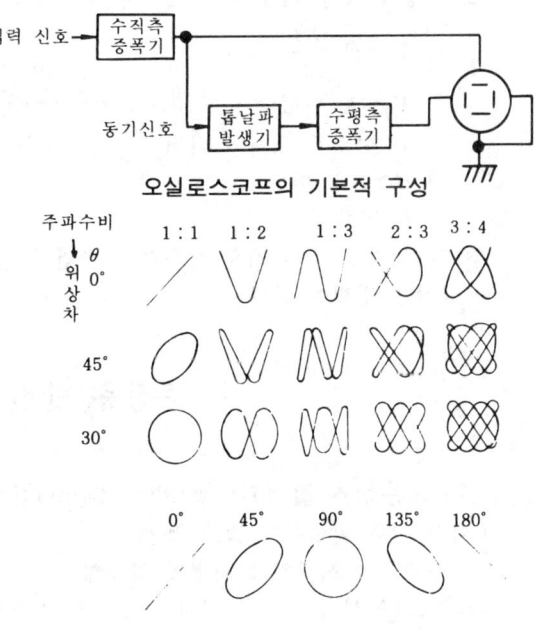

오실로스코프의 기본적 구성

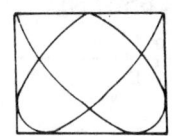

수평대 수직 주파수 비는 3 : 4 이므로

$$\therefore f_r = \frac{4}{3} f_{ll} [Hz]$$

② 위상 측정

$$\theta = \sin^{-1}\frac{b}{a}$$

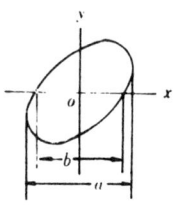

【5】전자 오실로그래프(oscillograph)
① 주파수 1[kHz] 정도 이하의 저주파 현상을 관측, 기록하는데 사용된다.
② 진동자, 광학계 및 기록부의 세 부분으로 구성된다.

6. 자기의 측정

① 자속 측정 : 자속계 또는 충격 검류계를 사용한다.
② 자장의 측정 : 홀(Hall) 소자에 홀 효과(Hall effect)를 이용한다.

$$V_H = R\frac{IB}{d}\ [V]$$

V_H : 홀 전압
d : 반도체 소자의 나비
B : 자속 밀도
I : 전류

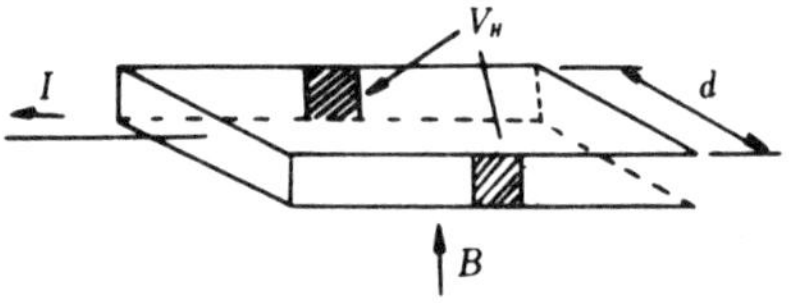

홀효과

③ 철손 측정 : 전력계를 사용하는 방법과 엡스타인(Epstein) 장치를 사용하는 방법이 있다.

7. 측정용 발진기

【1】표준신호 발생기(Standard Signal Generator, SSG)
(1) 표준 신호 발생기의 필요 조건
① 주파수가 정확하고 파형이 양호할 것
② 변조 특성이 좋으며 지시 변조도가 정확할 것
③ 출력 전압이 가변되고 정확한 값을 알 수 있는 것
④ 누설 전류가 적고 장기간 사용할 수 있을 것
⑤ 불필요한 출력을 내지 않을 것

⑥ 출력 임피던스가 일정할 것
(2) **출력 표시와 실제 출력 전압**
① 출력단을 개방했을 때 $1[\mu V]$의 전압을 $0[dB]$로 한 데시벨 눈금으로 표시된다.
② 실제의 출력 전압 E_L.

$$E_L = \frac{Z_1}{Z_0 + Z_b} E_0 [V]$$

Z_0 : 출력 임피던스$[\Omega]$, Z_1 : 부하 임피던스$[\Omega]$
E_0 : 공칭 출력 전압$[V]$

【2】 저주파 발진기(audio oscillator)
(1) **비트 발진기**
고주파인 $1000[kHz]$의 고정 주파수 발진기와 $100 \sim 120[kHz]$ 정도의 가변 주파수 발진기를 조합시켜 두 주파수의 차이에 해당하는 $0 \sim 20$ $[kHz]$ 정도의 가청 주파수를 여파 증폭하여 사용한다.
(2) **RC 발진기**
저항 R, 콘덴서 C와 증폭단으로 구성되어 주파수 안정도가 아주 좋으며, 특히 낮은 주파수에서도 출력 파형이 좋고 취급이 간편하여 저주파 발진기로 가장 널리 쓰인다.
(3) **음차 발진기**
음차의 진동수로 그 주파수가 결정되며, 주파수 안정도와 파형이 좋기 때문에 저주파대의 기본 발진기로 사용된다.

【3】 소인 발진기(sweep generator)
소인 발진기는 오실로스코프와 조합하여 각종 무선 주파회로의 주파수 특성을 직시하기 위해 사용하는 것으로, 수신기의 중간 주파 특성, FM 수신기의 주파수 변별기 또는 광대역 증폭기 등의 조정에 많이 사용된다.

【4】 패턴 발생기(pattern generator)
패턴 발생기는 TV의 색동기 회로, 색복조, 매트릭스, 컬러 킬로 회로의 조정등에 필요한 컬러 바(sar)를 발생기는 장치와 컨버전스나 래스터(raster)의 직선성을 조정하기 의한 크로스해치(창 무늬)나 도트(흰점)의 패턴을 발생하는 장치를 조합한 TV 전용 측정기이다.

8. 통신 측정

【1】 수신기에 관한 측정
(1) 감도 측정

① 감도(sensitivity) : 수신기의 규정 출력에 있어서의 SN비를 최대 허용값으로 억제하였을 때의 수신기의 입력 전압으로 표시한다.
② 감도 측정 회로의 구성

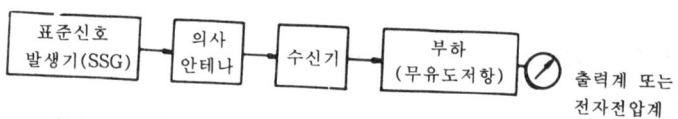

400[Hz] 30[%]변조
또는 1000[Hz] 40[%변조]

(2) 잡음 지수의 측정

$$F = \frac{N_i}{CN_i} = \frac{CN_S}{GN_i} = \frac{N_S}{N_i}$$

N_i : 잡음 입력 전력,
G : 수신기의 이득
N_0 : 잡음 발생기에 의해 증가된 잡음 입력 전력

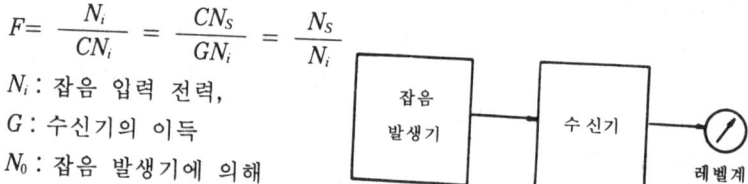

(3) 선택도의 측정

1신호법에 의한 수신기의 선택도 측정회로 구성

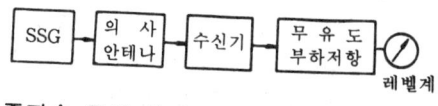

(4) 종합 주파수 특성 측정(충실도의 측정)

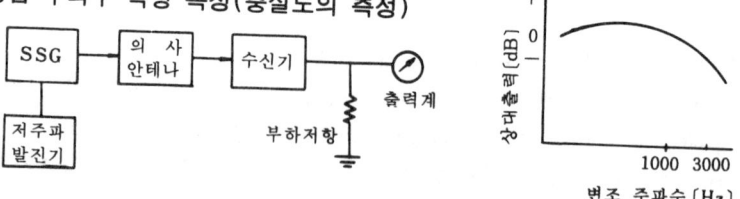

변조주파수와 상대출력과의 관계

【2】 송신기에 관한 측정

(1) 송신기의 출력 측정

① 안테나의 실효 저항을 이용한 측정

$P = I_a^2 R_a$ [W], I_a : 안테나 전류계의 지시[A],

R_a : 안테나의 실효 저항[Ω]

② 의사 안테나(dummy antenna)에 의한 측정

$P = I_A^2 R_A$ [W]

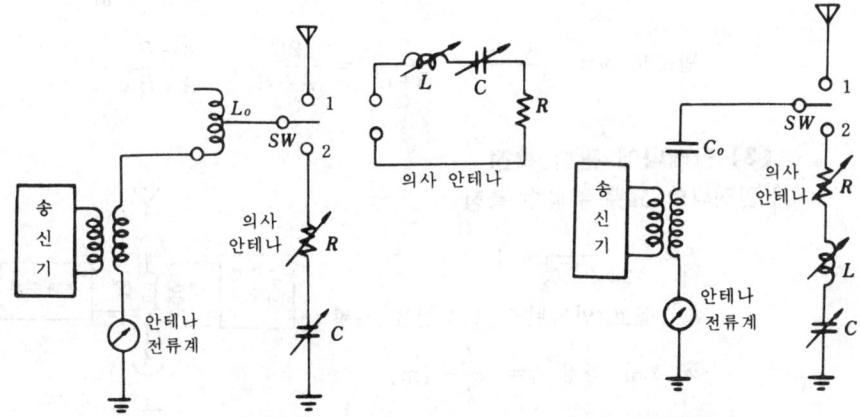

③ 전구 부하에 의한 출력 측정

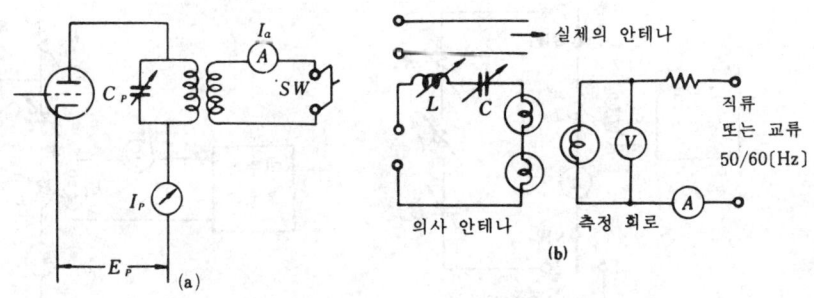

$P = nEI$ [W] E : 전압계 V의 지시, I : 전류계 A의 지시,

n : 직렬 접속된 전구의 수

(2) 변조 특성의 측정

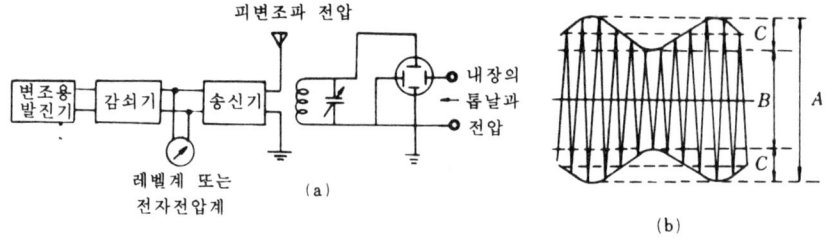

(a)

(b)

$$\text{변조도 } m = \frac{C}{A-C} = \frac{C}{B+C} = \frac{2C}{A+B} = \frac{A-B}{A+B}$$

【3】 안테나에 관한 측정

(1) 안테나의 고유 주파수 측정

$$f_0 = \frac{1}{2\pi\sqrt{L_e C_e}} \ [\text{Hz}]$$

L_e : 실효 인덕턴스, C_e : 실효 용량

※ 고유 파장 $\lambda_0 = \dfrac{C}{f_0}$ [m]

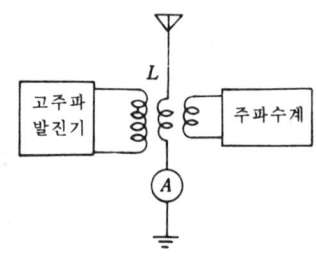

(2) 실효 저항의 측정

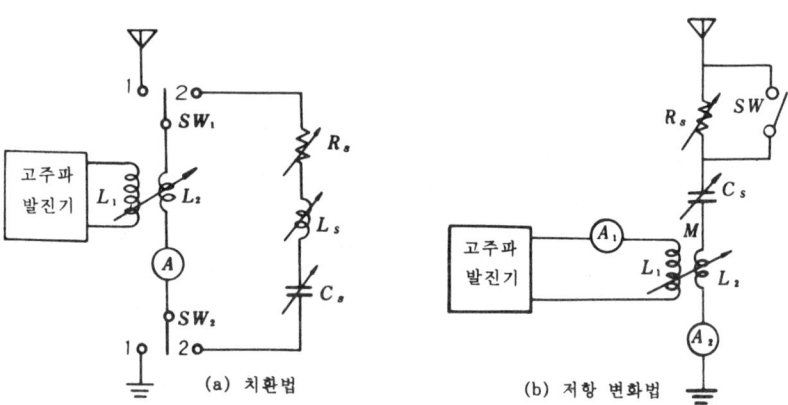

(a) 치환법　　　(b) 저항 변화법

(3) 전장 강도의 측정

① 전장 강도의 단위로는 [μV/m] 또는 [dBμ]가 사용된다.

$$E_0 = 20\log_{10}E \text{[dB]}$$
$$E = 10E_0 \text{[V/m]}$$
② 전장 강도 측정기의 구성

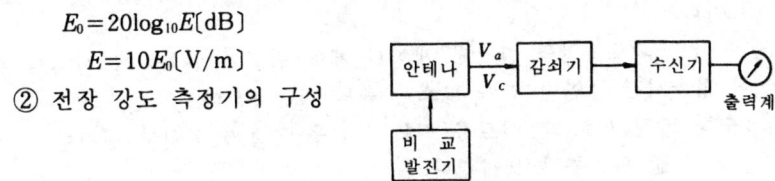

【4】 레벨계(level meter)와 필터(filter)
(1) 레벨계
  ① 레벨계는 가청 주파수로부터 반송 주파수의 출력 전압을 측정하는 것으로, [dBm] 눈금을 가진 정류형 전압계 또는 진공관 전압계이다.
  ② 1[mw]를 0[dB]로 하여 눈금을 정하며, 측정 범위는 보통 ±30 [dBm]이다.
(2) 필터(여파기)
  ① 필터는 어느 특정한 주파수만을 통과시키거나 차단할 때 사용되는 것으로 보통 코일 L과 콘덴서 C로 구성되어 있다.
  ② 사용 주파수에 의한 분류
   ┌ 측음형(음성 주파수용)
   │ 측반형(반송 주파용 4~100[kHz])
   └ 측광형(100[kHz] 이상)

9. 전자 회로의 특성 측정

【1】 주파수 계수기(frequency counter)
(1) 구성

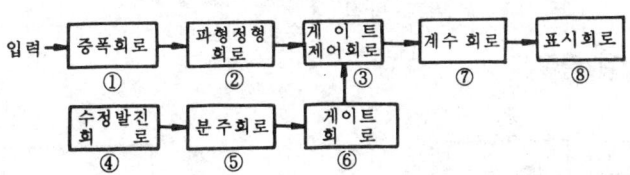

  ① 증폭 회로 : 감쇠기와 증폭기를 조합하여 입력 신호를 다음 회로의 동작에 적당하도록 변화시켜 준다.
  ② 파형 정형 회로 : 입력 신호를 상승이 빠른 펄스로 바꾸어 주는 회

로이다.
③ 게이트 회로 : 입력 펄스와 게이트 제어 펄스가 인가되어 게이트 제어 펄스시간 동안만 입력 펄스가 출력으로 나온다.
④ 수정 발진 회로 : 게이트를 여는 시간을 만들기 위하여 정확한 주파수의 기준 펄스를 발생시킨다.
⑤ 분주 회로 : 수정 발진 회로의 발진 주파수를 분주하여 낮은 주파수의 기준 펄스를 만든다.
⑥ 게이트 제어 회로 : 분주된 기준 펄스에 의하여 게이트 제어 펄스(일정주기를 가진 직사각형파)를 만드는 회로
⑦ 계수 회로 : 게이트에서 나온 입력 펄스의 수를 계수하는 회로(플립플롭으로 구성)
⑧ 표시 회로 : 계수한 결과를 10진수로 표시한다.

(2) **주파수의 측정**
① 피측정 신호를 계수기의 입력에 가하고, 게이트 제어 펄스의 주기를 적당히 선택하여 수백[MHz]까지 직접 측정할 수 있다.
② 입력 펄스와 제어 펄스가 동기되어 있지 않으므로 원리상 ±1의 계수 오차가 포함된다.
③ 수정 발진기를 항온조에 넣으므로써 10^{-7} 이상의 정도를 얻을 수 있다.

【2】 디지털 계측
(1) **A-D변환**

$$\text{A-D 변환} \begin{cases} \text{계수 방식} \begin{cases} \text{전압-주파수 변환형} \\ \text{전압-시간 변환형} \end{cases} \\ \text{비교 방식} \begin{cases} \text{추종 비교형} \\ \text{수차 비교형} \end{cases} \end{cases}$$

(2) **직류 전압 측정**

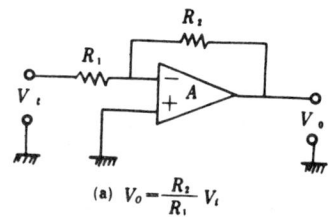
(a) $V_o = -\dfrac{R_2}{R_1} V_i$

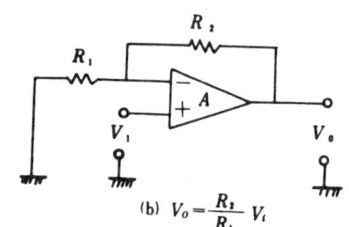
(b) $V_o = \dfrac{R_2}{R_1} V_i$

(3) 직류 전류 측정

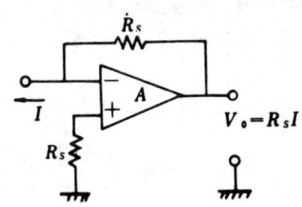

(4) 저항 측정

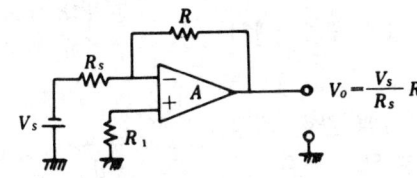

【3】 트랜지스터의 특성 측정
(1) 베이스 접지 전류 이득의 측정

$$\frac{V_2}{V_1} = \frac{R_2 \Delta I_C}{R_2 \Delta I_E} = \frac{R_2}{R_1} = \alpha$$

$$\therefore \alpha = \frac{R_1 V_2}{R_2 V_1}$$

(2) 이미터 접지 전류 이득의 측정

$$\frac{V_2}{V_1} = \frac{R_4 i_c}{R_3 i_b} = \frac{R_4}{R_3} \beta$$

$$\therefore \beta = \frac{R_3}{R_4} \frac{V_2}{V_1}$$

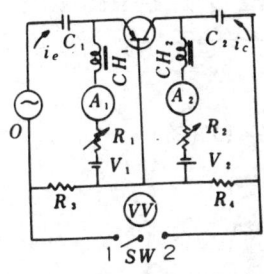

베이스 접지 전류이득 측정

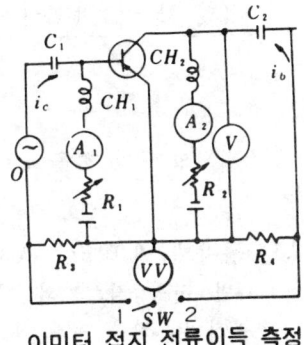

이미터 접지 전류이득 측정

【4】 펄스에 의한 저주파 특성 측정

① 직사각형파 펄스를 가하여 출력 파형을 싱크로스코프로 직접 관측한다.

② 저주파 특성을 직접 보는 경우

    ㉠ 위상 특성이 낮은 주파수에서 $\begin{cases} \text{앞설 때의 파형} \\ \text{뒤질 때의 파형} \end{cases}$

    ㉡ 이득이 낮은 주파수에서 $\begin{cases} \text{증가할 때의 파형} \\ \text{감소할 때의 파형} \end{cases}$

【5】 음향 기기에 관한 측정

(1) 마이크로폰의 감도 측정

① 마이크로폰의 감도
$$S = 20\log_{10}\left(\frac{e}{p}\right) \text{[dB]}$$

② 측정 마이크로폰의 감도
$$S_x = S_0 - A_1 + A_2 \text{[dB]}$$

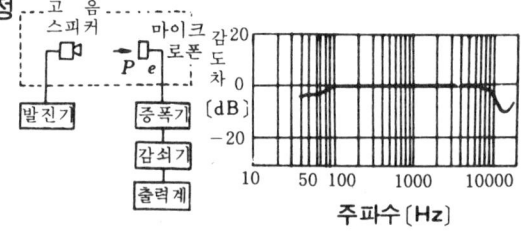

③ 표준 마이크로폰으로는 보통 콘덴서 마이크로폰이 사용된다.

(2) 스피커에 관한 측정

① 전력 용량(고주파 함유율이 2[%]인 전기적 입력) 측정

② 주파수 특성 측정

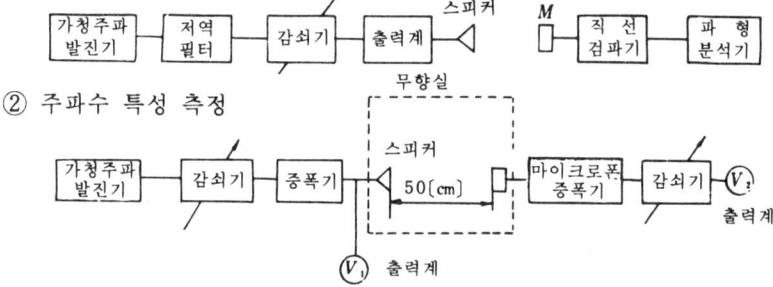

③ 스피커의 음향 효율 $n = \dfrac{\text{음향 출력}}{\text{전기 입력}} \times 100 \text{[%]}$

【6】 음량계(VU미터 : Volume Unit meter)

① 가변 저항 감쇠기와 산화구리 정류기 및 직류 지시 계기로 구성된다.

② 입력 임피던스 : 7500〔Ω〕
③ 0〔VU〕: 600〔Ω〕, 1〔mW〕, 1000
〔Hz〕의 교류 전압 1,228〔V〕를
가할 때 지침이 눈금의 71〔%〕
의 편이를 지시하도록 감쇠기를
조정한다.

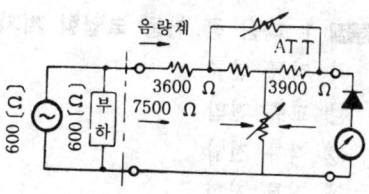

1984년도 전자측정 2급 출제문제

문제 1. 다음 중 가동 코일형 계기로 측정할 수 없는 것은?
㉮ 직류 전류
㉯ 교류 전압
㉰ 직류 전압
㉱ 직류 저항
해설 가동 코일형 계기는 직류 전용의 계기이므로 교류 전압을 측정하려면 정류기를 접속하여야 한다.

문제 2. 교류 검류계로서 주로 상용 주파수에 사용되고 있는 것은 다음 중 어느 것인가?
㉮ 충격형 검류계
㉯ 진동형 검류계
㉰ 지침형 검류계
㉱ 반조형 검류계
해설 진동 검류계는 주로 상용 주파수에 사용된다.

문제 3. 열전대 전류계를 높은 주파수에 사용시 일어나는 오차가 아닌 것은?
㉮ 차폐 오차
㉯ 표유 용량에 의한 오차
㉰ 표피 작용에 의한 오차
㉱ 배분 오차
해설 열전대형 전류계를 높은 주파수에 사용할 때의 오차로는, 도선의 표피 작용에 의한 열선 저항의 증가로 열선의 온도가 높아져 생기는 오차와, 열전대와 지시계기에 접속된 도선의 인덕턴스와 표유 용량의 직렬 공진에 의한 오차 및 복선형의 열전대에서 각 열선에 흐르는 전류 배분이 변화하기 때문에 생기는 배분 오차 등이 있다.

해답 1. ㉯ 2. ㉯ 3. ㉮

과년도 출제문제 3-31

문제 4. 자동 평형 기록 계기의 구성에 포함되지 않은 것은?
㉮ DC-AC 변환기   ㉯ 증폭 회로
㉰ 서보모터   ㉱ 발진기
해설 자동 평형 기록계의 구성은 그림과 같다.

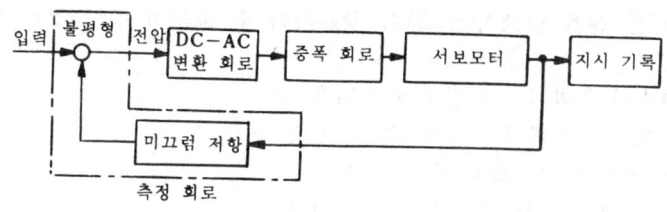

문제 5. 오실로스코프(oscilloscope)의 전자총에서 발사된 전자가 음극선관의 스크린에 부딪혔을 때 다음 설명 중 옳은 것은?
㉮ 고속의 전자가 가지고 있는 운동 에너지가 빛에너지로 전환된다.
㉯ 고속의 전자가 가지고 있는 빛 에너지가 열에너지로 전환된다.
㉰ 고속의 전자가 가지고 있는 위치 에너지가 빛에너지로 변한다.
㉱ 고속의 전자가 가지고 있는 운동 에너지가 열에너지로 전환된다.

문제 6. 그림과 같은 휘트스톤 브리지(Wheatstone bridge)에서 미지 저항 R_x의 값은?(단, $R_1=10[\Omega]$, $R_2=20[\Omega]$, $R_3=30[\Omega]$이고 검류계 G에 전류가 흐르지 않는다고 한다.)
㉮ 30[Ω]
㉯ 50[Ω]
㉰ 60[Ω]
㉱ 40[Ω]
해설 $R_x \cdot R_1 = R_2 \cdot R_3$에서
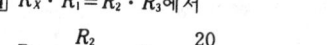
$R_x = \dfrac{R_2}{R_1} \cdot R_3 = \dfrac{20}{10} \times 30 = 60[\Omega]$

문제 7. 3상 전력을 단상 전력계로 측정하고자 한다. 필요한 단상 전력계는 몇 개인가?
㉮ 1개
㉯ 2개
㉰ 3개

해답 4. ㉱ 5. ㉮ 6. ㉰ 7. ㉮

㉣ 측정할 수 없다.

해설 3상 전력을 측정하는 방법에는 단상 전력계 1대를 사용하는 1전력계법, 2대를 사용하는 2전력계법, 3대를 사용하는 3전력계법과, 3상 전력계를 사용하는 방법이 있다.

문제 8. 표준 신호 발생기(SSG)가 갖추어야 할 조건이 아닌 것은 어느 것인가?
㉮ 주파수가 정확하고 가변범위가 넓을 것
㉯ 변조도가 자유롭게 조절될 수 있을 것
㉰ 출력 임피던스가 크고 가변일 것
㉣ 누설 전류가 적고 장기간 사용에 견딜 것

해설 표준 신호 발생기는 수신기의 성능을 조사하는데 뿐만 아니라, 표준의 고주파 발진기로 사용되도록 다음과 같은 조건이 만족되어야 한다.
① 주파수가 정확하고 가변 범위가 넓을 것
② 변조도가 자유롭게 조절될 수 있을 것
③ 출력이 가변될 수 있고, 그의 정확한 값을 알 수 있을 것
④ 출력 임피던스가 일정할 것
⑤ 불필요한 출력을 내지 않을 것
⑥ 누설 전류가 적고, 장기 사용에 견딜 것
⑦ 변조 특성이 좋으며, 지시 변조도가 정확할 것

문제 9. 다음은 발진 회로가 발진하고 있는지의 여부를 알기 위한 간단한 방법이다. 틀린 것은?
㉮ 그리드 저항 양단의 직류전압을 테스터로 측정하여 전압이 나타나면 발진 중이다.
㉯ 그리드 전류가 흐르는가를 측정해도 알 수 있다.
㉰ 플레이트에 충격을 주어 전류가 변화하면 발진 중이다.
㉣ 흡수형 전파계로 측정할 수 있다.

해설 그리드에 손가락을 대면 발진이 정지하므로 플레이트 전류가 증가(발진이 정지되면 그리드 전압이 (-)에서 0[V]로 되므로)하고 그리드 전류가 감소하여 발진 여부를 알 수 있다.

문제 10. 계수형 주파수계에서 게이트의 시간이 0.02초인데 그 동안의 펄스 카운터가 900이라면 피측정 주파수는 얼마인가?
㉮ 450[Hz]   ㉯ 4500[Hz]   ㉰ 45[kHz]   ㉣ 450[kHz]

해답 8. ㉰   9. ㉰   10. ㉰

[해설] $f = \dfrac{N}{T} = \dfrac{900}{0.02} = 45[\text{kHz}]$

[문제] **11.** 레헤르선 파장계에 의하여 공진 거리를 측정하였더니 3[m]였다. 주파수는 얼마인가?(단, $C=3\times 10^8$[m/s]이다.)?
㉮ 10[MHz]   ㉯ 100[MHz]   ㉰ 150[MHz]   ㉱ 50[MHz]

[해설] $f = \dfrac{C}{2l} = \dfrac{3\times 10^8}{2\times 3} = 50[\text{MHz}]$

[문제] **12.** 원리상 직, 교류 양용이나 철의 잔류 자기 현상 때문에 교류로 많이 사용하는 계기는?
㉮ 가동 철편형   ㉯ 정전형   ㉰ 열선형   ㉱ 유도형

[해설] 가동 철편형 계기는 원리상으로는 교직 양용이지만 철편의 자기 이력 현상이 있고 가동 코일형에 비하여 감도가 나쁘기 때문에 주로 배전반용의 교류 전류계, 전압계로 사용되고 있다.

[문제] **13.** 내부 저항 4[k Ω], 최대 눈금 50[V]의 전압계로 300[V]의 전압을 측정하기 위한 배율기 저항은?
㉮ 670[Ω]   ㉯ 800[Ω]   ㉰ 20[kΩ]   ㉱ 24[kΩ]

[해설] $R_m = r_V(n-1) = 4\times \left(\dfrac{300}{50} - 1\right) = 20[\text{k}\Omega]$

[문제] **14.** 그림과 같은 슬라이드 브리지에서 $l_1=30$, $l_2=60$일 때 검류계의 지침이 0을 지시하였다면 미지 저항 X의 크기는 얼마인가?
㉮ 25[Ω]   ㉯ 50[Ω]
㉰ 75[Ω]   ㉱ 100[Ω]

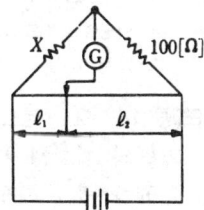

[해설] 평형조건 $X \cdot l_2 = 100 l_1$에서
$X = \dfrac{l_1}{l_2} \times 100 = \dfrac{30}{60} \times 100 = 50[\Omega]$

[문제] **15.** 회전 자장이 원통 D와 쇄교하면 맴돌이 전류가 흐른다. 이 맴돌이 전류와 회전 자장 사이의 전자력에 의하여 알루미늄 원통에 구동 토크가 생기게 된다. 위 설명으로 보아 가장 알맞는 계기의 명칭은 어느 것인가?
㉮ 가동 코일형 계기   ㉯ 전류력계형 계기

[해답] 11. ㉱   12. ㉮   13. ㉰   14. ㉯   15. ㉱

㉰ 가동 철편형 계기 ㉱ 유도형 계기

해설 회전 자장형 유도형 계기의 설명이다.

문제 16. 다음 그림은 주파수 측정 브리지의 일종이다. 어떤 형의 브리지인가?(단, M: 상호 인덕턴스)

㉮ 빈 브리지
㉯ 공진 브리지
㉰ 휘트스톤 브리지
㉱ 캠벌 브리지

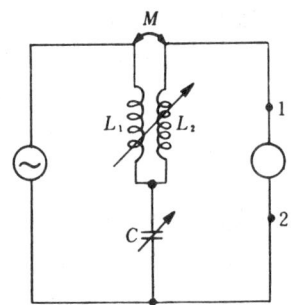

해설 그림은 주파수 측정을 위한 캠벌 브리지(cambell bridge)로서, 평형되었을 때 콘덴서 C의 전류를 I라 하면

$$-jwMI = j\frac{1}{wC}I$$ 에서

$$f = \frac{1}{2\pi\sqrt{MC}}$$ 로 되어 주파수를 구할 수 있다.

문제 17. 열전쌍형 전류계는 다음 어느 효과를 이용하는가?

㉮ 톰슨 효과   ㉯ 펠티에 효과   ㉰ 피에조 효과   ㉱ 제베크 효과

해설 열전쌍형 전류계는 두 종류의 금속을 직렬 환상으로 접속하고 그 두 접속점을 다른 온도로 유지하면 기전력(열기전력)이 발생하는 제베크 효과(See beck effect)를 이용한 것으로, 주파수나 파형 등의 영향이 적은 측정을 할 수 있어 고주파용으로 많이 사용된다.

문제 18. 오실로스코프 화면에 나타난 도형이다. 측정하고자 하는 전압 파형의 위상과 X축에 가한 전압의 위상차가 90°인 것은(단, 수평대 수직에 가한 주파수비는 1 : 1이다.)?

해설 오실로스코프에 진폭과 주파수가 같은 두 사인파를 가하면 그 위상각에 따라 그림과 같은 도형으로 나타난다.

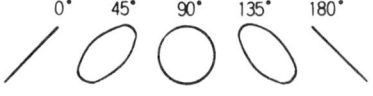

해답 16. ㉱ 17. ㉱ 18. ㉰

문제 19. Audio 발진기에서 주로 쓰이는 발진기의 형식은?
⑦ LC 발진기   ④ RC 발진기
④ 수정 발진기   ④ 디지털 회로 발진기

해설 RC 발진기는 파형의 일그러짐이 적고 주파수가 안정하므로 Audio(저주파) 발진기에 주로 쓰인다.

문제 20. 전기 회로의 잡음 측정시 e_i, e_0를 각각 입력과 출력에서의 잡음 전압, E_i, E_0를 각각 입력과 출력 신호 전압이라 하였을 때 잡음 지수 F를 나타내는 식은?

⑦ $F = \dfrac{E_0^2}{\overline{e_i^2}} \bigg/ \dfrac{E_i^2}{\overline{e_0^2}}$ ④ $F = \dfrac{E_i^2}{\overline{e_0^2}} \bigg/ \dfrac{E_0^2}{\overline{e_i^2}}$

④ $F = \dfrac{E_i^2}{\overline{e_i^2}} \bigg/ \dfrac{E_0^2}{\overline{e_0^2}}$ ④ $F = \dfrac{E_0^2}{\overline{e_0^2}} \bigg/ \dfrac{E_i^2}{\overline{e_i^2}}$

해설 일반적으로 전기적 잡음은 다음의 잡음 지수 F로 나타낸다.

$$F = \dfrac{\dfrac{E_i^2}{\overline{e_i^2}}}{\dfrac{E_0^2}{\overline{e_0^2}}}$$

여기서 $\dfrac{E_i^2}{\overline{e_i^2}}$ 은 입력에서의 신호 전력과 잡음 전력과의 비를 나타내고 $\dfrac{E_0^2}{\overline{e_0^2}}$ 은 출력에서의 신호 전력과 잡음 전력과의 비이다.

문제 21. 기록 계기의 기록 방식 중 정밀급 1.0급에 속하는 방식은?
⑦ 펜식   ④ 불평형식   ④ 타점식   ④ 자동 평형식

해설 타점식 기록 계기는 지시 계기의 1.0급에 해당되며, 자동 평형식은 0.5급, 펜식은 1.5급에 해당된다.

문제 22. 다음 그림에서 배율의 크기를 나타낸 것은?

⑦ $\dfrac{R_s + r_a}{r_a}$ ④ $\dfrac{r_a}{R_s + r_a}$

④ $\dfrac{r_a + R_s}{R_s}$ ④ $\dfrac{R_s}{r_a + R_s}$

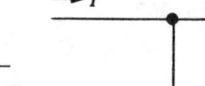

해설 $R_s = \dfrac{r_a}{n-1}$ [Ω]에서

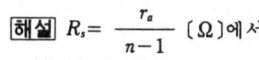

$n = \dfrac{r_a}{R_s} + 1 = \dfrac{r_a + R_s}{R_s}$

해답 19. ④ 20. ④ 21. ④ 22. ④

문제 23. 단상 실효 전력의 직접 측정에 많이 사용되는 전력계는?
㉮ 직류 적산 전력계 ㉯ 교류 적산 전력계
㉰ 진공관 전력계 ㉱ 전류력계형 전력계

문제 24. 표준 신호 발생기가 갖추어야 할 조건이 아닌 것은?
㉮ 주파수가 정확하고 가변 범위가 넓을 것
㉯ 출력 임피던스가 일정할 것
㉰ 변조도가 자유롭게 조절될 수 있을 것
㉱ 출력이 고정되어 정확한 값을 알 수 있을 것
[해설] 출력은 가변될 수 있고 그의 정확한 값을 알 수 있어야 한다.

문제 25. 다음 브리지 중 인덕턴스를 측정할 수 없는 브리지는?
㉮ 맥스웰 브리지 ㉯ 헤비사이드 브리지
㉰ 캠벌 브리지 ㉱ 셰링 브리지

문제 26. 계수형 주파수계의 특징을 설명한 것 중 적당치 않은 것은?
㉮ 일반적으로 10^{-7} 이상의 높은 정확도를 얻을 수 있다.
㉯ 사용이 편리하며 수명이 길고 여러 가지 응용 측정이 가능하다.
㉰ 일반 주파수계에 비해 낮은 주파수 특히 0.1[Hz] 이내까지도 정확히 측정할 수 있다.
㉱ 어떤 파형의 교류라도 적당한 크기이면 주파수 측정이 가능하다.

1985년도 전자측정 2급 출제문제

문제 1. 전류계가 110[A]를 지시하고 있을 때의 보정 백분율이 −2.5[%]이면 정확한 값(참값)은?
㉮ 97.50[A] ㉯ 107.25[A]
㉰ 112.25[A] ㉱ 122.5[A]

[해설] $a_0 = \dfrac{T-M}{M} \times 100$ 에서

$T = M(1 + \dfrac{a}{100}) = 110 \times (1 + \dfrac{-2.5}{100}) = 107.25[A]$

[해답] 23. ㉱ 24. ㉱ 25. ㉱ 26. ㉰ 1. ㉯

과년도 출제문제 **3-37**

문제 2. 고감도 미소 전류계로서 미소한 전류, 전압, 전하 등의 검출 또는 측정에 사용되는 계기는 어느 것인가
㉮ 전위차계 ㉯ 전력계 ㉰ 검류계 ㉱ 배율계

해설 검류계(Galvanometer)는 극히 미소한 전류나 전압의 유무를 검출하는데 쓰이는 계기이다.

문제 3. 그림에서 전류계의 지시기가 30[mA], 전압계의 지시가 200[V], 전압계의 내부 저항이 20[kΩ]일 때 미지 저항 R_X의 값은?
㉮ 10[kΩ]
㉯ 100[kΩ]
㉰ 1000[kΩ]
㉱ 10000[kΩ]

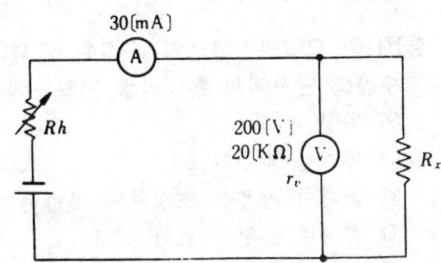

해설 $I = \dfrac{V}{R_X} + \dfrac{V}{r_V}$ [A]에서

$$\therefore R_X = \dfrac{V}{I - \dfrac{V}{r_V}} = \dfrac{200}{30 \times 10^{-3} - \dfrac{200}{20 \times 10^3}} = 10[k\Omega]$$

문제 4. 다음 브리지(bridge) 회로에서 평형 조건은?
㉮ $\dfrac{R_2}{R_1} = \dfrac{L}{C}$
㉯ $R_1 L = \dfrac{R_2}{C}$
㉰ $R_1 C = \dfrac{L}{R_2}$
㉱ $R_1 R_2 = LC$

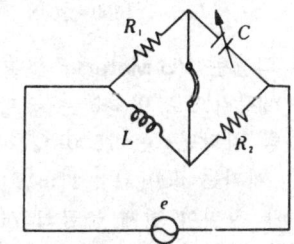

해설 평형 조건 $R_1 \cdot R_2 = jwL \cdot \dfrac{1}{jwC}$ 에서 $R_1 R_2 = \dfrac{L}{C}$ 이므로

$$\therefore R_1 C = \dfrac{L}{R_2}$$

문제 5. 표준 신호 발생기(S.S.G)가 갖추어야 할 조건이 아닌 것은 어느

해답 2. ㉰ 3. ㉮ 4. ㉰ 5. ㉰

것인가?
㉮ 주파수가 정확하고 가변범위가 넓을 것
㉯ 변조도가 자유롭게 조절될 수 있을 것
㉰ 출력 임피던스가 크고 가변일 것
㉱ 누설 전류가 적고 장기간 사용에 견딜 것
[해설] 출력 임피던스는 일정해야 한다.

[문제] 6. 오실로스코프의 수직축 단자에 측정하고자 하는 신호를 가하고 수평축 단자에서 톱니파를 가하는데 그 주된 이유는 무엇인가?
㉮ 위상 반전
㉯ 동기를 맞추려고
㉰ 파형의 진폭을 조정하기 위하여
㉱ 리사주 도형을 보기 위하여
[해설] 형광면 위에 나타나는 파형을 정지시키기 위해서는 시간축의 주파수와 측정 파형의 주파수를 일정한 정수비로 되게 동기시켜야 한다.

[문제] 7. 그림과 같은 파형의 주파수는 얼마인가?
㉮ 200[Hz] ㉯ 250[Hz]
㉰ 625[Hz] ㉱ 2500[Hz]
[해설] 주기 $T = 200 \times 8 = 1600 [\mu sec]$

$$\therefore f = \frac{1}{T} = \frac{1}{1600 \times 10^{-6}} = 625 [kHz]$$

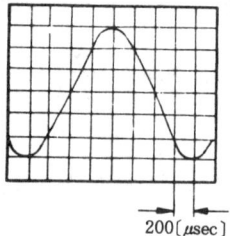
200[μsec]

[문제] 8. 다음은 VU Meter의 설명 중 적합하지 않은 것은 어느 것인가?
㉮ 시시각각으로 변화하는 음량을 측정하는 음량계를 말한다.
㉯ 입력 임피던스는 7500[Ω]이 되도록 설계되어 있다.
㉰ 이 계기는 600[Ω], 1[mW], 1000[Hz]의 교류 전압 1.228[V]를 가할 때 지침이 전체 눈금의 71[%]되는 점이 0[VU]이다.
㉱ 가동 철편형 계기로 만들었다.
[해설] VU meter(음량계)는 방송이나 녹음 상태에서 음량이 적당한가를 측정 감시하는 정류형 전압계이다.

[문제] 9. 측정 오차를 설명한 것이다. 틀린 것은?
㉮ 개인적인 오차 : 읽는 사람에 따라 생기는 오차

[해답] 6. ㉯ 7. ㉰ 8. ㉱ 9. ㉱

㉯ 우연 오차 : 측정 조건이 나쁘거나 측정자의 주의력 부족에서의 오차
㉰ 계통적인 오차 : 일정한 원인, 눈금의 부정확, 외부 자장 등에 의한 오차
㉱ 이론적인 오차 : 측정 조건의 변동, 측정자의 주의력 동요 등에 의한 오차

해설 이론적 오차(theoretical error)는 측정 이론이나, 관계식에서 세운 가정이나 생략 또는 계기의 부하 효과 등으로 일어나는 오차를 말한다.

문제 10. 주로 100[Hz] 이하의 상용 주파수의 교류용 전압 및 전류계로 널리 사용되는 계기는?
㉮ 가동 철편형 계기   ㉯ 유도형 계기
㉰ 정류형 계기   ㉱ 전류력계형 계기

해설 가동 철편형 계기는 주로 100[Hz] 이하의 상용 주파수의 교류용 전류계 및 전압계로 널리 사용되는 실용 계기이다.

문제 11. 회로 시험기는 전지를 내장하고 있는데 그것은 무엇을 측정할 때 이용되는가?
㉮ 전류   ㉯ 전압   ㉰ 저항   ㉱ dB(데시벨)

해설 회로 시험기(sircuit tester)의 내장 전지는 저항 측정에만 사용된다.

문제 12. 다음 중 임피던스 브리지로 측정할 수 없는 것은?
㉮ 저항값   ㉯ 용량값   ㉰ 코일의 Q ㉱ 전류

해설 임피던스 브리지는 교류 브리지의 원리를 이용한 것이므로 전류는 측정할 수 없다.

문제 13. 스위프 신호 발진기(sweep signal generator)의 용도는 어느 것인가?
㉮ 음극과 양극 간의 전자 주행 시간을 측정한다.
㉯ 브라운관 오실로스코프 장치와 조합하여 각종 무선 회로의 주파수 특성을 직시하기 위하여 사용된다.
㉰ 입력 신호의 전압치나 시간을 측정할 수 있는 정량적 측정기로 사용된다.
㉱ 그리드 전류의 변화에 의하여 피측정 회로의 공진 주파수를 측정하는데 사용된다.

해답 10. ㉮   11. ㉰   12. ㉱   13. ㉯

[해설] 스위프 신호 발생기는 오실로스코프와 조합하여 각종 고주파 회로의 주파수 특성을 직시하기 위해 사용하는 것으로 수신기의 중간 주파 특성, FM수신기 주파수 변별기 등의 조정에 사용된다.

[문제] 14. 다음 그림은 리사주 그림(lissajous figure)을 나타낸 것이다. 주파수비와 위상차가 모두 맞게 나타낸 것은?

㉮ 1 : 3, 45°
㉯ 2 : 3, 0°
㉰ 4 : 3, 0°
㉱ 4 : 3, 45°

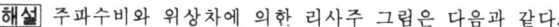

[해설] 주파수비와 위상차에 의한 리사주 그림은 다음과 같다.

[문제] 15. 그림의 블록 다이어그램(block diagram)에 적당한 것은 다음 중 어느 것인가?

㉮ 혼합기
㉯ 주파수 체배기
㉰ 게이트 회로
㉱ 미분 회로

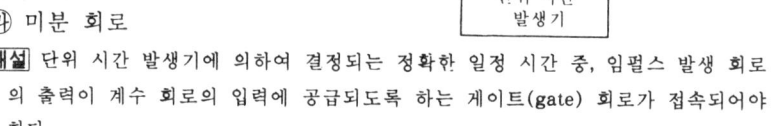

[해설] 단위 시간 발생기에 의하여 결정되는 정확한 일정 시간 중, 임펄스 발생 회로의 출력이 계수 회로의 입력에 공급되도록 하는 게이트(gate) 회로가 접속되어야 한다.

[문제] 16. 어떤 마이크로폰에 10[μbar]의 음압을 가하였더니 0.1[V]의 전압이 얻어졌다. 이 마이크로폰의 감도는 얼마인가?

㉮ −40[dB]   ㉯ 80[dB]   ㉰ 40[dB]   ㉱ −80[dB]

[해설] $S = 20\log_{10} \dfrac{V[V]}{P[\mu bar]} = 20\log_{10} \dfrac{0.1}{10} = -40[dB]$

[해답] 14. ㉰   15. ㉰   16. ㉮

문제 17. 다음 중 잡음 지수 측정에 필요 없는 것은?
㉮ 신호 발생기 ㉯ 제곱 검파기
㉰ 출력계 ㉱ 소인 발진기
해설 그림은 신호 발생기법(SG법)에 의한 잡음 전력 N_0의 측정법을 나타낸 것이다. 먼저, SG를 동작시키지 않고 제곱 검파의 출력을 읽은 다음, SG를 동작시키고 SG의 출력 전압을 조정하여 출력계에 앞의 2배의 전압이 나타나도록 했다면, 이 때의 SG의 출력 은 잡음 전력과 같다.

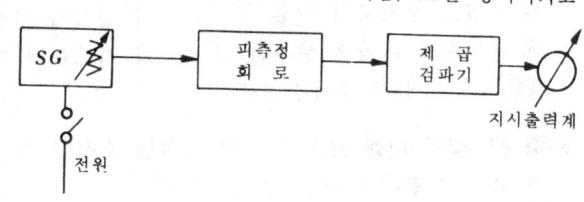

문제 18. 다음 측정법 중에서 감도가 높고 정밀 측정에 적합한 측정법은?
㉮ 직편법   ㉯ 영위법   ㉰ 편위법   ㉱ 반경법
해설 일반적으로 영위법(zero method)은 편위법보다 정밀한 측정을 할 수 있다.

문제 19. 가동 코일형 계기에서 영구 자석 간에 연철편을 사용하는 이유는 다음 중 어느 것인가?
㉮ 평등 자계로 하기 위하여
㉯ 제어 작용을 시키기 위하여
㉰ 불평등 자계로 하기 위하여
㉱ 동제 작용을 시키기 위하여
해설 자기 저항을 감소시켜 자석간의 자속의 방향을 평등 자계로 하기 위하여 연철편을 사용한다.

문제 20. 배율기 저항 70[kΩ] 전압계의 내부 저항 $R_m=50$[kΩ]으로 전압계는 200[V]를 가리킨다. 측정 전압은 몇 [V]인가?
㉮ 80[V]   ㉯ 280[V]   ㉰ 480[V]   ㉱ 680[V]
해설 $V = (1 + \dfrac{R}{R_m})$ $V = (1 + \dfrac{70}{50}) \times 200 = 480$[V]

문제 21. 전류계형 전압계에 망간 무유도 직렬 저항을 사용하는 이유 중 틀린 것은?
㉮ 동작 전류를 제한하기 위하여
㉯ 온도에 의한 오차를 보상하기 위하여
㉰ 주파수 오차를 작게하기 위하여

해답 17. ㉰   18. ㉯   19. ㉮   20. ㉰   21. ㉱

㉺ 계기를 고감도로 하기 위하여
[해설] 망간선의 무유도 저항은 동작 전류의 제한 및 온도와 주파수에 의한 오차를 보상하기 위하여 직렬로 접속한다.

[문제] 22. 기록 계기에 사용되는 펜의 성질 중 틀린 말은?
㉮ 가볍고 부식하지 않을 것 ㉯ 잉크의 저장량이 클 것
㉰ 용지와의 마찰은 될수록 클 것 ㉱ 자세하게 기록할 수 있을 것
[해설] 용지의 마찰은 작아야 한다.

[문제] 23. 켈빈 더블 브리지로 저 저항을 측정할 수 있는 이유는?
㉮ 표준 저항과 비교될 수 있으므로
㉯ 저 저항과 비교될 수 있으므로
㉰ 검류계의 감도가 매우 양호하므로
㉱ 단자의 접촉 저항, 리드선의 저항의 영향을 무시할 수 있으므로
[해설] 브리지의 전압 단자의 접촉 저항이나 리드선의 저항의 영향은 매우 작아서 무시할 수 있기 때문이다.

[문제] 24. 펄스 전압을 측정하는데, 가장 적합한 계기는?
㉮ VTVM ㉯ 스트로보스코프
㉰ 전위차계 ㉱ 오실로스코프
[해설] VTVM은 고주파 전압을 측정할 수 있으며 스트로보스코프는 회전계로서 레코드 플레이어의 회전 속도 등을 측정할 수 있다. 전위차계는 기지 전압과 미지 전압을 비교하여 전지의 기전력 등을 정밀하게 측정하는데 사용되며, 문제의 펄스형 전압은 브라운관에 파형을 나타나게 하는 오실로스코프로 측정한다.

[문제] 25. 0.1[V/cm]로 교정된 오실로스코프로 측정한 P-P 전압이 5[cm]로 스크린상에 나타났다. 입력이 1/10로 감쇠기에서 감쇠되었다면 이 P-P 전압치는 얼마인가?
㉮ $P-P$ 1[V] ㉯ $P-P$ 0.5[V]
㉰ $P-P$ 5[V] ㉱ $P-P$ 10[V]
[해설] V_{P-P} = 수직 진폭길이[cm] × [V/cm] × 배율
     $= 5 \times 0.1 \times 10 = 0.5$[V]

[문제] 26. 볼로미터로 측정할 수 없는 것은?
㉮ 고주파 전압 측정 ㉯ 고주파 전류 측정
㉰ 마이크로판 전력 측정 ㉱ 고주파 파형 측정

[해답] 22. ㉰ 23. ㉱ 24. ㉱ 25. ㉯ 26. ㉱

[해설] 볼로미터 전력계는 저항 소자(서미스터 또는 배러터)의 저항값의 변화분을 측정하여 도파관 속을 전파하는 마이크로파대의 전력을 측정하는 계기로서, 마이크로파의 소전력(10[mW] 이하) 측정에 전력 표준이 되는 계기이다.

[문제] 27. 디지털 주파수 계수기에서 원리상 피할 수 없는 계수 오차가 있는데 그 크기는 다음 중 어느 것인가?
㉮ ±0.1[Hz] ㉯ ±0.5[Hz] ㉰ ±1[Hz] ㉱ ±2[Hz]

[문제] 28. 다음 중 균등 눈금인 것은 어느 것인가?
㉮ 회로 시험기 전압계   ㉯ 가동 철편형 전압계
㉰ 정전형 전압계   ㉱ 회로 시험기 저항계
[해설] 회로 시험기의 전압계(또는 전류계)는 균등 눈금으로 되나 저항계는 균등한 눈금으로 되지 않는다. 가동 철편형은 불균등 눈금이며, 정전형 전압계의 눈금은 제곱 눈금이다.

[문제] 29. 내부 저항이 10[kΩ]인 전압계의 최대 지시 눈금이 100[V] 였다면 이 전압계의 측정범위를 초대 500[V]로 하기 위한 배율기의 저항은 얼마로 하면 되는가?
㉮ 2[kΩ] ㉯ 40[kΩ] ㉰ 50[kΩ] ㉱ 90[kΩ]
[해설] $R_m = r_V(n-1) = 10 \times (\frac{500}{100} - 1) = 40[k\Omega]$

[문제] 30. AC, DC 양용계기로 고주파대에서 사용하는 계기는?
㉮ 전류력계형 전류계   ㉯ 가동 코일형 전류계
㉰ 열전대형 전류계   ㉱ 유도형 전류계
[해설] 열전대형 계기는 주파수 특성이 아주 좋으므로 직류로부터 고주파까지 측정할 수 있어 고주파형 계기로 가장 많이 사용된다.

[문제] 31. 다음은 유도형 계기의 특징에 관한 사항이다. 이에 속하지 않는 사항은 어느 것인가?
㉮ 온도 및 주파수의 영향이 크다.
㉯ 공극이 좁고 자장이 강하므로 외부 자장의 영향이 작고 구동 토크가 크다.
㉰ 주파수의 변화로 자장의 이동 속도가 변하게 된다.
㉱ DC 전용 계기로 주로 사용된다.
[해설] 유도형 계기는 교류 회로에만 사용된다.

[해답] 27. ㉰ 28. ㉮ 29. ㉯ 30. ㉰ 31. ㉱

문제 32. 적산 계기에 해당되는 보상 장치가 아닌 것은?
㉮ 온도 보상 장치 ㉯ 위상 보상 장치
㉰ 경부하 보상 장치 ㉱ 중부하 보상 장치

[해설] 유도형의 적산 전력계에는, 전압 코일이 갖는 저항에 의한 위상차를 보상하는 위상 보상 조정 장치와, 계기의 베어링이나 계량 장치의 톱니바퀴 마찰 등에 의한 계량 오차를 보상하는 경부하 보상 조정 장치, 및 과중한 부하에 대한 계량의 음(-) 오차를 보정하기 위한 중부하 보상 조정 장치가 필요하다.

문제 33. 주파수 브리지로 쓰이는 것은?
㉮ 켈빈 더블 브리지 ㉯ 캠벌 브리지
㉰ 콜라우시 브리지 ㉱ 휘트스톤 브리지

[해설] 캠벌 브리지(Campbell bridge)는 가변 상호 유도기와 가변 콘덴서로 구성되어 주파수 측정용 브리지로 쓰인다.

문제 34. 다음 중 표준 신호 발생기의 구비 조건이 아닌 것은?
㉮ 출력 전압이 정확할 것
㉯ 발진 주파수가 정확하고, 파형이 양호할 것
㉰ 출력이 크고, 변조 주파수를 연속 가변할 수 있을 것
㉱ 누설 전류가 적고, 장기 사용에 견딜 것

[해설] 표준 신호 발생기의 구비 조건
① 출력 전압이 정확할 것
② 발진 주파수가 정확하고, 파형이 양호할 것
③ 누설 전류가 적고, 장기 사용에 견딜 것
④ 변조 특성이 좋으며, 지시 변조도가 정확할 것

문제 35. 수신기의 내부 잡음 측정에서 잡음이 없는 경우 잡음 지수 F는?
㉮ $F=1$ ㉯ $F>1$ ㉰ $F<1$ ㉱ $F=2$

[해설] $F=1$인 때를 내부 잡음이 없는 이상적인 잡음지수라 한다.

문제 36. 디지털 주파수 계수기는 대단히 그 정확도가 높다. 만약 오차가 발생하면 다 무슨 이유 때문인가? 다음 중 가장 적합한 것을 고르시오.
㉮ 트랜지스터 또는 IC의 온도 계수
㉯ 수정 발진자의 온도 계수
㉰ 코일 또는 콘덴서의 온도 계수
㉱ 전원 주파수의 변동

[해답] 32. ㉮ 33. ㉯ 34. ㉰ 35. ㉮ 36. ㉯

문제 37. 아래 그림은 오실로 스코프(oscilloscope)의 전자총에 발사된 전자가 편향판을 지나 형광막에 닿을 때를 나타낸 것이다. 이때 점 P에서 점 P′까지의 거리 D를 구하여라.(단, $\theta=60°$, $L=20$cm)

㉮ $0.2\sqrt{3}$ [cm]
㉯ $20\sqrt{3}$ [m]
㉰ $0.2\sqrt{3}$ [m]
㉱ $2\sqrt{3}$ [cm]

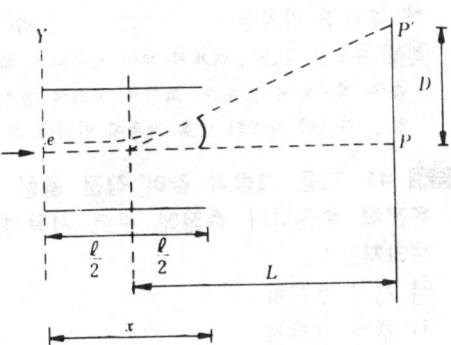

해설 $D=L\tan\theta=20\times\sqrt{3}=0.2\sqrt{3}$ [m]

문제 38. 구리, 니켈 및 망간의 합금으로 만들어지며 저항의 온도 계수가 적고, 구리와의 열기전력이 극히 적은 재료로서 배율기, 분류기, 표준 저항기 등에 사용되는 것은?

㉮ 망가닌선   ㉯ 콘스탄탄선   ㉰ 니크롬선   ㉱ 엘린버선

해설 망가닌(Manganin)은 구리(Cu) 84[%], 망간(Mn) 12[%], 니켈(Ni) 3.5[%]의 합금으로 표준 저항기의 재료로 가장 적합하다.

문제 39. 그림과 같은 회로에서 A_1의 지시값은 28[A], 분류기를 가진 A_2의 지시값은 16[A], 분류기 S의 저항은 0.05[Ω]이라 하면 전류계 A_2의 내부 저항은 얼마이가?

㉮ 0.00375[Ω]
㉯ 0.0375[Ω]
㉰ 0.375[Ω]
㉱ 0.0666[Ω]

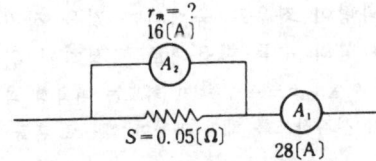

해설 분류기 S를 흐르는 전류 $I_S=28-16=12$[A]
S양단의 전압 강하 $V_S=I_S\cdot S=12\times 0.05=0.6$[V]
전류계 A_2 양단의 전압도 0.6[V]이므로
$\therefore r_m=\dfrac{V_S}{I_0^2}=\dfrac{0.6}{16}=0.0375$[Ω]

문제 40. 교류 적산 전력계에서 영구자석의 역할은?

㉮ 위상 조정용 ㉯ 제어용
㉰ 클리핑 방지용 ㉱ 경부하 조정용

[해설] 유도형 적산 전력계의 제어 장치로는 회전 알루미늄 원판에 영구 자석의 공극 속에 장치되어 있으며, 회전에 의하여 알루미늄 원판에 유기되는 맴돌이 전류와 영구 자석이 자장의 상호 작용에 의하여 회전 방향과 반대인 토크를 발생시킨다.

[문제] 41. 다음 그림과 같이 정전 용량 및 유전체 손실각의 측정에 주로 사용하는 브리지는?

㉮ 세링 브리지
㉯ 캠벨 브리지
㉰ 헤비사이드 브리지
㉱ 콜라우시 브리지

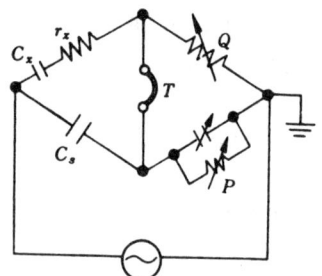

[해설] 세링 브리지(Schering bridge)는 정전 용량과 유전손각을 정밀하게 측정할 수 있다. 그림에서 C, P, Q를 조정하여 평형시키면

$$(r_x - j\frac{1}{\omega C_x})(\frac{1}{\frac{1}{P}+j\omega C}) = Q(-j\frac{1}{\omega C_s}) \text{에서}$$

$$r_x = \frac{C}{C_s}Q, \quad C_x = \frac{P}{Q}C_s \text{이다.}$$

[문제] 42. 오실로스코프에서 동기를 취하는 목적은?
㉮ 파형을 선명하게 나타나게 하기 위하여
㉯ 파형이 상하로 움직이는 것을 정지시키기 위하여
㉰ 파형이 좌우로 움직이는 것을 정지시키기 위하여
㉱ 파형의 수를 마음대로 조정하기 위하여

[해설] 오실로스코프의 동기 회로는 피측정 파형이 특정된 순간부터 브라운관에 나타나기 시작하도록 하여 파형이 좌우로 흔들리지 않도록 한다.

[문제] 43. 계기 눈금의 부정확, 외부 저장 등에 의하여 생기는 오차는 다음 어느 것인가?

㉮ 개인적 오차 ㉯ 계통적 오차
㉰ 우연 오차 ㉱ 파형 오차

[해설] 일정한 원인, 즉 눈금이 부정확하든지 외부 자장 등에 의하여 생기는 오차를 계통적 오차(systematic error)라 한다.

[해답] 41. ㉮ 42. ㉰ 43. ㉯

문제 44. 디지털 계측에서 A-D변환의 분류 중 속하지 않는 것은?
㉮ 전압-전류 변환형 ㉯ 전압-시간 변환형
㉰ 전압-주파수 변환형 ㉱ 추종 비교형

[해설] A-D 변환 방식의 분류

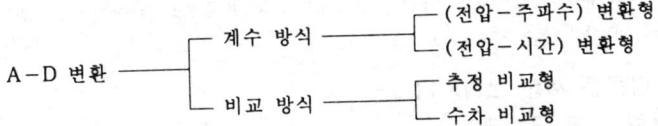

문제 45. 5[kΩ/V]의 감도를 갖는 테스터(tester)로 100[V] 레인지에서의 전압계의 내부 저항은 얼마인가?
㉮ 5[kΩ] ㉯ 50[kΩ] ㉰ 500[kΩ] ㉱ 5000[kΩ]

[해설] 1[V] 당의 내부 저항이 5[kΩ]이므로
∴ 5×100=500[kΩ]

문제 46. 전류력계형 계기의 특징 중 잘못 설명한 것은?
㉮ 직류와 교류를 같은 눈금으로 측정할 수 없다.
㉯ 직류로 정밀하게 눈금을 매길 수 있으므로 직류, 교류의 중계 계기로 쓸 수 있다.
㉰ 고정 코일에 흐르는 전류로 자장을 만드므로 가동 코일형에 비하여 자장이 약하고 또한 외부 자장의 영향을 받기 쉽다.
㉱ 코일의 인덕턴스에 의한 주파수의 영향이 크다.

[해설] 전류력계형 계기는 고정 코일에 전류를 흘렸을 때 생기는 전자력과 가동 코일에 전류를 흘렸을 때 생기는 두 코일간의 전자력을 이용한 것으로 직류와 교류를 같은 눈금으로 측정할 수 있다.

문제 47. 내부 정전 용량이 125[PF]인 정전형 전압계의 최대 눈금이 500[V]이다. 25[PF]의 용량성 배율기를 직렬로 연결하면 몇 [V]의 전압을 측정할 수 있는가?
㉮ 1000[V] ㉯ 3000[V] ㉰ 2000[V] ㉱ 1500[V]

[해설] $V = \dfrac{C+C_s}{C} V_1 = \dfrac{25+125}{25} \times 500 = 3000[V]$

문제 48. 다음의 관계 있는 것끼리 짝지은 것 중에서 잘못된 것을 골라라?
㉮ 정전 용량 측정-셰링 브리지법

[해답] 44. ㉮ 45. ㉰ 46. ㉮ 47. ㉯ 48. ㉱

㈏ 전지 내부 저항 – 콜라우시 브리지법
㈐ 자체 인덕턴스 – 맥스웰 브리지법
㈑ 상호 인덕턴스 – 헤비사이드 브리지법
해설 상호 인덕턴스는 맥스웰 브리지법이나 캠벌 브리지법으로 측정하며, 헤비사이드(Heaviside) 브리지법은 가변 상호 유도기를 표준으로 하여 자체 인덕턴스를 측정하는데 쓰인다.

문제 49. 다음은 세링 브리지이다. 정전 용량 C_x를 구하면?

㈎ $C_x = \dfrac{Q}{P} C$

㈏ $C_x = \dfrac{P}{Q} C$

㈐ $C_x = \dfrac{Q}{P} C_s$

㈑ $C_x = \dfrac{P}{Q} C_s$

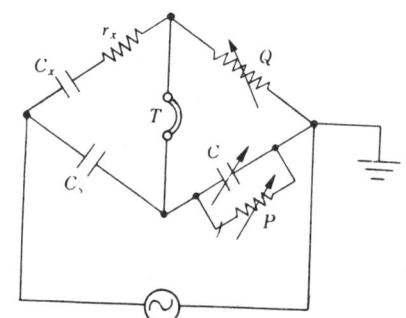

해설 C, P, Q를 조정하여 브리지를 평형시키면

$$\left(r_x - j\dfrac{1}{\omega C_x} \right)\left(\dfrac{1}{\dfrac{1}{P} + j\omega C} \right) = Q\left(-j\dfrac{1}{\omega C_s} \right) \text{에서}$$

$$\therefore C_x = \dfrac{P}{Q} C_s$$

문제 50. 오실로스코프에서 직선성이 좋은 톱날파를 만드는데 쓰이는 회로는?

㈎ 적분 회로   ㈏ 미분 회로   ㈐ 지연 회로   ㈑ 슈미트 회로

해설 직선성이 좋은 톱날파를 만드는 데에는 그림과 같은 밀러 적분 회로가 사용된다.

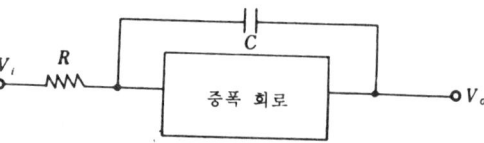

문제 51. P형 진공관 전압계로 정현파가 아닌 전압을 측정할 때 실효값 눈금을 읽으면 파형 오차가 생긴다. 이 파형 오차를 줄이는 가장 좋은 방법은 어느 것인가?

해답 49. ㈑   50. ㈎   51. ㈑

㉮ 전원을 넣은 후 좀 있다가 쓴다.
㉯ 측정 레인지를 최대로 놓는다.
㉰ 회로에 프로브를 직접댄다.
㉱ 눈금을 $\sqrt{2}$ 배 하여 파고값을 읽는다.
[해설] 파형이 정현파가 아닌 것을 측정할 때에는 눈금을 $\sqrt{2}$ 배하여 파고값을 읽는다.

[문제] 52. 증폭기의 출력 파형을 측정한 결과, 기본파 진폭 100[V] 제2고조파 진폭 4[V], 제3고조파 진폭 3[V]를 얻었다. 일그러짐률은 얼마인가?
㉮ 5[%] ㉯ 7[%] ㉰ 25[%] ㉱ 50[%]
[해설] $K = \dfrac{\sqrt{V_2^2 + V_3^2 \cdots V_n^2}}{J_1} \times 100 = \dfrac{\sqrt{4^2 + 3^2}}{100} \times 100 = 5[\%]$

[문제] 53. 다음 중 계수형 주파수계의 특징이 아닌 것은?
㉮ 파형, 전압, 온도 등에 의한 영향이 없다.
㉯ 조작이 간단하고 결과가 숫자로 표시된다.
㉰ 계수의 정확도는 10[MHz]까지의 주파수를 $10^{-3} \sim 10^{-4}$의 확도로 측정가능
㉱ 계수부의 회로는 프리엠퍼시스 회로를 사용한다.
[해설] 계수형 주파수계의 계수부의 회로는 플립플롭의 종속 접속에 의한 10진 회로로 카운트 회로를 구성하여 계수한다.

[문제] 54. 다음은 그림과 같은 회로의 설명이다. 틀리는 것은?
㉮ 회로는 브리지형 게이트 회로이다.
㉯ 스위치 S를 닫으면 D_1 -D_4가 도통되므로 단자 1, 2에 가해지는 전압은 출력 단자에 나타나지 않는다.

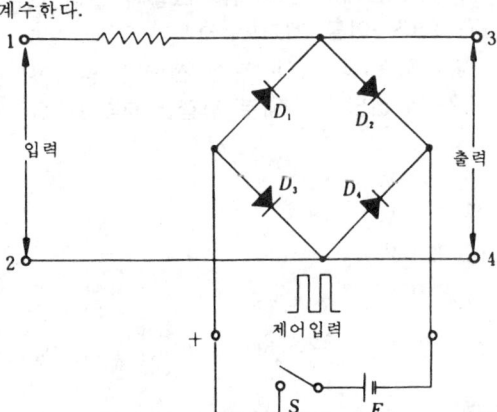

㉰ 스위치 S가 개방되면 단자 3~4사이의 다이오드 임피던스는 높으므로 입력 전압은 출력에 그대로 나타난다.
㉱ 스위치 S에 무관하게 입력 전압은 출력측에 나타난다.

[해답] 52. ㉮ 53. ㉱ 54. ㉱

1986년도 전자측정 2급 출제문제

문제 1. 직류와 교류를 동일한 눈금으로 측정할 수 있는 계기는 어느 것인가?
- ㉮ 가동 철편형
- ㉯ 전류력계형
- ㉰ 가동 코일형
- ㉱ 유도형

해설 전류력계형 계기는 고정 코일에 전류를 흘렸을 때 생기는 전자력과 가동 코일에 전류를 흘렸을 때 생기는 두 코일간의 전자력을 이용한 것으로 직류와 교류를 같은 눈금으로 측정할 수 있다.

문제 2. 1000[Ω/V] DC 전압계로 DC 100[V]를 측정하려고 한다. 배율 저항의 값은/
- ㉮ 9.9[kΩ]
- ㉯ 10[kΩ]
- ㉰ 99[kΩ]
- ㉱ 100[kΩ]

해설 1[V]당의 내부 저항이 1000[Ω]이므로
$R_m = r_i(m-1)$
$= 1000(100-1) = 99[kΩ]$

문제 3. 전압계와 전류계를 그림과 같이 접속하고 부하 전력을 측정하려고 한다. 이들 계기의 지시가 각각 100 [V], 5[A]일 때의 부하 전력은 얼마인가? 단, 전압계의 내부 저항은 500[Ω]이다.

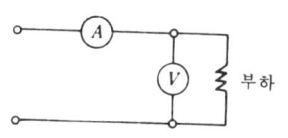

- ㉮ 480[W]
- ㉯ 500[W]
- ㉰ 250[W]
- ㉱ 750[W]

해설 $P = VI - \dfrac{V^2}{r_v} = 100 \times 5 - (\dfrac{100^2}{500}) = 480[W]$

문제 4. 베이스 접지 회로에서 이미터 단자를 개방하고 컬렉터 전류 i_c와 이미터 전압 V_e로서 측정된 것은 다음 중 어느 것인가?
- ㉮ r_e
- ㉯ r_b
- ㉰ $α$
- ㉱ $β$

해답 1. ㉯ 2. ㉰ 3. ㉮ 4. ㉯

해설 이미터 입력 단자를 개방했을 때 컬렉터 저항 r_c와 베이스 저항 r_b는 다음식에 의해 구할 수 있다.

$$r_c = \frac{V_c}{I_c} \, [\Omega], \quad r_b = \frac{V_e}{I_e} \, [\Omega]$$

문제 5. 표준 신호 발생기가 갖추어야 할 조건 중 틀린 것은?
㉮ 출력 전압이 정확할 것
㉯ 발진주파수가 정확하고 파형이 양호할 것
㉰ 누설 전류가 적고 장기 사용에 견딜 것
㉱ 선택도의 지시가 정확할 것
해설 변조 특성이 좋으며, 지시 변조도가 정확해야 한다.

문제 6. A-D컨버터는 무슨 회로인가?
㉮ 저항 측정 회로
㉯ 아날로그량을 디지털량으로 변환하는 회로
㉰ 전류의 양을 전압의 양으로 변환하는 회로
㉱ 전력을 전압으로 변환하는 회로
해설 아날로그 신호를 디지털 신호로 바꾸어서 나타내는 것을 아날로그/디지털 변환(analog to digital conversion) 또는 A/D 변환이라 한다. 반대로 디지털 신호를 아날로그 신호로 바꾸는 것을 디지털/아날로그 변환(digital to analog conversion) 또는 D/A 변환이라고 한다.

문제 7. Q미터(Q-meter)는 무엇을 측정하는 것인가?
㉮ 코일의 리액턴스와 저항의 비
㉯ 공진 회로의 주파수
㉰ 코일에 유기되는 전계 강도
㉱ 반도체 소자의 정수
해설 코일(coil)의 양부를 나타내는 Q는 그 코일의 리액턴스와 저항과의 비 $\dfrac{\omega L}{R}$ 로 정의된다.

문제 8. 적산 전력계의 알루미늄 원판에는 어떤 전류가 유기되는가?
㉮ 여자 전류   ㉯ 맴돌이 전류
㉰ 자화 전류   ㉱ 최대 전류
해설 회전 알루미늄 원판이 영구 자석의 공극속에 장치되어 있으므로 회전에 의하여 알루미늄 원판에는 맴돌이 전류가 유기된다.

해답 5. ㉱ 6. ㉯ 7. ㉮ 8. ㉯

문제 9. 그림과 같은 회로는 증폭기의 무엇을 측정하기 위한 회로인가?

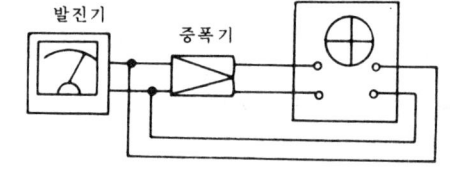

㉮ 주파수 특성
㉯ 위상 특성
㉰ 잡음 특성
㉱ 증폭도

해설 발진기의 출력을 증폭기의 입력과 오실로스코프의 수직축에 가하고, 증폭기의 출력을 오실로스코프의 수평축 단자에 가하여 리사주(lissajous) 도형을 그리게 하는 위상 특성의 측정을 위한 구성이다.

문제 10. 회로 시험기로 고주파 전류를 측정할 수 없는 원인을 다음 중 어느 것이냐?

㉮ 가동 코일형으로 되어 있기 때문
㉯ 주파수가 높아지면 정류형 계기의 정류 효율이 감소하기 때문
㉰ 바늘이 진동하기 때문
㉱ 와전류에 의한 영향 때문

문제 11. 휘트스톤 브리지로 측정할 수 있는 것은?

㉮ 전류   ㉯ 전압
㉰ 인덕턴스 ㉱ 저항

해설 휘트스톤 브리지(Wneatstone bridge)는 평형의 원리로 저항값의 측정에 사용된다.

문제 12. 다음 교류 브리지에서 평형이 이루어졌을 때 C_x의 값은?

㉮ 10 [μF]
㉯ 100 [μF]
㉰ 0.1 [μF]
㉱ 0.01 [μF]

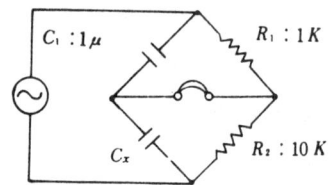

해설 $R_1 \cdot \dfrac{1}{j\omega c_x} = R_2 \cdot \dfrac{1}{j\omega c_1}$ 에서

$C_x = \dfrac{R_1}{R_2} C_1 = \dfrac{1}{10} \times 1 = 0.1 [\mu F]$

해답 9. ㉯ 10. ㉯ 11. ㉱ 12. ㉰

문제 **13.** 오실로스코프로 구형파 전압을 관찰하였더니 미분 파형이 관찰되었다면?
㉮ 프로브의 보정 용량이 너무 크다.
㉯ 스코프의 입력이 너무 커서 일그러짐이 생겼다.
㉰ 오실로스코프의 특성이 나쁘기 때문이다.
㉱ 프로브의 보정 용량이 너무 적다.

문제 **14.** 저주파 발진기 중 파형이 양호하고 주파수 안정도가 양호한 것은?
㉮ 자려 LC 발진기 ㉯ 비트 발진기
㉰ 빈 브리지형 발진기 ㉱ 레헤르선 발진기
해설 빈 브리지(wien bridge) 발진기는 발진 파형이 양호하고, 주파수 안정도가 좋으며 주파수 가변이 용이한 특징이 있다.

문제 **15.** 라디오가 고장났을 때 귀로 들으면서 몇 개소에 대고 고장을 발견할 수 있는 가장 적합한 계기는?
㉮ 마커 발진기 ㉯ 시그널 트레이서
㉰ 소인 발진기 ㉱ 테스터 오실레이터
해설 시그널 트레이서(signal tracer)는 라디오의 조정이나 고장 수리 등에서, 전파가 수신되는 순서로 접촉시켜 보면서 어디까지 음이 나오고 있는가를 알아 볼 수 있다.

문제 **16.** 수신기의 감도를 측정하기 위한 설명으로 틀린 것은 어느 것인가?
㉮ AVC 회로는 정지 상태로 측정한다.
㉯ 출력은 600〔Ω〕에 정합시킨다.
㉰ 400〔Hz〕, 30%의 변조 신호를 가한다.
㉱ 의사 공중선 회로를 사용한다.
해설 AVC(Automatic Volume Cnotrol) 회로는 동작 상태에서 측정한다.

문제 **17.** 계기 사용법으로서 적당하지 않은 것은?
㉮ 영상 출력 파형을 오실로스코프로 잰다.
㉯ 수평 출력관의 입력 전압의 P-P치를 테스터의 A·C 레인지로 직독한다.
㉰ 스위프 발진기와 오실로스코프로 비검파기의 S자 특성을 조정한다.
㉱ AGC 전압을 VTVM으로 잰다.

해답 13. ㉱ 14. ㉰ 15. ㉯ 16. ㉮ 17. ㉯

문제 18. 다음 그림은 전
압-주파수 변환 회로
의 구성도이다. □안에
알맞는 것은?
㉮ 계수 회로
㉯ 게이트 회로
㉰ 제어 회로
㉱ 발진 회로

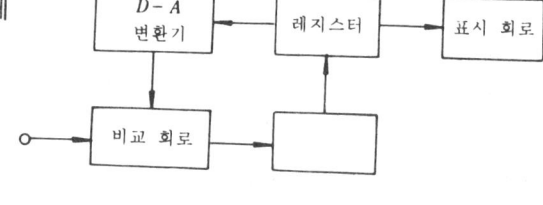

[해설] 비교 회로로부터의 부호에 따라서 레지스터 내의 디지털 신호를 바꾸는 신호를 발생하는 제어 회로가 접속된다.

문제 19. MKS 유리화 단계로 진공의 유전율 [F/m]은 얼마인가?
㉮ 9×10^9 ㉯ 8.855×10^{-12} ㉰ 6.33×10^4 ㉱ $4\pi \times 10^{-7}$
[해설] $\varepsilon_0 = 8.855 \times 10^{-12}$ [F/m]

문제 20. 직류 전용 계기명은?
㉮ 전류력계형   ㉯ 열전대형   ㉰ 가동 철편형   ㉱ 가동 코일형
[해설] 가동 코일형 계기는 전류의 방향이 변하는 교류에서는 사용할 수 없으므로 직류 전용이다.

문제 21. 변류기에서 2차측에 연결하는 전류계는 몇 [A]가 적당한가?
㉮ 2[A]   ㉯ 3[A]   ㉰ 4[A]   ㉱ 5[A]
[해설] 변류기(C.T)에서 정격 2차 전류의 표준은 5[A]로 하고 있으므로, 1차 전류의 크기에 관계 없이 2차 측에 연결하는 전류계는 5[A]이면 된다.

문제 22. 오실로스코프의 수평축에 300[Hz]의 정현파를 가하고 수직축에 어떤 교류 전압을 가하니 그림과 같은 리사주도형이 나타났다. 수직축 주파수는?
㉮ 200[Hz]
㉯ 450[Hz]
㉰ 900[Hz]
㉱ 150[Hz]

[해설] $f_x : f_Y = 2 : 3$
∴ $f_Y = \dfrac{3}{2} \times 300 = 450$ [Hz]

[해답] 18. ㉰   19. ㉯   20. ㉱   21. ㉱   22. ㉯

문제 23. 보간 발진기법의 설명으로 적합하지 않은 사항은?
㉮ 흡수형 파장계의 주파수 측정 방법이다.
㉯ 헤테로다인 주파수계의 주파수 측정 방법이다.
㉰ 미지 주파수 f_x는 $f_x = \dfrac{f_1 f_2}{f_2 - f_1}$ 의 식으로 구할 수 있다. (f_1 : 보간 발진기의 기본파)
㉱ 발진 바리콘을 돌리면서 미지의 전파를 수신하면 무수한 영비트 점이 생긴다.
해설 보간 발진법은 표준 주파수로 교정된 가변 주파 발진기와 미지의 주파수를 비교하여 미지 주파수를 구하는 헤테로다인 주파계수의 주파수 측정 방법이다.

문제 24. 인덕턴스의 측정에서 측정하고자 하는 코일의 저항분이 적을 경우의 측정상의 주의할 점은?
㉮ 코일에 저항을 직렬로 접속한다.
㉯ 코일에 저항을 병렬로 접속한다.
㉰ 코일에 저항을 직·병렬에 관계 없이 접속한다.
㉱ 빈 브리지를 이용하여 측정한다.
해설 코일의 저항이 작으면 평형을 이루기가 힘들기 때문에 저항을 직렬로 접속하여 쉽게 평형을 이룰 수 있도록 한다.

문제 25. 계수형 주파수계의 구성도에서 계수부의 회로는?
㉮ 클리퍼 회로
㉯ 프리엠파시스 회로
㉰ 리미터 회로
㉱ 플립플롭(flip-flop) 회로
해설 계수부의 회로는 입력 펄스 2개마다 1개의 출력 펄스를 얻어내는 플립플롭의 종속 접속으로 계수 동작을 한다.

문제 26. 표준 신호 발생기의 출력단 개방시 1[V]의 전압을 측정 하였다. 이때 출력 감쇠기의 이득 [dB]은?
(단, 출력단 개방시 1[μV]의 전압은 0[dB] 눈금으로 표시된다)
㉮ 40[dB]   ㉯ 140[dB]   ㉰ 20[dB]   ㉱ 120[dB]
해설 $G = 20\log_{10} \dfrac{1}{1 \times 10^{-6}} = 120 \text{[dB]}$

해답 23. ㉮ 24. ㉮ 25. ㉱ 26. ㉱

문제 27. 가동 철편형 계기의 회전각 θ는?

㉮ 전류에 반비례한다.
㉯ 전류의 제곱에 반비례한다.
㉰ 전류에 비례한다.
㉱ 전류의 제곱에 비례한다.

[해설] $\theta = KFF(\theta)$ 이므로 지침의 회전각은 대략 전류의 제곱에 비례한다.

문제 28. 다음 중 중저항 측정법인 것은?

㉮ 직접 편위법 ㉯ 전위차계법
㉰ 휘트스톤 브리지법 ㉱ 켈빈 더블 브리지법

[해설] 중저항의 측정에는 전압계와 전류계에 의한 전압 강하법과 휘트스톤 브리지법이 가장 널리 사용된다.

문제 29. 볼로미터 전력계의 설명으로서 맞지 않는 설명은?

㉮ 마이크로파 전력을 직류 전력으로 치환함이 없이 그대로 측정할 수 있다.
㉯ 마이크로파의 수십[mW] 이하의 소전력 측정용이다.
㉰ 볼로미터 소자로 서미스터 또는 바레터를 사용한다.
㉱ 마이크로판 전력을 직류 전력으로 치환하여 측정한다.

[해설] 마이크로파(micro wave) 전력을 감온 소자에 의해 직류 전력으로 치환하여 측정한다.

문제 30. 어떤 증폭기 입력에 구형파를 넣어 출력 파형을 관측하였다. 측정하려는 회로의 위상 특성이 낮은 주파수에서 앞설 때에는 어느 현상이 일어나는가?

[해설] ㉮를 입력 파형이라고 하면 측정하려는 회로의 위상 특성이 낮은 주파수에 앞설 때에는 ㉰, 뒤질 때에는 ㉯의 파형으로 된다.

문제 31. 배율기의 저항 $R = 45[k\Omega]$, 전압계의 내부 저항 $r_m = 25[k\Omega]$으로 전압계의 지시는 200[V]를 지시하였다. 측정한 전압은 몇 [V]인가?

㉮ 520 ㉯ 560 ㉰ 650 ㉱ 250

[해설] $V = \left(1 + \dfrac{R}{r_m}\right) V_m = \left(1 + \dfrac{45}{25}\right) \times 200 = 560[V]$

[해답] 27. ㉱ 28. ㉰ 29. ㉮ 30. ㉰ 31. ㉯

문제 32. 1[A]의 직류 전류계에 1[A] 1[Hz]의 교류를 통과시키면 전류계의 지침은 어떻게 지시 하는가?
㉮ 전혀 움직이지 않는다.
㉯ 1[A]를 지시한다.
㉰ 전류계가 파괴된다.
㉱ 교류 전류의 순시값에 따라 변동한다.
[해설] 교류 전류의 순시값 변화를 그때 그때 지시하게 된다.

문제 33. 단면적이 일정하고 도선 저항이나 접촉 저항의 영향이 없는 도체의 어떤 길이의 저 저항을 구하고저 할 때 필요치 않는 방법은?
㉮ 직접 편위법   ㉯ 전압 강하법
㉰ 전위차계법   ㉱ 켈빈더블브리지
[해설] 저 저항의 측정에는 전압 강하법, 전위차계법, 켈빈더블브리지법 등이 사용된다. 직접 편위법은 고저항의 측정 방법이다.

문제 34. 전압계와 전류계를 그림과 같이 접속하여 부하 전력을 측정할 때 각각의 계기의 지시가 100[V] 2[A]였다. 부하 전력은 얼마인가? (단, 전압계의 저항은 2000[Ω]이다)
㉮ 100[W]
㉯ 125[W]
㉰ 195[W]
㉱ 220[W]

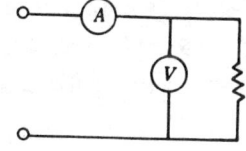

[해설] $P = VI - \dfrac{V^2}{r_v} = 100 \times 2 - \dfrac{100^2}{2000} = 195[W]$

문제 35. 진공관 전압계로 고주파 전압 측정시 생기는 일반적 오차가 아닌 것은?
㉮ 전자 주행 시간 오차   ㉯ 입력 용량 오차
㉰ 공진 오차   ㉱ 표피 오차
[해설] 진공관 전압계의 중요한 오차는 입력회로의 직렬 공진에 의한 오차, 전자 주행 시간 오차, 직류 도입 케이블의 공진 오차와 파형 오차 등이다.

문제 36. 오실로스코프(Oscilloscope)의 음극선관(Cathode Ray Tube)의 주요 부분이 아닌 것은?
㉮ 전자총   ㉯ 편향판   ㉰ 형광막   ㉱ 발진기

[해답] 32. ㉱ 33. ㉮ 34. ㉰ 35. ㉱ 36. ㉱

문제 37. 300[Hz] 이하를 차단 시키는 저역 필터를 LM 앞에 놓고 측정하는 잡음은 다음 중 어느 것인가?
㉮ 발진 잡음   ㉯ 영상 잡음   ㉰ 랜덤 잡음   ㉱ 험 잡음

해설 험 잡음 측정의 경우에는 LM 앞에 300[Hz] 이하를 차단시키는 저역 필터를 놓고 측정하며, 랜덤 잡음 측정의 경우에는 300[Hz] 이상을 차단시키는 고역 필터를 놓고 측정한다.

문제 38. 다음은 비트(beat) 주파 발진기의 계통도인데 빈칸의 부분은 무슨 회로인가?
㉮ 저역 여파기
㉯ 고역 여파기
㉰ 변조기
㉱ 저주파 발진기

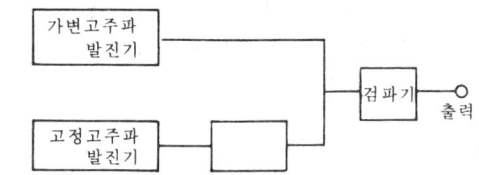

문제 39. 영위법(zero method)과 관계 없는 사항은?
㉮ 전위차계나 브리지
㉯ 피측정량을 지침의 경사각 등으로 바꿔 읽는 방법
㉰ 표준량을 준비하고 이것을 피측정량과 평형시켜 표준량의 크기로부터 피측정량을 알아내는 방법
㉱ 피측정 회로로부터 에너지를 공급받지 않는다.

해설 피측정량을 지침의 경사각 등으로 바꿔 읽는 방법은 편위법(deflection method)이다.

문제 40. 다음은 가동 코일형 계기의 특징을 설명한 것이다. 옳지 않은 것을 골라라.
㉮ 강한 영구 자석을 사용하므로 구동 토크가 크고 감도나 정확도가 높다.
㉯ 눈금이 균등하여 보기에 편리하다.
㉰ 감도가 높아 온도 변화와 외부 자계에 의한 오차가 크다.
㉱ 지시는 평균치에 비례하나 눈금은 실효치로 표시하는 것이 보통이다.

해설 가동 코일형 계기는 온도 변화나 외부 자장으로 인한 오차가 작다.

문제 41. 교류 전압계가 표시하는 값은 무엇을 나타내는가?
㉮ 실효치   ㉯ 최대치   ㉰ 평균치   ㉱ 순시치

해설 교류 전압계가 표시하는 값은 일반적으로 실효값이다.

해답 37. ㉱   38. ㉯   39. ㉯   40. ㉰   41. ㉮

과년도 출제문제 3-59

문제 42. 다음 계기 중 AC, DC로 겸용할 수 없는 것은?
㉮ 전류력계형   ㉯ 열전대형   ㉰ 정전형   ㉱ 가동 코일형
해설 가동 코일형 계기는 직류(DC) 전용이다.

문제 43. 다음 그림에서 변류기가 붙은 고주파 전류계의 원리도에서 "1"이 표시하는 내용은 무엇인가?
㉮ 고주파용 코어
㉯ 코일
㉰ 1차도선
㉱ 열전대

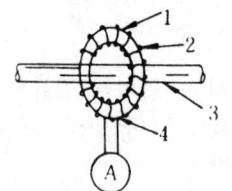

해설 1은 페라이트 코일, 2는 2차코일, 3은 1차 도선이다.

문제 44. 브리지나 전위차계에서의 불평형 전압을 검출 증폭시켜 서보 모터로 다이얼을 돌려 평형시키고 다이얼에 펜 또는 타점용 핀을 붙여 기록하는 계기는?
㉮ 펜식 기록 계기   ㉯ 타점식 기록 계기
㉰ 직동식 기록 계기   ㉱ 자동 평형 기록 계기
해설 자동 평형 기록 계기는 영위법에 의한 측정과 조작을 자동화한 것이다. 지침을 흔들리게 하는 데에는 서보 모터의 강력한 구동력을 이용하고 있으므로, 기록 펜을 안정하게 움직이도록 하는 데 적당하며, 각종 지시 기록계나 자동 제어용 기기로서 광범위하게 사용되고 있다.

문제 45. 다음 중 가정용 적산 전력계로 쓰이는 계기는 어느 것인가?
㉮ 가동 철편형   ㉯ 유도형   ㉰ 전류력 계형   ㉱ 가동 선륜형
해설 현재 교류용 적산 전력계에는 거의가 유도형의 이동 자장형 계기가 쓰이고 있다.

문제 46. 리사주 도형(Lissaijous figure)에서 그림과 같은 도형이 나왔다. 이 원인으로 적합한 것은?
㉮ 600[Hz]의 관측 전압에 힘이 섞여 있다.
㉯ 관측 파형은 고조파를 많이 포함한 왜형파이다.
㉰ 수직 Amp가 포화 되었다.
㉱ 수직, 수평 파형이 정현파가 아닌 일그러짐 파형이다.

해답 42. ㉱   43. ㉮   44. ㉱   45. ㉯   46. ㉯

1987년도 전자측정 2급 출제문제

문제 1. 다음 중 D.C 전류 측정에 가장 적합한 계기는?
㉮ 전류력계형 ㉯ 가동 코일형
㉰ 열선형 ㉱ 가동 철편형

문제 2. 단상용 전류력계형 역률계에서 전압과 전류가 동위상일 경우 역률은 얼마인가?
㉮ 0　　㉯ 1　　㉰ $+\infty$　　㉱ $-\infty$
[해설] 전압과 전류가 동위상이면 역률은 1이다.

문제 3. 그림과 같이 접속한 회로에서 전류계 및 전압계의 지시값이 각각 2[A] 및 10[V]였다면 R의 값은 얼마인가?
(단, 전류계의 내부 저항은 0.5[Ω]이다.)
㉮ 4.5[Ω]
㉯ 3.5[Ω]
㉰ 2.5[Ω]
㉱ 1.5[Ω]

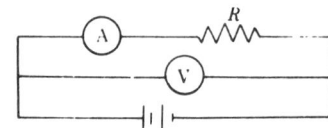

[해설] $R = \dfrac{V}{I} - r_a = \dfrac{10}{2} - 0.5 = 4.5 [\Omega]$

문제 4. 증폭 회로에서 전압 증폭고가 10이면 데시벨 이득 G는 몇 [dB]인가?
㉮ 5　　㉯ 10　　㉰ 20　　㉱ 40
[해설] $G = 20 \log_{10} 10 = 20 [dB]$

문제 5. 그림과 같은 파형이 오실로스코프에 나타났을 때 두 신호 위상차는 얼마인가(단, A = 1.414, B = 1)?
㉮ 동위상
㉯ 90°
㉰ 180°
㉱ 45°

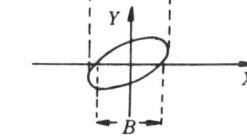

[해설] $\theta = \sin^{-1} \dfrac{B}{A} = \sin^{-1} \dfrac{1}{1.414} = 45°$

[해답] 1. ㉯　2. ㉯　3. ㉮　4. ㉰　5. ㉱

문제 6. 그림은 베이스 저항 측정 회로도이다. $Rc' \ll rc$일 때 스위치 S를 열고 Rc의 양단 전압을 측정한 결과 값이 V_1이고 S를 닫고 이미터 전압을 측정한 값이 V_e일 때 베이스 저항값을 구하라?

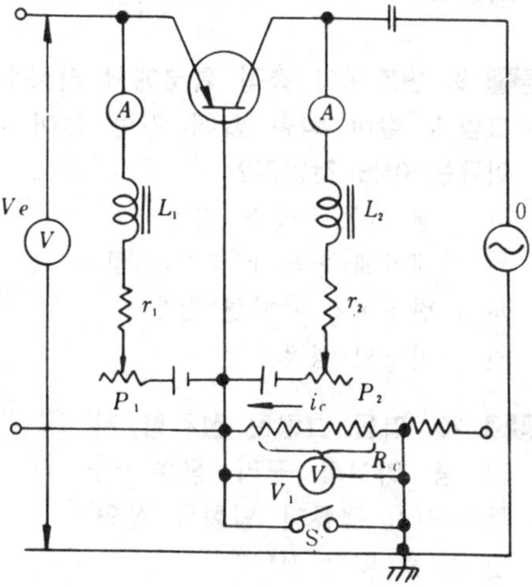

㉮ $r_b = R_e \dfrac{V_e}{V_1}$

㉯ $r_b = R_e \dfrac{V_1}{V_e}$

㉰ $r_b = \dfrac{V_1}{V_e}$

㉱ $r_b = \dfrac{V_e}{V_1}$

[해설] R_e 양 단자의 전압으나 $V_1 = R_e I_e$이므로

$$\dfrac{V_e}{V_1} = \dfrac{V_e}{R_e I_e} = \dfrac{r_b}{R_e}$$

$$\therefore r_b = R_e \dfrac{V_e}{V_1}$$

문제 7. 그림과 같은 브리지(Bridge) 회로에서 평행 조건은?

㉮ $Ca = CP \dfrac{S}{R}$

㉯ $CaS = CPR$

㉰ $j\omega CaR = j\omega CPS$

㉱ 평형 조건은 없다.

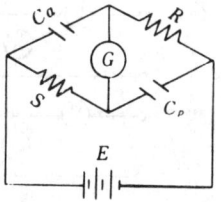

문제 8. 150[V]용 직류 전압계가 있다. 내부 저항은 18000[Ω]이다. 이 전압계를 직류 600[V]용으로 사용하려면 몇 [Ω]의 직렬 저항이 필요한가?

[해답] 6. ㉮ 7. ㉱ 8. ㉯

3-62 제 3 편 전자 측정

㉮ 7200　　㉯ 54000　　㉰ 6000　　㉱ 4500

해설 $R_m = r_1(m-1) = 18000 \times \left(\dfrac{600}{150} - 1\right) = 54000 [\Omega]$

문제 **9.** 변조도의 측정 회로에서 리사주 도형이 그림과 같이 파형 끝에 가는 선이 나타나는 이유는 어느 것인가?

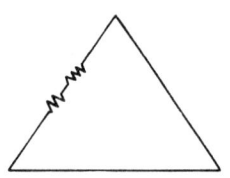

㉮ 기생 진동이 있는 경우
㉯ 부궤환에 의해서 생기는 경우
㉰ 피변조파가 과다한 경우
㉱ 과변조의 경우

문제 **10.** 다음 그림은 정류형 계기 중 아산화 구리 정류기의 특성이다. 전류의 방향을 설명한 것 중 맞는 것은?

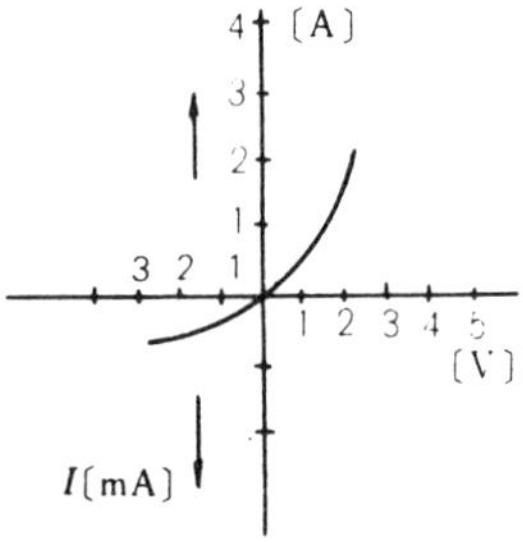

㉮ 구리에서 아산화 구리로 흐른다.
㉯ 아산화 구리에서는 흐르지 않는다.
㉰ 아산화 구리와 구리 사이에는 절대로 전류가 흐를 수 없다.
㉱ 아산화 구리에서 구리로 향하는 방향으로 흐른다.

해설 아산화 구리에서 구리로 향하는 방향으로 전류가 흐르며, 반대 방향으로는 흐르기 어렵다.

문제 **11.** 다음 중 옳은 것은?
(단, A는 전류계, V는 전압계)

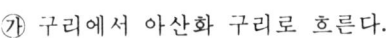

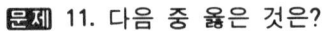

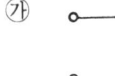
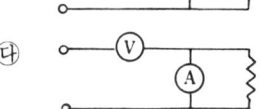

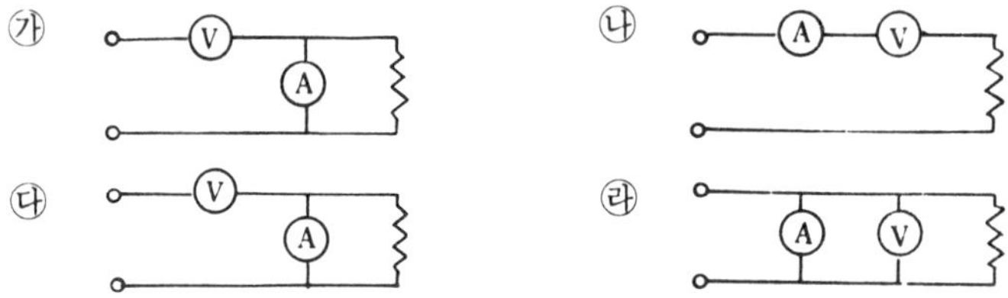

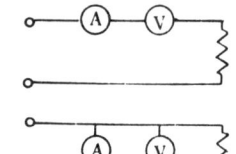

해설 전류계는 부하에 직렬로 접속되어야 하며, 전압계는 병렬로 접속되어야 한다.

문제 **12.** 전자 전압계의 설명 중 틀린 것은 어느 것인가?
㉮ 트랜지스터의 검파, 정류, 증폭 작용을 이용한 것이다.

해답 9. ㉮　10. ㉱　11. ㉰　12. ㉱

㈁ 감도가 높다.
㈐ 전력 손실이 적다.
㈑ 입력 임피던스가 낮다.
[해설] 전자 전압계는 입력 임피던스가 높아서 우수한 고주파 특성을 가지며, 각종의 유·무선 송수신기, 음향 기기 등의 시험에 많이 사용한다.

[문제] 13. Wein Bridge는 무엇을 측정하는데 사용 되는가?
㉮ 정전 용량   ㉯ 인덕턴스   ㉰ 임피던스   ㉱ 저항
[해설] Wein Bridge는 주파수 및 정전 용량의 측정에 사용된다.

[문제] 14. 그림은 Q-Meter의 원리
도이다. 이 회로에서 공진 회로
의 Q로 정의하는 전압비는 어느
것인가?
㉮ E_r/E_c
㉯ E_i/E_L
㉰ E_c/E_i
㉱ E_c/E_L

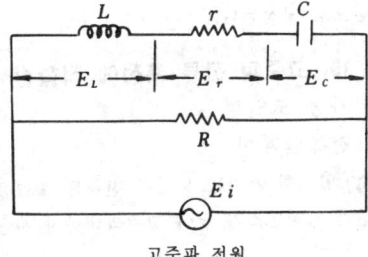

고주파 전원

[해설] $\dfrac{E_c}{E_i} = Q = \dfrac{\omega L}{R}$

[문제] 15. 어떤 전파를 레헤르선으로 측정하였더니 인접한 전압이 최대로
되는 점의 사이 거리가 3[m]였다. 주파수는 얼마인가?
㉮ 500[MHz]   ㉯ 50[MHz]
㉰ 120[MHz]   ㉱ 1200[MHz]
[해설] $f = \dfrac{C}{\lambda} = \dfrac{C}{2l} = \dfrac{3 \times 10^8}{2 \times 3} = 50 [MHz]$

[문제] 16. 측정에 있어서 측정기의 정밀도나 정확도를 나타내는 이유는?
㉮ 측정 단위가 각각 다르기 때문이다.
㉯ 사람마다 읽는 방법이 다르기 때문이다.
㉰ 측정기의 사용 방법이 다르기 때문이다.
㉱ 측정기마다 그 지시치가 조금씩 차이가 있기 때문이다.
[해설] 측정기에서 정확한 측정이라 함은 개인적 오차, 계통 오차, 우연 오차 등의 오
차가 작은 측정을 말하며, 정확도(accuracy)라 함은 참 값에 가까운 정도를 말한
다. 정밀도가 좋은 측정이라 함은 우연 오차가 적은 측정을 말한다.

[해답] 13. ㉮ 14. ㉯ 15. ㉯ 16. ㉱

문제 17. 정류형 계기를 전압계로 하는데 적합치 않은 이유는?
  ㉮ 회전 토크가 약하다.
  ㉯ 지시 계기로는 적합치 않다.
  ㉰ 내부 저항을 크게하기 곤란하다.
  ㉱ 외부 자계의 영향을 크게 받기 때문에

문제 18. 회로 시험기(테스터)를 구성하는데 사용되는 부품이라 할 수 없는 것은?
  ㉮ 정류기   ㉯ 전류계   ㉰ 배율기   ㉱ 메거
  [해설] 회로 시험기는 가동 코일형 전류계와 배율기 및 분류기와 전환 스위치, 전지 등으로 구성된다.

문제 19. 고주파 전류 측정에 적합한 계기는 어느 것인가?
  ㉮ 가동 코일형   ㉯ 가동 철편형
  ㉰ 전류력계형   ㉱ 열선형
  [해설] 열선형 계기는 도체에 전류를 흘렸을 때의 열선 팽창을 이용하는 계기로서 열선의 임피던스가 낮아 고주파대까지 사용할 수 있다.

문제 20. 2개의 200[V]용 전압계의 내부 저항이 각각 15[kΩ], 18[kΩ]이다. 이 전압계를 직렬로 연결하고 330[V]의 전압을 측정할 경우, 15[kΩ] 전압계의 지시값은?
  ㉮ 50[V]   ㉯ 100[V]   ㉰ 150[V]   ㉱ 200[V]

문제 21. 임피던스(Impedance) 정합이 필요한 이유는?
  ㉮ 전압 이득을 크게 하기 위하여
  ㉯ 고주파 특성을 개선하기 위하여
  ㉰ S/N를 개선시키기 위하여
  ㉱ 회로의 손실을 적게 하기 위하여
  [해설] 임피던스 정합은 입력과 출력의 신호 결합을 손실없이 취해 최대의 출력을 얻기 위해 필요하다.

문제 22. 자장의 세기 [H]의 단위 [AT/m]와 함께 자장의 세기의 단위로 사용할 수 있는 단위는?
  ㉮ N/Wb   ㉯ F/r²   ㉰ μ/B   ㉱ Wb/r²
  [해설] 1[AT/m]=1[N/Wb]

[해답] 17. ㉰   18. ㉱   19. ㉱   20. ㉰   21. ㉱   22. ㉮

문제 23. 오실로스코프에 그림과 같은 파형이 나타날 때 주파수는 얼마이냐?
㉮ 400[Hz]
㉯ 1[kHz]
㉰ 667[Hz]
㉱ 10[kHz]

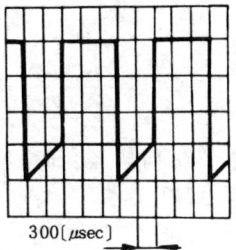

300[μsec]

해설 주기는 $T = 300 \times 5 = 1500[\mu sec]$이므로
$$f = \frac{1}{T} = \frac{1}{1500 \times 10^{-6}} \fallingdotseq 667[Hz]$$

문제 24. 다음 중 유도형 계기의 특징이 아닌 것은?
㉮ 구동 토크(torque)가 크다.
㉯ 조정이 용이하다.
㉰ 외부 자계의 영향이 작다.
㉱ 직류 적산 전력계로 사용된다.

해설 유도형 계기는 교류 회로에만 사용된다.

문제 25. 열전형 계기에서 주파수가 높아지면 발생하는 오차 중 관계 없는 것은?
㉮ 공진 오차   ㉯ 표피 오차
㉰ 파형 오차   ㉱ 전위 오차

해설 열전대형 전류계를 높은 주파수에 사용할 때의 오차로는, 도선의 표피 작용에 의한 열선 저항의 증가로 열선의 온도가 높아져 생기는 오차와, 열전대와 지시 계기에 접속된 도선의 인덕턴스와 표유 용량의 직렬 공진에 의한 오차 및 복선형의 열전대에서 각 열선에 흐르는 전류 배분이 변화하기 때문에 생기는 전위 오차 등이 있다.

문제 26. 그림과 같이 $i_1 = 30[A]$ 일때 $V_1 = 50[mA]$, $i_2 = 15[A]$일 때 $V_2 = 45[mV]$라 한다. 측정 전류 I는?
㉮ 120[A]
㉯ 150[A]
㉰ 50[A]
㉱ 125[A]

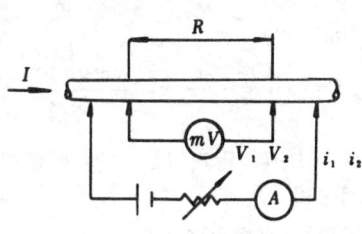

해설 $(I + i_1)R = V_1$
$(I + i_2)R = V_2$

해답 23. ㉰ 24. ㉱ 25. ㉰ 26. ㉮

위의 두 식으로부터

$$\frac{V_1}{V_2} = \frac{I+i_1}{I+i_2}$$

$$\therefore I = \frac{i_1 V_2 - i_2 V_1}{V_1 - V_2} = \frac{(30 \times 45 \times 10^{-3}) - (15 \times 50 \times 10^{-3})}{(50 \times 10^{-3}) - (45 \times 10^{-3})} \quad 120[A]$$

문제 27. 다음 중 고주파의 주파수 측정에 이용되지 않는 측정법은 어떤 것인가?
㉮ 흡수형 파장계법
㉯ 레헤르선 파장계법
㉰ 켈빈더블 브리지법
㉱ 헤테로다인 주파수계법

해설 켈빈더블 브리지법은 1[Ω] 이하의 저저항 측정에 사용된다.

문제 28. 도면과 같이 내부 저항이 10[kΩ]인 전압계로 40[kΩ] 양단의 전압을 측정했을 때 전압계의 지시치는?
㉮ 49[V]
㉯ 32[V]
㉰ 51[V]
㉱ 16[V]

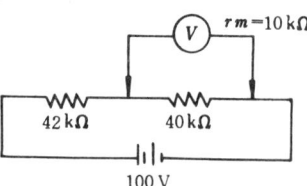

해설 $r_V = \frac{40 \times 10}{40+10} = 8[k\Omega]$, $V = \left(1 + \frac{R_m}{r_V}\right)V_V[V]$ 에서

$$V_V = \frac{V}{1+\frac{R_m}{r_V}} = \frac{100}{1+\frac{42}{8}} = 16[V]$$

문제 29. 계기 정수가 2400[회/kWh]의 적산 전력계가 30초에 20회전 하였을 때, 전력은 얼마인가?
㉮ 500[W]   ㉯ 750[W]
㉰ 1000[W]   ㉱ 1250[W]

해설 $P = \frac{3600 \times 1000}{TK} n = \frac{3600 \times 1000}{30 \times 2400} \times 20 = 1000[W]$

문제 30. 고주파 임피던스 측정에 해당되지 않는 것은?
㉮ 치환법   ㉯ 고주파 브리지법
㉰ 리액턴스 변환법   ㉱ 정재파법

해답 27. ㉰   28. ㉱   29. ㉰   30. ㉱

과년도 출제문제 3-67

해설 고주파 회로에 사용되는 회로 소자의 임피던스 측정에는 고주파 브리지법이나 리액턴스 변환법 및 Q미터를 사용한다.

문제 31. 오실로스코프로 관측하지 못하는 것은 다음 중 어느 것인가?
㉮ 변조도 ㉯ 주파수 ㉰ 왜곡율 ㉱ 임피던스

해설 오실로스코프(oscilloscope)는 전압, 전류, 파형, 위상 및 주파수, 일그러짐률 시간 간격, 펄스의 상승 시간 등의 제 현상을 측정할 수 있다.

문제 32. 오실로스코프에서 톱니파를 관측파에 동기시키는 이유는 무엇인가?
㉮ 휘도를 밝게 하려고
㉯ 파형을 크게 하려고
㉰ 파형을 정지시키기 위하여
㉱ 휘점을 수평 진동 시키려고

해설 형광면 위에 나타나는 파형을 정지시키기 위해서는 시간축의 주파수와 측정 파형의 주파수를 일정한 정수비로 되게 동기시켜야 한다.

문제 33. 다음 중 AM표준 신호 발생기의 구성 중 포함되지 않는 것은?
㉮ 고주파 증폭 회로   ㉯ 저주파 증폭 회로
㉰ 변조 회로   ㉱ 검파 회로

해설 표준 신호 발생기(SSB)는 수정 발진 회로, 저주파 발생 증폭 회로, 변조 회로, 고주파 증폭 회로 및 감쇠 회로 등으로 구성된다.

문제 34. 참값이 100[V]인 전압을 측정하였더니 101.5[V]였다. 이 때의 오차 백분율은 얼마인가?
㉮ 0.15[%]   ㉯ 1.5[%]
㉰ 15[%]   ㉱ 150[%]

해설 $\varepsilon = \dfrac{M-T}{T} \times 100 = \dfrac{101.5-100}{100} \times 100 = 1.5 [\%]$

문제 35. 가동 철편형 계기를 옳게 설명한 것은?
㉮ 고정 코일에 흐르는 전류에 의하여 생기는 자장 속에서 연철편이 받는 흡인 반발력을 이용한 계기
㉯ 고정극과 가동편에 의하여 측정전압의 정전력으로 토크를 일으키는 계기
㉰ 전류 코일과 전압 코일에서 생기는 자장에 의하여 알루미늄판을 가

해답 31. ㉱ 32. ㉰ 33. ㉱ 34. ㉯ 35. ㉮

동시키는 계기
㉣ 온도 계수가 다른 두 금속체에 측정 전류를 가하여 열의 팽창에 의하여 구동되는 계기

[해설] 가동 철편형 계기(moving iron type meter)는 고정 코일에 흐르는 전류에 의하여 생기는 자장 내에 놓여진 가동 철편에 작용하는 전자력을 이용한 것이다.

[문제] **36.** 임피던스 브리지로 측정할 수 없는 것은?
㉮ 주파수   ㉯ 저항   ㉰ 용량   ㉣ 인덕턴스

[해설] 임피던스 브리지는 교류 브리지의 원리를 이용한 것으로, 주파수는 측정할 수 없다.

[문제] **37.** 다음의 블록 다이어그램으로 나타낸 원리도는 어떤 계기의 동작을 나타낸 것인가?
㉮ 평균값 비례형 전자 전압계
㉯ 실효값 비례형 전자 전압계
㉰ P형 전자 전압계
㉣ P-P형 전자 전압계

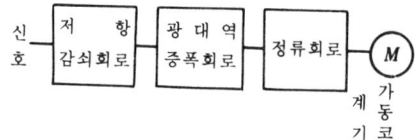

[해설] 평균값 비례형의 전자 전압계 구성을 나타낸 것이다.

[문제] **38.** 험 잡은 측정의 경우와 같이 잡음 성분이 300[Hz] 이하로 분포되어 있을 때 잡음 측정 필터는?
㉮ 랜덤 필터   ㉯ 고역 필터
㉰ 저역 필터   ㉣ 중역 필터

[해설] 험 잡음 측정의 경우와 같이 잡음 성분이 300[Hz] 이하로 분포되어 있는 잡음의 측정시는 저역 필터를, 그리고 진공관 잡음과 같이 주파수 성분이 상당한 주파수까지 고루 분포되어 있는 랜덤 잡음의 측정시는 고역 필터를 사용한다.

[문제] **39.** 전류계가 100[A]를 지시할 때 보정 백분율이 +2[%]라면 정확한 값은?
㉮ 102[A]   ㉯ 101[A]
㉰ 104[A]   ㉣ 98[A]

[해설] $\alpha_0 = \dfrac{T-M}{M} \times 100[\%]$의 식에서

$T = M\left(1 + \dfrac{\alpha}{100}\right) = 100 \times \left(1 + \dfrac{2}{100}\right) = 102[A]$

[해답] 36. ㉮   37. ㉮   38. ㉰   39. ㉮

문제 40. 그림과 같이 풀스케일(FS) 3[mA], 내부 저항 $r_m = 1000[\Omega]$의 전류계로서 15 [mA]의 전류를 잴 수 있는 전류계로 만들기 위한 분류 저항 R의 값은?
㉮ 200[Ω]　　㉯ 250[Ω]
㉰ 300[Ω]　　㉱ 400[Ω]

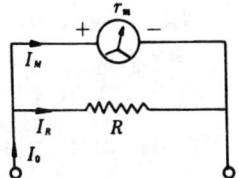

[해설] $R = \dfrac{r_m}{n-1} = \dfrac{1000}{\dfrac{15}{3}-1} = 250[\Omega]$

문제 41. 다음은 검류계의 내부 저항 측정 그림이다. 검류계의 내부 저항 R_g의 값을 구하는 계산식이 맞는 것은?

㉮ $R_g = \dfrac{Q}{P} R$

㉯ $R_g = \dfrac{P}{Q} R$

㉰ $R_g = \dfrac{P}{Q} Q$

㉱ $R_g = \dfrac{Q}{R}$

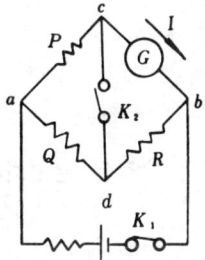

[해설] 평형 조건 $R_g Q = PQ$에서

$R_g = \dfrac{P}{Q} R [\Omega]$

문제 42. 정전 전압계 Ⓥ의 측정 범위를 확대하기 위하여 쓰이는 적당한 회로는?

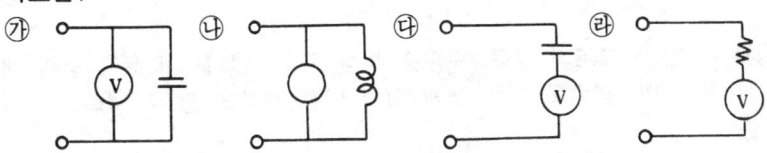

[해설] 정전 전압계의 측정 범위 확대에는 용량 배율기(C_V)를 직렬 접속하여 사용한다.

문제 43. 현재 사용되는 대부분의 교류 적산 전력계는?
㉮ 가동 철편형 계기　　㉯ 정류형 계기

[해답] 40. ㉯　41. ㉯　42. ㉰　43. ㉰

㉰ 유도형 계기 ㉱ 정전형 계기

[해설] 유도형 계기는 금속제의 가동 부분에서 발생하는 맴돌이 전류와 자장 사이의 전자력에 의한 구동 토크를 이용한 계기로서, 구조가 간단하고 튼튼하여 오래 사용할 수 있으므로 적산 전력계(watthour meter)로 널리 사용되고 있다.

문제 44. 다음 그림은 트리거 스위프식 오실로스코프의 내부 회로 구성을 나타낸 것이다. □속에 들어갈 회로로 가장 적합한 것은?

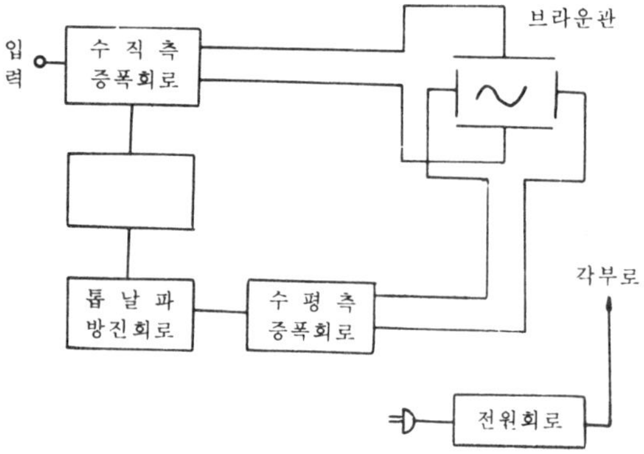

㉮ 트리거 회로
㉯ 감쇠 회로
㉰ 차동 증폭 회로
㉱ 편향 회로

[해설] 트리거 펄스(trigger pulse)를 발생시키는 회로가 들어간다.

문제 45. 다음과 같은 브리지(Bridge)에서 평형 되었을 때의 C_x의 값을 구하면?

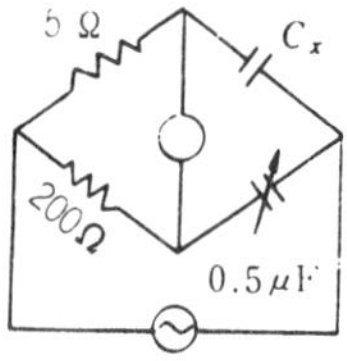

㉮ 1 [μF]
㉯ 2 [μF]
㉰ 4 [μF]
㉱ 5 [μF]

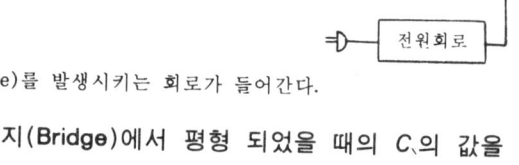

[해설] $C_x R_1 = C R_2$

$$C_x = \frac{R_2}{R_1} C = \frac{200}{50} \times 0.5 = 2 [\mu F]$$

문제 46. 증폭 회로의 이득, 주파수 특성 등을 측정할 때 동작 범위 내에서 증폭기에 입력을 아주 크게 하면 바른 측정을 할 수 없다. 그 이유는?

㉮ 입력 파형이 일그러지므로
㉯ 출력 파형이 일그러지므로
㉰ TR이 못쓰게 되므로
㉱ 콘덴서의 누설 저항이 커지므로

문제 47. 다음 중 Q 미터 구성 요소가 아닌 것은?
㉮ 발진부   ㉯ 입력 감시계부
㉰ 동조 회로   ㉱ 조절부
해설 Q 미터(Q-meter)는 발진부, 입력 감시부, 동조부, Q 지시부 및 전원부로 구성된다.

문제 48. 계수한 결과를 10진수로 나타내는 것은 다음 중 어느 것인가?
㉮ 게이트 회로   ㉯ 파형 사인 회로
㉰ 증폭 회로   ㉱ 표시 회로

문제 49. 다음 중 스위프 신호 발진기에 포함되지 않는 것은?
㉮ 진폭 제한기   ㉯ 저주파 발진기
㉰ 톱니파 발진기   ㉱ 리액턴스관
해설 스위프 신호 발진기의 구성

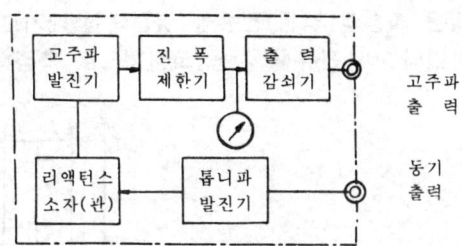

1988년도 전자측정 2급 출제문제

문제 1. 가동 코일형 계기로 교류 전압을 측정하고자 한다. 어떤 장치가 필요한가?
㉮ 정류기   ㉯ 발진기
㉰ 증폭기   ㉱ 혼합기
해설 가동 코일형 계기는 DC 전용이므로 교류 전압을 측정하려면 정류기가 필요하다.

문제 2. 최대 눈금 500[V]인 1.5급 전압계로 전압을 측정하였을 때 그 지시가 250[V]였다. 이때 상대 오차는 얼마인가?

해답 47. ㉱   48. ㉱   49. ㉯   1. ㉮   2. ㉰

㉮ 1[%] ㉯ 2[%]
㉰ 3[%] ㉱ 4[%]

[해설] 상대 오차 = $\frac{150}{250} \times 15 = 3[\%]$

문제 3. 두 콘덴서 C_1, C_2를 직렬 연결하고 그 양끝에 전압 V를 가한 경우, C_1에 분배되는 전압은?

㉮ $\frac{C_1}{C_1+C_2} V$ ㉯ $\frac{C_1+C_2}{C_2} V$

㉰ $\frac{C_1+C_2}{C_1} V$ ㉱ $\frac{C_2}{C_1+C_2} V$

[해설] $Q = CV$

∴ C_1에 분배되는 전압 $V_1 = \frac{Q}{C_1} = \frac{C_2}{C_1+C_2} V$

문제 4. 그림과 같은 파형의 맥동 전류를 열전대형 계기로 측정하였더니 10[A]를 지시하였다. 이 전류를 가동 코일형으로 측정하면 그 지시는 몇 [A]인가?

㉮ 10[A]
㉯ 7.07[A]
㉰ 6.37[A]
㉱ 5[A]

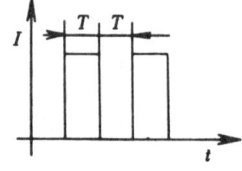

[해설] 가동 코일형 계기의 지시값 = 열전대형 계기의 지시값 $\times \frac{1}{\sqrt{2}}$

∴ $I = 10 \times \frac{1}{\sqrt{2}} = 7.07[A]$

문제 5. 증폭기의 주파수 특성을 오실로스코프로 측정하고자 할 때 입력 신호 파형은 다음 중 어느 것이 이상적인가?

㉮ 구형파 ㉯ 정현파
㉰ 삼각파 ㉱ 펄스파

[해설] 오실로스코프로 입력에 구형파 신호를 가하여 출력 파형으로 관찰한다.

문제 6. 표준 마이크로폰의 사용 바이어스 전압 중 적당한 것은?

㉮ 20[V] ㉯ 200[V]

[해답] 3. ㉱ 4. ㉯ 5. ㉮ 6. ㉯

㉰ 2000[V]　　　　　　㉱ 20,000[V]

[해설] 표준 마이크로폰은 마이크로폰이나 스피커의 특성을 측정할 때의 기준이 되는 것으로, 이것에는 콘덴서 마이크로폰이 사용된다. 감도는 −50[dB] (0[dB]=1[V/μbar])로 200[V]의 바이어스 전압을 가하여 사용한다.

[문제] 7. 오차와 정도에서 측정값을 M, 참값을 T라 하면 오차 ε을 나타내는 관계식으로 맞는 것은?
㉮ $\varepsilon = T - m$　　　　㉯ $\varepsilon = M - T$
㉰ $\varepsilon = M + T$　　　　㉱ $\varepsilon = M \times T$

[해설] 측정 오차 $\varepsilon = M - T$ (M : 측정값, T : 참값)

[문제] 8. 표준 저항 재료는?
㉮ 구리−니켈 합금　　　　㉯ 구리−망간−니켈 합금
㉰ 구리−니켈−아연 합금　　㉱ 구리−크롬−니켈 합금

[해설] 측정기용의 표준 저항기에 사용되는 저항 재료로서는 망간 합금이 있다. 이것은 구리 84[%], 망간 12[%], 니켈 [4%] 정도의 합금으로 20[℃] 부근에서 온도 계수는 10^{-5} 이하, 구리에 대한 열기전력은 2[μV/deg] 이하이므로, 표준 저항기의 재료로는 가장 적합하다.

[문제] 9. 내부 저항 1,000[Ω], 최대 지시 10[V]의 직류 전압계로 500[V]까지의 전압을 측정하고자 한다. 다음 중 옳은 것은?
㉮ 49[kΩ]의 저항을 병렬로 접속
㉯ 49[kΩ]의 저항을 직렬로 접속
㉰ 50[kΩ]의 저항을 병렬로 접속
㉱ 50[kΩ]의 저항을 직렬로 접속

[해설] $R_m = r_v(n-1) = 1000(\frac{500}{10} - 1) = 49[kΩ]$
따라서, 49[kΩ]의 저항(배율기)을 접속한다.

[문제] 10. 싱크로스코프로 직접 측정할 수 없는 것은?
㉮ 주파수　　　　　　㉯ 회전수
㉰ 전압 파형　　　　㉱ 위상

[해설] 싱크로스코프(synchrsocope)는 불규칙한 비주기성 파형 또는 한번 밖에 일어나지 않는 현상 및 파형의 측정에 적합하다.

[문제] 11. 다음 중 초단파 신호 발생기의 특징이 아닌 것은?

[해답] 7. ㉯　8. ㉯　9. ㉯　10. ㉯　11. ㉰

㉮ 발진부를 이중 차폐한다.
㉯ 발진 회로는 LC 버터 플라이 방식을 쓴다.
㉰ 출력 임피던스가 높다.
㉱ 리액턴스 감쇠기가 많이 쓰인다.
해설 출력 임피던스는 일정해야 한다.

문제 12. 다음 중에서 고주파용 임피던스의 측정법이 아닌 것은?
㉮ 브리지법   ㉯ 리액턴스 변화법
㉰ Q 미터법   ㉱ 표준부하법

문제 13. 마이크로파 주파수 측정에서 사용되는 주파수계는 다음 중 어느 것인가?
㉮ 공동 공진 주파수계   ㉯ 헤테로다인 주파수계
㉰ 흡수형 주파수계   ㉱ 이미터 딥 미터
해설 공동 공진 주파수계는 흡수형 주파수계의 일종으로 마이크로파의 주파수를 비교적 정확하게 측정할 수 있다.

문제 14. 참값이 15[A]인 전류를 측정하였더니 14.85[A]라는 값을 알았다. 이 때 보정(α)의 값은?
㉮ $\alpha = +0.15$[A]   ㉯ $\alpha = -0.15$[A]
㉰ $\alpha = +1.01$[A]   ㉱ $\alpha = -1.01$[A]
해설 보정 $\alpha = T - M = 15 - 14.85 = 0.15$[A]

문제 15. 주로 100[Hz] 이하의 상용 주파수의 교류용 전류계 및 전압계로 널리 사용되며, 전류계로는 100[A], 전압계로는 600[V]까지 분류기나 배율기를 사용하지 않고 측정할 수 있는 계기명은?
㉮ 유도형   ㉯ 전류력계형
㉰ 가동 코일형   ㉱ 가동 철편형
해설 가동 철편형 계기는 주로 100[Hz] 이하의 상용 주파수의 교류용 전압계나 전류계로 널리 사용되는 실용 계기이다.

문제 16. 열선형 계기의 단점에 해당하는 것은?
㉮ 고주파까지 사용
㉯ 실효값으로 표시
㉰ 즉시 일정 온도로 되지 않고 시간지연

해답 12. ㉱   13. ㉮   14. ㉮   15. ㉱   16. ㉰

㉣ 주파수나 파형에 거의 관계가 없다.

[해설] 열선형 계기는 저항선에 전류를 가해, 그 발열 작용을 이용하는 것이므로, 즉 시 일정한 온도로 되지 않고 발열에 의한 시간의 지연이 생긴다.

[문제] 17. 저항과 전류를 측정하여 전력을 구하는 간접 측정에서 저항계의 계급이 1.0급이다. 전류계의 측정 정도는 얼마가 되는 것이 가장 적당한가?

㉮ 2[%] ㉯ 1[%]
㉰ 0.5[%] ㉣ 4[%]

[해설] 측정값의 제곱에서 일어나는 오차 $R[\%]$는 $Z=2^n$
$R[\%]=nr[\%]$
여기서 $W=RI^2$이므로
$R[\%]=2r[\%]$
즉, 2배의 좋은 정밀도로 측정할 필요가 있다.
$\therefore r = \dfrac{1}{2} = 0.5[\%]$

[문제] 18. 다음 회로와 같이 10[kΩ], 20[kΩ]의 저항을 직렬로 연결하고 10[kΩ]의 내부 저항을 가진 전압계를 AB사이에 연결하였다. AC간에 250[V]의 전압을 가했을 때의 전압계의 지시는 얼마인가?

㉮ $\dfrac{250}{3}$ [V]

㉯ 50[V]
㉰ 100[V]
㉣ 150[V]

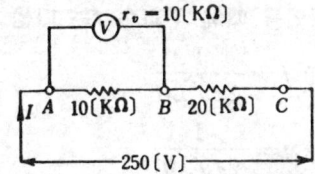

[해설] 전압계 접속시 A, B간의 합성 저항은 5[kΩ]이므로 회로 전체의 합성 저항은 25[kΩ]이다.

회로에 흐르는 전류 $I = \dfrac{V}{R_0} = \dfrac{250}{2,500} = 10[mA]$

$\therefore$ 전압계의 지시는 $V_1 = IRe = 5,000 \times 10 \times 10^{-3} = 50[V]$

[문제] 19. 다음 중 펜식 기록 계기의 결점이 아닌 것은?

㉮ 구조가 복잡하다. ㉯ 전력 소비가 크다.
㉰ 구동 토크가 커야 된다. ㉣ 감도가 나쁘다.

[해설] 펜식 기록계기는 구조가 간단하며 소비 전력이 크고 감도의 지시가 1.5급에 해당하는 기록계기이다.

[해답] 17. ㉰ 18. ㉯ 19. ㉮

문제 20. 다음 중 power를 소비하지 않는 계기는?
㉮ 정전 전압기(Electrostic Voltmeter)
㉯ 테스터(Tester)
㉰ 진공관 전압기(V. T. V. M)
㉱ 휘트스톤 브리지(Wheatstone Bridge)

해설 정전 전압기는 일종의 콘덴서이므로, 계기 내부의 전력 손실이 거의 없다(교류 측정에는 극히 적은 충전 전류를 흘리지만, 직류에서는 전혀 전류가 흐르지 않는다.).

문제 21. 잡음 지수 *F*는?

㉮ $F = \dfrac{SiNO}{NiSO}$ ㉯ $F = \dfrac{SiNi}{SoNo}$

㉰ $F = \dfrac{NiSO}{SiNO}$ ㉱ $F = \dfrac{NOSO}{NiSi}$

해설 수신기의 입력에서 본 신호대 잡음비를 Si/Ni라 하고, 수신기의 출력에서의 신호대 잡음비를 So/No라 하면, 잡음 지수 *F*는 다음과 같이 나타낸다.

$$F = \frac{Si}{Ni} \bigg/ \frac{So}{No} = \frac{Si}{Ni} \times \frac{No}{So}$$

문제 22. 다음 그림은 주파수 측정을 할 수 있는 공진 브리지이다. 평형되었을 때에 주파수 *f*는 다음 중 어느 것인가?

㉮ $f = \dfrac{1}{2\pi\sqrt{LC}}$

㉯ $f = \dfrac{1}{2\pi\sqrt{MC}}$

㉰ $f = \dfrac{1}{2\pi\sqrt{CR}}$

㉱ $f = \dfrac{1}{2\pi\sqrt{CPR}}$

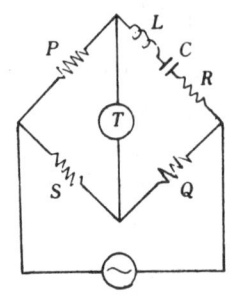

해설 공진 브리지로서 평형이 이루어지면 공진 주파수 *f*는 다음 식으로 구해진다.

$$f = \frac{1}{2\pi\sqrt{LC}}$$

문제 23. 정전형 전압계는 측정하고자 하는 전압과는 어떠한 비례 관계가 성립하는가?

해답 20. ㉮   21. ㉮   22. ㉮   23. ㉯

㉮ 측정하고자 하는 전압에 비례한다.
㉯ 측정하고자 하는 전압의 2승에 비례한다.
㉰ 측정하고자 하는 전압의 3승에 비례한다.
㉱ 측정하고자 하는 전압의 1/2승에 비례한다.
[해설] 정전형 계기는 대전된 도체간의 작용하는 정전 흡인력 또는 반발력을 이용한 것으로 회전각 (θ)과 구동 토크가 전압(V)의 제곱에 비례한다.

[문제] **24.** 250[V]인 전지의 전압을 어떤 전압계로 측정하여 보정 백분율을 구하였더니 0.2이었다. 전압계의 지시값은 얼마인가?
㉮ 250.5 ㉯ 250.2
㉰ 249.5 ㉱ 249.8

[해설] 보정 백분율 $\alpha_0 = \dfrac{T-M}{M} \times 100[\%]$ 에서

$$M = \dfrac{T}{1+\dfrac{\alpha_0}{100}} = \dfrac{250}{1+\dfrac{0.2}{100}} = 249.5[V]$$

[문제] **25.** 내부 저항 $r[\Omega]$인 전류계의 측정 범위를 10배로 하기 위하여 분류기 $R[\Omega]$을 병렬 접속하였다. r과 R의 관계식 중 옳은 것은?

㉮ $r = \dfrac{1}{9}R$

㉯ $r = \dfrac{1}{10}R$

㉰ $r = 9R$

㉱ $r = 10R$

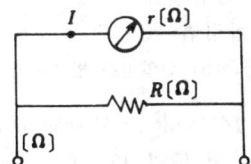

[해설] 분류기 저항 $R = \dfrac{r}{n-1}[\Omega]$

∴ $r = R(n-1) = 9R$

[문제] **26.** 다음 지시 계기 중 직류 교류 양면으로 사용할 수 없는 것은?
㉮ 열전대형 계기 ㉯ 전류력계형 계기
㉰ 정전형 계기 ㉱ 유도형 계기
[해설] 유도형 계기는 금속제의 가동 부분에서 발생하는 맴돌이 전류와 자장 사이의 전자력에 의한 구동 토크를 이용한 계기로서, 교류 회로에만 사용된다.

[해답] **24.** ㉰ **25.** ㉰ **26.** ㉱

문제 27. 그림에서 평형 상태에서의 X_L의 값은?

㉮ $\dfrac{X_C}{R_1 R_2}$

㉯ $\dfrac{R_1 R_2}{X_C}$

㉰ $X_C R_1 R_2$

㉱ $\dfrac{R_2}{R_1 X_C}$

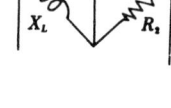

해설 평형 조건 $R_1 R_2 = X_L X_C$에서

$$X_L = \dfrac{R_1 \cdot R_2}{X_C} \ [\Omega]$$

문제 28. 인덕턴스를 연속적으로 가변시킬 수 있는 것은?
㉮ 비디오 미터 ㉯ 캠벨 브리지
㉰ 퍼텐쇼미터 ㉱ 맥스웰 브리지

해설 맥스웰 브리지는 표준 인덕턴스와 비교하여 미지의 인덕턴스를 측정하는데 쓰인다.

문제 29. 안테나의 실효 저항은 희망 주파수에서 공진시킨 상태에 측정해야 한다. 실효 저항 측정법이 아닌 것은?
㉮ 저항 삽입법   ㉯ 작도법(pauli)의 방법
㉰ coil 삽입법   ㉱ 치환법

해설 코일(coil) 삽입법은 안테나의 실효 인덕턴스 및 정전 용량 측정에 이용된다.

문제 30. 그림에서 $a=15$ [mm], $b=13$ [mm]라 하면 수직 수평 두 전압의 위상차는 몇 도인가?
㉮ 30°
㉯ 45°
㉰ 60°
㉱ 75°

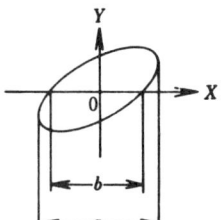

해설 $\theta = \sin^{-1}\dfrac{b}{a} = \sin^{-1}\dfrac{13}{15} = 60°$

문제 31. 계수형 주파수계에서 각부의 오동작의 유무를 확인하는 회로는?
㉮ 리세트(reset) 회로   ㉯ 표시 시간 조정 회로
㉰ 자기 교정 회로   ㉱ 게이트 시간 절환 회로

해설 27. ㉯ 28. ㉱ 29. ㉰ 30. ㉰ 31. ㉰

해설 자기 교정 회로는 시간 기준부의 표준 주파수를 자기의 계수부로 계수하여 이 상유무 확인하는 것으로, 자신의 주파수, 게이트 시간이 기지의 것이므로 알기 쉽다.

문제 32. 사용 한계 주파수는 100[kHz] 정도이고 측정 전압은 0.5 – 150 [V] 정도의 것이 제작되고 있으며 전압계로는 소비 전류가 크고 입력 임피던스가 작은 결점이 있는 계기명은?
㉮ 가동 철편형 전압계　　　㉯ 유도형 전압계
㉰ 열전대형 전압계　　　　㉱ 진공관 전압계

해설 열전대형 전압계의 측정 전압은 0.5 – 150[V] 정도이고 사용한계 주파수는 100[kHz] 정도이다.

문제 33. 음극선 오실로스코프에서 일반적으로 많이 사용되는 편향 방식은?
㉮ 전자 편향　　　　　　㉯ 정전 편향
㉰ 전기력 편향　　　　　㉱ 자기 편향

해설 오실로스코프의 측정용 브라운관에는 정전 편향 방식의 것이 주로 사용된다.

문제 34. 레벨계의 눈금이 있는 회로계로 어떤 저주파 전압을 측정하였더니 15.5[V]를 지시 하였다. 이 전압은 몇 [dB]인가?
㉮ 10[dB]　　　　　　　㉯ 15[dB]
㉰ 26[dB]　　　　　　　㉱ 34[dB]

해설 레벨계는 0[dB]일 때의 전압이 0.775[V]이므로
$$G = 20\log_{10}\frac{1515}{0.775} = 20(\log_2 + \log_{10}{}^1) = 26[dB]$$

문제 35. 음극선관(C.R.T)에서 휘도 조정은 전기적으로 무엇을 변화시키는가?
㉮ 컨트롤 그리드 전압　　㉯ 애노드 전압
㉰ 수직 편향판의 전압　　㉱ 수평 편향판의 전압

해설 음극선관 (C.R.T)의 휘도 조절은 제어 그리드의 전압을 변화시켜 전자 빔 (beam)의 양을 조절하는 것이다.

문제 36. 피측정 주파수를 계수형 주파수계로 측정하였더니 1분 동안에 반복 회수가 72,000회였다면 피측정 주파수는 몇 [Hz]인가?
㉮ 300　　　　　　　　㉯ 600
㉰ 900　　　　　　　　㉱ 1,200

해답 32. ㉰　33. ㉯　34. ㉰　35. ㉮　36. ㉱

[해설] $f = \dfrac{N}{T} = \dfrac{72,000}{60} = 1,200 \text{[H]}$

[문제] **37.** 가동 코일형 계기의 특징 중 잘못된 것은?
㉮ 눈금은 균등하다.
㉯ 강한 영구 자석을 사용하므로 구동 토크가 크고 감도가 높다.
㉰ 온도 변화나 외부 자장으로 인한 오차가 작다.
㉱ 정확도가 매우 낮다.
[해설] 가동코일형 계기의 특징
① 눈금이 균등하다.
② 강한 영구 자석을 사용하므로 구동 토크가 크고 감도나 정확도가 높다.
③ 온도 변화나 외부 자장으로 인한 오차가 작은 것 등이다.

[문제] **38.** 직류 전류를 측정할 때 전류계의 측정 범위를 확대하기 위하여 전류계의 병렬로 접속하는 저항을 무엇이라 하는가?
㉮ 배율기   ㉯ 변압기
㉰ 변류기   ㉱ 분류기
[해설] 전류의 측정범위 확대에는 분류기(Shunt)를, 전압측정범위 확대에는 배율기(multiplier)를 사용한다.

[문제] **39.** 내부 저항이 다음과 같은 전압계가 있다. 내부 저항이 50[kΩ]인 회로의 전압을 측정하는데 가장 좋은 전압계는?
㉮ 1[kΩ/V]   ㉯ 10[kΩ/V]
㉰ 50[kΩ/V]   ㉱ 100[kΩ/V]
[해설] 같은 눈금의 계기로 내부 저항이 큰 것일수록 부하 효과에 의한 측정 오차가 적은 측정을 할 수 있다.

[문제] **40.** 증폭기의 입력 저항 20[kΩ] 양단에 1[V]을 가했을 때 출력측 부하 저항 5[kΩ]에서 50[V]의 전압을 얻었다면 전력 이득은 몇 [dB]인가?
㉮ 10[dB]   ㉯ 20[dB]
㉰ 30[dB]   ㉱ 40[dB]

[해설] $G = 10\log_{10}\dfrac{P_o}{P_i} = 10\log_{10}\dfrac{\frac{V_o^2}{R_o}}{\frac{V_i^2}{R_i}} = 10\log_{10}\dfrac{\frac{50^2}{5\times 10^3}}{\frac{1^2}{20\times 10^3}} = 40 \text{[dB]}$

[해답] **37.** ㉱ **38.** ㉱ **39.** ㉱ **40.** ㉱

과년도 출제문제 **3-81**

문제 **41.** Brown관 전력계는 부하 전류에 대하여 부하 전압은 몇 도의 위상을 바꾸어 브라운관 편향판에 가하는가?
㉮ 0 ㉯ $\pi/2$ ㉰ x ㉱ $2/3 \cdot \pi$

문제 **42.** 브라운관 오실로스코프에서 그림과 같은 변조 특성을 얻었다. 몇 [%] 변조된 것인가?
㉮ 10
㉯ 50
㉰ 100
㉱ 110

해설 $M = \dfrac{A-B}{A+B} \times 100[\%] = \dfrac{A-B}{A+B} \times 100[\%] = 100[\%]$

문제 **43.** 시그널 주파수가 600[Hz]일 때 그림과 같은 리사주파형이 브라운관에 나타났다면 피측정 신호 주파수 f_x는 얼마인가?
㉮ 400[Hz]
㉯ 600[Hz]
㉰ 800[Hz]
㉱ 800[Hz]

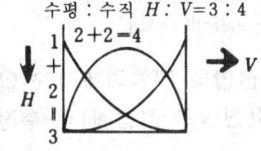

해설 $f_x = \dfrac{4}{3} \quad f_H = \dfrac{4}{3} \times 600 = 800 [Hz]$

1989년도 전자측정 2급 출제문제

문제 **1.** MKS 단위로 표시되지 않은 것은?
㉮ [kg] ㉯ [N]
㉰ [J] ㉱ [dyne]

해설 [dyne]은 힘의 GGS단위이다.

문제 **2.** 최대 눈금 10[V]의 전압계로 100[V]의 전압을 측정하기 위해 직렬로 삽입하는 저항 R_x의 값은(단, 이 전압계의 내부 저항은 10[Ω]이다.)?

해답 41. ㉯ 42. ㉰ 43. ㉰ 1. ㉱ 2. ㉮

㉮ $R_x = 90 [\Omega]$ ㉯ $R_x = 99 [\Omega]$
㉰ $R_x = 110 [\Omega]$ ㉱ $R_x = 101 [\Omega]$

[해설] $R_x = r_v(n-1) = 10 \times (\frac{100}{10} - 1) = 90 [\Omega]$

[문제] **3.** 다음은 직류 전압계의 회로이다. 단자 250[V]의 저항값은?(단, 전압계의 F_s(최대 눈금)은 250[mV], 내부 저항은 100[Ω])이다.)

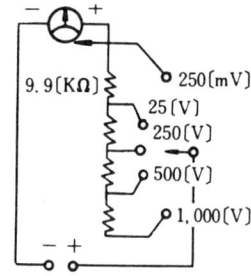

㉮ 199.8[kΩ]
㉯ 19.98[kΩ]
㉰ 90[kΩ]
㉱ 80.1[kΩ]

[해설] $R_m = r_v(n-1) = 100 \times \left(\frac{250}{250 \times 10^{-3}} - 1 \right) = 99.9 [k\Omega]$
∴ $99.9 - 9.9 = 90 [k\Omega]$

[문제] **4.** 어떤 전압을 전류력계형 전압계로 측정한 결과 5[V]를 지시하였다. V.T.V.M(진공관 전압계)로 측정하면 지시값은?
㉮ 10[V]   ㉯ 7.05[V]
㉰ 5[V]   ㉱ 2.2[V]

[문제] **5.** 미지 용량 C_x와 80[pF]의 콘덴서를 병렬로 연결하고 그 합성 용량을 측정하였더니 150[pF]였다. 이때 C_x는 몇 [pF]인가?
㉮ 50[pF]   ㉯ 60[pF]
㉰ 70[pF]   ㉱ 90[pF]

[해설] $C_x = C_0 - 80 = 150 - 80 = 70 [pF]$

[문제] **6.** 자동 평형 기록 계기의 구성에 포함되지 않는 것은?
㉮ DC-AC 변환기   ㉯ 증폭 회로
㉰ 서보모터   ㉱ 발진기

[해설] 자동 평형 계기는 영위법에 의한 측정 회로, DC-AC 변환기, 증폭 회로, 서보 모터 및 지시 기록 기구로 구성된다.

[문제] **7.** 표준 신호 발생기는 출력단을 개방했을 때 몇 [V]의 전압을 0[dB]로 한 전압 데시벨 눈금으로 표시되는가?

[해답] 3. ㉯   4. ㉯   5. ㉰   6. ㉱   7. ㉰

㉮ 1[V]   ㉯ 0.775[V]
㉰ 1[μV]   ㉱ 7.75[V]

[해설] 표준 신호 발생기는 출력단을 개방했을 때 1[μV]의 전압을 0[dB]로 한 전압 데시벨 눈금으로 표시된다.

[문제] 8. 배전반용 계기 사용에 적합한 정확도는?
㉮ 0.5급   ㉯ 1.0급
㉰ 1.5급   ㉱ 2.5급

[해설] 배전반용에는 1.5급(±1.5[%])의 계기가 적합하다.

[문제] 9. 루프의 면적 $A = l \cdot d$[m²], 감은 수 N인 루프 안테나의 실효고 h_e [m]는 도래 전파의 파장을 λ[m]라 하면 h_e를 표시하는 식은?

㉮ $h_e = \dfrac{2\pi A}{\lambda N}$ [m]   ㉯ $h_e = \dfrac{2\pi AN}{\lambda}$ [m]

㉰ $h_e = \dfrac{2\pi N\lambda}{A}$ [m]   ㉱ $h_e = 2\pi AN\lambda$ [m]

[해설] 안테나의 실효고를 측정하려면 단파대에서는 실효고를 알고 있는 루프 안테나, 초단파대에서는 다이폴 안테나를 사용한다.

[문제] 10. 다음과 같은 평면도에서 한쌍의 극판만으로는 토크가 작기 때문에 저전압을 측정할 수 없다. M과 F를 여러개 조합하여 정전 흡인력을 증가시켜 낮은 전압으로 동작하는 계기는?
㉮ 켈빈 정전 전압계
㉯ 다방 정전 전압계
㉰ 아브라함 빌라이드형 정전 전압계
㉱ 유도형 전압계

M : 고정편
F : 가동편

[해설] 다방 정전 전압계는 고정 전극(F)과 가동 전극(M)을 여러개 조합하여 정전 흡인력을 증가시켜 낮은 전압으로 동작하도록 한 것이다.

[문제] 11. 그림과 같이 전류계와 전압계를 사용하여 직류 전력을 측정하려고 한다. 이때 전압계의 손실 전력 및 전류계의 손실 전류를 무시하지 않는다면 다음 중 어느 경우의 측정에 적합하겠는가?
㉮ 저전압 대전류
㉯ 고전압 대전류
㉰ 저전압 소전류
㉱ 고전압 소전류

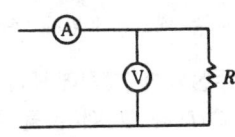

[해답] 8. ㉰   9. ㉯   10. ㉯   11. ㉮

[해설] 저전압 대전류의 측정에 적당한 방법이며, 전력은 다음 식으로 계산된다.
$$P = VI - \frac{V^2}{r_V} \ [W]$$

[문제] **12.** 맥스웰 브리지를 사용하여 그림과 같은 회로의 L_a, L_b를 측정하였더니 $L_a = 150[mH]$, $L_b = 70[mH]$이었다면 이때 상호 인덕턴스 M은 얼마인가?
㉮ 80[mH]
㉯ 220[mH]
㉰ 20[mH]
㉱ 55[mH]

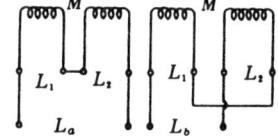

[해설] $M = \frac{1}{4}(L_a - L_b) = \frac{1}{4} \times (150 - 70) = 20[mH]$

[문제] **13.** 오실로스코프에서 수직축과 수평축에 주파수와 진폭이 같고 동위상인 전압을 가했을 때 Lissajous 도형은?
㉮ 타원 ㉯ 사선
㉰ 원   ㉱ 포물선

[해설] 동위상이면 사선을 나타내며, 90° 위상차이면 원, 45°의 위상차가 있으면 타원의 모양을 나타낸다.

[문제] **14.** 어느 증폭기의 최대 출력이 30[mW]일 때 $V_c = 6[V]$, $I_c = 20[mA]$라면 효율은 몇 [%]인가?
㉮ 20   ㉯ 25
㉰ 33   ㉱ 50

[해설] $\eta = \frac{P_0}{P_b} \times 100 = \frac{30}{6 \times 20} \times 100 = 25[\%]$

[문제] **15.** 다음 중 전력의 차원식은(단, 길이는 L, 질량을 M, 시간을 T라 한다.)?
㉮ L^2MT^{-2} ㉯ L^2MT^{-3}
㉰ $L^2M^{-1}T^2$ ㉱ $L^2M^{-1}T^3$

[해설] 전력 P는 매초당의 일이므로 그 차원식은 $P = L^2MT^{-3}$로 된다.

[문제] **16.** 수신기의 입력에서의 SN비는 S_i/N_i라 하고 수신기 출력에서의 SN비를 S_o/N_o라 할 때 잡음 지수 F는?

[해답] 12. ㉰ 13. ㉯ 14. ㉯ 15. ㉯ 16. ㉰

㉮ $F = \dfrac{N_i S_o}{S_i N_o}$ ㉯ $F = \dfrac{S_i N_i}{S_o N_o}$

㉰ $F = \dfrac{S_i N_o}{N_i S_o}$ ㉱ $F = \dfrac{N_o S_o}{N_i S_i}$

[해설] $F = \dfrac{\text{입력 SN비}}{\text{출력 SN비}} = \dfrac{\dfrac{S_i}{N_i}}{\dfrac{S_o}{N_o}} = \dfrac{S_i N_o}{N_i S_o}$

문제 17. 오차의 종류 중 계통 오차에 속하지 않는 것은?
㉮ 이론적 오차   ㉯ 기계적 오차
㉰ 개인적 오차   ㉱ 우연 오차

[해설] 계통 오차란 보정에 의해 어느 정도 바로 잡을 수 있는 것으로 이론적 오차, 기계적 오차, 개인적 오차 등을 말한다.

문제 18. 참값이 50[V]인 전압을 측정하였더니 51.4[V]였다. 이때에 오차 백분율은?
㉮ 1.5[%]   ㉯ 1.4[%]
㉰ 1.3[%]   ㉱ 2.8[%]

[해설] $\varepsilon_0 = \dfrac{M - T}{T} \times 100 = \dfrac{51.4 - 50}{50} \times 100 = 2.8[\%]$

문제 19. 다음 중 직류 계기를 사용하지 않는 것은?
㉮ 열전대형   ㉯ P형 V.T.V.M
㉰ 콜라우시 브리지   ㉱ 회로 시험기

[해설] 콜라우시 브리지(Kohlrausch bridge)는 교류 전원을 사용한 습동선 브리지로서, 전해액의 저항이나 접지 저항 등의 측정에 사용된다.

문제 20. 자동 평형 계기의 구성 요소가 아닌 것은?
㉮ 미끄럼 저항   ㉯ DC-AC 변환 회로
㉰ 함수 발생기   ㉱ 서보모터

[해설] 자동 평형 계기는 영위법에 의한 측정 회로(미끄럼 저항 회로 포함), DC-AC 변환기, 증폭 회로, 서보모터 및 지시 기록 기구로 구성된다.

문제 21. 다음 중 전지의 내부 저항 측정 방법이 아닌 것은?
㉮ 전압계법   ㉯ 콜라우시 브리지법

[해답] 17. ㉱ 18. ㉱ 19. ㉰ 20. ㉰ 21. ㉱

㉰ Mance's법 ㉱ 켈빈법

[해설] 전지의 내부 저항 측정에는 전압계법, 반경사법, 콜라우시 브리지법 및 맨스법 등의 방법이 쓰인다. 켈빈법(켈빈 더블 브리지)은 저저항의 정밀 측정에 사용되는 방법이다.

[문제] 22. SG의 출력단을 개방하였을 때 출력 전압이 0.1[V]라면 몇 [dB]인가?(단, 출력단을 개방하였을 때 1[μV]을 0[dB]로 기준 전압 레벨을 표시한다.)

㉮ 50[dB] ㉯ 80[dB]
㉰ 100[dB] ㉱ 120[dB]

[해설] $G = 20\log_{10}\dfrac{0.1}{1\times 10^{-6}} = 20\log_{10}100{,}000 = 100$ [dB]

[문제] 23. 단파 송신기의 출력을 측정하는 일반적인 방법이 아닌 것은?
㉮ 진공관의 음극 손실에 의한 것
㉯ 전구 부하에 의한 것
㉰ 진공관의 양극 손실에 의한 것
㉱ 의사(疑似) 공중선법

[해설] 송신기의 출력 측정 방법에는 안테나의 실효 저항을 이용하는 방법, 의사 공중선에 의한 방법, 전구 부하에 의한 방법 및 종단 진공관의 양극 손실에 의한 방법 등이 있다.

[문제] 24. 충격 전류의 측정에서 충격 전류가 클 때는 다음 어느 것을 사용하는가?
㉮ 배율기 ㉯ 분류기
㉰ 분류기와 배율기 ㉱ 전압계

[해설] 충격 전류를 측정할 때 문제가 되는 것은 파고값과 파형이므로, 파형을 정확히 알려면 시정수가 작은 특수한 분류기에 충격 전류를 흘려 주고, 여기에 생기는 전압 강하를 오실로스코프로 측정한다.

[문제] 25. 충전된 두 물체간에 작용하는 정전 흡인력 또는 반발력을 이용한 계기는?
㉮ 가동 코일형 계기 ㉯ 전류력계형 계기
㉰ 유도형 계기 ㉱ 정전형 계기

[해설] 정전형 계기(electrostatic type meter)는 대전된 전극 사이에 작용하는 정전 인력 또는 반발력을 이용한 계기이다.

[해답] 22. ㉰ 23. ㉮ 24. ㉯ 25. ㉱

문제 26. 다음 중 교류 전원만을 이용하는 것은?
㉮ 열전대 전류계　　㉯ P형 진공관 전압계
㉰ 콜라우시 브리지법　　㉱ 휘트스톤 브리지
해설 콜라우시 브리지의 측정용 전원에는 피측정물의 분극 작용의 영향을 없애기 위해 가청 주파수의 교류를 사용한다.

문제 27. 왜형률 −40[dB]은 [%]로는 얼마인가?
㉮ 0.01[%]　　㉯ 1[%]
㉰ 2.5[%]　　㉱ 10[%]
해설 40[dB]→100배이므로 −40[dB]은 $\frac{1}{100}$, 즉 1[%]

문제 28. 피측정 주파수 f_x와 표준 주파수 f_s를 혼합 검파하여 비트($f_x - f_s$)가 0으로 되도록 f_s를 조정하여 측정할 수 있는 것은?
㉮ 헤테로다인 주파수계　　㉯ 공진 주파수계
㉰ 계수형 주파수계　　㉱ 빈 브리지 주파수계
해설 헤테로다인(heterodyne) 주파수계는 0비트의 원리를 이용, 기지의 발진 주파수와 비교하여 미지 전파의 주파수를 구하는 주파수계이다.

문제 29. 가동 코일형 계기에서 가동 코일에 단락 코일을 다는데 그 이유는?
㉮ 주파수 보상　　㉯ 제동 토크 발생
㉰ 이동 자장 형성　　㉱ 온도 보상
해설 단락 코일은 유기되는 맴돌이 전류와 자장 사이의 전자력을 이용, 제동 토크를 발생시킨다.

문제 30. 다음 그림에서 직류 전류계의 지시가 A_1은 30[mA], A_2는 20[mA]이고 저항 R의 값은 4[Ω]일 때 전류계 A_2의 내부 저항값은?
㉮ 4[Ω]
㉯ 6[Ω]
㉰ 2[Ω]
㉱ 8[Ω]

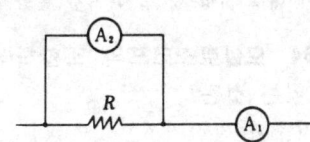

해설 R에 흐르는 전류 $I_R = 30 - 20 = 10$[mA]
A_2 양단의 전압 $V_{A2} = 10 \times 4 = 40$[mV]
∴ $r_m = \frac{V_{A2}}{I_{A2}} = \frac{40}{20} = 2$[Ω]

해답 26. ㉰　27. ㉯　28. ㉮　29. ㉯　30. ㉰

문제 31. 자동 평형 기록기에 사용되는 서보모터를 잘못 설명한 것은?

㉮ 2상 전동기이다.
㉯ 고정상은 일전 전류로 여자한다.
㉰ 고정상의 다른 상은 증폭기의 입력으로 여자한다.
㉱ 고정상과 다른 상은 90°의 위상차가 생긴다.

해설 자동 평형 계기에 사용되는 서보모터(seromotor)는 2상 전동기로서, 고정상은 일정 전류로 여자되고, 다른 상은 증폭기의 출력으로 여자되며, 그 사이에는 90°의 위상차가 생긴다.

문제 32. 그림에서 $i_1 = 30[A]$일 때 $V_1 = 50[mV]$, $i_2 = 10[A]$일 때 $V_2 = 40[mV]$라 한다. 측정 전류 I를 구하여라.

㉮ 5[A]
㉯ 7[A]
㉰ 60[A]
㉱ 70[A]

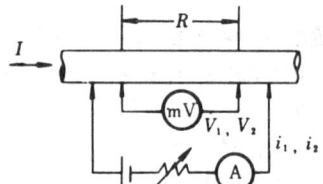

해설 $I = \dfrac{i_1 V_2 - i_2 V_1}{V_1 - V_2} = \dfrac{(30 \times 40 \times 10^{-3}) - (10 \times 50 \times 10^{-3})}{(50 \times 10^{-3}) - (40 \times 10^{-3})} = 70[A]$

문제 33. 다음 중 정전 용량 측정에 사용되지 않는 브리지는?

㉮ 용량(Capacitance) 브리지
㉯ 셰링(Schering) 브리지
㉰ 빈(Wien) 브리지
㉱ 콜라우시(Kohlrausch) 브리지

해설 콜라우시 브리지는 교류 전원을 사용한 습동선 브리지로서 전해액의 저항, 전지의 내부 저항 및 접지 저항 등의 측정에 사용된다.

문제 34. 오실로스코프와 조합하여 증폭기의 주파수 특성을 직시하는데 사용되는 것은?

㉮ 저주파 발진기   ㉯ 비트 발진기
㉰ 고주파 발진기   ㉱ 스위프 발진기

해설 스위프(sweep, 소인) 발진기는 오실로스코프와 조합하여, 각종 고주파 회로의 주파수 특성을 직시하기 위해 사용하는 것으로, 수신기의 중간 주파 특성이나 주수 변별기 등의 조정에 주로 쓰인다.

해답 31. ㉰ 32. ㉱ 33. ㉱ 34. ㉱

문제 35. 반도체 고유 저항의 특성으로서 열에 민감성과 마이너스의 온도 계수를 가지는 것을 이용한 소자로서 온도 측정, 온도 제어, 계전기 등에 이용되는 것은?
㉮ 바리스터　　　　　　　　㉯ SCR
㉰ 서미스터　　　　　　　　㉱ 다이오드

문제 36. 주파수계 중 초당 반복되는 파를 펄스로 변화하여 주파수를 측정 하는 주파수계는 무엇인가?
㉮ 계수형 주파수계　　　　　㉯ 캠벌 브리지형 주파수계
㉰ 이동 자장 형성　　　　　 ㉱ 온도 보상
해설 계수형 주파수계는 계수 방전관, 정전형 계수관, 방전식 숫자 표시관, 네온관 등의 펄스 수를 지시하는 전자관들을 조합하여 1[sec] 사이의 파의 수를 세어 주파수를 측정하는 주파수계이다.

문제 37. 마이크로파에서 소전력 (1[W] 이하) 측정으로 전력 표준이 되는 계기는?
㉮ 볼로미터 전력계　　　　　㉯ C-C형 전력계
㉰ C-M형 전력계　　　　　 ㉱ 진공관 전력계
해설 볼로미터(bolometer) 전력계는 마이크로파의 소전력 측정에 전력 표준이 되는 계기이다.

문제 38. 스미스 선도(Smith chart)는 다음 무엇을 구하는가?
㉮ 정규화 임피던스　　　　　㉯ 전압 정재파 비
㉰ 선로의 특성 임피던스　　　㉱ 파수(波數)

문제 39. 가동 코일형 전류계로 정현파(Sine Wave)를 양파 정류하여 측정하였을 때의 지시치는 정현파 최대치의 몇 배인가?
㉮ $\frac{1}{3}$　　㉯ $\frac{1}{\pi}$　　㉰ $\frac{2}{\pi}$　　㉱ $\frac{1}{4}$
해설 가동 코일형 계기는 평균값을 지시한다.
$$I_{av} = \frac{2}{\pi} I_m$$

문제 40. 최대 눈금이 150[V], 내부 저항 18[kΩ]의 직류 전압계와 최대 눈금 300[V], 내부 저항 30[kΩ]의 직류 전압계를 직렬로 연결하여 최대 몇 [V]까지 측정할 수 있는가?

해답 35. ㉮　36. ㉮　37. ㉮　38. ㉮　39. ㉰　40. ㉰

㉮ 150[V]　　　　　　　　㉯ 300[V]
㉰ 400[V]　　　　　　　　㉱ 450[V]

[해설] 각 전압계의 전류를 비교하여 작은 쪽을 기준으로 해야 한다.

$$V_1 \text{의 전류} = \frac{150}{18 \times 10^3} = \frac{25}{3} \times 10^{-3} [A]$$

$$V_2 \text{의 전류} = \frac{300}{30 \times 10^3} = 10 \times 10^{-3} [A]$$

$$\therefore V_m = \frac{25}{3} \times 10^{-3} \times (18+30) \times 10^3 = 400 [V]$$

[문제] 41. 그림과 같은 브리지가 평형이 되었을 때 L_X를 구하는 식은?

㉮ $L_X = \dfrac{R_B}{R_A} \times L_S$

㉯ $L_X = \dfrac{R_A}{R_B} \times L_S$

㉰ $L_X = \left(\dfrac{R_A + R_B}{R}\right) \times L_S$

㉱ $L_X = \omega L_S \cdot \dfrac{R_B}{R_A}$

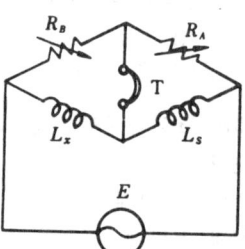

[해설] $L_X R_A = L_S R_B$에서

$$L_X = \frac{R_B}{R_A} L_S$$

[문제] 42. 이미터 접지형 트랜지스터 정특성 측정에서 $V_{CE} = 6[V]$로 일정히 하고 $V_{BE} = 0.2[V]$에서 $0.3[V]$로 변화하였더니 I_B가 $100[\mu A]$에서 $550[\mu A]$로 변화되었다면 이 트랜지스터의 입력 임피던스는?

㉮ 222[Ω]　　　　　　　　㉯ 545[Ω]
㉰ 2,220[Ω]　　　　　　　㉱ 4.5[kΩ]

[해설] $h_{ie} = \dfrac{\Delta V_{be}}{\Delta I_B} = \dfrac{0.3 - 0.2}{(550-100) \times 10^{-6}} \fallingdotseq 222[\Omega]$

[문제] 43. 오실로스코프의 촛점 조정(FOCUS)은 CRT의 어느 전극 전압을 변화시키는가?

㉮ 제어 그리드 전압　　　　㉯ 애노드
㉰ 수직 편향 전압　　　　　㉱ 캐소드

[해답] **41.** ㉮　**42.** ㉮　**43.** ㉯

문제 44. 송신기를 동작시키고 변조기의 입력이 1,000[Hz]와 같은 신호를 넣어 100[%] 변조시킨 다음 피변조파의 찌그러짐이 충분히 작은지의 여부를 알아봄으로써 알 수 있는 특성을 무엇이라고 하는가?
㉮ 변조 특성　　　　　　　㉯ 피변조 특성
㉰ 피변조 증폭기의 조정 특성　㉱ 변조 주파수 특성

문제 45. 다음은 계수형 주파수계로 주기를 측정하는 계통도이다. A와 B 부분으로 알맞은 것은?
㉮ A는 피측정 입력부, B는 기준 시간부
㉯ A는 고정 회로, B는 피측정 입력부
㉰ A는 기준 시간부, B는 피측정 입력부
㉱ A는 피측정 입력부, B는 증폭부

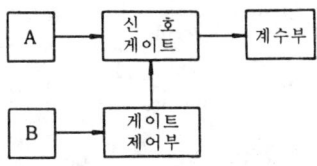

문제 46. 열전대 온도계 중 백금과 백금로듐은 몇 도까지 측정 가능한가?
㉮ 1,600[℃]　　　　　㉯ 1,200[℃]
㉰ 100[℃]　　　　　　㉱ 200[℃]

[해설] 열전대 재료의 특성

열 전 대	1[℃]당 열기전력[μV]	사용 온도 범위
구리-콘스탄탄	42	-100~300
철-콘스탄탄	54	-100~800
크로멜-알루멜	41	-100~1,300
백금로듐-백금	13	0~1,600

1990년도 전자측정 2급 출제문제

문제 1. 참값이 25.00[V]인 전압을 측정하였더니 24.95[V]라는 값을 얻었다. 이 때 보정 백분율은?
㉮ +0.2[%]　　　　　㉯ -0.2[%]
㉰ +0.15[%]　　　　㉱ -0.15[%]

[해설] $\alpha_0 = \dfrac{T-M}{M} \times 100 = \dfrac{25.00-24.85}{24.85} \times 100 \fallingdotseq 0.2[\%]$

[해답] 44. ㉮　45. ㉰　46. ㉮　1. ㉮

문제 2. 전류의 측정 범위를 변경하는 데에는 분류기를 병렬로 연결하여 측정 범위를 변화시킨다. 다음 분류기 그림과 관계 없는 식은?(단, r_a: 전류계의 내부 저항, R: 분류 저항, n: 분류기의 배율)

㉮ $I_a = \dfrac{R}{R+r_a} \cdot I$

㉯ $I = \left(1 + \dfrac{r_a}{R+R}\right) I_a$

㉰ $R = \dfrac{r_a}{n-1}$

㉱ $n = \dfrac{R}{R+r_a}$

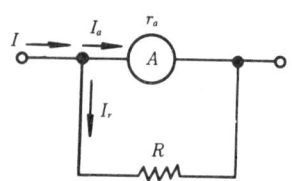

해설 $I = \left(1 + \dfrac{r_a}{R}\right) I_a [A]$, $n = \dfrac{I}{I_a} = 1 + \dfrac{r_a}{R}$

∴ $R = \dfrac{r_a}{n-1}$ [Ω]

문제 3. 브리지법에서 주로 정밀 측정에 사용하는 방법은?
㉮ 편위법 ㉯ 직편법 ㉰ 반경법 ㉱ 영위법
해설 일반적으로 영위법(Zero method)은 편위법보다 정밀한 측정을 할 수 있다.

문제 4. 열전대형 전류계의 사용 한계 주파수는 보통 얼마인가?
㉮ 3[MHz]-30[MHz]
㉯ 3[kHz]-30[kHz]
㉰ 3[GHz]-30[GHz]
㉱ 300[MHz]-3000[MHz]
해설 보통은 3~30[MHz] 정도, 초단파용은 100[MHz] 정도까지 사용할 수 있다.

문제 5. 딥 미터(Dip Meter)로 측정할 수 있는 것은?
㉮ 진공관의 상호 인덕턴스 ㉯ 송신기 출력
㉰ 주파수 측정 ㉱ 변조도 측정
해설 그리드 딥 미터는 간단한 발진기와 그리드 전류계를 접속하여 구성하는 것으로 공진 회로의 공진 주파수 측정 등에 사용한다.

문제 6. 저항 감쇠기의 특성 임피던스로 활용되어지지 않는 것은?
㉮ 1[kΩ] ㉯ 600[Ω] ㉰ 75[Ω] ㉱ 50[Ω]

해답 2. ㉱ 3. ㉱ 4. ㉮ 5. ㉰ 6. ㉮

문제 7. 발진 회로의 주파수를 측정하는데는 공진 회로를 사용해서 측정한다. 이 때 용량과 주파수 관계의 특성으로 알맞는 것은?

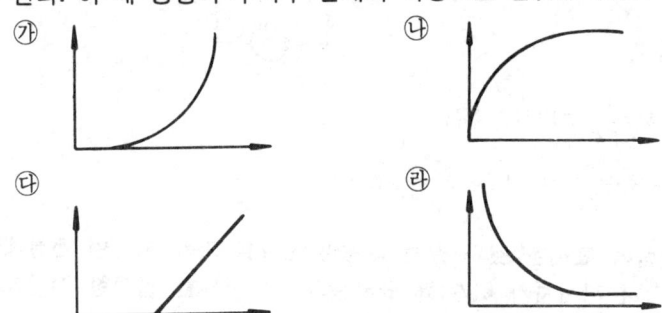

문제 8. 그림 (a)의 전압을 트리거 스위프식 오실로스코프에 그림 (b)와 같이 관측되었을 때 오실로스코프의 수평 전환기 위치(Time/Div)는 얼마인가?

㉮ 10[μs]
㉯ 0.1[ms]
㉰ 0.1[s]
㉱ 1[s]

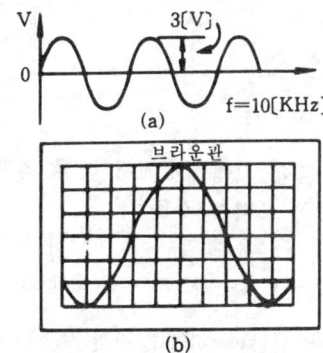

문제 9. 어떤 부하의 전류와 전압을 측정할 때 전류계와 전압계의 연결 방법 중 맞는 것은?
㉮ 전압계 전류계 모두 직렬
㉯ 전압계 전류계 모두 병렬
㉰ 전압계-병렬, 전류계 직렬
㉱ 전압계-직렬, 전류계-병렬
[해설] 전압계는 부하와 병렬로, 전류계는 직렬로 접속한다.

문제 10. 다음 회로의 접속으로 전류계는 10.1[A]를 지시하고 전압계는 100[V]를 지시했다. 저항 R_x의 값은?(단, 전압계의 저항은 1000[Ω]이다.)

[해답] 7. ㉱ 8. ㉯ 9. ㉰ 10. ㉯

㉮ 5[Ω]
㉯ 10[Ω]
㉰ 15[Ω]
㉱ 20[Ω]

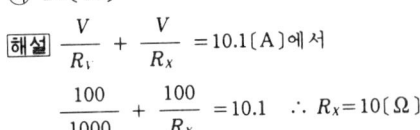

[해설] $\dfrac{V}{R_1} + \dfrac{V}{R_x} = 10.1[A]$ 에서

$\dfrac{100}{1000} + \dfrac{100}{R_x} = 10.1$ ∴ $R_x = 10[\Omega]$

[문제] 11. 그림에 표시한 것과 같은 파형의 전류를 가동 코일형 전류계로 측정하였더니 지시치가 5[A]를 표시했다. 이 전류를 열전형 전류계로 측정하면 지시치는 얼마인가?

㉮ 0[A]
㉯ 5[A]
㉰ 7.07[A]
㉱ 25[A]

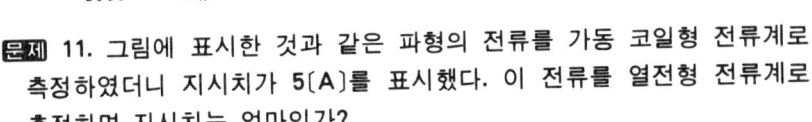

[해설] $5 \times \sqrt{2} \fallingdotseq 7.07[A]$

[문제] 12. 자동 평형 기록계기에서 직류 입력 전압을 교류로 바꾸는 장치로서 가장 널리 쓰이는 것은?

㉮ 변성기   ㉯ 초퍼   ㉰ 배율기   ㉱ 계기용 변압기

[해설] 직류 전압을 교류로 바꾸는 데는 초퍼(chopper)가 널리 사용된다.

[문제] 13. 빈 브리지(Wien Bridge)를 이용하여 주로 측정되는 것은?

㉮ 저항 측정   ㉯ 용량 측정
㉰ 주파수 측정   ㉱ 상호 인덕턴스 측정

[문제] 14. 흡수형 주파수계의 구성으로 필요하지 않은 것은?

㉮ 발진기   ㉯ 검파기
㉰ 직류 전류계   ㉱ 공진 회로

[문제] 15. 100[MHz] 정도의 전파 파장을 측정하려면 레헤르선의 길이는 최소 얼마 이상이어야 하는가?

㉮ 1[m]   ㉯ 1.2[m]   ㉰ 1.4[m]   ㉱ 1.5[m]

[해설] $l = \dfrac{\lambda}{2} = \dfrac{c}{2f} = \dfrac{3 \times 10^8}{2 \times 100 \times 10^6} = 1.5[m]$

[해답] 11. ㉰ 12. ㉯ 13. ㉯ 14. ㉮ 15. ㉱

문제 16. 다음 중 고주파에서의 전력 측정법에 들지 않는 것은?
㉮ 전구의 밝기로서 직류 또는 상용 주파, 전력과 비교측정하는 법
㉯ 의사 공중선에 고주파 전력을 공급하고 의사 공중선 저항의 온도 상승으로 구하는 법
㉰ 중화 콘덴서의 의한 방법
㉱ 종단 진공관의 양극 손실로 구하는 방법

문제 17. 오실로스코프의 수직 단자에 2[Hz]의 정현파, 수평 단자에 1[Hz]의 톱니파를 같은 진폭 같은 위상으로 가했을 경우 리사주 도형은 어떻게 되는가?
㉮    ㉯ ○   ㉰ ～   ㉱ ○

|해설| 수직과 수평의 주파수비가 2 : 1이므로 2회 진동하는 정현파가 나타난다.

문제 18. 너무 낮은 전류계나 전압계는 만들 수 없으나 분류기 없이 100[A]까지 또 배율기 없이 15[V]~600[V]까지 측정이 가능하며 상용 주파수의 교류용에 널리 쓰이는 것은?
㉮ 유도형 계기   ㉯ 정전형 계기
㉰ 전류력계형 계기   ㉱ 가동 철편형 계기

문제 19. 그림과 같은 파형의 전류를 가동 코일형 전류계로 측정하였더니 I[A]가 되었다면 이 I의 실제 크기는 얼마인가?
㉮ 13.6[A]
㉯ 14.6[A]
㉰ 15.6[A]
㉱ 16.7[A]

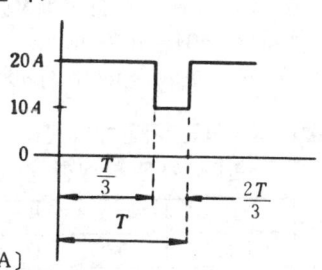

|해설| 가동 코일형 전류계는 평균값을 지시하므로

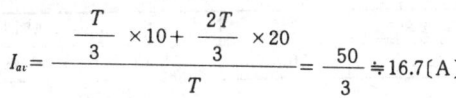

문제 20. 100[pF]의 콘덴서에 미지 용량 C_x를 직렬로 연결시키고 그 합성 용량 C_T를 측정하였더니 50[pF]였다면 미지 용량 C_x값은?
㉮ 10[pF]   ㉯ 50[pF]
㉰ 100[pF]   ㉱ 1000[pF]

|해답| 16. ㉰   17. ㉰   18. ㉱   19. ㉱   20. ㉰

해설 $50 = \dfrac{100C_x}{100+C_x}$ [pF]에서 $C_x = 100$[pF]

문제 **21.** 계수형 주파수계의 계수 회로에 가하여지는 전압파형은?
㉮ 펄스 전압 ㉯ 정현파 전압
㉰ 적분 파형 ㉱ 정현 파형

문제 **22.** 스코프를 사용 중 수평선만 나타나고 파형이 나타나지 않는다. 그 원인은?
㉮ 소인 발진기 또는 소인 증폭기의 고장
㉯ 휘도 조정 불량
㉰ 지연 회로 불량
㉱ 스코프의 입력 상태 불량

문제 **23.** 딥미터(dip meter)의 주파수 측정 범위는 대략 얼마 정도인가?
㉮ 300[Hz] 정도 ㉯ 300[kHz] 정도
㉰ 300[MHz] 정도 ㉱ 300[GHz] 정도
해설 그리드 딥 미터는 1.5~300[MHz] 정도 범위의 공진 회로의 공진 주파수 측정에 사용된다.

문제 **24.** 표준 신호 발생기는 출력을 개방했을 때 데시벨 눈금이 100 [dB]이면 출력 전압은 몇 [V]인가?
㉮ 1[V] ㉯ 0.1[V] ㉰ 0.01[V] ㉱ 1[mV]
해설 100[dB]은 100000배이고 $1[\mu V] = 0[dB]$로 하므로 출력 전압은
$100000[\mu V] = 100[mV] = 0.1[V]$

문제 **25.** 어떤 저항체의 전기 저항을 5회 측정한 결과 다음 표가 얻어졌다고 한다. 가장 확실한 값을 구하라.

회	1회	2회	3회	4회	5회
$R[\Omega]$	56.81	56.83	56.80	56.82	56.85

㉮ 56.80 ㉯ 56.81 ㉰ 56.82 ㉱ 56.83
해설 5회의 평균값을 택한다.

문제 **26.** 정밀급으로 많이 사용되며, 교류 직류에 사용 하여도 동일 지시를 하고 또한 외부 자계의 영향을 받기 쉬운 계기는 어느 것인가?
㉮ 가동 철편형 ㉯ 전류력계형

해답 21. ㉮ 22. ㉮ 23. ㉰ 24. ㉯ 25. ㉰ 26. ㉯

㉰ 정전형　　㉴ 가동 코일형
[해설] 전류력계형 계기는 직류와 교류를 같은 눈금으로 측정할 수 있으나, 고정 코일에 흐르는 전류로 자장을 만드므로 자장이 약하고 외부 자장의 영향을 받기 쉽다.

문제 27. 교류용 표준 저항기에서 특별히 요구되는 조건은 다음 중 어느 것인가?
㉮ 주파수에 대하여 그 값이 변하지 않아야 한다.
㉯ 구리에 대한 열기전력이 작아야 한다.
㉰ 주파수에 대하여 그 값이 변해야 한다.
㉱ 구리에 대한 열기전력이 커야 한다.
[해설] 표준 저항기 재료의 조건
① 저항 온도 계수가 작고, 고유 저항이 클 것
② 구리에 대한 열기전력이 작을 것
③ 저항 값이 안정할 것

문제 28. 다음 그림은 캠벨(compbell)의 주파수 브리지이다. 수화기 T 양단이 등전위일 때 전원 주파수는 어떻게 되는가?

㉮ $f = \dfrac{1}{\sqrt{MC}}$ [Hz]

㉯ $f = \dfrac{1}{2\pi\sqrt{MC}}$ [Hz]

㉰ $f = \dfrac{1}{M\sqrt{2\pi}}$ [Hz]

㉱ $f = \dfrac{1}{\sqrt{2\pi MC}}$ [Hz]

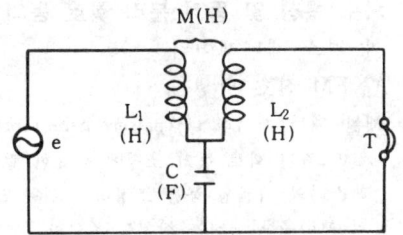

[해설] C와 M을 조정하여 T의 수화음이 소멸되도록 하면 주파수 f는
$\dfrac{1}{\omega C} I = \omega MI$ ∴ $f = \dfrac{1}{2\pi\sqrt{MC}}$ [Hz]

문제 29. 다음 계기 중 L, C, R, Q를 모두 측정할 수 있는 계기는?
㉮ Q 미터　　㉯ 진공관 전압계
㉰ 오실로스코프　　㉱ 테스터
[해설] Q 미터로 측정할 수 있는 것은 코일의 인덕턴스, 분포 용량, 콘덴서의 정전 용량과 손실, 임피던스, 유전률, 역률, 전송 손실 등이다.

[해답] 27. ㉯　28. ㉯　29. ㉮

문제 30. 오실로스코프의 트리거회로 구성과 관계가 없는 것은?

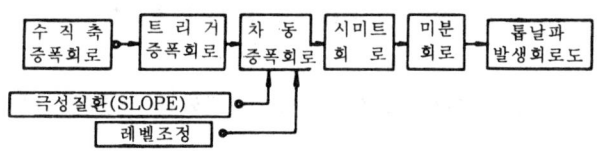

㉮ 차동 증폭 회로 ㉯ 미분 회로
㉰ 적분 회로 ㉱ 슈미트 회로

[해설] 트리거 회로는 그림과 같이 구성되어 있다.

문제 31. 계수형 주파수계에서 게이트를 0.01초 열어준 동안에 통과한 펄스가 800개였다면 이 펄스의 주파수는 얼마인가?
㉮ 800[Hz] ㉯ 1.25[kHz]
㉰ 80[kHz] ㉱ 125[kHz]

[해설] $f = \dfrac{N}{T} = \dfrac{800}{0.01} = 800 \text{[kHz]}$

문제 32. TV 수상기의 편향 회로의 직선성을 시험하고 영상 증폭기의 주파수 특성 및 동기 분리 회로 등의 조정에 사용되는 측정기는?
㉮ 펄스 제너레이터 ㉯ 오디오 제너레이터
㉰ FM 신호 발생기 ㉱ 패턴 제너레이터

[해설] 패턴 제너레이터(pattern genertor)는 TV의 색동기 회로, 색 복조, 매트릭스, 컬러 킬러 회로 등의 조정에 필요한 컬러 바(bar)를 발생하는 장치와, 컨버전스나 래스터의 직선성 등을 조정하기 위한 크로스 해치(창 모양의 무늬)나 도트(휜점)의 패턴을 발생하는 장치를 조합한 TV 전용 측정기이다.

문제 33. 전압계의 일반적인 사항 중 맞는 것은?
㉮ 내부 임피던스는 0에 가까워야 한다.
㉯ 내부 임피던스는 ∞에 가까워야 한다.
㉰ 내부 임피던스는 될 수 있는 한 작아야 한다.
㉱ 내부 임피던스에 무관하다.

문제 34. 회로 시험기의 저항 측정 레인지 $R \times 100$에 놓고, 포토 트랜지스터(NPN형인 경우)를 체크하는 방법은?
㉮ 컬렉터에 흑색 리드봉을 이미터에 적색 리드봉을 대고 빛을 차단하면 저항값이 증가한다.

[해답] 30. ㉰ 31. ㉰ 32. ㉱ 33. ㉯ 34. ㉮

㉯ 컬렉터에 흑색 리드봉을 이미터에 적색 리드봉을 대고 빛을 차단하
면 저항값이 감소한다.
㉰ 이미터에 흑색 리드봉을 컬렉터에 적색 리드봉을 대고 빛을 차단하
면 저항값이 증가한다.
㉱ 이미터에 흑색 리드봉을 컬렉터에 적색 리드봉을 대고 빛을 차단하
면 저항값은 감소한다.

[문제] 35. 다음 중 전류계의 연결 방법으로 옳은 것은?(단, A는 전류계, V
는 전압계)

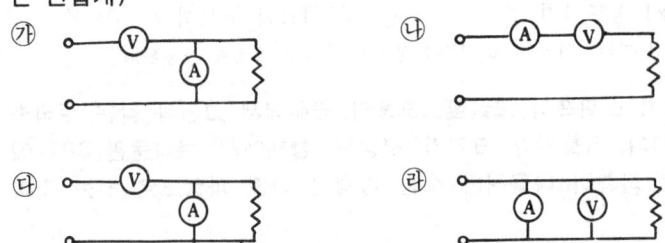

[해설] 전류계는 부하에 직렬로, 전압계는 병렬로 접속되어야 한다.

[문제] 36. 교류 전압을 회로 시험기로 측정한 값(지시값)은 보통 다음 중
어느 것인가?
㉮ 평균값　　㉯ 최대값　　㉰ 순간값　　㉱ 실효값
[해설] 회로 시험기(테스터)의 교류 전압 측정은 평균값을 지시하나 눈금은 편의상
실효값으로 매겨져 있다.

[문제] 37. 어떤 정전형 전압계의 등가 용량이 C_s이고, 최대 측정 전압이
15,000[V]이다. 이것을 최대 300,000[V]까지 사용하고자 할 때 옳은
방법은?
㉮ $19C_s$의 콘덴서를 계기와 직렬 접속
㉯ $\dfrac{C_s}{20}$의 콘덴서를 계기와 직렬 접속
㉰ $\dfrac{C_s}{19}$의 콘덴서를 계기와 직렬 접속
㉱ $\dfrac{C_s}{19}$의 콘덴서를 계기와 직렬 접속

[해답] 35. ㉰　36. ㉱　37. ㉰

3-100 제 3 편 전자 측정

[해설] $C = \dfrac{C_s}{n-1} = \dfrac{C_s}{\dfrac{300000}{15000} - 1} = \dfrac{C_s}{19}$

$\dfrac{C_s}{19}$ 의 콘덴서를 계기와 직렬로 접속한다.

[문제] **38.** 그리드 딥 미터(Grid dip meter)의 측정 범위로 가장 타당한 것은?
㉮ 300[kHz] 정도까지　　㉯ 300[MHz] 정도까지
㉰ 300[GHz] 정도까지　　㉱ 300[THz] 정도까지

[해설] 그리드 딥 미터는 1.5~300[MHz] 정도의 주파수 측정에 사용된다.

[문제] **39.** 트리거 스위프식 오실로스코프의 원리에서 그림과 같은 수직축 입력(관측파)의 기울기와 크기가 결정된 상태에서 브라운관(CRT)에 그림과 같은 파형이 나올려면 수평 입력은 어떤 파형으로 하는 것이 좋은가?

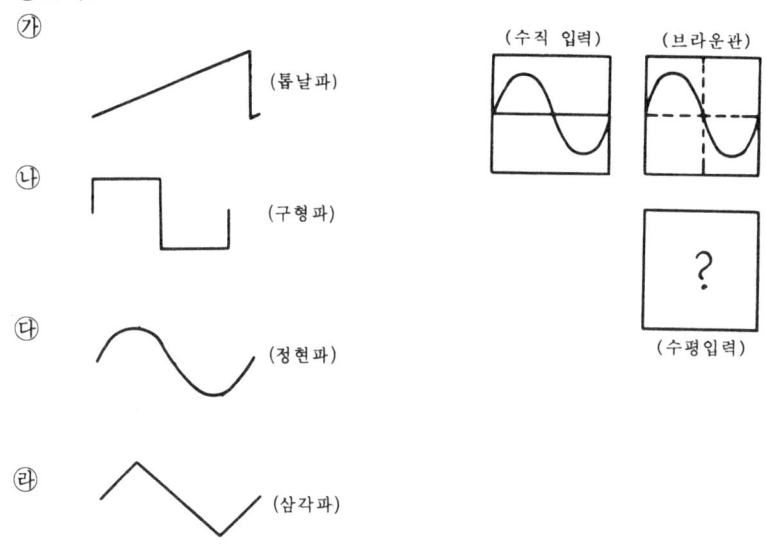

[문제] **40.** 특성 임피던스 50[Ω]의 전송선에 100[Ω]의 부하를 연결하였다. 정규화 임피던스를 구하면?

[해답] 38. ㉯　39. ㉮　40. ㉯

㉮ 1　　㉯ 2　　㉰ 3　　㉱ 4

[해설] $\dfrac{Z_r}{Z_0} = \dfrac{100}{50} = 2$

문제 41. 가동 코일형 계기에 있어서 지침의 경사각 θ는 전류 I와 어떤 관계가 있는가?

㉮ $\theta \propto I$　　㉯ $\theta \propto I^2$　　㉰ $\theta \propto \dfrac{1}{I}$　　㉱ $\theta \propto \dfrac{1}{I^2}$

[해설] $\theta \propto I$

문제 42. 최대 눈금이 100[V]인 0.5급 전압계로 전압을 측정하였더니 지시가 50[V]였다고 한다. 상대 오차는 어느 정도로 될 것인가?

㉮ 0.5[%]　　㉯ 1.0[%]
㉰ 1.5[%]　　㉱ 0.25[%]

[해설] 상대 오차 $= \dfrac{100}{50} = 1.0[\%]$

문제 43. 캠벨(Campbell) 주파수 브리지가 평형되었을 때 전원의 주파수는 어떻게 표시되는가?(단, M는 상호 인덕턴스이고, C는 콘덴서의 용량이다.)

㉮ $f_X = \dfrac{1}{\sqrt{MC}}$

㉯ $f_X = \dfrac{1}{MC\sqrt{2\pi}}$

㉰ $f_X = \dfrac{1}{2\pi\sqrt{MC}}$

㉱ $f_X = \dfrac{1}{\sqrt{2\pi MC}}$

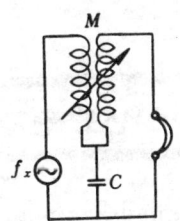

[해설] C와 M을 조정하여 수화기 T의 수화음이 소멸하도록 하면, D에는 전류가 흐르지 않는다.

문제 44. 헤테로다인 주파수계로 미지의 주파수 f_X를 측정할 때 처음 제로 비트가 되었을 때의 기지의 가변 주파수를 f_1이라 하고 다시 비트음이 나오기 시작할 때의 주파수를 f_2라 하면 미지의 주파수 f_X의 값은?

㉮ $f_X = f_2 - f_1$ [Hz]　　㉯ $f_X = \dfrac{f_2 + f_1}{2}$ [Hz]

[해답] 41. ㉮　42. ㉯　43. ㉰　44. ㉮

㉓ $f_X = \dfrac{f_1 \cdot f_2}{(f_1 + f_2)}$ ㉔ $f_X = \dfrac{f_1 \cdot f_2}{2}$

문제 45. 오실로스코프의 트리거 회로에 구성요소는?
㉮ 2현상 전환 회로   ㉯ 슈미트 회로
㉰ 외부 동기 회로   ㉱ 지연 펄스 발생기 회로

문제 46. FM 송신기에 관한 측정으로 해당되지 않는 것은?
㉮ 왜율의 측정   ㉯ 잡음 측정
㉰ 프리엠파시스 특성 측정   ㉱ 진폭 제한기 특성 측정
해설 진폭 제한기의 특성 측정은 FM 수신기에 관한 측정이다.

문제 47. 반도체의 특성 곡선이나 전기 기기의 특성 곡선 등을 자동적으로 그래프로 나타낼 수 있는 계기는?
㉮ X-Y 기록계   ㉯ D-A 변환기
㉰ 계수형 카운터   ㉱ 볼로미터
해설 X-Y 기록계는 전자관이나 반도체의 특성 곡선으로부터 리사주(Lissajous) 도형에 의한 해석, 자성 재료의 자화 곡선, 전기 기기의 특성 곡선, 열전쌍의 온도-전압 특성, 안테나의 지향 특성, 각종 제어 기기의 특성이나 제어계의 동작의 분석, 아날로그 전자 계산기의 출력 기록 등 여러 가지 관계를 자동적으로 그래프로 나타낼 수 있다.

1991년도 전자측정 2급 출제문제

문제 1. 표준량을 준비하고 이것을 피측정량과 평형시켜 표준량의 크기로부터 피측정량을 알아내는 방법은 어느 것인가?
㉮ 치환법   ㉯ 편위법   ㉰ 간접측정   ㉱ 영위법
해설 영위법은 미지의 양을 가지의 양과 비교할 때 측정값의 지시가 0이 되도록 하는 방법으로 감도가 높으며 정밀 측정에 적합하다.

문제 2. 1〔A〕의 직류 전류계에 1〔A〕 1〔Hz〕의 교류를 통과시키면 전류계의 지침은 어떻게 지시하는가?
㉮ 전혀 움직이지 않는다.

해답 45. ㉯ 46. ㉱ 47. ㉮   1. ㉱ 2. ㉱

㉯ 1〔A〕를 지시한다.
㉰ 전류계가 파괴된다.
㉱ 교류 전류의 순시값에 따라 변동한다.

문제 3. 그림에서 전력계 및 전압계는 각각 25〔W〕, 100〔W〕를 지시하였다. 부하 전력은?(단, 전력계의 저항은 무시하고 전압계의 저항은 2000〔Ω〕이다.)
㉮ 5〔W〕
㉯ 10〔W〕
㉰ 15〔W〕
㉱ 20〔W〕

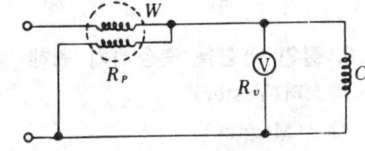

해설 $P = VI - \dfrac{V^2}{r_V} = 25 - \dfrac{100^2}{2000} = 20$〔W〕

문제 4. 증폭기로서 잡음 지수가 어떤 값을 가질 때 가장 이상적인가?
㉮ 0   ㉯ 1   ㉰ 100   ㉱ ∞
해설 잡음이 없는 이상적인 잡음 지수는 $F=1$인 때이다.

문제 5. 오실로스코프(Oscilloscope)의 음극선관(Cathode Ray Tube)의 주요 부분이 아닌 것은?
㉮ 전자총   ㉯ 편향판   ㉰ 형광막   ㉱ 발진기
해설 음극선관(CRT)은 전자총, 편향판, 형광막 등의 주요 부분으로 구성된다.

문제 6. 전압이나 전류의 크기를 숫자로 고치는 장치는?
㉮ C-A 변환기 ㉯ A-C 변환기 ㉰ D-A 변환기 ㉱ A-D 변환기
해설 전압이나 전류의 아날로그(analog)량을 숫자로 지시하는 디지털(digital)량으로 변환하는 장치를 A-D 변환기라 한다.

문제 7. 교번 자속과 이에 의한 맴돌이 전류의 상호 작용을 이용한 계기는 다음 중 어느 것인가?
㉮ 전류력계형 계기   ㉯ 유도형 계기
㉰ 가동 철편형 계기   ㉱ 가동 코일형 계기
해설 유도형 계기는 금속제의 가동 부분에서 발생한 맴돌이 전류와 자장 사이의 전자력에 의한 구동 토크를 이용한 계기로서, 교류 회로에만 사용된다.

문제 8. 그림에서 $R_m = 40$〔kΩ〕, $R_V = 20$〔kΩ〕일 때, 전압계 V는 100〔V〕를

해답 3. ㉱   4. ㉯   5. ㉱   6. ㉱   7. ㉯   8. ㉰

가리켰다면 측정전압은 몇 [V]인가?
㉮ 100[V]
㉯ 200[V]
㉰ 300[V]
㉱ 400[V]

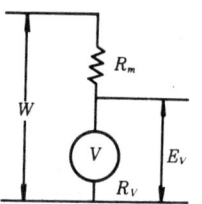

[해설] $V = \left(1 + \dfrac{R_m}{R_v}\right) V_v = \left(1 + \dfrac{40}{20}\right) \times 100 = 300 [V]$

[문제] 9. 절연 저항을 측정하기 위해 일반적으로 사용되는 계기는?
㉮ 테스터(Tester) ㉯ 휘트스톤(Wheatstone Bridge)
㉰ 메거(Megger) ㉱ 켈빈 브리지(Kelvin Bridge)
[해설] 1[mΩ] 이상의 고저항이나 절연 저항의 측정에는 절연 저항계(Megger)를 사용한다.

[문제] 10. 측정 조건이 나쁘거나 측정하는 사람의 주의력 부족에서 오는 오차는?
㉮ 개인적 오차 ㉯ 통계적 오차
㉰ 우연 오차 ㉱ 백분율 오차
[해설] 측정 조건의 변동이나 측정자의 주의력 동요 등에 의한 오차를 우연 오차라 한다.

[문제] 11. 다음 중에서 다른 측정법에 비해 전기 계측이 갖고 있는 특징이 아닌 것은 어느 것인가?
㉮ 측정의 정도와 안정도가 높다.
㉯ 측정할 때 시간 지연은 많으나 변동이 급격한 양도 연속 측정이 가능하다.
㉰ 측정하려는 양의 기록이나 적산이 쉽다.
㉱ 원격 측정이 가능하며 측정의 집중 관리가 쉽다.
[해설] 측정할 때 시간적 지연이 적고, 변동이 급격한 양도 연속 측정이 확실하게 된다.

[문제] 12. Q-Meter로 어떤 코일의 분포 용량을 측정하기 위하여 10[MHz]로 공진시키기 위한 C의 용량은 100[pF]이고 5[MHz]로 공진시키기 위한 C의 용량은 412[pF]였다. 이 코일의 분포 용량은 얼마인가?

[해답] 9. ㉰ 10. ㉰ 11. ㉯ 12. ㉯

㉮ 3[pF]　　㉯ 4[pF]　　㉰ 6[pF]　　㉱ 12[pF]

해설 $C_s = \dfrac{C_{v2} - 4C_{v1}}{3} = \dfrac{412 - (4 \times 100)}{3} = 4$[pF]

문제 **13.** 마이크로폰이나 스피커 특성을 측정하는데 사용하는 표준 마이크로폰의 감도는 몇 [dB]인가?

㉮ +20[dB]　　　　　　㉯ −20[dB]
㉰ +50[dB]　　　　　　㉱ −50[dB]

해설 사용하는 표준 마이크로폰은 보통 콘덴서 마이크로폰이 사용되고, 그 주파수 특성은 0.1~30[kHz]까지 대체로 −50[dB]로서 일정하다.

문제 **14.** 표준 신호 발생기의 출력전압 100[μV]를 [dB]로 표시하면 몇 [dB]이 되는가?

㉮ 20[dB]　　㉯ 40[dB]　　㉰ 80[dB]　　㉱ 100[dB]

해설 1[μV]=0[dB]로 하므로

$$G = 20\log_{10} \dfrac{100}{1} = 40 \text{[dB]}$$

문제 **15.** 기록 계기가 갖추어야 할 조건 중 틀린 것은?

㉮ 잉크의 저장량이 커야 한다.
㉯ 기록은 자세하게 되어야 한다.
㉰ 펜은 가볍고 부식하지 말아야 한다.
㉱ 펜과 용지와의 마찰이 커야한다.

해설 펜과 용지와의 마찰은 적어야 한다.

문제 **16.** 소인 발진기(sweep generator)의 구성 부분으로 맞는 것은?

㉮ 멀티바이브레터　　　　㉯ 고주파 발진기
㉰ 빈 발진기　　　　　　㉱ 비트 발진기

해설 소인 발진기의 구성

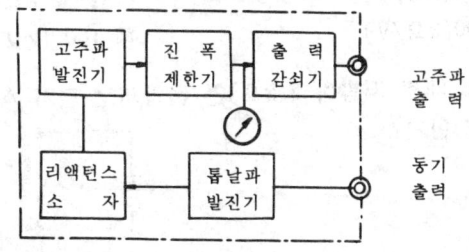

해답 13. ㉱　14. ㉯　15. ㉱　16. ㉯

문제 17. 눈금을 읽는 사람의 습관이나 성격에 따라 생기는 오차는?
- ㉮ 계기적 오차
- ㉯ 과실적 오차
- ㉰ 개인적 오차
- ㉱ 우발적 오차

해설 측정자의 습관이나 성격에 의해 일어나는 오차를 개인적 오차(personal error)라 한다.

문제 18. 가동 코일형 전류계의 가동 코일에 직접 흘릴 수 있는 전류는 대체로 몇 [mA] 이하인가?
- ㉮ 200[mA]
- ㉯ 300[mA]
- ㉰ 400[mA]
- ㉱ 50[mA]

해설 가동 코일형 전류계의 동작 전류는 1~50[mA] 정도이다.

문제 19. 일반적으로 회로 시험기에 사용되는 계기는 다음 중 어느 것인가?
- ㉮ 전류력계형
- ㉯ 가동자침형
- ㉰ 가동코일형
- ㉱ 가동철편형

해설 회로 시험기(circuit tester)는 일반적으로 가동 코일형 계기에 분류기와 배율기, 전지 등을 부착시켜 구성한다.

문제 20. 내부 저항이 0.1[Ω]이로 최대치 1[mA]의 전류계로 최대치 10[A]의 전류계를 만들려고 한다. 분류 저항의 값은?
- ㉮ 10^{-5}[Ω]
- ㉯ 10^{-6}[Ω]
- ㉰ 10^{-7}[Ω]
- ㉱ 10^{-4}[Ω]

해설 $R_s = \dfrac{r_a}{n-1} = \dfrac{0.1}{\dfrac{10}{1 \times 10^{-3}} - 1} \fallingdotseq 1 \times 10^{-5}$[Ω]

문제 21. 최대 눈금 지시 규격 전류(I_{FS})가 1[mA]인 직류 계기의 감도는?
- ㉮ 1[kΩ/V]
- ㉯ 50[kΩ/V]
- ㉰ 100[kΩ/V]
- ㉱ 1000[kΩ/V]

문제 22. 내부 저항이 2[kΩ]인 전압계로 단자 A, B사이의 전압을 재면 몇 [V]인가?
- ㉮ 6[V]
- ㉯ 9[V]
- ㉰ 3[V]

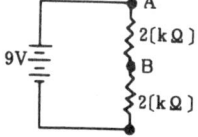

정답 17. ㉰ 18. ㉱ 19. ㉰ 20. ㉮ 21. ㉯ 22. ㉰

㉣ 1[V]

[해설] A, B사이에 내부 저항 2[kΩ]의 전압계를 접속하면 A, B사이의 저항은 1[kΩ]이 된다.

$$I = \frac{9}{(1+2) \times 10^3} = 3 \times 10^{-3} [A]$$

$$\therefore V_{AB} = 3 \times 10^{-3} \times 1 \times 10^3 = 3[V]$$

[문제] 23. 정류형 계기가 저전압용으로 적합한 이유는?
㉮ 회전 토크가 약하다.
㉯ 지시계기로는 적합치 않다.
㉰ 소지전력이 적으므로
㉱ 외부 자계의 영향을 크게 받기 때문에

[문제] 24. 고주파 전류 측정에 적합한 계기는 어느 것인가?
㉮ 가동 코일형   ㉯ 가동 철편형
㉰ 전류력계형   ㉱ 열전대형

[해설] 열전대형 계기는 주파수 특성이 좋으므로 직류로부터 고주파까지 측정할 수 있어 고주파용 계기로 가장 많이 사용된다.

[문제] 25. 열전대형 계기의 눈금은?
㉮ 균등 눈금   ㉯ 대수 눈금
㉰ 자승 눈금   ㉱ 대각선 눈금

[해설] 열전대형 계기는 열전대가 가동코일형 계기를 접속한 것이므로 눈금은 균등 눈금이 된다.

[문제] 26. 다음 그림과 같이 정전전압계와 축전기를 직렬로 연결하여 측정 범위를 m배로 확대하려 한다. 배율기의 용량은 얼마로 해야 하는가?

㉮ $C_2 = \dfrac{C_1}{m-1}$

㉯ $C_2 = \dfrac{C_1}{m+1}$

㉰ $C_2 = (m-1)C_1$

㉱ $C_2 = (m+1)C_1$

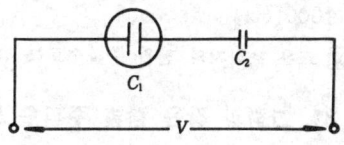

[해답] 23. ㉰   24. ㉱   25. ㉮   26. ㉮

[해설] $m = \dfrac{V}{V_V} = \dfrac{C_1 + C_2}{C_2} = 1 + \dfrac{C_1}{C_2}$

$\therefore C_2 = \dfrac{C_1}{m-1}$

[문제] **27.** 브리지나 전위차계에서의 불평형 전압을 검출 증폭시켜 서보 모터로 다이얼을 돌려 평형시키고 다이얼에 펜 또는 타점용 핀을 붙여 기록하는 계기는?
㉮ 펜식 기록 계기
㉯ 타점식 기록 계기
㉰ 직동식 기록 계기
㉱ 자동 평형 기록 계기

[해설] 자동 평형 기록계기는 영위법에 의한 측정과 조작을 자동화한 것이다.

[문제] **28.** 다음 중 오실로스코프(Oscilloscope)의 구성 요소가 아닌 것은?
㉮ 수직 증폭기
㉯ 수평 증폭기
㉰ 톱니파 발생기
㉱ 직선 검파기

[문제] **29.** 다음의 브리지(Bridge) 회로가 평형되기 위한 조건으로 맞는 것은?
㉮ AB=DC
㉯ AD=BC
㉰ $\dfrac{B}{A} = \dfrac{C}{D}$
㉱ AC=BD

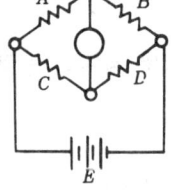

[해설] AC=BD인 때 검류계 G에는 전류가 흐르지 않아 평형을 이룬다.

[문제] **30.** 교류 브리지에서 수화기를 이용하는 경우에 전원 주파수는?
㉮ 10[Hz]
㉯ 100[Hz]
㉰ 1000[Hz]
㉱ 2000[Hz]

[해설] 교류 브리지의 전원 주파수로는 감도가 좋은 1[kHz]를 주로 사용한다.

[문제] **31.** 그림과 같은 캠벨 주파수 브리지로 어떤 주파수를 측정하였더니 상호 인덕턴스 $M=200[\mu H]$ $C=2[\mu F]$일 때 수화기에서 나는 소리가 최소로 되었다. 측정한 주파수는 몇 [Hz]인가?

[해답] 27. ㉱ 28. ㉱ 29. ㉱ 30. ㉰ 31. ㉯

㉮ 약 400[Hz]
㉯ 약 800[Hz]
㉰ 약 4000[Hz]
㉱ 약 8000[Hz]

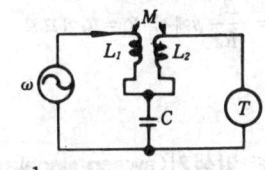

[해설] $f = \dfrac{1}{2\pi\sqrt{MC}} = \dfrac{1}{2\pi\sqrt{200 \times 10^{-6} \times 2 \times 10^{-6}}} \fallingdotseq 800[Hz]$

[문제] **32.** 다음 회로에서 평형 조건은?

㉮ $\dfrac{R_2}{R_1} = \dfrac{L}{C}$

㉯ $R_1 L = \dfrac{R_2}{C}$

㉰ $R_1 C = \dfrac{L}{R_2}$

㉱ $R_1 R_2 = LC$

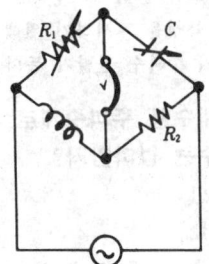

[해설] $R_1 R_2 = j\omega L \cdot \dfrac{1}{j\omega C}$ 에서

$R_1 R_2 = \dfrac{L}{C}$ ∴ $R_1 C = \dfrac{L}{R_2}$

[문제] **33.** TR의 전기적 특성을 나타내는 기호 중 출력단락 전류 증폭률을 나타내는 것은 어느 것인가?

㉮ h_{fe} ㉯ h_{re} ㉰ h_{oe} ㉱ h_{ie}

[해설] h_{fe} : 전류 증폭률, h_{re} : 전압 되먹임률
h_{oe} : 출력 어드미턴스 h_{ie} : 입력 임피던스

[문제] **34.** 다음 회로에서 증폭률 β를 구하면 얼마인가?(단, $R_1 = R_2$)

㉮ $\beta = \dfrac{e_2}{e_1}$

㉯ $\beta = \dfrac{e_1}{e_2}$

㉰ $\beta = \dfrac{e_2}{e_1} \cdot R_1 \cdot R_2$

㉱ $\beta = \dfrac{e_1}{e_2} \cdot R_1 \cdot R_2$

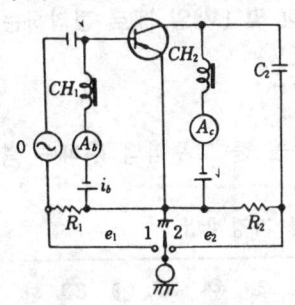

[해답] **32.** ㉰   **33.** ㉮   **34.** ㉮

해설 $\dfrac{e_2}{e_1} = \dfrac{R_2 i_c}{R_1 i_b} = \dfrac{R_2}{R_1}\beta$에서 $R_1 = R_2$이므로

$\therefore \beta = \dfrac{e_2}{e_1}$

문제 35. 스위프 신호 발생기(sweep signal generator)는 어느 때 사용되는가?
㉮ 전류측정 ㉯ 용량측정
㉰ 속도측정 ㉱ 주파수 특성 측정

해설 스위프(sweep, 소인)발진기는 오실로스코프와 조합하여 각종 고주파 회로의 주파수 특성을 직시하기 위해 사우하는 것으로, 수신기의 중간주파 특성이나 FM 수신기의 주파수 판별기 등의 조정에 주로 쓰인다.

문제 36. 계수형 주파수계로 1분 동안 반복회수가 2160회이었다면 피측정 주파수는 얼마인가?
㉮ 18[Hz] ㉯ 36[Hz]
㉰ 360[Hz] ㉱ 2160[Hz]

해설 $f = \dfrac{N}{T} = \dfrac{2160}{60} = 36[\text{Hz}]$

문제 37. 레벨계의 눈금이 있는 회로계의 전압을 측정하였더니 0[dB]였다고 한다. 이 때 전압은 몇 [V]인가?
㉮ 0.775[V] ㉯ 1.0[V]
㉰ 7.75[V] ㉱ 100[V]

해설 600[Ω]의 부하에서 1[mW]의 전력을 소비할 때의 전압을 기준으로 하여 0[dB]로 한다.
$\therefore V = \sqrt{PR} = \sqrt{1 \times 10^{-3} \times 600} \fallingdotseq 0.775[\text{V}]$

문제 38. 레벨계의 0[dB] 눈금은 600[Ω]의 부하저항 양단에 걸리는 전압(rms)이 몇 [V]일 때로 정의하는가?
㉮ 0.638[V] ㉯ 0.707[V]
㉰ 0.775[V] ㉱ 1.000[V]

문제 39. 다음 중 고주파의 주파수 측정에 이용되지 않는 측정법은 어떤 것인가?
㉮ 흡수형 파장계법

해답 35. ㉱ 36. ㉯ 37. ㉮ 38. ㉰ 39. ㉰

㉯ 레헤르선 파장계법
㉰ 켈빈 더블 브리지법
㉱ 헤테로다인주파수계법
[해설] 켈빈 더블브리지법은 저저항의 측정에 사용된다.

[문제] 40. 볼로미터(bolometer)를 사용한 전력계의 원리는?
㉮ 전력을 흡수해서 온도가 상승하면 저항이 변화하는 원리
㉯ 전력을 흡수하면 저항이 변화하여 온도가 상승하는 원리
㉰ CM형 전력계 법과 같은 원리
㉱ 진공관 전압계와 같은 원리

1992년도 전자측정 2급 출제문제

[문제] 1. 측정기 및 측정 기술에 필요한 요소를 열거한 것 중에 틀린 것을 지적하라.
㉮ 측정 확도가 높을 것
㉯ 측정 결과를 신속히 얻을 수 있을 것
㉰ 동일 계량치에 대한 변동이 있고 장기 안정도가 없을 것
㉱ 과부하에 강할 것
[해설] 측정기는 동일 계량값에 대한 변동이 거의 없으며, 장기 안정가 높아야 한다.

[문제] 2. 다음 계기 중 분류기 없이 상당히 큰 전류까지 측정할 수 있고 취급이 용이하지만 감도가 높은 것은 제작하기 어려운 계기는?
㉮ 가동 코일형 전류계   ㉯ 전류력계형 전류계
㉰ 가동 철편형 전류계   ㉱ 유도형 전류계
[해설] 가동 철편형 계기는 구조가 간단하고 매우 큰 전류까지 분류기 없이 측정할 수 있고, 취급이 쉽지만 감도가 높은 것은 제작되지 않는다.

[문제] 3. 이동 자장형 유도형 계기는 특징에 해당하지 않는 것은?
㉮ 공극이 좁고 자장이 약하다.

[해답] 40. ㉮ 1. ㉰ 2. ㉰ 3. ㉮

㉯ 외부 자장의 영향이 작다.
㉰ 구동 토크가 크다.
㉱ 온도 및 주파수 영향이 크다.
[해설] 이동 자장형의 유도형 계기는 공극이 좁고 자장이 강하므로, 외부 자장의 영향은 작고 구동 토크가 크다.

[문제] **4.** 다음 중 1[MHz]의 전류를 가장 정확하게 지시하는 계기는?
㉮ 열전쌍형   ㉯ 가동 코일형   ㉰ 정전형   ㉱ 가동 철편형
[해설] 열전쌍형 계기는 고주파용 전류계로 널리 사용된다.

[문제] **5.** 내부 저항이 19[kΩ] 최대 눈금 15[mA]인 전류계로 300[mA]의 전류를 측정하고자 할 때 분류기 저항은?
㉮ 1[kΩ]   ㉯ 10[kΩ]   ㉰ 19[kΩ]   ㉱ 20[kΩ]
[해설] $R_s = \dfrac{r_a}{n-1} = \dfrac{19}{\dfrac{300}{15}-1} = 1 [k\Omega]$

[문제] **6.** 내부 저항 4[kΩ], 최대 눈금 50[V]의 전압계로 300[V]의 전압을 측정하기 위한 배율기 저항은?
㉮ 670[Ω]   ㉯ 800[Ω]   ㉰ 20[kΩ]   ㉱ 24[kΩ]
[해설] $R_m = r_v(n-1) = 4(\dfrac{300}{50}-1) = 20 [k\Omega]$

[문제] **7.** 정류 부인 프로브(probe), 직류 증폭부 및 전원부로 구성되어 있으며 측정 전압이 제일 높고 정현파 이외에는 오차가 생기며, 눈금은 실효값으로 되어 있는 VTVM은?
㉮ A형 VTVM   ㉯ B형 VTVM   ㉰ C형 VTVM   ㉱ P형 VTVM
[해설] 2극 진공관의 정류 작용을 이용한 것으로 보통 정류된 직류 전압을 증폭기로 증폭하고, 이 크기를 가동 코일형 계기로 지시하게 한 것을 P형 진공관 전압계 (VTVM, vacuum tube voltmeter)라 한다.

[문제] **8.** 전자 전압계의 설명 중 틀린 것은 어느 것인가?(일반 전압계와 비교)
㉮ 트렌지스터의 검파, 정류, 증폭 작용을 이용한 것이다.
㉯ 감도가 높다.

[해답] 4. ㉮   5. ㉮   6. ㉰   7. ㉱   8. ㉱

㉰ 전력 손실이 적다.
㉱ 입력 임피던스가 낮다.
[해설] 전자 전압계는 일반 전압계에 비해 입력 임피던스가 매우 높게 되는 특징이 있다.

[문제] 9. 그림에서 휘트스톤(Wheatstone Bridge)의 평형 조건에 맞지 않는 것은?

㉮ $I_1 \cdot R_1 = I_2 \cdot R_2$
㉯ $I_1 \cdot R_3 = I_2 \cdot R_4$
㉰ $I_3 \rightleftharpoons 0$
㉱ $R_1 \cdot R_4 = R_2 \cdot R_3$

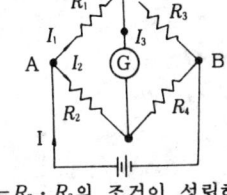

[해설] 휘트스톤 브리지가 평형되려면 $R_1 \cdot R_4 = R_2 \cdot R_3$의 조건이 성립하여 검류계 G 에는 I_3의 전류가 흐르지 않아야 한다.

[문제] 10. 다음 그림은 맥스웰 브리지에 의한 코일의 자기 인덕턴스 측정법에 대한 것이다. 미지의 인덕턴스 L_X를 구하는 옳은 식은?(단, L_S는 표준 인덕턴스, R_S는 가변 표준 저항이다.)

㉮ $\dfrac{R_2}{R_1} L_S$
㉯ $\dfrac{R_1}{R_2} L_S$
㉰ $\dfrac{L_S}{R_1 R_2}$
㉱ $R_1 R_2 L_S$

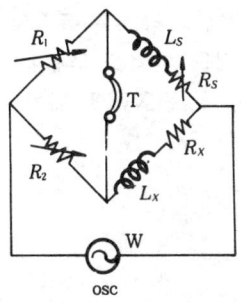

[해설] $R_1 R_X = R_2 R_S$와 $R_1 L_X = R_2 L_S$의 조건에서
$L_X = \dfrac{R_2}{R_1} L_S$

[문제] 11. 다음 교류 브리지에서 평형이 이루어졌을 때 C_X의 값은?

㉮ 10[μF]
㉯ 100[μF]
㉰ 0.1[μF]
㉱ 0.01[μF]

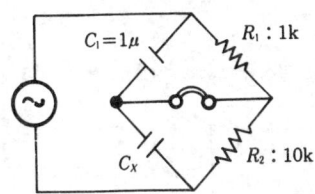

[해설] $R_1 \cdot \dfrac{1}{j\omega C_X} = R_2 \cdot \dfrac{1}{j\omega C_1}$ 에서

$$C_X = \frac{R_1}{R_2} C_1 = \frac{1}{10} \times 1 = 0.1 [\mu F]$$

문제 12. 다음 그림에서 전류계, 전압계의 내부 손실을 고려할 때 부하 저항 R에서 소비되는 참전력 P는?(단, r_v는 전압계의 내부 저항, r_a는 전류계의 내부 저항이다.)

㉮ $P = VI + r_a I^2 [W]$
㉯ $P = VI - r_a I^2 [W]$
㉰ $P = VI + r_v I^2 [W]$
㉱ $P = VI - r_v I^2 [W]$

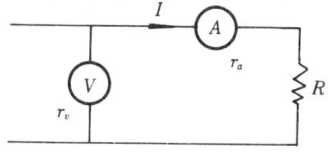

[해설] 전류계의 내부 저항에 의한 전력 손실을 고려해야 하므로 참전력은 $P = VI - r_a I^2 [W]$로 된다.

문제 13. 오실로스코프의 시간축에 가장 많이 쓰이는 파형은?

㉮ 충격파 ㉯ 구형파 ㉰ 정현파 ㉱ 톱니파

[해설] 톱니파 전압을 수평 증폭기에서 증폭하여 수평 편향판에 가해 수형 방향으로 휘점을 움직이게 한다.

문제 14. 저주파 발진기의 출력을 증폭의 입력 단자 및 오실로스코프의 수평축에 가하고 증폭기의 출력을 오실로스코프의 수직축에 가하여 그림과 같은 파형을 얻었을 때 리사주 도형으로부터 ab를 측정하였다면 여기서 양 편향판에 가하여진 전압의 위상차 θ는 다음 중 어떤 식으로 구할 수 있는가?

㉮ $\theta = \sin \dfrac{b}{a}$

㉯ $\theta = \sin^{-1} \dfrac{b}{a}$

㉰ $\theta = \cos \dfrac{b}{a}$

㉱ $\theta = \cos^{-1} \dfrac{b}{a}$

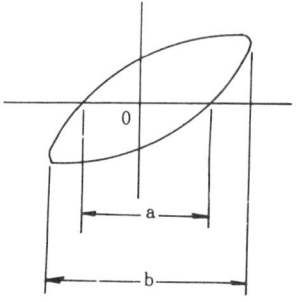

[해설] 리사주(Lissajous) 도형을 이용한 위상각 측정의 예

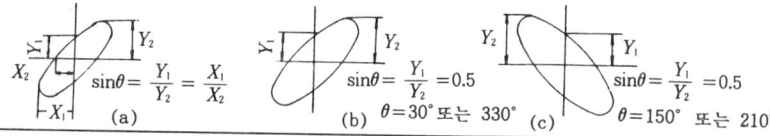

[해답] 12. ㉯ 13. ㉱ 14. ㉯

[문제] 15. 그림의 오실로스코프 파형을 보고 실효값을 계산하면 약 몇 [V]인가?
㉮ 4[V]
㉯ 2.8[V]
㉰ 2[V]
㉱ 1.4[V]

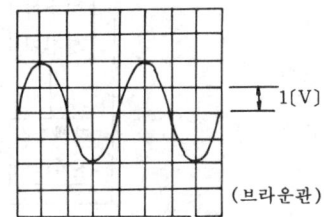

[해설] $E_{rms} = \dfrac{E_m}{2\sqrt{2}} = \dfrac{4}{2\sqrt{2}} ≒ 1.4[V]$

[문제] 16. 증폭기에서 증폭도의 크기는 다음 중 어떤 값으로 환산하여 표시하는가?
㉮ 전압   ㉯ 전류   ㉰ 데시벨   ㉱ 절대 온도
[해설] 증폭기의 증폭도는 보통 데시벨 [dB] 이득으로 나타낸다.
$G = 20 \log_{10} \dfrac{V_2}{V_1}$ [dB]

[문제] 17. h_{fE}가 100인 이미터 접지 증폭기에서 베이스 전류가 0.5[mA]때의 이미터 저항의 전압을 측정하였더니 5[V]이었다. 이 트랜지스터의 입력 임피던스는 얼마인가?
㉮ 1[kΩ]   ㉯ 10[kΩ]   ㉰ 100[kΩ]   ㉱ 20[kΩ]
[해설] $h_{ie} = \dfrac{V_{BE}}{I_B} = \dfrac{5}{0.5 \times 10^{-3}} = 10[kΩ]$

[문제] 18. 초단파용 표준 신호 발생기의 특징이 아닌 것은?
㉮ 발진부를 이중 차폐한다.
㉯ 발진 회로에 리액턴스관을 이용한다.
㉰ 출력 임피던스가 매우 높다.
㉱ 리액턴스 감쇄기가 많이 쓰인다.
[해설] 초단파용 표준 신호 발생기(SSG)의 출력 임피던스는 보통 50[Ω]으로 되어 있다.

[문제] 19. 소인 발진기의 구성에 해당되는 것은?
㉮ 고주파 발진기   ㉯ 음파 발진기
㉰ 혼합 검파기   ㉱ 의사 공중선
[해설] 소인 발진기(sweep generator)의 구성

[해답] 15. ㉱   16. ㉰   17. ㉯   18. ㉰   19. ㉮

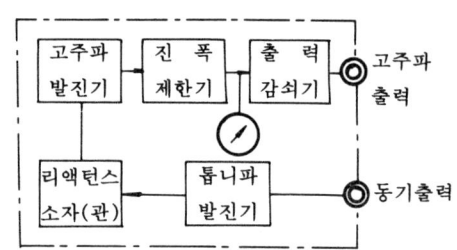

문제 20. 각종 저주파 증폭기의 주파수 특성, 수신기의 충실도, 송신기의 전력 측정, 변조도 측정에 사용되는 계기는 어느 것인가?
㉮ 패턴 발진기　　　　㉯ 저주파 발진기
㉰ 시그널 인젝터　　　㉱ 오실로스코프
[해설] 오실로스코프(oscilloscope)는 전압, 전류, 파형, 위상 및 주파수, 일그러짐률 시간 간격, 펄스의 상승 시간 등의 여러 현상을 측정할 수 있다.

문제 21. 수신기의 잡음 지수 측정시 필요한 것은?
㉮ 저주파 발생기　　　㉯ 잡음 발생기
㉰ 의사 공중선　　　　㉱ 오실로스코프
[해설] 잡음 발생기는 내부에 들어 있는 저항에 흐르는 전류를 조절하여 저항으로부터 필요한 양만큼의 열잡음을 발생시키도록 한 장치이다.

문제 22. 레벨계의 단위 [dBm]의 정의 중 맞는 것은?
㉮ 1[W]를 0[dB]로 하여 눈금을 정한 것
㉯ 1[mW]를 0[dB]로 하여 눈금을 정한 것
㉰ 1[W]를 1[dB]로 하여 눈금을 정한 것
㉱ 1[mW]를 1[dB]로 하여 눈금을 정한 것
[해설] 레벨계(level meter)의 0[dB] 눈금은 600[Ω]의 부하에 1[mW]의 전력을 소비시킬 때의 값으로 정한다.

[해답] 20. ㉱　21. ㉯　22. ㉯

1993년도 전자측정 2급 출제문제

문제 1. 정전 전압계 Ⓥ의 측정 범위를 확대하기 위하여 쓰이는 적당한 회로는?

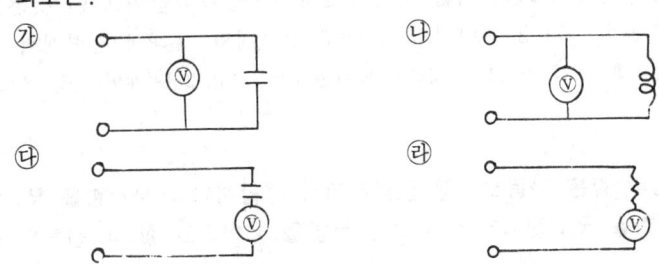

해설 정전전압계의 측정범위 확대에는 용량 배율기(C_V)를 직렬접속하여 사용한다.

문제 2. 가동 철편형 계기를 옳게 설명한 것은?
㉮ 고정 코일에 흐르는 전류에 의하여 생기는 자장속에서 연철편이 받는 흡인, 반발력을 이용한 계기
㉯ 고정극과 가동편에 의하여 측정전압의 정전력으로 토오크를 일으키는 계기
㉰ 전류코일과 전압코일에서 생기는 자장에 의하여 알루미늄판을 가동시키는 계기
㉱ 온도계수가 다른 두 금속체에 측정전류를 가하여 열의 팽창에 의하여 구동되는 계기
해설 가동철편형 계기는 고정코일에 흐르는 전류에 의하여 생기는 자장내에 놓여진 철편에 작용하는 전자력을 이용한다.

문제 3. 그림과 같은 파형의 주파수는 얼마인가?
㉮ 200[Hz]　㉯ 250[Hz]
㉰ 625[Hz]　㉱ 2500[Hz]
해설 주기 $T = 200 \times 8칸 = 1600[\mu S]$

주파수 $f = \dfrac{1}{T} = \dfrac{1}{1600 \times 10^{-6}} = 625[Hz]$

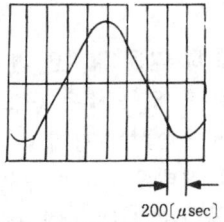

해답　1. ㉰　2. ㉮　3. ㉰

문제 4. 다음 중 Q메타 구성요소가 아닌 것은?
㉮ 발진부 ㉯ 입력감시계부 ㉰ 동조회로 ㉱ 조절부
[해설] Q미터의 구성 : 발진부, 입력감시부, 동조부, Q지시부, 전원부

문제 5. 단상전력계로 3상전력을 측정하고자 한다. 측정법이 아닌 것은?
㉮ 1 전력계법 ㉯ 2 전력계법 ㉰ 3 전력계법 ㉱ 4 전력계법
[해설] 단상전력계로 3상 전력을 측정하는 방법은 1전력계법, 2전력계법, 3전력계법이 있다.

문제 6. 그림과 같은 가동코일형 전압계에서 전압계의 내부저항을 R_v, 배율기의 저항을 R_m, 전압계에 걸리는 전압을 V_v이라고 할 때 전체의 전압 V는?

㉮ $V = [1 + \frac{R_m}{R_v}]V_v$

㉯ $V = [\frac{R_v}{R_m} + 1]V_v$

㉰ $V = [1 - \frac{R_m}{R_v}]V_v$

㉱ $V = [\frac{R_m}{R_v} - 1]V_v$

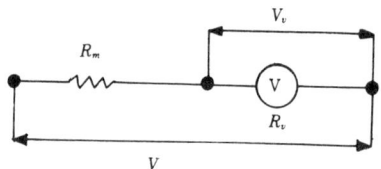

문제 7. 0.1[V/cm]로 교정된 오실로스코우프로 측정한 P-P 전압이 5[cm]로 스크린상에 나타났다. 입력이 $\frac{1}{10}$ 로 감쇄기에서 감쇄되었다면 이 P-P진압치는 얼마인가?
㉮ 0.5[V] ㉯ 1[V] ㉰ 5[V] ㉱ 10[V]
[해설] 0.1×5×10=5[V]

문제 8. 다음 열거한 계기중 고주파의 주파수 측정에 가장 정확한 측정을 할 수 있는 것은 어느 것인가?
㉮ 흡수형 파장계 ㉯ 진동편형 주파수계
㉰ 헤테로다인 주파수계 ㉱ 지침형 주파수계
[해설] 헤테로다인 주파수계는 에너지를 흡수하지 않으며 감도가 높고 정밀도가 높다.

[해답] 4. ㉱ 5. ㉱ 6. ㉮ 7. ㉰ 8. ㉰

문제 9. 최대눈금 500〔V〕인 1.5급 전압계로 전압을 측정하였을 때 그 지시가 250〔V〕였다. 이때 상대오차는 얼마인가?
㉮ 1〔%〕　　㉯ 2〔%〕　　㉰ 3〔%〕　　㉱ 4〔%〕
해설 상대오차 = $\frac{500}{250} \times 1.5 = 3$〔%〕

문제 10. 휘이트스토운 브리지(Wheatstone bridge)를 평형시키는 경우에 이용되는 영위법은 다음 어디에 속하는가?
㉮ 직접측정　㉯ 간접측정　㉰ 절대측정　㉱ 비교측정

문제 11. 출력이 450〔W〕인 송신기의 공중선에 3〔A〕의 전류가 흐를 때 이 공중선의 복사저항은 얼마인가?(단, 헤르츠다이폴임)
㉮ 15〔Ω〕　㉯ 30〔Ω〕　㉰ 50〔Ω〕　㉱ 150〔Ω〕

문제 12. 미소 직류 전압계로 사용되는 계기로서 부하에 전류를 흘리지 않고 측정할때 사용되는 계기는?
㉮ 전위계(electrometer)　　㉯ 비율계(retiometer)
㉰ 검류계(Galvanometer)　㉱ 전위차계(potentiometer)
해설 전위차계는 전류공급없이 미소직류전압을 측정시 사용한다.

문제 13. 스테레오 출력파형을 관측하고자 한다. 다음 중 어떠한 계기를 사용해야 하는가?
㉮ 싱글 오실로스코우프　　㉯ 샘플링 오실로스코우프
㉰ 2현상 오실로스코우프　㉱ 임피이던스 브리지

문제 14. 마이크로파 주파수 측정에서 사용되는 주파수계는 다음 중 어느 것인가?
㉮ 공동공진 주파수계　　㉯ 헤테로 다인 주파수계
㉰ 흡수형 주파수계　　　㉱ 이미터 딥 미터
해설 공동공진 주파수계는 마이크로파 주파수측정에 사용된다.

문제 15. 참값이 100〔V〕인 전압을 측정하였더니 101.5〔V〕였다. 이 때의 오차 백분율은 얼마인가?

해답　9. ㉰　10. ㉱　11. ㉯　12. ㉱　13. ㉰　14. ㉮　15. ㉯

㉮ 0.15〔%〕　　㉯ 1.5〔%〕　　㉰ 15〔%〕　　㉱ 150〔%〕

해설 $\varepsilon = \dfrac{M-T}{T} \times 100 = \dfrac{101.5-100}{100} \times 100 = 1.5〔\%〕$

문제 16. 다음은 가동코일형 계기의 특징을 설명한 것이다. 옳지 않은 것을 골라라.
㉮ 강한 영구자석을 사용하므로 구동토오크가 크고 감도나 정확도가 높다.
㉯ 눈금이 균등하여 보기에 편리하다.
㉰ 감도가 높아 온도변화와 외부자계에 의한 오차가 크다.
㉱ 지시는 평균치에 비례하나 눈금은 실효치를 표시하는 것이 보통이다.

해설 가동코일형 계기는 온도변화나 외부자장으로 인한 오차가 작다.

문제 17. 고주파 전류 측정에 적합한 계기는 다음 중 어느 것인가?
㉮ 가동철편형　㉯ 전류력계형　㉰ 열전대형　㉱ 가동코일형

해설 고주파 전류를 주로 열전형 전류계로 측정한다.

문제 18. 여파기로 고조파를 분리하여 측정할 수 있는 것은?
㉮ 고주파　　㉯ 인덕턴스　　㉰ 반도체의 특성　㉱ 왜형률

문제 19. 10〔MΩ〕의 고 절연물을 측정하는데 적당한 측정법은?
㉮ 코올라우시 브리지법　　㉯ 전압강하법
㉰ 직접편위법　　　　　　㉱ 휘이스토운 브리지법

문제 20. 증폭기의 주파수 특성을 오실로스코우프로 측정하고자 할 때 입력신호파형은 다음 중 어느 것이 이상적인가?
㉮ 구형파　　㉯ 정현파　　㉰ 삼각파　　㉱ 용성파

문제 21. 그림과 같이 전압계와 전류계를 접속하여 전력을 측정하는 경우 전압계의 내부저항에 의한 전류분 만큼 소비전력이 증가한다. 저항 R 에서의 참 전력은 어떻게 표시되는가?

해답 16. ㉰　17. ㉰　18. ㉮　19. ㉯　20. ㉯　21. ㉮

㉮ $P = VI - \dfrac{V^2}{r_v}$

㉯ $P = VI + \dfrac{V^2}{r_v}$

㉰ $P = VI - \dfrac{V}{r_v^2}$

㉱ $P = VI + \dfrac{V}{r_v^2}$

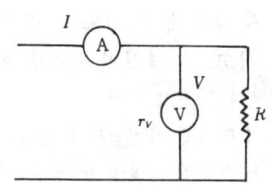

해설 공급전력 VI에서 내부저항에 의한 전력분 $\dfrac{V^2}{r_v}$을 뺀 나머지가 참전력이다.

문제 22. 그림에서 전압계 V의 지시는 얼마인가?(단, 전압계 내부저항은 충분히 큰것으로 가정한다.)

㉮ 20[V]
㉯ 40[V]
㉰ 60[V]
㉱ 80[V]

해설 $I = \dfrac{100}{(1+4) \times 10^3} = 0.02[A]$ $V = I \cdot R = 0.02 \times 4 \times 10^3$

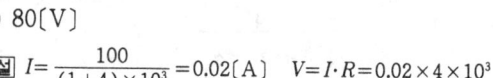

문제 23. 아래 그림은 송신기의 변조도 측정회로이다. 오실로스코우프에 어떠한 파형이 나타날 것인가?

㉮ 피변조파 파형
㉯ 사다리꼴 파형
㉰ 타원형 파형
㉱ 정현파 파형

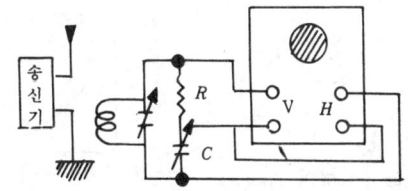

문제 24. 잡음 지수 F는?

㉮ $F = \dfrac{SiNo}{NiSo}$　㉯ $F = \dfrac{SiNi}{SoNo}$　㉰ $F = \dfrac{NiSo}{SiNo}$　㉱ $F = \dfrac{NoSo}{NiSi}$

해설 잡음지수 $F = \dfrac{입력\ SN비}{출력\ SN비}$

문제 25. 다음 중 표준신호 발생기의 구비조건이 아닌 것은?
㉮ 주파수가 정확하고 불필요 출력을 내지않을 것.
㉯ 변조도가 자유롭게 조절될 수 있을 것.

해답 22. ㉱ 23. ㉮ 24. ㉮ 25. ㉰

㉰ 출력은 1개 주파수에 고정되어 있을 것.
㉱ 누설전류가 적고, 출력임피던스가 일정할 것.
[해설] 표준 신호발생기의 구비 조건
① 주파수가 정확하고 가변범위가 넓을 것
② 변조도가 자유롭게 조절될 수 있을 것
③ 출력이 가변될 수 있고 그의 정확한 값을 알 수 있을 것
④ 출력 임피던스가 일정할 것
⑤ 불필요한 출력을 내지 않을 것
⑥ 누설 전류가 적고 장기간 사용에 견딜 것
⑦ 변조특성이 좋으며 지시 변조도가 정확할 것

[문제] 26. 그림의 블록 다이어 그램(Block Diagram)에 적당한 것은 다음 중 어느 것인가?
㉮ 혼합기
㉯ 주파수 체배기
㉰ 게이트 회로
㉱ 미분회로

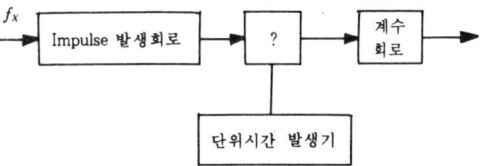

[문제] 27. 시그널주파수가 600[Hz]일 때 그림과 같은 리사쥬파형이 브라운관에 나타났다면 피측신호주파수 f_x는 얼마인가?
㉮ 400[Hz]
㉯ 600[Hz]
㉰ 800[Hz]
㉱ 1000[Hz]
[해설] $f_x = \frac{4}{3} f_H = \frac{4}{3} \times 600 = 800[Hz]$

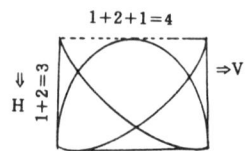

수평 : 수직(주파수) H : V = 3 : 4

[문제] 28. 250[V]인 전지의 전압을 어떤 전압계로 측정하여 보정백분율을 구하였더니 0.2이었다. 전압계의 지시값은 얼마인가?
㉮ 250.5   ㉯ 250.2   ㉰ 249.5   ㉱ 249.8
[해설] 보정백분율 $\alpha_0 = \frac{T-M}{M} \times 100$에서

$M = \frac{T}{1+\frac{\alpha_0}{100}} = \frac{250}{1+\frac{0.2}{100}} = 249.5[V]$

[해답] 26. ㉰   27. ㉰   28. ㉰

문제 29. 그림과 같이 접속된 회로에서 전압계 지시치가 100[V] 전류계 지시치가 10[A]이었다. 계기 내부 저항이 각각 $r_V = 10[k\Omega/V]$ $r_a = 1$ [Ω]일 때 R에서 소비되는 참 전력은 얼마인가?
㉮ 900[W] ㉯ 999[W]
㉰ 1000[W] ㉱ 1001[W]

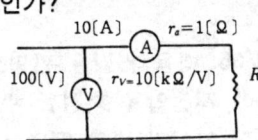

해설 $P = VI - I^2 r_a = (100 \times 10) - (10^2 \times 1) = 900[W]$

문제 30. 이동 자장형 계기에 속하는 것은 어느 것인가?
㉮ 반조형 검류계 ㉯ 정전 전압계 ㉰ 적산 전력계 ㉱ 동기 검정기
해설 적산전력계는 이동자장형의 유도형계기이다.

문제 31. 저저항의 측정방법으로 맞는 것은?
㉮ 직접편의법 ㉯ 전압계법 ㉰ 전압강하법 ㉱ 캠벌브리지법
해설 저저항의 측정방법은 전압강하법, 전위차계법, 켈빈더블브리지법을 사용한다.

문제 32. 다음 그림은 주파수 측정브리지의 일종이다. 어떤 형의 브리지인가?(단, M : 상호인덕턴스)
㉮ 비인 브리지
㉯ 공전 브리지
㉰ 휘이트스토운브리지
㉱ 캠벨브리지

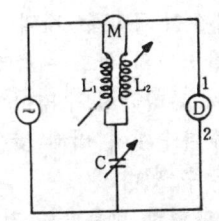

문제 33. 그림과 같이 전력을 측정하였다. 부하에 공급되는 전력값은?
㉮ $\frac{1}{2R}(V_3^2 - V_1^2 - V_2^2)[W]$
㉯ $VI \cos\phi[W]$
㉰ $\frac{1}{R}(V_1^2 - V_2^2 - V_3^2)[W]$
㉱ $\frac{R}{2}(V_3^2 - V_1^2 - V_2^2)[W]$

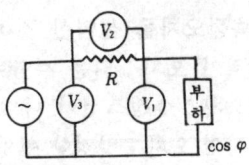

해답 29. ㉮ 30. ㉰ 31. ㉰ 32. ㉱ 33. ㉮

문제 **34.** 다음 중 열전대의 특성을 이용한 전력계는?
㉮ C-M형 전력계 ㉯ C-C형 전력계
㉰ 볼로미터 전력계 ㉱ 칼로미터 전력계

문제 **35.** 다음과 같은 편면도에서 한쌍의 극판만으로는 토오크가 작기 때문에 저전압을 측정할 수 없다. M와 F를 여러개 조합하여 정전 흡인력을 증가시켜 낮은 전압으로 동작하는 계기는?
㉮ 켈빈정전 전압계
㉯ 다방정전 전압계
㉰ 아브라함 빌라이드형
　정전 전압계
㉱ 유도형 전압계

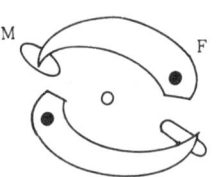

M : 고정편
F : 가동편

문제 **36.** 고정코일(coil)속에 철편을 넣고 고정코일(coil)에 측정전류를 흘려 지침을 가동케 하는 계기는 어떤 것인가?
㉮ 가동 코일형　㉯ 정류형　　㉰ 가동 철편형　㉱ 유도형
해설 가동 철편형 계기는 고정코일에 흐르는 전류에 의하여 생기는 자장내에 놓여진 가동철편에 작용하는 전자력을 이용한다.

문제 **37.** 계수형 주파수 계의 특징을 설명한 것 중 적당치 않은 것은?
㉮ 기준발진기의 확도는 측정확도에 영향이 있다.
㉯ 사용이 편리하여 수명이 길고 여러가지 응용측정이 가능하다.
㉰ 일반주파수계에 비해 낮은 주파수 축이 0.1[Hz] 이내까지도 정확히 측정할 수 있다.
㉱ 어떤 파형의 교류파도 적당한 크기이면 주파수 측정이 가능하다.

문제 **38.** 측정오차를 설명한 것이다. 틀린 것은?
㉮ 개인적인 오차 : 읽은 사람에 따라 생기는 오차
㉯ 우연오차 : 측정조건이 나쁘거나 측정자의 주의력부족에서의 오차
㉰ 계통적인 오차 : 일정한 원인, 눈금의 부정확, 외부자장등에 의한 오차
㉱ 이론적인 오차 : 측정조건의 변동, 측정자의 주의력 동요등에 의한 오차

해답　28. ㉮　29. ㉯　30. ㉰　31. ㉰　32. ㉱

해설 이론적 오차는 측정이론이나 관계식에서 세운 가정이나 생략 또는 계기의 부하 효과등에 의한 오차이다.

문제 39. 백금이나 콘스탄탄을 사용한 열전달 전류계로서 측정할 수 있는 최고 주파수는 어느 정도인가?
㉮ 5[MHz]   ㉯ 10[MHz]   ㉰ 50[MHz]   ㉱ 100[MHz]
해설 보통 3~30[MHz] 정도이고 초단파용은 100[MHz]까지 사용할 수 있다.

문제 40. Q미터를 사용하여 코일의 Q와 L을 측정하였더니 $f=455$[kHz]에서 $Q=100$, $L=1$[mH]이었다. 만일 이 코일에 100[kΩ]의 저항을 병렬로 연결한다면 전체의 Q는 얼마나 되는가?
㉮ 약 55   ㉯ 약 45   ㉰ 약 35   ㉱ 약 26
해설 코일에 병렬로 저항(R_P) 100[kΩ]을 연결하였을 때의 Q를 Q_P라 하면

$$Q_P \cong \frac{R_P}{\omega L}, \quad Q_P = \frac{100 \times 10^3}{2\pi \times 455 \times 10^3 \times 10^{-3}}$$

$$= \frac{100 \times 10^3}{6.28 \times 455} \cong 35$$

따라서 전체의 Q를 Q_S라 하면

$$Q_S = \frac{Q \times Q_P}{Q + Q_P} \quad \therefore Q_S = \frac{100 \times 35}{100 + 35} \fallingdotseq 26$$

문제 41. 1초 사이의 파의 수를 세어서 주파수를 지시하도록 되어 있으며 정밀한 측정을 할 수 있으며 표준 주파수로는 음차발진기나 수정발진기를 사용하는 계기명은?
㉮ 아날로그 주파수계   ㉯ 헤테로다인 주파수계
㉰ 계수형 주파수계   ㉱ 흡수형 주파수계
해설 계수형 주파수계는 적당한 회로나 계수 방전관, 정전형 계수관, 방전시 숫자 표시관, 네온관 등의 펄스 수를 지시하는 전자관이나 반도체 소자들을 조합하여 1초 사이의 파의 수를 세어서 주파수를 지시하도록 되어 있는 계기이다.

문제 42. 어떤 가동 코일형 계기의 동작 전류가 5[mA]이고 코일의 저항이 10[Ω]이다. 이것을 300[V]의 전압계로 사용하고자 할때의 방법으로 옳은 것은?
㉮ 59990[Ω]의 저항을 병렬 접속   ㉯ 59990[Ω]의 저항을 직렬 접속
㉰ 60000[Ω]저항을 병렬 접속   ㉱ 60000[Ω]저항을 직렬접속

해답 33. ㉱ 34. ㉱ 35. ㉰ 36. ㉯

1994년도 전자측정 2급 출제문제

문제 1. 오차의 종류중 계통 오차에 속하지 않는 것은?
- ㉮ 이론적 오차
- ㉯ 기계적 오차
- ㉰ 개인적 오차
- ㉱ 우연 오차

해설 계통 오차는 일정한 원인에 의하여 발생하는 오차로 이론적오차, 기계적 오차, 개인적인 오차 등이 있다.

문제 2. 영위법(zero method)과 관계없는 사항은?
- ㉮ 전위차계나 브리지
- ㉯ 피측정량을 지침의 경사각 등으로 바꿔 읽는 방법
- ㉰ 표준량을 준비하고 이것을 피측정량과 평형시켜 표준량의 크기로부터 피측정량을 알아내는 방법
- ㉱ 피측정 회로로부터 에너지를 공급받지 않는다.

해설 피측정량을 지침의 경사각 등으로 바꿔읽는 방법은 편위법(detlection method)이다.

문제 3. 어떤 저항체에의 전기저항을 5회 측정한 결과 다음표가 얻어졌다고 한다. 가장 확실한 값을 구하라.

회	1회	2회	3회	4회	5회
R[Ω]	56.81	56.83	56.80	56.82	56.85

- ㉮ 56.80
- ㉯ 56.81
- ㉰ 56.82
- ㉱ 56.83

해설 5회의 평균값이므로
$$T = \frac{56.81 + 56.83 + 56.80 + 56.82 + 56.85}{5}$$
$$= 56.82$$

문제 4. 전류의 측정 범위를 변경하는 데에는 분류기를 병렬로 연결하여 측정 범위를 변화시킨다. 다음 분류기 그림과 관계없는 것은?(단, r_a: 전류계의 내부저항, R: 분류저항, n: 분류기의 배율)

해답 1. ㉱ 2. ㉯ 3. ㉰ 4. ㉱

㉮ $I_a = \dfrac{R}{R+C_2} \cdot I$

㉯ $I = (1 + \dfrac{r_a}{R})I_a$

㉰ $R = \dfrac{r_a}{n-1}$

㉱ $n = \dfrac{R}{R+r_a}$

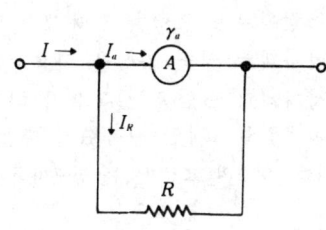

[해설] $I = (1+\dfrac{r_a}{R})I_a [A]$ $n = \dfrac{I}{I_a} = 1 + \dfrac{r_a}{R}$ ∴ $R = \dfrac{r_a}{n-1} [\Omega]$

[문제] 5. 그림과 같이 풀스케일(FS) 3[mA], 내부저항 $r_a=1000[\Omega]$의 전류계로서 15[mA]의 전류를 잴 수 있는 전류계로 만들기 위한 분류저항 R의 값은?

㉮ 200[Ω]
㉯ 250[Ω]
㉰ 300[Ω]
㉱ 400[Ω]

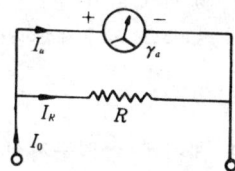

[해설] $R = \dfrac{r_m}{n-1} = \dfrac{1000}{\dfrac{15}{3}-1} = 250[\Omega]$

[문제] 6. 그림과 같은 회로에서 A_1의 지시값은 28[A], 분류기를 가진 A_2의 지시값은 16[A], 분류기 S의 저항은 0.05[Ω]이라 하면 전류계 A의 내부저항은 얼마인가?

㉮ 0.00375[Ω]
㉯ 0.0375[Ω]
㉰ 0.375[Ω]
㉱ 0.0666[Ω]

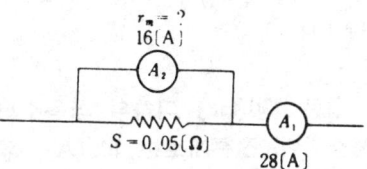

[해설] S를 흐르는 전류 $I_s = 28-16 = 12[A]$
S양단전압 $V_s = I_s \cdot S = 12 \times 0.05 = 0.6[V]$
내부저항 $r_m = \dfrac{V_s}{IA_2} = \dfrac{0.06}{16} = 0.0375[\Omega]$

[문제] 7. 가동코일형 계기가 직류에서만 사용되는 이유로 맞는 것은?

[해답] 5. ㉯ 6. ㉯ 7. ㉯

㉮ 제어장치로 스프링을 사용했기 때문에
㉯ 고정자계로 영구 자석을 사용했기 때문에
㉰ 고정자계로 코일을 사용했기 때문에
㉱ 가동코일을 1개만 사용했기 때문에
[해설] 가동코일형의 고정자계는 영구자석을 사용하고 가동자계는 가동코일을 사용한다.

[문제] 8. 전압계의 일반적인 사항중 맞는 것은?
㉮ 내부 임피이던스는 0에 가까워야 한다.
㉯ 내부 임피이던스는 ∞에 가까워야 한다.
㉰ 내부 임피이던스는 될 수 있는 한 적어야 한다.
㉱ 내부 임피이던스에 무관하다.
[해설] 전류계는 오차가 생기므로 내부저항이 0에 가까워야 하고 전압계는 무한대에 가까워야 한다.

[문제] 9. 가동 코일형 계기에서 영구자석간에 연철편을 사용하는 이유는 다음중 어느 것인가?
㉮ 평등 자계로 하기 위하여
㉯ 제어 작용을 시키기 위하여
㉰ 불평등 자계로 하기 위하여
㉱ 동제 작용을 시키기 위하여
[해설] 자기 저항을 감소시켜 자석간의 자속의 방향을 평등자계로 하기위하여 연철편을 사용한다.

[문제] 10. 주로 100[Hz] 이하의 상용주파수의 교류용 전류계및 전압계로 널리 사용되며, 전류계로는 100[A], 전압계로는 600[V]까지 분류기나 배율기를 사용하지 않고 측정할 수 있는 계기명은?
㉮ 유도형   ㉯ 전류력계형
㉰ 가동코일형   ㉱ 가동철편형
[해설] 가동철편형 계기는 주로 100[Hz] 이하의 사용주파수의 교류전압이나 전류계로 널리 사용되는 실용계기이다.

[해답] 8. ㉯ 9. ㉮ 10. ㉱

문제 11. 정밀급으로 많이 사용되며 교류, 직류에 사용하여도 동일지시를 하고 또한 외부 자계의 영향을 받기 쉬운 계기는 어느 것인가?
㉮ 가동철편형   ㉯ 전류력계형
㉰ 정전형   ㉱ 가동코일형
[해설] 전류력계형 계기는 직류와 교류를 같은 눈금으로 측정할 수 있으나 고정코일에 흐르는 전류로 자장을 만들기 때문에 자장이 약하고 외부자장의 영향을 받기쉽다.

문제 12. 균등 눈금을 갖고 상용주파수에 주로 사용하며 두코일의 전류사이에 전자작용을 이용하여 단상 실효전력의 직접 측정에 많이 사용되는 전력계는?
㉮ 직류 적산 전력계   ㉯ 교류 적산 전력계
㉰ 진공관 저력계   ㉱ 전류력계형 전력계
[해설] 단상 실효전력의 직접측정에는 전류력계형 전력계가 사용된다.

문제 13. 100[pF]의 콘덴서에 미지용량 C_X를 직렬로 연결시키고 그 합성용량 C_T를 측정하였더니 50[pF]였다면 미지용량 C_X값은?
㉮ 10[pF]   ㉯ 50[pF]   ㉰ 100[pF]   ㉱ 1000[pF]

[해설] $C_T = \dfrac{C_1 \cdot C_X}{C_1 + C_X}$ $50 = \dfrac{100 C_X}{100 + C_X}$

$100 C_X = 50(100 + C_X)$
$100 C_X = 5000 + 50 C_X$
$50 C_X = 5000$ ∴ $C_X = \dfrac{5000}{50} = 100[pF]$

문제 14. 다음 회로에서 측정전압 E_X를 구하면?

㉮ $E_X = \dfrac{C_1 \times C_2}{C_2} E_V$

㉯ $E_X = \dfrac{C_1 \times C_2}{C_1} E_V$

㉰ $E_X = \dfrac{C_1 \times C_2}{C_2} E_V$

㉱ $E_X = \dfrac{C_1 \times C_2}{C_1} E_V$

[해설] $E_V = \dfrac{C_2}{C_1 + C_2} \cdot E_X[V]$에서 $E_X = \dfrac{C_1 + C_2}{C_2} \cdot E_V[V]$이다.

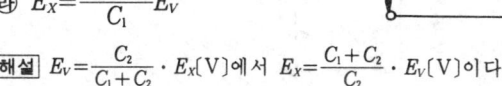

[해답] 11. ㉯   12. ㉱   13. ㉰   14. ㉰

문제 15. 전력을 측정하기 위하여 다음과 같이 연결 하였다. 전력값으로 옳은 것은?

㉮ $V \cdot I \frac{V^2}{\gamma_V}$ [W]

㉯ $\frac{\pi^2}{6} \cdot V \cdot I$

㉰ $V \cdot I - \gamma_a I^2$ [W]

㉱ $\frac{\pi^2}{10} \cdot V \cdot I$

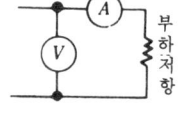

해설 전류계의 내부저항에 의한 손실전력을 고려해야 하므로 참전력은
$P = VI - \gamma_a I^2$ [W]로 된다.

문제 16. 출력단자를 개방했을 때 표준신호 발생기의 출력이 40[dB]이라고 한다. 이 경우 출력단자 전압은 몇 [μV]로 되겠는가?
㉮ 100   ㉯ 200   ㉰ 10   ㉱ 20

해설 $1[\mu V] = 0[dB]$
$20 \log 10^2 = 40[dB]$ 즉 100배이다.

문제 17. 표준 신호 발생기의 출력단 개방시 1[V]의 전압을 측정 하였다. 이때 출력 감쇄기의 이득[dB]은?(단, 출력단 개방시 1[μV]의 전압이 0[dB]눈금으로 표시된다.)
㉮ 40[dB]   ㉯ 140[dB]   ㉰ 20[dB]   ㉱ 120[dB]

해설 $20 \log \frac{V_0}{V_i} = 20 \log \frac{1}{1 \times 10^{-6}}$
$20 \log 10^6 = 120[dB]$

문제 18. 그림에서 $a = 15$[mm], $b = 13$[mm]라 하면 수직 수평 두 전압의 위상차는 몇도인가?
㉮ 30
㉯ 45
㉰ 60
㉱ 75

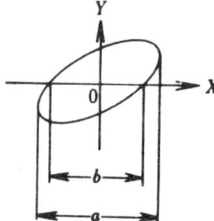

해답 15. ㉰   16. ㉮   17. ㉱   18. ㉰

[해설] $\theta = \sin^{-1}\dfrac{b}{a} = \sin\dfrac{13}{15}$

$= 60°$

[문제] 19. 오실로스코우프 수직축에 피측정 미지주파수를 인가하고 수평축에 저주파 발진기를 연결하여 주파수를 가변하였더니 그림과 같은 도형이 얻어졌으며 이때 발진기의 눈금은 100[Hz]였다. 미지 주파수는?
㉮ 100[Hz]
㉯ 150[Hz]
㉰ 200[Hz]
㉱ 250[Hz]

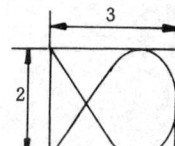

[해설] $f_y : f_x = 2 : 3$

$f_x = \dfrac{3}{2} f_y$

$= \dfrac{3}{2} \times 100$

$= 150 [\text{Hz}]$

[문제] 20. 증폭기로서 잡음지수가 어떤 값을 가질때 가장 이상적인가?
㉮ 0   ㉯ 1   ㉰ 100   ㉱ 5

[해설] 잡음이 없는 경우의 이상적인 잡음지수는 $F=1$인 때이다.

[문제] 21. 1차 코일의 인덕턴스 4[mH], 2차 코일의 인덕턴스 10[mH]를 직렬로 연결했을 때 합성인덕턴스는 24[mH]였다. 이들 사이의 상호인덕턴스는 얼마인가?
㉮ 2[mH]
㉯ 5[mH]
㉰ 10[mH]
㉱ 19[mH]

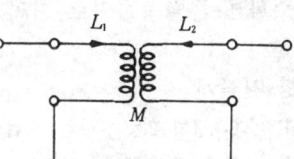

[해설] $L = L_1 + L_2 + 2M [\text{H}]$ 에서

$M = \dfrac{L - L_1 - L_2}{2}$

$= \dfrac{24 - 4 - 10}{2}$

$= 5 [\text{mH}]$

[해답] 19. ㉯ 20. ㉯ 21. ㉯

문제 22. 그림과 같은 멕스웰 브리지에서 $P=2000[\Omega]$, $Q=1500[\Omega]$, $R_s=3[\Omega]$, $L=1.2[mH]$인 때 브리지가 평행되었다. 코일의 인덕턴스 L_s는 얼마인가?

㉮ 1.6[mH]
㉯ 2.5[mH]
㉰ 3[mH]
㉱ 4.2[mH]

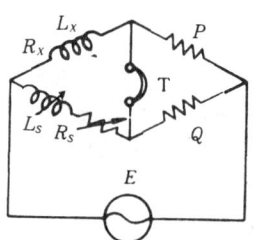

[해설] 멕스웰브리지의 평형조건
$R_xQ=R_sP$, $L_xQ=L_sP$
$L_x=\dfrac{P}{Q}L_s=\dfrac{2000}{1500}\times 1.2$
$=1.6[mH]$

문제 23. 다음 계기중 L, C, R, Q를 모두 측정할 수 있는 계기는?
㉮ Q미터
㉯ 진공관 전압계
㉰ 오실로스코우프
㉱ 테스터

[해설] Q미터로 측정할 수 있는 것은 코일의 인덕턴스, 분포용량, 콘덴서의 정전용량과 손실, 임피던스, 유전률, 역률, 전송 손실 등이다.

문제 24. 흡수형 주파수계의 구성으로 필요하지 않는 것은?
㉮ 발진기
㉯ 검파기
㉰ 직류 전류계
㉱ 공진회로

문제 25. 고주파용 전력측정기로 거리가 먼것은?
㉮ Q미터
㉯ 진공관 전력계
㉰ C-M형 전력계
㉱ 브라운관 전력계

[해설] 고주파 전력측정기로는 진공관 전력계, 열전대 전력계, 방향성 결합기식 전력계(C-C형 전력계, C-M형 전력계, 도파관형 전력계), 볼로미터 전력계, 브라운관 전력계 등이 있다.
※ Q미터는 고주파 고·저 임피던스 측정기로 널리사용된다.

문제 26. 저항 감쇠기의 특성 임피이던스로 일반적으로 사용되지 않는 것은?
㉮ 1[kΩ]
㉯ 600[Ω]
㉰ 75[Ω]
㉱ 50[Ω]

[해답] 22. ㉮ 23. ㉮ 24. ㉮ 25. ㉮ 26. ㉮

문제 27. 반경사법에 의해서 측정하는 것은?
㉮ 전력계의 위상
㉯ 고주파 저항
㉰ 전지의 내부저항
㉱ 전압계의 배율저항

해설 전지의 내부저항 측정법에는 휘이스턴 브리지법, 코올라우시 브리지법, 반경사법, 전압계법 등이 이용된다.

문제 28. 주파수계로서 한쪽단부에서는 외부도체와 내부도체가 고정적으로 단락되어 있으며 다른단부는 가동단락핀에 의하여 단락되도록 한 것은?
㉮ 일단 개방형 동축 주파수계
㉯ 양단 단락형 동축 주파수계
㉰ 흡수형 주파수계
㉱ 딥 미터

해설 양단 단락형 동축 주파수계는 동축선과의 전자결합에 의하여 동축관의 내부공간에 전자장이 형성된다. 동축관의 공진점은 동축관과 결합, 다이오드 검파회로에 의하여 출력이 검출되며 이것이 전류계를 구동시킨다 공진주파수는 l 값을 측정하여 구할 수 있다.

문제 29. 전계강도 측정시 80[dB]의 고주파 신호전압을 20[dB] 감쇄기를 통하여 전압계로 측정하면 몇 [V]가 되는가?(단, 전압계의 입력 임피이던스는 부하효과를 무시할 만큼 높으며, 1[μV/m]=0[dB]이다)
㉮ 1[mV]   ㉯ 10[mV]   ㉰ 100[mV]   ㉱ 1[V]

해설 80[dB]−20[dB]=60[dB]
60[dB]=20log10^3
1[μV/m]가 0[dB]이므로
1[μV/m]×10^3=1[mV]

문제 30. 송신 안테나로 부터 10[km] 떨어진 지점에서 측정한 전계강도가 1[mV/m]라 한다. 2[km]의 거리에서 전계강도를 환산하면 몇 [mV/m]인가?
㉮ 5[mV/m]   ㉯ 10[mV/m]   ㉰ 15[mV/m]   ㉱ 20[mV/m]

해답 27. ㉰ 28. ㉯ 29. ㉮ 30. ㉮

[해설] $E = \dfrac{dE_0}{2}$

$= \dfrac{10 \times 2}{2}$

$= 5 [\text{mV/m}]$

[문제] 31. 자동평형 기록 계기의 구성에 포함되지 않는 것은?
㉮ DC-AC 변환기　　　㉯ 증폭회로
㉰ 서어보모우터　　　㉱ 발진기

[해설] 자동평형계기는 영위법에 의한 측정방식으로 DC-AC변환기, 증폭회로, 서어보 모터 및 지시 기록기구로 구성된다.

[문제] 32. 다음 기록계기중 서어보 기구에 의해 동작시키는 기록계기는?
㉮ 직동식 기록계기　　　㉯ 평형식 기록계기
㉰ 불평형식 기록계기　　　㉱ 타점식 기록계기

[해설] 자동평형기록계기는 영위법에 위한 측정과 조작을 자동화한 것으로서 지침을 움직이게 하는데에는 서어보모터에 의해 강력한 구동력을 발생, 동작을 한다.

[문제] 33. X-Y기록계기로 측정할 수 있는 것끼리 묶어진 것은?
㉮ 진폭변조 곡선, 반도체 특성곡선, 자성재료의 자화곡선
㉯ 진폭변조 곡선, 반도체 특성곡선, 전기기기의 특성곡선
㉰ 직폭변조 곡선, 자성재료의 자화곡선, 전기기기의 특성곡선
㉱ 반도체의 특성곡선, 자성재료의 자화곡선, 전기기기의 특성곡선

[해설] 자성재료의 자화곡선, 전기기기의 특성곡선, 열전쌍의 온도-전압특성, 진폭변조곡선, 제어계의 동작분석, 아날로그 전자계산기의 출력기록등 여러가지 관계를 자동적으로 그래프로 나타낼 수 있다.

[문제] 34. 반도체 고유저항의 특성으로서 열에 민감성과 마이너스의 온도 계수를 가지는 것을 이용한 소자로서 온도측정, 온도제어, 계전기, 등에 이용되는 것은?
㉮ 바리스타　　㉯ SCR　　㉰ 더미스터　　㉱ 다이악

[해설] 더미스터는 온도에 따라 저항값이 변화되는 소자로서 온도 측정, 온도제어, 계전기 등에 이용된다.

[해답] 31. ㉱　32. ㉯　33. ㉱　34. ㉰

문제 35. 피측정 주파수가 1분사이에 반복회수가 300번 이었다. 이때 피측정 주파수는 계수형 주파수계로 측정하였을 때 몇 [Hz]인가?
㉮ 5[Hz]　　㉯ 30[Hz]　　㉰ 50[Hz]　　㉱ 300[Hz]

해설 $f = \dfrac{N}{T} = \dfrac{300}{60}$
　　　$= 5[Hz]$

문제 36. 피측정 주파수를 계수형 주파수계로 측정하였더니 1분 동안에 반복 회수가 7200회였다면 피측정 주파수는 몇 [Hz]인가?
㉮ 300　　㉯ 600　　㉰ 900　　㉱ 1200

해설 $f = \dfrac{N}{T} = \dfrac{72,000}{1 \times 60}$
　　　$= 1,200[Hz]$

문제 37. 계수형 주파수계의 설명중 틀리는 항은?
㉮ 측정확도는 표준 주파수에 의해 결정된다.
㉯ 계수하기 전에 계수부를 0으로 복귀시킨다.
㉰ 온도에 의한 영향이 크다.
㉱ 파형, 전압에 의한 영향이 없다.

해설 계수형 주파수계는 온도에 의한 영향이 거의 없다.

해답 35. ㉮　36. ㉱　37. ㉰

1995년도 전자측정 2급 출제문제

문제 1. 측정자의 눈금오독, 부주위로 발생하는 오차는?
㉮ 이론적오차   ㉯ 우연오차
㉰ 과실오차   ㉱ 개인적오차
해설 측정자의 눈금오독 및 부주의로 발생하는 오차를 과실오차 또는 과오오차라 한다.

문제 2. (-) 방향의 전류에 대해서는 무한대 저항이고 (+) 방향의 전류에 대해서는 저항값이 0인 저항을 가져야 하는 것은 다음 중 어느 것의 특성인가?
㉮ 증폭기   ㉯ 검파기
㉰ 위상기   ㉱ 전류측정기
해설 이상적인 다이오드(Diode)(정류기 및 검파기)의 요구되는 특성이다.

문제 3. 가동코일형 계기로 측정할 수 없는 것은?
㉮ 직류전류   ㉯ 직류전압
㉰ 교류전압   ㉱ 직류저항
해설 가동코일형은 직류전용으로 교류전압을 측정하기 위해서는 다이오드로 정류회로를 구성 직류로 만들어 주어야 한다.

문제 4. 오실로스코프로 측정 불가능한 것은?
㉮ Coil의 Q측정   ㉯ 위상 측정
㉰ 주파수 측정   ㉱ 전압 측정
해설 오실로 스코프는 전압, 전류, 파형, 위상 및 주파수와 변조도, 일그러짐률 등을 측정할 수 있다. 그러나 코일의 Q는 Q미터에 의해 측정된다.

문제 5. 어떤 회로의 입력단자 및 출력단자의 전압을 각각 오실로스코프(Oscilioscope)의 수직, 수평 단자에 가해서 브라운관 상에는 그림과 같은 리서어쥬도형이 나타났다. 위상각 θ는?

해답 1. ㉰ 2. ㉯ 3. ㉰ 4. ㉮ 5. ㉯

㉮ 90°
㉯ 60°
㉰ 45°
㉱ 30°

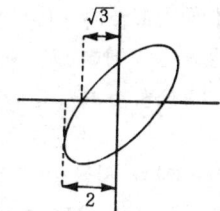

[해설] $\theta = \sin^{-1}\dfrac{b}{a} = \sin^{-1}\dfrac{\sqrt{3}}{2} = 60°$

문제 6. 스위프 발진기의 발진주파수 소인에 사용되는 전압파형으로 옳은 것은?
㉮ 구형파   ㉯ 정현파   ㉰ 펄스파   ㉱ 톱니파

[해설] 발진주파수가 시간과 더불어 자동적으로 변화하고 소정의 주파수폭(소인폭)의 범위에서 그 것을 반복하는 발진기를 스위프 발진기라 하며 발진주파수 소인에는 톱니파(톱날파)가 사용된다.

문제 7. 다음 중 중저항 측정방법인 것은?
㉮ 직접 편위법   ㉯ 전위 차계법
㉰ 휘스톤 브리지법   ㉱ 켈빈 더블 브리지법

[해설] 중저항($0.1 \sim 10^6 [\Omega]$) 측정에는 전압계와 전류계에 의한 전압강하법과 휘트스톤 브리지법이 가장 널리 사용된다.

문제 8. 감도가 높고 정밀측정에 사용되는 방법 중 영위법으로 측정되는 계기가 아닌 것은?
㉮ 휘스톤 브리지   ㉯ 켈빈더블 브리지
㉰ 전위차계   ㉱ 정전형 계기

[해설] 정전형계기는 2개의 절연된 전극사이에 피측정 전압을 가할때 전극 사이의 정전력이 인가 전압의 제곱에 비례하는 원리로 지침을 움직이게 하므로 편위법의 측정계기이다.

문제 9. 고주파 전류측정에 적합한 계기는?
㉮ 가동 코일형   ㉯ 가동 철편형
㉰ 전류력계형   ㉱ 열전대형

[해설] 열전대형 계기는 주파수 특성이 좋아 직류에서부터 고주파까지 측정한다.

[해답] 6. ㉱   7. ㉰   8. ㉱   9. ㉱

문제 10. 다음 중 Q미터 구성요소가 아닌 것은?
㉮ 발진부   ㉯ 입력감시계부   ㉰ 동조회로   ㉱ 조절부
해설 Q미터는 발진부, 입력감시부, 동조부, Q지시부, 전원부로 구성되어 있다.

문제 11. 볼로미터(bolometer)를 사용한 전력계의 원리는?
㉮ 전력을 흡수해서 온도가 상승하면 저항이 변화하는 원리
㉯ 전력을 흡수하면 저항이 변화하여 온도가 상승하는 원리
㉰ CM형 전력계 법과 같은 원리
㉱ 진공관 전압계와 같은 원리
해설 볼로미터 전력계는 서미스터나 배러터의 저항값이 변화하여 온도가 상승하는 원리를 이용 마이크로파대의 소전력을 측정하는 계기이다.

문제 12. 다음 그림은 전압-주파수 변환회로의 구성도이다. ☐ 안에 알맞는 것은?
㉮ 계수회로
㉯ 게이트 회로
㉰ 제어 회로
㉱ 발진회로

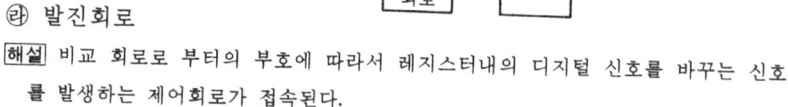

해설 비교 회로로 부터의 부호에 따라서 레지스터내의 디지털 신호를 바꾸는 신호를 발생하는 제어회로가 접속된다.

문제 13. 응용계측의 전기변환기와 출력변환기 사이에 필요로 하지 않는 것중 옳은 것은?
㉮ 증폭기   ㉯ 기록기   ㉰ 전동회로   ㉱ 전기측정회로
해설 전기변환기와 출력변환기 사이에는 증폭기-전송회로-전기측정회로로 구성되어 있다.

문제 14. 표준량을 준비하고 이것을 피측정량과 평형시켜 표준량의 크기로부터 피측정량을 알아내는 방법은?
㉮ 치환법   ㉯ 편위법   ㉰ 간접측정   ㉱ 영위법
해설 영위법은 미지의 양을 가지의 양과 비교, 평형을 취하여 측정값의 지시가 0이 되도록 하는 방법으로 감도가 높으며 정밀측정에 적합하다.

해답 10. ㉱ 11. ㉮ 12. ㉰ 13. ㉯ 14. ㉱

[문제] 15. 계기눈금의 부정확, 외부자장 등에 의하여 생기는 오차는?
㉮ 우연오차　㉯ 계통적오차　㉰ 개인적오차　㉱ 피성오차
[해설] 일정한 원인, 즉 눈금이 부정확하든지 외부 자장 등에 의하여 생기는 오차를 계통적오차(systematic error)라 한다.

[문제] 16. 가동철편형 계기의 회전각 θ는?
㉮ 전류에 반비례한다.
㉯ 전류의 제곱에 반비례한다.
㉰ 전류에 비례한다.
㉱ 전류의 제곱에 비례한다.
[해설] $\theta = KI^2F$이므로 지침의 회전각은 전류 제곱에 비례한다.

[문제] 17. 다음 중 D.C 전류측정에 가장 적합한 계기는?
㉮ 전류력계형　㉯ 가동코일형　㉰ 유도형　㉱ 가동철편형
[해설] 가동코일형은 직류 전용이다.

[문제] 18. 적산 계기에 해당되는 보상장치가 아닌 것은?
㉮ 온도보상 장치　　　　㉯ 위상보상 장치
㉰ 경부하 보상장치　　　㉱ 중부하 보상장치
[해설] 유도형 적산전력계는 전압코일이 갖는 저항에 의한 위상차를 보상하는 위상보상조정장치, 계기의 베어링이나 계량장치의 톱니바퀴 마찰 등에 의한 계량오차를 보상하는 경부하보상 조정장치, 과중한 부하에 대한 계량의 음(-) 오차를 보정하기 위한 중부하 보상조정장치가 있다.

[문제] 19. 다음 중 P형 진공관 전압계의 구성부가 아닌 것은?
㉮ 정류부　　㉯ 증폭부　　㉰ 전원부　　㉱ 발진부
[해설] P형 진공관 전압계의 구성

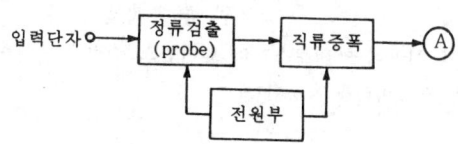

[해답] 14. ㉱　15. ㉯　16. ㉱　17. ㉯　18. ㉮　19. ㉱

문제 20. 음극선 오실로스코-프에서 일반적으로 많이 사용되는 편향 방식은?
㉮ 전자 편향 ㉯ 정전 편향 ㉰ 전기력 편향 ㉱ 자기 편향
[해설] 오실로스코프의 브라운관은 정전편향 방식의 것이 주로 사용된다.

문제 21. 다음 중 오실로스코오프(Oscilloscope)의 구성요소가 아닌 것은?
㉮ 수직 증폭기 ㉯ 수평 증폭기 ㉰ 톱니파 발생기 ㉱ 직선 검파기
[해설] 오실로스코프의 구성

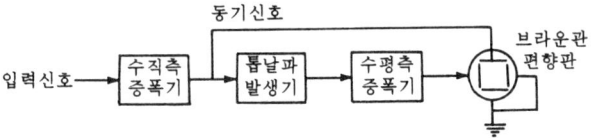

문제 22. 절연 저항을 측정하기 위해 일반적으로 사용되는 계기는?
㉮ 테스터(teter)
㉯ 휘이트스토운 브리지(Whoatatone Brldge)
㉰ 메거(Megger)
㉱ 캘빈 브리지(Kelvin Brldge)

문제 23. 무선 수신기의 랜덤 잡음(Random Noise)을 측정하기 위하여 레벨미터(Level Meter) 앞에 설치하는 필터(Filter)는?
㉮ 저역 Filter   ㉯ 고역 Filter
㉰ 통과대역 Filter   ㉱ 소거대역 Filter
[해설] 랜덤 잡음 측정에는 300[Hz] 이하를 차단시키는 고역필터를 놓고 측정한다.

문제 24. 고주파 임피던스(Impedance) 측정법 중 해당하지 않는 것은?
㉮ 브릿지법(고주파)   ㉯ 리액턴스 변화법
㉰ Q미터법   ㉱ 흡수계법
[해설] 고주파 회로에 사용되는 회로소자의 임피던스 측정에는 고주파 브리지법이나 리액턴스 변환법 및 Q미터를 사용한다.

문제 25. 디지털 주파수 계수기에서 원리상 피할 수 없는 계수오차가 있

[해답] 19. ㉱ 20. ㉯ 21. ㉱ 22. ㉰ 23. ㉯ 24. ㉱ 25. ㉰

는데 그 크기는?
㉮ ±0.1Hz   ㉯ ±0.5Hz   ㉰ ±1Hz   ㉱ ±2Hz
[해설] 디지털 주파수 계수기의 피할 수 없는 계수오차는 ±1[Hz]이다.

[문제] 26. 다음 중에서 다른 측정법에 비해 전기계측이 갖고 있는 특징이 아닌 것은?
㉮ 측정의 정도와 안정도가 높다.
㉯ 측정할때 시간지연은 많으나 변동이 급격한 양도연속측정이 가능하다.
㉰ 측정하려는 양의 기록이나 적산이 쉽다.
㉱ 원격측정이 가능하며, 측정의 집중관리가 쉽다.
[해설] 전기계측은 측정할 때 시간지연이 거의없고 기록이나 적산이 쉬우며 정도 및 안정도가 높다.

[문제] 27. 다음 측정법 중에서 감도가 높고 정밀측정에 적합한 측정법은?
㉮ 직편법   ㉯ 영위법   ㉰ 편위법   ㉱ 반경법
[해설] 일반적으로 영위법(zero method)은 편위법 보다 정밀한 측정을 할 수 있다.

[문제] 28. 내부저항 1000[Ω], 최대지시 10[V]의 직류 전압계로 500[V]까지의 전압을 측정하고자 한다. 다음 중 옳은 것은?
㉮ 49[kΩ]의 저항을 병렬로 접속
㉯ 49[kΩ]의 저항을 직렬로 접속
㉰ 50[kΩ]의 저항을 병렬로 접속
㉱ 50[kΩ]의 저항을 직렬로 접속
[해설] $R_m = (n-1)r_V = (\frac{500}{10} - 1)1000 = 49,000[\Omega]$
∴ 49[kΩ]의 저항을 직렬로 접속한다.

[문제] 29. 고감도 미소 전류계로서 미소한 전류의 유무를 검출하거나 또는 영위법을 이용하는 브리지회로의 검출기로 쓰이는 것은?
㉮ 전위차계   ㉯ 전력계   ㉰ 검류계   ㉱ 배율계
[해설] 검류계(Galvanometer)는 극히 미소한 전류나 전압의 유무를 검출하는데 쓰이는 계기이다.

[해답] 24. ㉱   25. ㉰   26. ㉯   27. ㉯   28. ㉯   29. ㉰

문제 30. 다음 측정 회로에서 Ed=100[V], e=1[V]일 때 리플함유율은?

㉮ 1
㉯ 1.4
㉰ 2
㉱ 2.8

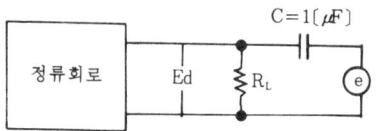

해설 $\gamma = \dfrac{\Delta e}{Ed} \times 100$

$= \dfrac{1}{100} \times 100 = 1[\%]$

문제 31. SG의 출력단을 개방하였을 때 출력 전압이 0.1[V]라면 몇 [dB]인가?(단, 출력 단을 개방하였을 때 1[μV]를 0[dB]로 기준전압 레벨을 표시한다.)

㉮ 50　　㉯ 80　　㉰ 100　　㉱ 120

해설 $G = 20\log_{10}\dfrac{0.1}{1\times10^{-6}} = 20\log_{10}100,000 = 100[dB]$

문제 32. 단상용 전류력계형 역률계에서 전압과 전류가 동위상일 경우 역률은?

㉮ 0　　㉯ 1　　㉰ +∞　　㉱ -∞

해설 전압과 전류가 동위상인 교류에서는 역률은 항상 1이다.

문제 33. 계기 사용법으로서 적당하지 않은 것은?

㉮ 영상 출력 파형을 오실로스코오프로 젠다.
㉯ 수평출력관의 입력 전압의 P-P치를 테스터의 A.C 레인지로 직독한다.
㉰ 스위프 발진기와 오실로스코오프로 비검파기의 S자 특성을 조정한다.
㉱ AGC 전압을 VTVM으로 젠다.

해설 수평출력관의 입력전압은 15750[Hz]의 펄스 전압이므로 오실로스코프로 측정해야 한다.

문제 34. 라디오가 고장났을 때 귀로 돌면서 몇개소에 대고 고장을 발견할 수 있는 가장 적합한 계기는?

㉮ 마커발진기　　㉯ 시그널 트레이서
㉰ 소인 발진기　　㉱ 테스터 오실레이터

해답 29. ㉰　30. ㉮　31. ㉰　32. ㉯　33. ㉯　34. ㉯

[해설] 시그날 트레이서(signal tracer)는 라디오의 조정이나 고장수리 등에서 전파가 수신되는 순서로 접촉시켜 보면서 어디까지 음이 나오고 있는가를 알아볼 수 있다.

[문제] 35. 루―프의 면적 $A = l \cdot d[m^2]$, 감은 수 N인 루―프 안테나의 실효고 $h_e[m]$는, 도래전파의 파장을 $\lambda[m]$라 하면 h_e를 표시하는 식은?

㉮ $h_e = \dfrac{2\pi A}{\lambda N}[m]$ ㉯ $h_e = \dfrac{2\pi AN}{\lambda}[m]$

㉰ $h_e = \dfrac{2\pi N\lambda}{A}[m]$ ㉱ $h_e = 2\pi AN\lambda[m]$

[해설] 안테나의 실효고를 측정하려면 단파대에서는 실효고를 알고있는 루프 안테나, 초단파대에서는 다이폴 안테나를 사용한다.

[문제] 36. 그림과 같은 맥스웰 브리지(Maxwell bridge)에서 $P = 1500[\Omega]$, $Q = 2000[\Omega]$, $R_S = 3[\Omega]$, $L_S = 1.2[mH]$일 때 평형이라고 한다. R_X의 값은?

㉮ $0.25[\Omega]$
㉯ $1.25[\Omega]$
㉰ $2.00[\Omega]$
㉱ $2.25[\Omega]$

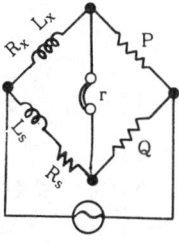

[해설] 평형조건 : $R_X Q = R_S P$

$R_X = \dfrac{P}{Q} R_S = \dfrac{1500}{2000} \times 3 = 2.25[\Omega]$

[문제] 37. A-D 컨버터는 무슨 회로인가?
㉮ 저항 측정회로
㉯ 아날로그 양을 디지털 양으로 변환하는 회로
㉰ 전류의 양을 전압의 양으로 변환하는 회로
㉱ 전력을 전압으로 변환하는 회로

[해설] 아날로그 신호를 디지털 신호로 바꾸어서 나타내는 것을 아날로그/디지털 변환(analog to digital conversion; A/D변환)이라 한다.

[해답] 34. ㉯ 35. ㉯ 36. ㉱ 37. ㉯

1996년도 전자측정 2급 출제문제

문제 1. 참값이 15[A]인 전류를 측정하였더니 14.85[A]라는 값을 얻었다. 이때 보정 (α)의 값은?
㉮ $\alpha = +0.15$[A]　　　㉯ $\alpha = -0.15$[A]
㉰ $\alpha = +1.01$[A]　　　㉱ $\alpha = -1.01$[A]
해설 보정 $\alpha = T - M = 15 - 14.85 = 0.15$

문제 2. 다음 회로와 같이 10[kΩ], 20[kΩ]의 저항을 직렬로 연결하고 10[kΩ]의 내부저항을 가진 전압계를 AB 사이에 연결하였다. AC 간에 250[V]의 전압을 가했을 때의 전압계의 지시는 얼마인가?
㉮ $\frac{250}{3}$[V]
㉯ 50[V]
㉰ 100[V]
㉱ 150[V]

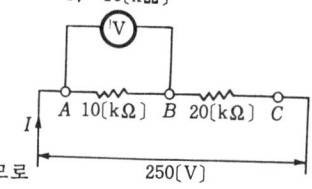

해설 전압계 접속시 A, B간의 합성저항은 5[kΩ]이므로 회로 전체의 합성저항 R_P는 25[kΩ]이다.
회로에 흐르는 전류 $I = \frac{V}{R_0} = \frac{250}{25 \times 10^3} = 10 \times 10^{-3}$[A]
∴ 전압계의 지시는
$V_V = IR_P = 10 \times 10^{-3} \times 5.0 \times 10^3 = 50$[V]

문제 3. 정류형 계기가 저 전압용으로 적합한 이유는?
㉮ 회전 토-크가 약하다.
㉯ 지시계기로는 적합치 않다.
㉰ 소비전력이 적으므로
㉱ 외부 자계의 영향을 크게 받기 때문에
해설 소비전력이 적다는 장점을 가지고 있다.

문제 4. 아래 그림과 같은 파형의 전류가 저항에 흐를 때 가동코일형 계기로 측정하니 저항 양단의 전압이 E[V], 전류는 I[A]이면 저항에 소

해답 1. ㉮　2. ㉯　3. ㉰　4. ㉯

비되는 전력은?
㉮ $2EI$[W]
㉯ EI[W]
㉰ $4EI$[W]
㉱ $\dfrac{EI}{2}$[W]

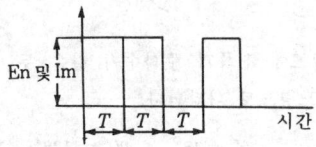

[해설] $P=EI$[W]

[문제] 5. 진공관 전압계의 프로브(Probe)의 기능은?
㉮ 발진   ㉯ 정류   ㉰ 증폭   ㉱ 변조
[해설] P형 진공관 전압계의 프로브는 그림의 회로와 같이 구성된 소형의 2극관 정류부다.

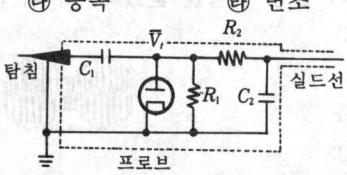

[문제] 6. 다음 회로는 전류계와 전압계로서 직류 전력 측정 방법을 표시한 것이다. 이때 전압계와 전류계의 손실 전력을 무시하지 않는다면 다음 중 어느 것이 옳은가?
㉮ 저전압, 대전류 측정시 적합하다.
㉯ 대전압, 저전류 측정시 적합하다.
㉰ 저전압, 저전류 측정시 적합하다.
㉱ 대전압, 대전류 측정시 적합하다.

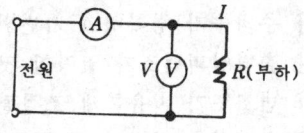

[해설] 직류전력 $P=VI-\dfrac{V^2}{r_V}$[W]
저전압 대전류 측정에 적합하다.

[문제] 7. 오실로스코프(Oscilloscope)의 음극선관(Cathode Ray Tube)의 주요 부분이 아닌 것은?
㉮ 전자층   ㉯ 편향판   ㉰ 형광막   ㉱ 발진기
[해설] 음극선관(CRT)은 전자층, 편향판, 형광막 등의 주요부분으로 구성된다.

[문제] 8. 오실로스코프 화면에 나타난 도형이다. 측정하고자 하는 전압파형의 위상과 X축에 가한 전압의 위상차가 90°인 것은?(단, 수평대 수직에 가한 주파수 비는 1 : 1이다.)

[해답] 5. ㉯ 6. ㉮ 7. ㉱ 8. ㉰

㉮ /　　㉯ ○　　㉰ ○　　㉱ ⦵

[해설] 오실로스코프에 진폭과 주파수가 같은 두 사인파를 가하면 그 위상각에 따라 그림과 같은 도형으로 나타난다.

　　0°　45°　90°　135°　180°
　　/　○　○　○　\

문제 9. 브라운관 오실로스코프에 의해 진폭변조파의 파형을 관측했을 때 그림과 같은 파형을 얻었다. 이 때 변조율은 몇 [%]인가?

㉮ 50
㉯ 60
㉰ 70
㉱ 80

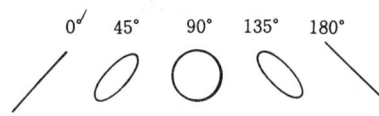

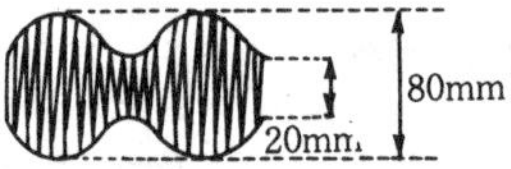

[해설] 변조도 $m = \dfrac{A-B}{A+B} \times 100[\%] = \dfrac{80-20}{80+20} \times 100 = 60[\%]$

문제 10. 표준 신호발생기가 갖추어야 할 조건이 아닌 것은?
㉮ 주파수가 정확하고 가변범위가 넓을 것
㉯ 출력임피던스가 일정할 것
㉰ 변조도가 자유롭게 조절될 수 있을 것
㉱ 출력이 고정되어 정확한 값을 알 수 있을 것

[해설] 표준 신호발생기의 조건
① 출력전압이 정확할 것
② 발진주파수가 정확하고 파형이 양호할 것
③ 누설 전류가 적고 장기 사용에 견딜 것
④ 변조특성이 좋으며 지시변조도가 정확할 것

문제 11. 고주파 임피던스(Impedance) 측정법 중 해당하지 않는 것은?
㉮ 브릿지법(고주파)　　㉯ 리액턴스 변화법
㉰ Q 미터법　　　　　㉱ 흡수계법

[해설] 고주파 회로에 사용되는 회로소자의 임피던스 측정에는 고주파 브리지법이나 리액턴스 변환법 및 Q미터를 사용한다.

[해답] 9. ㉯　10. ㉱　11. ㉱

문제 12. 레헤르선 파장계에 의하여 공진 거리를 측정하였더니 3[m]였다. 주파수는 얼마인가?(단, $C=3\times10^8$[m/s]이다.)
㉮ 10[MHz] ㉯ 100[MHz] ㉰ 150[MHz] ㉱ 50[MHz]

해설 $f=\dfrac{C}{2l}=\dfrac{3\times10^8}{2\times3}=50$[MHz]

문제 13. 다음 중 계수형 주파수계의 특징이 아닌 것은?
㉮ 파형, 전압, 온도 등에 의한 영향이 적다.
㉯ 조작이 간단하고 결과가 숫자로 표시된다.
㉰ 계수의 정확도는 10[MHz]까지의 주파수를 $10^{-3}\sim10^{-4}$의 확도로 측정 가능
㉱ 계수부의 회로는 프리엠퍼시스 회로를 사용한다.

해설 계수형 주파수계의 계수부의 회로는 플립플롭의 종속접속에 의한 10진 회로를 카운트 회로로 구성하여 계수한다.

문제 14. 교류용 표준 저항기에서 특별히 요구되는 조건은?
㉮ 주파수에 대하여 그값이 변하지 않아야 한다.
㉯ 특정 주파수에서 공진을 일으키지 말 것
㉰ 주파수에 대하여 그 값이 변해야 한다.
㉱ 구리에 대한 열 기전력이 커야 한다.

해설 표준저항기로는 망가닌선저항이 사용되며 교류용으로는 주파수에 대하여 큰 변화가 없다.

문제 15. 배율기 저항 70[kΩ] 전압계의 내부저항 $R_m=50$[kΩ]으로 전압계는 200[V]를 가르킨다. 측정전압은?
㉮ 80[V] ㉯ 280[V] ㉰ 480[V] ㉱ 680[V]

해설 측정전압
$V=V_V(1+\dfrac{R}{R_m})=200(1+\dfrac{70}{50})=200(\dfrac{5}{5}+\dfrac{7}{5})=480$[V]

문제 16. 가동 코일형 전류계의 가동 코일에 직접 흘릴 수 있는 전류는 대체로 몇 [mA] 이하인가?
㉮ 200[mA] ㉯ 300[mA] ㉰ 400[mA] ㉱ 50[mA]

해설 가동 코일형 전류계의 동작전류는 1~50[mA] 정도이다.

해답 12. ㉱ 13. ㉱ 14. ㉮ 15. ㉰ 16. ㉱

문제 17. 그림은 전류력계형 전력계의 내부 접속도 이다. 전압 코일을 전원쪽에 연결하였을 때와 부하쪽에 연결 하였을 때 전력계의 지시에 생기는 오차를 보상하기 위하여 연결한 것은?
㉮ F
㉯ M
㉰ C
㉱ R

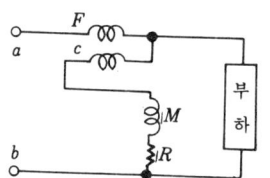

[해설] 그림에서 F는 고정코일(전류코일), M은 가동코일(전압코일), R은 직렬저항이며 C는 보상코일로서 전압코일을 전원쪽에 연결했을 때와 부하쪽에 연결하였을 때 각각 전력계의 지시에 전류코일 또는 전압코일의 손실이 포함되어 오차가 생기는 것을 보상하기 위한 것이다.

문제 18. 열전대형 전류계로서 측정할 수 있는 것은?
㉮ 교류(AC) 전류만 측정한다.
㉯ 직류(DC) 전류만 측정한다.
㉰ 저주파 전류만 측정한다.
㉱ 교류(AC), 직류(DC) 전류의 측정에 사용

[해설] 열전대형 전류계는 열전쌍에 발생하는 열기전력을 가동코일형 계기로 그 지시는 AC, DC 실효값을 표시하며 5[mA]~30[A] 정도까지 측정할 수 있다.

문제 19. 고주파 전류 측정시 주파수가 높아지면 열선의 저항이 오차를 발생한다. 이 오차명은?
㉮ 공진 오차 ㉯ 차폐 오차 ㉰ 표피 오차 ㉱ 배분 오차

[해설] 열전대형 전류계를 높은 주파수에 사용할 때 도선의 표피작용에 의한 열선저항 증가로 열선의 온도가 높아져서 오차가 발생한다.

문제 20. 다음 저항을 측정하는데 적당한 방법이 아닌 것은?
㉮ 수십~수천[Ω]의 중저항－휘이트스로운 브리지
㉯ 수십만[Ω]의 고저항－메거

[해답] 17. ㉰ 18. ㉱ 19. ㉰ 20. ㉱

㉰ 수백분의 1[Ω]의 저저항 – 캘빈더블 브리지
㉱ 수십[Ω]의 접지저항 – 맥스웰 브리지
[해설] 맥스웰 브리지는 상호 인덕턴스 측정에 사용된다.

[문제] 21. 출력 파형이 그림과 같을 때 수직과 수평의 위상차는?
㉮ 90°
㉯ 180°
㉰ 270°
㉱ 360°

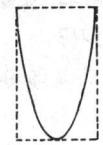

[해설] 그림은 오실로스코프의 리사쥬 도형으로 수평과 수직축에 1 : 2의 위상차를 나타낸 파형이다.

위상차 비율	0°	45°	90°
1 : 1	/	○	○
1 : 2	∞	⋉	<
1 : 3	∼	⋈	⋈

[문제] 22. 송신 공중선으로 부터 1[km] 지점에서 측정한 전계 강도 100 [μV/m]이라 한다. 5[km]의 거리에서 전계 강도로 환산하면 몇 [μV/m]인가?
㉮ 20[μV/m]   ㉯ 30[μV/m]   ㉰ 40[μV/m]   ㉱ 10[μV/m]
[해설] 전장(전계)강도
$$E = \frac{dE_0}{\gamma} = \frac{1 \times 100}{5} = 20[\mu V/m]$$

[문제] 23. 초단파용 표준 신호 발생기의 특징이 아닌 것은?
㉮ 발진부를 이중 차폐한다.
㉯ 발진 회로에 리액턴스관을 이용한다.

[해답] 21. ㉮ 22. ㉮ 23. ㉰

㉰ 출력 임피던스가 매우 높다.
㉱ 리액턴스 감쇄기가 많이 쓰인다.
[해설] 초단파용 신호발생기(SSG)의 출력 임피던스는 보통 50[Ω]으로 되어 있다.

[문제] 24. 전압계가 95[V]를 지시하고 있을 때의 보정백분율이 +2[%]이었다면 이때의 참값은 몇 [V]인가?
㉮ 96.9   ㉯ 95.9   ㉰ 94.9   ㉱ 93.9

[해설] $a_0 = \dfrac{T-M}{M} \times 100$에서

$$T = M(1+\dfrac{a_0}{100}) = 95(1+\dfrac{2}{100}) = 96.9[V]$$

[문제] 25. 다음 계기중 직류, 교류 어느 것에 사용하여도 동일한 지시를 하고 정밀급으로 많이 사용되며 또한 외부 자계의 영향을 받기 쉬운 계기는?
㉮ 가동철편형계기   ㉯ 가동코일형계기
㉰ 전류력계형계기   ㉱ 정전형계기

[해설] 전류력계형 계기는 직류와 교류를 같은 눈금으로 측정할 수 있으나 고정코일에 흐르는 전류로 자장을 만드므로 자장이 약하고 외부자장의 영향을 받기 쉽다.

[문제] 26. 유도형 적산 전력계의 구동 토-크 T_D는?
㉮ 저항에 비례한다.   ㉯ 전류에 비례한다.
㉰ 전류 자승에 비례한다.   ㉱ 전압 자승에 비례한다.

[해설] $T_D = KEI \cos\theta [N \cdot m]$

[문제] 27. 그림과 같은 휘스톤 브리지(Wheatstone bridge)에서 미저저항 R_X의 값은?(단, $R_1=10[\Omega]$, $R_2=20[\Omega]$, $R_3=30[\Omega]$이고 검류계 G에 전류가 흐르지 않는다고 한다.)
㉮ 30[Ω]
㉯ 50[Ω]
㉰ 60[Ω]
㉱ 40[Ω]

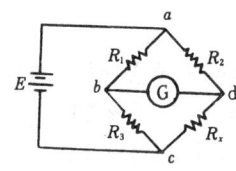

[해답] 24. ㉮   25. ㉰   26. ㉯   27. ㉰

[해설] $R_xR_1 = R_2R_3$ 에서

$$R_x = \frac{R_2}{R_1} \cdot R_3 = \frac{20}{10} \times 30$$
$$= 60[\Omega]$$

[문제] 28. 고 저항의 측정법에 해당되는 것은?
㉮ 전압 강하법   ㉯ 전위차계법
㉰ 직접 편위법   ㉱ 켈빈 더블 브리지법

[해설] 고 저항 측정법은 1[MΩ] 이상의 저항을 측정하는 계기로 직편법과 콘덴서의 충방전에 의한 방식이 있다.

[문제] 29. 송신기 변조 회로의 외곡율이 −40[dB]이라면 일그러짐은 몇 [%] 인가?
㉮ 1[%]   ㉯ 2[%]   ㉰ 3[%]   ㉱ 4[%]

[해설] 40[dB]=100배이므로 −40[dB]= $\frac{1}{100}$, 즉 1[%]이다.

[문제] 30. 다음과 같은 구형파의 주파수는?
㉮ 100[Hz]
㉯ 200[Hz]
㉰ 250[Hz]
㉱ 500[Hz]

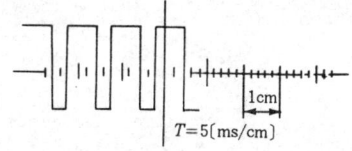

[해설] 1[cm]당 1[Hz]이므로 1 주기는 5[msec]

$$f = \frac{1}{T} = \frac{1}{5 \times 10^{-3}} = 200[Hz]$$

[문제] 31. 다음은 비-트(beat) 주파발진기의 계통도인데 빈칸의 부분은 무슨 회로인가?
㉮ 저역 여파기
㉯ 고역 여파기
㉰ 변조기
㉱ 저주파 발진기

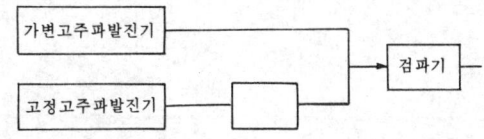

[해설] 비트(beat) 발진기의 고정 고주파 발진 파형을 고역여파기를 통과한 다음 검파기에 가해진다.

[해답] 28. ㉰   29. ㉮   30. ㉯   31. ㉯

문제 32. 그림은 Q-Meter의 원리도이다. 이 회로에서 공진회로의 Q로 정의하는 전압비는?

㉮ E_r/E_c
㉯ E_i/E_L
㉰ E_c/E_i
㉱ E_c/E_L

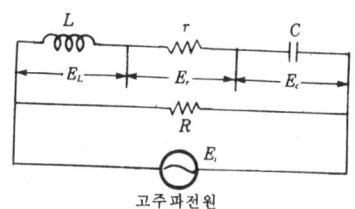

해설 $Q = \dfrac{\omega L}{R} = \dfrac{E_c}{E_i}$

문제 33. 계수형 주파수계의 특징 중 틀리는 것은?
㉮ 파형, 전압에 의한 영향이 적다.
㉯ 조작이 간단하고 결과가 숫자로 나타난다.
㉰ 계수의 정확도는 표준 주파수의 정확도와 계수비에 의해 정해진다.
㉱ 온도에 의한 영향이 있다.

해설 계수형 주파수계는 피측정 신호를 계수기의 입력에 가하고 게이트 제어펄스 주기를 적당히 조절, 1초당 반복되는 파의 수를 하나하나 세어서 표시하는 계기이다. 온도에 의한 영향이 없고 정확도가 높은것이 특징이다.

해답 32. ㉰ 33. ㉱

1997년도 전자측정 출제문제

문제 1. 영위법(zero method)과 관계없는 사항은?
㉮ 전위차계나 브리지
㉯ 피측정량을 지침의 경사각 등으로 바꿔 읽는 방법
㉰ 표준량을 준비하고 이것을 피측정량과 평형시켜 표준량의 크기로부터 피측정량을 알아내는 방법
㉱ 피측정 회로로부터 에너지를 공급받지 않는다.
[해설] 피측정량을 지침의 경사각 등으로 바꿔 읽는 방법은 편위법(detlection method)이다.

문제 2. 브리지법에서 주로 정밀 측정에 사용하는 방법은?
㉮ 편위법   ㉯ 직편법   ㉰ 반경법   ㉱ 영위법
[해설] 일반적으로 영위법(zero method)는 편위법보다 정밀한 측정을 할 수 있다.

문제 3. 어떤 저항체의 전기저항을 5회 측정한 결과 다음표가 얻어졌다고 한다. 가장 확실한 값은?

회	1회	2회	3회	4회	5회
R[Ω]	56.81	56.83	56.80	56.82	56.85

㉮ 56.80   ㉯ 56.81   ㉰ 56.82   ㉱ 56.83
[해설] 5회 평균값이므로
$$T = \frac{56.81+56.83+56.80+56.82+56.85}{5}$$
$$= 56.82$$

문제 4. 최대눈금 150[V], 저항 18[kΩ]의 직류전압계와 최대눈금 450[V], 저항 30[kΩ]의 직류 전압계를 직렬로 연결하였을 때 측정가능한

[해답] 1. ㉯   2. ㉱   3. ㉰   4. ㉯

최대 전압은?

㉮ 약 150[V]　㉯ 약 400[V]　㉰ 약 450[V]　㉱ 약 600[V]

[해설] 각 전압계 전류를 비교하여 작은쪽을 기준으로 해야한다.

$$V_1 \text{ 전류} = \frac{150}{18 \times 10^3} = \frac{25}{3} \times 10^{-3} [A]$$

$$V_2 \text{ 전류} = \frac{300}{30 \times 10^3} = 10 \times 10^{-3} [A]$$

$$\therefore V_m = \frac{25}{3} \times 10^{-3} \times (18+30) \times 10^3 = 400 [V]$$

[문제] 5. 다음 그림에서 직류 전류계의 지시가 A_1은 30[mA], A_2는 20[mA]이고 저항 R의 값은 4[Ω]일 때 전류계 A_2의 내부저항 값은?

㉮ 4[Ω]
㉯ 6[Ω]
㉰ 2[Ω]
㉱ 8[Ω]

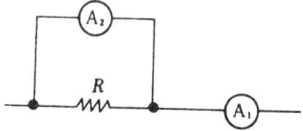

[해설] R에 흐르는 전류 $I_R = 30 - 20 = 10 [mA]$

A_2 양단의 전압 $V_{A2} = 10 \times 4 = 40 [mV]$

$$\therefore r_m = \frac{V_{A2}}{I_{A2}} = \frac{40}{20} = 2 [Ω]$$

[문제] 6. 다음은 직류 전압계의 회로이다. 단자 250[V]의 저항값은?(단, 전압계의 F_s(최대눈금)은 250[mV], 내부저항은 100[Ω]이다.)

㉮ 199.8[kΩ]
㉯ 19.92[kΩ]
㉰ 90[kΩ]
㉱ 80.1[kΩ]

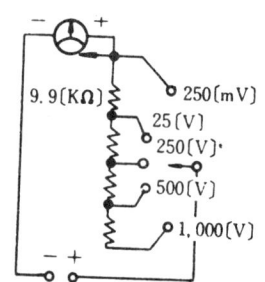

[해설] $R_m = r_1(n-1) = 100 \times (\frac{250}{250 \times 10^{-3}} - 1)$

$= 99.9 [kΩ]$

$\therefore 99.9 - 9.9 = 90 [kΩ]$

[해답] 5. ㉰　6. ㉰

과년도 출제문제 3-155

문제 7. 회로 시험기의 저항 측정 레인지 $R \times 100$에 놓고, 포토 트랜지스터(NPN형인 경우)를 체크하는 방법은?
㉮ 컬렉터에 흑색 리드봉을 이미터에 적색 리드봉을 대고 빛을 차단하면 저항값이 증가한다.
㉯ 컬렉터에 흑색 리드봉을 이미터에 적색 리브봉을 대고 빛을 차단하면 저항값이 감소한다.
㉰ 이미터에 흑색 리브봉을 컬렉터에 적색 리드봉을 대고 빛을 차단하면 저항값이 증가한다.
㉱ 이미터에 흑색 리드봉을 컬렉터에 적색 리드봉을 대고 빛을 차단하면 저항값이 감소한다.

문제 8. 그림과 같은 파형의 전류를 가동 코일형 전류계로 측정한 결과 5[A]였다. 이 전류를 열전형 전류계로 측정하면 지시치는?
㉮ 0[A]
㉯ 3.5[A]
㉰ 5[A]
㉱ 7.07[A]
해설 $5 \times \sqrt{2} = 7.07[A]$

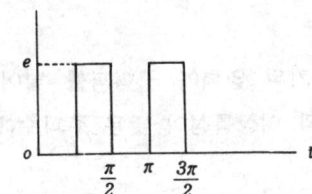

문제 9. 사용 한계 주파수는 100[kHz] 정도이고 측정전압은 0.5~150[V] 정도의 것이 제작되고 있으며 전압계로는 소비전류가 크고 입력 임피던스가 작은 결점이 있는 계기형은?
㉮ 가동 철편형 전압계   ㉯ 유도형 전압계
㉰ 열전대형 전압계   ㉱ 진공관 전압계
해설 열전대형 전압계의 측정전압은 0.5~150[V] 정도이고 상용한계 주파수는 100[kHz] 정도이다.

문제 10. 스코프를 사용 중 수평선만 나타나고 파형이 나타나지 않는다. 그 원인은?
㉮ 소인 발진기 또는 소인 증폭기의 고장

해답 7. ㉮ 8. ㉱ 9. ㉰ 10. ㉮

㉯ 휘도 조정 불량
㉰ 지연 회로 불량
㉱ 스코프의 입력상태 불량

문제 11. 오실로스코프의 수직 감도가 0.5〔V/cm〕일 때 이 파형의 전압은?

㉮ 1.25〔V〕
㉯ 2.5〔V〕
㉰ 3.5〔V〕
㉱ 4.5〔V〕

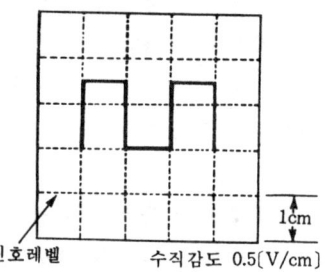

해설 전압=수직감도×1〔Hz〕의 칸수
=0.5×2.5
=1.25〔V〕

문제 12. 어떤 증폭기의 입력에 구형파를 넣어 출력파형을 관측하였다. 측정하려는 회로의 이상특성이 낮은 주파수에서 앞설 때에는 어느 현상이 일어나는가?

해설 ㉮를 입력파형이라고 하면 측정하려는 회로의 위상 특성이 낮은 주파수에 앞설 때는 ㉰, 뒤질 때는 ㉯의 파형으로 된다.

문제 13. 표준 신호 발생기가 갖추어야할 조건 중 틀린 것은?

㉮ 출력 전압이 정확할 것
㉯ 발진주파수가 정확하고 파형이 양호할 것
㉰ 누설 전류가 적고 장기 사용에 견딜 것
㉱ 선택도의 지시가 정확할 것

해설 변조특성이 좋으며 지시 변조도가 정확해야 한다.

해답 11. ㉮ 12. ㉰ 13. ㉱

문제 14. 소인 발진기(sweep generator)의 구성부분으로 맞는 것은?
㉮ 멀티바이브레터   ㉯ 고주파 발진기
㉰ 비인 발진기   ㉱ 비트 발진기

해설 소인 발진기(Sweep Generator)의 구성

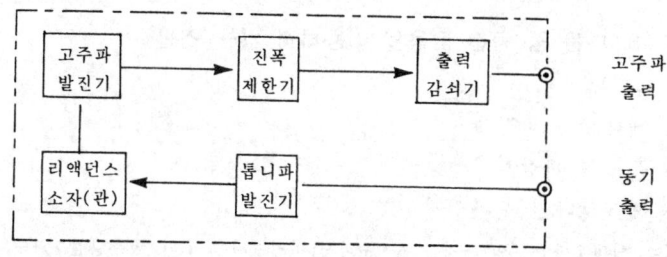

문제 15. 보간 발진기법의 설명으로 적합하지 않은 사항은?
㉮ 흡수형 파장계의 주파수 측정 방법이다.
㉯ 헤테로다인 주파수계의 주파수 측정 방법이다.
㉰ 미지 주파수 f_x는 $f_x = \dfrac{f_1 f_2}{f_2 - f_1}$ 의 식으로 구할 수 있다.(f_1 : 보간 발진기의 기본파)
㉱ 발진 바리콘을 돌리면서 미지의 전파를 수신하면 무수한 영비트 점이 생긴다.

해설 보간 발진법은 표준주파수로 교정된 가변주 발진기와 미지의 주파수를 비교하여 미지 주파수를 구하는 헤테로다인 주파수계의 주파수 측정 방법이다.

문제 16. 축전지의 전해액 저항 측정에 적당한 브리지는?
㉮ 멕스웰 브리지
㉯ 휘이트 스토운 브리지
㉰ 캠벨 브리지
㉱ 콜라우시 브리지

해설 직류 슬라이드 브리지(slide wire bridge)의 전원을 교류로 하고 직류 검류계(수화기)를 쓴 것을 콜라우시 브리지라 한다. 콜라우시 브리지는 접지저항이나 전해액의 저항과 같이 성극작용이 있는 저저항 측정에 적당하다.

해답 14. ㉯ 15. ㉮ 16. ㉱

문제 17. 다음 중 임피던스 브리지로 측정할 수 없는 것은?
㉮ 저항값 ㉯ 용량값 ㉰ 코일의 Q ㉱ 전류

[해설] 임피던스 브리지는 교류 브리지의 원리를 이용한 것이므로 전류는 측정할 수 없다.

문제 18. 다음 중 공진 작용을 이용하지 않는 것은?
㉮ Q미터
㉯ 레헤르선 파장계
㉰ 흡수형 파장계
㉱ 헤테로다인 주파수계

[해설] 헤테로다인 주파수계는 두 주파수(미지주파수 f_x와 국부발진주파수 f_0)를 혼합 검파하여 비트 주파수를 얻은 다음 이어폰으로 검출, 수화음이 들리지 않을 때 국부발진주파수 다이얼 눈금으로 부터 미지주파수를 알아내는 정밀측정법이다.

문제 19. 다음 중 power를 소비하지 않는 계기는?
㉮ 정전 전압기(Electrostic Voltmeter)
㉯ 테스터(Tester)
㉰ 진공관 전압계(V.T.V.M)
㉱ 휘트스톤 브리지(Wheatstone Bridge)

[해설] 정전 전압기는 일종의 콘덴서이므로 계기 내부의 전력 손실이 거이 없다.(교류 측정에는 극히 적은 충전 전류를 흘리지만 직류에서는 전혀 전류가 흐르지 않는다.)

문제 20. 수신기의 내부잡음 측정에서 잡음이 없는 경우 잡음지수 F는?
㉮ $F=1$ ㉯ $F>1$ ㉰ $F<1$ ㉱ $F=2$

[해설] $F=1$인 때가 내부잡음이 없는 이상적인 잡음 지수라 한다.

문제 21. 왜형률 $-40[dB]$는 $[\%]$로는 얼마인가?
㉮ $0.01[\%]$ ㉯ $1[\%]$ ㉰ $2.5[\%]$ ㉱ $10[\%]$

[해설] $40[dB] \rightarrow 100$배이므로 $-40[dB]$은 $\frac{1}{100}$, 즉 $1[\%]=0.01$이 된다.

[해답] 17. ㉱ 18. ㉱ 19. ㉮ 20. ㉮ 21. ㉯

문제 22. 다음 중 고주파에서의 전력 측정법에 들지 않는 것은?
㉮ 전구의 발기로서 직류 또는 상용주파 전력과 비교 측정하는 법
㉯ 의사공중선에 고주파 전력을 공급하고 의사공중선 저항의 온도상승으로 구하는 법
㉰ 중화 콘덴서에 의한 방법
㉱ 종단 진공관의 양극손실로 구하는 방법

문제 23. 다음 그림은 전압-주파수 변환회로의 구성도이다. ☐ 안에 알맞는 것은?
㉮ 계수회로
㉯ 게이트 회로
㉰ 제어 회로
㉱ 발진회로

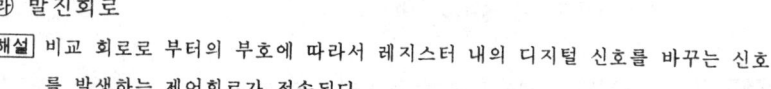

해설 비교 회로로 부터의 부호에 따라서 레지스터 내의 디지털 신호를 바꾸는 신호를 발생하는 제어회로가 접속된다.

문제 24. 디지털 주파수계에 발생되는 오차가 아닌 것은?
㉮ 게이팅 에러오차   ㉯ 타임 베이스오차
㉰ 트리거 레벨오차   ㉱ 개인적 오차

해설 개인적 오차는 측정자의 습관이나 성격에 의해 일어나는 오차이다.

문제 25. 다음 측정법 중에서 감도가 높고 정밀 측정에 적합한 측정법은?
㉮ 직편법   ㉯ 영위법   ㉰ 편위법   ㉱ 반경법

해설 일반적으로 영위법(zero method)은 편위법보다 정밀한 측정을 할 수 있다.

문제 26. 도면과 같이 내부저항이 10[kΩ]인 전압계로 40[kΩ] 양단의 전압을 측정했을 때 전압계의 지시치는 몇 [V]인가?
㉮ 81
㉯ 51
㉰ 32
㉱ 18

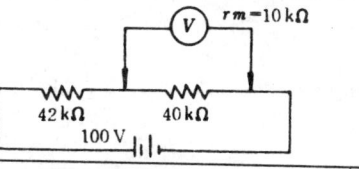

해답 22. ㉰   23. ㉰   24. ㉱   25. ㉯   26. ㉱

해설 $I=\dfrac{V}{R_0}=\dfrac{100}{42+\dfrac{40\times10}{40+10}}=\dfrac{100}{50}=2[\mathrm{A}]$

전압계의 지시값 $V_1=Ir_1$

$=2\times8$

$=16[\mathrm{V}]$

문제 27. 이동 자장형 유도형 계기의 특징에 해당하지 않는 것은?

㉮ 공극이 좁고 자장이 약하다.

㉯ 외부 자장의 영향이 작다.

㉰ 구동 토크가 크다.

㉱ 온도 및 주파수 영향이 크다.

해설 이동 자장형의 유도형 계기는 공극이 좁고 자장이 강하므로, 외부자장의 영향은 작고 구동토크가 크다.

문제 28. VTVM의 프로우브속에 들어있는 것은?

㉮ 퓨즈

㉯ 발진기능

㉰ 정류기능

㉱ 전압강하기능

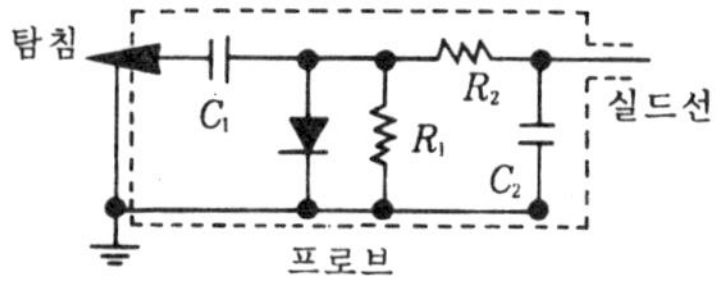

해설 진공관 전압계의 프로브는 그림의 회로와 같이 구성되는 정류부이다.

문제 29. 그림에서 변조도는 몇 %인가?(단, $a=40\mathrm{V}$, $b=10\mathrm{V}$)

㉮ 50

㉯ 60

㉰ 70

㉱ 80

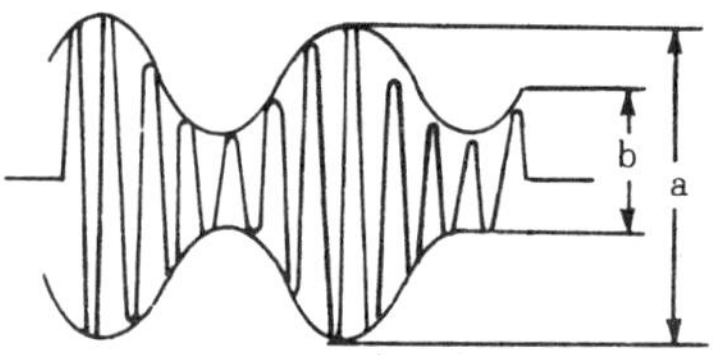

해설 변조도

$m=\dfrac{a-b}{a+b}\times100[\%]$

$=\dfrac{40\times10}{40+10}\times100$

$=60[\%]$

해답 27. ㉮ 28. ㉰ 29. ㉯

문제 30. 그림의 오실로스코프 파형을 보고 실효값을 계산하면 약 몇 [V]인가?
㉮ 4
㉯ 2.8
㉰ 2
㉱ 1.4

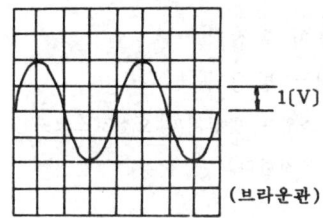
(브라운관)

해설 1칸이 1[V], 최대값은 2[V]이므로
실효값 $V = 2 \times \dfrac{1}{\sqrt{2}} ≒ 1.4[V]$

문제 31. 오실로스코프에 그림과 같은 파형이 나타날 때 주파수는?
㉮ 400[Hz]
㉯ 1[kHz]
㉰ 667[Hz]
㉱ 10[kHz]

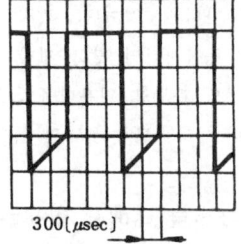
300[μsec]

해설 주기는 $T = 300 \times 5 = 1500[μsec]$이므로
$f = \dfrac{1}{T} = \dfrac{1}{1500 \times 10^{-6}} ≒ 667[Hz]$

문제 32. 전해액이나 접지 저항을 측정할 때 사용되는 전원은?
㉮ 직류 및 교류   ㉯ 맥류   ㉰ 직류   ㉱ 교류

해설 전해액이나 접지저항 측정에는 콜라우시 브리지를 사용하는데 전원으로 교류가 이용된다.

문제 33. 소인 발진기의 구성에 해당되는 것은?
㉮ 고주파 발진기 ㉯ 음차 발진기 ㉰ 혼합 검파기 ㉱ 의사 공중선

해설 소인 발진기의 구성

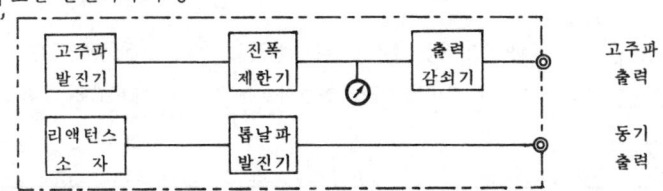

해답 30. ㉱ 31. ㉰ 32. ㉱ 33. ㉮

문제 34. 중간주파 대역특성을 조정하기 위하여 가장 많이 사용되는 것은?

㉮ 음차 발진기   ㉯ 신호 발생기
㉰ 비트 발생기   ㉱ 스위프 발진기

해설 스위프 발진기와 오실로스코프를 조합하여 중간 주파 대역특성을 직시하면서 조정한다.

문제 35. 수신기의 잡음지수 측정 방법은?

㉮ 신호발생기법 ㉯ VTVM법   ㉰ 의울기법   ㉱ 감쇠기법

해설 그림은 신호발생기법(SG법)에 의한 잡음전력 N_0의 측정법을 나타낸 것이다. 먼저 SG를 동작시키지 않고 제곱 검파기의 출력을 읽다음 SG를 동작시키고 조정하여 출력계에 앞의 2배의 전압이 나타나도록 했다면 이때 SG의 출력은 잡음전력과 같다.

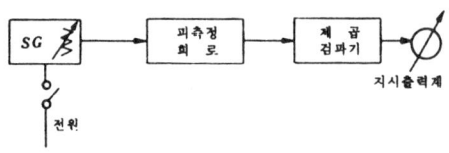

문제 36. 증폭회로 내에서 발생하는 잡음이 없는 경우의 지수 [NF]는 몇 [dB]인가?

㉮ 1   ㉯ 10   ㉰ 100   ㉱ 0

해설 잡음지수 $F=1$이 가장 이상적이다.
1을 [dB]로 환산하면
$\log 1 = 0$ [dB]

문제 37. 계수형 주파수계에서 게이트(Gata)시간 절환 회로가 있는데 아래와 같은 단계로 전환할 경우 가장 정확도가 높은 경우는 어느 것인가?

㉮ 10[mS]   ㉯ 0.1[S]   ㉰ 1[S]   ㉱ 10[S]

해설 계수형 주파수계에서 게이트 시간 절환회로는 시간이 낮을수록 정확도가 높다.

해답   34. ㉱   35. ㉮   36. ㉱   37. ㉮

문제 38. 다음의 블록 다이어그램으로 나타낸 원리도는 어떤계기의 동작을 나타낸 것인가?

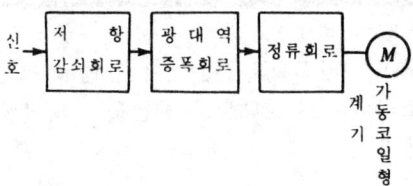

㉮ 평균값에 비례한 전자전압계
㉯ 실효값 비례한 전자전압계
㉰ P형 전자전압계
㉱ P-P형 전자전압계

해설 평균값 비례형의 전자전압계 구성을 나타낸 것이다.

해답 38. ㉮

1998년 3월 8일 전자측정 출제문제

문제 1. 최대눈금이 500[V]인 1.0급 전압계로 전압을 측정하였더니 계기의 지시가 250[V]였다. 이 때 상대오차 백분율은 몇 [%]인가?
㉮ 1.0   ㉯ 2.0   ㉰ 3.0   ㉱ 4.0
[해설] 상대오차 $=\dfrac{500}{250}\times 1.0=2.0[\%]$

문제 2. 가동 코일형 계기에는 다음 중 어떠한 기본원리를 이용하고 있는가?
㉮ 렌츠의 법칙   ㉯ 키르히호프의 법칙
㉰ 패러데이의 법칙   ㉱ 플레밍의 법칙
[해설] 가동코일형계기는 자장과 전류사이에 작용하는 기자력을 이용한(플레밍의 왼손법칙) 방식이다.

문제 3. 내부저항 DC 10[kΩ/V]의 테스터로 DC 50[V] 레인지를 사용하여 DC 40[V]를 측정할 때 이 계기의 내부저항값은 몇 [kΩ]인가?
㉮ 500   ㉯ 8   ㉰ 400   ㉱ 12.5
[해설] 1[V]당 내부저항이 10[kΩ]이므로
∴ $10\times 50=500[k\Omega]$

문제 4. 일반적으로 회로시험기에 사용되는 계기는?
㉮ 전류력계형   ㉯ 가동자침형   ㉰ 가동코일형   ㉱ 가동철판형
[해설] 회로시험기(Circuit tester)는 일반적으로 가동코일형계기에 분류기와 배율기, 전지등을 부착시켜 구성한다.

문제 5. 다음 그림 중에서 정류형 계기의 정류기 접속방식으로 옳은 것은?

[해설] 정류형계기는 가동코일형계기에 브리지 정류 방식을 부가한 방식으로 ㉮번과 같이 접속해야 한다.

[해답] 1. ㉯   2. ㉱   3. ㉮   4. ㉰   5. ㉮

문제 6. 그림에서 전류계의 지시가 30[mA], 전압계의 지시가 200[V], 전압계의 내부저항이 20[kΩ]일 때 미지저항 R_x의 값은 몇 [kΩ]인가?
㉮ 10
㉯ 100
㉰ 1000
㉱ 10000

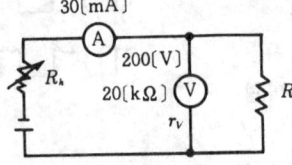

해설 $I = \dfrac{V}{R_x} + \dfrac{V}{r_v}$ [A]에서

$\therefore R_x = \dfrac{V}{I - \dfrac{V}{r_v}} = \dfrac{200}{30 \times 10^{-3} - \dfrac{200}{20 \times 10^3}} = 10[k\Omega]$

문제 7. 다음 중 전지의 내부저항 측정방법이 아닌 것은?
㉮ 전압계법
㉯ 코올라우시 브라지법
㉰ Mance's법
㉱ 캘빈법

해설 전지의 내부저항 측정에는 전압계법, 반경사법, 클라우시 브리지법 및 맨스법 등의 방법이 쓰인다. 캘빈법(캘빈더불브리지)은 저저항의 정밀 측정에 사용되는 방법이다.

문제 8. 그림과 같은 동작 특성을 가진 계기는?
㉮ 진동 검류계
㉯ 충격 정류계
㉰ 반조 검류계
㉱ 가동 coil형 전압계

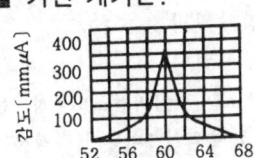

해설 60[Hz]의 공진특성을 나타낸 것으로 진동검류계가 이것을 이용한 것이다.

문제 9. 마이크로파 측정에서 정재파비가 2일 때 반사계수는?
㉮ $\dfrac{1}{2}$
㉯ $\dfrac{1}{3}$
㉰ 1
㉱ 2

해설 $m = \dfrac{\rho - 1}{\rho + 1} = \dfrac{2-1}{2+1} = \dfrac{1}{3}$

문제 10. 어떤 저주파 증폭기에 구형파 펄스를 인가하였더니 다음과 같은 출력파형이 나타났다. 이 증폭기의 주파수 특성에 대한 설명으로 옳은

해답 6. ㉮ 7. ㉱ 8. ㉮ 9. ㉯ 10. ㉰

것은?
㉮ 고역쪽의 이득저하
㉯ 중역의 이득저하
㉰ 저역쪽의 이득저하
㉱ 전주파수대에서 파형 찌그러짐 발생

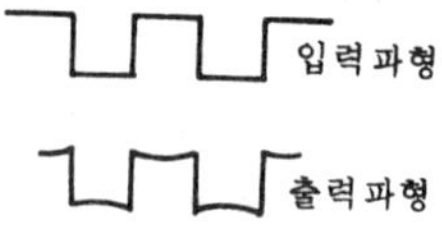

입력파형
출력파형

[해설] 구형파 입력이 가해졌을 때 낮은주파수(저역)에서 이득이 감소할 때 그림과 같은 파형이 된다.

[문제] 11. Audio 발진기에서 주로 쓰이는 발진기의 형식은?
㉮ 비트 발진기
㉯ RC 발진기
㉰ 수정 발진기
㉱ 디지털회로 발진기

[해설] RC발진기는 파형의 일그러짐이 적고 주파수가 안정하므로 Audio(저주파)발진기에 주로 쓰인가.

[문제] 12. 트랜지스터의 h_f 측정시에 필요한 조건은?
㉮ 입력단자를 개방시킨다.
㉯ 입력단자를 단락시킨다.
㉰ 출력단자를 개방시킨다.
㉱ 출력단자를 단락시킨다.

[해설] h_f(전류증폭율)와 h_i(입력임피던스) 측성시는 출력단자를 단락($v_2=0$)시키고 h_r(전압 되먹임율)와 h_0(출력어드미턴스)측정시는 입력단자를 개방($i_1=0$)시킨다.

[해답] 11. ㉯ 12. ㉱

1998년 6월 28일 전자측정 출제문제

문제 1. 측정계기의 원리상 분류를 한 것이다. 서로 연관되지 않은 것은?
㉮ 가동철편형계기-전자작용 이용
㉯ 전류력계형계기-코일의 자계 이용
㉰ 유도형계기-정전작용 이용
㉱ 가동코일형계기-자장과 전류사이의 전자력 이용
[해설] 유도형 계기는 맴돌이 전류와 자장 사이에 전자력을 이용한 것이다.

문제 2. 전류계로 사용할 수 없는 계기는?
㉮ 열전형   ㉯ 유도형   ㉰ 전류력계형   ㉱ 정전형
[해설] 정전형계기는 대전된 전극사이에 작용하는 정전인력이나 반발력을 이용한 계기로서 전압계만 있을 수 있고 전류계는 있을 수 없다.

문제 3. 전압계에 100[V]를 가했을 때의 지시가 101.5[V]이면 그 백분율 오차는?
㉮ +1.5%   ㉯ −1.5%   ㉰ +1.48%   ㉱ −1.48%
[해설] $\varepsilon = \dfrac{M-T}{T} \times 100 = \dfrac{101.5-100}{100} \times 100 = 1.5 [\%]$

문제 4. 다음은 유도형 계기의 특징에 관한 사항이다. 이에 속하지 않는 사항은?
㉮ 온도 및 주파수의 영향이 크다.
㉯ 공극이 좁고 자장이 강하므로 외부 자장의 영향이 작고, 구동 토크가 크다.
㉰ 정밀용 계기로는 부적합 하다.
㉱ DC전용 계기로 주로 사용된다.
[해설] 유도형 계기는 교류회로에만 사용된다.

문제 5. 어떤 파형을 오실로스코프로 관측할 때 내부동기를 사용한다면 수평입력단자에는 어떤 신호를 가할 필요가 있는가?

[해답] 1. ㉰   2. ㉱   3. ㉮   4. ㉱   5. ㉱

㉮ 수직 신호　　　　　　㉯ 수평 신호
㉰ 수직, 수평 신호　　　㉱ 가할 필요가 없다.
[해설] 오실로스코프는 시간축 발생회로에서 얻어진 톱니파에 의하여 도형이 나타나므로 동기시킬 필요가 없을 때는 수평입력 단자에 신호를 가할 필요가 없다.

[문제] 6. 다음 중 소인 신호발생기에 들어가 있지 않은 것은?
㉮ 톱니파 발진기　　　㉯ 저주파 발진기
㉰ 리액턴스 관　　　　㉱ 진폭 제한기
[해설] 소인(스위프) 발진기의 구성

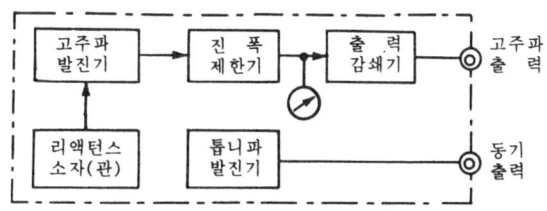

[문제] 7. 다음 중 전해액의 저항측정법에 사용되는 브리지는?
㉮ 윈 브리지　　　　　㉯ 코올라우시 브리지
㉰ 더블 브리지　　　　㉱ 미끄럼줄 브리지
[해설] 전해액의 저저항 측정에는 코올라우시 브리지(Kohlrausch bridge)법과 슈트라우스(strauss)와 핸더슨(Henderson)의한 방법에 의한다.

[문제] 8. 헤테로다인 주파수계에서 single beat법보다 Double beat법이 좋은 이유는?
㉮ 오차가 적다.　　　　㉯ 구조가 간단하다.
㉰ 취급이 용이하다.　　㉱ 측정주파수 범위가 넓어진다.

[문제] 9. 그리드 딥 미터(Grid dip meter)의 측정 범위로 가장 타당한 것은?
㉮ 300[KHz] 정도까지　　㉯ 300[MHz] 정도까지
㉰ 300[GHz] 정도까지　　㉱ 300[THz] 정도까지
[해설] 그리드 딥 미터는 1.5~300[MHz] 정도 범위의 공진회로의 공진주파수 측정에 사용된다.

[해답]　6. ㉯　7. ㉯　8. ㉮　9. ㉯

문제 10. 레벨계의 눈금이 있는 회로계로 전압을 측정하였더니 10[dB]였다. 이때의 전압은?(단, 레벨계는 저주파를 600[Ω]의 저항에 가하여 1[mW]를 소비할 때의 전압을 기준으로 한다.)
㉮ 0.24[V]   ㉯ 2.4[V]   ㉰ 24[V]   ㉱ 240[V]

문제 11. A-D 컨버터는 무슨 회로 인가?
㉮ 저항 측정회로
㉯ 아날로그양을 디지털양으로 변환하는 회로
㉰ 전류의 양을 전압의 양으로 변환하는 회로
㉱ 전력을 전압으로 변환하는 회로

해설 아날로그 신호를 디지털 신호로 바꾸어서 나타내는 것을 아날로그/디지털 변환(analog to digital conyersion ; A/D변환)이라 한다.

해답 10. ㉯ 11. ㉯

1998년 9월 28일 전자측정 출제문제

문제 1. 계기 눈금의 부정확, 외부자장등에 의하여 생기는 오차는?
㉮ 개인적오차 ㉯ 계통적오차 ㉰ 우연오차 ㉱ 파형오차

[해설] 일정한 원인, 즉 눈금이 부정확 하든지 외부자장 등에 의하여 생기는 오차를 계통적 오차(systematic error)라 한다.

문제 2. 다음 계기중 분류기없이 상당히 큰 전류까지 측정할수 있고 취급이 용이하지만 높은 것은 제작하기 어려운 계기는?
㉮ 가동코일형전류계   ㉯ 전류력계형전류계
㉰ 가동철편형전류계   ㉱ 유도형 전류계

[해설] 가동철편형계기는 고정코일에 전류를 흘려 연철편이 흡인반발작용을 하여 지침이 움직이게 한 방식으로 구조가 간단하고 분류기 없이 큰 전류까지 측정할 수 있는 이점이 있다.

문제 3. 기전력 100[V], 내부저항 33[Ω]의 전지에 내부저항 300[Ω]의 전압계를 접속할 때 전압계의 지시값 [V]은?
㉮ 90   ㉯ 93   ㉰ 96   ㉱ 100

[해설] $E = \dfrac{V}{R} \times (R+\gamma)$에서 전압계의 지시값

$V = \dfrac{ER}{R+\gamma} = \dfrac{100 \times 300}{300+33} \fallingdotseq 90 [V]$

문제 4. 회로시험기의 저항측정레인지 R×100에 놓고 N형 반도체의 양끝은 B_1, B_2이고 중앙에 P형의 이미터로 접합된 UJT를 체크하는 방법은?
㉮ E와 B_1의 순방향 저항과 E와 B_2의 순방향 저항은 같으며 역방향은 0이다.
㉯ E와 B_2의 순방향 저항은 E와 B_1의 순방향 저항보다 약간크며 역방향은 0이다.
㉰ E와 B_1의 역방향 저항은 E와 B_2의 역방향 저항보다 약간크며 순방향은 ∝이다.

[해답] 1. ㉯ 2. ㉰ 3. ㉮ 4. ㉱

㉛ E와 B_1의 순방향 저항은 E와 B_2의 순방향 저항보다 약간크며 역방향은 ∝이다.

문제 5. 계기정수 2400[Rev/kWh]의 적산전력계가 40초 동안에 15회전 했을 때의 전력은 몇 [W]인가?
㉮ 1250　　㉯ 1000　　㉰ 750.5　　㉱ 562.5

[해설] $P = \dfrac{3600 \times 1000}{TK} \cdot n = \dfrac{3600 \times 1000}{40 \times 2400} \times 15 = 562.5 [W]$

문제 6. 저주파발진기 출력을 증폭기의 입력단자 및 오실로 스코프의 수평축에 가하여 그림과 같은 파형을 얻었을 때 리사주 도형으로부터 ab를 측정하였다면 여기서 양편향판에 가하여진 전압의 위상차 θ는 다음 중 어떤 식으로 구할 수 있는가?

㉮ $\theta = \sin b/a$
㉯ $\theta = \sin^{-1} b/a$
㉰ $\theta = \cos b/a$
㉱ $\theta = \cos^{-1} b/a$

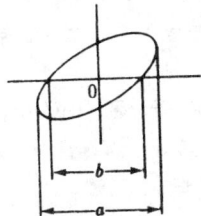

[해설] $\theta = \sin^{-1} \dfrac{b}{a}$

문제 7. 1~10^4[Ω] 정도의 중저항 측정법이 아닌 것은?
㉮ 지시계기법　　㉯ 전압강하법
㉰ 휘스톤브리지회로　　㉱ 캘빈더블브리지법

[해설] 중저항(0.1~10^6[Ω]) 측정에는 전압계와 전류계에 의한 전압강하법과 휘스톤 브리지법이 가장널리 사용된다.

문제 8. 헤테로다인 주파수계로 미지의 주파수 f_x를 측정할 때 처음제로 비트가 되었을 때의 기지의 가변주파수를 f_1이라 하고 다시 비트음이 나오기 시작할 때의 주파수를 f_2라 하면 미지의 주파수 f_x 값은?

㉮ $f_x = f_2 - f_1$ [Hz]　　㉯ $f_x = \dfrac{f_2 + f_1}{2}$ [Hz]

㉰ $f_x = \dfrac{f_1 \cdot f_2}{(f_1 + f_2)}$ [Hz]　　㉱ $f_x = \dfrac{f_1 \cdot f_2}{2}$ [Hz]

[해답] 5. ㉱　6. ㉯　7. ㉱　8.

[해설] 미지주파수 $f_x = \dfrac{f_1 \cdot f_2}{f_2 - f_1}$의 식으로 구할 수 있으나 보기항에는 정답이 없으므로 잘못 출제된 문제이다.

[문제] 9. 피측정 주파수가 1분사이에 반복회수가 300번이었다. 이때 피측정 주파수는 계수형 주파수계로 측정하였을 때 몇 [Hz]인가?
㉮ 5　　　　㉯ 30　　　　㉰ 50　　　　㉱ 300

[해설] $f = \dfrac{N}{T} = \dfrac{300}{60} = 5 \text{[Hz]}$

[문제] 10. 스위프 발진기는 무엇을 측정하기 위한 것인가?
㉮ 인덕턴스　　㉯ 임피던스　　㉰ 주파수　　㉱ 주파수특성

[해설] 스위프(Sweep ; 소인) 발진기는 오실로스코프와 조합하여 각종 고주파 회로의 주파수특성을 직시하기 위해 사용하는 계기로 수신기의 중간주파 특성이나 FM 수신기의 주파수 판별기 등의 조정에 주로 쓰인다.

[문제] 11. 전계강도 80[dB]을 [mV/m]로 표시하면?
㉮ 0.5[mV/m]　　㉯ 1[mV/m]　　㉰ 10[mV/m]　　㉱ 100[mV/m]

[해설] $20\log_{10} 10^4 = 80\text{[dB]}$
$10^4 = 10000$이고, $1[\mu V]$가 기준전압이므로
∴ $1 \times 10^{-6} \times 10000 = 1 \times 10^{-2} \text{[V/m]} = 10 \text{[mV/m]}$

[해답] 9. ㉮　10. ㉱　11. ㉰

제4편
전자기기 및 음향영상기기

1. 응용 기기

❖ 요점 정리 ❖

1. 응용 기기

【1】 초음파 응용
(1) 초음파(ultrasonic wave)
① $10[kH_2]$ 이상의 진동수를 가진 음파로서 특성 임피던스가 다른 물질의 경계면에서 반사 및 굴절을 일으킨다.
② 초음파의 세기는 단위 면적을 지나는 파워(power)이며, 진폭의 제곱에 비례하고, 매질 속을 지나감에 따라 감쇠(진동수가 클수록 감쇠율이 크다)한다.
③ 파장이 짧을수록, 즉 진동수가 클수록 지향성이 커진다.

(2) 캐비테이션(cavitation)
① 강력한 초음파를 액체 속에 방사하였을 때 진동자의 부근에 안개 모양의 기포가 생겨 이들이 진동면에 수직 방향으로 움직여 분사 현상을 이루고 '싸아'하는 소음을 내는 현상으로 물에서는 진동수가 낮은 경우, 초음파의 세기가 약 $0.3[W/cm^2]$ 이상일 때 일어난다.
② 캐비테이션 현상은 초음파 세척, 분산·에멀션화 등에 이용된다.

【2】 초음파의 발생
(1) 초음파 발생용 진동자
① 압전결정 : 수정, 로셸염 등
② 전기 왜형 물질 : 티탄산바륨($BaTiO_3$), 지르콘티탄산납(PZT) 등
③ 자기 왜형 물질 : 니켈이나 그 합금 및 페라이트(ferrite)

【3】 초음파 응용기기
(1) 소나(sonar, sound navigation and ranging)
① 물속에 초음파를 발사하여 그 반사파를 측정하여 거리와 방향을 알아내는 장치
② 수심측량
$$h = \frac{V_t}{2} [m]$$

h는 물의 깊이[m], V는 물 속에서의 초음파 속도[m/sec], t는 초음파가 발사된 후 다시 돌아올 때까지의 시간[sec]

③ 바닷물 속의 초음파 속도는 17[℃]에서 1500[m/sec]이다.

(2) 초음파 탐상기

비파괴 검사에 많이 사용되며, 초음파 펄스를 기계 부품과 같은 물체에 발사하여 반사파를 관측함으로써 물체 내부의 홈이나 균열 또는 불순물 등의 위치와 크기를 알아내는 데에 쓰인다.

① 경사 탐상법 : 용접한 곳의 기포나 슬랙(slag), 균열 등의 검사에 이용된다.

② 초음파 두께 측정 : 10[mm] 이하의 얇은 판의 두께 측정은 공진법을 사용한다.

$$t = n\frac{\lambda}{2} = n\frac{2}{2f} = \frac{C}{2(\Delta f)} \text{ [m]}$$

Δf는 인접한 공진주파수의 차, C는 초음파의 음속[m/sec], t는 재료의 두께[m]

(3) 초음파 가공기

① 발진기, 진동자, 혼 등을 주요 부분으로 하고, 공구는 혼의 끝에 붙여서 사용한다.

② 초음파 가공의 연마가루 : 카버런덤(탄화실리콘, carborundum), 앨런덤(산화알루미늄, alundum), 보론카바이드(탄화붕소, boroncaride), 다이아몬드 등의 고운가루를 사용한다.

(4) 응집, 분산·에멀션화

① 응집 작용 : 초음파가 공기나 물같은 유체 속을 전파하면 매질 중에 섞여 있는 매우 작은 입자가 진동을 일으키며, 입자의 크기와 무게가 다르면 진동 진폭도 서로 달라지므로 입자는 서로 충돌을 일으키게 되고, 입자끼리 서로 붙게 되어 모여서 커지는 현상

② 응집 작용의 이용
㉠ 공기 중의 먼지, 매연, 시멘트의 침전
㉡ 소금의 제조 공정에서 마그네시아의 침전
㉢ 에멀션의 분리
㉣ 기름이나 타르의 탈수
㉤ 공장에서 나온 폐수의 처리

③ 분산·에멀션화 장치는 포마드, 크림 등의 화장품이나 도료의 제조, 기름의 탈색, 탈취, 폴리에틸렌, 합성 고무의 중합의 촉진, 향료, 합성 수지의 숙성 등에 널리 이용된다.

④ 확산 작용 : 초음파는 액체 중에 있는 고체 입자의 확산을 촉진시키는 작용이 있어서 염료를 짧은 시간에 섬유의 내부까지 잘 침투시키므로 섬유 제품의 염색에 이용된다.
⑤ 초음파 세척의 이용
　㉠ 도금, 도장의 사전 처리로서 도금, 도장할 물건의 표면 정화
　㉡ 연마된 부품의 표면에 붙어 있는 연마 가루의 제거
　㉢ 다공질 재료의 작은 구멍 안에 있는 오물의 제거
　㉣ 구리선의 표면 정화
⑥ 초음파 용접 : 알루미늄 합금, 스테인레스강, 니켈, 황동, 구리, 몰리브덴, 티탄 지르코늄 등의 얇은 판의 점용접(spot welding)에 사용한다.

【4】고주파 가열기기
(1) 물체를 전기적으로 가열하는 방법
① 저항체에 전류를 통할 때 발생하는 줄 열(Joule heat)을 이용하여 가열하는 방법
② 아크 방전을 할 때 아크현상으로 발생하는 열을 이용하여 가열하는 방법
③ 진공 내에서 전자 빔을 재료에 입사시킬 때 발생하는 열을 이용하여 가열하는 방법
④ 물체에 고주파 전장 또는 고주파 자장을 가하여 가열하는 방법
⑤ 고주파 유도 가열 : 금속과 같은 도전 물질에 고주파 자장을 가할 때 도체 내에 생기는 맴돌이 전류에 외하여 물질을 가열하는 방법
⑥ 표피 효과(skin effect) 현상으로 맴돌이 전류 밀도는 중심부, 즉 원이축의 위치에서 가장 작고 표면에 가까와질수록 커진다.

(2) 고주파 유도 가열의 장점
① 가열 속고가 빠르며, 발열을 필요한 부분에 집중시킬 수 있다.
② 금속의 표면 가열이 쉽게 이루어진다.
③ 가열을 정밀하게 조절할 수 있다.
④ 가열 준비 작업이 불필요하며, 작업 환경을 깨끗하게 유지할 수 있다.
⑤ 제품의 질을 높일 수 있다.

(3) 고주파 유도 가열의 응용
용해로, 진공로, 가공 장치, 표면 경화 장치, 땜 장치 등

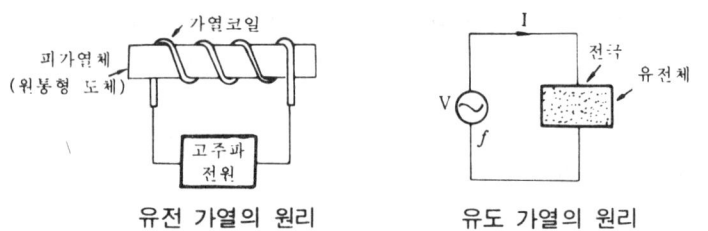

유전 가열의 원리   유도 가열의 원리

(4) 유전 가열과 선택 가열
① 고주파 유전 가열 : 유전체에 고주파 전장을 가할 때 생기는 유전손에 의하여 유전체를 가열하는 방법
② 선택 가열 : 사용 전원의 주파수를 적당히 선정하여, 복합 유전체의 특정한 부분만을 특별히 심하게 가열하는 방법

(5) 유전 가열의 응용
① 목재 공업에 응용 : 목재의 건조, 성형, 접착 등
② 고주파 머신 : 비닐이나 플라스틱 시트의 접착
③ 고주파 용접 : 비닐 가방이나 비닐 시계줄의 제조
④ 고주파 의료기기
   ㉠ 고주파 나이프 : 환부의 수술
   ㉡ 고주파 치료기 : 환부의 치료(주파수 40.68[MHz]±0.05[%] 사용)
⑤ 음식물의 조리 : 4고주파 레인지(HF range)
⑥ 고무 타이어의 수리, 재생이나 섬유공업 등에도 이용된다.

(6) 고주파 가열 전원의 종류
① 전동 발전기 : 고주파 발전기를 유도 전동기나 동기 전동기에 연결하여 발전을 하게 한 것
② 스파크 갭식 고주파 발생기 : 공기갭식과 수은 갭식의 두 종류가 있다.
③ 진공관 발진기 : 높은 주파수의 고주파를 발생할 수 있으며, 주파수나 출력을 쉽게 조절 할 수 있다.

2. 자동 제어 기기

【1】자동 제어의 구분
① 되먹임 제어(feedback control) : 기계가 스스로 제어의 필요성을 판단하여 수정 동작을 하는 제어 방식
② 시퀀스 제어(sequential control) : 미리 정해 놓은 순서에 따라 스스로 제어의 각 단계가 순차적으로 진행되는 제어 방식

(1) 자동 제어계의 일반적인 블록 선도(block diagram)

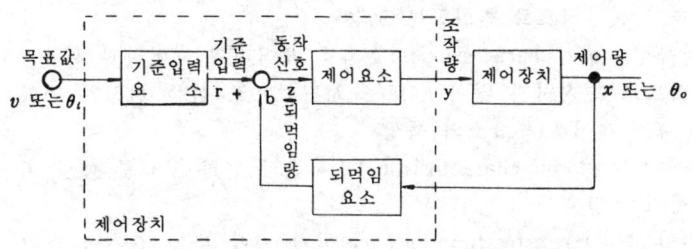

① 제어 대상(controlled system) : 자동 제어의 대상이 되어 있는 장치나 물체
② 제어량(controlled varible) : 제어 대상에 속하는 양으로써, 측정되어 제어될 수 있는 것이다.
③ 목표값(command) : 제어계에서 제어량이 목표값에 이를 수 있도록 외부에서 주어지는 값을 말하며, 목표값이 일정할 때에는 설정값(set point)이라고도 한다.
④ 제어 장치(automatic controller) : 제어 대상을 목표값에 일치되게 동작하는 부분
⑤ 조작량(manipulated variable) : 제어량을 조정하기 위하여 제어대상에 주어지는 양

【2】 자동 제어의 종류
(1) 목표값의 시간적 성질에 따른 분류
① 정치 제어 : 목표값이 일정한 경우의 제어
② 추치 제어 : 목표값이 시간에 따라 변화하고 출력이 이것을 추종할 경우의 제어
③ 프로그램 제어 : 목표값이 변화하기는 하나 그 변화가 알려진 값이며, 미리 마련된 순서에 따라 변화할 경우의 제어
(2) 정치 제어의 구분
① 공정 제어(process control) : 온도, 압력, 유량, 액위, 혼합비 등을 제어량으로 하는 자동 제어
② 자동 조정 : 전압, 전류, 속도, 토크 등의 기계적 또는 전기적 양을 제어하는 장치 제어
③ 서보 기구(servomechanism) : 방향이나 위치의 추치 제어

【3】 자동 제어의 특성

① 응답(response) : 자동 제어계나 요소의 입력의 시간적 변화에 따라 출력이 시간적으로 변화하는 모양

② 정특성(static characteristics) : 자동 제어계의 제어량과 목표값이 시간적으로 변화하지 않거나 또는 시간적으로 아주 천천히 변화할 때의 자동 제어계나 요소의 특성

③ 동특성(dynamic characteristics) : 시간적 변화가 빠를 때의 자동 제어계의 응답

④ 전달 함수(transfer function) : 제어계 전체 또는 요소의 출력 신호와 입력 신호의 비

⑤ LR 회로의 전달 함수

$$\frac{v_o}{v_i} = \frac{R_i}{R_i + L\frac{di}{dt}}$$

의 관계에서

$\frac{d}{dt}$ 를 연산자(operator) s로 표시하고, v_o를 V_o, v_i를 V_i로 하면

$$\frac{V_o}{V_i} = \frac{RI}{RI + sLI} = \frac{1}{1 + s\frac{L}{R}} = \frac{1}{1 + sT}$$

회로의 전달 함수를 $G(s)$라 하면

$$G(s) = \frac{1}{1 + sT} \qquad T : 시상수 \frac{L}{R} \ [sec]$$

⑥ 주파수 전달 함수(frequency transfer function) : 전달 함수가 $j\omega$의 함수로서 표현되는 경우,

$$G(j\omega) = \frac{1}{1 + j\omega T} = \frac{1}{\sqrt{1 + \omega^2 T^2}} - \tan^{-1}\omega T$$

주파수가 높아지면 출력이 감소하고 위상의 늦음이 크게 된다.

【4】 블록 선도

① 블록 선도 : 신호가 자동 제어계 중에서 어떻게 변화되면서 전달되어 가는지를 선도로 표기한 것

2. 자동 제어 기기

② 블록 선도에 사용되는 기호

표시하는 사항	기 호	표시하는 사항	기 호
신호의 흐름과 신호량 x	G	신호의 가산 $x+y=z$	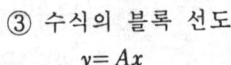
전달 요소와 전달 함수 G	$\xrightarrow{x}$	신호의 감산 $x-y=z$	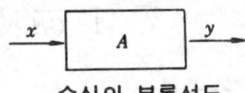
신호의 분기	x ─•─ x ↓ x	회로망에 키르히호프의 제1법칙은 적용할 수 없다. 신호를 전압으로 생각하면 좋다.	

③ 수식의 블록 선도

$y = Ax$

$\xrightarrow{x}\boxed{A}\xrightarrow{y}$

수식의 블록선도

(1) 자동 제어 전기계의 각 요소와 블록 선도

	회 로 소 자	관 계 식	블록선도
비례 요소	입·출력이 같은 물리량의 경우 (입력 전압)(출력 전압) V_i — V_o	$V_o = kV_i$ $0 < k \leq 1$ (가변 저항기 또는 전위차계의 눈금)	$V_i \to \boxed{R} \to V_o$
	입·출력이 다른 물리량의 경우 (입력 전류) I, R, (출력 전압) V	$V = RI$ R : 저항값	$I \to \boxed{R} \to V$
미분 요소	(입력 전류) i, C, (출력 전압) v	$v = L \dfrac{di}{dt}$ $v = sLi$	$i \to \boxed{sL} \to v$
적분 요소	(입력 전류) i, L, (출력 전압) v	$v = \dfrac{1}{C}\int i\,dt$ $v = \dfrac{1}{sC} i$	$i \to \boxed{\dfrac{1}{sC}} \to v$

(2) 여러 개의 블록 선도를 접속하는 방법 — 등가 변화

① 캐스케이드(cascade) 접속 :

$y = G_1 G_2 G_3\, x$

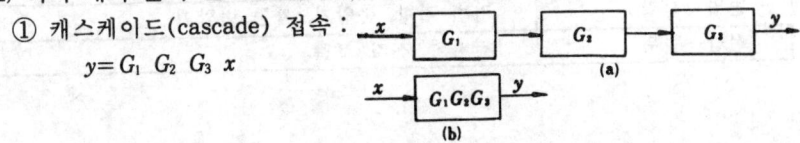

② 병렬 접속

$$y_a = x_1 + x_2 = G_1 x + G_2 x = (G_1 + G_2) x$$
$$y_b = x_1 - x_2 = G_1 x - G_2 x = (G_1 - G_2) x$$

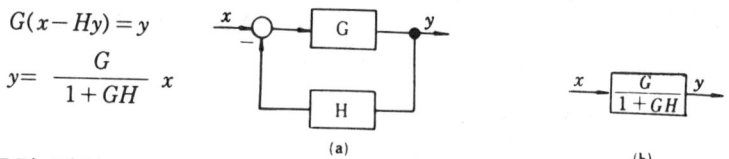

③ 되먹임 접속 : 출력 신호 y를 전달 함수 H를 통하여 입력측에 되먹임하는 접속

$$G(x - Hy) = y$$
$$y = \frac{G}{1+GH} x$$

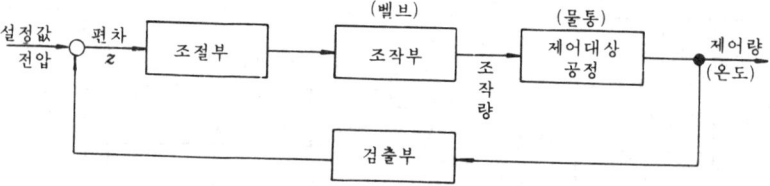

【5】공정 제어

(1) 공정 제어의 구성

(2) 신호의 변환 검출

① 1차 변환기 : 검출기에서의 제어량을 전송하기 쉬운 물리량으로 변환하는 검출기

② 2차 변환기 : 1차 변환기에서 얻은 신호를 다른 물리량으로 바꾸어 조절기에 보내준다.

2차 변환의 보기

압력 – 변위	다이어프램, 스프링
변위 – 압력	유압 분사관
변위 – 임피던스	슬라이드 저항, 용량형 변환기, 유도형 변환기
변위 – 전압	가변 저항, 분압기, 차동 변압기
전압 – 변위	전자석, 전자 코일

③ 온도의 검출
　㉠ 열전쌍 : 온도를 전압으로 변환하는 기기
　㉡ 측온 저항체 : 온도의 변화를 저항의 변화로 검출 — 저항체로 백금 선이나 니켈선이 쓰인다.
　㉢ 방사 온도의 검출 : 열원으로부터 방사되는 에너지를 렌즈로 열전쌍의 열접점에 주어 온도를 측정
④ 압력의 검출 : 다이어프램(diaphragm), 압력 스프링, 벨로스(bellows) 등
⑤ 유량의 검출 : 조리개형 유량계나 전자 유량계를 사용한다.
⑥ 액위계 : 액면의 높이를 검출한다. — 아르키메데스의 원리(Archimedes principle) 이용

(3) 신호의 증폭
① 제어용 증폭기의 필요 특성
　㉠ 이득이 클 것
　㉡ 신호에 포함된 주파수 성분의 범위까지 주파수 특성이 좋을 것
　㉢ 동력원의 변동이나 온도 변화 등, 사용 조건의 변화에 대하여 안정성이 있을 것
② 제어용 증폭기의 종류
　㉠ 전기식 : 트랜지스터나 진공관을 사용하여 증폭하는 방식
　㉡ 유압식 : 입력 신호에 따라서 압력 기름의 통과량을 변화시켜서 출력 신호를 증폭하는 방식
　㉢ 공기식 : 노즐 플래퍼(nozzle flapper)로 변위를 공기압으로 바꾸고, 공기압을 파일럿 밸브로 증폭하고, 그 압력을 진동판으로 받아서 변위를 변화시키는 방법

(4) 조절계
① 조절계의 블록 선도
　㉠ 전기식 조절계 — 온 오프(on-off) 동작이 많다.
　㉡ 공기식 조절계
② 온 오프 동작 : 편차가 양인가 음인가에 따라 조작부를 온(on) 또는 오프(off)하는 동작

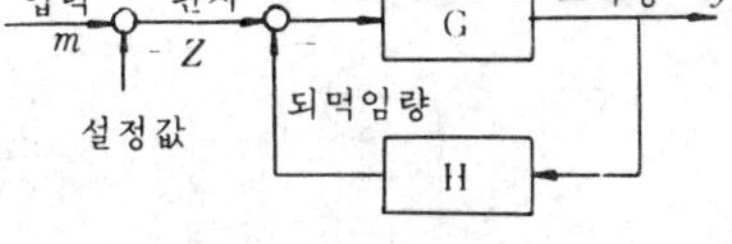

조절계의 블록선도

③ 비례 동작(proportional action, P동작) : 조작량이 편차, 즉 동작 신호에 비례하는 동작

㉠ 편차와 조작량이 비례하는 부분을 비례대(proportion band)라 한 다.
㉡ 외란 : 제어량의 변화를 일으킬 수 있는 신호 중에서 기준 입력 신호 이외의 것
④ 비례 적분 동작(integral action, I동 작) : 조작량이 편차의 적분, 즉 편차 의 시간적인 가산에 비례하는 조절계 의 동작 — 비례 동작에서 생기는 전류 편차가 없어진다.
⑤ 비례 적분 미분 동작(PID 동작) : 비례 적분 동작에 미분 동작을 합한 것

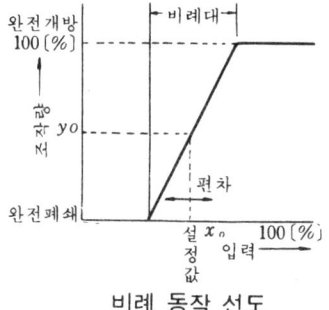

비례 동작 선도

【6】 서보 기구
(1) 서보 기구의 구성

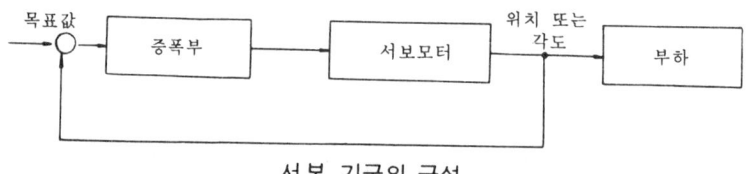

서보 기구의 구성

① 싱크로(synchro) : 전기적으로 변위나 각도를 전달하는 서보 기구
② 리졸버(resolver) : 싱크로와 같이 각도의 전달을 하는 것
③ 저항식 서보 기구
④ 차동 변압기

(2) 서보 기구의 보기

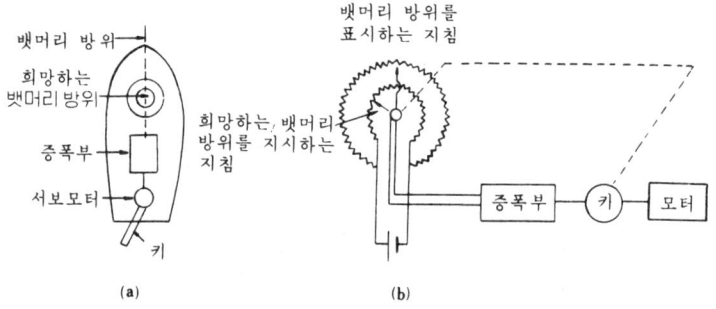

선박의 자동 운항에 사용되는 서보 기구의 보기

3. 전파 응용 기기

【1】 전파 항법

(1) 방사상 항법〔1〕 (지향성 수신 방식)
  ① 공항이나 항구에 송신국을 설치하고, 전파를 모든 방향으로 발사하여, 항공기나 선박에서는 지향성 공중선으로 전파의 도래 방향을 탐지하는 방식
  ② 무지향성 비컨(non-directional beacon, NOB), 호밍 비컨(homing becon) 또는 호머(homer) 등이 있다.

(2) 방사상 항법〔2〕 (지향성 송신 방식)
  ① 지상국에서 전파를 발사할 때 방위를 표시하는 신호를 포함시켜 지향적으로 발사하고, 항공기나 선박은 지향성 안테나를 사용하지 않고 그대로 수신하여 지상국의 방위를 알아낸다.
  ② 회전 비컨, AN레인지 비컨(AN range beacon), VOR(VHF omnidirectional range) 등이 있다.

(3) 항법 보조 장치
  ① 계기 착륙 방식(ILS) : 공항에서 발사된 전파를 받아서 계기의 지시에 따라 착륙하는 설비
    ㉠ 로컬라이저(localizer) : 항공기의 진입에 있어 조종사에게 활주로의 정확한 연장선을 알리는 것
    ㉡ 글라이드 패스(glide path) : 항공기가 강하할 때 수직면 내에서의 올바른 코스를 지시하는 것
    ㉢ 팬 마커(fan marker) : 착륙 자세에 들어간 항공기에 활주로까지의 대략의 거리를 알려 주는 것

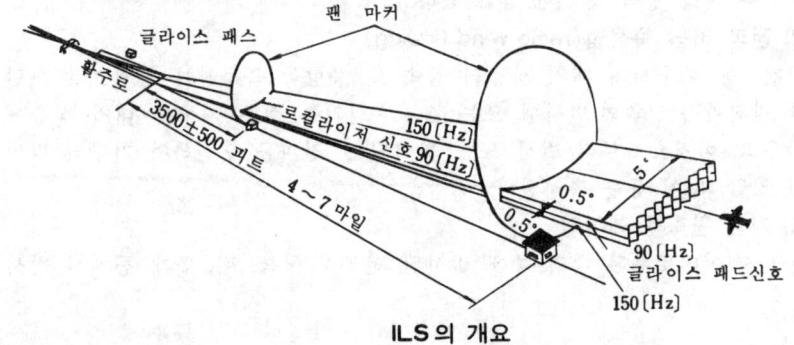

ILS의 개요

② 지상 제어 진입 장치(GCA) : 지상에서 발사된 전파가 항공기에서 반사되어 돌아오는 반사파를 공항 관제관이 CRT상에 잡아서, 이것을 관찰하면서 조종사에게 지시를 내리고 조종사는 그 지시에 따라 착륙 하는 방식

【2】 지향성 안테나
① 루프 안테나(loop antenna)의 구조와 지향 특성

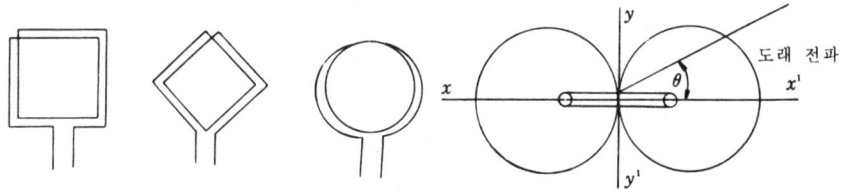

② 애드콕 안테나(adcok antenna) : 야간에 전파의 도래 방향 측정이 곤란한 루프 안테나의 결점을 제거하기 위하여 고안되었다.
③ 고니오미터(radio goniometer) : 안테나를 고정시켜 놓고 적당한 장치를 부설하여 안테나를 회전시키는 것과 같은 효과를 얻도록 한 장치

【3】 기상 관측의 응용
(1) 라디오 존데(radio sonde)
수소 가스를 채운 조그마한 기구에 기상 관측 장비와 발진가를 실어서 대기 상공에 띄워 무선으로 상층의 기상 요소를 측정하는 기기
① 주로 대기 상공의 기압, 온도, 습도 등의 관측에 사용된다.
② 도달 거리는 20~25[km]이다.
③ 정보를 얻는 측정 방법에 따라 송신 주파수 변화 방식과 변조 주파수 변화 방식 및 부호식이 있다.
(2) 전파 바람 측정법(radio wind finding)
전파를 이용하여 대기 상층의 풍속 및 풍향을 측정하는 방법으로 초단파 발진기나 전파의 반사체 또는 송·수신기를 실은 기구를 대기 상층에 띄우고, 이것으로부터 발사 또는 반사되는 전파를 수신하여 기구의 방위와 앙각, 위치 등을 측정한다.
(3) 기상 관측용 레이더
① 레이더로부터 대기 중에 발사된 전파가 구름, 비, 안개 등에서 반사

되어 돌아오는 반사파를 관측하면 기상 상태를 알 수가 있다.
② 반지름 200~400[km] 범위 내의 대기의 기상 상태를 직접 눈으로 볼 수 있으며, 기상 변화를 연속적으로 관측할 수가 있다.

【4】 레이더(radar)

(1) 레이더의 구분
① 1차 레이더 : 레이더에서 발사된 전파가 물표에서 반사되어 돌아오는 반사파를 수신하는 경우
② 2차 레이더 : 발사된 전파가 물표에 도달하는 즉시 물표에 설치되어 있는 송신기에서 같은 주파수 또는 다른 주파수의 전파가 발사되도록 하고, 이 전파를 수신하는 경우

(2) 레이더로부터 물표까지의 거리

$$d = \frac{ct}{2} \, [m]$$

c : 전파의 속도 3×10^8 [m/sec]
t : 전파의 왕복 시간 [sec]

(3) 레이더에 사용되는 전파
① 레이더에 사용되는 전파는 지향성이 강해야 한다.
② 전파는 파장이 짧을수록(주파수가 높을수록) 지향성이 강하므로 100[MHz] 이상의 초단파가 사용된다.

주파수대의 명칭	주 파 수 대	관용 주파수	파 장
L	1,000~2,000[MHz]	1,200[MHz]	25[cm]
S	2,000~4,000[MHz]	2,800[MHz]	10.7[cm]
C	4,000~8,000[MHz]	5,300[MHz]	5.7[cm]
X	8,000~12,500[MHz]	9,300[MHz]	3.2[cm]
Ku	12.5~18[GHz]	16[GHz]	1.9[cm]
K	18~26.5[GHz]	24[GHz]	1.2[cm]
Ka	26.5~40[GHz]	34[GHz]	0.9[cm]

③ 레이더에서는 강력한 신호를 집중적으로 발사할 수 있도록 전파를 펄스형으로 발사한다.

(4) 레이더의 지시방식
① A스코프(A-scope) : 레이더에 사용되는 오실로스코프 가운데 물표까지의 거리만을 지시 하도록 되어 있다.
원래 가로축은 시간축이므로 두 펄스 사이의 간격은 펄스가 물표까지 왕복하는 시간을 나타내지만, 시간 눈금 대신 거리 눈금을 매겨 놓으면 물

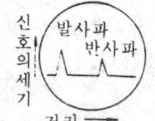

A스코프의 지시 파형

표까지의 거리를 직독할 수 있다.
② PPI(Plan Position Indication) : 레이더에서 가장 널리 사용되는 지시 방식으로 물표까지의 거리와 그 방위를 동시에 읽을 수 있다.

4. 반도체 응용

【1】 전자 냉동
(1) 펠티에 효과(Peltier effect)

2개의 다른 물질의 접합부에 전류가 흐르면 전류의 방향에 따라 열을 흡수하거나 발산하는 현상으로서, 반도체인 BiTe계 합금의 PN접합이 전자 냉동으로 많이 이용된다.

(2) 전자 냉동의 원리

A-D사이에 전압을 가하여 도체 1, 2를 통해서 전류를 흘리면 B, C의 접합부에서 열을 흡수 및 발산이 일어나는데, B점에서 열을 흡수하였다면 C점에서는 열이 발산하므로, B점 및 여기에 열적으로 접속되어 있는 물체는 냉각된다.

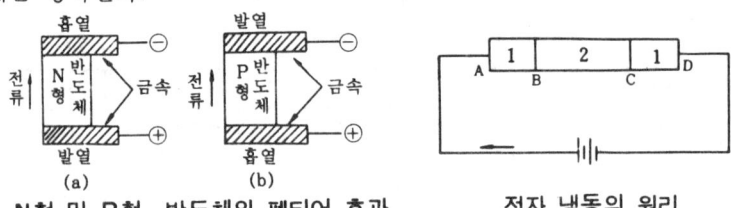

N형 및 P형 반도체의 펠티어 효과   전자 냉동의 원리

(3) 전자 냉동의 응용
① 전자 냉동의 장점
㉠ 회전 부분이 없으므로 소음이 없고, 배관도 필요없다.
㉡ 전류 방향만을 바꿈으로서 냉각에도 쓸 수 있고 가열에도 쓸 수 있다.
㉢ 온도의 조절이 쉽다.
㉣ 성능이 고르고 수명이 길며, 사용기간 중에 변화가 거의 없다.
㉤ 크기가 작고, 가벼워 취급이 간단하다.
② 전자 냉동은 열용량이 작은 국부적인 부분의 냉각 또는 항온조에 적합하다.

【2】 태양 전지(solar battery)

(1) 태양 전지의 원리
① PN 접합부에 빛을 쬐면 광자(photon)의 에너지에 의하여 반도체 결정의 공유 결합이 파괴되어 전자와 정공의 쌍(pair)이 생기게 된다.
② 접합부의 내부 전장에 의하여 전자는 N형 쪽으로 정공은 P형 쪽으로 이동되므로, 외부에 대해서는 P 형쪽이 양(+), N 형쪽이 음(-)의 기전력이 생긴다.

(2) 태양 전지의 구조와 특성

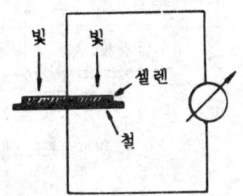 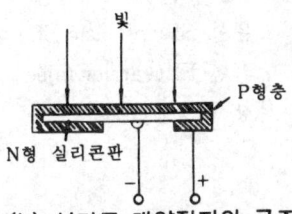

(a) 셀렌 광전지의 구조   (b) 실리콘 태양전지의 구조

① 셀렌 광전지 : 광전 변환 효율이 나쁘므로 전기 에너지가 작다.
② 실리콘 태양 전지 : 지름 20[mm] 정도 두께 0.5[mm] 정도인 원형의 N형 실리콘의 표면에 붕소를 $2[\mu]$ 정도의 깊이로 침투시켜 P형 층을 만든 다음, 리드를 끌어낼 것으로서 P형으로부터 빛이 들어가면 단자사이에 0.4[V] 정도의 기전력이 나타난다.
③ 태양 전지의 광전 변환 효율 : 이론상 최대 22[%]이나 실제에는 최대 16[%] 정도이고, 양산품에서는 9~12[%]이다.
④ 모듈(module)화한 태양 전지는 지름 23[mm]의 반원소자 20개로 구성된다.

(3) 태양 전지의 특징과 이용
① 종래에 이용되지 않는 풍부한 에너지원으로 이용된다.
② 장치가 간단하고 보수가 편하다.
③ 빛의 방향에 따라 발생 출력이 변하므로 이것을 고려하여 출력에 여유를 두어야 한다.
④ 연속적으로 사용하기 위해서는 태양 광선을 얻을 수 없는 경우에 대비하여 축전 장치가 필요하다.
⑤ 대전력용은 부피가 크고 가격이 비싸다.
⑥ 인공 위성의 측정 장치용 전원, 등대나 산위의 초단파 무인 중계소 등에 이용된다.

【3】전장 발광

(1) 루미네슨스(luminescence)의 자극 방법
　① 형광 방전관 : 관 내의 수은 증기에서 나오는 자외선이 형광 물질을 자극하여 빛을 낸다.
　② 브라운관 : 가속된 전자 빔이 형광 물체에 충돌 자극하여 빛을 낸다.
　③ 전기 루미네슨스(electroluminescence, EL) : 형광 물질을 자극하기 위하여 전장을 사용한다.

(2) EL 현상의 종류
　① 고유형 EL(intrinsic EL)
　② 주입형 EL(carrier injection EL)
　③ 전장 발광판(EL 램프)

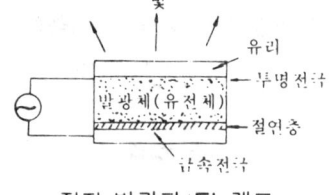

전장 발광판(EL 램프)

5. 수신기

【1】수신기의 특성

① 감도(sensitivity) : 미약한 전파를 수신할 수 있는 능력으로 SN비 20[dB]로 일정한 저주파 출력을 얻는데 필요한 안테나의 입력 전압으로 나타낸다.
② 선택도(selectivity) : 희망하는 전파를 어느 정도까지 분리해 낼 수 있는지의 능력으로 근접 주파수 선택도와 영상 주파수 선택도로 나타낸다.
③ 충실도(fidelity) : 송신측에서 변조된 신호를 어느 정도까지 충실히 재현할 수 있는지의 정도를 나타낸다.
④ 안정도(stability) : 주파수와 진폭이 일정한 신호 전파를 수신하면서 장시간에 걸쳐 일정한 출력을 낼 수 있는지의 능력을 나타낸다.
※ 신호대 잡음비(SN비) : 신호와 잡음 세력의 비율로서 보통 [dB]로 나타낸다.

(1) 슈퍼헤테로다인(superheterodyne)수신기의 구성
　수신 전파의 주파수 f_s를 이와 다른 주파수 f_i(중간 주파수)로 변환시키고, 이를 증폭하여 검파한다.

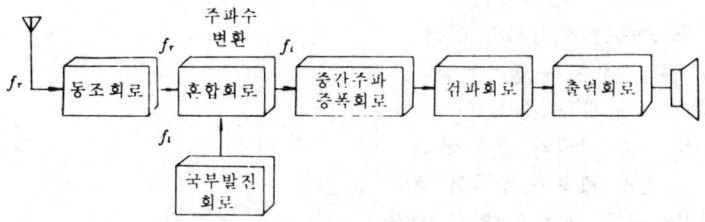

슈퍼헤테로다인 수신기의 구성

(2) 슈퍼헤테로다인 수신기의 장단점
　〔장점〕
　① 중간 주파수로 변환 증폭하므로 감도가 좋다.
　② 선택도가 좋다.
　③ 광대역에 걸쳐 선택도가 떨어지지 않고 충실도가 좋다.
　〔단점〕
　① 영상 혼신을 받기 쉽다.
　② 국부 발진 주파수의 고조파와 수신전파 사이의 비트(beat) 방해를 받기 쉽다.
　③ 주파수 변환으로부터의 잡음 발생이 많다.
　④ 회로가 복잡하고 조정이 어렵다.

【2】 슈퍼헤테로다인 수신기의 영상 주파수 방해
(1) 영상 혼신(image frequency interference)
　수신하려는 주파수(f_s)에 대하여 $f_s+2f_i=f_2$인 주파수도 동시에 들어와 수신 방해가 되는 주파수 f_2를 영상 주파수라 하며, 이것에 의한 혼신을 영상 혼신이라 한다.
　※ 영상 주파수 f_2 = 수신 주파수 + 2 × 중간 주파수 = f_s+2f_i
(2) 영상 혼신을 경감시키는 방법
　① 고주파 증폭단을 부가하여 선택도를 높인다.
　② 동조 회로의 Q를 높인다.
　③ 중간 주파수를 높게 선정한다.
　④ 안테나 회로에 웨이브 트랩(wave trap)을 설치한다.
　⑤ 중간 주파 증폭 회로에 수정 여파기(x-tal filter)를 쓴다.
　⑥ 이중 슈퍼헤터로다인 방식으로 한다.

【3】수신기의 특성 개선
(1) 구주파 증폭단 부가시의 이점
① 감도와 선택도가 좋아진다.
② SN비가 크게 개선 된다.
③ 영상 신호 방해가 경감 된다.
④ 국부 발진 세력의 방사를 줄일 수 있다.
(2) 수신기의 감도 향상을 위한 방법
① 고주파 증폭단을 부가하여 이득을 크게 한다.
② 주파수 변환 소자(진공관, 트랜지스터)는 잡음이 적고 변환 컨덕턴스가 클 것
③ 중간 주파 증폭단을 증가시킨다.
(3) 선택도를 좋게 하는 방법
① 동조 회로의 선택도 Q를 높게 한다.
② 고주파 증폭단을 부가한다.
③ 중간 주파수를 낮게 한다.
④ 중간 주파 변성기(IFT)는 1, 2차 동조형으로 한다.

【4】FM수신기의 구성
(1) FM수신기(통신용)의 구성

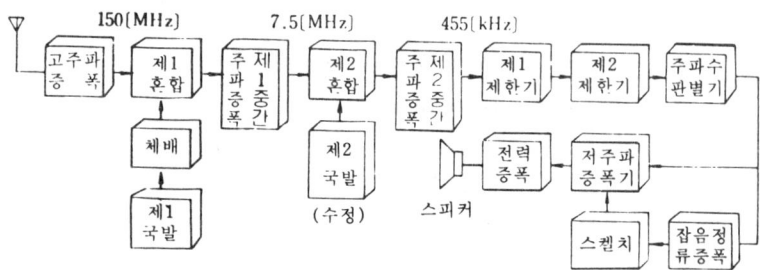

(2) FM 통신 방식의 특징
① SN비가 좋다.
② 송신기의 효율을 높일 수 있고, 일그러짐이 적다.
③ 수신기의 출력 준위 변동이 적다.
④ 혼신 방해를 적게 할 수 있다.
⑤ 주파수 대역을 넓게 잡을 필요가 있다.

(3) FM 수신기 특유의 회로

① 진폭 제한기(limiter) : FM파(방송파)가 진폭 변화를 받아 약간의 진폭 변조된 AM파 성분(잡음 성분)을 제거하여 진폭을 일정하게 하는 회로

② 주파수 판별기(FM 검파 회로) : 주파수변조된 FM파를 진폭의 변화로 바꾸는 회로

③ 스켈치(squelch) 회로 : 입력 신호가 없을 때의 잡음을 제거하기 위하여 저주파 증폭부의 동작을 자동적으로 정지시키는 회로

④ 디엠퍼시스(de-emphasis) 회로 : 송신측에서 SN비 개선을 위해 고역 이득을 보강한 특성(프리엠퍼시스)을, 수신측에서 다시 보정하여 전체적으로 평탄한 특성으로 하기 위한 회로 -FM 방송에서는 50〔μ sec〕로 규정되어 있다.

(4) FM 방송용 수신기의 구성

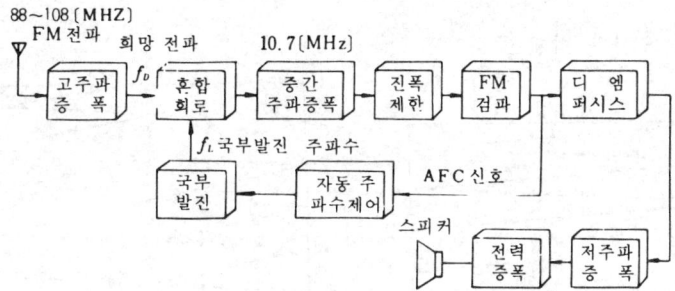

【5】 FM 스테레오 수신기의 구성

① MPX 어댑터 : FM 스테레오 방송을 수신하여 좌우(L, R)의 스테레오 신호를 얻기 위한 회로

② 스테레오 수신 전파를 단일 음향(mono sound) 수신기로 수신하였을 때에는 복조된 신호 가운데 (L+R) 신호만이 스피커에서 재생된다.

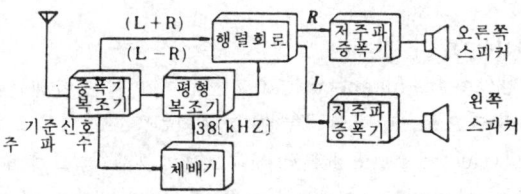

6. 텔레비전

【1】 TV(television)의 원리
(1) **TV의 3요소**
  ① 화소(회소, picture element) : 화면을 구성하는 최소한의 미소한 면적(점)
  ② 주사(scanning) : 화면 구성을 위해 화소를 분해 또는 조립하는 과정
  ③ 동기(synchronization) : 송신측의 분해 주사와 수신측의 조립 주사를 일치시키는 것

(2) **주사**
  ① 순차 주사와 비월 주사

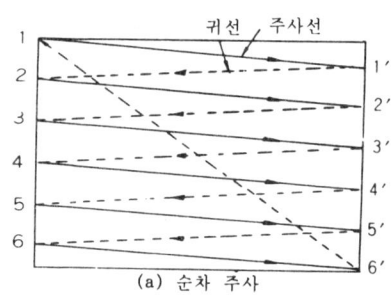
(a) 순차 주사

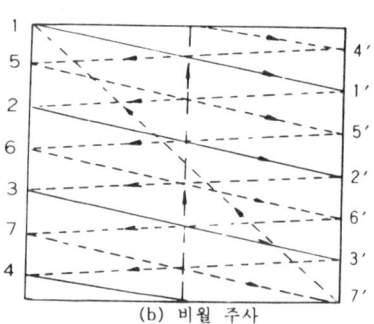
(b) 비월 주사

  ② 비월 주사의 이점
    ㉠ 수상 화면의 플리커(flicker, 깜박거림)가 적어진다.
    ㉡ 영상 신호의 최저주파수를 높일 수 있어 전송을 용이하게 할 수 있다.

(3) **편향(deflection)**
  ① 전자 편향(electro magnectic deflection) : 편향 코일에 톱니파 전류를 흘려주는 방법으로, 현재의 TV에 실용된다.
  ② 정전 편향(electro static deflection) : 편향판에 톱니파의 전압을 가하여 편향하는 방법으로, 오실로스코프 등의 계측기에 사용되고 있다.

(4) 동기
  ① 동기 신호(synchronizing signal) : 수상 화면의 동기를 위하여 각 주사선이 바뀌는 곳과 각 필드 주사가 바뀌는 곳마다 일정한 시간 간격을 두어 이 사이에 삽입하는 특별한 신호
  ② 등화 펄스(equalizing pulse) : 비월 주사를 할 수 있도록 하기 위하여, 홀수째 번의 필드와 짝수째 번의 필드에서 수직 동기 신호의 위치를 수평 동기 신호의 간격 H의 반만큼 치우치게 하고, 그 동작을 확실하게 하기 위하여 그 전후에 넣어 주는 6개씩의 펄스를 말한다.

(5) 텔레비전의 표준 방식

주사선수	525개	수직 주사 주파수	60[Hz]
영상 주파수 대역폭	4[MHz]	매초 상수(프레임 수)	30매
채널폭	6[MHz]	화면의 종횡비	3 : 4
영상 신호 반송파와 음성 반송 주파수와 의 차	+4.5[MHz]	주사 방법	비월 주사
전원 주파수와 동기	비동기	영상 변조 형식 영상 신호의 측파대 특성	진폭 변조 잔류 측파대 특성
수평 주사 주파수 주사 주기	15750[Hz] 63.5[μs]	영상 변조 특성 음성 변조의 형식	부극성 변조 주파수 변조

(6) 텔레비전 전파
  ① TV 전파의 주파수 대역은 그림과 같이 측파대의 한쪽을 어느 정도 남기는 잔류 측파대(Vestigial Side Band, VSB) 방식을 사용한다.
  ② 음변조(negative modulation) 방식 : 영상 신호의 밝기에 반비례하여 반송파의 진폭을 변화시키는 방식으로, 밝은 화면 일 때에는 반송파의 진폭이 작아지고 어두운 화면에서는 반송파의 진폭이 커지는 방식이다.

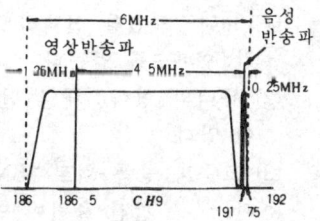

【2】 TV 수상기
(1) TV 수상기의 구성

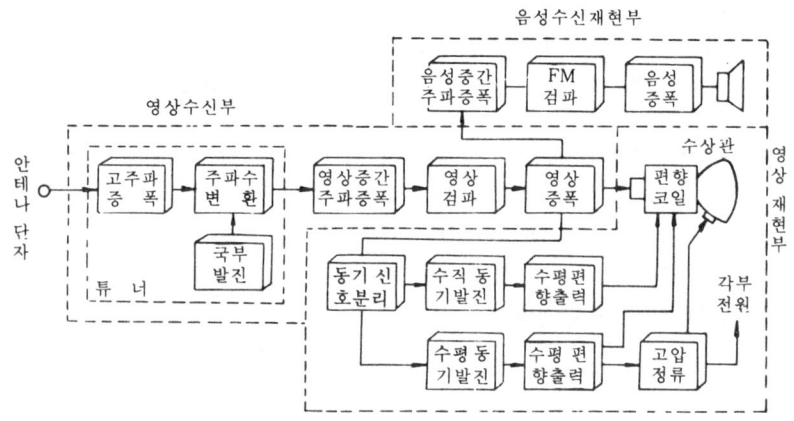

① 영상 수신부 : TV 전파를 수신하여 영상 신호를 꺼내는 부분
② 영상 재현부 : 동기 신호에 의한 톱니파 전류를 발생시켜 래스터(raster)가 나타나게 하며, 영상 신호에 의하여 수상관에 영상을 재현시키는 부분
③ 음성 수신부 : 음성 신호를 수신하여 복조하고, 스피커를 동작시키는 부분
④ 전원부 : 수상기 각 부분의 전자관이나 트랜지스터에 전압을 공급하는 부분과 수상관의 양극 전압을 공급하는 부분이 있다.

(2) 튜너(tuner) 회로
① 튜너 : 채널을 선택하고 고주파 증폭을 하며 주파수 변환을 하여 중간 주파수를 얻는다.
② 튜너의 형식 : 채널 선택 전환기의 형식에 따라 로터리식과 터릿식이 있다.
③ 고주파 증폭 회로 : SN비의 개선과 선택성의 향상을 주목적으로 하며, 국부 발진 출력이 안테나를 통하여 역으로 복사되지 않도록 하는 역할도 한다.
④ 국부 발진 회로 : 주파수 변화에 필요한 고주파 신호를 발생시키며, 변형 콜피츠 발진 회로를 주로 사용한다.
⑤ UHF튜너 : 보통 470~770[MHz]의 UHF 전파를 수신하여 58.75[MHz]의 영상 중간 주파 신호를 출력으로 내어, VHF튜너에 가해 VHF튜너를 영상 중간 주파 증폭기로 동작시킨다.

(3) 영상 중간 주파 증폭회로
① 주파수 특성 : 영상 중간 주파 증폭 회로는 그림과 같은 선택도 특성을 가지게 하여, 중간 주파의 영상 반송파가 경사부분의 중앙(1/2.6[dB]감쇠점)인 f_3 위치에 오도록하여 잔류 측파대를 바르게 복조하도록 되어있다.

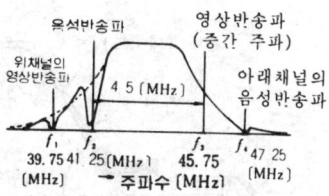

② 트랩 회로 : 영상과 음성의 간섭을 줄이기 위하여 음성 신호 세력을 감쇠시키는 음성 트랩 41.25[MHz]와, 인접 채널의 혼신을 제거하기 위한 인접 채널 트랩 39.75[MHz] 및 47.25[MHz] 회로
③ 스태거(stagger) 동조 회로 : 중간 주파 변성기(IFT)의 동조 주파수를 각각 약간씩 틀리게 하여 전체적으로 넓은 대역폭을 가지는 이득 특성이 되도록 하는 다단 고주파 증폭기로서 TV나 레이더의 중간 주파 증폭에 사용한다.

(4) 영상 검파 회로
① 영상 중간 주파 신호를 검파하여 영상 신호를 복조하며 영상 반송파(45.75[MHz])와 음성 반송파 (41.25[MHz])의 비트 검파로 4.5 [MHz]의 음성 FM파를 얻는다.
② 영상 검파 출력의 주파수 특성을 보정하기 위하여 검파 출력에 고역 보상을 위한 피킹(peaking) 코일을 삽입한다.

(5) 영상 증폭 회로
영상 증폭 회로는 영상 검파 신호를 증폭하여 수상관을 휘도 변조시키기 위한 회로로서 신호의 분리와 임피던스 정합을 고려하여 2단 증폭 회로로 구성된다.
① 영상 증폭 회로의 구성
  ㉠ 제 1 영상 증폭 회로 : 영상 검파 출력 중 4.5[MHz]의 음성 신호와 동기 신호 및 AGC에 필요한 신호를 분리하고, 영상 신호는 제 2 영상 증폭 회로에 가해진다.
  ㉡ 제 2 영상 증폭 회로 : 제 1 영상 증폭의 출력 전압 약 1[V] P-P의 신호를 30~70[V] P-P로 증폭하여 수상관의 캐소드에 가한다.
② 고역 보상 : 고역에서의 주파수 특성 저하를 방지하기 위하여 이득이 저하하기 시작하는 주파수에서 공진하는 직렬 피킹과 병렬 피킹 코일을 삽입한다.

(6) 수상관

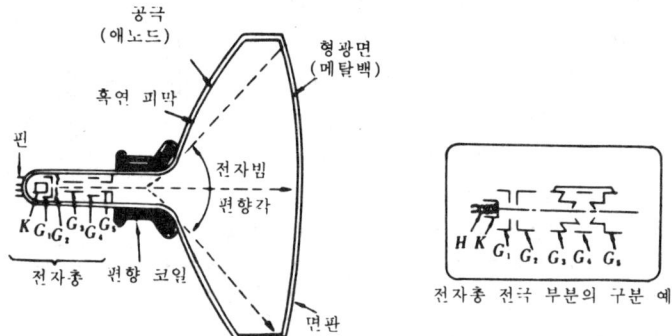

전자총 전극 부분의 구분 예

(7) 동기 분리 회로
① 진폭 분리 회로 : 영상 신호 진폭의 약 25[%]되는 동기 신호를 그 진폭의 차를 이용하여 영상 신호로부터 분리하여 수평과 수직의 동기 신호를 얻는 회로
② 주파수 분리 회로 : 진폭 분리에서의 동기 신호 중에서 적분 회로에 의해 수직 동기 신호 60[Hz]를, 미분 회로에 의해 수평 동기 신호 15750[Hz]를 분리해 낸다.

(8) 편향 회로
① 편향 코일 : 수평 편향 코일과 수직 편향 코일 2개를 직각으로 배치하고, 수평 편향 코일에는 15750[Hz], 수직 편향 코일에는 60[Hz]의 톱니파 전류를 흘려 형광면의 스포트(spot)를 좌우 상하로 주사한다.
② 수직 편향 및 수평 편향용 톱니파의 발생 : 멀티바이브레이터나 블로킹 발진기의 출력 파형을 동기 신호에 동기시켜 구성한다.
③ 고압 발생 회로 : 수평 편향 출력의 출력 변성기 권선에 흐르는 톱니파 전류의 귀선 기간에 발생하는 고압 펄스를 승압하여 수상관에 필요한 양극 직류 전압을 만든다.
④ 수평 동기 AFC 회로 : 수평 동기 신호는 잡음에 의하여 동기가 흩어지기 쉬우므로 자동 주파수 제어 회로를 사용한다.

(9) 자동 이득 제어 회로
① AGC 회로 : 입력 신호의 변동이나 채널 전환 등으로 수상 화면의 상태가 변동하는 것을 방지하기 위하여 자동적으로 이득을 제어하는 회로

② AGC 회로의 구성

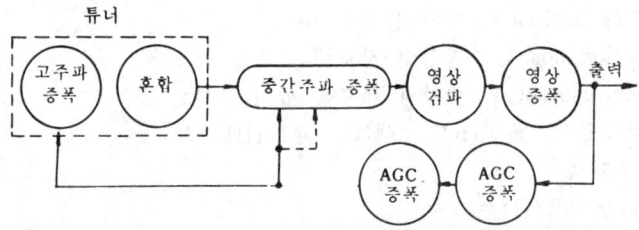

③ AGC 회로의 종류
  ㉠ 평균값형 AGC : 영상 검파기의 출력을 평활하여 직류 전압을 AGC 전압으로 이용하는 방식으로 회로가 간단하게 되나, 화면의 명암에 따라 AGC 전압이 변하는 결점이 있다.

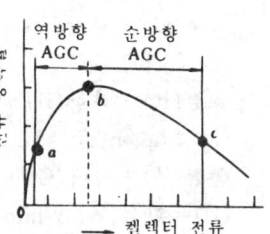

  ㉡ 파고값형 AGC : 동기 신호 부분을 AGC 전압으로 이용하는 방식으로 화면의 명암에 관계 없는 AGC 전압이 얻어지나, 동기 신호보다 큰 잡음이 들어오면 동작 시간이 길게 지속되어 정상 동작을 못하게 되는 결점이 있다.
  ㉢ 키드(keyed) AGC : 수평 동기 신호 동안에만 영상 신호 중에 포함된 수평 동기 신호를 빼내어서 그의 진폭에 비례하는 AGC 전압을 얻는 방식으로, 잡음의 영향이 적고 속응성도 좋아서 가장 많이 사용되고 있다.

⑽ 음성 신호 회로

주파수 변조된 음성 신호는 영상 검파기 또는 영상 제1증폭에서 4.5 [MHz]의 비트로 얻어지고, 이 신호를 증폭하고 FM 검파하여 저주파 증폭에 가한다.

【3】 컬러 텔레비젼

(1) 색채
  ① 가시광(visible light) : 육안으로 볼 수 있는 빛의 파장 범위는 약 380~780[mm]이지만, 보통 실용상 400~700[mm]의 범위를 말한다.
  ② 색의 3속성 : 색상, 채도(포화도), 휘도(명도)

㉠ 색상(hue) : 색체의 종류
㉡ 채도(saturation) : 색의 선명도
㉢ 휘도(iuminosity) : 명암의 정도
③ 색도(chromaticity) : 색상과 채도를 합쳐 부르는 뜻
④ 색광의 3원색 : 빨강(R), 녹색(G), 파랑(B)
⑤ 가색 혼합법
빨강(R)+녹색(G)=노랑
(Y, Yellow)
녹색(G)+파랑(B)=청록
(C, Cyan)
빨강(R)+파랑(B)=자주
(M, Magenta)
빨강(R)+녹색(G)+파랑
(B)=흰색(W, White)

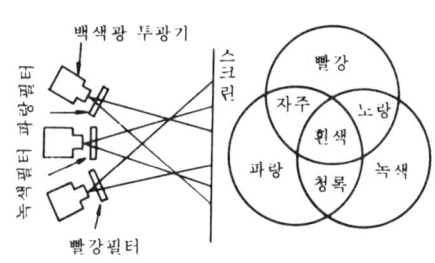

⑥ 색도도(chromaticity chart)
㉠ 곡선 둘레에 있는 각 점은 400[nm]의 보라로부터 700[nm]의 빨강에 이르기까지 스펙트럼색에 대응한다.
㉡ 곡선 내의 점 C는 표준 흰색을 나타내고, 모든 색광들이 이 곡선 범위 내의 점으로 나타내어 진다.
㉢ 가색 혼합의 경우 2색을 혼합하여 얻어지는 색의 색도는 본래의 색을 나타내는 2점을 연결하는 직선상에 있게 된다.

(2) 컬러 텔레비전의 방식

미국의 NTSC(National Television System committee) 방식, 프랑스의 SECAM(Squential á mémoie)방식, 서독에서 개발한 PAL(Phase Alternation by Line) 방식 등이 있는데, 우리 나라는 NTSC 방식을 채용하고 있다.

① NTSC 방식의 수평, 수직 주사 주파수와 색도 부반송파 주파수

㉠ 수평 주사 주파수 : $f_h = 4.5[\text{MHz}] \times \dfrac{2}{572} = 15734[\text{Hz}]$

㉡ 수직 주사 주파수 : $f_v = f_h \times \dfrac{2}{522} = 59.94[\text{Hz}]$

㉢ 색도 부반송파 주파수
$f_s = f_h \times \dfrac{455}{2} = 3.579545[\text{MHz}]$

② NTSC 방식의 영상 신호
  ㉠ 휘도 신호 :
   $E_Y = 0.30 E_R - 0.59 E_G + 0.11 a E_B$
  ㉡ 색도 신호 :
   $\begin{cases} E_I = 0.60 E_R - 0.28 E_G - 0.32 E_B \\ E_Q = 0.21 E_R - 0.52 E_G + 0.31 E_B \end{cases}$

③ 컬러 버스트(color burst) 신호 : 수상기에서 만드는 3.58[MHz]와 송신축의 부반송파의 위상을 일치시키기 위한 제어 신호로서, 송신측에서 그림과 같이 수평 동기 펄스의 뒤 포치부에 삽입하는 8~12사이클의 신호

(3) 컬러 텔레비전의 구성
① 지연 회로 : 휘도 신호에 대한 색신호의 지연을 보정하기 위하여 수상관에 도달하는 휘도 신호를 0.8~1[μsec] 정도 뒤지게 하는 선로 회로

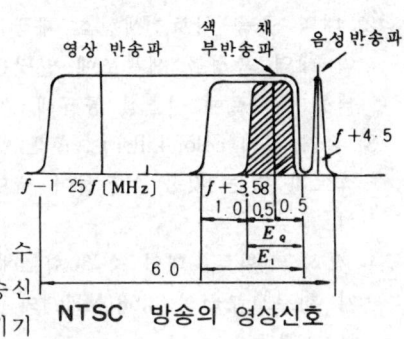

NTSC 방송의 영상신호

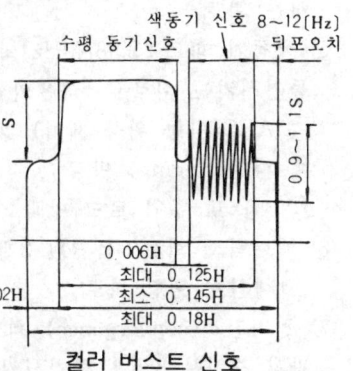

컬러 버스트 신호

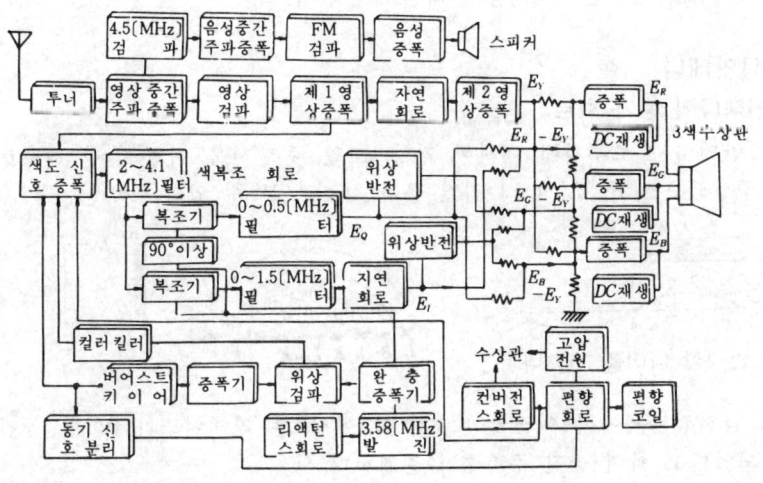

② 대역 증폭 회로 : 색신호 재생 회로의 입력으로서 영상 신호로부터의 대역 특성을 색복조에 알맞는 세력으로 증폭하여 색복조 회로와 색동기 회로에 신호를 공급해 준다.

③ 컬러 킬러(color killer) : 흑백 방송 전파를 수신하였을 때에 컬러 버스트가 없는 것을 이용하여 색도 신호 증폭기의 동작을 중지시키는 회로

④ 색복조 회로 : 대역 증폭 회로에서 분리한 반송 색신호 속에서 색동기 회로로부터의 3.58[MHz]의 부반송파를 사용하여 색신호를 복조하는 회로

⑤ 색동기 회로 : 3.58[MHz]의 색부반송파 발진 회로를 버스트 신호에 동기시키는 회로로 다음의 3가지 방식이 있다.
　㉠ APC(자동 위상 제어) 방식 회로
　㉡ 링깅(ringing) 방식
　㉢ 버스트 주입 로크 방식

⑥ 매트릭스 회로 : 독립된 2개의 색신호로부터 3개의 색신호를 얻어내는 색신호 혼합 회로

⑦ 컨버전스(convergence) 회로 : 3개의 컨버전스 자석에 의하여 수상관의 중앙부 3색을 중첩시키는 것을 정 컨버전스, 수상관면의 주변부의 색을 겹치는 것을 동 컨버전스라 한다.

【4】안테나

(1) 안테나의 등가 회로

① 안테나는 고주파에 대하여 저항, 코일, 콘덴서를 직렬로 한 회로로 구성되므로 R_a, L_a, C_a의 직렬 등가 회로로 볼 수 있다.

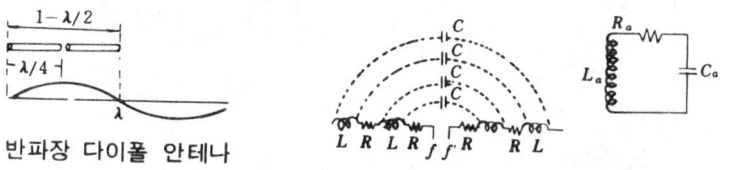

반파장 다이폴 안테나

② 급전점 ff'에서 여진할 때, 급전점에서 본 리액턴스가 0이면 공진되었다고 하며 공진 주파수가 존재한다.

(2) 안테나 저항
① 방사 저항(복사 저항) : 전파 복사에 유효한 저항으로서, 공중선에서 전자파로 방사된 전력이 저항에 전류가 흘러 소비된 것으로 가정한 경우의 가상적 저항을 말한다.
② 손실 저항 : 공중선에서 고주파 전력의 손실이 되는 저항으로 도체 저항, 접지 저항, 유전체 손실 저항, 코로나 손실 저항 등이 있다.

(3) 지향성과 이득
① 지향성 : 안테나로부터의 전파 방사가 어느 방향으로 어느 정도의 세기로 되는가를 나타내는 것으로, 수직면과 수평면 지향성으로 분류되나 보통은 수평면 내의 특성을 나타낸다.
② 안테나 이득 = $\dfrac{\text{어떤 안테나의 최대 수신 전력}(P_2)}{\text{반파장 다이폴의 최대 수신 전력}(P_1)}$

$$\therefore G = 10\log_{10} \dfrac{P_2}{P_1} \ [dB]$$

③ 전후비(FBR) : 안테나의 전방과 후방의 감도의 비

$$FBR = 10\log_{10} \dfrac{\text{전방의 최대 방사 전력}}{\text{후방의 최대 방사 전력}} \ [dB]$$

(4) TV전파(초단파)의 전파
① 송·수신간의 거리
  ㉠ 기하학상의 가시 거리
    $D = 3570(\sqrt{h_1} + \sqrt{h_2}) \ [m]$
  ㉡ 전파의 가시 거리(도달 거리)
    $d = 4110(\sqrt{h_1} + \sqrt{h_2}) \ [m]$
  (h_1 : 송신 안테나의 높이[m], h_2 : 수신 안테나의 높이[m])

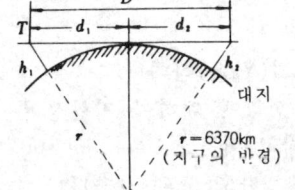

② 가시 거리 내에서의 전장 강도
$$E = \dfrac{88\sqrt{P}\,h_1 h_2}{\lambda d^2} \cdot J \ [V/m]$$

P : 실효 송신 전력[W], $h_1 \cdot h_2$: 송, 수신 안테나의 높이[m]
d : 송, 수신 간 거리[m], λ : 파장
J : 지구 표면의 곡률에 의한 보정값

(5) TV수신 안테나

① 반파장 다이폴 안테나(더블릿 안테나)

㉠ 실제에 사용되는 길이는 반파장 $\left(\dfrac{\lambda}{2}\right)$ 보다 약 5[%]만큼 짧게 한다.

$$L = \dfrac{\lambda}{2} \times 0.95 \,[m]$$

※ 0.95는 파장 단축률(말단 효과) 5%

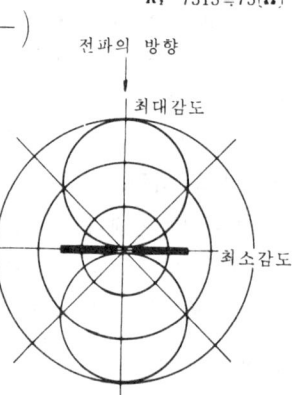

㉡ 방사 임피던스
$Z_a = 73.13 + j42.55\,[\Omega]$

㉢ 방사 저항 : 방사 리액턴스를 제외한 순저항
$R_a = 73.13 ≒ 75\,[\Omega]$

② 폴디드(folded) 안테나

다이폴 안테나의 지향성

반파장 다이플 안테나의 양단에 병렬 도체를 접속한 것이다.

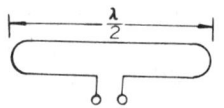

㉠ 방사 저항
$R_a = 73.13 n^2 = 292.52 ≒ 300\,[\Omega]$

㉡ 지향성은 반파장 더블릿 안테나와 같다.

③ 야기(Yagi) 안테나

㉠ 전방에 대하여 지향성이 예민하고 이득도 크다.

㉡ 소자수(도파 기수)를 늘리면 이득도 증가하고 지향성은 더욱 예민해진다.

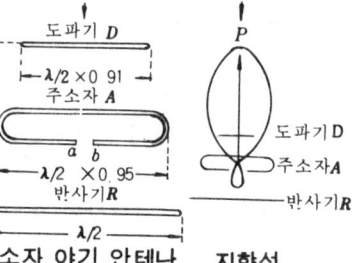

3소자 야기 안테나   지향성

㉢ 단일 채널로서의 특성이 가장 우수하여 채널 전용 안테나로 가장 많이 사용된다.

④ 인라인(inline)형 안테나

㉠ 야기 안테나의 변형으로 2개의 폴디드 소자를 병렬 접속하여 광대역 수신이 되도록 한 것이다.

㉡ 로(low) 채널에서는 소자 A가 주소자, 소자 D가 도파기, 소자 R이 반사기로 동작한다.

ⓒ 하이(high) 채널에서는 소자 D가 주소자, 소자 A가 반사기 구실을 한다.
ⓔ 로 채널보다 하이 채널의 이득이 낮아지는 결점이 있다.
⑤ 코니컬(conical)안테나
　㉠ 주소자 A를 코니컬(원추형)로 하여 광대역 특성을 갖게한 것이다.
　㉡ 주소자 A의 후방의 짧은 소자 R_H가 하이 채널 전용 반사기, 긴 소자 R이 로 채널 전용의 반사기이다.
　㉢ 인라인형과는 달리 하이 채널 쪽의 특성이 우수하다.

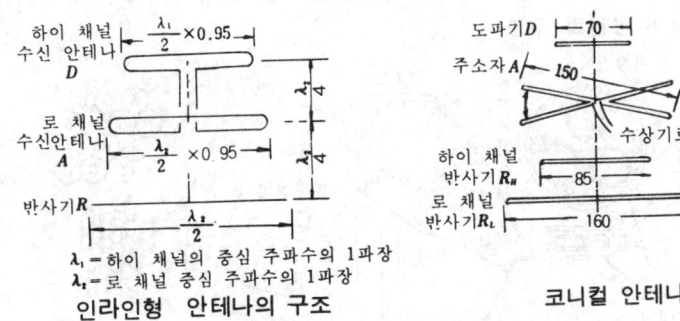

인라인형 안테나의 구조　　코니컬 안테나

【5】 급전선(feeder line)
(1) 평행 2선식 피더
　① 전기적으로 평형을 유지하므로 평형형이라 한다.
　② 특성 임피던스

$$Z_0 = \sqrt{\frac{L}{C}} = \frac{277}{\sqrt{\varepsilon}} \log_{10} \frac{20}{d} \ [\Omega]$$

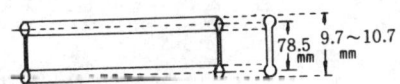

평행 2선식

단, d : 도선의 직경 [cm]
　　D : 2선의 간격 [cm]
　　ε : 절연체의 유전율
(공기 1, 폴리에틸렌 2.25, 고무 3)
　③ 보통 VHF에서는 300 [Ω], UHF에서는 200 [Ω]의 것이 사용된다.
　④ 잡음의 영향을 받기 쉬운 결점이 있다.
(2) 동축 케이블(coaxial cable)
　① 일반적으로 불평형형이 많다.

② 특성 임피던스 : 보통 50[Ω], 75[Ω] 많다.

$$Z_0 = \frac{138}{\sqrt{\varepsilon}} \log_{10} \frac{D_1}{D_2}$$

(ε : 절연물 유전율)

단, D_1 : 외부 도체의 내경 [m],
D_2 : 내부 도체의 외경 [cm]

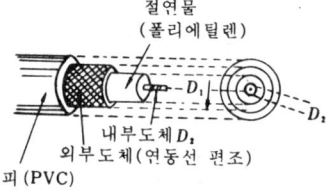

③ 심선이 외부 망선에 의해 실드(shield) 되기 때문에 외부 잡음의 영향을 거의 받지 않으나, 전송 손실이 큰 결점이 있다.

(3) 3색 수상관의 구조

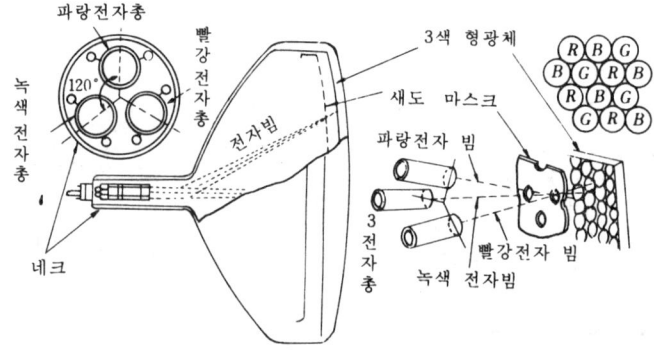

7. VTR

【1】 비디오(video)기기

① VTR(Video Tape Recorder) : 기록 매체로 자기 테이프(magnetic tape)를 사용한다.
② VDR(Video Disk Recorder) : 기록 매체로 자기 시트(magnetic sheet)를 사용한다.
③ VCR(Video Cassette Recorder)

【2】 비디오 신호를 기록 재생하기 위한 조건

① 비디오 헤드의 갭(gap)을 좁게 한다.

② 비디오 헤드와 자기 테이프의 상대 속도를 크게 한다.
③ 비디오 신호를 변조해서 기록한다.
※ 비디오기기의 기록은 표준 텔레비전 방식을 채용하고 있다.

【3】 테이프 주행계와 로딩 기구
(1) 테이프의 주행경로
　공급릴 → 전폭 소거 헤드 → 헤드 드럼(비디오 헤드) → (아프터 레코딩 전용 오디오 소거 헤드) → 오디오 컨트롤 헤드 → 캡스턴 → 테이크업 릴
(2) 전폭 소거 헤드
　① 비디오 카세트의 공급릴에서 인출된 테이프는 먼저 전폭 소거 헤드에 접촉한다.
　② 전폭 소거 헤드는 재생시에는 소거 작용을 하지 않으나 기록시에는 고주파 전류로 소거 자장을 만들어 테이프에 이미 기록된 모든 신호를 소거한다.
(3) 헤드 드럼
　① 전폭 소거 헤드를 거친 테이프는 헤드 드럼과 접촉하고, 2개의 비디오 헤드에 의해 테이프에 경사지게 1필드씩의 비디오 신호가 기록된다.
　② 테이프가 진동하지 않고 안정하게 주행하도록 테이프 가이드(tape guide)가 준비된다.
　③ 비디오 헤드는 녹화 재생 겸용이다.
　※ 오디오 컨트롤 헤드 : 오디오 신호와 컨트롤 신호를 기록 및 재생한다.
　※ 캡스턴 : 핀치 롤러와의 압착 회전으로 테이프를 정속 주행시킨다.
(4) 로딩 기구(loading mechanism)
　① 비디오 카세트에서 테이프를 끌어내어 헤드 드럼에 세트하는 기구이다.
　② VHS 방식의 로딩 기구에는 패럴렐(parallel) 로딩 기구가 채용되며 β-max 방식에 U로딩 기구가 채용된다.

【4】 애지머스 기록방식
(1) 애지머스(azimuth) 기록 방식
　① 애지머스란 갭의 각도를 말하는데, 2개의 비디오 헤드의 갭의 기울

기를 각각 벗어나게 하여 인접 트랙(track)으로부터의 크로스토크 (cross tallk)를 제거하는 것이 애지머스 기록 방식이다.
② 애지머스 각도 ϕ
VHS방식 : CH_1, CH_2헤드를 각각 반대 방향으로 6°씩 기울여 12°로 한다.
β포맷(β-max)방식 : 각각 7°씩 기울여 14°로 한다.

(2) PS 방식과 PI 방식
가드 밴드리스(guard bandless) 기록에 있어서 컬러 신호의 크로스토크 성분을 제거하는 방식으로 개발되었다.
① PS(Phase Shift)방식 : VHS방식 비디오에 채용
② PI(Phase Invert)방식 : β-max방식 비디오에 채용

【5】비디오 헤드

(1) 비디오 헤드의 자성 재료에 요구되는 특성
① 실효 투자율이 높을 것
② 항자력(H_c)이 작을 것
③ 내마모성이 좋을 것
④ 가공성이 좋을 것
⑤ 잡음의 발생이 적을 것

(2) 비디오 헤드의 자성 재료
① 금속성 재료 : 퍼멀로이, 알파엄 센더스트, 슈퍼 센더스트 등
② 페라이트 재료 : 소결 페라이트, 고밀도 페라이트, 단결정 페라이트, 하트 프레스 페라이트, 배향성 페라이트 등
③ 홈 비디오에는 주로 단결점 페라이트와 하트 프레스 페라이트가 사용된다.

(3) 비디오 헤드의 구조
① 그림과 같이 2개 페라이트 블록을 글래스(glass) 증착으로 융착한 다음 잘라내서 칩을 만들어 헤드 케이스에 부착하여 사용한다.

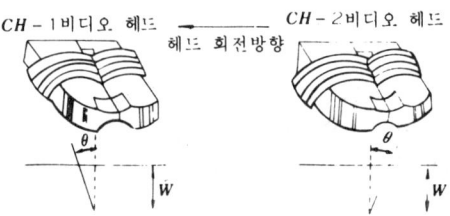

② 헤드가 테이프에 접착하는 선단부는 비디오 트랙폭(VHS에서는 58 [μm], β-max에서는 약 29[μm]으로 가공되어 있다.

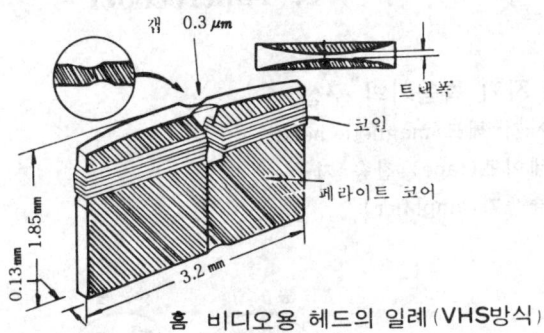

홈 비디오용 헤드의 일례(VHS방식)

(4) 비디오 헤드의 클리닝(Cleaning)
 클리닝 팁(사슴가죽으로 된 것이 좋다)에 클리닝액 또는 메타놀을 묻혀서 헤드 드럼의 회전 방향에 따라 클리닝한다.

【6】비디오 테이프
(1) 비디오 테이프의 구조
 ① 베이스 : 폴리에스텔 필름
 ② 자성 재료 : VHS에서는 $Cor-Fe_2O_3$, β-max에서는 CrO_2가 사용된다.

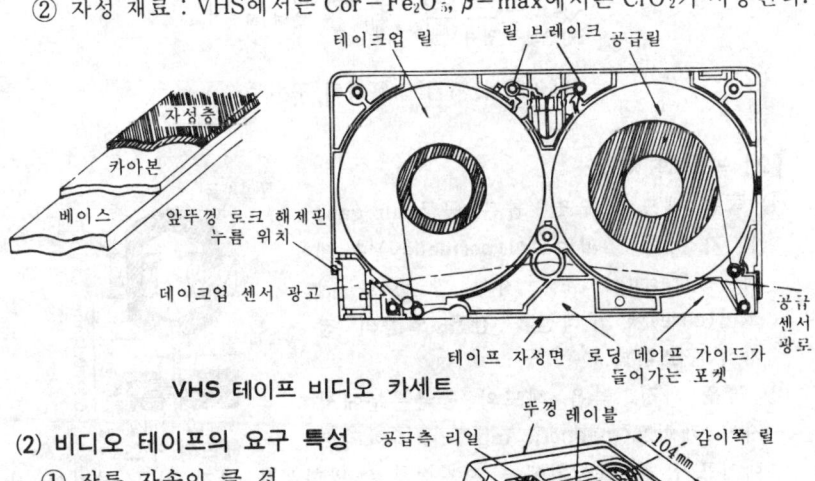

VHS 테이프 비디오 카세트

(2) 비디오 테이프의 요구 특성
 ① 잔류 자속이 클 것
 ② 항자력(H_C)이 클 것
 ③ SN비가 좋을 것

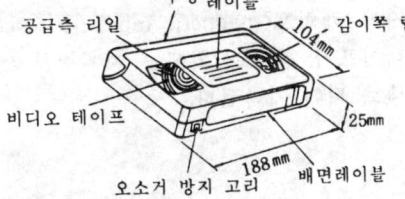

8. Taperecoder

【1】 자기 녹음기의 구성
① 자기 헤드(magnetic head)
② 테이프(tape) 전송 기구
③ 증폭기(amplifier)

테이프식 자기 녹음기의 구성

【2】 녹음과 재생
① 녹음 헤드의 구조 : 좁은 공극(air gap)을 가진 특수 퍼멀로이(permalloy)나 페라이트(ferrite) 등의 자성 합금으로 된 코어(core)에 구리선을 감은 일종의 전자석 구조이다.
② 녹음 과정 : 녹음 헤드의 공극부분에서 자기 테이프(magnetic tape)가 자화되고 테이프가 통과한 뒤에는 자기적으로 방향성을 가진 잔류 자기의 상태로 되어 기록된다.

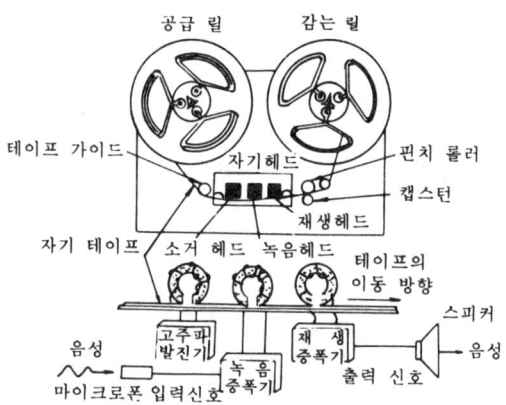

헤드의 구조

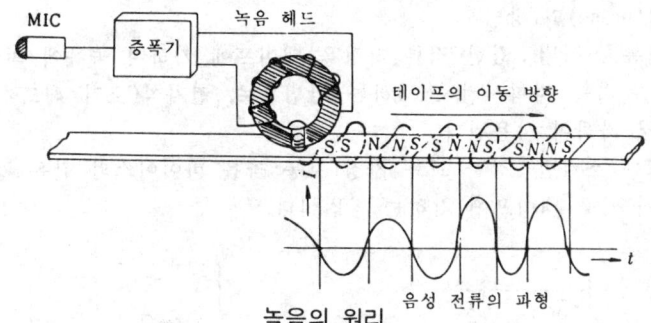

녹음의 원리

③ 재생(reproducing) : 녹음된 자기 테이프로부터 음성 신호를 얻는 과정
　㉠ 재생 헤드 : 녹음 헤드와 같은 구조로 초투자율이 높고, 코어 손실이 적은 코어에 코일을 감아서 만든다.
　㉡ 재생 헤드에서 얻어지는 기전력

$$e = N\frac{\Delta\phi}{\Delta t} \ [V]$$

【3】 녹음 바이어스와 소거

① 직류 바이어스법 : 초기 자화 곡선의 직선부를 사용하는 방법으로 직류 자화로 인한 잡음이 많고, 직선 부분을 길게 잡을 수 없어 감도가 나쁘다.
② 교류 바이어스법 : 녹음 전류에 일정한 주파수(30~200[kHz])의 고주파 전류를 중첩시켜서 바이어스 자장(bias magnetic field)을 가하는 방법

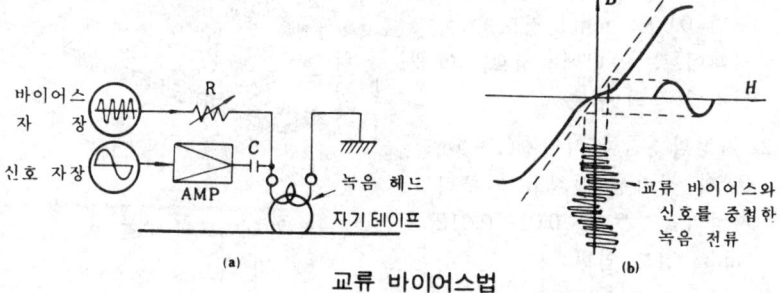

교류 바이어스법

③ 소거(erase)의 방법
  ㉠ 직류 소거법 : 강한 직류 자장을 테이프에 가하여 녹음에 의한 잔류 자기를 자화시켜 소거하는 방법으로, 전자석(소거 해드) 또는 영구 자석이 사용된다.
  ㉡ 교류 소거법 : 강한 교류 자장(보통 녹음 바이어스와 같은 정도의 주파수)을 테이프에 가하는 방법이다.

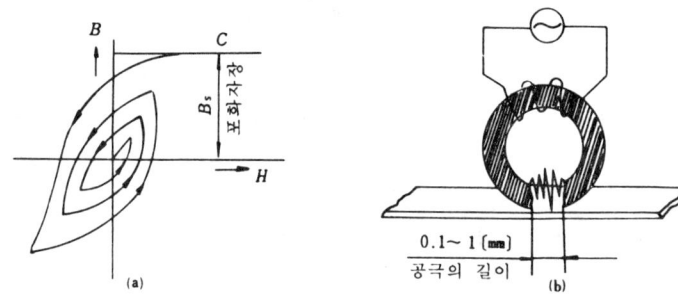

교류소거법

  ㉢ 테이프 소자기 사용법 : 테이프를 릴에 감은 채로 소자하는 방법
  ㉣ 소거 헤드(erasing head) : 녹음 헤드와 같은 구조로 포화 자장을 얻기 위해 페라이트 코어(ferrite core) 등을 사용하며, 공극의 길이는 녹음 헤드보다 10배 정도 크게 만든다.

【4】 자기 테이프(magnetic tape)
(1) 녹음 테이프의 구조
  ① 베이스(base) : 폭 6.3[mm], 두께 0.0005[mm] 정도의 아세테이트, 폴리에스터르, 염화비닐 등의 필름
  ② 자성막 : 감마 적철광($\gamma-Fe_2O_3$)의 강자성 산화철 가루의 자성막을 두께 0.01~0.012[mm] 정도 입힌 것

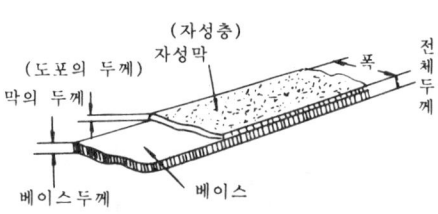

녹음 테이프의 구조

③ 테이프의 속도

호 칭	테이프속도		주 요 용 도
	[cm/sec]	[m/sec](ips)	
38	38.1	15	방송국, 전문 스튜디오용
19	19.05	7 1/2	방송국, 음악용, 가정용
9.5	9.53	3 3/4	일반용, 가정용
4.8	4.76	1 7/8	일반용, 회화용, 카세트식

(2) 카세트(cassette)테이프

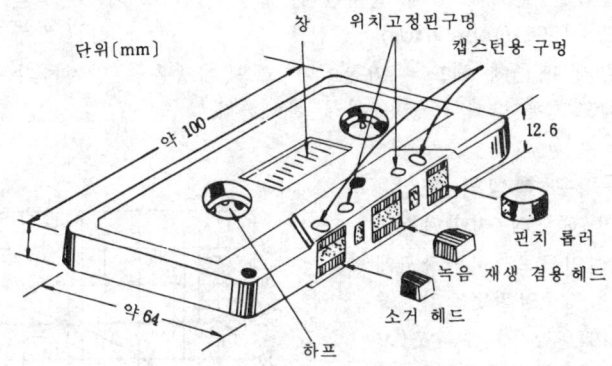

카세트 테이프의 구조

형 명	C-60	C-90	C-120
베 이 스 재 료	폴리에스테르		
베 이 스 두 께 (μ)	12	8	6
자 성 층 두 께 (μ)	6	4	3
전 체 두 께 (μ)	18	12	9
길 이 (m)	90	135	185
최대 왕복 녹음 시간(분)	60	90	120

【5】 테이프 주행기구

(1) 캡스턴과 핀치 롤러

① 캡스턴(capstan) : 모터의 의해 일정한 속도(테이프의 원주 속도와 거의 같은)로 회전하는 회전축

② 핀치 롤러(pinch roller) : 테이프를 캡스턴에 압착하여 테이프가 정속 주행하도록 한다.

캡스턴과 핀치로울러

(2) 테이프 가이드(tape guide)

테이프의 주행 안내로 헤드에 대하여 올바른 위치에서 녹음, 재생이 이루어지도록 또 릴에 대해서는 올바른 위치에서 테이프가 감기도록 그림과 같이 배치된다.

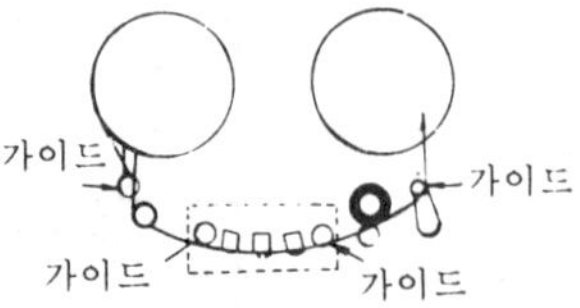

(3) 압착 패드(pressure pad)

테이프를 헤드에 대하여 정확히 밀착시켜 레벨 변동이나 고역 저하의 원인이 되는 스페이싱 손실을 줄이기 위해 설치한다.

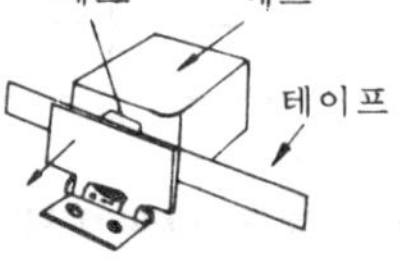

(4) 테이프 리프터(tape lifter)

빨리 감기 때문에 헤드의 마찰이나 고속 재생음을 방지하기 위하여 테이프를 헤드면에서 떼어 놓기 위해 설치한다.

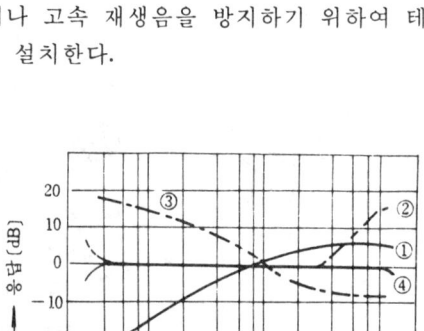

테이프 가이드

압착 패드

【6】 주파수 특성의 보상

① 자기 헤드의 임피던스 : 유도성이므로 주파수에 비례하여 임피던스가 증가하며, 높은 주파수(고역)에서는 특성이 나빠진다.

② 주파수 보상(등화, equalize) : 녹음 때에 그림 ②의 특성 재생 때에 ③이 특성이 되게 하여 ④의 종합 특성이 얻어 지도록 한다.

① 재생 헤드의 출력 특성 ② 녹음 보상 특성
③ 재생 보상 특성 ④ 종합 특성

주파수 특성의 보상

9. Audio System

【1】재생 증폭기

(1) 재생 증폭기의 구성

① 전치 증폭기(preamplifier) : 마이크로폰이나 테이프 헤드 등으로부

터의 작은 신호 전압을 증폭하고, 음량과 음질 조정을 하여 주 증폭기에 전달한다.
② 주증폭기(mainamplifier) : 전치 증폭기로부터 받은 신호를 전력 증폭하여 스피커에 출력 전력을 공급한다.
③ 등화 증폭기(equalizing amplifier) : 녹음기의 녹음 특성이 일반적으로 저역에서 저하되는 경향이 있으므로 이 특성을 보상한다.
④ DEPP와 SEPP회로
  ㉠ DEPP(Double Ended Push-Pull) : 2개의 트랜지스터가 부하에 대하여 직렬로 동작하고, 직류 전원에 대해서는 병렬로 접속된다.
  ㉡ SEPP(Single Ended Push-Pull) : 2개의 트랜지스터가 부하에 대해서는 병렬, 전원에 대해서는 직렬로 접속된다.
  ㉢ SEPP 회로는 DEPP 회로에 비하여 부하의 값을 작게 할 수 있으므로, 출력 변성기를 사용하지 않는 OTL(Output TransformerLess) 회로를 구성시킬 수 있다.

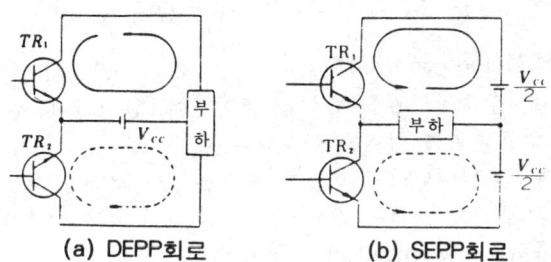

(a) DEPP회로   (b) SEPP회로

※ OCL(Out put CondenserLess) 회로 : 출력부에 정, 부(+, -)의 2전원을 채용하여 출력 콘덴서를 제거하고 스피커를 직접 구동시키는 회로

(2) 준상보 대칭식 SEPP 회로
① 달링턴 접속(darlington connection)

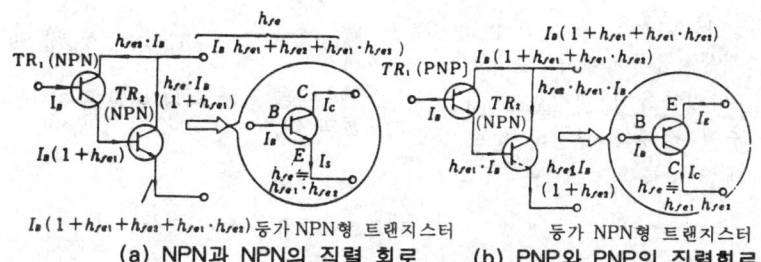

(a) NPN과 NPN의 직렬 회로   (b) PNP와 PNP의 직렬회로

② 준상보 대칭식 SEPP 회로의 동작 : TR_1의 출력이 양(+)의 반 싸이클 동안에 TR_2와 TR_4가 동작하고, 음(-)의 반 사이클 동안에는 TR_3와 TR_5가 동작하여, 출력단에서는 증폭된 합성 파형의 출력이 얻는 진다.

③ 최대 출력 전력

$$P_0\max = \frac{V_{CC2}}{8R_L} [W]$$

단, V_{CC} : 전원 전압[V]
R_L : 부하 저항[Ω]

④ 효율

$$\eta = \frac{P_0\max}{P_B} \times 100 ≒ 78.5 [\%]$$

단, P_B : 평균 소비 전력[W]

⑤ 최대 컬렉터 허용 손실

$$P_C \max = \frac{P_0\max(100-\eta)}{\eta} = 0.274 P_0\max [W]$$

준상보 대칭식 SEPP회로의 동작

(3) 음질 조정(tone control)회로

① CR감쇠형 : 저항과 콘덴서를 조합하여, 콘덴서에 흐르는 전류가 주파수에 비례하는 성질을 이용한다.

② NF형 : 음되먹임이 걸리도록 회로를 구성하여 되먹임량이 주파수에 따라 비례하도록 하는 회로

(4) 등화 증폭기(EQ amplifier)

① 레코드(디스크, disk)의 녹음 특성 : 재생시 SN비 개선을 위해 고음역의 이득을 단계적으로 강조하여 녹음 한다(RIAA 특성 녹음).

② EQ amp의 재생 특성 : 재생 증폭기에서 고음역의 이득을 단계적으로 낮추어 전체의 특성이 평탄해 지도록 한다.

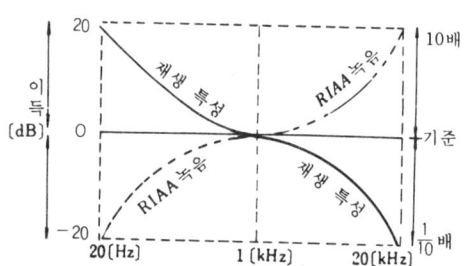

RIAA 녹음 재생 특성 비교 주파수 특성의 측정

(5) 재생 증폭기의 특성

① 요구 조건 : 주파수 특성, SN비 등이 좋고, 일그러짐률이 작을 것
② 주파수 특성의 측정 : 증폭기의 입력 신호 전압 V_i를 일정하게 유지하면서, 기준 주파수 1[kHz]일 때의 증폭기의 출력을 기준값 0[dB]로 하여, 모든 주파수에 대한 응답을 구한다.
③ 일그러짐(distortion)
  ㉠ 고조파 일그러짐(harmonic distortion) : 출력 파형 중에 기본파 이외의 기본파의 정수배가 되는 주파수를 가지는 고조파가 포함되는 일그러짐
  ※ 일그러짐률 : 출력 중에 기본파에 대한 고조파 성분이 포함되는 양

$$K = \frac{\sqrt{V_2^2 + V_3^2 + \cdots\cdots V_n^2}}{V_1} \times 100 [\%]$$

  증폭기에서 K의 값은 최대 출력일 때 0.01 즉, 1[%] 이내로 억제하여야 한다.
  ㉡ 혼변조 일그러짐(intermodulation distortion) : 증폭기에 가해지는 복잡한 신호 파형의 주파수가 그 차의 주파수의 간섭으로 혼변조를 일으켜 발생한다.
  ㉢ 과도 일그러짐(transient) : 펄스파나 구형파 등의 과도적인 입력으로 발생한다.

【2】 스피커의 특성

① 주파수 특성 : 무향실에서 표준 밀폐 상자(120×90×60[cm])에 스피커를 넣고, 정면축상 1[m] 떨어진 곳에 표준 마이크로폰을 놓은 다음 음압을 측정한다.
② 지향성 : 스피커의 정면 축상으로부터 잰 각도에 대한 음압 수준을 비교하여 나타낸다.
③ 임피던스 특성
  ㉠ 저음 공진 주파수 : 저음 대역에서 최초로 임피던스가 피크 값을 가지는 주파수(저음의 한계 주파수)

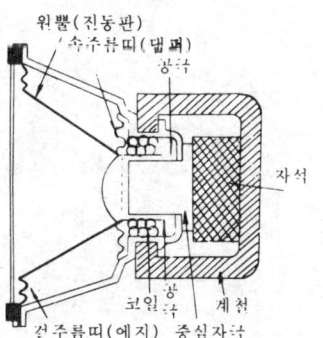

ⓛ 공칭 임피던스 : 저음 공진 주파수 f_0를 지나 임피던스가 최초로 되는 값(보통 8[Ω])

【3】 복합형 스피커

① 우퍼(woofer) : 400[Hz] 이하의 저음역만을 담당하는 스피커
② 스코커(squawker) : 400~1[kHz]의 중음역을 담당하는 스피커
③ 트위터(tweeter) : 수[kHz] 이상의 고음역만을 재생하는 스피커
④ 복합 스피커의 구성 방식

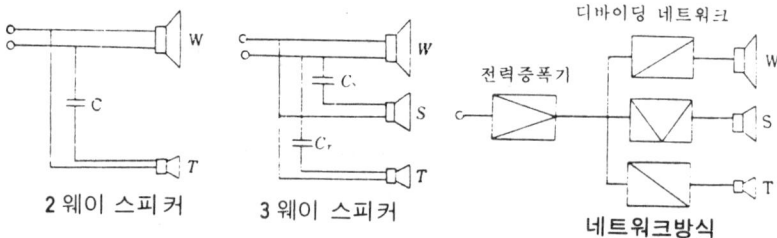

2 웨이 스피커   3 웨이 스피커   네트워크방식

1984년도 전자기기·음향영상기기 2급 출제문제

문제 1. 음파의 속도 V는 다음 중 어느 것인가(단, 기체나 액체의 체적탄성률을 K, 물질의 밀도는 ρ이다.)?
㉮ $V\sqrt{K\rho}$　㉯ $V=\sqrt{\dfrac{K}{\rho}}$　㉰ $V=\sqrt{\dfrac{\rho}{K}}$　㉱ $V=K\rho$

해설 초음파의 속도는 액체나 기체 중에서 $V=\sqrt{\dfrac{K}{\rho}}$ [m/s]로 표시된다.

문제 2. 초음파를 수중에 발사하여 그 반사파를 수신하여 목표물의 유무, 목표물의 거리나 방향을 알아내는 장치는?
㉮ 레이더　㉯ 소나　㉰ 케비테이션　㉱ 압전기

해설 물 속에 초음파를 발사하고 그 반사파를 측정하여 거리와 방향을 알아내는 장치를 소나(sonar, sound navigation and ranging)라고 한다. 이것은 원래 군용으로 잠수함을 탐지하기 위해서 연구된 것이지만, 근래에는 항해의 안전을 위한 수중 레이더, 어업용의 어군 탐지기 등에 이용되고 있다.

문제 3. 레이더상의 A스코프 지시방식 중 옳은 것은?

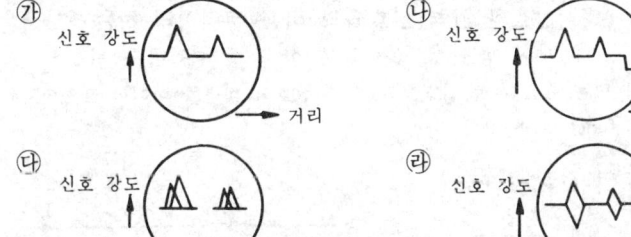

해설 그림의 ㉮는 A스코프의 음극선관면상에 나타난 송신 펄스와 수신 펄스를 나타낸 것이다. 원래 가로축은 시간축이므로 두 펄스 사이의 간격은 펄스가 물표까지 왕복하는 시간을 나타내지만, 시간 눈금 대신 거리 눈금을 매겨 놓으면 물표까지의 거리를 직독할 수가 있다.

문제 4. 고주파 가열은 다음 중 어느 것을 이용한 것인가?
㉮ 주울열　㉯ 전장 또는 자장
㉰ 전자 빔　㉱ 아크열

해답 1. ㉯　2. ㉯　3. ㉮　4. ㉯

해설 물체를 전기적으로 가열하는 방법 중에서, 물체에 고주파 전장 또는 고주파 자장을 가하여 가열하는 방법을 일반적으로 고주파 가열(high frequency heating)이라 한다.

문제 5. 유전 가열 장치로서 식품 조리에 이용되는 전자관은?
㉮ 사이러트론　　　　㉯ 클라이스트론
㉰ 마그네트론　　　　㉱ 아크관

해설 마그네트론(magetron) 발진기는 10[kHz] 이상의 고주파 가열 전원으로 이용되는데, 특히 수[MHz] 이상의 고주파 유전 가열 전원으로는 모두 이것이 사용된다. 전자 오븐(전자 레인지)은 이 마그네트론의 고주파 진동 발진을 이용한 것으로 식품의 조리에 실용되고 있다.

문제 6. PN 접합 반도체 레이저는 레이저 빔을 어디에서 발사하는가?
㉮ P쪽에서만　　　　㉯ 접합부에서
㉰ PN양쪽에서　　　　㉱ N쪽에서만

해설 PN 접합에 충분한 순방향 바이어스를 걸면 전자와 정공의 재결합이 활발하게 일어나며, 재결합시 남아 돌아가는 에너지가 그림과 같이 레이저 빛으로 되어 접합면을 따라 외부로 발사한다.

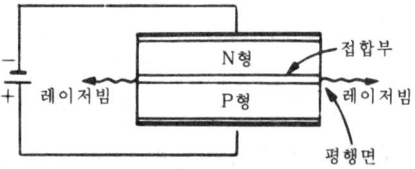

문제 7. 제어계의 출력 신호와 입력 신호와의 비를 무엇이라 하는가?
㉮ 전달 함수　㉯ 제어 함수　㉰ 적분 함수　㉱ 미분 함수

해설 제어계 전체 또는 요소의 출력 신호와 입력 신호의 비를 제어계나 요소의 전달 함수(transfer function)라 한다.

문제 8. 다음 회로의 전달 함수는?
㉮ $R_1 + R_2$　　　㉯ $\dfrac{R_2}{R_1 + R_2}$
㉰ $\dfrac{R_1 + R_2}{R_2}$　　㉱ $\dfrac{R_1 \cdot R_2}{R_1 + R_2}$

해설 전달 함수 $G = \dfrac{e_0}{e_i} = \dfrac{R_2}{R_1 + R_2}$

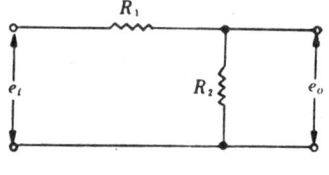

문제 9. 다음 중 서어보 기구에 사용되지 않는 것은?
㉮ 단상 전동기　　　　㉯ 리졸버
㉰ 차동 변압기　　　　㉱ 저항식 서어보

해답 5. ㉰　6. ㉯　7. ㉮　8. ㉯　9. ㉮

과년도 출제문제 4-49

[해설] 서어보 기구(servomechanism)에 사용되는 기구에는 싱크로(synchro), 리졸 버(resolver), 저항식 서어보 기구, 차동 변압기 등이 있다.

[문제] 10. 아날로그 전자 계산기의 기본 구성분에 해당하지 않은 것은?
㉮ 연산부 ㉯ 풀이 지시부 ㉰ 항온조 ㉱ 전원부

[해설] 보통 아날로그 전자 계산기는 연산부, 풀이 지시부, 제어부, 전원부 등으로 구성된다.

[문제] 11. $y = -(10X_1 + 0.1X_2 + X_3)$ 가산기에서 R_1, R_2, R_3의 용량을 구하면?

	R_1	R_2	R_3
㉮	1[MΩ]	10[kΩ]	100[kΩ]
㉯	100[kΩ]	1[MΩ]	10[kΩ]
㉰	10[kΩ]	100[kΩ]	1[MΩ]
㉱	10[kΩ]	1[MΩ]	100[kΩ]

[해설] $Y = -\left(\dfrac{R_f}{R_1}X_1 + \dfrac{R_f}{R_2}X_2 + \dfrac{R_f}{R_3}X_3\right)$ 에서

$\dfrac{R_f}{R_1} = 10, \quad \dfrac{R_f}{R_2} = 0.1, \quad \dfrac{R_f}{R_3} = 1$ 이어야 하므로

$R_1 = \dfrac{R_f}{10} = \dfrac{100}{10} = 10[\text{k}\Omega]$

$R_2 = \dfrac{R_f}{0.1} = \dfrac{100}{0.1} = 1000[\text{k}\Omega] = 1[\text{M}\Omega]$

$R_3 = \dfrac{R_f}{1} = \dfrac{100}{1} = 100[\text{k}\Omega]$

[문제] 12. 수위 변화의 시뮬레이션 방법 중 관로의 저항 R은?(단, 관로의 유량 $Q[\text{m}^3/\text{S}]$, 수두 $H[\text{m}]$이다.)?

㉮ $\dfrac{H}{Q}[\text{S}/\text{m}^2]$ ㉯ $\dfrac{Q}{H}[\text{S}/\text{m}^2]$ ㉰ $\dfrac{H^2}{Q}[\text{S}/\text{m}^2]$ ㉱ $\dfrac{Q^2}{H}[\text{S}/\text{m}^2]$

[해설] 관로의 저항 R는 관로의 유량 $Q[\text{m}^3/\text{S}]$에 대한 그 수두 $H[\text{m}]$의 비이므로

$R = \dfrac{H[\text{m}]}{Q[\text{m}^3/\text{S}]} = \dfrac{H}{Q}[\text{S}/\text{m}^2]$로 된다.

[문제] 13. 500[kHz] 클록을 사용하는 시스템에서 클록사이클 시간은 얼마인가?

[해답] 10. ㉰ 11. ㉱ 12. ㉮ 13. ㉯

㉮ 2〔ns〕   ㉯ 2〔μs〕   ㉰ 0.2〔μs〕   ㉱ 20〔ns〕

[해설] 클록 사이클 시간은 클록의 한 주기이므로 $\frac{1}{500 \times 10^3} = 2〔\mu s〕$

[문제] 14. 디지털 전자 계산기의 중앙 처리 장치에는 주기억 장치, 연산 처리 장치 외에 꼭 있어야 할 것은?
㉮ 입력 장치   ㉯ 출력 장치
㉰ 보조 기억 장치   ㉱ 제어 장치

[해설] 디지털 전자 계산기 중앙 처리 장치(Central Processing Unit, CPU)에는 주기억 장치와 연산 장치 및 제어 장치가 필요하다.

[문제] 15. 전원이 들어와 있을 때만 데이터를 기억하고 전원이 끊어지면 기억 되어 있는 내용이 지워지는 기억 장치는?
㉮ RAM   ㉯ ROM   ㉰ PROM   ㉱ μRAM

[해설] 반도체 기억 장치에는 읽기 전용의 기억 장치인 ROM과, 수시로 기억시킬 수도 있고 읽어 낼 수도 있는 기억 장치인 RAM의 두 가지 종류가 있다. ROM은 Read only Memory의 머리글자로 전원이 끊어져도 그 기억이 상실되지 않으나, RAM은 Random Access Memory의 머리글자로서 전원이 끊어지면 그 기억이 상실되고 말기 때문에 용이하게 바꿔 써 넣을 수 있다.

[문제] 16. 초음파 응용 기기의 기능을 이용하는데 알맞지 않은 곳은?
㉮ 공기속   ㉯ 물속
㉰ 기름속   ㉱ 진공인 곳

[문제] 17. 고주파 유도로의 도가니 용량의 10배 정도의 용량을 가진 콘덴서를 병렬로 넣어서 사용하는 이유는?
㉮ 염효율 개선   ㉯ 역률 개선
㉰ 감쇠 개선   ㉱ 발생 주파수 개선

[해설] 고주파 유도에는 역률 개선을 위해 전기로 용량의 10배 정도의 콘덴서를 병렬로 접속한다.

[문제] 18. 자동 조정에서 자기 증폭기를 사용치 않는 것은?
㉮ 발전기의 전압 조정   ㉯ 진공관식 정전압 전원
㉰ 전동기의 속도 제어   ㉱ 수차의 속도 조정

[해설] 발전기의 전압 조정, 전동기의 속도 조정, 수차의 속도 조정 등의 자동 조정에는 자기 증폭기나 회전 증폭기를 사용한다.

[해답] 14. ㉱   15. ㉮   16. ㉱   17. ㉯   18. ㉯

과년도 출제문제 **4-51**

문제 19. 다음은 공정 제어계의 시스템이다. 신호 변환기나 지시 기록 계통이 포함될 수 있는 부분은 다음 중 어느 부인가?

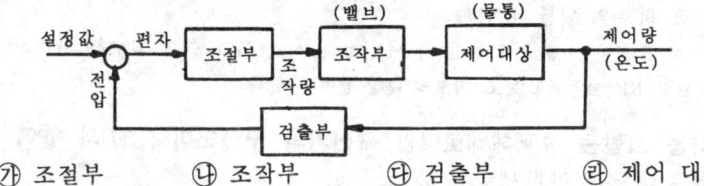

㉮ 조절부 ㉯ 조작부 ㉰ 검출부 ㉱ 제어 대상

해설 간단한 조절부는 설정값 설정을 위한 조절기만으로 구성되는 경우도 있으나, 일반박으로 신호 변환기나 지시 기록계 등이 포함되는 수도 있다.

문제 20. 증폭기를 통과하여 나온 출력 파형이 입력 파형과 닮은 꼴이 되지 않는 경우의 일그러짐은?
㉮ 과도 일그러짐 ㉯ 위상 일그러짐
㉰ 비직선 일그러짐 ㉱ 파형 일그러짐

해설 증폭기의 직선성이 좋지 않을 때에는 출력 파형은 일그러져 입력 파형과 다르게 되는데, 이러한 경우를 비직선 일그러짐(nonlinear distortion)이라 한다.

문제 21. 상보 대칭식 SEPP 회로에서는 트랜지스터 특유의 크로스오버 일그러짐(crossover distortion)이 생긴다. 이것을 없애기 위한 방법은?
㉮ A급 증폭을 시킨다. ㉯ B급 증폭을 시킨다.
㉰ AB급 증폭을 시킨다. ㉱ C급 증폭을 시킨다.

해설 상보 대칭(complementary symmetry)식 SEPP 회로의 기본 동작은 B급 푸시풀(push-pull) 증폭이나, 실제에는 트랜지스터 특유의 크로스오버 일그러짐이 생기기 때문에, AB급 동작으로써 무신호 때에도 약간의 전류가 흐르도록 바이어스를 가하고 있다.

문제 22. 2개의 스피커를 병렬로 연결했을 때의 합성 임피던스는 1개의 스피커 때의 몇 배가 되는가?
㉮ 1/4배 ㉯ 1/2배 ㉰ 2배 ㉱ 4배

해설 동일한 임피던스를 갖는 스피커 2개를 병렬접속하면 합성 임피던스는 1개의 때의 $\frac{1}{2}$ 이 된다.

문제 23. 수신기의 신호대 잡음비(S/N)를 좋게 하는 것은?
㉮ 중간 주파 대역폭을 넓힌다.

해답 19. ㉮ 20. ㉰ 21. ㉰ 22. ㉯ 23. ㉱

㉯ 저주파 대역폭을 넓힌다.
㉰ RF 동조 회로의 Q를 낮춘다.
㉱ RF 동조 회로의 Q를 높인다.
[해설] 수신기의 S/N비를 좋게 하려면 잡음(N)보다 신호(S)가 크게 되도록 이득을 높여야 하므로 RF(고주파) 동조 회로의 Q를 높여야 한다.

[문제] **24.** 다음 그림은 슈퍼헤테로다인 수신기의 구성도이다. ①과 ③에 적합한 것은 어느 것인가?

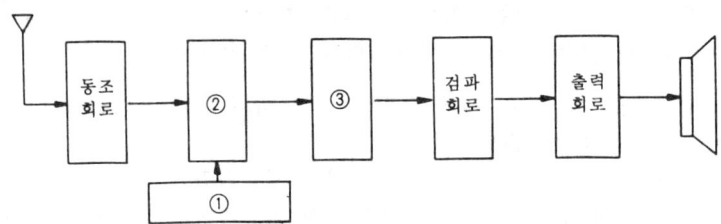

㉮ 국부 발진 회로, 중간 주파 증폭 회로
㉯ 국부 발진 회로, 혼합 회로
㉰ 혼합 회로, 중간 주파 증폭 회로
㉱ 혼합 회로, 저주파 증폭 회로
[해설] ①은 국부 발진 회로, ②는 혼합 회로, ③은 중간 주파 증폭 회로이다.

[문제] **25.** FM 수신기에 스켈치 회로의 사용 목적은 무엇인가?
㉮ 안테나로부터 불필요한 복사를 방지한다.
㉯ 국부 발진 주파수 변동을 방지한다.
㉰ FM 전파 수신시 수신기 내부 잡음을 제거한다.
㉱ 입력 신호가 없을 때 수신기 내부 잡음을 제거한다.
[해설] FM 수신기에서는 입력 신호가 없을 때에는 잡음이 대단히 크게 되며, 이러한 상태를 방지하기 위하여 저주파 증폭부의 동작을 자동적으로 정지시키도록 되어 있다. 이와 같은 동작을 하는 회로를 스켈치 회로(squelch circuit)라 하는데, 이것은 FM 수신기의 특유의 회로이다.

[문제] **26.** color TV에 쓰는 3원색은?
㉮ 적, 황, 청   ㉯ 적, 녹, 청
㉰ 적, 황, 녹   ㉱ 적, 청, 자
[해설] 컬러 TV에서는 현재 적(R), 녹(G), 청(B)의 3원색을 사용한다.

[해답] 24. ㉮ 25. ㉱ 26. ㉯

문제 27. 그림과 같이 동기가 벗어나서 화면에 사선이 나타나고, 외부의 조절 개소를 조절해도 동기가 잡히지 않을 경우의 고장 회로는 다음 중 어느 것인가?

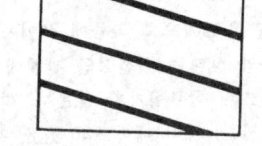

㉮ 수직 발진 회로
㉯ 수평 발진 회로
㉰ 적분 회로
㉱ 동기 분리 회로

해설 수평 발진 회로의 고장으로 수평 발진 주파수가 수평 동기 주파수보다 높아진 경우이다.

문제 28. 컬러 TV의 색부 반송파 주파수는 다음 중 어느 것인가?
㉮ 3.58[MHz]　　　　　㉯ 4.5[MHz]
㉰ 45.75[MHz]　　　　㉱ 41.25[MHz]

해설 NTSC 방식의 f_h와 f_v, 그리고 색도 부반송파의 주파수 f_S는 다음과 같이 정해져 있다.

수평 주사 주파수

$$f_h = 4.5[\text{MHz}] \times \frac{2}{572} = 15734[\text{Hz}]$$

수직 주사 주파수

$$f_V = f_h \times \frac{2}{522} = 59.94[\text{Hz}]$$

색도 부반송파 주파수

$$f_S = f_h \times \frac{455}{2} = 3,579545[\text{MHz}]$$

문제 29. 녹음기에 사용되는 자기 헤드를 기능상으로 분류하면 다음과 같다. 관계가 제일 적당한 것은 어느 것인가?
㉮ 녹음, 증폭, 재생 헤드
㉯ 녹음, 소거, 발진 헤드
㉰ 녹음, 발진, 재생 헤드
㉱ 녹음, 소거, 재생 헤드

해설 녹음기에 쓰이는 자기 헤드에는 기능상 녹음, 재생 소거의 헤드가 필요하나, 고급기를 제외하고는 흔히 녹음과 재생을 한 개의 헤드로 겸용하거나 구조상, 소거 헤드로 같이 동작하게 하여 1개의 헤드로 3종의 동작을 시키는 것도 있다.

해답 27. ㉯　28. ㉮　29. ㉱

[문제] **30.** 녹음 바이어스를 사용하는 주된 목적은?
㉮ 와우 플러터 제거 ㉯ 감도 향상
㉰ 안정도 향상 ㉱ 일그러짐 감소
[해설] 일반적으로 녹음에 쓰이는 자성 재료는 가해진 자화력과 이에 의해 생기는 자화의 상태는 직선적인 관계에 있지 않으므로 녹음 자화는 녹음 전류에 대해 직선적으로 이루어지지 않는다. 따라서 일그러짐이 적고 능률이 좋은 녹음을 하기 위해서는, 자기 테이프의 잔류 자기 특성에서 직선 부분이 길고 급한 부분을 이용하기 위해 적정한 세기의 바이어스 자장을 가하고 있다.

[문제] **31.** 녹음기가 소거가 되지 않을 때는 다음 중 어느 부분의 고장인가?
㉮ 고주파 발진 회로의 불량 ㉯ 녹음 헤드의 단선
㉰ 볼륨의 불량 ㉱ 마이크 잭의 접속 불량
[해설] 고주파 발진 회로가 불량이면 소거에 필요한 적정의 교류 자장이 형성되지 않으므로 이미 녹음된 내용의 소거가 되지 않는다.

[문제] **32.** 다음 중 VTR의 성능상 중요한 부분은?
㉮ 비디오 헤드 ㉯ 헤드 드럼
㉰ 비디오 테이프 ㉱ 로딩 기구
[해설] VTR의 성능상 가장 중요한 부분은 비디오 헤드(Video head)이다.

[문제] **33.** 비디오 헤드가 오염되었을 때 클리닝(cleaning)이 필요하다. 다음 중 적당한 것은?
㉮ 아세톤 ㉯ 벤젠 ㉰ 휘발유 ㉱ 메타놀
[해설] 비디오 헤드 또는 드럼을 클리닝할 때에는 팁에 전용의 클리닝액 또는 메타놀을 묻혀서 클리닝한다.

[문제] **34.** 현재 표준형 수신기에서 높은 주파수대(1400kHz 부근)의 트래킹은 다음 중 어느 것으로 조정하면 되는가?
㉮ 패딩 콘덴서의 조정 ㉯ 안테나 코일의 권수 조정
㉰ I·F·T코어 조정 ㉱ 트리머 콘덴서의 조정
[해설] 트래킹(tracking)이란 수신 주파수의 어느 위치에서도 수신 동조 주파수보다 국부 발진 주파수를 중간 주파수만큼 높게 조정하는 것을 말하는데, 높은 주파수대인 1400[kHz] 부근에서는 바리콘의 트리머 콘덴서를 조정하며 낮은 주파수대의 600[kHz] 부근에서는 패딩 콘덴서를 조정한다.

[해답] 30. ㉱ 31. ㉮ 32. ㉮ 33. ㉱ 34. ㉱

문제 35. 다음 그림은 AM 라디오 수신기의 회로 중 일부이다. 이 회로에 관한 설명 중 옳지 않은 것은?

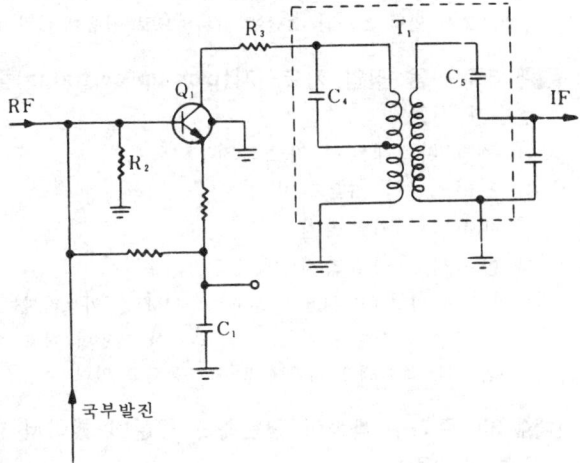

㉮ 혼합단 출력은 T_1의 1차측에 나타난다.
㉯ T_1의 2차측엔 반송파가 제거된 신호가 나타난다.
㉰ T_1은 신호 주파수와 발진 주파수의 차(差) 주파수에 동조된다.
㉱ Q_1은 믹서(mixer)용 트랜지스터이며 2개의 입력을 가진다.

해설 T_1은 IFT(중간 주파 트랜스)로 Q_1에서 변화된 수신 신호 주파수와 발진 주파수의 차의 주파수에 동조되어 2차측으로 유도 결합시키는데 반송파는 제거되지 않고 그대로 나타난다.

문제 36. 다음 중 FM의 특징이 아닌 것은?
㉮ 일그러짐이 적다.
㉯ 잡음이 많다.
㉰ 다이내믹 레인지가 넓다.
㉱ 주파수 특성이 넓은 범위에서 평탄하다.

해설 FM(주파수 변조) 방식은 진폭 변조(AM) 방식에 비하여 점유 대역폭이 넓게 취해지므로 VHF(초단파)대 이상에서 실용되어 주파수 특성이 평탄하게 되며 다이나믹 레인지가 넓다. 또한 FM파는 진폭이 일정하고 그 주파수만이 변화된 것이므로 진폭 제한을 할 수 있어서 잡음을 적게 할 수 있는 특징이 있다.

문제 37. 전축에서 잡음에 대하여 가장 영향을 많이 받는 부분은 어느 것인가?
㉮ 등화 증폭기   ㉯ 저주파 증폭기
㉰ 전력 증폭기   ㉱ 주출력 증폭기

해설 전축에 사용되는 등화 증폭기(equalizing amplifier)는 레코드나 녹음기의 녹음

해답 35. ㉯ 36. ㉯ 37. ㉮

특성이 일반적으로 저역에서 저하되는 경향이 있으므로, 이 특성을 보상하기 위한 회로로서 입력 소스의 초단에 위치하므로 잡음에 대하여 가장 영향을 많이 받는다.

문제 38. 다음 픽업 카트리지(pick up cartridge)중 주파수 특성이 가장 우수한 것은?
㉮ 무빙 마그네트형 카트리지
㉯ 크리스털형 카트리지
㉰ 세라믹형 카트리지
㉱ 콘덴서형 카트리지

해설 무빙 마그네트(Moving Magnet, MM)형 카트리지는 크리스털형이나 세라믹형보다 출력이 작으나, 온도, 습도에 대한 영향이 적고 주파수 특성이 우수하여 최근의 고급 스테레오 기기에 많이 사용되고 있다.

문제 39. 주파수 특성이 평탄하고 음질이 좋아서 현재 가장 많이 쓰이고 있는 스피커는?
㉮ 동전형 스피커   ㉯ 전자형 스피커
㉰ 압전형 스피커   ㉱ 정전형 스피커

해설 스피커(Speaker)를 동작 기구에 따라 분류하면 전자형, 동전형, 압전형, 정전형 등이 있다. 전자형과 압전형은 주파수 특성이 평탄하지 않고 기복이 대단히 심하여 거의 사용되지 않으며, 현재 가장 많이 사용되는 것은 동전형 스피커(다이내믹 스피커)이다.

문제 40. 증폭 회로에 1[mW]를 공급하였을 때 출력으로 1[W]가 얻어졌다면 이 때 이득은 얼마인가?
㉮ 10[dB]   ㉯ 20[dB]   ㉰ 30[dB]   ㉱ 40[dB]

해설 전력비 $G = 10\log_{10} \dfrac{P_0}{P_i}$ [dB]에서

$$G = 10\log_{10} \dfrac{1}{1 \times 10^{-3}} = 10\log_{10} 100 = 30 \text{[dB]}$$

문제 41. 텔레비전 동기 분리기에서 동기 신호는 어떻게 분리되는가?
㉮ 15,750[Hz]의 수평 동기 신호를 미분 회로로 분리한다.
㉯ 15,750[Hz]의 수평 동기 신호를 적분 회로로 분리한다.
㉰ 60[Hz]의 수직 동기 신호를 미분 회로로 분리한다.
㉱ 60[Hz]의 수평 동기 신호를 미분 회로로 분리한다.

해설 합성 영상 신호에서 진폭 분리의 방법으로 수평과 수직의 동기 신호를 분리한

해답 38. ㉮ 39. ㉮ 40. ㉰ 41. ㉮

후 15,750[Hz]의 수평 동기 신호는 미분 회로로, 60[Hz]의 수직 동기 신호는 적분 회로로 분리한다.

문제 42. 수직 출력 회로가 정상으로 동작할 때 수직 출력관 플레이트 전압파형은 다음 그림 중 어느 것인가?

㉮ [파형] ㉯ [파형] ㉰ [파형] ㉱ [파형]

해설 수직 편향 회로의 편향 전류는 톱날파가 아니면 안 되는데, 출력관의 플레이트측에는 그리드에 가해지는 톱니파가 컷오프 전압이 되는 수직 귀선 기간에 높은 (+)의 펄스 전압이 발생하므로, 수직 출력관의 플레이트 전압 파형은 톱날파 전압에 이 (+)펄스가 합쳐진 모양의 전압이 나타난다.

문제 43. 텔레비전 수상기의 수평 출력관이 동작하지 않으면 화면은 어떻게 되는가?
㉮ 동기가 되지 않는다.
㉯ 래스터(raster)가 나오지 않는다.
㉰ 가로로 선이 1개 나온다.
㉱ 세로로 선이 1개 나온다.

해설 TV 수상기의 수평 출력관은 수평 편향 전류를 편향 코일에 공급하며 FBT의 승압 동작으로 고압을 발생시켜 수상관의 애노드 전압을 공급한다. 따라서 수평 출력관이 동작하지 않으면 고압이 없게 되므로 래스터가 나오지 않는다.

문제 44. 녹음기 회로에서 자기 테이프에 기록된 내용을 소거하는 방법은 다음과 같다. 관계가 먼 것은?
㉮ 교류 소거법
㉯ 영구 자석에 의한 소거법
㉰ 전자석에 의한 소거법
㉱ 전압 소거법

해설 소거(erasing)란 자기 테이프에 잔류 자기의 형태로 녹음된 신호를 자기적으로 소멸시키는 과정으로, 전자석(소거 헤드)이나 영구 자석이 사용되는 직류 소거법과 강력한 교류 자장을 테이프에 가하는 교류 소거법이 있다.

문제 45. 녹음기 헤드 사용상의 주의 사항으로서 잘못된 것은?
㉮ 헤드에 충격을 주지 말 것
㉯ 헤드면을 때때로 알코올을 가제에 적셔 가볍게 닦는다.
㉰ 자성체를 헤드에 접극시키지 말 것

해답 42. ㉱ 43. ㉯ 44. ㉱ 45. ㉱

㉣ 헤드가 자화되면 강한 자석을 헤드에 접근시켜 소자한다.

[해설] 헤드는 장시간 사용이나 자성체의 접근 등으로 자화되는 수가 있는데, 헤드가 자화되면 고음역이 감쇠하거나 잡음이 생긴다. 헤트가 자화된 경우에는 헤드 이레이저(head demagnetizer 또는 eraser)로 소자한다.

[문제] 46. 비디오 신호를 기록 재생하기 위한 조건으로 볼 수 없는 것은?
㉮ 비디오 헤드의 캡을 좁게 한다.
㉯ 비디오 신호를 변조해서 기록한다.
㉰ 비디오 헤드와 자기 테이프의 상대 속도를 크게 한다.
㉱ 비디오 헤드와 자기 테이프의 상대 속도를 작게 한다.

[해설] 비디오 신호(TV 신호)는 0~4[MHz] 정도의 주파수 대역을 가지고 있으므로 이 대역 내의 전 주파수를 자기테이프에 기록하고 재생하기 위해서는 다음의 3조건이 필요하다.
① 비디오 헤드의 갭을 좁게 한다.
② 비디오 헤드와 자기 테이프의 상대 속도를 크게 한다.
③ 비디오 신호를 변조해서 기록한다.

[문제] 47. 슈우퍼헤테로다인 수신기의 계통도로서 "가"부분의 명칭은?
㉮ 저주파 증폭부
㉯ 주파수 변환부
㉰ 국부 발진부
㉱ 중간 주파 증폭부

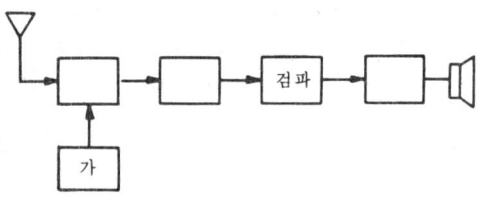

[해설] 주파수 변환(혼합)에 필요한 고주파를 발생시키는 국부 발진 회로가 접속되어야 한다.

[문제] 48. 그림은 FM 송신기의 계통도이다. [가]의 명칭은 무엇인가?
㉮ 수정 발진부
㉯ 전치 보상부
㉰ 주파수 체배부
㉱ 프리엠파시스부

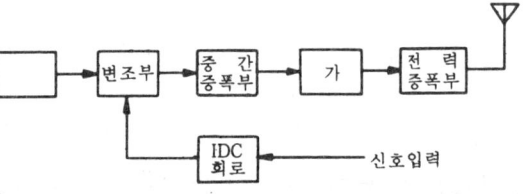

[해설] 변조부로부터의 출력을 필요한 주파수만큼 체배하는 주파수 체배부가 접속된다.

[문제] 49. TV 송신 안테나의 전력을 100[W]에서 200[W]로 올리면 같은

[해답] 46. ㉱ 47. ㉰ 48. ㉰ 49. ㉮

지점에서 전계 강도는 얼마로 변하는가?
㉮ 약 1.4배　　　㉯ 약 1.5배
㉰ 약 1.6배　　　㉱ 약 1.7배

[해설] 전계 강도는 방사 전력의 제곱근에 비례한다.
$E = K\sqrt{P} = K\sqrt{2} \fallingdotseq 1.4$ [배]

[문제] **50.** 전축 바늘이 레코드판 음구의 벽을 밀기 때문에 생기는 잡음을 제거하기 위하여 사용하는 필터(filter)는?
㉮ 수정 필터　　　㉯ 스크래치 필터
㉰ RC 필터　　　㉱ CL 필터

[해설] 스크래치 필터(scratch filter)는 픽업(pick up)의 바늘이 레코드의 음구의 벽을 긁기 때문에 생기는 스크래치 노이즈(noise)나 AM 방송 수신시의 비트(beat)음을 제거하기 위해 설치된다. 고역 부분을 감쇠시키므로 하이 컷 필터(high cut filter)라고도 한다.

[문제] **51.** 스피커의 감도 측정에 있어서 표준 마이크로폰이 받는 음압이 4[μbar]이면 이 스피커의 전력 감도는 얼마인가(단, 스피커의 입력에는 1[W]를 가한 것으로 한다.)?
㉮ 9[dB]　　㉯ 12[dB]　　㉰ 16[dB]　　㉱ 20[dB]

[해설] 전력 감도 S_P는 $S_P = 20\log_{10} \dfrac{P}{\sqrt{W}}$ [dB]에서

$S_P = 20\log_{10} \dfrac{4}{\sqrt{1}} = 20\log_{10} 4 \fallingdotseq 12$ [dB]

[문제] **52.** 캡스턴의 원주 속도가 고르지 않을 때 생기는 현상은?
㉮ 험　　　　　　㉯ 와우 플러터
㉰ 모터보팅　　　㉱ 잡음

[해설] 테이프의 속도의 변동에 의해서 생기는 재생신호 주파수의 동요를 와우 플러터(wow and flutter)라 하며, 그 동요의 주기가 비교적 느린 것을 와우, 빠른 것을 플러터라 한다. 이 현상은 녹음 또는 재생의 기계적 방법을 거친 경우에만 나타나는 것으로, 재생음이 떨리거나 탁해지는 원인이 된다.

[문제] **53.** 자기 녹음기의 녹음 특성은 일반적으로 저역에서 저하되는 경향이 있다. 이 특성을 보상하기 위한 회로는?
㉮ EQ Amp　　　　㉯ Tone Amp
㉰ Main Amp　　　㉱ parametric Amp

50. ㉯　**51.** ㉯　**52.** ㉯　**53.** ㉮

[해설] 등화 증폭기(equalizing amplifier, EQ Amp)는 녹음기의 녹음 특성이 일반적으로 저역에서 져지되는 경향이 있으므로, 이 특성을 보상하기 위해 사용된다.

[문제] 54. 다음 중 VTR의 녹화 매체는?
㉮ EVR 필름 ㉯ FED 디스크
㉰ 자기 테이프(magnetic tape) ㉱ 자기 시트(magnetic sheet)

[해설] VTR(Video Tape Recorder)에서는 기록 매체로서 자기 테이프를, VDR(Video Disc Recorder)에서는 자기 시트를 각각 사용한다.

[문제] 55. VTR에서 테이프 구동 기구인 로딩 기구(loading mechanism)를 바르게 설명한 것은?
㉮ 헤드 드럼에서 테이프를 끌어 내어 핀치롤러에 세트하는 기구이다.
㉯ 비디오 카세트에서 테이프를 끌어 내어 헤드 드럼에 세트하는 기구이다.
㉰ 빨리 보내기(FF), 되돌리기(REW)시에 테이프가 비디오 헤드에 세트하는 기구이다.
㉱ 빨리 보내기(FF), 되돌리기(REW)시에 테이프가 헤드 드럼과 접촉하게 하는 기구이다.

[해설] 로딩 기구란 비디오 카세트(video cassette)에서 테이프를 끌어내어 헤드 드럼(head drum)에 세트하는 기구이다.

1985년도 전자기기·음향영상기기 2급 출제문제

[문제] 1. 캐비테이션(공동 작용)을 이용한 것은?
㉮ 초음파 납땜 ㉯ 초음파 용접
㉰ 어군 탐지 ㉱ 초음파 세척

[해설] 캐비테이션(공동) 현상은 강력한 초음파를 액체 속에 방사하였을 때 진동자의 부근에 안개 모양의 기포가 생겨 이들이 분사 현상을 이루어 '싸아'하는 소음을 내는 현상으로, 액체 중에 있는 금속을 침식하여 수명을 단축시키는 원인이 되지만, 이 현상은 초음파 세척, 분산·에멜션화 등에 이용된다.

[문제] 2. 초음파 가공기를 사용할 때 연마가루로 사용되는 것은?

[해답] 54. ㉰ 55. ㉯ 1. ㉱ 2. ㉯

㉮ 더스트　　　　　　　㉯ 카버런덤
㉰ 유리가루　　　　　　㉱ 페라이트
해설 초음파 가공에서 연마가루는 가공하려는 물질에 따라 카버런덤(탄화실리콘, carborundum), 앨런덤(산화알루미늄, alumdum), 보론카아바이드(탄화붕소, boroncarbide), 다이아몬드 등의 고운가루를 사용한다.

문제 3. 선박에 이용되며 방향 탐지기가 없이 보통 라디오 수신기를 이용하여 방위를 측정할 수 있는 것은 다음 중 어느 것인가?
㉮ AN 레인지 비컨　　　㉯ 무지향성 비컨
㉰ 회전 비컨　　　　　　㉱ 초고주파 전방향성 비컨
해설 회전 비컨은 지향성이 없는 보통 수신기로 전파를 수신하여 지상국의 방위를 알아낼 수 있는 방식이다.

문제 4. 다음 그림과 같은 저항회로에서 전달함수 값은?
㉮ 0.2
㉯ 0.37
㉰ 0.65
㉱ 0.8

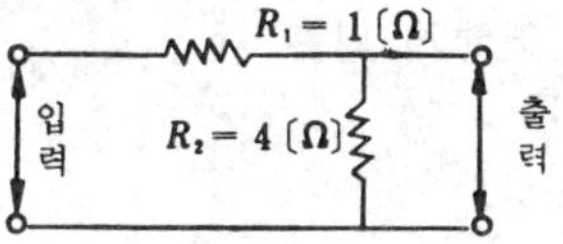

해설 $G = \dfrac{e_O}{e_i} = \dfrac{R_2}{R_1 + R_2} = \dfrac{4}{1+4} = 0.8$

문제 5. 서보 기구의 일반적인 조건으로 옳지 못한 것은 다음 중 어느 것인가?
㉮ 조작량이 커야한다.
㉯ 추종 속도가 빨라야 한다.
㉰ 유압식의 경우 증폭부에 트랜지스터 증폭기나 자기 증폭기가 사용된다.
㉱ 서보 모터의 관성이 작아야 한다.
해설 서보 기구(servomechanism)는 일반적으로 조작량이 커야 하므로, 유압 서보 모터나 전기적 서보 모터가 사용되며, 각각의 조작량이 유압이냐 전기량이냐에 따라 실제의 기구가 달라진다. 보통 전기식이면 증폭부에 트랜지스터 증폭기나 자기 증폭기가 사용되고, 유압식의 경우에는 파일럿 밸브나 유압 분사관 등이 사용된다.

문제 6. 전산기에서 음수를 처리하는 방법은 다음 중 어느 것인가?
㉮ 보수 표현　　　　　　㉯ 지수적 표현
㉰ 부동 소수점 표현　　　㉱ 고정 소수점 표현

해답 3. ㉰　4. ㉱　5. ㉰　6. ㉮

[해설] 전산기의 연산 시스템에서 음의 수치를 표현하는 데에는 보수를 쓴다.

[문제] 7. 다음 그림과 같은 회로의 기능으로 적합한 것은 다음 중 어느 것인가(단, $Ri=Rf$)?
㉮ 상수배기
㉯ 부호 변환기
㉰ 미분기
㉱ 적분기

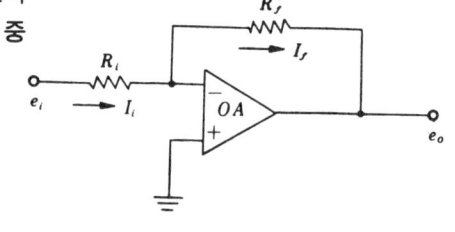

[해설] $Ri=Rf$일 때 $y = -ei$의 연산을 행하는 부호 변환기이다.

[문제] 8. 고주파 유도 가열의 원리에서 피가열체(원통형 도체)에 주파수를 높이면 맴돌이 전류 밀도 분포는 어떻게 되는가?
㉮ 거의 같다.
㉯ 표면이 높다.
㉰ 원축 중심부가 높다.
㉱ 관계없다.

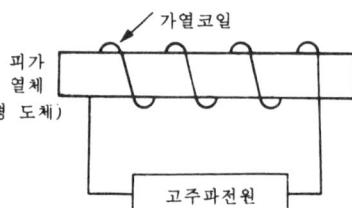

[해설] 맴돌이 전류 밀도는 중심부, 즉 원의 축의 위치에서 가장 작고 표면에 가까와 질수록 커진다. 이 현상은 표피 효과(skin effect)의 일종으로서 주파수가 매우 높아지면 맴돌이 전류는 표면 가까이에만 흐르며 중심부에는 거의 흐르지 않는다.

[문제] 9. 고주파 유도 가열의 특징이 아닌 것은?
㉮ 가열 속도가 빠르며, 발열을 필요한 부분에 집중시킬 수 있다.
㉯ 금속의 표면 가열이 쉽게 이루어 진다.
㉰ 제품의 질을 높일 수 있다.
㉱ 가열 장치의 설치 비용이 절약된다.

[해설] 고주파 유도 가열의 주요한 장점
㉠ 가열 속도가 빠르며, 발열을 필요한 부분에 집중시킬 수 있다.
㉡ 금속의 표면 가열이 쉽게 이루어진다.
㉢ 가열을 정밀하게 조절할 수 있다.
㉣ 가열 준비 작업이 불필요하며, 작업 환경을 깨끗하게 유지할 수 있다.
㉤ 제품의 질을 높일 수 있다.

[해답] 7. ㉯ 8. ㉯ 9. ㉱

과년도 출제문제 **4-63**

문제 10. AN 레인지 비컨에서 등신호 방향과 관계 없는 각도는 어느 것인가?
㉮ 45° ㉯ 190° ㉰ 135° ㉱ 315°
해설 등신호 방향의 각도는 45°, 135°, 225°, 315°이다.

문제 11. 태양 전지는 다음 중 무슨 효과를 이용한 것인가?
㉮ 광전자 방출 효과 ㉯ 광전도 효과
㉰ 광 증폭 효과 ㉱ 광기전력 효과
해설 태양 전지는 반도체의 PN 접합에 빛이 입사할 때 기전력이 발생하는 광기전력 효과를 이용한 것이다.

문제 12. 사이클링(cycling)을 일으키는 제어는?
㉮ ON-OFF 제어 ㉯ 비례 적분 제어
㉰ 적분 제어 ㉱ 비례 제어

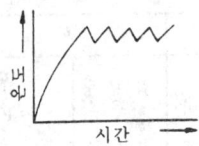

해설 온 오프 동작이란 편차가 양인가 음인가에 따라 조작부를 온(ON) 또는 오프(OFF) 하는 동작으로, 전기 모포의 온도 제어에서는 그림과 같은 사이클링을 일으킨다.

문제 13. 초음파의 진동수가 클수록 감쇄율은?
㉮ 크다 ㉯ 작다
㉰ 변화 없다 ㉱ 커졌다가 작아진다
해설 초음파의 세기는 단위 면적을 지나는 파워(power)이며, 진폭의 제곱에 비례하며, 매질 속을 지나감에 따라 감쇄한다. 이 때, 감쇄율은 물질에 따라 다르며, 일반적으로 기체가 가장 크고 액체, 고체의 순서로 작아진다. 또, 초음파의 진동수가 클수록 감쇄율이 크다.

문제 14. 고주파 유도 가열(高周波誘導加熱)에서 열발생의 원인이 되는 현상은?
㉮ 와류 ㉯ 정전 유도 ㉰ 광전 효과 ㉱ 동조
해설 고주파 유도 가열은 금속과 같은 도전 물질에 고주파 자장을 가할 때 도체 내에 생기는 맴돌이 전류(와류)에 의하여 물질을 가열하는 방법이다.

문제 15. 전자 냉동은 다음의 어느 효과를 응용한 것인가?
㉮ 줄 효과 ㉯ 광전도 효과
㉰ 펠티에 효과 ㉱ 제베크 효과

해답 10. ㉯ 11. ㉱ 12. ㉮ 13. ㉮ 14. ㉮ 15. ㉰

[해설] 전자 냉동기는 2개의 다른 물질의 접합부에 전류가 흐르면 전류의 방향에 따라 열을 흡수하거나 발산하는 현상의 펠티에 효과를 이용한 것인데, 이 효과는 금속과 금속을 접합했을 경우보다 반도체와 금속의 접합 또는 반도체의 PN 접합을 이용했을 경우가 크다. 반도체인 BiTe계 합금의 PN 접합이 전자 냉동으로 많이 이용되고 있다.

[문제] 16. 다음 회로의 블록 선도는?

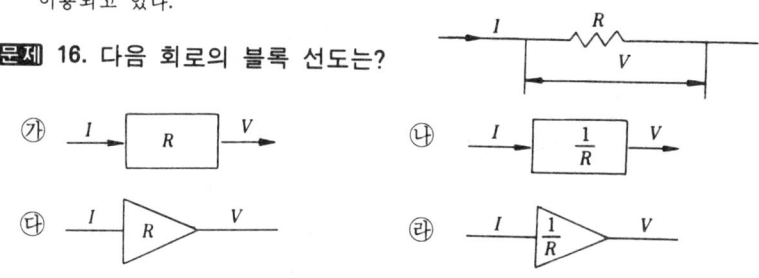

[해설] 자동 제어 전기계의 각 요소와 그의 블록 선도는 다음과 같다.

		회로소자	관계식	블록선도
비례 요소	입력·출력이 같은 양의 물리량일 경우	(입력 전압)(출력 전압)	$V_0 = kV_i$ $0 < k \leq 1$ (가변 저항기 또는 전위차계의 눈금)	$V_i \to [k] \to V_0$
	입력·출력이 다른 양의 물리량일 경우	(입력 전류) (출력 전압)	$V = RI$ R: 저항값	$I \to [R] \to V$
미분 요소		(입력 전류) (출력 전압)	$v = L\dfrac{di}{dt}$ $v = sLi$	$i \to [sL] \to v$
적분 요소		(입력 전류) (출력 전압)	$v = \dfrac{1}{C}\int i\,dt$ $v = \dfrac{1}{sC}$	$i \to \left[\dfrac{1}{sC}\right] \to v$

[문제] 17. 반사파가 많은 경우 직접파와 반사파 사이에 간섭이 일어나 직

[해답] 16. ㉮ 17. ㉮

접파에 의한 영상이 반사파에 의한 영상보다 시간적으로 벗어나기 때문에 상이 이중 삼중으로 나타나는 현상을 무엇이라 하는가?
㉮ 고테스트   ㉯ 이미지 혼신   ㉰ 해상도   ㉱ 색도도

[해설] 송신 안테나로부터 수신 안테나까지 전파가 도달하는 경우, 직접파에 의해서 생기는 화면 외에 어느 반사체(산, 건물 등)에서 반사되어 오는 반사파가 직접파보다 길어서, 시간적 지역이 생겨 주사되어서 다중상이 나타나는 현상을 고스트(ghost)라 한다.

[문제] **18.** 그림과 같은 블록 선도 (a)와 (b)는 등가 요소이다. 전달 요소 X의 값은 얼마인가?

㉮ $G_1 + G_2$ ㉯ $G_1 - G_2$
㉰ G_2/G_1 ㉱ G_1/G_2

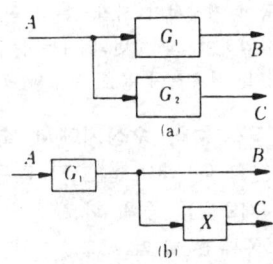

[해설] $B = G_1 A$, $C = G_2 A$ 에서
$C = A_1 G_1 x$
$\therefore x = \dfrac{C}{AG_1} = \dfrac{G_2 A}{AG_1} = \dfrac{G_2}{G_1}$

[문제] **19.** 연산기 회로에서 $R_i = 1000 [\text{k}\Omega]$, $R_f = 100 [\text{k}\Omega]$이라면 $\dfrac{e_o}{e_i}$ 는 얼마나 되는가?

㉮ -0.1
㉯ -0.2
㉰ -0.3
㉱ -0.4

[해설] $A = -\dfrac{e_o}{e_i} = -\dfrac{R_f}{R_i} = -\dfrac{100}{1000} = -0.1$

[문제] **20.** TV 수상기 고스트의 경감 대책에 관계가 없는 것은?
㉮ 안테나 높이를 바꾼다.
㉯ 지향성이 예민한 안테나 사용
㉰ 안테나와 피더 거리를 멀리 떼어야 한다.
㉱ 동축 케이블을 사용한다.

[해설] 고스트(ghost)의 경감 대책으로는 다음과 같은 방법이 있다.
① 지향성이 예민한 다소자 안테나를 사용한다.

[해답] 18. ㉰   19. ㉮   20. ㉰

② 안테나의 위치 높이를 바꾸어 본다.
③ 피어더는 동축 케이블을 사용한다.

문제 21. TV 수상기의 영상 증폭회로에서 피킹(peaking) 코일에 관한 설명으로 맞는 것은?
㉮ 고역 주파수 특성 보상
㉯ 저역 주파수 특성 보상
㉰ 수직의 동기를 제거한다.
㉱ 4.5[MHz]의 음성 신호 제거

해설 영상 증폭 회로의 고역에서는 증폭도가 저하되어 해상도를 나쁘게 하므로, 이 득이 저하하기 시작하는 고역 부근에서 공진하는 회로(고역 보상 회로)를 부하로 삽입하여, 그 주변의 이득이 증가되도록 직렬 피킹(peaking) 코일과 병렬 피킹 코일을 사용하여 분포 용량과 공진 회로를 형성한다.

문제 22. 컬러 수상기에서 흑백 방송은 정상으로 수신되나 컬러 방송을 수신할 때 색이 나오지 않은 경우 고장 회로는 어느 것인가?
㉮ 제2영상 증폭 회로
㉯ 대역 증폭 회로
㉰ X복조 회로
㉱ 매트릭스 회로

해설 대역 증폭 회로는 반송 색신호를 선택 증폭하는 회로이므로 이 회로가 고장이 면 색신호가 나올 수 없으므로 컬러 방송을 수신해도 색이 나오지 않게 된다.

문제 23. 비디오 신호를 변조하여 기록하는 이유 중 틀리는 것은?
㉮ 기록 가능한 최고, 최저 주파수의 비를 작게 하기 위해
㉯ 경사 주사 때문에 트래킹의 벗어남에 의한 재생 신호 레벨 변동 방지
㉰ S/N이 양호한 기록을 위해
㉱ 테이프의 상대 속도를 높이기 위해

해설 VTR에서는 비디오 신호를 저반송파의 주파수 변조 신호로서 자기 테이프에 기록하는 데, 그 이유는 다음과 같다.
① 자기 테이프에 기록 가능한 최고·최저 주파수에 맞추기 위해 신호의 모양을 바꿈으로써(최고 주파수)/(최저 주파수)의 비를 작게 하기 위해서
② 경사 주사(helical scan)에 의한 트래킹의 벗어남에 의해서 생기는 재생 신호의 레벨 변동을 방지하기 위해서
③ 비디오 신호의 주파수 대역이 넓기 때문에 노이즈의 영향이 커서 S/N이 양호 한 기록 방식을 채용할 필요가 있기 때문에

문제 24. 82.5[MHz]의 FM 전파를 수신하고 있을 경우 수신되는 영상 주파수(image frequency)는 얼마인가?
(단, FM 수신기의 중간 주파수는 10.7[MHz]이다.)

해답 21. ㉮   22. ㉯   23. ㉱   24. ㉱

㉮ 20.7[MHz]　　　　　　　㉯ 82.955[MHz]
㉰ 93.2[MHz]　　　　　　　㉱ 103.9[MHz]
[해설] $f_2 = f_s + 2IF = 82.5 + (2 \times 10.7) = 103.9$ [MHz]

[문제] **25.** 스켈치(squelch) 회로의 설명으로 가장 알맞는 것은?
㉮ 신호 입력이 없을 때는 저주파 증폭기의 출력을 차단시킨다.
㉯ 신호 입력이 없을 때 잡음 출력이 크기 때문에 사용되는 회로다.
㉰ squelch 호로가 없으면 FM 수신을 할 수 없다.
㉱ 구성은 잡음 증폭기, 정류기 및 squelch 제어관으로 된다.
[해설] FM 수신기의 스켈치 회로는 입력 신호가 없을 때의 잡음을 제거하기 위하여 저주파 증폭부의 동작을 정지시키는 회로이다.

[문제] **26.** FM 스테레오 방송 수신시 기준 신호(pilot signal)는 몇 [kHz]인가?
㉮ 18　　　㉯ 19　　　㉰ 38　　　㉱ 60
[해설] 파일럿 신호(pilot signal)는 FM 스테레오 방송의 수신을 위하여 전송하는데 제어용의 부반송파 주파수로서 19[kHz]가 쓰인다.

[문제] **27.** 원거리 수신에 적당한 TV 수신 안테나는 다음의 어느 것인가?
㉮ 전등선 안테나　　　　㉯ 루프(loop) 안테나
㉰ 다이폴(dipole) 안테나　㉱ 다소자 야기 안테나
[해설] 소자(element)의 수가 많은 다소자 안테나는 전방에 대한 수신 감도가 좋고, 지향성이 날카로우므로 원거리 수신에 적합하다.

[문제] **28.** TV 수상기에서 주파수 변환회로가 터릿(turret)식 튜너일 경우에는 어떤 결합을 사용하는가?
㉮ 정전(靜電) 결합　　　㉯ 전자(電磁) 결합
㉰ 유도(誘導) 결합　　　㉱ 반(反) 결합
[해설] 터릿식 튜너에는 전자 결합, 로터리식 튜너는 정전 결합 방식이 채용된다.

[문제] **29.** 라스터가 가로 한 줄로 되었을 때 고장 진단의 대상이 아닌 것은?
㉮ 수직 발진관의 그리드 전압
㉯ 적분 회로의 동기 신호 전압 파형
㉰ 수직 출력관의 그리드 전압 파형
㉱ 수직 발진관의 플레이트 전압

[해답] 25. ㉮　26. ㉯　27. ㉱　28. ㉯　29. ㉯

[해설] 래스터가 가로 한 줄로 되는 경우는 수직 출력 톱니파가 나오지 않는 경우이므로 수직 발진이나 증폭 및 출력부가 고장 진단의 대상이 된다.

[문제] 30. 중간 주파수가 455[kHz]이고 수신 주파수가 900[kHz]일 때 영상 주파수는 몇 [kHz]인가?
㉮ 1355 ㉯ 1610 ㉰ 1810 ㉱ 1955
[해설] $f_2 = f_s + 2IF = 900 + (2 \times 455) = 1810$[kHz]

[문제] 31. 스피커의 재생 음역을 3분할하는 3웨이 방식의 유니트가 아닌 것은?
㉮ 우퍼(owfer) ㉯ 디바이더(divider)
㉰ 트위터(tweeter) ㉱ 스코커(squawker)
[해설] 저음 전용 스피커를 우퍼, 고음 전용을 트위터, 중음 전용을 스코커라 한다.

[문제] 32. TV 영상 신호의 전송 방식은?
㉮ 시분할 다중 통신 방식 ㉯ 잔류 측파대 방식
㉰ 단측파대 방식 ㉱ 양측파대 방식
[해설] 텔레비전 방송을 하기 위해서는 점유 주파수 대역이 넓어지기 때문에, VHF대나 UHF대의 전파를 사용한다. 이 경우의 변조 방식은 AM을 사용하지만, 직류 성분으로부터 4[MHz]까지의 주파수 성분을 가진 합성 영상 신호로 진폭 변조하면, 반송파 상하에 측파대가 생겨 약 8[MHz]라는 대단히 넓은 주파수 대역을 점유하게 되므로, 한 쪽 측파대를 어느 정도 남긴 잔류 측파대(vestigial sideband, VSB) 방식을 사용한다.

[문제] 33. 텔레비전의 미세 조정(파인 튜닝)과 가장 관계가 깊은 것은?
㉮ 브라운관의 직류 바이어스 ㉯ 국부-발진기의 주파수 변화
㉰ 저주파 증폭기의 주파수 특성 ㉱ 영상 신호의 이득 또는 레벨
[해설] 파인 튜닝(fine tuning)은 국부 발진 주파수를 미세 조정함으로써 입력 텔레비전 전파와 국부 발진 주파수와의 차가 정확히 중간 주파수가 되도록 조정하기 위한 것이다.

[문제] 34. 녹음기 회로에서 녹음 때에는 고역을, 재생 때에는 저역을 각각의 증폭기로 보정하여 전체를 통하여 평탄한 특성으로 만드는 회로를 무엇이라 하는가?
㉮ 등화(equalize) ㉯ 증폭기(amplifier)
㉰ 임펄스(impulse) ㉱ 진폭 제한기(limiter)

[해답] 30. ㉰ 31. ㉯ 32. ㉯ 33. ㉯ 34. ㉮

[해설] 녹음 때에는 고역을, 재생 때에는 저역을 각각의 증폭기로 보정하여 전체를 통하여 평탄한 특성으로 만드는 것을 주파수 보상 또는 등화라 한다.

[문제] 35. 녹음기 회로에서 전체의 주파수 특성을 평탄하게 하기 위하여 주파수 보상을 하게 되는데 녹음시에는 어떤 주파수의 특성을 보상하게 되는가?
㉮ 고역 보상　　　　　　　㉯ 저역 보상
㉰ 중간 주파수 보상　　　　㉱ 잡음 보상
[해설] 녹음 때에는 고역을, 재생 때에는 저역을 보상한다.

[문제] 36. VHS 방식 VTR의 기록 방식을 설명한 것으로서 틀리는 것은?
㉮ 애지머스 고밀도 기록 방식　㉯ PS킬러 방식
㉰ DL-FM 방식　　　　　　　㉱ PI킬러 방식
[해설] 애지머스(azimuth) 고밀도 기록 방식과 PS(Phase Shift) 컬러 방식 및 DL-FM(double limitter FM) 방식은 VHS 방식 VTR에 채용되는 것이며, PI(Phase Invert) 컬러방식은 β-max VTR에 채용되고 있다.

1986년도 전자기기·음향영상기기 2급 출제문제

[문제] 1. 유전 가열의 응용 중 잘못된 것은?
㉮ 목재의 건조 및 접착　　㉯ 농어산물의 가공
㉰ 생란의 살충 및 건조　　㉱ 금속 합금의 용해
[해설] 금속 합금의 용해는 고주파 유도 가열의 응용이다.

[문제] 2. 반도체 레이저 재료로써 흔히 사용되는 물질은 어느 것인가?
㉮ Cdse　　　　　　㉯ Zns
㉰ GaAs　　　　　　㉱ Ge Tesise
[해설] 반도체 레이저는 반도체의 특수한 성질을 이용한 것으로, 갈륨아세나이드 (GaAs) PN 접합 레이저는 그 대표적인 것이다.

[문제] 3. 제어량의 변화를 일으킬 수 있는 신호 중에서 기준 입력 신호 이외의 것을 무엇이라 하는가?

[해답] 35. ㉮　36. ㉱　1. ㉱　2. ㉰　3. ㉯

㉮ 제어 동작 신호　　　　㉯ 외란
㉰ 주되먹임 신호　　　　㉱ 제어 편차

해설 외란(disturbance)은 제어량의 변화를 일으킬 수 있는 신호 중 기준 입력 신호 이외의 것을 말한다.

문제 4. Schmitt트리거 회로의 입력에 정현파를 넣었을 경우 출력 파형은?
㉮ 톱니파　　　　　　　㉯ 방형파
㉰ 정현파　　　　　　　㉱ 삼각파

해설 슈미트 트리거(Schmitt trigger) 회로는 정현파(사인파) 신호를 방형파(구형파) 신호로 변환하는 회로이다.

문제 5. 캐비테이션이 일어나는 음압의 크기와 주로 관계가 없는 것은?
㉮ 습도　　㉯ 진동수　　㉰ 액체의 종류　　㉱ 온도

해설 캐비테이션(cavitation)을 일으키는 음압의 세기는 진동수, 액체의 종류, 액체의 압력, 온도 등에 따라 달라 진다.

문제 6. 자기 왜형 현상에서 알페로(alferro)는 자장의 방향으로 어떻게 변화되는가?
㉮ 늘어 난다.　　　　　　㉯ 줄어 든다.
㉰ 자장의 방향으로 휘어진다.　　㉱ 자장의 반대 방향으로 휘어진다.

해설 니켈은 자장의 방향으로 길이가 줄고, 알페로(13[%]의 알루미늄과 철의 합금)는 늘어 난다.

문제 7. 목재에 대한 유전 가열 이용 중 맞지 않는 것은?
㉮ 건조　　㉯ 성형　　㉰ 접착　　㉱ 절단

해설 유전 가열(dielectric heating)은 목재의 건조, 성형, 접착 등에 널리 응용된다.

문제 8. 유도 가열은 다음 중 주로 어떤 작용을 이용한 것인가?
㉮ 유전체손　　　　　　㉯ 맴돌이 전류손
㉰ 히스테리시스손　　　㉱ 동손

해설 고주파 유도 가열은 금속과 같은 도전 물질에 고주파 자장을 가할 때 도체 내에 생기는 맴돌이 전류에 의하여 물질을 가열하는 방법이다.

문제 9. 기구에 관측 장치를 적재하여 대기로 띄워 보내는 것을 무엇이라 하는가?
㉮ 라디오 존데　　㉯ 레이더　　㉰ 덱카　　㉱ 전파 고도계

해답 4. ㉯　5. ㉮　6. ㉮　7. ㉱　8. ㉯　9. ㉮

과년도 출제문제 **4−71**

[해설] 수소 가스를 채운 조그마한 기구에 기상 관측 장비와 발진기를 실어서 대기 상공에 띄워 무선으로 상층의 기상 요소를 측정하는 기기를 라디오 존데(radio sonde)라 한다.

[문제] **10.** 펠티에 효과는 어떤 장치에 이용되는가?
㉮ 자동 제어 ㉯ 온도 제어 ㉰ 전자 냉동기 ㉱ 태양 전지
[해설] 펠티에 효과(Peltier effect)란 2개의 다른 물질의 접합부에 전류를 흘리면 열을 흡수하거나 발산하는 현상으로, 이 효과는 금속과 금속을 접합했을 경우보다 반도체와 금속의 접합 또는 반도체의 PN 접합을 이용했을 경우가 크며, 반도체인 BiTe계 합금의 PN 접합이 전자 냉동으로 많이 이용되고 있다.

[문제] **11.** 전자 냉동이 특징이 아닌 것은?
㉮ 회전 부분이 없으므로 소음이 없고 배관도 필요하지 않다.
㉯ 전류 방향만 바꾸므로 냉각에도 쓸 수 있고 가열에 쓸 수 있다.
㉰ 온도 조절이 용이하게 된다.
㉱ 성능이 고르지 못하며 수명이 짧다.
[해설] 전자 냉동은 성능이 고르고 수명이 길며, 사용 기간 중에 변화가 거의 없는 장점이 있다.

[문제] **12.** 다음은 신호의 전달 계통도의 구성을 나타낸 것이다. 설명이 잘못된 것은?
㉮ 합치는 점은 ○표 또는 ×로 나타내며, 비교부에 상당한다.
㉯ 꺼내는 점은 ●표로 표시하며 분기점이라고도 한다.
㉰ 전달 요소는 □로 둘러 싼다.
㉱ 전달 방향은 →표이며 화살표의 반대 방향으로도 신호의 전달이 이루어진다.
[해설] 입력 신호를 받아서 적당히 변환된 출력 신호를 만드는 신호 전달 요소는 네 모진 상자 속에 나타내며, 신호의 흐르는 방향은 화살표로 나타낸다.

[문제] **13.** 온도의 예정 한도를 검출하는 데 사용되는 것은?
㉮ 리미트 스위치 ㉯ 레벨 메터 ㉰ 서모 스탯 ㉱ 압력 스위치

[문제] **14.** 공기 중의 매연이나 공장에서 나오는 폐수 처리는 다음 어느 작용을 이용한 것이가?
㉮ 응집 작용 ㉯ 분리 작용 ㉰ 분산 작용 ㉱ 확산 작용
[해설] 응집 작용을 이용한 장치

[해답] **10.** ㉰ **11.** ㉱ **12.** ㉱ **13.** ㉰ **14.** ㉮

① 공기 중의 먼지, 매연, 시멘트의 침전
② 소금의 제조 공정에서 마그네시아의 침전
③ 에멀션의 분리
④ 기름이나 타르의 탈수
⑤ 공장에서 나온 폐수의 처리

문제 **15.** 초음파를 이용한 기계 세정에서 사용되는 주파수 범위는?
㉮ 20~40〔kHz〕　　㉯ 200~400〔kHz〕
㉰ 2~4〔MHz〕　　　㉱ 20~40〔Hz〕
해설 초음파가 강하면 캐비테이션이 생기는 상태가 좋기 때문에 20~40〔kHz〕의 낮은 주파수의 진동을 사용한다.

문제 **16.** 고체의 진동수를 틀리게 설명하고 있는 항은 어느 것인가?
㉮ 진동 방향의 고체 길이 2배에 반비례한다.
㉯ 밀도의 제곱근에 반비례한다.
㉰ 양그율(영율)의 제곱근에 비례한다.
㉱ 진동 방향의 고체 길이의 값에 비례한다.
해설 고체의 고유 진동수 f는 다음 식으로 나타난다.
$$f = \frac{1}{2l}\sqrt{\frac{E}{\rho}}$$
단, E : 진동 방향의 영률
　　ρ : 밀도
　　l : 진동 방향의 고체 길이

문제 **17.** 표면 가열에서 열의 침투 깊이와 관계가 먼 것은?
㉮ 주파수　　　　　　㉯ 가열 코일과 재료와의 결합도
㉰ 재료의 길이　　　㉱ 가열 전력 밀도
해설 표면 가열에서 열의 침투 깊이는 주파수, 가열 코일과 재료와의 결합도, 가열 시간 및 가열 전력 밀도 등에 따라 결정된다.

문제 **18.** 주국과 종국의 전파도래 시간차를 측정하는 방식은?
㉮ 로런(Loran) 방식　　㉯ 데카(decca) 방식
㉰ $\rho-\theta$ 방식　　　　　　㉱ 방사상 방식
해설 로런 방식은 쌍곡선 방식에 속하는데, 2개의 장소에 위치한 송신국으로부터 보내온 전파의 시간차를 측정한다.

해답 15. ㉮　16. ㉱　17. ㉰　18. ㉮

과년도 출제문제 **4-73**

문제 19. 라디오 존데로서 알 수 없는 것은?
㉮ 기압   ㉯ 온도   ㉰ 풍속   ㉱ 습도
해설 라디오 존데(radio sonde)는 대기 상공의 기압, 온도, 습도 등의 기상 요소를 측정하는 기기이다.

문제 20. 태양 전지의 설명 중 잘못된 것은?
㉮ 빛의 방향에 따라 발생 출력이 변한다.
㉯ 장치가 복잡하고 보수가 어렵다.
㉰ 축전 장치가 필요하다.
㉱ 대전력용은 부피가 크고 가격이 비싸다.
해설 태양 전지는 장치가 간단하고 보수가 편하다.

문제 21. 셀렌에 빛을 쬐면 기전력이 발생하게 되는데 이 원리를 이용하여 만든 계기는 다음 중 어느 것인가?
㉮ 조도계   ㉯ 체온계   ㉰ 압축계   ㉱ 풍속계

문제 22. 주기억 장치에서 자료 표현의 단위는?
㉮ core   ㉯ bit   ㉰ byte   ㉱ K

문제 23. 자동 제어에서 인디셜(indicial)응답을 조사할 때 입력에 어떤 파형을 가하는가?
㉮ 사인파   ㉯ 펄스파   ㉰ 스텝(step)파   ㉱ 톱니파
해설 단위 계단파(스텝파) 입력 신호를 주었을 때, 출력 파형이 어떻게 되는가의 과도 응답(transient response)을 인디셜 응답이라 한다.

문제 24. 다음 중 전기식 조절계에서 가장 많이 사용되는 방식은 어느 것인가?
㉮ 비례 동작   ㉯ 온 오프 동작
㉰ 비례 적분 동작   ㉱ 비례 적분 미분 동작
해설 전기식 조절계는 간단한 온 오프(on-off) 동작의 것이 많이 사용된다.

문제 25. 계산에 필요한 수치를 이것과 비례하는 연속된 물리량으로 바꾸어 계산하는 것은?
㉮ 적분   ㉯ 아날로그 계산
㉰ 미분   ㉱ 디지털 계산
해설 계산에 필요한 수치를 이것과 비례하는 연속된 물리량으로 바꾸어 계산하는

해답 19. ㉱   20. ㉯   21. ㉮   22. ㉰   23. ㉰   24. ㉯   25. ㉰

것을 아날로그 계산(analog computation)이라 하며, 아날로그 전자 계산기는 수치를 이에 비례하는 전압이나 전류로 변환시켜 연산하는 계산기이다.

문제 26. 다음 그림은 자동 제어계에 스텝 신호를 입력 신호에 가하여 제어계의 특성에 따라 얻은 여러 종류의 응답이다. 스텝 응답이 진동적이며 가장 안정된 파형은 어느 것인가?

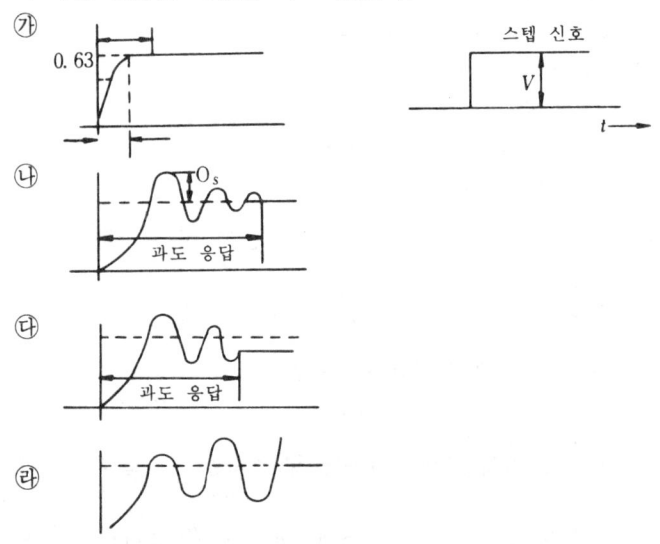

해설 ㉮는 비진동적인 제어계의 응답, ㉯는 스텝 응답이 진동적이면서도 안정한 보기, ㉰는 제어량이 목표값에 일치하지 않은 경우, ㉱는 제어계와 요소가 불안정한 보기이다.

문제 27. 다음 그림은 무슨 제어 안정화 회로인가?

㉮ 직병렬 안정화
　　전원 회로
㉯ 직렬 제어 기본 회로
㉰ 다단 병렬 정전압
　　제어 기본 회로
㉱ 정전류 회로

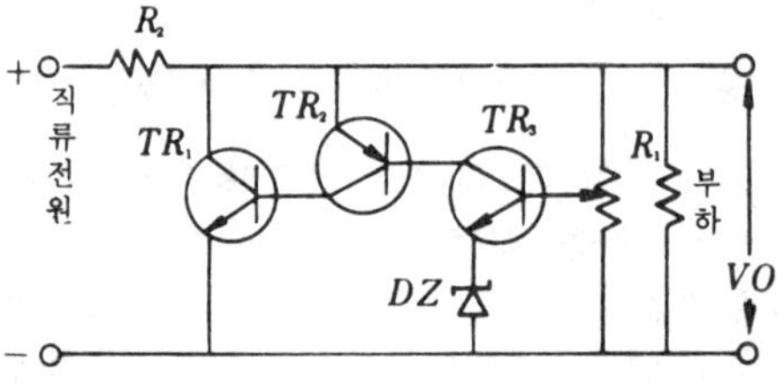

해설 그림은 다단 병렬 정전압 제어의 기본 회로로서 TR_1과 TR_2의 달링턴 접속으

해답 26. ㉯   27. ㉰

로 보정 감도를 높여서 안정도를 좋게 한 것이다. 제어용 트랜지스터 TR₁은 컬렉터 허용 손실이 큰 전력용 트랜지스터를 쓰는데, TR₂와 TR₃은 비교적 소용량의 것을 써도 좋다.

문제 28. 그림의 회로에 대한 설명 중 틀린 것은?

㉮ 저항 R은 전류를 제한하는 다이오드 보호용이다.
㉯ 60[Hz] 입력에 대한 리플 주파수는 60[Hz]이다.
㉰ 이 회로는 전파 배압 정류기이며 콘덴서 C_3는 입력 전원의 2배까지 충전한다.
㉱ 콘덴서 C_2는 다이오드 CR_1의 보호용 바이 패스 콘덴서이다.

해설 회로는 반파 배전압 정류 회로이며 CR_1의 통전으로 C_1이 충전하고, 이 충전 전압과 입력 전원 전압이 CR_2에 의해 정류되고 C_3의 콘덴서로 충전하여 입력 전압의 2배 출력을 얻는 회로이다.

문제 29. 그림의 트랜지스터 회로에서, 이미터-어스간의 전압을 측정하였더니 정상시보다 떨어졌다. 고장 원인으로 생각되는 것은 다음 중 어느 것인가?

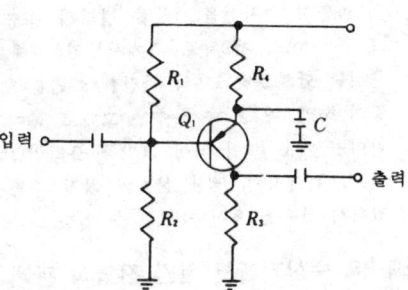

㉮ Q_1의 이미터-베이스 사이 단선
㉯ C의 내부 단선
㉰ R_1의 단선
㉱ R_2의 단선

해설 트랜지스터 Q_1은 PNP형이므로 R_1이 단선되면 베이스 전압이 낮아져 Q_1을 흐르는 전류가 증가하므로 이미터측의 전압은 정상시보다 떨어진다.

문제 30. 무선 수신기의 AVC 회로에서 CR의 시정수가 너무 크면 어떠한 현상이 나타나는가?

㉮ 빠른 주기의 페이딩에 따르지 못한다.
㉯ 신호의 마지막 부분만 동작한다.
㉰ 수신 감도가 떨어진다.
㉱ 잡음이 커진다.

해설 AVC 회로는 수신 감도가 변화되는 페이딩(fading) 현상을 방지하기 위한 회

해답 28. ㉰ 29. ㉰ 30. ㉮

로인데, CR(콘덴서와 저항)에 의한 시정수 회로의 정수가 너무크면 빠른 주기의 페이딩 현상에 따르지 못하게 된다.

문제 31. AM · FM 겸용 수신기에서 FM은 이상이 없으나 AM은 수신이 안될때 고장점은 어느 부분인가?
㉮ 저주파 증폭 회로   ㉯ 전원 회로
㉰ AM 컨버터 회로   ㉱ FM 컨버터 회로

해설 FM 수신은 정상이나 AM 수신만이 안될 때에는 AM 컨버터(주파수 변환) 회로의 고장이다.

문제 32. 비월 주사를 하는 주된 이유에 해당되는 것은?
㉮ 깜박거림(flicker)을 방지하기 위하여
㉯ 수평 주사선 수를 줄이기 위하여
㉰ 헌팅 현상을 방지하기 위하여
㉱ 콘트라스트를 좋게 하기 위하여

해설 비월 주사(interlaced scanning)는 그림과 같이 먼저 화면의 주사선을, 한 줄 걸려서 홀수 번만을 일차로 주사하고, 제2차로 위에서부터 차례로 짝수째 번 주사를 함으로써 1매의 완전한 화면을 형성한다. 이와 같이 하면, 매 초 송상 수는 그대로 30이고, 주사의 되풀이는 매초 60이 되어 그만큼 플리커(flicker, 깜박거림)가 적어지며, 영상 신호의 최저 주파수를 높일 수 있어서 전송을 용이하게 할 수 있다.

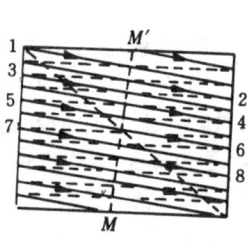

문제 33. 수신기에서 전원 전압과 관계 없는 것은?
㉮ 이득   ㉯ 감도   ㉰ 잡음   ㉱ 선택도

해설 전원 전압이 변동하면 감도와 증폭 이득이 직접적으로 영향을 받으며, 교류 전원을 사용할 때에는 험(hum) 등의 잡음도 생길 수 있다. 선택도는 수신 동조 회로의 Q와 관계된다.

문제 34. 슈퍼헤테로다인 수신기의 영상 혼인 경감법으로서 부적합한 것은 어느 것인가?
㉮ 중간 주파수를 높게 한다.
㉯ 안테나에 웨이브 트랩을 단다.
㉰ 중간 주파수를 낮게 한다.
㉱ 고주파 증폭부, 주파수 변환부를 차폐 시킨다.

해답 31. ㉰   32. ㉮   33. ㉱   34. ㉰

[해설] 영상 혼신을 경감하는 방법
① 동조 회로의 Q를 높인다.
② 고주파 증폭단을 부가한다.
③ 중간 주파수를 높은 주파수로 한다.
④ 안테나에 웨이브 트랩(wave trap)을 설치한다.
⑤ 고주파 증폭, 주파수 변환을 차폐(shield)시킨다.

[문제] 35. 일반적으로 슈퍼헤테로다인 수신기에서 주파수 변환 회로의 이상적인 변환 이득은?
㉮ 낮을수록 좋다.　　　　㉯ 클수록 좋다.
㉰ 중간 정도가 좋다.　　㉱ 별 관계가 없다.

[문제] 36. 전자 편향형 브라운관의 전자 빔 진행 방향을 수정하여 라스터의 위치를 조절하기 위한 링모양의 자석을 무엇이라고 하는가?
㉮ 센터링 마그네트　　　㉯ 편향 코일
㉰ AGC 전압　　　　　　 ㉱ 튜너
[해설] 센터링 마그네트(centering magnet)는 얇은고리 모양(ring type)의 자석으로서, 화상이 수상관의 중앙에 오도록 조절하는 데 쓰인다.

[문제] 37. 반사파 방해가 심한 지역에서 사용하는 안테나는 다음 중 어느 것인가?
㉮ 광대역 안테나　　　　㉯ 다소자 안테나
㉰ 소자수가 적은 안테나　㉱ 파라볼라 안테나
[해설] 소자의 수가 많은 다소자 안테나는 전방에 대한 수신 감도가 좋고 지향성이 날카로우므로 반사파 방해가 심한 지역에서 사용된다.

[문제] 38. 텔레비전용 카메라 픽업(pick up)과 같은 유사한 기능을 갖는 것은 다음 중 어느 것인가?
㉮ 동기 신호 발생기　　　㉯ 비디오 테이프 레코드
㉰ 마스터 모니터　　　　 ㉱ 잔류측파대 필터

[문제] 39. 부궤환 증폭기의 장점은?
㉮ 우수 고조파의 상쇄　　㉯ 재생 작용
㉰ 증폭 증가　　　　　　 ㉱ 출력 일그러짐률 감소
[해설] 부궤환(음되먹임) 증폭기는 출력 세력의 일부를 입력 신호와 역위상으로 되돌려 증폭시키는 방식으로, 증폭도는 저하되나 잡음, 일그러짐이 감소되고 주파수 특성이 좋게 되는 장점이 있다.

[해답] 35. ㉯　36. ㉮　37. ㉯　38. ㉰　39. ㉱

문제 40. 의율 $-40[dB]$은 백분율로 나타내면 다음 중 어느 것인가?
㉮ $0.001[\%]$　㉯ $0.01[\%]$　㉰ $1[\%]$　㉱ $10[\%]$

해설 $-40[dB]=20\log_{10}A$에서 $A=\dfrac{1}{100}$ 이므로

$\dfrac{1}{100}\times 100[\%]=1[\%]$

문제 41. 가장 넓은 주파수 대역폭을 사용하는 것은?
㉮ 전화　　　　　　　㉯ 고속도 전신
㉰ 텔레비전　　　　　㉱ 팩시밀(facsimile)

해설 텔레비전(TV)의 영상 신호는 직류로부터 $4[MHz]$ 정도까지의 광범위한 주파수 성분이 필요하므로 대역폭이 가장 넓게 소요되는 통신 방식이다.

문제 42. 5극판을 사용한 주파수 혼합 회로(Mixer)에서 국부 발진기의 신호를 캐소드(Cathode)에 주입하는 목적은 무엇인가?
㉮ 발진 주파수가 수신 전파와 같은 주파수로 되는 것을 최소한으로 줄이기 위해서이다.
㉯ 선택도, 충실도의 저하를 방지하기 위한 것이다.
㉰ 기생 발진을 방지하여 충분한 감도를 얻기 위하여 사용한다.
㉱ 영상 주파수의 혼입을 최대한으로 방지하는 것이 목적이다.

문제 43. 국부 발진관의 그리드 콘덴서가 쇼트되었을 때 화면에 나타나는 현상은 어떤 것인가 다음 항에서 옳은 것을 고르시오.
㉮ 국부 발진이 정지하므로 화면 음성이 모두 나오지 않는다.
㉯ 국부 발진이 정지하므로 화면 음성은 모두 나오나 콘트라스트가 부족하다.
㉰ 국부 발진이 정지하므로 동기가 불안전하며 콘트라스트가 너무 진해진다.
㉱ 화면이 흔들리고 플리거나 들어온다.

해설 국부 발진이 정지되므로 화면과 음성이 모두 나오지 않게 된다.

해답 40. ㉰　41. ㉰　42. ㉱　43. ㉮

1987년도 전자기기·음향영상기기 2급 출제문제

문제 1. 초음파 용접기가 보통 전기 용접기보다 특수한 점은 무엇인가?
㉮ 공진을 이용한다.   ㉯ 마찰을 이용한다.
㉰ 온도가 높다.   ㉱ 전력 손실이 적다.
[해설] 초음파 용접은 초음파의 횡진동을 가하여 그 마찰에 의하여 용접을 하는 것이다.

문제 2. 캐비테이션(cavitation)이 발생하는 수면에서의 음의 세기는 약 몇 $[W/cm^2]$ 이상인가?
㉮ 0.1   ㉯ 0.3   ㉰ 0.2   ㉱ 0.02
[해설] 캐비테이션은 소리의 세기가 약 $0.3[W/cm^2]$ 이상일 때 일어난다.

문제 3. 전파 항법의 종류가 아닌 것은(단, 측정 방식에 의함)?
㉮ 방사상 방식   ㉯ 근거리 방사 방식
㉰ 쌍곡선 방식   ㉱ 원상 방식

문제 4. 한조를 이루는 지상국에서 펄스 대신에 연속파를 발사하여 수신 장소에서는 그 위상차를 이용하여 거리차를 알아내는 쌍곡선 항법을 유럽에서 사용했다. 이를 무엇이라 하는가?
㉮ 데카(decca)
㉯ 로란 A(Loran A)
㉰ TACAN(tactial air navigation)
㉱ AN 레인지(AN range)

문제 5. 유전 가열의 단점 중 옳지 않은 것은?
㉮ 고주파 발진기의 효율이 낮다(50~60%)
㉯ 설비비가 비싸다.
㉰ 온도 상승이 늦다.
㉱ 피열물의 모양에 제한을 받는다.
[해설] 온도 상승이 빠른 것이 유전 가열의 장점이다.

문제 6. 유전 가열로 가열할 수 없는 것은?
㉮ 베니어판 접착   ㉯ 고주파 치료기

[해답] 1. ㉯   2. ㉯   3. ㉯   4. ㉮   5. ㉰   6. ㉰

㉰ 고주파 납땜   ㉱ 비닐제품 접착

[해설] 고주파 납땜 장치는 유도 가열의 응용에 의한 것이다.

[문제] **7.** 반도체에 전장을 가했을 때 생기는 현상은?
㉮ 열전 효과   ㉯ 전장 발광   ㉰ 광전 효과   ㉱ 홀 효과

[해설] 반도체의 성질을 가지는 물질에 전장을 가했을 때 생기는 발광 현상을 전장 발광(electroluminescence, EL)이라 한다.

[문제] **8.** 다음 중 태양 전지(solar battery)에 사용되는 반도체 재료가 아닌 것은?
㉮ Si   ㉯ Inp   ㉰ CdTe   ㉱ Ge

[문제] **9.** 다음 중에서 전자 계산기 주 구성 장치가 아닌 것은?
㉮ 입·출력 장치   ㉯ 연산 장치   ㉰ 기억 장치   ㉱ 키펀치 장치

[해설] 전자 계산기의 구성

전자 계산기 ─┬─ 중앙 처리 장치 ─┬─ 제어 장치
             │   ├─ 주기억 장치
             │   └─ 연산 장치
             └─ 주 변 장 치 ─┬─ 입·출력 장치
                             └─ 보조 기억 장치

[문제] **10.** 그림과 같은 CR 시정수 회로에서 R=1MΩ, C=10μF일 때 전달 함수G(S)는?

㉮ $\dfrac{1}{10S+1}$

㉯ $\dfrac{S}{10}$

㉰ $\dfrac{1}{10+S}$

㉱ $\dfrac{10}{S}$

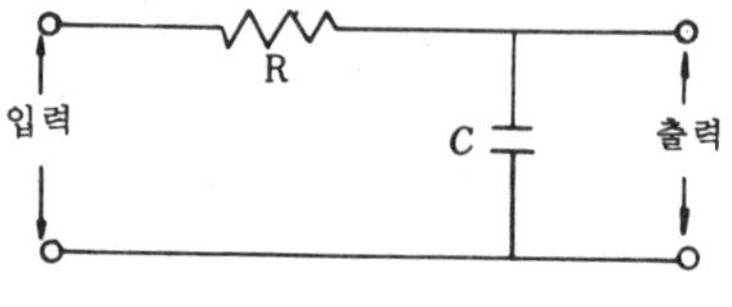

[해설] $G=(S)=\dfrac{1}{1+RC_s}=\dfrac{1}{1+(1\times 10^6 \times 10 \times 10^{-6})S}=\dfrac{1}{1+10s}$

[문제] **11.** 다음 그림에서 종합 전달 함수는 다음 중 어떻게 표시되나?

[해답] 7. ㉯   8. ㉱   9. ㉱   10. ㉮   11. ㉰

㉮ $G_1 \cdot G_2$
㉯ $G_1 + G_2$
㉰ $\dfrac{G_1}{1+G_1 \cdot G_2}$
㉱ $\dfrac{G_1 \cdot G_2}{G_1+G_2}$

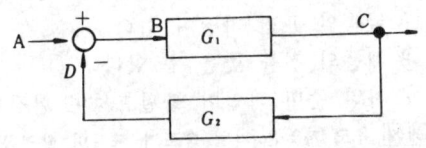

[해설] $C = \dfrac{G_1}{1+G_1 G_2} A$ 에서

$G = \dfrac{C}{A} = \dfrac{G_1}{1+G_1 G_2}$

[문제] 12. 변위 신호가 가해지면 출력단자에는 변위에 비례하고 크기를 가진 교류 신호가 나오는 것은?
㉮ 차동 변압기   ㉯ 저항식 서보기구
㉰ 리졸버   ㉱ 싱크로

[해설] 차동 변압기는 철심을 위 아래로 움직여서 가해지는 변위 신호에 따른 변위를 교류 신호로 얻는 변압기이다.

[문제] 13. 바닷물 속에서 초음파의 속도는 15[℃]에서 1527[m/sec]이다. 초음파를 발사하여 왕복하는 시간이 4초 소요되었다. 바닷물의 깊이는?
㉮ 1527m   ㉯ 3054m   ㉰ 4581m   ㉱ 6108m

[해설] 바닷물 속의 초음파 속도는 17[℃]에서 1500[m/sec]이고, 이 속도는 온도와 염도에 따라 변화한다. 물의 깊이는 $h = \dfrac{vt}{2}$ [m]이므로,

$h = \dfrac{1527 \times 4}{2} = 3054$ [m]

[문제] 14. 유도 가열로의 전원 장치에서 가장 큰 발생 주파수를 내는 것은?
㉮ 불꽃 방전 유도로
㉯ 전자관식 고주파 유도로
㉰ 전동 발전기식 고주파 유도로
㉱ 유전체손을 이용한 유도로

[해설] 가장 높은 주파수를 발생할 수 있는 것은 진공관 발진기이며, 그 다음이 스파크 갭식 고주파 발생기, 전동 발전기의 순으로 된다.

[문제] 15. 유도 가열의 특징이 아닌 것은?

[해답] 12. ㉮ 13. ㉯ 14. ㉯ 15. ㉮

㉮ 가열의 속도는 느리나 발열을 중요 부분에 집중시킬 수 있다.
㉯ 금속의 표면 가열이 쉽다.
㉰ 제품의 질을 높을 수 있다.
㉱ 가열 준비 작업이 불필요하며 환경을 깨끗이 유지할 수 있다.
해설 유도 가열은 가열 속도가 빠르며 발열을 필요한 부분에 집중시킬 수가 있다.

문제 16. 다음 설명 중 전장 발광과 관계가 없는 것을 골라라.
㉮ 전장 발광판, 고유형 EL과 주입형 EL 3종류로 나눈다.
㉯ 전장 발광 현상을 일렉트로 루미네센스(electro-luminecence)라고 한다.
㉰ 전장 발광 판은 발광 재료에 따라 발광색이 다르나 주파수에는 관계가 없다.
㉱ 전장 발광은 반도체의 성질을 가지고 있는 물질에 전장을 가하였을 때 생기는 발광 현상을 말한다.
해설 전장 발광판은 발광 재료에 따라 발광색이 다르며 같은 재료이더라도 주파수에 따라서 발광되는 빛깔이 다르다.

문제 17. 구형파를 트리거 펄스로 만드는 회로는 다음 중 어느 것인가?
㉮ 슈미트 회로   ㉯ 적분 회로   ㉰ 미분 회로   ㉱ 동기 회로
해설 슈미트 트리거(Schmitt trigger) 회로는 정현파(사인파) 신호를 구형파 신호로 변환하는 회로이다.

문제 18. 추치 제어란 무엇을 말하는가?
㉮ 목표값이 항상 0인 경우의 자동 제어
㉯ 목표값이 변화하는 경우 그것에 제어량을 추종시키기 위한 자동 제어
㉰ 목표값이 일정한 자동제어
㉱ 목표값이 영원히 변하지 않는 자동 제어
해설 추치 제어(variable value control)란 목표값이 변화하는 경우 그것에 제어량을 추종시키기 위한 제어를 말하며 추종 제어, 비율 제어, 프로그램 제어의 3가지 형식이 있다.

문제 19. 큰 출력에 유리하나 구조가 복잡하고 작은 출력에는 알맞지 않는 전기식 서보 기구는?
㉮ 직류 서보 기구   ㉯ 교류 서보 기구
㉰ 클러치 서보 기구   ㉱ 2상 서보 기구

해답 16. ㉰ 17. ㉮ 18. ㉯ 19. ㉮

[해설] 직류 서보 기구는 출력이 클 때에 유리하지만, 구조가 복잡하고 작은 출력일 때에는 적합하지 않다.

[문제] 20. 전기식 서보 기구의 일반적 특성 중 옳지 않은 것은?
㉮ 전동기 제어를 위하여 전력 증폭기가 사용된다.
㉯ 목표값을 주는 장소와 서보 기구의 부하가 있는 장소가 원거리일 때 유리하다.
㉰ 경제성 및 다루기가 유압식보다 어렵다.
㉱ 응답 속도가 유압식보다 느리다.
[해설] 전기식 서보 기구는 응답 속도가 유압식보다는 못하나 경제성 및 다루기가 쉽다.

[문제] 21. 그림에서 Z는 동작 신호, Y는 조작량, t는 시간을 나타내고 있을 때, (A), (B) 두 그림과 같은 관계로 주어지는 것은?
㉮ 비례(比例) 동작
㉯ 적분(積分) 동작
㉰ 미분(微分) 동작
㉱ 종합(重合) 동작

[문제] 22. 그림은 무슨 기호인가?
㉮ 부호 변환기
㉯ 상수배기
㉰ 덧셈기
㉱ 상수기

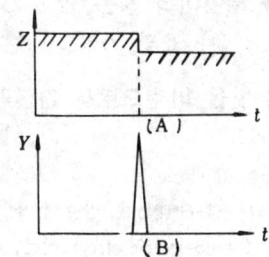

[해설] $y=Kx$의 관계 연산기 즉, 상수기의 기호이다.

[문제] 23. 초음파는 다른 물질의 경계면에서 굴절 반사 및 투과를 한다. 반사율이 가장 큰 것은?
㉮ 물과 공기 사이에서   ㉯ 물과 강철 사이에서
㉰ 물과 유리 사이에서   ㉱ 물과 폴리스티렌 사이에서
[해설] 초음파의 반사율은 물과 공기 사이에서 100[%], 물과 강철 사이에서 88[%], 물과 유리 사이에서는 63[%]이다.

[해답] 20. ㉰ 21. ㉰ 22. ㉱ 23. ㉮

문제 24. 초음파의 발생에는 전기 진동을 기계적인 진동으로 변환시키는 진동자를 많이 이용하고 있다. 자기 왜형 진동자로 사용하는 알페로(alferro)는?
㉮ 알루미늄과 백금의 합금　　㉯ 알루미늄과 니켈의 합금
㉰ 알루미늄과 철의 합금　　㉱ 알루미늄과 구리의 합금
해설 알페로는 13[%] 알루미늄과 철의 합금이다.

문제 25. 지상국에서 전파를 방사할 때 지상국의 방위 표시하는 신호를 포함시켜 지향적으로 송신하는 방식에 속하지 않는 것은?
㉮ 회전 비컨　　　　　　㉯ VOR
㉰ AN 레인지 비컨　　　㉱ NDB
해설 회전 비컨이나 AN 레인지 비컨 및 VOR은 지향성 송신 방식이다.

문제 26. 유도 가열에서 가열 목적에 따라 피열물을 거의 균일한 온도로 가열하는 법을 무엇이라 하는가?
㉮ 외부 가열　㉯ 표면 가열　㉰ 내부 가열　㉱ 표피 가열

문제 27. 물질에 빛을 비춤으로서 기전력이 발생하는 현상은?
㉮ 광방전 효과　　　　㉯ 광전도 효과
㉰ 광전자 방출 효과　　㉱ 광기전력 효과
해설 물체가 빛의 조사(照射)를 받으면 빛 에너지를 흡수하여 전기적 변화를 일으키는 광전 효과(photoelectric effect)에는, 전자를 방출하는 광전자 방출 효과와 기전력을 발생하는 광기전력 효과 및 저항값의 변화가 생기는 광도전 효과가 있다.

문제 28. 전자 냉동기의 특징에서 옳지 못한 것은?
㉮ 회전 부분이 없으므로 소음이 없다.
㉯ 온도의 조절이 용이하다.
㉰ 성능이 고르고 수명이 길며 취급이 간단하다.
㉱ 대용량에서도 효율을 쉽게 해결할 수 있다.
해설 전자 냉동은 대용량에서 효율을 문제로 하는 곳에서는 단점이 많으므로 열용량이 작은 국부적인 부분의 냉각 또는 항온조에 적합하다.

문제 29. 시험 문제를 계산기로 채점하기 위하여, 순서나 방법 등을 연산 명령군으로 만든 것을 무엇이라고 하는가?
㉮ 서브루틴　㉯ 레지스터　㉰ 단어　㉱ 프로그램

해답 24. ㉰　25. ㉱　26. ㉰　27. ㉱　28. ㉱　29. ㉱

문제 30. 다음 중 아날로그 전자 계산기의 연산기에 관계없는 부분은?
  ㉮ 부호 변환기 ㉯ 풀이 지시부 ㉰ 적분기 ㉱ 계수기
  해설 아날로그 전자 계산기의 연산기에는 적분기, 계수기, 덧셈기, 곱셈기, 부호 변환기 등이 있다.

문제 31. 자동 조정의 제어량에 해당되지 않는 것은?
  ㉮ 온도   ㉯ 전압   ㉰ 전류   ㉱ 속도
  해설 자동 조정의 제어량 : 온도, 압력, 속도, 전압, 주파수 등

문제 32. 전달 함수 G_o, H_o를 갖고 있는 요소를 아래와 그림과 같이 접속하였을 때 등가 전달 함수는?
  ㉮ $\dfrac{H_o}{1+G_oH_o}$
  ㉯ $\dfrac{1}{1+G_oH_o}$
  ㉰ $\dfrac{G_o}{1+G_oH_o}$
  ㉱ $\dfrac{G_oH_o}{1+G_oH_o}$

  해설 $G_o(x-H_oy)=y$ ∴ $y=\dfrac{G_o}{1+G_oH_o}$

문제 33. 다음과 같은 3극관의 전달 함수는 얼마인가?
  ㉮ $e_i \longrightarrow \boxed{\dfrac{\mu R}{rp+R}} \longrightarrow e_o$
  ㉯ $e_i \longrightarrow \boxed{\dfrac{\mu R}{rp-R}} \longrightarrow e_o$
  ㉰ $e_i \longrightarrow \boxed{\dfrac{rp+R}{\mu R}} \longrightarrow e_o$
  ㉱ $e_i \longrightarrow \boxed{\dfrac{rp-R}{\mu R}} \longrightarrow e_o$

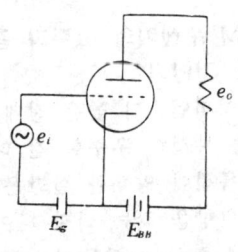

  해설 출력 $e_o=\dfrac{\mu e_i}{rp+R}R$이므로 전달 함수는 G는
  $G=\dfrac{e_o}{e_i}=\dfrac{-\mu R}{rp+R}$

애답 30. ㉯ 31. ㉰ 32. ㉰ 33. ㉮

문제 34. 다음 중 메인 앰프의 구비 조건이 아닌 것은?
㉮ 주파수 특성이 모든 주파수에서 평탄할 것
㉯ 왜율이 적을 것
㉰ S/N가 우수할 것
㉱ 전원 리플이 많을 것

해설 전원 회로에 리플(ripple)이 많으면 험잡음이 크게 들리므로 리플은 최소로 억제되어야 한다.

문제 35. 주파수 변환 회로의 설명으로 맞지 않는 것은?
㉮ 발진과 혼합을 두개의 트랜지스터로 하는 타려형이 있다.
㉯ 변환 이득이 낮을수록 좋다.
㉰ 발진과 혼합을 하나의 트랜지스터로 하는 자려형이 있다.
㉱ 주파수가 다른 두개의 고주파 전압을 검파기에 가하면 출력으로는 양쪽 차의 주파수 전압이 나온다.

해설 일반적으로 변환 이득은 클수록 좋다.

문제 36. 수신기에 고주파 증폭기를 사용했을 때의 이점이 아닌 것은?
㉮ 감도가 좋아진다.
㉯ 선택도가 좋아진다.
㉰ 발진 주파수가 안정된다.
㉱ 국부 발진기에 의한 전파가 공중선에서 복사되는 것을 방지한다.

해설 고주파 증폭기를 부가시키면 신호대 잡음비(SN비)가 개선되며, 감도와 선택도가 좋아지고 국부 발진 세력의 외부 방사를 적게 할 수 있다.

문제 37. FM 수신기의 고주파 증폭단에 사용되는 소자로서 가장 적합한 것은 어느 것인가?
㉮ 입력 임피던스가 높은 전계 효과형 트랜지스터(FET)
㉯ 주파수 특성이 우수한 건 다이오드
㉰ 잡음 특성이 양호한 실리콘 트랜지스터
㉱ 부성 저항을 갖는 터널 다이오드

해설 고주파 증폭에는 입력 임피던스가 높은 FET를 사용하는 것이 좋다.

문제 38. 최근 녹음기에서 자기 헤드의 손실 중 문제가 되지 않는 것은 어느 것인가?
㉮ 갭(gap) 손실   ㉯ 스페이싱 손실
㉰ 경사에 의한 손실   ㉱ 두께 손실

해답 34. ㉱ 35. ㉯ 36. ㉰ 37. ㉮ 38. ㉮

문제 **39.** 우리 나라에서 사용되는 텔레비전의 1프레임(1Frame scanning) 주사시 화면의 주사선 수는 몇 개인가?
㉮ 60개 ㉯ 265개 ㉰ 525개 ㉱ 15750개
해설 1프레임 주사선수는 525줄, 1피일드 주사선수는 262.5줄이다.

문제 **40.** 안테나 전력을 100[W]에서 300[W]로 증가시키면 동일 지점의 전계 강도는 몇 배로 되는가?
㉮ 1.4배 ㉯ 1.7배 ㉰ 2배 ㉱ 2.8배
해설 $E = K\sqrt{P} = K\sqrt{3} ≒ 1.7$배

문제 **41.** 잡음이 많은 지역에서 TV 수상기의 급전선으로 가장 적당한 것은 어느 것인가?
㉮ 600[Ω]의 도파관
㉯ 300[Ω]의 평행 2선식 급전선
㉰ 30[Ω]의 비닐전선
㉱ 75[Ω]의 동축선로

문제 **42.** 슈퍼헤테로다인 수신기에서 중간 주파 증폭을 하는 이유 중 옳지 못한 것은 어느 것인가?
㉮ 전압 변동을 적게 하기 위해
㉯ 선택도를 높이기 위해
㉰ 충실도를 높이기 위해
㉱ 안정한 증폭으로 이득을 높이기 위해
해설 수신기의 감도와 선택도 및 충실도의 안정을 위한 목적으로 중간 주파 증폭 회로가 사용된다.

문제 **43.** 수신 동조 회로와 발진 회로를 가변 바리콘에 의해 두 주파수의 차가 언제나 중간 주파수가 되도록 조정하는 바리콘을 무엇이라 하는가?
㉮ 트래킹리스 바리콘 ㉯ 3점 조정 바리콘
㉰ 트리머 콘덴서 ㉱ 바리캡
해설 트래킹 리스 바리콘은 수신 주파수보다 국부 발진 주파수가 중간 주파수 만큼 높게 되도록 발진측의 바리콘 용량을 작게 한 것인데, 이 바리콘을 사용하면 3점 조정이 쉽게 되는 특징이 있다.

해답 39. ㉰ 40. ㉯ 41. ㉱ 42. ㉮ 43. ㉮

[문제] **44.** 진폭 변조 반송파 전력이 100[W], 변조율이 50[%]이면 피변조파의 전전력은?

㉮ 12.5[W]   ㉯ 25[W]   ㉰ 100[W]   ㉱ 112.5[W]

[해설] $P_m = P_c \left(1 + \dfrac{m^2}{2}\right) = 100 \times \left(1 + \dfrac{0.5^2}{2}\right) = 112.5[W]$

[문제] **45.** 궤환된 신호의 크기와 위상을 입력 신호와 동일하게 할 수 있다면 증폭기의 동작 상태는 조금도 변함 없이 계속해서 출력 신호를 얻을 수 있다. 윗글의 내용은 무엇의 원리를 설명한 것은?

㉮ 동조기   ㉯ 발진기   ㉰ 검파기   ㉱ 변조기

[문제] **46.** FM 수신기의 스켈치(squelch) 회로는 어느 때 가청 주파 증폭기의 기능을 정지 시키는가?

㉮ 수신 전파가 어느 일정 레벨 이상으로 매우 클 때
㉯ 수신 전파와 잡음 출력이 미약할 때
㉰ 수신 전파가 미약해서 잡음 출력이 클 때
㉱ 수신 전파와 잡음 출력이 클 때

[해설] FM 수신기에서는 입력 신호가 없을 때에는 잡음이 대단히 크게 되는데, 이러한 상태를 방지하기 위하여 저주파 증폭부의 동작을 자동적으로 정지시키도록 되어 있다. 이와 같은 동작을 하는 회로를 스켈치 회로라고 한다.

[문제] **47.** 크리스털 픽업(pick up)은 무슨 원리를 이용한 것인가?

㉮ 정전기 효과   ㉯ 광전 효과   ㉰ 압전기 효과   ㉱ 호올 효과

[해설] 크리스털 픽업(crystal pickup)은 로셀염 등의 압전기 효과를 이용한 것으로 출력 전압은 크지만 주파수 특성은 별로 좋지 못하다.

[문제] **48.** 이퀄라이저 회로에 가장 많이 쓰이는 회로는?

㉮ NF형   ㉯ LP형   ㉰ PF형   ㉱ CR형

[문제] **49.** 녹음 바이어스(magnetic biasing)란 다음 중 어느 것인가?

㉮ 초단 증폭기의 동작점을 결정하는 바이어스
㉯ 녹음 헤드에 가하여 테이프에 자기 특성점을 결정하는 바이어스
㉰ 재생 헤드에 가하여 출력 주파수 특성점을 결정하는 바이어스
㉱ 녹음 입력 회로의 특성을 결정하는 바이어스

[해설] 일반적으로 녹음에 쓰이는 자성 재료는 가해진 자화력과 이에 의해 생기는 자화의 상태는 직선적인 관계에 있지 않으므로 녹음 자화는 녹음 전류에 대해 직선

[해답] **44.** ㉱ **45.** ㉯ **46.** ㉰ **47.** ㉰ **48.** ㉮ **49.** ㉯

적으로 이루어지지 않는다. 따라서, 일그러짐이 적고 능률이 좋은 녹음을 하기 위해서는 자기 테이프의 잔류 자기 특성에서 직선 부분이 길고 급한 부분을 이용하기 위해 적정한 세기의 바이어스 자장을 가하고 있다.

문제 50. 자기 녹음기의 교류 바이어스에 사용되는 주파수는 대략 얼마의 범위가 사용되는가?
㉮ 30[kHz]~200[kHz]   ㉯ 100[Hz]~2000[Hz]
㉰ 100[Hz]~200[Hz]   ㉱ 60[Hz]~100[Hz]
해설 교류 바이어스법은 녹음할 음성 전류에 일정한 주파수 30~200[kHz]의 고주파 전류를 중첩시켜서 바이어스 자장을 가하는 방법이다.

문제 51. 화면의 아래쪽이 몰리는 원인은?
㉮ 수직 발진관 이미션 감퇴
㉯ 수직 출력관 이미션 감소
㉰ 수직 출력관 결합 콘덴서 단락
㉱ 수직 출력관 캐소드 바이패스 콘덴서 단락
해설 수직 편향 코일에 흐르는 톱날파 전류의 직선성이 나빠진 경우이다.

문제 52. 텔레비전 수상기에 필요한 동기 신호는 어디에서 만들어 지는가?
㉮ 수상기의 편향 회로   ㉯ 고주파 증폭 회로
㉰ 송신기의 반송파 발생기   ㉱ 스튜디오의 동기 신호 발생기

문제 53. 중간 주파 증폭기에 사용되는 복동조 회로가 단동조 회로보다 우수한 점은?
㉮ 조정이 간단하다.   ㉯ 선택도가 좋다.
㉰ 비직선 왜곡이 적다.   ㉱ 구조가 간단하다.
해설 복동조 회로는 1차와 2차를 같은 주파수로 동조시켜 결합하게 되므로 단동조의 경우보다 선택도가 좋고 대역폭도 넓게 된다.

문제 54. 방송용 FM 수신기에서 비검파 회로가 주로 사용되는 이유는?
㉮ AVC 작용을 갖는다.   ㉯ AFC 작용을 갖는다.
㉰ 엠퍼시스 작용을 갖는다.   ㉱ 리미터 작용을 갖는다.
해설 비검파(ratio detection) 회로는 검파 감도가 약간 낮으나 회로 자체가 진폭 제한기(limiter, 리미터)의 역할도 겸할 수 있어 일반적인 FM 수신기에 많이 사용된다.

해답 50. ㉮   51. ㉯   52. ㉱   53. ㉯   54. ㉱

문제 55. I.F.T의 1차 및 2차에 병렬로 저항을 접속하는 이유는?
㉮ 대역폭을 넓히기 위해 ㉯ 선택도를 높이기 위해
㉰ 잡음을 줄이기 위해 ㉱ 이득을 높이기 위해
[해설] 병렬 저항을 접속하면 감도는 약간 낮아지지만 대역폭은 넓어진다.

문제 56. 같은 TR 2개를 접속하여 하나의 TR과 같은 작용을 하는 방식은?
㉮ 인버티드 접속
㉯ 달링턴 접속
㉰ 스태거 동조 회로
㉱ 전도 증폭 회로

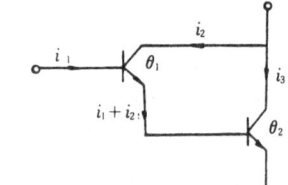

[해설] 달링턴(Darlington) 접속으로 전류 증폭률이 각각 (Q_1 및 Q_2)의 전류 증폭률의 곱으로 되어 고이득 소자로 동작시킬 수 있다.

문제 57. 9채널 전용 안테나의 길이를 다음 중에서 찾으시오(단, 9채널 주파수는 189[MHz]이고 반파장 안테나 도체 단축률 5[%]).
㉮ 1.59[m] ㉯ 0.79[m] ㉰ 0.75[m] ㉱ 1.5[m]

[해설] $\lambda = \dfrac{C}{f} = \dfrac{3 \times 10^8}{189 \times 10^6} \fallingdotseq 1.58 [m]$

∴ $l = \dfrac{\lambda}{2} \times 0.95 = \dfrac{1.58}{2} \times 0.95 \fallingdotseq 0.75 [m]$

문제 58. TV 수상기에서 수상관의 편향에 사용하는 전압 또는 전류의 파형은 어느 것인가?

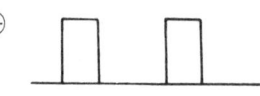

[해설] 수상관의 편향에는 ㉯와 같은 톱날파 전압(또는 전류)이 사용된다.

문제 59. 플라이백 방법으로 브라운관 애노드 전압을 얻는 방법의 특징이 아닌 것은?
㉮ 비교적 반복 주파수가 높은 펄스를 이용하므로 평활 콘덴서 용량이

[해답] 55. ㉮ 56. ㉯ 57. ㉰ 58. ㉯ 59. ㉱

작아도 된다.
㉯ 전원 전압이 변해도 고압은 일정하다.
㉰ 고압 발생 부분이 차지하는 면적이 작고 경제적으로 높은 전압을 얻기 쉽다.
㉱ 수평 편형 회로의 동작이 정지하면 고압이 발생치 않아 CRT 형광면의 스포트 손상이 없다.

문제 60. 컬러 바 제너레이터가 사용되지 않는 때는?
㉮ 컬러 TV의 색동기 회로 조정
㉯ 컬러 킬러 회로 조정
㉰ 매트릭스 회로 조정
㉱ FM 검파 회로의 조정
해설 컬러 바 제네레이터(color bar generator)는 TV의 색동기 회로, 색복조, 컬러 킬러, 매트릭스 회로 등의 조정을 위한 여러 가지 신호를 발생시키는 컬러 TV 전용의 발진기이다.

문제 61. 수직 접지 안테나의 임피던스는 다음 중 어느 것이 좋은가?
㉮ 36.6〔Ω〕 ㉯ 72.3〔Ω〕 ㉰ 150〔Ω〕 ㉱ 300〔Ω〕

문제 62. 자기 녹음기에서 바이어스 전류를 적당한 세기의 값으로 선택하지 못하면 어떤 현상이 생기는가?
㉮ 직선 부분을 길게 잡을 수 있다.
㉯ 교류 자화로 인한 잡음이 많다.
㉰ 녹음이 전혀 되지 않는다.
㉱ 녹음 파형이 일그러진다.
해설 바이어스 전류를 적당한 값으로 선택하지 않으면 신호 파형이 일그러지거나 감도가 나빠지기 쉽다.

1988년도 전자기기·음향영상기기 2급 출제문제

문제 1. 측심기로 물속으로 초음파를 방사하여 2초 후에 반사파를 받았다면 물의 깊이는 얼마인가(단, 바다물 속의 초음파 속도는 1,527〔m/

해답 60. ㉱ 61. ㉯ 62. ㉱ 1. ㉯

sec]이다.)?
㉮ 763.5[m] ㉯ 1.527[m]
㉰ 3.054[m] ㉱ 6.108[m]

해설 $h = \dfrac{vt}{2} = \dfrac{2 \times 1,527}{2} = 1,527 [m]$

문제 2. 초음파 진동자에서 자기 왜형 진동자에 적합한 진동자는?
㉮ 니켈 ㉯ 연강
㉰ 수정 ㉱ 압전결정체

해설 니켈 진동자는 맴돌이 전류에 의한 전력 손실이 커서 전기 기계 변환 효율이 약 60[%] 정도로 좋지는 않으나, 기계적으로 견고하므로 주로 50[kHz] 이하의 초음파 가공기에 사용된다.

문제 3. 초음파 가공기의 공구로 사용되는 것은?
㉮ 다이아몬드 ㉯ 강철
㉰ 황동 ㉱ 베이크라이트

해설 공구의 재료는 연강, 황동, 피아노선과 같은 질긴 성질이 있는 것이 좋으며 단단할 필요는 없다.

문제 4. 유전 가열의 장점을 잘못 설명한 것은?
㉮ 가열이 골고루 된다.
㉯ 온도 상승이 빠르게 된다.
㉰ 내부 가열이므로 표면 손상이 없다.
㉱ 설비비가 싸다.

해설 유전 가열의 단점
① 고주파 발진기의 효율이 낮다.
② 피열물의 모양에 제한을 받는다.
③ 설비비가 비싸다.

문제 5. VOR의 설명과 관계가 없는 것은 다음 중 어느 것인가?
㉮ VHF를 사용한 전방향식 AN 레인지 비컨이다.
㉯ 일종의 라디오 비컨으로 90°의 방향에서는 항공기와 수신하고 다른 90° 방향에서는 비행 코스를 알려준다.
㉰ AN 레인지 비컨보다 정밀도가 높다.
㉱ 사용 주파수는 108-118[MHz]의 초단파를 사용한다.

해답 2. ㉮ 3. ㉰ 4. ㉱ 5. ㉯

해설 VOR(VHF omni-directional range)은 전방향식 AN 레인지 비컨이라고도 하며 NDB나 AN 레인지 비컨과 마찬가지로 공항이나 항공로상의 요소에 설치되는데, 사용 주파수가 108~118[MHz]의 초단파이기 때문에 중파를 사용하는 NDB나 AN 레인지 비컨보다 정밀도가 높고 공전의 방해를 덜 받는 등의 장점이 있다.

문제 6. 송신파와 반사파를 동시에 수신하여 두 파의 주파수 차를 구하며 정밀도가 높고 주로 15,000[m] 이하의 고도측정에 사용되는 고도계는?
㉮ AM형 고도계　　　　　㉯ FM형 고도계
㉰ 펄스형 고도계　　　　 ㉱ 연속형 고도계
해설 FM형 고도계(altimeter)는 항공기 내에서 주파수가 시간에 비례하면서 직선적으로 변화하는 전파를 발생하게 하고, 이것을 지상으로 발사하여 그 반사파를 수신해서 두 파의 주파수 차를 구하여 고도를 알아내는 것이다.

문제 7. 다음 중 태양 전지의 용도가 아닌 것은?
㉮ 조도계나 노출계　　　 ㉯ 인공 위성의 전원
㉰ 광전자 방출 효과　　　 ㉱ 초단파 무인 중계국
해설 태양 전지는 인공 위성의 측정 장치용 전원으로 많이 이용되고 등대나 산위의 초단파 무인 중계소 등에 이용되고 있다.

문제 8. 다음 중 잔류 편차가 없는 제어 동작은?
㉮ ON-OFF 동작　　　　 ㉯ P 동작
㉰ PD 동작　　　　　　　 ㉱ PI 동작
해설 비례 동작과 적분 동작을 합한 것을 비례 적분 동작(PI 동작)이라 한다. 이러한 비례 적분 동작을 사용하면 비례 동작에서 생기는 잔류 편차가 없어진다.

문제 9. 그림과 같은 단위 계단상 입력이 가해졌을 때의 응답을 무엇이라고 하는가?
㉮ 인디셜 응답
㉯ 미분 응답
㉰ 적분 응답
㉱ 비례 응답

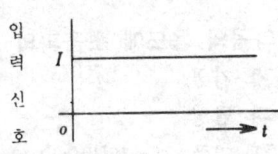

해설 그림은 제어계의 단위 계단 신호가 가해졌을 때 제어량의 응답을 나타낸 것이며, 제어량이 어느 시간 내에 변동하여 마지막에는 일정한 값으로 안정하게 된다. 이 때 일정한 값으로 될 때까지의 특성이 과도 특성, 일정한 값으로 된 이후의 특성을 정상 특성이라고 한다. 또한, 계단 신호에 대한 응답을 스텝 응답이라고 하고, 단위 계단 신호에 대한 응답을 특히 인디셜 응답(indicial response)이라고 한다.

해답 6. ㉯　7. ㉰　8. ㉱　9. ㉮

문제 **10.** 일반적으로 아날로그 전자 계산기의 주요 구성부가 아닌 것은?
  ㉮ 풀이 지시부   ㉯ 연산부
  ㉰ 제어부   ㉱ 부호 변환부
  해설 아날로그 전자 계산기는 연산부, 풀이 지시부, 제어부 전원부 등으로 구성된다.

문제 **11.** 전덧셈기(full adder)에 대한 설명 중 옳은 것은?
  ㉮ 입력 2개, 출력 4개로 구성된다.
  ㉯ 입력 2개, 출력 3개로 구성된다.
  ㉰ 입력 3개, 출력 2개로 구성된다.
  ㉱ 입력 3개, 출력 3개로 구성된다.
  해설 전덧셈기는 2진수 가산을 완전히 하기 위해 자리올림 입력도 함께 더할 수 있도록 3개의 입력과 2개의 출력을 가진다.

문제 **12.** 아날로그 전자 계산기로 풀이하는 데 적합하지 않는 것은?
  ㉮ 과도 현상   ㉯ 수의 가산(加算)
  ㉰ 자동 제어계의 해석   ㉱ 수학의 미분 방정식
  해설 아날로그 전자 계산기는 전기 회로의 과도 현상, 역학의 진동계, 자동 제어계의 해석, 수학의 미분 방정식의 풀이 등에 적합하다.

문제 **13.** 초음파 가공기의 연마가루로 사용되는 것은?
  ㉮ 니켈   ㉯ 황동
  ㉰ 수은   ㉱ 카버런덤
  해설 초음파 가공에서 연마가루는 가공하려는 물질에 따라 카버런덤(탄화실리콘, caborundum), 앨런덤(산화알루미늄, alundum), 보론카바이트(탄화붕소, boroncarbide), 다이아몬드 등의 고운 가루를 사용한다.

문제 **14.** 다음의 용도에 초음파의 진동수가 가장 높은 것은 어느 것인가?
  ㉮ 초음파 가공   ㉯ 소나
  ㉰ 초음파 탐상   ㉱ 에멀션화
  해설 초음파 가공 : 16~30[kHz], 소나 : 15~100[kHz],
       초음파 탐상 : 5~15[MHz], 에멀션화 : 20[kHz]

문제 **15.** 지향성 송신 방식에 속하지 않는 것은?
  ㉮ 회전 beacon   ㉯ VOR
  ㉰ $\rho-\theta$항법   ㉱ A-N range beacon

해답 10. ㉱ 11. ㉰ 12. ㉯ 13. ㉱ 14. ㉰ 15. ㉰

[해설] 지향성 송신 방식에 속하는 항법으로는 회전 비컨, AN 레인지 비컨, VOR 등이 있다.

[문제] 16. 무선 주파수대로 108~118[MHz]의 초단파를 사용하는 전파 항법 방식은 어느 것인가?
㉮ 무지향성 비컨
㉯ 초고주파 전방향 레인지 비컨
㉰ $\rho-\theta$항법
㉱ 회전 비컨

[해설] 초고주파 전방향 레인지 비컨(VOR VHF ommidirectional range)은 사용 주파수 108~118[MHz]의 초단파를 사용하여 지향성 송신을 하는 전방향식 AN 레인지 비컨이다.

[문제] 17. 고주파 유도 가열 장치에 해당되지 않는 것은?
㉮ 용해로
㉯ 진공로
㉰ 가공 장치
㉱ 전동 발전기

[해설] 고주파 유도 가열(HF inducton heating) 장치에는 용해로, 진공로, 가공 장치, 표면 경화 장치 및 땜 장치 등이 있다.

[문제] 18. 1[GHz]를 사용하는 고주파 조리기에서 평행 평판의 용량이 10[pF]이고 유전체 역률이 0.01이며, 400[V]의 고주파 전압을 가할 때 유전체 손실은 얼마인가?
㉮ 약 100[W]
㉯ 약 50[W]
㉰ 약 30[W]
㉱ 약 10[W]

[해설] $P = V^2\omega C\tan\delta = 400^2 \times 2 \times 3.14 \times 1 \times 10^9 \times 10 \times 10^{-12} \times 0.01 ≒ 100[W]$

[문제] 19. 도로 표지나 시계 및 계기의 문자 변동에 이용되는 EL 램프는?
㉮ 고유형 EL
㉯ 주입형 EL
㉰ 시뮬형 EL
㉱ 전장 발광판

[해설] 전장 발광(또는 EL 램프)은 도로표지, 시계나 계기의 문자판 등에 이용되고 있다.

[문제] 20. 태양 전지에서 음극 단자가 연결된 부분의 구성 물질은?
㉮ P형 실리콘
㉯ N형 실리콘
㉰ 셀렌
㉱ 붕소

[해설] 태양 전지는 태양의 빛에너지를 전기 에너지로 변환하는 광전지로 +전극은 P형 반도체, -전극은 N형 실리콘판에 연결되어 있다.

[해답] 16. ㉯ 17. ㉱ 18. ㉮ 19. ㉱ 20. ㉯

문제 21. 공정 제어에 속하지 않는 것은?
㉮ 온도 제어　　㉯ 압력 제어
㉰ 액위 제어　　㉱ 전압의 제어

해설 정치 제어 중에서 온도, 압력, 유량, 액위, 혼합비 등을 제어량으로 하는 것을 자동 제어(process control)라 한다.

문제 22. 주어진 그림에 대한 종합 전달 함수는?

㉮ $\dfrac{1}{1+G_1}$

㉯ $\dfrac{G_1}{1+G_1}$

㉰ $\dfrac{1}{G_1}$

㉱ $\dfrac{1+G_1}{G_1}$

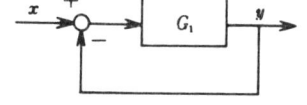

해설 $G=(x-Hy)=y$

$y=\dfrac{G}{1+GH}x$에서 직렬 되먹임계이므로 $H=1$

∴ $\dfrac{y}{x}=\dfrac{G}{1+G}$

문제 23. 주파수 특성의 표현법과 관계 없는 것은?
㉮ 벡터 궤적　　㉯ 나이퀴스트 선도
㉰ 보드 선도　　㉱ 스칼라 궤적

해설 스칼라 궤적은 크기만을 나타내므로 주파수 특성의 표현법과는 관계가 없다.

문제 24. 다음 중 디지털 계산기의 기억 장치에 해당되지 않는 것은?
㉮ 전기 자기 기억 장치　　㉯ 자기 드럼시 기억 장치
㉰ 자심 기억 장치　　㉱ 자기 박막 기억 장치

해설
기억 장치 ┬ 주기억 장치 ┬ 자심
　　　　　│　　　　　　└ 반도체 기억 소자 ┬ ROM
　　　　　│　　　　　　　　　　　　　　　└ RAM
　　　　　└ 보조 기억 장치 ┬ 자기 드럼
　　　　　　　　　　　　　├ 자기 디스크
　　　　　　　　　　　　　└ 자기 테이프

해답 21. ㉱　22. ㉯　23. ㉱　24. ㉮

25. 초음파 측심기로 바다 깊이를 측정하고자 한다. 전파 속도를 해수 온도 15[℃]에서 1,527[m/sec]라 할 때 해면에서 발사된 송신파가 해면에 수신되기까지의 시간이 0.5[sec]였다면 바다의 깊이는 몇 [m]인가?(단, 바닷물의 온도는 깊이에 따라 일정하다.)
㉮ 760 ㉯ 510
㉰ 382 ㉱ 250

[해설] 물의 깊이는 $h = \dfrac{vt}{2}$ [m]이므로

$$h = \dfrac{1,527 \times 0.5}{2} = 382 [m]$$

26. 초음파는 진동자와 무엇을 결합시킬 때 발생하는가?
㉮ 전기 발진기 ㉯ 변조기
㉰ 정류기 ㉱ 검파기

[해설] 진동자와 결합하여 초음파를 발생시키려면 발진 장치가 필요하다.

27. 포마드, 크림 등의 화장품이나 도료의 제조에 이용되는 초음파 작용은?
㉮ 에멀션화 작용 ㉯ 응집 작용
㉰ 세정 작용 ㉱ 캐비테이션

[해설] 초음파의 분산 에멀션화 작용은 포마드, 크림 등의 화장품이나 도료의 제조, 기름의 탈색, 탈취, 폴리에틸렌, 합성 고무의 중합의 촉진, 향료, 합성 수지의 숙성 등에 널리 이용된다.

28. 다음 중 압전기 현상을 나타내는 물질은?
㉮ 로셸염(rochellesalt) ㉯ 바레터(barretter)
㉰ 센더스트(sendust) ㉱ 페라이트(ferrite)

[해설] 압전기 현상을 나타내는 물질로는 수정, 티탄산 바륨, PZT(티탄질콘산납) 및 로셸염이 있다.

29. 공항에 수색 레이더(SRE)와 정측 레이더(PAR)의 두 레이더가 설치된 항법 보조 장치는?
㉮ 거리 측정 장치 ㉯ 고도 측정 장치
㉰ ILS 장치 ㉱ 지상 제어 진입 장치(GCA)

[해설] 지상 제어 진입 장치(GCA : Ground Controlled Approach)에서 공항에 수색

[해답] 25. ㉰ 26. ㉮ 27. ㉮ 28. ㉮ 29. ㉱

레이더(SRE : Surveillance Radar Element)와 정측 레이더(PAR : Precision Approach Radar)의 두 레이더가 설치된다.

문제 30. 아래 도면은 기상 관측에 이용하는 라디오 존데 방식 중 변조 주파수 변화 방식에 사용하는 회로이다. 적당한 회로 명칭은?
㉮ 클리퍼 회로
㉯ 클램핑 회로
㉰ 중간 주파 증폭 회로
㉱ 블록킹 발진기

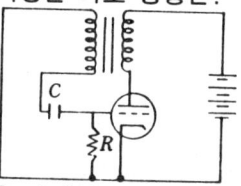

문제 31. 저주파 유도로 녹은 쇳물은 2차 흠 내에서의 용융 금속에 압력을 가해 사용되는 효과는 무엇을 피하기 위하여 사용되는가?
㉮ 표피 효과
㉯ 톰슨 효과
㉰ 광전 효과
㉱ 핀치 효과

문제 32. 그림과 같은 회로에서의 전달 함수는?
㉮ R_2
㉯ R_1
㉰ $\dfrac{R_2}{R_1+R_2}$
㉱ R_1+R_2

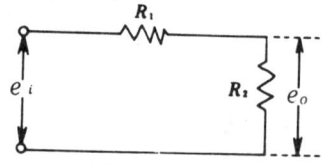

[해설] 전달 함수 = $\dfrac{e_o}{e_i} = \dfrac{R_2}{R_1+R_2}$

문제 33. 위상 여유에 대한 안정 판별법에서 위상 여유 $\phi_m > 0$일 때 상태는?
㉮ 불안정
㉯ 지속 진동
㉰ 안정
㉱ 관계 없음

[해설] 위상 여유 $\phi_m > 0$ ········· 안정
위상 여유 $\phi_m = 0$ ········· 지속 진동
위상 여유 $\phi_m < 0$ ········· 불안정

문제 34. 전 고조파의 실효치와 기본파의 실효치의 비를 무엇이라고 하는가?
㉮ 의율
㉯ 역률
㉰ 변조도
㉱ 신호대 잡음비

[해답] 30. ㉱ 31. ㉱ 32. ㉰ 33. ㉰ 34. ㉮

[해설] 외율 = $\dfrac{\text{전 고조파의 실효치}}{\text{기본파의 실효치}}$

[문제] **35.** 다음 중 전치 증폭기의 설명으로서 틀리는 것은?
㉮ 음량 조절 회로가 있다.
㉯ 음질(tone) 조정 회로가 있다.
㉰ 마이크로폰이나 테이프 헤드 등으로부터 나오는 비교적 작은 신호 잡음을 증폭한다.
㉱ 전력 증폭을 하는 회로이다.
[해설] 전치 증폭기(preamplifier)는 마이크로폰이나 테이프 헤드 등으로부터의 작은 신호 전압을 증폭하고, 음량과 음질 조정을 한 후 주 증폭기에 전달한다.

[문제] **36.** 테이프 레코더에 사용되는 마이크로폰 중 리본과 무빙 코일 등의 마이크를 조합하여 스테레오 지향성을 갖게 하는 것은?
㉮ 콘덴서형   ㉯ 리본형
㉰ 크리스털형   ㉱ 복합형

[문제] **37.** 그림에서 C_4의 용량이 감소된 경우 증상으로서 옳은 것은 다음 중 어느 것인가?

㉮ 수신 이득이 올라가고 AGC가 예민하다.
㉯ 수신 이득이 감소되고 AGC가 둔하다.
㉰ 방송이 전연 들리지 않는다.
㉱ 검파 신호 중에 잡음이 많이 혼입된다.

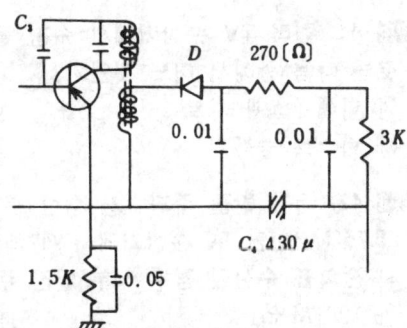

[문제] **38.** 출력이 500[W]인 송신기의 공중선에 5[A]의 전류가 흐를 때의 복사 저항은?
㉮ 10[Ω]   ㉯ 20[Ω]
㉰ 30[Ω]   ㉱ 40[Ω]
[해설] $P = I^2 R_a$[W]에서
∴ $R_a = \dfrac{500}{5^2} = 20$[Ω]

[해답] 35. ㉱ 36. ㉯ 37. ㉯ 38. ㉯

문제 **39.** 다음은 방송 전파의 전파 특성이다. 옳지 못한 것은?
㉮ AM 방송에 사용되는 중파는 파장이 수백[m]이며, 주로 지표파로 전파된다.
㉯ FM 방송용 초단파는 파장이 33[m] 정도이며, 주로 반사파로 전파된다.
㉰ TV 방송용 초단파는 파장이 1.4~5.5[m] 정도이며, 주로 직접파에 의해 전파된다.
㉱ TV 방송용 극초단파는 파장이 0.3~0.6[m] 정도이며, 주로 직접 파로 전파된다.
해설 FM 방송은 VHF(파장 3[m] 정도)대를 사용하는 초단파대 통신이며, 직접파를 이용한다.

문제 **40.** 동축 케이블 전송 방식의 특성이 아닌 것은?
㉮ 내전압이 높다.　　　　　㉯ 도체 저항이 적다.
㉰ 다중화 전송이 가능하다.　㉱ 전송 손실이 매우 크다.
해설 마이크로파대의 전송에 동축 케이블이나 도파관을 사용하는 것은 저항선의 분포 인덕턴스나 선간의 분포 용량 등에 의한 전송 손실을 감소시키는데 있다.

문제 **41.** 컬러 TV 수상기에서 수평 플라이백-펄스를 이용하지 않는 회로는 다음 중에서 어느 것인가?
㉮ 리액턴스관 회로　　　　㉯ 컬러 킬러 회로
㉰ 버스트 증폭기　　　　　㉱ 귀선 소거 회로

문제 **42.** 국부 발진 주파수가 수신 주파수보다 높고 영상 중간 주파수가 26.75[MHz]인 TV 수상기에서 제7채널(영상 반송 주파수 175.25[MHz])의 전파를 수신할 경우 국부 발진 주파수는 얼마인가?
㉮ 198[MHz]　　　　　　㉯ 149[MHz]
㉰ 179.75[MHz]　　　　　㉱ 202[MHz]
해설 국부 발진 주파수=수신 주파수+영상 중간 주파수=175.25+26.75[MHz]=202[MHz]

문제 **43.** 텔레비전 수상기에서 특정 채널만 화상이 나오지 않는 경우의 고장 원인은?
㉮ 튜너의 접점 접촉 불량 또는 국부 발진 주파수의 어긋남
㉯ 캔슬러 회로의 고장

해답 39. ㉯　40. ㉱　41. ㉮　42. ㉱　43. ㉮

㉰ 적분 회로의 고장
㉱ 수직 발진 회로의 고장
해설 특정 채널만 화상이 나오지 않는 경우는 수신 안테나에서 튜너까지의 전송계 회로와 국부 발진 주파수의 이조나 접점 불량 등에 그 원인이 있다.

문제 44. VTR의 양부, 특히 해상도나 화상의 아름답기를 결정하는 것으로 성능상 매우 중요한 부분은?
㉮ 비디오 헤드   ㉯ 헤드 드럼
㉰ 비디오 테이프   ㉱ 로우딩 기구
해설 VTR의 심방부는 비디오 헤드(video head)이다. 이 성능의 좋고 나쁨이 곧 VTR의 성능에 연결된다.

문제 45. 국부 발진 주파수가 1,001[kHz]일 때 1,000[kHz]의 고주파를 수신하여 헤테로다인을 검파하면 출력 주파수는?
㉮ 0.1[kHz]   ㉯ 1[kHz]
㉰ 10[kHz]   ㉱ 100[kHz]
해설 $f_i = f_o - f_s = 1,001 - 1,000 = 1$[kHz]

문제 46. 수신기의 저주파 증폭부의 결합 방식이 아닌 것은?
㉮ 저항 용량 결합   ㉯ 동조 회로 결합
㉰ 트랜스 결합   ㉱ 직접 결합
해설 동조 회로 결합 증폭기는 고주파 증폭 회로에 사용한다.

문제 47. FM파의 검파기로서 부적당한 것은 다음 중 어느 것인가?
㉮ 직선 검파회로
㉯ 비 검파기
㉰ 포스터 실리 검파기
㉱ 게이티드 빔 검파기
해설 직선 검파기는 다이오드의 직선성을 이용한 AM 검파기이다.

문제 48. 슈퍼헤테로다인 수신기에서 주파수 변환의 장점이 아닌 것은?
㉮ 감도가 우수하다.
㉯ 영상 방해가 없다.
㉰ 선택도가 우수하다.
㉱ 용이하게 증폭도를 높일 수 있다.

해답 44. ㉮   45. ㉯   46. ㉯   47. ㉮   48. ㉯

해설 주파수 변환을 하면 주파수의 비트에 의한 영상 혼신 방해를 받기 쉬우며, 잡음 발생의 염려가 많다.

문제 49. 수직 해상도 350, 수평 해상도 340인 경우 해상비는 얼마인가?
㉮ 0.86 ㉯ 0.89
㉰ 0.94 ㉱ 0.97

해설 해상비 = $\dfrac{수평\ 해상도}{수직\ 해상도} = \dfrac{340}{350} = 0.97$

문제 50. 그림은 녹음기의 바이어스 오실레이터(bias oscillator) 부분을 보인것이다. 이 회로의 기능으로서 틀리게 설명한 것은?
㉮ R_2를 통한 소거 신호 (erasing signal)가 E에 보내진다.
㉯ C_1을 통해 음성 증폭단을 동작시키기 위한 바이어스를 낸다.
㉰ 발진 신호 주파수는 대략 35~100[kHz] 정도이다.
㉱ 녹음 헤드(recording head) 의 자계를 보상하여 일그러짐을 없앤다.

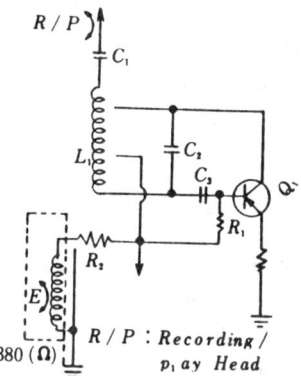

문제 51. 테스트 패턴의 판정 대상이 아닌 것은?
㉮ 해상도 ㉯ 편향 일그러짐
㉰ 종횡비 ㉱ 증폭도

해설 테스트 패턴(test pattern)은 해상도, 편향 일그러짐, 과도 특성, 명암, 종횡비, 촛점 등 화상의 여러 가지 성질을 판정하는 데에 적합하도록 상하의 가장자리와 좌우의 가장자리에 접하는 동심원, 가로와 세로의 쇄기형 직선군, 5단계의 농도를 가진무늬 모양으로 되어 있다.

문제 52. 급전선은 보통 VHF용으로 몇 [Ω]의 평형형이 많이 쓰이는가 (단, TV의 급전선임.)?
㉮ 50 ㉯ 100
㉰ 150 ㉱ 300

해설 VHF용 TV의 급전선으로 300[Ω]의 리본형이 많이 쓰인다.

해답 49. ㉱ 50. ㉯ 51. ㉱ 52. ㉱

과년도 출제문제 4-103

문제 53. 흑백 텔레비전의 수평 주사 주파수로서 옳은 것은?
㉮ 15,650[Hz]　　　　　　㉯ 15,700[Hz]
㉰ 15,725[Hz]　　　　　　㉱ 15,750[Hz]
[해설] 수평 주사 주파수 = 주사선수 × 프레임 주파수 = 525 × 30 = 15,750[Hz]

문제 54. 자기 녹음기에서 주파수 보상은 녹음 때와 재생 때 어느 영역을 보정하는가?
㉮ 고역, 저역　　　　　　㉯ 저역, 고역
㉰ 고역, 중역　　　　　　㉱ 중역, 고역
[해설] 녹음시에는 고역 보상, 재생시에는 저역 보상을 한다.

문제 55. 수신기의 성능을 표시하는 것(요소) 중 틀린 것은 다음 중 어느 것인가?
㉮ 선택도　　　　　　㉯ 충신도
㉰ 변조도　　　　　　㉱ 안정도
[해설] 수신기의 성능을 나타내는 중요한 특성은 감도, 선택도, 충실도 및 안정도와 무의 최대 출력 등이다.

문제 56. 중파 라디오에서 3점 조정의 주파수는 각각 얼마인가?
㉮ 455[kHz], 600[kHz], 1,000[kHz]
㉯ 600[kHz], 1,000[kHz], 1,400[kHz]
㉰ 800[kHz], 1,000[kHz], 1,200[kHz]
㉱ 1,000[kHz], 1,200[kHz], 1,400[kHz]
[해설] 3점 조정이란 슈퍼헤테로다인 수신기의 주파수 변환 회로에서 국부 발진 주파수와 입력 동조 주파수와의 차가 언제나 중간 주파수와 같이 되도록 조정하는 것으로 트래킹(tracking)이라고도 하며 600[kHz], 1,000[kHz], 1,400[kHz]의 3점을 조정하는 것이 보통이다.

문제 57. 우리 나라 FM 방송용 수신기의 중간 주파수는 얼마인지 다음 중 옳은 것은?
㉮ 38[kHz]　　　　　　㉯ 67.5[kHz]
㉰ 10.7[MHz]　　　　　㉱ 75[MHz]
[해설] FM 수신기의 중간 주파수는 낮게 할수록 안정한 증폭으로 이득과 선택도를 올릴 수가 있으며, 높게 취할수록 영상 혼신의 방해를 적게 할 수가 있는데, 다른 통신에 의한 방해의 영향 등을 고려하여 현재에는 10.7[MHz]가 국제적으로 널리 쓰인다.

[해답] 53. ㉱　54. ㉮　55. ㉰　56. ㉯　57. ㉰

문제 **58.** 주파수 변조(FM) 방식의 특성으로 옳지 못한 것은?
㉮ 진폭 변조 방식에 비해 잡음을 제거하기 어렵다.
㉯ 진폭 변조 방식에 비해 음질이 좋다.
㉰ 주파수 대역을 넓게 잡을 필요가 있어 중파나 단파에서는 별로 사용되지 않는다.
㉱ 초단파에서 주로 많이 사용된다.

해설 주파수 변조(FM)파는 변조 신호의 진폭에 따라 반송파의 주파수가 변화된 것이므로 진폭 변조 성분으로 혼입되는 잡음을 진폭 제한 회로(리미터)에 의해 제거할 수 있으므로 잡음이 적게 되는 특징이 있다.

문제 **59.** 무선 수신기의 공중선 회로를 밀결합했을 때 생길 수 있는 것은 다음 중 어느 것인가?
㉮ 발진을 일으킨다.　　㉯ 동조점이 2개 나온다.
㉰ 내부 잡음이 많아진다.　㉱ 영상 혼신이 없어진다.

해설 입력 공중선 회로의 유도 결합 회로에 있어서 결합도가 임계 결합일 때보다 커졌을 때 이것을 밀결합이라고 한다. 같은 동조 주파수를 갖는 두 회로를 밀결합시키면 공진 곡선의 특성이 쌍봉 특성이 되어 동조점이 2개 나오게 된다.

문제 **60.** 우리 나라 TV 표준 방식에서 매초 프레임(frame) 송상 수는 얼마인가?
㉮ 60　　　　　　　　㉯ 525
㉰ 30　　　　　　　　㉱ 6

해설 매초 송상수는 영화의 경우와 마찬가지로 운동의 유동감을 해치지 않을 정도로 선정하는 것인데, 우리 나라나 미국에서는 매초 30매, 유럽 제국에서는 매초 25매로 각각 정해져 있다.

문제 **61.** TV에 사용되는 동축 케이블의 설명 중 틀린 것은?
㉮ 전송 손실은 주파수가 높아질수록 증가한다.
㉯ 전송 손실은 리본 피더보다 많다.
㉰ 사용 길이가 길수록 특성 임피던스가 낮아진다.
㉱ 리본 피더보다 외부로부터의 방해를 받지 않는다.

해설 특성 임피던스는 선의 직경, 관의 굵기 및 내부 절연물에 의해 결정되며 사용 길이에는 관계없이 다음 식으로 표시된다.
$$Z_0 = \frac{138}{\sqrt{\varepsilon_s}} \log_{10} \frac{D}{a} \ [\Omega]$$
여기서 D: 외관 내경[cm], a: 내관 직경[cm]

해답 **58.** ㉮　**59.** ㉯　**60.** ㉰　**61.** ㉰

문제 62. TV 화면에 스노 노이즈가 많이 나오는 고장 원인은?
㉮ 국부 발진 변화
㉯ 중간 주파 증폭석 불량
㉰ 고주파 증폭부의 감도 저하
㉱ 영상, 검파 회로의 감도 저하

해설 스노 노이즈란 화면의 영상이 극히 약해짐과 더불어 잡음이 강하여 눈이 내리는 것과 같은 화면이 될 때를 말한다. 이것은 신호가 약할 때 수상기 내의 잡음 발생으로 S/N이 나빠져 나타나게 되는데 잡음 발생 영향은 앞단에서의 발생일수록 잡음이 많게 되어 스노 노이즈 현상은 주로 튜너부의 잡음일 경우가 많다. 따라서 고주파 증폭부의 이득 저하나 안테나계 회로의 감도 저하 등 원인이 된다.

문제 63. 컬러 텔레비전 수상기에 대한 설명으로 틀리는 것은?
㉮ 국부 발진 회로의 주파수의 변동은 될 수 있는 한 없어야 한다.
㉯ 컬러 방송 수상시 영상 중간 증폭 회로의 주파수 특성은 직류부터 4[MHz]까지 평탄하다.
㉰ 휘도 신호에 대한 색신호의 지연을 보정하기 위해 영상 증폭 회로에 지연 회로를 둔다.
㉱ 수평 주사 주파수는 15.734264[kHz]이며, 대역 증폭 회로는 반송 색신호를 증폭한다.

문제 64. 테이프 녹음기의 3대 구성 요소와 가장 거리가 먼 것은?
㉮ 핀치롤러와 캡스턴   ㉯ 테이프 전송기구
㉰ 자기 헤드   ㉱ 증폭기

해설 녹음기의 3대 구성요소는 자기 헤드, 테이프 전송 기구, 증폭기이다.

문제 65. 다음 녹음기의 녹음 헤드(head)의 특징이 아닌 것은?
㉮ 투자율이 높은 합금의 박판을 사용한다.
㉯ 공극의 형상에 따라 녹음 주파수 특성이 달라진다.
㉰ 공극의 길이는 녹음 파장에 비하여 충분히 넓은 것이 요망된다.
㉱ 특수 퍼멀로이나 페라이트 등의 자성합금을 이용한다.

해설 헤드의 공극 길이와 재생 주파수와의 사이에는 밀접한 관계가 있는데 고역의 재생 주파수 범위를 넓히려면 공극의 길이가 좁아야 한다.

문제 66. 녹음 헤드와 소거 헤드와의 차이점은?
㉮ 공극의 길이상 차이점은 없다.

해답 62. ㉰ 63. ㉯ 64. ㉮ 65. ㉰ 66. ㉯

㈏ 소거 헤드의 공극 길이가 녹음 헤드보다 10배 정도나 크다.
㈐ 녹음 헤드의 공극 길이가 소거 헤드보다 10배 정도나 크다.
㈑ 소거 헤드의 공극 길이가 재생 헤드보다 10배 정도나 적다.
[해설] 소거 헤드의 공극 길이를 넓게 하여 충분한 자계를 얻도록 하고 있다.

문제 67. -60[dB]의 감도를 가진 마이크로폰에 1[μbar]의 음압을 주었을 때 출력 전압은 몇 [mV]인가?
㈎ 0.01 ㈏ 0.1
㈐ 1   ㈑ 10

[해설] $S = 20\log_{10} \dfrac{E}{P}$ 에서

$-60 = 20\log_{10} \dfrac{E}{1[\mu bar]}$ [dB]이므로

$\dfrac{-60}{20} = \log_{10} E$에서 $E = 10^{-3} = 1$[mV]

1989년도 전자기기·음향영상기기 2급 출제문제

문제 1. 캐비테이션(cavitation) 작용을 이용한 전자 응용 기기는?
㈎ 초음파 용접기   ㈏ 초음파 세척기
㈐ 초음파 의료기   ㈑ 초음파 가공기
[해설] 캐비테이션 현상은 초음파의 세척, 분산, 에멀전화 등에 이용된다.

문제 2. 섬유 제품의 염색에 주로 이용되는 초음파 작용을 무슨 작이라 하는가?
㈎ 분산 작용   ㈏ 확산 작용
㈐ 에멀션 작용   ㈑ 응집 작용
[해설] 초음파는 액체 중에 있는 고체 입자의 확산을 촉진시키는 작용이 있는데, 이 작용은 섬유 제품의 염색에도 이용된다.

문제 3. 고주파 가열 중 유전 가열의 설명으로 맞지 않는 것을 다음 중 어느 것인가?

[해답] 67. ㈐   1. ㈏   2. ㈏   3. ㈑

㉮ 가열이 골고루 된다.
㉯ 온도 상승이 빠르다.
㉰ 내부 가열이므로 표면 손상이 되지 않는다.
㉱ 피열물의 모양에 제한을 받지 않는다.
[해설] 고주파 유전 가열은 피열물의 모양에 제한을 받는다는 단점이 있다.

[문제] 4. 레이더에 사용되는 TR관과 ATR관에 대한 설명 중 옳은 것은?
㉮ TR관은 송신부에 접속되어 있다.
㉯ ATR관은 수신부에 접속되어 있다.
㉰ TR관은 어느 정도 높은 전압이 인가되어야 방전한다.
㉱ ATR관은 어느 정도 높은 전압이 인가되어야 방전한다.
[해설] TR관과 ATR관은 모두 기체 방전관인데, TR관은 어느 정도 낮은 전압이 인가되더라도 방전을 하고, ATR관은 어느 정도 높은 전압이 걸려야만 방전을 개시한다.

[문제] 5. 최근에 실용화 되기 시작한 태양 전지에 관련된 사항으로 옳지 못한 것은?
㉮ 에너지원이 되는 태양광선이 풍부하므로 이용이 용이하다.
㉯ 장치가 간단하고 보수가 편하다.
㉰ 전원이 없는 벽지나 산꼭대기의 초단파 무인 중계국 등에 사용하는 것이 유리하다.
㉱ 대전력용으로서도 가격, 용적 등에서 유리하다.
[해설] 대전력용은 부피가 크고 가격이 비싸다.

[문제] 6. CPU는 어떤 처리 장치를 말하는가?
㉮ 중앙 처리 장치 ㉯ 입력 장치
㉰ 연산 장치   ㉱ 출력 장치
[해설] CPU(Central Processor Unit)란 연산 장치, 주기억 장치 및 제어 장치를 합친 중앙 처리 장치를 말한다.

[문제] 7. 자동 온수기에서 온수의 온도를 자동적으로 유지시키기 위하여 검출부에서 밸브를 개폐할 때 일반적으로 어떤 압력을 가하는가?
㉮ 공기의 압력   ㉯ 물의 압력(온수의 압력)
㉰ 증기의 압력   ㉱ 기계적 압력
[해설] 온도와의 편차로 조절계 내의 공기의 압력을 변화시키고, 이것으로 밸브를 개폐하도록 하면 자동적으로 수온을 일정하게 유지할 수 있다.

[해답] 4. ㉱ 5. ㉱ 6. ㉮ 7. ㉮

문제 8. 다음과 같이 저항을 직렬로 연결하였을 때의 전달 함수는?
㉮ 6.33
㉯ 0.85
㉰ 0.174
㉱ 0.15

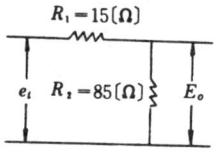

해설 $G = \dfrac{R_2}{R_1+R_2} = \dfrac{85}{15+85} = 0.85$

문제 9. 궤환 제어계(feed back control)에서 공정 제어 제어량에 해당하지 않는 것은?
㉮ 습도
㉯ 전압
㉰ 압력
㉱ 온도

해설 온도, 압력, 유량, 액위, 혼합비 등을 제어량으로 하는 자동 제어를 공정 제어(process control)라 한다.

문제 10. 소나의 이용 분야가 아닌 것은?
㉮ 수중 레이더
㉯ 어군탐지기
㉰ 항공기의 위치 탐지
㉱ 물의 깊이 측정

해설 소나(SONAR)는 선박이 물속의 암초나 앞쪽의 장애물을 발견하거나, 해안으로 부터의 거리를 측정하여 자기의 위치를 알거나, 해저의 상태를 알기 위한 목적에 사용된다.

문제 11. 유도 가열법을 적용시킬 수 있는 것은?
㉮ 목재
㉯ 유리
㉰ 고무
㉱ 금속

해설 고주파 유도 가열은 금속과 같은 도전 물질에 고주파 자장을 가할 때 도체에서 생기는 맴돌이 전류에 의하여 물질을 가열하는 방법이다.

문제 12. 전방향식 AN 레인지 비컨이라고도 하며, 108~118[MHz]의 초단파를 사용하여 전파 항법 방식은?
㉮ VOR
㉯ TACAN
㉰ 회전 비컨
㉱ 무지향성 비컨

해설 VOR(VHF omni-directional range)은 전 방향식 AN 레인지 비컨이라고도 하며, NDB나 AN 레인지 비이컨과 마찬가지로 공항이나 항공로상의 요소에 설치되는데, 사용 주파수가 108~118[MHz]의 초단파이기 때문에 중파를 사용하는 NDB나 AN 레인지 비컨보다 정밀도가 높고 공전의 방해를 덜 받는 등의 장점이 있다.

정답 8. ㉯ 9. ㉯ 10. ㉰ 11. ㉱ 12. ㉮

문제 **13.** 펄스 레이더에서 전파를 발사해서 수신할 때까지 2.8[μS]가 걸렸다면 목표물까지의 거리는?
㉮ 280[m] ㉯ 420[m]
㉰ 1,400[m] ㉱ 2,800[m]

해설 $r = \dfrac{ct}{2} = \dfrac{3 \times 10^8 \times 2.8 \times 10^{-6}}{2} = 420[m]$

문제 **14.** 다음은 전자 냉동기의 기본 원리를 나타낸 것이다. ㄷ점에서 발열이 있었다면 흡열 현상이 나타나는 곳은 어느 곳인가?
㉮ ㄱ
㉯ ㄴ
㉰ ㄷ
㉱ ㄹ

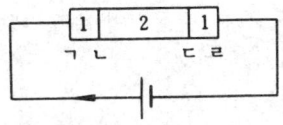

해설 ㄷ점에서 열을 발산하면 ㄴ점에서는 열을 흡수한다.

문제 **15.** 전자 계산기의 중앙 처리 장치 구성부에 해당되지 않는 것은?
㉮ 주기억 장치 ㉯ 연산 장치
㉰ 입·출력 장치 ㉱ 제어 장치

해설 연산 장치, 주기억 장치 및 제어 장치를 합쳐서 중앙 연산 처리 장치(CPU)라 하며, 때로는 연산 장치, 제어 장치만을 중앙 처리 장치라 하고, 입·출력 장치와 보조 기억 장치를 주변 장치라 한다.

문제 **16.** 컴퓨터 전체를 통제하는 장치는?
㉮ 기억 장치 ㉯ 연산 장치
㉰ 제어 장치 ㉱ 입·출력 장치

해설 제어 장치는 주기억 장치에 기억된 프로그램의 명령들을 해독하고 그 의미에 따라 필요한 장치에 신호를 보내어 작동시키며, 그 결과를 검사, 통제하는 역할을 한다.

문제 **17.** 전달 요소가 증폭도 A의 증폭기라 할 때 입·출력 신호 x, y가 같은 값으로 유지되기 위한 A의 값은?
㉮ 0 ㉯ 1
㉰ 10 ㉱ 100

해설 $y = Ax$

해답 13. ㉯ 14. ㉯ 15. ㉰ 16. ㉰ 17. ㉯

문제 18. 다음 중 압력-변위 변환기에 속하는 것은?
㉮ 전자석
㉯ 스프링
㉰ 전자 코일
㉱ 슬라이드저항

해설 여러 가지 2차 변환의 보기

압력-변위	다이어프램, 스프링
변위-압력	유압 분사관
변위-임피던스	슬라이드 저항, 용량형 변환기, 유도형 변환기
변위-전압	가변 저항 분압기, 차동 변압기
전압-변위	전자석, 전자 코일

문제 19. 직류 전동기의 속도 제어에 대한 원리는?
㉮ 위치의 변화
㉯ 여자 전류의 변화
㉰ 각도의 변화
㉱ 방위의 변화

문제 20. 다음 중 옳지 못한 것은?
㉮ 초음파의 감쇠율은 기체가 가장 크다.
㉯ 초음파의 감쇠율은 기체 다음으로 액체가 크고 고체보다 적다.
㉰ 초음파의 감쇠율은 진동수가 클수록 크다.
㉱ 초음파의 반사율은 물과 공기 사이에서 88[%]이다.

해설 초음파의 반사율은 물과 공기 사이에서는 100[%]이고, 물과 강철 사이에서는 88[%], 물과 유리 사이에서는 63[%]이다.

문제 21. 초음파를 이용하여 강물의 깊이를 측정하려고 한다. 반사파가 도달하기까지 0.5초 걸렸을 때 강물의 깊이는 몇 [m]인가(단, 강물에서 초음파의 속도는 1,400[m/sec]라 한다.)?
㉮ 70[m]
㉯ 230[m]
㉰ 350[m]
㉱ 700[m]

해설 $l = \dfrac{vt}{2} = \dfrac{1,400 \times 0.5}{2} = 350$[m]

문제 22. 다음 중 레이더 주파수대의 명칭과 주파수대가 맞지 않는 것은?
㉮ X : 8,000~125,000[MHz]
㉯ Ku : 12.5~18[GHz]
㉰ K : 4,000~8,000[MHz]
㉱ S : 2,000~4,000[MHz]

해답 18. ㉯ 19. ㉯ 20. ㉱ 21. ㉰ 22. ㉰

해설   레이더의 주파수대

주파수대의 명칭	주 파 수 대	관용주파수	파 장
L	1,000~2,000[MHz]	1,200[MHz]	25[cm]
S	2,000~4,000[MHz]	2,800[MHz]	10.7[cm]
C	4,000~8,000[MHz]	5,300[MHz]	5.7[cm]
X	8,000~12,500[MHz]	9,300[MHz]	3.2[cm]
Ku	12.5~18[GHz]	16[GHz]	1.9[cm]
K	18~26.5[GHz]	24[GHz]	1.2[cm]
Ka	26.5~40[GHz]	34[GHz]	0.9[cm]

문제 23. EL(전기 루미네센스)은 발광 재료에 따라서 발광색이 다르며, 같은 재료이더라도 주파수에 따라서 발광되는 빛깔이 다르며, 또 주파수에 비례하여 밝기가 증가한다. 주파수를 아주 높게 하면 밝기는?
㉮ 주파수에 비례한다.   ㉯ 주파수 제곱에 비례한다.
㉰ 주파수에 반비례한다. ㉱ 일정해진다.
해설 너무 주파수를 높게 하면 밝기가 일정해진다.

문제 24. 반덧셈기는 어떤 회로의 조합인가(단, EOR는 exclusive-OR이다.)?
㉮ AND와 OR   ㉯ AND와 NOT
㉰ EOR과 AND   ㉱ EOR과 OR
해설 반덧셈기(half adder)는 2개의 2진수를 더한 합(sum)과 자리올림수(carry)를 얻는 회로로서, 배타논리합(EOR) 회로와 논리곱(AND) 회로로 구성할 수 있다.

문제 25. 자기 테이프와 관계 없는 것은?
㉮ IBG   ㉯ IRG
㉰ 실린더 ㉱ BPI
해설 실린더(cylinder)란 자기 디스크에서 각 장의 동일 순번들의 집합을 말한다.

문제 26. 자동 제어 조절계의 제어 동작에서 D동작은?
㉮ 온오프 동작   ㉯ 비례 위치 동작
㉰ 적분 동작   ㉱ 미분 동작
해설 온오프 동작을 2위치 동작, 비례 동작을 P동작, 적분 동작을 I동작, 미분 동작을 D동작이라 한다.

해답 23. ㉱   24. ㉰   25. ㉰   26. ㉱

제4편 전자기기 및 음향영상기기

문제 27. 1차 지연 요소로 구성된 자동 제어계의 응답의 모양을 나타내는 시정수(time costant)란 출력 신호의 변화가 정상치(定常置)의 ( )[%]가 될 때까지의 소요시간이다.
㉮ 100　　　㉯ 95.0
㉰ 86.5　　　㉱ 63.2

해설 정상치가 되는 시간은 시정수 T와 같으므로 응답값은 63.2[%]가 된다.

문제 28. 변위를 압력으로 변환하는 변환기는?
㉮ 전자석　　　㉯ 전자 코일
㉰ 유압 분사관　㉱ 차동 변압기

해설　　　　　2차변환의 보기

압력 – 변위	다이어프램, 스프링
변위 – 압력	유압 분사관
변위 – 임피던스	슬라이드 저항, 용량형 변환기, 유도형 변환기
변위 – 전압	가변 저항 분압기, 차동 변압기
전압 – 변위	전자석, 전자 코일

문제 29. 방송국에서 발사된 전파가 150[km] 떨어진 거리에 도달하려면 걸리는 시간은?
㉮ 0.5초　　　㉯ 0.05초
㉰ 0.001초　　㉱ 0.0005초

해설 $t = \dfrac{l}{c} = \dfrac{150 \times 10^3}{3 \times 10^8} = 0.0005$ 초

문제 30. 슈퍼헤테로다인 수신기에서 감도를 향상시키기 위한 방법이 아닌 것은?
㉮ 중간 주파 증폭단을 증가시킨다.
㉯ 증폭관은 내부 잡음이 작을 것
㉰ 주파수 변환관의 변환 컨덕턴스가 작을 것
㉱ 각 부품의 접촉 잡음을 적게 할 것

해설 주파수 변환 회로의 변환 컨덕턴스는 일반적으로 클수록 좋다.

문제 31. FM 검파 회로에서 레시오(ratio) 검파 회로가 사용되는 주된 이유는 무엇인가?
㉮ 검파 출력 전압이 크므로

해답　27. ㉱　28. ㉰　29. ㉱　30. ㉰　31. ㉯

㉯ 진폭 제한 작용을 가지므로
㉰ 동조가 간단하므로
㉱ 출력 임피던스가 낮으므로

[해설] 레시오 검파 회로를 사용하면 잡음 진폭의 순간적인 변화에도 대용량의 콘덴서가 들어 있어 진폭 제한 작용을 할 수 있게 되므로, 앞단에 반드시 진폭 제한기를 넣을 필요가 없는 잇점이 있게 된다.

[문제] 32. 다음은 그림과 같은 회로의 설명이다. 틀리는 것은?

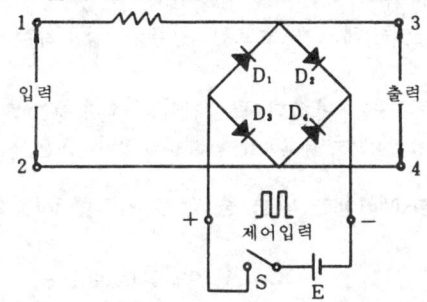

㉮ 회로는 브리지형 게이트 회로이다.
㉯ 스위치 S를 닫으면 $D_1 - D_4$가 도통되므로 단자 1, 2에 가해지는 전압은 출력 단자에 나타나지 않는다.
㉰ 스위치 S가 개방되면 단자 3-4사이의 다이오드 임피던스는 높으므로 입력 전압은 출력에 그대로 나타난다.
㉱ 스위치 S에 무관하게 입력 전압은 출력측에 나타난다.

[문제] 33. TV 급전선은 VHF용으로 300[Ω]의 평형형을 많이 쓴다. 그러면 UHF용은 어느 정도 평행 2선 케이블을 사용하는가?
㉮ 100[Ω]　　　　㉯ 200[Ω]
㉰ 300[Ω]　　　　㉱ 150[Ω]

[해설] 보통 VHF에서는 300[Ω], UHF에서는 200[Ω]의 평행 2선식 급전선을 사용한다.

[문제] 34. TV 수상기 고스트의 경감 대책에 관계가 없는 것은?
㉮ 안테나 높이를 바꾼다.
㉯ 지향성이 예민한 안테나 사용
㉰ 안테나와 피더 거리를 멀리 떼어야 한다.
㉱ 동축 케이블을 사용한다.

[해답] 32. ㉱　33. ㉯　34. ㉰

문제 **35.** 흑백 방송은 정상적으로 수신되지만 컬러 방송을 수신할 때에 색포화도 조정을 전부 돌려도 색이 엷은 경우의 진단 대상 회로는?
㉮ AFC 회로　　　　　　㉯ 컬러 킬러 회로
㉰ ACC 회로　　　　　　㉱ 백밸런스 회로

문제 **36.** 자기 녹음기의 자기 헤드에 대한 특성 중 옳지 못한 것은?
㉮ 자기 헤드의 임피던스는 유도성이다.
㉯ 주파수에 비례하여 임피던스가 감소한다.
㉰ 높은 주파수에서는 헤드에 흐르는 전류가 감소하여 특성이 나빠진다.
㉱ 녹음할 때는 주파수가 변하더라도 전류가 일정하도록 한다.
해설 자기 헤드는 유동성이므로 주파수에 비례하여 임피던스는 증가한다.

문제 **37.** Wov-Flutter Meter는 다음 중 어떤 기기를 시험할 때 사용하는가?
㉮ 튜너　　　　　　　　㉯ Tape Recorder
㉰ 전력 증폭기　　　　　㉱ 안테나

문제 **38.** 수신기의 성능에서 종합 특성이 아닌 것은?
㉮ 감도　　　　　　　　㉯ 충실도
㉰ 선택도　　　　　　　㉱ 증폭도
해설 수신기의 성능을 나타내는 중요한 특성은 감도, 선택도, 충실도 및 안정도와 무의 최대 출력 등이다.

문제 **39.** 헤테로다인 검파 회로에서 입력 신호가 1[MHz]이고 국부 발진 주파수가 545[kHz]일 때 출력의 주파수는 얼마인가?
㉮ 455[kHz]　　　　　　㉯ 535[kHz]
㉰ 1,605[kHz]　　　　　㉱ 900[kHz]
해설 1[MHz]=1,000[kHz]-545[kHz]=455[kHz]

문제 **40.** 프리엠퍼시스에 대한 설명으로 틀리는 것은?
㉮ 프리엠퍼시스 회로의 시정수는 TV음성인 경우 75[μs]이다.
㉯ 프리엠서시스는 송신측에 장치한다.
㉰ 프리엠퍼시스는 송신시에 저음부를 강조하는 것이다.
㉱ 일반적으로 미분 회로에 의해 주어진다.

해답 35. ㉰　36. ㉯　37. ㉯　38. ㉱　39. ㉮　40. ㉰

[해설] FM 방송의 경우, SN비의 개선을 위해 송신측에서는 고역을 강조하는 프리엠 퍼시스(pre-emphasis)를 사용하고, 수신측에서는 이와 반대의 디엠퍼시스(de-emphasis)를 사용한다.

[문제] 41. 그림과 같은 회로에서 점선 부분 내 회로의 동작 특성은?

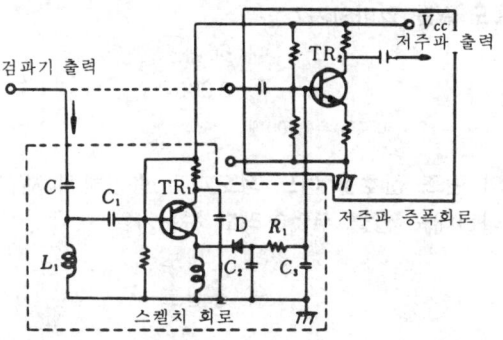

㉮ 국부 발진 주파수의 변동을 방지한다.
㉯ 안테나로부터의 불필요한 복사를 방지한다.
㉰ 입력 신호가 없을 때 수신기의 내부 잡음을 방지한다.
㉱ FM전파 수신시 수신기의 내부 잡음을 제거한다.

[해설] 회로의 점선 부분은 스켈치(squelch) 회로로서 수신 입력이 없을 때 저주파 증폭부를 차단하여 수신기의 내부 잡음을 제거하는 목적으로 부가된다.

[문제] 42. 텔레비전 수상기의 입력 임피던스는 보통 300[Ω]의 평형형에 대치되도록 조정되어 있다. 혼신 방지를 위해 50[Ω]의 동축 케이블을 사용하는 경우가 있는데 이때 사용되는 것은?
㉮ 급전선(feeder line)　　㉯ 발룬(Balun)
㉰ 저항 분배기　　㉱ 인덕턴스

[해설] 발룬(balanced to unbalanced transformer)은 입력 임피던스의 정합을 위해 사용되는 평형 트랜스이다.

[문제] 43. 컬러 TV에서 컬러 버스트 신호에 대한 올바른 설명은 어느 것인가?
㉮ 색동기 신호로서 주파수는 약 3.58[MHz]이다.
㉯ I 및 Q 신호를 이용해 녹색 신호를 검출해 내는 역할을 한다.
㉰ 컬러 신호의 수평 동기 신호로서 주파수는 8~12[Hz]이다.

[해답] 41. ㉱　42. ㉯　43. ㉮

㉣ 컬러 소거 회로라고도 한다.

해설 컬러 버스트 신호는 수상기에서 만드는 3.58[MHz]와 송신측의 부반송파의 위상을 일치시키기 위한 제어 신호이다.

문제 44. 증폭도가 $A_1=10$, $A_2=10$, $A_3=20$인 증폭기를 서로 접속하였을 때 전체의 증폭도 A는 얼마인가?
㉮ 40배   ㉯ 66배
㉰ 1,000배   ㉣ 2,000배

해설 $A = A_1 \cdot A_2 \cdot A_3 = 10 \times 10 \times 20 = 2{,}000$배

문제 45. 송신측의 변조 신호를 어느 정도까지 충실하게 재현할 수 있는지 그 정도를 나타내는 양을 무엇이라고 하는가?
㉮ 감도   ㉯ 선택도
㉰ 안정도   ㉣ 충실도

문제 46. 특별히 제너 다이오드(Zener Diode)를 사용하는 회로는?
㉮ 검파회로   ㉯ 저주파 증폭 회로
㉰ 고주파 발진 회로   ㉣ 전압 안정 회로

문제 47. 뮤팅(muting) 회로를 설명한 말로 틀리는 것은 어느 것인가?
㉮ 고주파 입력이 없을 때 수신기 내에서 발생하는 '싸'하는 잡음을 없애기 위한 회로이다.
㉯ FM 스테레오 방송 수신시 이조되었을 때에 미소 잡음이 38[kHz] 앰프로 증폭되지 않도록 앰프의 동작을 정지시키는 회로
㉰ 스테레오 위치에서 모노럴 방송을 수신할 때 잡음이 앰프쪽으로 가지 않도록 끊어버리고 19[kHz]가 들어갔을 때만 동작하게 하는 것으로 St/mono의 자동전환 회로도 있다.
㉣ 뮤우팅(Muting) 회로는 무선 송·수신기에서 마이크로폰과 스피커를 음성으로 자동 전환하는 장치이다.

문제 48. 스테레오 LP 디스크의 녹음 및 재생 속도는 얼마인가(단, 일반적인 경우임.)?

㉮ 녹음 속도 : $33\frac{1}{3}$ [r.p.m], 재생 속도 : 45[r.p.m]

㉯ 녹음 속도 : 45[r.p.m], 재생 속도 : $33\frac{1}{3}$ [r.p.m]

해답 44. ㉣   45. ㉣   46. ㉣   47. ㉮   48. ㉣

㈐ 녹음 속도 : 45[r.p.m], 재생 속도 : $45\frac{1}{3}$ [r.p.m]

㈑ 녹음 속도 : $33\frac{1}{3}$ [r.p.m], 재생 속도 : $33\frac{1}{3}$ [r.p.m]

문제 49. 자기 테이프와 헤드의 접촉면에 있어서의 간격이 커질 경우 손실도 커지게 되는 손실은?
㈎ 두께 손실　　　　　　㈏ 와류 손실
㈐ 스페이싱 손실　　　　㈑ 갭 손실

해설 자기 테이프의 자성면과 헤드 표면 사이에 생기는 간격에 의한 손실을 스페이싱(spacing) 손실이라 한다.

문제 50. 방송국으로부터의 직접파와 반사파가 수상될 때 수상되는 시간 차이로 인하여 다중상이 생기는 현상을 무엇이라 하는가?
㈎ 고스트　　　　　　　㈏ 험
㈐ 동기　　　　　　　　㈑ 콘트라스트

해설 송신 안테나로부터 수신 안테나까지 전파가 도달하는 경우, 직접파에 의해서 생기는 화면 외에 어느 반사체(산, 건물 등)에서 반사되어 오는 반사파가 직접파보다 길어서, 시간적 지연이 생겨 다중상이 나타나는 현상을 고스트(ghost)라 한다.

문제 51. 다음은 야기(YAGI) 안테나의 특성을 설명한 것이다. 틀린 것은?
㈎ 소자수가 많을수록 이득 증가와 지향성 예민
㈏ 소자수가 많을수록 반사기나 도파기에 의한 영향으로 안테나 급전점 임피던스 저하
㈐ 도파기는 투사기보다 짧게 하여 용량성으로 동작
㈑ 반사기는 투사기보다 짧게 하여 용량성으로 동작

해설 반사기는 반파장보다 약간 길게 하여 유도성으로 동작시킨다.

문제 52. TV에 관한 설명 중 옳지 않은 것은?
㈎ 영상 송신기와 음성 신호를 주파수 변조시키는 음성 송신기로 구성되어 있다.
㈏ 영상 반송파는 항상 음성 반송파보다 4.5[MHz] 높은 주파수로 되어 있다.

해답 49. ㈐　50. ㈎　51. ㈑　52. ㈏

㉰ 수상기는 AM 영상 신호와 FM 음성 신호 수상기로 구성되어 있다.
㉱ 수상기에서 휘도 조절기를 돌리면 형광면의 밝기가 조절된다.
[해설] 영상 반송주파수는 음성 반송주파수보다 4.5[MHz] 낮다.

[문제] 53. 수상관에서 필요한 양극 직류 고압이 만들어지는 곳은?
㉮ 플라이 백 트랜스   ㉯ AFC 회로
㉰ 블랭킹 회로   ㉱ 컨버전스 회로

1990년도 전자기기·음향영상기기 2급 출제문제

[문제] 1. 초음파 가공기의 주요 부분에 해당되지 않는 것은?
㉮ 발진기   ㉯ 진동자   ㉰ 혼   ㉱ 소나
[해설] 초음파 가공기는 발진기, 진동자, 혼 등을 주요 부분으로 하고, 공구는 혼의 끝에 붙여서 사용한다.

[문제] 2. VOR(전방향 AN 레인지 비컨) 방식의 전파 발사에 가장 적합한 것은?
㉮ 매 2회전 할 때마다 단점 부호를 한번씩 삽입한다.
㉯ 8자 지향성 전파를 발사하는 안테나를 30[rps]의 속도로 회전시키면서 VHF의 연속파를 발사
㉰ 2개의 지향성 안테나에서 각각 A(·−), N(−·) 부호 단속 발사
㉱ 국부호와 개시 부호를 중파 반송파에 실어서 발사
[해설] VOR 비컨국에서는 8자형 지향성 전파를 발사하는 안테나를 30[rps]의 속도로 회전시키면서 VHF의 연속파를 발사한다. 이 전파를 어떤 방위에 있는 수신 장소에서 받으면 마치 30[Hz]의 변조파로 진폭 변조된 VHF파를 수신한 것과 같은 결과가 된다.

[문제] 3. 유도 가열의 특징이 아닌 것은?
㉮ 가열 속도가 빠르다.
㉯ 발열을 필요한 부분에 집중시킬 수 있다.
㉰ 금속의 표면 가열이 매우 어렵게 이루어진다.
㉱ 가열을 정밀하게 조절할 수 있다.

[해답] 53. ㉮   1. ㉱   2. ㉯   3. ㉰

해설 고주파 유도 가열의 주요한 장점
① 가열 속도가 빠르며, 발열을 필요한 부분에 집중시킬 수 있다.
② 금속의 표면 가열이 쉽게 이루어진다.
③ 가열을 정밀하게 조절할 수 있다.
④ 가열 준비 작업이 불필요하며, 작업 환경을 깨끗하게 유지할 수 있다.

문제 **4.** 다음 그림은 도체에 유도 가열을 하는 것이다. 옳지 않은 것은?
㉮ 도체 내에 저주파 자속이 통과한다.
㉯ 도체 내에는 맴돌이 전류가 흐르게 된다.
㉰ 맴돌이 전류는 자기 유도 작용에 의해서 생긴다.
㉱ 맴돌이 전류는 일종의 고주파 전류이다.

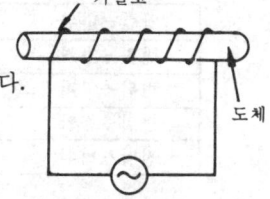

문제 **5.** 다음 설명 중 틀린 것은?
㉮ 고주파 가열은 유도 가열과 유전 가열로 나뉜다.
㉯ 유도 가열은 전기 절연체를 피열물로 사용한다.
㉰ 유전 가열은 유전체손에 의해 발열시킨다.
㉱ 유도 가열은 맴돌이 전류손에 의해 발열시킨다.
해설 고주파 유도 가열(HF induction heating)은 금속과 같은 도전 물질에 고주파 자장을 가할 때 도체 내에 생기는 맴돌이 전류에 의하여 물질을 가열하는 방법이며, 고주파 유전 가열(HF dielectric heating)은 유전체에 고주파 전장을 가할 때 생기는 유전손에 의하여 유전체를 가열하는 방법이다.

문제 **6.** 레이더에 사용되는 초단파 발진관으로 어떤 것이 사용되는가?
㉮ 자전관(magnetron)   ㉯ TR관
㉰ ATR관   ㉱ 전자 혼

문제 **7.** 다음 중 기체 레이저가 아닌 것은?
㉮ YAG 레이저   ㉯ 헬륨-네온 레이저
㉰ 분자 가스 레이저   ㉱ 이온 레이저

문제 **8.** 서보 기구의 특징으로 옳지 못한 것은?
㉮ 추종 속도가 빨라야 한다.
㉯ 서보 모터의 관성은 커야 한다.
㉰ 회전력에 대한 관성의 비가 커야한다.
㉱ 제어계 전체의 관성이 클 경우에는 관성의 비가 적을지라도 토크가 큰편이 좋다.

해답 **4.** ㉮ **5.** ㉯ **6.** ㉮ **7.** ㉮ **8.** ㉯

[해설] 서보 기구에서는 추종 속도가 빨라야 하기 때문에 서보 모터의 관성은 작아야 하며, 토크와 관성의 비는 커야 한다.

[문제] 9. 압력을 변위로 변화하는 것은?
㉮ 스프링   ㉯ 포텐쇼미터
㉰ 전자석   ㉱ 유도형 변환기

[해설]   2차변환의 보기

압력-변위	다이어프램, 스프링
변위-압력	유압 분사관
변위-임피던스	슬라이드 저항, 용량형 변환기, 유도형 변환기
변위-전압	가변 저항 분압기, 차동 변압기
전압-변위	전자석, 전자 코일

[문제] 10. 자동 제어계에서 제어량의 종류가 아닌 것은?
㉮ 온도   ㉯ 속도   ㉰ 전압   ㉱ 시간

[해설] 자동 제어계는 제어량의 종류(온도, 압력, 속도, 전압, 주파수) 등, 사용하는 에너지의 형식(전기식, 공기압식, 유압식), 제어 대상(노, 전동기 등), 기구 요소의 성질(선형, 비선형) 등에 의하여 분류된다.

[문제] 11. 제어 요소의 동작 중 연속 동작이 아닌 것은?
㉮ D동작   ㉯ P+D동작
㉰ ON-OFF동작   ㉱ P+I동작

[문제] 12. 순차 처리만 가능한 보조기억장치는?
㉮ 자기 디스크   ㉯ 자기 테이프
㉰ 자기 드럼   ㉱ 플로피 디스크

[문제] 13. 납땜이 잘되지 않는 알루미늄의 납땜에 이용되는 초음파의 성질은?
㉮ 초음파 응집   ㉯ 초음파 용접
㉰ 초음파 탐상   ㉱ 초음파 진동

[해설] 알루미늄은 공기와 접하고 있는 부분이 쉽게 산화되어 강한 산화물 피막이 생겨 납땜이 안 된다. 납땜 인두에 초음파 진동을 가하여 납땜 용액에 캐비테이션 기포를 만들면 산화 피막을 제거할 수 있으므로 알루미늄 표면에 납땜을 할 수 있다.

[해답] 9. ㉮ 10. ㉱ 11. ㉰ 12. ㉯ 13. ㉯

과년도 출제문제 4-121

문제 14. 유전 가열의 응용에 해당되지 않는 것은?
㉮ 목재의 건조 ㉯ 고무의 가황
㉰ 종이나 섬유류의 건조 ㉱ 금속의 균열 발견
해설 유전 가열의 공업 제품에 대한 응용으로는 목재의 건조 및 접착 고무의 가황, 합성 수지의 예열 및 성형 가공, 합성 수지의 접착 및 용접, 종이나 섬유의 건조 등이 있다.

문제 15. 고주파 가열 전원의 종류에 해당하지 않는 것은?
㉮ 전동 발전기
㉯ 스파크 갭식 고주파 발생기
㉰ 진공관 발진기
㉱ 마그네트론
해설 고주파 가열의 전원으로서는 전동 발전기, 스파크 갭식 고주파 발생기, 진공관 발진기 등이 사용된다.

문제 16. 고주파 유도 가열 장치의 종류에 해당하지 않는 것은?
㉮ 용해로 ㉯ 진공로
㉰ 표면경화 장치 ㉱ 진공관 발진기

문제 17. 항공기에서 사용되는 자동 방향 탐지기의 용어로서 옳은 것은?
㉮ VOR ㉯ TACAN
㉰ ADF ㉱ Localizer
해설 ADF(Automatic Direction Finder) : 자동 방향 탐지기

문제 18. 계기 착륙 방식이라고도 하며 로컬라이서, 글라이드패드 및 마커로 구성되는 것은?
㉮ ILS ㉯ NDB ㉰ VOR ㉱ DMF
해설 ILS(Instrument Landing System) : 계기 착륙 방식

문제 19. 전압의 기준 요소로 사용되는 전지의 종류에 해당되지 않는 것은?
㉮ 표준 전지 ㉯ 전위차계 ㉰ 수은 전지 ㉱ 건전지

문제 20. 공정 제어량에 속하지 않는 것은?
㉮ 온도 ㉯ 전압 ㉰ 유량 ㉱ 압력

해답 14. ㉱ 15. ㉱ 16. ㉱ 17. ㉰ 18. ㉮ 19. ㉯ 20. ㉯

[해설] 정치 제어 중에서 온도, 압력, 유량, 액위, 혼합비 등을 제어량으로 하는 자동 제어를 공정 제어(process control)라 한다.

[문제] **21.** 유도 가열의 용도로 옳은 것은?
㉮ 바늘끝의 야금 ㉯ 목재의 건조
㉰ 고주파 조리 ㉱ 약품의 건조

[문제] **22.** 서보 기구는 조작력이 강해야 하므로 유압식인 경우는 다음 중 어떤 것이 사용 되는가?
㉮ 전자관 증폭기 ㉯ 자기 증폭기
㉰ 파일럿 밸브 ㉱ 전기모터

[해설] 서보 기구(servomechanism)는 일반적으로 조작량이 커야 하므로, 유압 서보 모터나 전기적 서보 모터가 사용되며, 각각의 조작량이 유압이냐 전기량이냐에 따라 실제의 기구가 달라진다. 보통 전기식이면 증폭부에 트랜지스터 증폭기나 자기 증폭기가 사용되고, 유압식의 경우에는 파일럿 밸브나 유압 분사관 등이 사용된다.

[문제] **23.** 신호의 변환 검출에서 2차 변환이란 다음 중 어느 것인가?
㉮ 1차 변환 신호를 물리량으로 변환하여 조절기에 보내질 때
㉯ 되먹임량이 검출기를 통과할 때
㉰ 검출 신호를 변환하여 기준 입력 신호와 비교될 때
㉱ 검출 신호를 물리량으로 바꾸어 목표량과 비교될 때

[해설] 제어량을 검출하여 전송하기 쉬운 다른 물리량으로 변환는 것을 1차 변환, 1차 변환기로 얻은 신호를 다른 물리량으로 바꾸어 조절기에 보내주는 것을 2차 변환이라 한다.

[문제] **24.** 청력을 검사하기 위하여 가청 주파수 영역의 여러 가지 레벨의 순음을 전기적으로 발생하는 음향 발생 장치는?
㉮ 오디오 미터 ㉯ 페이스 메이커
㉰ 망막 전도 측정기 ㉱ 심음계

[해설] 오디오미터(audiometer)는 귀의 청력을 검사하기 위하여 가청 주파수 영역의 여러 가지 레벨의 순음을 전기적으로 발생하는 음향 발생 장치이다.

[문제] **25.** 태양 전지의 이점은?
㉮ 연속적으로 사용하기 위해서는 태양 광선을 얻을 수 없는 경우에 대비하여 축전 장치가 필요하다.

[해답] 21. ㉮ 22. ㉰ 23. ㉮ 24. ㉮ 25. ㉰

㉯ 빛의 방향에 따라서 발생 출력이 변하므로 출력에 여유를 두어야 한다.
㉰ 종래에 이용되지 않은 풍부한 에너지원이 이용된다.
㉱ 대전력용으로 가격, 용적 등이 좋은 조건이다.

문제 26. 연산 증폭기의 FET 초퍼는 200[Hz] 정도의 무슨 발진기를 주로 많이 사용하는가?
㉮ 단안정 멀티바이브레터
㉯ 비안정 멀티바이브레터
㉰ 쌍안정 멀티바이브레터
㉱ 수정 발진 회로

해설 아날로그 전자 계산기의 기본이 되는 연산 증폭기에는 FET 초퍼를 써서 안정화시킨 직류 증폭기가 사용되는데, FET 초퍼는 200[Hz]이 비안정 멀티바이브레이터로 구동되고, 초퍼 증폭기의 이득은 약 50[dB]이다.

문제 27. 다음 중 수신기 성능을 판단하는 가장 중요한 잡음은 어느 것인가?
㉮ 공전   ㉯ 인공 잡음
㉰ 내부 잡음   ㉱ 공장의 기기 잡음

문제 28. AM 통신 방식에 비해 FM 통신 방식의 특징이 아닌 것은?
㉮ SN비가 좋다.
㉯ 송신기의 효율을 높일 수 있다.
㉰ 혼신 방해를 적게 할 수 있다.
㉱ 주파수 대역을 넓게 잡을 필요가 없다.

해설 FM 통신 방식은 반송파의 주파수를 변조파의 진폭에 따라 변화시키는 방식으로 넓은 주파수 대역을 필요로 하므로 중파나 단파대에서는 사용되지 않으나, 초단파대에 사용하면 변조에 의한 일그러짐이 적고 잡음 방해도 제거할 수 있게 된다.

문제 29. AM 변조에서 과변조를 하였을 때 일어나는 현상은?
㉮ 점유 주파수가 넓어진다.
㉯ 점유 주파수가 줄어든다.
㉰ 외율이 개선된다.
㉱ 발사 주파수가 안정해진다.

해답 26. ㉯ 27. ㉰ 28. ㉱ 29. ㉮

[해설] 과변조를 하면 점유 주파수 대역이 넓어지며, 변조 파형의 일부가 어느 구간 잘려서 일그러짐도 증가한다.

[문제] 30. AVC의 작용으로 옳은 것은?
㉮ 주파수 조정 작용   ㉯ 잡음 억제 작용
㉰ 파형 교정 작용   ㉱ 이득 조정 작용
[해설] AVC(자동 음량 조절) 회로는 검파 출력의 직류 성분을 필터하여 중간 증폭 회로의 바이어스에 가하여, 이득 조정을 하는 것이다.

[문제] 31. 공중선과 급전선과의 결합부에 정합 장치를 붙이는 이유는?
㉮ 지향성을 가지게 하기 위하여
㉯ 급전선상에 정재파를 없애기 위하여
㉰ 급전선상에 파동 임피던스를 일정하게 하기 위하여
㉱ 급전선상에 정재파를 만들어 전송 효율을 높이기 위하여
[해설] 공중선과 급전선간의 결합에 임피던스 정합이 이루어지지 못하면, 진행파와 반사파가 간섭을 일으켜 정재파가 발생하고 손실이 증가하면 유해한 방사가 생길 수 있다. 공중선 결합부의 정합 회로는 이 임피던스 정합을 완전히 하여 정재파가 실리는 것을 막기 위하여 설치된다.

[문제] 32. 수신 공중선에 유입되는 전압이 6[mV] 입력 회로에서 반사되는 전압이 3[mV]일 때 전압 정재파비(VSWR)는?
㉮ 1   ㉯ 2   ㉰ 3   ㉱ 4
[해설] $S = \left| \dfrac{V_{max}}{V_{min}} \right| = \dfrac{6+3}{6-3} = \dfrac{9}{3} = 3$

[문제] 33. 텔레비전 수상기에서 수상관의 편향에 사용하는 전압 또는 전류의 파형은 다음 중 어느 것인가?
㉮ 톱니파   ㉯ 정현파   ㉰ 계단파   ㉱ 펄스파

[문제] 34. 컬러 방송은 정상으로 수신되는데 흑백 신호 방송을 수신할 때에 색이 붙는 잡음이 나온다. 고장 원인은 무엇인가?
㉮ 색 복조 회로의 고장   ㉯ 컨버전스 회로의 고장
㉰ 컬러 킬러 회로의 고장   ㉱ 지연 회로의 고장
[해설] 컬러 TV로 흑백 방송을 수상할 때 색신호 회로가 동작하고 있으면 색 노이즈가 화면에 나타나게 되는데 이것을 방지하기 위해 색동기 신호가 없는 방송 일 때는 자동적으로 색신호 재생 회로를 정지시키는 동작을 하는 회로를 컬러 킬러(색소거 회로)라 한다.

[해답] 30. ㉱   31. ㉯   32. ㉰   33. ㉮   34. ㉰

문제 35. VTR의 기록 방식에서 기록 헤드와 재생 헤드의 갭을 ϕ도 만큼 기울여 재생할 때 장점은?
㉮ 휘도 신호의 크로스토크가 제거된다.
㉯ 테이프 속도가 증가한다.
㉰ 장시간 기록 재생된다.
㉱ 테이프를 좁게 사용할 수 있다.
해설 2개 헤드의 갭 기울기를 각각 ϕ만큼 기울게 하여 인접 트랙으로부터 크로스토크(crosstalk)를 제거하는 방식을 애지머스(azimuth) 기록 방식이라 한다.

문제 36. 슈퍼헤테로다인 수신기에 RF 증폭단을 부가하면 발생하는 현상 중 옳지 못한 것은?
㉮ S/N이 개선된다.
㉯ 감도가 나빠진다.
㉰ 영상 주파수 선택도가 좋아진다.
㉱ 국부 발진 에너지를 안테나를 통해 외부에 방사하지 않는다.
해설 RF 증폭단(고주파 증폭 회로)을 부가시키면 신호대 잡음비(SN비)가 개선되며, 감도와 선택도가 좋아지고 국부 발진 세력의 외부 방사를 적게 할 수 있다.

문제 37. SEPP 전력 증폭 회로에서 최대 출력 P_{omax}은 어떤 식으로 구할 수 있는가(단, 컬렉터 직류 공급 전압은 V_{cc} 부하 저항은 R_L로 한다.)?
㉮ $P_{omax} = \dfrac{V_{cc}^2}{R_L}$ ㉯ $P_{omax} = \dfrac{V_{cc}^2}{2R_L}$
㉰ $P_{omax} = \dfrac{V_{cc}^2}{4R_L}$ ㉱ $P_{oamx} = \dfrac{V_{cc}^2}{8R_L}$

문제 38. 해발 800[m] 산위에 있는 높이 100[m]의 철탑 정상에 세운 TV 안테나로부터의 가시 거리는 어느 것인가?
㉮ 80[km] ㉯ 123[km]
㉰ 150[km] ㉱ 200[km]
해설 $D = 4110\sqrt{h} = 4110 \times \sqrt{900} \fallingdotseq 123$[km]

문제 39. 도체판 위에 1개의 직선 도선을 내놓은 안테나를 유니폴러 또는 모노폴 안테나라 하는데, 특히 가늘은 $\dfrac{\lambda}{4}$ 수직 직선 접지 안테나를 무엇이라고 하는가?

해답 35. ㉮ 36. ㉯ 37. ㉱ 38. ㉯ 39. ㉯

㉮ 슬리브(sellev) 안테나　㉯ 휩(Whip) 안테나
㉰ 야기 안테나　㉱ 턴 스타일 안테나

문제 40. 다음은 TV 전파에 관한 설명이다. 옳은 것은?
㉮ 영상 전파는 잔류 측파대의 진폭 변조파이며 음성 전파는 주파수 변조파이다.
㉯ 영상 전파는 잔류 측파대의 주파수 변조파이며 음성 전파는 진폭 변조파이다.
㉰ 영상 전파는 양측파대의 위상 변조파이며 음성 전파는 진폭 변조파이다.
㉱ 영상 전파는 진폭 변조파이며 음성 전파는 양측파대의 주파수 변조파이다.

문제 41. TV에서 전파 장해의 종류에 해당되지 않는 것은?
㉮ 텔레미터　㉯ 고스트　㉰ 플러터　㉱ 혼변조

문제 42. 모터의 구동력을 턴테이블에 전달하는 기구의 종류에 대한 방식이 아닌 것은?
㉮ 아이들러 드라이브 방식　㉯ 더블 아이들러 방식
㉰ 벨트 드라이브 방식　㉱ 콘덴서 진상형 방식

문제 43. VHS 방식 VTR에서 헤드-드럼의 직경은?
㉮ 56[mm]　㉯ 62[mm]　㉰ 74.5[mm]　㉱ 11.0[mm]

문제 44. VTR용 자기 테이프의 자성 재료로 사용되는 것은?
㉮ Fe_2O_3　㉯ MgO　㉰ $BaCO_3$　㉱ TiO_2
해설 자성 재료로는 VHS에서 $Co\gamma-Fe_2O_3$, $\beta=max$에서는 CrO_2가 사용된다.

문제 45. 다음 것 중 가청 주파 증폭기에 별로 사용하지 않는 증폭방식은?
㉮ A급　㉯ B급　㉰ C급　㉱ AB급
해설 C급 증폭은 능률이 좋으나 음질이 좋지 않다.

문제 46. 한개의 NPN형 트랜지스터와 PNP형 트랜지스터를 직결하여 등가 PNP형 트랜지스터로 동작시키는 접속은?
㉮ OTL 접속　㉯ SEPP 접속

해답 40. ㉮　41. ㉰　42. ㉱　43. ㉯　44. ㉮　45. ㉰　46. ㉱

㉰ DEPP 접속　　　㉱ 달링턴 접속

[해설] 전류 증폭률이 두 개 트랜지스터의 곱 즉 $hfe = hfe1 \times hfe2$로 된다.

문제 47. 수신기의 성능을 해석하는데 종합 특성으로 적합하지 않은 것은?
㉮ 궤환율　　　㉯ 감도
㉰ 충실도　　　㉱ 선택도

[해설] 수신기의 성능을 나타내는 중요한 특성은 감도, 선택도, 충실도 및 안정도와 무의 최대 출력 등이다.

문제 48. 송신에서 정상의 신호파는 주파수대의 어느 부분이 타부분에 비해 특히 강조되는데 이 회로의 명칭은?
㉮ 디엠파시스 회로　　　㉯ 프리엠파시스 회로
㉰ 스켈치 회로　　　㉱ 주파수 변별기 회로

[해설] 프리엠퍼시스(pre-emphasis)는 FM의 송신측에서 S/N비 개선을 위해 고음역 부분의 이득을 단계적으로 증강시켜 송신하기 위한 회로이다.

문제 49. 다음 중 텔레비전에서 수직 해상도를 결정하는 주요 요소는?
㉮ 수직 편향 주파수　　　㉯ 유효 주사선 수
㉰ 수평 톱니파 주파수　　　㉱ 수직 주파수

[해설] 수직 방향으로 구별할 수 있는 가장 세밀한 화면은, 주사선이 1줄 걸러 만큼 흑백으로 나타날 때이며, 주사선의 폭보다 더 세밀한 모양은 분해할 수 없다. 따라서 수직 해상도(vertical resolution)는 유효 주사선에 의하여 결정된다.

문제 50. 녹음기에 녹음 바이어스 회로를 사용한 이유는 무엇인가?
㉮ 증폭을 많이 하기 위함　　　㉯ 대역폭을 넓히려고
㉰ 잡음을 없애려고　　　㉱ 일그러짐을 없애려고

[해설] 일반적으로 녹음에 쓰이는 자성 재료는 가해진 자화력과 이에 의해 생기는 자화의 상태는 직선적인 관계에 있지 않으므로 녹음 자화는 녹음 전류에 대해 직선적으로 이루어지지 않는다. 따라서, 일그러짐이 적고 능률이 좋은 녹음을 하기 위해서는, 자기 테이프의 잔류 자기 특성에서 직선 부분이 길고 급한 부분을 이용하기 위해 적정한 세기의 바이어스 자장을 가하고 있다.

[해답] 47. ㉮　48. ㉯　49. ㉯　50. ㉱

1991년도 전자기기·음향영상기기 2급 출제문제

문제 1. 초음파가 매질 1, 2에서의 전파속도를 C_1, C_2라 하고 그림과 같이 입사각을 θ_i 굴절각을 θ_t라 할 때 성립하는 식은?

㉮ $\dfrac{\cos\theta_t}{\cos\theta_i} = \dfrac{C_2}{C_1}$ ㉯ $\dfrac{\sin\theta_t}{\sin\theta_i} = \dfrac{C_2}{C_1}$

㉰ $\dfrac{\cos\theta_t}{\cos\theta_i} = \dfrac{C_1}{C_2}$ ㉱ $\dfrac{\sin\theta_t}{\sin\theta_i} = \dfrac{C_1}{C_2}$

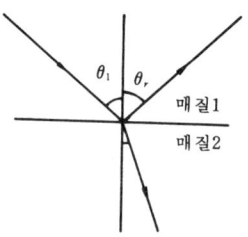

[해설] $\theta_i = \theta_r$이고
$\dfrac{\sin\theta_t}{\sin\theta_i} = \dfrac{C_2}{C_1}$

문제 2. 고주파 유도 가열에서 전류의 침투 깊이 S의 값은 주파수가 높아짐에 따라 어떻게 변하는가?

㉮ 증가한다. ㉯ 감소한다.
㉰ 변화하지 않는다. ㉱ 감소하였다가 다시 증가한다.

[해설] 침투 깊이 S는 가열 주파수에 따라 정해지는 상수이며, 주파수가 높아짐에 따라 S의 값은 감소한다.

문제 3. 방향 탐지기에서 센스 결정(Sence determination)을 사용하는 목적이 아닌 것은?

㉮ 지향성 공중선의 보조 공중선으로 사용된다.
㉯ 전파 전장 강도를 측정시 사용된다.
㉰ 지향 특성이 단일 지향성으로 되는 것을 이용한다.
㉱ 전파의 진행 방향에서 단일 진행 방향을 결정한다.

[해설] 센스 결정은 8자형 지향 특성 안테나와 별개의 수직 안테나에서 얻어지는 출력을 합성함으로써 쉽게 해결할 수 있다.

문제 4. 제어량의 종류에 따른 자동 제에계의 분류에서 자동 조정의 제어량의 종류에 해당되지 않는 것은?

㉮ 속도 ㉯ 온도 ㉰ 전압 ㉱ 전류

[해설] 자동 조정의 제어량 : 온도, 압력, 속도, 전압, 주파수 등

문제 5. 다음은 되먹임 제어(feed back control)계의 제어량을 제어계별

[해답] 1. ㉯ 2. ㉯ 3. ㉯ 4. ㉯ 5. ㉱

로 구분한 것이다. 이 중 서보 기구에 해당되는 것은?
㉮ 위치, 온도, 습도   ㉯ 압력, 유량, 액면
㉰ 속도, 장력, 전압   ㉱ 위치, 각도
[해설] 방향이나 위치의 추치 제어를 서보 기구(servomechanism)라 한다.

[문제] 6. 자동 제어계의 구성도에서 $\xrightarrow{X} \bigcirc \xrightarrow{Z}$ 로 표시된 것은 무엇을 표시하는 것인가?
㉮ 전달 요소   ㉯ 신호의 대수합
㉰ 신호의 분기   ㉱ 신호의 증폭
[해설] 자동 제어의 블록 선도에 쓰이는 기호

표시하는 사항	기 호	표시하는 사항	기 호
전달 요소와 전달 함수 G	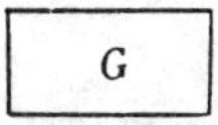 G	신호의 가산 $x+y=z$	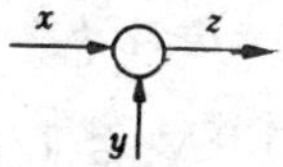 $x \to \bigcirc \to z$, $y\uparrow$
신호의 흐름과 신호량 x	 $\xrightarrow{x}$	신호의 감산 $x-y=z$	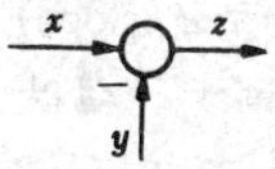 $x \to \bigcirc \to z$, $y\uparrow$
신호의 분기	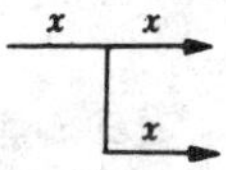 $x \quad x$ $\quad x$	회로망의 키르히호프의 제1법칙은 적용할 수 없다. 신호를 전압으로 생각하면 좋다.	

[문제] 7. 다음 그림의 LR 회로의 입출력 전압비 $\dfrac{V_0}{V_i}$ 는(단, $\dfrac{d}{dt}$ $T = \dfrac{L}{R}$)?

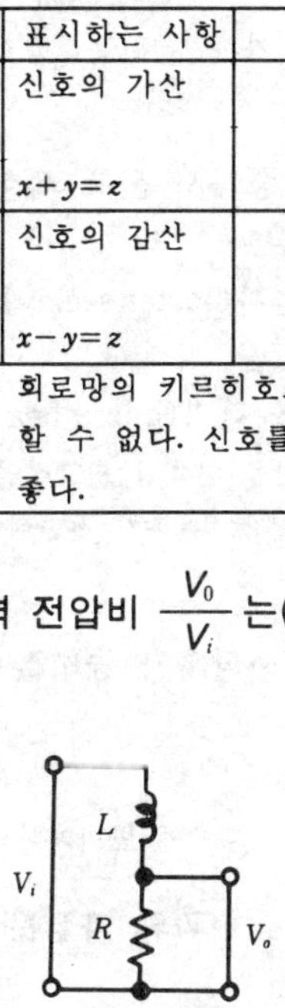

㉮ $G(s) = (1+sT)K$
㉯ $G(s) = \dfrac{1}{1+sT}$
㉰ $G(s) = 1 - sT$
㉱ $G(s) = \dfrac{1+sT}{K}$

[해설] $\dfrac{V_0}{V_i} = \dfrac{RI}{RI+sLI} = \dfrac{1}{1+s\dfrac{L}{R}} = \dfrac{1}{1+sT}$

$\therefore G(s) = \dfrac{1}{1+sT}$

문제 8. 다음 중 전압 기준 요소에 사용되지 않는 것은?
 ㉮ 표준 전지 ㉯ 제너 다이오드
 ㉰ 수은 전지 ㉱ 사이리스터

문제 9. 컴퓨터에서 1K byte라 함은 몇 byte를 의미하는가?
 ㉮ 1024 ㉯ 1048 ㉰ 1096 ㉱ 1098
 해설 1K byte = 2^{10} = 1024byte

문제 10. 2진 소자(binary-cell)로 사용되는 것은?
 ㉮ LED ㉯ CdS ㉰ flip-flop ㉱ X-tal
 해설 flip-flop(플립플롭)은 하나 이상의 입력 신호를 받아서 기억되어 있던 상태와 연관시켜 안정된 두 가지 상태(논리값 1과 0) 중의 한 가지 상태를 출력하고 기억하는 논리 소자이다.

문제 11. FM 검파기 중에서 진폭 제한기를 생략해도 좋은 것은?
 ㉮ 슬로프(slope) 검파
 ㉯ 포스터-실리 검파(foster-seeley)
 ㉰ 비(ratio) 검파
 ㉱ 게이티드 빔관형 검파(gated beam tube)
 해설 비검파 방식은 잡음 진폭의 순간적인 변화에 대해 대용량의 콘덴서가 진폭 제한의 작용을 하게 되므로 검파기 전단에 진폭 제한기(limiter)를 넣을 필요가 없게 된다.

문제 12. 전자파에서 주파수가 높아질수록 파장은 어떻게 되는가?
 ㉮ 변하지 않는다. ㉯ 길어진다.
 ㉰ 짧아진다. ㉱ 길어졌다 짧아진다.
 해설 전자파의 파장은 주파수에 반비례한다.

문제 13. 50[MHz]의 정현파의 파장은 몇 m인가?
 ㉮ 4 ㉯ 5 ㉰ 6 ㉱ 7
 해설 $\lambda = \dfrac{c}{f} = \dfrac{3 \times 10^8}{50 \times 10^6} = 6 [m]$

문제 14. 공중선의 전류가 57.3[A]이고 복사 저항이 250[Ω], 손실 저항이 50[Ω]일 때 공중선 능률은 얼마냐?
 ㉮ 0.83 ㉯ 0.2 ㉰ 1.2 ㉱ 50

해답 8. ㉱ 9. ㉮ 10. ㉰ 11. ㉰ 12. ㉰ 13. ㉰ 14. ㉮

과년도 출제문제 4-131

해설 $\eta = \dfrac{P_t}{P_i} = \dfrac{I^2 R_r}{I^2(R_r+R_L)} = \dfrac{1}{1+\dfrac{R_L}{R_r}} = \dfrac{1}{1+\dfrac{50}{250}} ≒ 0.83$

문제 **15. UHF 전파에 관한 다음 설명 중 옳지 못한 것은?**
㉮ VHF 전파에 비해서 파장이 짧으며 수신 안테나의 높이를 변화시킬 때 전파의 세기의 변화가 현저하다.
㉯ VHF에 비해 직선성이 강하고 산이나 빌딩 등에 의한 차폐 손실이 크다.
㉰ 가시 거리 내의 지점에서는 VHF 전파에 비해 전달이 잘 안된다.
㉱ 일반적으로 마이크로파 또는 극초단파라고도 한다.
해설 UHF 전파는 VHF 전파에 비하여 파장이 짧아 간단한 수신 안테나로 양호한 화상을 얻을 수 있고, 인공 잡음의 방해가 적은 장점이 있으나 고스트가 생기기 쉬운 단점이 있다.

문제 **16. 동기가 불안정하다. 그 원인이 되지 않는 것은 다음 중 어느 것인가?**
㉮ AGC의 조정 불량   ㉯ 영상 증폭관의 이미션 감퇴
㉰ 4.5[MHz] 트랩 동조의 벗어남 ㉱ 동기 분리관의 이미션 감퇴
해설 AGC 회로와 영상 증폭 회로 및 동기 분리관은 수상기의 동기 안정에 관계되는 회로이다. 4.5[MHz] 트랩은 음성 신호의 세력이 영상 신호에 영향을 주지 않도록 하기 위한 회로이므로 동기와는 관계가 없다.

문제 **17. 반송파 전력이 10[kW]일 때, 변조도 100[%]로 변조했을 경우 피변조파 전력은 얼마인가?**
㉮ 5[kW]   ㉯ 10[kW]   ㉰ 15[kW]   ㉱ 20[kW]
해설 $P_m = P_c \left(1+\dfrac{m^2}{2}\right) = 10 \times \left(1+\dfrac{1^2}{2}\right) = 15[kW]$

문제 **18. 푸시풀 평형 변조 회로에서 반송파가 제거되는 이유는 무엇인가?**
㉮ 입력에 신호파는 동위상, 반송파는 역위상으로 가해지므로
㉯ 출력 트랜스 양단에 나타나는 신호파가 동위상이므로
㉰ 입력에 가해지는 반송파의 위상이 동위상이므로
㉱ 출력 트랜스 양단에 나타나는 반송파의 위상이 역위상이므로

해답 **15.** ㉰ **16.** ㉰ **17.** ㉰ **18.** ㉱

[해설] 입력에 신호파는 역위상으로, 반송파를 동위상으로 가하면 출력 트랜스에서 반송파는 역위상으로 되어 반송파 성분이 제거된 출력이 얻어진다.

[문제] 19. 자기 녹음기에서 자기 헤드의 임피던스 특성은?
㉮ 용량성   ㉯ 지향성   ㉰ 부특성   ㉱ 유도성
[해설] 자기 헤드(magnetic head)는 코어에 코일을 감아서 구성하므로 유도성 임피던스의 특성을 갖는다.

[문제] 20. 비디오 신호를 기록 재생하기 위하여 필요한 조건이 아닌 것은?
㉮ 비디오 헤드의 크기를 작게 한다.
㉯ 비디오 헤드의 갭을 좁게 한다.
㉰ 비디오 헤드와 자기 테이프의 상대 속도를 크게 한다.
㉱ 비디오 신호를 변조해서 기록한다.
[해설] 비디오 신호(TV 신호)의 기록, 재생을 위한 조건
① 비디오 헤드의 갭을 좁게 한다.
② 비디오 헤드와 자기테이프의 상대 속도를 크게 한다.
③ 비디오 신호를 변조해서 기록한다.

[문제] 21. 비직성 및 재생 신호의 레벨 변동 등의 문제를 피하기 위해 비디오 신호는 어떤 방식을 채용하고 있는가?
㉮ 저반송파 AM 변조 방식   ㉯ 전반송파 AM 변조 방식
㉰ 저반송파 FM 변조 방식   ㉱ 전반송파 FM 변조 방식
[해설] VTR에서는 비디오 신호를 저반송파(반송 주파수가 변조 주파수와 같은 정도로 선정되어 있다.)의 FM 신호로서 가지 테이프에 기록한다.

[문제] 22. 강력한 초음파를 액체 속에 방사하였을 때 일어나는 현상은?
㉮ 소나   ㉯ 회절 작용
㉰ 캐비테이션   ㉱ 펠티에 효과
[해설] 강력한 초음파를 액체 속에 방사했을 때 진동자의 부근에 안개 모양의 기포가 생겨 이들이 진동면으로 움직여 분사 현상을 이루고 "싸아"하는 잡음을 내는 현상을 캐비테이션(cavitation)이라 한다.

[문제] 23. 다음 고주파 가열을 이용한 것 중 유도 가열을 이용한 것은?
㉮ 목재의 건조 및 접착
㉯ 조리 또는 농어산물의 가공

[해답] 19. ㉱ 20. ㉮ 21. ㉰ 22. ㉰ 23. ㉰

㉰ 바늘 끝의 야금

㉱ 생란의 살충 및 건조

해설 유도 가열은 금속의 표면처리 등에 이용된다.

문제 **24.** 태양 전지의 결점이 아닌 것은?

㉮ 빛의 방향에 따라 출력이 변한다.

㉯ 연속적으로 사용하기 위해서는 축전 장치가 필요하다.

㉰ 대전력용으로는 가격 용적 등이 불리하다.

㉱ 변환 효율이 약 0.8[%] 이하로 다른 광전지에 비하여 효율이 떨어진다.

문제 **25.** 전자 냉동에 대한 설명 중 옳지 못한 것은?

㉮ 소음이 없고 배관도 필요없다.

㉯ 전류 방향만 바꾸어 냉각과 가열을 쉽게 변환할 수 있다.

㉰ 대용량에 더욱 효율이 좋다.

㉱ 온도 조절이 쉽다.

해설 전자 냉동은 대용량에서 효율을 문제로 하는 곳에서는 단점이 많다.

문제 **26.** 그림과 같은 회로의 명칭은?

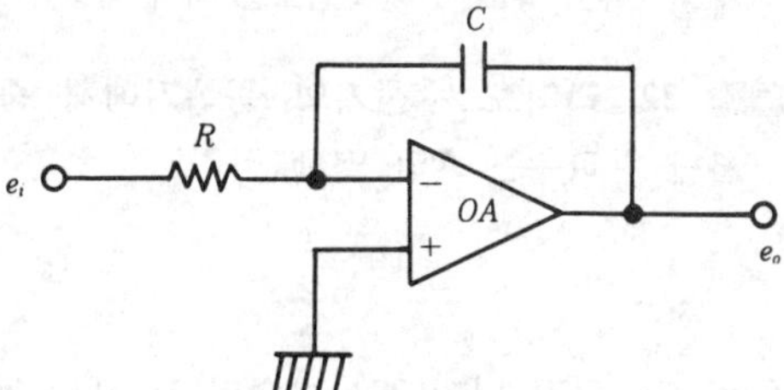

㉮ 적분기

㉯ 미분기

㉰ 부호 변환기

㉱ 덧셈기

해설 R와 C를 바꾸면 미분기가 된다.

문제 **27.** 수신 안테나 특성으로 사용하지 않는 것은?

㉮ 종횡비   ㉯ 대역폭   ㉰ 지향성   ㉱ 이득

문제 **28.** 가시 거리 내의 VHF 전파를 수신할 경우 전계 강도는 다음 어느 것에 비례하는가?(단, h_1 : 송신 안테나 높이, h_2 : 수신 안테나 높이)

㉮ h_1+h_2 ㉯ h_1-h_2 ㉰ $h_1 h_2$ ㉱ h_1/h_2

해설 $E = \dfrac{88 h_1 h_2 \sqrt{P}}{\lambda d^2}$ [V/m]

해답 24. ㉱   25. ㉰   26. ㉮   27. ㉮   28. ㉰

문제 29. 단파 수신기에서 리미터를 사용하는 주된 이유는?
㉮ 주파수 특성을 좋게하기 위하여
㉯ 페이딩을 방지하기 위하여
㉰ 이득을 높이기 위하여
㉱ 출력을 크게하기 위하여

문제 30. 다음 중 수신기의 요소가 아닌 것은?
㉮ 동조 회로 ㉯ 변조 회로
㉰ 검파 회로 ㉱ 스피커
해설 변조 회로는 송신기의 요소이다.

문제 31. 칼러 TV 화면에서 흑백 화면은 정상인데 적색이 나오지 않는 경우 고장 원인은?
㉮ Z 복조 회로의 고장
㉯ G-Y 증폭 회로의 고장
㉰ X복조, R-Y 증폭 회로의 고장
㉱ B-Y 증폭 회로의 고장
해설 X복조 →R-Y 증폭회로는 적색 계통의 색신호를 취급하는 회로이다.

문제 32. 라디오 수신기의 증폭기에서 중역대 증폭도를 A라 하면 저역 차단 주파수는 A의 몇 배인가?
㉮ 1 ㉯ $\dfrac{1}{2}$ ㉰ $\sqrt{2}$ ㉱ $\dfrac{1}{\sqrt{2}}$

문제 33. 우리 나라 TV 방송의 로 채널(low channel) 주파수 범위는?
㉮ 45[mHz]~78[MHz]
㉯ 54[MHz]~88[MHz]
㉰ 88[MHz]~122[MHz]
㉱ 174[MHz]~216[MHz]
해설 로 채널 : 54[MHz]~88[MHz]
하이 채널 : 174[MHz]~216[MHz]

문제 34. 수평 동기 신호 기간에만 AGC를 동작시키고 나머지 기간에는 동작하지 않도록 한 것으로 펄스성 잡음이 특히 많은 장소, 비행기에

해답 29. ㉯ 30. ㉯ 31. ㉰ 32. ㉱ 33. ㉯ 34. ㉰

의한 반사파의 영향을 받는 장소 또는 포터블 TV와 같이 전파의 세기가 갑자기 변동하는 경우 사용되는 AGC 방식은?
㉮ 평균치형 AGC   ㉯ 첨두치형 AGC
㉰ 키드 AGC   ㉱ 지연형 AGC

[해설] 키드 AGC(keyed AGC)는 수평 편향 회로로부터 귀선 펄스를 되먹이며, 수평 동기 신호 동안에만 영상 신호 중에 포함된 수평 동기 신호를 빼내어서, 그의 진폭에 비례하는 AGC 전압을 만드는 것인데, 잡음의 영향도 적고 속응성도 좋아서 많이 사용된다.

[문제] 35. 고주파 유도 가열의 원리를 옳게 설명한 것은?
㉮ 전기 절연체를 유도자 속에 넣고 고주파 자계를 가한다.
㉯ 전기도체를 유도자 속에 넣고 고주파 자계를 가한다.
㉰ 전기 절연체를 전극 사이에 넣고 고주파 전계를 가한다.
㉱ 전기 도체를 전극사이에 넣고 고주파 전계를 가한다.

[해설] 고주파 유도가열은 금속과 같은 도전 물질에 고주파 자장을 가할 때 도체 내에 생기는 맴돌이 전류에 의해 물질을 가열하는 방법이다.

[문제] 36. 유전 가열로 가열할 수 없는 것은?
㉮ 베니어판   ㉯ 구리
㉰ 플라스틱   ㉱ 비닐제품

[해설] 유전가열은 유전체에 고주파 전장을 가해 가열하는 방법이다.

[문제] 37. 레이더에 사용되는 초단파 발진관으로서 주로 사용되는 것은?
㉮ Magnetron   ㉯ Waveguid
㉰ Cavity resonator ㉱ Duplexer

[해설] 레이더(radar)의 초단파 발진관으로는 자전관(magnetron)이 사용된다.

[문제] 38. 전자 냉동은 다음 중 무슨 효과를 이용한 것인가?
㉮ 제베크 효과   ㉯ 톰슨 효과
㉰ 펠티에 효과   ㉱ 줄 효과

[문제] 39. 자동계에서 제어량의 종류에 속하지 않는 것은?
㉮ 온도   ㉯ 압력   ㉰ 속도   ㉱ 전동기

[해설] 제어량(controlled variable)은 제어 대상에 속하는 양으로써, 측정되어 제어될 수 있는 것이어야 한다.

[해답] 35. ㉯ 36. ㉯ 37. ㉮ 38. ㉰ 39. ㉱

문제 40. 자동 온수기에서 제어 대상은 다음 중 어느 것인가?
㉮ 온도　　㉯ 물　　㉰ 연료　　㉱ 조절밸브
[해설] 제어 대상 : 물
　　　제어량 : 온도

문제 41. 자동 제어에서 기체나 액체의 압력을 검출할 때 사용되지 않는 것은?
㉮ 노즐플래퍼　㉯ 다이아프램
㉰ 압력 스프링　㉱ 벨로즈
[해설] 노즐 플래퍼(nozzle flapper)는 변위를 공기압으로 바꾸고, 공기압을 파일럿 밸브로 증폭하여, 그 압력을 진동판으로 받아서 변위를 변화시키는 방법에 쓰인다.

문제 42. 산술 및 논리 연산의 결과를 일시적으로 기억하는 레지스터는?
㉮ 누산기(accumulator)
㉯ 번지 레지스터(address register)
㉰ 인덱스 레지스터(index register)
㉱ 명령 레지스터(instruction register)
[해설] 누산기는 주기억 장치로부터 연산할 자료를 제공 받아 연산한 결과를 다시 보관하는 기능을 한다.

문제 43. 어떤 증폭기의 입력측 신호와 잡음을 각각 S_i, N_i, 출력측 신호와 잡음이 각각 S_o, N_o라 할 때 잡음지수를 나타내는 식으로 옳은 것은?
㉮ $F = \dfrac{S_o/N_o}{S_i/N_i}$　　　㉯ $F = \dfrac{S_i/N_i}{S_o/N_o}$

㉰ $F = \dfrac{N_o/S_o}{N_i/S_i}$　　　㉱ $F = \dfrac{N_i/S_i}{N_o/S_o}$

[해설] $F = \dfrac{S_o/N_i}{S_o/N_o} = \dfrac{S_i}{N_i} \times \dfrac{N_o}{S_o}$

문제 44. 비선형 증폭기에서 일그러짐률이 1[%]라면 몇 [dB]인가?
㉮ −40　　㉯ −50　　㉰ −60　　㉱ −70

[해답] 40. ㉯　41. ㉮　42. ㉮　43. ㉯　44. ㉮

[해설] 1[%]는 $\frac{1}{100}$ 이므로

$$20\log_{10}\frac{1}{100} = 20\log_{10}10^{-2} = -40[dB]$$

[문제] **45.** 전축의 구동 모터로서 유도험이 적고 기계적 진동이 없으며 회전수가 일정한 것은?
㉮ 히스테리시스 싱크로너스 모터
㉯ 콘덴서 진상형 인덕션 모터
㉰ 세이딩 코일형 인덕션 모터 4극형
㉱ 세이딩 코일형 인덕션 모터 2극형

[문제] **46.** 수신기에서 주파수 다이버시티(frequency diversity) 사용의 주된 목적은?
㉮ 페이딩(fading) 방지
㉯ 주파수 편이 방지
㉰ S/N 저하방지
㉱ 이득저하 방지

[문제] **47.** 다음 회로는 무슨 변조 회로인가?
㉮ AM 변조 회로
㉯ PM 변조 회로
㉰ 링 변조 회로
㉱ PWM 변조 회로

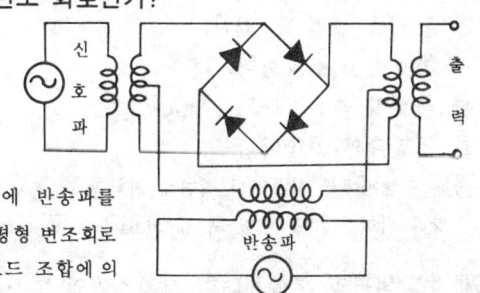

[해설] 두 변압기의 중성점 사이에 반송파를 가하여 평형시키는 일종의 평형 변조회로로서, 링(ring) 모양의 다이오드 조합에 의해 링 변조회로라고 한다.

[문제] **48.** 테스트 패턴은 다음의 여러 가지 성질을 판정하는데 사용된다. 해당되지 않는 것은?
㉮ 편향 일그러짐   ㉯ 종횡비
㉰ 전력증폭도   ㉱ 해상도

[해설] 테스트 패턴(test pattern)은 해상도, 편향 일그러짐, 과도 특성, 명암, 종횡비, 촛점 등 화상의 여러가지 성질을 판정하는 데 사용된다.

[해답] **45.** ㉯ **46.** ㉮ **47.** ㉰ **48.** ㉰

문제 **49. 캐스코드(cascode) 증폭기의 설명으로 옳지 않은 것은?**
㉮ 월만 증폭기라고도 한다.
㉯ 이득이 같은 9m의 5극관과 같은 정도로 증폭 가능하다.
㉰ 잡음지수가 3극관보다도 매우 높다.
㉱ TV 수상기의 튜너에 쓰인다.
해설 캐스코드 증폭기는 고주파용의 조합형 증폭기로 3극판 또는 3극관 접속의 5극관 캐소드 접지형 다음에 그리드 접지형을 직렬로 접속한 저잡음이고 광대역 특성을 갖는 고주파 증폭기이다.

문제 **50. AFC 회로의 헌팅 현상과 가장 관계가 깊은 것은?**
㉮ 수평 귀선 시간을 너무 짧게 만든다.
㉯ 수평 귀선시간을 너무 길게 만든다.
㉰ 위상 변별관의캐소드 회로에 들어 있는 적분회로의 시정수에 기인한다.
㉱ 수직 동기가 흐트러진다.
해설 헌팅(hunting) 현상은 수평 발진에 가해지는 AFC 전압이 직류로 되어 있지 않은 경우로서, AFC회로의 적분회로 시정수가 작을 경우에 나타난다.

문제 **51. 메탈 백 CRT를 잘못 설명한 것은?**
㉮ 휘도를 높일 수 있다.
㉯ 형광면을 보호한다.
㉰ 특별히 높은 고압을 필요로 한다.
㉱ 형광막의 일종이다.
해설 수상관에서 형광막의 뒷면에 전자 빔이 통할 수 있을 정도의 얇은 알루미늄을 발라 처리한 것을 메탈 백(metal back)이라 한다.

문제 **52. 색광의 혼합계대한 그라스만의 법칙(Grassmann's law)에 해당되지 않는 것은?**
㉮ 빨강(R), 파랑(B), 흰색(W)의 3가지 색광을 색광의 3원색이라 한다.
㉯ 3원색의 혼합비가 같으면 정해진 색도의 색깔이 된다..
㉰ 두 가지 색을 혼합하여 얻은 색은 각각을 구성하는 3원색을 가지고 각각의 원색끼리 혼합하여 얻는 색과 같다.

해답 49. ㉰ 50. ㉰ 51. ㉰ 52. ㉮

㉣ 혼합되어 얻어진 색광의 휘도는 원래 색광의 휘도의 합과 같다.

[해설] 빨강(R), 녹색(G), 파랑(B)의 세 가지 광선을 적당히 혼합하면 넓은 범위의 색광을 얻을 수 있기 때문에, 이세 색광을 색광의 3원색이라 한다.

[문제] **53.** 주파수 50[MHz]인 전파의 1/4파장에 대한 값은?
㉮ 1.5[m] ㉯ 3[m] ㉰ 15[m] ㉣ 30[m]

[해설] $\lambda = \dfrac{C}{f} = \dfrac{3 \times 10^8}{50 \times 10^6} = 6[m]$

$\therefore \dfrac{1}{4}$ 파장 $= \dfrac{6}{4} = 1.5[m]$

[문제] **54.** 자기 테이프(magnetic tape)의 주파수 특성에 크게 영향을 주지 않는 것은?
㉮ 자성막의 두께 ㉯ 표면의 고르기 상태
㉰ 자성채의 보자력 ㉣ 테이프의 길이

[해설] 자기 테이프의 주파수 특성은 자성막의 두께, 표면의 고르기 상태, 자성채의 보자력 등에 의하여 영향을 받는다.

[문제] **55.** 일반적인 재생 헤드에 대한 설명 중 옳지 않은 것은?
㉮ 초투자율이 매우 낮다.
㉯ 녹음헤드와 같은 구조로 되어 있다.
㉰ 코어손실이 적은 코어에 코일을 감아서 만든다.
㉣ 재생헤드에서 얻어지는 기전력은 $e = N \dfrac{\Delta\phi}{\Delta t}$ [V]이다.

[해설] 재생 헤드는 녹음 헤드와 같은 구조로 되어 있는데, 초투자율이 높고 코어 손실이 적은 코어에 코일을 감아서 만든다.

[문제] **56.** 자기 녹음기(Tape recorder)의 재생 헤드로부터 얻어진 신호는 다음의 어떤 회로를 거쳐야만 하는가?
㉮ RIAA EQ ㉯ CTL EQ
㉰ NFB EQ ㉣ NAB EQ

[문제] **57.** VTR용 Head의 자성재료로서 구비해야 할 사항을 열거한 것이다. 적당하지 않은 것은?

[해답] 53. ㉮ 54. ㉣ 55. ㉮ 56. ㉰ 57. ㉰

㉮ 기계적, 전자적으로 안정할 것
㉯ 보자력이 매우 클 것
㉰ 내마모성이 클 것
㉱ 잡음발생이 적을 것

1992년도 전자기기·음향영상기기 2급 출제문제

문제 1. 고주파 가열에서 유전 가열은 어떤 손에 의하여 발열시키는 방식인가?
㉮ 유전체 손　　　　　㉯ 와류 전류손
㉰ 히스테리시스 손　　㉱ 표피 작용에 의한 손
해설 고주파 유전 가열은 유전체에 고주파 전장을 가할 때 생기는 유전손(dielectric loss)에 의하여 유전체를 가열하는 방법이다.

문제 2. 두 점으로부터의 거리의 차가 일정한 점의 궤적으로 이때 두 점은 쌍곡선의 촛점이 되는 것을 이용한 전파 항법의 종류는?
㉮ VOR　　㉯ ILS　　㉰ 쌍곡선 항법　　㉱ DME
해설 쌍곡선 항법은 한조를 이루는 2개의 지상국으로부터의 동기 송신 전파를 수신하고, 각 국으로부터의 도달 전파의 시간차를 측정하여 자신의 위치가 2개의 국으로부터의 거리차가 일정한 특정된 쌍곡선상에 있음을 확인하는 방법이다.

문제 3. 항법 보조 장치의 ILS란?
㉮ 계기 착륙 방식　　　㉯ 회전비컨
㉰ 무지향성 무선 표식　㉱ 호머
해설 ILS란 Instrument Landing System의 약자로서 계기 착륙 방식을 말한다.

문제 4. 반도체의 성질을 가지고 있는 물질에 전장을 가하면 발광 현상을 일으키는 것은?
㉮ 충전 발광　㉯ 자장 발광　㉰ 전장 발광　㉱ 정전 발광
해설 반도체의 형광 물질을 포함한 물체에 전장을 가하면 빛을 방출하는 현상을 전장 발광(electroluminescence, EL)이라 한다.

해답 1. ㉮　2. ㉰　3. ㉮　4. ㉰

과년도 출제문제 **4-141**

문제 5. 태양 전지에 축전 장치가 필요한 이유는?
㉮ 빛의 반사를 위해서
㉯ 그냥 필요하므로
㉰ 연속적인 사용을 위해서
㉱ 빛을 굴절을 위해서
해설 태양 전지를 연속적으로 사용하기 위해서는 태양 광선을 얻을 수 없는 경우에 대비하여 축전 장치가 필요하다.

문제 6. 전자 냉동기의 효율은?
㉮ 흡열량/발열량
㉯ 발열량/흡열량
㉰ 흡열량/소비 전력
㉱ 발열량/소비 전력
해설 효율 = $\dfrac{흡열량}{소비 전력}$

문제 7. 전자 현미경의 성능을 결정하는 3요소로서 부적당한 것은?
㉮ 배율   ㉯ 분해 능률   ㉰ 투과도   ㉱ 빛의 세기
해설 일반적으로 배율, 분해 능률, 투과도를 현미경의 3요소라 한다.

문제 8. 전자 현미경의 본체 구성부와 거리가 가장 먼 것은?
㉮ 전자총   ㉯ 전자 렌즈   ㉰ 시료실   ㉱ 전원부
해설 전자 현미경 본체의 구성
① 전자총
② 전자 렌즈
③ 시료실 : 시료를 전자 현미경 안에 넣는 부분
④ 카메라실 : 마지막 상을 기록하는 부분

문제 9. 자동 온수기에서 서로 관계되지 않는 것은 어느 것인가?
㉮ 제어 대상-물
㉯ 제어량-온도
㉰ 조작량-물의 공급량
㉱ 희망 온도-목표값
해설 그림과 같은 자동 온수기에서 물과 같이 자동 제어의 대상이 되어 있는 장치나 물체를 제어 대상(controlled system), 온도와 같이 제어의 대상이 된 양을 제어량(controlled variable), 희망 온도와 같이 제어량을 이것에 일치시키려고 하는 물리량을 목표값(command) 또는 설정값

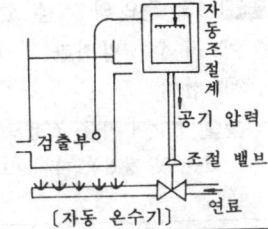
〔자동 온수기〕

해답 5. ㉰ 6. ㉰ 7. ㉱ 8. ㉱ 9. ㉰

(sep point), 제어 대상을 목표값에 일치되게 동작하는 부분을 일치되게 동작하는 부분을 제어 장치 (automatic controller), 연료 공급량과 같이 제어 장치로부터 제어 대상으로 보내지는 것을 조작량 (manipulated variable)이라고 한다.

문제 10. 다음 그림에서 전달 함수는?
㉮ 0.5
㉯ 1
㉰ 2
㉱ 10

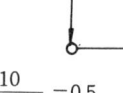

해설 전달 함수 $= \dfrac{e_0}{e_i} = \dfrac{R_2}{R_1+R_2} = \dfrac{10}{10+10} = 0.5$

문제 11. 조절계가 ON이냐, OFF이냐에 따라 동작을 하는 것은?
㉮ 2위치 동작   ㉯ 비례 동작   ㉰ 미분 동작   ㉱ 적분 동작

해설 편차가 양인가 음인가에 따라 조작부를 ON 또는 OFF하는 동작을 2위치 동작 또는 온-오프 동작이라 한다.

문제 12. 변위-임피던스 변환기가 아닌 것은?
㉮ 슬라이드 저항   ㉯ 용량형 변환기
㉰ 다이어프램   ㉱ 유도형 변환기

해설 2차 변환의 보기

압력-변위	다이어프램, 스프링
변위-압력	유압 분사관
변위-임피던스	슬라이드 저항, 용량형 변환기, 유도형 변환기
변위-전압	가변 저항 분압기, 차동 변압기
전압-변위	전자석, 전자 코일

문제 13. 전압의 기준 요소로서 부적당한 것은?
㉮ 정전압 방전관   ㉯ 정전압 다이오드
㉰ 전지   ㉱ 회전계 발전기

해설 전압의 자동 조정을 위한 회로 구성에서 전압의 기준으로는 전지나 정전압 방전관 및 정전압 다이오드가 사용된다.

해답 10. ㉮ 11. ㉮ 12. ㉰ 13. ㉱

문제 14. 슈퍼헤테로다인 수신기의 설명 중 틀리는 항은 다음 중 어느 항인가?
㉮ 영상 혼신을 받기 쉽다.
㉯ 중간 주파수로 변환하므로 선택도가 향상된다.
㉰ 국부 발진 주파수의 고조파와 도래 전파 사이의 비트 방해가 없다.
㉱ 중간 주파수에서 증폭하므로 증폭도가 높다.
해설 슈퍼헤테로다인(superheterodyne) 수신기는 수신 주파수를 중간 주파수로 변환하므로 감도와 선택도가 좋으나, 영상 혼신을 받기 쉬우며 국부 발진 세력의 방사와 도래 전파 사이의 비트(beat) 방해를 일으키는 등의 결점이 있다.

문제 15. 슈퍼헤테로다인 수신기의 장점이 아닌 것은 다음 중 어느 것인가?
㉮ 전파 형식에 따라 통과 대역폭을 변화시킬 수 있다.
㉯ 감도가 좋다.
㉰ 선택도가 좋다.
㉱ 영상 혼신이 있다.
해설 영상(image) 혼신은 슈퍼헤테로다인 수신기의 치명적인 결점이다.

문제 16. 다음과 N/S를 갖는 수신기 중에서 잡음이 가장 큰 수신기는?
㉮ N/S=2[μV]/5[V]   ㉯ N/S=1[μV]/1[V]
㉰ N/S=2[μV]/15[V]   ㉱ N/S=2[μV]/20[V]
해설 $\frac{N}{S} = \frac{1[\mu V]}{1[V]}$ 의 경우가 가장 잡음(N)이 가장 크다.

문제 17. 주파수 변별기(Frequency Discriminator)의 용도로서 맞는 것은?
㉮ 잡음 방지
㉯ 주파수 변화를 진폭 변화로 변환
㉰ 반송파 주파수 제거
㉱ 주파수 변조(FM) 방송찬채널 구분
해설 주파수 변별기는 주파수 변조된 피변조파를 진폭 변조파로 바꾸어 검파하기 위해 필요하다.

문제 18. 주파수 변별기(frequency discriminator)에 대한 설명 중 옳은 것은?
㉮ FM파에서 원래의 신호파를 꺼내는 FM 검파기이다.

해답 14. ㉰   15. ㉱   16. ㉯   17. ㉯   18. ㉮

㉰ 자동적으로 출력 전압을 제어한다.
㉱ 다중 통신의 누화를 방지한다.
㉲ 잡은 감쇄기이다.
[해설] 주파수 변조된 FM파는 그 진폭이 일정하고 주파수가 신호에 따라 증감된 것이므로 보통의 검파기로는 저주파 신호를 얻을 수가 없다. 따라서 주파수 변별기(디스크리미네이터)를 사용하여 주파수 변조된 피변조파를 진폭 변조파로 바꾸어 검파를 하여야 한다.

[문제] 19. 오디오 앰프(audio amp)에 부 궤환을 걸어줄 때의 장점이 아닌 것은?
㉮ 주파수 특성이 개선된다.
㉯ 안정도가 향상된다.
㉰ 일그러짐이 감소된다.
㉱ 증폭도가 증가한다.
[해설] 부 궤환(negative feedback)을 걸어 주면 증폭도는 낮아지지만, 주파수 특성과 안정도가 향상되며 일그러짐도 감소되는 장점이 있다.

[문제] 20. 자기 녹음기에서 테이프를 일정한 속도로 구동시키기 위한 금속 롤러는?
㉮ 핀치롤러   ㉯ 캡스턴롤러   ㉰ 릴축   ㉱ 아이돌러
[해설] 자기 녹음기에서 테이프를 일정한 속도로 움직이게 하는 방법으로는 테이프의 주행 속도와 거의 같은 원주 속도를 가진 회전축인 캡스턴(capstan)과 고무 바퀴로 된 핀치롤러(pinchroller)를 압착시키고 그 사이에 테이프를 삽입시켜서 정속 주행하도록 하는 캡스턴 구동법이 실용되고 있다.

[문제] 21. 자기 녹음기의 주파수 보상법으로 옳은 것은?
㉮ 녹음 때에나 재생 때에 모두 고역을 보정한다.
㉯ 녹음 때에나 재생 때에, 모두 저역을 보정한다.
㉰ 녹음 때에는 저역을, 재생 때에는 고역을 보정한다.
㉱ 녹음 때에는 고역을, 재생 때에는 저역을 보정한다.
[해설] 녹음시에는 고역을, 재생시에는 저역을 보정하여 전체의 주파수 특성을 평탄하게 한다.

[문제] 22. 컬러 텔레비전의 색상 변화나 색의 흐름이 생기지 않도록 하는

[해답] 19. ㉱ 20. ㉯ 21. ㉱ 22. ㉰

회로는 어떤 회로인가?
㉮ 자동 세밀 조정 회로(AFT)
㉯ 자동 휘도 제어 회로(ABL)
㉰ 자동 위상 제어 회로(APC)
㉱ 자동 색포화도 제어 회로(ACC)
[해설] APC(automatic phase control) 회로는 색 부반송파 발진기의 발진 출력과 컬러 버스트 신호를 위상 검파기에 걸어 양자의 위상차를 검출하고, 그에 따른 신호로 발진기의 발진 주파수를 제어하는 회로이다.

[문제] 23. 텔레비전의 고압 전원은 다음 중 어디에서 얻어 내는가?
㉮ 전원 트랜스를 승압하여 얻어 낸다.
㉯ 수평 귀선 기간에 일어나는 펄스를 승압하여 얻어 낸다.
㉰ B전원을 3배 전압하여 얻어 낸다.
㉱ 부스터 회로에서 얻어 낸다.
[해설] 고압 전원은 수평 편향 전류의 귀선 기간에 발생하는 플라이백 펄스를 FBT (플라이백 변압기)로 승압하여 얻는다.

[문제] 24. 컬러 TV 수상기에서 특정 채널만이 흑백으로 나올 때 고장은 어느 것인가?
㉮ 컬러 킬러의 동작 상태 불량
㉯ 3.58〔MHz〕발진 주파수의 발진 정지
㉰ 국부 발진 주파수의 조정 불량
㉱ 위상 검파 회로 불량
[해설] 특정 채널만 색이 나오지 않는 경우는 수신 안테나에서 튜너까지의 전송계 회로와 국부발진 주파수의 변동이나 접점불량 등에 그 원인이 있다.

[문제] 25. VTR 기록할 영상 신호를 저반송파의 FM파로 만들어 기록하는 주된 이유는?
㉮ 영상 신호의 최저, 최고 주파수비(옥타브수)를 작게 하기 위해서
㉯ FM파는 잡음이 없기 때문에
㉰ AGC를 걸기 쉽고 회로가 간단해지므로
㉱ 음성 신호 변조파는 AM이므로 이것과 상호 간섭이 생기지 않도록 하기 위해서

[해답] 23. ㉯ 24. ㉰ 25. ㉮

[해설] VTR에서는 비디오 신호를 저반송파의 주파수 변조 신호로서 자기 테이프에 기록하는데, 그 이유는 다음과 같다.
① 자기 테이프에 기록 가능한 최고·최저 주파수에 맞추기 위해 신호의 모양을 바꿈으로써 (최고 주파수)/(최저 주파수)의 비를 작게 하기 위해서
② 경사 주사(helical scan)에 의한 트래킹의 벗어남에 의해서 생기는 재생 신호의 레벨 변동을 방지하기 위해서
③ 비디오 신호의 주파수 대역이 넓기 때문에 노이즈의 영향이 커서 S/N이 양호한 기록 방식을 채용할 필요가 있기 때문에

[문제] 26. 다음 그림은 가정용 비디오, 카세트 테이프의 기록 트랙 구조를 나타낸 그림이다. 옳은 것은?

㉮ ① 음성트랙   ② 음성트랙
   ③ 영상트랙   ④ 컨트롤트랙
㉯ ① 컨트롤트랙 ② 음성트랙
   ③ 영상트랙   ④ 음성트랙
㉰ ① 음성트랙   ② 컨트롤트랙
   ③ 영상트랙   ④ 음성트랙
㉱ ① 컨트롤트랙 ② 음성트랙
   ③ 영상트랙   ④ 컨트롤트랙

[해설] 비디오 테이프의 트랙 구조

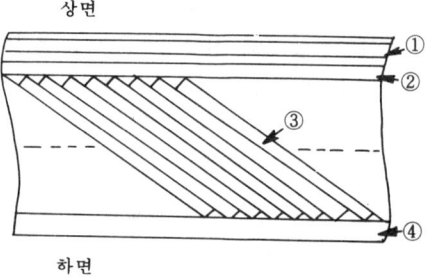

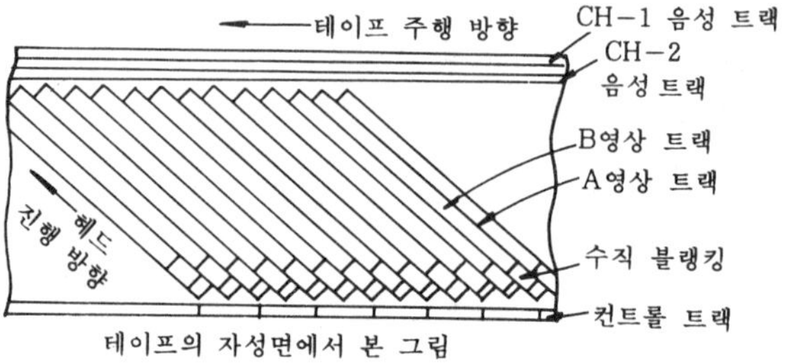

테이프의 자성면에서 본 그림

[문제] 27. 가정용 VTR의 영상 헤드에서 인접 트랙으로부터의 누화(Crosstalk)를 방지하기 위한 수단이 아닌 것은?
㉮ 애지머스 기록 방식   ㉯ PS 컬러 방식
㉰ PI 컬러 방식   ㉱ BU 컬러 방식

[해설] ① 애지머스(azimuth) 기록 방식 : 애지머스 손실을 이용하여 보호 간격을 생

[해답] 26. ㉮   27. ㉱

략하는 기록 방식.
② PS 컬러 방식 : 컬러 신호를 1[H]마다 90° 씩 위상 편이시키는 방식.
③ PI 컬러 방식 : 컬러 신호를 인접 트랙 사이에서 서로 주파수 인터리브시키는 방식

문제 28. β-max 방식 VTR 테이프에서 종단 검출을 위해 마련하고 있는 것은 다음 중 어느 것인가?
㉮ 투명 폴리에스텔 필름
㉯ 강화 자성체 테잎
㉰ 강화 알미늄박 테잎
㉱ 강화 강철 필름

해설 VHS방식에서는 투명한 테이프를 사용하여 투과하는 빛에 의해서 검출하지만, β-max 방식에서는 강화 알루미늄박의 테이프와 2개의 코일에 의한 엔드 센싱(end sensing) 방식을 채용하고 있다.

문제 29. 2헤드 방식의 VTR에서 한장의 재생 화면(frame)을 완성하려면 헤드 드럼은 몇 회전을 하여야 하는가?
㉮ 1/2   ㉯ 1   ㉰ 30   ㉱ 60

해설 회전 2헤드 헤리컬 스캐닝 방식에서는 2개의 비디오 헤드 중 각각 1개의 비디오 헤드로 비디오 신호의 1필드(field)를 그리고 헤드드럼의 1회전으로 2필드 즉 1프레임(frame)을 주사하도록 되어 있다.

문제 30. VTR 테이프를 재생할 때 헤드로부터 얻어지는 재생 영상 신호의 크기는?
㉮ 10~20[μV]   ㉯ 0.1~0.2[mV]   ㉰ 1~2[mV]   ㉱ 10~20[mV]

해설 비디오 헤드에서 픽업된 재생 신호는 1~2[mV]로서 매우 작으므로 고역 성분의 보상도 겸하는 프리앰프로 0.3[V_{P-P}]까지 증폭할 필요가 있다.

해답 28. ㉰   29. ㉯   30. ㉰

1993년도 전자기기·음향영상기기 2급 출제문제

문제 1. 다음은 VHS방식 카세트 테잎의 **후면** 모양이다. 구멍 H의 역할은?

㉮ 종단 검출용 램프 장착
㉯ 리일 브레이크 해제
㉰ 오소기 방지
㉱ 테이프 사용시간 구분

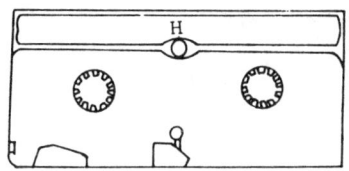

[해설] 테이프의 시작과 끝을 감지하

문제 2. 다음 그림은 가정용 VTR의 테이프 주행 상태를 나타낸 것이다. 어떤 기종의 설명도인가?

㉮ 통일 I형
㉯ VHS 방식
㉰ βmax 방식
㉱ U-matic 방식

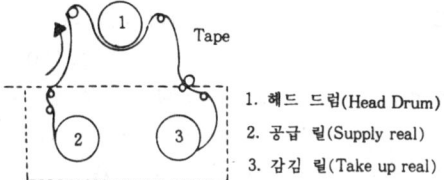

1. 헤드 드럼(Head Drum)
2. 공급 릴(Supply real)
3. 감김 릴(Take up real)

문제 3. 그림은 녹음기의 바이어스 오실레이터(Bias Oscillator)부분을 보인 것이다. 이 회로의 기능으로서 틀리게 설명한 것은?

㉮ R_2를 통한 소거신호(Erasing Signal)가 E에 보내진다.
㉯ C_1을 통해 음성 증폭단을 동작시키기 위한 바이어스를 낸다.
㉰ 발진신호 주파수는 대략 35~100[kHz] 정도이다.
㉱ 녹음 헤드(Recording Head)의 자계를 보상하여 찌그러짐을 없앤다.

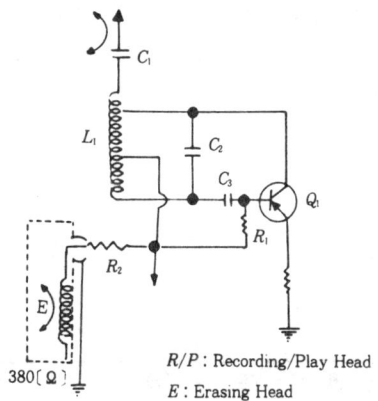

R/P : Recording/Play Head
E : Erasing Head

[해답] 1. ㉯ 2. ㉯ 3. ㉯

문제 4. 다음 블록도는 FM 수신기의 개통도이다. 빈칸 AB에 맞는 명칭은?

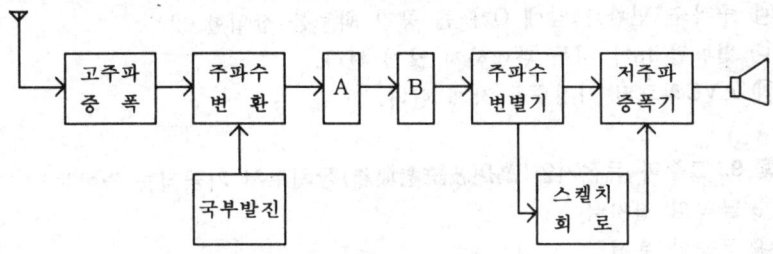

㉮ A=중간주파증폭기, B=지주파증폭기
㉯ A=고주파증폭기, B=진폭 제한기
㉰ A=중간주파증폭기, B=진폭 제한기
㉱ A=고주파증폭기, B=감파기

문제 5. 공항에 수색레이더(SRE)와 정측레이더(PAR)의 두레이더가 설치된 항법 보조장치는?
㉮ 거리측정장치   ㉯ 고도측정장치
㉰ ILS장치   ㉱ 지상제어 진입장치(GCA)
해설 GCA는 수색레이더와 정측레이더가 설치된다.

문제 6. 다음 그림은 정장발광편이다. 4가 나타내는 것은?
㉮ 유리
㉯ 투명전극
㉰ 절연층
㉱ 발광체

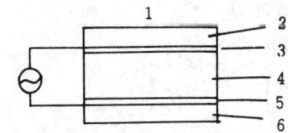

해설 1. 빛 2. 유리 3. 투명전극 4. 발광체 5. 절연층 6. 금속전극

문제 7. 흑백 텔레비젼의 수평주사 주파수로서 옳은 것은?
㉮ 15650[Hz] ㉯ 15700[Hz] ㉰ 15725[Hz] ㉱ 15750[Hz]
해설 수평주사주파수=15750[Hz] 수직주사주파수=60[Hz]

문제 8. 수퍼 헤테로다인 수신기의 내부 잡음을 경감 시키는 방법이 아닌 것은 어느 것인가?

해답 4. ㉰ 5. ㉱ 6. ㉱ 7. ㉱ 8. ㉯

㉮ 변환관을 변환 콘덕턴스가 큰 동작점에서 사용할 것
㉯ 주파수 변환관 앞에 Q가 큰 공진 회로를 삽입할 것
㉰ 변환관 Ip가 너무 과대하지 않게 한다.
㉱ AVC회로의 시정수를 작게 한다.

문제 9. 고주파 유전가열(高周波誘電加熱)장치로서 가공되는 경우는?
㉮ 금속의 열처리
㉯ 금속의 용접
㉰ 강철의 표면처리
㉱ 플라스틱(Plastic)의 집착
해설 유전가열은 목재의 건조, 성형, 플라스틱의 접착, 음식물 조리 등에 사용한다.

문제 10. 유전가열의 장점을 잘못 설명한 것은?
㉮ 가열이 골고루 된다.
㉯ 온도 상승이 빠르게 된다.
㉰ 내부 가열이므로 표면 손상이 없다.
㉱ 설비비가 싸다.
해설 유전가열은 설비비가 비싸고 효율이 나쁘다.

문제 11. 전자 냉동기는 다음 어떤 효과를 응용한 것인가?
㉮ 제어백 효과(Seebeck effect)
㉯ 펠티어 효과(Peltier effect)
㉰ 톰슨 효과(thomson effect)
㉱ 주울 효과(Joule effect)
해설 펠티어 효과는 2개의 다른물질의 접합부에 전류가 흐르면 전류의 방향에 따라 열을 흡수하거나 발산하는 현상으로 전자냉동에 사용한다.

문제 12. 무선 주파수대로 108−118[MHz]의 초단파를 사용하는 전파항법 방식은 어느 것인가?
㉮ 무지향성 비이컨   ㉯ 초고주파 전방향레인지비이컨
㉰ $\rho-\theta$ 항법   ㉱ 회전 비이컨
해설 초고주파 전방향 레인지 비이컨(VOR)은 108∼118[MHz]의 초단파를 사용한다.

해답 9. ㉱ 10. ㉱ 11. ㉯ 12. ㉯

문제 **13.** 휘드 백 제어(Feed Back)는?
㉮ 기계가 스스로 제어의 필요성을 판단하여 수정동작을 하는 제어방식
㉯ 미리 정해 놓은 순서에 따라 스스로 제어의 각 단계가 순차적으로 진행되는 제어방식
㉰ 외부에서의 명령에 따라 제어되는 방식
㉱ 프로그램된 순서에 의해 각 단계가 순차적으로 제어되는 방식
해설 되먹임 제어는 기계가 스스로 제어의 필요성을 판단하여 수정 동작을 하는 제어 방식이며 ㉯는 시퀀스제어를 말한다.

문제 **14.** 자기 녹음기의 주요 3대 구성 요소를 바르게 적은 것은?
㉮ 자기헤드, 테이프 전송 기구, 핀치 로울러 및 캡스틴
㉯ 자기헤드, 증폭기, 핀치 로울러 및 캡스틴
㉰ 자기헤드, 공급 및 감는 리일, 증폭기
㉱ 증폭기, 테이프 전송 기구, 자기헤드
해설 녹음기의 3대 구성 요소는 자기헤드, 테이프 전송기구, 증폭기이다.

문제 **15.** 동축 케이블(cable) (TV수신용급전선)에 관한 설명으로서 틀린 것은 다음 중 어느 것인가?
㉮ 특성 임피던스가 약 75[Ω]의 것이 많다.
㉯ 고우스트가 많은 시가지에 적합하다.
㉰ 광대역 전송이 불가능하다.
㉱ 평행 2선식 피더보다 외부로 부터의 방해를 잘받지 않는다.

문제 **16.** 전장 발광 장치의 설명중 옳지 않은 것은?
㉮ 형광체의 미소한 결정을 유전체와 혼합하여 여기에 높은 직류 전압을 가하면 발광현상이 생긴다.
㉯ 전극으로부터 전자나 정공이 직접 결정에 유입되지 않는다.
㉰ 반도체의 성질을 가지고 있는 물질(형광체를 포함)에 전장을 가하면 발광현상이 생긴다.
㉱ 발광은 결정내부의 인가전압에 따라 높은 전장이 유기되어서 생기므로 고유형 EL이라 한다.
해설 전장발광장치는 교류전압을 가하여 사용한다.

해답 **13.** ㉮ **14.** ㉱ **15.** ㉰ **16.** ㉮

문제 17. 두개의 트랜지스터가 부하에 대하여 직렬로 동작하고 직류전원에 대해서는 병렬로 접속되는 회로는?
㉮ SEPP회로   ㉯ BTL회로   ㉰ OTL회로   ㉱ DEPP회로
해설 SEPP회로는 부하에 대해서는 병렬, 전원에 대해서는 직렬로 접속되며 DEPP 회로는 부하에는 직렬 전원에는 병렬로 접속되어 있다.

문제 18. 수신기의 성능에서 종합특성이 아닌 것은?
㉮ 감도   ㉯ 충실도   ㉰ 선택도   ㉱ 증폭도
해설 수신기의 성능은 감도, 선택도, 충실도 안정도에 의해 결정된다.

문제 19. 아래 그림은 전장 발광판(EL 램프)의 구조도를 나타낸 것으로 4번은 어느 것인가?
㉮ 전해액
㉯ 유전체
㉰ 피열물
㉱ 산화제

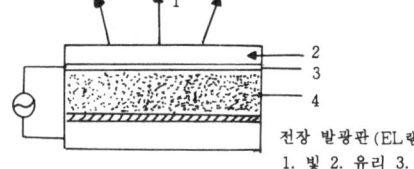

전장 발광판(EL램프)
1. 빛 2. 유리 3. 투명전극

해설 1) 빛 2) 유리 3) 투명전극 4) 유전체(발광체)

문제 20. 다음 그림은 수우퍼헤테로다인 수신기의 계통도이다. 빈칸 (1)의 역할을 옳게 설명한 것은 어느 것인가?
㉮ 선택도 향상을 위해 부가된 동조회로
㉯ 수신 주파수를 중간 주파수로 바꾸기 위한 국부 발진기
㉰ 중간 주파 증폭단
㉱ 일정한 이득을 얻기 위한 자동이득 조정단

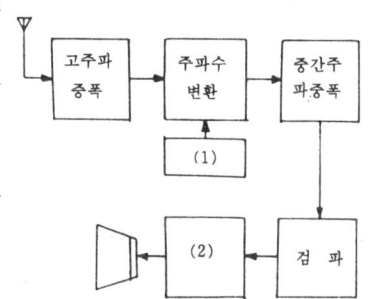

해설 (1) 국부발진 (2) 저주파증폭

문제 21. 직류전동기의 속도제어에 대한 원리는?
㉮ 위치의 변화로   ㉯ 여자전류의 변화로
㉰ 각도의 변화로   ㉱ 방위의 변화로

해답 17. ㉱ 18. ㉱ 19. ㉯ 20. ㉯ 21. ㉯

문제 22. 수우퍼헤테로다인 수신기에서 영상주파수는?
㉮ 국부발진 주파수와 같다.
㉯ 중간 주파수와 같다.
㉰ 국부발진주파수-중간주파수와 같다.
㉱ 국부발진주파수+중간주파수와 같다.
해설 영상주파수=수신주파수+2IF
　　　국부발진주파수=수신주파수+IF
　　　∴ 국부발진주파수+IF=영상주파수

문제 23. 전파항법의 종류가 아닌것은?(단, 측정방식에 의함.)
㉮ 방사상 방식　　　　㉯ 근거리 방사 방식
㉰ 쌍곡선 방식　　　　㉱ 원상 방식

문제 24. 선박에 이용되며 방향 탐지기가 없이 보통 라디오 수신기를 이용하여 방위를 측정할 수 있는 것은 다음 중 어느 것인가?
㉮ AN레인지 비이컨　　㉯ 무지향성 비이컨
㉰ 회전 비이컨　　　　㉱ 초고주파 전방향성 비이컨

문제 25. 최근에 실용화되기 시작한 태양전지에 관련된 사항으로 옳지 못한 것은?
㉮ 에너지 원이 되는 태양광선이 풍부하므로 이용이 용이하다.
㉯ 장치가 간단하고 보수가 편하다.
㉰ 전원이 없는 벽지나 산꼭대기의 초단파 무인 중계국등에 사용하는 것이 유리하다.
㉱ 대전력용으로서도 가격 용적등에서 유리하다.
해설 태양전지의 단점은 대전력용으로 사용시 태양광선에 따라 출력의 변동이 있으며 부피가 크고 가격이 비싸다.

문제 26. 비디오 헤드가 오염되었을 때는 클리이닝(cleaning)이 필요하다. 다음 중 적당한 것은?
㉮ 아세톤　　㉯ 벤젠　　㉰ 휘발유　　㉱ 메타놀
해설 비디오 헤드는 클리닝액 또는 메타놀을 사용하여 헤드드럼의 회전방향에 따라 클리닝한다.

해답 22. ㉱　23. ㉱　24. ㉰　25. ㉱　26. ㉱

문제 27. 반도체에 전장을 가했을 때 생기는 현상은?
㉮ 열전 효과　　㉯ 전장 발광　　㉰ 광전 효과　　㉱ 홀 효과

문제 28. 스피커의 감도 측정에 있어서 표준 마이크로 폰이 받는 음압이 4〔ubar〕라 한다. 스피커 압력이 1〔W〕를 가할 때 스피커의 전력감도 〔dB〕는?
㉮ 1　　㉯ 6　　㉰ 10　　㉱ 12

해설 $S_P = 20 \log_{10} \dfrac{P}{\sqrt{W}} = 20 \log_{10} \dfrac{4}{\sqrt{1}} = 20 \log_{10} 4 ≒ 12$

문제 29. 자기 녹음테이프에 도포용으로 사용되는 분말재료로서 적합한 것은 어느 것인가?
㉮ 염화제1철　　㉯ 산화제이철　　㉰ 셀렌　　㉱ 황화카드뮴

문제 30. 프리 엠퍼시스에 대한 설명으로 틀리는 것은?
㉮ 프리엠퍼시스 회로의 시정수는 TV음성인 경우 75us이다.
㉯ 프리엠퍼시스는 송신측에 장치한다.
㉰ 프리엠퍼시스는 송신시에 저음부를 강조하는 것이다.
㉱ 일반적으로 미분회로에 의해 주어진다.

해설 프리엠퍼시스 회로는 송신기에서 SN비의 개선을 위하여 고음을 강조하는 회로이다.

문제 31. 다음은 전자냉동의 원리에 대한 설명이다. 옳지 못한 것은?
㉮ 펠티어 효과를 이용한 것이다.
㉯ 펠티어 효과가 클수록 효과적인 냉각기를 얻을 수 있다.
㉰ 펠티어 효과는 물질에 따라 다르다.
㉱ 펠티어 효과는 접점을 통과하는 전류에 반비례한다.

해설 펠티어 효과는 물질에 따라 다르고 접점을 통과하는 전류에 비례한다.

문제 32. 발진 회로는 송신기에서 기본이 되는 부분이다. 이 발진회로에서 가장 중요한 것은 어느 것인가?
㉮ 발진 위상이 클 것　　㉯ 발진 주파수가 정확할 것
㉰ 주파수가 높아야 할 것　　㉱ 발진의 왜형율이 클 것

해답 27. ㉯　28. ㉱　29. ㉯　30. ㉰　31. ㉱　32. ㉯

문제 33. 저주파유도로 녹은 쇳물은 2차 홈내에서의 용융 금속에 압력을 가해 사용되는 효과는 무엇을 피하기 위하여 사용되는가?
㉮ 표피효과   ㉯ 톰슨효과   ㉰ 광전효과   ㉱ 핀치효과

문제 34. 다이나믹 스피커에 들어 있지 않은 부품은 어느 것인가?
㉮ 영구자석   ㉯ 댐퍼(damper)   ㉰ 가동전극   ㉱ 가동 코일

문제 35. 서어보 기구에서 요구되는 사항이 아닌 것은?
㉮ 추종속도가 빨라야 한다.
㉯ 서어보 모오터의 관성은 적어야 한다.
㉰ 일반적으로 조작력이 약해야 한다.
㉱ 제어계 전체의 관성이 클 경우에는 관성의 비가 적을지라도 토오크가 큰편이 좋다.
해설 조작력은 커야 한다.

문제 36. 다음 중의 용전자 장치이나 치료에 이용되는 장치는?
㉮ 오우디오미터   ㉯ 심전계
㉰ 망막 전도 측정기   ㉱ 심장용 페이스 메이커

문제 37. 비디오에서 테이프의 주행 방향이 화살표와 같을 때 비디오헤드의 주행방향은 어느 쪽인가?
㉮ ①
㉯ ②
㉰ ③
㉱ ④

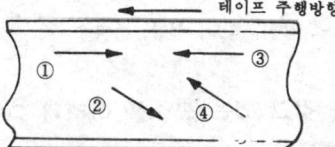

문제 38. 목재에 대한 유전가열 이용중 맞지 않는 것은?
㉮ 건조   ㉯ 성형   ㉰ 접착   ㉱ 절단
해설 유전가열은 목재의 건조, 성형, 접착에 응용된다.

문제 39. 유도 가열은 다음 중 주로 어떤 작용을 이용한 것인가?
㉮ 유전체 손   ㉯ 맴돌이 전류손
㉰ 히스테리시스손   ㉱ 동손

해답 33. ㉱   34. ㉰   35. ㉰   36. ㉱   37. ㉱   38. ㉱   39. ㉯

[해설] 고주파 유도가열은 금속과 같은 도전물질에 고주파 자장을 가할 때 도체내에서 생기는 맴돌이 전류에 의하여 물질을 가열하는 방법이다.

[문제] 40. 고주파 가열은 다음 중 어느 것을 이용한 것인가?
㉮ 주울열 　　　　　　　㉯ 전장 또는 자장
㉰ 전자비임 　　　　　　㉱ 아아크열
[해설] 고주파 유도가열은 고주파자장을 고주파 유전가열은 고주파 자장을 이용한다.

[문제] 41. 공기중의 매연이나 공장에서 나오는 폐수처리는 다음 어느 작용을 이용한 것인가?
㉮ 응집작용　　㉯ 분리작용　　㉰ 분산작용　　㉱ 확산작용
[해설] 응집작용을 이용한 장치
　① 공기중의 먼지, 매열, 시멘트의 침전
　② 소금의 제조공정에서 마그네시아의 침전
　③ 에멜션의 분리
　④ 기름이나 타르의 탈수
　⑤ 공장에서 나오는 폐수처리

[문제] 42. 자동조정의 제어량에 해당되지 않는 것은?
㉮ 온도　　　㉯ 전압　　　㉰ 전류　　　㉱ 속도
[해설] 자동조정의 제어량 : 온도, 압력, 속도, 전압, 주파수

[문제] 43. 전달함수 G_0, H_0를 갖고 있는 요소를 아래의 그림과 같이 접속하였을 때 등가 전달함수는?
㉮ $\dfrac{H_0}{1+G_0H_0}$ 　　　㉯ $\dfrac{1}{1+G_0H_0}$
㉰ $\dfrac{G_0}{1+G_0H_0}$ 　　㉱ $\dfrac{G_0H_0}{1+G_0H_0}$

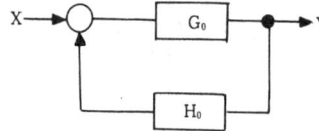

[해설] $X = \dfrac{G_0}{1+G_0+H_0} A$ 에서

$G = \dfrac{Y}{X} = \dfrac{G_0}{1+G_0H_0}$

[해답] 40. ㉯　41. ㉮　42. ㉰　43. ㉰

문제 44. 다음은 공정제어계의 시스템이다. 신호변환기나 지시 기록계 등이 포함될 수 있는 부분은 다음 중 어느 부인가?

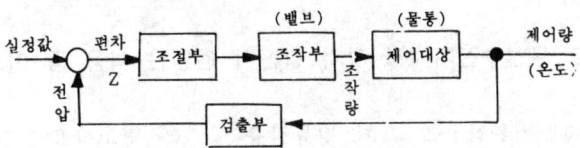

㉮ 조절부　　㉯ 조작부　　㉰ 검출부　　㉱ 제어대상

해설 조절부는 설정값 설정을 위한 조절기만으로 구성되는 경우도 있으나 일반적으로 신호변환기나 지시기록계등이 포함되는 수도 있다.

문제 45. 방송용 FM 수신기에서 비검파 회로가 주로 사용되는 이유는?
㉮ AVC 작용을 갖는다.　　㉯ AFC 작용을 갖는다.
㉰ 엠퍼시스 작용을 갖는다.　　㉱ 리미터 작용을 갖는다.

해설 비검파(ratio detection)회로는 검파강도가 약간 낮으나 회로자체가 진폭제한기(리미터)작용도 겸하므로 FM 수신기에 많이 사용된다.

문제 46. 계기착륙 방식이라고도 하며 로우컬라이저, 글라이드페드 및 마아커로 구성되는 것은?
㉮ ILS　　㉯ NDB　　㉰ VOR　　㉱ DME

해설 ILS는 계기착륙 장치로서 로칼라이저, 글라이드 패드, 팬 마키로 구성되며 공항에서 발사된 전파를 받아서 계기의 지시에 따라 착륙하는 설비이다.

문제 47. 레이더에 사용되는 초단파 발진관으로서 주로 사용되는 것은?
㉮ Magnetron　　㉯ Waveguid
㉰ Cavity resonator　　㉱ Duplexer

문제 48. FM 수신기에 AFC가 사용되는 주된 이유는 무엇인가?
㉮ 수신 감도를 올리기 위하여
㉯ 선택도를 올리기 위하여
㉰ 수신 전파의 검도를 조정하기 위하여
㉱ 높은 충실도를 얻기 위하여

해답 44. ㉮　45. ㉱　46. ㉮　47. ㉮　48. ㉱

[해설] FM 수신기에서 높은 충실도를 얻기위해서는 완전한 동조를 취하여야 하므로 국부발진주파수의 변동을 적게하여 수신주파수의 동조가 어긋나지 않도록 자동주파수제어(AFC)회로를 사용한다.

[문제] 49. 일반적으로 무선수신기에서 자기 발진의 원인은 다음 중 어느 것인가?
㉮ 검파작용 ㉯ 궤환작용 ㉰ 정류작용 ㉱ 변조작용

[문제] 50. 영상 증폭기에 가해서는 합성 영상신호는 다음 중 어느 단으로부터 가해지는가?
㉮ 영상검파기   ㉯ 음성중간주파수
㉰ 브라운관 캐소드   ㉱ 고주파튜너
[해설] 영상검파회로에서 나온 합성영상신호는 제1영상증폭회로에 공급되어 증폭된다.

[문제] 51. 녹음기 회로에서 자기 테프에 기록된 내용을 소거하는 방법은 다음과 같다. 관계가 먼 것은?
㉮ 교류 소거법   ㉯ 영구자석에 의한 소거법
㉰ 전자석에 의한 소거법 ㉱ 전압 소거법
[해설] 소거의 방법은 전자식이나 영구자석에 의한 방법과 교류소거법이 있다.

[문제] 52. 가청증폭기에 부궤환 회로를 걸어주는 목적 중 옳지 않은 것은?
㉮ 비직선 일그러짐을 감소하기 위하여
㉯ 주파수 특성을 개선하기 위하여
㉰ 잡음을 적게 하기 위하여
㉱ 출력을 크게 하기 위하여
[해설] 부궤환 증폭회로는 안정도가 높아지고 일그러짐이 감소하며 주파수특성은 좋아지나 증폭이득은 낮아진다.

[문제] 53. 일반적으로 라디오(Radio)수리 중 제일 먼저 살펴 볼 곳은?
㉮ 동조회로 ㉯ 검피부 ㉰ 전원부 ㉱ 스피커

[문제] 54. VTR의 영상헤드는 회전 운동을 하고 있다. 어떤 수단을 통해 안전하게 영상 신호를 전달하는가?

[해답] 49. ㉯ 50. ㉮ 51. ㉱ 52. ㉱ 53. ㉰ 54. ㉰

㉮ 용량 결합
㉯ 빛 센서에 의한 결합
㉰ 로우타리 트랜스에 의한 결합
㉱ 순금 슬립·링에 의한 결합
[해설] Rotary Transformer는 녹화신호 전류를 회전비디오헤드에 공급하거나 비디오 헤드로부터 재생신호를 끌어내어 영상증폭회로에 공급한다.

[문제] 55. VHS방식 VTR의 회로 특징을 설명하는 용어들이다. 잘못된 것은?
㉮ BU 칼라 방식　　　　　㉯ PI 칼라 방식
㉰ DL-FM방식　　　　　　㉱ 에지미스 기록 방식
[해설] PI(Phase invert)방식은 β-max방식의 비디오에서 사용되는 방식이다.

[문제] 56. 녹음기의 자기헤드에 관한 설명이다. 적당치 않은 것을 고르시오.
㉮ '녹재' 헤드는 녹음과 재생을 하나의 헤드로 겸용한 것으로 대부분의 카셋녹음기에 쓰인다.
㉯ 일반 스테레오 카셋 레코더의 소거헤드는 모노럴과 달리 테이프의 좌우트렉을 따로 소거한다.
㉰ 소거헤드는 테이프상에 기록된 자기 신호를 소거하는 헤드이며 소거방법에는 직교류소거의 두가지가 있다.
㉱ 헤드의 재료에는 퍼멀로이, 페라이트, 센더스트등 자력선을 넣기 쉬운것을 사용한다.

[문제] 57. 콘트롤 트랙에 기록되는 신호는 다음중 어느 것인가?
㉮ 30Hz의 구형파　　　　㉯ 30Hz의 톱니파
㉰ 60Hz의 구형파　　　　㉱ 60Hz의 톱니파

[문제] 58. 펠티어 효과는 어떤 장치에 이용되는가?
㉮ 자동 제어　　　　　　㉯ 온도 제어
㉰ 전자 냉동기　　　　　㉱ 태양 전지
[해설] 펠티어 효과는 2개의 다른 물질의 접합부에 전류가 흐르면 전류의 방향에 따라 열을 흡수하거나 발산하는 현상으로 전자냉동에 이용된다.

[해답] 55. ㉯　56. ㉯　57. ㉮　58. ㉰

문제 59. 공중선과 급전선과의 결합부에 정합장치를 붙이는 이유는?
  ㉮ 지향성을 가지게 하기 위하여
  ㉯ 급전선상에 정재파를 없애기 위하여
  ㉰ 급전선상에 파동. 임피이던스를 일정하게 하기 위하여
  ㉱ 급전선상에 정재파를 만들어 전송 효율을 높이기 위하여
  [해설] 임피던스매칭이 되면 급전선상에 반사파가 없으며 진행파만 존재하게 되므로 손실이 적고 효율적으로 전파가 공급된다.

문제 60. 라디오 존대의 변환기중 모발의 변화에 따라 발진주파를 변화시키는 장치는 무엇을 측정할 때 쓰이는가?
  ㉮ 온도   ㉯ 습도   ㉰ 기압   ㉱ 풍락

문제 61. Keyed AGC의 특징으로서 틀린 것은 어느 것인가?
  ㉮ 외부 잡음에 의한 AGC전압의 변화가 적다.
  ㉯ 입력신호가 비교적 빠른 변화에도 응답한다.
  ㉰ 주사 기간중에는 AGC전압이 가해지지 않는다.
  ㉱ 펄스성 잡음이 특히 많은 장소에 유리하다.
  [해설] 키드 AGC는 수평주사기간에 AGC전압이 가해진다.

문제 62. 캐비테이션(공동작용)을 이용한 것은?
  ㉮ 소오나   ㉯ 초음파 세척   ㉰ 초음파 납땜   ㉱ 고주파 가열
  [해설] 캐비테이션은 강력한 초음파를 액체에 방사했을 때 발생되는 현상으로 초음파 세척, 분산, 에멀션화에 이용된다.

문제 63. 다음 중 FM의 특징이 아닌 것은?
  ㉮ 찌그러짐이 적다.
  ㉯ 잡음이 많다.
  ㉰ 다이나믹 레인지가 넓다.
  ㉱ 주파수 특성이 넓은 범위에서 평탄하다.
  [해설] FM 통신방식은 AM에 비해 잡음이 적다.

문제 64. 부궤환형 증폭회로의 특징 중 옳지 않은 것은?
  ㉮ 주파수 특성이 개선된다.   ㉯ 이득을 크게 한다.

[해답] 59. ㉯   60. ㉯   61. ㉰   62. ㉯   63. ㉯   64. ㉯

㈐ 비직선 일그러짐을 감소시킨다. ㈑ 잡음이 감소한다.
[해설] 증폭회로에 부궤환을 걸면 주파수특성이 개선되고 잡음은 감소하나 이득은 작아진다.

[문제] **65.** 선박에 이용되며 방향 탐지기가 없이 보통 라디오 수신기를 이용하여 방위를 측정할 수 있는 것은 어느것인가?
㈎ 무지향성 비이컨   ㈏ 회전 비이컨
㈐ AN레인지 비이컨   ㈑ 초고주파 전 방향식 비이컨

[문제] **66.** 다음 중 잔류편차가 없는 제어 동작은?
㈎ ON-OFF 동작 ㈏ P동작   ㈐ PD 동작   ㈑ PI동작

[문제] **67.** 서어보 기구라 함은 다음의 어느 자동제어 장치를 나타내는 것인가?
㈎ 온도   ㈏ 유량이나 압력 ㈐ 위치나 각도 ㈑ 시간
[해설] 서어보 기구는 물체의 위치, 방위, 자세등의 기계적 변위를 제어량으로 하는 제어계이다.

[문제] **68.** VTR의 올바른 사용법중의 하나는 VTR사용 약 10분전부터 전원 스위치를 켜 두는 일인데 이렇게 하는 주된 이유는?
㈎ 각종 IC의 동작온도를 유지하기 위해서
㈏ 각종 발진회로가 정상상태를 유지하는데 시간이 필요하므로
㈐ 헤드 드럼의 표면온도를 가열하여 상대 습도를 낮추려고
㈑ 기기 전체의 온도를 높여 최량의 동작 상태로 만들어 주기 위해

[문제] **69.** 더어미스터(thermistor)와 관계 없는 것은?
㈎ 마이너스의 온도계수   ㈏ 전압에 의하여 저항값변환
㈐ 온도 측정   ㈑ 계전기
[해설] 더어미스터는 온도에 따라 저항값이 변하는 소자로 부(−)의 온도계수를 가진다.

[문제] **70.** 고주파 유도표면 가열에서 주파수를 높게 할수록 침투깊이 S의 값은 어떻게 되는가?

[해답] 65. ㈏ 66. ㈑ 67. ㈐ 68. ㈏ 69. ㈏ 70. ㈏

㉮ S의 값이 감소   ㉯ S의 값이 증가
㉰ S의 값은 불변   ㉱ S의 값과 무관

문제 71. 자기 녹음기에서 재생헤드의 위치가 정상보다 비스듬히 놓여져 있을 때 다음 중 어떤 증상이 나타나는가?
㉮ 저음역이 크게 감쇄된다.
㉯ 중음역이 감쇄된다.
㉰ 고음역이 크게 감쇄된다.
㉱ 전반적으로 음량이 줄어든다.

문제 72. 슈퍼 헤테로다인 수신기에서 AM으로 변조된 전파를 가청 주파수로 고치는 부분은?
㉮ 제1검파기   ㉯ 제2검파기
㉰ 중간 주파 증폭기 ㉱ 주파수 변환부
해설 주파수 변환을 제1검파. 변조된 전파를 가청주파수로 고치는 과정을 제2검파라 한다.

문제 73. 전기석과 같은 결정체를 가열하거나 또는 냉각하면 결정의 한쪽 면에 +전하가 발생하고 다른쪽 면에 -전하가 발생되는 현상을 무엇이라고 하는가?
㉮ 압전효과   ㉯ 초전효과   ㉰ 홀효과   ㉱ 광전효과
해설 전기석 주석산등의 전하의 평형이 가열이나 냉각으로 일그러져서 전하가 나타나는 현상을 초전효과라 한다.

문제 74. 슈퍼 헤테로다인 수신기에서 국부발진기가 동작하지 않으면 어떤 현상이 나타나는가?
㉮ 음성이 작아진다.
㉯ 음성이 일그러진다.
㉰ 어떤 방송도 동조되지 않는다.
㉱ 저주파 증폭기만 동작하지 않는다.
해설 국부발진회로가 동작하지 않으면 주파수변환이 되지 않으므로 어떤 방송도 동조되지 않는다.

해답 71. ㉮ 72. ㉯ 73. ㉯ 74. ㉰

1994년도 전자기기·음향영상기기 2급 출제문제

문제 1. 초음파가 기체중에서는 어떤 파형으로 전파되는가?
㉮ 표면파　　　　　　　㉯ 횡파
㉰ 종파　　　　　　　　㉱ 종파와 횡파
[해설] 초음파는 기체중에서 종파로 전파되고 고체중에서는 종파와 횡파로 전파된다.

문제 2. 다음의 용도에 초음파의 진동수가 가장 높은 것은 어느 것인가?
㉮ 초음파 가공　　　　　㉯ 소나
㉰ 초음파 탐상　　　　　㉱ 에밀션화
[해설] 초음파 가공 : 16~30[kHz]
　　　소나 : 15~100[kHz]
　　　초음파 탐상 : 5~15[MHz]
　　　에밀션화 : 20[kHz]

문제 3. 초음파 탐상기에서 두께가 10[mm] 이하의 비교적 얇은 것은 어떤 측정법이 쓰이는가?
㉮ 공진법　　　　　　　㉯ 펄스법
㉰ 전리상지법　　　　　㉱ X선 측정법
[해설] 얇은판을 측정할 때에는 펄스에 의한 방법을 사용할 수 없으므로 공진법을 이용한다.

문제 4. 공기중에 떠있는 먼지나 가루를 제거하는 장치에 초음파 응용기기를 사용하는데 이것은 초음파의 어느작용을 응용한 것인가?
㉮ 응집작용　　　　　　㉯ 케비테이숀
㉰ 확산작용　　　　　　㉱ 에밀션화작용
[해설] 공기중에 떠있는 먼지나 가루를 제거 또는 수집하는 초음파 집진기는 초음파나 공기가 물같은 유전속을 전파하면 매질 중에 섞여 있는 매우작은 입자가 진동을 일으키고 입자끼리 서로 붙게되어 입자가 커지게 되는 응집작용을 이용한 것이다.

[해답] 1. ㉰　2. ㉰　3. ㉮　4. ㉮

문제 5. 유도가열법으로 가열할 수 있는 것은?
- ㉮ 목재
- ㉯ 금속
- ㉰ 유리
- ㉱ 고무

[해설] 고주파 유도가열은 금속과 같은 도전물질에 고주파 자장을 가할 때 도체에서 생기는 맴돌이 전류에 의하여 물질을 가열하는 방법이다.

문제 6. 유도 가열로의 전원 장치에 사용하지 않는 것은 어느 것인가?
- ㉮ 불꽃방전 유도로
- ㉯ 와류 방전식 유도로
- ㉰ 전자관식 고주파 유도로
- ㉱ 전동 발전기식 고주파 유도로

[해설] 가장높은 주파수를 발생할 수 있는 것은 진공관 발진기이며 그 다음이 스파크 갭식, 고주파 발생기, 전동발전기의 순으로 된다.

문제 7. 다음 고주파 가열을 이용한 것중 유도 가열을 이용한 것은?
- ㉮ 목재의 건조 및 가열
- ㉯ 조리 또는 농, 어산물의 가공
- ㉰ 바늘 끝의 야금
- ㉱ 생란의 살충 및 건조

[해설] 유도가열은 금속의 표면처리 등에 이용된다.

문제 8. 전자냉동은 다음중 어떤효과를 이용한 것인가?
- ㉮ 피어즈 효과
- ㉯ 펠티어 효과
- ㉰ 제어백 효과
- ㉱ 쇼트키 효과

[해설] 전자냉동기는 2개의 다른물질의 접합부에 전류가 흐르면 열을 흡수하거나 발산하는 펠티어 효과를 이용한 것이다.

문제 9. 전자 냉동기는 다음 어떤 효과를 응용한 것인가?
- ㉮ 제어백 효과(Seebeck effect)
- ㉯ 펠티어 효과(Peltier effect)
- ㉰ 톰슨 효과(Thomson effect)
- ㉱ 주울 효과(Joule effect)

[해답] 5. ㉯ 6. ㉰ 7. ㉰ 8. ㉯ 9. ㉯

[문제] **10.** 물질에 빛을 비춤으로서 기전력이 발생하는 현상은?
㉮ 광 방전효과 ㉯ 광 전도효과
㉰ 광 전자 방출효과 ㉱ 자전 변환 효과
[해설] PN접합 반도체에 빛이 입사되면 빛에너지를 흡수하여 기전력을 발생하는 현상을 광기전력 효과라 한다.

[문제] **11.** cds와 가장 관계가 깊은 것은?
㉮ 광전도 자기 저항 소자 ㉯ 태양전지
㉰ 광전도 소자 ㉱ 자전 변환 소자
[해설] cds에 빛이 입사되면 빛에너지를 흡수하여 저항값이 변화하는 광도전 현상이 생긴다.

[문제] **12.** 다음중 광기전력 효과를 이용한 것은?
㉮ 온도제어 ㉯ 전자냉동
㉰ 태양전지 ㉱ cds(황하카드뮴)광전소자
[해설] 태양전지(solar cell)는 반도체인 PN접합에 빛이 입사할 때 기전력이 발생하는 광기전력효과를 이용한 것이다.

[문제] **13.** 다음중 태양전지의 용도가 아닌 것은?
㉮ 전자시계 전원 ㉯ 위성통신 전원
㉰ 조도계 전원 ㉱ 소나
[해설] 태양전지는 조도계나 노출계, 인공위성의 전원, 초단파 무인중계국, 전자시계 전원 등에 사용된다.

[문제] **14.** 기구에 관측 장치를 적재하여 대기로 띄워 보내는 것을 무엇이라고 하는가?
㉮ 라디오 존데 ㉯ 레이더
㉰ 데카 ㉱ 전파 고도계
[해설] 수소 가스를 채운 조그마한 기구에 기상관측 장비와 발진기를 실어서 대기상공에 띄워 무선으로 상층의 기상요소를 측정하는 기기를 라디오 존데라한다.

[문제] **15.** 레이더에 초단파가 사용되는 이유로서 옳은 것은?
㉮ 지향성이 강하므로

[해답] 10. ㉱ 11. ㉰ 12. ㉰ 13. ㉱ 14. ㉮ 15. ㉮

⊕ 굴절이 많아지므로
⊕ 반사파와 반사파 사이에 상호 간섭이 많아 지므로
⊕ 페이딩이 많아 지므로
[해설] 전파는 파장이 짧을수록(주파수가 높아질수록) 지향성이 강하므로 레이더에서는 주파수 1000[MHz] 이상의 초단파가 사용된다.

[문제] 16. AN레인지 비이컨에서 등신호 방향과 관계없는 각도는 어느 것인가?
㉮ 45°   ㉯ 190°
㉰ 135° ㉱ 315°
[해설] 등신호 방향의 각도는 45°, 135°, 225°, 315°이다.

[문제] 17. 두점으로 부터의 거리의 차가 일정한 점의 궤적으로 이때 두점은 쌍곡선의 촛점이 되는 것을 이용한 전파항법의 종류는?
㉮ VOR   ㉯ ILS
㉰ 쌍곡선항법   ㉱ DME
[해설] 쌍곡선 항법은 한조를 이루는 2개의 지상국으로 부터의 동기 송신전파를 수신하고 각국으로 부터의 도달전파의 시간차를 측정하여 자신의 위치가 2개의 국으로 부터의 거리차가 일정한 특정된 쌍곡선상에 있음을 확인하는 방법이다.

[문제] 18. 지상국에서 전파를 방사할때 지상국의 방위를 표시하는 신호를 포함시켜 지향적으로 송신하는 방식에 속하지 않는 것은?
㉮ 회전비이컨   ㉯ VOR
㉰ AN레인지 비이컨 ㉱ NDB
[해설] 회전비이컨이나 AN레인지 비컨 및 VOR은 지향성 송신방식이다.

[문제] 19. 제어계의 방식에 따른 제어용 증폭기에 속하지 않는 방식은?
㉮ 전기식   ㉯ 유압식
㉰ 기계식   ㉱ 공기식
[해설] 공정제어에 사용되는 증폭방식은 전기식, 유압식, 공기식 등이 있다.

[해답] 16. ㉯ 17. ㉰ 18. ㉱ 19. ㉰

문제 20. 기계적 또는 전기적 양을 제어하는 정치제어를 자동조정이라 하는데 이에 속하지 않는 것은?
㉮ 전류의 제어   ㉯ 속도의 제어
㉰ 온도의 제어   ㉱ 토오크의 제어
해설 전압, 전류, 속도, 토오크 등의 기계적 또는 전기적양을 제어하는 정치제어를 자동조정이라 한다.

문제 21. 서어보기구에 관한 설명중 옳은 것은?
㉮ 출력의 변위가 입력의 적분값에 반비례 한다.
㉯ 추종속도가 느려야 한다.
㉰ 조작력이 강해야 한다.
㉱ 서어보 모우터의 관성은 매우 커야 한다.
해설 서어보기구는 일반적으로 조작량이 커야하고 추종속도가 빨라야 하며 모우터의 관성은 적어야 한다.

문제 22. 서어보 기구의 특징으로 옳지 못한 것은?
㉮ 추종속도가 빨라야 한다.
㉯ 서어보 모우터의 관성은 커야한다.
㉰ 회전력에 대한 관성의 비가 커야한다.
㉱ 제어계 전체의 관성이 클 경우에는 관성의 비가 적을 지라도 토오크가 큰 편이 좋다.

문제 23. 다음 그림은 자동제어계에 스텝신호를 입력신호에 가하여 제어계의 특성에 따라 얻은 여러 종류의 응답이다. 스텝응답이 전동적이며 가장 안정된 파형은 어느 것인가?

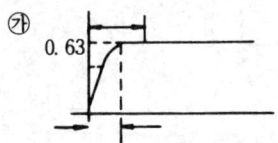
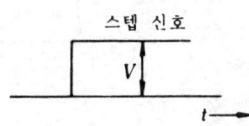

해답 20. ㉰ 21. ㉰ 22. ㉯ 23. ㉯

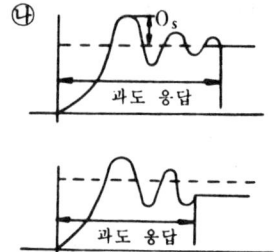

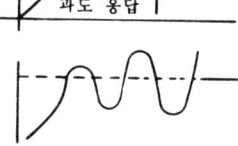

[해설] "가"는 비진동적인 제어계의 응답 "나"는 스텝응답이 진동적이면서도 안정한 보기, "다"는 제어량이 목표값에 일치하지 않는 경우, "라"는 제어계와 요소가 불안정한 보기이다.

[문제] 24. 자동제어에서 인디셜(indicial)응답을 조사할 때 입력에 어떤 파형을 가하는가?
㉮ 사인파　　　　　　　㉯ 펄스파
㉰ 스텝(step)파　　　　　㉱ 톱니파

[해설] 단위계단파(스텝파) 입력신호를 주었을 때 출력파형이 어떻게 되는가의 과도응답(trcnsient response)을 인디셜응답이라 한다.

[문제] 25. 아래 주어진 회로의 전달함수와 일치하는 것은 어느 것인가? (단, $CR = T$)

㉮ $\dfrac{1+j\omega T}{j\omega T}$

㉯ $\dfrac{j\omega T}{1-j\omega T}$

㉰ $\dfrac{j\omega T}{1+j\omega T}$

㉱ $\dfrac{1-j\omega T}{j\omega T}$

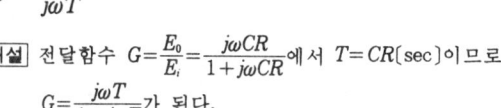

[해설] 전달함수 $G = \dfrac{E_0}{E_i} = \dfrac{j\omega CR}{1+j\omega CR}$ 에서 $T = CR[\sec]$이므로 $G = \dfrac{j\omega T}{1+j\omega T}$가 된다.

문제 26. 전달요소가 증폭도 A의 증폭기라할 때 입, 출력신호 X, Y가 같은 값으로 유지되기 위한 A의 값은?
- ㉮ 0
- ㉯ 1
- ㉰ 10
- ㉱ 100

해설 y=Ax=1

문제 27. 다음 논리회로중 FAN OUT가 가장 많은 회로는?
- ㉮ TTL게이트
- ㉯ RTL게이트
- ㉰ DTL게이트
- ㉱ ECL게이트

해설 회로에서 한게이트의 출력을 다른곳으로 배분하여 연결한 출력선의 수로서 C-MOS→ECL→TTL순이다.

문제 28. 슈미트 트리거 회로는?
- ㉮ 계단파 발생회로
- ㉯ 크램프 회로
- ㉰ 구형파 발생회로
- ㉱ 톱니파 발생회로

해설 슈미트 트리거(Schmitt trigger)회로는 정현파(사인파)신호를 구형파신호로 변환하는 회로이다.

문제 29. 수신안테나 특성으로 사용하지 않는 것은?
- ㉮ 종횡비
- ㉯ 대역폭
- ㉰ 지향성
- ㉱ 이득

해설 수신 안테나 특성으로 감도, 지향성, 이득, 대역폭 등을 조사한다.

문제 30. 수우퍼헤데로다인 수신기의 장점은?
- ㉮ 영상신호에 대한 혼신을 방지할 수 있다.
- ㉯ 선택도, 감도, 충실도가 좋다.
- ㉰ 구조가 간단하다.
- ㉱ 넓은 대역의 수신을 할 수 있다.

해설 수우퍼헤테로 다인 수신기는 감도, 선택도, 충실도가 좋은대신 영상방해가 생긴다.

해답 26. ㉯ 27. ㉱ 28. ㉰ 29. ㉮ 30. ㉯

문제 **31.** 수우퍼헤데로 다인 수신기의 수신주파수가 850[kHz] 국부발진 주파수가 900[kHz]일때 영상 주파수는?
  ㉮ 950[kHz]   ㉯ 850[kHz]
  ㉰ 1000[kHz] ㉱ 1100[kHz]

해설 비트 주파수 $f_B = 900 - 850 = 50$[kHz]
  $f_E = 850 + (50 \times 2) = 950$[kHz]

문제 **32.** 무선 수신기에서 안테나 회로에 웨이브 트랩을 사용하는 목적을 열거하였다. 가장 옳은 것은?
  ㉮ 페이딩을 방지하기 위하여
  ㉯ 혼신을 방지하기 위하여
  ㉰ 댈린저의 영향을 방지하기 위하여
  ㉱ 지향성을 갖게 하기 위하여

해설 웨이브 트랩은 불필요한 전파를 제거하거나 혼신을 방지하는데 쓰이는 직렬 또는 병렬공진회로이다.

문제 **33.** 2개의 스피이커를 병렬 연결 했을때의 합성 임피이던스는 1개의 스피이커때의 몇배가 되는가?
  ㉮ 1/4   ㉯ 1/2   ㉰ 2배   ㉱ 4배

해설 동일한 스피커 2개를 병렬접속하면 합성임피던스는 1개때의 $\frac{1}{2}$이다

문제 **34.** SN비가 클수록 잡음은 상대적으로 어떻다는 것을 의미하는가?
  ㉮ 변화없다.   ㉯ 크다   ㉰ 불규칙적   ㉱ 적다

해설 S/N비가 크다는 것은 이득이 크고 잡음이 적다는 것을 의미한다.

문제 **35.** SN비가 40[dB]이라고 할때 신호에 포함된 잡음이 신호 전압의 얼마임을 가르키는가?
  ㉮ $\frac{1}{10}$ ㉯ $\frac{1}{100}$ ㉰ $\frac{1}{1000}$ ㉱ $\frac{1}{10000}$

해설 $S/N = \frac{NiP}{SiP}$ $100 = \frac{1}{SiP}$ $\therefore SiP = \frac{1}{100} = 0.01$

해답 31. ㉮ 32. ㉯ 33. ㉯ 34. ㉱ 35. ㉯

문제 36. 변성기를 사용하여 임피던스를 정합시키는 주된 이유는 무엇인가?
㉮ 부하에 공급하는 전력을 적게하기 위해서
㉯ 주파수 특성을 개선하기 위하여
㉰ 부하에 공급하는 전력을 증대시키기 위해서
㉱ 부하 임피던스 변화의 영향을 줄이기 위해서
해설 전원의 내부임피던스(또는 증폭기의 출력임피던스)와 부하임피던스가 같을때 최대전력을 공급할 수 있으므로 임피던스 정합을 취한다.

문제 37. 라디오 수신기의 증폭기에 중역대 증폭도를 A라하면 저역차단 주파수의 증폭도는 A의 몇 배인가?
㉮ 2　　㉯ $\frac{1}{2}$　　㉰ $\sqrt{2}$　　㉱ $\frac{1}{\sqrt{2}}$

문제 38. 등화 증폭기의 역할로서 가장 부적당한것은?
㉮ 고역에 대한 이득을 낮추어 원음 재생이 실현되도록 한다.
㉯ 고역음의 잡음을 감쇄시킨다.
㉰ 라디오의 음질을 좋게한다.
㉱ 미약한 신호를 증폭한다.
해설 등화증폭기는 미약한 신호를 증폭하고 전주파수대(고역 및 중역, 저역)에 걸쳐 평탄한 특성이 얻어지도록 보상하는 회로이다 등화기 또는 이퀄라이저(equalizer)라고도 한다.

문제 39. 주파수 특성이 평탄하고 음질이 좋아서 현재 가장 많이 쓰이고 있는 스피커는?
㉮ 동전형 스피커　　㉯ 전자형 스피커
㉰ 압전형 스피커　　㉱ 정전형 스피커
해설 스피커(speaker)는 전자형, 동전형, 압전형, 정전형 등으로 나눌 수 있으나 전자형과 압전형은 주파수특성이 나빠 현재는 거의 사용되지 않고 주파수특성이 좋은 동전형(다이나믹스피커 또는 무빙마그넷형)이 주로 사용된다.

문제 40. 크리스탈 픽업(pick up)은 무슨 원리를 이용한 것인가?
㉮ 정전기 효과　　㉯ 광전 효과

해답 36. ㉰　37. ㉱　38. ㉰　39. ㉮　40. ㉰

㉰ 압전기 효과 ㉱ 호올 효과

[해설] 크리스탈 픽업(X-tal piek up)은 수정이나 로셀염등의 압전기 효과를 이용한 것으로 출력은 크지만 주파수특성이 나쁘다.

문제 41. 최대 효율을 얻기 위한 발전기는 일반적으로 어느급 동작방식을 택하는가?
㉮ A급 ㉯ AB급
㉰ B급 ㉱ C급

[해설] 발전회로는 효율을 높이기 위하여 대부분 C급 동작을 한다.

문제 42. 다음중 FM 수신기의 S/N을 개선하는데 관계가 없는 것은?
㉮ 진폭제한기 ㉯ 뮤팅회로
㉰ 디-앰퍼시스 회로 ㉱ 프리-엠퍼시스 회로

[해설] 프리엠퍼시스(pre-emphasis)회로는 송신측에서 변조신호의 고역의 S/N비가 나빠지는 것을 보상하기 위한 미분회로를 말한다.

문제 43. 다음의 비검파 회로에서 삽입된 대용량의 콘덴서 C_0의 목적은?
㉮ 측로(by pass)작용
㉯ 직류 차단작용
㉰ 진폭제한 작용
㉱ 결합 작용

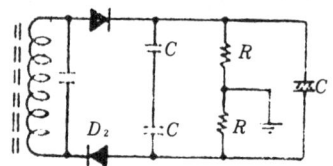

[해설] 비검파 회로의 C_0는 대용량이므로 시상수가 커 진폭이 변화한다 해도 양단전압이 거의 변화가 없다 따라서 진폭이 제한된 결과가 된다.

문제 44. 22.5[kHz]편이된 FM파의 변조도는 다음중 어느 것인가?(단 최대주파수 편이는 75[kHz]이다)
㉮ 22.5[%] ㉯ 2.25[%]
㉰ 30[%] ㉱ 225[%]

[해설] $m = \dfrac{Ism}{Icm} \times 100 = \dfrac{22.5}{75} \times 100 = 30[\%]$

[해답] 41. ㉱ 42. ㉱ 43. ㉰ 44. ㉰

[문제] 45. 도체판위에 1개의 직선도선을 내놓은 안테나를 유니포울러, 혹은 모노폴안테나라 하는데, 특히 가늘은 $\frac{\lambda}{4}$ 수직접지안테나로 초단파의 이동용에 많이 쓰이는 것은?
㉮ 슬리브(sleeve)안테나 　　㉯ 휩(Whip)안테나
㉰ 야기 안테나 　　㉱ 터언 스타일 안테나
[해설] $\frac{\lambda}{4}$ 수직접지 안테나를 슬리브 안테나라고도 하며 초단파 이동용에 많이 사용한다.

[문제] 46. 터언 스타일 안테나는 동일 평면상에 몇 조의 반파장 안테나를 직각으로 배치하는가?
㉮ 1 　　㉯ 2
㉰ 3 　　㉱ 4
[해설] 터언 스타일 안테나(turnstile antenna)는 수평으로 2조의 반파장안테나를 서로 직각으로 놓고 안테나 bb′에 안테나 aa′보다 90°위상이 앞선 전류를 흘리면 점선의 화살표 방향으로 회전하는 전계가 생기므로 전파의 수평방향의 발사를 무지향성으로 할 수 있다.

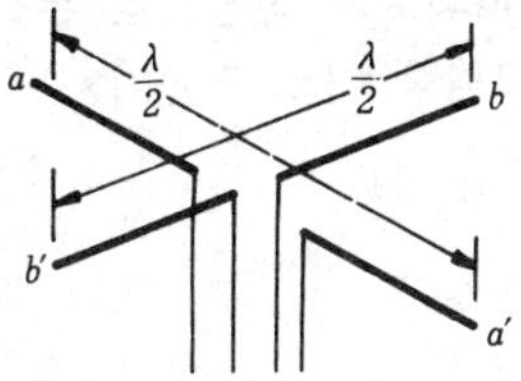

[문제] 47. TV 수상기에서 주파수 변화회로가 터어렛(TURRET)식 튜우너일 경우에는 어떤결합을 사용하는가?
㉮ 정전(靜電)결합 　　㉯ 전자(電磁)결합
㉰ 유도(誘導)결합 　　㉱ 반(反)결합
[해설] 터어렛식튜너는 전자결합, 로터리식 튜너는 정전결합방식을 채용하고 있다.

[문제] 48. 비월주사를 하는 주된 이유에 해당되는 것은?
㉮ 깜박거림(flicker)을 방지하기 위하여
㉯ 수평 주사선 수를 줄이기 위하여
㉰ 헌팅 현상을 방지하기 위하여

[해답] 45. ㉮　46. ㉯　47. ㉯　48. ㉮

㉣ 콘트라스트를 좋게 하기 위하여

[해설] 텔레비젼 화면의 주사선을 한줄건너서 홀수번만을 일차로 주사하고 2차로 위에서부터 차례로 짝수째 주사를 하므로서 1매의 완전한 화면을 구성한다. 따라서 매초 송상수는 30이고 주사의 되풀이는 매초 60이되어 그만큼 플리커(flicker 깜박거림)가 적어지며 영상신호의 최저주파수를 높일 수 있으며 전송을 용이하게 할 수 있다.

[문제] 49. 텔레비젼 수상기에 수평편향회로에 공급하는 B전원 전압이 저하하면 어떤화면이 되는가?
 ㉮ 가로폭이 좁아진다.
 ㉯ 화면의 가로폭이 너무길어진다.
 ㉰ 화면전체가 작다.
 ㉱ 하측의 화면이 겹친다.
 [해설] 수평편향회로에 공급하는 B전원 전압만이 저하되면 수평편향전류의 진폭이 작아져 가로폭이 좁아지게 된다.

[문제] 50. 수직출력회로가 정상으로 동작할 때 수직출력관 플레이트 전압 파형은 다음 그림중 어느 것인가?

[해설] 수직출력관의 플레이트 측에는 그리드입력에 가해지는 톱니파가 컷오프전압이 되는 수직귀선기간에 높은(+)의 펄스전압이 발생하므로 톱날파 전압에 이(+)펄스가 합성된 모양 즉 "라"와 같은 파형이 나타난다.

[문제] 51. 자기테이프와 헤드의 접촉면에 있어서의 간격이 커질경우 손실도 커지게 되는 손실은?
 ㉮ 두께 손실 ㉯ 와류 손실
 ㉰ 스페이싱 손실 ㉱ 갭 손실
 [해설] 자기테이프의 자성면과 헤드표면사이에 생기는 간격에 의한 손실을 스페이싱(spaeing)손실이라 한다.

[해답] 49. ㉮ 50. ㉱ 51. ㉰

과년도 출제문제 4-175

문제 52. 녹음기에서 테이프 가이드의 기능은?
㉮ 테이프를 일정한 속도로 움직이게 한다.
㉯ 테이프가 헤드면에 일정한 폭으로 이동되게 한다.
㉰ 헤드면에 테이프의 공간손실이 없도록 밀착되게 한다.
㉱ 고주파 손실을 줄여주는 역할을 한다.
해설 테이프 가이드는 테이프통로의 안내로 헤드면에 일정한폭으로 감기도록하여 녹음 재생이 이루어지도록 한다.

문제 53. 자기 녹음기의 교류바이어스에 사용되는 주파수는 대략 얼마의 범위가 사용되는가?
㉮ 30[kHz]−200[kHz]   ㉯ 100[Hz]−2000[Hz]
㉰ 100[Hz]−200[Hz]   ㉱ 60[Hz]−100[Hz]
해설 교류 바이어스는 녹음할 음성전류에 일정한 주파수 30~200[kHz]의 고주파 전류를 중첩시켜서 바이어스 자장을 가한다.

문제 54. 비디오 신호를 기록재생하기 위하여 필요한 조건이 아닌 것은?
㉮ 비디오헤드의 크기를 작게 한다.
㉯ 비디오헤드의 갭을 좁게 한다.
㉰ 비디오헤드와 자기테이프의 상대속도를 크게 한다.
㉱ 비디오신호를 변조해서 기록한다.
해설 비디오신호는 0~4[MHz] 정도의 주파수 대역을 가지고 있으므로 이대역내외 전주파수를 자기테이프에 기록하고 재생하기 위해서는 비디오 헤드의 갭을 좁게, 비디오 헤드와 상대속도를 크게, 비디오 신호를 변조해서 기록해야 하는 조건이 필요하다.

문제 55. VTR 테이프를 재생할 때 헤드의 회전속도는 무엇으로 제어하는가?
㉮ 콘트롤 트랙에 기록되는 콘트롤신호
㉯ 영상신호속에 포함되는 수직 동기신호
㉰ 영상신호속에 있는 수직동기신호
㉱ 수정발진자로 부터 얻어지는 3.58MHz색부 반송파 신호

해답 52. ㉯ 53. ㉮ 54. ㉮ 55. ㉮

[해설] VTR의 회전 속도는 카세트 테이프 화면에 기록되어있는 콘트럴 트랙에 의하여 제어하도록 구성되어 있다.

[문제] 56. VTR에서 자기기록의 본질적 특성인 저역에 있어서의 저감도 비직선성 및 재생신호의 레벨변동 등의 문제를 피하기 위해 비디오 신호는 어떤 방식을 채용하고 있는가?
㉮ 저반송파 AM변조 방식   ㉯ 전반송파 FM변조 방식
㉰ 저반송파 FM변조 방식   ㉱ 전방송파 FM변조 방식
[해설] VTR에서는 비디오 신호를 저반송파(반송주파수가 변조주파수와 같은 정도로 선정되어있다)의 FM신호로서 자기테이프에 기록한다.

[문제] 57. 다음 그림은 가정용 VTR의 구조에서 테이프와 접촉하고 있는 헤드를 일직선상에 펼쳐 그린 것이다. 헤드의 베일이 옳게된 것은?

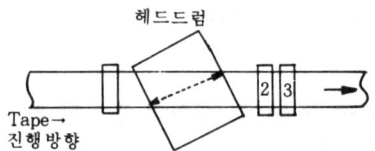

㉮ 1 : 음성소거헤드, 2 : 진폭소거헤드, 3 : 음성헤드와 콘트롤헤드
㉯ 1 : 음성소거헤드, 2 : 음성헤드와 콘트롤헤드, 3 : 진폭소거헤드
㉰ 1 : 진폭소거헤드, 2 : 음성헤드와 콘트롤헤드, 3 : 음성소거헤드
㉱ 1 : 진폭소거헤드, 2 : 음성헤드와 콘트롤헤드, 3 : 음성소거헤드
[해설] 일반적인 VTR헤드는 1이 진폭소거헤드, 2는 음성소거헤드, 3은 음성헤드와 콘트럴헤드로 배열되어 있다.

[문제] 58. VHS방식 VTR 테이프의 처음과 끝부분에 자성체가 없는 투명한 폴리에스테르 필름이 있는데 이것의 용도는 무엇인가?
㉮ 빛 센서에 의한 종단부 검출
㉯ 자성체 유무에 의한 종단부 검출
㉰ 장력에 의한 자동 리와인드 및 자동정지
㉱ 처음과 끝부분을 육안으로 쉽게 식별할 수 있게 한것
[해설] VTR 테이프의 끝에 투명한 부분은 자성체 유무에 의한 종단부를 검출, 자동 되감기 및 자동정지등을 행한다.

[해답] 56. ㉰   57. ㉰   58. ㉯

문제 59. βmax형 VTR의 특징을 기술한 것 중 가장 거리가 먼 것은?
㉮ 포우즈(PAUSE)의 자동해제
㉯ 로딩링을 사용한 U자형 테이프 로딩
㉰ 헤드, 실린더 용과 캡스틴 구동용의 2모터 구동 시스템
㉱ 헤드, 실린더에 테이프를 감은 채로 되감기(REW)와 고속전진(FF)이 가능

문제 60. 스테레오 LP디스크의 녹음 및 재생 속도는 얼마인가?(단, 일반적인 경우임)
㉮ 녹음속도 : $33\frac{1}{3}$[r.p.m]
　 재생속도 : 45[r.p.m]
㉯ 녹음속도 : 45[r.p.m]
　 재생속도 : $33\frac{1}{3}$[r.p.m]
㉰ 녹음속도 : 45[r.p.m]
　 재생속도 : $45\frac{1}{3}$[r.p.m]
㉱ 녹음속도 : $33\frac{1}{3}$[r.p.m]

문제 61. CD의 설명중 옳지 않은 것은?
㉮ Compact Disc의 줄인말로서, 처음 필립스사와 소니회사에 의해 개발되었다.
㉯ 피트(음구)의 크기는 소비의 강약에 비례하도록 설계되어 있다.
㉰ 기계적 접촉이 없어 레이저 빔에 의해 디지털 방식으로 소리가 재생된다.
㉱ 디스크의 재질은 투명 염화비닐이고, 굴절율은 일반적으로 1.5가 되어야 한다.
해설 컴팩트 디스크는 레이저 빔을 이용한 디지털 방식으로 소리가 재생되며 필립스사와 소니사에 의해 개발된 것이다.

해답 59. ㉱　60. ㉱　61. ㉯

1995년도 전자기기·음향영상기기 2급 출제문제

문제 1. 유전가열의 피열물이 될 수 있는 물질은?
 ㉮ 납   ㉯ 구리   ㉰ 비닐   ㉱ 황산
 [해설] 유전가열은 선택가열로 필요한 부분을 집중 가열할 수 있기 때문에 비닐이나 합성수지 등을 접착한다.

문제 2. 원통형 도체를 유도 가열할 때 주파수를 높게 하여 가열할 때 맴돌이 전류밀도는 어떻게 되는가?
 ㉮ 축의 위치에서 가장 크다.
 ㉯ 표면에 가까와 질수록 작아진다.
 ㉰ 단면전체가 거의 같다.
 ㉱ 표면에 가까와 질수록 커진다.
 [해설] 유도가열은 표피효과 현상으로 맴돌이 전류밀도는 원의 축의 위치에서 가장 적고 표면에 가까울수록 커진다.

문제 3. 프로세스 제어계의 구성요소중 조절계의 동작에 맞지 않는 것은?
 ㉮ 온·오프 동작   ㉯ 회전 동작
 ㉰ 비례위치 동작   ㉱ 미·적분 동작
 [해설] 공정제어(process control)는 온·오프동작 비례위치동작, 미·적분동작을 한다.

문제 4. 다음 내용 중 자동제어의 장점과 거리가 먼 것은?
 ㉮ 생산속도가 느려지고 원료와 연료가 절약되나 동력이 많이 든다.
 ㉯ 생산설비의 수명이 연장되고 간소화할 수 있다.
 ㉰ 노동 조건의 향상과 위험한 환경의 안정화가 이루어 진다.
 ㉱ 품질의 향상이 현저하고 균일한 제품이 나온다.

문제 5. 자동온수기에서 온수의 온도를 자동적으로 유지시키기 위하여 검출부에서 밸브를 개폐할 때 일반적으로 어떤 압력을 가하는가?
 ㉮ 공기의 압력   ㉯ 물의 압력(온수의 압력)

[해답] 1. ㉰ 2. ㉱ 3. ㉯ 4. ㉮ 5. ㉮

㉰ 증기의 압력　　　　　　　㉱ 기계적 압력
해설 온도와의 편차로 조절계내의 공기 압력을 변화시키고 이것으로 밸브를 개폐하도록 하면 자동적으로 수온을 일정하게 유지할 수 있다.

문제 6. 항법 보조장치의 ILS란?
㉮ 계기 착륙 방식　　　　　　㉯ 회전 비이컨
㉰ 무지향성 무선표식　　　　　㉱ 오우버
해설 항법 보조장치인 ILS(Instrument Landing System)는 계기착륙방식을 말한다.

문제 7. 항공기가 강하할 때 수직면내에 올바른 코오스를 지시하는 것으로 90[Hz] 및 150[Hz]로 변조된 두 전파에 의해 표시되는 전파항법 기기는?
㉮ PAR　　　　　　　　　　㉯ 팬마커
㉰ 글리이드 패드　　　　　　　㉱ 지상 제어 진입장치
해설 항공기의 진입에서 항로의 수직면내의 연장선을 알려주는 전파항법 장치를 글라이드 패드(glide path)라 한다.

문제 8. 캐비테이션(cavitaion)이 발생하는 수면에서의 음의 세기는 약 몇 [W/cm²] 이상인가?
㉮ 0.1　　㉯ 0.3　　㉰ 0.2　　㉱ 0.02
해설 캐비테이션은 소리의 세기가 약 0.3[W/cm²] 이상일 때 일어난다.

문제 9. 유전가열의 공업상의 응용에 있어서 잘못된 것은 어느 것인가?
㉮ 고무의 가황　　　　　　　㉯ 섬유류의 염색
㉰ 목재의 건조　　　　　　　㉱ 섬유류의 건조
해설 유전가열의 공업제품에 대한 응용으로는 목재의 건조 및 접착 고무의 가황 합성수지의 예열 및 성형가공, 합성수지의 접착 및 용접, 종이나 섬유의 건조 등이 있다. 섬유류의 염색에는 초음파의 확산작용을 이용한다.

문제 10. 초음파 가공기를 사용할 때 연마가루도 사용되는 것은?
㉮ 디스트　　㉯ 카아버런덤　　㉰ 유리기루　　㉱ 레비이트
해설 초음파 가공에서 연마가루는 가공하려는 물질에 따라 카버런덤(탄화실리콘),

해답　6. ㉮　7. ㉯　8. ㉯　9. ㉯　10. ㉯

앨런덤(산화알루미늄), 보론카아바이드(탄화붕소), 다이아몬드 등의 고운가루를 사용한다.

문제 11. 라디오 존데로서 알 수 없는 것은?
㉮ 기압   ㉯ 온도   ㉰ 풍속   ㉱ 습도

해설 라디오 존데(Jadio sonde)는 대기 상공의 기압, 온도, 습도, 등의 기상요소를 측정하는 기기이다.

문제 12. 서어보기구는 **출력의 변위가 입력의 적분값에 비례하고 있으므로** 그 자체는 무슨 요소로 볼 수 있나?
㉮ 미분요소   ㉯ 미적분요소   ㉰ 디지탈요소   ㉱ 적분요소

해설 출력의 변위가 입력의 적분값에 비례하므로 적분요소에 해당한다.

문제 13. 다음은 자동 제어계의 블록선도다. ☐ 속에 알맞는 것은?

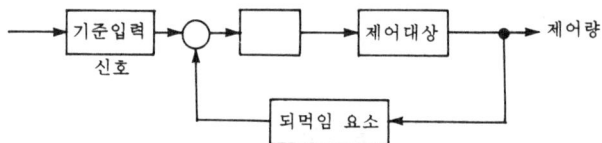

㉮ 제어요소   ㉯ 동작요소   ㉰ 외란   ㉱ 오차

해설 자동제어의 계통도

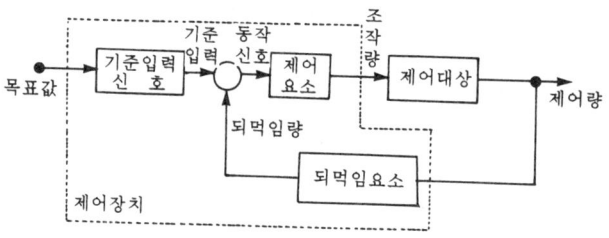

문제 14. 레이더상의 A스크우프 지시방식 중 옳은 것은?

해답 11. ㉰   12. ㉱   13. ㉮   14. ㉮

해설 ㉮는 A스코프의 음극선관 면상에 나타난 송신펄스와 수신펄스를 나타낸 것이다. 원래 가로축은 시간축이므로 두 펄스 사이의 간격은 펄스가 목표물까지 왕복하는 시간을 나타내지만 시간 눈금 대신 거리눈금을 매겨 놓으면 목표물까지의 거리를 직독할 수가 있다.

문제 15. 태양전지는 다음의 무슨 효과를 이용한 것인가?
㉮ 광전자 방출효과   ㉯ 광전도 효과
㉰ 광증폭 효과   ㉱ 광기전력 효과
해설 태양전지는 반도체의 PN접합에 빛이 입사할 때 기전력이 발생하는 광기전력 효고를 이용한 것이다.

문제 16. 태양전지의 설명 중 잘못된 것은?
㉮ 빛의 방향에 따라 발생 출력이 변한다.
㉯ 장치가 복잡하고 보수가 어렵다.
㉰ 축전장치가 필요하다.
㉱ 대전력용은 부피가 크고 가격이 비싸다.
해설 태양전지는 장치가 간단하고 보수가 편하다.

문제 17. 유전가열장치로서 식품조리에 이용되는 전자관은?
㉮ 다이나트론   ㉯ 클라이스트론
㉰ 마그네트론   ㉱ 아이크관
해설 마그네트론(magetron) 발진기는 10〔kHz〕이상의 고주파 가열 전원으 이용되는데 특히수〔MHz〕이상의 고주파 유전가열 전원으로는 모두 이것이 사용된다. 전자오븐(전자레인지)은 이 마그네트론의 고주파 진동발진을 이용한 것으로 식품의 조리에 실용되고 있다.

문제 18. 유도 가열로의 전원 장치에서 가장 큰 발생주파수를 내는 것은?
㉮ 불꽃 방전유도로
㉯ 전자관식 고주파유도로
㉰ 전동발전기식 고주파유도로
㉱ 유전체손을 이용한 유도로
해설 가장 높은 주파수를 발생할 수 있는 것은 진공관 발진기이며 그 다음이 스파크갭식, 고주파 발생기, 전동발전기의 순으로 된다.

해답 15. ㉱ 16. ㉯ 17. ㉰ 18. ㉮

문제 19. 반도체의 성질을 가지고 있는 물질에 전장을 가하면 발광현상을 일으키는 것은?
㉮ 충전 발광　　　　㉯ 자장 발광
㉰ 전장 발광　　　　㉱ 정전 발광
해설 반도체의 형광물질을 포함한 물체에 전장을 가하면 빛을 방출하는 현상을 전장발광(electroluminescence; EL)이라 한다.

문제 20. 전압의 기준요소로서 부적당한 것은?
㉮ 정전압 방전관　　　㉯ 정전압 다이오우드
㉰ 전지　　　　　　　㉱ 회전계 발전기
해설 전압의 자동조정을 위한 회로구성에서 전압의 기준으로는 전지나 정전압 방전관 및 정전압 다이오드, 직류 등이 사용된다.

문제 21. 셀렌에 빛을 쬐면 기전력이 발생하게 되는데 이 원리를 이용하여 만든 계기는 다음 중 어느 것인가?
㉮ 조도계　　　　㉯ 체온계
㉰ 압축계　　　　㉱ 풍속계
해설 조도계는 셀렌에 빛이 입사될 때 발생하는 기전력을 이용하여 만든 것이다.

문제 22. 선박에 A무선 표지국이 있는 항구에 입항 하려고 할 때에는 그 전파의 방향, 즉 전북에 대한 α도의 방향을 추척하여 감으로서 A무선 표지국이 있는 항구에 직선으로 도달하는 것은 다음 중 어느 것인가?
㉮ 로오런(loran)
㉯ 데카(Decca)
㉰ 호우밍(Homing)
㉱ 센스결정(Sence determination)

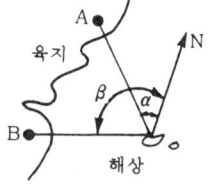

해설 지향성 수신방식의 방사상항법으로 그림에서와 같이 하나의 목표에 직선으로 도달하는 것을 호밍이라 한다.

문제 23. 아래 그림은 태양 전지의 구조도이다. 음극단자가 연결된 A를 구성하는 물질로써 가장 적합하다고 생각되는 것은?

해답 19. ㉰　20. ㉱　21. ㉮　22. ㉰　23. ㉰

㉮ 셀렌
㉯ 철
㉰ N형 실리콘판
㉱ 붕소

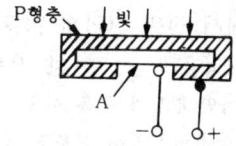

[해설] 태양전지는 태양의 빛에너지를 전기에너지로 변환하는 광전지로 +전극은 P형층, -전극은 N형 실리콘판에 연결시킨다.

[문제] 24. 다음은 전자 냉동기의 기본 원리를 나타낸 것이다. ㄷ점에서 발열이 있었다면 흡열 현상이 나타나는 곳은 어느 곳인가?
㉮ ㄱ
㉯ ㄴ
㉰ ㄷ
㉱ ㄹ

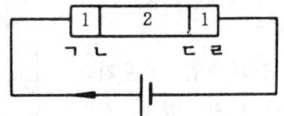

[해설] ㄷ점에서 열을 발산하면 ㄴ점에서는 열을 흡수한다.

[문제] 25. 사이클링(cycling)을 일으키는 제어는?
㉮ ON-OFF 제어   ㉯ 비례 적분 제어
㉰ 적분 제어   ㉱ 비례 제어

[해설] 온 오프 동작이란 편차가 양인가 음인가에 따라 조작부를 온(ON) 또는 오프(OFF)하는 동작으로 전기모포의 오도제어에서는 그림과 같은 사이클링을 일으킨다.

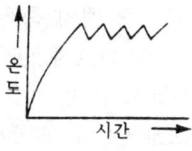

[문제] 26. 레이다에 사용되는 TR관과 ATR관에 대한 설명중 옳은 것은?
㉮ TR관은 송신부에 접속되어 있다.
㉯ ATR관은 수신부에 접속되어 있다.
㉰ TR관은 어느정도 높은전압이 인가 되어야 방전한다.
㉱ ATR관은 어느정도 높은전압이 인가 되어야 방전한다.

[해설] TR관과 ATR관은 모두 기체 방전관이다. TR관은 어느정도 낮은 전압이 인가되더라도 방전을 하다. ATR관은 어느정도 높은 전압이 걸려야만 방전을 개시한다.

[해답] 24. ㉯   25. ㉮   26. ㉱

문제 27. 무선 수신기에서 전원 전압의 변동에 관계가 없는 것은?
㉮ 이득 ㉯ 잡음 ㉰ 선택도 ㉱ 감도

해설 전원 전압이 변동하면 감도와 증폭 이득이 직접적으로 영향을 받으며 교류전원을 사용할 때에는 험(hum) 등의 잡음도 생길 수 있다. 선택도는 수신 동조회로의 Q와 관계 된다.

문제 28. 그림의 회로에 대한 설명 중 틀린 것은?
㉮ 저항 R은 전류를 제한하는 다이오우드 보호용이다.
㉯ 60Hz 입력에 대한 리플주파수는 60Hz이다.
㉰ 이 회로는 전파배압 정류기이며 콘덴서 C_3는 입력 전원의 2배까지 충전한다.
㉱ 콘덴서 C_2는 다이오우드 CR_1 보호용 바이패스 콘덴서 이다.

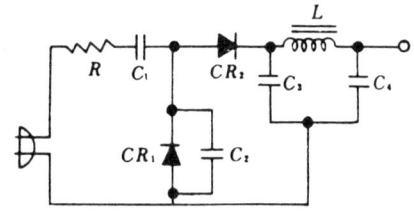

해설 회로는 반파 배전압 정류회로이며 CR_1의 통전으로 C_1이 충전하고, 이 충전 전압과 입력 전원 전압이 CR_2에 의해 정류되고 C_3의 콘덴서로 충전하여 입력전압의 2배 출력을 얻는 회로이다.

문제 29. 다음 중 전치 증폭기의 설명으로서 틀리는 것은?
㉮ 음량 조절 회로가 있다.
㉯ 음질(tone) 조정 회로가 있다.
㉰ 마이크로폰이나 테이프헤드 등으로 부터 나오는 비교적 작은 신호 전압을 증폭한다.
㉱ 전력 증폭을 하는 회로이다.

해설 전치증폭기(preamplifier)는 마이크로폰이나 테이프레드 등으로 부터의 작으나 신호전압을 증폭하고 음량과 음질조정을 한후 증폭기에 전달한다.

문제 30. FM파 검파기로서 부적당한 것은 다음 중 어느 것인가?
㉮ 직선 검파 회로
㉯ 비 검파기
㉰ 포스터 시일레이 검파기

해답 27. ㉰ 28. ㉰ 29. ㉱ 30. ㉮

㉣ 게이티드 비임 검파기
[해설] 직선 검파기는 다이오드의 직선성을 이용한 AM 검파기이다.

[문제] 31. 텔레비전의 미세 조정(파인 튜닝)과 가장 관계가 깊은 것은?
㉮ 브라운관의 직류 바이어스
㉯ 국부 발진기의 주파수변화
㉰ 저주파 증폭기의 주파수 특성
㉣ 영상 신호의 이득 또는 레벨
[해설] 파인튜닝(fine tuning)은 국부 발진 주파수를 미세조정함으로서 입력 텔레비전 전파와 국부 발진 주파수와의 차가 정확히 중간 주파수가 되도록 조정하기 위한 것이다.

[문제] 32. 텔레비전 수상기의 수평출력관이 동작하지 않으면 화면은 어떻게 되는가?
㉮ 동기가 되지 않는다.
㉯ 라스터(raswer)가 나오지 않는다.
㉰ 가로로 선이 1개 나온다.
㉣ 세로로 선이 1개 나온다.
[해설] TV의 수평출력관은 수평편향 전류를 편향코일에 공급하며 플라이백트랜스의 승압동작으로 고압을 발생시켜 브라운관의 애노드 전압을 공급한다. 따라서 수평출력관이 동작하지 않으면 고압이 발생하지 않으므로 래스터가 나오지 않게 된다.

[문제] 33. 화상의 질을 판단하기 위한 시험도형으로 일반적으로 사용되는 것은?
㉮ 고우스트   ㉯ 비월주사   ㉰ 순차주사   ㉣ 테스트패턴
[해설] 테스트 패턴은 화질을 시험하기 위한 도형으로 해상도, 편향일그러짐, 종횡비, 명암 및 초점 등을 판단한다.

[문제] 34. 테이프 녹음기의 3대 구성요소와 가장 거리가 먼 것은?
㉮ 핀치롤러의 캡스턴   ㉯ 테이프 전송기구
㉰ 자기헤드   ㉣ 증폭기
[해설] 녹음기의 3대 구성요소는 자기헤드, 테이프 전송기구, 증폭기이다.

[해답] 31. ㉯ 32. ㉯ 33. ㉣ 34. ㉮

문제 35. 가정용의 회전 2헤드 방식 VTR에서 헤드의 분당 회전속도 [rpm]는?
㉮ 6　　　㉯ 3　　　㉰ 1800　　　㉱ 36
[해설] 2헤드 방식 VCR의 헤드분당속도는 1800[rpm]이다.

문제 36. VTR에서 사용되는 AGC는?
㉮ 평균치 AGC　　　㉯ 동기 AGC
㉰ 첨두치 AGC　　　㉱ 피크치 AGC
[해설] VTR에서는 피크치 AGC를 사용하고 TV에서는 키드 AGC 방식이 일반적이다.

문제 37. 슈우퍼 헤테로다인 수신기의 장점이 아닌 것은 다음 중 어느 것인가?
㉮ 전파 형식에 따라 통과 대역폭을 변화시킬 수 있다.
㉯ 감도가 좋다.
㉰ 선택도가 좋다.
㉱ 영상혼신이 있다.
[해설] 영상(image) 혼신은 슈퍼헤데로다인 수신기의 치명적인 결점이다.

문제 38. 스피이커의 재생음역을 3분할 하는 3웨이 방식의 유니트가 아닌 것은?
㉮ 우우퍼(Woofer)　　　㉯ 디바이더(Divider)
㉰ 트위터(Tweeter)　　　㉱ 스코우커(Squawker)
[해설] 저음 전용 스피커를 우퍼, 고음전용을 트위터, 중음 전용을 스코커라 한다.

문제 39. 다음 카드리지(cartridge) 중 스테레오에 가장 적합하고 주파수 특성이 우수한 것은?
㉮ 크리스털(X-tal)형
㉯ 세라믹(ceramic)형
㉰ 무빙 마그네트(moving Magnet)형
㉱ 콘덴서 형

[해답] 35. ㉰　36. ㉱　37. ㉱　38. ㉯　39. ㉰

[해설] 무빙 마그네트(Moving Magnet; MM)형 카드리지는 크리스털형이나 세라믹형보다 출력이 작으나 온도, 습도에 대한 영향이 적고 주파수 특성이 우수하여 최근의 고급 스테레오 기기에 많이 사용되고 있다.

[문제] 40. 전축 바늘이 레코드판 음구의 벽을 밀기 때문에 생기는 잡음을 제거하기 위하여 사용하는 필터(filter)는?
㉮ 수정 필터　　　　　㉯ 스크래치 필터
㉰ RC 필터　　　　　㉱ CL 필터

[해설] 스크래치 필터(scratch filter)는 픽업(pick up)의 바늘이 레코드의 음구의 벽을 긁기 때문에 생기는 스크래치 노이즈(noise)나 AM 방송 수신시의 비트(beat)음을 제거하기 위해 설치된다. 고역 부분을 감시시키므로 하이 컷 필터(high cut filter)라고도 한다.

[문제] 41. TV 수상기의 공중선이 받은 전력을 손실없이 전송하는 조건은?
㉮ 공중선의 복사 저항과 급전선의 임피이던스 및 수상기의 공중선 코일의 임피이던스가 서로 같아야 한다.
㉯ 공중선의 임피이던스와 급전선의 임피이던스만 같으면 된다.
㉰ 급전선의 임피이던스의 수상기의 공중선 코일의 임피이던스가 서로 같으면 된다.
㉱ 각 부분의 임피이던스의 아무관계가 없다.

[해설] 공중선으로 부터의 전력을 손실없이 전송하기 위해서는 공중선의 복사저항과 급전선의 임피던스 및 수상기의 입력 임피던스가 서로 같아 임피던스 정합(matching)이 이루어져야 한다.

[문제] 42. TV 수상기의 화면에 주사선수가 625줄인 유럽방식에서 매초 송상수가 25인 경우 수평주사 주기는 얼마인가?
㉮ 62.5[μsec]　　㉯ 64[μsec]　　㉰ 54.4[μsec]　　㉱ 0.019[μsec]

[해설] 수평주사 주파수 : $f_h = 25 \times 625 = 15625$[Hz]

수평주사 주기 : $T = \dfrac{1}{f} = \dfrac{1}{15625} = 64$[μsec]

[문제] 43. 텔레비전 동기 분리기에서 동기 신호는 어떻게 분리 되는가?
㉮ 15,750[Hz]의 수평 동기 신호를 미분회로로 분리한다.

[해답] 40. ㉯　41. ㉮　42. ㉯　43. ㉮

㉯ 15,750[Hz]의 수평 동기 신호를 적분회로로 분리한다.
㉰ 60[Hz]의 수직 동기 신호를 미분회로로 분리한다.
㉱ 60[Hz]의 수평 동기 신호를 미분회로로 분리한다.

해설 영상중폭단의 출력인 합성영상신호에서 진폭분리 방법으로 수평과 수직의 동기신호를 분리한 후 15,750[Hz]의 수평동기 신호는 고역필터인 미분회로로, 60[Hz]인 수직동기 신호는 저역 필터인 적분회로로 분리한다.

문제 44. TV의 음성 회로에 디엠파시스 회로를 넣어 사용하는 목적은?
㉮ 저주파 영역 특성 보정
㉯ 버즈음 제거
㉰ 고주파 영역 특성 보정
㉱ 음성 신호를 강하게 하려고

해설 SN비를 좋게 하기 위해서 송신측에서는 고음부를 강조시키는 프리엠퍼시스(premphasis)를 사용하고 수신측에서는 고음부를 감쇄시키기 위해 반대의 주파수 특성을 가진 디엠퍼시스(deemphasis) 회로를 통하여 전체의 특성이 평탄하게 되도록 한다.

문제 45. 자기 녹음기에서 바이어스 전류를 적절한 값으로 선택하지 못할 때 그 주된 현상은?
㉮ 녹음이 전혀 안 된다.
㉯ 교류 자화로 인한 잡음이 많다.
㉰ 감도가 크게 된다.
㉱ 파형이 일그러지거나 감도가 나쁘다.

해설 바이어스 전류(bias current)를 적절한 값으로 선택하지 않으면 파형이 일그러지거나 감도가 나빠지기 쉽다.

문제 46. 자기 테이프(magnetic tape)의 주파수 특성에 크게 영향을 주지 않는 것은?
㉮ 자성막의 두께   ㉯ 표면의 고르기상태
㉰ 자성체의 보자력   ㉱ 테이프의 길이

해설 자기테이프의 주파수 특성은 자성막의 두께, 표면의 고르기 상태, 자성체의 보자력 등에 의하여 영향을 받는다.

해답 44. ㉰ 45. ㉱ 46. ㉱

과년도 출제문제 *4-189*

문제 47. VTR의 조작기능중에서 재생시에만 사용이 가능한 것은 다음 중에서 어느 것인가?
㉮ 트래킹(Tracring)
㉯ 카운트 메모리(Count Memory)
㉰ 포우즈(PAUE)
㉱ 자동주파수 조정(AFC)
해설 VTR에서 재생시 잡음이 발생하는 경우 트래킹 조정을 해야 한다.

문제 48. 다음 그림은 저음전음 스피이커(W)와 고음 전용 스피이커(T)를 연결한 것이다. 이에 관한 설명중 틀린 것은?
㉮ 콘덴서는 저음만 T로 들어 가도록 해준다.
㉯ T의 구경은 W의 구경보다 보통 작게 한다.
㉰ 두 스피커의 위상은 같이 헤주어야 한다.
㉱ 콘덴서 용량은 보통 2~6[μF] 정도이다.

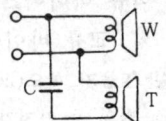

해설 그림에서 콘덴서(2~6[μF])는 용량성 리액턴스 ($X_c = \frac{1}{2\pi fc}$ [Ω]) 때문에 저음역 성분은 차단되고 고음성분만이 고음 전용스피커(tweeter)에 들어가도록 한다. 스피커는 저음 전용으로 10인치 이상의 대구경 다이내믹 스피커를, 고음 전용으로 4인지 이하의 소구경 다이내믹 스피커를 사용한다.

문제 49. 수신기에 고주파 증폭기를 사용했을 때의 이점이 아닌 것은?
㉮ 감도가 좋아진다.
㉯ 선택도가 좋아진다.
㉰ 발진주파수가 안정된다.
㉱ 국부 발진기에 의한 전파가 공중선에서 복사되는 것을 방지한다.
해설 고주파 증폭기를 부가시키면 신호대 잡음비(SN비)가 개선되며 감도와 선택도가 좋아지고 국부 발진 세력의 외부 방사를 적게할 수 있다.

문제 50. 일반적으로 수퍼 헤테로다인 수신기에서 주파수 변환회로의 이상적인 변환 이득은?
㉮ 낮을수록 좋다.   ㉯ 클수록 좋다.
㉰ 중간 정도가 좋다.   ㉱ 별 관계가 없다.

해답 47. ㉮ 48. ㉮ 49. ㉰ 50. ㉯

[해설] 주파수 변환 회로는 중간 주파수를 만드는 헤데로다인 검파 방식으로 이득은 클수록 좋다.

[문제] 51. FM 수신기에서 사용하고 있는 중간 주파수는 몇 MHz인가?
㉮ 455 ㉯ 4.55 ㉰ 1.07 ㉱ 10.7
[해설] 국제 협약에 의하여 AM 중간 주파수는 455[kHz]를 사용하고 FM은 10.7 [MHz]를 사용한다.

[문제] 52. 다음 중 녹음기 헤드의 바이어스 공급 방법으로 가장 많이 사용되고 있는 것은?
㉮ 직류 바이어스 ㉯ 교류 바이어스
㉰ 직·교류 바이어스 ㉱ C급 바이어스
[해설] 녹음기 헤드(head)의 바이어스(bias)법에는 직류 바이어스 법과 교류 바이어스 법의 두 가지가 있는데 직류 바이어스 법은 직류 자화로 인한 잡음이 많고 감도가 나쁘기 때문에 현재 거의 사용되지 않고 일정한 주파수 (30~20[kHz])의 고주파 전류를 중첩시켜 바이어스 전류를 가하는 교류 바이어스 법이 주로 사용된다.

[문제] 53. 로터리 스위치식 튜우너의 주파수 변환회로에는 어떤 결합 방식이 주로 사용 되는가?
㉮ 저항결합 ㉯ 임피이던스 결합
㉰ 전자결합 ㉱ 정전결합
[해설] 로터리식 튜너는 정전결합방식, 터릿(turret)식 튜너는 전자 결합 방식이 사용된다.

[문제] 54. 비디오 신호를 기록 재생하기 위한 조건으로 거리가 가장 먼 것은?
㉮ 비디오 헤드의 모양을 보기 좋게 한다.
㉯ 비디오 헤드의 갭을 좁게한다.
㉰ 비디오 헤드와 자기테이프의 상대속도를 크게한다.
㉱ 비디오 신호를 변조해서 기록한다.
[해설] 비디오 신호(TV신호)의 기록 재생을 위한 조건

[해답] 51. ㉱ 52. ㉯ 53. ㉱ 54. ㉮

① 비디오 헤드의 갭을 좁게 한다.
② 비디오 헤드와 자기테이프의 상대속도를 크게한다.
③ 비디오 신호를 변조해서 기록한다.

문제 55. 다음 그림은 가정용 비디오, 카세트 테잎의 기구 트랙 구조를 나타낸 그림이다. 옳은 것은?

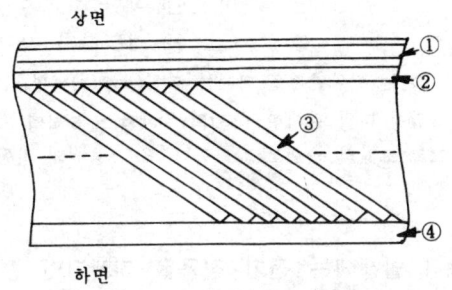

㉮ ① 음성트랙   ② 음성트랙   ㉯ ① 콘트롤트랙 ② 음성트랙
   ③ 영상트랙   ④ 콘트롤트랙   ③ 영상트랙   ④ 음성트랙
㉰ ① 음성트랙   ② 콘트롤트랙   ㉱ ① 콘트롤트랙 ② 음성트랙
   ③ 영상트랙   ④ 음성트랙   ③ 영상트랙   ④ 콘트롤트랙

해설 비디오 테이프의 트랙구조

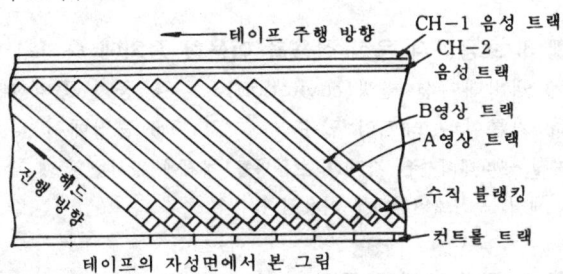

해답 55. ㉮

1996년도 전자기기·음향영상기기 2급 출제문제

문제 1. 초음파의 진동수가 클수록 감쇄율은?
㉮ 크다   ㉯ 작다
㉰ 변화없다   ㉱ 커졌다가 작아진다

해설 초음파의 세기는 단위면적을 지나는 파워(power)이며, 진폭의 제곱에 비례하며 매질속을 지나감에 따라 감쇄한다. 이때 감쇄율은 물질에 따라 다르며 일반적으로 기체가 가장크고 고체의 순으로 작아진다. 또 초음파의 진동수가 클수록 감쇄율이 크다.

문제 2. 초음파의 발생에는 전기 진동을 기계적인 진동으로 변환시키는 진동자를 많이 이용하고 있다. 자기 왜형 진동자로 사용하는 알페로(alferro)는?
㉮ 알루미늄과 백금의 합금   ㉯ 알루미늄과 니켈의 합금
㉰ 알루미늄과 철의 합금   ㉱ 알루미늄과 구리의 합금

해설 알페로(alferro)는 13[%]의 알루미늄과 철의합금이다.

문제 3. 초음파의 응집 작용을 이용한 장치에 속하지 않은 것은?
㉮ 캐비테이션 발생(cavitation)   ㉯ 공기 중의 매연 정화
㉰ 기름이나 타르의 탈수   ㉱ 공장에서 나온 폐수 처리

해설 캐비테이션은 강력한 초음파를 액체에 방사했을 때 발생되는 현상으로 초음파 세척, 분산에멀션화에 이용된다.

문제 4. 전자 냉동의 특징이 아닌 것은?
㉮ 회전 부분이 없으므로 소음이 없고 배관도 필요하지 않다.
㉯ 전류 방향만 바꾸므로 냉각에도 쓸 수 있고 가열에 쓸 수 있다.
㉰ 온도 조절이 용이하게 된다.
㉱ 성능이 고르지 못하며 수명이 짧다.

해설 전자냉동은 성능이 고르고 수명이 길며, 사용 기간중에 변화가 거의 없는 장점이 있다.

해답 1. ㉮ 2. ㉰ 3. ㉮ 4. ㉱

문제 5. AN 레인지 비이컨에서 등신호 방향과 관계 없는 각도는 어느 것인가?
㉮ 45°   ㉯ 190°   ㉰ 135°   ㉱ 315°
해설 등신호 방향의 각도는 45°, 135°, 225°, 315°이다.

문제 6. 다음 회로의 전달함수는?
㉮ R_1+R_2 ㉯ $\dfrac{R_2}{R_1+R_2}$
㉰ $\dfrac{R_1+R_2}{R_2}$ ㉱ $\dfrac{R_1 \cdot R_2}{R_1+R_2}$

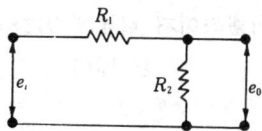

해설 전달함수 $=\dfrac{e_0}{e_i}=\dfrac{R_2}{R_1+R_2}$

문제 7. 다음 그림에서 입력이 정현파 교류일 경우 전달함수는?(단, $T=CR$)
㉮ $\dfrac{1}{1+j\omega T}$ ㉯ $\dfrac{\omega T}{1+j\omega T}$
㉰ $\dfrac{j\omega T}{1+j\omega T}$ ㉱ $\dfrac{T}{1+j\omega T}$

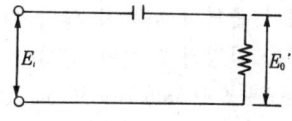

해설 $G=\dfrac{E_0}{E_i}=\dfrac{j\omega CR}{1+j\omega CR}$에서 $T=CR[\sec]$이므로 $G=\dfrac{j\omega T}{1+j\omega T}$가 된다.

문제 8. 아래 도면은 기상관측에 이용하는 라디오 존데 방식 중 변조 주파수 변화 방식에 사용하는 회로이다. 적당한 회로 명칭은?
㉮ 클리퍼 회로
㉯ 클램핑 회로
㉰ 중간 주파 증폭 회로
㉱ 블록킹 발진기

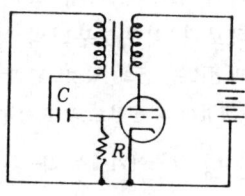

해설 3극 진공관을 사용한 블록킹 발진기로 펄스 발진을 한다.

문제 9. 그림과 같은 적분회로의 1차 늦음요소(1차 비례요소)는 얼마인가?

해답 5. ㉯   6. ㉯   7. ㉰   8. ㉱   9. ㉰

㉮ 0.2[sec]
㉯ 2[sec]
㉰ 0.5[sec]
㉱ 5[sec]

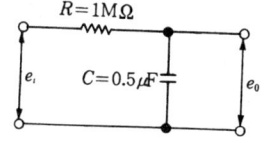

[해설] $T = RC[\text{sec}] = 1 \times 10^6 \times 0.5 \times 10^{-6} = 0.5[\text{sec}]$

문제 10. 이퀄라이저 회로에 가장 많이 쓰이는 회로는?
㉮ NF형　　㉯ LP형　　㉰ PF형　　㉱ CR형

[해설] 이퀄라이저(등화증폭기) 회로는 2개의 TR을 사용하여 부궤환(NFB)을 걸어 주파수 보상을 하는 회로이다.

문제 11. 자동 음량조절(A.V.C) 회로의 목적이 아닌 것은?
㉮ 페이딩(Fading) 방지
㉯ 큰 출력을 얻기 위하여
㉰ 과대한 출력이 나오지 않기 위하여
㉱ 음량을 일정하게 하기 위하여

[해설] 자동음량조절(Aatomatic Volume Control) 회로는 수신전장 강도가 변화하는 페이딩 등의 영향으로 수신기의 음량이 변동하는 것을 안정시키기 위한 회로이다.

문제 12. TV에 사용되는 동축 케이블의 설명 중 틀린 것은?
㉮ 전송손실은 리본 피더보다 많다.
㉯ 전송 손실은 주파수가 높아질수록 증가한다.
㉰ 사용 길이가 길수록 특성 임피이던스가 낮아진다.
㉱ 리본 피더보다 외부로부터의 방해를 받지 않는다.

[해설] 특성 임피던스는 선의 직경, 관의 굵기 및 내부 절연물에 의해 결정되며 사용 길이에는 관계없이 다음식으로 표시된다.
$Z_0 = \dfrac{138}{\sqrt{\varepsilon_s}} \log \dfrac{D}{a} [\Omega]$ 여기에서 D는 외경[cm]이고 a는 관내 직경[cm]이다.

문제 13. 동축 케이블 전송 방식의 특성이 아닌 것은?
㉮ 내전압이 높다.　　㉯ 도체 저항이 적다.
㉰ 다중화 전송이 가능하다.　　㉱ 전송 손실이 매우 크다.

[해답] 10. ㉮　11. ㉯　12. ㉰　13. ㉱

[해설] 동축 케이블 전송 방식은 케이블의 내전압이 높아야 하고 다중화 전송이 가능해야 하며 전송 손실이 매우 적어야 한다(전송 손실이 적기 위해서는 도체 저항이 적어야 한다.).

[문제] 14. 수직 해상도 350, 수평 해상도 340인 경우 해상비는 얼마인가?
㉮ 0.86   ㉯ 0.89   ㉰ 0.94   ㉱ 0.97

[해설] 해상비 = $\frac{수평\ 해상도}{수직\ 해상도} = \frac{340}{350} = 0.97$

[문제] 15. 라스터가 스크린에 대하여 기울어져 있다. 이것을 바로 잡기 위하여 조정을 해야 할 부분은 다음 중 어느 것인가?
㉮ 이온트랩 마그넷   ㉯ 브라운관의 위치
㉰ 편향 요크   ㉱ 휘커스 마그넷

[해설] 스크린 상에 나타나는 라스터의 모양을 바로 잡기 위해서 편향코일(편향요크)을 조절해야 한다.

[문제] 16. 녹음때는 고역을 재생때는 저역을 각각의 증폭기로 보정하여 전체를 통하여 평탄한 특성으로 만드는 것을 무엇이라고 하는가?
㉮ 등화   ㉯ 소거   ㉰ 증폭   ㉱ 재생

[해설] 녹음때에는 고역을 재생때에는 저역을 각각의 증폭기로 보정하여 전체를 통하여 평탄한 특성으로 만드는 것을 주파수 보상 또는 등화라 한다.

[문제] 17. 최근 녹음기에서 자기헤드의 손실 중 문제가 되지 않는 것은 어느 것인가?
㉮ 갭(gap) 손실   ㉯ 스패이싱 손실
㉰ 경사에 의한 손실   ㉱ 두께 손실

[문제] 18. 다음 그림은 가정용 VTR의 테이프 주행 상태를 나타낸 것이다. 어떤 기종의 설명도인가?
㉮ 동일 I형
㉯ VHS 방식
㉰ β_{max} 방식
㉱ U-matic 방식

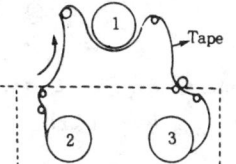

1. 헤드 드럼(Head Drum)
2. 공급 릴(Supply real)
3. 감김 릴(Take up real)

[해답] 14. ㉱ 15. ㉰ 16. ㉮ 17. ㉮ 18. ㉯

문제 19. VTR에서 테이프의 속도를 일정하게 유지하기 위한 기구는?
㉮ 임피던스 로울러　　　　㉯ 핀치 로울러
㉰ 캡스턴　　　　　　　　㉱ 텐션 포스트
해설 캡스턴은 핀치로울러와의 압착회전으로 테이프를 접속 주행시킨다.

문제 20. 초음파 탐상기에 사용되는 파형은 어떤 것을 이용하는가?
㉮ 톱니파　　㉯ 펄스파　　㉰ 구형파　　㉱ 싸인파
해설 초음파 탐상기는 비파괴검사에 많이 사용되며 초음파 펄스를 기계 부품과 같은 물체에 발사하여 반사파를 관측함으로서 물체 내부의 홈이나 균열 또는 불순물 등의 위치와 크기를 알아 내는데에 쓰인다.

문제 21. 유전 가열로 가열할 수 없는 것은?
㉮ 베니어판　　㉯ 구리　　㉰ 플라스틱　　㉱ 비닐제품
해설 유전 가열은 유전체에 전장을 가해 가열하는 방식으로 구리는 가열되지 않는다.

문제 22. 고주파 유도 가열의 특징이 아닌 것은?
㉮ 가열 속도가 빠르며, 발열을 필요한 부분에 집중시킬 수 있다.
㉯ 금속의 표면 가열이 쉽게 이루어 진다.
㉰ 제품의 질을 높일 수 있다.
㉱ 가열장치의 설치 비용이 절약된다.
해설 고주파유도 가열의 주요한 장점
　　㉠ 가열속도가 빠르며 발열을 필요한 부분에 집중시킬 수 있다.
　　㉡ 금속 표면 가열이 쉽게 이루어지고 가열을 정밀하게 조절할 수 있다.
　　㉢ 가열준비 작업이 불필요하며, 작업환경을 깨끗하게 유지할 수 있다.
　　㉣ 제품의 질을 높일 수 있다.

문제 23. 다음 중 태양전지의 용도가 아닌 것은?
㉮ 전자시계 전원　　　　㉯ 위성통신 전원
㉰ 조도계 전원　　　　　㉱ 소오나
해설 태양전지는 인공위성의 측정 장치용 전원, 전자시계의 전원, 조도계의 전원, 초단파 무인중계소, 무인등대 등에 사용된다.

해답 19. ㉰　20. ㉯　21. ㉯　22. ㉱　23. ㉱

문제 24. 아래 그림은 전장 발광판(EL 램프)의 구조도를 나타낸 것으로 4번은 어느 것인가?
㉮ 전해액
㉯ 유전체
㉰ 피열물
㉱ 산화제

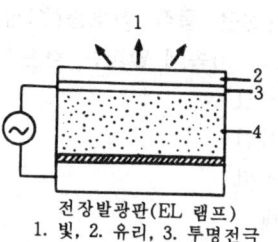
전장발광판(EL 램프)
1. 빛, 2. 유리, 3. 투명전극

해설 그림의 전장발광판(EL 램프)에서 1은 빛, 2는 유리, 3은 투명전극, 4는 발광체(유전체), 5는 절연층, 6은 금속전극이다.

문제 25. 전파항법의 종류가 아닌 것은?(단, 측정방식에 의함.)
㉮ 방사상 방식   ㉯ 근거리 방사 방식
㉰ 쌍곡선 방식   ㉱ 원상 방식
해설 전파항법에는 근거리 방사방식, 방사상 방식(1), 방사상 방식(2), 쌍곡선 방식 등이 있다.

문제 26. 계기착륙 방식이라고도 하며, 로우컬라이저, 글라이드패드 및 미터기로 구성되는 것은?
㉮ ILS   ㉯ NDB   ㉰ VOR   ㉱ DME
해설 ILS(Instrument Landing System) : 계기 착륙 방식

문제 27. 자동제어 장치로 부터 제어 대상으로 보내지는 것을 무엇이라 하는가?
㉮ 제어량   ㉯ 설정량   ㉰ 목표량   ㉱ 조작량
해설 제어대상에는 조작부에서 조작량이 가해져 주어지는 양을 조절한다.

문제 28. 변위-임피던스 변환기가 아닌 것은?
㉮ 슬라이드 저항 ㉯ 용량형 변환기 ㉰ 다이어프램 ㉱ 유도형 변환기
해설 2차 변환의 보기

압력-변위	다이어프램, 스프링
변위-압력	유압분사관
변위-임피던스	슬라이더저항, 용량형 변환기, 유도형 변환기
변위-전압	가변저항 분압기, 차동 변압기
전압-변위	전자석, 전자코일

해답 24. ㉯ 25. ㉱ 26. ㉮ 27. ㉱ 28. ㉰

문제 29. 그림은 동작 신호량(Z)과 조작량(Y)의 관계를 나타낸 것이다. 그림의 (   )속에 알맞는 것은?

㉮ 적분시간
㉯ 미분시간
㉰ 동작범위
㉱ 비례대

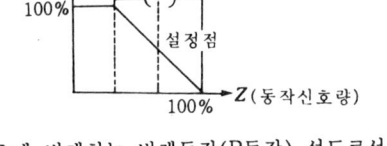

해설 그림은 조작량의 편차, 즉 동작신호에 비례하는 비례동작(P동작) 선도로서 편차와 조작량에 비례하는 (   ) 부분을 비례대(proportion band)라 한다.

문제 30. 두 입력 반 감산기(Half Subtractor)에서 차(Difference)가 1이 될 수 있는 경우는 몇번 발생하는가?

㉮ 4   ㉯ 3   ㉰ 2   ㉱ 1

해설 두입력 반감산기의 논리는 베타적 OR Gate에서 실현될 수 있다. 즉 두입력 A와 B가 같으면 차는 0이 되고 다르면 1이 되므로 차가 1이 될 수 있는 경우는 2번 발생한다.

문제 31. 스트레이트 수신기가 슈퍼헤테로다인 수신기에 비해 다른 특징이 아닌 것은?

㉮ 조정이 복잡하다.
㉯ 감도가 나쁘다.
㉰ 인접 주파수 선택도가 나쁘다.
㉱ 구성이 간단하다.

해설 슈퍼 헤테로다인수신기의 장·단점

장 점	단 점
감도, 충실도, 선택도, 안정도가 좋다. 혼신이 적다.	영상방해가 생긴다. 조정이 복잡하다.

문제 32. 슈퍼헤테로다인 수신기의 설명 중 틀리는 항은 다음 중 어느 항인가?

㉮ 영상 혼신을 받기 쉽다.
㉯ 중간 주파수로 변환하므로 선택도가 향상 된다.
㉰ 국부발진 주파수의 고조파와 도래전파 사이의 비트 방해가 없다.

해답 29. ㉱ 30. ㉰ 31. ㉮ 32. ㉰

㉱ 중간 주파수에서 증폭하므로 증폭도가 높다.

해설 슈퍼헤테로다인(superheterodyne) 수신기는 수신주파수를 중간주파수로 변환하므로 감도와 선택도가 좋으나 영상혼신을 받기 쉬우며 국부발진 세력의 방사와 도래전파 사이의 비트(beat) 방해를 일으키는 등의 결점이 있다.

문제 33. 반사파가 많은 경우 직접파와 반사파 사이에 간섭이 일어나 직접파에 의한 영상이 반사파에 의한 영상보다 시간적으로 벗어나기 때문에 상이 이중 삼중으로 나타나는 현상을 무엇이라 하는가?
  ㉮ 고스트   ㉯ 이미지혼신   ㉰ 해상도   ㉱ 색도파

해설 송신 안테나로 부터 수신 안테나까지 전파가 도달하는 경우, 직접파에 의해서 생기는 화면외에 어느 반사체(산, 건물 등)에서 반사되어 오는 반사파가 직접파보다 길어서 시간적 지연이 생겨 다중상이 나타나는 현상을 고스트(ghost)라 한다.

문제 34. -60[dB]의 감도를 가진 마이크로폰에 1[μbar]의 음압을 주었을 때 출력전압은 몇 [mV]인가?
  ㉮ 0.01   ㉯ 0.1   ㉰ 1   ㉱ 10

해설 $s=20\log_{10}\dfrac{E}{P}$에서 $-60=20\log_{10}\dfrac{E}{1[\mu bar]}$[dB]이므로 $\dfrac{-60}{20}=\log_{10}E$에서
$E=10^{-3}=1$[mV]

문제 35. 전축에서 잡음에 대하여 가장 영향을 많이 받는 부분은 어느 것인가?
  ㉮ 등화 증폭기   ㉯ 저주파 증폭기   ㉰ 전력 증폭기   ㉱ 주출력 증폭기

해설 전축에 사용되는 등화증폭기(equalizing amplifier)는 레코드나 녹음기의 녹음특성이 일반적으로 저역에서 저하되는 경향이 있으므로 이특성을 보상하기 위한 회로로서 입력소스의 초단에 위치하므로 잡음에 대하여 가장 영향을 많이 받는다.

문제 36. 녹음기 회로에서 녹음때에는 고역을, 재생때에는 저역을 각각의 증폭기로 보정하여 전체를 통하여 평탄한 특성으로 만드는 회로를 무엇이라 하는가?
  ㉮ 등화(equalize)   ㉯ 증폭기(amplifier)
  ㉰ 임펄스(impulse)   ㉱ 진폭 제한기(limiter)

해설 녹음때에는 고역을, 재생때에는 저역을 각각의 증폭기로 보정하여 전체를 평탄한 특성으로 만드는 것을 주파수 보상 또는 등화라 한다.

해답 33. ㉮ 34. ㉰ 35. ㉮ 36. ㉮

문제 37. 테이프, 레코오더에 사용되는 마이크로 폰중 리본과 무빙 코일 등의 마이크를 조합하여 스테레오 저항성을 갖게 하는 것은?
㉮ 콘덴서 형   ㉯ 리본 형   ㉰ 크리스탈 형   ㉱ 복합 형
[해설] 리본과 무빙코일(가동코일)을 조합한 마이크로폰이 복합형이다.

문제 38. 텔레비전 수상기의 입력 임피던스는 보통 300[Ω]의 평형형에 대치되도록 조정되어 있다. 혼신 방지를 위해 50[Ω]의 동축 케이블을 사용하는 경우가 있는데 이때 사용되는 것은?
㉮ 급전선(feeder line)   ㉯ 발룬(Balun)
㉰ 저항 분배기   ㉱ 인덕턴스
[해설] 발룬(balanced to unbalanced transformer)은 임피던스 정합을 위해 사용되는 평형트랜스이다.

문제 39. 다음 중 VTR의 녹화 매체는?
㉮ EVR 필름   ㉯ FED 디스크
㉰ 자기 테이프(magnetic tape)   ㉱ 자기 시트(magnetic sheet)
[해설] VTR(Video Tape Recorder)에서는 기록 매체로서 자기 테이프를, VDR(Video Disc Recorder)에서는 자기 시트를 각각 사용한다.

문제 40. VTR로서 TV방송을 녹화하는 경우 영상 헤드 구동용 모터는 다음 중 어느 것에 의해 제어 되는가?
㉮ 60[Hz] 전원 주파수   ㉯ 수직동기 신호
㉰ 수평동기 신호   ㉱ 콘트롤 신호
[해설] 콘트롤 신호에 의하여 영상 헤드 구동용 모터가 제어된다.

문제 41. 초음파 용접기가 보통 전기용접기 보다 특수한 점은 무엇인가?
㉮ 공진을 이용한다.   ㉯ 마찰을 이용한다.
㉰ 온도가 높다.   ㉱ 전력 손실이 적다.
[해설] 초음파 용접은 초음파의 횡진동을 가하여 그 마찰에 의하여 용접을 하는 것이다.

문제 42. 유전가열로 가열할 수 없는 것은?
㉮ 베니어판 접착   ㉯ 고주파 치료기

[해답] 37. ㉱ 38. ㉯ 39. ㉰ 40. ㉱ 41. ㉯ 42. ㉰

㉰ 고주파 납땜　　　　　　㉱ 비닐제품 접착
[해설] 고주파 납땜 장치는 유도 가열의 응용에 의한 것이다.

[문제] 43. 물질에 빛을 비춤으로서 기전력이 발생하는 현상은?
㉮ 광 방진효과　　　　　　㉯ 광 전도효과
㉰ 광 전자 방출효과　　　　㉱ 광 기전력 효과
[해설] PN 접합 반도체에 빛이 입사되면 빛에너지를 흡수하여 기전력을 발생하는 현상을 광기전력 효과라 한다.

[문제] 44. 다음 중 기전력이 발생하지 않는 것은 어느 것인가?
㉮ 호올 효과　㉯ 제어벡 효과　㉰ 펠티어 효과　㉱ 태양 전지
[해설] 펠티어 효과는 2개의 다른 물질의 접합부에 전류가 흐르면 열을 흡수하거나 발산하는 현상이다.

[문제] 45. 다음은 전자냉동의 원리에 대한 설명이다. 옳지 못한 것은?
㉮ 펠티어 효과를 이용한 것이다.
㉯ 펠티어 효과가 클수록 효과적인 냉각기을 얻을 수 있다.
㉰ 펠티어 효과는 물질에 따라 다르다.
㉱ 펠티어 효과는 접점을 통과하는 전류에 반비례한다.
[해설] 펠티어 효과는 물질에 따라 다르고 접점을 통과하는 전류에 비례한다.

[문제] 46. 기구에 관측 장치를 적제하여 대기로 띄워 보내는 것을 무엇이라 하는가?
㉮ 라디오 존데　㉯ 레이더　㉰ 택카　㉱ 전파 고도계
[해설] 수소 가스를 채운 조그마한 기구에 기상관측 장비와 발진기를 실어서 대기상공에 띄워 무선으로 상층의 기상요소를 측정하는 기기를 라디오 존데라 한다.

[문제] 47. 되먹임 제어란 무엇인가?
㉮ 기계 스스로 판단하여 수정 동작을 하는 방식
㉯ 프로그램의 순서대로 순차적으로 제어하는 방식
㉰ 미리 정해진 순서에 따라 순차적으로 제어가 진행되는 제어방식
㉱ 외부에서 명령을 입력하는데 따라 제어되는 방식

[해답] 43. ㉱　44. ㉰　45. ㉱　46. ㉮　47. ㉮

해설 되먹임 제어는 기계가 스스로 제어의 필요성을 판단하여 수정동작을 하는 제어 방식이며 ⓒ는 시퀀스 제어를 말한다.

문제 48. 다음은 되먹임 제어(feed back control)계의 제어량을 제어계 별로 구분한 것이다. 이중 서어보기구에 해당되는 것은?
㉮ 위치, 온도, 습도　　　㉯ 압력, 유량, 액면
㉰ 속도, 장력, 전압　　　㉱ 위치, 각도
해설 방향이나 위치의 추치제어를 서보기구(serovmechanism)라 한다.

문제 49. 제어 요소의 동작 중 연속동작이 아닌 것은?
㉮ D 동작　　㉯ P+D 동작　　㉰ on-off 동작　　㉱ P+I 동작
해설 온오프 동작을 2위치 동작, 비례동작을 P동작, 적분동작을 I동작, 미분동작을 D동작이라 한다.

문제 50. 아래 그림은 초음파 가공기의 기본 설명도이다. 회로의 콘덴서는 어떤 작용을 하는가?
㉮ 진동자와 공진시키기 위하여 사용
㉯ 능률과 진폭을 증가시킨다.
㉰ 진동자에서 생기는 잡음을 방지시킨다.
㉱ 직류여자 전류가 발진기로 흐르는 것을 방지 시킨다.

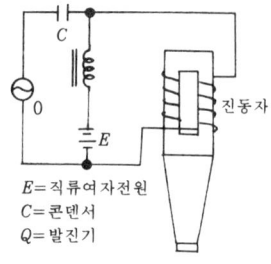

E = 직류여자전원
C = 콘덴서
Q = 발진기

해설 콘덴서 C는 직류저지용으로 직류여자 전원이 발진기로 들어가는 것을 방지하기 위해 접속한다.

문제 51. 방향 탐지기에서 센스결정(Sence determination)을 사용하는 목적이 아닌 것은?
㉮ 지향성 공중선의 보조 공중선으로 사용된다.
㉯ 전파 전계강도를 측정시 사용된다.
㉰ 지향 특성이 단일 지향성으로 되는 것을 이용한다.
㉱ 전파의 진행방향에서 단일 진행방향을 결정한다.
해설 센스 결정은 8자형 지향특성 안테나와 별개의 수직 안테나에서 얻어지는 출력을 합성함으로써 쉽게 해결할 수 있다.

해답　48. ㉱　49. ㉰　50. ㉱　51. ㉯

문제 52. 주파수 변환 회로의 설명으로 맞지 않는 것은?
㉮ 발진과 혼합을 두 개의 트랜지스터로 하는 타려형이 있다.
㉯ 변환 이득이 낮을 수록 좋다.
㉰ 발진과 혼합을 하나의 트랜지스터로 하는 자려형이 있다.
㉱ 주파수가 다른 두 개의 고주파 전압을 검파기에 가하면 출력으로는 양쪽차의 주파수 전압이 나온다.
해설 변환이득(변환컨덕턴스)은 클수록 좋다.

문제 53. 2개의 스피커를 병렬 연결 했을 때의 합성 임피이던스는 1개의 스피커 때의 몇 배가 되는가?
㉮ 1/4배 ㉯ 1/2배 ㉰ 2배 ㉱ 4배
해설 동일한 스피커 2개를 병렬접속하면 합성임피던스는 1개 때의 $\frac{1}{2}$이다.

문제 54. 다음 중 EQ Amp가 갖추어야 할 설명이 아닌 것은?
㉮ S/N비가 클 것
㉯ 허용 입력이 커야한다.
㉰ 찌그러짐율이 고음, 저음에서 낮아야 한다.
㉱ 이퀄파이저 커브는 직선일 것
해설 등화증폭기(EQ Amp)는 주파수 특성을 보정하는 소신호 증폭기이다.

문제 55. 주파수 50[MHz]인 전파의 1/4 파장에 대한 값은?
㉮ 1.5[m] ㉯ 3[m] ㉰ 15[m] ㉱ 30[m]
해설 $\lambda = \frac{c}{f} = \frac{3 \times 10^8}{50 \times 10^6}$
$= 6[m]$
∴ $6 \div \frac{1}{4} = 1.5[m]$

문제 56. 테스트 패턴의 판정 대상이 아닌 것은?
㉮ 해상도   ㉯ 편향 일그러짐
㉰ 종횡비   ㉱ 증폭도
해설 테스트 패턴(test pattern)은 해상도, 편향 일그러짐, 과도특성, 명암, 종횡비, 촛점 등 화상의 여러가지 성질을 판정하는데 사용된다.

해답 52. ㉯ 53. ㉯ 54. ㉯ 55. ㉮ 56. ㉱

문제 57. TV 화면에 스노우 노이즈가 많이 나오는 고장 원인은?
㉮ 국부발진 변화   ㉯ 중간주파 증폭석 불량
㉰ 고주파 증폭석의 감도 저하   ㉱ 영상 검파 회로의 감도 저하

해설 스노 노이즈란 화면의 영상이 극히 약해짐과 더불어 잡음이 강하여 눈이내리는 것과 같은 화면이 될때를 말한다. 이것은 신호가 약할 때 수상기내의 잡음 발생으로 S/N비가 나빠져 나타나게 되는데 잡음발생영향은 앞단에서의 발생일수록 잡음이 많게 되어 스노 노이즈 현상은 주로 튜너부의 잡음일 경우가 많다. 따라서 고주파 증폭부의 이득 저하나 안테나계 회로의 감도 저항 등 원인 된다.

문제 58. Color TV의 조정시 사용하는 크로스 해치 패턴(crosshatch pattern)은 다음 중 어느 것을 조정할 때 주로 사용하는가?
㉮ 콘버어 전스   ㉯ 퓨리티
㉰ 화이트 밸런스   ㉱ 리니어리티

해설 크로스해치패턴(crosshatch pattern)은 칼라 TV의 3원색(적, 녹, 청)의 상을 겹치도록 하여 콘버어 전스를 마추어 주는 발진기이다.

문제 59. 자기테이프(magnetic tape)로서 일반적으로 음성용에 사용되는 테이프 폭은?
㉮ 3.8[mm]   ㉯ 6.25[mm]   ㉰ 12.7[mm]   ㉱ 7.6[mm]

해설 자기 테이프의 폭
① 음성용 : 6.25[mm]
② TV의 녹화용 : 12.7[mm] 및 50.8[mm]

문제 60. 녹음시 녹음의 충실도를 좋게 하려면 녹음기 속도는 얼마로 하는 것이 가장 알맞는가?
㉮ $1\frac{7}{8}$[inch/sec]   ㉯ $2\frac{3}{4}$[inch/sec]
㉰ $5\frac{1}{2}$[inch/sec]   ㉱ $7\frac{1}{2}$[inch/sec]

해설 일반적인 녹음기는 카세트(cassette)식의 경우를 제외하고는 2~3 종류의 테이프 속도를 선정할 수 있으며 이는 녹음소스에 따라 선정한다. 충실도가 좋은 녹음을 원할 때에는 $7\frac{1}{2}$[inch/sec](19.05cm/sec)의 빠른 속도가 좋다.

해답 57. ㉰   58. ㉮   59. ㉯   60. ㉱

문제 61. VTR에 기록되는 영상신호에 관한 설명 중에서 옳은 것은?
㉮ 휘도 신호는 직접기록, 색신호는 저역 변환후 AM변조
㉯ 휘도 신호는 직접기록, 색신호는 저역 변환후 FM변조
㉰ 휘도 신호는 저반송파 AM변조, 색신호는 저역 변환후 FM변조
㉱ 휘도 신호는 저반송파 FM변조, 색신호는 저역 변환후 AM변조
해설 VTR에 기록되는 영상신호는 저반송파 FM변조 방식을 사용한다. 이는 저역에서 이득 감쇠를 방지하고 재생신호의 레벨변동을 방지하기 위함이다.

문제 62. VTR재생시 인접트랙을 잘못 주사하여 발생하는 크로스토크(누화)를 방지기 위해 Ch1 및 Ch2의 두 헤드의 각도를 조금씩 비틀리게 설치하여 기록 재생하는 것을 에지머스 기록 방식이라 한다. VHS 방식의 에지머스 각도는?
㉮ ±5°   ㉯ ±6°   ㉰ ±7°   ㉱ ±8°
해설 헤드의 갭의 각도를 ±6°식 비틀리게 하여 누화(크로스토크)를 방지하는 것이 에지머스 방식이다.

해답 61. ㉱ 62. ㉯

1997년도 전자기기 · 음향영상기기 출제문제

문제 1. 초음파 성질에 대한 것중 옳지 못한 것은?
㉮ 초음파의 세기는 진폭의 제곱에 비례한다.
㉯ 초음파의 세기는 매질속을 지나감에 따라 강해진다.
㉰ 초음파의 감쇠율은 기체가 가장 크다.
㉱ 초음파의 감쇠율은 진동수가 클수록 크다.
[해설] 초음파의 세기는 매질속을 지나감에 따라 감쇠한다. 감쇠율은 물질에 따라 다르며 일반적으로 기체가 가장 크고 액체, 고체의 순서로 작아진다. 또 초음파의 진동수가 클수록 감쇠율은 크다.

문제 2. 고주파 유전가열(高周波誘電加熱) 장치로서 가공되는 경우는?
㉮ 금속의 열처리
㉯ 금속의 용접
㉰ 강철의 표면처리
㉱ 플라스틱(plastic)의 접착
[해설] 유전가열은 목재의 건조, 성형, 플라스틱의 접착, 음식물 조리 등에 사용한다.

문제 3. 유도가열에서 가열목적에 따라 피열물을 거의 균일한 온도로 가열하는 법을 무엇이라 하는가?
㉮ 외부가열   ㉯ 표면가열   ㉰ 내부가열   ㉱ 표피가열

문제 4. 다음 중 저주파 유도로와 관계 없는 것은?
㉮ 열효율이 좋고 역율이 비교적 높다.
㉯ 핀치효과
㉰ 맴돌이 전류
㉱ 상용주파수 사용

[해답] 1. ㉯ 2. ㉱ 3. ㉰ 4. ㉰

[해설] 맴돌이 전류를 이용한 가열방식을 고주파 유도가열이라 하며 가공장치나 용해로 등에 사용한다.

[문제] 5. 전자 냉동기 특징에서 옳지 못한 것은?
㉮ 회전 부분이 없으므로 소음이 없다.
㉯ 온도 조절이 용이하다.
㉰ 성능이 고르고 수명이 길어 반영구적이다.
㉱ 대용량에서도 효율을 쉽게 해결할 수 있다.

[문제] 6. 60[Hz] 4극 3상 유도전동기의 동기 속도는?
㉮ 7200[rpm]   ㉯ 1800[rpm]   ㉰ 300[rpm]   ㉱ 2400[rpm]

[해설] $f = \dfrac{PN}{120}$ [Hz]에서

$N = \dfrac{f}{P} \times 120 = \dfrac{60 \times 120}{4} = 1800$[rpm]

[문제] 7. 초음파 가공기의 공구로 사용되는 것은?
㉮ 다이아몬드   ㉯ 강철   ㉰ 황동   ㉱ 베크라이트

[해설] 공구의 재료는 연강, 황동, 피아노선과 같은 질긴 성질이 있는 것이 좋으며 단단할 필요는 없다.

[문제] 8. 전장 발광 장치의 설명 중 옳지 않은 것은?
㉮ 형광체의 미소한 결정을 유전체와 혼합하여 여기에 높은 직류 전압을 가하면 발광현상이 생긴다.
㉯ 전극으로부터 전자나 정공이 직접 결정에 유입되지 않는다.
㉰ 반도체의 성질을 가지고 있는 물질(형광체를 포함)에 전장을 가하면 발광현상이 생긴다.
㉱ 발광은 결정내부의 인가전압에 따라 높은 전장이 유기되어서 생기므로 고유형 EL이라 한다.

[해설] 전장발광장치는 교류전압을 가하여 사용한다.

[해답] 5. ㉱   6. ㉯   7. ㉰   8. ㉮

문제 9. 도로표지나 시계 및 계기의 문자변동에 이용되는 EL 램프는?
㉮ 고유형 EL   ㉯ 주입형 EL   ㉰ 시뮬형 EL   ㉱ 전장 발광판
[해설] 전장발광(또는 EL 램프)는 도로표지나, 시계나, 계기의 문자판 등에 이용되고 있다.

문제 10. 자기왜형 진동자를 만들때 철심을 엷은 판모양으로 절연하여 겹쳐쌓아 만드는 이유는?
㉮ 공진주파수 조정을 위해서
㉯ 맴돌이 전류를 적게하기 위해서
㉰ 진동을 크게 하기 위해서
㉱ 제작비를 적게들이기 위해서

문제 11. 온도의 예정 한도를 검출하는 데 사용되는 것은?
㉮ 리미트 스위치   ㉯ 레벨 메터   ㉰ 서모 스탯   ㉱ 압력 스위치

문제 12. 무선 주파수대로 108~118[MHz]의 초단파를 사용하는 전파 항법 방식은 어느 것인가?
㉮ 무지향성 비컨   ㉯ 초고주파 전방향 레인지 비컨
㉰ $\rho - \theta$항법   ㉱ 회전 비컨
[해설] 초고주파 전방향레인지 비컨(VOR VHF ommidirectional range)은 사용주파수 108~118[MHz]의 초단파를 사용하여 지향성 송신을 하는 전방향식 AN레인지 비컨이다.

문제 13. 항법 보조장치의 ILS란?
㉮ 계기 착륙 방식   ㉯ 회전 비컨
㉰ 무지향성 무선표식   ㉱ 호우머
[해설] 항법 보조장치인 ILS(Instrument Landing System)는 계기 착륙방식을 말한다.

문제 14. 다음은 전파항법기기를 나열하였다. 서로 관계가 없는 것은?
㉮ 정밀 접근레이다……P.A.R

[해답] 9. ㉱   10. ㉯   11. ㉰   12. ㉯   13. ㉮   14. ㉯

㈏ 거리측정 장치……I.L.S
㈐ 무지향성비컨……N.D.B
㈑ 초고주파전방향비컨……V.O.R

[문제] 15. 최근에 실용화 되기 시작한 태양전지에 관련된 사항으로 옳지 못한 것은?
㈎ 에너지 원이 되는 태양광선이 풍부하므로 이용이 용이하다.
㈏ 장치가 간단하고 보수가 편하다.
㈐ 전원이 없는 벽지나 산꼭대기의 초단파 무인 중계국 등에 사용하는 것이 유리하다.
㈑ 대전력용으로서도 가격 용적등에서 유리하다.
[해설] 태양 전지의 단점은 대전력용으로 사용시 태양광선에 따라 출력의 변동이 있으며 부피가 크고 가격이 비싸다.

[문제] 16. 레이더에 사용되는 초단파 발진관으로 어떤 것이 사용되는가?
㈎ 자전관(magnetron) ㈏ TR관
㈐ ATR관   ㈑ 전자호온

[문제] 17. 비포화 논리회로는?
㈎ CTL   ㈏ RTL   ㈐ CML   ㈑ DCTL
[해설] 비포화 논리회로(current mode logic : CML 또는 emitter coupled logic; ECL) ; 칩(Chip) 내의 능동소자와 수동소자 등을 활성영역과 차단영역에서만 사용하는 IC이다. 전하의 축적을 피할 수 있고 시간지연이 작으나 전력 소비가 큰 결점이 있다.

[문제] 18. 카르노프법으로 그림과 같이 하였을 때 결과 값을 나타낸 것은?
㈎ A+B
㈏ A+$\overline{B}$
㈐ $\overline{A}$+B
㈑ $\overline{A}$+$\overline{B}$

A\B	0	1
0		1
1	1	1

[해답] 15. ㈑ 16. ㈎ 17. ㈐ 18. ㈎

[해설]

A \ B	0	1
0		1
1	1	1

$\overline{B} = \overline{A}B + AB + A\overline{B} + AB$
$= B(A + \overline{A}) + A(B + \overline{B})$
$= A + B$

문제 19. $1 + \dfrac{J\omega t}{J\omega t}$ 인 전달함수에서 $\omega = \infty$ 인 때의 절대값은?

㉮ -1 ㉯ 1 ㉰ 0 ㉱ ∞

문제 20. 직류전동기의 속도제어에 대한 원리는?

㉮ 위치의 변화로   ㉯ 여자전류의 변화로
㉰ 각도의 변화로   ㉱ 방위의 변화로

문제 21. 서보 기구라 함은 다음의 어느 자동제어 장치를 나타내는 것인가?

㉮ 온도   ㉯ 유량이나 압력   ㉰ 위치나 각도   ㉱ 시간

[해설] 서보기구는 물체의 위치, 방위, 자세 등의 기계적 변위를 제어량으로 하는 제어계이다.

문제 22. 자동제어계에서 제어량의 종류가 아닌 것은?

㉮ 온도   ㉯ 속도   ㉰ 전압   ㉱ 시간

[해설] 자동제어계는 제어량의 종류(온도, 압력, 속도, 전압, 주파수) 등 사용하는 에너지의 형식(전기식, 공기압식, 유압식), 제어대상(노, 전동기 등), 기구 요소의 성질(선형, 비선형) 등에 의하여 분류된다.

문제 23. 전기석과 같은 결정체를 가열하거나 또는 냉각하면 결정의 한쪽 면에 +전하가 발생하고 다른쪽 면에 −전하가 발생되는 현상을 무엇이라고 하는가?

㉮ 압전효과   ㉯ 초전효과   ㉰ 홀효과   ㉱ 광전효과

[해설] 전기석 주석산 등의 전하의 평형이 가열이나 냉각으로 일그러져서 전하가 나타나는 현상을 초전효과라 한다.

[해답] 19. ㉯ 20. ㉯ 21. ㉰ 22. ㉱ 23. ㉯

문제 24. 특별히 제너 다이오드(Zener Diode)를 사용하는 회로는?
㉮ 검파회로
㉯ 저주파 증폭회로
㉰ 고주파 발진회로
㉱ 전압 안정회로

문제 25. 상보 대칭식 SEPP 회로에서는 트랜지스터 특유의 크로스오버 일그러짐(crossover distortion)이 생긴다. 이것을 없애기 위한 방법은?
㉮ A급 증폭을 시킨다.
㉯ B급 증폭을 시킨다.
㉰ AB급 증폭을 시킨다.
㉱ C급 증폭을 시킨다.
[해설] 상보대칭(complementary symmetry)식 SEPP 회로의 기본동작은 B급 푸시풀 (push pull) 증폭이나, 실제에는 트랜지스터 특유의 크로스오버 일그러짐이 생기기 때문에 AB급 동작으로서 무신호때에도 약간의 전류가 흐르도록 바이어스를 가하고 있다.

문제 26. 증폭기를 통과하여 나온 출력 파형이 입력 파형과 닮은 꼴이 되지 않는 경우의 일그러짐은?
㉮ 과도 일그러짐
㉯ 위상 일그러짐
㉰ 비직선 일그러짐
㉱ 파형 일그러짐
[해설] 증폭기의 직선성이 좋지 않을 때에는 출력파형은 일그러져 입력파형과 다르게 되는데 이러한 경우를 비직선 일그러짐(nonlinear distortion)이라 한다.

문제 27. 수우퍼헤테로다인 수신기에서 영상주파수는?
㉮ 국부발진 주파수와 같다.
㉯ 중간 주파수와 같다.
㉰ 국부발진주파수 − 중간주파수와 같다.
㉱ 국부발진주파수 + 중간주파수와 같다.
[해설] 영상주파수 = 수신주파수 + 2IF
국부발진주파수 = 수신주파수 + IF
∴ 영상주파수 = 국부발진주파수 + IF

문제 28. 다음 중 전치 증폭기의 설명으로서 틀리는 것은?
㉮ 음량 조절 회로가 있다.

[해답] 24. ㉱ 25. ㉰ 26. ㉰ 27. ㉱ 28. ㉱

㈐ 음질(tone) 조정 회로가 있다.
㈑ 마이크로폰이나 테이프헤드 등으로 부터 나오는 비교적 작은 신호 전압을 증폭한다.
㈒ 전력 증폭을 하는 회로이다.

[해설] 전치증폭기(preamplifier)는 마이크로폰이나 테이프레코드 등으로 부터의 적은 신호전압을 증폭하고 음량과 음질을 조정한 후 증폭기에 전달한다.

[문제] 29. 792[kHz]의 중파 방송을 수신하려 할 때 수우퍼헤테로다인 수신기의 국부발진 주파수는 얼마로 조정해야 하는가?(단, 중간주파수는 455[kHz]이다.)

㉮ 350[kHz]   ㉯ 1242[kHz]   ㉰ 450[kHz]   ㉱ 792[kHz]

[해설] 국부발진주파수 = 수신주파수 + 중간주파수
            = 792 + 450
            = 1242[kHz]

[문제] 30. FM 수신기의 성능을 높이기 위하여 방송국간의 잡음을 방지하는 회로의 명칭은?

㉮ AGC 회로   ㉯ ABC 회로   ㉰ ACC 회로   ㉱ 뮤우팅 회로

[해설] 방송수신시 잡음을 방지하기 위하여 고주파 증폭의 동작을 정지시켜주는 회로를 뮤팅회로라 한다.

[문제] 31. 우리나라에서 사용하는 FM 방송의 주파수 범위는?

㉮ 76[MHz]~90[MHz]   ㉯ 80[MHz]~100[MHz]
㉰ 3[MHz]~12[MHz]   ㉱ 88[MHz]~108[MHz]

[문제] 32. 뮤팅(muting) 회로를 설명한 말로 틀리는 것은 어느 것인가?

㉮ 고주파 입력이 없을 때 수신기 내에서 발생하는 '싸'하는 잡음을 없애기 위한 회로이다.
㉯ FM 스테레오 방송 수신시 이조되었을 때에 미소 잡음이 38[kHz]

[해답] 29. ㉯ 30. ㉱ 31. ㉱ 32. ㉱

앰프로 증폭되지 않도록 앰프의 동작을 정지시키는 회로
㉰ 스테레오 위치에서 모노럴 방송을 수신할 때 잡음이 앰프쪽으로 가지 않도록 끊어버리고 19[kHz]가 들어갔을 때만 동작하게 하는 것으로 St/mono의 자동전환 회로도 있다.
㉱ 뮤팅(Muting) 회로는 무선 송·수신기에서 마이크로폰과 스피커를 음성으로 자동 전환하는 장치이다.

[문제] 33. 그림은 FM 송신기의 계통도이다. ㉮의 명칭은 무엇인가?
㉮ 수정 발진부
㉯ 전치 보상부
㉰ 주파수 체배부
㉱ 프리엠파시스부

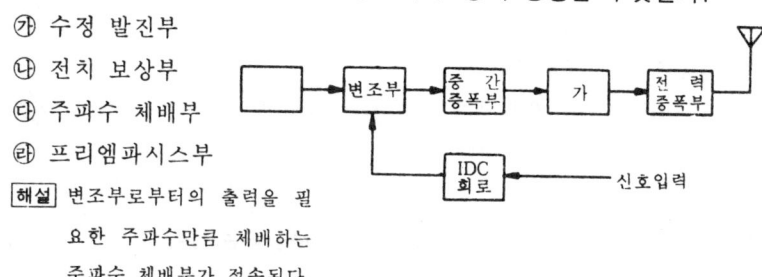

[해설] 변조부로부터의 출력을 필요한 주파수만큼 체배하는 주파수 체배부가 접속된다.

[문제] 34. TV 수상기의 수평 출력석이 동작하지 않았을 때 증상은 어느 것인가?
㉮ 수직동기가 되지 않는다   ㉯ 수평동기가 되지 않는다
㉰ 가로선이 1개 나온다   ㉱ 라스터가 안나온다
[해설] 브라운관 회로의 고압전원은 수평편향전류의 귀선기간에 발생하는 고전압을 플라이백 트랜스(FBT)로 승압하여 얻어지기 때문에 수평출력석(수평출력 트랜지스터)이 동작하지 않으면 라스터가 안나오게 된다.

[문제] 35. Keyed AGC의 특징으로서 틀리는 것은 어느 것인가?
㉮ 외부 잡음에 의한 AGC 전압의 변화가 적다.
㉯ 입력신호가 비교적 빠른 변화에도 응답한다.
㉰ 주사 기간중에는 AGC전압이 가해지지 않는다.
㉱ 펄스성 잡음이 특히 많은 장소에 유리하다.
[해설] Keyed AGC는 수평주사 기간에 AGC 전압이 가해진다.

[해답] 33. ㉰ 34. ㉱ 35. ㉰

문제 36. 녹음기 회로에서 자기 테프에 기록된 내용을 소거하는 방법은 다음과 같다. 관계가 먼 것은?
㉮ 교류 소거법 ㉯ 영구자석에 의한 소거법
㉰ 전자석에 의한 소거법 ㉱ 전압 소거법
[해설] 소거의 방법은 전자식이나 영구자석에 의한 방법, 그리고 교류소거법이 있다.

문제 37. 자기 녹음기에서 재생헤드의 위치가 정상보다 비스듬히 놓여져 있을 때 다음 중 어떤 증상이 나타나는가?
㉮ 저음역이 크게 감쇄된다.
㉯ 중음역이 감쇄된다.
㉰ 고음역이 크게 감쇄된다.
㉱ 전반적으로 음량이 줄어든다.

문제 38. 자기 녹음테이프에 도포용으로 사용되는 분말재료로서 적합한 것은 어느 것인가?
㉮ 염화제 1철 ㉯ 산화제이철 ㉰ 셀렌 ㉱ 황화카드뮴

문제 39. 녹음기의 자기헤드에 관한 설명이다. 적당치 않은 것을 고르시오.
㉮ '녹재'헤드는 녹음과 재생을 하나의 헤드로 겸용한 것으로 대부분의 카셋녹음기에 쓰인다.
㉯ 일반 스테레오 카셋 레코더의 소거헤드는 모노럴과 달리 테이프의 좌우트렉을 따로 소거한다.
㉰ 소거헤드는 테이프상에 기록된 자기 신호를 소거하는 헤드이며 소거방법에는 직교류소거의 두가지가 있다.
㉱ 헤드의 재료에는 퍼멀로이, 페라이트, 센더스트 등 자력선을 넣기 쉬운 것을 사용한다.

문제 40. 비디오 헤드가 오염되었을 때에는 클리이닝(cleaning)이 필요하다. 다음 중 적당한 것은?

[해답] 36. ㉱ 37. ㉱ 38. ㉯ 39. ㉯ 40. ㉱

㉮ 아세톤   ㉯ 벤젠   ㉰ 휘발유   ㉱ 메타놀

[해설] 비디오 헤드는 클리닝액 또는 메타놀을 사용하여 헤드드럼의 회전 방향에 따라 클리닝한다.

[문제] 41. VTR의 영상헤드는 회전 운동을 하고 있다. 어떤 수단을 통해 안전하게 영상 신호를 전달하는가?
㉮ 용량 결합   ㉯ 빛 센서에 의한 결합
㉰ 로우타리 트랜스에 의한 결합   ㉱ 순금 슬립·링에 의한 결합

[해설] Rotary Transformer는 녹화신호전류를 회전 비디오에 공급하거나 비디오 헤드로부터 재생 신호를 끌어내어 영상 증폭회로에 공급한다.

[문제] 42. VHS 방식 VTR의 설명 중 적합한 것은?
㉮ 패럴렐 로딩기구에 의한 M자형 로딩
㉯ 큰 헤드드럼에 낮은 테이프 속도
㉰ 리드 테이프에 의한 종단 검출방식
㉱ 1차 모타에 의한 안정된 구동방식

[문제] 43. 비디오에서 테이프의 주행 방향이 화살표와 같을 때 비디오헤드의 주행방향은 어느 쪽인가?
㉮ ①
㉯ ②
㉰ ③
㉱ ④

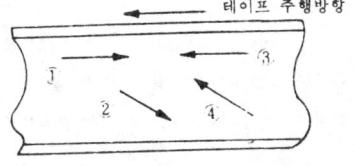

[문제] 44. 초음파 통신계의 응용에서 소오나(sonai)와 관계 없는 것은 다음 중 어느 것인가?
㉮ 어군탐지기
㉯ 물의 깊이와 수위의 측정
㉰ 수중레이더
㉱ 바닷물의 염도

[해답] 41. ㉰ 42. ㉮ 43. ㉱ 44. ㉱

[해설] 물속에 초음파를 발사하여 그 반사파를 측정, 거리와 방향을 알아내는 장치를 소나(sonar, spund navigation and ranging)라 한다. 이것은 원래 군용으로 잠수함을 탐지하기 위하여 연구된 것이지만 근래에는 항해의 안전을 위한 수중 레이더, 어군탐지기, 측심기 등에 이용되고 있다.

[문제] 45. 물의 깊이를 측정하는 측심기에 대한 특성이 아닌 것은?
㉮ 초음파　　　　　　　㉯ 자기 왜형 진동자
㉰ 고주파　　　　　　　㉱ 수심온도 17℃에서의 1500[m/s]

[해설] 초음파를 물속에 발사하여 반사되어온 시간차를 측정 물에 깊이를 알아내는 장치가 측심기이다.

[문제] 46. 유전 가열의 단점 중 옳지 않은 것은?
㉮ 고주파 발진기의 효율이 낮다(50~60%).
㉯ 설비비가 비싸다.
㉰ 온도 상승이 늦다.
㉱ 피열물의 모양에 제한을 받는다.

[해설] 온도상승이 빠른 것이 유전가열의 강점이다.

[문제] 47. 고주파 유도가열(高周波誘導加熱)에서 열발생의 원인이 되는 현상은?
㉮ 와류　　㉯ 정전유도　　㉰ 광전효과　　㉱ 동조

[해설] 고주파 유도가열은 금속과 같은 도전 물질에 고주파 자장을 가할 때 도체내에 생기는 맴돌이 전류(와류)에 의하여 물질을 가열하는 방법이다.

[문제] 48. 발진기의 발진주파수를 높이기 위하여 사용되는 회로는?
㉮ 주파수 체배기　㉯ 분주기　　㉰ 영상증폭기　　㉱ 마그네트론

[문제] 49. 칼로리 미터법에 의해서 전력을 측정하였다. 이때 냉각수 입구의 온도를 4[℃], 출구의 온도를 74[℃] 냉각수의 유량을 5[cc/min]라고 하면 고주파 전력은 몇 [W]인가?(단, 비례상수 K는 0.07이다.)

[해답] 45. ㉰　46. ㉰　47. ㉮　48. ㉮　49. ㉯

㉮ 14.5   ㉯ 24.5   ㉰ 34.5   ㉱ 44.5

[해설] $T = K(T_2 - T_1)Q$
   $= 0.07(74-4)5$
   $= 24.5 [W]$

문제 50. 태양전지는 다음의 무슨 효과를 이용한 것인가?
   ㉮ 광전자 방출효과   ㉯ 광전도 효과
   ㉰ 광증폭 효과   ㉱ 광기전력 효과
   [해설] 태양전지는 반도체의 PN접합에 빛이 입사할 때 기전력이 발생하는 광기전력 효과를 이용한 것이다.

문제 51. 태양 전지에서 음극단자가 연결된 부분의 구성 물질은?
   ㉮ P형 실리콘   ㉯ N형 실리콘   ㉰ 셀렌   ㉱ 붕소
   [해설] 태양 전지는 태양의 빛에너지를 전기 에너지로 변환하는 광전지로 +전극은 P형층, -전극은 N형 실리콘판에 연결 시킨다.

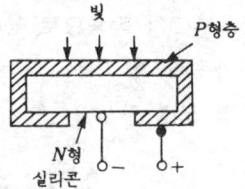

문제 52. 다음과 같은 3극관의 전달함수는 얼마인가?

㉮ $e_i \rightarrow \boxed{\dfrac{\mu R}{rp+R}} \rightarrow e_0$

㉯ $e_i \rightarrow \boxed{\dfrac{\mu R}{rp-R}} \rightarrow e_0$

㉰ $e_i \rightarrow \boxed{\dfrac{rp+R}{\mu R}} \rightarrow e_0$

㉱ $e_i \rightarrow \boxed{\dfrac{rp-R}{\mu R}} \rightarrow e_0$

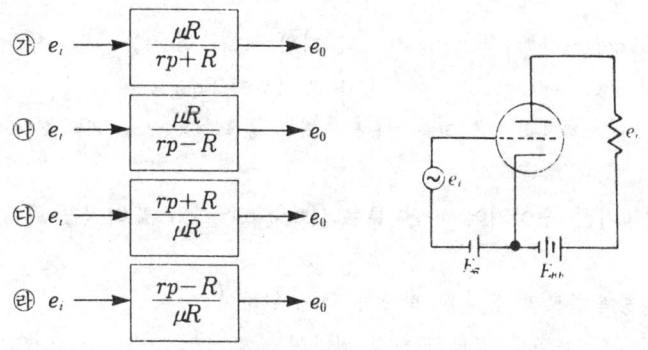

[해설] 출력 $e_0 = \dfrac{\mu e_i}{rp+R} R$ 이므로 전달함수 G는
   $G = \dfrac{e_0}{e_i} = \dfrac{-\mu R}{rp+R}$

[해답] 50. ㉱   51. ㉯   52. ㉮

문제 53. 다음은 조절계의 블록선도이다. 편차는 어느 부분에 나타나는가?
㉮ A
㉯ B
㉰ C
㉱ D

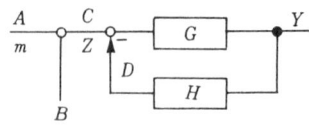

해설 조절계의 목표값과 비교되어 그 편차(C)를 가지고 조작신호를 만들어야 한다.

문제 54. 다음 중 전기식 조절계에서 가장 많이 사용되는 방식은 어느 것인가?
㉮ 비례 동작
㉯ 온 오프 동작
㉰ 비례 적분 동작
㉱ 비례 적분 미분 동작

해설 전기식 조절계는 간단한 온 오프(on-off) 동작의 것이 많이 사용된다.

문제 55. AVC의 작용으로 옳은 것은?
㉮ 주파수 조정 작용
㉯ 잡음 억제 작용
㉰ 파형 교정 작용
㉱ 이득 조정 작용

문제 56. 스피커의 재생음역을 3분할하는 3웨이 방식의 유니트가 아닌 것은?
㉮ 우퍼(Woofer)
㉯ 디바이더(Divider)
㉰ 트위터(Tweeter)
㉱ 스코우커(Squawker)

해설 저음전용 스피커를 우퍼, 고음 전용을 트위터, 중음 전용을 스코커라 한다.

문제 57. 텔레비전 수상기에 파인 튜우너(tine tuner)가 붙어있는 주요한 목적은?
㉮ 고주파증폭회로의 동조를 정확히 하기 위하여
㉯ 혼합회로의 동조를 정확히 하기 위하여
㉰ 국부발진주파수를 올바르게 조정하기 위하여
㉱ 음성신호를 정확히 4.5[MHz]에 조정하기 위하여

해답 53. ㉰ 54. ㉯ 55. ㉱ 56. ㉯ 57. ㉰

과년도 출제문제 *4-219*

[해설] 파인튜닝(fine tuning)는 국부발진주파수를 미세조정함으로서 입력 텔레비전 전파와 국부발진 주파수와의 차가 정확히 중간주파수 되도록 조정하기 위한 것이다.

[문제] 58. TV 수상기에서 복합 동기신호 가운데 수평동기신호만을 골라내는 회로는 어느 것인가?
㉮ 적분회로   ㉯ 미분회로   ㉰ ABC회로   ㉱ AGC회로

[해설] 복합 동기신호 가운데(수직동기 신호 및 수평동기신호)에서 수평동기신호만을 골라내는 회로는 고역필터인 미분회로에 의하여 행하여 진다.

[문제] 59. 흑백 방송은 정상적으로 수신되지만 컬러 방송을 수신할 때에 색포화도 조정을 전부 돌려도 색이 없은 경우의 진단 대상 회로는?
㉮ AFC 회로   ㉯ 컬러 킬러 회로
㉰ ACC 회로   ㉱ 백밸런스 회로

[문제] 60. 자기녹음기에서 테이프를 일정한 속도로 구동시키기 위한 금속 롤러는?
㉮ 핀치 롤러   ㉯ 캡스턴 롤러   ㉰ 릴축   ㉱ 아이롤러

[해설] 자기 녹음기에서 테이프를 일정한 속도로 움직이게 하는 방법으로는 테이프의 주행속도와 거의 같은 원주속도를 가진 회전축인 캡스턴(capstan)과 고무바퀴로 된 핀치롤러(pinchroller)를 압착시키고 그 사이에 테이프를 삽입 시켜서 정속 주행하도록 하는 캡스턴 구동법이 실용되고 있다.

[문제] 61. VHF로 기록 테이프를 재생할 때 VTR 출력의 채널은?
㉮ 2~3ch   ㉯ 3~4ch   ㉰ 4~5ch   ㉱ 1~2ch

[문제] 62. VTR에서 사용되는 AGC는?
㉮ 평균값 AGC   ㉯ 동기 AGC   ㉰ 첨두치 AGC   ㉱ 피크치 AGC

[해설] VTR에서는 피크치 AGC를 사용하고 TV에서는 키드 AGC 방식이 일반적이다.

[해답] 58. ㉯ 59. ㉰ 60. ㉯ 61. ㉯ 62. ㉱

1998년 3월 8일 전자기기 · 음향영상기기 출제문제

문제 1. 고주파 유도가열과 가장 관계가 깊은 것은?
㉮ 맴돌이 전류 ㉯ 펠티어 효과 ㉰ 제어백 효과 ㉱ 초음파 탐상
[해설] 고주파 유도가열은 금속과 같은 도전물질에 고주파 자장을 가할 때 도체내에서 생기는 맴돌이 전류에 의하여 물질을 가열하는 방식이다.

문제 2. 고주파 유도로의 도가니 용량의 10배 정도의 용량을 가진 콘덴서를 병렬로 넣어서 사용하는 이유는?
㉮ 열효율 개선 ㉯ 역률 개선 ㉰ 감쇠 개선 ㉱ 발생주파수 개선
[해설] 고주파 유도로에는 역률($\cos\theta$) 개선을 위해 전기로 용량의 10배 정도의 콘덴서를 병렬로 접속한다.

문제 3. 보일러나 파이프 등의 두께를 측정하는데 초음파 탐상법을 이용하는데 이는 초음파의 어떤 성질을 이용하는 것인가?
㉮ 공진법 ㉯ 압전법 ㉰ 전광발광법 ㉱ 소우나법
[해설] 10[mm] 이하의 얇은 판의 두께를 측정할 때에는 펄스에 의한 방법을 사용할 수 없고 공진법을 사용해야 한다.

문제 4. 제어하려는 양을 목표에 일치시키기 위하여 편차가 있으면 그것을 검출하여 정정 동작을 자동으로 하도록 하는 뜻의 말은?
㉮ 제어 대상 ㉯ 설정값 ㉰ 제어량 ㉱ 자동 제어

문제 5. 프로세스제어는 어느 제어에 속하는가?
㉮ 추치제어 ㉯ 속도제어 ㉰ 정치제어 ㉱ 프로그램제어
[해설] 정치제어 중에서 온도, 압력, 유량, 액위, 혼합비등을 제어량으로 하는 자동제어를 프로세스제어(Process control, 공정제어)라 한다.

문제 6. 조절계에서 P동작이라고 하는 것은?
㉮ 온 오프 동작 ㉯ 비례 동작 ㉰ 적분 동작 ㉱ 미분 동작

[해답] 1. ㉮ 2. ㉯ 3. ㉮ 4. ㉱ 5. ㉰ 6. ㉯

[해설] 온오프 동작을 2위치 동작, 비례동작은 P동작, 적분동작을 I동작, 미분동작을 D동작이라고 한다.

[문제] 7. 태양전지의 설명 중 잘못된 것은?
㉮ 빛의 방향에 따라 발생 출력이 변한다.
㉯ 장치가 복잡하고 보수가 어렵다.
㉰ 축전장치가 필요하다.
㉱ 대전력용은 부피가 크고 가격이 비싸다.
[해설] 태양전지는 장치가 간단하고 보수가 편하다.

[문제] 8. FM 스테레오 방송의 방식으로서 우리 나라에서 채용한 것은?
㉮ 회차 방식   ㉯ 시분할 방식   ㉰ 방향정보 방식   ㉱ 정보통신 방식
[해설] 시분할 방식의 FM스테레오 방송방식은 시간적으로 벗어난 펄스신호를 배열하여 전송하는 것이다. 주파수분할방식에 비하여 상호간에 간섭이 적고 필터가 간단해지지만 대역폭이 넓어진다.

[문제] 9. 어떤 송신기에 의사부하로서 12.8[Ω]의 무유도 저항을 접속하고 이 부하를 흐르는 전류를 고주파 전류계로 측정하였더니 7[A]이었다. 이 송신기의 출력은 약 몇 [W]인가?
㉮ 528   ㉯ 656   ㉰ 627   ㉱ 568
[해설] $P = I^2 R = (7)^2 \times 12.8 = 627 [W]$

[문제] 10. 공중선의 전류가 57.3[A]이고 복사저항이 250[Ω], 손실저항이 50[Ω]일 때 공중선 능률은 얼마인가?
㉮ 0.83   ㉯ 0.2   ㉰ 1.2   ㉱ 50
[해설] 공중선의 능률
$$\eta = \frac{P_0}{P_i} = \frac{I^2 R_r}{I^2(R_r + R_i)} = \frac{1}{1 + \frac{R_i}{R_r}} = \frac{1}{1 + \frac{50}{250}} \fallingdotseq 0.83$$

[문제] 11. 다음 그림은 저음전용 스피이커(W)와 고음전용 스피이커(T)를 연결한 것이다. 이에 관한 설명 중 틀린 것은?

[해답] 7. ㉯   8. ㉯   9. ㉰   10. ㉮   11. ㉮

㉮ 콘덴서는 저음만 T로 들어가도
  록 해준다.
㉯ T의 구경은 W의 구경보다 보통
  작게 한다.
㉰ 두 스피커의 위상은 같이 해주어
  야 한다.
㉱ 콘덴서 용량은 보통 2~6[μF]
  정도이다.

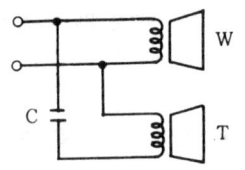

[해설] 그림에서 콘덴서(2~6[μF])는 용량성 리액턴스 $x_c = \frac{1}{2\pi f_c}$ [Ω] 때문에 저음역 성분은 차단되고 고음역성분만이 고음전용스피커(tweeter)에 들어 가도록 한다. 스피커는 저음전용으로는 10인치 이상의 대구경 다이나믹 스피커를 고음전용으로는 4인치 이하의 소구경다이나믹 스피커를 사용한다.

[문제] 12. 해발 800[m] 산위에 있는 높이 100[m]의 **철탑** 정상에 세운 TV 안테나로 부터의 가시거리는 어느 것인가?(단, $\sqrt{2R}$=4.11이다.)
㉮ 50[km]　㉯ 123[km]　㉰ 150[km]　㉱ 200[km]
[해설] $D = 4.110\sqrt{h_1 + h_2} = 4110 \times \sqrt{800 + 100} = 123$[km]

[문제] 13. 다음은 야기(YAGI)안테나의 특성을 설명한 것이다. 틀린 것은?
㉮ 소자수가 많을수록 이득증가와 지향성 예민
㉯ 소자수가 많을수록 반사기나 도파기에 의한 영향으로 안테나 급전
  점 임피이던스 저하
㉰ 도파기는 투사기보다 짧게 하여 용량성으로 동작
㉱ 반사기는 투사기보다 짧게 하여 용량성으로 동작
[해설] 반사기는 투사기보다 약간길게하여 $\left(\frac{\lambda}{2}\right)$ 유도성으로 동작시킨다.

[문제] 14. 무접점 튜우너에 많이 사용되는 가변용량 소자는?
㉮ 백워드 다이오드　　　㉯ 바랙터 다이오드
㉰ 터널 다이오드　　　　㉱ 쇼트키 다이오드
[해설] 가변용량 다이오드 ⇒ 바랙터다이오드

[해답] 12. ㉯　13. ㉱　14. ㉯

문제 15. 천연색 수상기의 협대역 방식 구성도에서 빈부분에 들어 갈 것은?
㉮ 영상 출력
㉯ 버어스트 증폭
㉰ x측 복조
㉱ 수정 필터

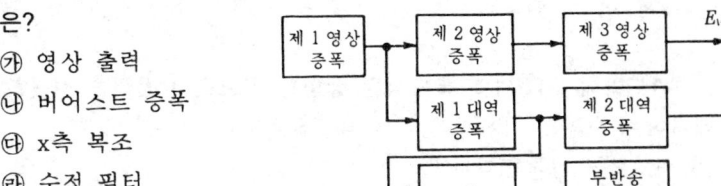

문제 16. 자기 녹음기의 주요 3대 구성요소를 바르게 적은 것은?
㉮ 자기헤드 테이프 전송 기구, 핀치 로울러 및 캡스턴
㉯ 자기헤드, 증폭기, 핀치 로울러 및 캡스턴
㉰ 자기헤드, 공급 및 감는 리일, 증폭기
㉱ 증폭기, 테이프 전송 기구, 자기헤드
[해설] 자기녹음기의 3대 구성요소는 자기헤드, 테이프 전송기구, 증폭기이다.

문제 17. 자기 녹음기(Tape recorder)의 재생 헤드로부터 얻어진 신호는 다음의 어떤 회로를 거쳐야만 하는가?
㉮ RIAA EQ   ㉯ CTL EQ   ㉰ NFB EQ   ㉱ NAB EQ
[해설] 재생 헤드가 유도성이므로 고역이 상승한다. 따라서 회로에 부궤환을 걸어 주파수 특성을 평탄하게 하는 EQ Amp(등화 증폭기)가 사용이 된다.

문제 18. 자기 녹음기의 자기헤드에 대한 특성 중 옳지 못한 것은?
㉮ 자기헤드의 임피던스는 유도성이다.
㉯ 주파수에 비례하여 임피던스가 감소한다.
㉰ 높은 주파수에서는 헤드에 흐르는 전류가 감소하여 특성이 나빠진다.
㉱ 녹음할 때는 주파수가 변하더라도 전류가 일정하도록 한다.
[해설] 자기 헤드는 유도성($x_L = 2\pi f_L [\Omega]$)이므로 주파수에 비례하여 임피던스 ($Z = \sqrt{R^2 + x_L^2} [\Omega]$)가 증가한다.

문제 19. VHS방식 VTR에서 헤드-드럼의 직경은?
㉮ 56[mm]   ㉯ 62[mm]   ㉰ 68[mm]   ㉱ 74[mm]

[해답] 15. ㉯   16. ㉱   17. ㉰   18. ㉯   19. ㉯

[해설] VTR의 헤드드럼의 직경은 β-max 방식이 56[mm]이고 VHS방식은 62[mm]가 사용된다.

[문제] 20. VHS방식 VTR의 기록방식을 설명한 것으로서 틀리는 것은?
㉮ 애지머드 고밀도 기록방식 ㉯ PS칼라방식
㉰ DL-FM방식 ㉱ PI칼라방식

[해설] 에지머스(azimuth)고밀도 기록방식과 PS(phase shift)컬러방식 및 DL-FM (double limitter FM)방식은 VHS방식 VTR 채용되는 것이며 PI(phase invert) 컬러방식은 β-max VTR에 채용되고 있다.

[문제] 21. CD의 설명중 옳지 않은 것은?
㉮ Compact Disc의 줄임말로서, 처음 필립스사와 소니회사에 의해 개발되었다.
㉯ 피트(음구)의 크기는 소리의 강약에 비례하도록 설계 되어 있다.
㉰ 기계적 접촉이 없이 레이저 빔에 의해 디지털 방식으로 소리가 재생된다.
㉱ 디스크의 재질은 투명 염화비닐이고, 굴절율은 일반적으로 1.5가 되어야 한다.

[해설] 컴팩트 디스크는 레이저빛을 이용한 디지털 방식의 소리가 재생되며 필립스사와 소니사에 의해 개발된 것이다.

[해답] 20. ㉱ 21. ㉯

1998년 6월 28일 전자기기·음향영상기기 출제문제

문제 1. 초음파 가공기의 주요 부분에 해당되지 않는 것은?
㉮ 발진기 ㉯ 진동자 ㉰ 호온 ㉱ 소우나
[해설] 초음파 가공기는 발진기, 진동자, 혼등을 주요부분으로 하고 공구는 혼의 끝에 붙여서 사용한다.

문제 2. 초음파를 이용하여 강물의 깊이를 측정하려고 한다. 반사파가 도달하기까지 0.5초 걸렸을 때 강물의 깊이는 몇 [m]인가?(단, 강물에서 초음파의 속도는 1400[m/sec]라 한다.)
㉮ 70[m] ㉯ 230[m] ㉰ 350[m] ㉱ 700[m]
[해설] 강물의 깊이는 $h=\frac{vt}{2}$[m]이므로
$$h=\frac{1400\times 0.5}{2}=350[m]$$

문제 3. 전자 냉동기는 다음 어떤 효과를 응용한 것인가?
㉮ 제어백 효과(Seebeck effect) ㉯ 펠티어 효과(Peltier effect)
㉰ 톰슨 효과(thomson effect) ㉱ 주율 효과(Joule effect)
[해설] 전자냉동기는 2개의 다른 물질의 접합부에 전류가 흐르면 열을 흡수하거나 발산하는 펠티어 효과를 이용한 것이다.

문제 4. 셀렌에 빛을 쬐면 기전력이 발생하게 되는데 이 원리를 이용하여 만든 계기는 다음 중 어느 것인가?
㉮ 조도계 ㉯ 체온계 ㉰ 압축계 ㉱ 풍속계
[해설] 조도계는 셀렌에 빛이 입사될 때 발생하는 기전력을 이용하여 만든 것이다.

문제 5. 반도체의 성질을 가지고 있는 물질에 전장을 가하면 발광 현상을 일으키는 것은?
㉮ 충전 발광 ㉯ 자장 발광 ㉰ 전장 발광 ㉱ 정전 발광
[해설] 반도체의 형광물질을 포함한 물체에 전장을 가하여 빛을 방출하는 현상을 전장 발광(electroluminescence ; EL)이라 한다.

[해답] 1. ㉱ 2. ㉰ 3. ㉯ 4. ㉮ 5. ㉰

문제 6. 선박에 이용되며 방향 탐지기가 없이 보통 라디오 수신기를 이용하여 방위를 측정 할 수 있는 것은 어느 것인가?
㉮ 무지향성 비이컨
㉯ 회전 비이컨
㉰ AN레인지 비이컨
㉱ 초고주파 전 방향식 비이컨
[해설] 회전 비컨은 지향성이 없는 보통수신기로 전파를 수신하여 지상국의 방위를 알아낼수 있는 방식이다.

문제 7. 한조를 이루는 지상국에서 펄스대신에 연속파를 발사하여 수신장소에서는 그 위상차를 이용하여 거리차를 알아내는 쌍곡선 항법을 유럽에서 사용했다. 이를 무엇이라 하는가?
㉮ 데카(decca)　　　　　　㉯ 로오란(Loran A)
㉰ TACAN(tactial air navigation)　㉱ AN 레인지(AN range)

문제 8. 다음 중 프로세스 제어의 조절계의 제어동작에 관계 없는 것은?
㉮ 온, 오프 동작　　　　　㉯ 비례위치 동작
㉰ 미분, 적분 동작　　　　㉱ 변환 동작

문제 9. 그림과 같은 되먹임계의 관계식 중 옳은 것은?
㉮ $y = \dfrac{G}{1+G}x$
㉯ $y = \dfrac{1}{1+G}x$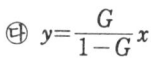
㉰ $y = \dfrac{G}{1-G}x$
㉱ $y = \dfrac{1}{1-G}x$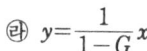

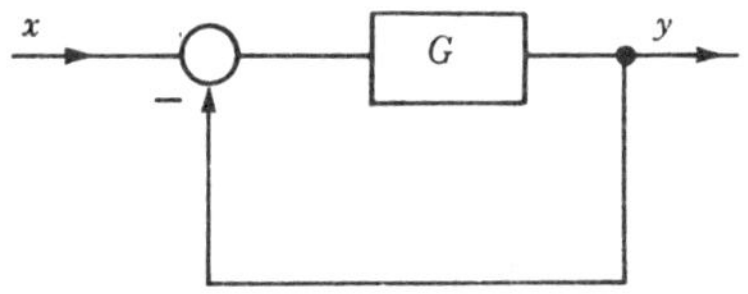

[해설] $G = (x - Hy) = y$
$y = \dfrac{G}{1+GH}x$ 에서 직렬 되먹임이므로 $H=1$
$\therefore \dfrac{y}{x} = \dfrac{G}{1+G}$

[해답] 6. ㉯　7. ㉮　8. ㉱　9. ㉮

과년도 출제문제 *4-227*

문제 10. 전자현미경의 선능을 결정하는 3요소로서 부적당한 것은?
㉮ 배율   ㉯ 분해능률   ㉰ 투과도   ㉱ 빛의 세기
해설 일반적으로 배율, 분해능률, 투과도를 전자현미경의 3요소라 한다.

문제 11. 스피커의 출력음압수준(output sound pressure level)의 기준은?
㉮ 0.0002[ubar]를 기준으로 100[dB]
㉯ 0.0002[ubar]를 기준으로 0[dB]
㉰ 0.002[ubar]를 기준으로 100[dB]
㉱ 0.002[ubar]를 기준으로 0[dB]

문제 12. 다음 그림은 수우퍼 헤테로다인 수신기의 구성도이다. ①과 ③에 적합한 것은 어느 것인가?

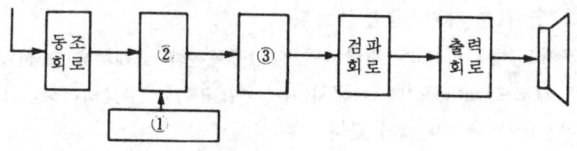

㉮ 국부발진 회로, 중간주파증폭 회로
㉯ 국부발진 회로, 혼합 회로
㉰ 혼합 회로, 중간주파증폭 회로
㉱ 혼합 회로, 저주파증폭 회로
해설 (1) 국부발진 (2) 주파수 변환 (3) 중간주파 증폭

문제 13. 가청주파수 증폭기에 가장 적합한 것은?
㉮ A급   ㉯ B급   ㉰ C급   ㉱ AB급

문제 14. 전축바늘이 레코오드판 음구의 벽을 밀기 때문에 생기는 잡음을 제거하기 위하여 사용하는 필터(filter)는?
㉮ 수정 필터   ㉯ 스크래치 필터   ㉰ RC필터   ㉱ CL필터
해설 스크래치 필터(scratch filter)는 픽업(pick up)의 바늘이 레코드 음구의 벽을 긁기 때문에 생기는 스크래치 노이즈(noise)나 AM방송수신시의 비트(beat)음을 제거하기 위하여 설치된다. 고역부분을 감쇄시키므로 하이컷 필터(high cut filter)라고도 한다.

해답 10. ㉱   11. ㉯   12. ㉮   13. ㉮   14. ㉯

문제 15. 그림과 같은 수상관 회로에서 콘덴서 C가 단락되었을 때의 고장 증상은?

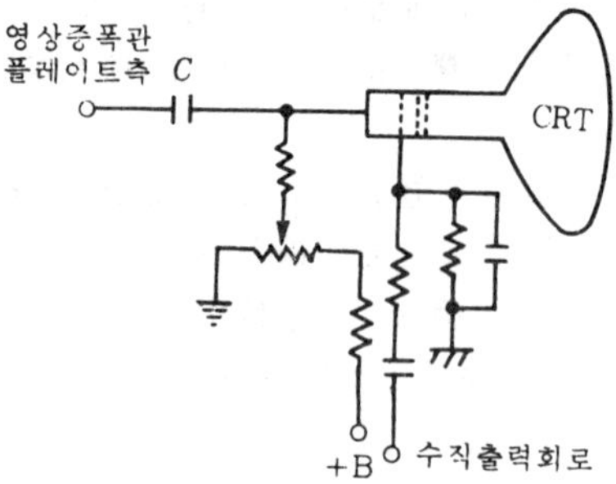

㉮ 라스터는 나오나 화면이 나오지 않는다.
㉯ 라스터가 나오지 않는다.
㉰ 밝아진 채로 어두워지지 않는다.
㉱ 수평, 수직 동기가 불안정하다.

해설 회로에서 콘덴서 C가 단락되면 영상증폭관의 플레이트(ptate)전압이 그대로 CRT의 캐소드(cathode)에 가해져 수상관(CRT)의 휘도바이어스가 너무 깊어지므로 라스터가 나오지 않게 된다.

문제 16. 색의 3요소에 해당되지 않는 것은?
㉮ 색상   ㉯ 채도   ㉰ 색포화도   ㉱ 명도

해설 색의 3요소는 색체의 종류(hue ; 색상), 색의 선명도(saturation ; 채도), 명암의 정도(iuminosity ; 휘도)를 나타낸다.

문제 17. 칼라 텔레비전에서 색동기회로는 다음 세가지 방식이 있는데 다음 중 옳지 못한 것은?
㉮ 버어스트 주입 로크 방식   ㉯ 링깅(ringing)방식
㉰ 부반송파 발진회로   ㉱ APC(자동위상제어)방식 회로

해설 색동기 회로는 3.58〔MHz〕의 색부반송파 발진회로를 버스트신호에 동기시키는 회로로 APC(자동위상제어)방식, 링깅(ringing)방식, 버스트 주입로크 방식 3가지가 있다.

문제 18. 캡프스턴의 원주속도가 고르지 않을 때 생기는 현상은?
㉮ 험   ㉯ 와우 플러터   ㉰ 모터 보우팅   ㉱ 잡음

해답 15. ㉯   16. ㉰   17. ㉰   18. ㉯

[해설] 테이프 속도 변동에 의해서 생기는 재생신호 주파수의 동요를 와우플러터 (wow and flutter)라하며 그 동요의 주기가 비교적 느린 것을 와우, 빠른 것을 플러터라 한다. 이 현상은 녹음 또는 재생의 기계적 방법을 거친 경우에만 나타나는 것으로 재생음이 떨리거나 탁해지는 원인이 된다.

[문제] 19. 카세트 테이프의 스테레오 트랙 패턴으로 옳은 것은?

㉮ 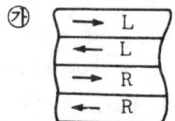 ㉯ 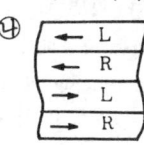 ㉰ 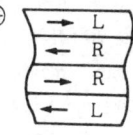 ㉱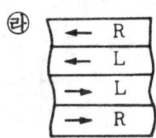

[문제] 20. 비디오 신호를 기록 재생하기 위한 조건으로 거리가 가장 먼 것은?
㉮ 비디오 헤드의 모양을 보기 좋게 한다.
㉯ 비디오 헤드의 갭을 좁게 한다.
㉰ 비디오 헤드와 자기테이프의 상대속도를 크게 한다.
㉱ 비디오 신호를 변조해서 기록한다.
[해설] 비디오 신호(TV신호)의 기록 재생을 위한 조건으로 비디오 헤드의 갭을 좁게 하고 비디오 헤드와 자기테이프의 상대 속도를 크게 하여야 하며 비디오 신호를 변조해서 기록해야 한다.

[문제] 21. VTR의 조작기능 중에서 재생시에만 사용이 가능한 것은 다음 중에서 어느 것인가?
㉮ 트래킹(TRACKING)   ㉯ 카운트 메모리(Count Memory)
㉰ 포우즈(PAUSE)   ㉱ 자동주파수 조정(AFC)
[해설] VTR에서 재생시 잡음이 발생되는 경우 트래킹 조정을 해야 한다.

[해답] 19. ㉰ 20. ㉮ 21. ㉮

1998년 9월 28일 전자기기·음향영상기기 출제문제

문제 1. 다음 중 소오나의 원리를 응용하는 것이 아닌 것은?
㉮ 측심기　㉯ 어군탐지기　㉰ 액면계　㉱ 수중레이터

[해설] 물속에 초음파를 발사하고 그 반사파를 측정하여 거리와 방향을 알아내는 장치를 소나(sonar, sound mavigation and ranging)라고 한다. 이 것은 원래 군용으로 잠수함을 탐지하기 위해서 연구된 것이지만 근래에는 항해의 안전을 위한 수중레이터, 어군탐지기 등에 이용되고 있다.

문제 2. 바닷물 속에서 초음파의 속도는 15[℃]에서 1527[m/sec]이다. 초음파를 발사하여 왕복하는 시간이 4초 소요되었다. 바닷물의 깊이는?
㉮ 1527[m]　㉯ 3054[m]　㉰ 4581[m]　㉱ 6108[m]

[해설] 바닷물 속의 초음파 속도는 17[℃]에서 1500[m/sec]이고 이 속도는 온도와 염도에 따라 변화하며 다음과 같이 계산된다.
$h = \dfrac{vt}{2} = \dfrac{1527 \times 4}{2} = 3054 [\text{m/sec}]$

문제 3. 초음파 가공기에서 호온(horn)의 역할은?
㉮ 공구의 진폭을 크게하기 위해
㉯ 진동을 세게하기 위해
㉰ 공구와 결합을 용이하게 하기 위해
㉱ 발진기와 임피던스 매칭을 하기 위해

문제 4. 전자냉동에 대한 설명중 옳지 못한 것은?
㉮ 소음이 없고 배관도 필요없다.
㉯ 전류의 방향만 바꾸어 냉각과 가열을 쉽게 변환할 수 있다.
㉰ 대용량에 더욱 효율이 좋다.
㉱ 온도 조절이 쉽다.

[해설] 전자냉동은 대용량에 효율이 나빠 열용량이 적은 국부적인 부분의 냉각 또는 항온조에 사용한다.

[해답] 1. ㉰　2. ㉯　3. ㉮　4. ㉰

과년도 출제문제 4-231

문제 5. 전압의 자동조정 중 전압의 기준요소를 말한 것 중 옳지 못한 것은?
㉮ 정전압 방전관 ㉯ 교류전압
㉰ 정전압 다이오드 ㉱ 전지

[해설] 전압의 자동조정을 위한 회로구성에서 전압의 기준으로는 전지나 정전압방전관 및 정전압 다이오드가 사용된다. 최근의 전자기기에서는 동작의 안정화와 신뢰성등으로 정전압다이오드(제너다이오드)가 주로 실용되고 있다.

문제 6. 온도, 압력, 습도, 유량 등을 제어량으로 하는 것은?
㉮ 서보기구 ㉯ 자동조정 ㉰ 공정제어 ㉱ 추종제어

[해설] 정치제어 중에서 온도, 압력, 유량, 액위, 혼합비 등을 제어량으로 하는 자동제어를 공정제어(process contral)라 하고 전압, 전류, 속도, 토크 등의 기계적 또는 전기적 양을 제어하는 정치제어를 자동조정이라 한다. 그리고 방향이나 위치의 추치제어를 서보기구(servomechanism)라 한다.

문제 7. 무선주파수대로 108~118[MHz]의 초단파를 사용하는 전파항법 방식은 어느 것인가?
㉮ 무지향성 비이컨
㉯ 초고주파 전방향레인지비이컨
㉰ ρ-θ항법
㉱ 회전비이컨

[해설] 초고주파 전방향레인지, 비컨(VOR VHF ommidirectional range)은 사용주파수가 108~118[MHz]의 초단파를 사용하여 지향성 송신을 하는 전방향식 ΛN레인지 비이컨이다.

문제 8. 직류전동기의 속도제어에 대한 원리는?
㉮ 위치의 변화로 ㉯ 여자 전류의 변화로
㉰ 각도의 변화로 ㉱ 방위의 변화로

문제 9. 태양전지의 이점은?
㉮ 연속적으로 사용하기 위해서는 태양광선을 얻을 수 없는 경우에 대비하여 축전장치가 필요하다.

[해답] 5. ㉯ 6. ㉰ 7. ㉯ 8. ㉯ 9. ㉱

㉯ 빛의 방향에 따라서 발생출력이 변화하므로 출력에 여유를 두어야
    한다.
㉰ 종래에 이용되지 않는 풍부한 에너지원이 이용된다.
㉱ 대전력용으로 가격, 용적 등이 좋은 조건이다.
[해설] 태양전지의 단점은 대전력용으로 사용할 때 태양광선에 따라 출력변동이 있으며 부피가 크고 가격이 비싸다.

[문제] 10. 다음 픽업 카드리지(pick up, cartridge) 중 주파수 특성이 가장 우수한 것은?
㉮ 무빙 마그네트형 카드리지
㉯ 크리스털형 카드리지
㉰ 세라믹형 카드리지
㉱ 콘덴서형 카드리지
[해설] 무빙마그넷(Meving Magnet ; MM)형 카드리지는 크리스털형이나 세라믹형 보다 출력이 적으나 온도, 습도에 대한 영향이 적고 주파수 특성이 우수하여 고급 스테레오 전축에 많이 사용되고 있다.

[해답] 10. ㉮

과년도 전자기능사

1996년 8월 30일 1판 1쇄 발행
2007년 1월 20일 1판 32쇄 발행

저   자 : 김 응 묵
발 행 인 : 한 인 환
발 행 처 : 기 문 사

정   가 18,000원

서울시 동대문구 용두2동 730-4 홍신B/D 3층
TEL : 02)2265-7214(代), 922-8662, 922-8663
FAX : 02)922-8772
E-mail : book@kimoonsa.co.kr
홈페이지 : www.kimoonsa.co.kr
등록 : 1978. 8. 9. No. 6-0637

●불법복사는 지적재산을 훔치는 범죄행위입니다.
저작권법 제 97조의 5(권리의 침해죄)에 따라 위반자는 5년 이하의 징역 또는 5천만원 이하의 벌금에 처하거나 이를 병과할 수 있습니다.